Lexikon der Geographie
1

Lexikon der Geographie
in vier Bänden

Herausgeber:

Ernst Brunotte
Hans Gebhardt
Manfred Meurer
Peter Meusburger
Josef Nipper

Erster Band
A bis Gasg

Spektrum Akademischer Verlag Heidelberg · Berlin

Die Deutsche Bibliothek – CIP-Einheitsaufnahme

Lexikon der Geographie : in vier Bänden / Hrsg.: Peter Meusberger ...
[Red.: Landscape, Gesellschaft für Geo-Kommunikation mbh, Köln]. –
Heidelberg ; Berlin : Spektrum, Akad. Verl.

Bd. 1. A bis Gasg. – 2001
ISBN 3-8274-0300-6

© 2001 Spektrum Akademischer Verlag GmbH Heidelberg Berlin

Alle Rechte, auch die der Übersetzung in fremde Sprachen, vorbehalten. Kein Teil dieses Werkes darf ohne schriftliche Einwilligung des Verlages in irgendeiner Form (Fotokopie, Mikrofilm oder ein anderes Verfahren), auch nicht für Zwecke der Unterrichtsgestaltung, reproduziert oder unter Verwendung elektronischer Systeme verarbeitet, vervielfältigt oder verbreitet werden.
Es konnten nicht sämtliche Rechteinhaber von Abbildungen ermittelt werden. Sollte dem Verlag gegenüber der Nachweis der Rechteinhaberschaft geführt werden, wird das branchenübliche Honorar nachträglich gezahlt.
Die Wiedergabe von Warenbezeichnungen, Handelsnamen, Gebrauchsnamen usw. in diesem Buch berechtigt auch ohne Kennzeichnung nicht zu der Annahme, dass diese von jedermann frei benutzt werden dürfen.

Redaktion: LANDSCAPE Gesellschaft für Geo-Kommunikation mbH, Köln
Produktion: Ute Amsel
Innengestaltung: Gorbach Büro für Gestaltung und Realisierung, Gauting Buchendorf
Außengestaltung: WSP Design, Heidelberg
Graphik: Mathias Niemeyer (Leitung), Ulrike Lohoff-Erlenbach, Stephan Meyer
Satz: Greiner & Reichel, Köln
Druck und Verarbeitung: Franz Spiegel Buch GmbH, Ulm

Mitarbeiter des ersten Bandes

Redaktion:
Dipl.-Geogr. Christiane Martin (Leitung)
Dipl.-Geogr. Dorothee Bürkle

Fachkoordinatoren und Herausgeber:
Prof. Dr. Peter Meusburger (Humangeographie)
Prof. Dr. Hans Gebhardt (Humangeographie)
Prof. Dr. Josef Nipper (Methodik)
Prof. Dr. Manfred Meurer (Physische Geographie)
Prof. Dr. Ernst Brunotte (Physische Geographie)

Autorinnen und Autoren:
Prof. Dr. Patrick Armstrong, Perth (Australien) [PA]
Kurt Baldenhofer, Friedrichshafen [KB]
Prof. Dr. Yoram Bar-Gal, Haifa (Israel) [YBG]
Prof. Dr. Christoph Becker, Trier [CB]
Prof. Dr. Carl Beierkuhnlein, Rostock [CBe]
Prof. Dr. Jörg Bendix, Marburg [JB]
Dr. Markus Berger, Braunschweig [MB]
Prof. Dr. Helga Besler, Köln [HBe]
Prof. Dr. Hans Heinrich Blotevogel, Duisburg [HHB]
Dipl.-Geogr. Oliver Bödeker, Köln [OBö]
Prof. Dr. Hans Böhm, Bonn [HB]
Dr. Hans Jürgen Böhmer, München [HJB]
Dr. Thomas Breitbach, Köln [TB]
Dr. Heinz Peter Brogiato, Leipzig [HPB]
Prof. Dr. Ernst Brunotte, Köln [EB]
Dr. Olaf Bubenzer, Köln [OB]
Dipl.-Geogr. Dorothee Bürkle, Köln [DBü]
Prof. Dr. Detlef Busche, Würzburg [DB]
Dr. Tillmann Buttschardt, Karlsruhe [TBu]
Dr. Thomas Christiansen, Gießen [TC]
Dr. Martin Coy, Tübingen [MC]
Prof. Dr. Ulrich Deil, Freiburg [UD]
Prof. Dr. Jürgen Deiters, Osnabrück [JD]
Dr. Klaus Dodds, London [KD]
Prof. Dr. Heiner Dürr, Bochum [HD]
Dirk Dütemeyer, Essen [DD]
PD Dr. Rainer Duttmann, Hannover [RD]
Dipl.-Geogr. Susanne Eder, Basel [SE]
Dr. Jürgen Ehlers, Hamburg [JE]
Dr. Hajo Eicken, Fairbanks (USA) [HE]
Farid El Kholi, Berlin [FE]
Dr. Wolf-Dieter Erb, Gießen [WE]
Dr. Heinz-Hermann Essen, Hamburg [HHE]
Dr. Eberhard Fahrbach, Bremerhaven [EF]
Prof. Dr. Heinz Faßmann, Wien [HF]
Prof. Dr. Peter Felix-Henningsen, Gießen [PF]
Beate Feuchte, Berlin [BF]
Robert Fischer M. A., Frankfurt a. M. [RF]
Prof. Dr. Otto Fränzle, Kiel [OF]
Tim Freytag, Heidelberg [TM]
Dr. Heinz-W. Friese, Berlin [HWF]
Dr. Martina Fromhold-Eisebith, Seibersdorf [MFE]
Prof. Dr. Wolf Gaebe, Stuttgart [WG]
Dr. Werner Gamerith, Heidelberg [WGa]
Prof. Dr. Paul Gans, Mannheim [PG]
Prof. Dr. Hans Gebhardt, Heidelberg [HG]
Prof. Dr. Gerd Geyer, Würzburg [GG]
Prof. Dr. Rüdiger Glaser, Heidelberg [RGl]
Prof. Dr. Rainer Glawion, Freiburg i. Br. [RG]

Dr.-Ing. Konrad Großer, Leipzig [KG]
Mario Günter, Heidelberg [MG]
Prof. Dr. Wolfgang Haber, München [WHa]
Prof. Dr. Jürgen Hagedorn, Göttingen [JH]
Dr. Werner Arthur Hanagarth, Karlsruhe [WH]
Dr. Martin Hartenstein, Karlsruhe [MHa]
Prof. Dr. Ingrid Hemmer, Eichstädt [ICH]
Prof. Dr. Gerhard Henkel, Essen [GH]
Prof. Dr. Reinhard Henkel, Heidelberg [RH]
Dipl.-Geogr. Sven Henschel, Berlin [SH]
Prof. Dr. Bruno Hildenbrand, Jena [BH]
Dr. Hubert Höfer, Karlsruhe [HH]
Prof. Dr. Karl Hofius, Boppard [KHo]
Prof. Dr. Karl Hoheisel, Bonn [KH]
Prof. Dr. Hans Hopfinger, Eichstätt [HHo]
Michael Hoyler, Heidelberg [MH]
Dipl.-Geogr. Thorsten Hülsmann, Bonn [TH]
Ina Ihben, Köln [II]
Prof. Dr. Jucundus Jacobeit, Würzburg [JJ]
Dipl.-Geogr. Ingrid Jacobsen, Berlin [IJ]
Prof. Dr. Martin Jänicke, Berlin [MJ]
Dr. Jörg Janzen, Berlin [JJa]
PD Dr. Eckhard Jedicke, Bad Arolsen [EJ]
Prof. Dr. Hubert Job, München [HJo]
Dipl.-Geogr. Heike Jöns, Heidelberg [HJ]
Prof. Dr. Peter Jurczek, Jena [PJ]
Prof. Dr. Masahiro Kagami, Tokio [MK]
Prof. Dr. Andreas Kagermeier, Paderborn [AKa]
Dr. Daniela C. Kalthoff, Bonn [DCK]
Dr. Andrea Kampschulte, Basel [AKs]
Dr. Karin Jehn, Karlsruhe [KJ]
Dr. Gerwin Kasperek, Gießen [GKa]
Prof. Dr. Dieter Kelletat, Essen [DK]
Prof. Dr. Franz-Josef Kemper, Berlin [FJK]
Dr. Günter Kirchberg, Speyer [GK]
Dr. Thomas Kistemann, Bonn [TK]
Prof. Dr. Dieter Klaus, Bonn [DKl]
Prof. Dr. Arno Kleber, Bayreuth [AK]
Prof. Dr. Hans-Jürgen Klink, Bochum [HJK]
Prof. Dr. Wolf Günther Koch [WK]
Dr. Franz Köhler, Gotha [FK]
Dipl.-Geogr. Kirsten Koop, Berlin [KK]
Dipl.-Geogr. Bernhard Köppen, Chemnitz [BK]
Prof. Dr. Christoph Kottmeier, Karlsruhe [CK]
Dr. Caroline Kramer, Heidelberg [CKr]
Dr. Klaus Kremling, Kiel [KKr]
Prof. Dr. Eberhard Kroß, Bochum [EKr]
Prof. Dr. Elmar Kulke, Berlin [EK]
Prof. Dr. Wilhelm Kuttler, Essen [WKu]
Dipl.-Geogr. Christian Langhagen-Rohrbach, Frankfurt a. M. [CLR]
Dr. Harald Leisch, Köln [HL]
Prof. Dr. Bärbel Leupolt, Hamburg [BL]
Prof. Dr. Hartmut Lichtenthaler, Karlsruhe [HLi]
Dipl.-Geogr. Christoph Mager, Heidelberg [CMa]
Dipl.-Geogr. Christiane Martin, Köln [CM]
Martin Vogel, Tübingen [MV]
Prof. Dr. Jörg Matschullat, Freiberg [JMt]
Prof. Dr. Alois Mayr, Leipzig [AMa]
Dr. Andreas Megerle, Tübingen [AM]
Dipl.-Geogr. Heidi Megerle, Schlaitdorf [HM]

Dipl.-Geogr. Astrid Mehmel, Bonn [AMe]
Prof. Dr. Jens Meincke, Hamburg [JM]
Dipl. Geogr. Klaus Mensing, Hamburg [KM]
Dipl.-Geogr. Rita Merckele, Berlin [RM]
Prof. Dr. Manfred Meurer, Karlsruhe [MM]
Prof. Dr. Peter Meusburger, Heidelberg [PM]
Prof. Dr. Georg Miehe, Marburg [GM]
Prof. Dr. Werner Mikus, Heidelberg [WM]
Prof. Dr. Thomas Mosimann, Hannover [TM]
PD Dr. Hans-Nikolaus Müller, Luzern [HNM]
Renate Müller, Berlin [RMü]
Prof. Dr. Detlef Müller-Mahn, Bayreuth [DM]
Prof. Dr. Heinz Musall, Gaiberg [HMu]
Prof. Dr. Frank Norbert Nagel, Hamburg [FNN]
Dipl.-Geogr. Martina Neuburger, Tübingen [MN]
Dipl.-Geogr. Peter Neumann, Münster [PN]
Prof. Dr. Jürgen Newig, Kiel [JNe]
Prof. Dr. Josef Nipper, Köln [JN]
Prof. Dr. Helmut Nuhn, Marburg [HN]
Dr. Ludwig Nutz, München [LN]
Prof. Dr. Jürgen Oßenbrügge, Hamburg [JO]
Dipl.-Geogr. Maren Ott, Frankfurt a. M. [MO]
Prof. Dr. Karl-Heinz Pfeffer, Tübingen [KP]
Dipl.-Geogr. Michael Plattner, Marburg [MP]
Prof. Dr. Jürgen Pohl, Bonn [JPo]
Dipl.-Geogr. Martin Pöhler, Tübingen [MaP]
Prof. Dr. Karl-Heinz Pörtge, Göttingen [KHP]
PD Dr. Paul Reuber, Münster [PR]
Prof. Dr. Michael Richter, Erlangen [MR]
Prof. Dr. Otto Richter, Braunschweig [OR]
Dipl.-Bibl. Sabine Richter, Bonn [SR]
Prof. Dr. Gisbert Rinschede, Regensburg [GR]
Gerd Rothenwallner, Frankfurt a. M. [GRo]
Dr. Klaus Sachs, Heidelberg [KS]
Prof. Dr. Wolf-Dietrich Sahr, Curitiba (Brasilien) [WDS]
Dr. Heinz Sander, Köln [HS]
Dipl.-Geogr. Bruno Schelhaas, Leipzig [BSc]
Dipl.-Geogr. Jens Peter Scheller, Frankfurt a. M. [JPS]
Prof. Dr. Winfried Schenk, Tübingen [WS]

Dr. Arnold Scheuerbrandt, Heidelberg [AS]
Dipl.-Geogr. Heiko Schmid, Heidelberg [HSc]
Prof. Dr. Konrad Schmidt, Heidelberg [KoS]
PD Dr. Elisabeth Schmitt, Gießen [ES]
Prof. Dr. Thomas Schmitt, Bochum [TSc]
Prof. Dr. Jürgen Schmude, Regensburg [JSc]
Prof. Dr. Rita Schneider-Sliwa, Basel [RS]
Dr. Peter Schnell, Münster [PSch]
Dr. Thomas Scholten, Gießen [ThS]
Prof. Dr. Karl-Friedrich Schreiber, Münster [KFS]
Dipl.-Geogr. Thomas Schwan, Heidelberg [TS]
Prof. Dr. Jürgen Schweikart, Berlin [JüS]
Dr. Franz Schymik, Frankfurt a. M. [FS]
Prof. Dr. Peter Sedlacek, Jena [PS]
Prof. Dr. Günter Seeber, Hannover [GSe]
Prof. Dr. Martin Seger, Klagenfurt [MS]
Nicola Sekler, Tübingen [NSe]
Dr. Max Seyfried, Karlsruhe [MSe]
Christoph Spieker M. A., Bonn [CS]
Prof. Dr. Jürgen Spönemann, Bovenden [JS]
PD Dr. Barbara Sponholz, Würzburg [BS]
Prof. Dr. Albrecht Steinecke, Paderborn [ASte]
Prof. Dr. Wilhelm Steingrube, Greifswald [WSt]
Dr. Ingrid Stengel, Würzburg [IS]
Dipl.-Geogr. Anke Strüver, Nijmwegen [ASt]
Prof. Dr. Dietbert Thannheiser, Hamburg [DT]
Prof. Dr. Uwe Treter, Erlangen [UT]
Prof. Dr. Konrad Tyrakowski, Eichstätt [KT]
Alexander Vasudevan, MA, Vancouver [AV]
Prof. Dr. Joachim Vogt, Berlin [JVo]
Dr. Joachim Vossen, Regensburg [JV]
Dr. Ute Wardenga, Leipzig [UW]
Prof. Dr. Bernd Jürgen Warneken, Tübingen [BJW]
Dipl.-Geogr. Reinhold Weinmann, Heidelberg [RW]
Prof. Dr. Benno Werlen, Jena [BW]
Dr. Karin Wessel, Berlin [KWe]
Dr. Stefan Winkler, Trier [SW]
Prof. Dr. Klaus Wolf, Frankfurt a. M. [KW]
Dr. Volker Wrede, Krefeld [VW]

Vorwort

In einer zunehmend globalisierten und gleichzeitig von immer größeren Wohlstandsdisparitäten gekennzeichneten Welt, die durch ein anhaltend hohes Bevölkerungswachstum und eine vermehrte Ressourcennutzung eine Vielzahl von Spannungsfeldern und Umweltproblemen aufweist, steht die Geographie als die klassische Mensch-Umwelt-Wissenschaft vor großen Herausforderungen. Das Zusammenrücken der Menschen durch die modernen Technologien des Verkehrs und der Telekommunikation hat regionale Gegensätze, kulturelle Verschiedenheiten, weltweite Abhängigkeiten und globale Umweltprobleme noch stärker ins Bewusstsein der Öffentlichkeit treten lassen. Deshalb besteht ein vermehrtes Interesse, die Ursachen und Konsequenzen dieser Zusammenhänge zu verstehen, und ein großer Bedarf, fundiertes geographisches Wissen zu verbreiten und anzuwenden.
Sowohl im Bereich der Wirtschafts- und Sozialwissenschaften als auch in den Naturwissenschaften werden die Forschungsfelder immer spezialisierter und zersplitterter. Da weder die gravierenden Mensch-Umwelt-Probleme noch politische Konflikte oder kulturelle Gegensätze an künstlich gezogenen Disziplingrenzen halt machen, sind zunehmend mehrdimensionale Erklärungsansätze und »synthetische Kompetenz«, also die Fähigkeit, in Systembeziehungen zu denken, gefragt. Die Geographie ist nach ihrem eigenen Selbstverständnis eine integrative Wissenschaft und sowohl die Physische Geographie als auch die Humangeographie sehen im Erkennen und Erforschen von Wechselbeziehungen innerhalb und zwischen Systemen eine ihrer wichtigsten Aufgaben.
Um diesen integrativen Charakter der Geographie zu unterstreichen, werden die beiden großen Teilbereiche der Geographie – die Humangeographie und die Physische Geographie – im vorliegenden Lexikon nicht getrennt dargestellt. Außerdem wurden auch ausgewählte Stichworte aus den Nachbarwissenschaften aufgenommen, sofern diese für aktuelle Forschungsfragen der Geographie relevant sind. Technisch instrumentelle Verfahren der Kartographie, Geoinformatik und der Fernerkundung, wissenschaftstheoretische und philosophische Grundlagen sowie qualitative und quantitative Methoden werden ebenfalls ausführlich behandelt. Biographien bedeutender Vertreter der Geographie und der Nachbarwissenschaften geben einen Überblick über die geschichtliche Entwicklung und methodische Konzepte. Auf länderkundliche Beiträge wurde bewusst verzichtet, da das Konzept von Anfang an den Schwerpunkt auf die thematische Geographie gelegt hat.
Kennzeichnend für dieses Werk, das eine echte Gemeinschaftsleistung der deutschsprachigen Geographie darstellt, ist darüber hinaus, dass der Schwerpunkt nicht auf kurzen Definitionen liegt, sondern dass vielmehr auch umfangreiche Beiträge zu bestimmten Fragestellungen, zu neuen theoretischen und methodischen Konzepten oder innovativen Teilgebieten der Geographie angeboten werden.

Die Herausgeber, im Mai 2001

Hinweise für den Benutzer

Reihenfolge der Stichwortbeiträge
Die Einträge im Lexikon sind streng alphabetisch geordnet, d. h. in Einträgen, die aus mehreren Begriffen bestehen, werden Leerzeichen, Bindestriche und Klammern ignoriert. Kleinbuchstaben liegen in der Folge vor Großbuchstaben. Umlaute (ö, ä, ü) und Akzente (é, è, etc.) werden wie die entsprechenden Grundvokale behandelt, ß wie ss. Griechische Buchstaben werden nach ihrem ausgeschriebenen Namen sortiert (α = alpha). Zahlen sind bei der Sortierung nicht berücksichtigt (3D-Analyse = D-Analyse), und auch mathematische Zeichen werden ignoriert (C/N-Verhältnis = C-N-Verhältnis). Chemische Formeln erscheinen entsprechend ihrer Buchstabenfolge ($CaCO_3$ = CaCO). Bei den Namen von Forschern, die Adelsprädikate (von, de, van u. a.) enthalten, sind diese nachgestellt und ohne Wirkung auf die Alphabetisierung.

Typen und Aufbau der Beiträge
Alle Artikel des Lexikons beginnen mit dem Stichwort in fetter Schrift. Nach dem Stichwort, getrennt durch ein Komma, folgen in einzelnen Fällen die Herleitung des Wortes aus einem anderen Sprachraum oder die Übersetzung aus einer anderen Sprache (in eckigen Klammern) und mögliche Synonyme (kursiv gesetzt). Danach wird – wieder durch ein Komma getrennt – eine kurze Definition des Stichwortes gegeben und anschließend folgt, falls notwendig, eine ausführliche Beschreibung. Bei reinen Verweisstichworten schließt an Stelle einer Definition direkt der Verweis an.
Geht die Länge eines Artikels über ca. 20 Zeilen hinaus, so können am Ende des Artikels in eckigen Klammern das Autorenkürzel (siehe Verzeichnis der Autorinnen und Autoren) sowie weiterführende Literaturangaben stehen.
Bei unterschiedlicher Bedeutung eines Begriffes in zwei oder mehr Fachbereichen erfolgt die Beschreibung entsprechend der Bedeutungen separat durch die Nennung der Fachbereiche (kursiv gesetzt) und deren Durchnummerierung mit fett gesetzten Zahlen (z. B.: **1)** *Geologie*: ... **2)** *Hydrologie*: ...). Die Fachbereiche sind alphabetisch sortiert; das Stichwort selbst wird nur ein Mal genannt. Bei unterschiedlichen Bedeutungen innerhalb eines Fachbereiches erfolgt die Trennung der Erläuterungen durch eine Nummerierung mit nichtfett-gesetzten Zahlen.
Das Lexikon enthält neben den üblichen Lexikonartikeln längere, inhaltlich und gestalterisch hervorgehobene Essays. Diese gehen über eine Definition und Beschreibung des Stichwortes hinaus und berücksichtigen spannende, aktuelle Einzelthemen, integrieren interdisziplinäre Sachverhalte oder stellen aktuelle Forschungszweige vor. Im Layout werden sie von den übrigen Artikeln abgegrenzt durch Balken vor und nach dem Beitrag, die vollständige Namensnennung des Autoren, deutlich abgesetzte Überschrift und ggf. einer weiteren Untergliederung durch Zwischenüberschriften.

Verweise
Kennzeichen eines Verweises ist der schräge Pfeil vor dem Stichwort, auf das verwiesen wird. Im Falle des Direktverweises erfolgt eine Definition des Stichwortes erst bei dem angegebenen Zielstichwort, wobei das gesuchte Wort in dem Beitrag, auf den verwiesen wird, zur schnelleren Auffindung kursiv gedruckt ist. Verweise, die innerhalb eines Text oder an dessen Ende erscheinen, sind als weiterführende Verweise (im Sinne von »siehe-auch-unter«) zu verstehen.

Schreibweisen
Kursiv geschrieben werden Synonyme, Art- und Gattungsnamen, Formeln sowie im Text vorkommende Formelelemente und Größen, die Vornamen von Personen sowie die Fachbereichszuordnung bei Stichworten mit Doppelbedeutung. Wird ein Akronym als Stichwort verwendet, so wird das ausgeschriebene Wort wie ein Synonym kursiv geschrieben und die Buchstaben unterstrichen, die das Akronym bilden (z. B. ESA, <u>E</u>uropean <u>S</u>pace <u>A</u>gency).
Für chemische Elemente wird durchgehend die von der International Union of Pure and Applied Chemistry (IUPAC) empfohlene Schreibweise verwendet (also Iod anstatt früher Jod, Bismut anstatt früher Wismut, usw.).
Für Namen und Begriffe gilt die in neueren deutschen Lehrbüchern am häufigsten vorgefundene fachwissenschaftliche Schreibweise unter weitgehender Berücksichtigung der vorliegenden wissenschaftlichen Nomenklaturen – mit der Tendenz, sich der internationalen Schreibweise anzupassen: z. B. Calcium statt Kalzium, Carbonat statt Karbonat.
Englische Begriffe werden klein geschrieben, sofern es sich nicht um Eigennamen oder Institutionen handelt; ebenso werden adjektivische Stichworte klein geschrieben, soweit es keine feststehenden Ausdrücke sind.

Abkürzungen/Sonderzeichen/Einheiten
Die im Lexikon verwendeten Abkürzungen und Sonderzeichen erklären sich weitgehend von selbst oder werden im jeweiligen Textzusammenhang erläutert. Zudem befindet sich auf der übernächsten Seite ein Abkürzungsverzeichnis.
Bei den verwendeten Einheiten handelt es sich fast durchgehend um SI-Einheiten. In Fällen, bei denen aus inhaltlichen Gründen andere Einheiten vorgezogen werden mussten, erschließt sich deren Bedeutung aus dem Text.

Abbildungen

Abbildungen stehen in der Regel auf derselben Seite wie das dazugehörige Stichwort. Aus dem Stichworttext heraus wird auf die jeweilige Abbildung hingewiesen, meist mit dem in Klammern stehenden Hinweis Abb. oder am Ende des Stichwortes ohne Klammer. Es wird auch auf Abbildungen anderer Stichworte hingewiesen, dies erfolgt über einen Verweispfeil, das entsprechende Stichwort und den Zusatz Abb. Farbige Bilder befinden sich im Farbtafelteil und werden dort entsprechend des Stichwortes alphabetisch aufgeführt.

Abkürzungen

↗ = siehe (bei Verweisen)
geb. = geboren
gest. = gestorben
a = Jahr
Abb. = Abbildung
afrikan. = afrikanisch
amerikan. = amerikanisch
arab. = arabisch
bzw. = beziehungsweise
ca. = circa
d. h. = das heißt
E = Ost
engl. = englisch
etc. = et cetera
evtl. = eventuell
franz. = französisch
Frh. = Freiherr
ggf. = gegebenenfalls
Ggs. = Gegensatz
griech. = griechisch
grönländ. = grönländisch
h = Stunde
Hrsg. = Herausgeber
i. A. = im Allgemeinen
i. d. R. = in der Regel
i. e. S. = im engeren Sinne
Inst. = Institut
isländ. = isländisch
ital. = italienisch
i. w. S. = im weiteren Sinne
jap. = japanisch
Jh. = Jahrhundert
Jt. = Jahrtausend

kuban. = kubanisch
lat. = lateinisch
min. = Minute
Mio. = Millionen
Mrd. = Milliarden
N = Nord
n. Br. = nördlicher Breite
n. Chr. = nach Christi Geburt
österr. = österreichisch
pl. = plural
port. = portugiesisch
Prof. = Professor
russ. = russisch
S = Süd
s = Sekunde
s. Br. = südlicher Breite
schwed. = schwedisch
schweizer. = schweizerisch
sing. = singular
slow. = slowenisch
sog. = so genannt
span. = spanisch
Tab. = Tabelle
u. a. = und andere, unter anderem
Univ. = Universität
usw. = und so weiter
v. a. = vor allem
v. Chr. = vor Christi Geburt
vgl. = vergleiche
v. h. = vor heute
W = West
z. B. = zum Beispiel
z. T. = zum Teil

Aapamoor, *Apamoore*, ↗Moore.

Abandonment, *aufgegebene Stadtteile*, baulicher Verfall und allgemeine Qualitätsverschlechterung eines Wohnumfeldes (Verwahrlosung) in innerstädtischen Mietsquartieren sowie in Minderheitenvierteln am Stadtrand durch Abwanderung wohlhabender Bevölkerungsschichten bzw. den Rückzug von Investoren (Abb.). In den USA wer-

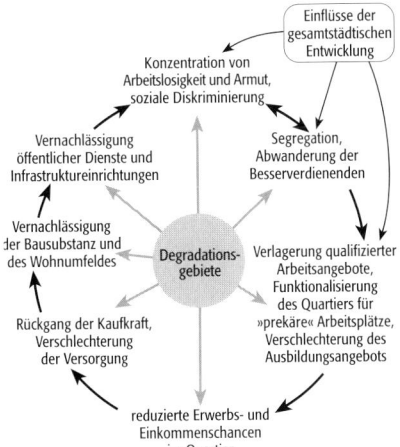

Abandonment: Zirkulärer und kumulativer Degradationsprozess aufgegebener Stadtteile.

den häufig private Wohnhäuser aufgegeben, weil die Instandhaltungskosten die Mieteinnahmen oder den Verkaufswert übersteigen oder um Steuern zu sparen. Da die Übernahme oft durch die Stadt erfolgt, z. B. zum Ausgleich bestehender Steuerschulden, sind die Stadtverwaltungen zu den größten »Slumlords« geworden. Vor Übernahme durch die Stadt fallen aufgegebene Häuser häufig Feuern zum Opfer. Der »Abriss durch Brandstiftung« als letzte Verdienstquelle für den Besitzer kennzeichnete in den 1970er-Jahren weite Bereiche innerstädtischer ↗Slums (z. B. South Bronx in New York). [RS]

Abbau, Zerlegung organischer Substanz im Stoffwechsel eines Organismus oder ↗Zersetzung toter Substanz von Pflanzen (Streuabbau) oder Tieren; in der Ökotoxikologie die chemische Umwandlung von Umweltgiften in unschädliche Verbindungen.

Abbaurate, *Zersetzungsrate*, ↗Zersetzung.

Abbildtheorie, *Widerspiegelungstheorie*, eine erkenntnistheoretische Position, die Formen und Inhalte bewussten Erkennens als eine Abbildung oder Wiederspiegelung einer sich außerhalb des erkennenden Subjektes und einer unabhängig von diesem befindlichen – deshalb »objektiv« genannter – Realität begreift.

Abendland, *Okzident*, als Begriff in der Lutherzeit gebildete, erst im 19. Jahrhundert voll ausgeprägte geistesgeschichtliche Bezeichnung für den westlichen Teil Europas, der sich im Mittelalter – stets in Abhebung gegenüber der östlichen Welt des ↗Morgenlandes – als einheitlicher (west- und mitteleuropäischer) Kulturkreis formierte und bis in die Neuzeit Einheitlichkeit und Bedeutung bewahrte. Zunehmend wurde der Begriff Abendland durch den säkularen Begriff Europa abgelöst, spielte allerdings in der europäischen Romantik noch einmal eine besondere Rolle. Im 20. Jahrhundert standen ideologisierende Vorstellungen von Geist und Kultur des Abendlandes in Zusammenhang mit kulturpessimistischen Klagen über den drohenden Verlust europäischer Einheit und geistig-religiöser Ganzheit; diese Vorstellungen wurden durch Ideologiekritik völlig entwertet. Der Begriff wird heute nur noch im geistesgeschichtlichen Sinn gebraucht. [KS]

Abendrot, Dämmerungserscheinung der Atmosphäre, ursächlich durch die ↗Rayleigh-Streuung bedingte Rotfärbung des Himmels. Dabei wird das blaue Licht bei niedrigem Sonnenstand so stark gestreut, dass nur noch die roten Spektralanteile übrig bleiben und die Sonne rot erscheint. Dieses Licht wird durch die Aerosole – unabhängig von der Wellenlänge – gestreut und färbt den umgebenden Himmel ebenfalls rot. Je stärker der Aerosolanteil, desto stärker ist die Streuung, weshalb das Abendrot in stark luftbelasteten Gebieten oder nach Vulkaneruptionen besonders ausgeprägt ist. Die analoge Dämmerungserscheinung am Morgen ist das *Morgenrot*.

Abenteuertourismus, *Abenteuerreise*, Aufsuchen einer außerhalb des gewöhnlichen Aufenthaltsorts gelegenen ↗touristischen Destination mit dem Ziel, Außergewöhnliches und Nichtalltägliches zu erleben. Risiken für Leib und Leben, die nach subjektiver Einschätzung und nach objektiven Kriterien mehr oder weniger groß sein können, werden dabei bewusst eingegangen. Zum Abenteuertourismus gehören in besonderer Weise Reisen mit Expeditionscharakter, Reisen in fremde Länder und andere Kulturen, besondere Wildniserlebnisse oder auch das Ausüben neuer Trendsportarten.

Abfall, 1) *Müll*, gemeinhin die Summe aller Sachen oder Stoffe, die bei Produktion (Rückstände, Reststoffe) oder durch bzw. nach Gebrauch eines Gutes anfallen und deren sich der Besitzer entledigen will. Den Umgang mit Abfall regelt das Kreislaufwirtschafts- und Abfallgesetz (KrW-

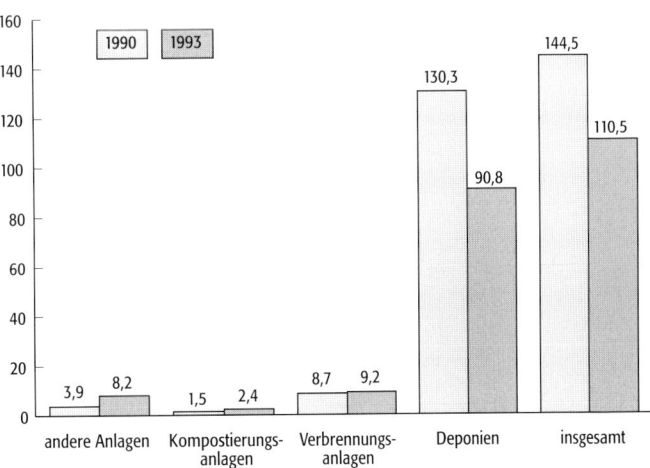

Abfall 1: An öffentlich betriebene Abfallentsorgungsanlagen gelieferte Abfallmenge in Deutschland.

Abfluss

Abfall 2: Abfallaufkommen, -verwertung und -beseitigung nach Wirtschaftsbereichen in Deutschland 1993.

	Abfallauf-kommen	davon Abfälle zur Verwertung		davon Abfälle zur Beseitigung	
	[10^6 t]	[10^6 t]	[%]	[10^6 t]	[%]
Produzierendes Gewerbe	289,9	72,1	24,87	217,8	75,13
Krankenhäuser	1,0	0,3	30,0	0,8	80,0
Öffentliche Hand[(2)]	5,2	0,9	17,31	4,3	82,69
Private Haushalte, Kleingewerbe, Dienstleistungen	41,5	11,2	26,99	30,3	73,01
alle Bereiche (Autowracks)	0,9	0,9	100,0	–	–
Insgesamt[(1)]	338,5	85,4	25,23	253,1	74,77

[(1)] Abweichungen in den Summen durch Runden   [(2)] Straßenreinigung, Kläranlagen

/AbfG), dessen Ziel es ist, Ressourcen zu schonen und die Abfallmenge wegen der damit verbundenen Kosten und Umweltprobleme zu reduzieren. Erreicht werden soll dies durch eine Weiterentwicklung der Abfallwirtschaft zu einer Kreislaufwirtschaft, in der jedoch die Abfallvermeidung Vorrang vor stofflicher oder energetischer Verwertung (also /Recycling oder Verbrennung) hat. An letzter Stelle sollen Abfälle stehen, die keiner Verwertung zugeführt werden können und beseitigt (deponiert) werden müssen. Insbesondere erfordert aber die Abgrenzung der thermischen Verwertung von der Beseitigung eine klarere inhaltliche Fassung. Wie die Zahlen des Abfallaufkommens belegen (Abb. 1 und 2), ist in vielen Bereichen die Realität von diesen Zielvorgaben weit entfernt. 2) Abfall in Vegetationsbeständen (*Bestandsabfall*). Während ein geschlossener Kreislauf in Zusammenhang mit Müll eine relativ junge Zielvorstellung ist, deren Umsetzung erst rudimentär erreicht wird, ist er in natürlichen Ökosystemen die Regel. Der Bestandsabfall, also das abgestorbene Material eines Vegetationsbestandes (= pflanzliche Nekromasse), stellt die pflanzliche Ausgangsmaterie für die verschiedenen Prozesse der /Zersetzung dar und liefert den mengenmäßig bei weitem bedeutendsten Anteil der organischen Bestandteile des Bodens. Je nach Typ des Ökosystems macht sein Abfall unterschiedlich hohe Anteile der Phytomasse aus: Grundsätzlich laufen die Zersetzungsprozesse in warm-feuchten Gebieten rascher ab, sodass eine große Akkumulation von Nekromasse, wie sie in kalten Regionen auftritt, wegen der erhöhten biologischen Aktivität unterbleibt. So beträgt der Anteil an Humus und Streu in tropischen Regenwäldern zwischen 10 und 20 % der gesamten Phytomasse, in borealen Nadelwäldern dagegen bis zu 70 %. Weltweit schätzt man in terrestrischen Ökosystemen den Anteil des Bestandsabfalls auf etwa 6 % der Biomasse.

Abfluss, Komponente des /Wasserkreislaufes, welche die Entwässerung der Landflächen der Erde, d. h. die oberirdische und unterirdische Ableitung des Niederschlagswassers in einen Ozean oder eine abflusslose Senke, charakterisiert (Abb.). Abfluss ist das Ergebnis des Durchganges des Niederschlagswassers durch das /Einzugsgebiet, wobei allerdings erhebliche Wasseranteile an Pflanzenoberflächen, an der Bodenoberfläche,

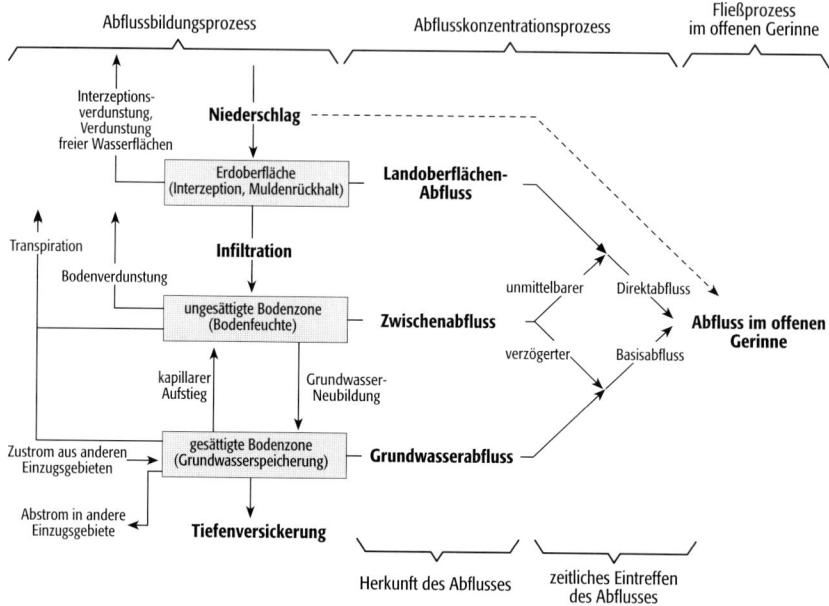

Abfluss: Schematische Darstellung des Abflussprozesses.

in Schnee, Eis und Gletschern, in stehenden Gewässern, im Boden sowie im Grundwasser gespeichert und durch ↗Verdunstung in die Atmosphäre zurückgeführt werden. Es werden verschiedene Arten von Abfluss unterschieden: Der *Oberflächenabfluss* ist der Teil des Abflusses, der nicht versickert, sondern über die Oberfläche direkt einem ↗Vorfluter zufließt. Ein weiterer Teil des oberirdischen Abflusses ist der linienhafte Abfluss in den Gerinnen des Gewässernetze. Dabei werden der *schießende Abfluss*, der Abfluss eines Fließgewässers mit hoher Geschwindigkeit, bei dem die Fließgeschwindigkeit an der Oberfläche höher ist als an der Sohle, und der gleitende (laminare) Abfluss unterschieden. Der *strömende Abfluss* liegt zwischen dem schießenden und gleitenden Abfluss, ist turbulent und die Wasserteilchen bewegen sich ungeregelt (*turbulentes Strömen*). Beim unterirdischen Abfluss werden die Anteile Zwischenabfluss (↗interflow) und *Grundwasserabfluss* unterschieden. Interflow vollzieht sich nur wenige Dezimeter unter der Bodenoberfläche, meist in Deckschichten über dem Grundwasserspiegel. Er fließt dem Vorfluter nur mit geringer zeitlicher Verzögerung zu. Grundwasserabfluss ist der Anteil des Abflusses, der durch den Prozess der Tiefenversickerung (Perkolation) dem Grundwasser zugeführt und längerfristig gespeichert wird. Er wird dem Vorfluter über Quellen oder flächenhafte Grundwasseraustritte nur allmählich zugeführt. Abfluss, der nach Auffüllung des oberen Porenraumes des Bodens (Wassersättigung) als Oberflächenabfluss auftritt, wird als *Sättigungsabfluss* bezeichnet. Nach der zeitlichen Verzögerung, mit der das abfließende Wasser den Vorfluter erreicht, werden der *Direktabfluss*, der die verschiedenen Formen des Oberflächenabflusses und den direkten Zwischenabfluss umfasst, und der *Basisabfluss*, der den Grundwasserabfluss und den verzögerten Grundwasserabfluss charakterisiert, unterschieden. In weiten Teilen der Erde ist ein Trend zur anteiligen Abnahme des Basisabflusses gegenüber dem Direktabfluss zu beobachten. Die Folgen anthropogener Eingriffe in die Natur werden hier sichtbar. Weiterhin unterscheidet man nach der Kontinuität des Abflusses den *perennierenden Abfluss*, der ohne Unterbrechung ständig erfolgt, den *periodischen Abfluss*, der nicht kontinuierlich stattfindet, sondern zu sich regelmäßig wiederholenden Zeiten erfolgt, und den *episodischen Abfluss*, der weder ständig fließt noch immer in demselben Zeitraum eines Jahres auftritt, sondern der nur in Abhängigkeit von jeweils auftretenden Niederschlägen entsteht (z. B. in ↗Wadis).

Der Abfluss wird in Fließgewässern an Messquerschnitten über den Wasserstand als *Durchfluss* erfasst. Darunter wird das in einem bestimmten Fließquerschnitt durchfließende Wasservolumen je Zeiteinheit (in m^3/s oder l/s) verstanden. Der Durchfluss ist wasserstandsabhängig, wobei gleiche Wasserstände nicht unbedingt gleiche Durchflüsse zur Folge haben müssen, da bei steigendem Durchfluss die Durchflussvolumina größer sind als bei fallenden Wasserständen. Die Beziehung zwischen den Wasserständen und den Durchflüssen wird durch die Durchflusskurve (veraltet Abflusskurve) dargestellt.

Der Abfluss unterliegt infolge der Auswirkung unterschiedlichster Regimefaktoren (↗Abflussregime) einer großen räumlichen und zeitlichen Variabilität. Hieran beteiligt sind neben dem Niederschlag andere Klimagrößen wie Lufttemperatur, Strahlung usw. sowie Parameter der Landoberfläche (Landnutzung, Bodenbedeckung, Relief) und des Untergrundes (Bodeneigenschaften, Hydrogeologie usw.). Die große zeitliche Variabilität spiegelt sich in den Abfluss- bzw. ↗Durchflussganglinien wider. Es wechseln sich Zeiten mit hoher (↗Hochwasser) und geringer Wasserführung (↗Niedrigwasser) ab. Je kleiner ein Einzugsgebiet ist, desto größer ist seine zeitliche Variabilität. Die große räumliche Variabilität des Abflusses wird durch kartenmäßige Darstellung der *Abflusshöhe* verdeutlicht. Diese stellt den Abfluss aus einem Einzugsgebiet, der in mm pro Zeiteinheit, meist auf ein Jahr bezogen, ausgedrückt wird, dar. Die Abflusshöhe berechnet sich aus dem Quotienten von Durchflussvolumen pro Zeiteinheit und der Fläche des Einzugsgebietes.

Obwohl der Abfluss volumenmäßig nur einen Bruchteil der gesamten Süßwasserreserven der Erde ausmacht, ist er wegen seiner zeitlichen und räumlichen Dynamik ein in wirtschaftlicher, ökologischer und Gefährdung auslösender Hinsicht außerordentlich bedeutender Faktor in der Wasserwirtschaft. Daher ist eine gründliche Beobachtung dieser Wasserhaushaltsgröße unerlässlich. Aus diesem Grund unterhalten die in allen Ländern der Erde eingerichteten gewässerkundlichen Dienste hydrologische Messnetze, an denen die Durchflüsse kontinuierlich gemessen werden. Diese werden in den jährlich erscheinenden gewässerkundlichen Jahrbüchern verfügbar gemacht. [KHo]

Abflussbahn, bei der lokalen und regionalen Bewegung von bodennaher ↗Kaltluft verwendeter Begriff für diejenigen Flächen, auf denen die Luft talwärts strömt. Abflussbahnen sind wegen der erhöhten Frost- und Nebelgefährdung in der ↗Agrarklimatologie und ↗Angewandten Klimatologie bedeutsam. In der lufthygienisch orientierten Stadtklimatologie sind Abflussbahnen für den Luftaustausch bei austauscharmen Strahlungswetterlagen planungsrelevant. Es ist anzustreben, sie so zu gestalten, dass der Abstrom der Kaltluft nicht behindert wird.

Abflussgang, veralteter Begriff für ↗*Durchflussgang*.

Abflussganglinie, veralteter Begriff für ↗*Durchflussganglinie*.

Abflusshöhe ↗Abfluss.

Abflussjahr, *hydrologisches Jahr*, wird durch den Verlauf der klimatischen Jahreszeiten bestimmt. In Deutschland sind die Wasserreserven im Boden, im Grundwasser, in Gletschern, aber auch in Flüssen und Seen im langjährigen Verlauf Ende Oktober am geringsten. Im November beginnt dagegen die Auffüllung der Wasserspeicher. Daher ist das Abflussjahr so festgelegt, dass es am 1. November beginnt und am 31. Oktober des nächsten Jahres endet. Damit soll sichergestellt werden, dass z. B. die winterlichen Niederschläge in fester Form nach der Schneeschmelze im Abfluss des entsprechenden Berichtsjahres erfasst werden. Diese Einteilung ist jedoch nur für Mitteleuropa sinnvoll, schon für Nord- oder Südeuropa sind andere Einteilungen erforderlich.

Abflusslängsprofil ↗ *Flusslängsprofil.*

Abflussregime, *Flussregime,* regelmäßig wiederkehrendes Abflussverhalten eines Fließgewässers im Jahresgang. Das Abflussregime wird von einer Vielzahl von Regimefaktoren bestimmt. Der Niederschlag ist zwar der auslösende Regimefaktor, doch kann er so stark von anderen geographischen, klimatologischen, hydrologischen oder anthropogenen Regimefaktoren überlagert sein, dass er sich im Verlauf der Wasserführung nur noch schwer erkennen lässt. Es wird zwischen einfachen und komplexen Abflussregimen unterschieden. Zu den einfachen Abflussregimen gehören glaziale, nivale und pluviale Regime, die jeweils nur zwei hydrologische Jahreszeiten besitzen: eine Hochwasserzeit und eine Niedrigwasserzeit. Zur besseren Vergleichbarkeit unterschiedlicher Regime wurden für viele Flüsse der Erde monatliche Durchflusskoeffizienten zusammengestellt, um ihre Abflusscharakteristika darzustellen. Die zwölf monatlichen Durchflusskoeffizienten eines Jahres werden gebildet durch die Quotienten aus dem mittleren monatlichen Durchfluss und dem mittleren Jahresdurchfluss. Die mittlere jährliche Wasserführung hat den Durchflusskoeffizienten 1,0. In der Regel werden alle zwölf Koeffizienten der Monatsmittelwerte in einem Diagramm dargestellt (Abb.).

Das glaziale Abflussregime wird bei einer Gletscherbedeckung des ↗ Einzugsgebietes von mindestens 20 % erzeugt. Das Niederschlagsregime wird vollkommen von Rücklage und Aufbrauch des Eises überlagert. Aus dem Abflussregime ist nicht mehr zu erkennen, wann der Niederschlag gefallen ist. Die Abflusscharakteristika der nivalen Abflussregime werden ebenfalls durch Rücklage der Niederschläge, zumeist Schnee, und deren Aufbrauch durch Abschmelzvorgänge gebildet.

Die pluvialen Regime, auch Regenregime genannt, werden in ozeanische und tropische Regenregime unterteilt. Im ozeanischen Regenregime sind Januar bis März die abflussstärksten Monate. Im Spätsommer herrscht dagegen meist Niedrigwasser. Ursache für dieses Verhalten ist zum einen, dass auch im Winter der Niederschlag überwiegend in flüssiger Form fällt, sodass keine Abflussverzögerung durch Schnee eintritt, und zum anderen die hohe Verdunstung während der Vegetationsperiode. Das tropische Regenregime wird durch die Lage der Regenzeit geprägt. Mit zunehmender Entfernung vom Äquator und damit verbundenem Wechsel von Regenzeit und Trockenzeit infolge der Verschiebung der ↗ innertropischen Konvergenzzone tritt es in ganz unterschiedlicher Form auf. Die abflussstärksten Monate entsprechen den gleichzeitigen zenitalen Niederschlagsmaxima. Am Ende der Trockenzeit treten dagegen die Abflussminima auf.

Die komplexen Abflussregime werden wiederum unterteilt in komplexe Regime ersten und zweiten Grades. Bei den komplexen Regimen ersten Grades geht das typische Abflussverhalten auf verschiedene Ursachen zurück. Diese Regime können mehrere Maxima und Minima haben. Im Allgemeinen ist ihre Wasserführung ausgeglichen und sie können in mehrere Untertypen unterteilt werden: a) Der nivale Übergangstyp hat im Juni ein erstes Maximum, das durch die Schneeschmelze verursacht ist. Ein zweites Maximum tritt häufig Ende des Jahres infolge der Winterregen auf. b) Ebenfalls zwei Maxima und Minima hat das *nivo-pluviale Regime.* Das erste Maximum (April/Mai) ist i. d. R. höher als das zweite Herbstmaximum. c) Bei dem *pluvio-nivalen Regime* spielt die Schneeschmelze lediglich eine untergeordnete Rolle. Sie wirkt verstärkend auf die Frühjahrsmaxima, sodass diese meist höher sind als die Herbstmaxima, die nur durch den Niederschlag ausgelöst werden.

Die komplexen Regime zweiten Grades treten praktisch bei allen größeren Flusseinzugsgebieten auf, die den unterschiedlichsten Regimefaktoren ausgesetzt sind. So hat der Rhein zunächst ein glaziales Regime und ein nivales Regime. Im Unterlauf verstärken sich die ozeanisch geprägten pluvialen Regimefaktoren immer mehr. Dies bewirkt insgesamt im Unterlauf eine sehr ausgeglichene Wasserführung, die auch wirtschaftlich, z. B. für die Schifffahrt, von erheblicher Bedeutung ist. [KHo]

Abflussspende, Wassermenge in Liter pro Sekunde, die in einem Einzugsgebiet bezogen auf eine Einheitsfläche von 1 km^2 abfließt. Diese Einheitsfläche wird zur besseren Vergleichbarkeit von Einzugsgebieten unterschiedlicher Größe gewählt. Hohe Abflussspenden sind beispielsweise in Gebirgsregionen mit großer Reliefenergie, spärlicher Vegetation und geringer ↗ Evapotranspiration, verbunden mit hohen Niederschlägen, vorzufinden. In Tiefländern mit geringen Niederschlägen und hoher Evapotranspiration sind die Abflussspenden viel geringer. Innerhalb eines einheitlichen Klimagebietes geht die Abflussspende eines Flusses von der Quelle bis zur Mündung kontinuierlich zurück.

Abfrage geographischer Daten, *spatial query,* Anfragen (*queries*) an die Datenbank in einem Geographischen Informationssystem (↗ GIS). Im Gegensatz zur Analyse geographischer Daten (↗ Datenanalyse) handelt es sich hier um Fragen, die direkt mit den gespeicherten Daten beantwortet werden können, ohne dass weitere Analyse- oder Verarbeitungsschritte notwendig sind. In einem GIS unterscheidet man folgende Abfragetypen: a) *geometrische Abfragen* wie der Abstand zwischen zwei Punkten oder die Flächengröße eines ↗ Polygons, b) *topologische Abfragen* wie die Bestimmung von Nachbarflächen oder aller in einem ↗ Polygon enthaltenen Objekte, c) *attributive Abfragen* (Abfrage von Eigenschaften), die Auskunft über die Eigenschaften (↗ At-

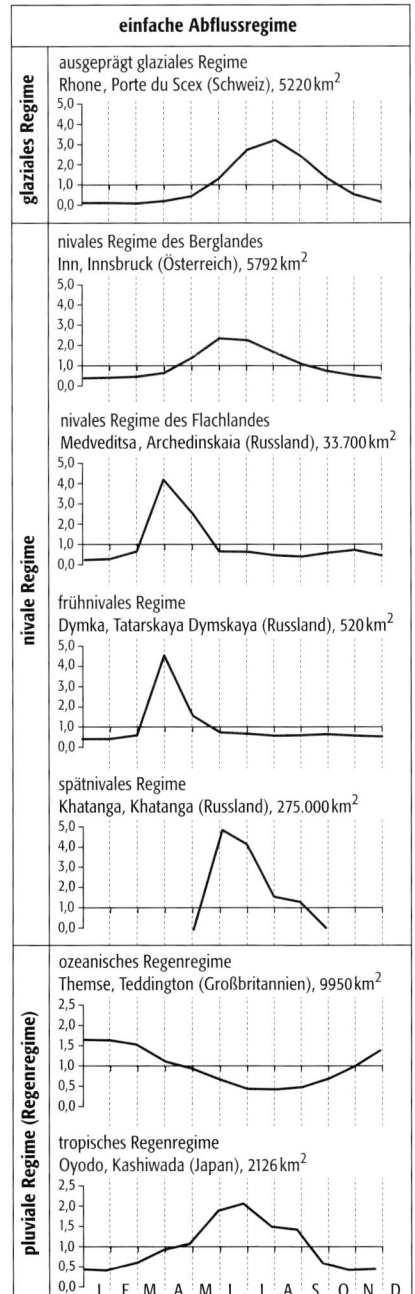
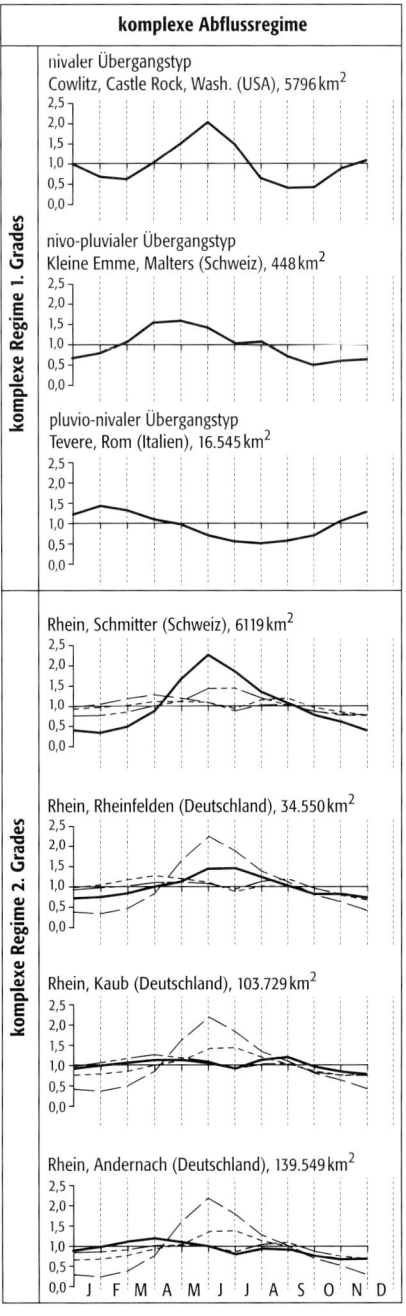

Abflussregime: Verschiedene Abflussregime mit Beispielen (angegeben mit Gewässer, Station (Land) und Größe des Einzugsgebietes; x-Achse = Monate, y-Achse = monatlicher Durchflusskoeffizient).

tributdaten) eines Objektes in einer Datenebene (/layer) oder eines bestimmten Ortes in verschiedenen Datenebenen geben und d) Abfragen von Metainformation, die Auskunft über Bearbeitungsstand, Datenquellen, Erhebungsverfahren usw. (/Metadaten) geben. Das Ergebnis der Abfragen kann in einer /Selektion gespeichert werden, die dann Grundlage weiterer Abfragen ist. Auf diese Weise können die verschieden Abfragetypen auch kombiniert werden (Beispiel: Zeige alle Krankenhäuser mit mehr als 500 Betten im Umkreis von 50 km um den Stationierungsort eines Flugrettungsdienstes.). [WE]

Abfragesprache, *query language*, textbasierte Sprache, um alle Funktionen eines DBMS (/Datenbank) anzusprechen. Sie dient zur Datendefinition, Datenmanipulation und Datenbankadministration. /SQL ist ein typischer Vertreter einer Abfragesprache und inzwischen zu einem Quasi-Standard geworden.

Abgasfahne ↗*Abluftfahne*.

Abgleitfläche, i. d. R. gering geneigte Gleitfläche in der Atmosphäre, über die Luft ohne Wärmezufuhr oder Wärmeverlust abwärts gleitet. Die Gleitfläche ist deshalb für abwärts gerichtete Bewegungen eine Fläche gleicher potenzieller Temperatur. Abgleitflächen bestehen immer aus den gleichen Teilchen, da diese die Abgleitfläche nur bei Wärmezufuhr oder Wärmeverlust verlassen können und besitzen demzufolge Eigenschaften einer »materiellen« Fläche. Abgleitflächen können auch unabhängig von ↗Fronten als nahezu parallele Flächen die Atmosphäre durchziehen.

Abgrusen, *Vergrusung*, Prozess bei der ↗Verwitterung grobkörniger Gesteine (z. B. ↗Granit, Sandstein), in dem bereits in einer frühen Phase *Grus* (sand- bis kiesgroßes Material) entsteht, welches im Wesentlichen aus den isolierten Mineralkörnern des Gesteins besteht. Vorwiegend sind Prozesse der ↗physikalischen Verwitterung (Frostsprengung und ↗Insolationsverwitterung) für das Abgrusen verantwortlich, jedoch zeigt das Material oft schon in einer frühen Phase, noch im Gesteinsverband, eine Braunfärbung, die auf ein Mitwirken der ↗Oxidationsverwitterung hindeutet, und es ist nicht ausgeschlossen, dass chemische Veränderungen an Feldspäten und Glimmern durch ↗Hydrolyse schon in frühen Phasen der Vergrusung auftreten.

Abhängigkeit ↗*Dependenz*.

Abhängigkeitsrelationen, Wirkungsbeziehungen zwischen zwei Systemelementen. Dargestellt wird eine einseitige oder wechselseitige Abhängigkeit. Es gibt positive und negative Abhängigkeitsrelation. Positive Abhängigkeit heißt: Eine Zunahme bzw. Abnahme bei der beeinflussenden Systemgröße bewirkt bei der abhängigen Systemgröße ebenfalls eine Zunahme bzw. Abnahme. Negative Abhängigkeit heißt: Eine Zunahme bei der beeinflussenden Größe bewirkt eine Abnahme bei der beeinflussenden Größe und umgekehrt. Mit Abhängigkeitsrelation wird also die verstärkende oder dämpfende Kopplung zwischen zwei Systemelementen formuliert. In ↗Korrelationssystemen sind Abhängigkeitsrelation die einzige Art der dargestellten Systemverbindungen.

Abholzung, 1) gleichzeitiges Fällen der Bäume auf großen Wald- oder Forstflächen (↗Kahlschlag). 2) *Entwaldung*, Bezeichnung für die seit der Sesshaftwerdung der Menschen erfolgte, seit dem 20. Jh. beschleunigt zunehmende Beseitigung von Wäldern durch ↗Rodung, Raubbau, Feuer oder Überstauung. Ursache ist wachsender Bedarf an ↗Landwirtschaftlicher Nutzfläche, an Siedlungs- und Verkehrsgebieten, ferner an Bau-, Brennholz und Zellstoff sowie an Stauseen zur Energiegewinnung und ↗Bewässerung. In den Tropen betrug die Entwaldung Ende des 20. Jh. 15–17 Mio. ha/Jahr; sie wird nur in geringem Umfang durch Wiederaufforstung ausgeglichen, die außerdem kaum je die Struktur- und Artenvielfalt der primären Waldökosysteme erreicht.

abiotische Ökofaktoren, unbelebte (physikalische und chemische) Einflussgrößen in ↗Ökosystemen. Gemeinsam mit den ↗biotischen Ökofaktoren bestimmen sie als ↗Standortfaktoren den ökologischen ↗Standort und werden zusammenfassend als ↗Ökofaktoren bezeichnet.

abiotisches Subsystem, gedachtes Teilsystem des ↗Ökosystems, das nur die abiotischen ↗Kompartimente enthält. Zusammen mit dem *biotischen Subsystem* ergibt sich das vollständige Ökosystem. Aufgrund vielfältiger Wechselwirkungen zwischen den abiotischen und biotischen Kompartimenten ist eine Trennung realer Ökosysteme in abiotische und biotische Subsysteme nicht möglich.

Abiturientendichte, Zahl der Abiturienten eines Areals im Zeitraum t bezogen auf die durchschnittliche Zahl der Wohnbevölkerung im Zeitraum t. Die Abiturientendichte ist nur eine sehr grobe Maßzahl. Sie bietet für regional differenzierende Untersuchungen keine ausreichende Genauigkeit, weil sie regionale Unterschiede des Altersaufbaus nicht berücksichtigt.

Abkopplung ↗*Dissoziation*.

Abkühlungsgröße, entspricht derjenigen Wärmemenge, die einem Menschen durch die vorherrschenden meteorologischen Bedingungen entzogen wird. Als Messgeräte finden Katathermometer und Frigorimeter Verwendung. Beim Katathermometer (von griech. kata = abwärts) wird die Abkühlungszeit der Flüssigkeitssäule zwischen 38 °C und 35 °C eines vorher auf 60 °C erwärmten Alkoholthermometers gemessen und diese als Maß für die Abkühlungsgröße verwendet. Mithilfe des Frigorimeters wird diejenige Wärmemenge bestimmt, die aufgewendet werden muss, um einen Probekörper (Kupfervollkugel, $\varnothing$ = 7,5 cm) auf konstanter Temperatur von 35,5 °C zu halten. Die diesem Körper zugeführte Wärme entspricht dann seiner Abkühlung. Da die Abkühlungsgröße nur an physikalischen Körpern ermittelt wird, ist keine körperbezogene thermophysiologische Bewertung des Bioklimas möglich. Deshalb sollten thermische Indices verwendet werden, die die menschliche Wärmebilanz berücksichtigen, wie PMV (↗Predicted Mean Vote), PET (↗Physiologisch Äquivalente Temperatur), pt (↗gefühlte Temperatur) und ↗wind chill. [WKu]

Ablagerung, 1) *Sediment*, Bezeichnung für abgelagerte bzw. angehäufte Massen wie Tone, Sande, Kiese oder Kalkschlämme. 2) Vorgang der ↗Sedimentation.

Ablation, bezeichnet in enger Definition die Abschmelzung von Schnee, Firn oder Eis. In weiterem Sinne wird jede Form des Massenverlustes von ↗Gletschern, d.h. auch durch ↗Kalbung, Winddrift, ↗Verdunstung, ↗Sublimation oder abgehende Eis- oder ↗Schneelawinen im System des ↗Massenhaushalts der Gletscher als Ablation bezeichnet. Die *Ablationsperiode* ist der Zeitraum im Jahr, in dem Ablation stattfindet.

Ablationsfaktoren ↗*Energiebilanz der Gletscheroberfläche*.

Ablationsgebiet, *Zehrgebiet* (veraltet), ↗*Massenhaushalt*.

Ablationskegel, *Gruskegel*, sind bis zu einigen Metern hohe, mit Lockersediment (Silt, Sand oder

Kies) bedeckte, kegelförmige temporäre Formen auf der Oberfläche von ↗Gletschern. Ablationskegel entstehen, wenn eine mehrere Zenti- oder Dezimeter mächtige Sedimentschicht das unterlagernde Gletschereis isoliert und so im Gegensatz zur umgebenden reinen Eisoberfläche vor ↗Ablation schützt. Die Bereiche um die Sedimentablagerung werden durch oberflächliche Ablation erniedrigt, sodass sukzessive ein über die Gletscheroberfläche hinausragender Ablationskegel entsteht. ↗Gletschertische und supraglaziale ↗Moränen sind mit Ablationskegeln verwandte Formen.

Ablationsmoräne ↗Moränen.
Ablationsperiode ↗Ablation.
Ablationssaison ↗Massenhaushalt.
Ablegebetrieb, ↗Betriebsform in der Hühnerhaltung, bei der die Produktion von Eiern im Mittelpunkt steht. Moderne Haltungsformen in vollautomatischen Käfigen oder Batterien haben sich durchgesetzt. Die Belegung der Käfige mit Junghennen aus den Aufzuchtbetrieben erfolgt im »Rein-Raus-Verfahren«. Sortier- und Verpackungsstellen sind dem Betrieb angeschlossen.

Abluation, Abspülung bevorzugt feinerer Korngrößen unter periglazialen Bedingungen. Die Besonderheit der Periglazialgebiete liegt im regelmäßigen Auftreten von Schmelzwässern während der sommerlichen Auftauperiode, was zu regelmäßiger Abspülung führt (↗Periglazial). Die entsprechenden Ablagerungen werden als abluale Sedimente bezeichnet.

Abluftfahne, *Abgasfahne*, **1)** derjenige Raum, in welchen hinein sich bei punktförmiger Quelle ↗Emissionen in die Atmosphäre ausbreiten. Sie hat die Form eines abgeplatteten Kegels, dessen Spitze zur Punktquelle weist. Form und Position der Abgasfahne werden durch die Austrittsbedingungen und die Ausbreitungsverhältnisse sowie die Art der Emission bestimmt. Zu unterscheiden ist zwischen dem Sonderfall der Emissionen, die einen gravitativen Auftrieb oder ein Absinken erfahren sowie dichteneutralen Emissionen, welche in der turbulent durchmischten Grundschicht (und beim Fehlen großpartikulärer Emissionen durch vorherige Abscheidung) die Regel sind. Der Austritt erfolgt mit einer gewissen Geschwindigkeit und meist mit einer überhöhten Temperatur. Beides bewirkt zunächst einen vertikalen Anstieg, wobei eine turbulente Durchmischung mit der Umgebungsluft erfolgt. Dadurch verlangsamen sich temperatur- und impulsbedingter Auftrieb und die Achse der Abgasfahne dreht aus der Richtung der Austrittsöffnung in diejenige des Windfeldes, also in der Regel in die Horizontale. Die Höhe, in welcher kein Auftrieb mehr erfolgt, ist die ↗effektive Quellhöhe. Ihre Berechnung ist im Anhang C der ↗TA Luft und für Sonderfälle in VDI-Richtlinien zur ↗Ausbreitungsrechnung vorgegeben. Der Zustand der Atmosphäre geht dabei über die Berücksichtigung der ↗Ausbreitungsklasse ein. Da die Schichtungsverhältnisse wesentlich die Form der Abluftfahne bestimmen, ist aus ihr, sofern sie sichtbar ist, z.B. bei Rauch- oder Wasserdampfemis-

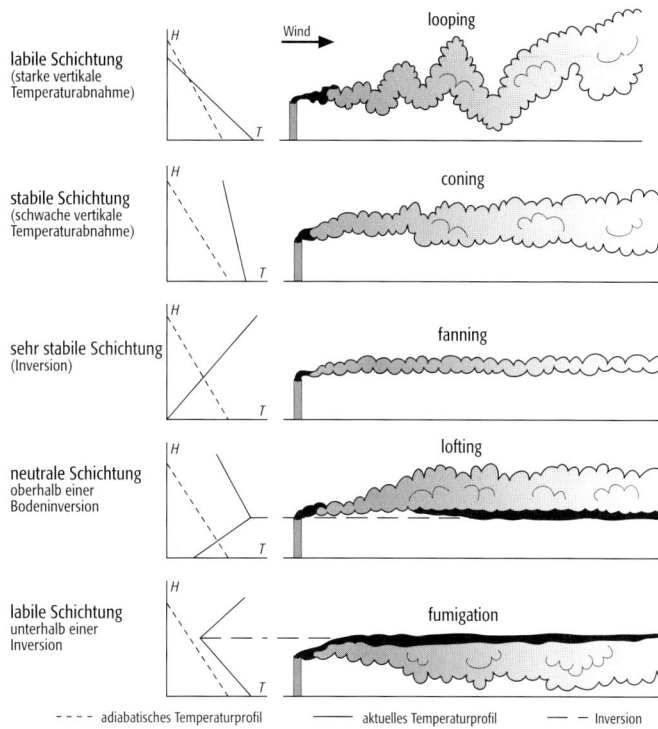

sionen, die bodennahe atmosphärische Schichtung ablesbar. Die Abbildung stellt verschiedene Typen von Abluftfahnen und ihren Bezug zur thermischen Schichtung in idealisierter Form dar. **2)** (städtische) Abluftfahne, *urban plume*, Ausbreitung der ↗Stadtgrenzschicht, bezogen auf die thermische und lufthygienische Belastung der Atmosphäre, im Lee einer Stadt (↗Stadtklima). [JVo]

Abluftfahne: Formen der Abluftfahne bei entsprechender atmosphärischen Schichtung.

Abmelkwirtschaft, Form der ↗Viehhaltung zur Milcherzeugung, bei der keine eigene Aufzucht der Rinder erfolgt. Bei Nachlassen der Milchleistung werden die Kühe verkauft, um nach Anmästung geschlachtet zu werden.

Abrasion, mechanisches Abschleifen von Festgesteinen in der Brandungszone (↗Brandung) durch im Wellenschlag bewegtes Lockermaterial (sog. Brandungswaffen). Sie führt zum Zurückschneiden des Festlandes im ↗Kliff unter Anlage einer meist schwach seewärts geneigten Abrasionsplattform (↗Schorre). Sichtbare Zeichen des Abschleifens am Gestein sind Polituren und Strudellöcher (↗Felswannen). Reiner Druckschlag durch ↗Wellen ohne Brandungswaffen wirkt abtragend nur in wenig resistenten Gesteinen mit vorgegebenen Schwächelinien. Einen Sonderfall bildet die ↗Thermoabrasion.

Abrasionsplattform ↗Schorre.
Abrasionsterrasse, durch ↗Abrasion angelegte Schnittfläche, nach Hebung oft mit landseitig ansteigendem und meerseitig abfallendem Steilrand.

Abri [franz. = Schutzdach, Unterstand], an wandartig aufragenden Felsformationen sich aus

↗Hohlkehlen entwickelnder Überhang. Diese insbesondere in bankigen Sandsteinen ausgebildeten Halbhöhlen wurden als ur- und frühgeschichtliche Wohn- und Zufluchtsorte sowie als Kultstätten genutzt. Ausgrabungen ergeben häufig reiche Aufschlüsse zur Siedlungs- und Klimageschichte seit dem Hochglazial.

Abrieb, ↗physikalische Verwitterung durch die Schleif- und Aufprallwirkung bewegten Transportguts. Betroffen ist sowohl Material des Untergrunds, über den hinweg transportiert wird (Sohle eines Flussbetts, Wirkungsbereich der Brandung bzw. des vom Wind bewegten Sandes), als auch das Transportgut selbst durch den Zusammenstoß einzelner Fragmente.

Absanden, Form des ↗Abgrusens, bei der im Wesentlichen Sand entsteht.

Abschalung ↗*Desquamation*.

Abschiebung, tektonischer Vorgang; durch Zugspannung eines Gesteinskörpers entstehende Relativbewegung von Krustenteilen, wobei eine Scholle an einer meist steilen Bewegungsbahn eine kurze Distanz gegenüber der korrespondierenden Scholle unter Raumgewinn verschoben wird (Abb.). ↗Überschiebung, ↗Verwerfung.

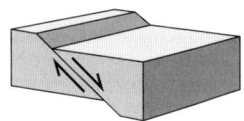

Abschiebung: Schematisches Blockbild einer Abschiebung.

Abschlussquote, Anteil eines Altersjahrgangs, einer Altersgruppe oder eines ↗Schuleintrittsjahrgangs eines Gebiets, der eine bestimmte ↗Schulform abgeschlossen hat. Wenn keine Daten über die Altersstruktur zur Verfügung stehen, können Abschlussquoten auch auf die Wohnbevölkerung des betreffenden Areals bezogen werden. Dies hat jedoch bei räumlich differenzierenden Analysen den Nachteil, dass räumliche Unterschiede der Altersstrukturen die Abschlussquoten verzerren und in ihrer Aussagekraft einschränken. ↗schulisches Bildungsverhalten.

Abschuppung ↗*Desquamation*.

Absentismus, Zustand der Abwesenheit eines (Groß-) Grundbesitzers von seinem Landbesitz. Die Nutzung und Bewirtschaftung der Güter erfolgt unter der Verantwortung eines Verwalters oder Pächters, der Grundbesitzer lebt zumeist in der Stadt ohne direkten Kontakt zu seinen Besitzungen. Eine solche Situation ist vor allem für die ↗Latifundien der Entwicklungsländer charakteristisch und wird oft im Rahmen von ↗Agrarreformen bekämpft. Insbesondere in Lateinamerika ist der Absentismus sehr verbreitet, wo große Ländereien, die teilweise in sehr peripheren Regionen liegen, vorwiegend der Spekulation dienen und sehr extensiv bewirtschaftet werden. Gründe für den Absentismus liegen im komfortableren Leben in der Stadt sowie in der leichteren Aufrechterhaltung der Kontakte zu wichtigen Persönlichkeiten aus Politik und Wirtschaft. Darüber hinaus besitzen Absentisten häufig mehrere Betriebe, sodass eine ständige Anwesenheit unmöglich ist. [MV]

Absetzmoräne ↗Moränen.

Absinkinversion ↗Inversion.

Absinkkurven ↗Hebungskurven.

Absolutdatierung, beruht auf Methoden, die vom zu datierenden Phänomen und seinem Systemzusammenhang unabhängig sind und liefert konkrete Jahresangaben. Altersangaben erfolgen meist, im Gegensatz zur ↗Relativdatierung, in Jahren vor heute (Abk. *B. P.* = before present, Bezugszeitpunkt ist üblicherweise das Jahr 1950) zuzüglich eines Methodenfehlers.

absolute Armut, Bezeichnung für eine Mangelsituation, in der die physische Existenz von Menschen unmittelbar oder mittelbar bedroht ist. Nach Definition des Entwicklungsprogramms der Vereinten Nationen (↗UNDP) sind Menschen von absoluter Armut betroffen, wenn sie die zur Deckung ihres physischen Existenzminimums notwendigen Ausgaben nicht tätigen können, weil ihr Einkommen eine bestimmte Einkommensgrenze, (↗Armutslinie) unterschreitet. ↗Armut.

absolute Feuchte ↗Luftfeuchte.

absoluter Nullpunkt ↗Thermometerskalen.

absolute Topographie ↗Topographie (klimatologisch).

absolutistische Stadt, ↗kulturhistorischer Stadttyp zur Zeit des Absolutismus (ab dem ausgehenden 15. Jh.), der sich durch monumentale Gestaltungsmerkmale auszeichnet, die die hoch bewertete Ordnungsfunktion des Staates sowie den Willen zur Machtentfaltung nach außen widerspiegeln. Das Aufkommen neuer sozialer Schichten (Adel, Beamtentum und Offiziersstand) veränderte die sozioökonomische und bauliche Struktur der Städte; es entstanden neue Stadttypen, wie z. B. die ↗Residenzstadt. Hervorragendes Beispiel des absolutistischen Städtebaus ist Karlsruhe (Abb.).

Absonderungsgefüge, durch Schrumpfung entstandenes ↗Bodengefüge.

Absorption [von lat. absorbere = verschlucken], 1) die Aufnahme und Verteilung gasförmiger Stoffe in Flüssigkeiten oder festen Stoffen. Dabei kann sowohl eine physikalische Lösung oder Bindung stattfinden als auch eine chemische Reaktion unter Bildung neuer Stoffe erfolgen. 2) Bezeichnung für das teilweise oder vollständige Verschlucken elektromagnetischer Wellen beim Durchgang durch Materie, unter Schwächung

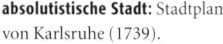

absolutistische Stadt: Stadtplan von Karlsruhe (1739).

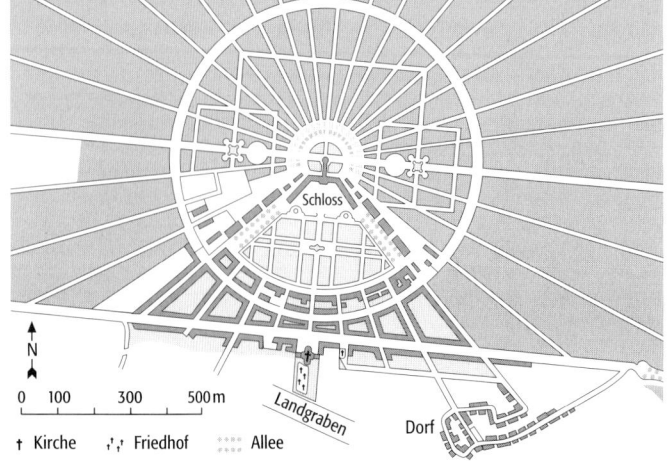

H_2O	0,72	0,81	0,93	1,13	1,37	1,85	2,66	3,2	6,3	>13
CO_2	1,16	1,60	2,04	2,75	4,27	4,80	5,20	9,3	13,3	>15
O_3	0,22–0,29[1]	0,30–0,35[2]	0,69–0,76[3]	4,7	9,6	14				
O_2	0,10–0,18[4]	0,20–0,24[5]	0,69	0,76	1,25					

[1] Hartley Bande [2] Huggins Bande [3] Chappuis Bande [4] Schumann-Runge Bande [5] Herzberg Bande

der ursprünglichen Strahlung (*Strahlungsabsorption*). Die absorbierte Energie wird auf den durchstrahlten (gasförmigen, flüssigen oder festen) Körper übertragen und kann dort, je nach Bedingungen, die unterschiedlichsten Reaktionen zur Folge haben (Erwärmung, Radikalbildung bei Molekülen). Im Klimasystem wird die kurzwellige Strahlung (Wellenlänge ≤ 0,3 μm) oberhalb 20 km von Ozon und Sauerstoff absorbiert und in Wärme umgewandelt. Die sichtbare Sonnenstrahlung (Wellenlängen von 0,36–0,76 μm) wird beim Durchgang durch die Atmosphäre nur geringfügig von Ozon und Wasserdampf absorbiert und trägt deshalb nach ihrer Absorption an der Erdoberfläche maßgeblich zu deren Erwärmung bei (/Absorptionsbanden Abb. 1). Die Infrarotstrahlung (Wellenlängen ≥ 0,77 μm) und hier ganz besonders die terrestrische Strahlung (≥ 3,5 μm) wird durch Wasserdampf und Kohlendioxid sowie andere klimawirksame Spurengase so intensiv von der Atmosphäre absorbiert, dass dadurch die Erdtemperatur erheblich angehoben wird (/Treibhauseffekt, /atmosphärische Gegenstrahlung, /Strahlungsbilanz). [DKl]

Absorptionsbanden, Wellenlängenintervalle, in denen die in der Atmosphäre enthaltenen Gase die kurz- und langwellige /Strahlung selektiv absorbieren. Im Bereich der Absorptionsbanden ist deshalb die Atmosphäre für Strahlung gar nicht oder nur schwach durchlässig (Abb. 1). Nur außerhalb der Absorptionsbanden kann die solare und /terrestrische Strahlung im Bereich der /atmosphärischen Fenster nahezu ungehindert die Erdatmosphäre passieren. Das Spektrum des von einem Molekül emittierten oder absorbierten Lichts wird auch als dessen *Bandenspektrum* bezeichnet. Für Wellenlängen kleiner 0,3 μm erfolgt die selektive Absorption bevorzugt durch Ozon. Die Zentren der Kohlendioxidabsorption liegen bei 2,7, 4,3 und 15 μm, die der *Wasserdampfabsorption* bei 5,8 und oberhalb von 20 μm (Abb. 2.). Erheblich schwächer ausgeprägt sind die Absorptionsbanden von Methan (CH_4) und Distickstoffoxid (N_2O). Die anthropogen bedingte Konzentrationszunahme dieser Spurengase, deren Absorptionsbanden ebenso wie des Kohlendioxids teilweise in das atmosphärische Fenster des Wasserdampfes mit Zentrum bei 4 μm fallen, wird langfristig die Absorptionseigenschaften und die thermische Struktur der Atmosphäre verändern, wenn die gegenwärtig zu beobachtenden Entwicklungen ungehemmt fortgesetzt werden. Die klimatischen Auswirkungen der zu erwartenden Konzentrationsänderungen werden als /Treibhauseffekt bezeichnet und anhand von Klimamodellrechnungen prognostiziert. [DKl]

Absorptionsgrad, wellenlängenabhängiges Verhältnis der von einem Medium absorbierten zur einfallenden /Strahlung. Im Speziellen ist damit das wellenlängenabhängige Verhältnis des von einer Oberfläche absorbierten Strahlungsflusses zu dem eines /schwarzen Körpers mit derselben Temperatur gemeint.

Abstandsziffer, Proximität, /Bevölkerungsdichte.

abstiegsorientierte Berufslaufbahn /Berufslaufbahn.

abstrakter Raum, Raumkonstruktion, die deduktiv auf allgemeine mathematisch-geometrische Regeln zurückzuführen ist, wie z. B. der /geometrische Raum.

Abtastspur, *Aufnahmestreifen*, *Schwadbreite*, Breite des Beobachtungsfeldes an der Erdoberfläche, aus dem ein Satellitenscanner (/Scanner) im Überflug Daten erfasst. Abtastspuren gängi-

Absorptionsbanden 1: Absorptionsbanden der wichtigsten klimawirksamen atmosphärischen Gase in μm.

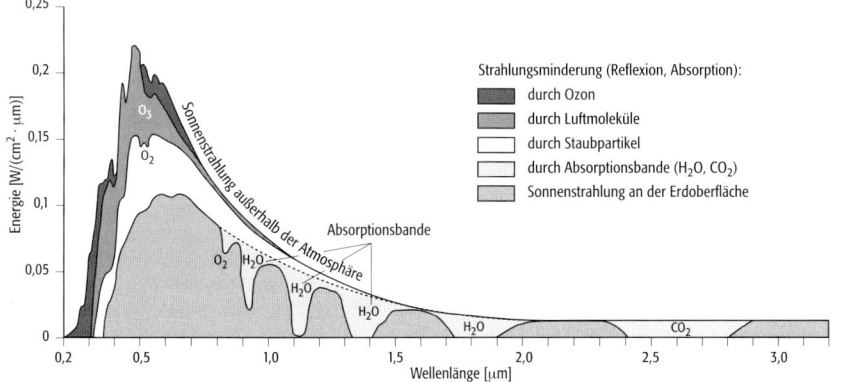

Absorptionsbanden 2: Veränderung der spektralen Verteilung der Sonnenstrahlung beim Durchgang durch die Atmosphäre.

Abwasser: Verfahrensstufen der Abwasserreinigung.

Stufe	Apparat	mittlere Verweilzeit	Bemerkungen
Absieben von groben bzw. sperrigen Feststoffen	Grob- und Feinrechen	1 min	für jede Abwasserbehandlung notwendig
Absetzen von Sand und Steinen	Sandfang	5 min	für jede Abwasserbehandlung notwendig
Abscheiden von Flüssigkeiten und Stoffen, die leichter als Wasser sind	Leichtflüssigkeitsabscheider	5–10 min	nur bei Notwendigkeit
Einstellen des pH-Wertes	Neutralisationsbehälter	5 min	nur bei Notwendigkeit (z. B. Industrieabwässer)
Fällung von schädlichen Ionen, Ausflockung von Kolloiden	Fällungs-/Flockungsbecken	10–20 min	nur bei Notwendigkeit
Zurückhalten des Fällungs- und Flockungsschlammes und aller weiteren absetzbaren Stoffe	Absetzbecken 1 (Vorklärbecken)	60–120 min	für jede Abwasserbehandlung notwendig
biologischer Abbau organischer Stoffe	Rieselturm, Belebungsbecken, Tropfkörper	60–120 min	notwendig in Abhängigkeit vom Verschmutzungsgrad des Abwassers und von Zustand des Vorfluters
Zurückhaltung der Stoffe, die durch biologische und chemische Vorgänge in eine absetzbare Form umgewandelt wurden	Absetzbecken II (Nachklärbecken)	60–120 min	nur im Zusammenhang mit biologischen Behandlungsanlagen notwendig
Eliminierung vorrangig von Phosphor- und Stickstoffverbindungen	Misch- und Flockungsbecken, Absetzbecken	10–20 min	notwendig in Abhängigkeit vom Zustand des Gewässers, in welches das gereinigte Abwasser eingeleitet wird
Einleiten des Abwassers in Vorfluter	Abwassergraben	60–120 min	je nach Möglichkeit und Zustand des gereinigten Abwassers auch Wieder- oder Weiterverwendung (z. B. Bewässerung, Infiltration, Kühlwasser)

ger Satellitensysteme sind: ⁄Landsat TM: 185 km, ⁄SPOT: 60 km, ⁄AVHRR: 2500 km.

Abtragung, Erniedrigung der Erdoberfläche durch exogene Prozesse. Agenzien (⁄Agens) der Abtragung sind fließendes Wasser, ⁄Wind, ⁄Gletscher, ⁄Brandung oder Schwerkraft. ⁄Erosion.

Abtragungsform, durch ⁄Abtragung entstandene Oberflächenform (⁄Skulpturform).

Abundanz, Häufigkeit bzw. Individuenzahl einer Art. Die Zahl pro Fläche ergibt die Dichte (*Frequenz*). ⁄Artmächtigkeit.

Abwägung, in der ⁄Umweltplanung meist für die rechtlich begründete Entscheidungsfindung innerhalb von Verwaltungsverfahren verwendeter Begriff. Im Rahmen der Abwägung wird hierbei versucht, sich widersprechende Belange zu einem Ausgleich zu bringen.

Abwanderung, *Fortzug*, *Wegzug*, ⁄Migration.

Abwanderungsgebiet ⁄räumliche Bevölkerungsbewegungen.

Abwanderungsrate, Anzahl der Personen, die eine Region oder einen Staat innerhalb eines bestimmten Zeitraumes verlassen, bezogen auf die Bevölkerung im Herkunftsgebiet multipliziert mit 1000. ⁄Migration.

Abwärme, alle nicht genutzten Wärmeabgaben aus Verbrennungs- und Produktionsprozessen. Bei allen Prozessen der Energieumwandlung, insbesondere bei Verbrennungsprozessen, wird Wärme frei. Diese kann im Rahmen der Abwärmenutzung verwendet werden, oder sie gelangt über fühlbare oder latente Wärmeflüsse in die Atmosphäre oder Gewässer. Um die Gewässer von der Abwärme zu entlasten, erfolgt bei großen punktuell anfallenden Abwärmemengen eine Umwandlung in latente Wärme in Kühltürmen, wobei Wasser verdunstet und damit Energie in nicht fühlbarer Form vom Standort abgeführt wird. Die größten Abwärmeemittenten sind Kraftwerke, die teilweise sehr geringe Wirkungsgrade haben. Bei der ⁄Kraft-Wärme-Koppelung wird die bei der Energieumwandlung frei werdende Wärme genutzt und dadurch die Abwärme reduziert. Siedlungs- und Industriegebiete sowie flächenhafte Verkehrsadern sind dagegen linienhafte Abwärmeemittenten. Sie tragen zur Erwärmung der bodennahen Atmosphäre und damit zur Erzeugung eines eigenen ⁄Stadtklimas bei. [JVo]

Abwasser, engl. *waste water*, nach § 2(1) des Abwasser-Abgaben-Gesetzes (AbwAG) ein Wasser, das durch häuslichen, gewerblichen, landwirtschaftlichen oder sonstigen Gebrauch in seinen Eigenschaften verändert wurde und das bei Trockenwetter damit zusammen abfließende Wasser, sowie die aus Anlagen zum Behandeln, Lagern und Ablagern von Abfällen austretenden und gesammelten Flüssigkeiten (⁄Industrieabwasser, ⁄Schmutzwasser). Abwasser lässt sich generell nicht mehr direkt für Zwecke der Ernährung von Pflanzen oder Tieren nutzen; es muss vor der weiteren Nutzung aufbereitet werden (Abb.) und darf nicht direkt in Oberflächengewässer oder in das ↗Grundwasser eingeleitet werden.

Abwurfsonde, *Fallsonde*, eine ↗Radiosonde, welche im Gegensatz zu Ballonsonden vom Flugzeug abgeworfen wird, am Fallschirm zur Erde sinkt und Profile der atmosphärischen Zustandsgrößen von oben nach unten aufnimmt. Abwurfsonden eignen sich vor allem für luftelektrische Untersuchungen wie den Potenzialgefälleverlauf und damit den Raumladungsaufbau der Atmosphäre, was insbesondere bei Gewitterwolken interessant ist.

Abyssal, Tiefenzone der Ozeane im Bereich der Tiefsee unter 4000 m. ↗Meer Abb.

abyssisches Gestein [von griech. = aus der Tiefe der Erde stammend] ↗Plutonit.

accumulation rim ↗Deflationswall.

accumulation surface, *friction surface*, Ergebnis einer GIS-Operation, bei der, ausgehend von einem oder mehreren Startpunkten, Schritt für Schritt in alle Richtungen eine Funktion, wie z. B. Fahrtzeit, ausgewertet und aufsummiert wird. Im einfachsten Fall ist die akkumulierte Variable die Luftlinienentfernung zum Ausgangspunkt. Bei komplexeren Anwendungen können auch Hindernisse (Barrieren) oder räumlich variable Transportkosten (↗Kostenoberfläche) berücksichtigt werden.

achievement rate ↗Leistungsziffer.

Achsenkonzept, Planungsinstrument, mit dessen Hilfe räumliche Entwicklung entlang bestimmter Achsen (z. B. Bahnlinien, Autobahnen) vorangetrieben werden soll. In der ↗Regionalplanung und der ↗Landesplanung wurden sog. *Entwicklungsachsen* verschiedener Ordnungen ausgewiesen, die in der Regel zentrale Orte (↗Zentrale-Orte-Konzept) miteinander verbinden und den Raum entlang der Achse als vorrangige Entwicklungsgebiete ausweisen. Entwicklungsachsen als raumordnerisches Instrument wurden 1975 mit dem Bundesraumordnungsprogramm eingeführt. In der Raumordnung werden ferner überregional bedeutsame Entwicklungsachsen ausgewiesen, so zum Beispiel 1992 im »Raumordnungspolitischen Orientierungsrahmen« im Bereich der Verkehrsentwicklung und -entlastung. *Punktaxiale Modelle* bezeichnen insbesondere solche Achsenkonzepte, in denen von einem zentralen Punkt – meist dem Stadtkern – mehrere Entwicklungsachsen sternförmig ausgehen. Die Umsetzung der theoretischen Modelle in der Planung wird u. a. als *punktaxiales Siedlungskonzept* bezeichnet. [CLR]

Achterstufe ↗Schichtstufe.

acidophil, *säureliebend*, *säuretolerant*, Bezeichnung für Pflanzen, die saure Standortbedingungen bevorzugen. ↗Säurepflanzen, ↗Zeigerpflanzen.

acidophob, *säuremeidend*, Bezeichnung für Pflanzen, die saure Standorte meiden.

Acidophyten ↗*Säurepflanzen*.

Ackerbau, systematisch betriebener Anbau von ein- oder mehrjährigen ↗Kulturpflanzen auf kultiviertem Boden. Es werden unterschieden: a) pfugloser Ackerbau (u. a. Pflanzstockbau,

Raum	Ackerfläche	
	Mio. km²	ha pro Kopf
Welt	14,78	0,28
Afrika	1,87	0,29
Nordamerika	2,74	0,64
Südamerika	1,42	0,48
Asien	4,54	0,15
Europa	1,40	0,27
GUS	2,31	0,80
Ozeanien	0,51	1,90

Ackerbau 1: Verteilung des Ackerlandes und der pro Kopf der Bevölkerung zur Verfügung stehenden Ackerflächen (1990).

↗Grabstockbau, ↗Hackbau), b) ↗Pflugbau, c) ↗Gartenbau als intensivste Form (häufig wird Gartenbau allerdings als eigenständige Form betrachtet). Abb. 1 und 2.

Gesamtfläche des eisfreien Landes	130,69 Mio. km²
Ackerland	11 %
Grasland	25 %
Wälder	31 %
andere Flächen	33 %

Ackerbau 2: Aufteilung der eisfreien Landflächen.

Ackerbausystem, Feld- oder Fruchtfolgesystem, d. h. die Organisationsform des ↗Ackerbaues.

Ackerberg, *hohe Anwand*, anthropogen entstandene wall- oder kammartige Erhöhung in der Ackerflur. Sie entsteht bei der Pflugarbeit durch das Verschleppen von Bodenmaterial zu den Parzellengrenzen und das Abfallen von am Pflug haftender Erde, insbesondere an den Schmalseiten (Anwande) des Ackers, wo der Pflug beim Wenden aus der Erde gehoben wird. Das Vorkommen von Ackerbergen ist wahrscheinlich an Böden mit gutem Haftungsvermögen gebunden. Ackerberge erreichen Höhen zwischen wenigen Dezimetern und eineinhalb Metern.

Ackerbürger, bis zum Beginn des 20. Jh. in sog. Landstädten lebende Stadtbürger, die einen eigenen landwirtschaftlichen Betrieb bewirtschafteten.

Ackerland, *Ackerfläche*, in der deutschen Bodennutzungserhebung alle Flächen, die in die ↗Fruchtfolge einbezogen sind, einschließlich Hopfen und Tabak, Gemüse, Erdbeeren, Zierpflanzen und sonstige Gartengewächse im feldmäßigen Anbau und im Erwerbsgartenbau (auch unter Glas). Auch Ackerflächen mit Obstbäumen zählen zum Ackerland, sofern die Ackerfrüchte die Hauptnutzung darstellen; andernfalls zählen diese Flächen zu den Obstanlagen und werden unter den ↗Dauerkulturen nachgewiesen. Ferner werden dazu gerechnet die Schwarzbrache innerhalb der Fruchtfolge und die als Gründüngung zum Unterpflügen bestimmten Fruchtarten, soweit sie nicht als Zwischenfrüchte angebaut werden, sowie vorübergehend stillgelegte Ackerflächen. Bei internationalen Vergleichen ist zu beachten, dass die Begriffsabgrenzungen sehr unterschiedlich sind.

Ackernahrung, Mindestfläche, die für den (dem allgemeinen Lebensstandard in einem Staat einigermaßen entsprechenden) Lebensunterhalt einer (vierköpfigen) Familie ohne Zuerwerb notwendig ist. In Deutschland wird diese bei ↗Sonderkulturen schon mit etwa 2 ha, bei gemischtwirtschaftlichen Betrieben erst mit etwa 50 ha erreicht. In ländlich geprägten Gesellschaften hat die Ackernahrung zusammen mit der Sozialstruktur den Abstand und die Dichte landwirtschaftlicher Siedlungen mitbestimmt.

Ackerrandstreifenprogramm, Maßnahmen zum Schutz der durch Dünger-, Pestizid- und Herbizideinsatz vom Aussterben bedrohten ↗Ackerwildpflanzen. Das Programm wurde 1977 unter Beteiligung der Bundesanstalt für Naturschutz und Landschaftsökologie in ersten Vorversuchen initiiert. Von 1978 bis 1981 folgten weitere Testversuche in der Eifel und der Niederrheinischen Bucht. Ab 1983 wurde das »Schutzprogramm für Ackerwildkräuter« flächendeckend in Nordrhein-Westfalen eingeführt. Es folgten Pilotprojekte in Rheinland-Pfalz (1984), Bayern (1985), Hessen (1986), Niedersachsen (1987) und Baden-Württemberg (1986). Ziele des Ackerrandstreifenprogramms sind Schutz und Erhalt bedrohter standorttypischer Ackerwildkrautgesellschaften und der mit ihnen verbundenen Faunen. Zugleich sollen Rückzugsareale bereitgestellt werden für aktuell noch nicht bedrohte Pflanzen- und Tierarten. Dabei gelten die Ackerrandstreifen als Übergangszonen (↗Ökotone) zwischen Landwirtschaftsflächen und naturnahen Räumen. Sie übernehmen damit zugleich wichtige Pufferfunktionen gegen Stoffein- und -austräge. Ferner bieten sie einen wichtigen Beitrag im Rahmen der Biotopverbundplanung. Bislang umfasst das Ackerrandstreifenprogramm bundesweit nur 0,01 % der gesamten ↗Landwirtschaftlichen Nutzfläche, während das Flächenstilllegungsprogramm der ↗EU ca. 20 % der Landwirtschaftlichen Nutzfläche einschließt. Zudem ist seit 1993 ein deutlicher Rückgang der Umsetzung des Ackerrandstreifenprogramms in mehreren Bundesländern nachweisbar. Das stattdessen stärker durchgeführte Flächenstilllegungsprogramm besitzt jedoch bei weitem nicht den hohen Stellenwert für die Förderung bedrohter Ackerwildkräuter. Denn der für ihre Keimung notwendige jährliche Umbruch unterbleibt bei der Flächenstilllegung. Zudem können bei der Selbstbegrünung dieser Flächen die lichtliebenden Ackerwildkräuter nicht dem Konkurrenzdruck der wuchskräftigeren Mitbewerber widerstehen. Folglich verringert sich von Jahr zu Jahr der Diasporenvorrat der Wildkräuter im Boden. [MM]

Ackerschätzungsrahmen, Regelwerk der ↗Bodenbewertung von Ackerstandorten.

Ackerterrasse, künstliche Hangverflachung aus Gründen der leichteren Bearbeitbarkeit, des Erosionsschutzes und der besseren Wasserversorgung. Ackerterrassen bestehen aus den Terrassenflächen oder -äckern und den Terrassenhängen oder -rainen. Man unterscheidet: a) Erdterrassen: In Gebieten des ↗Regenfeldbaus werden sie konventionell durch hangparallel gerichtetes Pflügen (z. B. in Europa) oder in den Feuchttropen mit der Hacke angelegt bzw. mit modernen Großraumgeräten geschaffen. Im Trockenfeldbau (↗dry farming) dient die Anlage von Erdterrassen der Anreicherung des Bodens mit Wasser durch die Verminderung des oberflächlichen Abflusses. In Trockengebieten ist auf der talwärtigen Terrassenflächenkante von Bewässerungsterrassen ein niedriger Damm aufgeworfen, der das Wasser zurückhält. Ähnliche Konstruktionsmerkmale besitzen auch die Reisbauterrassen im asiatischen Monsungebiet. Teils werden sie künstlich bewässert, teils erhalten sie die nötige Feuchtigkeit durch die Monsunniederschläge. b) Steinterrassen: Diese beschränken sich auf ↗Sonderkulturen wie Weinbau, Obstbau, aber auch Grabstock- bzw. Hackbauwirtschaft, beispielsweise der Indianerkulturen Altamerikas. [KB]

Ackerwildpflanze, sich selbst auf Ackerflächen ansiedelnde Arten, die auch als ↗Unkräuter bezeichnet werden. Einige dieser Arten sind vom Aussterben bedroht. So gelten in Nordrhein-Westfalen von insgesamt 281 Ackerwildkrautarten 24 als ausgestorben oder verschollen, 14 als vom Aussterben bedroht und 26 als stark bedroht. In Baden-Württemberg sind 17 von 220 Ackerwildkrautarten ausgestorben oder verschollen. Zusätzlich sind 38 Arten gefährdet, 19 stark gefährdet sowie 18 vom Aussterben bedroht, wie z. B. das Flammen-Adonisröschen (*Adonis flammea*), der Acker-Schwarzkümmel (*Nigella arvensis*) oder die Breitblättrige Haftdolde (*Caucalis latifolia*). Ursachen des Rückganges sind vor allem Intensivierungen in der Landwirtschaft, so z. B. Verkürzung der Fruchtfolgen, Wegfall von Brache, vermehrte Saatgutreinigung, Tiefpflügen, Düngung mit Kunstdünger und/oder Gülle, Kalkung usw. Zu ihrer Erhaltung dienen u. a. ↗Ackerrandstreifenprogramme. [MM]

Ackerzahl ↗Bodenbewertung.

Acrisols [von lat. acer = sauer], Bodenklasse der ↗FAO-Bodenklassifikation (1990) und der ↗WRB-Bodenklassifikation (1998); basenarme, saure Mineralböden vornehmlich tropischer und subtropischer Regionen und alter Landoberflächen der warm-gemäßigten Regionen mit tonreichem ↗B-Horizont, entstanden in feuchtwarmen Klimaten aus silicatarmen, häufig quarzreichen Gesteinen (Granit, Sandstein). Acrisols weisen eine Kationenaustauschkapazität (in 1 M NH_4-Acetat) < 24 $cmol_c$/kg Ton bei einer ↗Basensättigung unter 50 % innerhalb der oberen 125 cm Boden auf. Sie haben keine eindeutige Entsprechung in der ↗Deutschen Bodensystematik. Ihre Verbreitung zeigt die ↗Weltbodenkarte.

Actinomyceten [von griech. aktis = Strahl und mykēs = Pilz], *Strahlenpilze*, Gruppe der ↗Bakterien.

active layer, *Auftauschicht*, ↗Permafrost.

actor-network theory ↗Akteursnetzwerktheorie.

Adaptation ↗Anpassung.

adaptive Radiation, Begriff aus der synthetischen Evolutionstheorie für eine ↗Speziation, die durch eine Vielzahl realisierbarer Entwicklungsmöglichkeiten (↗Anpassung an viele unterschiedliche Bedingungen) in der ↗Evolution aus einer Art viele neue Arten entstehen lässt. Ein Beispiel für eine solche Radiation sind die Darwinfinken, die auf den Galapagos-Inseln mit vielen Arten verschiedene Ressourcen auf unterschiedliche Weise nutzen, die in anderen Regionen von anderen Taxa genutzt werden. In der kritischen Evolutionstheorie wird der Vorgang als konstruktive Radiation bezeichnet, als Verwirklichung einer hohen Anzahl der durch die spezielle Konstruktion bedingt, potenziell bereits vorhandenen Entwicklungsmöglichkeiten.

Adäquanz, i. A. die Angemessenheit und Üblichkeit eines Verhaltens nach den Maßstäben der geltenden (Sozial-) Ordnung. Mit dem Postulat der Adäquanz wird im Rahmen der phänomenologischen (/Phänomenologie) Wissenschaftstheorie zweierlei gefordert: Erstens sollen die Verfahren der /Sozialwissenschaften mit den von den Subjekten bei alltäglichen (/Alltag) Handlungen angewendeten Erkenntnisverfahren zu vereinbaren sein. Zweitens soll das sozialwissenschaftlich gewonnene Wissen empirisch gültig sein. Um die erste Forderung erfüllen zu können, ist auf wissenschaftlicher Ebene das /Verstehen mit intersubjektiver (/Intersubjektivität) Überprüfbarkeit zum vorrangigen Erkenntnisverfahren gemacht worden. Um die zweite Forderung erfüllen zu können, ist die Korrespondenztheorie der /Wahrheit immer auf die sinnhaften Gegebenheiten zu beziehen. Die Sinngehalte der Handlungen der anderen sind dann auf wahre Weise erfasst, wenn sie dem subjektiv gemeinten Sinn entsprechen. Sie sind mit wissenschaftlichen Mitteln in aller Deutlichkeit und Klarheit herauszuarbeiten. [BW]

additive Farbmischung /Farbmischung.

Adhäsion, auf Molekularkräften beruhende Haftung zwischen verschiedenen Stoffen oder Partikeln. In der Geographie spielt die Adhäsion von Wasser an bestimmte Substanzen in Böden (/Tonminerale, /organische Bodensubstanz) eine Rolle. Wichtig ist darüber hinaus die Adhäsion der Tonminerale untereinander. Diese bewirkt, dass die Tonpartikel Abtragungsprozessen und Verlagerungsprozessen im /Bodenprofil nicht als Einzelpartikel gegenüberstehen, sondern viele Partikel zu /Aggregaten verklebt sind. Der Grad der Adhäsion der Tonminerale ist vom Ionengehalt des /Bodenwassers, das zwischen die Partikel eingelagert ist, abhängig. Sind die hydratisierten (d. h. von einer Wasserhülle umgebenen) Ionen im Vergleich zu ihrer Ladung klein, wie beim Calcium oder Aluminium, so treten die Tonteilchen nahe zueinander und die Molekularkräfte können stark wirken. Sind sie dagegen groß, wie beim Natrium oder Kalium, so verhindern die Abstände der Partikel stärkere Anziehung, die Tonminerale neigen dann weniger zur Aggregierung. [AK]

Adhäsionswasser, durch Oberflächenkräfte gebundenes /Bodenwasser.

Adiabate, in einem Temperatur-Höhen-Diagramm oder in einem /thermodynamischen Diagramm die Linie oder Kurve gleicher /Entropie (Grad der Ordnung bzw. Unordnung in einem System). Daher findet während /adiabatischer Prozesse bei einer der Adiabaten folgenden /Zustandsänderung eines thermodynamischen Systems (z. B. eines erwärmten Luftquantums) kein Wärmeaustausch mit der Umgebung statt, sodass die zur Arbeitsverrichtung (z. B. Vertikalbewegung) erforderliche Energie aus dem System selbst bereitgestellt werden muss. Als Maß für die innere (Wärme-) Energie eines Luftquantums dient der vertikale /Temperaturgradient, der gleichzeitig die Neigung oder die Krümmung der Adiabaten als Änderung der Lufttemperatur mit der Höhe angibt. Die Stärke des Temperaturgradienten ist nur von der Menge an freigesetzter /latenter Wärme abhängig und lässt sich über die /Adiabatengleichungen bestimmen. Man unterscheidet die konstante *Trockenadiabate* mit einem Temperaturgradienten von 0,98 K/100 m sowie die nicht lineare schwächere, von der kondensierten bzw. sublimierten Wasserdampfmenge abhängige *Feuchtadiabate* (*Pseudoadiabate*) bzw. *Sublimationsadiabate* (/Stüve-Diagramm Abb.). [DD]

Adiabatengleichung, Gleichung zur Bestimmung der vertikalen Änderung der Lufttemperatur eines Luftpaketes während /adiabatischer Prozesse. Solange die Luft nicht wasserdampfgesättigt ist, d.h. die Luftfeuchtigkeit nicht kondensiert, folgt die vertikale Temperaturänderung dT/dz [K/m] des Luftpaketes der Funktion des trockenadiabatischen Temperaturgradienten Γ [K/m]:

$$\Gamma = \frac{dT}{dz} = -\frac{g}{c_p}\frac{T_L}{T_U}$$

mit g = Schwerebeschleunigung $\approx 9{,}81$ m/s^2, T_L = Temperatur des betrachteten Luftpaketes [K], T_U = Lufttemperatur der Umgebung [K] und c_p = spezifische Wärmekapazitätsdichte der Luft = 1004,67 J/(kg K). Wenn die Temperatur des betrachteten Luftpaketes T_L mit der Umgebungstemperatur T_U übereinstimmt, reduziert sich der trockenadiabatische Temperaturgradient Γ [K/m] auf:

$$\Gamma = -\frac{g}{c_p} = -0{,}98\,10^{-2},$$

d.h. in einer adiabatisch indifferent geschichteten Atmosphäre nimmt die Lufttemperatur mit der Höhe um 0,98 K pro 100 m ab.

Oberhalb des /Kondensationsniveaus wird durch Feuchtekondensation /latente Wärme in /sensible Wärme überführt, die den adiabatischen Temperaturgradienten herabsetzt. Die Änderung des Temperaturgradienten wird über den *kondensations-* oder *feuchtadiabatischen Temperaturgradienten* Γ_f [K/m] bestimmt:

$$\Gamma_f = \Gamma \frac{1 + \dfrac{q_V\, s\, g}{R\, T_L}}{1 + \dfrac{q_V\, s}{c_p\, E}\dfrac{dE}{dT_L}}$$

mit Γ = trockenadiabatischer Temperaturgradient [K/m], q_V = spezifische Verdunstungswär-

Adiabatengleichung: Empirische Werte des feuchtadiabatischen Temperaturgradienten in K/100 m.

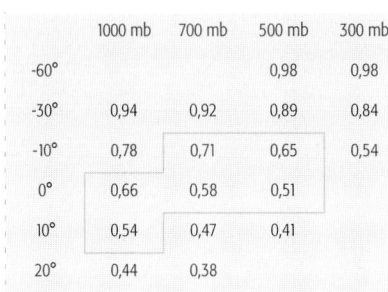

me von Wasser (2,260 10⁶ J/kg), s = spezifische ↗Luftfeuchte [g/kg], R = individuelle Gaskonstante der Luft = 287,05 J/(K kg) und E = ↗Sättigungsdampfdruck [hPa]. In der Abbildung sind die praktischen Werte des feuchtadiabatischen Temperaturgradienten dargestellt. Als Faustformel gelten im Atmosphärenstockwerk mit den häufigsten Kondensationsvorgängen (1000–5000 m) Werte in der Größenordnung von 0,5–0,7 K/100 m. Bei relativ warmer Atmosphäre (20–10 °C) gilt der kleinere Wert. [DD]

adiabatische Prozesse, mit vertikalen Bewegungen verbundene Vorgänge in der Atmosphäre, bei denen sich in einem als isoliert angenommenen Luftpaket physikalische Eigenschaften, wie z. B. Temperatur, Druck, Dichte oder Feuchtigkeit ändern, ohne dass zwischen dem Luftpaket und der Umgebungsluft oder der Erdoberfläche ein Wärmeaustausch stattfindet.
Adiabatische Prozesse treten bei vertikalen Luftbewegungen während ↗Konvektion, Gebirgsüberströmungen oder Gleitvorgängen im Bereich von ↗Fronten auf. Während der Vertikalbewegung unterliegt ein Luftquantum der adiabatischen ↗Zustandsänderung, bei der es sich während des Aufstieges wegen des abnehmenden Luftdrucks der Umgebungsluft ausdehnt und abkühlt. Beim Abstieg gelangt das Luftquantum wieder unter höheren Luftdruck und wird bei gleichzeitiger Temperaturzunahme wieder komprimiert. Die vertikale Änderung der Lufttemperatur wird als adiabatischer Temperaturgradient bezeichnet und ist von der ↗Entropie und dem Wasserdampfgehalt des Luftpaketes abhängig. Der adiabatische Temperaturgradient lässt sich über die ↗Adiabatengleichungen bestimmen. Adiabatische Prozesse führen je nach vertikaler Bewegungsrichtung zu unterschiedlichen Wetterphänomenen. Die zunehmende Luftabkühlung beim Aufstieg führt bei Erreichen des ↗Kondensationsniveaus zur Bildung von Wolken. Die dabei frei werdende ↗latente Wärme führt so lange zur Erniedrigung des adiabatischen Temperaturgradienten bis sämtlicher Wasserdampf kondensiert ist. Absinkbewegungen auch feuchter oder wolkenreicher Luft hingegen führen zur Austrocknung und Aufklarung der Atmosphäre, wobei unterhalb des Kondensationsniveaus eine markante trockenadiabatische Temperaturzunahme eintritt (↗Föhn ↗Stüve-Diagramm Abb.). Der Gegensatz zu den adiabatischen Prozessen sind die *diabatischen Prozesse*, bei denen vertikal bewegte Luftpakete im Wärmeaustausch mit der Umgebungsluft stehen (z. B. Strahlungsabkühlung der Luft oder Wärmeübergänge zwischen Erdoberfläche und Atmosphäre). [DD]

Adoption, in der ↗Innovations- und Diffusionsforschung freiwillige oder unfreiwillige Annahme eines neuen materiellen oder geistigen Phänomens, z. B. im Ausbreitungsprozess von Epidemien, wirtschaftlichen Neuerungen, kulturellen Artefakten oder Verhaltensweisen.

Adsorption, Anlagerung von gasförmigen und gelösten neutralen Molekülen (z. B. Wasser und Organika) sowie Kationen und Anionen an Oberflächen von Bodenbestandteilen, den Adsorbenten. Es gibt vielfältige Bindungsarten durch elektrostatische und kovalente Kräfte sowie Van-der-Waals-Kräfte. In Böden ist die Adsorption von Kationen an negativ geladene ↗Tonminerale, ↗Huminstoffe und ↗pedogene Oxide vorherrschend. Bei Kationenaustausch erfolgt die *Desorption* (Entweichen der angelagerten Stoffe) einer äquivalenten Menge an adsorbierten Kationen, die in die Bodenlösung übergehen (*Sorption*). Die Adsorption von Anionen und der Anionenaustausch erfolgen an positiv geladenen Oberflächenplätzen von Bodenbestandteilen.

Adsorptionswasser, durch Hydratation gebundenes ↗Bodenwasser.

Advektion [von lat. advectio = Zufuhr], horizontale Heranführung von Luftmassen im Unterschied zur vertikalen ↗Konvektion. Als Advektion wird sowohl der großräumige Prozess des Herantransportes einer Luftmasse bezeichnet als auch der mikroskalige Prozess etwa des Einbruchs von lokaler Kaltluft. Bei Heranführen von Luftmassen ändert sich infolge der unterschiedlichen Temperaturen und Dichten der Bodendruck, indem er bei Kaltluftadvektion ansteigt und bei Warmluftadvektion fällt.

Advektionsnebel ↗Nebel.

Advektionstau, Bildung von ↗Tau infolge der ↗Advektion von warmer und feuchter Luft über kalten Oberflächen. Dadurch kommt es zur Kondensation an der Oberfläche und Taubildung. Diese kann im Jahr bis zu 200 mm betragen und in Trockengebieten, etwa in den pazifischen Küstengebieten Südamerikas, ökologisch entscheidenden Umfang haben. ↗Taumessung.

Advektionswetterlage, durch horizontale Bewegung von Luftmassen dominierte Wetterlage. Wetter und Witterung werden bei Advektionswetterlagen in hohem Maße von den Eigenschaften der herangeführten Luftmassen bestimmt. ↗autochthone Witterung.

Advektivfrost, *Advektionsfrost*, Frost infolge der ↗Advektion kalter Luftmassen, deren Temperatur unter dem Gefrierpunkt liegt. Der Advektivfrost ist allochthon im Gegensatz zum autochthonen ↗Strahlungsfrost.

Adventivpflanze ↗Einwanderung.

Adventivtier, *Anthropozoon*, eine in einem bestimmten Gebiet nicht ursprünglich einheimische Tierart, die in dieses erst durch ↗Einwanderung gelangte. Nach der Zeit des ersten Auftretens einer Art in einem Gebiet kann man zwischen einem *Archaeozoon* (alter Einwanderer, vor 1500 n. Chr.) und *Neozoon* (junger Einwanderer, nach 1500 n. Chr.) unterscheiden. Man kann davon ausgehen, dass der Mensch in alten Siedlungsgebieten wesentlich zur Bereicherung der regionalen Fauna beigetragen hat. Vorwiegend in Kulturlandschaften der Tropen dürfte heutzutage eine ↗Einschleppung kleiner Tiere häufig sein und zu einer ↗Faunenverfälschung beitragen. In den Hochanden Boliviens und Perus sind z. B. Regenwürmer europäischer Herkunft (z. B. *Allolobophora* spec., *Dendrobaena* spec.) inzwischen weit verbreitet und in Rodungsgebieten Amazoniens treten inzwischen pantropisch verbreitete, aus Südostasien stammende, aber auch aus anderen neotropischen Regionen eingeschleppte Tausendfüßer und Regenwürmer auf. Beispiele für eine ↗Einwanderung von Säugern in Europa sind der Damhirsch (*Cervus dama*). Die frei lebenden Populationen der Bisamratte (*Ondatra zibethica*) und des Waschbärs (*Procyon lutor*) stammen von Tieren ab, die aus Zuchtfarmen entkamen. Ein Beispiel für eine Einschleppung ist der Kartoffelkäfer (*Leptinotarsa decemlineata*). [WH]

Adventivwurzeln, Wurzeln, die sich infolge eines äußeren Reizes (Verletzung) an Sprossachsen oder Blättern neu bilden.

Aerenchym, *Luftspeichergewebe*, das der Durchlüftung dienende Gewebe bei ↗Sumpfpflanzen und ↗Wasserpflanzen.

aerob, unter Vorhandensein bzw. Verwendung von Sauerstoff. Die meisten Organismen leben unter aeroben Bedingungen (↗Aerobier). Nur wenige biologische Prozesse verlaufen anaerob, d. h. unter Abwesenheit von Sauerstoff. ↗Anaerobier sind neben vielen Bakterien z. B. Darmparasiten.

Aerobier, Organismen, die zur Aufrechterhaltung ihrer Lebensfunktionen Sauerstoff benötigen. Die energieliefernden Oxidationsreaktionen beim Abbau energiereicher organischer Verbindungen werden durch die aerobe ↗Dissimilation aufrecht erhalten, wobei O_2 als letzter Elektronenakzeptor dient. Sie unterscheiden sich darin von den ↗Anaerobiern.

Aerodynamik, Teilgebiet der Strömungslehre, allgemein die Wissenschaft von Strömungen in Gasen und den dadurch auf Strömungshindernisse einwirkenden Kräften. Im Gegensatz zur technischen Aerodynamik, die insbesondere die Einwirkung von Strömungskräften auf (Flug-) Körper erforscht, behandelt die meteorologische Aerodynamik großräumige atmosphärische Strömungsfelder, bei denen neben der Druckgradientkraft (↗Druckgradient) insbesondere die durch die Erdrotation verursachten Kräfte ↗Zentrifugalkraft und ↗Corioliskraft wirksam werden.

Aerogramm, *Refsdal-Diagramm*, zu den ↗thermodynamischen Diagrammen zählendes Diagramm zur Auswertung ↗aerologischer Aufstiege. Das Aerogram ist eine Weiterentwicklung des von A. Refsdal ebenfalls entwickelten ↗Emagramms. Auf der Abszisse ist die Lufttemperatur logarithmisch als $\ln T$ aufgetragen, während auf der rechtwinklig dazu angeordneten Ordinate das Produkt aus Temperatur und Luftdruck als $T \ln p$ dargestellt ist, sodass die Isobarenschar schiefwinkelig angeordnet ist. Die übrigen Linienscharen sind entsprechend $\ln T$ logarithmisch verzerrt. Wie beim Emagramm sind mit dem Aerogramm Bestimmungen des Energiegehaltes der Luft und quantitative Aussagen zur ↗Stabilität bzw. ↗Labilität der Atmosphäre möglich.

Aerologie, Teilgebiet der Meteorologie, das die durch Bodenmessungen nicht zugänglichen höheren Schichten der Atmosphäre untersucht. Die wichtigsten aerologischen Trägersysteme sind frei fliegende Radiosonden, Fesselballone, Flugzeuge, Raketen und Satelliten. Regelmäßige aerologische Sondierungen sind v. a. für die ↗Wettervorhersage erforderlich, um das bodennahe Beobachtungsnetz mit der vertikalen Dimension zu ergänzen. Sie sind jedoch insbesondere in größerer räumlicher Dichte sehr kostenaufwändig und das Netz über den Ozeanen ist sehr weitmaschig, deshalb versucht man die aerologischen Methoden durch klimatologische Fernerkundungsmethoden zu ersetzen, bei denen auch Vertikalprofile physikalischer Zustandsgrößen (Lufttemperatur, Wasserdampfanteil) aufgenommen werden.

aerologischer Aufstieg, Untersuchung atmosphärischer Zustandsgrößen in der freien Atmosphäre durch Aufstieg wasserstoffgefüllter Wetterballone, die verschiedene Messgeräte und einen Sender (↗Radiosonde) tragen. Aerologische Aufstiege werden im Rahmen ↗synoptischer Wetterbeobachtungen von weltweit ca. 500 aerologischen Stationen aus vorgenommen. Routinemäßig werden dabei zweimal täglich um 0 Uhr GMT (Greenwich Mean Time) und 12 Uhr GMT Luftdruck und Temperatur in definierter Höhe gemessen. Die Ergebnisse aerologischer Aufstiege bilden die Grundlage für die Erstellung von ↗Höhenwetterkarten. Sie werden verschlüsselt an die Wetterdienste unter der Bezeichnung TEMP weitergegeben.

Aeroplankton, *Luftplankton*, passiv in der Luft schwebende Organismen (z. B. Protozoen, Milben, kleine Spinnen und Insekten). Das Verdriften durch Luftströmungen kann der ↗Ausbreitung dienen und wird häufig aktiv herbeigeführt, z. B. durch Klettern auf windexponierte Stellen oder Austretenlassen eines Spinnfadens, der zum sog. Fadenfloß wird. ↗Lebensformen.

Aerosole, stabile Suspension fester oder flüssiger Partikel in der Größenordnung von ca. 10^{-4} µm bis ca. 10 µm, welche in der Atmosphäre schwebt. Wolkentröpfchen, Eiskristalle oder fallende Niederschläge zählen nicht zu den Aerosolen. Aerosole können auf direktem Wege in die Atmosphäre gelangen, beispielsweise durch industrielle Emission von Partikeln, Winderosion oder Vulkanausbrüche. Dann sind es primäre Aerosole. Sekundäre Aerosole entstehen durch Gas-Partikel-Umwandlung, indem gasförmige Moleküle aneinander haften (Nukleations-Partikel). Die Bedeutung von Aerosolen ergibt sich besonders daraus, dass sie a) als ↗Kondensationskerne wirken und damit den Prozess der ↗Kondensation in der Atmosphäre beeinflussen, b) sie die Strahlung absorbieren oder streuen und so den Strahlungshaushalt oder die Optik der Atmosphäre verändern, c) an ihren Oberflächen chemische Prozesse ablaufen, welche die Zusammensetzung der Atmosphäre verändern und d) dass sie schädigende Wirkung haben können.

Zur Größencharakterisierung der Aerosole wird ihr Äquivalentdurchmesser oder -radius verwendet, das ist derjenige Durchmesser oder Radius, den ein kugelförmiges Teilchen mit der gleichen Sinkgeschwindigkeit hätte (Abb. 1).

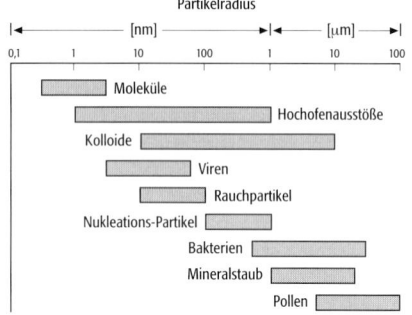

Aerosole 1: Radien verschiedener Aerosole.

In der ↗atmosphärischen Grenzschicht gibt es deutliche Unterschiede zwischen der städtischen und ländlichen Atmosphäre (Abb. 2). Das Maximum bei 10^{-2} µm ergibt sich durch die Menge der durch Nukleation entstandenen Aerosole und die geringe Depositionsgeschwindigkeit in diesem Größenbereich. Dass der Partikelgehalt des Regenwassers das Größenspektrum der schwebenden Teilchen recht gut nachzeichnet, zeigt, wie wirksam die Prozesse des ↗Wash-out und ↗Rain-out sind, welche die Atmosphäre reinigen und die nasse ↗Deposition an den Oberflächen herbeiführen.

Die wichtigste natürliche Quelle des atmosphärischen Aerosols ist die Winderosion. In globalem Maßstab dominieren die Einträge aus den subtropischen Trockengebieten. Stäube aus der Sahara beispielsweise werden nach Mitteleuropa oder Florida transportiert (↗Blutregen). Daneben spielen Pollen eine Rolle, wenn sie beim Menschen allergische Reaktionen hervorrufen. Anthropogene Aerosolemissionen entstammen den unterschiedlichsten industriellen Prozessen, dem Verkehr (Rückstände der Verbrennung, Abrieb von Reifen oder Bremsscheiben) sowie der Landwirtschaft. Große Bedeutung haben in globalem Maßstab Waldbrände oder Brandrodung, aus denen rund ein Sechstel des weltweit vorhandenen organischen partikulären Aerosols stammen. Insgesamt ist die Emission von Schwefelverbindungen durch Verbrennungsprozesse mit ca. 100 Mio. t/a etwa doppelt so hoch wie die natürliche Freisetzung.

Die Masse der Aerosole liegt in Reinluftgebieten bei ca. 1 µg/m³, in Städten um 100 µg/m³ und innerhalb von Sandstürmen um 30.000 µg/m³. Damit ist in Städten die Masse der Aerosole immer noch wesentlich niedriger als die der reaktiven Gase. Aerosole binden Gase an ihren Oberflächen, beschleunigen die Deposition und können dadurch als Senke wirken. Räumlich ist die Konzentration über den Kontinenten größer als über den Ozeanen und sehr stark von der Luftmasse abhängig. Gealterte kontinentale Luftmassen haben wesentlich höhere Konzentrationen als maritime Luft. Der Ozean ist lediglich eine Flächenquelle für Meersalz und gasförmige Schwefelverbindungen.

Die Aerosole verlassen die Troposphäre durch die Prozesse der ↗Deposition, die über die trockene oder nasse Deposition und für die verschiedenen Größenklassen unterschiedlich verlaufen. Die kleinsten Partikel sind die ↗Aitken-Kerne unter 0,2 µm. Ihre Anzahl nimmt durch ↗Koagulation relativ schnell ab. Sie lagern sich aneinander an, sodass größere Aerosole entstehen. Dabei kommt es zu den unterschiedlichsten aerosolchemischen Reaktionen, auch unter Beteiligung der Sonnenstrahlung. Für den Wolkenbildungsprozess sind die großen Kerne mit einem Äquivalent-Radius von 0,2 bis 1 µm entscheidend, weshalb sie als ↗Kondensationskerne bezeichnet werden. Die Konzentration der Teilchen >1 µm verringert sich durch gravitatives Absinken.

Die Dichte der Aerosole nimmt mit zunehmender Höhe ab. An der ↗Tropopause sind es nur noch 10^{-4} des Bodenwertes. Allerdings befinden sich auch in der Stratosphäre Aerosole. Dies sind einmal die durch Vulkanausbrüche in die Stratosphäre emittierten Ascheteilchen, welche bis zur Dauer von einigen Jahren die Erde umrunden

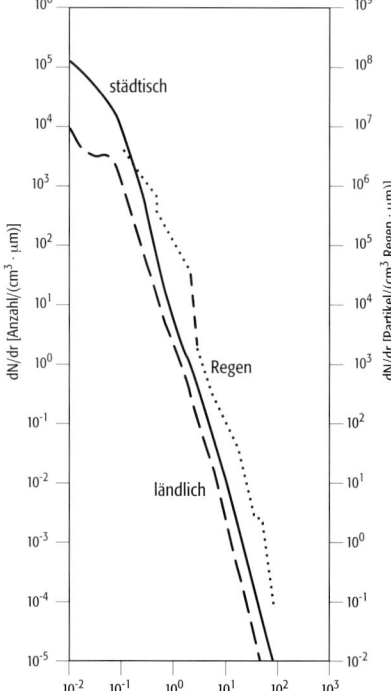

Aerosole 2: Aerosolspektren in der städtischen und ländlichen Grenzschicht sowie von unlöslichen Partikeln im Regen.

und dann langsam infolge Gravitation in die Troposphäre gelangen und ausgewaschen werden. Es gibt aber auch eine permanente Schicht stratosphärischer Aerosole, welche sich an den Polen in ca. 17 km und am Äquator in ca. 25 km Höhe befindet. Sie wird als Junge-Schicht bezeichnet. Die Teilchen dieser Schicht sind mit einem mittleren Radius von r < 0,06 μm sehr klein und sinken daher nicht infolge der Schwerkraft. Durch sie können Phänomene der atmosphärischen Optik erklärt werden. [JVo]

Literatur: [1] FABIAN, P. (1992): Atmosphäre und Umwelt. – Berlin. [2] GRAEDEL, T. E., CRUTZEN, P. J. (1994): Chemie der Atmosphäre. – Heidelberg. [3] JAENICKE, R. (Hrsg.) (1987): Atmosphärische Spurenstoffe. – Weinheim.

Aerosolnebel ↗Nebel.

Aethiopis ↗Faunenreiche.

AFC, *Area Forecast Center*, Wettervorhersagezentrale eines bestimmten Gebietes, in der Regel für die Luftfahrt. In Europa befinden sich AFC in Offenbach, Rom, Paris, London und Moskau. Sie sind zuständig für den Flugwetterdienst.

affektuelles Handeln, als ↗Idealtypus des Handelns von ↗Weber definiert als ein ↗Handeln, das von ungehemmter Reaktion auf Reize bis zu bewusster Sublimierung reichen kann. Beim Letzteren ist es am Ausleben von Affekten orientiert und kann dann bei zunehmend vernunftsbezogener Befriedigung von Gefühlen (wie Liebe, Neid, Genuss) zu werthaftem Handeln werden, das an der Verwirklichung idealer Werte orientiert ist.

Afreg, *Afregdüne*, künstliche ↗Düne als Sandfang zum Schutze von ↗Oasen in der Sahara: Im Luv der Oase wird durch Zäune (meist aus Palmwedeln) quer – oder besser schräg – zur Windrichtung ein Hindernis geschaffen, an dem ↗Flugsand abgelagert und zu einer Düne angehäuft wird. Durch Hochziehen der Zäune können beträchtliche Dünenhöhen erreicht werden.

afrikanische Religionen, umfangreiche und heterogene Gruppe religiöser Vorstellungen in Afrika, meist beschränkt auf den Bereich einer bestimmten ↗Ethnie. Die ursprünglich animistischen (↗Animismus) und ahnenverehrenden Religionen des Kontinents, die eng mit der politischen Führung ihres jeweiligen Stammes verbunden waren, haben durch das Vordringen der universalen Religionen immer mehr an Einfluss verloren; dies gilt sowohl für die Expansion des ↗Islam im Mittelalter, der bis heute den Norden Afrikas dominiert als auch für das seit dem 15. Jh. im Zuge der Kolonialisierung vordringende ↗Christentum im Westen und Süden.

Die schwarzafrikanische mythische Geographie geht in der Regel von einem Schöpfergott aus, der nach Erledigung seiner Kreation nicht weiter in die Welt eingreift. Stattdessen wirkt ein ganzes Geflecht von energetisch geladenen Geistkräften (bei den Bantu als »ntu« bezeichnet), das sich in Personen, Tieren und Sachen materialisieren kann. Daneben erweisen die Lebenden den familiären Ahnen als jenseitigen und geistgeladenen Persönlichkeiten eine besondere Aufmerksamkeit, die sich in den großen Königreichen West- und Zentralafrikas (Kongo, Mali) bis hin zu einem Königsfamilienkult steigern konnte; Reste dieser Verehrung finden sich z. B. noch in der Yoruba-Religion, oder bei den inzwischen islamischen Haussa. Da nach afrikanischen Vorstellungen der religiöse Kontakt mit dem Jenseits jederzeit über Trance aufgenommen werden kann, ist die mythische Geographie der afrikanischen Religionen nicht auftrennbar in materielle und nichtmaterielle Elemente. Verstorbene können so existieren, ohne zu leben.

In den rituellen Praktiken der Schwarzafrikaner muss hervorgehoben werden, dass oft Gegenstände als Fetische eine besondere Bedeutung erhalten können. Sie sind symbolische Träger der Geistkräfte, die die Welt durchziehen, und benötigen deshalb auch eine besondere Aufmerksamkeit. Für die Kontrolle dieser Kräfte ist es wichtig, über kulturelle Mittel wie rhythmische und vibrierende Musik, bestimmte Rituale und das (Zauber-)Wort zu verfügen. Im Prinzip kann jeder mit solchen Kräften umgehen und in Berührung kommen, es hat sich jedoch in vielen Regionen ein priesterähnliches Spezialistentum entwickelt, das teilweise auf extrem lange Ausbildungsprozesse angewiesen ist.

Kulturgeographisch bemerkenswert ist die hohe synkretische Durchlässigkeit schwarzafrikanischer Geistvorstellungen. So durchmischen sich oft die Pantheons der Ethnien, wenn intensive Handelsbeziehungen oder kriegerische Eroberungen einen Kontakt hergestellt haben. Die großen islamischen Reiche des Mittelalters (Mali, Songhai, Kanem-Bornu) haben diese religiöse Durchlässigkeit immer respektiert und im Gegensatz zu den christlichen Eroberern der Neuzeit dabei religiöse Pluralität praktiziert. Erst im 19. Jh. nahmen auch islamische Bewegungen (↗Islamismus) in West- und Ostafrika (Osman dan Fodia, Hadj Omar Tall, Samori Ture und der Mahdi) ihre politische Organisation unter Ausschluss animistischer Praktiken vor.

Die ausgeprägte Toleranz afrikanischer Religionen und ihre Bereitschaft zur Einschließung fremder Ideen erklärt vermutlich ihr Überleben in den synkretistischen ↗afroamerikanischen Religionen der Neuen Welt, ist zugleich wohl aber auch die Ursache ihrer Unterlegenheit gegenüber den exklusiv agierenden Universalreligionen. ↗Religionsgeographie. [WDS]

afroamerikanische Religionen, heterogene Gruppe von meist synkretistischen Religionsformen der Neuen Welt, die ihre Wurzeln in den ↗afrikanischen Religionen und dem ↗Christentum haben. Ihre Geschichte ist eng mit der Sklavenverschleppung verbunden und ihre Gemeinschaften operieren eher in kleinen Gruppen und dezentral. Trotz unterschiedlicher Bedingungen in den einzelnen ehemaligen Kolonien gehen alle afroamerikanischen Religionen von einem Schöpfergott aus, dessen Botschaften über abhängige Geistwesen oder Emanationen von Einzelpersonen inkorporiert werden können. Dazu sind rituelle Rahmenbedingungen wie Musik, Gruppengebete, Feste und Gottesdienste nötig. Während sich die afrikanischen Einflüsse stärker in den katholischen Ländern erhalten haben (Brasilien, Kuba, Haiti), sind sie in der protestantischen Karibik (Jamaika, Barbados, Trinidad) und Nordamerika weitgehend in der Baptisten- und Pfingstbewegung aufgegangen.

Brasilien ist mit etwa ca. 3–5 Mio. Anhängern eines der kulturell reichsten Länder dieser Religionsgruppe, das religiöse Zentrum dafür ist Salvador. Dort werden im Candomblé sog. Orixás (Geistwesen) angerufen, die mit Naturkräften, aber auch mit historischen afrikanischen Figuren identifiziert werden. In Ritualen liefern die Gläubigen in Trance ihren Körper dem niederkommenden Orixá aus. Meist werden die Candomblés von Geistwesen der Yoruba dominiert, aber es gibt auch religiöse Kulte der Ewe (Fon) aus Dahomey und Togo, die die sog. Voduns verehren. Die im 18. Jh. dominierenden Banturreligionen (Kongo, Angola) sind heute nur noch selten anzutreffen. In Rio de Janeiro entwickelte sich im 20. Jh. eine Mischung aus der Macumba der Bantu und dem französischen Spiritismus, genannt Umbanda, deren Geistwesen neben afrikanischen Elementen auch katholische Heilige, Figuren der Volkskultur und sogar der brasilianischen Geschichte repräsentieren.

Candomblé und Umbanda sind in den letzten Jahren immer mehr zu einem Mittelklassephänomen auch weißer Anhänger geworden und haben sich in den Prozess der ↗ Urbanisierung eingegliedert, sodass ihre Kultstätten (terreiros) nicht nur an den urbanen Peripherien, sondern auch in Hochhaus-Appartments zu finden sind.

Neben Brasilien ist Kuba ein weiteres Zentrum der afroamerikanischen Religionen; dort wird v. a. die Santeria praktiziert, die wie der Candomblé Orixás verehrt. Haiti gilt als das Zentrum der Voudou-Religion. Besondere Formen afroamerikanischer Religionen sind noch der Rastafarianismus in Jamaika, eine kulturelle Neuschöpfung des 20. Jh., und das aus der Schwarzen Bürgerrechtsbewegung hervorgegangene Black Muslim Movement in den USA.

Im christlichen, v. a. protestantischen, Umfeld der afroamerikanischen Religionen ist die Dominanz Gottes wesentlich stärker als in den Candomblés und der Voudou-Religion, wobei die Funktion der Geistwesen vom Heiligen Geist übernommen wird. So ändern sich zwar die ideologisch-religiösen Vorstellungen, die religiösen Praktiken afrikanischen Ursprungs (Zungenreden, Gospelmusik) bleiben jedoch erhalten. Das ist z. B. der Fall bei den karibischen Spiritual Baptists oder bei den nordamerikanischen Baptisten- und Pfingstgemeinschaften.

Im Zuge der internationalen ↗ Migration von Süd- und Mittelamerika in die USA und nach Kanada haben sich die afroamerikanischen Religionen immer stärker auch in den dortigen großen Metropolen ausgebreitet. So sind heute Miami, New York, Los Angeles und Toronto Zentren afroamerikanischer Religionen aus verschiedenen Teilen des Kontinents und Afrikas geworden, was zu einer kulturellen ↗ Globalisierung beiträgt; im gleichen Sinne wirken die virtuellen Verbindungen des Internets. ↗ Religionsgeographie. [WDS]

AFTA ↗ *ASEAN*.

Agenda 21 [von lat.-roman. agenda = was zu tun ist], im Juni 1992 von 178 Teilnehmerstaaten der ↗ UNO-Konferenz über Umwelt und Entwicklung (UNCED) in Rio de Janeiro beschlossenes langfristiges Aktionsprogramm für das 21. Jahrhundert. Die Agenda 21 geht weit über den umweltpolitischen Rahmen hinaus und versucht einen internationalen Konsens über die soziale, wirtschaftliche und ökologische Dimension dauerhaft zukunftsbeständiger Entwicklung herzustellen. Das Programm widmet sich zunächst (Teil I, Kap. 1–8) der »sozialen und wirtschaftlichen Dimension« der angestrebten ↗ Nachhaltigkeit und gelangt erst dann zu den Belangen der »Erhaltung und Bewirtschaftung der Ressourcen für die Entwicklung« (Teil II, Kap. 9–22), um sich schließlich in Teil III (Kap. 23–32) der »Stärkung der Rolle wichtiger Gruppen« zuzuwenden – u. a. sind hier Frauen, Kinder und Jugendliche, nichtstaatliche Organisationen, aber auch die Privatwirtschaft genannt. Dieser Teil der UNCED-Beschlüsse enthält im Kap. 28 auch die Vorstellungen von »Initiativen der Kommunen zur Unterstützung der Agenda 21«, welche die Grundlage der Prozesse zur ↗ Lokalen Agenda 21 darstellen. Der vierte Teil (Kap. 33–40) der Agenda 21 befasst sich abschließend mit den »Möglichkeiten der Umsetzung«.

Die Agenda 21 ist ein Konsenspapier, und ihre Grundsatzformulierungen sind daher nicht widerspruchsfrei. Nicht alle ihre Inhalte sind neu; neu ist vielmehr der Versuch, für einzelstaatliche Aktionspläne in Industrieländern, Ländern der Dritten Welt und Ländern im Transformationsprozess zur Marktwirtschaft eine einheitliche Systematik und gemeinsame Grundsätze vorzuschlagen. Methodisch konkretisiert sie für zahlreiche Programmbereiche Ziele, Maßnahmen und Instrumente einer nachhaltigen Entwicklung und sieht die systematische Einbeziehung von ↗ Nichtregierungsorganisationen und gesellschaftlichen Gruppen bei der Umsetzung des Programms vor. Auch wenn die Agenda 21 nicht völkerrechtlich verbindlich ist, gibt sie als Selbstverpflichtung der teilnehmenden Regierungen diesen Gruppen einen einheitlichen Bezugsrahmen für ihre Arbeit. Die Agenda 21 hat rasch einen größeren Bekanntheitsgrad erreicht als die anderen, zum Teil völkerrechtlich verbindlichen, Abkommen der Konferenz von Rio (Rio-Deklaration über Umwelt und Entwicklung, Walderklärung, Klimakonvention, Konvention über biologische Vielfalt). Die meisten Weltkonferenzen der UNO, die seit 1992 stattfanden (u. a. der Weltsozialgipfel und die 4. Weltfrauenkonferenz von 1995, die Weltsiedlungskonferenz Habitat II und der Welternährungsgipfel von 1996), nehmen direkt auf die Agenda 21 Bezug und entwickeln die Programmatik von Rio in wichtigen Bereichen weiter.

Im Juni 1997 zog eine Sondergeneralversammlung (SGV) der Vereinten Nationen in New York fünf Jahre nach Rio eine skeptische Zwischenbilanz. Das dort beschlossene Programm zur weiteren Umsetzung der Agenda 21 beschreibt eine weitere Verschärfung der sozialen Probleme der Menschheit und eine Verschlechterung der globalen Umweltsituation. Trotz einiger Fortschritte bei Material- und Energieeffizienz weisen die globalen Trends nicht in Richtung der gewünschten Nachhaltigkeit. Das Programm der SGV enthält eine Selbstverpflichtung der Regierungen, bis zur nächsten Bilanzversammlung im Jahr 2002 »größeren messbaren Erfolg bei der Umsetzung der Agenda 21 vorzuweisen« und die Verpflichtung, bis zu diesem Zeitpunkt nationale Strategien für nachhaltige Entwicklung auszuarbeiten. Eine solche »Agenda 21 für Deutschland« steht noch aus. [JPS]

Agens, pl. Agenzien, treibende Kraft, unter der in der ↗Geomorphologie das Medium verstanden wird, das Abtragung vollzieht, wie z. B. fließendes Wasser, ↗Wind.

ageostrophischer Wind, *Reibungswind*, bodennahe Modifikation des ↗geostrophischen Windes, der durch die abbremsende Wirkung der ↗Reibung von der durch die ↗atmosphärische Zirkulation bedingten Windrichtung abweicht. Die Differenz zwischen geostrophischem und ageostrophischem Wind wird als ageostrophische Windkomponente bezeichnet. Der ageostrophische Wind wird stärker gegen den tiefen Druck gelenkt. ↗Barisches Windgesetz.

Agglomeration, 1) regionale Konzentration von Bevölkerung, Wohngebäuden, Arbeitsplätzen, Betriebsstätten, Infrastruktur mit den dazugehörigen sozioökonomischen und räumlichen Verflechtungen. 2) allgemein großräumiger Vorgang der Verdichtung von Bevölkerung und Siedlungen (Bevölkerungskonzentration bzw. Peripheriewachstum der Städte) oder Wirtschaft. Damit ist eine Erweiterung der an die Stadt gebundenen Siedlungsfläche und eine Auffüllung weiterer interurbaner Räume (extensive Agglomeration) verbunden. Die Agglomeration (↗Verdichtungsraum, ↗Konurbation, ↗Ballungsgebiet) besteht aus einer oder mehreren großen Städten mit ihren Stadt-Umland-Verflechtungsbereichen. Agglomerationen sind durch Verdichtungs-, Struktur- und Verflechtungsindikatoren abgrenzbar.

Agglomerationseffekte, *Größeneffekte, Skaleneffekte*, ↗Agglomerationsvorteile und ↗Agglomerationsnachteile, unternehmensinterne und externe, meist nicht über den Markt abgegoltene Effekte. Probleme machen die Operationalisierung und die Aussagen zur Bedeutung für ↗Standortentscheidungen.

Agglomerationsnachteile, *Größennachteile*, unternehmensinterne Nachteile (z. B. steigende Stückkosten durch Überbeanspruchung der Maschinen) oder externe Nachteile, aus der Konzentration ähnlicher Tätigkeiten (Lokalisierungs- oder Branchennachteile) oder unterschiedlicher Tätigkeiten und Einrichtungen (Verstädterungs- oder Urbanisierungsnachteile, z. B. hohe Grundstückspreise).

Agglomerationsvorteile, Standortvorteile aufgrund einer ↗Agglomeration, die sich für Betriebe und Bevölkerung aus ihrer Lage in einem ↗Verdichtungsraum ergeben. Dies bedeutet Verfügbarkeit und Nähe zu Infrastruktureinrichtungen und Dienstleistungen, ein großes qualifiziertes Arbeitskräftepotenzial bzw. ein großes Angebot des Arbeitsmarktes für unterschiedlich qualifizierte Personen. Zu den Agglomerationsvorteilen zählen auch Nähe zu vor- und nachgelagerten Betrieben, Absatzmöglichkeiten in einem großen Markt, Kontakte zu Behörden und Verbänden, sowie die Nähe zu Forschungs- und Entwicklungseinrichtungen. Agglomerationsvorteile können aber auch bei Überschreiten eines »Optimalwertes« umschlagen (↗Agglomerationsnachteile).
Des Weiteren gehören zu den Agglomerationsvorteilen unternehmensinterne Vorteile aus großen Leistungseinheiten, z. B. sinkende Stückkosten mit zunehmender Produktionsmenge (Kostendegression).

agglomeratives Gruppierungsverfahren, Strategie der ↗Clusteranalyse zur Zusammenfassung von Objekten (z. B. Raumeinheiten) zu Gruppen. Ausgehend von der Menge der Einzelobjekte (hier ist noch jedes Element für sich eine Gruppe) werden die Objekte schrittweise zu Gruppen zusammengefasst (↗hierarchisches Gruppierungsverfahren Abb.). Hierbei werden in einem Schritt jeweils die beiden Gruppen fusioniert, die bzgl. des verwendeten Ähnlichkeitsmaßes am ähnlichsten sind. Am Ende sind alle Elemente in einer Gruppe erfasst.

agglutiniert, sind Schalen oder Gehäuse von Tieren, z. B. von vielen ↗Foraminiferen, die aus verschiedenen Fremdkomponenten (Sandkörner, Minerale, Schalensplitter etc.) zusammengesetzt und durch ein Bindemittel miteinander verkittet sind.

Aggregat, *Bodenaggregat*, natürliche Aneinanderlagerung und Verbindung einzelner Bodenpartikel zu Körpern unterschiedlicher Form und Größe; kleinste Einheit des Aggregatgefüges (↗Bodengefüge). Aggregate entstehen vor allem durch Austrocknungs- und Schrumpfungsvorgänge, die durch eine Wiederbefeuchtung nicht vollständig reversibel sind, sowie durch die ↗biotische Aktivität im Boden, z. B. Regenwurmkotkrümel.

Aggregation, *Aggregierung*, 1) *Geoinformatik*: Zusammenfassung ähnlicher Objekte zu einem einzelnen Objekt. So können benachbarte Raumeinheiten zu größeren Raumeinheiten zusammengefasst werden, um z. B. aus Postleitzahlgebieten Kundeneinzugsbereiche zu bilden. Die zugehörigen ↗Attributdaten werden ebenfalls aggregiert. Aggregierung im Sinne von »upscaling« ist ein Verfahren der ↗Regionalisierung, mit dem die Ausprägung von Variablen (Merkmalen) einer höheren Raum- und/oder Zeitskala aus detaillierteren und höher aufgelösten Daten einer niedrigeren Skala abgeleitet wird. Aggregierung ist mit dem Übergang von einer niedrigeren zu einer höheren Skala verbunden. Durch Aggregierung werden die auf Einzelobjekte (z. B. Messpunkte), Elementarflächen oder kleinere Gebietseinheiten bezogene Informationen z. B. durch Mittelwert- und Summenbildung oder durch Verwendung von Verteilungseigenschaften und anderen statistischen Größen auf einem jeweils höheren Skalenniveau zusammengefasst und abgebildet (↗Disaggregierung). **2)** *Klimatologie*: ↗Koagulation. **3)** *Zoogeographie*: ↗Dispersion.

Aggregatzustand, Zustand der Materie in seiner Konsistenz. Man unterscheidet grundsätzlich drei Aggregatzustände: fest (z. B. ↗Eis), flüssig (z. B. ↗Wasser) und gasförmig (z. B. ↗Wasserdampf). Jeder Stoff kann durch Temperatur- oder Druckeinwirkung prinzipiell feste, flüssige oder gasförmige Gestalt annehmen. Gase sind durch intensive und regellose Molekularbewegungen gekennzeichnet. Bei starker Verdichtung der Moleküle (z. B. durch Abkühlung) geht ein Gas unter Zunahme der zwischenmolekularen Anziehungskräfte in den flüssigen Zustand über. Bei weiterer Abkühlung bis zum Erstarrungspunkt ordnen sich die Moleküle sprunghaft in regelmäßigen Gittern (Kristalle) an, die Teilchenbewegungen hören auf und gehen in pendelartige Schwingungen über.

Agrarbeihilfe, Subvention des Agrarsektors, die die ↗Landwirtschaft selbst, aber auch benachbarte Bereiche (z. B. Handel, Lagerhaltung) betreffen können. In der ↗EU unterliegen nationale Agrarbeihilfen nach der ausdrücklichen Regelung in den ↗Marktordnungen auch dem allgemeinen Beihilferegime des EG-Vertrages. Beihilfen werden beispielsweise in Form von Ausfuhrerstattungen geleistet.

Agrarbevölkerung, Einwohner eines Gebietes, die ihren Lebensunterhalt ganz oder zu einem überwiegenden Teil aus der Landwirtschaft beziehen. In den meisten Industrieländern ist ihr Anteil an der ↗Bevölkerung gering einzuschätzen. In zahlreichen afrikanischen und asiatischen Staaten dagegen hoch, und die unterdurchschnittliche Bedeutung der ↗städtischen Bevölkerung lässt nach wie vor auf ein Übergewicht des primären Sektors in der ↗Erwerbsstruktur schließen.

Agrarchemikalien, Gesamtheit der in der ↗Landwirtschaft eingesetzten Chemikalien, also ↗Düngemittel und ↗Pflanzenschutzmittel sowie Treibstoffe. ↗Agrochemie.

Agrardichte, *agrare Dichte, agrarische Dichte*, Quotient aus der Bevölkerungszahl, die von der Landwirtschaft lebt (Erwerbspersonen plus Angehörige) und der landwirtschaftlichen Nutzfläche. Die Agrardichte ist ein spezifisches Maß der ↗Bevölkerungsdichte, das die Belastung eines Raumes unter Einbeziehung sowohl bevölkerungsstruktureller als auch naturräumlicher Gegebenheiten kennzeichnet und damit auch den ↗Nahrungsspielraum einbezieht.

Agrarfabrik, in Analogie zum gewerblichen Bereich eine größere Produktionsstätte, in der vorzugsweise tierische Erzeugnisse weitgehend ohne Bindung an selbstbewirtschaftete Flächen »fabriziert« werden. Da diese »Fabrikation« der traditionellen bodengebundenen Landbewirtschaftung mit bäuerlicher Viehhaltung und damit dem Leitbild ↗bäuerlicher Familienbetriebe widerspricht, wird der Begriff Agrarfabrik eher diskriminierend benutzt. Seine Verwendung in der Fachliteratur ist unüblich. Agrarfabriken sind zwar statistisch nicht exakt zu erfassen. Sie sind aber durch ihre vorzugsweise bodenunabhängige tierische ↗Veredelung sowie die ↗Spezialisierung auf meist nur einen Viehhaltungszweig mit großer Stückzahl und die vorzugsweise Beschäftigung von Lohnarbeitskräften näherungsweise bestimmbar. Agrarfabriken sind üblicherweise in das System des ↗Agrobusiness eingebunden. Die ersten »Tierfabriken« (factory farms) waren Hähnchenmastbetriebe in den USA. ↗agrarindustrielle Unternehmen. [KB]

Agrarformation ↗Wirtschaftsformation.

Agrargebiet, größenordnungsmäßig nicht fest fixierte, individuelle Räume, die sich durch eine spezifische Kombination ihrer Merkmale von ihren Nachbarräumen abheben. Die Kriterien sind mit denen zur Erfassung der ↗Betriebsformen identisch, sodass man Agrargebiete auch als Räume gleicher oder ähnlicher Betriebstypen definieren kann. Ein weitgehend identischer Begriff ist ↗Agrarlandschaft.

Merkmalshervorhebungen oder -kombinationen führen zu Typen von Agrargebieten (z. B. alpine Täler mit ↗Almwirtschaft, tropische Zuckerrohrgebiete).

Agrargebiete liegen nach der Größenordnung zwischen den Agrarbetrieben und den ↗Agrarregionen. ↗Agrargeographie.

Agrargeographie, die Agrargeographie untersucht, beschreibt und erklärt die von der ↗Landwirtschaft und von mit ihr durch Integration verbundenen Wirtschaftszweigen gestaltete Erdoberfläche als Ganzes wie auch in ihren Teilen und versucht dieses Wirken in Modellen darzustellen. Sie berücksichtigt dabei die äußere Erscheinung, ökologische, (agrar-)wirtschaftliche und (psycho-)soziale Strukturen sowie die Funktion und gelangt letztlich zu einer räumlichen Differenzierung. Dabei werden die Wechselwirkungen dieser Faktoren im Kontext demographischer, (agrar-)politischer und technologischer Rahmenbedingungen und ihr raum-zeitlicher Wandel betrachtet. Aus der Verbreitung dieser Faktoren ergeben sich verschiedenartige ↗Agrarräume, ↗Agrarregionen, Landbauzonen o. Ä. Der Agrarraum steht sowohl in seiner Gesamtheit, also als Gefüge von Siedlung, ↗Flur, Urproduktion usw. im Blickfeld der Agrargeographie wie auch mit seinen Einzelaspekten, so z. B. den Betriebsgrößenverhältnissen oder dem ↗Strukturwandel ehemals sozialistischer Staaten Osteuropas.

Als Grundlage der agrargeographischen Forschung dienen vor allem statistische Daten, Flächennutzungserhebungen im Gelände, Verfahren der ↗Fernerkundung und Archivalien.

Die Agrargeographie steht als Teildisziplin der ↗Wirtschaftsgeographie und der ↗Sozialgeographie in einem Spannungsfeld zwischen den Agrarwissenschaften, den Sozialwissenschaften, der allgemeinen ↗Humangeographie, den Geschichtswissenschaften (bezüglich der Unterdisziplin historische Agrargeographie) und auch der ↗Physischen Geographie.

Das traditionelle Konzept der Agrargeographie mit seiner Beschränkung auf die reine Urproduktion erscheint angesichts des Auftretens ↗agrarindustrieller Unternehmen, die häufig ihre höchsten Umsätze im vor- und nachgelagerten Bereich (Mischfutterwerke, Schlachtereien) tätigen, und angesichts der vornehmlich in wohlhabenden Industriestaaten zugewachsenen Aufgaben der Landwirtschaft (z.B. ↗Landschaftspflege, ↗Tourismus in vielfältiger Form, Reitpferdehaltung) nicht mehr haltbar. Die zunehmende horizontale und vertikale Verflechtung der landwirtschaftlichen Produktion innerhalb des ↗Agrobusiness legt die Analyse von »international food complexes« oder von »agro-food chains« nahe, ohne notwendigerweise eine »geography of food« zu rechtfertigen.

Zu den erweiterten Aufgabenfeldern der Agrargeographie gehören z.B. auch die Untersuchung von Flächennutzungskonkurrenzen im ländlichen Raum, die Betrachtung der Diffusion von Innovationen oder die Erforschung des Einflusses der nationalen und internationalen Fördermaßnahmen auf die Agrarstruktur bzw. -landschaft. Ein Schwerpunkt der heutigen Agrargeographie liegt auf der Bestimmung von ↗Agroökosystemen als den Wechselwirkungen von landwirtschaftlichen Praktiken und natürlicher ↗Umwelt (↗Nachhaltigkeit). Traditionelle wie aktuelle Bedeutung haben die Beschäftigung mit Tragfähigkeitsfragen und die Analyse und Beurteilung der Welternährungssituation. Verwandte Zweige der Urproduktion (Jagd, Fischerei, Sammel- und Forstwirtschaft) sind meist nicht Gegenstand der Agrargeographie, trotz ihrer häufig engen Verzahnungen mit der eigentlichen Landwirtschaft.

Die erwähnten Aufgaben der Agrargeographie sind in dieser Gesamtheit nicht unumstritten, auch sind unterschiedliche Gewichtungen anzutreffen.

Teilweise wird alternativ oder als Ersatz zur Agrargeographie die Etablierung einer ↗Geographie des ländlichen Raumes propagiert, zumindest für die Länder, in denen es keine »reinen« Agrarräume mehr gibt. Insofern vollzieht sich ein Paradigmenwechsel von der »reinen« zur »offenen« Agrargeographie. [KB]

Literatur: [1] ARNOLD, A. (1997): Allgemeine Agrargeographie. – Gotha. [2] BORCHERT, C. (1992): Agrargeographie. – Stuttgart. [3] SICK, W. (1997): Agrargeographie. – Braunschweig.

Agrargeschichte, befasst sich als Teilbereich der Geschichtswissenschaften mit der historischen Entwicklung der ↗Landwirtschaft und des ↗Agrarraums. Sie zeigt die geschichtlichen Zusammenhänge auf, die zu den gegenwärtigen ↗Agrarstrukturen und Ausprägungen der ↗Agrarlandschaft geführt haben. Über enge Verflechtungen mit der allgemeinen Wirtschafts- und Sozialgeschichte fragt die Agrargeschichte nach den wirtschaftlichen Aktivitäten im Agrarbereich, nach Formen der Produktion, der Entwicklung der Agrartechnik, des Austausches und des Konsums sowie nach den sozialen Strukturen und Prozessen im ↗ländlichen Raum. Als rechtlicher Aspekt tritt die Beschäftigung mit der ↗Agrarverfassung hinzu. Die Beschäftigung mit der Genese von Flur- und ländlichen Siedlungsformen schafft Berührungspunkte zur ↗Siedlungsgeographie.

Geschichtswissenschaftlich im Sinne der *Kulturgeschichte* betrachtet gilt die Agrarwirtschaft als älteste Wurzel der Kulturentwicklung, das lateinische Wort »cultura« hatte ursprünglich die Bedeutung von Anbau und Bodenpflege. Die ältesten Wirtschaftsstufen der Wildbeuter, Sammler, Jäger und Fischer umfassen zwar den größten Teil der Menschheitsgeschichte (↗Steinzeit), sie haben aber den Naturraum noch nicht zum Agrarraum umgestaltet. Der entscheidende Übergang von der aneignenden zur produzierenden Landwirtschaft mit Anbau (Züchtung der noch heute wichtigsten ↗Kulturpflanzen) und Nutztierhaltung (↗Domestikation von Schaf, Schwein und Rind), die das Sesshaftwerden ermöglichte, erfolgte in Mitteleuropa vermutlich erst nach dem Ende der ↗Weichsel-/Würm-Kaltzeit.

Man nimmt für diese erste agrare Revolution (*neolithische Revolution* oder Ackerbaurevolution) mehrere Entstehungszentren an, die alle im tropisch-subtropischen Gürtel der Nordhalbkugel, vorzugsweise an der ökologisch und ökonomisch begünstigten Grenze zwischen Wald und offenem Land, d.h. am Rand der ↗Savannen, liegen. Die ältesten Hinweise auf Ackerbau fand man in dem sichelförmigen Gebiet von Palästina bis zum Persischen Golf, das als ↗Fruchtbarer Halbmond bezeichnet wird. Dort gediehen Wildformen von Getreide wie Einkorn, Emmer, und Gerste sowie einige Gemüsearten wie Erbsen und Linsen. Verbunden war dieser Übergang mit der Entwicklung einfacher landwirtschaftlicher Geräte (Pflanzstock, Grabstock, Hacke, Axt) und von Umtriebssystemen (↗shifting cultivation). Eine Differenzierung der Gesellschaft, das Aufkommen von Berufen ohne eigene Nahrungsproduktion, Städtebildung, ein schneller Bevölkerungsanstieg und eine deutliche Erhöhung der Nahrungsmittelproduktion waren die Folge.

Den Beginn der Landwirtschaft in Europa nimmt man für den Beginn des Neolithikums, also vor etwa 9000 Jahren an. Im Raum des heutigen Deutschlands hielt eine einfache Landwirtschaft ab ca. 5400 v.Chr. mit der Bandkeramik-Kultur Einzug und löste die vorher für annähernd 2 Mio. Jahre dominierende Jagd, Fischerei und Sammelkultur ab. Sie wurde zunächst v.a. auf Flussterrassen und Gebieten mit Lössböden betrieben. Die Landnahme geschah durch Waldrodung. Wie allgemein in der »Alten Welt« erfolgte die Ausbreitung von ↗Pflugbau (Ausnahme Schwarzafrika) und Nutzungswechselwirtschaft ab dem 2. Jahrtausend v.Chr. in der Bronze- und Eisenzeit. Zur Steigerung der ↗Bodenfruchtbarkeit erfolgte nun auch der Einsatz von Stall- und Plaggenmist, wobei Rasenstücke dem tierischen Dung beigemischt wurden.

Die letzten zwei bis drei Jahrtausende brachten Europa eine starke Differenzierung. Der mediterrane Raum wurde in der Antike durch den Anbau von Weizen, Wein und Ölbaum bestimmt, verbunden mit ↗Viehhaltung in den stark entwaldeten Gebirgen. Dazu traten Obst- und Gemüsebau, der wie der Weinbau von den Römern nach Mitteleuropa übertragen wurde. Die Araber führten Baumwoll- und Zuckerrohranbau und Bewässerungstechniken in Spanien ein. Andere Kulturpflanzen Südeuropas wurden teils schon im Altertum (Reis, Zitrone), teils erst in der Neuzeit (Apfelsine) eingeführt. In Mitteleuropa wurde das Kulturland durch Vorgänge der ↗Binnenkolonisation wie die mittelalterliche Rodung der Waldgebirge, die Moor- und Heidekolonisation und die Eindeichung ausgeweitet. In Nordeuropa dauerte das Vordringen des Anbaus gegen das Waldland bis in das 20. Jh. Auch in Osteuropa wurde Kulturland aus Wald- wie auch aus Steppengebieten gewonnen, z. T. noch in jüngster Zeit (Kasachstan).

Mit der europäischen ↗Kolonisation in Übersee und der Übertragung europäischer Wirtschaftsformen seit dem Ende des 15. Jahrhunderts begann eine globale Phase zur Gestaltung des Agrarraums: a) großflächiger Getreidebau mit Pflug im östlichen Nordamerika, südöstlichen Südamerika, in Südafrika und Australien/Neuseeland, b) Viehhaltung mit einer weniger engen Bindung an den Ackerbau als in Europa, c) Ausbreitung der Viehhaltung mit extensiver ↗Weidewirtschaft vorwiegend in den niederschlagsärmeren Teilen Nord- und Südamerikas, Südafrikas und Australiens, d) in den Tropen z. T. Verstärkung mancher traditioneller Anbaukulturen durch Einbeziehung in die Weltwirtschaft, oft auf Kosten der Selbstversorgung der Bevölkerung sowie Entstehen einer neuen, export- und kapitalorientierten Betriebsform, der ↗Plantagenwirtschaft, vornehmlich in Küstennähe, e) Ausbreitungsprozess der Kulturpflanzen und Nutztiere weit über ihre ursprüngliche Herkunftsgebiete hinaus, entsprechend den Bedürfnissen europäischer Kolonisten, Konsumenten und ↗Kolonialmächte (Übernahme amerikanischer Pflanzen in Europa; Verbreitung europäischer Pflanzen und Tiere in Überseegebieten, oft in Abhängigkeit von der Art der Siedlergruppen, z. B. Weinbau; Verbreitung tropischer Kulturpflanzen innerhalb der Tropenzone, z. B. Sisal, Ölpalme, Erdnuss, Kautschuk, Baumwolle, Tee, Ananas).

Die zweite agrare Revolution begann um 1690–1700 in England, setzte sich in den folgenden Jahrzehnten über Mitteleuropa fort und erreichte um 1860–1870 Russland. Für Nordamerika wird der Beginn dieser revolutionären Umgestaltung der Agrarproduktion um 1760–1770 angesetzt. Merkmale der zweiten agraren Revolution: a) Verbesserung vorhandener und die Einführung neuer landwirtschaftlicher Geräte (z. B. Bodenwendepflug, Sämaschine, Hufbeschlag des Pferdes), b) gezielte Auswahl von Saatgut und Zuchttieren, c) Kultivierung von ↗Ödland, d) Reduzierung des Brachlandes durch Übergang zu einem kontinuierlichen Fruchtwechsel, e) Einführung neuer Feldfrüchte bzw. deren größerer Verbreitung (Rüben, Klee, Raps, Kartoffeln), f) verbreiteter Einsatz von Pferden an Stelle von Ochsengespannen führt zu höherer Pflugleistung und größerer Transportgeschwindigkeit für Agrargüter.

Die Landwirtschaft in den gemäßigten Breiten arbeitete im 18. und 19. Jh., z. T. bis in die Mitte des 20. Jh. hinein, in einem ausgewogenen Miteinander von Pflanzenbau und Tierhaltung. Eine geregelte Futterwirtschaft auf Acker und ↗Grünland, durch Stallmistwirtschaft weitgehend geschlossene Stoffkreisläufe, systematische, vielgliedrige und abwechslungsreiche ↗Fruchtfolgen und eine auf langer Erfahrung basierende Berücksichtigung der speziellen Voraussetzungen jedes Betriebes und jedes einzelnen Feldes waren die Grundlagen der bäuerlichen Landwirtschaft. Die Erträge lagen deutlich unter dem heutigen Niveau, die Flächenproduktivität war aber um das Zwei- bis Vierfache höher als im ausgehenden Mittelalter. Die Einführung der Kartoffel und von Hülsenfrüchten in die Fruchtfolgen boten eine höhere Ertragssicherheit sowie Vielfalt und Qualität der Nahrungsmittel.

Die Begründung der Agrikulturchemie, die großtechnische Gewinnung von Stickstoffdüngemitteln sowie die Fortschritte in der Produktionstechnik im Gefolge der Industriellen Revolution und Erfolge in der Pflanzen- bzw. Tierzüchtung waren wesentliche Schritte bei der enormen Steigerung der Produktion. Gleichzeitig öffnete sich die Produktivitätsschere zwischen Gebieten mit moderner und traditioneller Landwirtschaft. War wegen der Bodenknappheit in Mitteleuropa hier zunächst die Intensivierung mit verstärktem Einsatz von Betriebsmitteln prägend, so setzte sich moderne Agrartechnik wegen der Knappheit an menschlicher Arbeitskraft zuerst in den USA durch. Sie erfasste seit den 1930er-Jahren die übrigen ↗Industrieländer und dringt seit den 1960er-Jahren in die ↗Entwicklungsländer ein. Geprägt ist diese Phase auch durch große Veränderungen im Transportwesen (z. B. Erfindung des Kühlwagens 1868) und die Verarbeitung von Agrarprodukten. Diese Entwicklungen führten dazu, dass gelegentlich von mechanischen, biologischen und chemischen Revolutionen gesprochen wird.

Als dritte agrare Revolution kann das Einsetzen einer ↗industrialisierten Landwirtschaft angesehen werden.

Der jüngste Innovationsschub für die Landwirtschaft geht von Erfindungen im Bereich der Biotechnologie aus. Methoden wie die Gentechnik und die Zellkulturtechnik (massenhafte Vermehrung pflanzlicher Zellen in einem künstlich geschaffenen Milieu mithilfe spezieller Nährstoffe) ermöglichen die Entwicklung leistungsfähiger, krankheitsresistenter und anspruchsloser

Importeure		Exporteure	
Staat	Mrd. US-$	Staat	Mrd. US-$
USA	41,8	USA	57,3
Deutschland	41,0	Frankreich	38,2
Japan	34,7	Niederlande	30,2
Großbritannien	28,7	Deutschland	25,2
Frankreich	26,5	Belgien/Luxemburg	18,6
Italien	23,7	Großbritannien	16,5
Niederlande	17,5	Italien	16,0
Belgien/Luxemburg	17,3	Kanada	15,3
China (inkl. Taiwan)	15,9	Brasilien	15,2
Russland	10,1	Spanien	14,8

Agrarhandel 1: Welthandel mit Agrarprodukten (Stand 1998, Angaben in Milliarden US-Dollar).

Pflanzen und Tiere oder auch die Großproduktion bestimmter pflanzlicher Inhaltsstoffe. In enger Verbindung damit steht die weiter zunehmende Mechanisierung, der Einsatz von Informations- und Kommunikationstechnologien bei der Robotisierung (z. B. Melk- und Pflugroboter), des ↗precision farmings, bei der Nutzung von betriebsspezifischen Wettervorhersagen oder bei farbsensor- und kameragesteuerten Erntevorrichtungen (z. B. für Tomaten, Blumenkohl und Salat). Die Gesamtheit dieser Innovationen zusammen mit dem verstärkten Auftreten alternativer Produktionsformen sowie Konzepten einer auf ↗Nachhaltigkeit ausgerichteten Landwirtschaft legt es nahe, von einer vierten agrarischen Revolution zu sprechen, deren Anfänge man in den 1980er-Jahren sehen kann. [KB]

Agrargesellschaft, wirtschaftliche Entwicklungsstufe, bei der die Landwirtschaft (bezogen auf Anteil am ↗Bruttoinlandsprodukt und der Beschäftigten) dominierende Bedeutung besitzt (↗Sektorenwandel).

Agrarhandel, im funktionellen Sinne die Übertragung von Agrargütern auf ein anderes Wirtschaftssubjekt (Abb. 1 und 2). Im institutionellen Sinne beinhaltet der Begriff alle Institutionen, die ausschließlich oder vorwiegend dem Handel im funktionellen Sinne zuzurechnen sind. Diese Institutionen sammeln und verteilen und nehmen außer unbedeutenden Veredelungs- und Pflegeleistungen keine produktionstechnischen Veränderungen am Agrarprodukt vor. Formen des Agrarhandels können nach diversen Merkmalen unterschieden werden, so nach dem Raumbezug (regional, national, international), nach den Handelsgütern (z. B. Sojaschrot, Kaffee), nach den Eigentumsverhältnissen der Waren oder nach den Handelsstufen (Einzelhandel, Großhandel). Im Binnenhandel lassen sich die Nachfrager nach Agrarprodukten in fünf Gruppen gliedern: Direktkonsumenten, Agrarhandel, Absatzgenossenschaften der Erzeuger, handwerkliche und industrielle Be- und Verarbeiter, Landwirte (Saatgut, Vieh). Ihre relative Bedeutung variiert je nach Gesellschaftssystem und wirtschaftlichem Entwicklungsstand. Im internationalen Handel treten folgende vier Gruppen von Akteuren auf: internationale Handelsunternehmen (überwiegend Familienunternehmen), multinationale Konzerne, Staatsmonopole sozialistischer Länder, staatliche Außenhandelsorganisationen in Marktwirtschaften.

Häufig werden die Risiken des Agrarhandels (Preisschwankungen, Ernteverluste) durch Termingeschäfte an den internationalen Rohstoffbörsen abgesichert (z. B. Chicago Board of Trade). Internationale Abkommen versuchen eine Preisstabilisierung zu erzielen. Diesbezügliche Instrumente sind u. a. Exportquoten (angebotsseitige Stützung eines Mindestpreises) und Buffer-Stocks (Ausgleichslager zur Intervention auf den Märkten). Die seit dem Zweiten Weltkrieg ins Leben gerufenen Institutionen zur Neuordnung und Stabilisierung der internationalen Wirtschaft besitzen auch für den Agrarhandel herausragende Bedeutung: ↗Weltbank, ↗IWF, ↗FAO, ↗GATT und ↗WTO. [KB]

agrarindustrielles Unternehmen, eine nach industriewirtschaftlichen Prinzipien, d. h. rationell mithilfe moderner Agrartechnik, großer Kapital- und Energieintensität und mit dezentralem, hierarchischem Management betriebene ↗Landwirtschaft großen Stils (große Flächen, bzw. große Tierbestände) und großer Produktionsmengen, bei der wissenschaftliche Erkenntnisse gezielt genutzt werden. Der Einsatz betriebsfremder Arbeitskräfte ist die Regel. Der eigentliche Bereich der häufig standardisierten Urproduktion ist dabei gewöhnlich eingebunden in ein System ↗vertikaler Integration vor- und nachge-

Deutsche Agrarimporte Einfuhrwert 1999: 69,2 Mrd. DM		Deutsche Agrarexporte Ausfuhrwert 1999: 43,3 Mrd. DM	
Herkunftsraum	Anteil in Prozent	Zielraum	Anteil in Prozent
EU-Staaten	64	EU-Staaten	71
Entwicklungsländer	23	MOE-Länder	11
MOE-Länder	5	Entwicklungsländer	9
USA	4	USA	3
übrige Länder	4	übrige Länder	6

Agrarhandel 2: Deutscher Agraraußenhandel nach Herkunfts- und Bestimmungsland (MOE-Länder = 10 EU-Beitrittsländer aus Mittel- und Osteuropa).

agrarindustrielles Unternehmen: Produktionsverbund in einem vertikal integrierten Unternehmen der Geflügelfleischerzeugung.

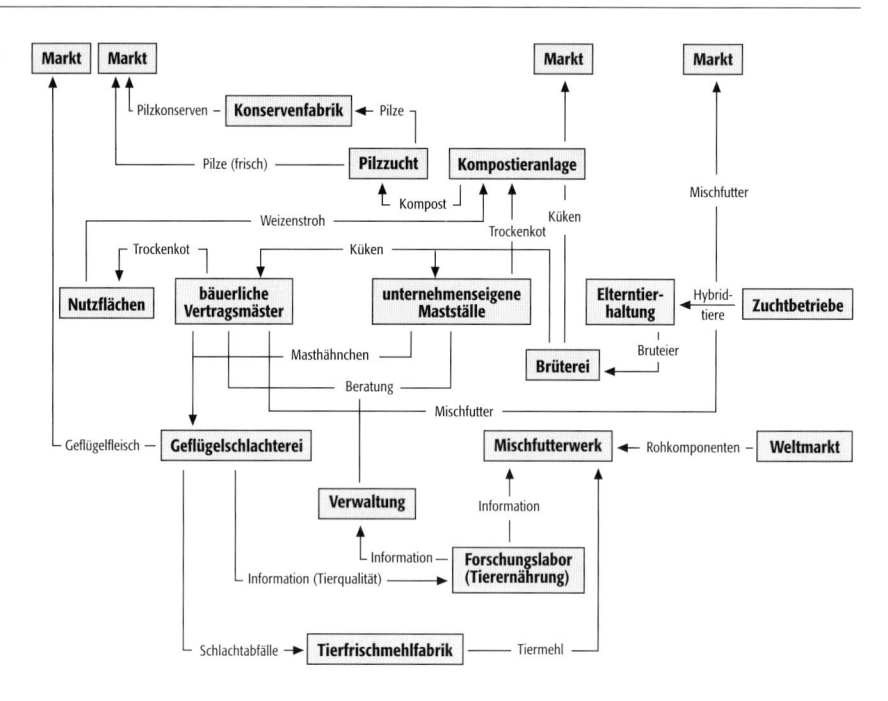

lagerter Produktionsschritte und verfolgt höchste ökonomische Effizienz (Abb.). Solche (räumlichen) Verbundsysteme weisen eine hohe Kongruenz zu industriellen Verbundsystemen auf und benötigen eine ausgefeilte Logistik bis hin zur Just-in-time-Anlieferung. Agrarindustrielle Unternehmen bildeten sich zunächst nach dem Zweiten Weltkrieg in den USA. Neben dem Zufluss von Fremdkapital spielten die Aktivitäten von Unternehmerpersönlichkeiten und die von Farmergenossenschaften eine wesentliche Rolle. In Deutschland vollzog sich der Aufbau vergleichbarer Strukturen in den 1960er-Jahren zunächst in einer eng begrenzten Agrarregion, nämlich in Südoldenburg. ↗Agrarfabrik, ↗Agrobusiness. [KB]

Agrarklimatologie, auch Agrarmeteorologie, gilt als ein Teilgebiet der Angewandten Klimatologie/Meteorologie. Im Mittelpunkt stehen dabei spezifische Wirkungen von Wetter, Witterung und Klima auf den landwirtschaftlichen Bereich. Letztlich gilt es, den Anbau von ↗Nutzpflanzen auf der Basis von klimatologischen Parametern zu optimieren. So müssen der Strahlungsumsatz, differenziert nach den jeweils aktiven Oberflächen, die Absorptions-, Transmissions- und Reflexionsprozesse erfasst und für die landwirtschaftliche Praxis berücksichtigt werden. Dabei erweist sich der ↗Blattflächenindex als wichtiger Parameter für die Primärproduktion sowie für die Interzeption in Pflanzenbeständen. Für landwirtschaftliche Prognosen werden u. a. saisonal differenzierte Angaben über Energie- und Wasserbilanzen, Beschattung, Bewässerungsbedarf, Frostgefährdung und Frostschutz benötigt. Konkrete Aufgabenstellung ist beispielsweise der Nachweis ihres Einflusses auf Wachstum, ↗Phänologie und Ertrag der jeweiligen Anbaufrüchte.

Hinzu treten Analysen über mögliche witterungsbedingte Ertragsausfälle und zielgerichtete Strategien zur Prävention. So können durch agrarmeteorologische Analysen an Einzelpflanzen und in Beständen (dort z. B. auf der Basis von Beobachtungsnetzen) wichtige lokale und regionale Vorhersagen über die Gefährdungen unterschiedlicher Anbaukulturen, z. B. durch Frost, Hagel, Dürre und Sturm, sowie über das Ausmaß artspezifischer Schäden an Anbaufrüchten durch Krankheitserreger (z. B. Schimmelbefall), die je nach Witterungen gefördert werden können, gemacht werden. Diese Informationen werden im Rahmen agrarmeteorologischer Beratungsdienste über die Medien umgehend verbreitet. Neuerdings zeichnen sich zudem verstärkt wichtige Forschungsansätze ab, um die Konsequenzen des prognostizierten Klimawandels für die Landwirtschaft in regionaler bis globaler Sicht zu ermitteln. In Deutschland betreibt der ↗Deutsche Wetterdienst eine Zentrale Agrarmeteorologische Forschungsstelle (ZAMF) in Braunschweig und weitere Agrarmeteorologische Beratungs- und Forschungsstellen (AMBF) in Ahrensburg, Bonn, Geisenheim, Weihenstephan und Würzburg. [MM]

Agrarkolonisation, die Inwertsetzung bisher nur wenig oder nicht genutzter Gebiete für die ↗Landwirtschaft, gewöhnlich begleitet von Siedlungsneugründungen. Agrarkolonisation ist häufig staatlich gelenkt, kann sich aber auch privat und ungeplant vollziehen. Heutige Erschließungsräume sind innertropische und in geringem Ausmaß boreale Waldgebiete.

Agrarlandschaft, Kulturlandschaftstyp (↗Kulturlandschaft) als Teil der Erdoberfläche, der durch seine spezifische agrare Nutzung eine gewisse Einheitlichkeit besitzt. Physiognomisch wird die

Agrarlandschaft geprägt durch die Art der Bodennutzung und Viehhaltung, die Parzellierung der Flur, die Formen, Anordnungen und Positionen der Wohn- und Ökonomiegebäude und die technischen Hilfsmittel (z. B. Karussellbewässerung), wobei diese Merkmale Ausdruck sind einerseits von physisch-geographischen Bedingungen, andererseits von sozialen, religiösen und historischen Gegebenheiten. Die Agrarlandschaft kann in gleicher räumlicher Erstreckung auch als ↗Agroökosystem betrachtet werden. Die Agrarlandschaft wird wegen der z. B. in weiten Teilen Europas vollzogenen Aufgabensegregation als von der Protektionslandschaft (Naturschutzgebiete u. a.) zu unterscheidende Produktionslandschaft bezeichnet. [KB]

Agrarökologie, Teilgebiet der ↗Landschaftsökologie, in dem die ↗Agrarlandschaft vor allem bezüglich ihrer ↗Standorte, Gliederung in ↗Agroökosysteme, ↗Produktivität und ↗Belastbarkeit untersucht wird. Neuerdings werden auch Schäden durch intensive landwirtschaftliche Nutzung und die Biotop- und Artenvielfalt berücksichtigt. Wichtige Themen der Agrarökologie sind auch die erntebedingte Nährstoffabfuhr, deren Ersatz durch Dünger und der Einsatz von Energie und Stoffen zur Aufrechterhaltung oder Steigerung der landwirtschaftlichen Produktion.

Agrarökosystem ↗Agroökosystem.

Agrarplanung, Fachplanung im Sinne einer Rahmenplanung. Die Agrarplanung orientiert sich an den jeweiligen geltenden Maßstäben der ↗Agrarpolitik. Das Bemühen der Agrarplanung liegt in einer möglichst guten Anpassung der ↗Landwirtschaft an die gesellschaftlichen Bedürfnisse in wirtschaftlicher und sozialer Hinsicht. Ein Hauptziel der Agrarplanung ist es, den in der Landwirtschaft tätigen Menschen ein mit anderen Wirtschaftszweigen vergleichbares Arbeits- und Kapitaleinkommen zu gewährleisten. Da der größte Teil des Landes landwirtschaftlich genutzt wird, ist die Art und Weise dieser Nutzung von raumplanerischer Bedeutung. Somit bedürfen die fest im Raum begründeten Strukturen der Flächennutzung und der Betriebsentwicklung einer Agrarstrukturplanung, die in enger Verbindung mit der ↗Flurbereinigung steht. Die Agrarstrukturplanung ist rechtlich in der ↗Gemeinschaftsaufgabe zur Verbesserung der Agrarstruktur und des Küstenschutzes von Bund und Ländern verankert. [FS]

Agrarpolitik, Teilgebiet einer umfassenden Politik des ↗ländlichen Raumes, wobei die Land- und Forstwirtschaft im Mittelpunkt stehen; außerdem Wissenschaftsdisziplin der Wirtschaftswissenschaften. Die Agrarpolitik beschäftigt sich mit allen Fragen, wie eine Gesellschaft ihre Ziele im Agrarsektor definiert und am besten verwirklichen kann. In ihr spiegelt sich auch die jeweils herrschende Wirtschaftsordnung wider. Die Agrarpolitik beeinflusst in vielfältiger Weise die Land- und Forstwirtschaft und darüber hinaus die ländliche Entwicklung. So führten in Deutschland unzählige ↗Agrarreformen im Verlauf des 19. Jh. zur ↗Bauernbefreiung und zu einer Umgestaltung der gesamten Agrarordnung. In den anschließenden Gründerjahren von 1871–1914 wurde die liberale Agrarpolitik durch die Phase der Agrarschutzpolitik abgelöst. Auftretende Preisstürze, erzeugt durch einen immer größer werdenden Weltmarkt und eine zunehmende Zahl an Agrarimporten, begründeten eine Agrarkrise, die man im Deutschen Reich durch die Einführung von Schutzzöllen, besonders für Getreide, Vieh und Fleisch zu bekämpfen versuchte. Nach dem Ersten Weltkrieg konzentrierte sich die Agrarpolitik auf eine Steigerung der landwirtschaftlichen Produktion. Hierzu wurde 1919 mithilfe des Reichssiedlungsgesetzes eine ↗Bodenreform begonnen, die vor allem eine rege landwirtschaftliche Siedlungstätigkeit ankurbelte. Das Dritte Reich war die Zeit der totalitären Agrarpolitik. Für die Nationalsozialisten besaß der Bauernstand innerhalb des Staates eine zentrale Funktion, die häufig als »Blut-und-Boden-

Agrarpolitik: Agrarpolitik in der DDR.

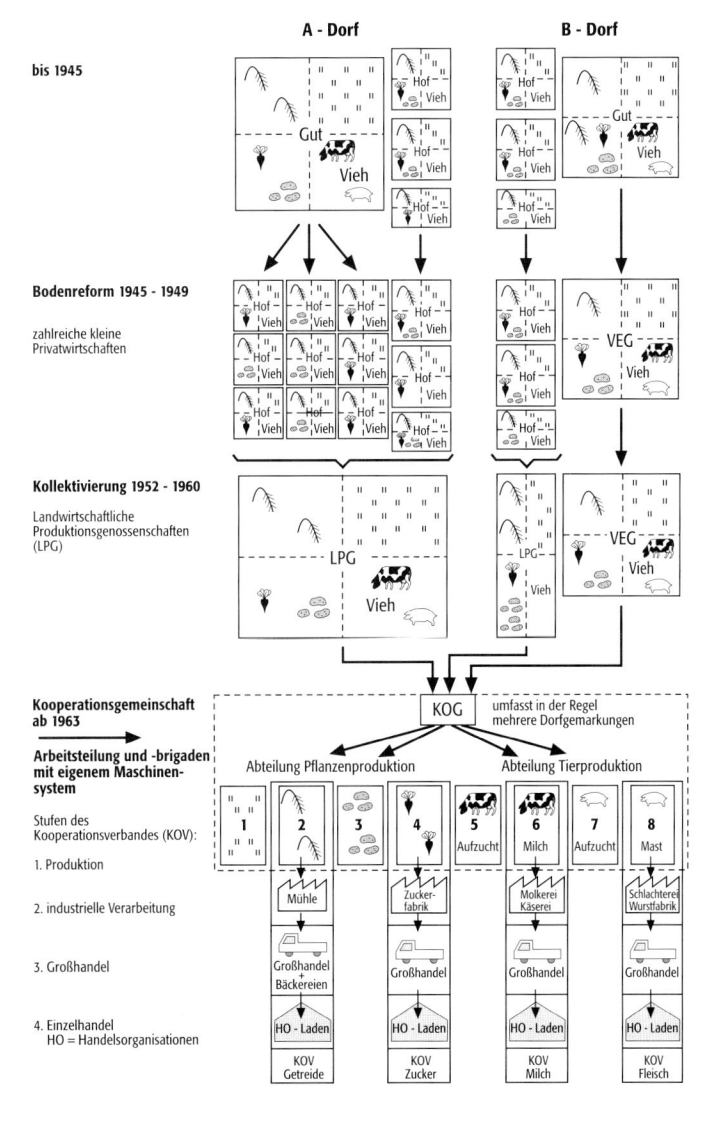

Agrarraum: Anteil der land- und forstwirtschaftlich genutzten Flächen an der Landfläche der Erde (1994).

Agrarprotektionismus: Mögliche Auswirkungen des Agrarprotektionismus.

- Sicherung der heimischen Nahrungsmittelversorgung
- Konservierung einer bäuerlichen Agrarstruktur
- Erhaltung einer vielgestaltigen Kulturlandschaft
- Schutz vor Agrarimporten aus Staaten mit niedrigeren Sozial- und Umweltstandards
- Begünstigung der Landwirtschaft als Ganzes, allerdings Vorteile für größere Betriebe und Bodeneigentümer
- häufige Fehlallokationen von Ressourcen und damit Wohlstandsverluste im Inland
- falsche Investitionsanreize für den Agrarsektor
- steuergleiche Wirkung für die Verbraucher
- abgabenbedingte zusätzliche Einnahmen des Staates bei Importsituationen
- steigende Ausgaben für Exportsubventionen bei wachsenden Agrarüberschüssen
- Wertverluste durch Lagerung bei Interventionen
- negative Umwelteffekte über den Anreiz zu Intensivierung und Spezialisierung
- Erschwerung einer ökologischen Neuorientierung der Agrarpolitik
- großer Ressourceneinsatz für Verwaltung und Kontrolle
- Förderung des Lobbyismus und des rent seeking
- Senkung der Weltmarktpreise und damit Benachteiligung von Exportländern
- internationale Handelskonflikte

Ideologie« bezeichnet wird. Im September 1933 wurde das Reichserbhofgesetz erlassen. Danach mussten die sog. Erbhöfe geschlossen vererbt werden, wobei männliche Erben den unbedingten Vorzug gegenüber weiblichen Nachkommen hatten. Weiterhin trat das Reichsnährstandsgesetz in Kraft, das die Voraussetzung für eine einheitliche und geschlossene Organisation der Landwirtschaft schuf. Die Autarkiepolitik war dabei ein wesentliches Ziel. Nach dem Zweiten Weltkrieg kam es in Deutschland durch die Bildung der zwei selbstständigen Staaten BRD und DDR zu einer grundlegend unterschiedlichen Agrarpolitik. In der DDR (Abb.) wurde eine Zentralverwaltungswirtschaft betrieben, die Bestandteil des ökonomischen und ideologischen Systems des Sozialismus war. Neben der Produktionssteigerung und Verbesserung der Nahrungsmittelversorgung der Bevölkerung verfolgte die Agrarpolitik der DDR das Ziel, die Lebensbedingungen auf dem Lande denen in der (ideologisch bevorzugten) Stadt anzugleichen. Dabei sind folgende Phasen zu unterscheiden: Im Mittelpunkt der ersten Phase von 1945 bis 1949 stand die Bodenreform unter dem Motto »Junkerland in Bauernhand«, wobei alle Betriebe über 100 ha entschädigungslos enteignet wurden; die zweite Phase von 1952 bis 1960, die dem planmäßigen Aufbau des Sozialismus in der DDR diente, gilt als die Zeit der Kollektivierung (⁊ Landwirtschaftliche Produktionsgenossenschaften); seit der dritten Phase ab 1963 entwickelte man die Kooperationsgemeinschaften. Die bisherige Agrarpolitik der Bundesrepublik Deutschland kann man in drei Etappen unterscheiden. Von 1945 bis 1950/52 war die Zeit des Wiederaufbaus, in der die Versorgung der Bevölkerung mit Nahrungsmitteln durch Ertragssteigerung oberstes Ziel war. Nach dieser Wiederaufbauphase beginnt in der Bundesrepublik ab 1953/55 die nationale Ausgestaltung einer modernen Agrarstrukturpolitik, die vor allem durch das neue Landwirtschaftsgesetz bestimmt wird. Ziel und Konsequenz war dabei eine umfassende staatliche Förderung der landwirtschaftlichen Produktion und die Verbesserung der sozialen Lage der in der Landwirtschaft tätigen Menschen. Ab Mitte der 1960er-Jahre beginnt für die Agrarpolitik der Bundesrepublik eine neue und bisher letzte Phase, die durch die gemeinsame Agrarpolitik der EWG – heute ⁊ EU – geprägt ist. [GH]

Agrarprotektionismus, zumeist in Industrieländern anzutreffende Form der Agrarpreispolitik, bei der der Inlandspreis über dem relevanten Weltmarktpreis liegt. Die im internationalen Vergleich hohe Agrarprotektion in der ⁊ EU hat ihren Ursprung in der langen Tradition des Agrarschutzes in den meisten europäischen Ländern. Die Auswirkungen zeigt die Abbildung.

Agrarquote, Anteil der in der ⁊ Landwirtschaft Beschäftigten an der Gesamtbeschäftigtenzahl eines Wirtschaftsraumes (Agrarerwerbsquote) oder der Anteil der Landwirtschaft an der Wirtschaftsleistung einer Region.

Agrarraum, übergreifender und maßstabsmäßig nicht einzuordnender Begriff, der den gesamten, auf irgendeine Weise landwirtschaftlich genutzten Teil der Erdoberfläche bezeichnet. Sein Umfang wird auf der Grundlage von einzelstaatlich sehr unterschiedlichen Erhebungskriterien von der ⁊ FAO für 1993 mit 48,1 Mio. km² angegeben, das sind rund 32 % des festen Landes (Abb.). Der Agrarraum in globaler Sicht ist Gegenstand der ⁊ Agrargeographie.

Bezugs-fläche	Gesamt-fläche (GF)	Landwirtschaftliche Nutzfläche (LN)		Ackerland		Dauerkulturen		Weideland		Wald		Sonstige Flächen
	in Mio. km²	in Mio. km²	in % der GF	in % der GF	in % der LN	in % der GF	in % der LN	in % der GF	in % der LN	in % der GF	in % der LN	in % der GF
Afrika	30,31	10,77	35,5	5,6	15,8	0,8	2,1	29,2	82,1	23,5		38,7
Asien[1]	31,75	16,04	50,5	15,8	31,3	1,8	3,5	33,0	65,3	17,6		29,1
Australien	7,74	4,69	60,6	6,1	10,0	0,0	0,0	53,5	88,4	18,7		19,9
Europa[2]	22,99	4,96	21,6	13,0	60,4	0,7	3,5	7,8	36,1	41,2		35,6
N-Amerika[3]	22,39	6,33	28,3	11,6	41,0	0,3	1,2	16,3	57,7	36,8		30,4
S-Amerika	17,87	6,76	37,8	5,2	13,8	1,1	2,9	27,7	73,2	52,1		12,0
Russland	17,08	2,20	12,9	7,6	59,3	0,1	0,9	5,1	39,8	44,9		41,2
Welt	133,87	49,06	36,6	10,3	28,0	0,9	2,6	25,4	69,3	31,2		29,7

[1] ohne Russland   [2] inkl. Russland   [3] inkl. Mittelamerika

13,73 Mio. km² oder 10,3 % der Festlandsfläche werden als ↗Ackerland genutzt, während auf das sog. Dauergrünland 33,98 Mio. km² entfallen. Darunter ist vorwiegend extensiv genutztes Weideland zu verstehen. Lediglich 10–12 % des Dauergrünlandes besteht aus gedüngtem und z. T. melioriertem Kulturgrasland. Gleichzeitig werden 28 % des Ackerlandes (4 Mio. km²) zur Produktion von Ackerfutter für die tierische Veredelung eingesetzt. Berücksichtigt man noch die Nebenprodukte der pflanzlichen Produktion, die in der Tierernährung eingesetzt werden (u. a. Stroh, Rübenblatt, Ölkuchenschrote, Treber, Melasse), so sind ca. 3/4 des gesamten Agrarraums der Erzeugung tierischer Produkte gewidmet. Hinsichtlich bislang noch nicht genutzter Reserven an potenziellem Ackerland geht die FAO von zusätzlichen 3,5 Mio. km² aus. Davon entfallen 48 % auf Lateinamerika und 44 % auf das subsaharische Afrika. Südasien und der Vordere Orient verfügen kaum noch über Landreserven. Etwa die Hälfte des zusätzlichen Flächenpotenzials ist mit Wald bestockt, dessen Rodung aus ökologischen Gründen problematisch ist. Weitere Teile sind Gebirgsland oder tragen ertragsarme Böden. Realistisch erscheint der FAO eine Ausweitung der ↗landwirtschaftlichen Nutzfläche bis zum Jahre 2010 um lediglich 90 Mio. ha. Daraus ergibt sich die Notwendigkeit, den Nahrungsbedarf der zunehmenden Weltbevölkerung ganz überwiegend aus Ertragssteigerungen zu decken. Die Außengrenzen des Agrarraums der Erde lassen sich mit einiger Sicherheit nur auf der Grundlage des Anbaus von ↗Kulturpflanzen angeben, da die Grenzen der viehwirtschaftlichen Nutzung allzu unsicher sind und erheblichen jährlichen und jahreszeitlichen Schwankungen unterliegen. Zwischen der Grenze des ↗Ackerbaus (agronomische Grenze) und den landwirtschaftlich nicht mehr nutzbaren Trocken- und Kältezonen erstreckt sich eine Zone – in den Gebirgen eine ↗Höhenstufe –, die ausschließlich viehwirtschaftlich genutzt wird. Sie ist in unterschiedlichen Intensitätsstufen ausgebildet. In graswüchsigen kühl-gemäßigten Klimaten dient die Futterfläche der Gras- und Heugewinnung bei hohem Arbeits- und Kapitalaufwand. An der Trockengrenze und in tropischen und subtropischen Gebirgen dominieren dagegen extensive Weidewirtschaftssysteme auf der Basis natürlicher Pflanzengesellschaften (z. B. ↗Nomadismus), ähnlich wie die ↗Rentierwirtschaft an der Polargrenze.
Es sind vorrangig klimatische Faktoren, welche die absoluten (biologischen) ↗Anbaugrenzen bestimmen. Hingegen hat die Grenze des Agrarraums gegenüber dem Wald anthropogene Ursachen, d. h. sie hängt überwiegend von sozioökonomischen und technischen Faktoren ab, hat daher keinen Absolutheitscharakter und ist folglich weniger konstant als die klimabedingten Grenzen. Die Außengrenzen des Agrarraums, insbesondere des Anbaus, unterliegen aus historischer Sicht Expansions- aber auch Kontraktionsphasen. Weltweit lässt sich eine generelle Ausweitung der ackerbaulich genutzten Flächen seit der Jungsteinzeit feststellen. Als Höhepunkt gilt dabei die Kultivierung der ektropischen Wald- und Gräsländer Nord- und Südamerikas, Australiens, Südrusslands und Sibiriens. Gegenwärtig überwiegt wieder die Kontraktionsrichtung (Intensivierung agrarer Gunsträume einerseits, Bereitstellung von Flächen für extensive Nutzungen, Naturschutz, Freizeitlandschaften und Siedlungen andererseits). [KB]

Agrarreformen, Veränderungen im ländlichen Raum, die sowohl durch den Gesetzgeber, als auch durch die Initiative einzelner Personen oder Gruppen bewirkt werden. Vor allem im Verlauf des 19. Jh. führten unzählige Agrarreformen nicht nur zur ↗Bauernbefreiung sondern zu einer Umgestaltung der gesamten Agrarordnung. Ziele der liberalen ↗Agrarpolitik waren u. a., den Bauern und Landarbeitern gerechte und soziale Lebensbedingungen zu schaffen, den technischen und wissenschaftlichen Fortschritt in der Landwirtschaft zu fördern und nicht zuletzt den Aufbau moderner Staaten zu erleichtern. Zur Verbesserung der Flurverfassung bzw. Flurordnung wurden u. a. Gesetze zur Aufteilung der alten »Gemeinheiten«, d. h. der ↗Allmenden und Weiderechte, zur Zusammenlegung der verstreuten Flurstücke (↗Flur) sowie zur Aufhebung des ↗Flurzwanges erlassen. Zusammenfassend lassen sich die Agrarreformen des 19. Jh. auf folgende Inhalte fixieren: a) Aufhebung der persönlichen Bindungen und Abhängigkeiten, die vor allem in Form der Freizügigkeitsbeschränkungen und des Gesindezwangdienstes bestanden; b) Umwandlung der Dienste (besonders Hand- und Spanndienste) und der naturalen Abgaben in Geldleistungen; c) Ablösung der bisher geteilten Rechts am Boden (grundherrliches Obereigentum und bäuerliches Nutzungsrecht) und Verleihung des Eigentums am Boden an die Bauern; d) Auflösung der bisher gemeinschaftlich genutzten Flächen (Allmenden, Gemeinheiten u. Ä.) zugunsten individueller Nutzung und Beseitigung der Gemenge durch Zusammenlegung der Besitzflächen; e) allmähliche Ablösung landesherrlicher Befugnisse seit der Mitte des 19. Jh., die dem Adel noch aus der Zeit der Lehnsabhängigkeit zugeordnet waren (z. B. Niedere Gerichtsbarkeit und Polizeigewalt des Gutsherren). Die großen Agrarreformen, welche die Agrarpolitik der ersten Hälfte des 19. Jh. geprägt haben, wurden in Deutschland im Wesentlichen bis 1870 abgeschlossen. [GH]

Agrarregion, 1) Oberbegriff für alle mithilfe agrarwirtschaftlicher Merkmale abgegrenzten Arten räumlicher Ausschnitte der Erdoberfläche. So kann beispielsweise nach naturräumlich bestimmten, ethnisch bestimmten, wirtschaftstechnischen oder nach durch bestimmte Bodennutzungssysteme geprägten Agrarregionen unterschieden werden. 2) oberste Stufe der agrarräumlichen Gliederung der Erde innerhalb einer Hierarchie aus Agrarbetrieb – ↗Agrargebiet – Agrarregion. Der Maßstabsbereich der Agrarregionen geht über die staatliche Dimension hi-

Agrarregion 1: Beispiele für Agrarregionen und ihre Merkmalskombinationen.

- gemischte traditionelle Agrarwirtschaft der Tropen
- Nassreisanbau, vorwiegend bewässert
- stationäre extensive Weidewirtschaft (Ranc, Estancia), stellenweise Ackerbau
- spezialisierte Landwirtschaft (Farmwirtschaft)
- intensive Grünlandwirtschaft
- tropischer Regenwald mit Landwechselwirtschaft
- extensive Wanderweidewirtschaft, z.T. Nomadismus
- gemischte Landwirtschaft der Subtropen
- gemischte Landwirtschaft der gemäßigten Breiten
- borealer Nadelwald mit Holzwirtschaft und Jagd
- nicht nutzbare Gebiete

naus. Zur Bestimmung der Agrarregionen muss unter starker Generalisierung auf die ↗Betriebsformen und ihre Merkmalskombinationen zurückgegriffen werden (Abb. 1). 3) Des Weiteren werden Agrarregionen eingeteilt und bezeichnet nach der Reihenfolge Betriebsform – Agrarsystem – geographische Lage (Abb. 2).
Der Begriff »Agrarregion« für große, evtl. oberste agrarisch geprägte Raumeinheiten erscheint auch wegen des gleichsinnigen Gebrauchs in der englischsprachigen Literatur (agricultural region) als angemessen. Die Abbildung 3 zeigt eine graphische Darstellung der Agrarregionen. [KB]

agrarsoziale Systeme, Gesamtheit sozioökonomischer Strukturen, die neben den naturgegebenen Voraussetzungen die landwirtschaftliche Produktion beeinflussen. Die ländlichen Regionen werden bzw. wurden durch feudale, bäuerliche, kapitalistische und kollektivistische Wirtschafts- und Gesellschaftssysteme geprägt. Die feudalen Agrarsysteme basieren auf einer Herrschaftsordnung wechselseitiger Rechte und Pflichten, wobei einer privilegierten Oberschicht, die Bodeneigentum und damit wirtschaftliche und politische Macht besitzt, eine Masse besitz- und machtloser Familien gegenübersteht. Die Überlegenheit der Grundherrschaft wird durch ständische Ordnungen gefestigt und sowohl religiös als auch durch Abstammung oder Funktionen begründet. Das feudale Agrarsystem dominierte in Europa vom 9. Jh. bis zu den großen ↗Agrarreformen des 18. und 19. Jh. In der bäuerlichen Landwirtschaft, die heute vornehmlich in großen Teilen West-, Mittel- und Nordeuropas verbreitet ist, liegen die Eigentums- und Nutzungsrechte in der Hand einzelner Familien. Die Erhaltung des Hofes, oft mit dem Begriff Hofidee gekennzeichnet, gilt als oberstes Wirtschaftsziel. Persönliche Wünsche und Bedürfnisse werden den Belangen des Betriebs untergeordnet. Aus der steten Verantwortung gegenüber dem Familienerbe hat sich eine konservative Grundhaltung ausgebildet. Das wirtschaftliche Handeln ist mehr traditional, gefühlsmäßig und bedächtig als innovativ, rational und wendig. Der Hof gilt als Heimat und Lebensgrundlage der Familie, evtl. Gewinne werden zum größten Teil in den Betrieb zurückinvestiert. In kapitalistischen Agrarsystemen (↗Kapitalismus), die vor allem in Form von Guts- und Pächterlandwirtschaft verbreitet sind, werden die Nutzungsrechte zwischen den Kapitalgebern und den Bebauern des Bodens durch Werk-, Arbeits- oder Pachtverträge geregelt. Das wesentliche Kennzeichen kollektivistischer Agrarsysteme (↗Kollektivierung) ist die gemeinschaftliche landwirtschaftliche Produktion. Nach dem Grad der Sozialisierung werden genossenschaftliche und sozialistische Systeme unterschieden. Die genossenschaftliche Landwirtschaft beinhaltet einen freiwilligen Produktionsverbund selbstständiger Landwirte unter Beibehaltung des Privateigentums. Agrargenossenschaften verschiedenster Ausprägung finden sich heute in den meisten nichtsozialistischen Ländern. In Deutschland entstand die moderne Genossenschaftsbewegung im 19. Jh. In sozialistischen Agrarsystemen unterliegt die landwirtschaftliche Produktion in der Regel der staatlichen Planung und Aufsicht. Die politischen und wirtschaftlichen Ziele der Gemeinschaft besitzen Vorrang vor den Einzelinteressen der Landwirte. [GH]

Agrarsozialpolitik, alle Maßnahmen, die direkt darauf abzielen, die soziale Lage der im Agrarbereich tätigen Menschen zu verbessern oder zu stabilisieren.

Agrarstadt, *Agrostadt*, 1) große, stadtähnliche ländliche Siedlungen in Ländern Südosteuropas, die trotz ihres hohen Anteils der in der Landwirtschaft tätigen Bevölkerung als Städte gelten. Kennzeichnend ist ihre Integration von agrarisch und nichtagrarischen Funktionen. 2) im Sinne von *Agrogod*, seit 1949 flankierende Maßnahme bei der Kollektivierung der sowjetischen Landwirtschaft; als Städte für die landwirtschaftliche Bevölkerung planmäßig angelegt.

Agrarstruktur, Gesamtheit der in einer Region zu einem bestimmten Zeitpunkt bestehenden materiellen und immateriellen Bedingungen, unter denen Produktion und Vermarktung von Agrarprodukten stattfinden. Die Agrarstruktur ist das Ergebnis natürlicher, sozioökonomischer und politischer Einflüsse auf die Gestaltung der ↗Landwirtschaft. Es handelt sich dabei nicht um eine statische Größe, denn die Agrarstruktur unterliegt einem ständigen Anpassungsprozess. Zu den wesentlichen Einflussfaktoren auf die Agrarstruktur zählen neben den natürlichen Standortbedingungen die regional voneinander abweichenden Entwicklungen der übrigen Volkswirtschaft, der von der technischen Entwicklung ausgehende Anpassungsdruck und die historisch ge-

Agrarregion 2: Möglichkeiten zur Kennzeichnung von Agrarregionen.

Varianten der Kennzeichnung von Agrarregionen	
allgemein	speziell
Ackerbaugebiete in der Feudalregion des Orients	Bewässerungsfeldbau unter Rentenfeudalismus im Peshawarbecken
Hackfruchtbauzonen mit Bauernwirtschaft in Westeuropa	Zuckerrüben-Familienbetriebe in der Hildesheimer Börde
Ranchzonen der europäischen Siedlungsgebiete Südafrikas	Karakulfarmen im südlichen Namibia
Dauerkulturregionen im kapitalistischen Südostasien	Kautschuk-Plantagenzone Malaysias

Agrarverfassung

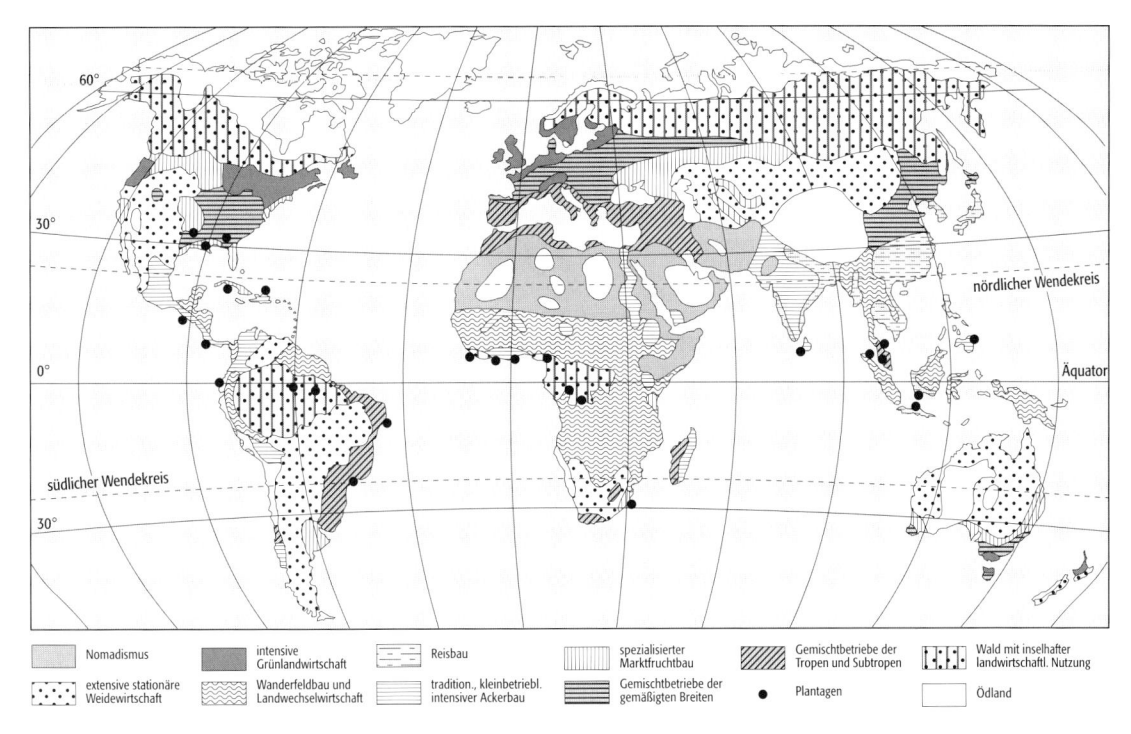

Legende (Karte):
- Nomadismus
- extensive stationäre Weidewirtschaft
- intensive Grünlandwirtschaft
- Wanderfeldbau und Landwechselwirtschaft
- Reisbau
- tradition., kleinbetriebl. intensiver Ackerbau
- spezialisierter Marktfruchtbau
- Gemischtbetriebe der gemäßigten Breiten
- Gemischtbetriebe der Tropen und Subtropen
- Plantagen
- Wald mit inselhafter landwirtschaftl. Nutzung
- Ödland

wachsenen und durch aktuelle ⁊Agrarpolitik geprägten Besonderheiten der ⁊Agrarverfassung. Ein modernes Verständnis von Agrarstruktur umfasst zusätzlich die Art und Gestaltung der ländlichen ⁊Kulturlandschaft. [KB]

Agrarsystem, 1) synonyme Kurzform für »landwirtschaftliches ⁊Betriebssystem«, wobei besonders der Systemcharakter und das Ineinandergreifen verschiedener Kräfte betont werden. Für eine konkrete Kennzeichnung von Agrarsystemen sind mindestens die Definitionen der Faktorkombination, des Produktionsprogramms sowie des Diversifizierungsgrades nötig. 2) *Agrosystem*, die auf das übergeordnete Wirtschafts- und Sozialsystem ausgerichteten Ausprägungen der institutionellen wirtschafts- und sozialorganisatorischen und -ethischen Verhältnisse in der ⁊Landwirtschaft. In ⁊Industrieländern umfassen das Agrarsystem und seine Subsysteme neben den Agrarproduzenten auch die Tätigkeitsfelder der vor- und nachgelagerten Wirtschaftsbereiche (Abb.). In ⁊Entwicklungsländern sind Agrarsysteme wegen geringerer gesamtwirtschaftlicher Diversifizierung und Spezialisierung erst in Ansätzen vorhanden. Funktionen, die in Industrieländern nicht (mehr) von der Landwirtschaft wahrgenommen werden, gehören hier noch teilweise zum Aufgabenbereich der Bauern (Herstellung von Werkzeug, Vermarktung, Verarbeitung usw.). 3) Bezeichnung für die landwirtschaftlichen Funktionseinheiten (»operational units«), die unterschiedlichste Varianten hinsichtlich Größe und Komplexität aufweisen können und die dann mit den Begriffen Unternehmen, ⁊Farm, ⁊Plantagenwirtschaft belegt oder auf die Landwirtschaft einer Region oder eines Staates bezogen sein können. 4) häufig synonym zu ⁊agrarsoziales System verwendet.

Eine allgemein anerkannte Klassifizierung aller Agrarsysteme und eine darauf aufbauende Regionalisierung des ⁊Agrarraums liegt bis heute nicht vor. [KB]

Agrarverfassung, *soziale Agrarstruktur*, die Gesamtheit der rechtlichen und sozialen Ordnungen und Gegebenheiten, die die Beziehungen der agraren Bevölkerung untereinander, zum Boden und zu ihrer Umgebung als Ergebnis historischer Prozesse regelt. Die Agrarverfassung ist somit Teil

Agrarregion 3: Agrarregionen der Erde.

Agrarsystem: Vereinfachte Darstellung des Agrarsystems in Industrieländern.

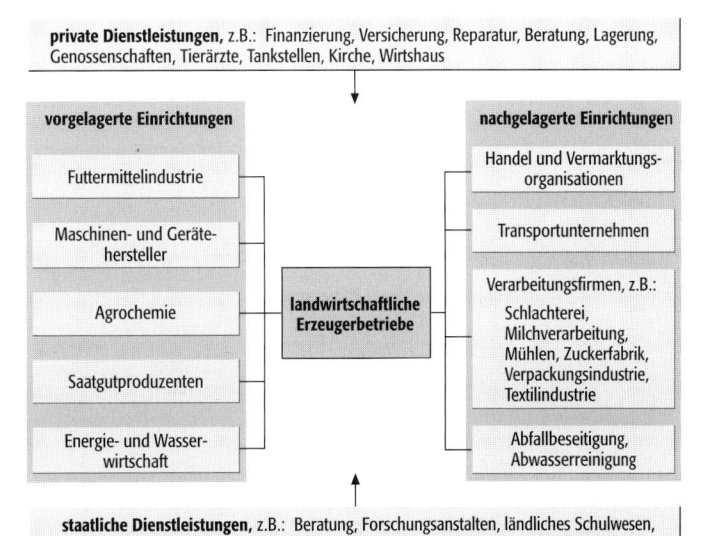

private Dienstleistungen, z.B.: Finanzierung, Versicherung, Reparatur, Beratung, Lagerung, Genossenschaften, Tierärzte, Tankstellen, Kirche, Wirtshaus

vorgelagerte Einrichtungen
- Futtermittelindustrie
- Maschinen- und Gerätehersteller
- Agrochemie
- Saatgutproduzenten
- Energie- und Wasserwirtschaft

→ **landwirtschaftliche Erzeugerbetriebe** →

nachgelagerte Einrichtungen
- Handel und Vermarktungsorganisationen
- Transportunternehmen
- Verarbeitungsfirmen, z.B.: Schlachterei, Milchverarbeitung, Mühlen, Zuckerfabrik, Verpackungsindustrie, Textilindustrie
- Abfallbeseitigung, Abwasserreinigung

staatliche Dienstleistungen, z.B.: Beratung, Forschungsanstalten, ländliches Schulwesen, Wetterdienste, Kontrolldienste, ländliche Raumplanung, politisch-ökonomischer Rahmen

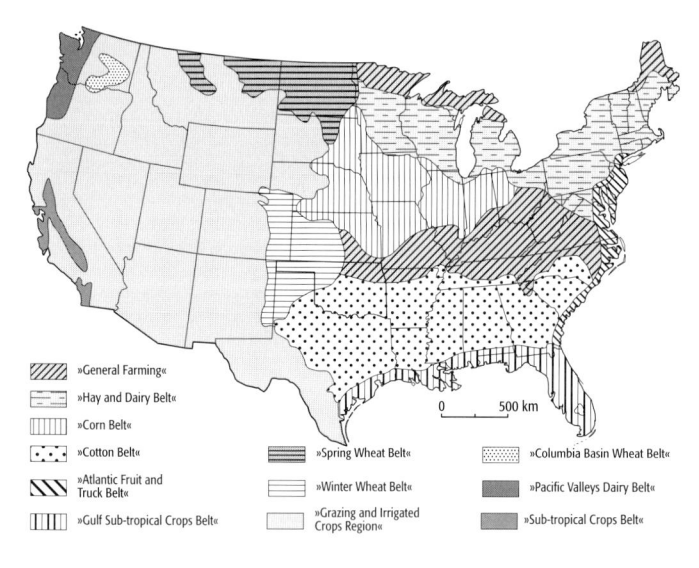

Agrarwirtschaft

agricultural belt 1: Traditionelles Belt-Konzept.

Legend:
- »General Farming«
- »Hay and Dairy Belt«
- »Corn Belt«
- »Cotton Belt«
- »Atlantic Fruit and Truck Belt«
- »Gulf Sub-tropical Crops Belt«
- »Spring Wheat Belt«
- »Winter Wheat Belt«
- »Grazing and Irrigated Crops Region«
- »Columbia Basin Wheat Belt«
- »Pacific Valleys Dairy Belt«
- »Sub-tropical Crops Belt«

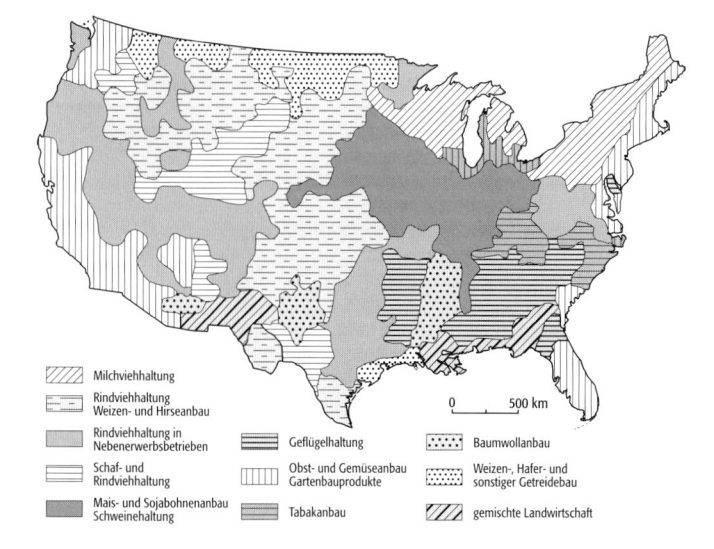

agricultural belt 2: Räumliche Struktur der US-amerikanischen Agrarwirtschaft zu Beginn der 1990er-Jahre.

Legend:
- Milchviehhaltung
- Rindviehhaltung Weizen- und Hirseanbau
- Rindviehhaltung in Nebenerwerbsbetrieben
- Schaf- und Rindviehhaltung
- Mais- und Sojabohnenanbau Schweinehaltung
- Geflügelhaltung
- Obst- und Gemüseanbau Gartenbauprodukte
- Tabakanbau
- Baumwollanbau
- Weizen-, Hafer- und sonstiger Getreidebau
- gemischte Landwirtschaft

der rechtlichen und sozialen Ordnung einer Gesellschaft. In der Agrarverfassung Deutschlands spielt das private Eigentum eine zentrale Rolle. Der existenzfähige ↗bäuerliche Familienbetrieb war bis vor wenigen Jahren das sozialökonomische Leitbild. Mittlerweile benutzt die Bundesregierung die Formel »bäuerliche Landwirtschaft«, nicht zuletzt eine Reaktion auf die Einrichtung transfamilialer Unternehmensstrukturen in den neuen Bundesländern.

Agrarwirtschaft, Teil des ↗primären Sektors. Zur Agrarwirtschaft zählen laut Agrarbericht der Bundesregierung Landwirtschaft, Gartenbau, Weinbau, Forst- und Holzwirtschaft sowie Fischerei.

Agrarzone, Teil des ↗Agrarraums, welcher sich global den Klima- und Vegetationsgürteln anlehnt, aber ebenso wenig wie diese breitenkreisparallel angeordnet oder durchgängig ist. Größenmäßig entspricht er innerhalb einer hierarchischen Gliederung des Agrarraums am ehesten der ↗Agrarregion.

agricultural belt, *Landwirtschaftsgürtel*, überholtes Konzept zur Beschreibung und kartographischen Darstellung von Teilräumen der USA mit vermeintlich bestehender einheitlicher Agrarstruktur. Eine fragwürdig ausgewählte Datenbasis vermittelte den Eindruck einer einheitlichen, gürtelartigen Struktur, die innerhalb der Belts aber nie bestanden hat, wie der Vergleich der Abbildungen 1 und 2 zeigt. Ein neuer Versuch, die räumliche Ordnung der US-amerikanischen Agrarwirtschaft zu erfassen und darzustellen, bezieht auf County-Basis sowohl das Produkt mit dem höchsten Verkaufswert und andere agrarische Güter ein, wie auch Betriebsgröße, Betriebsform, Besitzstruktur und den Einsatz von Produktionsmitteln. Für die Benennung der sich ergebenden Agrarwirtschaftsräume wurden wie bei der alten Klassifizierung die jeweils dominierenden Agrarprodukte herangezogen. So sind vereinzelt durchaus noch Anklänge an das ehemalige Belt-Konzept erkennbar (z. B. Dairy Belt). [KB]

Agriophyten ↗Einbürgerung.

Agrobiozönose, ↗Biozönose eines ↗Agroökosystems (u. a. Acker, Wiese, Weide). Diese ist durch das räumliche Nebeneinander und die funktionalen Verflechtungen von wild wachsenden Pflanzen und Kulturpflanzen sowie wild lebenden Tieren und vielfach auch Nutztieren gekennzeichnet. Die Wechselbeziehungen zwischen den Organismen (z. B. ↗Konkurrenz, ↗Nahrungskette) werden durch den Menschen gezielt geregelt oder unbewusst beeinflusst (z. B. Ernte, Düngung, Schädlingsbekämpfung).

Agrobusiness, *Agribusiness*, Begriff, der einen über den traditionellen Agrarsektor hinausgehenden, übergreifenden Produktionskomplex bezeichnet. Agrobusiness umfasst demnach alle Wirtschaftsbereiche im Zusammenhang mit der ↗Landwirtschaft. Viele Elemente des Agrobusiness finden sich auch in bestimmten Auffassungen des Begriffs ↗Agrarsystem wieder, wobei dieser weit über den rein wirtschaftlichen Aspekt hinausgeht. Die gelegentlich anzutreffende Verengung des Begriffs Agrobusiness auf das deutsche Wort »Nahrungswirtschaft« ist angesichts der zunehmenden Bedeutung der Produktion von ↗nachwachsenden Rohstoffen durch die Landwirtschaft nicht angemessen. Das Agrobusiness ist als Ergebnis der fortschreitenden Arbeitsteilung zu sehen. Im Verlauf dieser Entwicklung hat sich das vielseitige Produktionsprogramm des hauswirtschaftlich-landwirtschaftlichen Betriebes durch Ausgliederungen stark vereinfacht, der Landwirt wurde gleichzeitig auf die Rolle des Rohstofferzeugers reduziert. Ohne fachgerechte Homogenisierung, Stabilisierung und Konservierung und ohne Marketingstrategien bzw. moderne Vertriebslogistik, wie sie der Fachhandel und die großen Ladenketten erwarten, kann der Produzent seine Güter allenfalls in Nischenbereichen (z. B. Produkte des ↗ökologischen Landbaus) absetzen. In der Regel wird die Produktionskette heute von ihrem Ende her gesteuert. In diesem nachgelagerten Bereich werden zugleich bei der Wertschöpfung die höchsten Gewinne erzielt, während in den Anfangsstufen nur noch geringe Gewinne zu erwirtschaften sind. Daneben gibt es einen – deutlich schwächeren – Vorgang der Eingliederung von industriellen Prozessen in die Landwirtschaft.

Der zur Beschreibung des Produktionssystems eigentlich wertneutrale Begriff Agrobusiness wurde zur Beschreibung der Expansion kapitalistischer Produktionsweisen und dem Vordringen transnationaler Nahrungsmittelkonzerne ideologisch befrachtet, sodass er heute nicht mehr nur für das Produktionssystem, sondern auch für die Institution Verwendung findet, die das System kontrolliert und die Gewinne abzweigt, d. h. insbesondere für die ↗multinationalen Unternehmen (transnational agribusinesses). Insbesondere die Rolle, welche diese Agrobusiness-Unternehmen in ↗Entwicklungsländern spielen, wird sehr kritisch gesehen.

In den USA beherrschen überbetriebliche Unternehmensformen in steigendem Maße den gesamten Produktions- und Vermarktungsprozess und schränken die Entscheidungsfreiheit des einzelnen Farmers, der den hohen Kapital- und Organisationsaufwand nicht mehr leisten kann, ein (corporate invasion). Große, z. T. nichtagrarische Kapitalgesellschaften (agribusiness firms) organisieren und finanzieren die ↗horizontale Integration und ↗vertikale Integration in der Agrarwirtschaft. Dabei werden die Produzenten durch Verträge (contract farmers) gebunden und die Produktionsstufen zentral koordiniert. Entsprechende Entwicklungen sind auch für Europa zu erwarten. Die europäische Landwirtschaftspolitik arbeitet dem Agrobusiness zu. Sie orientiert sich an dem industriellen Modell »rationeller Fertigung«: Einheitlichkeit, Lagerfähigkeit, große Stückzahlen. Die Effektivität dieser Maßnahmen scheint außer Zweifel, die ha-Erträge steigen seit ihrer Umsetzung. Dieser vermeintlichen Effektivität des Agrobusiness stehen Fragen der Ethik und der Umweltwirkungen von landwirtschaftlicher Produktion kritisch gegenüber. Die nahbereichsorientierten Wirtschaftskreisläufe, die durch lokal und regional verwurzelte Unternehmen, Genossenschaften, Banken und Vertriebskanäle gesteuert wurden, befinden sich unter dem Einfluss technologischer und organisatorischer Innovationen sowie politischer Rahmensetzungen der ↗EU in zunehmender Auflösung. Private Initiativen und staatliche Förderung versuchen dem entgegenzuwirken. Mithilfe der Biotechnologie wird eine umfassende Kontrolle und Standardisierung agrarbiologischer Systeme angestrebt. Es werden Technologiepakete entwickelt, die nur in einer integrierten Anwendung und unter Anleitung und unter Kontrollinstrumentarien der Industrie zum Erfolg führen. [KB]

Agrochemie, *Agrarchemie*, Teilgebiet der (Angewandten) Chemie bzw. der Chemischen Industrie, das sich mit der Entwicklung, der Herstellung und Verwendung und den Rückständen von in der Landwirtschaft nutzbaren chemischen Verbindungen natürlicher oder synthetischer Herkunft beschäftigt. Dazu zählen vor allem mineralische und organische ↗Düngemittel und andere wachstumsregulierende Substanzen wie z. B. Hormone. Den erstgenannten Stoffen widmet sich die 1840 von Justus von Liebig begründete »Agrikulturchemie« als Teil der Agrochemie, heute meist als Pflanzenernährungslehre bezeichnet. Weiterhin gehören chemische Pflanzenschutzmittel (↗Pestizide) und Mittel zum Schutz gelagerter landwirtschaftlicher Produkte (Vorratsschutzmittel) zu den Erzeugnissen der Agrochemie. In der landwirtschaftlichen Tierhaltung werden chemische Substanzen zur Bekämpfung von ↗Parasiten, Krankheitsübertragern und zur Stall- und Tierhygiene (z. B. Fliegenbekämpfung) eingesetzt; außerdem spielen Futterzusatzstoffe für schnelleres Wachstum, bessere Verdaulichkeit und höhere und sicherere Fleisch-, Milch- oder Eierträge eine wichtige Rolle. Hierfür sind in der Agrobiochemie auch Hormone entwickelt worden, deren Einsatz aber nicht überall erlaubt ist oder aus gesundheitlichen Befürchtungen auf Ablehnung stößt. Die Erzeugnisse der Agrochemie werden ungeachtet ihrer Verschiedenartigkeit und unterschiedlichen Einsatzzwecke und -erfordernisse als Agrarchemikalien zusammengefasst und unter dem Einfluss verbreiteter Chemiefeindlichkeit sowie auch der ↗biologischen Landwirtschaft in der Öffentlichkeit überwiegend negativ beurteilt. Dazu haben verbreitete umwelt-, natur- und gesundheitsgefährdende Rückstände solcher chemischer Verbindungen in Böden, Gewässern, der Luft, in Pflanzen und Tieren, Lebensmitteln und auch in menschlichen Organen beigetragen, die nicht selten zu schweren Schädigungen führten. Eine verschärfte Rückstandskontrolle sowie strenge Regelungen des Einsatzes chemischer Stoffe in der Landwirtschaft haben die Gefahren vermindert, ohne aber das Misstrauen gegenüber der Agrochemie beseitigen zu können. [WHa]

Agroforstwirtschaft, meist kleinräumige Nutzungsmischung mit stockwerkartigem, die Naturvegetation nachahmendem Aufbau in Waldgebieten der Feuchttropen als nachhaltiges, ökologisch und sozial angepasstes ↗Agrarsystem. Agroforstwirtschaft mit ihren vielfältigen Erscheinungsformen (u. a. ↗alley cropping, ↗Stockwerkkultur, ↗Waldweide) ermöglicht die Verdoppelung bis Vervierfachung der Flächenerträge gegenüber traditioneller ↗shifting cultivation und erlaubt den Schritt zu permanentem Landbau. Die agrare ↗Tragfähigkeit erhöht sich mit Agroforstwirtschaft von ca. 20 Personen/km² auf über 40. Das System ist relativ arbeitsintensiv und kapitalextensiv (low input system) und demnach den Bedingungen der autochthonen Bevölkerung entsprechend.

Agrogod ↗*Agrarstadt*.

agronomische Trockengrenze, Trockengrenze des ↗Regenfeldbaus.

Agroökosystem, *Agrarökosystem*, Bezeichnung für ein zum Zweck landwirtschaftlicher Nutzung, vor allem der Erzeugung von Nahrungsmitteln und anderen biologischen Rohstoffen, geschaffenes ↗Ökosystem. Beispiele sind ein

Getreide- oder Rübenfeld, eine Viehweide oder eine Mähwiese. Grundsätzlich kann aber auch ein landwirtschaftlicher Viehbestand mit Futterversorgung und Fäkalienabfuhr als Agroökosystem aufgefasst werden, vor allem in Verbindung mit ↗Weidewirtschaft. Im Vergleich zum natürlichen Ökosystem ist ein Agroökosystem unvollständig, weil bestimmte Organismen(-gruppen) daraus fern gehalten werden, so z. B. aus Getreidefeldern alle Tiere und Wildpflanzen (↗Unkräuter), aus ↗Wiesen alle (größeren) Pflanzen fressenden Tiere. Außerdem ist im Agroökosystem das Prinzip des Stoffkreislaufs des natürlichen Ökosystems durch Ernte und Verkauf der landwirtschaftlichen Erzeugnisse aufgebrochen. Der dadurch verursachte Stoffverlust im Agroökosystem muss durch ↗Düngung ersetzt werden, andernfalls sich seine ↗Produktivität mit der Zeit erschöpft. Jedes Agroökosystem ist daher vollständig von menschlicher Überwachung und Steuerung (↗Bewirtschaftung) abhängig, die hohen Arbeitsaufwand und Zufuhr von Energie und Stoffen bedingt; entfällt diese, so bricht es zusammen und wandelt sich durch ↗Sukzession in ein quasinatürliches Ökosystem um, aus dem die Nutzpflanzen und -tiere durch Konkurrenz einwandernder wild lebender Arten verdrängt werden (↗Agrarökologie). [WHa]

Agrostadt ↗*Agrarstadt*.

Agrotourismus ↗*Ferien auf dem Bauernhof*.

Ah/C-Böden, Klasse der ↗Deutschen Bodensystematik; Zusammenfassung von Böden mit einem 2 cm bis 4 dm mächtigen, voll entwickelten Ah-Horizont (↗A-Horizont) über dem ↗C-Horizont aus Locker- oder Festgesteinen. Zu den Bodentypen dieser Klasse zählen ↗Ranker, ↗Regosol, ↗Rendzina und ↗Pararendzina, unterschieden nach den Gesteinseigenschaften des C-Horizonts. Die Gesteine können carbonathaltig oder carbonatfrei bis carbonatarm sein und als Locker- oder Festgesteine vorliegen. Nach der ↗FAO-Bodenklassifikation werden ↗Leptosols, ↗Arenosols und ↗Regosols dazugerechnet.

ahemerob, ↗Hemerobie.

Ähnlichkeit, ↗Analogie, ↗Homologie, ↗Konvergenz, ↗Mimikry.

A-Horizont, mineralischer Oberbodenhorizont mit Anreicherung an ↗organischer Bodensubstanz und/oder Verarmung an mineralischer Substanz und/oder ↗Humus (↗Eluvialhorizont). Folgende A-Horizonte kann man unterscheiden: Ah-Horizont (Bioturbation, bis zu 30 Masse-% ↗organische Bodensubstanz); Ap-Horizont (auch *Pflughorizont*, durch regelmäßige Bodenbearbeitung 20–30 cm mächtige Ackerkrume mit scharfer Untergrenze); Ai-Horizont (bei initialer Bodenbildung, < 2 cm mächtig); Ae-Horizont (durch ↗Podsolierung hellgrau bis weiß gefärbter Bleichsand, unter dem Ah folgend); Aa-Horizont (Anmoor; mit 15–20 Masse-% ↗organische Bodensubstanz); Al-Horizont: durch ↗Lessivierung an Ton verarmt und farblich aufgehellt, an nassen Standorten gebildet unter dem Ah-Horizont folgend).

AIDS, *A*cquired *I*mmune *D*eficiency *S*yndrome, weltweit verbreitete Immunschwächekrankheit, deren Übertragung durch Sperma, Blut und Blutprodukte oder transplazentar bzw. perinatal von der Mutter auf das Kind erfolgt. AIDS ist seit 1981 bekannt und kann durch die Übertragungsformen des AIDS auslösenden HIV-Virus (Humaner Immuninsuffizienz-Virus) als Krankheit der Armut, der sexuellen Ausbeutung und Gewalt, der durch ↗Migration getrennten Familien und damit verbundener Promiskuität bezeichnet werden. Auch mangelnde Hygiene im Gesundheitsbereich erhöhen das Infektionsrisiko. Daraus erklärt sich der hohe Anteil AIDS-Kranker in ↗Entwicklungsländern. Von 1996 geschätzten 40 Mio. mit dem HIV-Virus infizierten Menschen leben 95 % in Ländern der Dritten Welt, 60 % im subsaharischen Afrika. Die höchsten Zuwachsraten an AIDS-Erkrankungen weisen süd- und südostasiatische Länder auf. In Lateinamerika sind die höchsten Raten in Brasilien, Mexiko und der Karibik festzustellen. Rund 80–90 % der Infektionen in Entwicklungsländern werden durch heterosexuelle Übertragung verursacht. Diese hohe Prävalenz hat in den betroffenen Ländern gravierende wirtschaftliche, soziale und demographische Probleme zur Folge. In einigen Ländern muss etwa ein Fünftel des Gesundheitsetats für die Behandlung von HIV-Infektionen und damit in Verbindung stehender Krankheiten aufgebracht werden. Die große Verbreitung von AIDS vor allem bei den jüngeren Altersgruppen beiderlei Geschlechts beeinträchtigt das wirtschaftliche Potenzial der Länder. Gleichzeitig hat sie zur Folge, dass Millionen von Kindern als Waisen aufwachsen. Da bislang noch keine Behandlungsmethoden existieren, kann die Ausbreitung des HIV-Virus nur langfristig durch Aufklärung erfolgen. Breit angelegte Präventionsprogramme werden deshalb von den verschiedensten internationalen Organisationen unterstützt und konnten bereits messbare Erfolge erzielen. [MSe]

Airglow ↗*Luftglühen*.

Aitken-Kerne, sehr kleine nach ihrem Entdecker J. Aitken benannte ↗Aerosole mit einem mittleren Äquivalent-Radius zwischen $5 \cdot 10^{-3}$ bis $2 \cdot 10^{-1}$ µm. Sie entstammen überwiegend industriellen Prozessen. Ihre Zahl ist in der Luft sehr hoch (über Kontinenten ca. 10^9 pro m^3), aber ihre Masse ist gering. Die Lebensdauer ist aufgrund der ↗Koagulation relativ kleiner als die der größeren sog. großen Kerne. Aitken-Kerne sind zu klein, um als ↗Kondensationskerne im Wolkenbildungsprozess zu dienen. Aufgrund ihrer geringen Masse können sie der Brown'schen Molekularbewegung folgen. Ihre Dichte kann in der Aitken'schen Nebelkammer bestimmt werden.

Akademie für Raumforschung und Landesplanung, mit Sitz in Hannover, besteht als Nachfolgeeinrichtung der Reichsarbeitsgemeinschaft für Raumforschung in der heutigen Form seit 1946. Sie ist als wissenschaftliche Akademie eine außeruniversitäre, unabhängige raumwissenschaftliche Einrichtung mit Servicefunktion für die Forschung und wird gemeinsam von Bund und Ländern finanziert. Sie hat satzungsgemäß die Aufgabe, in den für die räumliche Entwicklung bedeutsamen Bereichen Wissenschaftler verschiedener Fachdisziplinen untereinander und mit Vertretern der Praxis aus Politik und Verwaltung in einem personalen Netzwerk zusammenzuführen, grundlagen- und anwendungsorientierte Forschung zu planen, anzuregen, zu bündeln und zu fördern und die Ergebnisse nutzbar und der Öffentlichkeit zugänglich zu machen.

Die Sektionen der Akademie beraten über längerfristige Arbeitsschwerpunkte, die Arbeitskreise bearbeiten, zeitlich befristet, durch den Orientierungsrahmen und das Arbeitsprogramm definierte Forschungsthemen, die Länder- und europäischen Arbeitsgemeinschaften befassen sich mit spezifischen, die Länder und Europa betreffenden räumlichen Entwicklungsproblemen, in »Ad-hoc-Arbeitsgruppen« werden politikberatend Empfehlungen zu aktuellen Problemen der Raumentwicklung erarbeitet, Redaktionsausschüsse werden zur Erstellung der Grundlagenwerke gebildet. Die wichtigsten Veröffentlichungen der Akademie für Raumforschung und Landesplanung sind die »Forschungs- u. Sitzungsberichte«, die »Arbeitsmaterialien«, die sog. »Grundlagenwerke zu Raumordnung und räumlicher Planung« und die zusammen mit dem ↗Bundesamt für Bauwesen und Raumordnung herausgegebene Zeitschrift »Raumforschung und Raumordnung«. [KW]

akademische Mobilität, räumliche ↗Mobilität in Form fachlich und meist auch kulturell motivierter sowie zeitlich befristeter Aufenthalte von Studierenden, Lehrenden und Forschenden wissenschaftlicher Einrichtungen an einem anderen Ort als dem gegenwärtigen Arbeitsumfeld. Akademische Mobilität umfasst Tagungsreisen sowie kurz- bis langfristige Forschungs-, Lehr- und Studienaufenthalte im In- oder Ausland und ist in der Regel mit der Rückkehr an die vorherige Wirkungsstätte verbunden (↗Karrieremobilität). Spontane oder freie akademische Mobilität zeichnet sich durch die selbstständige Organisation der Bedingungen und Finanzierung des Aufenthaltes aus, während organisierte akademische Mobilität im Rahmen von Mobilitätsprogrammen institutionalisiert ist (z. B. Förderprogramme der Hochschulen, staatlich geförderter oder privater Wissenschafts- und Mittlerorganisationen oder der EU). Die staatliche Unterstützung der Finanzierung internationaler Mobilitätsprogramme stellt einen wichtigen Bestandteil ↗auswärtiger Kulturpolitik dar. Aussagen über Formen und Inhalte akademischer Mobilität sind zu differenzieren nach Art und Motiven der mobilen Personen, der Dauer der Aufenthalte, den Herkunfts- und Zielländern bzw. -regionen, den beteiligten Institutionstypen und Fachrichtungen. Mit der Erforschung räumlicher Mobilitätsbeziehungen sowie der Entstehungszusammenhänge, Verläufe und Folgen akademischer Mobilität befasst sich die interdisziplinäre ↗Austauschforschung. Verwandte geographische Arbeiten, die internationale Mobilitätsbeziehungen auch zwischen und innerhalb verschiedener Institutionen untersuchen, konzentrierten sich bis zum Ende der 1990er-Jahre auf die zeitlich befristete Mobilität ↗Hochqualifizierter, die außerhalb von Hochschule und Forschung tätig sind. Erst wenige geographische Studien befassen sich mit studentischer Mobilität. [HJ]

Akklimatisation, physiologische Anpassung von Lebewesen, insbesondere des Menschen, an veränderte atmosphärische Umweltbedingungen, die sich in Form von Leistungsminderungen und Schlafstörungen äußern können. Anpassungsreaktionen werden ausgelöst durch klimatischen Jahresgang und bei einem durch Ortswechsel erfolgten Klimawechsel. Die Anpassungsfähigkeit des menschlichen Organismus ist innerhalb gewisser, individuell durch den genetischen Code festgelegter Grenzen erlernbar und trainierbar. Das thermische Bioklima (↗Bioklimatologie) erfordert am häufigsten Akklimatisation. Die Akklimatisationszeit kann in Abhängigkeit von den klimatischen Gegebenheiten und dem individuellen Befinden in weiten Bereichen (Wochen bis Monate) schwanken.

Akkretionskeil ↗Plattentektonik.

Akkulturation, Grundbegriff der ↗Kulturwissenschaften, mit dem der Prozess der Kulturübernahme bzw. der Aneignung von Elementen einer bisher fremden ↗Kultur bezeichnet wird. Dieser Prozess schließt insbesondere die Übernahme von Werten, Ideen, Wertvorstellungen und Deutungsmustern durch die handelnden Subjekte ein und ist bedingt durch Kontakte und Interaktionen von Mitgliedern unterschiedlicher Kulturen (↗Minderheiten). Insofern beruht er oftmals auf der Grundlage von Wanderungsbewegungen bzw. räumlicher ↗Mobilität.

Akkumulation, 1) Ablagerung von ↗Sedimenten, die durch Abtragung an anderer Stelle mobilisiert wurden. 2) Anreicherung von Substanzen, wie z. B. Nährstoffen oder Schadstoffen in Organismen oder Ökosystemen.

Akkumulationsgebiet, *Nährgebiet* (veraltet), ↗Massenhaushalt.

Akkumulationsindikatoren ↗Bioindikation.

Akkumulationsregime, Machtkonstellation und Vorgehensweise zur Kapitalakkumulierung, die sich mit jeder Form des ↗Kapitalismus anders darstellt und sich aus dem vorherrschenden Produktionsmodell, der wirtschaftlichen Regulationsweise, den lokalen Machteliten aus Wirtschaft, Gesellschaft und öffentlicher Verwaltung und dem jeweiligen Gesellschaftssystem ergibt. Nach der ↗Regulationstheorie wird die Gesellschaftsentwicklung als Abfolge historischer sozioökonomischer Konstellationen erklärt. Die jeweilige Gesellschaftsstruktur selbst wird demnach bestimmt durch eine Kombination aus der vorherrschenden Produktionsmethode (entsprechend dem erreichten Technologiestandard und bestimmter Investitionsstrategien), den geltenden Lohnverhältnissen sowie den vorherrschenden sozialen Reproduktionsformen und dem jeweils typischen Konsumverhalten und den politischen Machteliten. Im fordistischen Akkumulationsregime (↗Fordismus) war fließbandbetriebene industrielle Massenfertigung, Massenkonsum und eine Wirtschaftsführung und Beeinflussung der Stadtentwicklung durch Entscheidungen von Einzelunternehmern mit persönlicher Verantwortlichkeit und z. T. erheblichen freiwilligen Sozialleistungen an die Gesellschaft (Mäzenatentum) kennzeichnend. Im postfordistischen Akkumulationsregime sind charakteristisch: Just-in-time-Produktion, geringere Stückzahlen, konsumorientierte z. T. hochwertige, nichtstandardisierte Produktion, lebensstilorientierter Konsum, Wirtschaftsführung und Beeinflussung städtischer und regionaler Entwicklung (↗Deindustrialisierung, ↗Globalisierung) durch stetig fusionierende Großunternehmen und durch in Gremien getroffenen Standortentscheidungen, die nur noch dem Aktionär (»Shareholder Value«) verantwortlich sind und daher von sozialen Belangen gänzlich abgekoppelt werden können.   [RS]

Akkumulationsrippeln, häufigster Typ von ↗Windrippeln als Resultat von Sortierung und ↗äolischer Akkumulation.

Akkumulationssaison ↗Massenhaushalt.

Aklé, *Aklédüne*, arabischer Name für komplizierte, lockere und schwer begehbare ↗Dünen. Das oft chaotische Erscheinungsbild enthält ein typisches Muster aus gewellten Querdünen mit abwechselnd vorspringenden (konvexen bzw. linguoiden) und zurückweichenden (konkaven bzw. barchanoiden) Partien, die sich versetzt gegenüber liegen. Dieses Muster entsteht durch jahreszeitlich etwa gegenläufige Winde, die jeweils die Leehänge umkehren, was nur bei kleinen Dünen unter 10 m Höhe möglich ist. Aklé sind häufig am Rande von ↗Ergs zu finden.

AKP-Staaten, afrikanische, karibische und pazifische ↗Entwicklungsländer, die mit der EG/EU über das ↗Lomé-Abkommen verbunden sind. Das erste Abkommen wurde 1975 mit 46 AKP-Staaten unterzeichnet. Im Laufe der Folgeabkommen wurden weitere Länder aufgenommen, sodass sich die Zahl auf 71 (2000) erhöhte (48 afrikanische, 15 karibische und 8 pazifische Staaten).

akryogenes Klima, eisfreie Periode des Klimas auf der Erde. Das Klima scheint zwischen kühleren und wärmeren Epochen zu schwanken, wobei offenbar die Zeiten ausgedehnter Vereisungen mit solchen ohne Pol- und Hochgebirgsvergletscherungen wechseln. Die eisfreien Perioden innerhalb der Erdgeschichte dürften den Normalzustand, die ↗Eiszeitalter (und damit auch die Jetztzeit) die Ausnahme darstellen.

Aktant ↗Akteursnetzwerktheorie.

Akteur, Einheit, die als Träger einer sozialen Rolle in einer sozialen oder politischen Situation handelt. Die Handlungen eines Akteurs sind jeweils bestimmt durch seine spezifischen Orientierungen (Ziele, Ressourcen, Werte, Einstellungen, Motivationen) sowie äußere systemische Gegebenheiten (z. B. Legitimation, Privilegierung, Restriktionen) und soziale Interaktion mit anderen Akteuren. Nicht nur einzelne Individuen sind als Akteure anzusprechen, sondern auch Kollektive, z. B. ↗Gebietskörperschaften, Verbände, Unternehmen, Parteien, ↗Nichtregierungsorganisationen und homogene soziale Gruppen, die von außen wie ein individueller Akteur betrachtet werden können. ↗Akteursnetzwerktheorie.

Akteursnetzwerktheorie, engl. *actor-network theory*, gesellschaftstheoretischer Entwurf, der in den 1980er-Jahren von Pariser Wissenschaftssoziologen um Michel Callon und Bruno Latour konzipiert und im Rahmen interdisziplinärer Wissenschaftsstudien (engl. science studies), vor allem unter Einbeziehung anthropologischer und philosophischer Einflüsse (z. B. Michel Serres und Isabelle Stengers), weiterentwickelt wurde. Ausgehend von dem Bestreben, wissenschaftliches Arbeiten und die Konstitution wissenschaftlichen ↗Wissens zu verstehen, wendet sich die Akteursnetzwerktheorie im Unterschied zu anderen Gesellschaftstheorien (z. B. ↗Strukturationstheorie) gegen a priori gesetzte Dichotomien wie Objekt/Subjekt, Natur/Gesellschaft, Innen/Außen oder Mikroebene/Makroebene. Stattdessen wird die Welt als dynamisches Beziehungsgeflecht heterogener Entitäten betrachtet. Um Verbindungen zwischen verschiedenen Entitäten sowie deren Eigenschaften sichtbar zu machen, werden Netzwerkbildungsprozesse verfolgt.

Die Konzeption der Akteursnetzwerktheorie beruht auf einem neuen Verständnis der Begriffe Handlung (engl. agency) und Akteur (engl. actor) sowie Konzepten zur soziomateriellen Hybridität und Historizität von Dingen. Der Begriff der Handlung wird definiert als Kapazität, Auswirkungen zu haben. Handlung ist somit nicht allein eine Eigenschaft von Menschen, sondern einer Assoziation heterogener Entitäten, welche sowohl menschliche (engl. humans) als auch nichtmenschliche Wesen (Dinge, Objekte, engl. nonhumans) umfassen. Daher wird der in anderen Kontexten allein auf den Menschen bezogene Begriff des ↗Akteurs durch das Konzept des *Aktanten* erweitert, das sowohl Menschen als auch Dingen eine Kapazität zu handeln zuschreibt. Aktanten sind in verschiedene Netzwerkbildungsprozesse eingebunden, in deren Verlauf sie die Verantwortung für Geschehnisse teilen und somit zusammen neue Aktanten produzieren. Der jeweilige Beitrag einzelner Aktanten zur Formierung von Akteursnetzwerken, d. h. ihre tatsächliche Wirkung, wird als relationaler Effekt verstanden, der auf der speziellen Netzwerkkonfiguration beruht. Je mehr Aktanten in Netzwerkbildungsprozesse einbezogen werden, desto länger und mächtiger werden Akteursnetzwerke.

Aktanten können sowohl materielle als auch soziale Eigenschaften vereinigen und somit einen hybriden Status aufweisen. Die soziomaterielle ↗Hybridität von Dingen entsteht durch Sozialisation im Rahmen der Netzwerkbildungsprozesse, d. h. durch meist mehrere aufeinander folgende Transformationen von Materie in Zeichen, wobei die in Zeichen transformierte Materie als Teil der Dingwelt immer wieder Ausgangspunkt neuer Transformationen werden kann (zirkulierende Referenz). Aufgrund dieser soziomateriellen Transformationsketten weisen Dinge (wie Menschen) eine eigene Historizität auf.

Akteure/Aktanten sind somit sowohl Resultate als auch Mediatoren von Netzwerkformationen und zugleich eigene Akteursnetzwerke. Bei Analysen zur Bildung von Akteursnetzwerken, der Entstehung von Akteuren und den Machtverhältnissen zwischen verschiedenen Akteuren sollen die beiden Typen von Akteuren/Aktanten, die als Resultat der Netzwerkbildung in Form menschlicher und nichtmenschlicher Wesen zumindest temporär differenziert werden können, in Hinblick auf die drei Aspekte Geschichtlichkeit, soziomaterielle Hybridität und Verantwortlichkeit für Geschehnisse symmetrisch behandelt werden (allgemeines Symmetrieprinzip).

Auf Grundlage dieser Kernkonzepte argumentiert die Akteursnetzwerktheorie, dass die Einbindung von Materie in soziale Interaktionen und der Austausch von menschlichen und nichtmenschlichen Eigenschaften zwischen Aktanten die Stabilisierung sozialer Beziehungen (soziale Strukturen) in der menschlichen Gemeinschaft erst ermögliche. Mit dieser Aussage ist eine Ablehnung des sozialen Konstruktivismus verbunden, aber die Akteursnetzwerktheorie wendet sich auch gegen verschiedene Formen des Realismus. So argumentiert Latour (1999) entgegen der Vorstellungen beider Ansätze, dass gerade deshalb etwas real und autonom ist, weil es gut konstruiert wurde. Um die Ablehnung realistischer und konstruktivistischer Begriffe zu verdeutlichen und die Verflechtungen zwischen ↗Natur und ↗Gesellschaft herauszustellen, wird für die Gesamtheit der Akteursnetzwerke nicht der Begriff der Gesellschaft, sondern der Begriff des Kollektivs (engl. collective, natures-cultures) verwendet.

In der ↗Geographie erfolgt eine Rezeption der Akteursnetzwerktheorie seit Mitte der 1990er-Jahre vor allem in Hinblick auf ein relationales Raumverständnis sowie die Möglichkeit, Verbindungen zwischen ↗Physischer Geographie und ↗Humangeographie herzustellen. Letzteres führte insbesondere zu einer Diskussion des Begriffes der Humangeographie, da die der Akteursnetzwerktheorie zugrunde liegende Annahme einer Symmetrie zwischen menschlichen und nichtmenschlichen Akteuren den Menschen seiner Schlüsselstellung im Kollektiv enthebt. [HJ]
Literatur: MURDOCH, J. (1997): Towards a geography of heterogenous associations. In: Progress in Human Geography 21 (3), S. 321–337.

Aktinograph, registrierendes Aktinometer, mit dem die Intensität der ↗Globalstrahlung gemessen wird. Die Strahlungsenergie führt zur Erwärmung von geschwärzten, die Strahlung völlig absorbierenden Flächen. Die dadurch entstehende Temperaturdifferenz zwischen bestrahlten und baugleichen unbestrahlten, gegeneinander kalibrierten Flächen ist ein relatives Maß für die Intensität der Globalstrahlung.

Aktionsforschung, *action research*, *Handlungsforschung*, zielt darauf ab Untersuchungen an konkreten sozialen Problemen anzusetzen, Forschungsergebnisse als praxisverändernde Maßnahmen im Forschungsprozess gleichzeitig umzusetzen sowie die Betroffenen der Forschung nicht als »Objekte«, sondern, wegen der Legitimierung der wissenschaftlichen Intervention in das Alltagsleben, als Beteiligte und Partner der Forscher zu betrachten. Aktionsforschung stellt somit eine Intervention in der Alltagspraxis der Beforschten dar, sie nutzt vorwiegend die Methoden der ↗qualitativen Forschung. Insbesondere in Fällen eines starken sozialen Engagements der Forscher wie z. B. in der Geographie bei Untersuchungen von Flächennutzungskonflikten u. Ä. ist die Gefahr fehlender Distanz und des ↗going native bei der Aktionsforschung groß. [PS]

Aktionsraum, Grundbegriff der ↗Sozialgeographie, vor allem der ↗Münchner Sozialgeographie. Er bezeichnet den erdräumlichen Ausschnitt, in dem die alltäglichen Aktivitäten zur Befriedigung der ↗Daseinsgrundfunktionen, insbesondere des Arbeits-, Versorgungs- und Wohnbereichs, den Bedürfnissen und dem Lebensstil entsprechend verrichtet werden. Die äußere Reichweite der räumlichen Zielorte des ↗Handelns bildet die Grenze des Aktionsraums. Als ↗aktionsräumliche Gruppen (↗sozialgeographische Gruppe) werden Mengen von Individuen bezeichnet, die in Bezug auf einzelne oder mehrere Daseinsgrundfunktionen den gleichen Aktionsraum aufweisen.

aktionsräumliche Gruppe, Begriff der insbesondere in der ↗Münchner Sozialgeographie eine wichtige Rolle spielt. Er bezeichnet eine größere Zahl von Personen, welche eine bestimmte ↗Daseinsgrundfunktion im gemeinsam geteilten ↗Aktionsraum verwirklicht. Die aktionsräumlichen Gruppen werden schichtspezifisch (↗soziale Schichtung) differenziert.

aktionsräumliche Stadtanalyse, ermittelt eine Untergliederung der Stadt in verhaltensorientierte aktionsräumliche Teileinheiten. Ein ↗Aktionsraum umfasst als Raumeinheit alle Standorte, die der Mensch bei der Ausübung seiner ↗Daseinsgrundfunktionen in einem regelmäßigen Turnus, z. B. täglich, wöchentlich, monatlich, aufsucht und die sein ↗Kontaktfeld bzw. Kontaktraum darstellen. Diese Kontaktfelder werden in Gestalt von Kegeln oder kegelähnlichen Zelten dargestellt, bei denen der Durchmesser die Fähigkeit des Individuums anzeigt, durch eigene Mobilität und Kommunikation Distanzen zu überwinden. Wie weit der persönliche Kontaktbereich sich erstreckt, ist abhängig von Alter und (Sozial-)Gruppenzugehörigkeit. Eine spezielle Form einer aktionsräumlichen Einheit ist das Wohnumfeld. Aktionsräume werden mithilfe der ↗Zeitgeographie erfasst.

Aktionsreichweite, bezeichnet den Aktionsradius der ↗aktionsräumlichen Gruppe im Sinne der ↗Münchner Sozialgeographie und wird als Kriterium zur Begrenzung eines ↗sozialgeographischen Raumes verwendet.

Aktionszentren, Hoch- und Tiefdruckgebiete, die mit einiger Regelmäßigkeit über längere Zeiträume an bestimmten Stellen der Erde auftreten und infolge ihrer Intensität das ↗Wetter, die ↗Witterung und das ↗Klima größerer Gebiete bestimmen. Die geographische Lage und Auftrittshäufigkeit der Aktionszentren unterliegt jahreszeitlichen Änderungen.

Die für Europa bestimmenden Aktionszentren sind das Islandtief, das Azorenhoch, das asiatische Winterhoch, das asiatische Sommertief (↗Hitzetief) sowie das winterliche Mittelmeertief. Das Islandtief tritt im Seegebiet von Island besonders in den Wintermonaten oft als quasistationärer Teil der ↗subpolaren Tiefdruckrinne in Erscheinung. Das Azorenhoch ist ein quasipermanent im Bereich der Azoren auftretendes Hochdruckgebiet, das ein Teil des ↗subtropischen Hochdruckgürtels ist. Aus dem Azorenhoch können sich Hochdruckzellen ablösen und bei ihrer Ostwanderung das Wetter Europas nachhaltig bestimmen. Die Westausdehnung des asiatischen Winterhochs nimmt Einfluss auf die Wintertemperaturen in West- und Mitteleuropa, da dieses Kältehoch die in den europäischen Kontinent gerichteten ↗Zugbahnen der ↗außertropischen Zyklonen blockiert. Das sommerliche asiatische Sommertief begünstigt im Gegensatz dazu das Eindringen der vom Atlantik kommenden außertropischen Zyklonen in den europäischen Kontinent, seine Auswirkungen werden als europäischer Sommermonsun bezeichnet.

Das Mittelmeertief tritt dann auf, wenn hochreichende Kaltluft in den Wintermonaten von Frankreich kommend über das warme Mittelmeerwasser strömt und dabei so stark labilisiert wird, dass sich im Bereich von Genua bzw. der Adria intensive Zyklonen ausbilden. Diese nehmen entscheidenden Einfluss auf die Witterung und das Klima des westlichen Mittelmeerraumes. [DKl]

aktives Fernerkundungssystem, Radar- bzw. Mikrowellensysteme, bei welchen die Sensoren des Datenaufnahmesystems die Reflexionswerte der selbst ausgesendeten elektromagnetischen Energie messen. Im Gegensatz zu ↗passiven Fernerkundungssystemen sind sie wetterunabhängige Monitoringsysteme.

Aktivität, alle Lebensäußerungen von Organismen. Sie ist abhängig von endogenen Faktoren und exogenen Faktoren. Endogene Grundlage für periodische Aktivität (Tag-Nacht-Rhythmik, Lunarrhythmik, Jahresrhythmik) ist die biologische Uhr, die aber häufig an abiotischen Zeitgebern (Licht, Temperatur, Feuchtigkeit) synchronisiert wird.

Aktivitätsdichte, wenn Tiere in Fallen (z. B. Bodenfallen) gefangen werden, in die sie nur durch eigene Fortbewegung gelangen können, wird die Fangzahl neben der Siedlungsdichte in der umgebenden Fläche auch von der Zahl der Bewegungen pro Zeiteinheit, der Dauer und dem Radius dieser Bewegungsaktivität beeinflusst (= Aktivitätsdichte). Sie kann daher nicht ohne weiteres auf die Fläche bezogen werden und ist damit keine echte Dichteangabe. Bei besonders aktiven Tieren (z. B. Männchen, aktive Jäger) wird eine mit Fallen ermittelte Aktivitätsdichte deutlich höher ausfallen als bei weitgehend stationären Tieren (Weibchen, Lauerjäger). Dabei kann die Aktivitätsdichte ein besseres Maß für die Wahrscheinlichkeit von Interaktionen von Tieren mit anderen Individuen der gleichen Art oder anderer Arten darstellen.

Aktivraum ↗Passivraum.

Aktualismus, die Annahme, dass die gegenwärtigen geologischen und biologischen Prozesse in entsprechender Art und Weise auch in der erdgeschichtlichen Vergangenheit wirksam gewesen seien. Begründet wurde der Aktualismus durch Füchsel (1722–1773) und Hutton (1726–1797). Besonders Lyell (1797–1875) verwurzelte ihn in der Geologie. Heute ist man der Meinung, dass zumindest für das ↗Präkambrium keine streng aktualistischen Verhältnisse angenommen werden können.

aktuelle Platzierung, die berufliche Position, welche ein Erwerbstätiger zu einem Zeitpunkt einnimmt. Zwischen der beruflichen ↗Erstplatzierung und der aktuellen Platzierung können einzelne ↗Berufsetappen liegen.

akustisches Radar ↗SODAR.

Akzessorien, akzessorische Gemengteile, in ↗Gesteinen mengmäßig gering beteiligte ↗Minerale.

ALADI, Asociación Latinoamericana de Integración, Lateinamerikanische Integrationsassoziation mit Sitz in Montevideo, gegründet am 12.08.1980 von zehn südamerikanischen Ländern sowie Mexiko und Kuba (ab 1999), Nachfolgeorganisation der Lateinamerikanischen Freihandelszone ↗ALALC. Sie besitzt folgende Organe: Rat der Außenminister als höchstes Beschlussgremium, Konferenz zur Angleichung der Integration sowie Komitee der Ständigen Vertreter und Generalsekretariat. ALADI strebt als Fernziel die Errichtung eines »Lateinamerikanischen Gemeinsamen Marktes« an und verfolgt konkret die Förderung eines Präferenzraumes für Zollvergünstigungen. Hierzu können nicht nur Übereinkünfte mit regionaler, sondern auch mit bilateraler und multilateraler Reichweite abgeschlossen werden. Die Integrationseffekte sind bisher nur begrenzt geblieben. ↗MERCOSUR.

ALALC, Asociación Latinoamericana de Libre Comercio, LAFTA (engl.), Latin American Free Trade Association, Lateinamerikanische Freihandelszone, 1960 gegründet und 1981 in ↗ALADI aufgegangen.

Alas, ist eine durch ↗Thermokarst verursachte Depression im Bereich von ↗Permafrost. Alase haben einen ovalen bis runden Grundriss, steile Ufer und einen flachen Boden, der teilweise von einem See eingenommen wird. Bei Durchmessern von 100 m bis 15 km und Tiefen von 3 bis 40 m entstehen Alase v. a. durch teilweises Abtauen des ↗Grundeises nach Zerstörung der isolierenden Vegetation (beispielsweise in der Taiga nach Waldbränden). Bei Abtauen von ↗Pingos entstehen rundliche, beim Schmelzen von Eiskeilnetzen (↗Eiskeil, ↗Frostmusterboden) längliche Depressionen. Alas-Täler können sich durch Zusammenwachsen mehrerer Alase bilden.

Albedo [von lat. albus = weiß], *Reflexionsvermögen*, beschreibt den prozentualen Anteil an diffus reflektierter Strahlung beim Auftreffen auf eine nicht selbst leuchtende und nicht spiegelnde Fläche. Die Albedo ist abhängig von der Art und Beschaffenheit der bestrahlten Fläche sowie vom Spektralbereich der eintreffenden Strahlung. Insbesondere unterscheidet sich die Albedo einer Oberfläche für kurz- und langwellige Strahlung drastisch (Abb.). Gemessen wird die Albedo mit einem ↗Albedometer.

Ein ↗schwarzer Körper absorbiert unabhängig vom Spektralbereich die eingehende Strahlung zu 100 % und hat folglich eine Albedo von 0 %. Generell ergänzen sich Absorptions- und Reflexionsvermögen zu 100 %. Im Falle kurzwelliger Strahlung steigt die Albedo mit zunehmender Helligkeit der Fläche an. Bei Neuschnee werden bis zu 95 % der eingehenden kurzwelligen Strahlung reflektiert, bei Nadelwald sind es maximal 12 %. Wolken weisen im kurzwelligen Bereich eine Albedo von 60–90 %, im langwelligen Bereich von nur 10 % auf. Modifizierend wirkt sich der Einfallswinkel der eingehenden Strahlung, die atmosphärische Trübung und der atmosphärische Wasserdampfgehalt auf die Albedo aus. Insbesondere bei Wasseroberflächen nimmt die Albedo im kurzwelligen Bereich als Folge der Brechungsvorgänge im Wasser mit abnehmendem Einfallswinkel sehr stark zu (Abb.). Dadurch erscheint das Meer bei Sonnenuntergängen blutrot. Die planetare Albedo beschreibt das Reflexionsvermögen des Planeten Erde, schließt also die Wirkung der Bewölkung und der Atmosphäre mit ein. Sie wird nach neueren Satellitenmessungen im Jahresmittel mit rund 30 % abgeschätzt, unterliegt aber neben jahreszeitlichen auch erheblichen interannuellen Variationen (↗Cloud Forcing). Etwa ein Drittel der eingehenden extraterrestrischen Strahlung, die durch die ↗Solarkonstante quantitativ erfasst wird, durchströmt demnach das System Erde-Atmosphäre ohne Arbeit zu leisten (↗Strahlungsbilanz). Bereits geringe Änderungen der planetaren Albedo genügen zur Auslösung von spürbaren Änderungen der globalen Mitteltemperatur. Dies ist eine Folge der positiven ↗Eis-Albedo-Rückkopplung. [DKl]

Albedometer, Gerät zur Messung der ↗Albedo. Albedometer sind jeweils zwei gegeneinander ausgerichtete Strahlungsmessgeräte, die in definierten Wellenlängenbereichen die Intensität der Strahlung aus dem Halbraum (der von oben bzw. von unten kommende Strahlfluss) bestimmen. Routinemäßig werden Albedometer für den kurzwelligen (0,3–3 μm) und den kurz- und langwelligen (0,3–50 μm) Spektralbereich eingesetzt, aus deren Differenz die kurz- und langwellige Albedo bestimmbar ist.

Albeluvisols [von lat. albus = weiß und luere = waschen], Bodenklasse der ↗WRB-Bodenklassifikation (1998); meist nährstoffreiche Mineralböden mit tonärmerem ↗A-Horizont über tonreichem ↗B-Horizont, wobei der Tongehaltsunterschied sowohl durch ↗Lessivierung als auch durch biogene sowie geogene Prozesse, z. B. Solifluktion, hervorgerufen wurde. Durch die Tonverarmung im Oberboden sind Albeluvisols stark erosionsgefährdet. Im Unterschied zu den ↗Luvisols verläuft die Obergrenze des Toneinwaschungshorizonts sehr unregelmäßig, gekennzeichnet durch ein zungenförmiges Eindringen von Ton und eisenverarmtem Material. Die Tonanreicherung im B-Horizont kann zur Staunässebildung und ↗Hydromorphierung führen. Albeluvisols kommen überwiegend auf Lockersedimenten wie ↗Löss, ↗Geschiebelehm, Geschiebemergel und sandig-schluffigen Schottern vor und treten vornehmlich im südlichen Grenzbereich des ↗borealen Nadelwaldes auf. [ThS]

Alfisols, Bodenordnung der US-amerikanischen ↗Soil Taxonomy (1994); saure Mineralböden mit ↗Lessivierung, deren ↗A-Horizont sehr humusarm (< 1 %) und geringmächtig sein kann und eine ↗Basensättigung (in 1 M NH_4-Acetat) < 50 % aufweist; typische Bodenform der gemäßigten Breiten, wobei die mittlere jährliche Bodentemperatur unter 8°C liegt; nach ↗Deutscher Bodensystematik den ↗Parabraunerden zuzurechnen, nach ↗FAO-Bodenklassifikation und ↗WRB-Bodenklassifikation den ↗Luvisols.

Algen, ein- bis mehrzellige Pflanzen, die hauptsächlich in Gewässern vorkommen. Landalgen besiedeln Felsen, Baumrinden und Böden. Algen können mit ↗Pilzen symbiotische Gemeinschaften eingehen (↗Flechten). Die Gestalt der Algen ist unterschiedlich: kugelige bis fädige Formen, lagerförmige Thalli bis hin zu höher organisierten Formen mit Haftorganen und differenzierten Zellverbänden. Sie bilden die kleinsten Pflanzen (μ-Algen), aber auch die längsten Pflanzen der Erde (marine Tange). Die Vermehrung erfolgt sowohl ungeschlechtlich als auch geschlechtlich. Algen vermögen auch extreme Standorte zu besiedeln: Randbereiche heißer Quellen mit Temperaturen bis 70°C, arktische Gewässer und Gletscher. Als photosynthetisch aktive Organismen benötigen Algen Lichtenergie zum Wachstum. Als Reservestoffe werden Stärke, Mannit, Leukosin und Öle gebildet. In die Zellwände werden je nach Algenklasse unterschiedliche Stoffe eingebaut. Wichtige Zellwandstoffe sind: Cellulose, Kieselsäure, Lipopolysaccharide, Xylan, Kalk, Mannan, Xylomannan. Als Pigmente des Photosystems sind Chlorophyll a, b und c vertreten, jedoch werden diese häufig durch andere Pigmente überdeckt, sodass Letztere das farbliche Er-

kurzwellige Albedo		langwellige Albedo	
Neuschnee	75–95%	polierte Metalle	98%
tiefes Wasser bei tiefstehender Sonne	80%	Blech	93%
Wolken	60–90%	Aluminiumbronze	65%
Dünensand	30–60%	Sand	10%
Ackerboden, brach	7–17%	Wolken	10%
Tropischer Regenwald	10–12%	Ackerboden, brach	8%
Laubwald	15–20%	Wasser	4%
Nadelwald	5–12%	Rasen	1,5%
Wiesen, Weiden	12–30%	Schnee	0,5%
landwirtschaftliche Kulturen	15–25%		
Siedlungen	15–20%		
tiefes Wasser bei hochstehender Sonne	3–10%		

Albedo: Ausgewählte Albedowerte für kurz- und langwellige Einstrahlung.

scheinungsbild bestimmen und namensgebend sind (Rotalgen, Grünalgen usw.).

Die Algen-Gruppe der *Cyanophyta* (Blaualgen) hat sehr viele gemeinsame Merkmale mit ↗Bakterien, z. B. ist kein eigenständiger Zellkern als Träger des Erbguts vorhanden. Sie werden deshalb auch als Cyanobacteria bezeichnet.

Da die Ansprüche der Algen an die Umwelt sehr unterschiedlich sind, werden einige als Indikatororganismen zur Bestimmung der ↗Gewässergüte herangezogen. Algen sind sowohl im ↗Plankton als auch im Periphyton (Aufwuchs, d. h. als Organismen, die an Oberflächen von z. B. Steinen oder Pflanzen angeheftet sind) vertreten und bilden eine wichtige Nahrungsgrundlage für die folgenden Glieder der ↗Nahrungskette.

Algenriff, riffartig erhabener junger oder noch aufwachsender Gesteinskörper von meist lang gestreckter Form, aufgebaut aus Kalkalgen (Kalkrotalgen, z. B. *Neogoniolithon notarisii*), oft vergesellschaftet mit Wurmschnecken (Vermetiden, z. B. *Dendropoma petraeum*). Algenriffe kommen in allen Erdregionen vor, küstenmorphologisch wichtig sind sie vor allem in den warm-gemäßigten und warmen Breitengraden. Auch die ↗Korallenriffe tragen häufig auf ihrer Krone bzw. im Bereich stärkster ↗Brandung Kalkalgenkappen.

Alisols [von lat. alumen = Aluminium], Bodenklasse der ↗FAO-Bodenklassifikation (1990) und der ↗WRB-Bodenklassifikation (1998); saure Mineralböden mit hohem Aluminiumgehalt, vom Profilaufbau vergleichbar den ↗Acrisols, jedoch weniger stark verwittert. Alisols treten typischerweise auf jüngeren Landoberflächen feuchttropischer oder monsunal geprägter Gebiete auf. Sie weisen eine Kationenaustauschkapazität (in 1 M NH_4-Acetat) > 24 $cmol_c$/kg Ton bei ↗pH-Werten von 4 oder kleiner und einer Aluminiumsättigung (bezogen auf die effektive Kationenaustauschkapazität) von mindestens 60 % im ↗B-Horizont auf. Sie haben keine eindeutige Entsprechung in der ↗Deutschen Bodensystematik. Ihre Verbreitung zeigt die ↗Weltbodenkarte.

ALK, <u>a</u>utomatisiertes <u>L</u>iegenschafts<u>k</u>ataster, von den Katasterämtern erstellte und vertriebene digitale ↗Geobasisdaten. Die ALK ist die Graphikkomponente des amtlichen Liegenschaftskatasters und hat urkundlichen Charakter. In Bayern übernimmt die digitale Flurkarte *(DFK)* die Aufgaben der ALK.

Allelopathie, Fähigkeit mancher Pflanzenarten, durch die Abgabe von speziellen, selbst synthetisierten biochemischen Verbindungen wie Alkaloide, Phenole oder Glykoside die Wettbewerbsverhältnisse am Standort zu ihren Gunsten zu verändern, indem Mitbewerber gehemmt oder abgetötet werden. Allelopathisch wirksame Substanzen höherer Pflanzenarten sind typische sekundäre Pflanzeninhaltsstoffe. Bis heute sind mehrere tausend derartiger Substanzen identifiziert und charakterisiert worden, z. B. Substanzgruppen wie flüchtige Terpene, wasserlösliche phenolische Verbindungen, Alkaloide, cyanogene Glykoside. Bekannt ist dieser Sachverhalt beispielsweise bei Eukalyptusarten oder aber der Walnuss (*Juglans nigra*) durch Juglon, eine allelopathische Reaktion auf die bereits Plinius d. Ä. (23–79 n. Chr.) hinwies. Wesentlich später fand aus diesen Erkenntnissen heraus die Allelopathie – als Wissenschaft von der chemischen Interaktion zwischen Pflanzenarten – verstärkte Beachtung bei der Entwicklung neuer Substanzen für eine gezielte Unkrautbekämpfung. Denn derartige auf biologischer Basis beruhende Mittel besitzen mehrere Vorteile: a) sehr pflanzenartspezifische Wirkungen im Vergleich mit synthetischen Herbiziden; b) leichterer Abbau und damit geringere Anreicherungsproblematik in Böden und Grundwasser und c) geringere karzinogene bzw. mutagene Gefährdung. [MM]

Allen'sche Regel ↗ökogeographische Regeln.

Alleröd, *Alleröd-Zeit*, *Alleröd-Schwankung*, *Alleröd-Oszillation*, Interstadial der ↗Weichsel-/Würm-Kaltzeit (von 13.350 bis 12.680 cal. B. P.) benannt nach einer Siedlung nordwestlich von Kopenhagen; markante spätglaziale Erwärmung mit deutlich höheren Temperaturen als in der Ältesten ↗Dryaszeit (Jahresmitteltemperaturen um etwa 1,5–2 °C tiefer als heute) und thermisch anspruchsvolleren Vegetationstypen; Periode mit geschlossenem Birken-Kiefer-Wald in Mitteleuropa.

Die Bimssteintuffe des Laacher See-Vulkanismus in der Eifel wurden in der Alleröd-Zeit gefördert, nach derzeitigem Kenntnisstand vor ca. 12.880 Jahre cal. B. P. Deren Einlagerung in Torfmooren und Lössprofilen in Form dünner Bimstufflagen ermöglicht eine Parallelisierung bzw. zeitliche Einstufung entsprechender Funde.

alley cropping, *Alleeanbau*, Form der ↗Agroforstwirtschaft, bei der Gehölze in Reihen mit drei bis zehn Meter Abstand gepflanzt und dazwischen annuelle ↗Kulturpflanzen angebaut werden. Bei einem Anpflanzen von Bäumen ohne erkennbarem Verteilungsmuster wird der Begriff »intercropping« verwendet. Die Gehölze sollen nicht nur Brenn- und Baumaterial liefern, sondern auch Nährstoffe mit ihren tief im Boden verankerten Wurzeln nach oben pumpen, wo sie nach dem Streufall die Nährstoffgehalte der Oberböden verbessern.

allgemeine Länderkunde ↗Länderkunde.
Allgemeine Geomorphologie ↗Geomorphologie.
allitische Verwitterung ↗siallitische Verwitterung.

Allmende, kollektiv und überwiegend extensiv genutztes, unzerteiltes Gemeindeland. Die nicht durch Besitz- oder Eigentumsgrenzen unterbrochene Allmende umfasst Weideland, Wasser, Wald und Wege und zählt damit nicht zur ↗Flur. Die Allmende war nicht nur auf die Gemeinde beschränkt, auch gemeindeähnliche Verbände wie die Markgenossenschaften, kannten diese Eigentums- und Nutzungsform. Heute existieren Allmenden in Mitteleuropa nur noch in Reliktform und sind überwiegend auf die Alpgenossenschaften beschränkt. Eine Renaissance erfährt der Allmenden-Begriff derzeit im übertragenen Sinne, etwa als die »digitale Wissens-Allmende« des Internets, oder in Bezug auf die gemeinsame Nutzung von endlichen Ressourcen. Gerade der letztgenannte Punkt hat v.a. die Sozial- und Wirtschaftswissenschaften angeregt, Konzepte für eine nachhaltige gemeinschaftliche Nutzung der Naturgüter zu entwickeln (↗Nachhaltigkeit). [TBu]

allochthon, *fremdbürtig*, **1)** *Geologie*: a) aus ortsfremdem Material zusammengesetzt. b) andernorts gebildete Gesteinskomplexe (besonders in Deckengebirgen). **2)** *Vegetationsgeographie*: nicht einheimische Pflanzen- und Tierarten, die außerhalb ihres eigentlichen Areals bewusst oder unbewusst durch den Menschen in eine Region eingebracht worden sind. Ggs. ↗autochthon.

allochthone Witterung, *fremdbürtige Witterung*, im Gegensatz zur ↗autochthonen Witterung eine durch großräumige Druckgegensätze bedingte Witterung. Dabei werden ↗Luftmassen, die ihre Prägung in anderen Räumen erfahren haben, herantransportiert. Eine typische allochthone Witterung ist in Mitteleuropa die zyklonale Wetterlage, durch die meist mit einer kräftigen Strömung maritime Luft herangeführt wird. Während allochthoner Witterung können sich lokale tagesperiodische Zirkulationen wie ↗Berg- und Talwinde, ↗Hangwinde oder ↗Land- und Seewinde nicht oder nur schwach ausbilden.

Allogamie ↗Fremdbestäubung.

Allokation, **1)** *Arbeitsmarktgeographie*: Zuweisung von ↗Produktionsfaktoren (Arbeit, Boden, Kapital) zu bestimmten Verwendungszwecken. Bei dieser Aufteilung kommt dem Preis eine besondere Regelungsfunktion zu. **2)** *GIS*: *Standortsuche*, Verfahren bei der ↗Netzwerkanalyse zur Bestimmung von Standorten, von denen aus ein vorgegebenes Gebiet mit dem gleichen Aufwand versorgt werden kann bzw. zur Einteilung eines vorgegebenen Gebietes in Zonen gleichen Versorgungsaufwandes. Anwendungsgebiete sind u.a. die Planung von Infrastruktureinrichtungen, Planung und Koordination von Einrichtungen im Rettungswesen oder die Planung von Distributionseinrichtungen oder -bezirken im Groß- und Einzelhandel. ↗Netzinformationssysteme, ↗räumliche Optimierung.

allokative Ressourcen, bezeichnet in der ↗Strukturationstheorie das Vermögen/die Fähigkeit, die natürlichen Lebensgrundlagen, die Welt der materiellen Objekte in deren Zugang, Aneignung und Nutzung, zu kontrollieren. Die wichtigsten Formen allokativer Ressourcen, die in allen Gesellschaftsformen vorgefunden werden können, beziehen sich gemeinhin auf Herrschaft über materielle Roh- und Treibstoffe, Produktionsmittel, insbesondere die materiellen ↗Artefakte der Produktion und produzierte Güter. Mit den allokativen Ressourcen werden vergleichbare Zusammenhänge thematisiert, welche Karl Marx mit den *Produktionsverhältnissen* umschrieben hat. Beide beziehen sich auf die sozialen Verhältnisse der Kontrolle zur Transformation und Aneignung der natürlichen Grundlagen. Davon abzugrenzen sind die ↗autoritativen Ressourcen.

allopatrisch, Bezeichnung für ↗Sippen oder Populationen, deren Verbreitungsgebiete sich gegenseitig ausschließen; d.h. die Areale zweier allopatrischer Sippen überschneiden sich nicht. Gegensatz: ↗sympatrisch. Die ↗geographische Isolation zweier allopatrischer Populationen einer Art kann zu divergierenden genetischen Entwicklungen, zur Bildung vikariierender Rassen und schließlich zu allopatrischer ↗Speziation führen.

allopatrische Speziation ↗Speziation.

Alltag, stellt einen Grundbegriff der phänomenologischen (↗Phänomenologie) Philosophie dar und bezeichnet jenen Wirklichkeitsbereich, der in natürlicher Einstellung erfahren wird. Die »natürliche Einstellung« definiert man als ein »in-die-Welt-hinein-leben«. Sie bezeichnet eine »naive« Einstellung der Welt gegenüber, in der man sich nicht die Frage stellt, ob die Welt tatsächlich so ist, wie sie erfahren wird, oder ob die Art ihrer Existenz allein von der Wahrnehmung abhängt. Der Zweifel daran, dass die Welt und ihre Gegenstände anders sein könnten, als sie erscheinen, wird eingeklammert. Die Welt wird mindestens immer so lange als selbstverständlich und in seinem Sinne als »wirklich« akzeptiert, wie sie nicht in Frage gestellt wird, wie sie nicht problematisch wird. Die natürliche Einstellung leitet das Erleben der Welt, in die man hineingeboren wurde und von der man annimmt, dass sie bereits vor einem bestanden hat. Die so konstituierte Wirklichkeit wird zum unbefragten Boden aller Gegebenheiten, zum fraglosen Rahmen.

Der Wirklichkeitsbereich der natürlichen Einstellung (= Alltag) umfasst sowohl physische als auch ideale Gegebenheiten, und zwar mit jenen Bedeutungsgehalten, wie sie von den erkennenden Subjekten als Mitgliedern einer gegebenen Gesellschaft und Kultur konstituiert und als selbstverständlich vorausgesetzt werden. Er umfasst primär die sinnliche Erscheinungswelt, die der Wahrnehmung unmittelbar zugängliche Welt, in welcher der ↗Körper des Handelnden den Orientierungsnullpunkt darstellt. Von ihm aus erfährt er die Dinge der ↗Lebenswelt als Konstitutionsleistungen seines Bewusstseins.

Die Alltagswelt ist jener Wirklichkeitsbereich, an dem der Mensch in regelmäßiger Wiederkehr über Akte des Wirkens teilnimmt. In ihm ist alles bis auf weiteres fraglos gegeben und weist von Anbeginn einen intersubjektiven (↗Intersubjektivität) Charakter auf, der vom Handelnden aber immer in subjektiven Sinnbezügen erlebt wird, und zwar aufgrund des in früheren Erfahrungen konstituierten Wissensvorrats.

In der natürlichen Einstellung des Alltags beschäftigen Handelnde nur solche Gegenstände, die im Hinblick auf ihre pragmatischen Motive vor dem Hintergrund bisheriger Erfahrungen fraglos bestehen. Die damit beschriebene selektive Tätigkeit des Bewusstseins bestimmt was individuell und was typisch ist. [BW]

Alltägliche Regionalisierungen

Benno Werlen, Jena

Als Grundbegriff der ↗handlungstheoretischen Sozialgeographie beziehen sich allgemeine Regionalisierungen im Gegensatz zu wissenschaftlichen ↗Regionalisierungen auf die Praktiken der handelnden ↗Subjekte. Die Aufgabe der Erforschung der allgemeinen Regionalisierung wird darin gesehen, alltägliches »Geographie-Machen« auf wissenschaftliche Weise zu untersuchen. Der damit verbundene Anspruch wird aus der These abgeleitet, dass wir täglich nicht nur Geschichte machen, sondern auch Geographie, beides allerdings unter nicht selbst gewählten Umständen. Analog zu dem phänomenologischen (↗Phänomenologie) Grundsatz, dass wir über die alltäglichen Handlungen ↗Gesellschaft produzieren und reproduzieren, wird davon ausgegangen, dass wir auch die aktuellen Geographien produzieren und reproduzieren. Und genau so wie handlungszentrierte Ansätze der ↗Sozialwissenschaften und ↗Kulturwissenschaften darauf ausgerichtet sind, die Konstitutionsmodi der Herstellung von »Gesellschaftlichem« aufzudecken, beansprucht die handlungszentrierte Sozialgeographie alltäglicher Regionalisierungen die Rekonstruktion und Darstellung der Konstitutionsmodi verschiedener Geographien des ↗Alltags.

Die Forschungsfragen richten sich dem gemäß auf die wissenschaftliche Analyse jener Regionalisierungen und daraus resultierender Geographien, welche die Subjekte mittels ihrer Handlungen vollziehen und leben. Die Erforschung der alltäglichen Regionalisierung hat zum Ziele, die Konsequenzen von globalisierten ↗Lebensformen (↗Globalisierung) und Handlungsweisen zu rekonstruieren und unter Umständen sinnvoll aufeinander abzustimmen oder beispielsweise nach ökologischen Gesichtspunkten zu beurteilen.

Die damit thematisierte geographische Betrachtung von Alltag geht davon aus, dass sich jede handlungswissenschaftliche (↗Handlungstheorie) Disziplin auf einen spezifischen Aspekt menschlicher Praxis konzentrieren sollte. Die Besonderheit jedes einzelnen Zugriffs wird darin gesehen, dass jeder differenziert und differenzierend besondere Dimensionen der Konstitution gesellschaftlicher Wirklichkeiten erforscht. Diese Dimensionen können sowohl alltagsweltlich unterschiedene sein (religiöse, ökonomische, rechtliche u. a.), als auch solche, die erst über wissenschaftliche Disziplinen wie Soziologie und Psychologie thematisierbar geworden sind. Die Besonderheit der geographischen Handlungsanalyse wird in der Erforschung der regionalisierenden Implikationen menschlicher Alltagspraxis gesehen. Mit dieser Orientierung sind gegenständliche wie methodologische Implikationen verbunden sowie begriffliche Neubestimmungen. In gegenständlicher Hinsicht impliziert die Handlungszentrierung der geographischen Forschung zuerst die Überwindung des Containerraumes. ↗Raum kann nicht mehr als gegeben vorausgesetzt werden, sondern wird selbst als Ergebnis und Mittel von handlungspezifischen Konstitutionsprozessen verstanden. Damit wird an Stelle von Raum die gesellschaftliche Bedeutung von Raum zum Gegenstand der Handlungsanalyse erhoben.

In methodologischer (↗Methodologie) Hinsicht wird für die Analyse der alltäglichen Regionalisierungen eine doppelte Abstimmung notwendig. Mit der handlungstheoretischen Gesellschaftskonzeption ist erstens der Wechsel von der Raum-/Regionalforschung zur Praxis-/Handlungsforschung verbunden und zweitens eine Abstimmung hinsichtlich der Lebensverhältnisse erforderlich. Damit ist die Berücksichtigung der methodologischen Konsequenzen der Ablösung von verankerten (↗Verankerung) durch entankerte (↗Entankerung) Lebensverhältnisse gemeint. Die wichtigste Konsequenz dieser Abstimmung wird in der Neuordnung des Verhältnisses von räumlichen Kategorien und Kategorien des Handelns gesehen. Wird in der ↗Regionalforschung den räumlichen Kategorien eine Vorrangstellung eingeräumt, so erlangen bei der Erforschung der alltäglichen Regionalisierungen die Kategorien des Handelns diese Position. Demgemäß wird zuerst die Frage nach der Art des Handelns gestellt und dann jene nach den räumlichen Implikationen.

Wie Raum wird auch die ↗Region nicht als natürliche Gegebenheit begriffen. In Anlehnung an Giddens (1981) wird darunter zunächst ein sozial konstruierter, über symbolische Markierungen begrenzter Ausschnitt der ↗Situation bzw. des Handlungskontextes verstanden, der an physisch-materiellen Gegebenheiten (Wände, Linien, Flüsse, Täler usw.) festgemacht werden kann. Damit wird der Bedeutungsgehalt von Region an die soziale Praxis gebunden und als sinnhaftes Konstrukt verstanden. In dieser Form können Regionen Orientierungsgehalt für das Handeln erlangen und in diesem Sinne zu Bestandteilen des Handelns werden.

Regionalisierung ist dann in einem ersten Schritt als eine alltägliche Praxis zu verstehen, über welche die Markierungen symbolisch besetzt und reproduziert werden und deren Respektierung überwacht wird. Über sie wird gleichzeitig eine Ordnung des Handelns in räumlicher Hinsicht festgelegt und auch das so geordnete Handeln (normativ) geregelt. Dementsprechend ist auch Regionalisierung inhärenter Bestandteil sozialer Praktiken, ein sinnhafter, symbolisierender Prozess, der auf soziale Regelungen zielt.

In Giddens' ↗Strukturationstheorie wird Regionalisierung erstens an normative (↗soziale Norm) Aspekte des Handelns fixiert und weist zweitens immer einen klaren Territorialbezug auf. Im Rahmen der sozialgeographischen Erforschung wird im Vergleich dazu jedoch ein radikalerer Ausgangspunkt gewählt. Regionalisierung wird nicht nur als ein Verfahren der normativen Aneignung bzw. nicht nur als Prozess der ↗Territorialisierung verstanden, sondern umfassender als eine Praxis der Weltbindung, aufgrund derer die Subjekte die Welt auf sich beziehen. Nicht »Raumbildung« ist deren Ziel, sondern die soziale Beherrschung räumlicher und zeitlicher Bezüge zur Steuerung des eigenen Tuns und der Praxis anderer auf der Basis von Aneignungen der physisch-materiellen Welt. Die zuvor beschriebene Regionalisierung mit klarem Territorialbezug wird dann als eine spezifische Form der (normativen) Weltbindung (zur Kontrolle der handelnden Subjekte) verstanden. Der ↗Nationalstaat wird in diesem Sinne als die historisch prominenteste Ausdrucksform der politisch-normativen alltäglichen Regionalisierung gesehen.

Die umfassende Thematisierung der alltäglichen Regionalisierungen richtet sich nicht nur auf den politisch-normativen Bereich, sondern auch auf die vielfältigen Formen von Weltbindungen in ökonomischen und kulturellen Bereichen, die folgendermaßen differenziert werden können: Wirtschaft, Gesellschaft und Kultur mit den Dimensionen Produktion, Konsumtion, Normen/Rechte, Politik, ↗Wissen. Aus diesen Hauptdimensionen der sozial-kulturellen Wirklichkeit werden die verschiedenen Typen alltäglichen Regionalisierungen als wichtigste programmatische Forschungsbereiche hypothetisch abgeleitet (Abb.).

Auf einer ersten Analyseebene soll dabei zuerst in deskriptiver (↗Deskription) Hinsicht interessieren, in welcher Form, unter welchen Bedingungen und mit welchen Konsequenzen die Handelnden die verschiedenen Typen von Regionalisierungen verwirklichen. Auf einer zweiten Analyseebene steht dann die ↗Erklärung der deskriptiv erfassten Regionalisierungsarten im Vordergrund. Dabei wird davon ausgegangen, dass der Erklärungsauftrag sozialwissenschaftlicher Forschung darin besteht, die intersubjektiv (↗Intersubjektivität) »wirklich« gewordenen sozial-kulturellen Verhältnisse ebenso erörtern zu können, wie jene Formen die nicht verwirklicht werden konnten. Dies verlangt nach einer Verbindung des Erklärungsanspruchs mit der Machtkomponente (↗Macht) des Handelns.

Wirtschaft: Produktion und Konsumtion

Die alltäglichen Regionalisierungen, die über wirtschaftliche Produktion vollzogen werden, äußern sich am offensichtlichsten anhand von ↗Standortentscheidungen und deren Verwirklichung als Produktions- und Verkehrseinrichtungen, den damit verbundenen Festlegungen der ↗Aktionsräume und der Warenströme. Dabei soll es primär um die Rekonstruktion der regionalisierenden Konsequenzen dieser Herstellungsprozesse gehen. Die von den Konsumenten vollzogenen alltäglichen Regionalisierungen sind weit weniger offensichtlich. Doch mit dem Bedeutungsgewinn spätmoderner Entankerungsmechanismen steigt auch das Gestaltungs- und Regionalisierungspotenzial der Wirtschaftsgeographien durch die Konsumtion. Sie ist Ausdruck der individuell gestalteten und in globale Prozesse eingebetteten ↗Lebensstile und wird für die Strukturation weltwirtschaftlicher Tauschbeziehungen zunehmend entscheidend.

Der Erklärungsanspruch auf der zweiten Ebene der Analyse richtet sich hier primär auf den Einbezug der ↗allokativen Ressourcen des Handelns. Das heißt, dass danach zu fragen ist, welche Vermögensgrade der Kontrolle physisch-materieller Gegebenheiten, Artefakte und Güter, welche Weltbindungen der Produktion und Konsumtion erlaubt sind.

Gesellschaft: Norm und Kontrolle

Zur Erforschung des normativen Bereichs alltagsweltlicher Regionalisierungen wird das Verhältnis von Normorientierung und Raumbezug bzw. Territorialisierung wichtig. Dabei werden präskriptive, vorschreibende Regionalisierungen auf staatlicher wie auf privater Ebene angesprochen.

Die erste Form wird als »alltägliche Geographien der normativen Aneignung« bezeichnet. Sie betrifft die regionalisierende Festschreibung von Nutzungen materieller Gegebenheiten. Ein wichtiger Themenbereich bildet hier das Verhältnis vom sog. öffentlichen Räumen und privaten Verfügungsbereichen. Zudem sind körperzentrierte Regionalisierungen zu untersuchen. Diese legen diskursiv fest, welche Handlungen wo und zu welchen Zeitpunkten durchgeführt werden können. Damit hängen auch geschlechtsspezifische Regelungen des Zugangs zu und des Ausschlusses von Lebensbereichen zusammen.

Die zweite Form betrifft die Darstellung von »alltäglichen Geographien politischer Kontrolle«, welche auf die Regelung der Herrschaft über Personen ausgerichtet sind. Damit verbundene soziale Ausschluss- und Einschließungsformen werden über territorial differenzierte soziale Definitionen von Handlungskontexten vollzogen. Die wichtigste Form ist dabei die politische Regionalisierung als Nationalstaat bzw. im Sinne der nationalstaatlichen Organisation der Gesellschaft. Aber auch Untergliederungen wie Bundesländer, Kreise und Gemeinden gehören dazu. Kernthemen sind territoriale Überwachung der Mittel der Gewaltanwendung und Machtkontrolle sowie Territorialisierungen zur Aufrechterhaltung nationalen Rechts und politischer Ordnung.

Der Einbezug der Machtkomponente wird in diesem Zusammenhang mit der Berücksichti-

Regionalisierung	Forschungsbereiche
produktiv-konsumtive	Alltägliche Geographien der Produktion Alltägliche Geographien der Konsumtion
normativ-politische	Alltägliche Geographien normativer Aneignung Alltägliche Geographien politischer Kontrolle
informativ-signifikativ	Alltägliche Geographien der Information Alltägliche Geographien symbolischer Aneignung

Alltägliche Regionalisierung: Typen alltäglicher Regionalisierungen.

gung der ↗autoritativen Ressourcen des Handelns angestrebt. Vor allem solche Regelungen der Herrschaft über Personen interessieren, bei denen Macht über Personen via »Raumbeherrschung« ausgeübt wird. Macht wird dabei aber im Gegensatz zur raumzentrierten Geographie nicht als Macht über Raum verstanden, sondern vielmehr als eine Fähigkeit der Handelnden, andere Subjekte durch die Kontrolle der ↗Körper zu beherrschen.

Kultur: Wissen, Kommunikation und Bedeutung
In Zusammenhang mit informativ-signifikativen alltäglichen Regionalisierungen der ↗Lebenswelt werden wiederum zwei Teilbereiche unterschieden. Der erste bezieht sich auf die Voraussetzungen der Bedeutungskonstitutionen. Wie die phänomenologische Philosophie und die interpretativen Sozialwissenschaften (↗interpretatives Paradigma) zeigen, sind die Arten der Bedeutungskonstitution vom jeweils verfügbaren ↗Wissen abhängig. Was uns Dinge bedeuten, hängt vom verfügbaren Wissensvorrat ab. Auf diese Zusammenhänge ist der Analysebereich der »alltäglichen Geographien der Information« zentriert. Ziel ist die Untersuchung der Voraussetzungen der Generierung und Steuerung potenzieller Informationsaneignung, welche die Basis sinnhafter Deutungen der Wirklichkeit bilden. Diese Steuerung erfolgt mittels verschiedener Informationsmedien und -kanäle. Sie stellen hypothetisch wichtige Formen der informativen bzw. sprachspezifischen Regionalisierung der Lebenswelten dar.
Der signifikativ-symbolische Bereich betrifft die subjektiven Bedeutungszuweisungen zu bestimmten alltagsweltlichen Ausschnitten, häufig in Form emotionaler Bezüge wie beispielsweise bei »Heimatgefühl« (↗symbolischer Ortsbezug) oder emotional aufgeladenen Formen von ↗Regionalbewusstsein. Handlungstheoretisch betrachtet, gehören diese wohl zu den offensichtlichsten Formen derartigen Geographie-Machens. Diese werden als »alltägliche Geographien symbolischer Aneignung« bezeichnet. Sie betreffen die Aneignungen von bestimmten alltagsweltlichen Ausschnitten durch die handelnden Subjekte mittels symbolischer Bedeutungszuweisungen. Der erklärende Anspruch richtet sich hier auf die Klärung der Frage, wie und von wem bestimmte Deutungsmuster durchgesetzt werden können. Dabei wird die Analyse von ideologischen Diskursen notwendig, wobei ↗Ideologie hier als selektive Mobilisierung von Bedeutungsstrukturen im Hinblick auf die Legitimierung (↗Legitimation) von Herrschaft verstanden wird. ↗Diskurs wird dabei begriffen als die Aktualisierung der Bedeutungsstrukturen, wofür die angemessenen Codes und Deutungsregeln zur Anwendung gebracht bzw. durchgesetzt werden müssen.

Literatur:
[1] GIDDENS, A. (1988): Die Konstitution der Gesellschaft. Grundzüge einer Theorie der Strukturierung. – Frankfurt a. M.
[2] HARTKE, W. (1962): Die Bedeutung der geographischen Wissenschaft in der Gegenwart. In: Tagungsberichte und Abhandlungen des 33. Deutschen Geographentages in Köln 1961. – Wiesbaden.
[3] WERLEN, B. (1997): Sozialgeographie alltäglicher Regionalisierungen. Bd. 2.: Globalisierung, Region und Regionalisierung. – Stuttgart.

---

alltägliche Beobachtung, *unsystematische Beobachtung*, ↗Beobachtung.
Alltagsforschung, umfasst alle Forschungsansätze, die sich unter dem Einfluss der ↗Phänomenologie und des ↗symbolischen Interaktionismus mit der Erforschung der alltäglichen (↗Alltag) Wirklichkeiten beschäftigen. Dabei wird eine Sozialforschung in subjektiver Perspektive unter Einbezug der Methoden ↗qualitativer Forschung vertreten. Im Rahmen sozial- und kulturwissenschaftlicher Forschungen werden diese Prinzipien von den unterschiedlichen theoretischen Ausrichtungen des sog. interpretativen ↗Paradigmas umgesetzt, in der ↗Sozialgeographie und ↗Kulturgeographie vor allem im Rahmen hermeneutischer (↗Hermeneutik) und handlungstheoretischer Forschungsorientierungen.
Alltagskultur, Normen und Regeln der individuellen Reproduktion, deren konstruktive Aneignung durch jeweilige ↗Akteure sowie deren Objektivierung in Gebrauchsgütern; umfasst z. B. Wohn-, Ess-, Kleidungskultur, Umgangsformen, Umgangssprache, Zeitbudgets, Arbeits- und Freizeitstile. Der seit den 1970er-Jahren vor allem in der ↗Volkskunde bzw. der Europäischen ↗Ethnologie, der Geschichtswissenschaft und Soziologie gängige Sammelbegriff verbindet sich mit unterschiedlichen Theoretisierungen (u. a.: phänomenologische Analysen der »Strukturen der Lebenswelt«; historisch-materialistisch beeinflusste »Sozialgeschichtsschreibung von unten«). Ihnen prinzipiell gemein ist jedoch die Bemühung, Alltagskultur nicht als den Bereich restringierter Codes, blinder Gewohnheit und trivialen Geschmacks, sondern als kreative, »eigensinnige« Aneignung von institutionellen, normativen, materiellen usw. Handlungsvorgaben zu betrachten und diese mit verstehenden Methoden (u. a. ↗Feldforschung) zu untersuchen. [BJW]
alluviale Seifen ↗Seife.
Alm, *Alp, Alpe*, sommerliches Weideareal eines Talgutes in der Mattenzone der Hoch- oder Mittelgebirge oberhalb der jeweiligen Dauersiedlungsgrenze mit vom Heimgut getrennter Bewirtschaftung. Almen sind durch die Rodung von Zwergsträuchern und subalpinem Wald talwärts stark ausgedehnt. Selbst inselförmige Weideflächen im Wald werden als Alm bezeichnet, sofern sie der Almwirtschaft dienen. Zur Alm gehören auch periodische Almsiedlungen, bedingt

durch die große Entfernung vom Heimgut. Es dominiert die Einzelsiedlung. Bei einer größeren gemeinschaftlichen Nutzung können auch kleinere Almdörfer entstehen. Hinsichtlich der Eigentumsverhältnisse lassen sich vier Gruppen von Almen unterscheiden: a) Gemeinschaftsalmen (gemeinschaftliches Eigentum aller Bauern eines Ortes oder einer Gemeinde, einer Gruppe von Gemeinden oder von einzelnen Orten oder von Gemeindeteilen; sehr häufig im Altsiedelraum); b) Genossenschaftsalmen (Zusammenschluss von Almberechtigten eines Tales oder einer Region zu einer privatrechtlichen Genossenschaft oder Alpkorporation; häufig in der Schweiz und im Altsiedelraum); c) Privatalmen (häufig im Jungsiedelraum); d) Berechtigungsalmen (Almen im Besitz ehemaliger Herrschaften (Klöster, Grundherren, Stiftungen), die im 19./20. Jh. an den Staat als Rechtsnachfolger fielen, die aber mit dem Servitut des Weide-, Schwand- und Holzrechtes durch die ehemaligen Untertanen belastet sind; häufig in den bayerischen und österreichischen Alpen). Die Nutzungsstrukturen sind mit den Eigentumsverhältnissen nur zum kleinen Teil identisch und lassen sich in drei Gruppen zusammenfassen: a) Einzelalpung auf Gemeinschafts- oder Genossenschaftsalmen (jede Bauernfamilie sömmert ihr eigenes Vieh für sich; typisch im Altsiedelraum mit Bestand bis weit ins 20. Jh.); b) Genossenschaftsalpung (von den Almberechtigten angestelltes Personal betreut die Tiere und übernimmt die Käseherstellung); c) Einzelalpung auf Privatalmen (Zusammenfallen von Eigentums- und Nutzungsstruktur). Die verschiedenen Höhenstufen werden als Staffeln oder Läger bezeichnet. Es bestehen die Begriffe Niederleger, Mittelleger, Hochleger. Zwischen Heimgut und Alpe sind häufig noch Vor- und Nachweiden (↗Maiensässen) vorhanden, auf die das Vieh vor und nach der Alpung getrieben wird. Nach der aufgetriebenen Viehgattung lassen sich Kuhalmen (Melkalme, Sennalmen), Stieralmen, Jungviehalmen, Ochsenalmen, Galtalmen mit Ochsen und Jungtieren, die noch keine Milch geben, gemischte Almen (Kühe und Jungvieh), Rossalmen, Schaf- und Ziegenalmen unterscheiden. Heute steht im deutschsprachigen Alpenraum die Alpung von Jungvieh weit im Vordergrund. [KB]

Almagià, *Roberto*, italienischer Geograph, geb. 17.6.1884 Florenz, gest. 13.5.1962 Rom. Almagià ging nach seiner Promotion in Rom 1904 zunächst in den Lehrberuf, erhielt 1911 die Geographieprofessur an der Universität Padua und wurde 1914 Nachfolger von Giuseppe della Vedova an der Universität Rom. Bis zu seiner Emeritierung 1957 wirkte er in der italienischen Hauptstadt, nur unterbrochen 1938–44, als er wegen seiner jüdischen Herkunft aus dem Hochschuldienst ausscheiden musste. Er darf als der führende Geograph Italiens in der ersten Hälfte des 20. Jh. angesehen werden. Seine hauptsächlichen Arbeitsfelder lagen in der (physischen) Geographie seines Heimatlandes (z. B. »L'Italia«, 1959) sowie in der italienischen Entdeckungsgeschichte (»L'opera del genio italiano all'estero«, 1937) und besonders in der Kartengeschichte der frühen Neuzeit.

Almwirtschaft, extensive ↗Weidewirtschaft auf Hochgebirgsflächen (↗Alm), die oft über der Baumgrenze liegen und nur ca. 90 Tage/Jahr beweidet werden können. Bei der Almwirtschaft findet im Gegensatz zur ↗Transhumanz im Winter Einstallung mit Fütterung in den Dauersiedlungen statt. Die Höhenweiden werden von Frühjahr bis Herbst aufgesucht und gehören als fest abgegrenzte Besitzparzellen zur Betriebs- bzw. Gemarkungsfläche der Heimgüter. Die Bedeutung der Hochgebirgsweidewirtschaft für die Verteilung der Siedlungen und der Bevölkerung liegt darin, dass eine Erweiterung der Wirtschaftsfläche gegeben ist und damit eine Verdichtung von Siedlung und Bevölkerung in den Gebirgstälern stattfinden kann. Almwirtschaft gilt als Charakteristikum der Alpen. Aber auch in anderen europäischen Gebirgen gibt bzw. gab es Almwirtschaft (Pyrenäen, Vogesen, Schwarzwald, Skandinavische Gebirge, Dinariden), allerdings mit geringerer Bedeutung und Vielfalt. Verallgemeinernd vollzogen sich in den letzten zwei Jahrzehnten im Alpenraum Entwicklungen, die in folgenden Punkten zusammenfassbar sind: a) Extensivierung der Almbewirtschaftung, b) Zunahme der halterlosen Viehalpung wegen Personalmangel, c) Reduzierung der Staffeln, d) zunehmende Bewirtschaftung der Almen vom Heimbetrieb aus aufgrund guter verkehrstechnischer Erschließung, e) Beaufsichtigung mehrerer Almen durch einen Hirten (durch Almwegebau möglich), f) Sommerung nur von Teilen des Viehbestandes, vornehmlich des ↗Galtviehs, als Folge der Intensivierung der Heimfutterflächen, g) zunehmende Bedeutung der Almenbewirtschaftung als Kulturlandschaftspflege unter dem Gesichtspunkt des Tourismus. [KB]

Alpenglühen, optische Erscheinung, intensive Rotfärbung vor allem an den hellen Fels- und Eiswänden der Gebirge während der Dämmerung, besonders im Hochgebirge. Es ergibt sich aus der wellenlängenabhängigen Streuung des Lichts in der Atmosphäre. Die spektrale Streuung hängt vom Radius r und vom Brechungsindex λ der streuenden Partikel ab (↗Mie-Streuung). Ist der Parameter $\alpha = 2\pi r/\lambda < 0{,}1$, wie dies für das sichtbare Licht und die Luftmoleküle gilt, dann liegt als Sonderfall der Mie-Streuung die ↗Rayleigh-Streuung vor. Der Rayleigh-Streukoeffizient beträgt:

$$\sigma_R(\lambda) = const \cdot \lambda^{-4}.$$

Die Wellenlängen im sichtbaren Bereich des ↗Strahlungsspektrums umfassen die Wellenlängen von 0,4 μm (violett) bis 0,8 μm (rot). Daher ist die Streuung am kurzwelligen Ende des sichtbaren Spektrums bei den violetten und blauen Tönen rund 16 mal so stark wie am langwelligen roten Ende. Bei niedrigem Sonnenstand und damit langem Strahlungsweg durch die Atmosphäre wird das kurzwellige Licht so stark gestreut, dass nur noch das rote Licht übrig bleibt. Bei einem Sonnenstand von 4° unter dem Horizont, etwa 25 Minuten nach Sonnenuntergang, wird das Maximum des roten Lichts, das ↗Purpurlicht, erreicht. [JVo]

Alphabetisierung, Alphabetisierung bezeichnet allgemein den Prozess der Vermittlung und Ausbreitung von Lese- und/oder Schreibfertigkeiten. Mit der Entwicklung erster lokaler Schriftsysteme, die vermutlich nach 4000 v.Chr. in Sumer und etwas später in Ägypten entstanden, blieb Schriftlichkeit zunächst beschränkt auf einzelne Klassen, Kasten oder Berufsgruppen, die sich ihrer meist zu religiösen, wirtschaftlichen und administrativen Zwecken bedienten. Technologische Innovationen wie der Buchdruck und die dadurch zunehmende Verfügbarkeit geschriebener Werke schufen die Voraussetzungen zur Massenalphabetisierung der Bevölkerung, die in Europa in der Frühen Neuzeit einsetzte, aber erst während des späten 19. und im 20. Jh. alle Bevölkerungsschichten erreichte. Begünstigt wurde eine frühe Verbreitung von Lese- und Schreibfähigkeiten in Gebieten, in denen lokale Bildungsanstrengungen durch Landbesitzer und andere Eliten unterstützt wurden und in denen die Motivation größerer Bevölkerungsgruppen zum Bildungserwerb höher war, also insbesondere in Städten und marktorientierten ländlichen Gebieten. Die Unterweisung im Lesen und/oder Schreiben wurde häufig mit moralischer, religiöser oder politischer Indoktrination verbunden (↗Alphabetisierungskampagne). Seit Mitte des 19. Jh. war die zügige Verbreitung elementarer Lese- und Schreibkenntnisse eng mit der flächendeckenden Etablierung schulischer Infrastruktur und staatlichen Maßnahmen zur Durchsetzung der ↗Schulpflicht verknüpft, spiegelte aber auch eine steigende private Nachfrage wider.

Um den zeitlichen Verlauf und regionale Ausprägungen von Alphabetisierungsprozessen nachvollziehen zu können, ist man für den vorstatistischen Zeitraum auf die Auswertung von Unterschriftsleistungen in seriellen Massenquellen angewiesen. Als besonders repräsentative Quelle gelten Heiratsregister, die in vielen Ländern von den Brautleuten zu unterzeichnen waren, da diese weit weniger als andere zur Verfügung stehende Dokumente – wie z.B. Testamente, Prozessvollmachten, Kaufverträge, Petitions- oder Steuerlisten – einer sozialen oder geschlechtsspezifischen Selektivität unterlagen. Ähnliche Repräsentativität besitzen Angaben in Stellungslisten junger Rekruten, deren Lese- und Schreibkenntnisse während der Musterung überprüft wurden. Seit Mitte des 19. Jh. wurde die Frage nach der Lese- und Schreibkundigkeit in zahlreiche ↗Volkszählungen aufgenommen, später aber häufig durch eine differenziertere Erfassung des Bildungsgrades (z.B. nach Art des Bildungsabschlusses) abgelöst, sodass heute für viele westliche Länder in den Statistiken von ↗UNESCO, ↗UNDP oder ↗Weltbank nur noch Schätzwerte zum Stand der Alphabetisierung angegeben werden, die von einer allgemeinen Verbreitung ausgehen.

Die Rekonstruktion historischer Alphabetisierungsverläufe zeigt, dass die Verbreitung von Lese- und Schreibkenntnissen nicht als linearer Prozess verstanden werden kann, sondern sich sozial, berufs- und geschlechtsspezifisch sowie räumlich auf allen Maßstabsebenen sehr differenziert gestaltet. In ihrer regionalen Ausprägung lassen sich Alphabetisierungsunterschiede nur durch die Berücksichtigung wirtschaftlicher, sozialer, religiöser sowie siedlungsstruktureller und schulspezifischer Faktoren angemessen nachvollziehen.

Eine solche historische Betrachtungsweise, die Schriftlichkeit als soziale Praxis im jeweiligen gesellschaftlichen Kontext analysiert, mahnt zur Vorsicht gegenüber Ansätzen, die Literalität als politisch oder kulturell neutrale bzw. autonome Kulturtechnik interpretieren. So mehren sich insbesondere in den letzten zwei Jahrzehnten Stimmen, die vor einem »Mythos Alphabetisierung« warnen, einem ungebrochenen Optimismus bezüglich der Auswirkungen von Alphabetisierung auf wirtschaftliche Entwicklung, wie er sich – angelegt bereits in der Moralstatistik des 19. Jh. (↗social survey movement) – z.B. in manchen ökonomisch geprägten Modernisierungsdiskursen findet. Alphabetisierungsunterschiede sind eher Folge sozialer und wirtschaftlicher Ungleichheit als deren Ursache. Ob Alphabetisierungsfortschritte eine entscheidende Voraussetzung für wirtschaftliche Entwicklung auf der regionalen Ebene sein können, bleibt im spezifischen historisch-geographischen Kontext zu zeigen. Trotz dieser Vorbehalte wird die Alphabetisierungsquote heute als Schlüsselvariable eines umfassender definierten Entwicklungsbegriffs gesehen und bildet eine zentrale Größe bei der Berechnung des ↗Human Development Index.

Weltweit gelten im Jahr 2000 rund 80% aller Erwachsenen als alphabetisiert; ca. 875 Mio. Erwachsene werden von der Statistik als ↗Analphabeten ausgewiesen. Von diesen leben rund 98% in ↗Entwicklungsländern, zwei Drittel sind Frauen. Zugrunde liegt diesen Zahlen eine pragmatische Definition von Literalität als der Fähigkeit, eine einfache Aussage über das Alltagsleben verstehend zu lesen und zu schreiben, wobei die Kriterien bei der Erhebung solcher Statistiken zwischen einzelnen Ländern variieren können.

In den westlichen Industrieländern tritt das Phänomen des funktionalen Analphabetismus seit einigen Jahren stärker in das öffentliche Bewusstsein, das sich auf das Unterschreiten der jeweiligen gesellschaftlichen Mindestanforderungen an die Beherrschung der Schriftsprache bezieht. [MH]

Literatur: [1] GRAFF, H.J. (1979): The literacy myth: literacy and social structure in the nineteenth-century city. – New York. [2] GÜNTHER, H. u. O. LUDWIG (Hrsg.)(1994, 1996): Schrift und Schriftlichkeit: ein interdisziplinäres Handbuch internationaler Forschung. 2 Bände. – Berlin. [3] HOYLER, M. (1998): Small town development and urban illiteracy: comparative evidence from Leicestershire marriage registers 1754–1890. In: Historical Social Research, 23,

S. 202–230. [4] OECD, STATISTICS CANADA (2000): Literacy in the information age – final report of the International Adult Literacy Survey. – Paris. [5] UNDP (2000): Human Development Report 2000. – New York. [6] VINCENT, D. (2000): The rise of mass literacy: reading and writing in modern Europe. – Cambridge.

Alphabetisierungskampagne, gezielte Maßnahmen, um einer möglichst breiten Bevölkerung innerhalb eines gesetzten Zeitrahmens Lese- und gegebenenfalls Schreibkenntnisse zu vermitteln. Alphabetisierungskampagnen lassen sich in Europa seit dem 16. Jh. nachweisen. Häufig werden sie in Folge tief greifender gesellschaftlicher Veränderungen, wie religiöse Umbrüche oder politische Revolutionen initiiert. Lese- und Schreibkenntnisse werden dabei nicht als Zweck an sich verbreitet, sondern gelten als geeignete Instrumente, um weiter gefasste ökonomische, soziale und politische Ziele durchzusetzen. So wird die Massenalphabetisierung als wichtige Voraussetzung für die Konstituierung von ↗Nationalstaaten gesehen, da sie zur sprachlichen Standardisierung und gesellschaftlichen Integration beiträgt. Diese Form staatlicher Zentralisierung und kultureller Vereinnahmung kann zu Widerstand einzelner Bevölkerungsgruppen führen, die sich in ihrer ↗Identität gefährdet sehen. Die politischen Auswirkungen von Alphabetisierungskampagnen sind jedoch prinzipiell nicht determinierbar: Literalität ermöglicht auch gegen die Intentionen einer Kampagne gerichtetes Handeln (↗Alphabetisierung, ↗Analphabet). [MH]

Alphabetismus, Fähigkeit eines Menschen einen einfachen geschriebenen Text in einer selbst gewählten Sprache lesen bzw. selbst verfassen zu können.

Alpha-Diversität, besonderer Aspekt der Biodiversität. ↗Diversität.

alpidische Gebirgsbildung, meso- bis känozoische ↗Orogenese mit Haupttektogenese in der Kreide und im Tertiär (siehe Beilage »Geologische Zeittafel«). Sie umfasst die jungen Hochgebirge, die das Mittelmeer umrahmen, wie Pyrenäen, Apennin, Alpen, Karpaten, Dinariden, Helleniden und Tauriden. Die europäischen Alpiden setzen sich in die asiatischen Hochgebirge bis zum Himalaja und zum Pazifik fort.

alpin ↗Höhenstufen.

alpine Matte, natürliches geschlossenes Grasland der oberen alpinen ↗Höhenstufe.

Alpine Trias ↗Trias.

alpinotyp, Art der tektonischen Formung. Alpinotyp sind Gebirgskörper, bei denen die Deformation durch ↗Faltung und Deckenbildung dominiert wird.

Altarm, *Altlauf*, ↗Altgewässer, das durch eine ↗Flussabschnürung entstanden ist. Die frühere Fließgewässerstrecke ist bei ↗Mittelwasser noch einseitig mit dem Hauptgewässer verbunden und wird somit von der Wasserstandsdynamik im Hauptfluss beeinflusst. Der Altlauf verlandet zunächst an der stromaufwärts gelegenen Einmündung des ehemaligen ↗Mäanders (Ingestion), der stromabwärts befindliche Bereich hat Kontakt zum Flussbett. Unter Umständen kann eine beidseitige Verbindung zu dem Fluss bestehen, der Altarm ist jedoch nicht ständig durchflossen, wie es bei einem ↗Nebenarm der Fall ist. Die Form ist lang gestreckt oder als ehemalige Gewässerschleife gekrümmt. ↗Prallhang und ↗Gleithang sind in ihrer ursprünglichen Erscheinungsform erkennbar, das Gewässer ist im Bereich des einstigen ↗Kolkes am tiefsten. Bedingt durch Auf- und Verlandungen des ehemaligen Auslaufbereiches (Egestion) entwickeln sich Altarme langfristig zu einem ↗Altwasser. [II]

Altdüne, *Paläodüne*, ↗Erg.

Altenteil, *Ausgedinge, Austrag, Auszug, Leibgedinge, Leibzucht*, Begriff aus dem Erbrecht, der die vertraglich vereinbarten Leistungen für den Erblasser bei einem vorweggenommenen Erbfall, also bei einem Hofüberlassungsvertrag, bezeichnet. Zum Altenteil gehört häufig ein separat stehendes kleines Gebäude.

Altenwanderung, Wohnungswechsel älterer Menschen. Längere Lebenserwartung und relativ sichere Renten formen den Ruhestand als einen markanten eigenen Lebensabschnitt, für den es sich lohnt an einen geeigneten Wohnort zu ziehen (*Ruhesitzwanderer*). Weiterhin erhöht der zunehmende Anteil älterer Menschen als Folge niedriger Fruchtbarkeit die Bedeutung der mindestens 65-Jährigen für das Wanderungsgeschehen. In der Abb. verzeichnen die Agglomerationen und Regionen mit Aufnahmelagern für Aussiedler Wanderungsverluste, während weniger dicht besiedelte Räume Wanderungsgewinne registrieren. Hinsichtlich ihres Gesundheitszustandes unterscheiden sich »junge Alte« von »alten Alten«. Als Wanderungsziele wählen ältere Menschen dementsprechend die Nähe zu Freunden oder Verwandten, die sich evtl. um sie kümmern können, Gebiete in denen sie aufgewachsen sind oder klimatisch und landschaftlich attraktive Regionen mit hoher Lebensqualität wie der Küstenbereich, das Alpenvorland oder ausgewählte Mittelgebirge. Vergleichbare ↗interregionale Wanderungen sind in den USA (Florida, Südwesten), in Frankreich (Mittelmeerküste) oder in England (Cornwall, East Anglia) zu beobachten. [PG]

alternative Entwicklung, *another development*, entwicklungsstrategisches Konzept (↗Entwicklungsstrategien), das eine Verbindung der drei Elemente ↗Grundbedürfnisbefriedigung, ↗self-reliance und Umweltverträglichkeit fordert, um positive Rückkopplungen zwischen diesen Elementen zu bewirken. Das Konzept wurde zuerst 1975 in einem Bericht der schwedischen Dag-Hammerskjöld-Stiftung über Entwicklung und internationale Zusammenarbeit formuliert.

Alternativhypothese ↗Teststatistik.

Alternativrollenkonzept, Erklärungsansatz nach C. Offe und K. Hinrichs (1977) für spezifische Diskriminierungen auf dem ↗Arbeitsmarkt. Er unterstellt jenen Gruppen von Arbeitnehmern, welchen die Einnahme einer Alternativrolle möglich ist, Diskriminierungen seitens der Arbeitgeber stärker ausgesetzt zu sein. Alternativrollen besitzen in erster Linie Frauen, die auch als

Alternativrollenkonzept 46

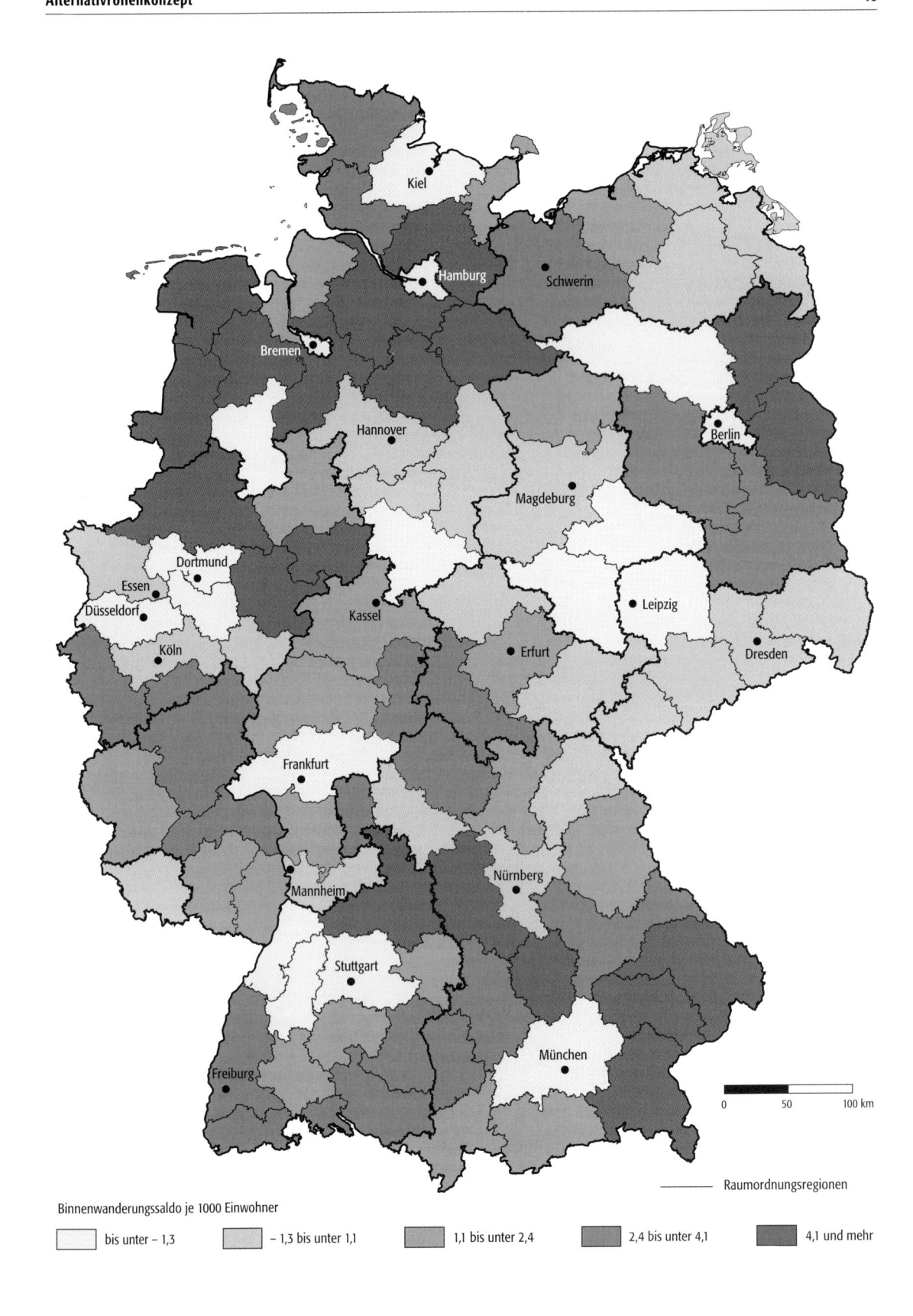

Binnenwanderungssaldo je 1000 Einwohner

| bis unter −1,3 | −1,3 bis unter 1,1 | 1,1 bis unter 2,4 | 2,4 bis unter 4,1 | 4,1 und mehr |

—— Raumordnungsregionen

0 50 100 km

Alterspyramide

Alterspyramide: Aufbau der Alterspyramiden für ausgewählte Länder (1999).

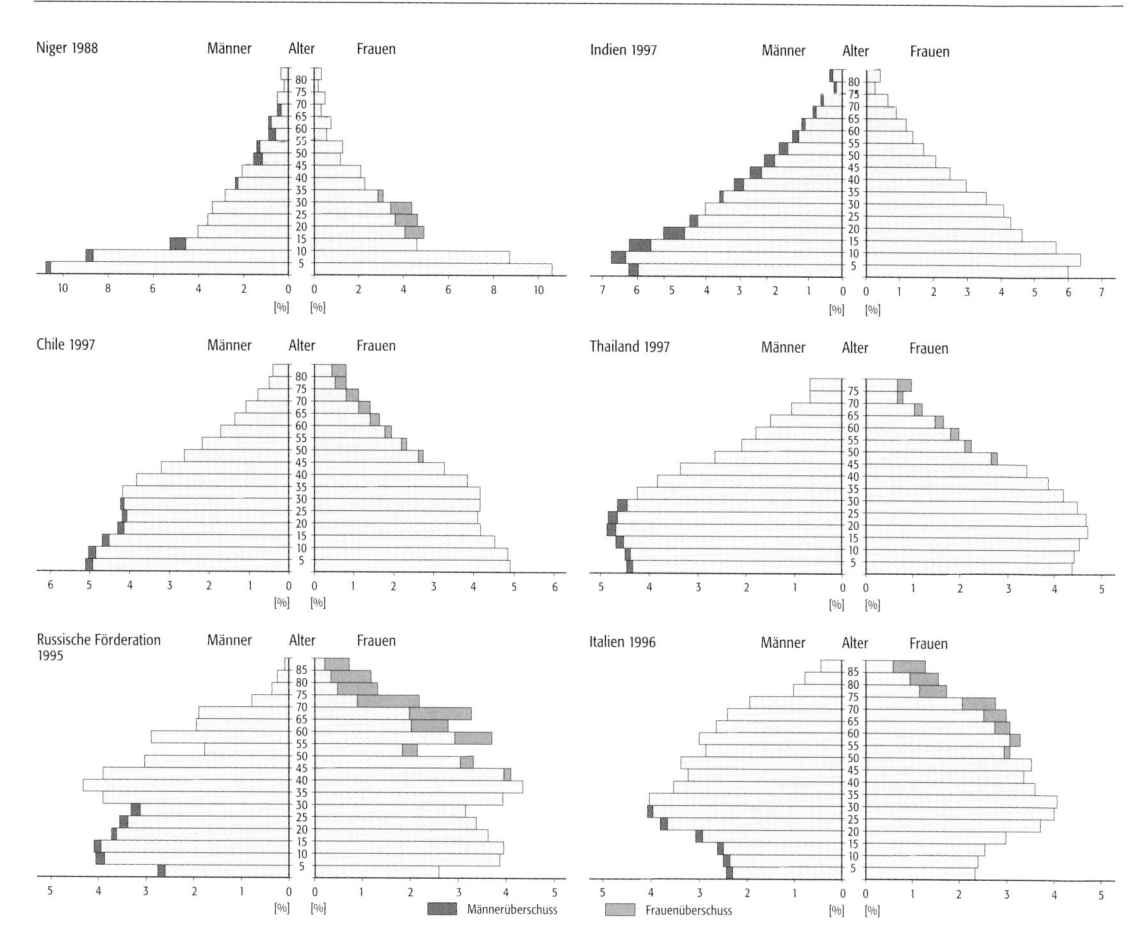

Hausfrau tätig sein können. Ebenso können Jugendliche länger im Ausbildungssystem verbleiben, ältere Arbeitnehmer können früher in Frühpensionierung geschickt werden und Ausländern steht die Möglichkeit der Rückkehr ins Heimatland offen. Wenn beispielsweise Kündigungen in Unternehmen bevorstehen, dann werden jene mit Alternativrollen und einer Existenz außerhalb des Beschäftigungssystems in erster Linie freigesetzt.

Alternativtourismus, wird im Gegensatz zum ↗Massentourismus i. d. R. als ↗Individualtourismus ausgeübt. Einzelpersonen oder kleine Gästegruppen verkehren wie Einheimische, in landesüblichen Transportmitteln und Unterkünften; die Aufenthaltsdauer ist hoch, oft besteht kein fester Reiseplan. Man versucht umweltverträglich zu reisen und in engen sozialen Kontakt mit den Einheimischen zu kommen, um Land und Leute besser verstehen zu lernen. Möglichst touristisch wenig erschlossene Zielgebiete werden aufgesucht, um ein originäres Erlebnis zu haben. Konsequenz ist u. U., dass der Alternativtourismus damit ungewollt zum Protagonisten für die touristische Entdeckung von Destinationen, besonders des ↗Ferntourismus, wird, was u. a. Akkulturation nach sich zieht.

alternierende Klimate, Klimazonen, die in Folge der jahreszeitlichen Nord-Südverlagerung der atmosphärischen Zirkulationsprozesse im Einflussbereich verschiedener Teilglieder der allgemeinen ↗atmosphärischen Zirkulation liegen. Alternierendes Klima herrscht in vielen Gebieten der äußeren Tropen, die im Sommer im Bereich tropischer Konvergenzen, im Winter im Bereich der Passate liegen (sommerfeuchte Tropen, Savannenklima) und in Teilen der Subtropen, deren Klima im Sommer von Passaten und im Winter von Zyklonen der außertropischen Westwindzone bestimmt wird (winterfeuchte Subtropen, ↗Winterregengebiete, ↗mediterranes Klima). ↗stetige Klimate, ↗Ostküstenklima.

Altersbestimmung ↗Datierung.
Altersgliederung ↗Altersstruktur.
Altersgruppe ↗Altersstruktur.
Altersklassen ↗Baumaltersklassen.
Altersklassenwald ↗Hochwald.
Alterspyramide, graphische Darstellung der ↗Altersstruktur einer Bevölkerung in Form eines doppelten Häufigkeitsdiagramms, getrennt für männliche und weibliche Personen, absolut oder relativ bezogen auf die gesamte Einwohnerzahl (Abb.). Der Altersaufbau einer Bevölkerung steht in Relation zur jeweiligen ↗Fruchtbarkeit und

Altenwanderung: Binnenwanderung der mindestens 65-Jährigen für die Raumordnungsregionen Deutschlands (1995).

Alterssiedlung

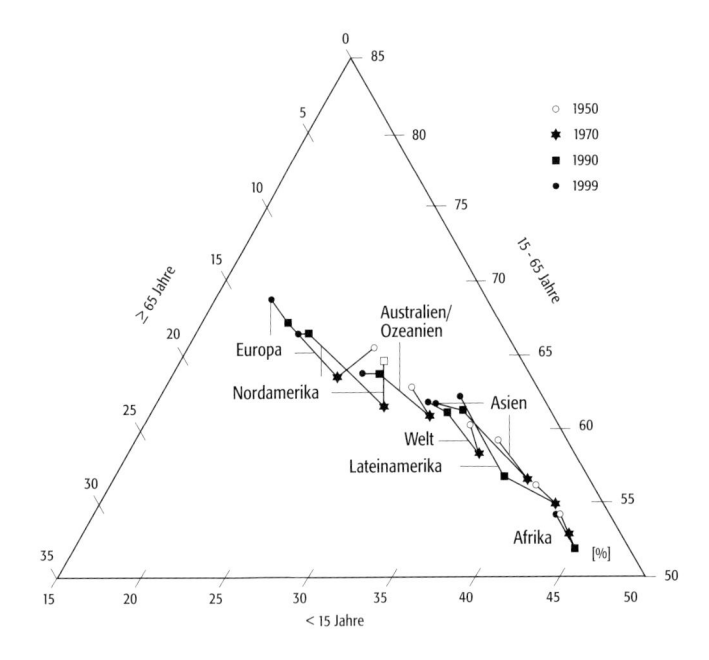

Altersstruktur 1: Entwicklung der Altersstruktur der Bevölkerung in Großräumen zwischen 1950 und 1999.

Altgewässer: Entwicklung von Altgewässern.

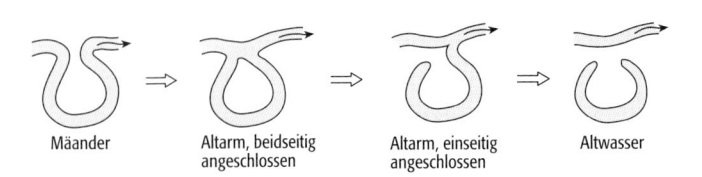

Unterteilung der Bevölkerung in genau drei Altersgruppen erlaubt, die zeitliche Dynamik der Altersgliederung in einem ↗Strukturdreieck vergleichend zu betrachten (Abb. 1). In Europa, Nordamerika und Australien, wo der ↗demographische Übergang früh einsetzte, sind die Einwohner im Mittel älter, in den übrigen Erdteilen jünger als die Weltbevölkerung. Weltweit ist der Trend einer Alterung oder »demographic ageing« der Bevölkerung zu erkennen.

Die ↗Alterspyramide für die alten und neuen Bundesländer zeigt wie sich gesellschaftliche Faktoren auf die Altersstruktur auswirken (Abb. 2): Die gemeinsame Geschichte führte zu vergleichbaren Einschnitten und Ausbuchtungen. Unterschiede äußern sich bei den stärker vertretenen 5- bis 20-Jährigen in den neuen Bundesländern als Folge der pronatalistischen ↗Bevölkerungspolitik in der DDR seit Mitte der 1970er-Jahre. In den alten Bundesländern erhöhten Zuwanderungsgewinne die Besetzung bei den 20- bis unter 40-Jährigen. Die Umbruchsituation in den neuen Bundesländern führte zu einem massiven Geburtenrückgang und damit zu zurückgehenden Zahlen für die jüngste Altersgruppe. Die annähernd konvexe Außenbegrenzung der Alterspyramiden in Abb. 2 hebt die *Überalterung* in beiden Bevölkerungen hervor, die sich aufgrund des Geburtenrückganges von der Basis und aufgrund der stetig zunehmenden Lebenserwartung von der Spitze der Alterspyramide her ergibt. [PG]

Altersstrukturindices, Darstellung der Bevölkerungsstruktur nach Lebensabschnitten. Sie verweisen auf eine mögliche unausgewogene ↗Altersstruktur. Verschiedene Indices setzen den Bevölkerungsanteil in den verschiedenen Altersabschnitten zueinander in Beziehung:
a) Der Index der Jugendlichkeit ist die Zahl der unter 15-Jährigen auf 100 Personen über 64 Jahren oder im erwerbsfähigen Alter (15 bis unter 65 Jahre). b) Der Altersindex ist der Quotient aus der Zahl älterer Menschen und der unter 15 Jahren bzw. der Personen im erwerbsfähigen Alter. c) Der Abhängigkeitsindex oder die Belastungsquote setzt die Summe aus Jugendlichen und älteren Menschen zu 100 Personen im erwerbsfähigen Alter in Beziehung.

Alte Welt, geographische Bezeichnung für die den Europäern seit alters bekannten Teile der Erde, ursprünglich der Raum um das Mittelmeer mit Teilen Vorderasiens und Afrikas, West- und Mitteleuropa, später ausgedehnt auf die ganze östliche Halbkugel mit Australien und Neuseeland, unter Ausschluss der Antarktis. Bei einer mittleren Höhe von etwa 720 m ü.M. umfasst die geschlossene Landfläche ca. 92 Mio. km^2, davon entfallen 75 Mio. km^2 (82%) auf das Festland, knapp 17 Mio. km^2 (18%) auf Inseln und Halbinseln. ↗Neue Welt.

Altfläche, *Paläofläche*, *Paläorumpffläche*, vor den klimatischen oder tektonischen Formungsbedingungen der geologischen Gegenwart entstandene ↗Rumpffläche. In der Regel sind nur Relikte geringer Ausdehnung erhalten (Gipfel- und Scheitelflächen, Hangstufen, Pedimentstümpfe). Sie

↗Sterblichkeit; er weist drei Grundtypen auf: Pyramidenform (Niger, Indien, Chile), Bienenkorbform (Thailand, Russische Föderation) und Urnenform (Italien). In ihrer Abfolge lassen sich diese Formen etwa dem ↗demographischen Übergang zuordnen.

Alterssiedlung ↗Rentnerstadt.

Altersstruktur, *Altersgliederung*, spiegelt die Verteilung der Bevölkerung auf die einzelnen Altersjahrgänge wider, die i. A. zu *Altersgruppen*, Altersklassen oder Kohorten mit fünf Jahrgängen zusammengefasst sind. Das Alter einer Person, das üblicherweise auf die abgeschlossenen Lebensjahre abgerundet wird, ist ein biologisches Merkmal zur Charakterisierung der ↗Bevölkerungsstruktur, prägt aber auch gruppenspezifisches Verhalten mit Auswirkungen auf demographische Prozesse wie z. B. die ↗Altenwanderung. Oft ordnet man die Altersjahrgänge Lebensabschnitten zu: unter 15-Jährige (Kindheit, Ausbildung), 15- bis unter 65-Jährige (Erwerbstätigkeit) und mindestens 65-Jährige (Ruhestand).

Kennziffern zur Charakterisierung der Altersstruktur sind das *mittlere Alter* oder Durchschnittsalter, das dem arithmetischen Mittel aus dem Alter aller Personen entspricht, und das *Medianalter*, jenes Alter, zu dem 50 % der Bevölkerung jünger und 50 % älter sind. Zu genaueren Angaben über soziale und ökonomische Auswirkungen der Altersstruktur dienen ↗Altersstrukturindices auf Basis der Lebensabschnitte. Die

Altersstruktur 2: Alterspyramide der Bevölkerung in den alten und neuen Bundesländern 1996.

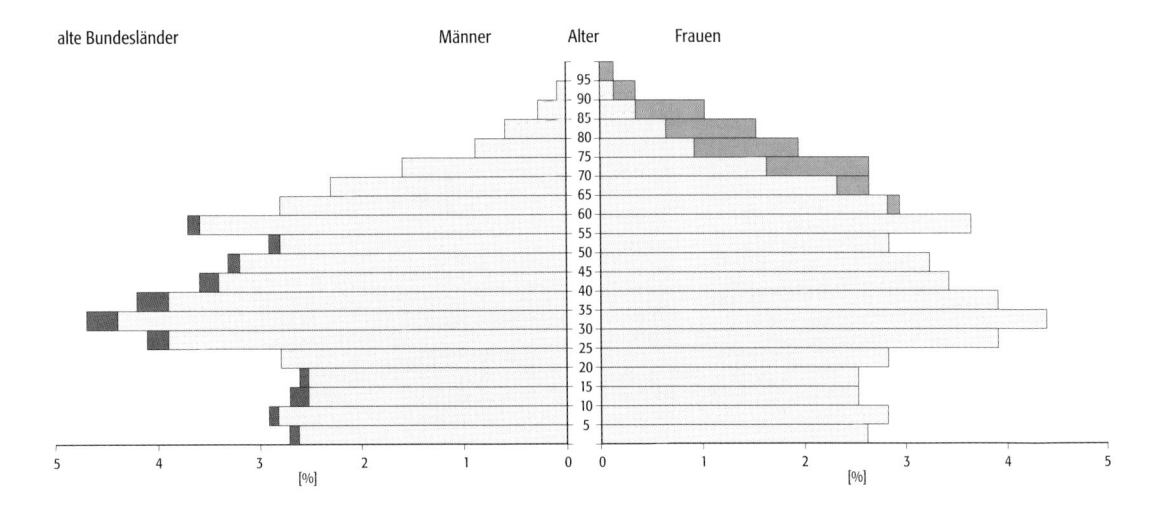

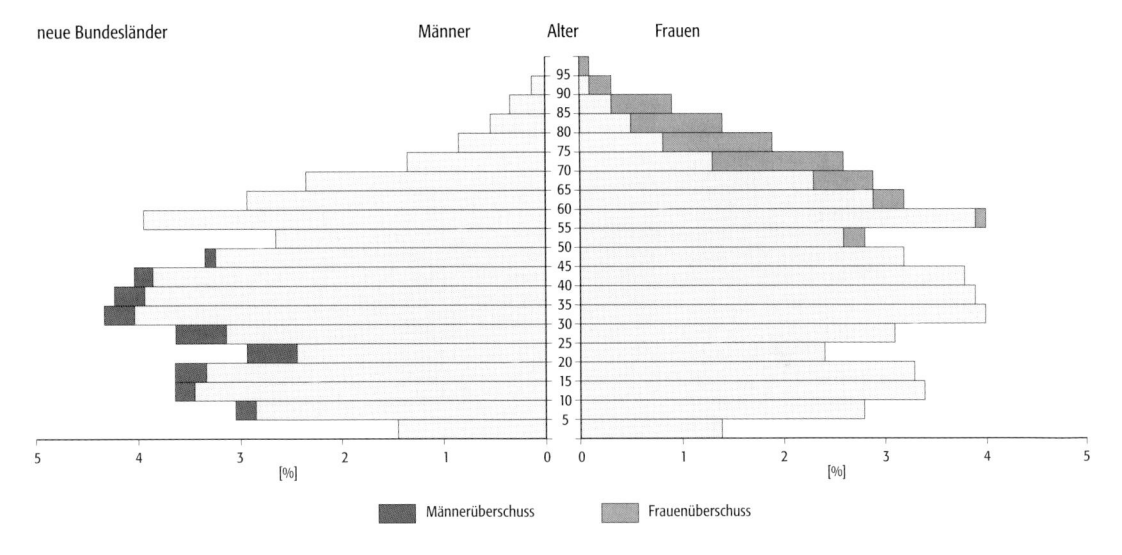

sind bedeutsame Zeugen der ↗Morphogenese, besonders in Form von ↗Flächensequenzen.

Altgewässer, ehemalige Flusslaufstrecken, die dauerhaft oder regelmäßig über längere Zeiträume wasserführend sind und mit dem ↗Abflussregime des Flusses in Verbindung stehen. Zu ihnen zählen ↗Altarme und ↗Altwasser (Abb.). Als Entstehungsursachen sind neben einer Flussabschnürung sprunghafte Laufverlegungen bei Hochwasser oder durch Eisversatz als natürliche Ereignisse zu nennen, im Zuge des ↗Gewässerausbaus wurden zahlreiche Flussschlingen durch Flussbegradigungen künstlich abgeschnitten.

Altholz, nicht exakt definierte Altersklasse von Waldbäumen mit stark abklingendem Höhen- und Stärkenwachstum bei einer mittleren Bestandeshöhe der meisten mitteleuropäischen Baumarten von 30–40 m und im ↗Forst einer Dichte des Hauptbestands von 250–500 Stämmen/ha. Die Grenze zwischen *Baumholz* (Bestandeshöhe 20–30 m, Brusthöhendurchmesser in 1,3 m Höhe bei geringerem Baumholz 20–35 cm, bei mittlerem Baumholz 35–50 cm und bei starkem Baumholz >50 cm) und Altholz kann mit Erreichen der Senilität der Bäume im Alter von etwa 80–140 Jahren (je nach Baumart) gezogen werden.

altindustrialisierte Räume, gekennzeichnet von Massenproduktion mit Arbeitskräften geringer Qualifikation und Einzweckmaschinen. Die Wachstumsindustrien zu Beginn der Industrialisierung gerieten z. B. durch Sättigung (Abschwungphase im ↗Produktzyklus), neue Anbieter (niedrigere Produktions- und Faktorkosten, ↗Subventionen), durch ↗Produktinnovationen und ↗Prozessinnovationen oder neue Energien, unter starken Wettbewerbs- und Anpassungsdruck, sodass sich das Wachstum in andere Räume verlagerte. Die räumlichen Wirkungen, z. B. ↗Arbeitslosigkeit, sind abhängig von der Branchenstruktur, von der Standortqualität, vom technisch-ökonomischen Paradigma und von den Altlasten (↗Agglomerationsnachteile). Stahl ist z. B. ein alter und ein neuer, technologieintensiver Werkstoff. Beispiele für altindustrialisierte Räume sind die Montanregionen Ruhrgebiet, Saarland, Lothringen, West Midlands und Pittsburgh, Hafen- und Werftstandorte und Standorte der Textilindustrie. Im Ruhrgebiet setzte der Niedergang in den 1970er-Jahren ein, in Pittsburgh bereits in den 1940er-Jahren. [WG]

Altkarten ↗historische Karten.

Altlandschaft, eine vom Menschen beeinflusste Landschaft der prähistorischen und historischen Vergangenheit (↗historisch-geographische Betrachtungsweisen).

Altlasten, Begriff, der sich auf die unbekannten Risiken, die von Altdeponien und wilden Müllkippen ausgehen können, aber auch von Grundstücken stillgelegter Anlagen der gewerblichen Wirtschaft oder öffentlicher Einrichtungen, auf denen mit umweltgefährdenden Stoffen umgegangen worden ist, bezieht. ↗Altlastensanierung.

Altlastensanierung, Sanierung kontaminierter Flächen (↗Altlasten). Hierbei geht es um die Abwehr von Gefahren und Verhinderung von Folgeschäden, die von in der Vergangenheit verunreinigten Böden ausgehen und um die Vorbeugung von Folgemaßnahmen, z. B. Gewässersanierung aufgrund Stoffeintrags aus kontaminierten Böden. Hintergrund und Motivation der Sanierungsmaßnahmen sind z. T. ökologisch begründet, werden aber auch darin gesehen, dass kontaminierte und damit ungenutzte Flächen eine Blockade für die wirtschaftliche Entwicklung darstellen. Ziel der Altlastensanierung ist demzufolge, die sanierten Grundstücke wieder dem Grundstücksverkehr zuzuführen. Die rechtliche Verankerung erfuhr die Sanierung kontaminierter Flächen im Bundesbodenschutzgesetz, das 1998 verabschiedet wurde. [GRo]

Altlauf, ↗Altarm, ↗Altwasser.

Altmoräne ↗Moränen.

Altocumulus ↗Wolken.

Altostratus ↗Wolken.

Altsiedelland, beschreibt in Verbindung mit dem Terminus *Jungsiedelland* das relative Alter der Besiedlung eines Raumes. In Mitteleuropa werden gewöhnlich Räume dem Altsiedelland zugeordnet, wenn sie bis zum Beginn der hochmittelalterlichen Ausbauzeit (↗Siedlungsperioden) besiedelt waren. Das Jungsiedelland ist demnach das später besiedelte Land, welches durch agrarische Ungunst, wie z. B. Gebirge, geprägt ist. Alt- und Jungsiedelland unterscheiden sich außerdem meist durch den Gegensatz von eher unregelmäßigen gegenüber planmäßig angelegten Siedlungs- und ↗Flurformen, in der Siedlungsdichte und den ↗Ortsnamen. Archäologische, botanische und limnologische Untersuchungen bieten weitere Hinweise auf Zuordnung und Abgrenzung. Das Gegensatzpaar Altsiedelland/Jungsiedelland erweist sich auch in Asien, Afrika und Nord- und Südamerika als fruchtbare Forschungskonzeption. [WS]

Altwasser, *Altlauf*, eine meist ganzjährig wasserführende durch ↗Flussabschnürung entstandene ehemalige Flussstrecke, die bei ↗Niedrigwasser und ↗Mittelwasser nicht mehr mit dem rezenten Hauptgerinne in Verbindung steht. Bei ↗Hochwasser werden Altwasser von dem Abflussgeschehen überformt. Die Form ist lang gestreckt oder zeichnet die abgeschnittene Schlinge, die bei optimaler Ausprägung eine hufeisenförmige Gestalt annimmt, nach. Vor dem einstigen ↗Prallhang ist das Gewässer besonders tief, in diesem Bereich schreitet die Verlandung nur langsam voran. Der ehemalige Verlauf des ↗Mäanders bleibt somit langfristig im Landschaftsbild sichtbar. Altwasser entwickeln sich schrittweise aus ↗Altarmen. Je nach Alter und Lage weisen Altwasser verschiedene Sukzessionsstadien bis hin zur vollständigen Verlandung (reliktäres Altwasser) auf. [II]

Altweibersommer, eine der bekanntesten und sehr regelmäßigen ↗Singularitäten der ↗Witterung in Mitteleuropa mit einer in der zweiten Septemberhälfte beginnenden länger anhaltenden Schönwetterperiode. Sie ist bedingt durch ein stabiles Hoch über Mitteleuropa oder ein warmes dynamisches Hochdruckgebiet als Ausläufer der subtropischen Antizyklone mit Kern über den Azoren. Häufig trennt sich eine Zelle davon ab und vermag die Westwinddrift zu blockieren (↗blockierendes Hoch), wodurch die Witterung eine überdurchschnittliche Beständigkeit erhält.

Die entsprechende ↗Großwetterlage, und auch der Großwettertyp, das Hoch über Mitteleuropa (HM), weisen im langjährigen Mittel im September ihre Jahresmaxima mit 16,0 und 23,5 % (gegenüber Jahresmittel von 11 bzw. 17 %) auf. Eine ähnliche stabile Herbstwetterlage im September und Oktober ist der *indian summer* in Nordamerika, der ebenfalls meist durch blockierende Hochdruckzellen bewirkt wird. [JVo]

Amboss, oberster, aus Eispartikeln bestehender Teil einer Cumulonimbuswolke (↗Wolken), der häufig eine schirmartige Form, *Cirrenschirm*, besitzt.

ambulante Herrschaftsausübung, eine Herrschaftsausübung, die nicht von einem feststehenden Zentrum der Macht aus erfolgt, sondern bei der Herrscher seine Autorität und Machtansprüche durch persönliche Anwesenheit in den diversen Landesteilen dokumentiert. Eine ambulante Herrschaftsausübung ist ein Merkmal vormoderner Gesellschaften, die erst ein sehr niedriges Niveau der ↗Alphabetisierung aufweisen. Solange einem Herrscher kein lese- und schreibkundiger Verwaltungsstab als Koordinations- und Kontrollinstrument seines Territoriums zur Verfügung stand, musste er seine Macht durch persönliche Anwesenheit durchsetzen. Auch wenn es z. T. schon feste Residenzen gab, stellte das Reisen zu verschiedenen Verwaltungszentren in Europa bis ins Mittelalter ein Mittel zur Durchsetzung des Herrschaftsanspruchs, zur Repräsentation von Macht und zur Koordination der Aktivitäten von Untertanen dar. Dort wo sich ein Kaiser, König oder Herzog mit seinem Gefolge gerade aufhielt, befand sich für einen bestimmten Zeitraum das Zentrum der ↗Macht. Der Übergang zu festen Residenzen (Verwaltungsmittelpunkten) wurde erst möglich, nachdem die städtische Bevölkerung eine bestimmte Alphabetisierungsquote erreicht hatte. Eine ambulante Herrschaftsausübung lässt sich in Afrika, in Indonesien und in der Südsee z. T. bis ins 20. Jahrhundert nachweisen. ↗Herrschaft. [PM]

ambulanter Handel ↗Einzelhandel.

Ameisenpflanzen, *Myrmekophyten, myrmekochore Arten*, Pflanzenarten, deren Samenausbreitung in entscheidendem Maße auf die Tätigkeit von Ameisen zurückgeht. Die Ameisen besiedeln diese Pflanzen (sog. Wohnkammern) und ernähren sich von einer von den Samen gebildeten zuckrigen Lösung und von Elaiosomen (Gewebeanhängsel von Samen und Früchten, die öl-, fett- und eiweißreich sind). Diese Ausbreitungsstrategie hat insbesondere in den mitteleuropäischen und tropischen Wäldern eine herausragende Bedeutung. Aus diesem Grund werden Ameisenbauten in Forsten besonders geschützt.

AM/FM, *automated mapping/facility management*, spezielle geographische Informationssysteme (↗GIS) für Ver- und Entsorgungs- sowie Infrastruktureinrichtungen wie Kanal, Kabelnetze und Stromleitungen. Sie kombinieren kartographische Funktionen mit Systemen zur Verwaltung von ↗geographischen Daten und den zugehörigen ↗Attributdaten.

Aminosäuremethode, ↗Datierung mittels der Racemisierung (Einstellung eines thermodynamischen Gleichgewichts in abgestorbener Substanz) von Aminosäuren in Fossilien (Schalen, Knochen). Da dies neben der Zeit auch von Umweltbedingungen, insbesondere der Temperatur abhängt, ist für die Datierung eine regional gültige Eichkurve nötig. Wegen der damit verbundenen Unsicherheiten ist die Methode eher zur ↗Relativdatierung geeignet. Der erfassbare Zeitraum kann 2 Mio. Jahre übertreffen. Bei bekanntem Alter lassen sich Aussagen über die Temperatur seit der Ablagerung machen.

Ammoniten, *Ammonitina*, ausgestorbene Gruppe der ↗Ammonoideen mit besonders intensiv geschlitzter ↗Lobenlinie und ausgesprochener Merkmalsvielfalt. Ammoniten lebten überwiegend im äußeren Schelfbereich, wo sie sich von verschiedenen bodennah lebenden Invertebraten ernährten. Abb.

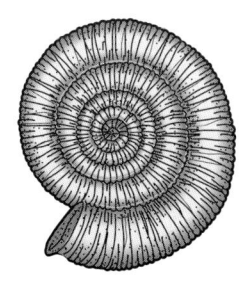

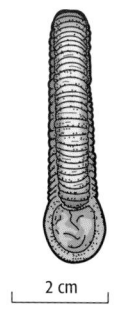

Ammonoideen, *Ammonoidea*, Ordnung der ↗Cephalopoden, mit schneckenartigem, meist planspiralem Gehäuse. Im späten ↗Paläozoikum und im ↗Mesozoikum stellen die Ammonoideen die wichtigsten ↗Leitfossilien. Zu ihnen gehören u. a. die ↗Ammoniten, die ↗Ceratiten und die ↗Goniatiten. Als Unterscheidungsmerkmal dient die ↗Lobenlinie, die im Laufe der Erdgeschichte zunehmend zerschlitzt (Abb.).

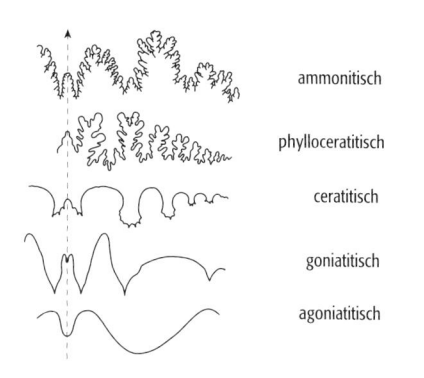

amorph, sind Minerale (und allgemein Körper), die keine geometrisch-regelmäßige Verteilung ihrer Bestandteile aufweisen. Die bekanntesten amorphen Silicatminerale sind Opal und ↗Obsidian.

Amphibole [von griech. amphibolos = zweideutig], *Amphibolgruppe*, gehört zu den ↗Silicaten. Die Amphibole sind strukturell, geometrisch und nach Art des Vorkommens mit den ↗Pyroxenen nah verwandt, chemisch jedoch ungleich komplexer. Amphibole gehören zu den wichtigsten gesteinsbildenden Mineralien. Sie sind charakteristisch für magmatische Gesteine, für kristalline Schiefer wie auch für Kontaktbildungen. Ein wichtiges Mineral der Amphibole ist die ↗Hornblende.

amtliche Karte, ↗topographische Karte oder ↗thematische Karte, die – zumeist als Bestandteil eines amtlichen ↗Kartenwerks – durch staatliche Behörden bzw. Ämter (in Deutschland beispielsweise durch die Landesvermessungsämter oder die Geologischen Landesämter bzw. Geologischen Dienste) im Rahmen hoheitlicher Aufgaben hergestellt und herausgegeben wird. Die Bezeichnung wird auch für ein entsprechendes amtliches Kartenwerk als ganzes verwendet. Eines der bekanntesten Beispiele hierfür ist die ↗»Topographische Karte 1:25 000« der Länder der Bundesrepublik Deutschland (↗ATKIS).

anabatischer Wind, aufwärts gerichtete Luftströmung, im Gegensatz zum katabatischen Wind (↗Fallwinde). Anabatische Winde sind beispielsweise der Hangaufwind sowie der Talwind in Gebirgs-Vorland-Zirkulation (↗Hangwinde, ↗Berg- und Talwind).

Anademie, Verbreitungsform infektiöser Krankheiten, bei welcher der Herd eines Krankheitserregers in enzootischer, d.h. auf die Tierwelt beschränkter Form, bestehen kann, jedoch gelegentliches Vorkommen einzelner Infektionen beim Menschen verursacht. Eine derartige sylvatische Form einer Seuche findet man z.B. bei Dengue-Fieber, Gelbfieber, Pest und Tollwut. ↗Medizinische Geographie.

Ammonoideen: Phylogenetische Entwicklung der Lobenlinien bei Ammonoideen.

ammonitisch
phylloceratitisch
ceratitisch
goniatitisch
agoniatitisch

Ammoniten: *Dactylioceras* aus dem oberen Lias von Süddeutschland; Seitenansicht (links) und Frontalansicht (rechts).

2 cm

anaerob, sauerstoffarme oder sauerstofffreie Bedingungen im Ggs. zu ↗aerob.

Anaerobier, sie sind im Gegensatz zu den ↗Aerobiern nicht auf Sauerstoff angewiesen, da sie ihren Energiebedarf durch die anaerobe Dissimilation (Gärung, Fermentation) decken. Hier erfüllt ein organisches Molekül, das erst direkt bei der Oxidation energiereicher organischer Verbindungen gebildet wird, die Funktion als letzter Elektronenakzeptor, und nicht mehr O_2 wie bei der aeroben Dissimilation. Man unterscheidet obligatorische und fakultative Anaerobier. Erstere sind nicht in der Lage, Sauerstoff zu verwenden. Sie sind nur durch wenige Invertebraten und ↗Bakterien vertreten, die z. B. im Faulschlamm von Gewässern leben. Die zweite Gruppe kann bei Sauerstoffmangel auch mittels der anaeroben Dissimilation Energie gewinnen. So sind etwa die meisten Hefen bei Sauerstoffmangel in der Lage, durch Gärung zu überleben; zur Vermehrung sind sie jedoch nur unter aeroben Verhältnissen befähigt.

Anaglyphenbild, visuell dreidimensional erscheinendes Bild in Grauwerten. Das Anaglyphenbild entsteht durch zwei verschoben übereinander gedruckte Luftbilder in Komplementärfarben (rot und cyan) und wird über eine Brille mit Gläsern in diesen Farben betrachtet (daher Grauwerte-Bildung), sodass ein stereoskopischer Effekt (↗stereoskopische Bildbetrachtung) entsteht.

Analogie, *Ähnlichkeit* in Morphologie, Physiologie oder Verhalten, die nicht auf einer gemeinsamen Abstammung beruht wie eine ↗Homologie, sondern auf ↗Anpassung an gleichartige ökologische Bedingungen. Die Unterscheidung von Analogie und Homologie ist von großer Wichtigkeit in darwinistischen Evolutionstheorien und bei der Erstellung von genealogischen Abfolgen der Entwicklungsgeschichte.

Analphabet, nach einer verbreiteten Definition der ↗UNESCO gilt als Analphabet, wer nicht in der Lage ist, eine einfache Bemerkung über das Alltagsleben verstehend zu lesen und zu schreiben. Man unterscheidet primäre Analphabeten – Menschen, die in ihrer Jugend keine Möglichkeit zum Erlernen des Lesens und Schreibens hatten – von sekundären Analphabeten, die zwar eine Einführung in den Schriftgebrauch erhielten, diesen aber durch Nichtgebrauch weitgehend verloren haben. Als »funktionaler Analphabet« gilt, wer die schriftsprachlichen Mindestanforderungen seiner Umwelt nicht angemessen erfüllen kann und daher von schriftlichen Kommunikationsprozessen in vielen Arbeits- und Lebensbereichen ausgeschlossen bleibt. Analphabetismus ist folglich ein relativer Begriff, der erst im jeweiligen gesellschaftlichen Kontext Bedeutung erlangt.

Da keine Klassifizierung dem Kontinuum von Lese- und Schreibfertigkeiten und den vielfältigen Überlagerungen von Schriftlichkeit und Mündlichkeit im alltäglichen Leben gerecht werden kann, richtet sich die ↗Operationalisierung des Begriffs Analphabetismus meist pragmatisch nach Maßstab und Zielen der jeweiligen Untersuchung (↗Alphabetisierung). [MH]

Analphabetenquote, Anteil desjenigen Teils der Bevölkerung an der Gesamtbevölkerung, der des Lesens und des Schreibens nicht oder nur mangelhaft mächtig ist (↗Analphabet). Generell vor allem in den ärmeren Ländern der Erde die Analphabetenquote auf dem Land höher als in der Stadt, auch ist der ↗Analphabetismus in diesen Ländern unter den Frauen weiter verbreitet als unter den Männern.

Analphabetismus, unzureichende oder fehlende Beherrschung des Lesens und des Schreibens. Als ↗Analphabet gilt jeder, der einen einfachen Text in einer selbst gewählten Sprache weder lesen noch selbst verfassen kann. ↗Alphabetisierung.

Analyse geographischer Daten ↗Datenanalyse.

Analysemodelle, ↗Stadtmodelle, die die strukturellen Regelhaftigkeiten des durch die Gesellschaft gestalteten Stadtraums darstellen. Dabei werden räumliche Bezugseinheiten als klar abgegrenzte Systemelemente betrachtet und ihre Beziehungen mittels mathematisch-statistischer Verfahren auf der Basis statistischer Daten computergestützt analysiert. Vorteile dieser EDV-gestützten Analysemethoden sind die »flächenscharfen« Abgrenzungen von Untersuchungsarealen sowie die Möglichkeit der Einbeziehung einer großen Zahl von Variablen.

analytische Induktion, Methode zur systematisierten Ereignisinterpretation; umfasst sowohl den Prozess der Generierung als auch der Prüfung von ↗Hypothesen. Dabei fokussiert sich die analytische Induktion auf die Ausnahme, d. h. den von der Hypothese abweichenden Fall. ↗Induktion.

analytische Statistik, *schließende Statistik*, Teilgebiet der ↗Statistik, das sich mit Vorgehensweisen und Verfahren zur Analyse von Daten bzw. Variablen, die auf Basis einer ↗Stichprobe vorliegen, befasst. Ziel ist es, (Wahrscheinlichkeits-)Aussagen über die vorhandene ↗Grundgesamtheit zu machen. Hierbei lassen sich zwei Fragestellungen ausgliedern: a) Schätzung von ↗Parametern der Grundgesamtheit zur Charakterisierung der Daten bzw. Variablen der vorliegenden Stichprobe. Dieses geschieht mithilfe der ↗Schätzstatistik. b) Testen einer Hypothese, ob diese zutrifft oder nicht. Dieses geschieht mithilfe der ↗Teststatistik auf Basis der Stichprobenwerte.

anastomosierender Flusslauf ↗*verzweigter Flusslauf*.

Anatexis, Vorgang des Aufschmelzens von Festgestein zu flüssigem ↗Magma. ↗Palingenese.

Anatomie, die Lehre vom Bau der Organismen. Man unterscheidet eine Pflanzenanatomie (Phytotomie) und eine Tieranatomie (Zootomie). Ein Teil der Zootomie ist die Anatomie des Menschen (Anthropotomie) als die Lehre vom menschlichen Körper. Die Phytotomie ist die Lehre vom inneren Bau der Pflanze. Sie umfasst die Lehre von Struktur und Feinbau der Pflanzenzellen (Zytologie) sowie die Gewebelehre (Histologie) und ist der Pflanzenmorphologie im weiteren Sinne zuzuordnen. Die Anatomie als Wissenschaftsdisziplin ist eine wichtige Erkenntnisquelle für die moderne botanische ↗Systematik. Pflanzen können grundsätzlich zwei Bauplantypen zugeordnet werden: die *Thallophyten* oder *niederen Pflanzen*, die nur eine geringe Zelldifferenzierung aufweisen und in der Regel kein Stütz- oder Leitungsgewebe ausbilden (/Algen, /Pilze, /Flechten, /Moose) mit Übergängen zu den *Kormophyten* oder *höheren Pflanzen*, die den höchsten Differenzierungsgrad besitzen und mit ihrer Gliederung in Wurzel, Sprossachse und Blatt spezifisch an das Landleben angepasst sind. Sowohl der äußere als auch der innere Bau der Pflanzen stellt eine /Anpassung an ihre Lebensweise und ihre Umweltbedingungen dar. So ist die Entwicklung /konvergenter Formen in unterschiedlichen Pflanzensippen in verschiedenen, durch ähnliche Klimabedingungen gekennzeichneten Gebieten auch auf anatomische Anpassungen zurückzuführen. [ES]

Anbaugrenzen, aus dem Zusammenspiel von natürlichen und ökonomischen Faktoren gesetzte Grenzen für das Areal einer bestimmten Nutzungsweise. Verschlechtert sich das ökologische Standortangebot für eine Pflanze in horizontaler oder vertikaler Richtung, so erreicht sie ihre biologische Grenze. Es handelt sich dabei um eine absolute Grenze, die nicht zu verändern ist, es sei denn, dass sich entweder das Standortangebot (Klimaänderung, /Bewässerung) oder die genetischen Standortanforderungen der Pflanze, etwa durch züchterische Maßnahmen, ändern. Innerhalb der biologischen Grenze befindet sich die Rentabilitätsgrenze, sie ist eine Funktion aus Aufwand und Ertrag und damit starken Schwankungen unterworfen, sie ist also eine relative Grenze. Sie wandert zur biologischen Grenze, wenn sich der Aufwand verringern lässt – etwa durch Fortschritte der Agrartechnologie –, sie zieht sich zurück, wenn der Aufwand steigt, etwa bei Lohnsteigerungen. Ähnliche Wirkungen haben staatliche Subventionen oder Preisveränderungen. Die effektive Grenze umreißt schließlich das tatsächliche Anbaugebiet. In der Regel liegt sie diesseits der Rentabilitätsgrenze. In der Realität des inhomogenen geographischen Raumes ist die effektive Grenze schwer zu erfassen, ihre Darstellung unterliegt subjektiven Einflüssen – je nachdem, welches Mindestmaß an Anbaufläche man als Untergrenze nimmt. Trockengrenze, Polargrenze und Höhengrenze sind als Grenzsäume ausgebildet, in denen sich drei qualitativ unterschiedliche effektive Grenzen bündeln: a) die Grenze des großflächigen geschlossenen Anbaus, b) die Grenze großflächiger Anbauinseln und c) die absolute Verbreitungsgrenze. Die effektive Grenze durchläuft aus historischer Sicht Expansions- und Kontraktionsphasen. Diese Oszillation erklärt sich meist aus einem komplexen Wirkungsgefüge der o.g. Einflussfaktoren, zu denen noch folgende Faktoren hinzutreten können: a) demographische Entwicklungen, beispielsweise als Folge von Seuchen und Kriegen (Schrumpfung); b) politische und soziale Faktoren (der Raumgewinn wirtschaftlich-technisch oder machtmäßig überlegener Gruppen führt zur Expansion); c) ökologische Faktoren, z. B. Klimaschwankungen mit Auswirkungen vor allem in Extremräumen (Grönland, Island), anthropogene Umweltschäden wie Bodenerosion, Versumpfung, Bodenversalzung. [KB]

Ancylus-See, Stadium der postglazialen Geschichte der Ostsee vor ca. 9000–8000 v.h. Durch das Aufsteigen des fennoskandischen /Schildes einschließlich der dänischen Sunde nahm der Salzgehalt des /Yoldia-Meers dramatisch ab. Die Ausdehnung des Ancylus-Sees erreichte nicht die Ausdehnung der heutigen Ostsee. Der Name leitet sich von der damals häufigen Süß- und Brackwasserschnecke *Ancylus fluviatilis* ab. /Isostasie.

Andengemeinschaft, *Comunidad Andina*, 1996 hervorgegangen durch eine Umbenennung des am 26.5.1969 in Cartagena von Bolivien, Chile, Kolumbien, Ecuador und Peru gegründeten /Andenpaktes mit Sitz in Lima. Venezuela ist am 1.1.1974 beigetreten, Chile ist am 30.6.1976 ausgeschieden, Panama hat Beobachterstatus. Organe: Kommission der Handelsminister, dreiköpfige Junta und Sekretariat. Seit 1987 sind auch das Andine Parlament und der Andine Gerichtshof einbezogen. Das ursprüngliche Ziel war ein gemeinsamer Markt: Abbau der Außenzölle gegenüber Drittländern bis 1975 und der Binnenzölle bis 1980, Begrenzung des Auslandskapitals. Ab Mitte der 1980er-Jahre erfolgte eine entwicklungspolitische Neuorientierung. Die Restriktionen gegenüber Auslandskapital wurden 1987 gelockert, interventionistische Maßnahmen wurden im Jahr 1991 gestrichen und die Schaffung einer Freihandelszone bis Ende 1993 anvisiert. Als »Grupo Andino« werden gemeinsame außenpolitische Ziele verfolgt. Eine Dynamisierung des Integrationsprozesses konnte bisher nicht erreicht werden. [HN]

Andenpakt, *Pacto Andino*, am 26.5.1969 gegründete Integrationsgemeinschaft, die 1996 in die /Andengemeinschaft überführt wurde.

Andesit, i. A. quarzfreier, saurer /Magmatit mit Übergängen zu Feldspatbasalten und /Trachyt. /Streckeisen-Diagramm.

Andisols, Bodenordnung der US-amerikanischen /Soil Taxonomy (1994); relativ junge Böden aus vulkanischen Aschen mit hohen Gehalten an amorphen, oxalatlöslichen Aluminium- und Eisenverbindungen. Infolge des vulkanischen Ausgangsmaterials der Bodenbildung weisen Andisols in der Regel eine hohe Kapazität zur Phosphatfixierung, einen hohen Anteil vulkanischer Gläser und eine geringe /Lagerungsdichte von < 0,9 g/cm^3 auf. Andisols entsprechen etwa den /Andosols der /FAO-Bodenklassifikation und der /WRB-Bodenklassifikation.

Andosols, [von japanisch an = dunkel, do = Boden], Bodenklasse der /FAO-Bodenklassifikation (1990) und der /WRB-Bodenklassifikation (1998); junge Mineralböden aus vulkanischen Aschen mit hohen Gehalten an amorphen, oxalatlöslichen Aluminium- und Eisenverbindungen; häufig /Ah/C-Böden mit dunklem, locker gelagertem /A-Horizont, bei basenreichen Aschen sehr fruchtbare Böden, die nach Versauerung allerdings zur Phosphatfixierung neigen. Andosols sind weltweit in Vulkangebieten mit pyroklastischen Ablagerungen verbreitet. Sie entsprechen

Anemochorie, *Windblütigkeit*, eine der vorrangigsten Strategien, um Früchte oder Samen über große Distanzen zu verbreiten. Anemochorie findet sich z. B. bei allen mitteleuropäischen Getreidearten. Eine erfolgreiche Verbreitung setzt zum einen eine möglichst große Menge feiner Samen voraus (z. B. Orchideen in tropischen Regenwäldern) oder ausgezeichnete Flugeigenschaften, die die Überbrückung von größeren Distanzen ermöglicht.

Anemogamie, *Anemophilie*, *Windblütigkeit*, *Windbestäubung*, ↗Fremdbestäubung.

Anemograph, *Böenschreiber*, ein Instrument zur Messung und Aufzeichnung des Windes mit hoher zeitlicher Auflösung. Er basiert auf einem ↗Prandtl-Rohr oder Staurohr, bei welchem der Staudruck in einem gegen den Wind gestellten Rohr gemessen wird. Die Stellung gegen den Wind wird durch eine feste Verbindung mit einer ↗Windfahne erreicht. Wird die Druckmessung aufgezeichnet, so kann die Windgeschwindigkeit zeitlich sehr hochauflösend registriert werden, da das Gerät nur eine geringe Trägheit hat.

Anerbenrecht, vom im Bürgerlichen Gesetzbuch (BGB) festgelegten Erbrecht abweichendes Sondererbrecht für landwirtschaftlichen Grundbesitz. Der Hof geht im Gegensatz zur ↗Realteilung geschlossen auf einen Erben über, den sog. Anerben, meistens der Älteste (Majorat), seltener der Jüngste (Minorat). Das Anerbenrecht hat eine erhebliche agrar- und sozialgeographische Bedeutung. Hauptverbreitungsgebiete des Anerbenrechts in Europa waren und sind: Nordische Länder, Britische Inseln, NW-Deutschland, Niederlande, (Alt-)Bayern.

Aneroidbarometer, *Dosenbarometer*, Instrument zur Messung des Luftdruckes (Abb.). Messwertgeber sind flache und dünnwandige, teilevakuierte Dosen aus einer Kupfer-Beryllium-Legierung, die unter dem Luftdruck ihre Form ändern. Die Bewegungen zwischen Boden und Deckel sind ein Maß für den Luftdruck. Nach L. Vidie, der das Messprinzip 1844 in Paris entwickelte, werden sie als *Vidie-Dosen* bezeichnet. Da die Elastizität und damit die druckbedingte Verformung der Dosen auch von der Temperatur abhängig ist, bedürfen sie einer Temperaturkompensation. Diese erfolgt entweder mechanisch durch Einfügung eines Bimetalls in die Übersetzung oder durch Beigabe von Gasen in die Dosen, die sich bei Temperaturerhöhung ausdehnen, also die zunehmende Elastizität der Dosen ausgleichen. Beim Aneroidbarometer werden zur Erhöhung der Empfindlichkeit mehrere Dosen hintereinander gesteckt. Gegenüber dem Quecksilberbarometer haben Aneroidbarometer den Vorteil, dass in der genannten temperaturkompensierten Form weder Temperatur- noch Schwerekorrektur erforderlich sind. Sie haben gegenüber diesen den Nachteil, nur Relativmessungen zu liefern und mit der Zeit Alterungserscheinungen in Form von Strukturänderungen der Metalle aufzuweisen. Daher werden Aneroidbarometer an Quecksilberbarometern (↗Stationsbarometer) kalibriert. Registrierende Geräte heißen Aneroidbarographen. [JVo]

Angara, nach dem sibirischen Fluss Angara benannter, schon im ↗Präkambrium existierender Urkontinent (↗Kraton), der das zentrale und nördliche Sibirien umfasst. Im ↗Perm, im ↗Jura und während der ↗Kreide zeichnete sich der Bereich durch eine eigene Entwicklung (Angaraschichten, kontinentale Sedimente) aus.

Angebot ↗Arbeitskräfteangebot.

angebotsinduzierte Arbeitslosigkeit ↗Arbeitslosigkeitstheorie.

angepasste Technologien, auf die Situation der Entwicklungsländer abgestimmte Technologien, die sich durch geringeren Kapitalbedarf und relativ hohe Arbeitsintensität auszeichnen. Es kann sich dabei sowohl um weiterentwickelte traditionelle, als auch um spezifisch entwickelte moderne Technologien handeln.

Angerdorf, mittelgroße, planmäßige Siedlung (↗Dorfgrundriss), dessen Gehöfte in lockerem bis dichten Abstand einen großen Platz, den Anger, umschließen. Der Anger kann eine lanzettförmige, rechteckige, dreieckige oder andersartige Gestalt haben und ist gewöhnlich durch Erweiterung der Dorfstraße entstanden. Wichtiges Merkmal des Angerdorfes gegenüber anderen Platzformen ist die ausgeprägte Längsstreckung der Freifläche. Der Anger diente den Bedürfnissen der ländlichen Siedlung als Kommunikationsstätte, Gerichtsplatz und nächtliche Viehweide; außerdem fanden sich hier Dorfbrunnen, Gemeindeteich, Schule und Spritzenhaus. Die im östlichen Deutschland massiert vorkommenden Angerdörfer sind im altbesiedelten Nordwest- und Süddeutschland (↗Altsiedelland) weit weniger verbreitet.

Angestellte, eine Gruppe von unselbstständig Beschäftigten im öffentlichen Dienst oder in der

Aneroidbarometer: Schematischer Aufbau eines Aneroidbarographen.

privaten Wirtschaft, die sich arbeitsrechtlich von anderen Gruppen (z. B. ↗Arbeitern) unterscheidet. Die früher deutliche Unterscheidung zwischen den Angestellten und den Arbeitern (nicht manuelle versus manuelle Tätigkeiten) hat sich in der Realität weitgehend aufgelöst. Der Angestelltenbegriff ist ein heterogener und umfasst einfache und ausführende Tätigkeiten genauso wie leitende.

angewandte Forschung, *Forschungsanwendung*, bezeichnet insbesondere innerhalb des Wissenschaftsverständnisses, das dem ↗kritischen Rationalismus verpflichtet ist, den gesamten Bereich des ↗Verwertungszusammenhangs der theorieorientierten ↗Grundlagenforschung. Als die zwei wichtigsten Teilbereiche gelten die ↗Technologie, der die rationale Gestaltung der Mittelwahl für gegebene Zwecke zukommt, und die ↗Prognose, welche auf die Vorhersage der Entwicklung aktueller Prozesse in der Zukunft und ihrer Konsequenzen angelegt ist. In der ↗Geographie spricht man seit den späten 1950er-Jahren auch von der ↗Angewandten Geographie, die mit einem stärkeren Forschungsbezug vor allem auf räumliche und ökologische Planung ausgerichtet ist. Die Aufgabe der Technologie wird hierbei in die (ökologisch) rationalere Gestaltung räumlicher Anordnungen umgesetzt, die Aufgabe der Prognose in die Formulierung von (ökologischen) Entwicklungsszenarien räumlicher Ausschnitte. [BW]

Angewandte Geographie, Anwendung geographischen Wissens und geographischer Fertigkeiten auf und in Vorhaben (Politiken, Programme, Projekte) der räumlichen Organisation einer ↗Naturlandschaft und/oder ↗Kulturlandschaft. Solche Vorhaben werden von der öffentlichen Hand, dem Privatsektor oder in intermediären Institutionen angeregt, durchgeführt und evaluiert (↗Evaluierung), meist, um ein räumlich manifestes oder latentes Problem zu lösen. Bei der Anwendung geographischen Wissens stellen sich mehrere Fragen. Ihre folgende Reihung hat empfehlenden Charakter; man sollte sie vor, während und nach einem angewandten Forschungsprojekt immer wieder nacheinander stellen und beantworten. So entgeht man der Gefahr des rein technokratischen Einsatzes von Geographiewissen. a) ethisch: Wer hat Zugang zu meinem Wissen? Wer nutzt es? Welche Zwecke verfolgt man mit der Nutzung? Welchen Einfluss habe und behalte ich auf die Anwendung meines Wissens? b) normativ: Welche Raumstrukturen, -bilder und -prozesse werden durch das von mir bereitgestellte Wissen begünstigt, welche be- oder verhindert? Trägt die Anwendung des Wissens zu einer besseren Raumstruktur bei? c) fachtheoretisch: Bringt die Anwendung des Wissens die Fachwissenschaft in inhaltlicher und/oder methodischer Hinsicht weiter? d) Datenqualität: Reicht die Qualität der Grunddaten aus, um bestimmte Analysen und daraus abgeleitete Empfehlungen vorzunehmen bzw. zu formulieren? e) institutionell: Habe ich selbst direkten Einfluss auf die Interpretation und Verwendung der Daten? Oder übergebe ich Rohwissen und überlasse deren Interpretation und Anwendung dem Auftraggeber? Leicht lässt sich erkennen, dass solche Fragen umso schwerer zu beantworten sind, je vielgestaltiger die Gesellschaft ist, je mehr Lebensstile und Interessengruppen in der Gesellschaft vorkommen und je vielfältiger deren Möglichkeiten sind, ihre spezifischen Vorstellungen in die Debatten um die Raumgestaltung einzubringen. Unter dem Einfluss sinkender Staatsausgaben und zunehmenden internationalen Technologiewettbewerbs wird zurzeit immer nachdrücklicher gefordert, den Einsatz wissenschaftlich erzeugten Wissens in gesellschaftlichen und technologischen Projekten sicherzustellen und die Effektivität und Effizienz dieser Wissensanwendung zu prüfen. Diese Erwartung ist vor allem dann gut nachvollziehbar, wenn die öffentliche Hand den Forschungsbetrieb finanziert. In prekären und dem wirtschaftlichen Wettbewerb ausgesetzten Bereichen der Raumentwicklung wird Angewandte Geographie vielfach von internen Forschungsabteilungen potenter »Geographie- und Raummacher« betrieben, etwa im Rahmen der Immobilienwirtschaft oder des ↗Stadtmarketings. Das für diese Zwecke erzeugte Wissen steht dem »normalen« Forschungsbetrieb vielfach nur bedingt zur Verfügung. [HD]

Angewandte Geomorphologie

Ernst Brunotte, Köln

1. Zur Disziplingeschichte

Als eigenständige Disziplin existiert die Angewandte Geomorphologie in Nordamerika bereits seit den 1920er-Jahren. Um den immensen Erosionsschäden auf landwirtschaftlichen Flächen zu begegnen, entstanden zahlreiche staatliche Programme, Gesetze und öffentliche Einrichtungen (u. a. U. S. Soil Conservation Service). Diese förderten die Anwendung geomorphologischer Arbeitsweisen und Erforschung aktueller geomorphologischer Prozesse unter zunehmender Einbeziehung weiterer Aufgabenfelder. Seither entwickelt sich die Angewandte Geomorphologie in Nordamerika auf der Basis eines breiten öffentlichen Interesses. Beispiele für »frühe« Literatur sind Jacks & Whyte (1939), U. S. Department of Agriculture (1938) und das Lehrbuch »Principles of Geomorphology« von Thornbury (1954), letztlich auch die Arbeit von Dury (1969). Angesichts der allgemeinen Wertschätzung von geomorphologischem Wissen und seiner praktischen Umsetzung setzte er sich für vermehrte Anwendung ein und sagte der Angewandten Geomorphologie einen weiteren, starken Aufschwung voraus.

Demgegenüber nahm man das Anwendungspotenzial der Geomorphologie in Europa seinerzeit wenig wahr, sodass die Arbeiten von Bakker (1959), Tricart (1962) und einigen anderen Ausnahmen blieben. Dies änderte sich erst Mitte der 1970er-Jahre mit dem Erscheinen von Lehrbüchern und Aufsätzen, die das Thema speziell behandelten oder zumindest mit berücksichtigten. In Großbritannien verband sich dies mit einer allgemeinen Belebung der ↗ Geomorphologie. Nach Jones (1980) ist diese Entwicklung auf drei Ursachen zurückzuführen: auf das gestiegene Bewusstsein von Landesplanern für die Komplexität des Ursachengefüges der »natürlichen Umwelt«, auch im Hinblick auf Naturgefahren, auf den Bedarf an fundiertem Wissen über den Untergrund und die Reliefposition von Bauwerken und auf die beruflichen Perspektiven vieler Geomorphologen, die nicht zuletzt wegen knapper Forschungsmittel bei wachsender gesellschaftlicher Kritik an reiner Wissenschaft (Grundlagenforschung) ihren Lebensunterhalt außerhalb der Hochschule suchten und sich in der Konkurrenz mit früher etablierten angewandten Wissenschaftszweigen bewähren mussten (v. a. mit Geologie, Hydrologie und Bodenkunde). Der nicht zuletzt durch engen Bezug zur Geologie und Verknüpfung mit Planungs- und Ingenieurwissenschaften bedingte Wissens- und Theorievorsprung der anglophonen Länder (insbesondere USA, GB, Kanada, Australien) wird durch die Vielzahl von Fachaufsätzen und Lehrbüchern eindrucksvoll belegt und spiegelt sich bereits im Sprachgebrauch wider – mit der deutlichen Unterscheidung zwischen angewandter (applied) und reiner (pure) Geomorphologie. Darüber hinaus unterscheidet Jones (1980) zwischen »angewandter« und »anwendbarer« Geomorphologie (applicable geomorphology). Erstere liefert die Lösung eines konkreten Umweltproblems. Demgegenüber erwächst aus der anwendbaren Geomorphologie erst unmittelbar ein Nutzen, indem eine spätere oder in einem anderen Zusammenhang stehende Anwendung von Methoden und Erkenntnissen erfolgt.

Weltweit kam der Weiterentwicklung der Angewandten Geomorphologie die Einführung neuer Arbeits- und Untersuchungsmethoden zugute, insbesondere ↗ Fernerkundung (Satellitenbildauswertung, hochauflösende Luftbildauswertung), Informationstechnologien, immer weiter reichende Laborverfahren.

Einer der frühen Aufsätze deutscher Geographen, welche auf die Bedeutung des Reliefs »… für das Leben der menschlichen Gesellschaft« aufmerksam machten, stammt von Gellert (1968), ein anderer von Sperling (1978). Ihnen folgt die lehrbuchartige Übersicht von Rathjens 1979). Deutliche Akzente zur Thematisierung der Angewandten Geomorphologie setzte die »Zeitschrift für Geomorphologie« mit ihren Supplementbänden »Perspectives in Geomorphology« (1980), »Applied Geomorphology in the Tropics« (1982), »Applied Geomorphology« (1984), »Applied Geomorphological Mapping: Methodology by Example« (1988), »Aktuelle Geomorphodynamik und angewandte Geomorphologie« (1991), »Angewandte und vernetzte geomorphologische Prozessforschung« (2000).

Ausdruck der Nachkriegsentwicklung des Faches und wegweisend ist schließlich die Geomorphologie von Ahnert (1996), die als erstes deutsches Lehrbuch ein ausführliches Kapitel über Angewandte Geomorphologie enthält.

Grundlegend für die anwendungsorientierte Umsetzung geomorphologischer Kenntnisse war in Deutschland die Einrichtung von Laboratorien in Geographischen Instituten seit den 1960er-Jahren. Sie ermöglichte die Hinwendung zur geomorphologischen Prozessforschung. Mit dem Ziel der Quantifizierung entstanden methodisch aufwändige Programme, u. a. zu ↗ Bodenerosion und Hochwasserschutz und, in Hinblick auf eine – auch anwendungsbezogene – Erfassung von Reliefformen und Substraten, das DFG-Schwerpunktprogramm »Geomorphologische Kartierung der BRD«. Zur selben Zeit wurde die Eignung »konventieller« geomorphologischer Methoden für die rasche Lösung verschiedenster kulturtechnischer Probleme, wie sie sich z. B. bei der Ausweisung neuer Bahntrassen für Hochgeschwindigkeitszüge oder Hochwasserrückhaltebecken ergeben, immer wieder eindrucksvoll demonstriert. Berufsfördernd erwiesen sich auch die jüngsten Hochwasser u. a. des Rheins und der Oder, nach denen die Versicherungswirtschaft zahlreiche Aufträge zur Ermittlung des regionalen wie auch des weltweiten Gefahrenpotenzials vergab.

Alles in allem ist die Angewandte Geomorphologie dabei, sich in Deutschland weiter zu etablieren. Derzeit geschieht dies in allen Bundesländern durch den Einsatz von Geographen bei der Erstellung geomorphologischer ↗ Leitbilder in Hinblick auf eine ↗ Revitalisierung von ↗ Fließgewässern. Künftig wird das Aufgabenfeld der Angewandten Geomorphologie durch regionale wie globale Veränderungen des Klimas vermehrt werden, deren geomorphologische Effekte sich in der Zunahme von Überschwemmungen, Verstärkung von Murtätigkeiten und raschen Abflüssen, Degradierung des Permafrostes usw. zu erkennen geben.

2. Aufgabenfelder und Anwendungsbereiche

Unter methodischem Aspekt gliedert sich die Angewandte Geomorphologie folgendermaßen:
a) Beschreibung des morphologischen Ist-Zustandes,
b) Erforschung des Wirkungsgefüges im Zusammenhang mit anthropogenem Einfluss,
c) Erarbeitung von Vorhersagen aus den Ergebnissen von a und b.

Zu ihren Aufgabenfeldern gehören:
a) Beurteilung von Naturgefahren (↗ Hazardforschung),
b) ↗ Umweltverträglichkeitsprüfung,
c) Prüfung von natürlichen Umweltsystemen (Umwelt-Audit),
d) Voraussagebewertung,
e) Ressourcenbewertung, Prospektion.

Zu ihren Anwendungsbereichen zählen:
a) Anwendungen im Umfeld der Geowissenschaften, Vegetationskunde, u. a. Erstellung von

topographischen und thematischen Karten in Verbindung mit der Erforschung natürlicher Ressourcen;
b) umweltbezogene Studien und Gutachten bezüglich natürlicher wie anthropogen verursachter Gefahren;
c) Entwicklung des ↗ländlichen Raumes unter Einbeziehung von ↗Bodenerosion, Bodenerhaltung, Fließgewässerentwicklung;
d) Stadtentwicklung, Standortsuche für Siedlungen und Industrie;
e) Ingenieurwesen.

Zu den gegenwärtig besonders aktuellen Themen der Angewandten Geomorphologie zählen: Bodendegradation, Natur- und Kunststeinverwitterung an Bauwerken, Böschungsstabilität von anthropogenen und technogenen Aufschüttungen und Abgrabungen, Landschaftsrenaturierung, Baugrundbegutachtung, Hochwassergefährdung, Küstenschutz, geomorphologische Kartierung, Erfassung und Vorhersage gravitativer Massenbewegungen, Prospektion für archäologische Zwecke, Exploration oberflächennaher Lagerstätten.

Literatur:
[1] AHNERT, F. (1996): Einführung in die Geomorphologie. – Stuttgart.
[2] BAKKER, J. P. (1959): Dutch applied geomorphological research. In: Rev. Geom. Dyn. 10, S. 67–84.
[3] DURY, G. H. (1969): Hydraulic geometry. In: Chorley, R. J. (ed.): Water, earth and man. – London.
[4] GELLERT, J. (1968): Vom Wesen der angewandten Geomorphologie. In: Petermanns Geographische Mitteilungen 112, S. 256–264.
[5] JACKS, G. V. & WHYTE, R. O. (1939) The rape of the earth: A world survey of soil erosion. – London.
[6] JONES, D. K.C. (1980): British geomorphology: an appraisal. In: Z. Geomorph. Suppl. 36, S. 48–73.
[7] LESER, H. (1996): Probleme und Möglichkeiten der Anwendung von Geomorphologie. In: Heidelberger Geographische Arbeiten 104, S. 481–495.
[8] RATHJENS, C. (1979): Die Formung der Erdoberfläche unter dem Einfluss des Menschen. – Stuttgart.
[9] SEMMEL, A. (1986): Angewandte konventionelle Geomorphologie, Beispiele aus Mitteleuropa und Afrika. Frankfurter geowissenschaftliche Arbeiten, Serie D. 6.
[10] SPERLING, W. (1978): Anthropogene Oberflächenformung. Bilanz und Perspektiven in Mitteleuropa. 41. Deutscher Geographentag Mainz, Tagungsberichte und wissenschaftliche Abhandlungen, 5, S. 363–370.
[11] STÄBLEIN, G. (1989): Geomorphologie und Geoökologie – Grundanschauungen und Forschungsentwicklungen. In: Geographische Rundschau, 41(9), S. 468–473.
[12] THORNBURY, W. L. (1954): Principles of geomorphology. – New York.
[13] TRICART, J. (1962): L'Épiderme de la terre. Esquisse d'une géomorphologie appliquée. – Paris.
[14] VERSTAPPEN, H. T. (1983): Applied geomorphology – geomorphological surveys for environmental development. – Amsterdam.

Angewandte Geoökologie ↗Geoökologie.

Angewandte Historische Geographie, entwickelt Konzepte und Methoden zur Umsetzung der Befunde der ↗Historischen Geographie in einem dynamischen Feld aus Angebot und Nachfrage. Es werden vor allem Beiträge erbracht zur ↗Flurbereinigung und ↗Dorferneuerung, zur städtischen Denkmalpflege und ↗Industriearchäologie, zur Geschichte und erhaltenden Entwicklung der Verkehrswege, im Bereich Freizeit und Tourismus (z. B. Kulturlandschaftsführer) und zur Umweltbildung und -erziehung (z. B. in Landschaftsmuseen, ↗Ecomuseum). Steht die erhaltende Weiterentwicklung des gesamten historischen Erbes in unseren Landschaften im Mittelpunkt angewandter historisch-geographischer Forschung, spricht man von ↗Kulturlandschaftspflege. Die zentrale Methode ist die Kulturlandschaftsinventarisation: Mithilfe der Methoden der Historischen Geographie wird die tradierte Substanz in meist großmaßstäbigen Karten historischer Kulturlandschaftselemente und -strukturen erfasst. Dabei wird nach punkt- (z. B. Kapelle), linien- (z. B. Ackerrain) und flächenhaften (z. B. Mittelwald) landschaftlichen Elementen und Strukturen unterschieden. Die erfassten Phänomene werden für gewöhnlich in standardisierter Form, z. B. nach Aussehen, Erhaltungszustand, Alter, regionaler Bedeutung, gestalterischem Eigenwert, Landschaftswirkung, ökologischem Eigen- und Demonstrationswert, wissenschaftlichem oder touristischem Wert, näher beschrieben. Damit sind zugleich die wichtigsten Kriterien genannt, welche in Planungsverfahren von Bedeutung sind. Die Definition und Gewichtung jedes einzelnen Aspekts ergeben sich in der Regel aus den Vorgaben des Auftraggebers oder Gesetzen und Verordnungen. [WS]

Angewandte Klimatologie, Sammelbezeichnung für diejenigen Teilgebiete der ↗Klimatologie, welche unmittelbar für die Verwendung in Industrie oder Verwaltung erarbeitet werden. Das Teilgebiet, das sich den technischen Fragen zuwendet, ist die technische Klimatologie oder ↗Technoklimatologie. Alle Materialien, die unterschiedlichen Klimaten ausgesetzt sind, erfahren dadurch Belastungen, deren Wirkungen in Abhängigkeit vom Klima zu untersuchen sind. Die beteiligten Fachgebiete reichen daher von der Materialprüfung bis zum Hoch- und Tiefbau.
Der hohe Standard in ↗Umweltschutz und ↗Umweltplanung hat zur Folge, dass für viele

raumrelevante Entscheidungen klimatische Standortuntersuchungen erforderlich sind. Dies gilt mit dem ↗Bundesimmissionsschutzgesetz, für Vorhaben, für die eine ↗Umweltverträglichkeitsprüfung nach dem UVPG vorgeschrieben ist. Eine klimagerechte Planung und Gestaltung wird auch bei zahlreichen öffentlichen und privaten Vorhaben gemacht, wenn auch ohne gesetzliche Grundlage öffentlicher Druck oder Einsicht in die Sachnotwendigkeit dies erfordern oder Planungsträger sich dadurch eine wesentliche Verbesserung erhoffen.

Die Angewandte Klimatologie weist zu vielen Fragenstellungen und Aufgaben der ↗Luftreinhaltung weitgehende Überschneidungen auf. Sie ist daher zu den Randgebieten nicht scharf abgrenzbar, sondern stellt sich aktuell als eine in der Bedeutung zunehmende Perspektive der Klimatologie dar, welche die Ergebnisse der allgemeinen Klimatologie auf konkrete Räume und Prozesse anwendet. Die wichtigsten Anwendungsfelder der Angewandten Klimatologie außerhalb von technischer Klimatologie und Umweltschutz sind die ↗Agrarklimatologie, die eine hohe Affinität zur ↗Geländeklimatologie aufweist, die ↗Medizinmeteorologie und ↗Bioklimatologie sowie aus ökonomischer und technischer Sicht die Nutzung von Sonnen- und Windenergie. [JVo].

angewandte Stadtanalyse, in den 1970er-Jahren entwickelte praxis- und planungsbezogene Arbeitsrichtung, die vorbereitende Untersuchungen zu stadtplanerischen Vorhaben (Maßnahmen zur Stadterneuerung, Verkehrsberuhigung, etc.) unternimmt, aber auch allgemeine Informationsgrundlagen für planungspolitische Entscheidungen in Städten erstellt, z. B. durch »Laufende Raumbeobachtung«. Ferner zählen Untersuchungen zu angewandten geographischen Fragestellungen jeder Art i.w.S. zur angewandte Stadtanalyse oder angewandten Stadtforschung.

Angiospermen, *Bedecktsamer*, ↗Spermatophyten.

Anhörung ↗Planfeststellungsverfahren.

Anhydrit, gesteinsbildendes Mineral mit der chemischen Formel: $CaSO_4$. Er ist wesentlicher Bestandteil von Salzlagerstätten, wo er beim Verdunsten von Salzwasser abgeschieden wurde. Bei Wasseraufnahme geht er in ↗Gips über. Anhydrit ist in Deutschland besonders in den ↗Salinaren des ↗Zechsteins und des ↗Muschelkalks verbreitet. ↗Karstgesteine.

Animismus, 1) die besonders bei Kindern nachweisbare Vorstellung, Spielzeuge, Mobiliar und letztlich alle unbeseelten Gegenstände hätten eine Seele. 2) Theorie, dass alles von Geistern beseelt sei und dieser Glauben an Geisteswesen die ursprüngliche Religion darstelle (↗Primärreligionen). Als diese Theorie längst überholt war, hielt sich die gleichfalls verfehlte Bezeichnung »Animisten« noch lange auf Religionskarten und in Statistiken als eine Art Religionsbezeichnung. Der »Animismus« ist vor allem in Afrika (70 %), in Asien (Südasien) (28 %) und in Lateinamerika (1 %) anzutreffen. ↗afrikanische Religionen, ↗afroamerikanische Religionen.

Anionenaustauschkapazität ↗Austauschkapazität von Bodenbestandteilen.

anisobare Massenverlagerung, vom ↗Gradientwind abweichende Strömung mit einer Bewegungskomponente quer zu konvergierenden bzw. divergierenden Isobaren bei gleichzeitiger Geschwindigkeitszunahme bzw. -abnahme (↗Divergenz Abb. 1).

Grund dafür ist die Massenträgheit der Luft. Bei Eintritt in ein Konvergenzgebiet kommt die Luftmasse mit einer kleineren Geschwindigkeit V' an, als es dem stationären Kräftegleichgewicht mit dem jetzt größeren Druckgradienten G' entspricht. Die Corioliskraft A' ist noch der geringen Geschwindigkeit entsprechend klein und kann das Luftquantum nicht in isobarenparallele Richtung ablenken. Das Luftquantum bewegt sich deshalb, entsprechend dem Kräfteparallelogramm zum tieferen Druck hin, beschleunigt durch die Restkraft B. Bei divergierenden Isobaren kommt die Luft mit höherer Geschwindigkeit V'' an, als dem Gradientkraft G'' entsprechen würde. Die Corioliskraft A'' überwiegt und lenkt die Luft über die isobarenparallele Richtung hinaus zum Hochdruckgebiet ab. Aus dem Kräfteparallelogramm ergibt sich eine negative Beschleunigung B' die das Luftpaket abbremst. ↗Ryd-Scherhag-Effekt.

Anmoor ↗Moore.

Annexion, Einverleibung von Gebietsteilen eines anderen Staates.

Annuelle, *einjährige Pflanzen*, ↗Raunkiaer'sche Lebensformen.

Anökumene, der unbewohnte Teil der Erde, auch wenn dort einzelne Siedlungsinseln mit bestimmten Funktionen wie Wetter-, Forschungsstationen oder Bergwerke vorhanden sind. Die Grenzen zwischen ↗Ökumene und Anökumene sind fließend und gehen auf topographische und klimatische Schwellenwerte zurück. Die Anökumene umfasst neben den Polar- und Wüstenräumen große Tundrengebiete in Asien und Nordamerika sowie Teile der immerfeuchten Tropen und der Hochgebirge (↗Bevölkerungsverteilung).

Anpassung, *Adaptation*, Begriff, der zum einen in der Evolutionslehre sowie in der Ökologie verwendet wird. Er besagt hier, dass ein Organismus durch Ausbildung spezifischer Eigenschaften auf veränderte Umweltbedingungen reagiert, um damit seine Konkurrenzstärke zu erhöhen. Dabei kann es sich, um a) eine modulative Adaptation handeln, also eine kurzfristig eintretende und – bei Wiederherstellung des Ausgangszustands – reversible Reaktion auf einen bestimmten Auslöser; b) eine modifikative Adaptation, d. h. eine individuelle Modifikation innerhalb der genetisch vorgegebenen Reaktionsnorm der Art oder c) um eine in den Erbanlagen fixierte, irreversible evolutive Veränderung, die zur Ausbildung von Ökotypen oder neuen taxonomischen Einheiten führt, handeln. Als Beispiel für diese drei grundsätzlichen Typen von Anpassung eignet sich die Reaktion von Pflanzen auf das standörtliche Strahlungsklima: Als modulative Adaptation bezeichnet man etwa die tageszeitlichen Blattbewegungen um eine günstigere Exposition der Spreite zum einfallenden Licht zu erreichen. Modifikative Anpassungen wirken sich phänotypisch aus und werden durch die Intensität der Strahlung während der Austriebsphase eines Sprosses gesteuert, etwa besonders große, dünne Blätter und lange Internodien bei schwachen und kleinere, kräftigere Blätter sowie kürzere Internodien bei stärkeren Lichtverhältnissen. Bei nachträglicher Änderung der Reizintensität werden die zuvor gebildeten Organe und Gewebe abgestoßen und durch besser angepasste ersetzt. Von evolutiven Anpassungen spricht man etwa im Kontext der Einteilung von Pflanzenarten in genetisch programmierte Sonnen- und Schattenpflanzen. Zum anderen bezeichnet Anpassung im gesellschaftlichen (↗Gesellschaft) Kontext Prozesse der Veränderung von Handlungsmustern und Einstellungen im Hinblick auf eine höhere soziale Integration eines Subjektes in ↗soziale Gruppen, soziale Organisationen oder gesellschaftliche Teilbereiche. Anpassung ist bis zu einem bestimmten Grade immer eine wichtige Voraussetzung für die Fähigkeit, an sozialen Beziehungen teilzuhaben und ↗soziale Interaktionen aufzunehmen. Anpassung ist auch eine Voraussetzung für Wettbewerbsfähigkeit (↗Wettbewerb) und ↗soziale Evolution. Die Dynamik und Unsicherheit der Umwelt erfordern Anpassungsleistungen.

Anreicherungshorizont ↗*Illuvialhorizont*.

Anspruchsniveau, Aspirationsniveau, vom engl. »level of aspiration« abgeleiteter Begriff aus der Psychologie bzw. der ↗verhaltenstheoretischen Sozialgeographie, der den Beurteilungsmaßstab eigener und fremder Verhaltensweisen bzw. Leistungen bezeichnet. Je nach der Ausprägung des Anspruchsniveaus werden die Verhaltenstypen »optimizer« und »satisfizer« unterschieden. Beim ersten Typus werden eigene wie fremde Leistungen – im Sinne entscheidungstheoretischer (↗Entscheidungstheorie) Maximen – am Anspruch optimaler Erfüllung der Erwartungen gemessen und danach bewertet. Dies entspricht einer verhaltenstheoretischen Interpretation des ↗Homo oeconomicus. Beim zweiten Typus – von Herbert Simon (1956) als Kritik an der ökonomischen Darstellung von Entscheidungssituationen formuliert – wird ein Verhaltensergebnis bereits dann akzeptiert, wenn es (subjektiv) befriedigend ausfällt. [BW]

Antagonismus, Wechselbeziehung zwischen Individuen, Populationen oder Arten, wo einer oder beide negative Effekte erleiden (↗Allelopathie).

Antarktis ↗*Faunenreiche*, ↗*Florenreiche*.

antarktische Frontalzone, Bereich großer meridionaler Temperaturänderungen zwischen den antarktischen und den maritim polaren Luftmassen, der zirkumpolar näherungsweise der antarktischen Packeisgrenze (↗Meereis) folgt und deren jahreszeitliche Fluktuationen, die bis zu 1000 km betragen, nachzeichnet. Im Bereich der antarktischen Frontalzone konvergieren die antarktischen Luftmassen, die auf nordöstlich gerichteter Bahn aus dem antarktischen Kältehoch strömen, mit den maritimen polaren Westwinden der Südhemisphäre. Im Konvergenzbereich bilden sich ↗Tiefdruckgebiete mit extrem niedrigem Druck aus. Selbst im Jahresmittel werden Werte von weniger als 985 hPa im Bodenniveau beobachtet. Die frontalen Prozesse im Bereich der Tiefdruckgebiete sind durch große Intensität und insbesondere durch bis in große Höhen aufgleitende maritim polare ↗Luftmassen gekennzeichnet. Die Zyklonen der antarktischen Frontalzone wandern in der Regel ostwärts in der polaren Westströmung, nicht selten verlaufen aber auch die ↗Zugbahnen weit in den antarktischen Kontinent hinein. Das führt dazu, dass sich das bodennahe antarktische Kältehoch im Mittel nur in mäßiger Intensität ausbildet. Zwischen der Intensität des antarktischen Hochs und der Intensität des südhemisphärischen subtropischen Hochdruckgürtel besteht eine inverse Beziehung. Das bedeutet, da ein kräftiges Subtropenhoch die Westdrift polwärts verlagert, dass bei südwärts verlagerter Westdrift die Zyklonen der antarktischen Frontalzone besonders häufig in den antarktischen Kontinent vorstoßen und die Entwicklung einer kräftigen antarktischen Antizyklone im Bodenniveau stören. [DKl]

antezedentes Tal ↗*Antezedenz*.

Antezedenz, Art der Talbildung (*antezedentes Tal*), bei der die ↗Erosion eines bestehenden Tales mit einer regional begrenzten, jungen Aufwölbung (Antiklinalrücken; ↗Morphotektonik) Schritt hält und die entstehende Erhebung als ↗Durchbruchstal quert. Im Vergleich mit der weiträumigen ↗Epigenese ist die Antezedenz auf die relativ schmalen Bereiche der Krustenverbiegung beschränkt und kommt seltener vor. Eindrucksvolle Beispiele finden sich in den Zagros Mts. (Iran).

Anthropochorie, Ausweitung des Areals von Organismen und/oder Diasporentransport durch den Menschen. ↗*Einwanderung*, ↗*Synanthropie*.

anthropogene Böden, ↗*Kultosole*, ↗*Anthrosols*.

anthropogene Klimabeeinflussung ↗*Klimabeeinflussung durch den Menschen*.

Anthropogeographie, *Geografie des Menschen*, ↗*Humangeographie*.

Anthroposphäre, der Teil des ↗Geoökosystems, der durch raum-zeitlich differenzierte Einflüsse und Eingriffe des Menschen und verschiedener Gesellschaftssysteme beeinflusst und verändert wird. Mit der Anthroposphäre befasst sich von Seiten der ↗Geographie vor allem die ↗Humangeographie.

Anthroposystem, der einen Landschaftsraum bestimmende sozio-ökonomische Systemzusammenhang. Das Anthroposystem umfasst also Gesellschaft und Wirtschaft in ihrer Struktur und Funktion. Es manifestiert sich in der Landnutzung und gesamten technischen Infrastruktur und den davon ausgehenden Auswirkungen auf den natürlichen Lebensraum. Der Begriff des Anthroposystem ist sehr allgemein und deshalb etwas diffus. Er steht dem ↗Physiosystem bzw. dem ↗Geoökosystem gegenüber. Im Unterschied zu diesen naturgesetzlich bestimmten Systemen lassen sich die Kompartimente des Anthroposystemes nicht allgemein verbindlich formulieren. Es hängt vom jeweiligen Lebensraum ab, welche Bewohner, Nutzer, Interessengruppen, Unternehmen, Behörden usw. die gesellschaftlichen Aktivitäten entscheidend mitsteuern.

Anthropozentrismus, 1) *Philosophie*: ethische Grundhaltung, die in ihren Begründungen ausschließlich auf den Menschen Bezug nimmt. 2) *Geographie*: Betrachtungsweise von ↗Ökosystemen und der ↗Umwelt aus der Sicht des Menschen. Aus ethischer Perspektive argumentierend, billigt der Anthropozentrismus Ökosystemen mit Pflanzen und Tieren ein eigenes Existenzrecht zu, in das der Menschen nicht eingreifen darf. Aus anthropoökonomischer Sicht dagegen ist der Anthropozentrismus gegenüber der Umwelt, den Lebewesen und Ökosystemen stark reduktionistisch. Der Mensch benötigt danach nur wenige Rassen von »wichtigen« und »ergänzenden« Tier- und Pflanzenarten für sein Überleben als Rasse.

Anthropozoon ↗Adventivtier.

Anthrosols, [von griech. anthropos = Mensch], Bodenklasse der ↗FAO-Bodenklassifikation (1990) und der ↗WRB-Bodenklassifikation (1998); durch menschliche Aktivitäten beeinflusste Böden (*anthropogene Böden*) mit deutlicher Modifizierung der natürlichen Horizontierung, z. B. durch Abtrag des Oberbodens, Auftrag von Material, Veränderung der Lagerungsverhältnisse oder langandauernde Bewässerung. Nach WRB-Bodenklassifikation muss die Bodenprofilveränderung bis in mindestens 50 cm Tiefe ersichtlich sein. Großflächig kommen Anthrosols in Reisanbaugebieten vor, kleinflächig sind sie in den meisten der durch Menschen besiedelten Gebiete der Erde verbreitet. Nach ↗Deutscher Bodensystematik sind sie der Klasse der terrestrischen ↗Kultosole zuzuordnen.

Antiklinale, *Sattel, Antikline*, als tektonische Struktur der bezüglich der Erdoberfläche konvex aufgewölbte Teil einer ↗Falte. Die Gesteinsschichten fallen nach den Seiten ein, wobei bei normaler Lagerung die ältesten Schichten im Kern der Antiklinale liegen, die jüngsten im Scheitel. Das Gegenstück zur Antiklinale ist die ↗Synklinale. Als *Brachyantiklinale* (Dom, Kuppel) wird eine Aufwölbung von geringer Ausdehnung bezeichnet, die einen breiten, kreisförmigen bis elliptischen Grundriss besitzt. In einem *Antiklinorium* sind die Faltenachsen eines Systems so angeordnet, dass die Achsen des mittleren Teils höher liegen als die randwärtigen. Im gegensätzlichen Fall spricht man von einem *Synklinorium*. Besonders weite Antiklinalen finden sich in den gering beanspruchbaren ↗Kratonen, wo sie als Anteklisen bezeichnet werden. Große, tektonisch bedingte kontinentale Senken heißen Syneklisen.

Antiklinaltal, Tal, das dem Verlauf der Firstlinie eines Schichtsattels folgt. Die Bildung eines Antiklinaltals kann dadurch erleichtert werden, dass Schichtgewölbe in der Regel eine starke tektonische Zerrüttung aufweisen, was die fluviale Abtragung begünstigt. Wurde der Schichtenbau in der Vergangenheit von einer Rumpffläche geschnitten, so kann die Anlage eines Antiklinaltals dadurch erleichtert worden sein, dass im Bereich der Firstlinie des Schichtsattels gering resistente Gesteine an der Oberfläche ausstreichen.

Antiklinorium ↗Antiklinale.

Antipassat ↗Hadley-Zirkulation.

antithetische Verwerfung ↗Verwerfung.

antitriptischer Wind, mesoskaliger ↗Bodenwind in der atmosphärischen Grenzschicht, bei dem die ↗Corioliskraft vernachlässigbar gering ist und nur die Reibungskraft dem Druckgradienten entgegenwirkt. (z. B. ↗Berg- und Talwind, ↗Flurwind).

antizyklonal, 1) Bezeichnung einer Wetterlage, die durch eine ↗Antizyklone geprägt ist und in Mitteleuropa meist durch absinkende Vertikalbewegungen und eine wolkenfreie Atmosphäre gekennzeichnet ist. 2) der Drehsinn einer rotierenden Luftbewegung, die ein Hochdruckgebiet umströmt und die auf der Nordhalbkugel im Uhrzeigersinn, auf der Südhalbkugel gegen den Uhrzeigersinn verläuft.

antizyklonale Krümmung ↗zyklonale Krümmung.

Antizyklone ↗Hochdruckgebiet.

Anutschin, *Dmitri Nikolajewitsch*, russischer Anthropologe, Geograph und Ethnograph, geb. 8.9.1843 in Petersburg, gest. 4.6. 1923 in Moskau. Er studierte von 1863–1867 bei darwinistischen Naturforschern in Moskau und betrieb dann zwei Jahre lang Studien vor allem zur Anthropologie in Paris, London, Wien und anderen Museumsorten. 1879 begann er mit Vorlesungen zur Anthropologie in Moskau und verteidigte 1881 seine Magister-Dissertation. Zugleich arbeitete er sich in die Geographie ein, erarbeitete eine Darstellung zum »Relief des europäischen Russland« (1895) und zum »Festland« (1895), gefolgt von einer Untersuchung der Seen an oberer Wolga und Dwina (1897), mit der er zum Mitbegründer der russischen Limnologie wurde. Er begann 1894 mit der Herausgabe der Zeitschrift »Zemljewedenie«, um die sich die Moskauer Geographenschule scharte, u. a. mit ↗Berg, A. A. Borsow (1874–1939), I. S. Stschukin (1885–1985) und A. A. Kruber (1871–1941). Zugleich arbeitete Anutschin weiter anthropologisch und ethnographisch, vor allem über Ostasien: »Japan und die Japaner« (1907). Mit kleineren Arbeiten äußert er sich mehrfach zur Geschichte der Geographie und zur Methodologie der Geographie. [FK]

Anzapfung ↗Flussanzapfung.

Äolianit, meist durch Carbonate mäßig bis stärker zementierte äolische Ablagerungen an der ↗Küste, vor allem verfestigte ↗Küstendünen mit charakteristischem Schichtungsgefüge (Kreuzschichtung, sigmoide Schichtung, diskordante Parallelstrukturen), typisch für subtropische Küstenregionen. Der Carbonatgehalt liegt bei über 8 % bis über 50 %. Hochmagnesiumcalcit als Bindemittel ist häufig. Die meisten Äolianite sind pleistozäne Gebilde mit pleistozäner Verfestigung. Holozäne Zementierung ist sehr selten, die Gründe dafür sind nicht hinreichend erforscht.

äolisch, windbürtig, vom Wind geschaffen. Zu

Anutschin, Dmitri Nikolajewitsch

unterscheiden sind äolische Prozesse (↗äolischer Sandtransport, ↗Sandsturm, ↗äolische Akkumulation, ↗äolische Abtragung, ↗Deflation, äolische ↗Korrasion), äolische Sedimente (↗Dünen, ↗Äolianit, ↗Löss, ↗Flugsanddecke) und äolische Oberflächen und Reliefformen, die durch die aktuelle oder vorzeitliche Wirkung äolischer Prozesse entstanden sind (↗Düne, ↗Erg, ↗Yardang, ↗Windrelief). Voraussetzung für das Auftreten äolischer Prozesse, Sedimente und Reliefformen ist a) das Vorhandensein oder die Anlieferung (z. B. durch fluviale Prozesse oder Küstendynamik) vom Wind transportierbaren Materials entsprechender ↗Korngrößenklassen (Sand, Schluff) und b) Vorhandensein von ausreichend Windenergie, entweder unter aktuellen Klimabedingungen, Vegetations- und Landschaftszuständen oder unter entsprechenden vorzeitlichen, paläoklimatischen Bedingungen. [IS]

äolische Abtragung, durch die Wirkung des Windes hervorgerufene Erosionsprozesse im Lockermaterial oder im Festgestein. Die vom Wind auf den Boden übertragene Energie muss größer sein als die zum bloßen Durchtransport von Material nötige Energie. Je nach Windenergie und Sättigungsgrad des Windes mit Sand findet die Abtragung durch passives Austragen von Material (↗Deflation) statt oder durch aktives Schleifen am Objekt (äolische ↗Korrasion).

äolische Akkumulation, 1) durch Wind stattfindender Ablagerungsprozess feiner ↗Korngrößenklassen (Sand, Schluff, Ton). 2) aus äolisch transportiertem Material bestehende Reliefform bzw. Oberfläche als Ergebnis bereits stattgefundener Windablagerung (↗Dünen, ↗Erg, ↗Sandfleck, ↗Flugsanddecke, ↗Löss). Voraussetzung für äolische Akkumulationsprozesse sind das Vorhandensein von äolisch transportierbarem Material sowie eine zeitlich oder räumlich bedingte Unterschreitung der Transportkraft des Windes, bezogen auf die jeweils transportierte Materialmenge bzw. Materialkorngröße. Diese Unterschreitung der Transportenergie kann bedingt sein a) durch Änderungen des Windfeldes (Abklingen von ↗Sandfegen oder ↗Sandsturm); b) Änderungen der Oberflächenbeschaffenheit (erhöhte Rauigkeit, Zunahme der Vegetationsdichte); c) anthropogene oder natürliche Strömungshindernisse (↗Dünenstabilisierung); d) topographische Faktoren (Reliefanstieg mit Abbremsen der Transportgeschwindigkeit, Divergenz der Windströmungsfäden in einem Strömungsdelta z. B. im Lee einer ↗Windgasse); e) Zunahme der in einem Gebiet bereitgestellten äolisch transportierbaren Materialmenge (↗Bodendegradation, ↗Desertifikation), sodass es zum Überschreiten des Transportgleichgewichts und zur Ablagerung kommt. [IS]

äolische Morphodynamik, Bezeichnung der Gesamtheit von Prozessen (↗äolischer Sandtransport, ↗äolische Akkumulation, ↗äolische Abtragung), die durch den Wind entstehen und gesteuert werden und zur Bildung, Überprägung und Aufzehrung von äolischen Relief- und Akkumulationsformen führen. Die äolische Morphodynamik wird gesteuert durch a) das natürliche Windregime, b) Lage, Größe und bereitstellbare Materialmenge von windaufwärts gelegenen Liefergebieten, c) die Topographie des Ausgangsreliefs und d) die Oberfläche bereits vorhandener äolischer Formen und Ablagerungen, die nachfolgende Prozesse modifizieren. Flächenhafter Ausdruck der rezenten äolischen Morphodynamik auf ↗Dünen und Sandoberflächen sind ↗Windrippeln, die das Windfeld und seine Beeinflussung durch die Dünentopographie unmittelbar durch Orientierung, Rippelmuster und ↗Rippelwellenlängen auf dem Sand widerspiegeln. [IS]

äolischer Sandtransport, äolische Verfrachtung von Material mit ↗Sandkorngröße durch Mechanismen der ↗Saltation und ↗Reptation sowie den Einfluss von elektrostatischer Anziehung und Abstoßung. Voraussetzung für den Beginn von Sandtransport ist die Überschreitung der kritischen Schubspannungsgeschwindigkeit an der Erdoberfläche, wobei der tatsächlich erforderliche Wert von den zu transportierenden Korngrößen abhängt. Für Körner mit einem Durchmesser von 100 µm (Feinstsand) ist die kritische Geschwindigkeit mit ca. 15 cm/sec am geringsten. Die erforderliche Grenzgeschwindigkeit steigt einerseits mit zunehmender Korngröße an, andererseits auch bei Partikeln mit Durchmessern < 100 µm, da hier die geringe Oberflächenrauigkeit sowie mögliche Kohäsionsphänomene zwischen den Körnern das Aufgreifen durch den Wind erschweren. Das transportierte Material wird als ↗Flugsand bezeichnet. Korngrößen kleiner als Sand wie z. B. ↗Schluff und ↗Ton werden dagegen in äolischer ↗Suspension transportiert oder durch (von elektrostatischer Anziehung bedingten) Huckepacktransport auf größeren Körnern. [IS]

äolische Seifen ↗Seife.

äolische Transportrate, ↗Transportrate durch äolische Prozesse. Die Erodierbarkeit von Substraten durch den Wind hängt von meteorologischen Parametern, der Korngröße und Aggregierung des Materials und von der Beschaffenheit der Reliefs (Rauigkeit, Vegetation, Abstand zu Windhindernissen im Luv) ab. Mit diesen Daten kann die Erosion näherungsweise modelliert werden. Windkanäle sind in der Lage, äolische Prozesse zu simulieren um Aufschlüsse über die Anfälligkeit des Substrats zu erhalten. Für die Messung der ↗äolischen Abtragung kommen ähnliche Methoden zum Einsatz wie bei der Bestimmung der ↗Denudationsrate. Die Fracht wird in Auffangbehältern getrennt nach Boden- und Saltationsfracht (Sand) und Suspensionsfracht (Schluff) erfasst. Solche Fallen halten das eingewehte Material fest, geben also keine Hinweise auf natürliche Sedimentationsprozesse, bei denen ein Teil wieder weiterbewegt werden würde. Eine Alternative ist die Bestimmung der Sichtweite als Maß für die in Bewegung befindliche Staubmenge sowie die Beobachtung von Staubfahnen durch ↗Fernerkundung. Äolische Sandfracht wird oft in Form von Wanderdünen transportiert. Deren Wanderungsgeschwindigkeit ist mit ↗Vermessungs- und Fernerkundungsmethoden zu bestimmen. Außerdem geben Analysen der Korngröße (↗Substrateigenschaften) Aufschluss über Transportmechanismen. Gefärbte Sandkörner erlauben, den Transportweg zu verfolgen. [AK]

Äonothem ↗Stratigraphie.

Apamoor, *Aapamoore*, ↗Moore.

Apartheid, Politik der räumlichen Separation, die auf rassistischer Ideologie basiert und die u. a. in der Republik Südafrika nach der Übernahme der »National Party« 1948 bis 1994 praktiziert worden ist. Nach dem »Population Registration Act« wurden die Bewohner des Staates in die Kategorien »Black« (Anfang 1990 ca. 30 Mio.), »White« (ca. 5 Mio.), »Coloured« (ca. 3,5 Mio.) und »Asian« (ca. 1 Mio.) eingeteilt. Diese rassistische Zuweisung diente als Grundlage, um alle Bereiche des sozialen Zusammenlebens zu Gunsten der Vorherrschaft der Weißen zu regeln. Die Politik der Apartheid hat auf drei Maßstabsstufen gewirkt: Die kleine (petty) Apartheid führte zu räumlichen Diskriminierungen der individuellen ↗Aktionsräume durch getrennte und für die jeweiligen Bevölkerungsgruppen genau geregelte Zugänge des öffentlichen Raumes (Parks, Theater, Transportmittel, Toiletten). Auf städtischer Ebene bewirkte die Apartheid die strikte räumliche ↗Segregation durch Umsiedlung und Zerstörung alter Stadtgebiete und Errichtung spezieller Wohngebiete (↗townships). Auf nationaler Ebene wurden zehn Sonderzonen (*Homelands*, Bantustans) mit dem Ziel eingerichtet, diese langfristig zu unabhängigen Staaten zu formen (z. B. Bophuthatswana, Ciskei, Transkei, Venda). Aufgrund des externen Drucks und der weit reichenden politischen und wirtschaftlichen Ächtung Südafrikas sowie der inneren Opposition (United Democratic Front, African National Congress) ließ sich die Apartheid-Politik in den 1980er-Jahren nicht mehr uneingeschränkt durchsetzen. Die Freilassung Nelson Mandelas im Februar 1990 und seine Übernahme der Präsidentschaft auf Grundlage einer neuen Verfassung markierten das Ende der Apartheid 1994. Jedoch wirken die Apartheidsstrukturen nach und führen zu vielen besonderen Entwicklungsproblemen der Postapartheid. [JO]

Apatit, Gruppe von verschiedenfarbigen, hexagonalen Mineralen aus Calciumphosphat mit verschiedenen Anteilen von Fluorid, Chlorid, Hydroxyl oder Carbonat zusammengesetzt; mit der chemischen Formel: $Ca_5(PO_4,CO_3)_3(F,OH,Cl)$; Härte nach Mohs: 5; Dichte: 3,18–3,21 g/cm³. Man unterscheidet zwischen Fluorapatit, Chlorapatit, Hydroxylapatit usw. Apatitminerale finden sich als ↗Akzessorien in fast allen magmatischen Gesteinen, in ↗Metamorphiten und in ↗Gängen sowie anderen ↗Erzlagerstätten. Als wichtiger Rohstoff für die Phosphatgewinnung ist er wirtschaftlich bedeutend. Apatit ist auch als biogenes Produkt Hauptkomponente aller Knochen und Zähne sowie in Skelettteilen einiger wirbelloser Tiergruppen enthalten.

APEC, *Asia-Pacific Economic Cooperation*, Asiatisch-Pazifische Wirtschaftliche Zusammenarbeit, ein 1989 geschaffenes Diskussionsforum von 21 Staaten: Australien, Brunei, Chile, China Taipeh, VR China, Hong Kong, Indonesien, Japan, Kanada, Republik Korea, Malaysia, Mexiko, Neuseeland, Papua-Neuguinea, Peru, Philippinen, Russland, Singapur, Thailand, USA, Vietnam mit jährlichen Treffen der Außen- und Finanzminister unter wechselndem Vorsitz. Das Sekretariat unter Leitung eines Exekutivdirektors betreut mehrere ständige Arbeitsgruppen. Ziele der losen Organisation sind die Förderung des Freihandels, die wirtschaftliche Kooperation und die Investitionstätigkeit in der Region zur Verstärkung der wirtschaftlichen Dynamik. Angestrebt wird die Errichtung eines multilateralen Handelssystems bzw. einer Freihandelszone bis zum Jahre 2010 für ↗Industrieländer bzw. 2020 für ↗Entwicklungsländer. [HN]

Aphel, Punkt auf der elliptischen Bahn der Erde, an dem der Abstand von der Sonne am größten ist (152 10⁶ km, gegenwärtig im Juli); im *Perihel* ist er dagegen am geringsten (147 10⁶ km, gegenwärtig im Januar). Die Bewegung der Erde um die Sonne, die ↗Erdrevolution, vollzieht sich auf einer elliptischen Bahn, in deren einem Brennpunkt die Sonne steht (erstes Kepler'sches Gesetz). Dadurch variiert der Abstand zwischen Sonne und Erde – und mit ihm die Globalstrahlung – in einem Jahresgang. Die Termine durchlaufen im Zeitraum von 26.000 Jahren ein Jahr. Die Energieflussdichte der solaren Strahlung an der Obergrenze der Atmosphäre schwankt daher im Jahresrhythmus zwischen ca. 1310 W/m² und 1400 W/m², wodurch der Nordwinter strahlungsreicher als der Südwinter und der Nordsommer strahlungsärmer als der Südsommer sind. Die Umlaufgeschwindigkeit der Erde ändert sich auf der elliptischen Bahn so, dass die Radiusvektoren in gleichen Zeiten gleiche Flächen überstreichen (zweites Kepler'sches Gesetz). Wegen der dadurch bestehenden höheren Bahngeschwindigkeit der Erde im ↗Perihel ist das Nordwinter/Südsommer-Halbjahr mit 179 Tagen etwas kürzer als das Südwinter/Nordsommer-Halbjahr mit 186 Tagen. [JVo]

aphotische Zone, völlig lichtlose Tiefenstufe der Gewässer, noch unterhalb einer Restlichtstufe, die Orientierung erlaubt.

Aphyllie ↗Xerophyt.

Approximation, 7 th, 1960 in den USA erstmals eingeführtes Merkmalssystem zur systematischen Bodenklassifikation, wobei weniger genetische als mehr diagnostisch-morphologische Merkmale zur Unterscheidung herangezogen werden, seit 1975 als ↗Soil Taxonomy bezeichnet.

Aquakultur, die Vermehrung und Aufzucht von im Wasser vorkommenden Organismen in einer kontrollierten oder besonders ausgewählten Umgebung mit dem Ziel der Herstellung von Nahrungsmitteln und Industrierohstoffen sowie der Aufstockung natürlicher Bestände. Dabei handelt es sich um Fische, Crustaceen, Mollusken und Wasserpflanzen einschließlich der Algen. Aquakultur wird weltweit in Süß-, Brack- und Meerwasser betrieben. Moderne Aquakultur ist stark industrialisiert und hat einen hohen Kapitalbedarf. Die Ursprünge der Aquakultur werden in der ↗Teichwirtschaft gesehen, die beispielsweise bei den Römern nachgewiesen ist. ↗Fischwirtschaft.

Äquator, *Erdäquator*, *geographischer Äquator*, größter Breitenkreis (Umfang 40.076,592 km); die Äquatorebene teilt die Erde in die nördl. und südl. Halbkugel (Hemisphäre). In den Geowissenschaften haben der Äquator, bzw. Linien in der Nähe des Äquators noch weitere Bedeutungen:
Der *magnetische Äquator* beschreibt eine Linie in der Nähe des geographischen Äquators, an der das Erdmagnetfeld horizontal gerichtet ist (Dip-Äquator).
Der *thermischer Äquator* oder *Wärmeäquator*, repräsentiert die Linie, die die im Mittel wärmsten Punkte der Erde verbindet. Sie verläuft etwa breitenkreisparallel, ist aber wegen der Unterschiede in der Land-Meer-Verteilung der Hemisphären gegenüber dem geographischen Äquator um durchschnittlich 10° nordwärts verschoben. Im Nordsommer verläuft der thermische Äquator bei 20° N, im Südsommer fallen thermischer und geographischen Äquator näherungsweise zusammen.
Der ↗meteorologische Äquator bezeichnet den Breitenkreis, auf dem man im Jahresmittel den niedrigsten Bodenluftdruck in den Tropen findet. Hier treffen die Passatwinde aus der nördlichen und südlichen Hemisphäre zusammen (↗äquatoriale Tiefdruckrinne). Wegen des größeren Anteils der Landmassen auf der Nordhemisphäre und der damit verbundenen unterschiedlichen Erwärmung gegenüber der Südhemisphäre liegt der meteorologische Äquator (im Mittel) bei 5° nördlicher Breite.

äquatoriale Schneegrenze, Höhengrenze, die im äquatorialen Bereich die schneebedeckten von den schneefreien Gebieten trennt. Die Höhe der Schneegrenze ist von der Temperatur und der Niederschlagshöhe abhängig. Die Temperatur unterliegt im Tageszeitenklima der Tropen nur sehr geringen jahreszeitlichen Schwankungen. Deshalb fällt in der Äquatorialzone die temporäre mit der ↗klimatischen Schneegrenze näherungsweise zusammen. Im Bereich der wolken- und niederschlagsreichen Äquatorialzone liegt die Schneegrenze niedriger (4700 m) als in den ariden Subtropen, wo sie im globalen Vergleich in den größten Höhen (6000 m) auftritt.

äquatoriale Tiefdruckrinne, erdumspannende, eng begrenzte Zone niedrigen Luftdrucks in äquatorialen Breiten, die zeitverzögert den jahreszeitlichen Sonnenstandsänderungen folgt. Im Sommerhalbjahr der Nordhemisphäre verlagert sich die äquatoriale Tiefdruckrinne über Indien bis ca. 30° N polwärts, im Sommerhalbjahr der Südhemisphäre in 23° S über dem östlichen Afrika (↗atmosphärische Zirkulation Abb. 5).
Von der äquatorialen Tiefdruckrinne aus steigt der Luftdruck bis in die Kernbereiche des subtropischen Hochdruckgürtels an. Den äquatorwärts gerichteten Druckgradienten folgend strömen die ↗Passate beider Hemisphären in die äquatoriale Tiefdruckrinne, wo sie konvergieren und aufsteigen. Die äquatoriale Tiefdruckrinne fällt demzufolge mit der ↗innertropischen Konvergenzzone der Passate beider Hemisphären zusammen. Im Jahresmittel treten die niedrigsten Luftdruckwerte in den Tropen in etwa 5° N auf. Diese nur im Jahresmittel in Erscheinung tretende Tiefdruckrinne wird auch als ↗meteorologischer Äquator bezeichnet.
Die jahreszeitlichen Verlagerungen der äquatorialen Tiefdruckrinne bringen zum Ausdruck, dass die Zirkulation der jeweiligen Winterhemisphäre die winterlichen Wärmedefizite kompensiert und auf die Wärmeüberschüsse der jeweiligen Sommerhemisphäre zurückgreift, indem der Bereich der hemisphärischen Wärmeproduktion ausgeweitet wird. Der Wärmetransport erfolgt durch die ↗Hadley-Zirkulation. ↗äquatoriale Westwindzone. [DKl]

äquatoriale Westwindzone, Zone innerhalb der ↗äquatorialen Tiefdruckrinne, die besonders dann in Erscheinung tritt, wenn sich die ↗innertropische Konvergenzzone (ITCZ) in einen polwärtigen und einen äquatornahen Zweig aufspaltet. In der Regel bleibt das Druckgefälle zwischen den beiden Tiefdruckrinnen polwärts gerichtet, sodass sich unter dem Einfluss der ↗Corioliskraft die äquatorialen Westwinde ausbilden. Die äquatoriale Westwindzone bleibt auf die unteren Troposphärenschichten begrenzt. In der mittleren und oberen Troposphäre wird sie von den tropischen Höhenostwinden (Urpassat) überlagert. Über Indien, wo die ITCZ ihre nördlichste Position erreicht, tritt die äquatoriale Westwindzone im Nordsommer in Verbindung mit dem ↗Monsun auf. Oft bilden sich die äquatorialen Westwinde allerdings nur dann kräftig aus, wenn ↗tropische Depressionen, von der tropischen Höhenostströmung gesteuert, polwärts der ITCZ westwärts wandern. [DKl]

Äquatorialluft, in den inneren Tropen entstehende warme und sehr feuchte Luft, die in der Regel labil geschichtet und auf die ↗äquatoriale Westwindzone sowie den Verbreitungsbereich der SW- bzw. NW-Monsune begrenzt ist. In den neueren Luftmassenklassifikationen wird die Äquatorialluft nicht als eigene ↗Luftmasse ausgewiesen, sondern der tropischen Luftmasse zugerechnet.

Äquidensiten, bei analogen Luftbildern Linien oder Flächen gleicher Dichte oder Schwärzung. Bei digitalen Bildern werden diese Flächen durch die Zusammenfassung eines Grauwertintervalls (↗Grauwertbild) zu einem einzigen Grau- bzw. Farbwert erzeugt (↗density slicing). Ein *Binärbild* ist eine spezielle Form des Äquidensitenbildes, dabei werden alle Grauwerte auf zwei (z. B. 0 und 1) verteilt.

Aquifer, *Grundwasserleiter*, Gesteinskörper, der ↗Grundwasser aufnehmen und weiterleiten kann. Voraussetzungen hierfür sind ausreichende Porosität und Permeabilität des Gesteins.

Äquinoktialregen, heftige Regen in den äquatornahen Gebieten zwischen 10° N bis 10° S mit doppelter Regenzeit und ohne absolute Trockenzeit. Die Niederschlagsmaxima fallen kurz nach der Zeit des höchsten Sonnenstandes am Äquator im April und November (↗Erdrevolution). In den Randtropen wachsen die Regenzeiten zu einer zusammen, sie treten auch hier kurz nach dem Sonnenhöchststand im Sommer der jeweiligen Halbkugel auf und werden *Solstitialregen* genannt. Die Ursache der Äquinoktialregen und Solstitialregen ist die jahreszeitliche Verlagerung der ↗innertropischen Konvergenzzone.

Äquinoktien, *Tag- und Nachtgleiche*, Datum im Jahresverlauf (21. März, 23. September), zu dem Tag und Nacht gleich lang sind. Die Sonne steht dann senkrecht auf dem ↗Äquator (↗Erdrevolution Abb. 1).

Äquipotenzialfläche ↗Geopotenzial.

Äquivalentdurchmesser, Durchmesser von unregelmäßig geformten Partikeln oder Poren in Böden; wird als scheinbarer Durchmesser indirekt aus dem physikalischen Verhalten abgeleitet, das an bestimmte Partikel- oder Porengrößen gebunden ist. Bei den Bodenpartikeln der mineralischen Substanz wird für die Sandfraktion (2000–63 µm) der Siebdurchgang und bei der Schluff- und Tonfraktion (< 63 µm) die Sinkgeschwindigkeit von Bodenteilchen in einer Suspension zu Grunde gelegt. Da die Sinkgeschwindigkeit eng mit der Teilchendurchmesser von kugelförmigen Partikel korreliert, wird den Bodenpartikeln dieser Durchmesser zugeordnet. Bei den Bodenporen dient die ↗Wasserspannung als Maß für die Äquivalentdurchmesser.

äquivalente Arten, treten in vergleichbaren ↗Ökosystemen in der gleichen ↗Lebensform auf und nutzen ↗Ressourcen in gleicher Weise.

Äquivalenttemperatur, Temperatur, die ein Luftpaket annimmt, wenn sein Gehalt an ↗latenter Wärme durch ↗Kondensation vollständig in ↗fühlbare Wärme umgesetzt würde. Sie ergibt sich aus:

$$T_ä = T + 94{,}341 \cdot \frac{f \cdot 10^{(7{,}45 \cdot T/(235+T))}}{p}$$

mit T = Lufttemperatur [°C], f = relative Luftfeuchte [%], p = Luftdruck [hPa]. Ersetzt man T durch die ↗potenzielle Temperatur, ergibt sich die *potenzielle Äquivalenttemperatur*. Die Äquivalenttemperatur ist grundsätzlich ein thermisches Maß für das Sättigungsdefizit (↗Sättigungsdampfdruck) der Luft. Aus humanbioklimatologischer Sicht eignet sie sich auch als Indikator für das Schwüleempfinden des Menschen (↗Schwüle) (Abb.). Bei $T_ä$ über 50–55°C wird die Luft als schwül empfunden, es setzt Schwitzen ein. So wird z. B. bei einer Lufttemperatur von 24°C und einer relativen Feuchte von 30% ($T_ä$ ≈ 38°C) die Grenztemperatur nicht erreicht, steigt die Luftfeuchte aber auf 70% an, wird die Schwülegrenze bei gleicher Lufttemperatur ($T_ä$ ≈ 56°C) bereits überschritten. [JB]

arabische Geographie, bezeichnet die vor allem im Mittelalter vom 7. bis 16. Jh. durch arabische Gelehrte allmählich zur Wissenschaftsdisziplin ausgebauten erdkundlichen und astrologischen Forschungen. In ihren Ursprüngen lässt sich die arabische Geographie auf die Überlieferung antiker griechischer Forschungen zur ↗Geodäsie und ↗Kartographie, wie etwa der ↗Geographie des Ptolemäus, zurückführen. Neben einer eigenen Forschungstätigkeit wurden später auch Erkenntnisse und Anregungen aus der geographischen Literatur Persiens und Indiens einbezogen. Die Motive der geographischen Arbeiten kamen vornehmlich aus dem politisch-administrativen Bereich und dienten neben geopolitischen Interessen des sich ausdehnenden arabischen Imperiums vor allem der Sicherung von Handels- und Pilgerrouten. Auftraggeber und Mentor vieler Geographen waren oft die arabischen Herrscher: Kalif Al-Mansur (753–775) gab die Übersetzung griechischer, indischer und persischer Literatur in Auftrag und Kalif Al-Ma'mun (813–833) veranlasste die exakte Berechnung eines Meridians. Anders als im Okzident dieser Zeit war die Auffassung von der Erde als Kugel mit einer vom Ozean umgebenen afroeurasischen Landmasse verbreitet. Neben einer allgemeinen ↗Landeskunde beinhaltete die damalige Geographie hauptsächlich Astrologie und Geodäsie, zu denen auch Kartographie sowie die religiös motivierte Bestimmung der Gebetsrichtung und -zeiten gehörten. Die geographische Disziplin erfuhr durch die islamische Religion (↗Islam) inhaltlich wie methodisch eine gewisse Beschränkung auf religionskonforme Bereiche. Besonders wird diese durch die Mekka zentrierte Geographiekonzeption der Gelehrten um Al-Balkhi (gest. 934) verdeutlicht. Daneben gab es mit der irakischen Schule um Al-Masudi (gest. 957) eine eher säkular orientierte Geographie, die Bagdad als den Weltmittelpunkt ansah.

In der klassischen Periode (7. bis 11. Jh.) etablierte Al-Mukaddasi (gest. 1000) für die arabische Geographie eine neue wissenschaftliche Basis auf der Grundlage empirischer Beobachtungen und einer eigenen geographischen Terminologie. Die Geographie wurde erstmals um eine ausschließlich naturräumliche Gliederung erweitert, die sich nicht mehr am weitgehend politisch-administrativen System griechischer Regionen oder persischer Kreiskategorien (kishwars) orientierte. In den Länderbeschreibungen wurden neben physisch-geographischen Faktoren oftmals anthropogeographische Sachverhalte wie Sprache, Religion und Gewohnheit, aber auch lokale Maßeinheiten und territoriale Gliederungen abgehandelt. Beispiel ist die von Al-Hamdani (gest. 946) verfasste Beschreibung der arabischen Halbinsel. Einen Höhepunkt erfuhr die arabische Geographie durch die kritische Zusammenfassung allen bisherigen geographischen Wissens durch Al-Biruni (nach 1050), der vergleichende Studien der griechischen, persischen und indischen Literatur anfertigte.

Eine Phase der Konsolidierung zwischen dem 12. und 16. Jh. brachte eine weite Verbreitung geographischer Literatur. Zusätzliche Impulse kamen aus der arabischen Seefahrt, die vor allem die Handelsrouten im Mittelmeer und im indischen Ozean bediente und eine große Anzahl an

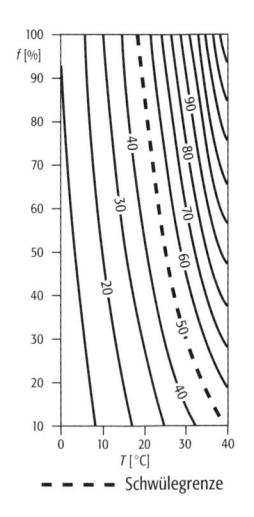

Äquivalenttemperatur: Äquivalenttemperatur [°C] in Abhängigkeit von Lufttemperatur (*T*) und relativer Luftfeuchte (*f*) bei Luftdruck = 1000 hPa.

Reiseberichten, Länderkunden und Seekarten mit Längen- und Breitenangaben hervorbrachte. Ergänzt wurden diese hauptsächlich deskriptiven Arbeiten um geographische Enzyklopädien und Nachschlagewerke.

In der westlichen Welt erfuhren die Leistungen und Erkenntnisse der arabischen Geographen lange Zeit keine Beachtung und wurden erst Jahrhunderte später aufgegriffen. Bis auf wenige Ausnahmen okzidental-orientaler Anknüpfungspunkte, wie beispielsweise der Forschungen von Al-Idrisi (gest. 1166) unter König Roger II. in Sizilien, erfuhr die arabische Geographie zunächst nur in der osmanischen Literatur Beachtung und Fortführung. Die Entdeckung Amerikas und eine verstärkte Hinwendung zur Neuen Welt markierten den langsamen Abstieg der arabischen Geographie, die erst im 20. Jh., nicht zuletzt im Zuge von Orientalismusdebatte (/Orientalismus), wieder verstärkt eigenständige Leistungen hervorgebracht hat. [HSc]

Literatur: WEITER, M. (1988): Geographie im Jemen. Bedeutungswandel einer Wissenschaft für ein Entwicklungsland. – Wiesbaden.

Aragonit, nach der spanischen Provinz Aragon benanntes Carbonatmineral mit der chemischen Formel: $CaCO_3$, Härte nach Mohs: 3,5–4,0; Dichte: 2,9–3,0 g/cm³. Er unterscheidet sich von /Calcit nur durch die Kristallform. Aragonit ist eines der wichtigsten Minerale bei der Bildung organischer Schalen und wird besonders bei der Genese von Schnecken- und Muschelschalen erzeugt. Daneben bildet sich Aragonit anorganisch in bewegtem, kalkgesättigtem Wasser (Pisolith) und entsteht bei der Bildung von Tropfsteinen. /Karstgesteine.

Ärathem /Stratigraphie.

Arbeiter, eine Gruppe von unselbstständig Beschäftigten die sich arbeitsrechtlich von anderen Gruppen (z. B. /Angestellten) unterscheidet. Traditionelle Unterschiede wie die überwiegend körperliche Tätigkeit oder die stunden- oder wochenweise Entlohnung werden geringer. Eine genaue Abgrenzung gegenüber den Angestellten ist besonders auf der Facharbeiterebene nicht mehr möglich, weil viele Facharbeiter auch als Angestellte in den Unternehmen tätig sind.

Arbeitsamtsbezirk, administrative Einheit für den ein bestimmtes Arbeitsamt zuständig ist und für welchen die Arbeitslosenzahlen bzw. /Arbeitslosenquoten erhoben werden; die Abgrenzung erfolgt in erster Linie nach administrativen Gesichtspunkten und deckt sich nur partiell mit anderen statistischen Arealen.

Arbeitsbevölkerung, die am Arbeitsort (Areal, Gemeinde) wohnhaften /Erwerbstätigen plus einpendelnde minus auspendelnde Erwerbstätige (/Pendler). Zuzüglich der offenen Stellen kann die Arbeitsbevölkerung mit dem Arbeitsplatzangebot eines Standorts oder Gebiets gleichgesetzt werden. Die Arbeitsbevölkerung ist bei vielen Fragestellungen der Arbeitsmarktforschung, /Zentralitätsforschung und /Bildungsgeographie ein wesentlich aussagekräftigerer Indikator für die ökonomische Attraktivität eines Standorts als die (berufstätige) Wohnbevölkerung.

arbeitsintensive Wachstumsstrategie, /Entwicklungsstrategie zur Steigerung der volkswirtschaftlichen Gesamtleistung bei gleichzeitiger Verbesserung der Beschäftigungswerte.

Arbeitkarte, 1) vorwiegend in der thematischen /Kartographie als /Basiskarte für die Bearbeitung des /Autorenoriginals und den Kartenentwurf benutzte Karte bzw. die Karte, auf der ein Kartenautor oder Kartograph arbeitet, falls analoge Materialien als Ausgangsinformationen für die /Kartenherstellung dienen. Unveränderte /topographische Karten und /chorographische Karten sind hierfür wegen ihrer hohen /Kartenbelastung nur bedingt geeignet. Der Inhalt von speziell geschaffenen Arbeitskarten ist meist aufgelichtet (generalisiert), einfarbig (Graudruck) und u. U. bis zu 200 % vergrößert dargestellt, um die Arbeit mit einfachem Zeichengerät zu ermöglichen. 2) in der /digitalen Kartographie der vorläufige Kartenentwurf, d. h. eine digitale und/oder analoge Arbeitsversion der Karte. 3) im Unterricht als Arbeitsblatt benutzte Karte, in die von den Schülern zum Lernstoff gehörende Inhalte oder Sachverhalte eingetragen werden. [KG]

Arbeitskosten, Lohnkosten und Lohnnebenkosten. Preis und Qualität des Produktionsfaktors Arbeit sind wichtige /Standortfaktoren. In Deutschland entfällt mehr als ein Viertel des Bruttoproduktionswertes in Unternehmen des /verarbeitenden Gewerbes auf Arbeitskosten.

Arbeitskräfteangebot, Gesamtheit der auf einem /Arbeitsmarkt angebotenen Arbeitskräfte. Es ist abhängig von der Größe der Bevölkerung im erwerbsfähigen Alter und der /Erwerbsbeteiligung. Die potenziell erwerbstätige (erwerbsfähige) Bevölkerung wird durch die Einwohnerzahl und den Altersaufbau bestimmt. Die Zuwanderung von Personen im erwerbsfähigen Alter und hohe Geburtenzahlen in einem längeren Zeitraum erhöhen unmittelbar das Arbeitskräfteangebot. Wie groß der Anteil der erwerbsfähigen Personen ist, der tatsächlich eine Erwerbsarbeit sucht und damit dem Arbeitskräfteangebot zuzurechnen ist, hängt schließlich von einer Vielzahl weiterer Faktoren ab. Die schulische und berufliche Qualifikation beeinflusst die Erwerbsneigung ebenso wie der Familienstand, das Geschlecht, die regionale Infrastruktur oder soziokulturelle Normen. Die Erwerbsneigung kann durch die /Erwerbsquote gemessen werden. /Arbeitsvolumen. [HF]

Arbeitskräftenachfrage, Gesamtheit des auf einem Arbeitsmarkt nachgefragten /Arbeitsvolumens, das sich aus der Zahl der bereitstehenden Arbeitsplätze und der Beschäftigungszeit (Produktionszeit) ergibt. Die Nachfrage nach Arbeitskräften wird damit direkt und indirekt durch die Produktnachfrage, den technisch-strukturellen Wandel, den gesetzlichen Rahmen der Betriebszeiten und das Ausmaß von Rationalisierungsinvestitionen bestimmt. Über fiskalische und wirtschaftspolitische Anreize kann auch eine nachfrageorientierte /Arbeitsmarktpolitik betrieben werden, über bildungs- und familienpolitische Maßnahmen eine angebotsorientierte.

Arbeitskräftewanderung, Wanderung von Arbeitskräften. Die ↗Gastarbeiterwanderung ist eine spezifische Form der Arbeitskräftewanderung.

Arbeitskräftewarteschlange, modellhafte Darstellung von vielen Arbeitskräften, die einen Arbeitsplatz besetzen wollen. Merkmale wie Qualifikation, Geschlecht, Alter oder Nationalität sind für die Reihenfolge der Arbeitskräfte in der Arbeitskräftewarteschlange entscheidend.

Arbeitslosenquote, die Zahl der Arbeitslosen dividiert durch die Zahl der ↗Erwerbspersonen multipliziert mit 100.

Arbeitslosigkeit

Heinz Fassmann, München

Einleitung
Arbeitslosigkeit stellt die Folge einer Störung eines fiktiven Gleichgewichtes auf dem ↗Arbeitsmarkt dar. Sie entsteht, wenn das ↗Arbeitskräfteangebot die ↗Arbeitskräftenachfrage übersteigt. Menschen suchen einen ↗Arbeitsplatz und finden keinen, der ihren Ansprüchen hinsichtlich Entlohnung, Arbeitsinhalt oder Arbeitsbedingung entspricht. Die Gründe für Arbeitslosigkeit können daher sehr unterschiedlich sein, Erklärungsansätze dafür und auch für die unterschiedliche Verteilung der Arbeitslosigkeit in der Gesellschaft liefern die ↗Arbeitslosigkeitstheorien.

Typologie und Ursachen
Wenn beispielsweise geburtenstarke Jahrgänge das Erwerbsalter erreicht haben und einen Arbeitsplatz suchen, dann erhöhen sie das Arbeitskräfteangebot und gefährden damit möglicherweise das fiktive Gleichgewicht, das Arbeitslosigkeit zur Folge hat. Ähnliches kann passieren, wenn Arbeitsmigranten oder Flüchtlinge in großer Zahl zuwandern. Umgekehrt kann aber auch die Nachfrage nach Arbeitskräften massiv zurückgehen, weil vielleicht eine technische Innovation den Produktionsprozess radikal verändert, weil eine neue Arbeitsorganisation eine effizientere Produktion ermöglicht oder weil der Absatz bestimmter Produkte als Folge eines veränderten »Umfeldes« schlagartig nachlässt. Markante Änderungen des Arbeitskräfteangebots oder der Nachfrage führen zu einer *strukturellen Arbeitslosigkeit*. Sie wird durch langfristige und strukturelle Änderungen der Wirtschaft hervorgerufen (technologischer Wandel, veränderte Güternachfrage, neue ↗internationale Arbeitsteilung). Die Bekämpfung der strukturellen Arbeitslosigkeit ist schwierig, erfordert Um- und Weiterbildungsmaßnahmen, die Förderung räumlicher Mobilität und Hilfestellungen für die Unternehmen bei der Bewältigung des Strukturwandels. Weniger markant und einschneidend sind die Ursachen und Folgen der *konjunkturellen Arbeitslosigkeit*, die als Folge der Konjunkturentwicklung auftritt. Bei einem Rückgang des Wirtschaftswachstums nimmt auch die Nachfrage nach Arbeitskräften ab und die Zahl der Arbeitslosen steigt. Die konjunkturelle Arbeitslosigkeit sollte mit dem nächsten Konjunkturzyklus wieder absorbiert werden. Dies würde – so die liberale Argumentation – leichter und häufiger passieren, wenn die Löhne flexibel wären. Würden Löhne mit nachlassender Konjunktur ebenfalls nachgeben und wäre das Lohnsystem insgesamt nicht so rigide und nach unten hin fixiert, dann würden mehr Unternehmer die nun billige Arbeitskraft einstellen.

Der Normalität des Arbeitsmarktes entsprechen schließlich zwei weitere Typen von Arbeitslosigkeit, deren Begründungen sehr einfach sind. Die *saisonale Arbeitslosigkeit*, ist auf sinkende Nachfrage nach Arbeitskräften infolge jahreszeitlicher Schwankungen der Wirtschaftsentwicklung in bestimmten Branchen (Tourismus, Baugewerbe) zurückzuführen. Bauarbeiter werden regelmäßig von einer Winterarbeitslosigkeit betroffen, die auch deshalb entsteht, weil damit Unternehmen, die Lohnkosten in der »stillen Zeit« der Arbeitslosenversicherung übertragen können. Regionen und Staaten mit einem hohen Anteil an Beschäftigten in diesen Branchen weisen in der Regel auch eine hohe saisonale Komponente bei der Arbeitslosigkeit auf. Problematisch wird die saisonale Arbeitslosigkeit nur dann, wenn die Arbeitslosenunterstützung keine ausreichende materielle Grundlage mehr offeriert und wenn sie als kollektives Schicksal eine ganze Region betrifft. Unter *friktioneller* oder *natürlicher Arbeitslosigkeit* versteht man jede kurzfristig verursachte und sich von selbst wieder ausgleichende Form der Arbeitslosigkeit. Ihre Ursachen liegen in unvollkommener Mobilität und Information über den Markt beim Arbeitsplatzwechsel; Reduktionsmöglichkeiten bestehen in einer Verbesserung der Informationsdichte über offene Stellen und in einer räumlichen Mobilitätsförderung. Empirisch ist es schwierig, die Höhe der natürlichen Arbeitslosigkeit exakt zu bestimmen. Arbeitslosenquoten bis zu 3 % gelten als »natürlich«, weil sie auch dann auftreten, wenn ein Gleichgewicht von Angebot und Nachfrage erreicht ist. Wenn die Suche länger dauert und ein Arbeitsplatz aus strukturellen oder konjunkturellen Gründen nicht gefunden wird, dann kann die friktionelle Arbeitslosigkeit in andere Formen übergehen. Arbeitslosigkeit kann also je nach Ursachen und typologischer Ausprägung etwas unterschiedliches bedeuten. Ein hoher Anteil an struktureller ist gesellschaftspolitisch weitaus kritischer zu beurteilen als eine Dominanz der friktionellen Arbeitslosigkeit. Denn Letzteres würde nur bedeuten, dass auf dem Arbeitsmarkt ein hohes Ausmaß an Mobilität herrscht und ein häufiger Arbeitsplatzwechsel üblich ist. Umgekehrt verweist die strukturelle Arbeitslosigkeit auf schwierig zu lösende Probleme mangelhafter Anpassung von Nachfrage oder Angebot.

Messproblematik

Es ist schwierig, Arbeitslosigkeit einheitlich zu definieren und empirisch zu messen. Nicht jede Person, die ohne Erwerbsarbeit ist, gilt in der amtlichen Statistik als arbeitslos und nicht jeder Leistungsbezieher zählt als arbeitslose Person. Schul- und Universitätsabsolventen ebenso wie Hausfrauen können sich zwar als arbeitslos empfinden, erhalten aber keine Leistungen aus der Arbeitslosenversicherung. Bei der Interpretation der Arbeitslosenzahlen sind daher Vorsicht und kritische Distanz angebracht. Insbesondere dann, wenn internationale Vergleiche angestellt werden, ist eine umfassende Quellenkritik notwendig. Diesem Umstand Rechnung tragend und auch aufgrund der gesellschaftspolitischen Bedeutung der Arbeitslosigkeit haben sich eine Reihe von internationalen Organisationen (z. B. International Labour Organisation, EUROSTAT) um eine einheitliche Definition und Zählweise bemüht. Als arbeitslos gelten demnach Personen, die in einem Referenzzeitraum nicht erwerbstätig waren, innerhalb der letzten vier Wochen aktiv einen Arbeitsplatz suchten, innerhalb der nächsten zwei Wochen vermittelbar sind oder in den nächsten 30 Tagen einen Arbeitsplatz einnehmen werden.

Zur Berechnung der Arbeitslosigkeit dient die ↗Arbeitslosenquote. Wenn die Dynamik des Arbeitsmarktes im Vordergrund steht, dann sind Indikatoren, wie die ↗Betroffenheit von Arbeitslosigkeit oder die Dauer der ↗Arbeitslosigkeitsepisode heranzuziehen. Weitere wichtige Maßzahlen stellen die ↗Stellenandrangziffer und die ↗Vakanzquote dar.

Gesellschaftspolitische Bedeutung

Die Arbeitslosigkeit besitzt einen zentralen Stellenwert in der gesellschaftspolitischen Diskussion. Hohe oder niedrige Arbeitslosenquote gelten als Gradmesser von Erfolg oder Misserfolg. Nicht zu Unrecht: In einer Gesellschaft, in der die Erwerbsarbeit entscheidend ist für das Einkommen und damit auch für die soziale Positionierung, verursacht der dauernde Wegfall derselben eine tiefe Identitätskrise. Die materielle Reproduktion der individuellen Existenz, die Selbstverwirklichung und die soziale Kommunikation werden durch die Teilhabe am Erwerbsleben ermöglicht oder gefördert. Die reproduktive, expressive und kommunikative Funktion der Erwerbsarbeit kann bei dauernder Arbeitslosigkeit nicht mehr erfüllt werden. Zwar kann die Arbeitslosenversicherung die reproduktive Funktion teilweise übernehmen, die expressive und kommunikative Funktion jedoch nicht. Darauf hat die klassische Studie über die Arbeitslosen von Marienthal von M. Jahoda, P. Lazarsfeld und H. Zeisel bereits aufmerksam gemacht, die eindrucksvoll die psychischen und sozialen Folgen einer langandauernden Arbeitslosigkeit in einer kleinen, niederösterreichischen Textilgemeinde Anfang der 1930er-Jahre untersucht hat. Der ↗Wahrnehmungs- und ↗Aktionsraum verkleinerte sich, die Partizipation am öffentlichen und kulturellen Leben nahm ab, anomische Spannungen dagegen zu. Mit dem Wegfall der zeitlichen Strukturierung des Arbeitsalltages tendierten die befragten Personen zu einem Sichtreibenlassen und gewannen das Gefühl des Überflüssigseins. Konflikte innerhalb der Familie, Gewalt nach außen aber auch zu sich selbst waren weitere Folgen. Politische Maßnahmen gegen Arbeitslosigkeit sind daher nicht nur als Pflichtübung aufgeklärter Demokratien zu verstehen, sondern dienen auch der Stabilisierung der Gesellschaft und der Immunisierung der Bevölkerung vor radikalen politischen Ideen. Was jedoch diese arbeitsmarktpolitischen Maßnahmen im Detail beinhalten sollen, ist schwierig allgemein zu bestimmen. Denn Arbeitslosigkeit entsteht auf ↗regionalen Arbeitsmärkten und ist das Ergebnis oft sehr spezifischer Ursachen. *Regionale Arbeitslosigkeit* beschreibt das Ausmaß der Arbeitslosigkeit auf der Ebene räumlicher Untersuchungseinheiten (Länder, Kreise, Bezirke, Gemeinden, Arbeitsamtsbezirke, Planungsregionen etc.). Eine hohe regionale Arbeitslosigkeit tritt meistens in peripheren Regionen mit einem hohen Anteil an Saisonarbeitsplätzen, in alten Industriegebieten mit »blockiertem Regionslebenszyklus« (fehlender Strukturwandel) und in Großstädten mit strukturellen Problemen auf. Niedrige regionale Arbeitslosigkeit kennzeichnet dagegen junge Industriegebiete, suburbane Bezirke und den ↗ländlichen Raum (Pufferfunktion des Agrarsektors). Die Analyse der regionalen Arbeitslosigkeit genießt in der ↗Arbeitsmarktgeographie einen besonderen Stellenwert. Die ↗Arbeitsmarktpolitik muss darauf Rücksicht nehmen und ein Bündel von regionalpolitischen Maßnahmen schnüren, welche dem Kontext angemessen sind. Allgemein ist lediglich zu konstatieren, dass Maßnahmen angebotsinduziert sein können, wenn sie darauf abzielen, das Arbeitskräfteangebot einzuschränken (durch Verlängerung der Schulpflicht, Vorruhestandsregelungen, restrikti-

	SV-Beschäftigte zum 30.6.1996	Entwicklung 1990–1996 in %	Arbeitslose Juni 1997	Arbeitslosenquote Juni 1997	Entwicklung 1993–1997 in %-Punkten
Alte Länder	21.536,5	-0,2	2,757,1	10,4	2,3
Neue Länder	21.536,5	-33,3	1,465,2	18,4	2,9
Deutschland gesamt	27.739,0	-10,2	4,222,3	12,2	2,4

Arbeitslosigkeit 1: Beschäftigte und Arbeitslose in den neuen und alten Bundesländern.

Arbeitslosigkeit 2: Arbeitslose nach demographischen Gruppen in den neuen und alten Bundesländern (1997).

	Anteil der arbeitslosen Frauen an allen Frauen zwischen 15 und 65 Jahren in %	Anteil der Arbeitslosen unter 25 Jahren an allen unter 25-Jährigen in %	Anteil der Arbeitslosen über 55 Jahren an allen über 55-Jährigen in %	Anteil der arbeitslosen Ausländer an allen Ausländern in %	Anteil der Langzeitarbeitslosen an allen Arbeitslosen in %
Alte Länder	5,5	4,5	7,8	17,3	35,2
Neue Länder	13,6	6,7	12,3	3,8	29,1
Deutschland gesamt	7,3	5,0	8,8	12,6	33,1

ve Migrationspolitik) oder nachfrageinduziert, indem das Wirtschaftswachstum gefördert oder die Arbeitszeiten sowohl flexibilisiert als auch verkürzt werden. Dazu kommen aktive arbeitsmarktpolitische Maßnahmen, um die Qualifikation der Arbeitslosen zu heben, die Information über offene Stellen zu verbreitern und Langzeitarbeitslose in den Beschäftigungsprozess wieder zurückzubringen. Dies ist wichtig, weil mit der Dauer der Arbeitslosigkeit die Vermittlungschancen deutlich sinken (/Hysterese).

Beschäftigungsrückgang und Massenarbeitslosigkeit in Deutschland

Anfang der 1990er-Jahre waren in Deutschland rund 36 Mio. Personen erwerbstätig und 2,2 Mio. arbeitslos. Mitte des Jahres 1996 erhöhte sich die Zahl der Arbeitslosen auf 3,4 Mio. (Jahresdurchschnitt), während die Beschäftigung auf 33,8 Mio. zurückging. Die Zuwanderung aus dem Ausland und die Rückkehr bzw. der erstmalige Eintritt von Frauen in das Beschäftigungssystem haben zu einer bedeutenden Expansion der erwerbsfähigen und der erwerbsbereiten Bevölkerung geführt. Angebotsverringernde Maßnahmen, wie die Verlängerung der Schulpflicht oder die Herabsetzung des Pensionsantrittsalters, wurden angesichts der Spargebote öffentlicher Haushalte und der Diskussion über die Finanzierbarkeit des Rentensystems nicht in Erwägung gezogen (Abb. 1). Dazu kam auf der Nachfrageseite der massive Abbau von Beschäftigung in der Industrie sowohl in den alten als auch in den neuen Bundesländern. Vor dem Hintergrund einer verstärkten internationalen Arbeitsteilung, aber auch eines nun globalen Wettbewerbs wurden Produktionen aufgelassen, ausgelagert oder die Produktivität weiter erhöht. In den neuen Bundesländern verstärkte die Rückführung einer im sozialistischen System expansiv betriebenen Industrialisierung den Trend zur Entindustrialisierung. Zwischen 1990 und 1996 ging der Anteil der Beschäftigten in der Industrie in den alten Ländern um 12,3 % und in den neuen Ländern um fast 50 % (48,8 %) zurück. Insgesamt verringerte sich die Beschäftigung in den westlichen Ländern um 0,2 %, in den östlichen jedoch um 33,3 %. Ein Drittel aller Arbeitsplätze verschwand innerhalb weniger Jahre. Selten tritt ein derart tief greifender struktureller Wandel flächenhaft auf und erfasst große Teile eines Staates. Der massive Beschäftigungsrückgang führte in den alten und besonders in den neuen Ländern zur Zunahme der Arbeitslosigkeit, zur innerdeutschen Ost-West-Wanderung und zur Expansion der /Stillen Reserve. Innerhalb weniger Jahre stieg die Arbeitslosigkeit bundesweit auf über 4,2 Mio., die Arbeitslosenquote auf 12,2 % und war damit um 2,3 % höher als noch 1993. Von diesem Anstieg der Arbeitslosigkeit waren besonders die neuen Länder betroffen. Dort liegt die offiziell registrierte Arbeitslosigkeit bei 18,4 % und betrifft damit 1,5 Mio. erwerbsbereite Einwohner. Spezifische Ursachen für das Zustandekommen der hohen Arbeitslosigkeit in den neuen Ländern waren der rasche Rückgang der Nachfrage als Folge der Entindustrialisierung und Entagrarisierung sowie der deutlich weniger rasch erfolgende Anpassungsprozess des Arbeitskräfteangebots. Im Vergleich zu den alten Ländern wollen noch immer deutlich mehr Frauen erwerbstätig sein und erhöhen somit das Arbeitskräfteangebot. Dem entspricht auch die Verteilung der Arbeitslosen nach dem Geschlecht. Trotz des massiven Rückbaus der Industrie und der Expansion des Dienstleistungssektors ist die Arbeitslosigkeit in den neuen Ländern »weiblich«. Über 55 % aller arbeitslos registrierten Einwohner der östlichen Länder sind Frauen, in den westlichen Ländern sind es nur 43 %. Dies hängt mit dem spezifischen Erwerbsverhalten von Frauen in den neuen Ländern zusammen. Dazu kommt, dass in Zeiten abnehmender Verfügbarkeit von Arbeitsplätzen der Verteilungskampf härter wird. Der Gegensatz zwischen denen, die einen Arbeitsplatz besitzen und denjenigen, die einen anstreben, vergrößert sich. »Insider« des Beschäftigungssystems schützen sich vermehrt gegen »Outsider«, der Arbeitsmarkt weist deutliche Schließungstendenzen auf (/Insider-Outsider-Theorie). Frauen sollen sich, so die vorherrschende gesellschaftliche Meinung, wieder auf ihre traditionellen Rollen in Familie und Haushalt besinnen und aus dem Beschäftigungssystem ausscheiden. Diese Tendenz zur Schließung führt auch dazu, dass Schulabsolventen und Berufseinsteiger schwer in das Beschäftigungssystem integriert werden. Der Anteil arbeitsloser Jugendlicher steigt damit an. In den neuen Ländern liegt die altersspezifische Arbeitslosenquote der unter 25-Jährigen tatsächlich deutlich über den Werten der alten Bundesländer. Ähnlich ist die Situation bei den über 55-Jährigen. Wer in diesem Alter seinen Arbeitsplatz verloren hat, der hat nur geringe Chancen, wieder einen zu finden. Die Schließungstendenz den Jungen gegenüber wird durch eine ebensolche Tendenz nach »oben« hin er-

Arbeitslosigkeit 3: Arbeitslosenquote in Deutschland (Juni 1997).

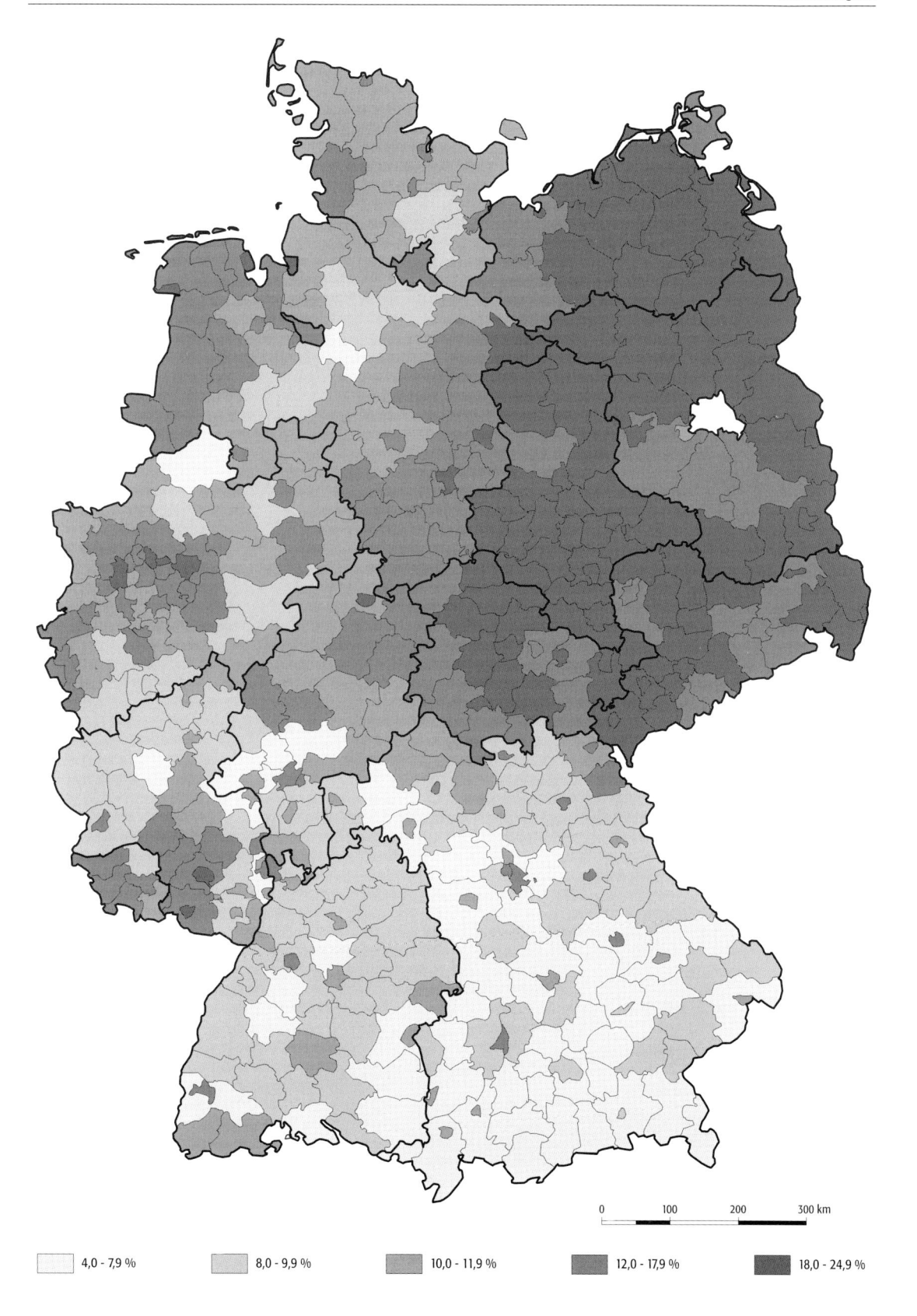

Arbeitslosigkeit

4,0 - 7,9 %	8,0 - 9,9 %	10,0 - 11,9 %	12,0 - 17,9 %	18,0 - 24,9 %

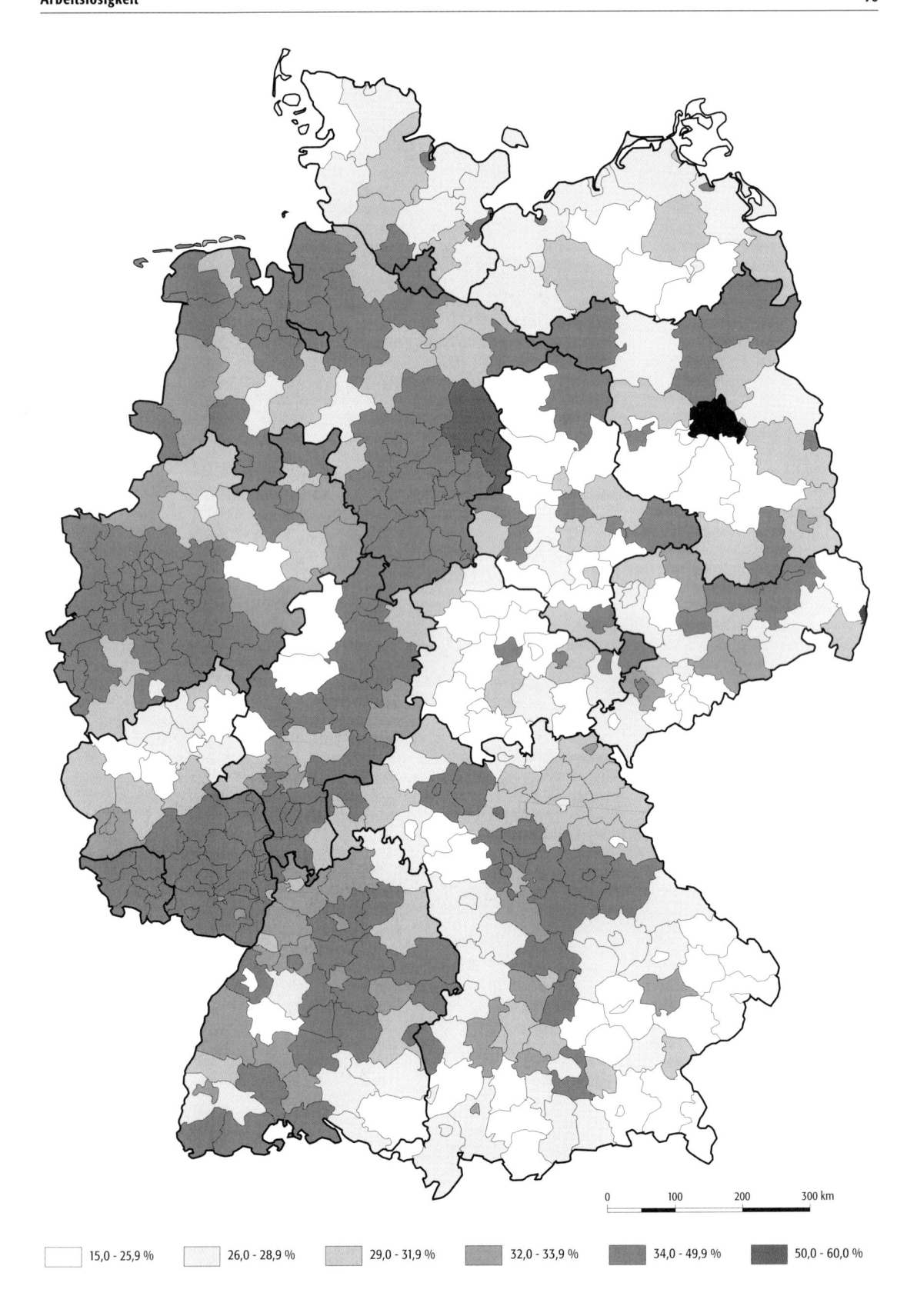

Arbeitslosigkeit

| 15,0 - 25,9 % | 26,0 - 28,9 % | 29,0 - 31,9 % | 32,0 - 33,9 % | 34,0 - 49,9 % | 50,0 - 60,0 % |

gänzt. Die Arbeitslosigkeit der über 55-Jährigen ist in den neuen Ländern mit 12,3 % ebenfalls deutlich höher als in den alten Ländern (7,8 %) (Abb. 2).

Das regionale Muster differenziert die generelle Aussage einer Ost-West-Dichotomie. Die Arbeitslosenquote ist in den neuen Ländern generell höher, wenn auch nicht überall. In den Umlandkreisen um Berlin und in Potsdam ist die Arbeitslosigkeit bereits deutlich gesunken. Was sich damit zeigt, kann auch in Zukunft erwartet werden: Im Zentrum und an der westlichen Peripherie der ehemaligen DDR kann am ehesten mit einer positiven Nachfrageentwicklung und damit mit einem Sinken der Arbeitslosenquote gerechnet werden.

Auf der anderen Seite zeichnen sich ausgesuchte Regionen und Kreise im ehemaligen Westdeutschland durch sehr hohe Quoten aus. Im äußersten Nordwesten, im Emsland und in Ostfriesland, im Ruhrgebiet, im Saarland, in der Pfalz sowie im ehemaligen Zonenrandgebiet sind ebenfalls überdurchschnittlich hohe Quoten zu registrieren. Unterdurchschnittlich gering ist dagegen die Arbeitslosigkeit im Umland der großen Städte besonders im Süden (Abb. 3).

Das räumliche Muster weicht von der postulierten Ost-West-Dichotomie noch weiter ab, wenn ausgesuchte Problemindikatoren des Arbeitsmarktgeschehens herangezogen werden. Der Anteil der Langzeitarbeitslosen kann als ein solcher Problemindikator gelten, der auf eine spezifische Verfestigung der Arbeitslosigkeit verweist. Ein aufnahmefähiger regionaler Arbeitsmarkt mit einer hohen Performance hinsichtlich Einstellung und auch Entlassung wird deutlich niedrigere Anteile an Langzeitarbeitslosen aufweisen als ein Arbeitsmarkt ohne Aufnahmekapazität.

Abbildung 4 verweist auf ein kleinräumig sehr unterschiedliches Muster von ↗Langzeitarbeitslosigkeit. Generell wird dabei erkennbar, dass an den Rändern regionaler Arbeitsmärkte, weitab von einem urbanen Zentrum, sowie in den Gebieten mit spezifischen Strukturproblemen im Bereich Bergbau, Eisen- und Stahlindustrie und chemische Industrie die Wiederbeschäftigungschancen von Langzeitarbeitslosen deutlich sinken. Abermals liegt der Anteil der Langzeitarbeitslosen im Norden, im Emsland und in Ostfriesland bis zur Lüneburger Heide, im Ruhrgebiet, im Saarland und in der Pfalz, in der Oberlausitz sowie in der Oberpfalz deutlich über dem Durchschnitt. Diese Regionen gelten daher mit Recht als arbeitsmarktpolitisch besonders prekär.

Literatur:
[1] BIFFL, G. (1994): Theorie und Empirie des Arbeitsmarktes am Beispiel Österreich. – Wien.
[2] FASSMANN, H., MEUSBURGER, P. (1997): Arbeitsmarktgeographie. Erwerbstätigkeit und Arbeitslosigkeit im räumlichen Kontext. – Stuttgart.
[3] JAHODE, M., LAZARSFELD, P., ZEISEL, H. (1980): Die Arbeitslosen von Marienthal. Ein soziographischer Versuch. – Frankfurt/Main.
[4] RICHTER, U. (1994): Geographie der Arbeitslosigkeit in Österreich. Beiträge zur Stadt- und Regionalforschung 13. – Wien.
[5] WALTERSKIRCHEN, E. (1994): Wirtschaftswachstum und Arbeitslosigkeit in Westeuropa. In: Wirtschaft und Gesellschaft 3. – Wien.

Arbeitslosigkeitsepisode, Phase der ↗Arbeitslosigkeit in einer individuellen Erwerbsbiographie, welche durch den Zugang in die und den Abgang aus der Arbeitslosigkeit begrenzt wird. Die Episodendauer kennzeichnet die zeitliche Länge der Arbeitslosigkeit. Die mittels Längsschnittstatistik zu erfassende Zahl der Episoden sowie die Episodendauer erlauben einen Nachvollzug der individuellen Arbeitslosigkeitsverläufe. In Zusammenhang mit der Episodendauer stehen die Vormerkdauer (Zeitspanne zwischen dem Beginn der Arbeitslosigkeit und dem jeweiligen Statistikstichtag in Tagen und die Verweildauer (zeitliche Länge der Arbeitslosigkeitsepisode).

Arbeitslosigkeitstheorie, theoretischer Ansatz zur Erklärung für die Entstehung von ↗Arbeitslosigkeit. Die neoklassische Theorie (↗Arbeitsmarkttheorien) interpretiert Arbeitslosigkeit als kurzfristiges Ungleichgewicht zwischen ↗Arbeitskräfteangebot und ↗Arbeitskräftenachfrage. Bei der *angebotsinduzierten Arbeitslosigkeit* wird sie durch eine Erhöhung des Arbeitskräfteangebots auf einem Arbeitsmarkt verursacht. Die Ursachen können im Eintritt geburtenstarker Jahrgänge in das Erwerbsalter, in hoher Zuwanderung oder in einer Erhöhung der Erwerbsbeteiligung liegen. *Nachfrageinduzierte Arbeitslosigkeit*, wird durch eine Verringerung der Arbeitskräftenachfrage auf einem Arbeitsmarkt verursacht. Die Ursachen können in der Konjunkturentwicklung, der gestiegenen Produktivität infolge technischen Fortschritts oder in sektoralen Strukturverschiebungen durch veränderte Absatzmärkte liegen. Arbeitslosigkeit wird in der neoklassischen Theorie als »freiwillig«, friktionell und kurzfristig betrachtet, denn der Markt tendiert zum Gleichgewicht. Daher wird Arbeitslosigkeit durch Mobilitäts- und Substitutionsprozesse und vor allem durch Lohnflexibilität wieder abgebaut. Arbeitslosigkeit kann aber auch aus einem Ungleichgewicht von angebotenen und nachgefragten ↗Qualifikationen entstehen. Diesen Gesichtspunkt greift die ↗Humankapitaltheorie auf. Sie liefert dafür ebenso brauchbare Erklärungsansätze wie für ↗Langzeitarbeitslosigkeit und ↗Hysterese. Die Effizienzlohn- und Insider-Outsider-Theorie versuchen zu klären, warum Löhne trotz hoher Arbeitslosigkeit meist nur marginal sinken und somit auch nicht mehr Arbeitskräfte eingestellt werden. Die Effizienzlohntheorie geht davon aus, dass die Effizienz der Arbeitskraft nur über einen tendenziell zu hohen

Arbeitslosigkeit 4: Anteil der Langzeitarbeitslosen an allen Arbeitslosen (1997).

Lohn gewährleistet wird, der auch dann gehalten werden muss, wenn außerhalb des Unternehmens hohe Arbeitslosigkeit herrscht. Die *Insider-Outsider-Theorie* dagegen setzt ihre Erklärung an der realen Machtverteilung an. Die im Unternehmen Beschäftigten (Insider) haben eine gewisse Macht über die betriebliche Lohnentscheidung. Die Insider haben Interesse an hohen Löhnen und verteidigen diese in der Regel erfolgreich gegen ein potenzielles Fallen durch jene Arbeitslose, die bereit wären, auch bei geringeren Löhne die Arbeit zu übernehmen. Für die Segmentationstheorie (/Arbeitsmarkttheorie) gibt es nicht den einzigen Erklärungsansatz, um das Entstehen von Arbeitslosigkeit zu begründen. Arbeitslosigkeit stellt sich nicht als kurzfristiges, friktionelles Ungleichgewicht, sondern als systembegleitendes Phänomen dar, wobei nicht von Selbstregulierung und der Entwicklung eines neuen Gleichgewichtszustandes auszugehen ist. Den Arbeitsplätzen auf unterschiedlichen /Teilarbeitsmärkten werden unterschiedliche Arbeitslosigkeitsrisiken zugeordnet; bestimmte Berufe (Saisonberufe im Baugewerbe und Fremdenverkehr) und Sektoren (z. B. im sekundären Segment) beinhalten ein höheres Arbeitslosigkeitsrisiko als andere. Zur Bekämpfung der Arbeitslosigkeit werden politische Eingriffe gefordert, Deregulierung wird ein geringer Erfolg vorausgesagt. [HF]

Literatur: [1] FASSMANN, H. und P. MEUSBURGER (1997): Arbeitsmarktgeographie. – Stuttgart. [2] RICHTER, U. (1994): Geographie der Arbeitslosigkeit in Österreich. Beiträge zur Stadt- und Regionalforschung 13. – Wien.

Arbeitsmarkt, wird als gedachter und in der /Arbeitsmarktgeographie auch als realer Ort des Aufeinandertreffens des /Arbeitskräfteangebots und der /Arbeitskräftenachfrage aufgefasst (Abb.). Arbeitsmärkte sind im Sinne der Arbeitsmarktgeographie als /regionale Arbeitsmärkte auf unterschiedlichen Maßstabsebenen zu interpretieren. Sie werden von Institutionen begleitet (Arbeitsamt, Zeitungen, Personalberatungsfirmen) und weisen in Abhängigkeit zur /Qualifikation und zur Demographie (Geschlecht und Alter) der Arbeitskräfte unterschiedliche Reichweiten auf. Der Arbeitsmarkt erfüllt zwei wesentliche Funktionen. Auf dem Arbeitsmarkt wird verfügbare und entlohnte Arbeit auf erwerbsbereite Menschen verteilt. Arbeitslose finden auf dem Arbeitsmarkt eine Tätigkeit, Unternehmer Mitarbeiter. Arbeitsmärkte sind funktionsfähig, wenn diese Vermittlung stattfindet und alle beteiligten Gruppen ihre Vorstellungen realisieren können. Der Arbeitsmarkt ist immer auch eine Verteilungsinstanz gesellschaftlicher Chancen, weil mit jeder Erwerbsarbeit ein bestimmtes Einkommen, ein spezifisches gesellschaftliches Prestige und in weiterer Folge auch Sinnerfüllung und Selbstverwirklichung verbunden sind. Diese Funktionszuschreibung geht über die rein ökonomische Definition von Arbeitsmarkt hinaus. Denn diese sieht den Arbeitsmarkt nur als Ort der Preisbildung für den Produktionsfaktor »Arbeit«. Zu einem bestimmten Lohn werden eine bestimmte Zahl von Arbeitskräften bereit sein, eine Arbeit anzunehmen. Steigt der Lohn, dann werden auch mehr Menschen eine Erwerbsarbeit anstreben. Umgekehrt haben Unternehmer bestimmte Vorstellungen über den Lohn, den sie zu zahlen bereit sind. Zu einem geringen Lohn werden von den Unternehmen deutlich mehr Arbeitskräfte nachgefragt als sich anbieten. Steigt der Lohn, dann nimmt die Bereitschaft der Unternehmen deutlich ab, Arbeitskräfte einzustellen. Dort, wo sich die Angebots- und die Nachfragekurve schneiden (/Gleichgewichtslohn), zeichnet sich der Kompromiss ab: Unternehmer sind gerade noch bereit, Arbeitskräfte einzustellen und Arbeitskräfte sind gerade noch willig, überhaupt eine Erwerbsarbeit anzunehmen. Auf dem *Jedermann-Arbeitsmarkt* werden Arbeitskräfte ohne nennenswerte Qualifikationen vermittelt. Sie besitzen nur sog. Jedermanns-Qualifikationen wie Pünktlichkeit, Loyalität oder Ehrlichkeit, aber keine darüber hinausgehenden berufs- oder betriebsspezifischen Qualifikationen. Es herrscht Bindungslosigkeit zwischen Arbeitnehmer und Arbeitgeber und daher hohe Fluktuation. Auf dem *internen Arbeitsmarkt*, auch innerbetrieblichen Arbeitsmarkt, werden personalpolitische Anpassungsvorgänge durch Rückgriff auf einen Teil der bereits im Betrieb tätigen Arbeitskräfte

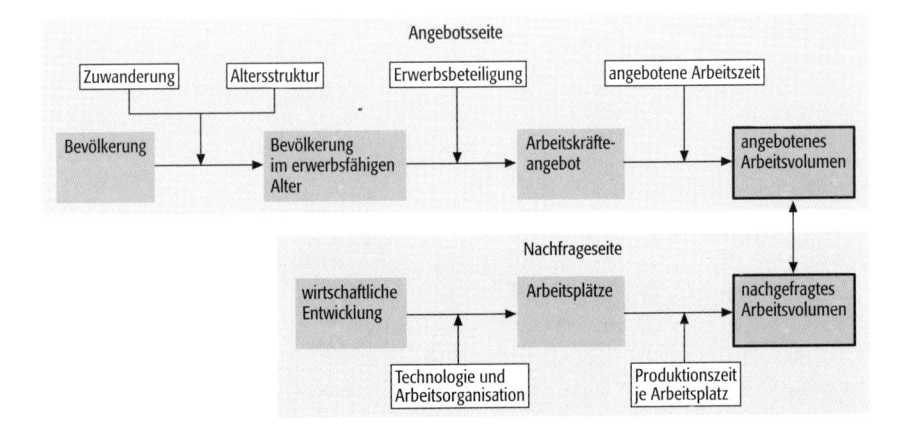

Arbeitsmarkt: Komponenten des Arbeitsmarktes.

durchgeführt. Der *externe Arbeitsmarkt* hingegen, der außerhalb der Unternehmen liegt, dient als Rekrutierungsreservoir und Auffangbecken für Zu- und Abgänge von Arbeitskräften aus internen Arbeitsmärkten. Der *primäre Arbeitsmarkt* stellt die Aggregation aller internen Arbeitsmärkte dar. Er umfasst in der Regel Arbeitsplätze und Personen mit qualifizierten Berufen, stabiler Beschäftigung, hohem Gehaltsniveau, Selbstständigkeit bei der Aufgabenbewältigung, mittlere bis hohe formale und arbeitsplatzspezifische Qualifikationen und Möglichkeiten beruflichen Aufstiegs. Der *sekundäre Arbeitsmarkt* stellt die Aggregation aller externen Arbeitsmärkte dar. Er umfasst in der Regel Arbeitsplätze und Personen mit instabilen und kurzfristigen Beschäftigungsverhältnissen, geringen formalen und arbeitsplatzspezifischen Qualifikationen und geringen Aufstiegschancen.

Der ↗ländliche Raum bietet nur wenig attraktive Standortbedingungen für moderne Dienstleistungs- und Industrieunternehmen (Ausnahme: standardisierte Leicht- und Grundstoffindustrie). Typisch für den *ländlichen Arbeitsmarkt* ist daher eine sektorale Einengung der Arbeitsplätze auf den Agrarsektor, das Bauwesen und den ↗Tourismus, das beachtliche ↗Arbeitsplatzdefizit und die hohe Zahl an Auspendlern. Infolge des Rückzuges von Frauen in die ↗Stille Reserve und in alternative Tätigkeiten in der Landwirtschaft bzw. Tourismus weist der ländliche Arbeitsmarkt nur eine durchschnittliche ↗Arbeitslosenquote auf. Das Problem liegt dabei in der Übernahme der saisonalen und konjunkturellen Spitzen der ↗Arbeitslosigkeit sowie im weitgehenden Fehlen von Arbeitsplätzen im primären Segment. Die Zahl der Arbeitsplätze mit hohem Qualifikationsprofil und Entscheidungsbefugnissen ist gering. Es dominieren untergeordnete und extern kontrollierte Tätigkeiten mit niedrigem Lohnniveau. Eine Abwanderung von gut ausgebildeten Erwerbspersonen in Richtung städtischer Arbeitsmarkt führt zu einer »Entqualifizierung« des ländlichen Arbeitsmarktes mit all seinen nachteiligen Folgen. Die regionale Arbeitsmarktpolitik ist daher bestrebt, die Zahl und die Qualität der Arbeitsplätze im ländlichen Raum zu erhöhen. Der *städtische Arbeitsmarkt* weist eine spezifische Wirtschaftsstruktur auf, die durch das Fehlen des primären und Übergewicht des sekundären (Industriestadt; v. a. Final- und Konsumgüterindustrie) und tertiären Sektors (Dienstleistungsstadt; v. a. produktionsorientierte Dienstleistungen und distributiver Sektor) gekennzeichnet ist. Besonders kapitalkräftige Wachstumsbranchen, die forschungsintensive Güter erzeugen, die Nähe großer Absatzmärkte brauchen und Güter des längerfristigen Bedarfs anbieten, präferieren aufgrund der Transportkostenvorteile, der Kommunikationsdichte, der Infrastruktur und des Absatzmarktes städtische Standorte. Damit ergibt sich ein spezifisches und in der Regel auch attraktives Spektrum an hoch qualifizierten Arbeitsplätzen mit hoher Entlohnung und aufstiegsorientierten ↗Berufslaufbahnen. Der städtische Arbeitsmarkt ist des Weiteren durch hohe weibliche Erwerbsquoten, durch ein hohes Ausschöpfen des Arbeitskräfteangebotes und der Stillen Reserve gekennzeichnet. Dennoch geht die Nachfrage meist über das lokal vorhandene Angebot hinaus. Ein positiver Pendlersaldo und Zuwanderung sind weitere Merkmale des städtischen Arbeitsmarktes. [HF]

Arbeitsmarktgeographie, Teildisziplin der ↗Humangeographie. Sie befasst sich mit der Analyse des Arbeitsmarktes unter besonderer Berücksichtigung der räumlichen Differenzierung und zielt darauf ab, Regelhaftigkeiten bei der räumlichen Verteilung arbeitsmarktrelevanter Merkmale zu identifizieren und spezifische Begründungen dafür bereitzustellen. Die Arbeitsmarktgeographie geht über die regional differenzierte Analyse der ↗Arbeitslosigkeit hinaus und schließt Merkmale des ↗Arbeitskräfteangebots und der ↗Arbeitskräftenachfrage mit ein. Sie ist eine junge Teildisziplin, die ein klar erkennbares Forschungsdesiderat in der ↗Geographie ausfüllt. Es existiert zwischen der Arbeitsmarktgeographie und der ↗Wirtschaftsgeographie eine Schnittmenge an Forschungsfragen, die insbesondere mit der räumlichen Verteilung unternehmerischer Aktivitäten zusammenhängt. Eine andere Schnittmenge lässt sich mit der ↗Sozialgeographie ausmachen, nämlich dann, wenn es darum geht, die Erwerbsneigung oder den Berufsverlauf von Bevölkerungsgruppen zu untersuchen. Außerdem sind die Schnittstellen zur ↗Stadtgeographie, ↗Bildungsgeographie und ↗Bevölkerungsgeographie zu erwähnen. So gehört es in der Bevölkerungsgeographie zum allgemein akzeptierten Wissen, dass räumlich differenzierte Arbeitsmarktstrukturen einen erheblichen Einfluss auf Binnen- und Außenwanderung ausüben. Merkmale des Arbeitsmarktes sind zentrale Größen in jedem ↗Push-und-Pull-Modell der Migrationsforschung. Die Verflechtungen der Arbeitsmarktgeographie mit anderen Teildisziplinen stellen keinen Nachteil dar, sondern sind – im Sinne des integrativen Selbstverständnisses der Geographie – eine besondere Qualität. Eine enger begrenzte Arbeitsmarktgeographie kann sich damit zu einer breitern »Geographie der Arbeit« entwickeln.

Die Arbeitsmarktgeographie lehnt im Rahmen ihrer Analyse die neoklassischen Prämissen des homogenen ↗Raumes, der ubiquitär verfügbaren Informationen und der Distanzlosigkeit aller Transaktionen explizit ab. Sie empfindet die Postulierung eines einheitlichen, nationalen Arbeitsmarktes als reine Fiktion. Denn in der Realität existiert kein homogener Arbeitsmarkt auf dem Informationen überall vorhanden sind (↗Wissen) und Mobilität keine Kosten verursacht, sondern eine Vielzahl von separierbaren ↗regionalen Arbeitsmärkten. Wer davon spricht, dass die Arbeitslosigkeit in Deutschland um einen bestimmten Prozentsatz gesunken ist oder gestiegen ist, der beschreibt keine, für die Gesellschaft real fassbare Entwicklung, weil die Erwerbstätigen eben nicht auf dem nationalen Arbeitsmarkt »Deutschland« agieren, sondern auf regionalen

Arbeitsmärkten in München oder Hamburg. Und dort kann die Entwicklung der Arbeitslosigkeit diametral sein. Nationale Arbeitsmärkte sind daher lediglich gedankliche Konstrukte, die in der Realität durch regionale Arbeitsmärkte auf unterschiedlichen Maßstabsebenen und für unterschiedliche Personengruppen zu ersetzen sind. Die Arbeitsmarktgeographie betrachtet den Raum in Hinblick auf seine Qualitäten wie Distanzen, Zentralität, Struktur oder Nachbarschaften. Arbeitsmärkte sind räumlich strukturiert und prägen in unterschiedlicher Weise das Arbeitskräfteangebot, die Lohnhöhe, die Qualifikation der erwerbsbereiten Personen, die berufliche und sektorale Gliederung sowie die erzielbaren ↗Berufslaufbahnen. Die Arbeitsmarktgeographie verknüpft damit sozial- und wirtschaftswissenschaftliche mit raumwissenschaftlichen Theorieansätzen. Anhand eines einfachen 2-Regionen-Modells kann dieser systematische Zusammenhang von »Raum«, Wirtschaftsstruktur und Arbeitsmarkt nachgezeichnet werden. Theoretisch begründbar und empirisch häufig beobachtbar ist die Dominanz von Großunternehmen, von staatlichen Einrichtungen oder von »High-Tech-Betrieben« auf zentralen Standorten. In diesen privaten Unternehmen und staatlichen Institutionen dominieren wiederum aus formalen oder betriebswirtschaftlichen Gründen stabile Beschäftigungsverhältnisse. Dies hängt mit der Komplexität der Produktionsabläufe zusammen, die eine enge Bindung von qualifiziertem Personal an den Betrieb sinnvoll erscheinen lässt aber auch mit Loyalität der Arbeitnehmer im öffentlichen Sektor dem Arbeitgeber gegenüber. Als Ergebnis dieser Koppelung von zentralem Standort und Struktur der dort etablierten Unternehmen und Institutionen ergibt sich eine spezifische Arbeitsmarktstruktur, die durch eine Dominanz des primären Arbeitsmarktes gekennzeichnet ist (z.B. der städtische Arbeitsmarkt). Umgekehrt ist zu beobachten – und auch theoretisch zu begründen –, dass Unternehmen, die nur für den lokalen Markt produzieren, eine geringe Marktmacht besitzen, wenig forschungsintensiv sind und mit ihrer Produktion am Ende des ↗Produktzyklus angelangt sind, »billige« und damit auch periphere Standorte bevorzugen (↗Organisationstheorie). Damit erhält die Peripherie aber auch eine spezifische Struktur der Arbeitsplätze. Die Qualifikationserfordernisse sind gering, die Austauschbarkeit der Arbeitskräfte ist hoch, die Lohnhöhe wird zu einem wichtigen Standortmerkmal. Insgesamt ergibt sich eine Dominanz des ↗sekundären Arbeitsmarktes.

Diesen systematischen Zusammenhang zwischen wirtschaftsräumlicher Gliederung und Segmentierung des Arbeitsmarktes (↗räumliche Arbeitsmarktsegmentierung) zu entdecken und zu analysieren, ist eine zentrale Aufgabe der Arbeitsmarktgeographie. Sie geht dabei davon aus, dass diese räumliche Differenzierung nicht das Resultat eines zufälligen Prozesses oder eines kurzfristigen Ungleichgewichts darstellt, sondern als Ergebnis eines, auf Regelhaftigkeiten basierenden Zusammenspiels raum- und standortgebundener Faktoren zu betrachten ist. Die Ergebnisse der Arbeitsmarktgeographie besitzen gesellschaftspolitische Relevanz, denn sie verweisen auf die Notwendigkeit einer regionalisierten ↗Arbeitsmarktpolitik. Arbeitslosigkeit in einer Region ist nicht nur als das Ergebnis einer gesamtwirtschaftlichen Nachfrageschwäche zu interpretieren, sondern auch Folge spezifischer regionalwirtschaftlicher oder regionaldemographischer Gegebenheiten. Eine zielgerichtete Arbeitsmarktpolitik muss verstärkt eine Arbeitsmarktgeographie zurate ziehen, die regionale Strukturen analysiert und erst dann eine »maßgeschneiderte« Politik ermöglicht. [HF]
Literatur: [1] FASSMANN, H., MEUSBURGER, P. (1997): Arbeitsmarktgeographie. Erwerbstätigkeit und Arbeitslosigkeit im räumlichen Kontext. – Stuttgart. [2] RICHTER, U. (1994): Geographie der Arbeitslosigkeit in Österreich. Beiträge zur Stadt- und Regionalforschung 13. – Wien.

Arbeitsmarktpolitik, meint die Gesamtheit aller Maßnahmen, die das Ziel haben, den ↗Arbeitsmarkt so zu gestalten, dass für alle erwerbsbereiten Personen eine ununterbrochene und ihren Fähigkeiten entsprechende Beschäftigung zu bestmöglichen Bedingungen und fairer Entlohnung ermöglicht wird. Die Arbeitsmarktpolitik umfasst damit im Wesentlichen Maßnahmen zur Reduzierung von ↗Arbeitslosigkeit und zur Erhöhung des volkswirtschaftlichen ↗Arbeitsvolumens. Sie kann eine aktive Politik sein, die auf den Erhalt bestehender und die Schaffung neuer ↗Arbeitsplätze ausgerichtet ist. Die aktive Arbeitsmarktpolitik betrachtet ↗Vollbeschäftigung als eines der wirtschaftspolitischen Hauptziele, das durch Steigerung der gesamtwirtschaftlichen Nachfrage durch staatlichen Einfluss (u.a. Arbeitsbeschaffungsprogramme) zu erreichen ist. Diese Politik bildete in vielen europäischen Staaten in den 1970er- und 1980er-Jahren die Basis der offiziellen Arbeitsmarktpolitik und hat seitdem etwas an Stellenwert eingebüßt. Die konkreten Maßnahmen einer aktiven Arbeitsmarktpolitik umfassen beispielsweise Frühverrentung, Umschulungen von Arbeitslosen, Anschubfinanzierungen für Beschäftigungsprojekte, Arbeitszeitreduktion und eine generell auf Beschäftigung abzielende Tarif- und Wirtschaftspolitik. Die regionale Arbeitsmarktpolitik versucht, auf der regionalen Ebene politische Maßnahmen zur Erhaltung bestehender und zur Schaffung neuer Arbeitsplätze vor allem in peripheren Regionen (»Problemregionen«) anzusetzen. Die ↗Arbeitslosenquote und die Zahl der neu geschaffenen Arbeitsplätze werden dabei, ohne Rücksicht auf die Qualität der geschaffenen Arbeitsplätze, als Schlüssel- und Erfolgsindikatoren angesehen. Die passive Arbeitsmarktpolitik versucht weniger, den Arbeitsmarkt umzugestalten, als die finanziellen Folgen der Arbeitslosigkeit zu mildern. Arbeitslosengeld, Arbeitslosenhilfe und schließlich auch Sozialhilfe sind Maßnahmen, um die materielle Existenz von Arbeitslosen zu sichern. Arbeitslosengeld und Arbeitslosenhilfe sind dabei Versicherungsleistungen, die ↗Sozialhilfe ist dagegen eine bedarfsorientierte Transferzahlung der Kommunen. Neben der Einteilung der Arbeitsmarktpolitik in eine aktive und eine passive Politik bietet sich auch eine Differenzierung in eine angebots- und eine nachfrageorientierte Politik an. Die angebotsorientierte Arbeitsmarktpolitik bezieht sich auf die Arbeitnehmerseite (z. B. Weiterbildung, Informationsbereitstellung, Zuzugsbeschränkungen ausländischer Arbeitskräfte), die nachfrageorientierte Politik auf die Förderung der Entstehung neuer Arbeitsplätze (z. B. Unterstützung arbeitsplatzschaffender Investitionen in Betrieben, Betriebsansiedlungsprogramme). [HF]

Arbeitsmarktregion, eine nichtadministrative Gebietseinheit, die ein Staatsgebiet flächendeckend gliedert und aufgrund homogener oder funktioneller Eigenschaften des ↗Raumes gebildet werden kann. Ob sie nach funktionellen oder homogenen Kriterien abgegrenzt werden soll, welche Merkmale dabei Verwendung finden und auf welchen räumlichen Maßstabsebenen die Abgrenzung erfolgen soll, kann nicht generell festgelegt werden, sondern hängt vom Verwendungszweck der ↗Regionalisierung ab.

Arbeitsmarktsegmentierung, *Segmentierung des Arbeitsmarktes*, ↗räumliche Arbeitsmarktsegmentierung, ↗ethnische Arbeitsmarktsegmentierung.

Arbeitsmarkttheorien, beinhalten die zentralen theoretischen Annahmen zur wissenschaftlichen Analyse der Strukturen und Prozesse auf dem ↗Arbeitsmarkt. Sie sind interdisziplinär verankert, wenn auch mit Schwergewicht in der Ökonomie und der Arbeitsmarktsoziologie. Arbeitsmarkttheorien sind entweder makroanalytisch ausgerichtet und sehen den Arbeitsmarkt als eine Globalgröße im Rahmen einer allgemeinen Wirtschafts- oder Gesellschaftstheorie oder mikroanalytisch als eine gesellschaftliche Einrichtung mit innerer Struktur und komplexen Mechanismen. Die mikroanalytische Ausrichtung kennt zwei zentrale und paradigmatisch unterschiedliche Zugänge: die neoklassische Arbeitsmarkttheorie und die Segmentationstheorie. Die *neoklassische Arbeitsmarkttheorie* geht von ökonomisch-rational agierenden, auf Nutzenmaximierung ausgerichteten Wirtschaftssubjekten aus. Der Arbeitsmarkt wird als Sonderfall des allgemeinen Marktmodells angesehen, gekennzeichnet durch eine variable Angebots- und Nachfragemenge. Steuerungsgröße ist dabei der zu bezahlende und der zu erzielende Lohn. Der Arbeitsmarkt ist dabei ein Konkurrenzmarkt, auf dem unabhängige Entscheidungen ökonomisch rational getroffen werden. Die neoklassische Arbeitsmarkttheorie basiert auf den Prämissen von Preisflexibilität, Mobilität von Arbeit und Kapital, Substituierbarkeit der Beschäftigten, Information über das Marktgeschehen und Konkurrenz der Akteure, wobei der Arbeitsmarkt als ein selbstregulierendes System gesehen wird. Sie richtet sich daher gegen jegliche Restriktionen des Marktmechanismus und ortet die Ursachen von ↗Arbeitslosigkeit in einem Abweichen von Gleichgewichtspreisen und -löhnen. Vom Grundmodell der neoklassischen Arbeitsmarkttheorie leiten sich die ↗Humankapitaltheorie sowie weitere Verästelungen (↗Job-Search-Theorie, ↗Kontrakttheorie, ↗Signaling-These) ab. Ungeachtet der Realitätsferne ihrer Prämissen besitzt die neoklassische Arbeitsmarkttheorie auch gegenwärtig erhebliche Bedeutung für die (regional-) ökonomische Politikberatung. Die *Segmentationstheorie* lehnt das allgemeine Marktmodell ab und betont dagegen die strukturell bedingte Heterogenität des Arbeitsmarktes, die zu einer Aufspaltung in Teilmärkte oder Segmente führt. Die Segmentierung wird als dauerhaft und stabil angesehen; den abgeschotteten ↗Teilarbeitsmärkten werden unterschiedliche Einkommens- und Beschäftigungschancen zugeschrieben, die durch spezifische berufliche Mobilitätsprozesse nachgezeichnet werden. Die Segmentierung ist institutionell durch das Arbeitsrecht, innerbetriebliche personalpolitische Mechanismen (z. B. ↗Senioritätsprinzip), aber auch durch Gewerkschaften und Personalvertretungen abgesichert. Das ↗duale Arbeitsmarktmodell bzw. das ↗ISF-Modell sind Beispiele des Segmentationsansatzes. Arbeitslosigkeit wird in ihm nicht als eine vorübergehende Störung des Gleichgewichts aufgefasst, sondern als ein inhärenter Bestandteil der Mechanismen ausgewählter Segmente. Arbeitslosigkeit verschwindet daher nicht automatisch, sondern bedarf der politischen Gegensteuerung. Der Segmentationsansatz genießt in der ↗Arbeitsmarktgeographie einen besonderen theoretischen Stellenwert. Er geht nicht von der Vorstellung eines homogenen Raums aus, sondern inkorporiert strukturelle und damit auch räumliche Unterschiede. Der Import der Segmentationstheorie in eine räumliche Fragestellung führt zum Konzept der ↗räumlichen Arbeitsmarktsegmentierung. [HF]

Arbeitsmigrant ↗Arbeitsmigration.

Arbeitsmigration, ↗internationale Wanderung von Arbeitskräften mit einer Mindestaufenthaltsdauer in der Zielregion von einem Jahr. Als Ursachen von Migration können »Push- und Pull-Faktoren« (↗Push-und-Pull-Modelle) unterschieden werden. Die Push-Faktoren für eine Arbeitskräftewanderung sind in erster Linie ↗Arbeitslosigkeit und ein niedriges Lohnniveau. Zu den Pull-Faktoren zählen die Erwartungen hinsichtlich höherer Löhne und sicherer Arbeitsplätze. Arbeitsmigration hängt in ihrem Umfang von der Entwicklung und Struktur der ↗Arbeitsmärkte sowohl im Herkunfts- als auch im Zielgebiet ab. Personen, die aus diesen Motiven wandern, werden als *Arbeitsmigranten* bezeichnet. Sie unterliegen im Vergleich zu ↗Arbeitsplatzwanderern einem besonderen Aufenthaltsrecht und einer befristeten Arbeitserlaubnis im Zielland. Für die Arbeitsmigration in Europa lassen sich drei Einflussfaktoren nennen: konjunkturelle Schwankungen, der wirtschaftliche Strukturwandel mit seinen Auswirkungen auf die ↗internationale

Arbeitsteilung und der hohe Lebensstandard in einigen europäischen Ländern. Global agierende Unternehmen spielen heute eine große Rolle für die Arbeitsmigration. Zum einen binden sie in den ↗Entwicklungsländern Arbeitskräfte mit niedriger Qualifikation, zum andern durchlaufen gut ausgebildete Beschäftigte Leitungsfunktionen an verschiedenen Standorten der Firmen, die ihre Aktivitäten von wenigen globalen Städten aus steuern. ↗Migration, ↗interregionale Wanderung, ↗Wanderungstypologien. [PG]

Arbeitsorganisation, planmäßige Gestaltung und Koordination einzelner Arbeits- und Produktionsabläufe in einem ↗Unternehmen.

Arbeitsplatz, die gedachte Örtlichkeit, an der die Beschäftigung einer Erwerbsperson erfolgt. Dem Arbeitsplatz wird eine funktionelle und organisatorische Qualität zugeschrieben. Er ist demnach Baustein der innerbetrieblichen Organisation, für die spezifische Anforderungsprofile definiert werden können. Besonders im öffentlichen Bereich weist er teilweise sehr genaue und festgeschriebene Aufgabenbereiche auf. Die unterschiedliche Qualität von Arbeitsplätzen wird in der Segmentationstheorie (↗Arbeitsmarkttheorie) besonders berücksichtigt.

Arbeitsplatzdefizit, entsteht, wenn die Zahl der Arbeitsplätze »vor Ort« kleiner ist als die Zahl der Erwerbstätigen. Im Gegensatz dazu übertrifft beim *Arbeitsplatzüberschuss* die Zahl der Arbeitsplätze die der erwerbstätigen Wohnbevölkerung. Sie stellen Indikatoren zur Darstellung regionaler Arbeitsmarktstrukturen dar. Ein Arbeitsplatzdefizit signalisiert einen Überhang der Auspendler über die Einpendler und ist damit in den suburbanen Gebieten und im ländlich-peripheren Raum besonders hoch. Ein Arbeitsplatzüberschuss signalisiert einen Überhang der Einpendler über die Auspendler und ist damit in den Städten meist sehr deutlich ausgeprägt. Beide ergeben sich aus dem Vergleich der ↗Erwerbspersonen, die in einer statistischen Einheit wohnen, mit den selbstständig und unselbstständig Beschäftigten, die in der gleichen statistischen Einheit arbeiten (Vergleich der wohnhaft Berufstätige mit der Arbeitsbevölkerung). [HF]

Arbeitsplatzüberschuss ↗Arbeitsplatzdefizit.

Arbeitsplatzwanderer, Personen, bei denen der Arbeitsplatz den entscheidenden Anstoß zur ↗Migration, häufig eine ↗interregionale Wanderung, bildet. Dieses Motiv überwiegt bei den 25- bis unter 30-Jährigen, die z. B. nach Abschluss ihrer Ausbildung eine Beschäftigung suchen. Gewinne bei den ↗Binnenwanderungen dieser Gruppe (Abb.) verzeichnen Agglomerationsräume wie ländlich geprägte Gebiete. Entscheidend ist die regionale Wirtschaftsstruktur mit einem ausreichenden und differenzierten Arbeitsplatzangebot. Verluste liegen für Regionen mit bedeutenden Universitäten (Tübingen, Marburg, Gießen) und mit Aufnahmelagern für Aussiedler vor sowie für periphere Räume.

Arbeitsteilung, Aufteilung eines Arbeitsprozesses auf mehrere Personen und Standorte. Die Arbeitsteilung kann als Motor der ökonomischen Dynamik angesehen werden. Sie steigert die Effizienz und Produktivität eines Arbeitsablaufs, senkt die Kosten der Herstellung und vermindert die Qualifikationsanforderungen an einzelne berufliche Positionen (↗Dequalifizierung). Arbeitsteilung ist aber auch die Wurzel der gesellschaftlichen, ökonomischen und räumlichen Differenzierung, der zunehmenden Komplexität von Organisationen sowie der sozialen und regionalen Ungleichheiten. Arbeitsteilung verursacht in der Regel einen zusätzlichen Koordinations- und Kontrollaufwand (↗Kontrollkrise). Nicht jeder Arbeitsprozess ist in gleichem Maße der Arbeitsteilung, Dequalifizierung und Mechanisierung zugänglich. Man unterscheidet zwei Arten der Arbeitsteilung, die in der räumlichen Dimension sehr unterschiedliche Auswirkungen haben. Stärker als die ↗horizontale Arbeitsteilung verursacht die ↗vertikale Arbeitsteilung große regionale Disparitäten des Arbeitsplatzangebots, der Entscheidungsbefugnisse und der Qualifikationsstrukturen der ↗Arbeitsbevölkerung. Die vertikale räumliche Arbeitsteilung ist auf allen Maßstabsebenen wirksam und prägt maßgeblich die Beziehungen zwischen Zentrum und Peripherie bzw. zwischen Industrieländern und Entwicklungsländern (↗Außenhandel, ↗Weltmarktintegration). Die Entwicklung, das Ausmaß und die Folgen der Arbeitsteilung wurden von K. Marx völlig falsch eingeschätzt. Die lang anhaltende ↗Persistenz der räumlichen Arbeitsteilung ist aber auch schwer mit den Modellannahmen der neoklassischen ↗Arbeitsmarkttheorie vereinbar. ↗internationale Arbeitsteilung. [PM]

Arbeitsvolumen, ergibt sich aus dem ↗Arbeitskräfteangebot multipliziert mit der angebotenen Arbeitszeit (bestimmt durch gesetzliche Normen und persönliche Präferenzen); das nachgefragte Arbeitsvolumen aus den ↗Arbeitsplätzen multipliziert mit der Produktionszeit.

Arbeitszeit, durch Tarifverträge oder Betriebsvereinbarungen geregelte Zeit von Anfang bis Ende der Arbeit. Davon zu trennen sind die tatsächlich geleistete Arbeitszeit sowie die entlohnte Arbeitszeit. Der Kampf um die Verkürzung der täglichen, wöchentlichen und lebenslangen Arbeitszeit nimmt einen ähnlichen Stellenwert ein wie die Interessenspolitik um höhere ↗Löhne.

arc cloud ↗Böenwalze.

Archaebakterien, entwicklungsgeschichtlich eigenständige Gruppe von Bakterien, die sich von den echten ↗Bakterien (Eubakterien) in wesentlichen zellulären Merkmalen unterscheiden. Die Zellwand ist aus anderen Komponenten aufgebaut, die Bausteine der ribosomalen RNS sind anders angeordnet und zusammengesetzt und der Aufbau der RNS-Polymerase ist verschieden. Außerdem weisen die Archaebakterien besondere Stoffwechselwege und Coenzyme auf. Zu den Archaebakterien gehören drei Organismentypen: die Methan bildenden, die Salz liebenden Halophilen und die wärmeliebenden, hitzeresistenten (bis 100°C) Thermophilen.

Archaeopteryx, ältester bekannter Vogel (»Urvogel«) mit bekrallten Zehen, bezahntem Schnabel

Arbeitsplatzwanderer: Binnenwanderungssaldo der 25- bis unter 30-Jährigen für die Raumordnungsregionen Deutschlands (1995).

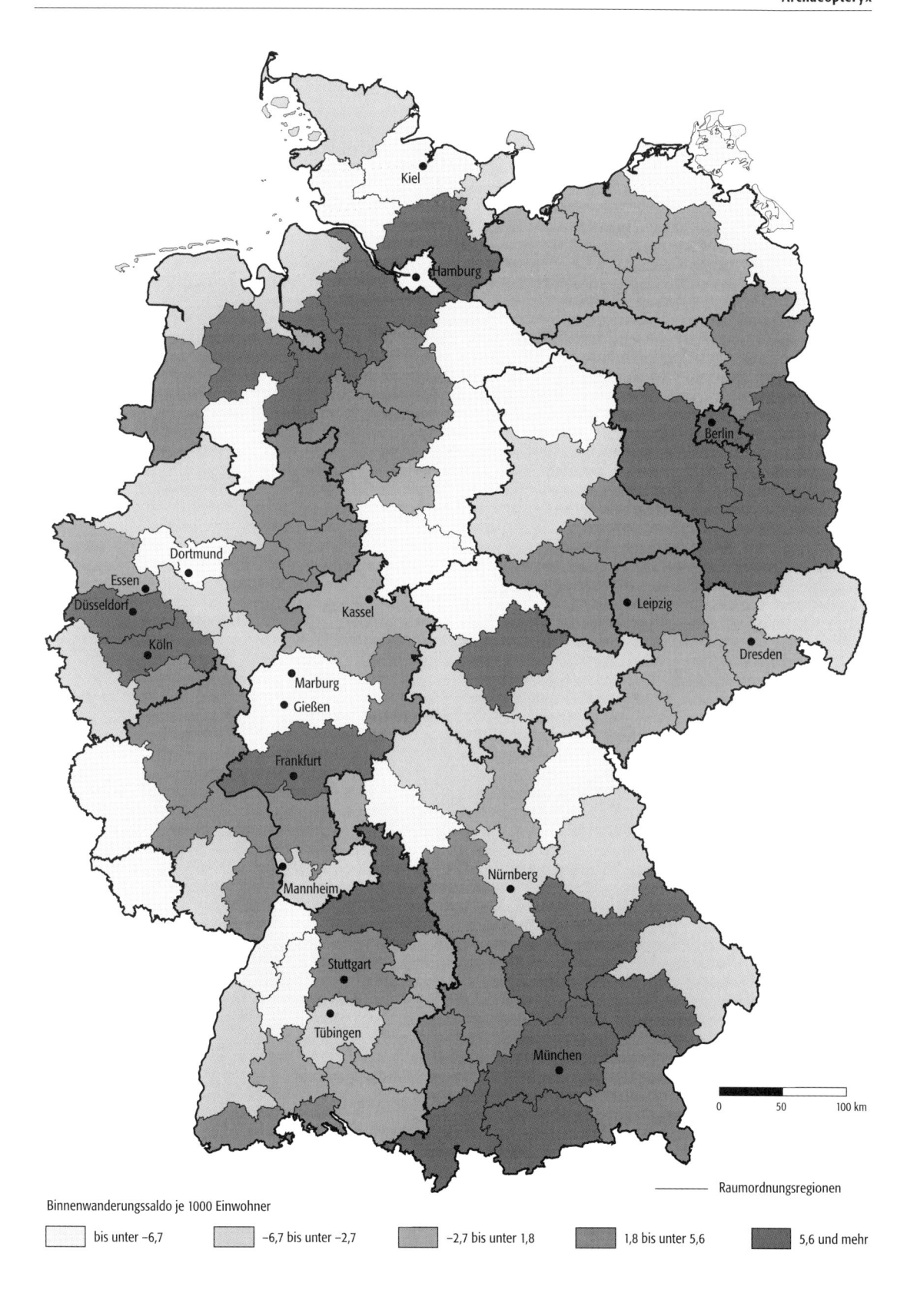

Binnenwanderungssaldo je 1000 Einwohner

bis unter −6,7	−6,7 bis unter −2,7	−2,7 bis unter 1,8	1,8 bis unter 5,6	5,6 und mehr

Raumordnungsregionen

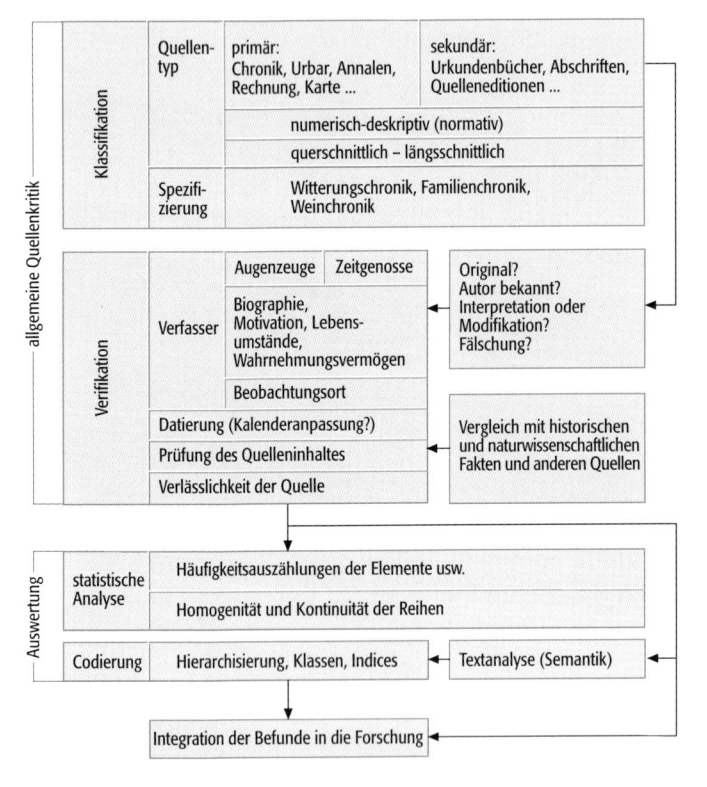

Archivforschung: Leitfragen der Quellenkritik für die Umweltforschung.

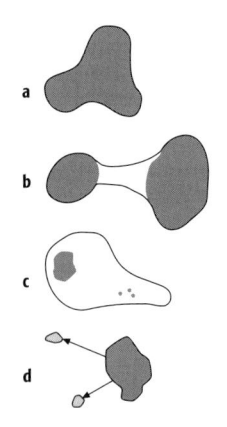

Arealkunde 1: Schemadarstellung verschiedener Arealformen: a) geschlossenes Areal; b) disjunktes Areal, entstanden durch Aussterben in einem Teil (weiß) eines ehemals größeren Areals; c) disjunktes Areal mit einzelnen Reliktvorkommen (Punkte); d) disjunktes Areal, entstanden durch Fernausbreitung in neu gebildeten Arealteilen (grau).

und Federkleid, d.h. Mischung aus Reptilien- und Vogelmerkmalen. Er ist nur aus den Schiefern von ↗Solnhofen bekannt.

Archaeozoon, ↗Adventivtier.

Archaikum, *Archaeozoikum, Azoikum,* das älteste Äonothem (↗Stratigraphie) der Erdgeschichte von der Entstehung der Erde vor etwa 4,4 Mrd. Jahren bis zum Beginn des ↗Proterozoikums (siehe Beilage »Geologische Zeittafel«). Archaische Gesteine sind nur aus den großen ↗Schilden als Uranlagen der heutigen Kontinente bekannt, wie beispielsweise aus Kanada, Grönland, Finnland, Sibirien, Nordchina, Australien und Südafrika. Bedeutsam sind die teilweise reichen ↗Erzlagerstätten, wie in Kanada, Australien oder Südafrika. Die ältesten bisher bekannten Organismenreste sind vermutlich Cyanobakterienkrusten des Archaikums von Australien.

Archäophyt, *Alteinwanderer,* Pflanzenart, die vor längerer Zeit in eine Region eingewandert ist (↗Einwanderung). Als Zeitmarke zwischen den älteren Archäophyten und den jüngeren ↗Neophyten gilt die Entdeckung Amerikas. Die meisten von ihnen sind ↗Ackerwildpflanzen, die mit dem Getreide aus dem ostmediterranen Raum und dem Vorderen Orient eingeschleppt wurden.

Archinotis, ↗Faunenreiche.

Archivforschung, originäre Aussagen lassen sich in der ↗Historischen Geographie zuallererst aus der zielgerichteten und quellenkritischen Interpretation von schriftlichen und kartographischen Dokumenten gewinnen. Da die wenigsten einschlägigen Schriftquellen gedruckt vorliegen (etwa als Urkundenbücher oder Quellensammlungen), sondern als Unikate überwiegend in Staats-, Stadt- oder sonstigen Archiven lagern, ist die Erschließung und Auswertung von Archivalien (Abb.) unerlässlich, was entsprechende Kenntnisse in den historischen Hilfswissenschaften (z. B. der Schriftkunde) voraus setzt. Das gründliche Studium von Findbüchern (Repertorien) und Bestandskatalogen eröffnet den Zugang zu den oft riesigen Archivbeständen, deren Menge ab der Frühneuzeit bis in die Gegenwart hinein zunimmt.

arc-node data model ↗Vektordaten.

Area Forecast Center ↗AFC.

Areal, *Verbreitungsgebiet,* ↗Arealkunde.

Arealgrenzen ↗Arealkunde.

Arealitätsziffer, ↗Bevölkerungsdichte.

Arealkunde, *Chorologie, Phytochorologie, floristische Vegetationsgeographie, floristische Geobotanik,* Lehre von der Verbreitung der Pflanzensippen auf der Erdoberfläche. Innerhalb der ↗Pflanzengeographie stellt die Arealkunde eine besonders traditionsreiche und gut abgrenzbare Teildisziplin dar. Gegenstand sind ↗Sippen auf verschiedener pflanzensystematischer Stufe (z. B. Arten, Gattungen, Familien). Das *Areal* ist eine Fläche oder eine Gruppe von Einzelflächen, die die Gesamtheit aller geographischen Orte umschreibt, an denen Populationen der Sippe vorkommen (Fundorte). Die Arealkunde befasst sich mit der Methodik der Erfassung und mit der Analyse von Arealen und deren Veränderungen. Weiterhin wird der Arealkunde auch die Feststellung und Analyse von ↗Floren bestimmter Erdräume zugerechnet.

Sippenareale können sehr unterschiedliche Größen haben; den Arten, die nur von einigen wenigen Fundorten bekannt sind, stehen die weltweit vorkommenden ↗Kosmopoliten gegenüber. Neben diesen Extremen gibt es fast alle Zwischenstufen. Sippen mit kleinflächigen Arealen lassen sich oft als ↗Relikte deuten. Hinsichtlich ihrer räumlichen Kontinuität lassen sich Areale in zwei Gruppen unterteilen, wobei in der Realität vielfältige Übergänge auftreten (Abb. 1). Bei *kontinuierlichen Arealen* (*geschlossenen Arealen*) können alle Wuchsorte der Sippe mit einer einzigen Linie umfahren werden; innerhalb solcher zusammenhängender Areale sind die Lücken zwischen den Wuchsorten so klein, dass sie durch die ↗Diasporen der Sippe noch überwindbar scheinen. (Auf der Ebene größerer Maßstäbe haben Studien über Biotopverinselung und Biotopverbund hierzu einige kritische Fragen aufgeworfen, jedoch behält für eine kleinmaßstäbige arealkundliche Betrachtung die etablierte Definition ihre Gültigkeit.) Bei *disjunkten Arealen* sind mehrere Teilareale durch Lücken getrennt, die für die Diasporen der Sippe unter aktuellen Bedingungen nicht überwindbar sind. Es gibt sowohl Fälle, in denen die Teilareale ungefähr gleich groß sind, als auch Fälle mit einem relativ großen Kernareal und einer oder mehreren relativ kleinflächigen ↗Exklaven. Von den unregelmäßig geformten, mehr oder weniger flächenhaften Arealen der meisten Sippen können als Spezialfälle linienhafte Areale unterschieden werden, wie sie beispielsweise bei Pflanzen von Küstenbiotopen oder bei ↗Salzpflanzen auf Autobahnmittelstreifen auftreten.

Wesentliche Grundlage der Arealkunde ist einerseits ein hinreichender Forschungsstand der Pflanzensystematik und andererseits eine hinreichend gründliche floristische Durchforschung verschiedener Räume der Erdoberfläche. Die Arealkunde bezieht die ihr zugrunde liegenden Informationen aus Herbarien, aus Florenwerken und anderen wissenschaftlichen Literaturquellen oder aus speziellen Kartierungsprojekten. Die kartographische Darstellung von Arealen kann in mehreren Formen erfolgen. In Punktverbreitungskarten werden alle bekannten Wuchsorte lagegenau eingetragen; bei großer Punktdichte ersetzen Flächenschraffuren die Einzelpunkte, die Arealgrenzen sind als Linien erkennbar (Umrissverbreitungskarte; Abb. 2). Für Rasterverbreitungskarten (Abb. 3) wird der Untersuchungsraum durch ein regelmäßiges Raster in (annähernd) gleich große Grundfelder unterteilt; in jedem Grundfeld wird das Vorkommen oder Nicht-Vorkommen der Sippen dargestellt. Den meist kleinmaßstäbigen Karten, die das jeweilige Gesamtareal von Sippen darstellen, stehen eher großmaßstäbige Karten gegenüber, die die Verbreitung von Sippen lediglich in einem Ausschnitt ihres Areals zeigen; Letztere werden häufig als Verbreitungskarten bezeichnet. Einen Informationsgehalt, der dem von kleinmaßstäbigen Arealkarten ähnlich ist, können auch formelmäßige Darstellungen haben. Diese Arealdiagnosen verbinden Angaben zu drei Aspekten: zonale Lage (präzisiert durch Zuordnung zu Kontinenten oder Kontinentteilen), Lage im Ozeanitätsgefälle und Höhenstufenbindung. Für die Rotbuche (*Fagus sylvatica*) lautet die Formel:

$$(m)/mo\text{-}sm/mo\text{-}temp.oz_{1-2}EUR.$$

Die Art kommt demnach in der submeridionalen Zone [sm] und ausklingend auch in der meridionalen Zone [(m)] jeweils in der montanen Stufe [mo] vor, sie ist in der temperaten Zone [temp] nicht an eine bestimmte Höhenstufe gebunden und bevorzugt ozeanisch subozeanisches Klima [oz_{1-2}]; dabei ist die Rotbuche auf Europa [EUR] beschränkt (Abb. 3).

Die Erklärung der Gestalt von Arealen und die Analyse der Ursachen von *Arealgrenzen* setzt in der Regel bei den gegenwärtigen klimatischen oder edaphischen Bedingungen an. In vielen Fällen sind Areale jedoch auch stark von erdgeschichtlichen Vorgängen geprägt. Evolutive Vorgänge spielen für die Gestalt mancher Areale ebenfalls eine wichtige Rolle. Viele Arealgrenzen lassen sich mithilfe von klimatischen Grenzfaktoren deuten (Abb. 2); beispielsweise gedeihen tropische Pflanzen nur in frostfreien Gebieten, und Hochmoorpflanzen benötigen stark humide Verhältnisse. Klimatische Extremjahre sind für den Verlauf vieler Arealgrenzen bedeutsamer als langjährige Mittelwerte. Eine Abhängigkeit der Arealgrenzen von edaphischen Faktoren zeigt sich zum Beispiel bei ↗Kalkpflanzen, Schwermetallpflanzen oder ↗Salzpflanzen. Meistens sind die Beziehungen zwischen Pflanzenverbreitung und bestimmten Standortfaktoren jedoch sehr komplex. Außerdem bedingt die Konkurrenz, dass sich physiologisches und ökologisches Optimum (↗Potenz) der Sippen unterscheiden. Kaum einmal lassen sich die Beziehungen auf einen einzelnen klimatischen oder edaphischen Faktor reduzieren, und einfache Beziehungen haben oft nur eine begrenzte Gültigkeit für bestimmte Teilareale. Arten, die in manchen Gebieten Kalkpflanzen sind, verhalten sich in anderen Gebieten hinsichtlich dieses edaphischen Faktors indifferent. In der Nähe ihrer Arealgrenzen geben viele Sippen durch ein Ausweichen auf Sonderstandorte Hinweise darauf, welche Faktoren für sie ungünstig sind und zum Ausklingen ihres Areals führen werden (Gesetz der relativen

Arealkunde 2: Verbreitung der Stechpalme (*Ilex aquifolium*, schraffiert) im Vergleich mit zwei klimatischen Isolinien; zugleich Beispiel einer Umrissverbreitungskarte.

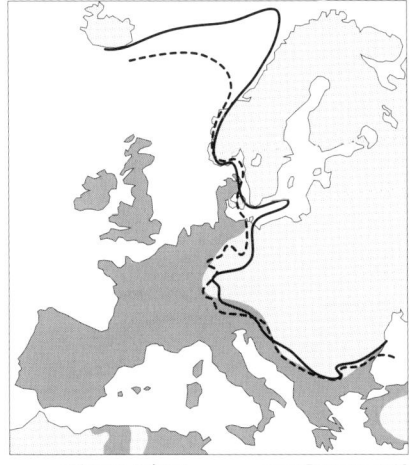

— 0°C-Januar-Isotherme   ---- an 345 Tagen max. >0°C

Arealkunde 3: Rasterverbreitungskarte der Rotbuche (*Fagus sylvatica*). Die Rasterung beruht auf dem UTM-Gitter.

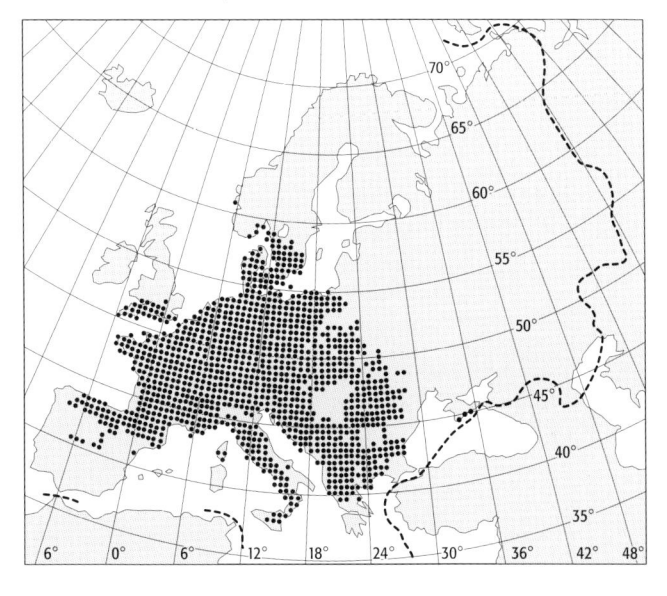

Standortskonstanz; ↗Biotopwechsel). Die Auswirkungen erdgeschichtlicher Vorgänge auf Pflanzenareale zeigen sich beispielhaft im Gefolge der ↗Eiszeiten. Bei zahlreichen Steppenpflanzen, die heute in Mitteleuropa als Relikte auftreten, hat die ↗postglaziale Waldentwicklung zu einer Zerstückelung des ursprünglich geschlossenen Areals geführt. Paläobotanische Aspekte müssen daher in die Arealanalyse einbezogen werden. Als weitere Faktoren sind schließlich evolutive Vorgänge zu nennen. Es können neue ↗Ökotypen entstehen, die einer Art die Ausbreitung in bislang nicht besiedelte Gebiete erlauben; Sippen, die zahlreiche Ökotypen aufweisen, besiedeln tendenziell größere Areale als uniforme Sippen.

Der Vergleich von Arealen verschiedener Sippen ergibt vielfach deutliche Ähnlichkeiten. Daher ist versucht worden, aus Gruppen von Arealen ähnlicher Lage, Größe und Form abstrahierte *Arealtypen* abzuleiten und in eine mehr oder weniger übersichtliche Ordnung zu bringen. Die Abgrenzung und Benennung von Arealtypen kann nach verschiedenen Kriterien erfolgen: rein topographisch (z. B. nach Erdteilen), ökologisch (z. B. die Höhenstufen- oder Ozeanitätsbindung berücksichtigend) oder vegetationsgeographisch (z. B. nach ↗Florenreichen). Aufgrund der Vielfalt auftretender Arealbilder schien es jedoch nicht möglich, sie zu wenigen Typen zusammenzufassen; sodass man allgemeinere Beschreibungen mithilfe von Arealdiagnosen vorzieht. Eine abweichende Konzeption, welche auf der Hauptverbreitung der Sippen beruht, liegt den ↗Geoelementen nach ↗Walter zugrunde. Ein weltweit anwendbares und weithin anerkanntes System von Arealtypen existiert bislang nicht. Wenn für einen Erdteil eine brauchbare Typenbildung vorliegt, dann können für eine gegebene Flora oder Pflanzengemeinschaft die Anteile der Sippen mit verschiedenen Arealtypen berechnet werden; die Darstellung erfolgt z. B. als prozentuale Anteile in einem Diagramm. Ein solches *Arealtypenspektrum* kann Hinweise zu Ökologie und Entstehung der betreffenden Flora oder Pflanzengemeinschaft geben; die Gesamtverbreitung von Sippen erlaubt Rückschlüsse auf ihr ökologisches Verhalten.

Im erdgeschichtlichen Rahmen haben tief greifende Umweltveränderungen immer wieder zu starken Arealveränderungen geführt. Als Folge der Entstehung neuer Sippen können selbst innerhalb weniger Jahrzehnte größere Areale neu ausgebildet werden. Besonders intensiv untersucht wurden Arealveränderungen, die mit der Tätigkeit des Menschen einhergehen; zu unterscheiden sind Arealausweitungen durch ↗Anthropochorie sowie Arealschrumpfungen.

Enge Wechselbeziehungen bestehen zwischen Arealkunde und ↗Systematik der Pflanzen. Es wurde bereits angemerkt, dass umfassende arealkundliche Untersuchungen erst möglich sind, wenn hinreichende taxonomische Erkenntnisse vorliegen. Umgekehrt haben arealkundlich motivierte floristische Kartierungen im europäischen Raum wesentlich zur Verbesserung pflanzensystematischer Kenntnisse beigetragen, indem umfangreiches Herbarmaterial zusammengetragen und Verbreitungsverhältnisse ermittelt worden sind, die in der ↗Taxonomie zur Klärung von Verwandtschaftsverhältnissen verwendet werden (chorologische Methode). In der Taxonomie apomiktischer Brombeeren (*Rubus*) dient die Arealgröße sogar als Kriterium bei der Definition des Artbegriffs. Für evolutionsbiologische Theorien zur ↗Artbildung sind arealkundliche Aspekte sehr bedeutsam. Starke Querverbindungen zur ↗ökologischen Pflanzengeographie und zur Ökophysiologie ergeben sich vor allem aus der Arealanalyse, welche die ökologischen Ansprüche der Sippen einbezieht. Die Synchorologie, die die Verbreitung der floristisch definierten Pflanzengesellschaften untersucht (↗Pflanzensoziologie), bezieht sich zwangsläufig stark auf die floristische Arealkunde. Für Fragen des ↗Naturschutzes liefert die Arealkunde wesentliche Grundlagen in Form von Daten zur Verbreitung und zu Verbreitungsänderungen. Beispiele sind das Herausarbeiten von Arealschrumpfungen gefährdeter Arten oder die Dokumentation von Endemismus. Aus dem Vorkommen von Endemiten wird im Naturschutz für das betreffende Territorium in jüngerer Zeit explizit eine besondere politische Verantwortlichkeit für Schutzmaßnahmen abgeleitet.

In vielen Regionen der Erde sind die taxonomischen und arealkundlichen Kenntnisse noch sehr unzureichend; dies betrifft gerade auch Bereiche mit besonders hoher ↗Biodiversität. Für Europa werden nach wie vor zahlreiche Rasterverbreitungskarten publiziert, die einen vergleichsweise hohen Kenntnisstand dokumentieren. Das Ausbringen von Wildpflanzen kann die Feststellung natürlicher Areale erheblich erschweren; dies gilt z. B. bei einigen Forstbäumen oder bei in Teilen Mitteleuropas heimischen Sträuchern, die häufig außerhalb ihres natürlichen Verbreitungsgebietes in der freien Landschaft angepflanzt werden. Dabei werden häufig nicht autochthone Genotypen oder züchterisch veränderte Kulturformen verwendet. In den letzten Jahrzehnten haben sich derartige Entwicklungen erheblich beschleunigt. Studien zur Anthropochorie gewinnen wegen teilweise erheblichen ökologischen und ökonomischen Folgeerscheinungen (↗invasive Arten) an Bedeutung. Zwar wird für Mitteleuropa angenommen, dass der Höhepunkt der ↗Einschleppung florenfremder Arten bereits überschritten ist, doch halten Ausbreitungsprozesse im regionalen und lokalen Maßstab weiterhin an. Oft sind Zusammenhänge mit Standortveränderungen (z. B. ↗Eutrophierung) anzunehmen. In anderen Regionen der Erde werden noch stärkere Auswirkungen der Anthropochorie registriert als in Europa. Die vorhergesagte anthropogene Verstärkung des ↗Treibhauseffektes wird zu Verschiebungen von Arealgrenzen in erheblichem Ausmaß führen. Untersuchungen zu Migrationsprozessen sowie arealkundliche Prognosen unter Zuhilfenahme von Modellierungen werden deshalb wichtige Forschungsaufgaben darstellen. [GKa]

Literatur: [1] HAEUPLER, H. u. P. SCHÖNFELDER (1989): Atlas der Farn- und Blütenpflanzen der Bundesrepublik Deutschland. – Stuttgart. [2] JÄGER, E. J. (1993): Plant geography. In: Progress in Botany 54: 428–447. [3] JALAS, J. et al. (Hrsg.) (1972–1999): Atlas Florae Europaeae. 12 Vols. (to be continued). [4] MEUSEL, H. (1943): Vergleichende Arealkunde. – Berlin. [5] MEUSEL, H. et al. (1965–92): Vergleichende Chorologie der zentraleuropäischen Flora. – Jena. [6] SCHROEDER, F.-G. (1998): Lehrbuch der Pflanzengeographie. – Wiesbaden.

Arealtyp ↗Arealkunde.

Arealtypenspektrum ↗Arealkunde.

Arenosols, [von lat. arena = Sand], Bodenklasse der ↗FAO-Bodenklassifikation (1990) und der ↗WRB-Bodenklassifikation (1998); nährstoffarme, gut durchwurzelbare, sandige Mineralböden mit einer ↗Bodenart gröber als sandiger Lehm (>70 Masse-% Sand, < 15 Masse-% Ton), weniger als 35 Masse-% Gesteinsfragmenten in den oberen 100 cm und einer geringen Wasserspeicherkapazität. Entsprechend ihrer Textur ist das Vorkommen von Arenosols an sandiges Ausgangsmaterial gebunden. Sie sind daher großflächig in ariden und semiariden Gebieten mit äolischen Sedimenten und auf alluvialen Sanden weit verbreitet. Ihre Verbreitung zeigt die ↗Weltbodenkarte.

Arête, ein schmaler Felsgrat mit steilen Flanken, durch beidseitige Gletschererosion entstanden.

arides Klima, *Trockenklima*, ↗Aridität.

Aridisols, Bodenordnung der US-amerikanischen ↗Soil Taxonomy (1994); Mineralböden der Trockenklimate mit flachgründigem, humusarmen ↗A-Horizont, darunter häufig ein ton- oder natriumreicher Horizont mit Anreicherungen von Salz, Gips oder Kalk. Unter der Bezeichnung Aridisols werden auch Halbwüsten- und Vollwüstenböden gefasst, ferner sind sie vergleichbar den ↗Solonchaks, ↗Solonetz und ↗Arenosols der ↗FAO-Bodenklassifikation und der ↗WRB-Bodenklassifikation.

Aridität [von lat. aridus = trocken], Bezeichnung für den Grad der Trockenheit eines Klimatyps (↗Klimaklassifikation), der durch das Verhältnis von Niederschlägen und Verdunstung bestimmt ist. In Gebieten mit *aridem Klima* bzw. *Trockenklima* verdunstet der gefallene Niederschlag vollständig, in humiden Klimaten fällt mehr Niederschlag als durch die Verdunstung verbraucht wird (↗Humidität). Arider und humider Bereich sind durch die ↗Trockengrenze getrennt. Innerhalb der ariden Klimate unterscheidet man vollaride Klimate mit ganzjährig ariden Verhältnissen und semiaride Klimate mit periodisch humiden Verhältnissen. Die Aridität wird oft mithilfe von Ariditätsindices beschrieben, in die meist die Niederschlagsmenge und die Lufttemperatur eingehen (↗Regenfaktor, ↗pluviothermischer Index).

arid-morphologische Catena, Versuch, die Reliefformen der weit verbreiteten Beckenstrukturen der Trockengebiete in Anlehnung an den bodenkundlichen Begriff ↗Catena und am Beispiel der Sahara in einen prozessualen Zusammenhang zu bringen. Die Gliederung ergibt sich aus den Hinterlassenschaften (degenerierter) fluvialer Aktivitäten von einem Hochland bis zur Beckenmitte und damit nach Bedeckungstypen von Grobmaterial im Gebirge oder Stufenland bis zu den ↗Endpfannen oder ↗Sebchas im Beckentiefsten mit dem am weitesten transportierten und damit feinkörnigsten Material. Die arid-morphologische Catena umfasst ↗Hamada – ↗Pediment – ↗Glacis – ↗Serir – Sandschwemmebene – ↗Erg – Sebcha, ist aber nicht immer vollständig. Problematisch an diesem Modell ist, dass seine Glieder nicht durch heutige Prozesse genetisch verbunden sind, sondern dass es sich um ↗Vorzeitformen unterschiedlichen Alters handelt und dass Reliefformen und Bedeckungstypen zu unterschiedlichen, nicht deckungsgleichen Kategorien gehören. So findet sich der eckige, patinierte Hamadaschutt sowohl im Gebirge als auch auf Pediment und Glacis als aride Verwitterungslage der pleistozän-pluvial gebildeten Schwemmfächerdecken, die ihrerseits über dem bis ins Tertiär mit warm-feuchter Verwitterung zurückreichenden Felssockel der ↗Fußflächen liegen. Das Glacis der Profilzeichnung (Abb.) entspricht dem glacis d'accumulation bzw. d'épandage der französischen Terminologie und damit einem Schwemmfächerkörper, der nicht die distale Fortsetzung des Pediments ist. Die Serir wiederum ist nicht die Fortsetzung des Glacis, sondern das arid gebildete Pflaster aus den gut gerundeten breiten Bändern fluvialer Kiese von pluvialzeitlichen, zumindest zeitweilig ↗exoreischen Flüssen aus den saharischen Gebirgen. Die Sandschwemmebenen als fluvio-äolische Mischformen sind rezent überformte Rumpfflächenteile, die im Modell der Vertikalgliederung der Trockengebiete sogar höher hinauf als die Pedimente reichen können, so weit der äolische Einfluss reicht (im Tibesti bis ca. 1000 m). Der Dünensand der Ergs entstammt vorzeitlich-pluvialen Anlieferungsphasen unterschiedlichen Alters. Aus rezenten Endpfannen wird nach einem Abkommen zwar auch Sand ausgeweht, allerdings reichen die Fluten der ↗Wadis nur wenig über den Gebirgsfuß hinaus. In der etwas feuchteren Nordsahara können Endpfannen auch im Tiefsten kleiner Becken liegen. Der nordafrikanische Sebcha entspräche im Beckentiefsten anderer Trockengebiete die ↗Salztonebene oder ↗Playa, die allerdings eher in den semiariden Raum mit zumindest episodischem Wassereintrag von den Rahmenhöhen über einen Schwemmfächersaum (↗Bajada) hinweg gehört. In solchen Gebieten, etwa im SW der USA, in Nordmexiko (↗Bolson) oder im iranischen Hochland ist die arid-morphologische Catena als rezentes Prozessgefüge am ehesten zu finden. [DB]

arid-morphologische Catena: Schema der arid-morphologischen Catena (stark überhöht).

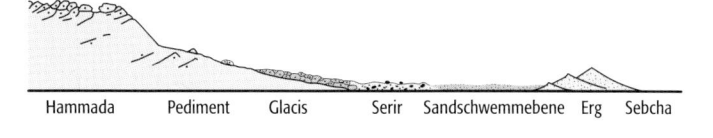

| Hammada | Pediment | Glacis | Serir | Sandschwemmebene | Erg | Sebcha |

Aristoteles

Aristoteles, genannt der Stagrit, griechischer Philosoph, geb. 384 v. Chr. Stagira, gest. 322 v. Chr. bei Chalkis auf Euböa. Die von Aristoteles erhaltenen Schriften umfassen die Gebiete Logik und Erkenntnistheorie, Naturphilosophie, Metaphysik, Ethik, Politik, Rhetorik und Kunsttheorie. Durch umfassende Rezeption in der jüdischen, der islamisch-arabischen sowie christlich-europäischen Welt wurde Aristoteles' Gedankenwelt fester Bestandteil der Geistesgeschichte. In seinen Büchern »Über den Himmel«, »Meteorologie« und »Über die Welt« beschäftigte er sich mit Problemkreisen, die später der ↗Geographie zugerechnet wurden. Daneben sammelte er – vor dem Hintergrund des die geographischen Kenntnisse der antiken Welt stark erweiternden Alexanderzuges – topographische Beschreibungen der damals bekannten Teile der Erde. Dabei kam es ihm weniger auf die Einzelfakten als vielmehr auf ihren Zusammenhang an, hinter dem er das Wirken eines göttlichen Wesens vermutete. [UW]

Arkose, sandsteinartiges ↗Sedimentgestein mit einem Feldspatgehalt von mehr als 25 %, der gewöhnlich von der Verwitterung kristalliner Gesteine (vorwiegend ↗Granit) herrührt.

Arktikfront, Grenzfläche zwischen der ↗Arktikluft und der Polarluft. Nach der Theorie der ↗Bergener Schule sollte die Arktikfront an der Südgrenze der Arktikluft in etwa 65–75° N die Arktis permanent umgeben. Die Beobachtungen zeigen aber, dass die Arktikfront nur relativ selten in bestimmten Bereichen an der Südgrenze der arktischen ↗Luftmasse in Erscheinung tritt. Die Ursache dafür sind die geringen Unterschiede zwischen polarer und arktischer Luftmasse.

Arktikluft [von griech. *arktikos* = nördlich], ↗Luftmasse, die in polararktischen kalten Hochdruckgebiet, das sich im Mittel in den polnahen Breiten ausbildet, entsteht. Infolge der starken Ausstrahlung sinkt die Luft aus der Höhe ins Bodenniveau und strömt dann dem schwachen ↗Druckgradienten folgend, durch die ↗Corioliskraft nach rechts abgelenkt, aus nordöstlichen Richtungen langsam äquatorwärts. Dabei wird die Luft so lange von der ganzjährig eis- bzw. schneebedeckten Erdoberfläche und der kalten Atmosphäre beeinflusst, dass eine Vereinheitlichung der Luftmasseneigenschaften hinsichtlich Temperatur, Feuchte und Luftbeimengungen erfolgt. Die Luft wird dabei im Wesentlichen vom Untergrund aus fortlaufend weiter abgekühlt, was zur Inversionsbildung und einer stabilen Schichtung führt. Strömt die Luft über kontinentale Gebiete, so spricht man von kontinentaler Arktikluft (Abk.: cA), strömt sie über maritime Bereiche, in denen besonders im Sommer Lücken in der Packeisdecke auftreten können, so wird sie maritime Arktikluft (Abk.: mA) genannt. ↗Arktikfront. [DKl]

arktisches Klima, *polares Klima*, Klimatyp (↗Klimaklassifikation) der Polarregionen, der geprägt ist durch den Wechsel von Polartag und Polarnacht, beständig niedrige, auch während des Polartages kaum über 0°C steigende Temperaturen und geringe Niederschlagsmengen.

Armut, allgemeine Bezeichnung für die ↗absolute Armut und auch die ↗relative Armut; Unterversorgung einer Einzelperson oder Personengruppe mit materiellen und immateriellen Ressourcen, um ein menschenwürdiges Leben führen zu können. Armut ist ein Phänomen mit vielen Dimensionen, das in Form von Massenarmut als ein zentrales Problem der ↗Entwicklungsländer begriffen wird. Armut in Entwicklungsländern basiert auf einem Zusammenwirken von exogenen (weltwirtschaftliche Positionierung, Kredit- oder Technologieabhängigkeit, Überschuldung u. a.) und endogenen Faktoren (Krieg, Regierungsführung ohne Kontrolle und Partizipation, nicht angemessene Entwicklungsprioritäten), die sich teilweise gegenseitig bedingen, und für jedes Land ein spezifisches komplexes Ursachengeflecht ergeben. In der entwicklungspolitischen Diskussion wird Armut unterschiedlich definiert. Die Armutsdefinitionen von ↗Weltbank und ↗UNDP kommen am häufigsten zur Anwendung. Die Armutsdefinition der Weltbank bezieht sich auf das monetäre Einkommen, das einer Person für die Deckung der Grundbedürfnisse zur Verfügung steht. Als arm gilt, wer eine bestimmte Einkommensgrenze unterschreitet bzw. ein gewisses Maß an Konsumausgaben nicht erreicht. Nach Definition des Entwicklungsprogramms der UNDP ist Armut zu verstehen als Vorenthaltung von Chancen und Wahlmöglichkeiten, die für eine menschliche Entwicklung grundlegend sind. Das Konzept der menschlichen Armut, das 1997 von UNDP vorgelegt wurde, beruht auf der Einsicht, dass allein mangelndes Einkommen nicht die Gesamtsumme menschlicher Entbehrungen darstellt. Menschliche Armut bedeutet demnach, kein langes, gesundes und kreatives Leben führen zu können, nicht über Wissen zu verfügen, keinen angemessenen Lebensstandard, keine Würde, keine Selbstachtung und keine Achtung durch andere zu haben. Dieser Armutsbegriff wird durch die Verwendung von sozialen Indikatoren (Sterbewahrscheinlichkeit unter 40 Jahren, ↗Analphabetenquote, Zugang zu Trinkwasser und Gesundheitsdiensten, Kindersterblichkeitsrate), die in dem *Human Poverty Index* (HPI) zusammengefasst sind, messbar gemacht. Der HPI gibt Auskunft über den Anteil der Menschen in einer Gesellschaft, der von menschlicher Armut betroffen ist. Er weist auf Mangelerscheinungen hin, die nicht in Geldeinheiten abgebildet werden können. 1998 wurde der HPI für 85 Entwicklungsländer berechnet: Uruguay wies mit 3,9 % die geringste menschliche Armut auf, in Niger war die Verbreitung menschlicher Armut mit 67,4 % am größten. Die ↗Industrieländer begegnen dem Armutsproblem in Entwicklungsländern im Rahmen der ↗Entwicklungszusammenarbeit mit unterschiedlichen Konzepten der ↗Armutsbekämpfung. [RMü]

Armutsbekämpfung, direktes oder indirektes Ziel nationaler und/oder internationaler ↗Entwicklungszusammenarbeit. In der bundesdeutschen Entwicklungspolitik wird zwischen struktureller und direkter Armutsbekämpfung unterschieden. Erstere umfasst Vorhaben, die auf strukturelle Veränderungen in den Partnerländern abzielen, z. B. Agrarreformen, Reformen des öffentlichen Finanzwesens, Institutionen- und Infrastrukturförderung. Auf die Armutssituation in den Partnerländern nehmen sie nur indirekt Einfluss. Als direkte Armutsbekämpfung zählen Vorhaben, die sich gezielt an arme Bevölkerungsgruppen wenden: z. B. selbsthilfeorientierte Projekte auf lokaler Ebene unter Einbeziehung der armen Bevölkerungsgruppen in den Sektoren Wasserversorgung, Ernährungssicherung, ↗Ländliche Regionalentwicklung, Wohnen usw. Andere Formen der direkten Armutsbekämpfung sind die Förderung von sozialen Diensten wie Grundbildung und Basisgesundheit. Auch ↗IWF und ↗Weltbank haben die Notwendigkeit struktureller Armutsbekämpfung in Entwicklungsländern erkannt. Seit 1999 ist die Kreditvergabe an ↗Least Developed Countries an die Auflage gebunden, dass jene Länder sog. Poverty Reduction Strategy Papers (PRSP) entwickeln und durchführen. Die PRSP beschreiben die mittelfristigen Entwicklungswege der ärmsten Entwicklungsländer, insbesondere die Strategien zur Armutsbekämpfung. Sie sollen von den Regierungen der Länder unter Mitwirkung gewählter Institutionen sowie der Zivilgesellschaft (bei Konsultation der Armen) vorbereitet und umgesetzt werden. [RMü]

Armutslinie, *Armutsschwelle*, Einkommensgrenze, unterhalb derer die Sicherung der menschlichen Grundbedürfnisse nicht gewährleistet ist. Was zur Deckung der Grundbedürfnisse in einem Land notwendig ist, wird in Abhängigkeit von dem jeweiligen Entwicklungsstand, von den jeweils geltenden sozialen Werten und Normen definiert. Deshalb fallen Armutslinien von Land zu Land unterschiedlich aus. Für internationale Vergleiche wird von der ↗Weltbank die Armutslinie bei einer Kaufkraft von 1 US-Dollar pro Tag und Person angesetzt. Menschen, denen zur Sicherung der wichtigsten Grundbedürfnisse pro Tag weniger zur Verfügung steht, gelten als absolut arm. 1998 lebten 1,3 Mrd. Menschen in ↗absoluter Armut: 510 Mio. in Südasien, 450 Mio. in Südostasien, 220 Mio. in Afrika, 130 Mio. in Lateinamerika. ↗Armut, ↗Booth.

Arrondierung, Zusammenlegung von Grundbesitz. Arrondierung kann auf privater Basis oder im Rahmen einer amtlich durchgeführten ↗Flurbereinigung erfolgen. Eine Totalarrondierung bedeutet, dass früher verstreut gelegenen Grundstücke eines landwirtschaftlichen Betriebes zu einer Einheit zusammengefasst werden. Eine ↗Aussiedlung ist dabei nicht zwingend erforderlich.

Arroyo, typisches ↗Trockental der südwestlichen USA und des semiariden Argentiniens mit nur zeitweiser Wasserführung und daher meist unregelmäßigem, durch Blockanhäufungen gestörtem Längsprofil. Das ↗Talquerprofil wird häufig durch steile Hänge akzentuiert. Vergleichbare Täler anderer Trockengebiete sind ↗Rivier und ↗Wadi.

Art, *Spezies*, systematische Grundeinheit (↗Systematik); Sippe, zu der alle Populationen zusammengefasst werden, die eine starke Übereinstimmung ihrer Merkmale aufweisen, potenziell miteinander gekreuzt werden können und dabei fertile (fruchtbare) Nachkommen produzieren. Letzteres ist aber nur bei Formenkreisen mit geschlechtlicher Fortpflanzung kennzeichnend, die bei vielen niederen und sogar bei einigen höheren Pflanzen oftmals fehlen kann, was u. a. die Diskussion um die engere oder weitere Fassung des Artbegriffes erklärt. Die Art ist die wichtigste Einheit der biologischen Taxonomie. *Subspezies* (Unterarten) sind durch einige morphologische Merkmale gut voneinander unterscheidbare Sippen einer Art, die räumlich oder zeitlich isoliert voneinander auftreten, aber bei Kreuzung fertile Bastarde bilden. Eine *Rasse* bilden alle Individuen innerhalb einer Art, die gewisse, erblich konstante Eigenschaften aufweisen. Als Artenzahl, Artenreichtum bzw. Arteninventar wird die Gesamtzahl von Arten eines Lebensraums (↗Biotop) bezeichnet. Aufgrund der Flächenabhängigkeit dieser Größen wird die Artendichte auf Flächen- oder Raumeinheiten umgerechnet, um unterschiedliche Stichproben miteinander vergleichen zu können. Arten, die aufgrund ähnlicher Umweltansprüche und ein- oder gegenseitiger Abhängigkeiten in einem Biotoptyp gemeinsam vorkommen, gruppieren sich zu ↗Biozönosen (Lebensgemeinschaften). Innerhalb solcher Biozönosen ist der Artenreichtum der Fauna stark abhängig von der Raumstruktur: Im Allgemeinen sind strukturarme Lebensräume eher artenarm, strukturreiche artenreich. Artenarmut kann die Folge extremer Umweltbedingungen sein, natürlicherweise oder anthropogen bedingt. Als *Leitarten* werden Arten bezeichnet, die mit höchster Stetigkeit in einem Biotoptyp vorkommen. Sie können als Zielarten des ↗Naturschutzes dessen Maßnahmen im Biotopschutz begründen und kontrollieren helfen.

Art-Areal-Kurve, *Artenarealkurve*, *Artenzahl/Areal-Kurve*, graphische Darstellung der Abhängigkeit der Artenzahl von der Flächengröße. Der Begriff Areal wird hier in einem sehr allgemeinen Sinne gebraucht (im Ggs. zu ↗Arealkunde). Werden auf der Abszisse die Flächengröße und auf der Ordinate die Artenzahl aufgetragen, so ergibt sich in der Regel eine zunächst steil ansteigende Linie, die sich dann abflacht und asymptotisch einer Gesamtartenzahl annähert. Bei doppelt logarithmischer Auftragung ergibt sich nach der Inseltheorie (↗Inselbiogeographie) eine mehr oder weniger lineare Beziehung. Ein Spezialfall in großmaßstäbiger Betrachtung ist die Bestimmung des ↗Minimumareals von Gesellschaften.

Artbildung, Bildung von Arten oder Populationen von Arten, die in darwinistischen Evolutionstheorien als die Produkte evolutionärer Transformationsprozesse angesehen werden. Unterschieden werden häufig zwei Formen der Artbildung: a) die Artumwandlung ohne Veränderung der Artenzahl, d. h. aus einer Art wird durch einen Entwicklungsschritt eine andere Art; b) die ↗Speziation, d. h. die Differenzierung mehrerer Arten aus

Artmächtigkeit: Artmächtigkeitsskala nach Braun-Blanquet.

einer Art. Die Speziation kann als ein entscheidender Faktor für die Stabilität des Lebens angesehen werden, und die Erforschung der biotischen Mechanismen der Speziation und ihrer offensichtlichen Beschränkung ist Aufgabe ökologischer Forschung zur ↗Biodiversität.

Artefakt, 1) Ein Befragungsergebnis, das durch das eingesetzte Instrumentarium eingeschränkt oder provoziert wurde. 2) Spuren oder Gebrauchsgegenstände, die als Vergegenständlichung sozialer Beziehungen auf anderes verweisen und in der Forschung als Quelle bzw. Material für Untersuchungen genutzt werden können. ↗Artefaktanalyse.

Artefaktanalyse, Untersuchung in der ↗qualitativen Forschung, die ↗Artefakte als Material oder Quelle für ihre Untersuchungen nutzt. Als Artefakte können Spuren und Gebrauchsgegenstände unterschieden werden. *Spuren* sind Begleiterscheinungen oder unbeabsichtigte Folgen menschlichen Handelns, das uns dieses zu erschließen hilft. (Kultur-) Landschaften oder Handlungsräume wie Gebäude, Wohngegenden »erzählen« uns mehr über frühere gesellschaftliche und wirtschaftliche Verhältnisse als wir im Alltag wahrnehmen. Außerhalb der ↗Geographie ist insbesondere die Archäologie zu erwähnen; innerhalb der Geographie widmete sich insbesondere die genetische Kulturlandschaftsforschung (↗Historische Geographie) der Artefaktanalyse und entwickelte Interpretationen der Spuren. Aber auch räumliche Arrangements und Verteilungsmuster liefern Hinweise auf soziale Beziehungen oder Handlungsregulierungen, die in einem konkreten Sinn- und Bedeutungszusammenhang erzeugt wurden und mithilfe der Artefaktanalyse rekonstruiert werden können.

Gebrauchsgegenstände werden vom Menschen in bestimmten Lebenssituationen erzeugt, mit Bedeutung versehen und genutzt; sie sind für die Rekonstruktion entsprechender Verhältnisse ebenfalls zu nutzen. In der Forschung können Artefakte den zentralen Gegenstand der Untersuchung bilden oder auch bei der ↗Triangulation als Parallelverfahren genutzt werden. Die Bedeutung von Artefakten lässt sich allerdings nur erschließen, wenn zugleich auch der Kontext der historisch-konkreten Bedingungen, in dem das Artefakt seine ursprüngliche Bedeutung entfalten konnte, rekonstruiert wird. [PS]

Artengruppe ↗ökologisch-soziologische Artengruppe.

Artenschutz ↗Naturschutz.

Artenvielfalt ↗*Diversität*.

Arthropoden, *Arthropoda, Gliederfüßer*, einer der wichtigsten Stämme der wirbellosen Tiere (Invertebraten), zumindest seit dem Unterkambrium verbreitet. Arthropoden besitzen gegliederte Körperanhänge, die als Laufbeine, Kiemen, Antennen oder zur Manipulation der Nahrung dienen. Die wichtigsten Gruppen sind die ↗Trilobiten, Chelicerata (inkl. Spinnentiere), ↗Crustaceen (Krebstiere), Chilopoden (Hundertfüßer), Diplopoden (Tausendfüßer) und Hexapoden (Insekten).

Artmächtigkeit, bei der ↗Bestandsaufnahme für

5	>75% deckend, Individuenzahl beliebig
4	>50–75% deckend, Individuenzahl beliebig
3	>25–50% deckend, Individuenzahl beliebig
2	>5–25% deckend oder sehr zahlreiche Individuen bei Deckung <5%
1	1–5% deckend oder zahlreiche Individuen mit Deckung <5%
+	wenige Individuen, Deckunggrad <1%
r	ganz vereinzelt (meist nur 1 Exemplar), Deckungsgrad <1%

jede Art in jeder Schicht erfasstes Merkmal. Am gebräuchlichsten ist in der ↗Pflanzensoziologie die 7-teilige Braun-Blanquet-Schätzskala (Abb.). Die Artmächtigkeit stellt eine Kombination aus ↗Abundanz und ↗Dominanz bzw. ↗Deckungsgrad dar.

Äschenregion ↗Fischregionen.

ASEAN, *Association of Southeast Asian Nations*, Verband Südostasiatischer Staaten mit Sitz in Jakarta (Indonesien); gründete sich durch die »Erklärung von Bangkok« am 8.8.1967. Neben den Gründungsmitgliedern Indonesien, Malaysia, Philippinen, Singapur, Thailand besteht die Gemeinschaft aus Brunei (1984), Vietnam (1995), Laos, Myanmar/Burma (1997) und Kambodscha (1999). Zur Konkretisierung ihrer Ziele (regionale Zusammenarbeit in wirtschaftlichen, sozialen und kulturellen Bereichen; Erhaltung von Frieden und Stabilität) wurden Aktionsprogramme, wie ZOPFAN, SEANWFZ, ARF (Sicherheitspolitik) und die *AFTA* (ASEAN Free Trade Area) beschlossen. Das Fundament der AFTA bildet das zum 1.1.1993 in Kraft getretene Zollabkommen CEPT (Common Effective Preferential Tariff). Die schrittweise Senkung und Abschaffung der Zölle zwischen den Mitgliedsländern soll dazu beitragen, dass sich die großen wirtschaftsräumlichen Disparitäten abschwächen. Um den Auswirkungen der Wirtschaftskrise von 1997 entgegen zu wirken und um die internationale Investitionen wieder anzukurbeln wurde die Aufhebung der Zölle auf das Jahr 2010 vorgezogen. Zusätzlich ging die ASEAN auf ihrer ASEAN+3 Gipfelkonferenz in Singapur (2000) auf die nord-östlichen Nachbarländer China, Japan und Südkorea zu. [MP]

askriptive Gesellschaft, Idealtypus einer Gesellschaftsform, in welcher sozialer Status, Privilegien und Führungspositionen ererbt oder aufgrund der Zugehörigkeit zu einer sozialen Kategorie (Kaste, Stamm, Stand, Partei) zugeschrieben werden. Den Gegenpol bildet die ↗meritokratische Gesellschaft, in welcher soziale Positionen aufgrund von Qualifikationen, Leistungen, Ausbildungsabschlüssen, Prüfungen und Ausleseverfahren erworben werden. Askriptive Gesellschaften sind meistens durch Stagnation, eine geringe vertikale soziale ↗Mobilität sowie eine geringe gesellschaftliche und ökonomische Dynamik gekennzeichnet. ↗Wissen.

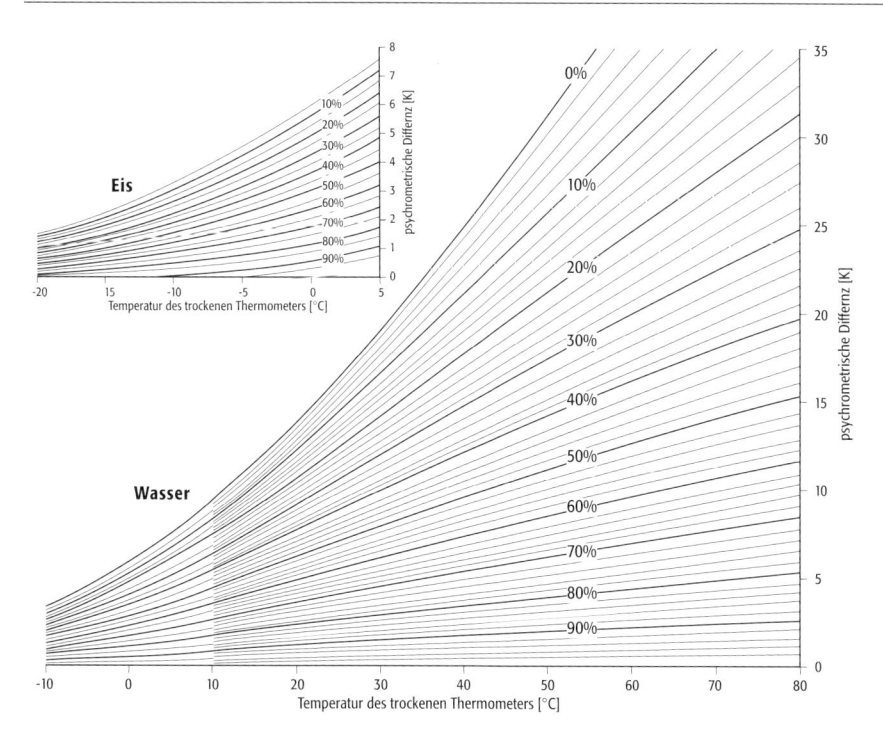

Aspirationspsychrometer 1: Graphische Psychrometertafel für feuchte und vereiste Thermometer.

Aspirationspsychrometer 2: Aspirationspsychrometer nach Aßmann.

aspect ↗ *Hangexposition*.
Aspekt [von lat. aspectus = Aussehen, Anblick], **1)** *Allgemein*: Sehweise, Blickrichtung. **2)** *Vegetationsgeographie*: die optische Wirkung eines Vegetationsbestandes auf einen Betrachter. Sie wird durch viele Faktoren beeinflusst, etwa Helligkeit, Farbe, Struktur und Muster. In ihrer Gesamtheit bestimmen diese Faktoren den Aspekt, also das Aussehen eines Bestandes. Dieses kann je nach Jahreszeit stark variieren wegen der Aufeinanderfolge (Aspektfolge) regelhaft auftretender Entwicklungszustände und Blühphasen (↗ Phänologie) der unterschiedlichen Pflanzenarten der Phytozönosen. Man spricht beispielsweise von einem typischen Frühjahrsaspekt in Buchenwäldern, der durch das gehäufte Auftreten von Frühlingsgeophyten wie dem Buschwindröschen (*Anemone nemorosa*) vor der Laubentwicklung geprägt ist.

Aspirationspsychrometer, *Psychrometer* [von griech. psychro = kalt], Gerät zur Bestimmung der Feuchte der Luft. Ein Psychrometer besteht aus einem trockenen und einem feuchten Thermometer. Die Befeuchtung wird durch eine feuchte Textilhülle um das Thermometergefäß erreicht. Durch Verdunstung wird dem feuchten Thermometer Wärme entzogen, wobei es sich um die psychrometrische Differenz abkühlt. Um störende Variablen auszuschalten, werden beide Thermometergefäße durch einen Strahlungsschutz beschattet und mithilfe eines Aspirators einer gleichmäßigen Luftströmung ausgesetzt. Aus der psychrometrischen Differenz sind die relative Luftfeuchte und weitere Feuchtemaße der Luft zu bestimmen. Dazu bedient man sich der Psychrometertafeln, die in Tabellenform oder als Diagramme angewandt werden (Abb. 1). Sie basieren auf der Psychrometerformel oder Sprungformel, welche den Zusammenhang zwischen dem Dampfdruck e, der psychrometrischen Differenz (t-t'), dem Sättigungsdampfdruck bei der Temperatur des feuchten Thermometers E', dem Luftdruck p und einem konstanten spezifischen Psychrometerkoeffizienten C beschreibt:

$$e = E' - \left[C \cdot p \cdot (t - t') \right].$$

Bei Eisansatz am feuchten Thermometer sind abweichende Tabellenwerte anzusetzen.
Psychrometer werden wegen ihrer Zuverlässigkeit bis heute als Referenzgeräte bei Feuchtemessungen verwendet. In »der englischen Hütte« kommt das Hüttenpsychrometer zum Einsatz, das aus zwei Normalthermometern nach DIN 58660 besteht, welche in der Hütte senkrecht neben den Extremthermometern angebracht sind. Für den mobilen Einsatz benutzt man das *Aßmann'sche Psychrometer*, das aus kleineren, aber ebenfalls eichfähigen Glasthermometern nach DIN 58661 besteht (Abb. 2). Der elektrisch oder durch ein Uhrwerk angetriebene Aspirator belüftet beide Thermometer gleichmäßig, um die Herbeiführung des Gleichgewichtes zwischen der Wärmeabgabe des feuchten Thermometers und der Wärmezufuhr aus der Umgebungsluft zu beschleunigen sowie durch Luftstagnation bedingte ↗ Messfehler zu vermeiden. Aspirationspsychrometer werden verbreitet als Referenzgeräte für andere ↗ Feuchtemessungen angewandt. [JVo]

Assemblage, Gemeinschaft aller am selben Ort zur selben Zeit lebenden Organismen eines ↗ Taxons. ↗ Biozönose.

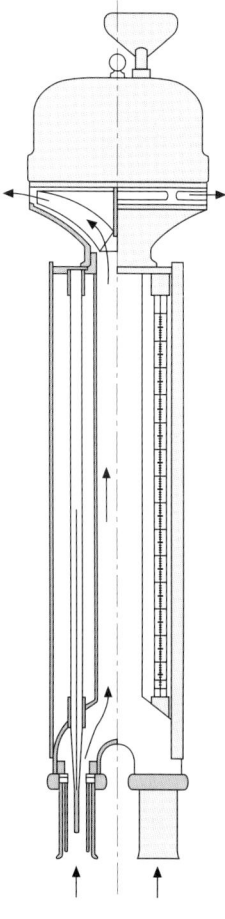

Assimilation, 1) *Biogeographie*: Stoffangleichung und Einbau von anorganischen Stoffen in körpereigene, organische Verbindungen. Bei Pflanzen werden unter Assimilation insbesondere die Prozesse zur Bildung organischer Verbindungen aus CO_2, Nitrat, Ammoniak, Sulfat und Phosphat mithilfe der Lichtenergie (↗Photosynthese) verstanden. Unterschieden werden die Kohlenstoff- oder CO_2-Assimilation, die Stickstoff-Assimilation und die Schwefel-Assimilation. Die Kohlenstoffassimilation entspricht der lichtabhängigen photosynthetischen CO_2-Fixierung in den ↗Chloroplasten bei gleichzeitiger Sauerstofffreisetzung. Die Stickstoffassimilation, die hauptsächlich in den grünen Blättern erfolgt, umfasst die Reduktion von Nitrat, Nitrit und aus der Luft aufgenommenem NO_X zu Ammoniak und dessen Einbau in Aminosäuren und Proteine. Die Schwefelassimilation umfasst die Aufnahme und Reduktion von Sulfat und Sulfit oder aus der Luft aufgenommenem Schwefeldioxid zu Schwefelwasserstoff, der sofort in schwefelhaltige Aminosäuren (Cystein, Methionin) und Proteine eingebaut wird; sie läuft bevorzugt in Blättern ab. In beiden Fällen werden die endogene Energie und Reduktionsäquivalente (ATP, NADPH) weitgehend durch die photosynthetischen Lichtreaktionen bereitgestellt, jedoch geht es in geringerem Maße auch ohne Licht (z. B. Wurzel). **2)** *Sozialgeographie*: der soziale Prozess der Angleichung von Menschen. In menschlichen Gesellschaften treten unter den Bedingungen von Ungleichheit und Wettbewerb soziale Konflikte auf. Zur Vermeidung oder Reduzierung dieser Konflikte findet entweder eine kollektive soziale Anpassung (Akkomodation) durch Gesetze, Regeln oder Institutionen statt oder eine überwiegend unbewusst ablaufende individuelle Angleichung (Assimilation, auch als Sozialisation oder Internalisierung bezeichnet).

Aßmann'sches Psychrometer ↗Aspirationspsychrometer.

Association of Southeast Asian Nations ↗ASEAN.

Assoziation, *Pflanzengesellschaft*, Begriff aus der ↗Pflanzensoziologie; floristisch definierter und statistisch abgesicherter Vegetationstyp; Grundeinheit des pflanzensoziologischen Systems nach ↗Braun-Blanquet. In der Assoziation werden auf induktivem Weg Pflanzenbestände mit wiederkehrender Artenkombination, einheitlichen Standortbedingungen und ähnlicher Physiognomie zusammengefasst. Schon von ↗Humboldt wurde der Begriff für gesellschaftlich auftretende Pflanzenarten verwendet. Assoziationen entstehen, weil unter spezifischen Stanortbedingungen nur bestimmte Pflanzenarten in Wechselbeziehung miteinander leben können (↗Konkurrenz, ↗Bestandsklima). Sie werden durch ↗Charakterarten gegen andere Pflanzengesellschaften abgegrenzt. Deren Festlegung erfolgt nach dem Prinzip der *Gesellschaftstreue* (Treue), d. h. nach dem Grad der Bindung einzelner Arten an bestimmte Gesellschaften. Innerhalb eines hierarchisch aufgebauten Systems floristischer Ähnlichkeit wird zur Kennzeichnung dieser Grundeinheit die Endung -etum verwendet (z. B. *Luzulo-Fagetum*). Durch ↗Differenzialarten können Assoziationen in nachrangige Subassoziationen untergliedert werden. Diese unterscheiden sich standörtlich meist in den ↗edaphischen Bedingungen, floristisch durch ↗soziologisch-ökologische Artengruppen, z. B. Feuchte- oder Trockniszeiger. Differenzialarten mit begrenzter geographischer Gültigkeit lassen innerhalb einer Assoziation die Ausgliederung von geographischen *Rassen* zu. Ihr Auftreten ist klimatisch oder vegetationshistorisch begründet. Kommen in der Assoziation eine oder weniger Sippen zur Dominanz, so spricht man von *Fazies*. Sonstige in der Assoziation auftretende stete Arten, die aber nicht an diesen Vegetationstyp gebunden sind (fehlende Treue), nennt man *Begleiter*. Trotz der zentralen Bedeutung des Assoziationsbegriffes für die Pflanzensoziologie ist seine Verwendung im internationalen Sprachgebrauch nicht eindeutig. So wird er in der englisch- und russischsprachigen Literatur auch vielfach im Sinne von Dominanztypen gebraucht (↗Soziation).

A-Stadt-Entwicklung, Begriff für die in der Kernstadt beobachtete Bevölkerungsumschichtung mit starken sozialen Segregationserscheinungen (↗Segregation). Aufgrund selektiver Abwanderung junger mittelständischer Familien steigt der Prozentanteil der Innenstadtbevölkerung, sich aus den A-Gruppen zusammensetzt: den Alten, Armen, Auszubildenden, Arbeitslosen, Ausländern, Asylbewerbern und Ausgegrenzten. Als Gegenmaßnahme werden nicht selten Wohnumfeldverbesserungen unternommen, um besser verdienende und besteuerbare Bevölkerungsschichten in den Innenstädten zu halten. Generell bedarf es jedoch einer umfassenden ↗Stadtentwicklungspolitik, um dem komplexen Problem der A-Stadt-Entwicklung entgegenzuwirken.

Asthenosphäre, Bezeichnung für die plastische Unterlage der ↗Lithosphäre; reicht von 100–200 km Tiefe. Auf der Asthenosphäre spielen sich hydrostatische Ausgleichsbewegungen ab, die für die Vertikalbewegungen von Krustenteilen verantwortlich sind. ↗Isostasie, ↗Erdaufbau.

astronomische Dämmerung ↗Dämmerung.
astronomische Refraktion ↗Lichtbrechung.
astronomisches Jahr ↗Jahr.

asymmetrischer Vegetationsaufbau der Erde 1: Thermische Vegetationszonen.

Vegetationsprofil der Erde

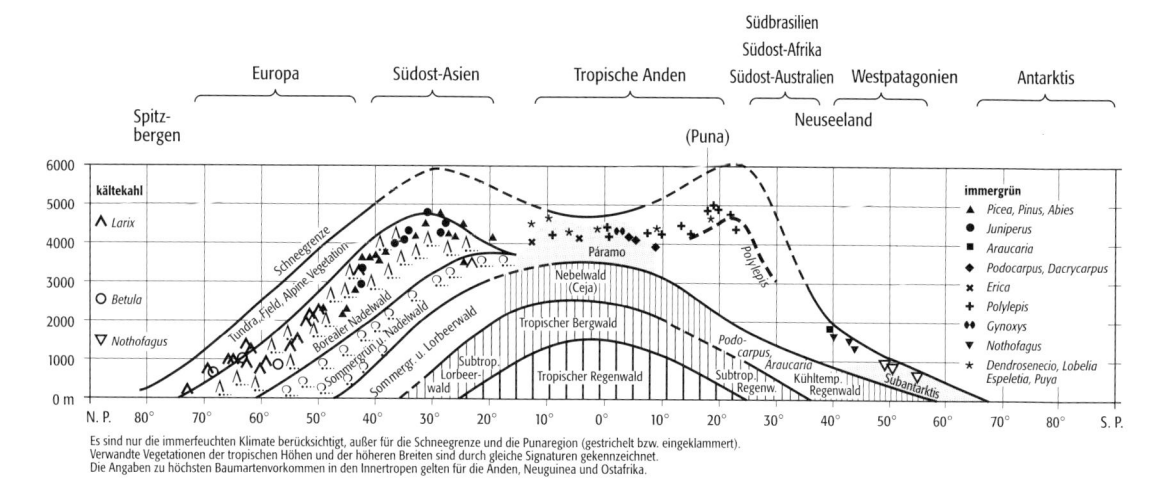

Spitzbergen | Europa | Südost-Asien | Tropische Anden (Puna) | Südbrasilien, Südost-Afrika, Südost-Australien, Neuseeland | Westpatagonien | Antarktis

kältekahl
- △ *Larix*
- ○ *Betula*
- ▽ *Nothofagus*

immergrün
- ▲ *Picea, Pinus, Abies*
- ● *Juniperus*
- ■ *Araucaria*
- ◆ *Podocarpus, Dacrycarpus*
- × *Erica*
- + *Polylepis*
- ✶✶ *Gynoxys*
- ▽ *Nothofagus*
- ✱ *Dendrosenecio, Lobelia, Espeletia, Puya*

Vegetationszonen: Schneegrenze; Tundra, Fjeld, Alpine Vegetation; Borealer Nadelwald; Sommergr. u. Lorbeerwald; Subtrop. Lorbeerwald; Tropischer Regenwald; Tropischer Bergwald; Nebelwald (Ceja); Páramo; Polylepis; Podocarpus; Araucaria; Subtrop. Regenw.; Kühltemp. Regenwald; Subantarktis

N. P. 80° 70° 60° 50° 40° 30° 20° 10° 0° 10° 20° 30° 40° 50° 60° 70° 80° S. P.

Es sind nur die immerfeuchten Klimate berücksichtigt, außer für die Schneegrenze und die Punaregion (gestrichelt bzw. eingeklammert). Verwandte Vegetationen der tropischen Höhen und der höheren Breiten sind durch gleiche Signaturen gekennzeichnet. Die Angaben zu höchsten Baumartenvorkommen in den Innertropen gelten für die Anden, Neuguinea und Ostafrika.

Ästuar, *estuary*, durch Gezeiteneinwirkung trichterartig erweiterte Flussmündungsbucht (z. B. Elbe, Themse); oft mit Brackwassermilieu. Im angelsächsischen Sprachraum werden auch brackige flache Buchten hinter ⁄Nehrungen und ⁄Haken und alle Gebiete mit Brackwassereinfluss als Ästuare bezeichnet.

Asylsuchende ⁄Flüchtlinge.

asymmetrischer Vegetationsaufbau der Erde, veranschaulicht die bekannte ungleiche Verteilung von Vegetationsformationen zwischen der nordhemisphärischen Landhalbkugel und der südhemisphärischen Wasserhalbkugel (Abb. 1). Der Gegensatz ist flächenmäßig in den aus Wärmemangel waldfreien Tieflandsklimaten der circumpolaren arktischen nordhemisphärischen Hügelländern und den circumantarktischen australen Inseln am deutlichsten (⁄Vegetationszonen). Weiteres Merkmal der Asymmetrie ist das Fehlen des ⁄borealen Nadelwaldes, der größtflächigen Vegetationsformation der Erde, auf der Wasserhalbkugel (Abb. 2). Die Asymmetrie gilt aber auch zwischen der West- und Ostseite der nördlichen Landmasse: Unter Einfluss des kalten Labradorstroms reicht der boreale Nadelwald an der Ostküste Kanadas bis 46°N, während im Golfstromklima Südwestirlands (51°N) potenziell ⁄Lorbeerwald wachsen würde. Im schematischen Vegetationsprofil der immerfeuchten Vegetationstypen (Abb. 2) ist die zweifelsohne asymmetrische Waldverteilung systematisch dadurch überzeichnet, dass in den nordhemisphärischen Gebirgen die obere Waldgrenze um 800 bis 1300 m zu hoch und auf der Südhalbkugel um 500 bis 800 m zu tief eingetragen wurde. Die als »Ceja« (= Augenbraue des Waldes) in den tropischen Anden in 3500 m Meereshöhe eingetragene obere Waldgrenze ist durch menschgelegtes Feuer um 500 bis 600 m erniedrigt. Die höchsten Vegetationsgrenzen der Erde sind nicht, wie aufgrund thermischer Gunst großer nordhemisphärischer Landmassen zu vermuten wäre, in 34°N (Tibet) zu finden, sondern in der südhemisphärisch-randtropischen bolivianischen Westkordillere (5000 m). Abweichend von der generellen Asymmetrie sind die ⁄Hartlaubformationen des subtropisch-wechselfeuchten Klimas mit Winterniederschlag symmetrisch an den Westseiten der Nord- und Südkontinente zu finden.

Der in Abbildung 3 dargestellte »Idealkontinent« ist ein Konstrukt, in dem die Landmassen aller Kontinente unter Wahrung ihrer Breitenlage zu einem einzigen Kontinent zusammengeschoben sind. Es wird die Regelhaftigkeit des Auftretens der Vegetationszonen deutlich. [GM]

asymmetrische Täler, Täler mit asymmetrischen Querprofilen (*Talasymmetrie*), d. h. mit unterschiedlich steilen Hängen. Die Ursachen können tektonisch und/oder petrographisch sowie (paläo-)klimatischer Art sein. Die klimabedingte Talasymmetrie gilt als periglaziales Phänomen. Für Mitteleuropa wird sie auf die unterschiedlich

asymmetrischer Vegetationsaufbau der Erde 2: Vegetationsprofil der Erde.

asymmetrischer Vegetationsaufbau der Erde 3: Vegetationszonen der Erde dargestellt auf einem »Idealkontinent«.

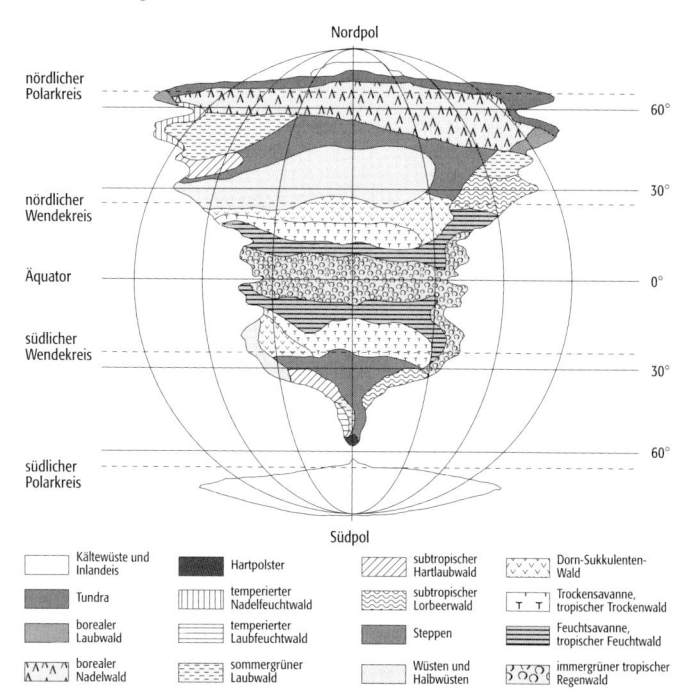

Idealkontinent – Nordpol, nördlicher Polarkreis, nördlicher Wendekreis, Äquator, südlicher Wendekreis, südlicher Polarkreis, Südpol; 60°, 30°, 0°, 30°, 60°

Legende:
- Kältewüste und Inlandeis
- Tundra
- borealer Laubwald
- borealer Nadelwald
- Hartpolster
- temperierter Nadelwald
- temperierter Laubfeuchtwald
- sommergrüner Laubwald
- subtropischer Hartlaubwald
- subtropischer Lorbeerwald
- Steppen
- Wüsten und Halbwüsten
- Dorn-Sukkulenten-Wald
- Trockensavanne, tropischer Trockenwald
- Feuchtsavanne, tropischer Feuchtwald
- immergrüner tropischer Regenwald

Atemwurzeln: Ausbildung von Atemwurzeln bei der Mangrovenart *Sonneratioa alba* (AtW = Atemwurzel, NäW = Nährwurzel, StW=Strangwurzel).

starke Energiezufuhr der Hänge, also auf deren Exposition zur Sonne und die daraus resultierende sommerliche Auftautiefe des kaltzeitlichen Dauerfrostbodens im Zusammenwirken mit der lateralen Hanguntschneidung durch Fließgewässer zurückgeführt. Je mächtiger die Auftauschicht, desto stärker wird der Hang versteilt. Bereits vorhandene Talasymmetrien können durch einseitige Lösseinwehungen verstärkt werden. ↗Reliefasymmetrie.

Aszendenz, Bezeichnung für den ↗kapillaren Aufstieg des ↗Bodenwassers.

Atemwurzeln, ↗Luftwurzeln, die sich an sumpfigen und/oder verschlammten Küsten- und Auenstandorten der Tropen aufgrund des stark gestörten Gaswechsels der dort siedelnden Arten als spezielle Anpassungsform entwickelt haben (Abb.). Als charakteristisches Merkmal tritt bei ihnen ein negativ geotropisches Wuchsverhalten (↗Geotropismus) auf. Idealtypisch ist diese Anpassung bei verschiedenen Arten der ↗Mangroven nachzuweisen. Durch die speziell ausgebildeten Lentizellen und das Durchlüftungsgewebe (↗Aerenchym) mit großen Interzellularen können diese Pflanzen bei Flut das bei der Dissimilation anfallende CO_2 im Wasser gelöst abgeben, dadurch einen Unterdruck aufbauen und bei Ebbe infolge des Unterdrucks Sauerstoff ansaugen.

Atheismus, ein Nichtglauben und ein Ablehnen der Existenz Gottes. Als Atheisten werden Religionsfeindliche und Gegner aller Religionen bezeichnet (↗Säkularisierung, ↗Religionslosigkeit).

ATKIS, amtliches topographisch-kartographisches Informationssystem, von den Landesvermessungsämtern erstellte und vertriebene digitale ↗Geobasisdaten. ATKIS gliedert sich in zwei Datenmodelle:
a) *digitales Landschaftsmodell* (*DLM*) in unterschiedlichen Maßstabsebenen (DLM 25, DLM 200, DLM 1000), das die geometrischen und thematischen Basisdaten beinhaltet,
b) *digitales Kartenmodell* (*DKM*), das über einen Signaturenkatalog digitale oder analoge Kartendarstellungen dieser Basisdaten ermöglicht (DKM 25, DKM 50, DKM 100, DKM 250, DKM 500, DKM 1000).

Atlantikum ↗Quartär.

atlantische Heide, ↗Heide in ozeanischen und subozeanischen Bereichen Nordwesteuropas von Südnorwegen bis Nordspanien. Im Wesentlichen handelt es sich um Krähenbeeren-, Besengins-ter-, Erica- und Calluna-Heiden. Dominierend sind die genannten Zwergsträucher, teils mit immergrüner ericoider Belaubung wie das bezeichnende Heidekraut (*Calluna vulgaris*), teils laubabwerfend oder fakultativ laubabwerfend. Hinzu treten einzelne, lockerrasige oder horstartige Gräser, hemikryptophytische Stauden, Flechten, Moose, teilweise auch Sträucher sowie vereinzelt Nadelbäume und sommergrüne Laubbäume.

atlantischer Küstentyp, die vor allem an den ↗Küsten des Atlantischen Ozeans auftretenden *Querküsten*. Das sind überwiegend senkrecht zur Küste verlaufende Faltungsstrukturen und tektonische Muster, welche zur Anlage zahlreicher weiter und engerer Buchten führte.

Atlas, eine Zusammenstellung von Karten in Buchform oder eine Folge von Einzelkarten, die eine sachliche Einheit bilden und für eine gemeinsame Ablage (z. B. in einer Kassette) bestimmt sind, auch wenn sie in zeitlichem Abstand erscheinen. Wesentlich ist, dass die Karten hinsichtlich Format, Begrenzung, Maßstäben, Inhalt und Graphik aufeinander abgestimmt sind.
Neben den gedruckten Ausgaben gibt es heute auch ↗elektronische Atlanten, entweder als Atlanten zur Betrachtung am Bildschirm (»View-Only-Atlanten«) oder als interaktive Multimedia-Atlanten, die die Verknüpfung von Kartenelementen mit weiteren, z. B. in einer Datenbank abgelegten Informationen, erlauben. Zahlreiche Atlanten sind im Internet verfügbar.
Älteste Reihen von Karten sind der »Geographie« des alexandrinischen Gelehrten Claudius Ptolemäus (ca.100–180 n.Chr.) zusammen mit einer Anleitung zum Konstruieren von Karten beigefügt. 27 Länderkarten der damals bekannten Welt liegen in Abschriften des 12. und 13. Jh. vor, ab 1477 wurden sie auch den in Italien und Deutschland mehrfach gedruckten Ptolemäus-Ausgaben beigegeben. Neben den 27 »alten« Karten enthalten die Ausgaben seit dem »Ulmer Ptolemäus« von 1482 auch »moderne« Karten. In der in verschiedener Hinsicht wichtigsten »Straßburger Ausgabe« von 1513 sind die 20 beigegebenen neuen Karten, die v. a. die jüngsten portugiesischen und spanischen Entdeckungen berücksichtigen, zu einem »Supplementum« zusammengefasst, das vielfach als erster moderner Atlas bezeichnet wird. 1570 erschien das »Theatrum Orbis Terrarum« des Antwerpener Kartographen Abraham Ortelius (1527–1598), der Format, Anordnung und Anzahl der Karten selbst festlegte im Gegensatz zu den etwa zur selben Zeit in Italien nach Kundenwünschen zusammengestellten Bänden mit auf einheitliches Format gefalteten Karten. Den Titel »Atlas« trägt erstmals der Folioband mit 106 Karten »Atlas sive cosmographicae meditationes de fabrica mundi er fabrica figura« von Gerhard ↗Mercator (1512–1594), dem berühmtesten Kartographen der zweiten Hälfte des 16. Jh.
Die Vielzahl der Atlanten lässt sich unter verschiedenen Aspekten wie dem dargestellten Bereich der Erdoberfläche (Welt, Großregionen, Kontinente, Länder, Regionen im engeren Sinn, Städte), nach dem Inhalt (Topographie, Themen),

dem Zweck und den Benutzergruppen (Schule, Planung, Verkehr, Wirtschaft, Geschichte) oder auch nach dem Umfang und Format (Handatlas, Lexikonatlas, Taschenatlas u. a.) gliedern.

Eine einfache, auch in Anbetracht der Fülle von Atlanten unterschiedlichster Ausprägung, relativ aussagekräftige und deshalb zweckmäßige Gliederung kann man durch die Unterscheidung in topographische und thematische Atlanten vornehmen. Unter *topographischen Atlanten* werden dabei die Atlanten verstanden, die in erster Linie der Orientierung bzw. Nachschlagezwecken dienen. Hierzu gehören die großformatigen, das topographische Wissen ihrer Zeit wiedergebenden Weltatlanten, die auch als physische oder allgemeingeographische Handatlanten bezeichnet werden. Mit dem Begriff Handatlas ist dabei nicht die – nicht gegebene – Handlichkeit gemeint, sondern analog dem »Handbuch« das in einem konzeptionell abgestimmten Werk »Zur Hand Haben« des wissenschaftlich gesicherten Forschungsstandes. Ebenso gehören hierzu alle vom Umfang oder Format her kleineren Atlanten. Enthalten diese Atlanten, als deren Vorbilder weltweit der mit großer Sorgfalt bearbeitete, bedeutendste deutsche Handatlas des 19. Jh., der »Hand-Atlas über alle Theile der Erde ...« (Erstausgabe 1817–23) von Adolf Stieler (1775–1836) sowie der »Allgemeine Handatlas« (Erstausgabe 1881) von Richard Andreae (1835–1912) gelten, ursprünglich nur topographische Karten mit starker Betonung des Reliefs, so sind in die Mehrzahl dieser Atlanten im Laufe der Zeit auch ↗ thematische Karten zu Themen wie Geologie, Klima, Böden, Vegetation, Bevölkerung, Wirtschaft usw. aufgenommen worden. In jüngster Zeit tragen zusätzliche Satellitenbilder zu einem besseren Verständnis des wahren Aussehens der Erdoberfläche hinsichtlich Relief und Bodenbedeckung bei. Das Hauptcharakteristikum dieser Atlanten, ein Orientierungsmittel zu sein, hat sich dadurch aber nicht entscheidend verändert. Neben den Weltatlanten, für welche die Bezeichnung »Erdatlanten« richtiger wäre, wohl u. a. aus historischen Gründen aber nicht benutzt wird, sind zur Gruppe der topographischen Atlanten auch die Werke zu rechnen, die nur Teile der Erdoberfläche zeigen und ausschließlich oder überwiegend der topographischen Orientierung dienen, bis hin zu den Straßen- und Stadtplanatlanten.

Mit *thematischen Atlanten* sind die Werke gemeint, die auf der Grundlage von topographischen Karten entweder ein einziges Thema (Fachatlanten oder monothematische Atlanten, wie z. B. der die regionale Verbreitung populärer Brauch- und Sachkultur darstellende ↗ Atlas der deutschen Volkskunde), einen Themenbereich (semikomplexe Atlanten) oder die Gesamtheit der für das dargestellte Gebiet wichtigen Themen darstellen (komplexe Atlanten). Auch hier sind wieder Welt-, Großraum-, Kontinent-, Länder-, Regional- und Stadtatlanten zu unterscheiden. Als Vorbild für die thematischen Atlanten wird weltweit der bei Perthes in Gotha erschienene »Physikalische Atlas« (1838–48, 2. Aufl. 1852) von Heinrich Berghaus (1797–1884) anerkannt. Eine Sonderstellung nehmen die sog. *Schulatlanten* ein. Damit sind Weltatlanten kleineren Umfangs (aus Kosten- und Gewichtsgründen) gemeint, bei denen hinsichtlich Gesamtkonzeption, Anordnung und Gestaltung der topographischen und – in jüngerer Zeit überwiegend – thematischen Karten eindeutig didaktische Überlegungen im Vordergrund stehen, wie z. B. die Atlaskarten vom Nahen, Bekannten, zum Fernen, Unbekannten, anzuordnen und Fallbeispiele für den lernzielorientierten Unterricht aufzunehmen.

Teile eines Staatsgebiets zeigen die ↗ Regionalatlanten zu denen man auch die komplexen Stadtatlanten rechnen kann, die von größeren Städte entstanden sind. ↗ Nationalatlanten geben einen wissenschaftlich fundierten kartographischen Gesamtüberblick über Natur, Gesellschaft und Wirtschaft eines ganzen Staatsgebietes, d. h. stellen sowohl alle wesentlichen physisch- als auch anthropogeographischen Themen im gleichen Generalisierungsgrad dar.

↗ Historische Atlanten zeigen Darstellungen geschichtlicher Sachverhalte und sollten zur Vermeidung des mehrdeutigen Begriffs »historisch« besser als »geschichtliche Atlanten«, im Unterschied zu den Atlanten mit ↗ historischen Karten, z. B. von Mercator oder Homann, bezeichnet werden. [HMu]

Atlas der deutschen Volkskunde, Kartenwerk zur regionalen Verbreitung populärer Brauch- und Sachkultur. Umfangreiches, in der Tradition der Sprachgeographie stehendes Projekt volkskundlicher Kulturraumforschung. Die Haupterhebungen erfolgten 1929–1935 mittels einer schriftlichen Korrespondentenbefragung in ca. 20.000 deutschen und deutschsprachigen Gemeinden zu Jahres- und Lebenslaufbräuchen, Glaubensformen, Tischsitten, häuslichen Arbeiten usw. vor allem im dörflichen, z. T. aber auch im städtischen Bereich. In den Jahren 1965–70 fanden Umfragen zur bäuerlichen Arbeit und Sachkultur um 1900/1910 statt; 1970 folgte eine Umfrage zu Festen, Vereinen und Religiosität in der Gegenwart. Die Karteneditionen erfolgten 1937–1939 und 1958–1984. Die Originalantwortkarten werden im Archiv des Atlas der deutschen Volkskunde in Bonn aufbewahrt.

Atmosphäre, allgemein die gasförmige Hülle eines Himmelskörpers, speziell diejenige der Erde. Planeten haben eine Gashülle, wenn sie genügend Masse und eine hinreichend niedrige Temperatur haben, Gase aufgrund der Massenanziehungskraft und entgegen der Gasdiffusion zu binden. Schwere Gase werden stärker angezogen als leichte. In der Erdatmosphäre sind daher Gase mit hohen Molekulargewichten wie Sauerstoff und Stickstoff eher zu finden als solche mit geringeren Molekulargewichten wie Wasserstoff und Helium; diese Gase sind in höheren Anteilen in den Atmosphären der großen Planeten Jupiter, Saturn, Uranus und Neptun vorhanden.

Die erste Atmosphäre der sich langsam abkühlenden Erdoberfläche vor 4 Mrd. Jahren bestand

Atmosphäre

Atmosphäre 1: Zusammensetzung der trockenen Luft bis in ca. 25 km Höhe.

Gas, chemische Formel	Volumenprozent bzw. Anteil in den angeg. Maßeinheiten	Molekulargewicht in 10^3 kg/mol	mittlere Verweilzeit in den angeg. Maßeinheiten
Stickstoff, N_2	78,084 %	28,02	> 1000 a
Sauerstoff, O_2	20,946 %	32,01	> 1000 a
Argon, Ar	0,934 %	39,95	> 1000 a
Kohlendioxid, CO_2	0,035 = 355 ppm[1]	44,02	5–15 a[2]
Neon, Ne	18,18 ppm	20,18	> 1000 a
Helium, He	5,24 ppm	4,00	> 1000 a
Methan, CH_4	1,72 ppm[1]	16,04	8–10 a
Krpyton, Kr	1,14 ppm	83,80	> 1000 a
Wasserstoff, H_2	0,56 ppm[2]	2,02	2 a
Distickstoffoxid (Lachgas), N_2O	0,31 ppm[1]	44,01	130 a
Xenon, Xe	0,09 ppm = 90 ppb	131,30	> 1000 a
Kohlenmonoxid, CO	50–100 ppb[3]	28,01	2 m
Ozon, O_3	15–50 ppb[4]	48,00	< 4 m
Stickoxide, NOx (= NO + NO_2)	0,5–5 ppb[3]	30,00; 46,01	≈ 1 d
Schwefeldioxid, SO_2	0,2–4 ppb[3]	64,06	1–4 d
Ammoniak, NH_3	0,1–5 ppb	17,03	≈ 5 d
Propan, C_3H_8	0,2–1 ppb	44,11	?
Chlordifluormethan, $CHClF_2$ (FCKW-22)[5]	≈ 60 ppt	86,47	16 a
Dichlorfluormethan, $CHCL_2F$ (FCKW-21)[5]	≈ 1 ppt	102,92	?
Dichlordifluormethan, CF_2Cl_2 (FCKW-12)[5]	≈ 0,3 ppt	120,91	116 a
Trichlorfluormethan, $CFCl_3$ (FCKW-11)[5]	≈ 0,2 ppt	137,37	55 a

[1] Konzentration ansteigend, angegeben ist der Schätzwert für 1991 [2] keine einheitliche Wertangabe möglich, Verweilzeit des anthropogenen Anteils ca. 120 a [3] räumlich-zeitlich stark variabel, in Ballungsgebieten bis ungefähr um den Faktor 10 höhere Werte möglich [4] in der Stratosphäre höhere Konzentrationen von 5–10 ppm, dort abnehmend [5] zur Gruppe der Chlorfluormethane, CFM, gehörig, als FCKW = Fluorchlorkohlenwasserstoffe bekannt

Atmosphäre 2: Aufbau der Atmosphäre nach thermischer, chemischer und elektrischer Einteilung.

überwiegend aus Wasserdampf, Kohlendioxid und Schwefelwasserstoff. Mit der Abkühlung kondensierte der Wasserdampf. Kohlendioxid und Schwefelwasserstoff wurden dabei in den Sedimenten der entstehenden Meere gebunden. Es verblieben Stickstoff, Kohlendioxid und Wasserdampf. Erst mit der ↗ Photosynthese der Lebewesen gelangte das O_2 in die Atmosphäre. Dies war die Voraussetzung für den Prozess der Ozonbildung und -dissoziation in der höheren Atmosphäre, wodurch die Intensität der die Erdoberfläche erreichenden UV-Strahlung vermindert wurde. Erst dadurch waren die Bedingungen gegeben, unter denen das Lebewesen das Wasser verlassen und die feste Erdoberfläche besiedeln konnten. Durch die verstärkte Sauerstofffreisetzung infolge der Photosynthese der Pflanzen wurde vor ca. 350 Mio. Jahren der heutige Sauerstoffgehalt der Atmosphäre erreicht.

Die Zusammensetzung der Atmosphäre ist – abgesehen vom sehr variablen Wasseranteil und wechselnden Anteilen ↗ atmosphärischer Spurenstoffe – konstant (Abb. 1). Die Hauptbestandteile der Atmosphäre sind Stickstoff N_2 (78,08 Vol.-%), Sauerstoff O_2 (20,95 Vol.-%) und Argon Ar (0,93 Vol.-%). Daneben kommen atmosphärische *Spurengase* (Wasserdampf, Kohlendioxid, Ozon, Schwefeldioxid, Stickoxide und Methan) in geringer Konzentration vor, sie haben aber eine hohe klimatologische, meteorologische oder luftchemische Bedeutung.

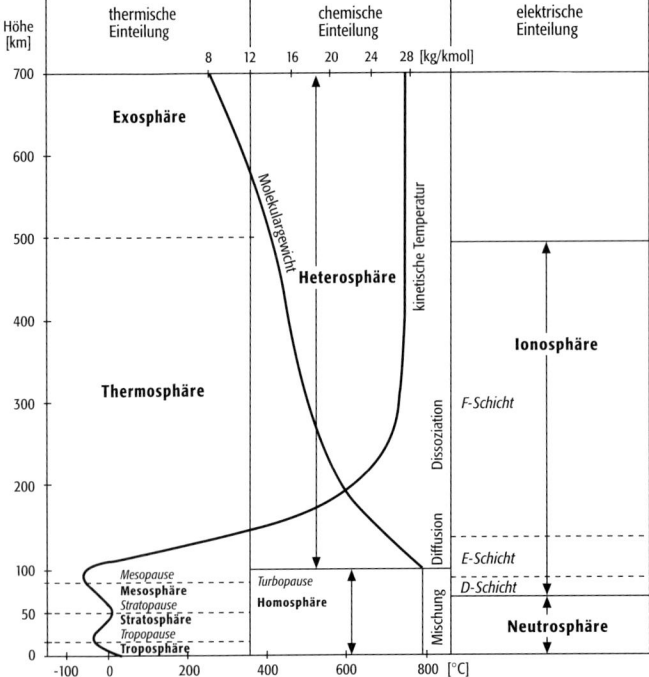

Die vertikale Gliederung der Atmosphäre wird nach unterschiedlichen Kriterien vorgenommen (Abb. 2). Wegen ihrer meteorologischen und klimatologischen Bedeutung ist die thermische Einteilung die häufigste. Sie resultiert aus der Tatsache, dass die Atmosphäre drei deutlich unterscheidbare Heizschichten aufweist: Die Erdoberfläche als unterste Heizschicht, an welcher die Sonneneinstrahlung im Wellenlängenbereich zwischen 0,3 μm und 5 μm absorbiert wird; die mittlere Heizschicht in einer mittleren Höhe von ca. 50 km, in welcher die UV-Strahlung < 0,4 μm durch die Ozonmoleküle absorbiert wird; die obere Heizschicht oberhalb der Mesopause in der die EUV-Strahlung (↗Thermosphäre) und Korpuskularstrahlung der Sonne absorbiert werden. Die Heizschichten bedingen Temperaturmaxima, oberhalb derer die Temperatur mit zunehmender Höhe abnimmt, bis ein Minimum zwischen zwei Heizschichten erreicht ist und sich der Temperaturgradient umkehrt. Diese Schichten mit einer Temperaturzunahme werden als ↗Inversionen bezeichnet. Dadurch entsteht der in der Abbildung 2 dargestellte vertikale Temperaturverlauf. Vom Boden aufsteigend nimmt die mittlere Temperatur in der Troposphäre bis in eine Höhe von ca. 11 km um durchschnittlich 6,5 °C/km ab. Die Tropopause, deren globale Mitteltemperatur ca. -56°C beträgt, trennt die Troposphäre von der Stratosphäre, in der die Temperatur wieder ansteigt. Die Troposphäre ist durch die Prozesse der turbulenten Durchmischung und der Konvektion gekennzeichnet. Die stärkere oberflächliche Erwärmung in den niederen Breiten bedingt eine stärkere Konvektion, weshalb die Tropopause dort höher als in den gemäßigten den polaren Breiten liegt. Die Troposphäre wird anhand der Bewegungscharakteristika in die planetarische oder ↗atmosphärische Grenzschicht und die darüber liegende ↗freie Atmosphäre gegliedert.

In der Stratosphäre nimmt die Temperatur nichtlinear zu, bis sie an der Stratopause in ca. 50 km Höhe ihr Maximum aufweist. Die Abhängigkeit vom Sonnenstand bedingt einen ausgeprägten Jahresgang der Stratosphärentemperatur mit einem Maximum im Sommer und einem Minimum im Winter, am ausgeprägtesten in den Polarregionen mit den absoluten Extremen. Darüber hinaus wird sie von den Transportvorgängen und photochemischen Prozessen in der Ozonschicht gesteuert. Die überlagernde Mesosphäre mit einem Vertikalgradienten von ca. -2,2 °C/km reicht bis zur Mesopause in ca. 90 km Höhe. Die mittlere Mesopausentemperatur beträgt - 86,3°C, dort wurden die tiefsten bisher bekannten Atmosphärentemperaturen gemessen. In der folgenden Thermosphäre nimmt die Temperatur wieder zu. Sie ist von der Jahreszeit und der Sonnenaktivität abhängig. In der Exosphäre ist die Atmosphäre so dünn, dass es praktisch zu keinen Kollisionen der Moleküle oder Atome kommt, wodurch eine Wärmeleitung fehlt. Die angegebene Temperatur errechnet sich aus der kinetischen Energie der Atome. Oberhalb von ca. 800 km überwiegt Helium, oberhalb von 2500 km Wasserstoff. Die Atmosphäre hat keine scharfe Obergrenze, sie läuft allmählich in den interstellaren Raum aus.

In einer chemischen Einteilung der Atmosphäre wird die Homosphäre von der Heterosphäre überlagert. Die ständige Bewegung in der Homosphäre bedingt, dass bis zu einer Höhe von ca. 85 km über der Erdoberfläche das Molekulargewicht durch turbulente Durchmischung konstant bei 28,96 kg/kmol bleibt. Die Grenzfläche ist die Turbopause. In der Heterosphäre nimmt das Molekulargewicht in vertikaler Richtung ab, bis in der Exosphäre die leichten Gase Helium und Wasserstoff mit den Molekulargewichten von 4 und 1 vorherrschen.

Die elektrische Einteilung der Atmosphäre resultiert aus dem Vorhandensein von Ionen, die durch die kurzwellige Sonneneinstrahlung entstehen. Nur in der höheren Atmosphäre, der Ionosphäre, haben die Ionen wegen der größeren freien Weglänge eine längere Lebensdauer und reflektieren Radiowellen. Die Ionosphäre hat – abhängig von den Tagesgängen der Sonneneinstrahlung – eine Gliederung in mehrere Schichten. Darüber hinaus wird die Ionisierung durch die Schwankungen der Sonnenaktivität gesteuert. Die D-Schicht in der unteren Ionosphäre oberhalb von ca. 70 km bildet sich am Morgen mit der Sonneneinstrahlung. Nach Sonnenuntergang löst sie sich auf, indem sich die Ionenpaare wieder vereinigen. In der in Höhen von 90 bis 140 km befindlichen E-Schicht ist die freie Weglänge so groß, dass sich die Ionisierung nachts nur abschwächt. Lediglich in den Polarnächten kommt es zum vollständigen Abbau. In der F-Schicht erreicht die Ionenkonzentration in 250 bis 500 km ihr Maximum. Sie besteht im oberen Teil ausschließlich aus ionisiertem Wasserstoff. [JVo]
Literatur: [1] DEUTSCHER WETTERDIENST (Hrsg.)(1987): Allgemeine Meteorologie. – Offenbach. [2] KRAUS, H. (2000): Die Atmosphäre der Erde. – Braunschweig. [3] RÖDEL, W. (2000): Physik unserer Umwelt: Die Atmosphäre. – Berlin.

Atmosphärenkorrektur, rechnerische Verfahren, um den Einfluss des Atmosphärenzustandes in Satellitenbilddaten zu reduzieren. Eine einfache Form der atmosphärischen Korrektur von digitalen Fernerkundungsdaten beruht auf der Ermittlung eines Versatzwertes aus den Histogrammen (↗Grauwertbild) der einzelnen Spektralkanäle. Weitere Korrekturmodelle sind LOWTRAN 7 (Low Resolution Atmospheric Radiance and Transmittance) und 6 S (Simulation of the Satellite Signal in the Solar Spectrum).

atmosphärische Auswaschung ↗*Wash-out*.

atmosphärische Eigenschwingung, *Eigenschwingung*, Schwingung, die die Gasmoleküle und -atome der ↗Atmosphäre nach einem einmaligen Anstoß von außen ausführen würden. Erfolgen derartige Anstöße von außen in regelmäßigen zeitlichen Abständen, die der Frequenz der Eigenschwingung entsprechen, so verstärkt sich die Eigenschwingung durch die auftretenden Resonanzeffekte extrem. Nach theoretischen Berechnungen ist die Dauer der Eigenschwingung der Atmosphäre 10,5 Stunden, die der oberen Stratosphäre jedoch 12 Stunden. Die 12-stündige Luftdruckwelle, die kennzeichnend für die untere Troposphäre ist, kann folglich nicht Resultat von Resonanzeffekten der troposphärischen Eigenschwingung sein. Es ist deshalb davon auszugehen, dass die 12-stündige Luftdruckvariation der Atmosphäre Folge der täglichen, sonnenstandsbedingten Temperaturschwankungen ist.

atmosphärische Elektrizität, *Luftelektrizität*, in der Atmosphäre bestehendes elektrisches zur Erde hin gerichtetes Feld, das in der bodennahen

atmosphärische Fenster: Prozentualer Anteil der von der Gesamtatmosphäre bei senkrechtem Einfall durch die verschiedenen klimawirksamen atmosphärischen Gase absorbierten direkten Sonnenstrahlung. Die Bereiche, in denen keine oder nur eine sehr geringe Absorption erfolgt, werden als atmosphärische Fenster bezeichnet.

Atmosphäre eine Feldstärke von ca. 130 V/m aufweist. Die Stärke nimmt in vertikaler Richtung nach oben ab, an der ↗Tropopause sind es nur noch ca. 10 V/m. Die Erde ist negativ geladen, in der Atmosphäre befindet sich bis in ca. 10 km Höhe eine positive Raumladung. Beide Ladungen kompensieren sich ungefähr. Die Gegenelektrode zur Erdoberfläche ist die untere ↗Ionosphäre in ca. 70 bis 80 km Höhe. Beide bilden einen großen Kugelkondensator, zwischen dessen inneren Elektrodenoberflächen eine Spannungsdifferenz von ca. 250 kV besteht.

Da in der höheren ↗Atmosphäre durch die Absorption der kurzwelligen Strahlung und der Korpuskularstrahlung der Sonne ständig Ionen als Ladungsträger erzeugt werden und damit die Ionendichte hoch ist, nimmt die Leitfähigkeit der Atmosphäre nach oben zu. Der Vertikalstrom als Produkt aus Feldstärke und Leitfähigkeit bleibt dadurch in vertikaler Richtung konstant. Zwischen Erdoberfläche und Ionosphäre fließt im globalen Mittel ein Strom von ca. 1500 A, welcher innerhalb von ca. 30 Minuten zum Ladungsausgleich zwischen Ionosphäre und Erde führen würde, wenn nicht Ladungen in entgegengesetzter Richtung transportiert werden würden. Dieser gegenläufige Transport erfolgt durch ↗Gewitter, deren Vertikalstrom dem normalen Ladungsstrom entgegengesetzt ist. Durch diesen Transport wird die Erde negativ aufgeladen und somit das elektrische Feld in der Atmosphäre aufrecht erhalten.

Die bei Untersuchungen der atmosphärischen Elektrizität gemessenen Parameter und ihre mittlere Größe in Mitteleuropa sind:
Feldstärke: 130 V/m
Leitfähigkeit: $2,5 \cdot 10^{-14}/(\Omega \cdot m)$
Vertikalstrom: $3 \cdot 10^{-12}/Am^2$.

Die Ionisierung der Luft wird durch die Kernzahl, die Anzahl der Ionen pro Volumeneinheit, angegeben. Sie weist in ihrer makro- und mesoskaligen Verteilung, auch durch die Herkunft der Luftmasse bedingt, große Unterschiede auf. Die geringsten Kernzahlen sind in Bodennähe in den Polargebieten, in der Atmosphäre über den Ozeanen und in den ↗Hochgebirgen mit ca. 1000 pro cm^3 zu finden, über unbesiedeltem Land sind es ca. 10.000 pro cm^3 und in Ballungsräumen über 100.000 pro cm^3. [JVo]

atmosphärische Fenster, *Fensterbereiche der Atmosphäre*, Spektralbereiche, innerhalb derer die Atmosphäre für solare Ein- bzw. terrestrische Ausstrahlung durchlässig ist. Diese treten dort auf, wo die Strahlungsabsorption durch Wasserdampf, Kohlendioxid und Ozon besonders gering ist. Von besonderer Bedeutung sind die beiden *Infrarotfenster* in den Wellenlängenbereichen 3,4–4,1 µm und 8–13 µm. Durch diese Fenster kann ein großer Teil der langwelligen ↗Wärmestrahlung die Atmosphäre ungehindert passieren (Abb.). Das atmosphärische Fenster im Wellenlängenbereich 8–13 µm wird allerdings durch die ↗Absorptionsbande des Ozons bei etwa 9,6 µm unterbrochen. Der Wellenlängenbereich von 10,5–12,5 µm wird als *Wasserdampffenster* bezeichnet. Besonders durch dieses Fenster kann die langwellige ↗Ausstrahlung der Erde vom ↗Satelliten aus aufgenommen und mithilfe des ↗Planck'schen Strahlungsgesetzes in Oberflächentemperaturen der Erdoberfläche bzw. von Wolken in unterschiedlicher Höhe umgerechnet werden. Bei einer Zunahme des Anteils klimawirksamer Gase in der Atmosphäre (Abb.) können sich die atmosphärischen Fenster verkleinern, weil sich die Absorptionsbanden dieser Gase an den Rändern erweitern. In den zentralen Bereichen der Absorptionsbande erfolgt bereits jetzt eine fast 100 %-ige Absorption, sodass hier eine Intensivierung ausgeschlossen ist. So könnte eine weitere anthropogen bedingte Zunahme der atmosphärischen Kohlendioxidkonzentration zu einer Einengung des atmosphärischen Fensters bei 3,4–4,1 µm führen. Die Folge wäre eine Minderung der langwelligen Ausstrahlung und eine Erhöhung der Gegenstrahlung. Die dadurch zusätzlich im Klimasystem in Arbeit umgesetzte Energie bedingt eine Erhöhung der bodennahen globalen Temperaturen, die als anthropogener ↗Treibhauseffekt bezeichnet wird. ↗anthropogene Klimabeeinflussung. [DKl]

atmosphärische Gegenstrahlung, die gegen die Erdoberfläche gerichtete langwellige ↗Strahlung der ↗Atmosphäre. Sie entsteht durch die langwellige ↗Ausstrahlung der Erde, die insbesondere von den klimawirksamen atmosphärischen Gasen Wasserdampf und Kohlendioxid absorbiert und in Wärme umgewandelt wird. Diese wird dann als ↗Wärmestrahlung von der Atmosphäre in alle Richtungen abgestrahlt. Der zur Erdoberfläche gerichtete Anteil ist die atmosphärische Gegenstrahlung. ↗Strahlungsbilanz.

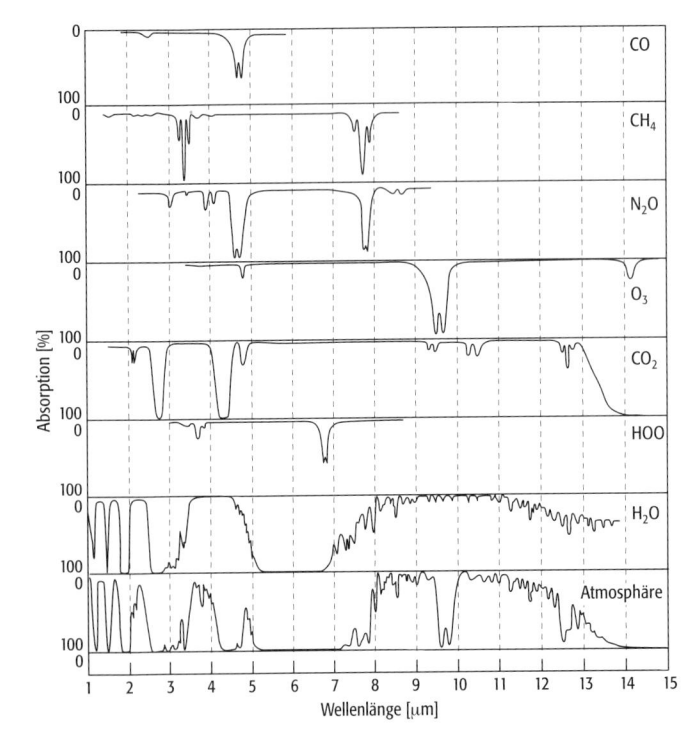

atmosphärische Grenzschicht, *Grenzschicht, planetarische Grenzschicht*, die der festen und flüssigen Erdoberfläche unmittelbar auflagernde Schicht der ↗Atmosphäre. In ihr sind die Zustände und Prozesse wesentlich durch die physikalischen Eigenschaften des Untergrundes bedingt, insbesondere ↗Wärmeleitung und ↗Wärmespeicherung. In der atmosphärischen Grenzschicht erfolgt der gesamte Vertikalaustausch zwischen fester und flüssiger Erdoberfläche und der Atmosphäre. Über der Grenzschicht liegt die ↗freie Atmosphäre. Die ↗Rauigkeit der Oberfläche und die sich daraus ergebende ↗Reibung bewirken die für die atmosphärische Grenzschicht typische turbulente Bewegung. Sie wird daher auch als Reibungsschicht oder Peplosphäre (↗Grundschicht) bezeichnet. Das räumliche Muster unterschiedlicher Rauigkeiten der Erdoberfläche bildet sich daher in der Topographie der Oberfläche der atmosphärischen Grenzschicht ab. Sie hat über Meeren die kleinste und über Gebirgen die größte Mächtigkeit. Die mittlere Mächtigkeit beträgt ca. 1000 m.

Innerhalb der atmosphärischen Grenzschicht wird anhand der Bewegungscharakteristika der Luft weiter differenziert in die laminare Unterschicht, die Prandtl-Schicht und die Ekman-Schicht.

In der *laminaren Unterschicht* sind die Luftmoleküle an die Erdoberfläche gebunden. Sie ist nur Bruchteile von Millimetern mächtig. Alle Transportvorgänge von Wärme, Impuls oder Wasserdampf erfolgen durch molekulare Vorgänge, die Bewegung ist laminar. Die *Prandtl-Schicht* umfasst weniger als 10 % der Mächtigkeit der atmosphärischen Grenzschicht. In ihr sind die vertikalen turbulenten Transporte von ↗sensibler Wärme und ↗latenter Wärme höhenunabhängig. Es erfolgt eine annähernd logarithmische Zunahme der Windgeschwindigkeit mit der Höhe, die durch das ↗logarithmische Windgesetz beschrieben wird. An der Obergrenze der Prandtl-Schicht werden bereits mehr als 50 % der Geschwindigkeit des reibungsfreien Windes erreicht. Die *Ekman-Schicht* oder Drehungsschicht umfasst den größten Raum der Grenzschicht. Während in der Prandtl-Schicht der Wind infolge der Rauigkeit die Isobaren kreuzt, dreht er in der Ekman-Schicht mit zunehmender Höhe unter der Einwirkung von Druckgradientkraft und ↗Corioliskraft in die Richtung des isobarenparallelen ↗geostrophischen Windes. Diese Winddrehung lässt sich durch die ↗Ekman-Spirale beschreiben. Über der Ekman-Schicht, in der freien Atmosphäre weht der Wind isobarenparallel. Der vertikale Austausch von Impuls, Wärme und Wasserdampf variiert in der Ekman-Schicht höhenabhängig. Die Windgeschwindigkeit nimmt im Gegensatz zur Prandtl-Schicht nur noch wenig zu.

Die Prozesse in der atmosphärischen Grenzschicht werden in einem eigenen Teilgebiet der Klimatologie, der Grenzschichtklimatologie, untersucht, in welcher die Wechselwirkungen zwischen Oberfläche und Atmosphäre im Vordergrund stehen. Mit zunehmender Differenzierung werden spezielle Grenzschichtklimate beschrieben und analysiert (städtische Grenzschicht (↗Stadtklima), Grenzschicht im Gebirge). [JVo]

atmosphärischer Sounder, spezielles mehrkanaliges ↗Radiometer im Infrarot- und Mikrowellenbereich, das zur passiven Vertikalsondierung, d. h. zur Ableitung von vertikalen Temperatur- und Feuchteprofilen der Atmosphäre dient. Vom Prinzip her wird die Bandbreite der einzelnen Kanäle auf ↗Absorptionsbanden und vertikale Konzentrationsmaxima von atmosphärischen Gasen und Wasserdampf abgestimmt, wodurch das emittierte bzw. reflektierte Signal je einem eng umgrenzten Höhenbereich zugeordnet werden kann.

atmosphärische Spurenstoffe, Sammelbezeichnung für alle in der ↗Atmosphäre enthaltenen Spurengase und ↗Aerosole. 99,9 % der atmosphärischen Gase sind Sauerstoff, Stickstoff und Argon. Ihre Anteile sind zeitlich sehr stabil (↗Luft). Die übrigen Bestandteile weisen wechselnde Konzentrationen und teilweise unterschiedliche räumliche Verteilungen auf. Diese Spurengase sind von Bedeutung, weil sie atmosphärische Prozesse steuern. Das Kohlendioxid (CO_2), dessen mittlerer Anteil bei ca. 0,035 % liegt, ist sowohl Ausgangsprodukt der ↗Photosynthese der pflanzlichen Organismen als auch ein wichtiger Faktor der ↗Strahlungsbilanz der Erde. Durch seine stetige Zunahme infolge der Verbrennung fossiler Rohstoffe steigt sein Anteil kontinuierlich, was den ↗Treibhauseffekt der Atmosphäre verstärkt, denn die Absorption im langwelligen Bereich $\lambda > 17$ µm ist wesentlich auf CO_2 zurückzuführen. Zum Treibhauseffekt trägt auch das Spurengas Methan (CH_4) bei, dessen Anteil im globalen Mittel gegenwärtig bei 0,00017 % liegt. Ein weiteres wichtiges Spurengas, das sowohl als Schadstoff wirkt als auch die Strahlungsbilanz entscheidend beeinflusst, ist das ↗Ozon (O_3). Der Anteil der primären und sekundären Spurenstoffe, welche anthropogen in die Atmosphäre emittiert werden, ist groß. Unterschiedliche Verweildauer und große räumliche Unterschiede machen es nicht sinnvoll, dafür globale mittlere Konzentrationen anzugeben.

Daneben gibt es in der Atmosphäre chemisch nicht reaktive Gase wie Neon, Helium oder Krypton sowie den zeitlich hochvariablen und extrem klimawirksamen Wasserdampf, der ebenfalls zu den Spurenstoffen zu rechnen ist. [JVo]

atmosphärische Turbulenz, Gesamtheit der in der ↗Atmosphäre ständig und in allen meteorologischen Skalen auftretenden Formen von ungeordneter Wirbelströmung der Luft (↗Turbulenz). Die Turbulenzformen werden nach Genese oder räumlich-zeitlichem Wirkungsbereich unterschieden. Aus genetischer Sicht unterscheidet man zwischen thermischer Turbulenz, die durch ↗thermische Konvektion hervorgerufen wird und insbesondere die vertikale Durchmischung der Atmosphäre begünstigt, sowie ↗dynamischer Turbulenz, welche auf die mechanischen Reibungskräfte der Erdoberfläche zurückzuführen ist und für die horizontale Durchmischung haupt-

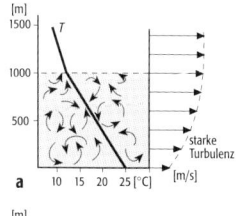

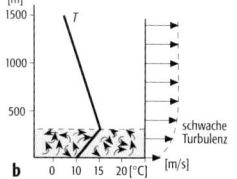

atmosphärische Turbulenz: Turbulenz in Abhängigkeit von der Schichtung und der vertikalen Windzunahme (T = Temperaturkurve); a) starke Turbulenz, b) schwache Turbulenz.

verantwortlich ist (Abb.). Nach der Skalenwirkung lässt sich die atmosphärische Turbulenz grob in Mikro- und Makroturbulenz gliedern, wobei diese Einteilung willkürlich ist, da Turbulenzen lückenlos in der gesamten Bandbreite der räumlichen und zeitlichen meteorologischen Skalen nachgewiesen und als Turbulenzspektrum definiert werden können. Die atmosphärische Turbulenz ist der wichtigste Prozess zum Transport von Eigenschaften (Wärme, Kälte) und Partikeln (Wasser, Wasserdampf, Aerosolen) in der Atmosphäre, welche über die jeweiligen ↗ turbulenten Flüsse verbreitet werden und infolge der Durchmischung zum räumlichen Ausgleich von Differenzen führen. Ferner findet von größeren zu kleineren Turbulenzwirbeln ein Energieübergang statt, den man als Energiekaskade bezeichnet. Ein Sonderfall der atmosphärischen Turbulenz ist die ↗ Clear-Air-Turbulenz. [DD]
Literatur: BLACKADAR, A. K. (1997): Turbulence and Diffusion in the Atmosphere. – Berlin.

atmosphärische Zirkulation, *allgemeine Zirkulation der Atmosphäre, planetarische Zirkulation,* Gesamtheit aller großräumigen vertikalen und horizontalen Luftbewegungen auf der Erde, die Masse, Wärme und ↗ Drehimpuls global so verteilen, dass die raum-zeitlichen Variationen der ↗ Klimaelemente langfristig einen Fließgleichgewichtszustand nachzeichnen.

Der Antrieb der großräumigen horizontalen und vertikalen Zirkulationsprozesse erfolgt durch die raum-zeitlichen Intensitätsänderungen des Wärmehaushaltes der Atmosphäre, den daraus resultierenden Druckgegensätzen sowie durch den Drehimpulsaustausch zwischen Erde und Atmosphäre. Im Jahresmittel ergibt sich gemittelt über die Fläche polwärts von 40° Breite ein Wärmedefizit, äquatorwärts davon ein Wärmeüberschuss. Ohne horizontale Wärmetransporte durch die atmosphärischen Zirkulationsprozesse betrüge die pol-äquatoriale Temperaturdifferenz im Jahresmittel 120°C, durch die Wärmetransporte wird sie auf etwa 50°C, das sind etwa 5° C/1000 km, reduziert. Knapp 70 % der globalen Wärmetransporte erfolgen durch Luftbewegungen und bestehen zu 65 % aus dem Transport von ↗ fühlbarer Wärme und zu 35 % aus dem Transport ↗ latenter Wärme. Mehr als 30 % der globalen Wärmetransporte leisten die Ozeanströme.

Die Zirkulationsprozesse werden im Folgenden, ausgehend von den Polregionen, im Einzelnen beschrieben (Abb. 1):
In den Polregionen beider Hemisphären verliert die Luft mehr Wärme als ihr zugeführt wird. Es resultiert Luftabkühlung, die mit einer Zunahme der Luftdichte einhergeht. Der Schwerkraft folgend sinkt die Kaltluft aus der Höhe ab. Das hat einen Anstieg des Bodenluftdrucks zur Folge, denn die absinkende Luft wird fortlaufend aus Kontinuitätsgründen in der Höhe durch Luft ersetzt, die aus niedrigeren Breiten polwärts nachströmt. Diese Höhenströmung wird infolge der ↗ Corioliskraft auf der Nordhemisphäre (NH) nach rechts, auf der Südhemisphäre (SH) nach links zu Höhenwestwinden umgelenkt. Die ins Bodenniveau absinkende Luft strömt mit so geringer Geschwindigkeit aus dem polaren Bodenhoch äquatorwärts, dass sich großflächig eine relativ einheitliche polare ↗ Luftmasse durch die Austauschprozesse zwischen Atmosphäre und Erdoberfläche ausbildet. Diese wird durch Reibungs- und Corioliskraft so abgelenkt, dass sie aus nordöstlicher (südöstlicher) Richtung auf der NH (SH) äquatorwärts abfließt (Polare NE-Winde, Abb. 1). Die kalte Polarluft trifft dabei auf die vergleichsweise wärmere Luft der gemäßigten Breiten, die sie infolge ihrer größeren Dichte vom Boden soweit abhebt, dass sie von den zirkumpolaren Höhenwestwinden wieder polwärts geführt werden kann. Gemittelt über alle polaren Breiten ergibt sich auf beiden Hemisphären demnach eine einfache geschlossene polare Zirkulation, die als Polarzelle bezeichnet wird. Diese Zirkulation erfährt durch die Wirkung der Corioliskraft eine breitenkreisparallele Verzerrung und beschreibt deshalb die Austauschprozesse der Polregionen nur in ihrer großräumig gemittelten Ausprägung.

In äquatorialen Breiten überwiegt die kurzwellige Einstrahlung die langwellige Ausstrahlung. Die Luft erwärmt sich folglich im Bodenniveau, dehnt sich aus und steigt auf, was im Bodenniveau zur Ausbildung einer äquatorparallel verlaufenden ↗ äquatorialen Tiefdruckrinne führt. Der Luftaufstieg wird durch die Tropopause im 100 hPa-Niveau vertikal begrenzt (Abb. 1). Das 100 hPa-Niveau tritt über der tropischen Warmluft in einer Höhe von 14–16 km, über der polaren Kaltluft wegen der geringen Dichte der polaren Kaltluftmassen aber nur in einer Höhe von 7–9 km auf. Über den Polen sind folglich ganzjährig in der Höhe Höhentiefs, über dem Äquator Höhenhochs ausgebildet. Die aus äquatorialen Breiten polwärts gerichteten Höhendruckgradienten bedingen auf beiden Hemisphären polwärts gerichtete Höhenströmungen, die durch die Rechtsablenkung (Linksablenkung) zu west-ost gerichteten ↗ Gradientwinden führen, die die polaren Höhentiefs ganzjährig zirkumpolar umströmen. Diese Gradientwinde erreichen maximale Geschwindigkeiten an der äquatorwärtigen Begrenzung der polaren Luftmassen. Entlang dieser Luftmassengrenze bildet sich eine als Polarfrontjet (PFJ) oder Polarfrontstrahlstrom bezeichnete Höhenströmung auf beiden Hemisphären (Abb. 1).

Die äquatorialen Höhenhochs erreichen maximale Intensität über den wärmsten Gebieten der Tropen und werden ↗ antizyklonal umströmt. Die äquatorwärtige Seite der Höhenhochs wird folglich durch eine starke Höhenostströmung gebildet, die oft als Tropical Easterly Jet (TEJ) oder Tropenjet bezeichnet wird und die äquatoriale Tiefdruckrinne überlagert. Die polwärtigen Begrenzungen der äquatorialen Höhenhochs bilden west-ostgerichtete Gradientwinde, die sich aus dem polwärts gerichteten Druckgradienten durch Rechtsablenkung (Linksablenkung) in etwa 20–30° Breite auf beiden Hemisphären ergeben. Infolge des Drehimpulstransportes dieser zunächst polwärts gerichteten Strömung werden

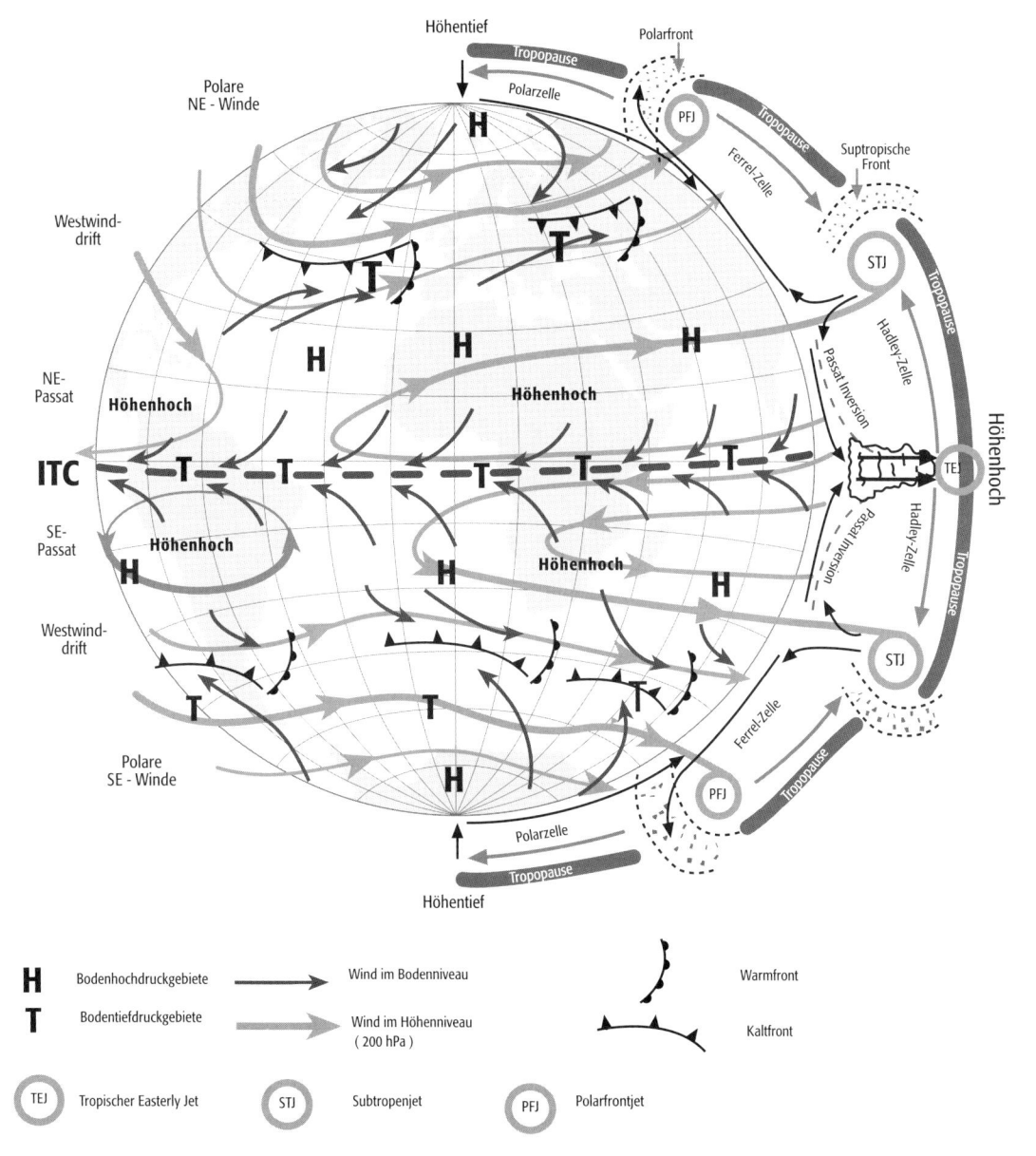

in 20–30° Breite maximale Windgeschwindigkeiten erreicht. Diese beiden Starkwindbänder werden als Subtropenjets (STJ) bezeichnet. In den Bereichen zwischen Subtropenjets und Polarfrontjets beider Hemisphären bilden sich als Folge des polwärtigen Höhendruckgradienten durch die Wirkung der Corioliskraft ebenfalls west-ost gerichtete Gradientwinde aus, die die ↗außertropische Westwindzirkulation bilden (Abb. 1).
Die äquatoriale Warmluft, die in der äquatorialen Tiefdruckrinne aufsteigt, erreicht im Tropopausenniveau die tropische Höhenostströmung (TEJ). Diese führt die Luft zunächst äquatorparallel in westliche Richtung, bevor sie durch die antizyklonale Zirkulation der Höhenhochs auf einer der beiden Hemisphären polwärts dem STJ zugeführt wird. Da ein polwärtiger Transport über den breitenkreisparallel (zonal) verlaufenden STJ hinaus nur sehr begrenzt möglich ist, konvergiert die Luft im Bereich der STJs, was zu einem Anstieg des Bodenluftdrucks unter den STJs führt, der in Form der ↗subtropischen Hochdruckgürtel beider Hemisphären in Erscheinung tritt (Abb. 1).
Die im Bereich der STJs akkumulierte Luft verliert durch Ausstrahlung beständig Wärme und sinkt deshalb langsam in die subtropischen Hochdruckgebiete ab. Dabei erwärmt sich die Luft adiabatisch, wodurch Kondensation und Wolkenbildung ausgeschlossen werden. Die Folge sind hohe Einstrahlungswerte und eine extreme bodennahe Erwärmung im Bereich der sub-

atmosphärische Zirkulation 1:
Schema der atmosphärischen Zirkulation für das Bodendruckniveau und 200-hPa-Niveau mit einer Profilansicht der mittleren meridionalen Zirkulationszellen, der Frontalzonen und der Strahlströme.

atmosphärische Zirkulation

tropischen Hochdruckgürtel. Dadurch entsteht am Boden Konvektion. Zwischen dieser vom Boden auf- und der aus der Höhe absteigenden Luft bildet sich eine Inversionsschicht, die Passatinversion aus, deren Höhe äquatorwärts ansteigt.

Die aus der Höhe in die subtropischen Hochdruckgebiete beider Hemisphären abgesunkene Luft strömt aus diesen langsam pol- und äquatorwärts. Diese als Tropikluft bezeichnete Luftmasse strömt vom Kern der subtropischen Hochdruckgebiete aus äquatorwärts in die äquatoriale Tiefdruckrinne. Dabei wird sie durch die Corioliskraft nach rechts (auf der NH) bzw. links (auf der SH) zum NE-Passat bzw. SE-Passat umgelenkt. Die Passatströmungen beider Hemisphären konvergieren in der äquatorialen Tiefdruckrinne, die deshalb auch ↗innertropische Konvergenzzone (ITC) genannt wird (Abb. 1).

Die Luftmassenkonvergenz der Passate im Bereich der ITC verstärkt die konvektiven Luftbewegungen im Bereich der äquatorialen Tiefdruckrinne so stark, dass hier die Passatinversion durchbrochen wird. Die tropischen Gewitterzellen im Bereich der ITC werden wegen der massiven Freisetzung von Kondensationswärme auch als »hot towers« bezeichnet. Gewitterzellen können sich auch polwärts der ITC unter ostwestwärts wandernden Wellenstörungen in der tropischen Höhenostströmung bilden (↗easterly waves).

Zwischen der ITC und dem Kern der subtropischen Hochdruckgürtel ergibt sich in den tropischen Breiten im Mittel eine als ↗Hadley-Zirkulation bezeichnete geschlossene Zirkulationszelle mit Luftaufstieg im Bereich der ITC, meridionalem Höhentransport bis zu den STJs, von wo aus die Luft in die subtropischen Hochdruckgürtel absinkt und von den Passaten wieder der ITC zugeführt wird.

Diese tropische Zirkulationszelle ist von der polaren durch die vom Boden bis ins Tropopausenniveau reichende Westwinddrift getrennt. Ein direkter, meridionaler Luftmassentransport ist infolge des breitenparallelen Verlaufs dieser Strömung nur in sehr begrenztem Umfang möglich. Die negative Strahlungsbilanz der polaren und die positive der äquatorialen Breiten führen deshalb notwendigerweise zu einem Anstieg der meridionalen Temperatur- und Druckgradienten und dementsprechend auch der Windgeschwindigkeiten im Bereich der Westwinddrift.

In Abhängigkeit zur Windgeschwindigkeit bilden sich in der Westwinddrift durch kleine initiale Störungen angeregt planetarische Wellen, die ↗Rossby-Wellen aus. Initiale Störungen werden beispielsweise durch die Land-Meer Temperaturgegensätze oder die in die Westwinddrift aufragenden Gebirge ausgelöst. Eine initiale Störung pflanzt sich dabei in Form einer Wellenstörung über die gesamte Westwinddrift zirkumpolar fort, wenn die Flächen gleicher Temperatur und gleichen Drucks zusammenfallen (↗Barotropie). Die Wellenzahl und Wellenamplitude werden dann nur durch die geographische Breite und die mittlere Windgeschwindigkeit der Westwinddrift bestimmt. Drei bis fünf Rossby-Wellen sind fast auf jeder täglichen Wetterkarte deutlich erkennbar und treten, da sie häufig anhaltend bei 80° W, 35° E und 135° E ortsfest bleiben, auch im langjährigen Mittel in Erscheinung.

Auch eine in Form der Rossby-Wellen mäandrierende Westwinddrift kann nur einen Bruchteil der tatsächlich zum Ausgleich des pol-äquatorialen Wärmedefizits erforderlichen Energiemenge transportieren. Deshalb steigen die meridionalen Temperaturgradienten trotz der Rossby-Wellen in der Westwinddrift so stark an, dass die Flächen gleichen Drucks und gleicher Temperatur nicht mehr zusammenfallen, sondern gegeneinander geneigt sind. Diese baroklinen Zonen (↗Baroklinität) werden auch als ↗planetarische Frontalzonen bezeichnet.

Die Zahl der Rossby-Wellen entlang des 45. Breitenkreises kann in Abhängigkeit zum meridionalen Temperaturgradienten in 5500 m Höhe abgeschätzt werden (Abb. 2). Wird bei einer vorgegebenen Rossby-Wellenzahl ein kritischer meridionaler Temperaturgradient überschritten, so werden die Rossby-Wellen von instabil anwachsenden sog. ↗baroklinen Wellen überlagert. Die wichtigsten kritischen meridionalen Temperaturgradienten in 5500 m Höhe sind 6°C/1000 km ohne Kondensation bzw. 3,5°C/1000 km mit Kondensation. Werden diese kritischen Gradienten überschritten, so setzt ↗barokline Instabilität ein. Dann dominieren nicht mehr die Rossby-, sondern die baroklinen Wellen die Strömungsstruktur der Westwinddrift.

In den baroklinen Wellen mit instabil anwachsender Amplitude treten neben der isobarenparallelen Strömung infolge von Trägheits- und Krümmungseffekten auch Lufttransporte quer zu den Isobaren in der Höhenströmung auf (↗Ryd-Scherhag-Effekt). Diese führen in der Regel zu einer Luftakkumulation im Bereich der Trogrückseiten (↗Trog) und Luftdefiziten im Bereich der Trogvorderseiten der Wellentröge (Abb. 3). Unter der Höhenkonvergenz steigt infolge der Höhenluftakkumulation im Bodenni-

atmosphärische Zirkulation 2: Zusammenhang zwischen der Wellenzahl und dem meridionalen Temperaturgradienten in 5500 m Höhe für eine stabile (barotrope) breitenkreisparallele Westwinddrift mit überlagerten Rossby-Wellen sowie für instabil wachsende barokline Wellen, die den Rossby-Wellen überlagert sind.

veau der Luftdruck an, unter der Höhendivergenz fällt im Bodenniveau der Luftdruck ab. In die dynamisch erzeugten Tiefdruckgebiete unter den Trogvorderseiten der mäandrierenden Westwinddrift strömen Luftmassen aus dem Subtropenhoch und dem polaren Hoch auf zyklonaler Bahn. Dadurch werden unterschiedlich temperierte Luftmassen gegeneinander geführt (frontogenetischer Punkt). An der Luftmassengrenze intensiviert sich die Polarfront zunächst in der unteren Troposphäre. Da sich die bodennahen frontalen Temperatur- und Druckgegensätze mit der Höhe verstärken, erfährt auch die Höhenwindströmung eine Intensivierung. Dadurch wird die Höhendivergenz verstärkt, was eine zusätzliche Intensivierung des dynamischen Bodentiefdruckgebietes auslöst und im weiteren Verlauf die frontalen Prozesse weiter verstärkt. Eine sich selbst verstärkende Rückkopplung zwischen Boden- und Höhendruckfeld ist die Folge, die zur Bildung und Intensivierung einer ↗außertropischen Zyklone führt. Da sich in der Regel unter jeder Trogvorderseite der Höhenströmung (PFJ) eine oder mehrere außertropische Zyklonen bilden, entsteht zwischen dem subtropischen Hochdruckgürtel und den polaren Hochdruckgebieten eine zirkumpolare Abfolge von dynamischen Tiefdruckgebieten, die als subpolare Tiefdruckrinne in Erscheinung tritt (Abb. 1).

Bei den Interaktionen der Luftmassen im Bereich der Fronten treten Mischungsprozesse auf, die zu einer Angleichung der Luftmasseneigenschaften und damit zu einer Reduktion der meridionalen Temperaturgradienten führen. Solange aber die kritischen Werte der baroklinen Instabilität nicht unterschritten werden, wachsen die Wellenamplituden der baroklinen Wellen instabil an. Dadurch stoßen die Wellenrücken und Wellentröge so weit pol- bzw. äquatorwärts vor, dass sich Erstere als ↗blockierende Hochdruckgebiete, Letztere als »cut off lows« (↗cut-off-Prozess) aus der Wellenströmung ablösen können und ein schwer prognostizierbares Eigenleben führen (Abb. 4). Erst wenn die kritischen Instabilitätswerte infolge des Wärmeaustausches zwischen den beteiligten Luftmassen unterschritten werden, sterben die Wellen ab und es bildet sich wieder eine breitenkreisparallele Westwinddrift in allen Höhenniveaus aus. Die beschriebenen Prozesse wiederholen sich im zwei- bis vierwöchigen Rhythmus und leisten die notwendigen Energietransporte zum Ausgleich der pol-äquatorialen Temperaturgegensätze.

Gemittelt über alle Bewegungsprozesse im Bereich zwischen den PFJs und den STJs beider Hemisphären ergibt sich eine geschlossene Zirkulation, die als Ferrel-Zelle bezeichnet wird (↗Ferrel'sche Druckgebilde).

Die geographische Verteilung der täglichen Auftrittshäufigkeiten der Warm- und Kaltfronten und der Konvergenzlinie zwischen den Passaten (ITC) kann anhand der täglichen Wetterkarten eines 10-jährigen Zeitraumes bestimmt werden (Abb. 5). Die Trogvorderseiten der drei Rossby-Wellen in 60–80° W, in 35–60° E und in 120–140° E treten durch maximale Fronthäufigkeiten deutlich in Erscheinung. Auch die mittlere Lage der ITC wird für Januar und Juli durch die maximalen ITC-Häufigkeiten nachgezeichnet. Die täglichen Lageänderungen bewegen sich in der Größenordnung von 10–15° Breite, die jahreszeitlichen bleiben über Südamerika und Westafrika ebenfalls in dieser Größenordnung, sie erreichen aber im Bereich Asiens über dem indischen Ozean rund 50° Breite (↗Monsun). Daraus ist zu folgern, dass der interhemisphärische Energie- und Massenhaushalt durch die Prozesse in diesem Bereich entscheidend bestimmt wird. [DKl]

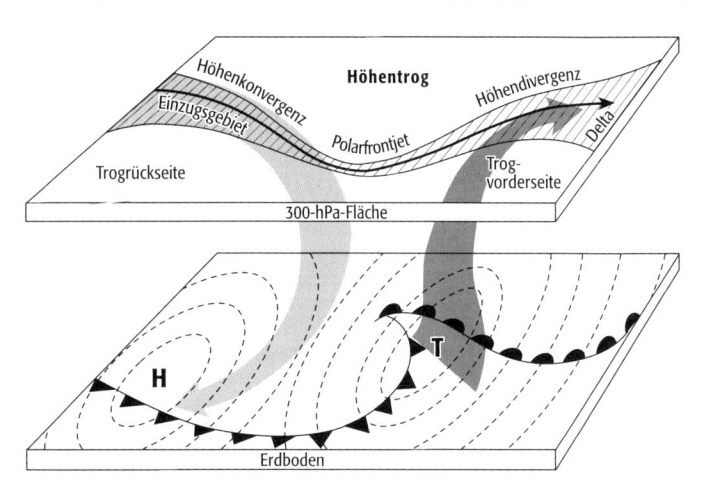

atmosphärische Zirkulation 3: Zusammenhang zwischen dem Verlauf der Höhenströmung (Polarfrontjet), der daraus resultierenden Höhendivergenz und Höhenkonvergenz sowie den kompensatorischen vertikalen Luftbewegungen, die zur Entstehung dynamischer Hoch- und Tiefdruckgebiete im Bodendruckfeld führen.

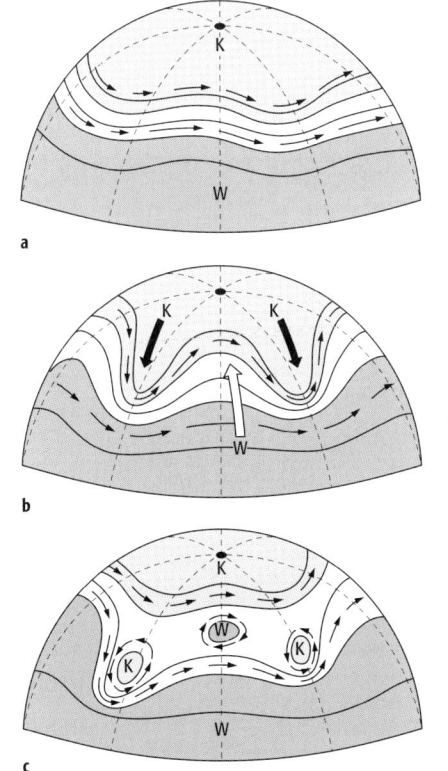

atmosphärische Zirkulation 4: Schematische Darstellung des Übergangs von der Zonalzirkulation mit Rossby-Wellen in die barokline Wellenzirkulation und die Entstehung von »cut off lows« und blockierenden Hochdruckgebieten im Bereich der planetarischen Frontalzone: a) Zonalströmung mit überlagerten Rossby-Wellen; b) Rossby-Wellen überlagert von baroklinen Wellen mit labil wachsender Wellenlänge und Wellenamplitude; c) Cut-off-Effekt.

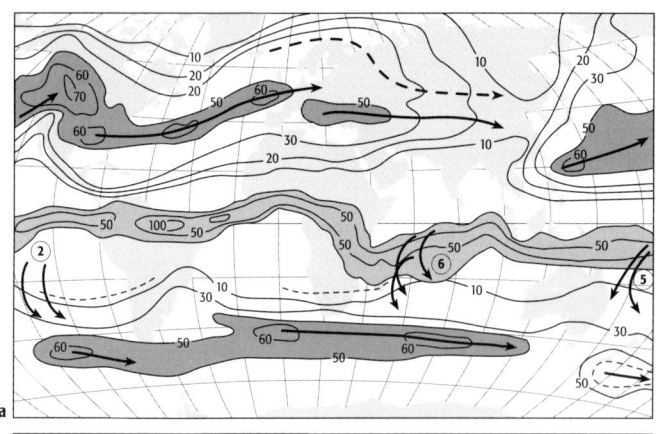

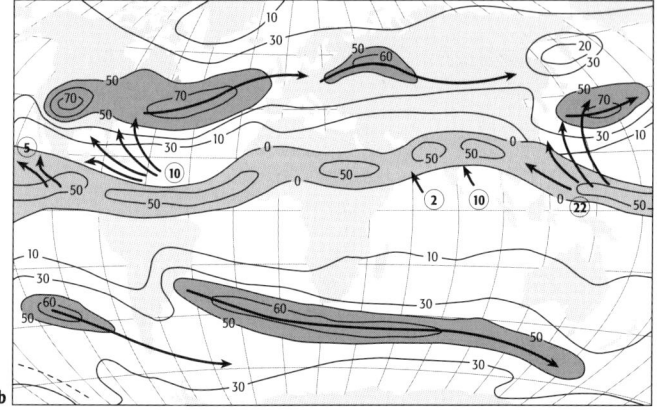

atmosphärische Zirkulation 5:
Geographische Verteilung der täglichen ITC- und Fronthäufigkeiten in Prozent der möglichen Häufigkeiten: a) im Januar und b) im Juli. Die mittleren Zugbahnen der außertropischen und tropischen Zyklonen (mit Wirbelsturmstärke) sind durch Pfeile markiert, die Häufigkeiten der tropischen Wirbelstürme zeigt die eingekreiste Zahl.

Literatur: [1] FORTAK, H. (1971): Meteorologie. – Darmstadt. [2] KLAUS, D. (1989): Die planetarische Zirkulation. Praxis Geographie, Vol. 19/6, S. 12–17. [3] KRAUS, H. (2000): Die Atmosphäre der Erde. – Braunschweig.

Atmung, *Respiration*, /Dissimilation.
Atoll /Korallenriffe.
Attenuation, Gesamtschwächung des Lichtes im Wasser durch Absorption, was zur Energieumwandlung in Wärme oder organische Masse führt und zur Streuung an gelösten Substanzen, schwebenden anorganischen Teilchen oder Plankton.
Attributanalyse /Datenanalyse.
Attributdaten, *Sachdaten*, Eigenschaften der in einem Geographischen Informationssystem (/GIS) abgebildeten Objekte. Attributdaten sind Daten ohne spezifischen Raumbezug wie z. B. bei Grundstücken der Eigentümer oder bei Waldflächen die Baumart. Sie werden bei /Vektordaten in der Regel in konventionellen /Datenbanken gespeichert, bei /Rasterdaten entspricht der Wert des Attributs dem gespeicherten Wert der Rasterzelle.
Auditing, Prüfkonzept zur Sicherstellung der Glaubwürdigkeit von Forschungsergebnissen. Informationen, Aussagen usw. werden erst dann akzeptiert, wenn sie wie bei der Buchprüfung (Audit) durch einen sachkundigen Prüfer, der das vorliegende Material und den Forschungsablauf nach bestimmten Regeln kontrolliert hat, oder von einer anderen Quelle bestätigt werden. /Kontextvalidierung.

Aue, *Talaue*, von Überschwemmungen und /Grundwasser beeinflusster, tiefster, ebener Teil des /Talbodens, der sich an die in ihn eingetieften Gerinne nach außen hin anschließt. Für ökologisch-morphologische sowie rechtliche Fragestellungen wird im Flach- und Hügelland für anthropogen weitgehend unbeeinflusste Gewässer als äußere Begrenzung der Aue i. A. die Überschwemmungsgrenze des hundertjährigen /Hochwassers (HW_{100}) angenommen. In Auen, die eine künstliche Einengung des Überschwemmungsgebietes aufweisen, wird diese Grenze akzeptiert, wenn sie mindestens 100 m vom Gerinneufer entfernt liegt. Ansonsten beträgt sie mindestens 75 m, wenn nicht schon vorher der morphologische Auenrand erreicht ist. Im Bergland sind die Überschwemmungsbereiche meist sehr begrenzt, daher werden hier die Talböden bis zu einer maximalen Entfernung von 75 m zum Gerinneufer als Auenbereiche angesprochen. Auen werden v. a. durch Prozesse der /Fluvialerosion und /Fluvialakkumulation geformt. Sie weisen meist ein typisches /Auenrelief und feinkörnige /Auensedimente auf. Aufgrund der fruchtbaren Bodenstandorte, der Verfügbarkeit von Wasser und der Möglichkeit zur Nutzung von Wasserkraft werden in Mitteleuropa die meisten Auen schon seit Jahrhunderten intensiv genutzt. Die anthropogenen Einflüsse reichen von Veränderungen in der /Landnutzung (Entwaldung, Aufforstung, Landwirtschaft, Besiedlung, Verkehr, Freizeitnutzung) und Rohstoffgewinnung (Bergbau, Kiesabbau) über Entwässerungsmaßnahmen (Landwirtschaft, Kanalisation) bis hin zu wasserbaulichen Maßnahmen wie Gewässerregulierung und Wasserbewirtschaftung (Aufstau, Begradigung, Umleitung, Uferschutz, Schifffahrt). Viele dieser Eingriffe gefährden oder vernichten wertvolle Biotope von Tier- und Pflanzenarten und führen zu einer Verringerung wichtiger Retentionsflächen (/Hochwasserschutz). [OB]

Auenböden, Klasse der /Semiterrestrischen Böden der /Deutschen Bodensystematik, entstanden aus holozänen, fluviatilen Sedimenten in Tälern von Flüssen und Bächen. Sie sind in Flussnähe oft periodisch überflutet und von stark schwankenden Grundwasserständen beeinflusst. Prägung der Böden findet durch /G-Horizonte, mit starker Ausprägung der Oxidationsmerkmale als Folge der starken Wasserspiegelschwankungen, statt. Die Zusammensetzung der Auensedimente besteht aus humosem Bodenmaterial oder vorverwittertem Unterbodensubstrat erodierter Böden. Nach /FAO-Bodenklassifikation handelt es sich um /Gleysols, /Fluvisols oder terrestrische Einheiten, wie /Cambisols, /Luvisols oder /Regosols, je nach Tiefe des Grundwassers. Man unterscheidet folgende /Bodentypen: /Rambla, /Kalkpaternia, /Tschernitza und /Vega.

Auenlehmdecke, flächenhaftes, durch sukzessive /Fluvialakkumulation bei /Hochwasser abgesetztes, häufig humushaltiges /Auensediment.

Die Auenlehmdecken der deutschen Mittelgebirge besitzen Mächtigkeiten von einigen Dezimetern bis zu einigen Metern. Sie setzen sich aus Sedimenten zusammen, die von den Hängen im ↗Einzugsgebiet des Flusses abgetragen wurden. Ihre ↗Bodenart ist vorwiegend lehmig, d.h. sie stellt ein Korngrößengemisch aus Sand, Schluff und Ton dar. Die ursprünglich vorhandene Schichtung geht zumeist infolge intensiver ↗Bioturbation und Bodenbildung verloren (↗Auenböden). Eine deutlich messbare Auenlehmbildung setzte erst mit großflächigeren anthropogenen Rodungen der natürlichen nacheiszeitlichen Waldökosysteme ein, ist also ein Resultat der ↗Bodenerosion. Demnach sind die ältesten Auenlehmdecken neolithischen Alters, der überwiegende Teil entstand jedoch im Zuge der großflächigen mittelalterlichen Rodungen und der nachfolgenden landwirtschaftlichen Nutzung. Auenlehmdecken tragen zumeist fruchtbare Böden, die jedoch aufgrund ihrer Lage häufig grundwasserbeeinflusst und hochwassergefährdet sind. [OB]

Auenrelief, durch Prozesse der ↗Fluvialerosion und ↗Fluvialakkumulation gebildete natürliche Oberflächenformen der ↗Aue. Je nach Tallängs- und -querprofil, ↗Gerinnebettmuster, Klima und Abflussregime lassen sich folgende Reliefformen unterscheiden: Fluss- bzw. ↗Gerinnebett, ↗Uferwall, ↗Prallhang, ↗Gleithang, ↗Nahtrinne, ↗Auenrinne, ↗Mäander, ↗Altarm, Schotterbank, ↗Sandbank und Auenterrasse. Das natürliche Auenrelief ist vielerorts durch direkte und indirekte anthropogene Einwirkungen überformt worden und daher häufig nur noch in Resten vorhanden. Seine Neubildung ist ein wesentliches Ziel bei der Revitalisierung von Gewässerläufen (↗Renaturierung).

Auenrinne, typisches Element des ↗Auenreliefs. Auenrinnen sind lang gestreckte, mehr oder weniger parallel zum tiefer liegenden Fluss- bzw. ↗Gerinnebett verlaufende Abflussbahnen, die bei ↗Hochwasser durchflossen und von Prozessen der ↗Fluvialerosion und ↗Fluvialakkumulation geformt werden.

Auensand ↗Auensediment.

Auensediment, flächenhaftes, häufig humushaltiges, durch ↗Fluvialakkumulation bei ↗Hochwasser in der ↗Aue abgesetztes Feinsediment. Bei Vorherrschen der Sandfraktion spricht man von *Auensand*, bei Vorliegen eines Korngemisches von *Auenlehm* (↗Auenlehmdecke). Im Allgemeinen werden unter Auensedimenten holozäne Bildungen (↗Holozän) verstanden, während ältere vergleichbare Ablagerungen als ↗Hochflutsedimente bezeichnet werden.

Auenvegetation, an die Überschwemmungsdynamik in der ↗Aue angepasste, ↗azonale Vegetation, die eine charakteristische, nach Überflutungsdauer und -höhe differenzierte Vegetationszonierung aufweist. Während an Bächen, die i. A. relativ geringe Abflussschwankungen besitzen, nur ein schmaler Erlen-Eschen-Bachauwald ausgeprägt ist (bestehend aus Esche (*Fraxinus excelsior*) und Grau-Erle (*Alnus incana*) in höheren Lagen bzw. Schwarz-Erle (*A. glutinosa*) in tieferen Lagen), finden sich entlang von Flüssen, insbesondere im Flachland, natürlicherweise ausgedehnte Auen mit ihren typischen Vegetationseinheiten. Die Abbildung zeigt beispielhaft die Vegetationszonierung eines Flachlandflusses der planaren bis kollinen Stufe (↗Höhenstufen) in Mitteleuropa: Die am tiefsten, zwischen mittlerem Niedrigwasser und Mittelwasser gelegenen und daher am häufigsten überfluteten Auenbereiche werden von einer gehölzfreien Auenvegetation bedeckt, die mit zunehmender Höhe über mittlerem Niedrigwasser von Annuellenfluren über ↗Flutrasen zu Flussröhricht (↗Röhricht) übergeht. Daran anschließend, im Bereich zwischen Mittelwasser und mittlerem Hochwasser, ist die Weichholzaue ausgebildet. Sie gliedert sich in flussnahes Weidengebüsch (überwiegend Purpur-Weide (*Salix purpurea*) und Mandel-Weide (*S. triandra*) als Pioniergehölze) und die etwas höher gelegenen Silber-Weiden-Wälder (*S. alba*). Die Vegetation der Weichholzaue kann eine Überflutung von 3–4 m Höhe und im Extremfall eine Überflutungsdauer von bis zu 300 Tagen ertragen. Die Weiden-Arten sind aufgrund ihrer Fä-

Auenvegetation: Vegetationszonierung in der Aue eines mitteleuropäischen Tieflandflusses (Relief überhöht).

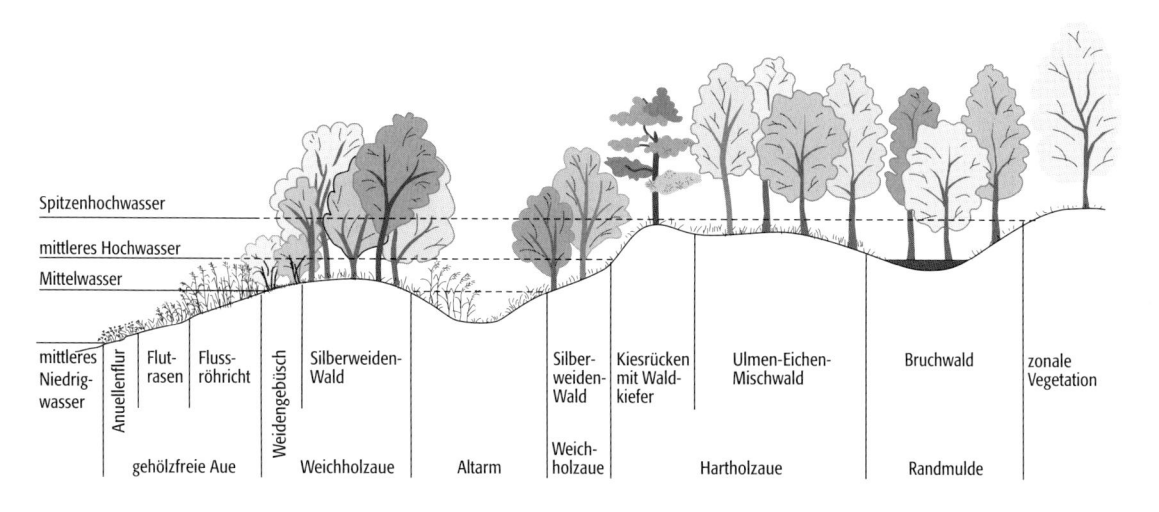

higkeit zur vegetativen Vermehrung, zum Stockausschlag sowie zur Bildung von Stammwurzeln und großen Samenmengen optimal an die durch Erosion und Sedimentation laufend gestörten Standortbedingungen angepasst. In der Hartholzaue, die nur noch von Spitzenhochwässern überflutet wird, herrschen bereits geeignete Lebensbedingungen für mehrere Baumarten. Der auf diesen Standorten vorkommende Ulmen-Eichen-Mischwald setzt sich aus Arten wie Stiel-Eiche (*Quercus robur*), Feld-Ulme (*Ulmus minor*), Berg-Ahorn (*Acer pseudoplatanus*), Winter-Linde (*Tilia cordata*) und Hainbuche (*Carpinus betulus*) zusammen. Strauch- und Krautschicht der Hartholzaue besitzen eine ähnliche Artenzusammensetzung wie die an die Aue angrenzenden ↗zonalen Wälder. In den Randmulden (auch *Randsenken* genannt) kommt es aufgrund der großen Entfernung zum Fluss nahezu zu keinen Sedimentablagerungen; hohe Grundwasserstände führen hier zur Bildung von Niedermoortorf, auf dem ein aus Schwarz-Erlen gebildeter ↗Bruchwald stockt. Darüber hinaus findet man in den Auen Altarme, die z. T. verlanden (↗Verlandungsfolge), aber auch trockene Standorte auf Kiesrücken, auf denen z. B. die Wald-Kiefer (*Pinus sylvestris*) wächst. Durch das kleinräumig differenzierte Auenrelief sind die beschriebenen Vegetationseinheiten häufig mosaikartig verbreitet.

Aufgrund von Flussregulierungen und Rodungen wurden in Mitteleuropa die Auwälder größtenteils vernichtet. In den höher gelegenen Bereichen der Weichholzaue ersetzen Pappelforst-Monokulturen aus nicht einheimischen Arten, wie Kanadapappel (*Populus × canadensis*) die Silber-Weiden-Wälder. Die seltener überfluteten, nährstoffreichen Böden der Hartholzaue wurden in landwirtschaftliche Kultur genommen oder z. T. auch als Wohn- bzw. Gewerbebauflächen genutzt. Durch die zahlreichen anthropogenen Eingriffe in den Auen gingen die Lebensräume vieler Tier- und Pflanzenarten verloren, zudem wurde das Wasserrückhaltevermögen der Auen (↗Retentionsraum) erheblich reduziert, was zu einer verstärkten Hochwassergefahr führt. [KJ]

Aufbaugefüge ↗Bodengefüge aus ↗Aggregaten.

Aufbauphase, Entwicklungsphase einer Primärsukzession zwischen Anfangsstadium (Pionierphase) und dem hypothetischen Endzustand (Klimaxphase). Aufbauphasen sind mehr oder weniger diskrete Glieder einer progressiven Sukzessionsreihe. Die Zahl dieser Übergangsstadien hängt von der Komplexität des entstehenden Klimaxsystems ab. Typisches Beispiel sind Vorwaldstadien auf Gletschervorfeldern. ↗Sukzession.

Aufeis, *superimposed ice*, entsteht durch Gefrieren von Schneeschmelzwasser (selten Regen) an Eisoberfläche von ↗Gletschern oder in einer porösen Schicht aus ↗Firn. Die Aufeisbildung tritt unterhalb der ↗Schneegrenze (Firnlinie) auf. An temperierten Gletschern ist Aufeisbildung als Faktor innerhalb des ↗Massenhaushalts zumeist wenig bedeutend, an subpolaren oder polaren Gletschern kann dagegen eine sich über mehrere hundert Höhenmeter erstreckende Zone der Aufeisbildung auftreten, die in erheblichem Umfang zur ↗Akkumulation beiträgt.

Aufenthaltsdauer, *average duration of stay*, ↗Tourismusstatistik.

auffrieren, die Ausdehnung und Hebung einzelne Partien durch Eislinsen beim Gefrieren eines wasserreichen ↗Substrats mit feinkörnigen (v. a. schluffigen) Partikeln. Beim alljährlichen Auftauen können die groben Komponenten oft nicht exakt in ihre ursprüngliche Position zurücksinken, vielmehr fließt etwas Feinmaterial darunter. Mit der Zeit wandert somit das Grobmaterial im Boden zur Erdoberfläche.

aufgegebene Stadtteile ↗*Abandonment*.

aufgelockerte Stadt, durch das Modell der ↗Gartenstadt sowie die ↗Charta von Athen, die eine strikte Trennung von Wohn- und anderen Funktionen (↗Funktionstrennung) im Städtebau vorsah, beeinflusstes städtebauliches Konzept (↗Leitbild), das die Planung und Realisierung von unbebaut bleibenden Frei- bzw. Grünflächen enthält und durch eine geringe Wohndichte gekennzeichnet ist.

Aufgleitfläche, Gleitfläche, in der Luft schräg aufwärts geleitet wird. Die Gleitfläche repräsentiert eine Fläche gleicher potenzieller Temperatur, wenn keine Kondensation erfolgt. Sobald der Taupunkt durch die Aufgleitvorgänge erreicht wird, stellt die Gleitfläche eine Fläche gleicher pseudopotenzieller Temperatur dar. Das bedeutet, dass die Luftteilchen der Gleitfläche diese ohne Wärmegewinn oder Wärmeverlust nicht verlassen können. Die ↗Bergener Schule deutete die Aufgleitfläche als eine schwach ansteigende Grenzfläche, die durch das Aufgleiten einer warmen auf eine kalte Luftmasse entsteht. Dabei bildet sich, nach dem das Kondensationsniveau erreicht ist, eine ausgedehnte Schichtbewölkung aus, die mit großflächig auftretenden, anhaltenden ↗Aufgleitniederschlägen verbunden sein kann (↗Warmfront). Die Beobachtungen haben gezeigt, dass Gleitflächen nicht unbedingt an das Auftreten von Fronten gebunden sind, sondern als nahezu parallele Flächen oft die gesamte ↗Atmosphäre durchziehen können. [DKl]

Aufgleitniederschlag, Niederschlagsbildung durch Aufgleiten warmer Luftmassen auf eine in Strömungsrichtung bereits vorhandene Kaltluftmasse entlang einer ↗Aufgleitfläche, die meist in Form einer ↗Warmfront ausgebildet ist. Wegen ihres geringeren Gewichtes gleitet die warme auf die kalte Luft und kühlt sich beim Aufstieg adiabatisch ab. Nach Erreichen des Taupunktes setzt Kondensation und Wolkenbildung ein, die wegen ihrer charakteristischen Struktur als Aufgleitbewölkung bezeichnet wird. Wegen der geringen Neigung der Aufgleitfläche beginnt der Wolkenaufzug 600–1000 km vor der Schnittlinie zwischen der Aufgleitfläche und der Erdoberfläche in Form von Cirren. Mit Annäherung an die Schnittlinie wächst die Vertikalausdehnung der Wolken nach unten beständig an. Aus der so entstehenden Altostratus- bzw. Nimbostratusbewölkung fallen meist großräumige, ergiebige Landregen. ↗Niederschlag. [DKl]

Aufheizungsenergie, diejenige Energiemenge, welche an Tagen mit ungehinderter Einstrahlung zwischen Sonnenaufgang und 14 Uhr Ortszeit zur Erwärmung der bodennahen ↗Atmosphäre zur Verfügung steht. Sie ist abhängig von der Einstrahlungsdauer und dem Tagbogen der Sonne. Die Aufheizungsenergie ist graphisch im energietreuen ↗thermodynamischen Diagramm bestimmbar. Durch die Erwärmung stellt sich am Boden ein überadiabatischer Gradient ein, wodurch die Konvektion initiiert wird. Diese reicht bis zu der Höhe, in welcher die entsprechende ↗Adiabate die Zustandskurve schneidet. Dies ist die Aufheizungshöhe. Unter der Voraussetzung ungehinderter Einstrahlung sind die Höhe der Thermik, die Aufheizungstemperatur und das Temperaturmaximum zu bestimmen. Die Aufheizungsenergie hat einen Jahresgang. Sie hat in Mitteleuropa ein Minimum im Dezember mit 0,13 kJ/cm^2 und ein Maximum im Juli mit 0,75 KJ/cm^2. [JVo]

Auflösung, die Datensätze digitaler ↗Fernerkundungssysteme haben unterschiedliche Qualitäts- und Brauchbarkeitskriterien. Dabei werden eine a) räumliche, b) spektrale, c) zeitliche und d) radiometrische Auflösung unterschieden:
a) Die *räumliche Auflösung* oder spatiale Auflösung bezieht sich auf die Größe der Bodenfläche, die einem Bildpunkt der ↗Rasterdaten entspricht. Der 1972 gestartete Satellit ↗Landsat MSS hatte noch eine Pixelgröße von 60×80 m, danach hat sich die räumliche Auflösung fortwährend verbessert (Abb.). Für regionale Analysen sind Pixelgrößen von 10 m bis 30 m gut geeignet. Seit 1999 sind Daten mit 1 m Pixelgröße (↗IKONOS) verfügbar. Solche Daten ersetzen vielfach die Luftbild. Über eine hohe räumliche Auflösung verfügen ↗panchromatische Kanäle (sie liefern Schwarz-weiß-Bilder, z. B. Landsat 7: 15 m, SPOT-PAN: 10 m) (Abb.). b) Die *spektrale Auflösung* beschreibt die Anzahl der ↗Spektralbereiche (Bänder oder Kanäle) und deren Position im Spektrum der elektromagnetischen Wellen eines Aufnahmegerätes. Die Aufnahmegeräte sind über ihre Sensoren in der Lage, ankommende Strahlung in definierten Bereichen des Spektrums zu messen (↗spektrale Signaturen). ↗Passive Fernerkundungssysteme erfassen die reflektierte Strahlung im sichtbaren Licht und im Infrarot-Bereich. In der Satellitenfernerkundung sind dazu z. B. optoelektronische Abtastsysteme oder optomechanische Zeilenabtaster im Einsatz. Ziel ist dabei die optimale Erfassung der spektralen Signaturunterschiede der verschiedenen Oberflächenarten. Die unterschiedlichen Systeme messen meistens in kurzwelligen und langwelligen Bereich des sichtbaren Lichtes sowie im ↗Nahen Infrarot, und daneben vielfach im Mittleren und im Thermischen Infrarot. Im Mikrowellenbereich arbeiten die ↗aktiven Fernerkundungssysteme, dazu gehören die diversen Radarsysteme wie z. B. ↗ERS 1 und 2. c) Die *zeitliche Auflösung* oder temporale Auflösung bezieht sich auf die Häufigkeit der Aufnahmezeitpunkte. Durch eine multitemporale Auflösung können die zwischenzeitlich abgelaufenen Prozesse erfasst werden (↗change detection, agrarphänologischer Wandel, saisonale Vegetationsentwicklung). Die Fragestellung bestimmt dabei die optimale Zeitspanne. Die zeitliche Auflösung ist auch von der Repetitionsrate der Satellitenüberflüge (z. B. Landsat TM: 17 Tage) und bei passiven Verfahren von den Witterungsbedingungen abhängig. d) Die *radiometrische Auflösung* bezieht sich auf die Spannweite der Datenwerte, die ein Aufnahmesystem unterscheiden kann. Sie ist abhängig vom Detektorsystem und beträgt zwischen 64 Klassen (6 Bit) bei Landsat MSS-Satelliten, 256 Klassen (8 Bit) bei den Landsat TM-Satelliten und 2048 Klassen (11 Bit) bei den neueren Systemen (z. B. IKONOS). [MS]

Aufnahme ↗Bestandsaufnahme.

Aufnahmestreifen ↗Abtastspur.

Aufquellgebiete, *Auftriebsgebiete*, *upwelling*, Ozeangebiete, in denen kaltes Tiefenwasser aufquillt (↗Meeresströmungen). Besonders klimawirksam sind die an den Westseiten der Kontinente im Bereich der subtropischen Hochdruckzellen liegenden Aufquellgebiete, da hier extrem kaltes Tiefenwasser aufsteigt und zu einer starken Temperaturreduktion in der atmosphärischen Grundschicht führt. Die Folge sind ausgedehnte Nebeldecken (z. B. die ↗Garua im Bereich des Humboldt-Stroms) sowie große Trockenheit in den angrenzenden Küstenwüsten (z. B. Atacama und Namib).

Aufriss, Abbildung der vertikalen Struktur (Silhouette) von Reliefformen, Siedlungen u. a.

Auflösung: Wichtige Fernerkundungssysteme und deren charakteristische Merkmale. Mit Ausnahme von METEOSAT (geostationäre Umlaufbahn) haben alle Satelliten eine polare bzw. polnahe Umlaufbahn.

Satellitensystem	Betreiber	Daten seit	Sensoren[1]	Bodenauflösung [m]	Repetition [Tage]	Aufnahme-Streifen [km]
Landsat MSS[2]	USA	1972	MS	80	18	185
Landsat TM	USA	1984	MS, T	30	16	185
Landsat 7 ETM	USA	1999	MS, PAN, T	30/15[3]	16[5]	185
SPOT 1/SPOT 4	Frankreich	1986, 1998	MS, PAN	20/10[3]	26[4]	60
IRS 1C/1D	Indien	1994, 1997	MS, PAN	20/5[3]	24	140
ERS 1/2	ESA	1991, 1995	Radar	30	35	100
IKONOS 2	Space Imaging	1999	MS, PAN	4/1[3]	3[4][6]	11
NOAA	USA	1984 … 1997	MS, T	1100	tägl.	2500
Meteosat	Eumetsat	1988 … 1997	MS, T	2500	–	–

[1]MS=multispektral (Kanäle im sichtbaren Licht und im Infrarot), PAN=panchromatisch, T=Thermalkanal [2]Funktionsende 1983 [3]hohe Auflösung: panchromatischer Kanal [4]in Kombination mit Schrägaufnahme kürzer [5]weniger Tage durch Vorschwenken [6]in den Mittelbreiten

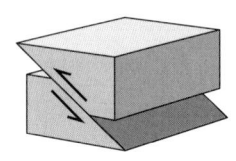

Aufschiebung: Schematisches Blockbild einer Aufschiebung.

Aufschiebung, tektonischer Vorgang; durch seitlichen Druck entstehende Relativbewegung von Krustenteilen, wobei eine Scholle an einer meist steilen Bewegungsbahn eine kurze Distanz auf die korrespondierende Scholle transportiert wird (Abb.). ↗Überschiebung, ↗Verwerfung.

Aufschluss, Stelle, an der Gestein in natürlicher Lagerung und unbedeckt von Pflanzenwuchs, Boden, Schutt sichtbar ist.

Aufsitzerinselberg ↗Inselberg.

Aufstand, *Aufruhr, Rebellion, Revolte,* militante Auflehnung mit dem Ziel, einem bestehenden Ordnungszustand bzw. eine Regierung oder einen Herrschaftsapparat zu stürzen (↗Revolution).

aufstiegsorientierte Berufslaufbahn ↗Berufslaufbahn.

Aufstockung, 1) Vergrößerung kleiner landwirtschaftlicher Betriebe durch Zukauf oder ↗Pacht, um ihre Existenzfähigkeit zu sichern. Diese äußere Aufstockung wird meist mit Flächen auslaufender Betriebe vorgenommen, die unterhalb der Aufstockungsschwelle liegen. Die Aufstockungsschwelle ist eine Betriebsgröße, die für den Bewirtschafter eine gerade noch ausreichende Existenz darstellt. 2) innerbetriebliche oder innere Aufstockung in landwirtschaftlichen Betrieben z. B. durch den Übergang zu einer intensiveren Bodennutzung und/oder durch eine Ausweitung der Tierhaltung, meist verbunden mit dem Einsatz zugekaufter ↗Futtermittel. Ziel ist es ebenfalls, die Rentabilität zu verbessern.

Auftauboden ↗Permafrost.

Auftauschicht, *active layer,* ↗Permafrost.

Auftragsboden, ältere Bezeichnung für Böden aus anthropogen aufgetragenen natürlichen oder technogenen Substraten (z. B. Abraum oder Bauschutt). Nach der aktuellen ↗Deutschen Bodensystematik wird anthropogen aufgetragenes Material als ↗C-Horizont gekennzeichnet mit jC (für Auffüllung, Aufschüttung oder Aufspülung aus natürlichem Material) oder mit yC (für aus künstlichem, technogenem Material bestehend). Ausnahmen bilden der ↗Kolluvisol aus Auftrag von verlagertem, humosem Oberbodenmaterial sowie der ↗Plaggenesch durch Auftrag von kompostiertem Plaggenmaterial, die der Klasse der terrestrischen ↗Kultosole zugeordnet werden.

Auftriebsgebiete ↗*Aufquellgebiete.*

Auftriebswasser, meist vor den Westküsten der Kontinente aus tiefen Bereichen aufsteigendes sauerstoffarmes und kaltes, aber nährstoffreiches (Phosphate und Nitrate) Wasser; entsteht durch Abströmen an der Oberfläche, was durch Windeinfluss hervorgerufen wird.

Aufwind, aufwärts gerichtete Luftbewegung. Aufwinde entstehen bei starker Erwärmung der Erdoberfläche und der ihr auflagernden Luft, welche eine als ↗Thermik bezeichnete vertikale Beschleunigung erfährt. Diese wird von Vögeln, Segel- und Drachenfliegern genutzt. Aufwinde entstehen auch orographisch bedingt an Gebirgen und infolge dynamischer Prozesse in der ↗Atmosphäre. Die stärksten Aufwinde finden sich in hochreichenden Cumuluswolken.

Aureole, *Kranz, Korona, Hof,* Aufhellungen um Sonne oder Mond aufgrund der ↗Beugung der Lichtstrahlen an festen oder flüssigen Bestandteilen der ↗Atmosphäre. Der Begriff wird nicht nur in diesem Sinne synonym zu Kranz, Korona und Hof verwendet, sondern auch beschränkt auf den inneren Teil des hellen Kranzes. Aureolen weisen, besonders bei dünnen und homogenen Wolken, farbige Ringe auf, deren Durchmesser von der Tropfengröße abhängig ist.

Aurora australis ↗Aurora borealis.

Aurora borealis, *Polarlicht, Nordlicht* (in Analogie auf der südlichen Hemisphäre *Aurora australis, Südlicht*), Leuchterscheinung im nördlichen und südlichen Polargebiet. Die Sonne emittiert, außer elektromagnetischer Strahlung, den Sonnenwind, der mit Geschwindigkeiten zwischen 300 und 800 km/s radial von der Sonne abstrahlt. Er besteht aus einem Strom von Wasserstoffionen und Elektronen. Dieser gerät in den Einflussbereich des Erdmagnetfeldes. Dessen Feldlinien würden unter ungestörten Bedingungen symmetrisch zur erdmagnetischen Achse verlaufen. Der Sonnenwind bedingt eine Verformung dieses Magnetfeldes (Magnetosphäre), in die in der Abb. dargestellte asymmetrische Form. Die Feldlinien werden vor allem im Polarbereich in die sonnenabgewandte Richtung verformt. Im Lee des Sonnenwindes bildet sich ein Schweif des Magnetfeldes, der mehrere Millionen km in den Weltraum hinausragt. Der Sonnenwind umströmt das Magnetfeld, wobei sich die Partikelgeschwindigkeit verlangsamt. Im Schweif des Magnetfeldes können die Sonnenwindteilchen dann in das Magnetfeld gelangen. Sie werden entsprechend der Richtung der magnetischen Kraftlinien in Richtung Erde entlang einer Plasmaschicht beschleunigt. In hohen geographischen Breiten (65° bis 75°) dringen sie in die obere Atmosphäre ein und führen den Luftmolekülen Energie zu. Dadurch werden die Elektronenbahnen für kurze Zeit (weniger als eine tausendstel Sekunde) auf ein höheres Niveau gebracht. Beim Zurückfallen in den Grundzustand wird dieselbe Energiemenge als Licht (Polarlicht) emittiert. Je nach Atom wird dabei Licht in bestimmten Wellenlängenbereichen ausgestrahlt. Die Sauerstoffatome emittieren grünes Licht mit einer Wellenlänge von 557,7 nm und rotes Licht mit 630 nm, Stickstoffmoleküle in der Intensität schwächeres blaues und violettes Licht in breiteren Spektren.

Aurora borealis: Magnetfeld der Erde.

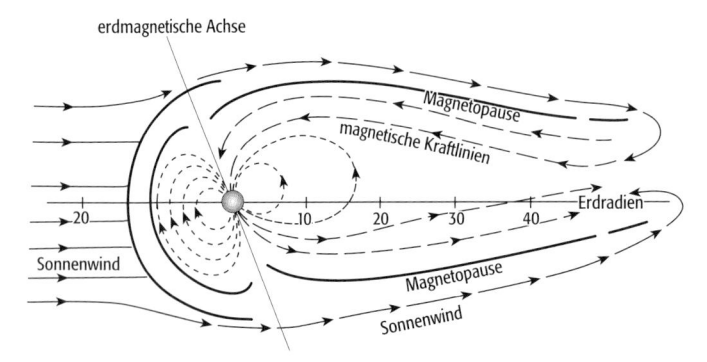

Durch die Intensität des von den Sauerstoffatomen emittierten Lichtes dominieren im Polarlicht häufig die grünen und roten Farbtöne. Diese Lichtemissionen können in der bodennahen Atmosphäre unter Normaldruck nicht erfolgen, erst in der höheren Atmosphäre ist die Kollisionswahrscheinlichkeit so niedrig, dass die verbleibende Zeit zum Rückfall in den Ausgangszustand hinreichend groß ist. Die Anregung der oberen Atmosphäre durch den Sonnenwind erfolgt in der ↗Ionosphäre zwischen 100 und 500 km Höhe. Die räumliche Verteilung ergibt sich aus demjenigen Bereich, in welchem die Plasmaschicht des Erdmagnetfeldes die obere Atmosphäre erreicht; ein nahezu kreisförmiges Oval um die magnetischen Pole. Unterschiedliche Sonnenaktivitäten verändern die Intensität des Sonnenwindes und seinen Einfluss auf die Gestalt des Erdmagnetfeldes, sodass es zu äquatorwärtigen Verschiebungen des Polarlichts kommen kann. Es ist daher zuweilen auch in Mitteleuropa zu sehen. [JVo]

Ausbaustädte, *expanding towns*, nach dem Zweiten Weltkrieg auf der Grundlage einer neuen umfassenden Stadtplanungsgesetzgebung in Großbritannien an der Peripherie bereits existierender Städte neu entstandene Städte, die das enorme Städtewachstum in kontrollierte Bahnen lenken sollten.

Ausbeutung, ohne Rücksicht auf Vorratsmenge, ↗Regeneration oder Wiederherstellbarkeit erfolgende, oft raubbauartige Gewinnung von Naturgütern oder -ressourcen (↗Übernutzung). Bei allen nicht erneuerbaren Ressourcen mit begrenzten Vorräten, wie z. B. Stein- und Braunkohle, Erdöl, Erzen, ist die restlose Ausbeutung auch bei schonender Nutzung und, sofern möglich, Wiederverwendung von Abfallprodukten absehbar und unausweichlich. Für erneuerbare Ressourcen, zu denen u. a. Holz, Naturfasern, Humus und alle übrigen Produkte von Pflanzen, Tieren und Mikroorganismen zählen, ist die Ausbeutung vermeidbar, wenn die Nutzung nachhaltig (↗Nachhaltigkeit) erfolgt, d. h. auf die Rate der natürlichen Neubildung abgestimmt wird. Diese Forderung ist angesichts der Zunahme von Zahl und Ansprüchen der Menschen schwer zu erfüllen.
Unter Ausbeutung wird auch das missbräuchliche Ausnutzen von Arbeitskräften durch Anwendung wirtschaftlicher Macht oder physischer Gewalt verstanden. [WHa]

Ausbeutungskonkurrenz ↗Konkurrenz.

Ausbildung, das Einüben begrenzter Leistungsaufgaben. Ausbildung zielt auf die Entwicklung von Begabungen und Anlagen zu speziellen Fertigkeiten hin. Das Niveau der Ausbildung kann durch Prüfungsverfahren gemessen werden. Der erfolgreiche Abschluss einer Ausbildungsebene wird in der Regel durch Zeugnisse oder Dokumente bescheinigt. ↗schulisches Ausbildungsniveau.

Ausbildungsniveau ↗schulisches Ausbildungsniveau.

Ausbildungspendler ↗Pendler.

Ausbildungsquote, Anteil der Personen eines Areals, die zu einem bestimmten Zeitpunkt ihre Schulausbildung oder ihr Studium noch nicht abgeschlossen haben. Je nach Fragestellung kann die Ausbildungsquote auf bestimmte Altersgruppen oder die gesamte Bevölkerung bezogen werden. Von besonderem Interesse ist die Ausbildungsquote jener Altersgruppen, welche normalerweise die allgemeine ↗Schulpflicht beendet haben. Die Obergrenze der zu berücksichtigenden Altersjahrgänge hängt vom Thema und Ziel der Untersuchung ab, endet aber in der Regel mit dem 30. oder 35. Lebensjahr.

Ausbildungsverkehr ↗Verkehrszweck.

Ausbreitung, die Erschließung eines neuen Siedlungsareals (↗Arealkunde) durch aktive (Wanderung) oder passive (Verdriftung, Verschleppung) Fortbewegung von Organismen, besonders in Folge der Fortpflanzung, d. h. Erzeugung neuer Generationen. Bei passiver Ausbreitung spricht man von ↗Ausbreitungsstrategien wie Wind-, Wasser- und Tiertransport usw. ↗Entstehungszentren.

Ausbreitungsklassen, *Stabilitätsklassen*, *Diffusionskategorie*, in der ↗Ausbreitungsrechnung von Luftverunreinigungen zur Beurteilung des Zustandes der ↗atmosphärischen Grenzschicht vorgenommene Klassierung. Sie beruht auf den *Stabilitätskriterien* der ↗Atmosphäre. Ein wesentliches, die vertikale und horizontale Diffusion von Luftbeimengungen bestimmendes Merkmal ist die ↗Turbulenz. Sie wird über gemessene Daten der Windgeschwindigkeit und der Bedeckung nach Anhang C der ↗TA Luft für jede volle Stunde abgeschätzt (Abb.).
In dem für die Berechnung für Genehmigungsverfahren zugrunde liegenden Gauß-Modell (↗Ausbreitungsrechnung) bestimmt die Ausbreitungsklasse über die sog. Sigma-Parameter σ_y und σ_z die Geometrie der ↗Abluftfahne und darüber die Form des Immissionsfeldes im Lee des Emittenten.

Ausbreitungsmodell, Modell zur Herstellung einer berechenbaren Beziehung zwischen ↗Emission und ↗Immission. Die Diffusion von Spurenstoffen in der ↗Atmosphäre ist von zahlreichen meteorologischen und topographischen

Ausbreitungsklasse: Schema zur Bestimmung der Ausbreitungsklassen (sehr stabile Schichtung: I, stabile Schichtung: II, neutrale Schichtung: III_1, schwach labile Schichtung: III_2, labile Schichtung: IV, sehr labile Schichtung: V.

Windgeschwindigkeit in 10 m Höhe in Knoten	Gesamtbedeckung in Achteln[1]				
	für Nachtstunden[2]		für Tagesstunden[2]		
	0/8 bis 6/8	7/8 bis 8/8	0/8 bis 2/8	3/8 bis 5/8	6/8 bis 8/8
2 und darunter	I	II	IV	IV	IV
3 und 4	I	II	IV	IV	III_2
5 und 6	II	III_1	IV	IV	III_2
7 und 8	III_1	III_1	IV	III_2	III_2
9 und darüber	III_1	III_1	III_2	III_1	III_1

[1] Bei den Fällen mit einer Gesamtbedeckung, die ausschließlich aus hohen Wolken (Cirren) besteht, ist von einer um 3/8 erniedrigten Gesamtbedeckung auszugehen. [2] Für die Abgrenzung sind Sonnenaufgang und -untergang (MEZ) maßgebend. Die Ausbreitungsklasse für Nachtstunden wird noch für die auf den Sonnenaufgang folgende volle Stunde eingesetzt.

Einflüssen abhängig, die nur durch mehr oder weniger vereinfachende Verfahren numerisch bestimmbar sind.

Ausbreitungsmodelle haben die Aufgabe, die realen Ausbreitungsbedingungen so zu vereinfachen, dass sie mit verfügbaren Rechenkapazitäten auskommen und gleichzeitig die meteorologischen und topographischen Verhältnisse so weit wie möglich berücksichtigen. Ein einfaches in der ↗TA-Luft für genehmigungspflichtige Vorhaben in Deutschland verbindlich vorgegebenes Modell ist der Gauß-Ansatz, der aufgrund weitreichender Vereinfachungen mit kurzen Rechenzeiten anwendbar ist. Lagrange-Modelle basieren auf der Berechnung von Trajektorien in der Atmosphäre und gestatten die Berücksichtigung wesentlicher topographischer Randbedingungen zeitlich instationärer Emissionen und Windfelder, Windscherungen sowie physikalischer und chemischer Prozesse während der Transmission. Die erforderliche Rechenkapazität ist bei diesem Modell allerdings wesentlich größer. ↗Ausbreitungsrechnung. [JVo]

Ausbreitungsrechnung, mathematische Beschreibung der räumlichen und zeitlichen Verteilung von ↗Emissionen in der ↗Atmosphäre. Ziel ist es, Prozesse der Mischung von Emissionen aufgrund turbulenter Bewegung quantitativ zu beschreiben, um die Belastung im räumlichen Umfeld eines potenziellen Emittenten, z. B. im Rahmen eines Genehmigungsverfahrens, prognostizieren zu können. Wichtige, von den atmosphärischen und räumlichen Bedingungen abhängige Parameter sind: die Verlagerungsrichtung, die Verlagerungsgeschwindigkeit und die horizontale und vertikale Divergenz der Schadstoffflussdichten. Das Grundproblem der Ausbreitungsrechnung besteht darin, dass diese Aufgabe nur gelöst werden kann, wenn erhebliche Vereinfachungen der Ausgangsbedingungen vorgenommen werden, welche die universelle Anwendbarkeit der Verfahren einschränken.

Ein relativ einfaches Berechnungsverfahren, bei dem allerdings die Topographie der Umgebung nicht mit einbezogen wird, ist das *Gauß-Modell*. Es gilt nur für die Überströmung eines ebenen Geländes bei räumlich und zeitlich konstanter Windgeschwindigkeit und zeitlich konstanter Emission. Der Berechnung der Ausbreitung liegt stets die sog. Fick'sche Gleichung zugrunde, welche in allgemeiner Form Diffusion und Transport beschreibt:

$$\frac{\partial c}{\partial t} + u_i \frac{\partial c}{\partial x_i} = \frac{\partial}{\partial x_i}\left[K_i\left(\frac{\partial c}{\partial x_i}\right)\right],$$

wobei K_i der Diffusionskoeffizient, c die Konzentration und u_i die Geschwindigkeitskomponenten in den Richtungen x_i sind.

Diese nichtlineare Differenzialgleichung zweiter Ordnung ist unter Berücksichtigung der örtlichen Randbedingungen wie meteorologischem Feld und Topographie der Umgebung zu lösen. Wird die wahre Atmosphäre auf eine stark vereinfachte Modellatmosphäre reduziert und werden nicht trivial parametrisierbare Randbedingungen, etwa bezüglich der Topographie, konstant gesetzt, dann erfüllt eine bivariate Gaußverteilung die Fick'sche Gleichung. Ausgegangen wird dabei von nicht gravitativ absinkenden Luftbeimengungen aus Punktquellen, die beim Transport keinen chemischen oder physikalischen Veränderungen unterliegen, ferner von einem zeitlich und räumlich konstanten Windfeld. Der Untergrund besteht aus einer homogenen Ebene ohne Hindernissen. Ein kartesisches Koordinatensystem wird so in den Raum gelegt, dass der Nullpunkt der Fußpunkt der Quelle ist und die x-Achse in Richtung des Windes weist. Damit berechnet sich die Konzentration c an einem Aufpunkt $P(x,y,z)$ mit:

$$c(x,y,z) = \frac{Q}{2\pi\sigma_y\sigma_z U} exp\left[\frac{y^2}{2\sigma_y^2}\right] \cdot \left[exp\left(\frac{-(z-H)^2}{2\sigma_z^2}\right) + exp\left(\frac{-(z+H)^2}{2\sigma_z^2}\right)\right],$$

wobei Q die Quellstärke, U eine mittlere Windgeschwindigkeit, H die unter Berücksichtigung der Austrittstemperatur und Austrittsgeschwindigkeit aus dem Kamin resultierende ↗effektive Quellhöhe, z die Höhe des Aufpunktes über Flur und σ_y und σ_z die Ausbreitungsparameter in horizontaler und vertikaler Richtung sind. Entscheidend sind dabei die Parameter σ_y und σ_z, denn sie bestimmen die horizontale und vertikale Diffusion und damit das räumliche Ausbreitungsfeld. Sie sind eine Funktion der horizontalen Entfernung vom Emissionspunkt, der Quellhöhe sowie der ↗Turbulenz der Atmosphäre, welche den horizontalen und vertikalen ↗Massenaustausch herbeiführt. Die Turbulenz kann relativ zuverlässig mit der Windgeschwindigkeit und der Stabilität der thermischen Schichtung parametrisiert werden. Der Zustand der Atmosphäre wird in der Anwendung dieses Ansatzes in der ↗TA Luft durch ↗Ausbreitungsklassen beschrieben. Zu beachten ist, dass topographische Eigenschaften, insbesondere die sehr turbulenzrelevante ↗Rauigkeit, nicht in den Ansatz eingehen. Es ist möglich, das Gauß-Modell so zu erweitern, dass es auch für linien- oder flächenhafte Emissionsquellen anwendbar wird. Der Vorteil des Gauß-Modells ist der relativ geringe Rechenaufwand, der es auf überall verfügbaren Rechnern anwendbar macht. Während beim Gauß-Modell mit sehr engen Annahmen die Konzentration an einem Aufpunkt in Abhängigkeit von einem sehr grob klassierten Zustand der Atmosphäre bestimmt wird, wird bei Trajektorienmodellen der Weg eines Partikels oder Luftpaketes berechnet (Abb.). Man bezeichnet sie als Lagrange-Modelle, weil die Berechnung auf den Lagrange'schen Bewegungsgleichungen beruht, einem System von Differenzialgleichungen, in denen die Koordinaten sämtlicher Massenpunkte als Funktion der Zeit bestimmt werden. Die Bewegungen können in einem orts- und zeitveränderlichen sog. Lagrange'schen Koordinatensystem beschrieben werden. Lagrange-Modelle basieren auf den Erhaltungssätzen von Masse, Energie und Impuls und berücksichtigen die statistische Turbulenz. Letzteres ist bedeutsam, um die Böigkeit der Luftbewegung, welche den mittleren Zustand überlagert, einzubeziehen. Diese ist eine Folge der Turbulenzbedingungen im Ausbreitungsfeld. Da die Trajektion eines Luftpaketes berechnet wird, also konkrete Bahnen ermittelt werden, sind darauf auch Modelle aufzubauen, bei welchen chemische oder physikalische Prozesse mit berücksichtigt werden, beispielsweise luftchemische Veränderungen in der Abluftfahne. Auch kann die Ausdünnung der ↗Abluftfahne durch Senken in der Atmosphäre, etwa Rain-out oder Wash-out (↗Deposition), abgebildet werden.

Gegenüber dem Gauß-Modell hat dieser Ansatz den Vorteil, dass die für das Umströmen von Hindernissen erforderlichen Bedingungen gegeben sind, dass instationäre Emissionen zulässig sind und dass den Berechnungen ein dreidimensionales auch zeitlich variables Windfeld zugrunde gelegt werden kann. Lagrange-Modelle werden angesichts der steigenden Rechenkapazitäten und der Komplexität der Planungsaufgaben, z.B. die Wirkungen einer Lärmschutzwand entlang einer Straße auf die Ausbreitung vorauszusehen, zunehmend dort eingesetzt, wo Gauß-Modelle nicht anwendbar sind.

Der Verein Deutscher Ingenieure (VDI) hat für Fälle, in denen das Gauß-Modell nicht ausreicht, eine Reihe von Ausbreitungsmodellen entwickelt und in Richtlinien dokumentiert. Sie sind PC-tauglich und erlauben die schnelle Berechnung für ebenes Gelände und verschiedene Rauigkeitsklassen und haben das Ziel, im Störfall schnelle Prognosen der räumlichen Belastungsfelder zur Verfügung zu stellen. [JVo]

Literatur: [1] CSANADY, G. T., (1980): Turbulent diffusion in the environment. – Dordrecht u. a. [2] SCHORLING, M., SCHIEGL, W.-E., (1995): TA Luft. – Landsberg und München. [3] VDI-Richtlinie 3782 Bl. 1: Ausbreitung von Luftverunreinigungen in der Atmosphäre; Gaußsches Ausbreitungsmodell für Luftreinhaltepläne.

Ausbreitungsstrategie, Strategie, mit der Pflanzenarten ihre Verbreitung effizient sicherstellen. Dazu sind sehr unterschiedliche Mechanismen ausgebildet. Folgende grundlegende Möglichkeiten können unterschieden werden: ↗Zoochorie, ↗Anemochorie, ↗Hydrochorie, ↗Ballochorie, ↗Autochorie und sehr unterschiedliche anthropogene Prozesse (↗Anthropochorie).

Ausbreitungszentrum ↗Entstehungszentrum.

Ausflugsverkehr, Teil des Verkehrs, der durch meist eintägige Freizeitaktivitäten entsteht. Charakteristisches Merkmal für den Ausflug ist, dass der Ausflügler zum Abschluss an den Ausgangspunkt (Wohnung oder Unterkunft) zurückkehrt (= Form der zirkulären Mobilität). Den dominanten Verkehrsträger bildet der privat genutzte Pkw, andere Verkehrsmittel spielen nur eine untergeordnete Rolle (Abb.). Die Anteile der Fahrradnutzung sind regional sehr unterschiedlich, weisen insgesamt jedoch eine steigende Tendenz auf (↗Fahrradtourismus). Nahezu zwei Drittel aller Ausflüge werden an Samstagen (32,8%) und Sonn- und Feiertagen (30,7%) unternommen, den übrigen Werktagen kommt demgegenüber nur geringe Bedeutung zu. Ein saisonaler Effekt ist vorhanden, aber nicht sehr stark ausgeprägt: überdurchschnittliche Anteile werden in den Monaten Januar bis Juli erreicht, während in der Zeit von August bis Dezember weniger Ausflüge stattfinden. Mehr als die Hälfte aller Ausflugsziele liegen in einer Entfernung zwischen 6 und 50 km, die durchschnittlich zurückgelegte Distanz für den einfachen Weg beträgt 70 km; die Wohnortgröße spielt bei den Anreisedistanzen keine Rolle. Die akzeptierte PKW-Anreisefahrzeit variiert zwischen 1,6 Stunden (Freunde und Verwandte) und 0,5 Stunden (Kino, Gaststätte). Ausflüge machen zwar nur 4,7% aller Freizeitwege, jedoch 10,8% der Distanzen aus. Die durchschnittliche Größe der Gruppe, die gemeinsam unterwegs ist, liegt bei 2,4 Personen. Die Mehrzahl der Ausflüge dauert mehr als 6, aber weniger als 12 Stunden (48,4%), gefolgt von Halbtagesausflügen mit einer Dauer von mehr als 3 bis zu 6 Stunden (31,3%). [PSch]

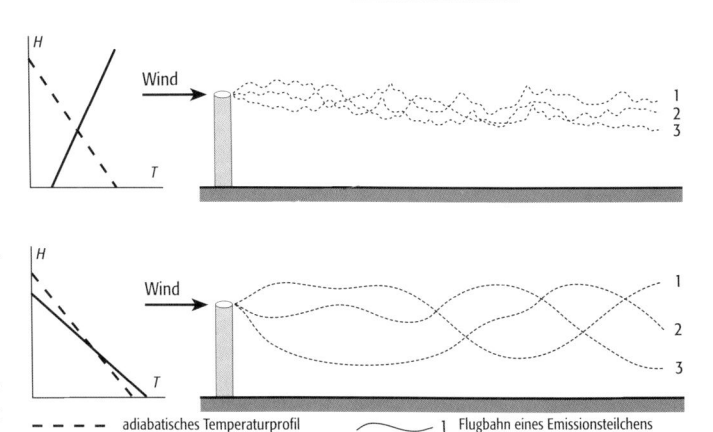

Ausgangssubstrat, ↗Substrat in der Bodenkunde.

Ausgleichkurve, theoretische Vorstellung von einer Idealkurve, die ein Fluss durch Tiefenerosion anstrebt. Die Ausgleichskurve ist eine konkave Form, die im Quellbereich steiler und im Mündungsbereich flacher ist. Für diesen Zustand wird angenommen, dass der Fluss keine Erosionsarbeit mehr leistet und er in der Lage ist, das ihm zugeführte Erosionsmaterial zu transportieren.

Ausgleichsküste, gestreckter Küstenverlauf mit Wechsel von Kliffabschnitten, in denen das Festland zurückgeschnitten wird (↗Abrasion), sowie von ↗Nehrungen und ↗Lagunen (bzw. verfüllten ehemaligen Buchten), sodass sich allmählich aus einer ehemals stärker konturierten ↗Küste mit Vorsprüngen und Einbuchtungen ein eher geradliniger Küstenverlauf ergibt, wie an der deutschen Ostseeküste und in Polen (Abb.).

Ausbreitungsrechnung: Mit einem Larange-Modell berechnete Trajektorien von drei Emissionsteilchen bei unterschiedlicher thermischer Schichtung der Atmosphäre (H = Höhe, T = Temperatur).

Ausflugsverkehr: Anteile der benutzten Verkehrsmittel bei Ausflügen.

Verkehrsmittel	%
PKW	77,5
Bus (nicht Linienbus)	6,2
Öffentl. Personennahverkehr	5,4
Fahrrad	4,6
Bahn	4,5
zu Fuß	3,9
Sonstiges (z.B. Motorrad, Flugzeug, Schiff, Wohnmobil)	2,6

Ausgleichsströmung

Ausgleichsküste: Ausgleichsküste im westlichen Polen.

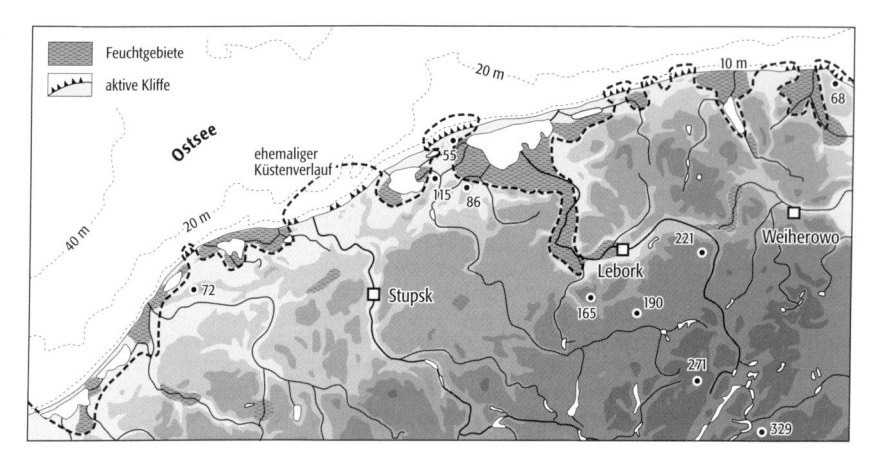

Ausgleichsströmung, durch Temperaturunterschiede hervorgerufene horizontale Strömung zum Temperatur- und Druckausgleich. Auslöser ist eine aufsteigende warme Luftmasse, die zu einem Massendefizit am Boden und damit zu einem Druckabfall (Bodentief) führt, während gleichzeitig in der Höhe eine Massenkonvergenz (Höhenhoch) mit seitlichem Abströmen (Höhendivergenz) stattfindet. Über einem benachbarten, jedoch kühleren Gebiet sinkt die Luft ab (Bodenhoch) und divergiert zum wärmeren Bodentief hin, während es in der Höhe zu einem abwärts gerichteten Abfließen (Höhentief) kommt. Das Luftmassendefizit im Höhentief wird durch Advektion aus dem Höhenhoch wieder ausgeglichen, sodass sich eine geschlossene *Vertikalzirkulation* von den Hochdruck- zu den Tiefdruckgebieten hin ausbildet, die zum Druck- und Temperaturausgleich führt (↗Divergenz Abb.). Beispiele: ↗Flurwind, ↗Hangwind, ↗Berg- und Talwind, ↗Land- und Seewind, ↗Passat, ↗Monsun. [DD]

auskämmen ↗Nebelniederschlag.

auskeilen, *ausdünnen*, nennt man das Dünnerwerden einer ↗Schicht, eines ↗Ganges oder eines ↗Flözes usw. bis zum völligen Verschwinden.

Auskolkung, Prozess der ↗Fluvialerosion. Turbulente Strömungswirbel und -walzen führen dabei im ↗Gerinnebett zur Bildung von ↗Kolken (engl. pools) oder ↗Strudellöchern.

Ausländer, Personen, deren ↗Staatsangehörigkeit von der ihres Aufenthaltslandes abweicht. Ende 1998 erreichte der ↗Ausländeranteil in Deutschland 8,9 %. Die Werte sind in den neuen Bundesländern insgesamt geringer als im früheren Bundesgebiet und dort im Süden höher als im Norden (Abb.). Ein Gefälle von hoch zu wenig verdichteten Kreisen überlagert die großräumigen Unterschiede. Spitzenwerte des Ausländeranteils von über 20 % liegen z. B. in Frankfurt/Main, Stuttgart, München und Mannheim vor, wo die Konzentration von ausländischen Einwohnern in bestimmten Vierteln Probleme der ↗Segregation und ↗Integration aufwerfen. Ausländer sind in Deutschland eine heterogene Gruppe und unterscheiden sich nach Staatsangehörigkeit, Sprache, Religion und Kultur, nach ihren Zuzugsmotiven sowie ihrem Aufenthaltsrecht. Die ↗Gastarbeiter, ihre nachgezogenen Familienangehörigen und ihre in Deutschland geborenen Kinder der zweiten bis dritten Generation stellten noch Anfang der 1980er-Jahre die mit Abstand größte Gruppe. Zu erwähnen sind gegenwärtig vermehrt statushohe Migranten aus ↗Industrieländern, aber auch Armutszuwanderer, politisch Verfolgte oder vor Kriegen Flüchtende aus Südost- und Osteuropa sowie ↗Entwicklungsländern. [PG]

Ausländer: Ausländeranteil in % in den Landkreisen der Bundesrepublik Deutschland (1995).

Ausländeranteil, Prozentsatz der Einwohner eines Gebietes mit ausländischer Staatsangehörigkeit (↗Ausländer, ↗Bevölkerungsstruktur).

Auslandsdirektinvestitionen, Kapitalanlage im Ausland mit dem Ziel des Erwerbs direkter Eigentumsrechte an Immobilien und Unternehmen durch Neugründung oder Beteiligung. Wichtige Beweggründe sind: Erschließung oder Erhalt von Absatzmärkten, Sicherung von Rohstoffen, niedrigere Lohnkosten, geringere Umweltschutzauflagen, Steuervergünstigungen. Unterstellt werden positive Effekte für das Empfängerland durch die Belebung des Wirtschaftswachstums, neue Arbeitsplätze, Technologietransfer, Milderung der Kapitalknappheit und Entlastung der Zahlungsbilanz insbesondere in ↗Entwicklungsländern. Demgegenüber stehen auch negative Einflüsse durch Fremdbestimmung, Ressourcenverbrauch, Gewinnabfluss und Verdrängung einheimischer Produzenten. In der Folge der ↗Globalisierung der Wirtschaft haben die Auslandsdirektinvestitionen stark zugenommen.

Auslandsschulden, Gesamtheit aller grenzüberschreitenden Kreditaufnahmen und Auslandsverbindlichkeiten bzw. Saldo aus Auslandschulden und Auslandsvermögen. Sie stellen eine Ergänzung der heimischen, landeseigenen Finanzmittel dar mit dem Ziel, durch Rückgriff auf fremde Ressourcen eine beschleunigte Entwicklung herbeizuführen. Wird durch die Verwendung der Kredite nicht mehr sichergestellt, dass die dadurch generierte direkte bzw. indirekte Mehrproduktion zum Schuldendienst herangezogen werden kann, kommt es durch die Aufnahme erneuter Kredite zu einer vermehrten ↗Verschuldung, da den ursprünglichen Zahlungsverpflichtungen nicht mehr nachgekommen werden kann. Betroffene Länder müssen einen übermä-

Auslandsschulden

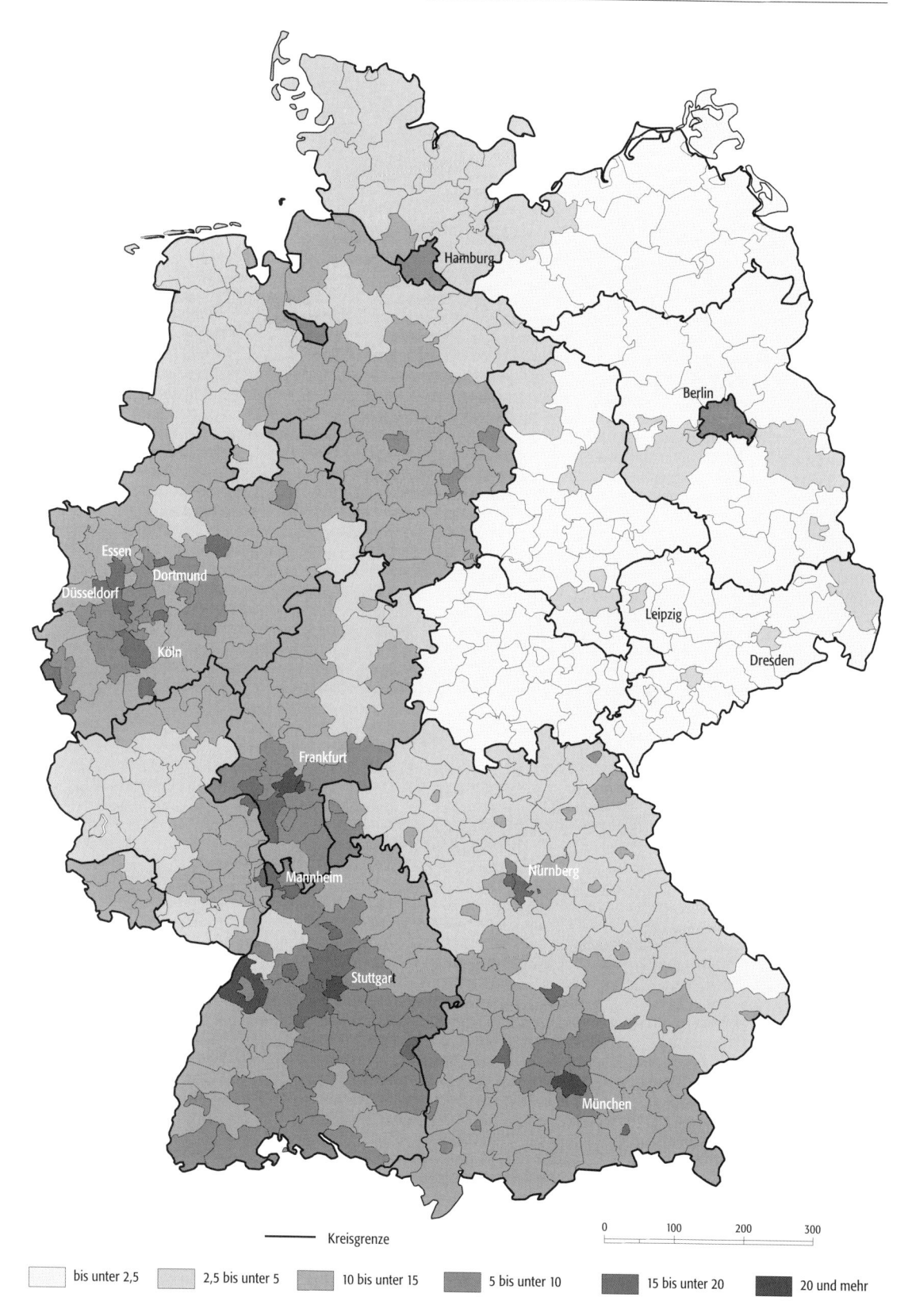

Kreisgrenze

bis unter 2,5	2,5 bis unter 5	10 bis unter 15	5 bis unter 10	15 bis unter 20	20 und mehr

ßig hohen Anteil ihres Bruttosozialprodukts für die Tilgung ihrer Auslandsschulden aufbringen. Maßgebend für den Schuldendienst an Auslandskrediten ist deshalb, dass sich deren Verwendung auch in erhöhten Deviseneinnahmen durch Exportsteigerung oder ↗Importsubstitution niederschlägt. [MG]

Auslassgletscher ↗Gletschertypen.

Auslieger, Rest einer ↗Schichtstufe, der bei rückschreitender ↗Abtragung vor dieser stehen bleibt und noch mindestens im Sockelbildner mit ihr verbunden ist. Durch vollständigen Abtrag des Sockelbildners entsteht der *Ausliegerberg* oder *Zeugenberg*.

Ausliegerberg, *Zeugenberg*, ↗Auslieger.

Ausliegerinselberg ↗Inselberg.

Auslöseenergie, in der Meteorologie Maß für diejenige Menge der Sonneneinstrahlung, die zur Bildung von thermisch induzierten Konvektionswolken erforderlich ist. Die Auslöseenergie lässt sich im ↗Stüve-Diagramm als diejenige Fläche bestimmen, die von der in das Diagramm einzutragenden ↗Zustandskurve (Kurve der tatsächlichen vertikalen Verteilung der Lufttemperatur, wie sie durch Ballonaufstiege für verschiedene Höhenniveaus gemessen wird) im Anfangszustand und der durch das Konvektionskondensationsniveau verlaufenden Trockenadiabate im Endzustand begrenzt wird.

Auslösetemperatur, diejenige Lufttemperatur in 2 m über Grund, die ein Luftquantum annehmen muss, um aufgrund des Dichteunterschiedes zur Umgebungsluft bis zum ↗Kondensationsniveau aufsteigen zu können. Aus dem vergleichenden Tagesgang der Auslösetemperatur und der Lufttemperatur lässt sich die Uhrzeit der ersten Cumuluswolkenbildung (= Zeitpunkt der Übereinstimmung beider Temperaturen) bestimmen.

Auspendler ↗Pendler.

Ausräumung, auf ↗Kulturlandschaften bezogene, anthropogen verursachte *ökologische Verarmung* der über Jahrhunderte gewachsenen, vom Menschen gestalteten und genutzten Landschaft unter starker Nivellierung der Umweltbedingungen auf großer Fläche. Ausräumung bedeutet a) den Verlust ehemals großflächig entwickelter Biotope bzw. deren fortlaufende Zerstückelung und Verfremdung, b) die Zerstörung von linear die Landschaft durchziehenden Strukturen wie Hecken, Gräben, Saumbiotopen (↗Ökotone) und ↗Geotopen. Daraus resultieren eine zunehmende ↗Verinselung der Landschaft und vieler in ihr lebender Populationen von Pflanzen und Tieren auf der einen und meist eine Vergrößerung der Nutzungsstrukturen (Flurstücke/Parzellen in der Agrarlandschaft) auf der anderen Seite. Mit der Verarmung der Landschaftsstruktur reduziert sich die Artenzahl, mit der Vergrößerung der Ackerschläge nimmt die Gefahr von ↗Bodenerosion zu. [EJ]

Ausrottung, das ↗Aussterben einer Population einer Rasse oder Art durch den Einfluss einer anderen Art, im Besonderen durch den Menschen.

Ausschmelzmoräne ↗Moränen.

Ausschuss der Regionen ↗Europäische Raumordnung.

Außengrenzen ↗Grenze.

Außenhandel, umfasst im Unterschied zum Binnenhandel Warenströme, die über Zollgrenzen hinweg erfolgen, d. h. den Import und Export von Staat zu Staat und bilden in der Summe den ↗Welthandel. Hauptgrund dafür ist die verschiedene Verfügbarkeit von Gütern und Dienstleistungen zu unterschiedlichen Preisen und Qualitäten, die zur ausgedehnten ↗internationalen Arbeitsteilung und Produktdifferenzierung geführt haben. Historisch gesehen beeinflussten staatliche Interventionen die Öffnung und Schließung der Beziehungen im Außenhandel. Dominierte lange Zeit der Austausch von Gütern, so ist Ende des 20. Jh. eine Zunahme des Dienstleistungsverkehrs charakteristisch für die Außenhandelsbeziehungen. Die verstärkte Diversifizierung des Außenhandels ist ein wichtiger Beitrag zur ↗Globalisierung der Wirtschaft.

Außenhandelsbilanz, Bilanz des ↗Außenhandels, die je nach Überschuss oder Defizit der Ein- und Ausfuhrbeziehungen positiv oder negativ ist. Ein negativer Außenhandelssaldo (↗Außenhandelsdefizit) kann jedoch durch eine positive Zahlungsbilanz ausgeglichen werden. Ziel der internationalen Handelsbeziehungen ist ein außenwirtschaftliches Gleichgewicht, das durch günstige Entwicklungen der Leistungsbilanz erreicht werden kann. Für die Entwicklung der Außenhandelsbilanz spielt der Kapitaltransfer durch die Überweisung privater Ersparnisse ebenso eine Rolle wie internationale Investitionen. Darüber hinaus sind vielfältige weitere Faktoren bei der Erklärung der Außenhandelsbilanz in der modernen globalisierten Wirtschaft zu berücksichtigen wie die Geldwertstabilität, Tauschgeschäfte usw.

Außenhandelsdefizit, negativer Saldo des ↗Außenhandels durch das wertmäßige Überwiegen der Importe entstanden, vor allem in ↗Entwicklungsländern durch ungünstige Tendenzen der ↗Terms of Trade, d. h. durch negative Entwicklung der Rohstoffpreise im Unterschied zu den Preistendenzen der Industriegüter. Außenhandelsdefizite können jedoch durch Devisenzuflüsse und positive Entwicklungen der Leistungsbilanz ausgeglichen werden. Langfristige Außenhandelsdefizite werden durch Handelshemmnisse wie Zölle oder Kontingentierungen der Importe beeinflusst.

Außenhandelsstrategien, wesentlicher Bestandteil der Außenwirtschaftspolitik, z. B. Maßnahmen zur ↗Exportdiversifizierung oder zur ↗Importsubstitution, um den ↗Außenhandel zu beeinflussen. Das staatliche Engagement im Außenhandel führt im Extremfall zur Entwicklung eines Außenhandelsmonopols, durch das meist staatliche Organisationen die Ein- und Ausfuhr zentral regulieren. Dieses ist in Staatshandelsländern ein tragendes Prinzip zur Kontrolle der über die Staatsgrenzen fließenden Warenströme. Einzelne Maßnahmen von Außenhandelsstrategien beziehen sich auf die Devisenbewirtschaftung ebenso wie auf die Kontingentierung einzelner Import- bzw. Exportmengen.

Außenstädte ↗ *edge city*.
Außenwanderung ↗ *internationale Wanderung*.
außertropische Westwindzone, *ektropischer Westwindgürtel*, eine im Mittel zwischen 35–60° Breite auf beiden Hemisphären näherungsweise breitenkreisparallel auftretende Zone, in der von West nach Ost gerichtete Luftströmungen hoher Windgeschwindigkeit in allen Höhenniveaus ganzjährig dominieren. Diese *Westdrift* oder *Westwinddrift* ist eine aus den starken ↗ Druckgradienten zwischen dem ↗ subtropischen Hochdruckgürtel und der ↗ subpolaren Tiefdruckrinne unter der Wirkung der ↗ Corioliskraft entstehende Westströmung (↗ atmosphärische Zirkulation). Sie ist über den Ozeangebieten der Südhemisphäre auch im Bodenniveau im Bereich des 40. südlichen Breitenkreises (»roaring fourties«) besonders intensiv ausgebildet.

Polwärts der Westdrift werden subtropische ↗ Luftmassen aus den subtropischen Hochdruckgebieten und polare Luftmassen aus den polaren Hochdruckgebieten in engen Kontakt zueinander gebracht. Im Grenzbereich zwischen diesen Luftmassen bilden sich im Bodenniveau ↗ außertropische Zyklonen aus, die mit der Westdrift in östliche Richtung wandern und den Wetterablauf unbeständig gestalten. Im Bereich großer außertropischer Zyklonen und beim Auftreten von ↗ Cut-off-Prozessen kann es zeitweilig in allen Höhenniveaus zu einer weitgehend meridionalen Ausrichtung der Hauptströmungsrichtung kommen (↗ blocking action). Diese kann bis zu mehrere Wochen lang für einen Teilbereich der zirkumpolaren Westdrift bestimmend bleiben, wird aber schließlich wieder durch die breitenkreisparallele (zonale) Westströmung verdrängt. Ein Maß für die Zonalität der Westdrift ist der ↗ Zonalindex. Auf der Südhalbkugel ist die Westwinddrift stärker als auf der Nordhalbkugel aufgrund des stärkeren Temperaturgradienten in der Frontalzone. Weiträumige Mäanderwellen, Cutt-off-Prozesse und blocking actions sind auf der Südhalbkugel aber äußerst selten. [DKl]

außertropische Zyklone [von griech. kyklós = Kreis], *Frontenzyklone*, dynamisches ↗ Tiefdruckgebiet, dessen Entstehung an eine ↗ Front gebunden ist. Frontenzyklonen bilden sich im Bereich der ↗ Polarfront, einer Luftmassengrenze zwischen polarer und gemäßigter ↗ Luftmasse, wenn ↗ barokline Instabilität auslösende kritische meridionale Temperaturgradienten überschritten werden. Diese sind, bezogen auf das 500 hPa-Niveau, 6°C/1000 km ohne und 3,5°C/1000 km mit Wolkenbildung (↗ atmosphärische Zirkulation). Bei barokliner Instabilität bilden sich in der die Polarfront überlagernden außertropischen Höhenwestwinddrift ↗ Wellenstörungen aus, deren Wellenlängen und Wellenamplituden instabil anwachsen. Im Bereich der Trogvorderseiten dieser Wellenstörungen bilden sich divergente und auf deren Trogrückseiten konvergente Strömungsstrukturen aus. Erstere »pumpen« beständig Luft aus dem Bodenniveau nach oben, Letztere aus der Höhe ins Bodenniveau. Diese Strömungsdynamik in der Höhe bedingt im Bodenluftdruckfeld die Entstehung dynamischer Tief- und Hochdruckgebiete. Dabei wird die Bewegungsrichtung und -geschwindigkeit des Bodenwirbels durch die Höhenströmung auf der Trogvorderseite gesteuert. In die dynamischen Tiefdruckgebiete wird auf der äquatorwärtigen Seite Warmluft, auf der polaren Seite Kaltluft gesogen. Die Kaltluft schiebt sich dabei entlang der Kaltfront unter die Warmluft, die Warmluft gleitet entlang der ↗ Warmfront auf die Kaltluft auf. Die Kaltluft gewinnt beim Einbrechen in die Warmluft kinetische Energie, die Warmluft verliert sie beim Aufgleiten. Dadurch ist die Bewegungsgeschwindigkeit der ↗ Kaltfront größer als die der Warmfront. Das führt dazu, dass die Warmfront von der Kaltfront eingeholt und von der nachfolgenden Kaltluft in Form einer *Okklusion* vom Boden abgehoben wird (Abb. 1). Im Reifestadium einer außertropischen Zyklone haben sich Warm- und Kaltluft so weit vermischt, dass die meridionalen Temperaturgradienten die kritischen Werte barokliner Instabilität wieder unterschreiten. Dadurch verschwinden die Wellenstö-

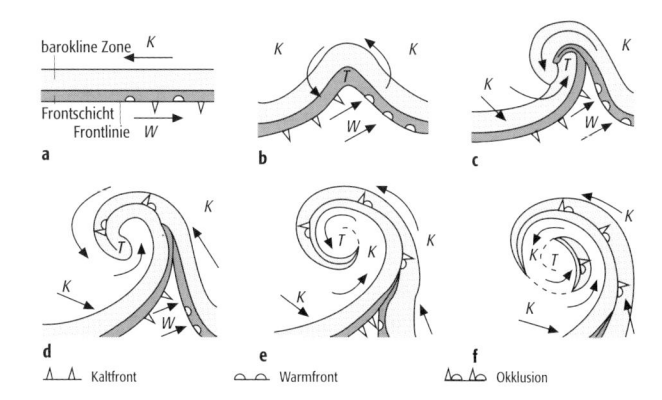

außertropische Zyklone 1: Schematischer Lebenslauf der Frontenzyklone (K = Kaltluft, W = Warmluft, T = Tiefdruck-Zentrum, Pfeile = Luftströmungen): a) schleifende Front, b) instabiles Wellentief, c) Beginn der Zyklogenese, d) Reifestadium I, e) Reifestadium II, f) Auflösungsstadium.

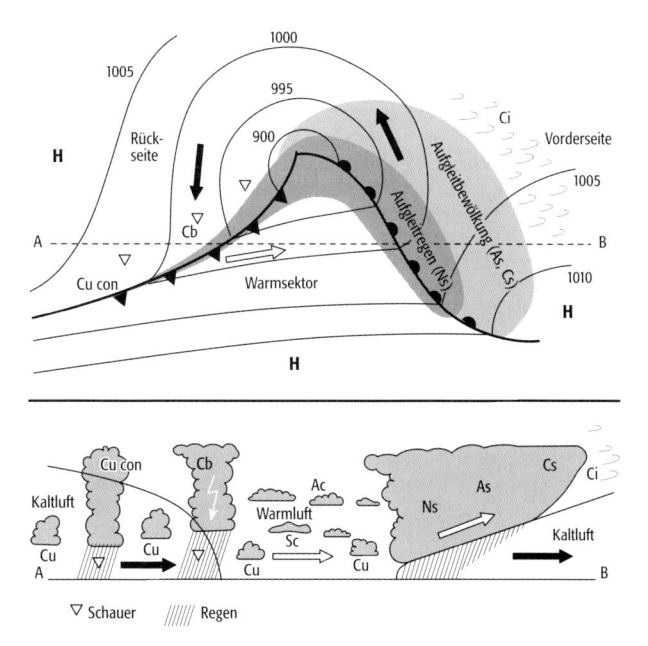

außertropische Zyklone 2: Idealaufbau einer Zyklone mit den zugehörigen Wettererscheinungen: Kaltfront, Warmfront und Bewölkung (Ac = Altocumulus, As = Altostratus, Cb = Cumulonimbus, Ci = Cirrus, Cs = Cirrostratus, Cu = Cumulus, Cu con = Cumulus congestus, Ns = Nimbostratus, Sc = Stratocumulus).

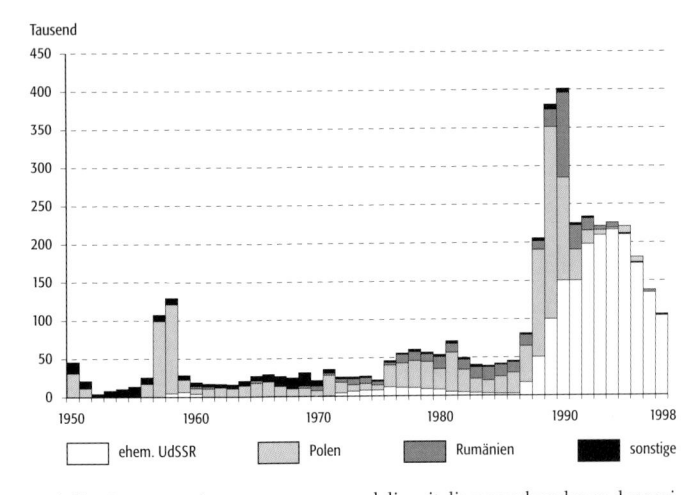

Aussiedler: Zuzüge von Aussiedlern nach Deutschland (1950–1998).

Legende: ehem. UdSSR | Polen | Rumänien | sonstige

rungen und die mit diesen verbundenen dynamischen Effekte in der Höhenwestdrift und die Bodenzyklone löst sich in Form der Zyklolyse auf. Die Abbildung 2 zeigt die beim Durchzug einer Warm- und Kaltfront typische Bewölkung, die mit ↗ Frontalniederschlägen verbunden sein kann.   [DKl]

Aussiedler, nach dem Bundesvertriebenengesetz vom 19. Mai 1953 Personen mit deutscher ↗ Staatsangehörigkeit oder Personen, die sich zum deutschen Volkstum bekannten, sowie deren Ehepartner und Kinder. Dabei handelte es sich meist um Menschen, die nach Beendigung der allgemeinen Vertreibungsmaßnahmen im Zusammenhang mit dem Zweiten Weltkrieg aus den ehemaligen deutschen Ostgebieten oder Siedlungsgebieten in Osteuropa in die Bundesrepublik Deutschland zugewandert waren. Zwischen 1950 und 1998 zogen fast 4 Mio. Aussiedler zu. Bis 1987 betrug ihre Zahl jährlich rund 37.000, sie stieg bis 1990 auf ein Maximum von fast 400.000 an. Diese Zahlen veranlassten die Bundesregierung, dass der Antrag zur Anerkennung als Aussiedler im Herkunftsland zu stellen ist. Seit dem Kriegsfolgenbereinigungsgesetz (1993) werden bei verschärften Anerkennungsverfahren (Sprachprüfung für Personen aus der ehemaligen Sowjetunion) die Zuzüge pro Jahr auf 220.000 kontingentiert. Die Zahl der Zuwanderer ist durch den Zusammenbruch des Warschauer Paktes und einer damit verbundenen Lockerung der Ausreisegesetze, stark angestiegen (Abb.). Sie hängt außerdem von den Lebensbedingungen im Herkunftsland und dessen politischen Beziehungen zu der Bundesrepublik sowie von den geringer werdenden Eingliederungshilfen ab.   [PG]

Aussiedlerhof ↗ Aussiedlung.

Aussiedlung, Verlegung eines landwirtschaftlichen Betriebes oder nur seines Wirtschaftsteiles (Teilaussiedlung) aus geschlossener, in der Regel beengter Ortslage in die freie Feldmark oder an den Ortsrand. Die neue Hofstelle (*Aussiedlerhof*) liegt dort auf arrondiertem Besitz. Zur ökonomischeren Versorgung mit technischer Infrastruktur werden häufig Hofgruppen gebildet. Zwischen 1956 und 1965 wurden in der damaligen Bundesrepublik über 16.000 Aussiedlungen staatlicherseits gefördert, viele davon in Verbindung mit einer ↗ Aufstockung des Betriebes. Die Aussiedlung zählt zu den klassischen Maßnahmen zur Verbesserung der ↗ Agrarstruktur und erfolgt gewöhnlich im Rahmen der ↗ Flurbereinigung. Kritik zielte auf die Zersiedlungswirkung, die unzeitgemäße soziale Isolation der Aussiedlerfamilien und die hohe finanzielle Förderung einzelner Familien.

Aussterben, das Verschwinden einer Population oder aller Populationen einer Art oder eines höheren ↗ Taxons, soweit sie nicht unter den Begriff der ↗ Artbildung fällt, durch ein Unterschreiten der Zahl der erfolgreichen Fortpflanzungsvorgänge und damit der für einen Fortbestand der Population ausreichenden Zahl der Nachkommen.

Ausstrahlung, Wärmeabgabe des Systems Erde-Atmosphäre an den Weltraum [W/m²]. Sie erfolgt in Form langwelliger ↗ Strahlung und kann anhand des ↗ Stefan-Boltzmann-Gesetzes unter der Voraussetzung, dass die Erde sich näherungsweise wie ein ↗ schwarzer Körper verhält, berechnet werden (Abb. 1). Die Ausstrahlung ist proportional zur vierten Potenz der Mitteltemperatur an der Erdoberfläche. Aus dem Weltall betrachtet entspricht die effektive Ausstrahlung der Erde einer globalen Mitteltemperatur von rund 288 K, die der Sonne hingegen von 5783 K. Infolge der Proportionalität zur vierten Potenz der Temperatur ist die Ausstrahlung der Sonne 162.000-fach stärker als die der Erde.

Die langwellige Ausstrahlung der Erdoberfläche wird durch die ↗ atmosphärische Gegenstrahlung allerdings sehr stark reduziert. Als effektive Ausstrahlung wird die Differenz zwischen Ausstrahlung und Gegenstrahlung bezeichnet (↗ Strahlungsbilanz). Die Intensität der Gegenstrahlung ist von der Zusammensetzung der Atmosphäre, insbesondere von deren Wasserdampfgehalt abhängig (Abb. 1). Im Mittel erreicht die atmosphärische Gegenstrahlung etwa 70 % der Ausstrahlung einer gleich warmen Erdoberfläche. Bei niedrigen Temperaturwerten

Ausstrahlung 1: Ausstrahlung und atmosphärische Gegenstrahlung eines schwarzen Körpers (Erdoberfläche) in Abhängigkeit von der Oberflächentemperatur und der relativen Feuchte.

Temperatur T [°C]	Ausstrahlung σT^4 [W/m²]	Atmosphärische Gegenstrahlung in W/m² bei einer relativen Luftfeuchtigkeit von		
		30%	60%	90%
20	426	300	320	334
10	370	250	262	272
0	321	209	216	222
-10	276	175	180	183

Geländeform	Neigungswinkel									
	0°	5°	10°	15°	20°	30°	45°	60°	75°	90°
Mulde	100	100	98	95	92	79	55	28	8	0
Hang	100	100	99	97	95	90	80	67	53	40
Geländestufe	100	100	99	99	98	95	88	77	64	50
Straße an Hauswand	100	93	86	80	74	62	45	30	14	0
Straßenmitte	100	99	98	97	96	90	75	54	28	0

Ausstrahlung 2: Effektive Ausstrahlung in Abhängigkeit von der Geländeform unter Berücksichtigung der Neigungswinkel, in Prozent des Wertes, der auf einer völlig freien waagerechten Fläche auftritt.

bleibt die Gegenstrahlung geringer, bei hohen Temperaturwerten liegt sie über 70 %. Auch in stark gegliedertem Gelände erfährt die effektive Ausstrahlung erhebliche Modifikationen, weil neben dem Himmelsgewölbe auch die Topographie den Halbraum über der Erdoberfläche begrenzt (Abb. 2). ↗nächtliche Ausstrahlung. [DKl]

Ausstrahlungstyp, der in der ↗Witterungstypisierung definierte Zustand der bodennahen ↗Atmosphäre, welcher durch starke vertikal nach oben gerichtete Strahlungsflüsse gekennzeichnet ist. Ist der Wärmeverlust der Oberflächen durch langwellige ↗Ausstrahlung höher als die von oben nach unten gerichteten Strahlungsflüsse, also die ↗Strahlungsbilanz negativ, erfolgt eine Abkühlung. Beim Ausstrahlungstyp der Witterung können sich durch unterschiedliche Strahlungsbilanzen von Oberflächen, z. B. aufgrund unterschiedlicher Wärmeflüsse im oberflächennahen Untergrund, Unterschiede in der Abkühlungsrate ergeben. Diese führen zu lokalen Ausgleichsströmungen wie ↗Flurwind oder ↗Berg- und Talwind.

Austausch, in der Klimatologie alte Bezeichnung und Theorie für ↗atmosphärische Turbulenz, die mit der Austauschformel unter Berücksichtigung der Windverhältnisse und Temperaturschichtung die Eigenschafts- und Partikelgradienten bzw. die Flüsse derselben als Austauschzustand beschreibt. Die Stärke der Gradienten wird über den Austauschkoeffizienten beschrieben.

austauscharme Wetterlage, eine Wetterlage, bei welcher der bodennahe Luftaustausch dadurch eingeschränkt ist, dass der durch großräumige Luftdruckgegensätze gegebene Wind gering ist oder fehlt. Austauscharme Wetterlagen sind in der ↗Witterungstypisierung die austauscharme Strahlungswetterlage und der Neutraltyp der Witterung. Sie sind für alle lufthygienisch orientierten Fragestellungen von besonderem Interesse, da bei fehlendem Austausch die Konzentration von ↗Emissionen im Umfeld des Emittenten hoch sind (↗Ausbreitungsrechnung).

Austauschbedingungen, diejenigen Zustände in der ↗Atmosphäre, welche den vertikalen Masseaustausch in der Grenzschicht bestimmen. Dies ist vor allem die ↗atmosphärische Turbulenz, die sich aus der ↗dynamischen Turbulenz und der thermischen Turbulenz zusammensetzt. Die dynamische Turbulenz wird durch die Windgeschwindigkeit parametrisiert, die thermische Turbulenz durch die thermische Schichtung. Je geringer die Windgeschwindigkeit und je stabiler die Schichtung, desto schlechter sind die Austauschbedingungen. Während austauscharmer Strahlungswetterlagen sind die Austauschbedingungen in der Nacht am schlechtesten, weil sich die Stabilität verstärkt und zusätzlich die Windgeschwindigkeit abnimmt. Regelmäßig treten ↗Inversionen auf, welche den vertikalen Austausch völlig unterbinden.

Austauschforschung, interdisziplinäre Forschungsrichtung, die sich mit den Bedingungen, dem Verlauf und den Wirkungen des *interkulturellen Personenaustausches* befasst. Darunter verstanden werden zeitlich befristete Aufenthalte verschiedener Personen oder Personengruppen in einem anderen kulturellen Umfeld als dem des gegenwärtigen Tätigkeitsbereiches. Operationalisiert werden diese Mobilitätsereignisse in der Regel als Auslandsaufenthalte (internationale Personenmobilität). Dabei wird sowohl die Perspektive der mobilen Personen als auch die ihrer Kontaktpersonen im Gastland betrachtet. Vorrangiges Interesse für die Austauschforschung besitzen ausbildungs- und weiterbildungsorientierte sowie beruflich motivierte Auslandsaufenthalte (z. B. von Schülern, Jugendlichen, Studierenden, Wissenschaftlern, Künstlern, Lehrlingen, Praktikanten, Entwicklungshelfern, ausländischen Arbeitnehmern, Diplomaten, Führungskräften in der Wirtschaft). Fragen zu freizeitorientierten interkulturellen Begegnungen durch Auslandstourismus werden zunehmend im Rahmen der Tourismusforschung behandelt. Seit ihrem Aufkommen in den 1950er-Jahren steht die Austauschforschung in Deutschland weitgehend im Dienste praktischer Handlungsinteressen staatlich geförderter und privater Institutionen, die interkulturelle Begegnungen organisieren (z. B. Programmevaluationen). Im Zuge einer verstärkten öffentlichen Diskussion um die Bedeutung internationaler Wissenschaftskontakte und einer stärkeren Internationalisierung des höheren Bildungswesens für die Wettbewerbsfähigkeit eines Landes erlangte internationale ↗akademische Mobilität als wichtiger Bestandteil der Austauschforschung Mitte der 1990er-Jahre zunehmendes wissenschaftliches Interesse. [HJ]

Austauschkapazität, kennzeichnet die Summe der austauschbar an permanente und variable Ladungen von Bodenbestandteilen adsorbierten

Kationen (*Kationenaustauschkapazität*, KAK) und Anionen (*Anionenaustauschkapazität*, AAK), ausgedrückt in $cmol_{(c)}/kg$. Durch variable Ladungen hängt die Zahl der negativen oder positiven Ladungsplätze vom ↗pH-Wert des Bodens ab. Kationenaustauscher sind überwiegend ↗Tonminerale und ↗Huminstoffe, während als Anionenaustauscher neben Huminstoffen vor allem Eisen-, Mangan- und Aluminiumoxide wirksam sind. Als austauschbare Kationen liegen in Böden H^+ und Al^{3+} (säurebildende Kationen) sowie Ca^{2+}, Mg^{2+}, K^+ und Na^+ (austauschbare Basen) vor. Unter den austauschbaren Anionen dominieren NO_3^-, Cl^- und SO_4^{2-}. ↗Kationenaustausch.

Australis ↗Faunenreiche, ↗Florenreiche.

Austrocknung, Verlust von Wasser aus dem Gewebe an eine Umgebung mit negativerem ↗Wasserpotenzial. ↗Poikilohydrische Pflanzen tolerieren Austrocknung, ↗Xerophyten versuchen Austrocknung weitgehend zu vermeiden (↗Trockenresistenz). Die Austrocknung wird begünstigt durch eine geringe Luftfeuchtigkeit (↗Transpiration) oder eine geringe Bodenfeuchtigkeit (permanenter ↗Welkepunkt), aber auch durch Kälte (↗Kälteresistenz) und hohen Salzgehalt des Bodens (↗Salzpflanzen). Zeiten drohender Austrocknung können überdies durch Ausbildung von speziellen ↗Überdauerungsorganen vermieden werden.

Auswahlverfahren, stellt wie die ↗Stichprobe ein Vorgehen dar, mit dem eine Teilmenge stellvertretend für die Gesamtmenge festgelegt wird, die es erlauben soll, dennoch zu relativ gesicherten Verallgemeinerungen zu kommen. Damit die Ergebnisse der Teilerhebungen auf die Grundgesamtheit verallgemeinert werden dürfen, haben die Auswahlverfahren denselben Anforderungen zu genügen wie die Stichprobe. Im Gegensatz zur Stichprobe erfolgt die Festlegung der Teilmenge jedoch nicht nach dem Zufallsprinzip, sondern nach vorher festgelegten Regeln. Repräsentativität wird dadurch angestrebt, dass bestimmte Merkmale der Erhebungseinheiten und eventuell ihre Verteilung in der Grundgesamtheit, als Auswahlkriterien benutzt werden. Man legt also nicht von vornherein fest, was beobachtet bzw. wer befragt werden soll. Vielmehr werden die als typisch erscheinenden oder bestimmten Regeln entsprechenden Fälle an Ort und Stelle bewusst und nach intersubjektiv nachvollziehbaren Kriterien planvoll ausgewählt. Zu den wissenschaftlich brauchbaren Auswahlverfahren zählen das sog. Expertengespräch und das Quotenauswahlverfahren. Die Festlegung der Quoten geschieht immer anhand der bekannten Verteilung der relevanten Merkmale bzw. der Quotierungsmerkmale der Grundgesamtheit. So muss beispielsweise die ↗Bevölkerungsstruktur einer bestimmten Region bekannt sein, bevor man die Quoten für jeden einzelnen Interviewer für eine Befragung in diesem Gebiet festlegen kann. [BW]

Auswanderung, *Emigration*, ↗Migration.

Auswanderungsland, ein Staat, bei dem der Umfang der Emigration die Zahl der Immigranten in einem gewissen Zeitraum übertrifft. Während der europäischen Überseewanderung waren zunächst die Länder Nordeuropas, dann die Britischen Inseln, Deutschland und Italien zahlenmäßig die führenden Länder mit Auswanderungen in die USA (↗internationale Wanderung).

auswärtige Kulturpolitik, in Deutschland einer von drei Hauptarbeitsbereichen der Außenpolitik (Wirtschaft, Sicherheit, Kultur). Wichtigste Ziele sind, durch internationale Kulturbeziehungen das Wissen voneinander, das Verständnis füreinander, die Verständigung untereinander und die Zusammenarbeit miteinander zu fördern und damit zur Friedenssicherung und zum internationalen Interessensausgleich beizutragen. Schwerpunkte deutscher auswärtiger Kulturpolitik stellen die Förderung der deutschen Sprache im Ausland (u. a. Auslandsschulwesen), die internationale Zusammenarbeit in Wissenschaft und Forschung (↗akademische Mobilität), der Austausch in den Bereichen Kunst, Musik, Literatur, Medien, Kirchen und Sport, der internationale Jugendaustausch sowie die gesellschaftspolitische, bi- und multilaterale Zusammenarbeit dar. Für die konzeptionelle Bestimmung der auswärtigen Kulturpolitik ist das Auswärtige Amt zuständig, während die Durchführung der Auslandskulturarbeit zu einem großen Teil in der Verantwortung der Mittlerorganisationen liegt. Diese stellen selbstständige, nichtstaatliche, aber staatlich unterstützte Einrichtungen dar (Prinzip der Pluralität). Zu den wichtigsten deutschen Mittlerorganisationen auswärtiger Kulturpolitik gehören das Goethe-Institut, das Institut für Auslandsbeziehungen (ifa), der Deutsche Akademische Austauschdienst (DAAD) und die Alexander von Humboldt-Stiftung (AvH). Des Weiteren leisten auch Bundesländer, Regionen, Agglomerationen, Kommunen (z. B. Städtepartnerschaften), Kirchen, öffentlich-rechtliche Körperschaften und politische Parteien wichtige Beiträge zur internationalen kulturellen Verständigung und Zusammenarbeit. [HJ]

Auswaschungshorizont ↗Eluvialhorizont.

Auswehungspflaster ↗Deflationspflaster.

Autarkie, Bezeichnung für die vollständige oder weitgehende Selbstversorgung einer Region mit den für die Reproduktion der Bevölkerung notwendigen Gütern und Dienstleistungen. Autarkie liegt vor, wenn in einer ↗Region alle Rohstoffe und Nahrungsmittel verfügbar sind, welche die Bewohner benötigen, oder wenn der Bedarf auf das beschränkt wird, was regional vorhanden ist. Mit dem Begriff Autarkie sind häufig Vorstellungen und Theorien der wirtschaftlichen Unabhängigkeit verbunden. Wichtigstes Instrument der Autarkiepolitik ist die Kontrolle bzw. Beeinflussung des ↗Außenhandels durch Einfuhrverbote, ↗Schutzzölle und ↗Importsubstitution. Die Wirkung der Autarkiepolitik ist umstritten und geht auf die Auseinandersetzung zwischen Gegnern und Befürwortern freier Austauschbeziehungen im ↗Welthandel zurück. Autarkievorstellungen spielen heute besonders in der regionalwirtschaftlichen Entwicklungsforschung eine Rolle. [JO]

Autochorie, Ausbreitungsstrategie, bei der die Pflanze selbst durch die Bildung von Samen oder Früchten bzw. losgelösten Pflanzenfragmenten ihre Verbreitung sicherstellt, ohne auf äußere Hilfe angewiesen zu sein.

autochthon, *alteingesessen, eingeboren, bodenständig,* am Fundort entstanden, in der ursprünglichen Umgebung liegend. Von parautochthonen Gesteinskomplexen spricht man, wenn diese sich in geringer Entfernung vom Bildungsort befinden. Ggs. ↗allochthon.

autochthone Witterung, im Gegensatz zur ↗allochthonen Witterung eine Witterung, welche durch die Dominanz lokaler Einflüsse geprägt ist. Dadurch können sich die mikroskaligen Differenzen in der Strahlungsbilanz und den physikalischen Eigenschaften der Oberflächen und des oberflächennahen Untergrundes in lokalen Temperatur- und Feuchtekontrasten niederschlagen, welche ausgleichende Luftbewegungen zur Folge haben. Bei autochthoner Witterung sind daher lokale Klimate wie das ↗Stadtklima oder lokale Windsysteme wie ↗Berg- und Talwinde am ausgeprägtesten.

autogerechte Stadt, Stadt, deren Verkehrsinfrastruktur optimal auf den Individualstraßenverkehr ausgerichtet ist. Dies war v. a. in den ersten Jahrzehnten nach dem Zweiten Weltkrieg oberstes Ziel der Stadtplanung. Konzeptionelle Grundlage sind die Funktionsentflechtung (↗Charta von Athen) und moderne städtebauliche ↗Leitbilder (↗Ville Contemporaine). Dem Ziel der autogerechten Stadt wurden ökologische Erfordernisse oder die Bedürfnisse nichtmotorisierter Verkehrsteilnehmer untergeordnet. Wegen der großen ↗Umweltbelastungen wird das Konzept heute allgemein abgelehnt und der Ausbaus der öffentlichen Verkehrsmittel gefördert.

Autökologie, Teilgebiet der ↗Ökologie, welches die Beziehungen einzelner Arten zu verschiedenen Umweltfaktoren betrachtet. Im Vordergrund stehen Fragen, unter welchen Bedingungen eine Art lebensfähig ist und wie sie sich an die Gegebenheiten anzupassen vermag. Untersucht werden ↗Abundanz und Abundanzdynamik, Fortpflanzung, Wachstum, Mortalität einer Art. ↗Synökologie, ↗Demökologie.

Autokorrelation, statistischer Begriff zur Kennzeichnung der ↗stochastischen Abhängigkeit innerhalb einer Variablen. Repräsentiert die Variable einen zeit-varianten, raum-varianten oder ↗raum-zeit-varianten Prozess so charakterisiert die Autokorrelation die stochastische Komponente der ↗Erhaltensneigung. Autokorrelation wird durch ↗Autokorrelationskoeffizienten gemessen.

Autokorrelationskoeffizient, statistischer ↗Parameter zur Messung der ↗Autokorrelation innerhalb einer Variablen (Abb. 1). Je nachdem ob die Variable eine ↗Zeitreihe oder eine ↗Raumreihe ist bzw. einen ↗raum-zeit-varianten Prozess repräsentiert, werden zeitliche, räumliche oder raumzeitliche Autokorrelationskoeffizienten verwendet. Die Berechnung dieser Koeffizienten setzt die ↗Stationarität der Variablen voraus.

Zur Messung der zeitlichen Autokorrelation der Zeitschrittweite k ($k = 1, 2, \ldots$) der Zeitreihe $X(t)$ (t = Zeitpunkt) wird in der Regel der zeitliche Autokorrelationskoeffizient $r(k)$:

$$r(k) = \frac{\sum_{i=1}^{n-k}(x(i) - \overline{x[k]}) \cdot (x(i+k) - \overline{x(k)})}{\sqrt{\sum_{i=1}^{n-k}(x(i) - \overline{x[k]})^2 \cdot \sum_{i=1}^{n-k}(x(i+k) - \overline{x(k)})^2}}$$

mit:

$$\overline{x[k]} = \frac{1}{n-k}\sum_{i=1}^{n-k} x(i),$$

$$\overline{x(k)} = \frac{1}{n-k}\sum_{i=1}^{n-k} x(i+k)$$

verwendet. $r(k)$ misst, ob und wie stark der gegenwärtige Zustand der Variablen von demjenigen von vor k Zeitpunkten beeinflusst wird (Abb. 2). Ist bei einer Zeitreihe die Wirkungsrichtung (vorher-nachher) eindeutig festgelegt, so ist dieses bei raum-varianten Variablen $X(i)$ (i = Raumeinheit), sog. ↗Raumreihen, nicht a priori der Fall und es muss zunächst das Nach-

Autokorrelationskoeffizient 1: Autokorrelationsfunktion in unterschiedlichen Zeitreihen: a) benachbarte Werte ähnlich; b) benachbarte Werte alternierend; c) benachbarte Werte zufällig verteilt.

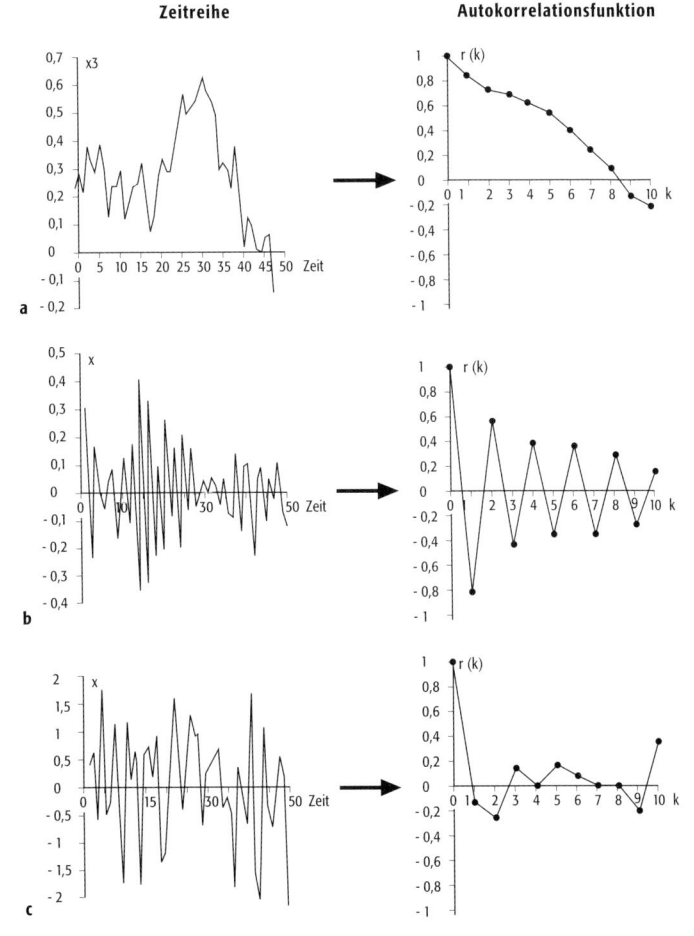

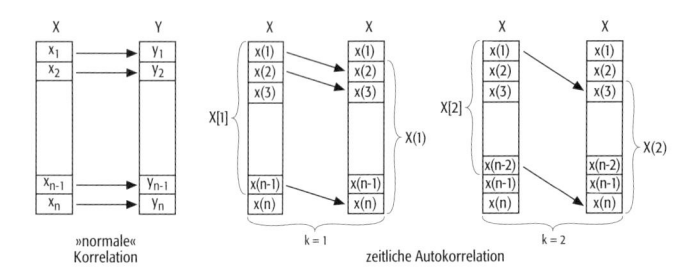

Autokorrelationskoeffizient 2: Bestimmung von »normaler« Korrelation und zeitlicher Autokorrelation.

barschaftssystem festgelegt werden (Abb. 3). Bei den räumlichen Autokorrelationskoeffizienten $I(l)$ (nach Moran) bzw. $c(l)$ (nach Geary) der Raumschrittweite l ($l = 1, 2, \ldots$) erfolgt dieses in sog. Nachbarschaftsmatrizen $W(l)$ der Ordnung l, in denen die Nachbarn der Ordnung l (= erste, zweitnächste, … Nachbarn) festgelegt sind. Allgemein haben diese Nachbarschaftsmatrizen die Form:

$$W(l) \neq (w_{ij}^{(l)})$$

mit $w_{ij}^{(l)} = 0$, falls i und j Nachbarn der Ordnung l sind. Die räumlichen Autokorrelationskoeffizienten definieren sich dann allgemein als:

$$I(l) = \frac{n}{\sum_{\substack{i=1 \\ i \neq j}}^{n} \sum_{j=1}^{n} w_{ij}^{(l)}} \cdot \frac{\sum_{\substack{i=1 \\ i \neq j}}^{n} \sum_{j=1}^{n} x(i) \cdot w_{ij}^{(l)} x(j)}{\sum_{i=1}^{n} (x(i))^2},$$

$$c(l) = \frac{n-1}{2 \sum_{\substack{i=1 \\ i \neq j}}^{n} \sum_{j=1}^{n} w_{ij}^{(l)}} \cdot \frac{\sum_{\substack{i=1 \\ i \neq j}}^{n} \sum_{j=1}^{n} w_{ij}^{(l)} (x(i) - x(j))^2}{\sum_{i=1}^{n} (x(i))^2}.$$

Eine weitere Möglichkeit Autokorrelationen zu bestimmen bietet das ↗Variogramm. Bei dieser Methode wird Nachbarschaft allein über die metrische Entfernung (und die Richtung) zwischen Raumpunkten bestimmt. In der ↗Geographie erfolgt die Messung der raum-zeitlichen Autokorrelation der Zeitschrittweite k und der Raumschrittweite l für die raum-zeit-variante Variable $X(i,t)$ in der Regel durch den raum-zeitlichen Autokorrelationskoeffizienten $R(k,l)$, der im Prinzip eine Kombination von $r(k)$ und von $I(l)$ darstellt.

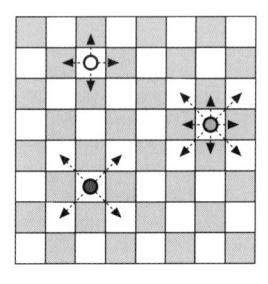

Autokorrelationskoeffizient 3: Mögliche Nachbarschaftskriterien im Raummodell »Schachbrett«.

Beispiel
○ Turm
● Läufer
● König

Die Koeffizienten zur Messung räumlicher bzw. raum-zeitlicher Autokorrelation gehören zu den Methoden der ↗Geostatistik. [JN]

automatische Klassifizierung, ↗unüberwachte Klassifizierung.

Automobilindustrie, in vielen Industrie- und Schwellenländern ein sehr bedeutender ↗Industriezweig; stark verflochten mit anderen Industriezweigen, Handel und Dienstleistungen; relativ wenige Standorte; große Produktionsstätten, transnationale Produktions- und Zulieferorganisation; starker Wettbewerb; starke Stückkostendegression; Pionierindustrie neuer Produktionsverfahren und moderner Produktions- und Arbeitsorganisation (z. B. ↗Fordismus) und Logistiksysteme (z. B. »just-in-time«).

Autonomie, bezeichnet allgemein Formen der Unabhängigkeit und Selbstständigkeit und wird in der ↗Politischen Geographie besonders auf die Eigenständigkeit einzelner Regionen in ↗Staaten angewendet. Autonomie bezieht sich entweder auf den Schutz und die Gewährung besonderer Rechte für ↗Minderheiten, die räumlich konzentriert in einem Staatsgebiet leben oder auf weitgehende Maßnahmen der ↗Dezentralisierung bzw. Stärkung unterer Verwaltungseinheiten. In Verbindung mit dem ↗Regionalismus streben Autonomiebewegungen häufig die Sezession aus einem bestehenden Territorialstaat zur Schaffung eines neuen, unabhängigen Staates an. Ein besonders konfliktreiches Beispiel für Formen der Abtrennung, Teilung oder Auflösung von Staaten ist in der jüngsten Geschichte Europas der Zerfall Jugoslawiens mit seinen vormals autonomen Teilrepubliken.

Autoregressivmodell, ein Modell der analytischen ↗Statistik, das die autoregressive Struktur eines zeit-varianten, raum-varianten oder ↗raum-zeit-varianten Prozesses, die durch ↗Autokorrelationskoeffizienten gemessen ist, abbildet.
Bei zeit-varianten Prozessen (↗Zeitreihe $x(t)$) sind insbesondere die ARIMA-Modelle (Autoregressive Integrated Moving Average) zu nennen. Diese haben allgemein die folgende Form:

$$x(t) = a_0 + \sum_{i=1}^{k} a_i x(t-i) + \sum_{j=1}^{p} b_j \varepsilon_j + \varepsilon.$$

Dabei ist p = Anzahl der Zufallvariablen, d_0, d_i und b_j = Koeffizienten, ε_j = Zufallsvariable. Die autoregressive Komponente modelliert die in der ↗Zeitreihe enthaltene ↗Erhaltensneigung bis zur Zeitschrittweite k, die Moving-Average-Komponente bildet weitere in der Zeitreihe enthaltenen autoregressive Regelhaftigkeiten mithilfe von Zufallsvariablen ab. Analog zur Bildung im zeit-varianten Fall können autoregressive raum-variante Strukturen durch SAR-Modelle (Spatial Autoregressive) abgebildet werden. Solche Modelle haben allgemein die folgende Form:

$$x(i) = a_0 + \sum_{k=1}^{l} a_k \sum_{j=1}^{n} w_{ij}^{(k)} x(j) + \varepsilon.$$

Die autoregressive Komponente modelliert die in der ↗Raumreihe *c(t)* mit insgesamt *n* Raumeinheiten enthaltene Erhaltensneigung bis zur Raumschrittweite *l*.
Die entsprechende Klasse für die Modellierung ↗raum-zeit-varianter Prozesse wird als STARIMA-Modell (Space Time Autoregressive Integrated Moving Average) bezeichnet. SAR- und STARIMA-Modelle sind zentrale Modelle der ↗Geostatistik. [JN]

Autoreiseverkehr ↗Reiseverkehrsmittel.

Autorenoriginal, *AO, Autorenentwurf*, vom Kartenautor erarbeiteter Entwurf einer ↗thematischen Karte, der ihrer Gestaltung und Bearbeitung zugrunde gelegt wird. Das AO ist immer ein detaillierter inhaltlicher Entwurf, insbesondere für die ↗Legende, kann aber auch Vorlagen oder Vorschläge für die kartographische Gestaltung enthalten. Folgende Formen des Autorenoriginals sind möglich: a) das farbvereinte Original, das unmittelbar für die Reproduktion verwendet wird, b) der zeichnerische, zumeist auf einer ↗Arbeitskarte ausgeführte Kartenentwurf; häufig aufgeteilt auf mehrere sog. Teil-AO, die den ↗Darstellungsschichten entsprechen, c) die stark vereinfachte Vorlage; z. B. in Verwaltungsgrenzen eingetragene Zahlen oder Buchstaben, die mit einer sog. Standortliste korrespondieren, d) die ergänzte Kopie einer Karte mit Anweisungen für die Übernahme bzw. das Weglassen von Elementen, e) der Legendenentwurf mit Angabe der als Quellen, d. h. als Vorlagen zu verwendenden Karten, f) in digitaler Form übergebene, u. U. bereits klassifizierte Sachdaten, die für die rechnergestützte Konstruktion von Karten (↗digitale Kartographie) verwendbar sind, g) das als Computerausdruck und/oder als Graphikdatei gelieferte AO (digitales AO), das entweder als analoge Vorlage zu verwenden oder zu editieren ist. Die unter a) bis e) genannten Formen des Autorenoriginals werden i. d. R. durch Scannen (↗Scanner) oder manuelle ↗Digitalisierung für die rechnergestützte ↗Kartenherstellung erfasst.

autoritärer Staat, Staat, dessen Herrschaftsform sich durch begrenzten Pluralismus, Depolitisierung (dem Fehlen einer umfassend formulierten Ideologie) und begrenzte ↗Partizipation der Gesellschaft an politischen Entscheidungen auszeichnet. Der autoritäre Staat unterscheidet sich somit sowohl von demokratischen, als auch von totalitären Herrschaftsformen.

autoritative Ressourcen, bezeichnet in der ↗Strukturationstheorie das Vermögen/die Fähigkeit, die Kontrolle über andere ↗Akteure zu erlangen und aufrechtzuerhalten. Die wichtigsten Formen autoritativer Ressourcen, die in allen Gesellschaftsformen vorgefunden werden können, beziehen sich auf die raum-zeitliche Organisation einer ↗Gesellschaft, die Produktion und Reproduktion der Menschen sowie die Organisation menschlicher Lebenschancen. Ein wichtiger Aspekt der Durchsetzung autoritativer Ressourcen stellt die Territorialisierung dar, insbesondere im Zusammenhang mit dem modernen ↗Nationalstaat. Abzugrenzen sind sie von den ↗allokativen Ressourcen. ↗Wissen, ↗Organisationstheorie.

autotrophe Organismen, Organismen, die zu ihrer Ernährung keine organische Substanz benötigen, sondern selbst aus anorganischen Stoffen organische aufzubauen vermögen. Grundlage der Autotrophie ist bei den grünen Pflanzen die ↗Photosynthese, bei einigen Bakterien (Schwefel-, Nitrit-, Nitrat-, Wasserstoff-, Methan- und Eisenbakterien) die Chemosynthese. Sie stellen in der ↗Nahrungskette des ↗Ökosystems die ↗Primärproduzenten dar. Ihnen stehen die ↗heterotrophen Organismen gegenüber.

autozentrierte Entwicklung, propagiert die eigenständige, auf *Binnenmarktorientierung* ausgerichtete wirtschaftliche Entwicklung eines ↗Entwicklungslandes als entwicklungsstrategisches Konzept (↗Entwicklungsstrategie). Es geht dabei in erster Linie um die Reorientierung der Entwicklungslandökonomie an den verfügbaren Ressourcen und Bedürfnissen des eigenen Landes und ihre Entwicklung zu einer lebensfähigen, lokal verankerten Funktionseinheit. Die völlige Abkopplung (↗Dissoziation) des betreffenden Landes vom ↗Weltmarkt ist in diesem Zusammenhang als Extremposition anzusehen.

Aven ↗Doline.

AVHRR, *Advanced Very High Resolution Radiometer*, optisch-mechanisches multispektrales Messgerät der ↗NOAA-Wettersatelliten. Ein Bildpunkt (↗Pixel) umfasst ca. 1 km^2, und die ↗Abtastspur der Erdbeobachtung beträgt 1500 km. AVHRR misst in fünf ↗Spektralbereichen: sichtbares Licht, ↗Nahes Infrarot, Mittleres Infrarot und Thermisches Infrarot (↗Strahlungsspektrum). Die Daten geben einen synoptischbildhaften Eindruck im kleinen Maßstab und sind zugleich Messwerte, z. B. der Temperatur an der Wolken-Obergrenze (↗Fernerkundung Abb. 1 im Farbtafelteil). Neben der großräumigen Wetterbeobachtung wird es auch eingesetzt für die Beobachtung des saisonalen Vegetationszustandes und der ↗Desertifikation. ↗TIROS.

azonal ↗zonal.

azonale Böden, Hauptkategorie früherer russischer und nordamerikanischer Bodenklassifikationssysteme, wo Böden nach Klima- und Vegetationszonen gegliedert wurden. Azonale Böden weisen aufgrund ihres geringen Alters nur eine schwache Profildifferenzierung auf (z. B. ↗Leptosols, ↗Regosols, ↗Auenböden, ↗Fluvisols) und kommen entsprechend in allen Klima- und Vegetationszonen vor. ↗Bodenzonen.

azonale Vegetation, Vegetationsformationen, die nicht an eine bestimmte ↗Vegetationszone gebunden sind, da ihre Standortbedingungen weniger vom Großklima als vielmehr von einem anderen dominierenden, über die verschiedenen Klimazonen hinweg aber gleichermaßen auftretenden ↗Geofaktor geprägt werden, z. B. Auwälder (↗Auenvegetation), ↗Bruchwälder oder ↗Moore). ↗zonale Vegetation.

Baer, *Karl Ernst von*

Background-Aerosol, *Reinluft-Aerosol*, derjenige Anteil der atmosphärischen ↗Aerosole bezüglich Dichte und Spektrum, welcher sich in Reinluft-Gebieten ohne anthropogene Emissionen befindet. Es ist zwischen kontinentalem und maritimen Background-Aerosol zu unterscheiden, da die Teilchendichte über den Ozeanen wesentlich niedriger ist als in kontinentalen Reinluft-Gebieten.

backward-linkages ↗linkage-Effekte.

backwash effect, asymmetrische Interaktion zwischen Zentrum und Peripherie, bei der das Zentrum der Peripherie Ressourcen (Kapital, Arbeitskräfte) entzieht.

Baer, *Karl Ernst* von, russischer Naturforscher, geb. 28.2.1792 in Pübe (Estland), gest. 28.11.1876 in Dorpat. Nachdem Baer 1814 die medizinische Fakultät in Dorpat absolviert und eine Bildungsreise nach Mitteleuropa ausgeführt hatte, arbeitete er an der Universität Königsberg 1817–1834 (seit 1819 als Professor) als Anatom und Zoologe und wurde u. a. durch die Entdeckung des Säugetier-Eies im Eierstock (1827) zum Begründer der Embryologie. 1834 wechselte er nach Petersburg und erhielt Aufträge zur Untersuchung von Problemen der Fischereiwirtschaft, die zu Reisen nach Nowaja Semlja (1837), in den Finnischen Meerbusen und in die Ostsee, die Wolga entlang, zum Kaspischen und Asowschen Meer, nach Karelien und Kola führten. Besonders das katastrophale Versanden des Kaspi und die Verschiebung der Küstenlinie führten zu ökologischen und geographisch-geomorphologischen Einsichten, die Baer mehr und mehr zum Geographen formten. Ausdruck dafür ist das sog. Baer'sche Gesetz, nach dem Flüsse meridionaler Fließrichtung, verursacht durch die Erdrotation, ein Steil- und ein Flachufer bilden. Folgerichtig wurde Baer zum Anreger und Mitbegründer der Russischen Geographischen Gesellschaft im Jahre 1845. Baer vermittelte durch deutsche Editionen russische geographische Erkenntnisse nach Mitteleuropa. [FK]

Bahaismus, mit 7.666.000 Anhängern und einem Anteil von 0,1 % an der Weltbevölkerung die kleinste der ↗Universalreligionen. Die Bahai verteilen sich auf 213 Länder der Erde, verfügen heute über 70.000 Zentren in allen Erdteilen und publizieren ihre Literatur in ca. 685 Sprachen. Von ihnen leben ca. 50 % in Asien mit Schwerpunkten in Indien (1,3 Mio.) und im Iran (420.000) sowie 30 % in Afrika. In Europa lebt die größte Gruppe in Großbritannien (15.000), gefolgt von Deutschland (11.000), dessen Zentrum seit 1964 in Langenhain/Hofheim am Taunus liegt. In Israel, mit dem zentralen Verwaltungszentrum von weltweiter Bedeutung, leben nur ca. 600 Bahai. Da der Bahaismus erst 1866 auf dem Boden des schiitischen ↗Islams in Persien entstanden ist, wird er häufig als eine islamische ↗Sekte bzw. als eine ↗Neureligion bezeichnet. Er versteht sich jedoch selbst als eigenständige Religion mit eigener Offenbarung. Der Bahaismus betont die Missionsarbeit und hat wegen seiner Vereinigung von verschiedenen Elementen aus unterschiedlichen Religionen bei den Menschen der Gegenwart eine starke Resonanz gefunden (↗Synkretismus). Große ethische Ziele sind der Weltfrieden, die Lösung aller sozialen Probleme und die Gleichheit der Rassen. Als vom Islam Abtrünnige hatten und haben die Bahai in Südwestasien, besonders im Iran, unter schwerer Verfolgung zu leiden (↗Religionskonflikte). [GR]

Bahnreform, Grundlage für die Bahnstrukturreform 1994 war die EWG-Richtlinie 91/440, wonach die europäischen Staatsbahnen in eine privatrechtliche Organisationsform zu überführen sind, um sie von staatlichen und politischen Vorgaben unabhängig zu machen. Kern dieser Reform ist der diskriminierungsfreie Netzzugang für Dritte (z. B. ausländische Bahnen, NE-Bahnen) auf der Basis eines fairen Trassenpreissystems (Nutzungsentgelte für den Fahrweg). Den zweiten wettbewerbspolitischen Eckpfeiler der EU bildet die EWG-Verordnung 1893/91, wonach für gemeinwirtschaftliche Verkehre das »Bestellerprinzip« gilt: Verkehre, die nicht kostendeckend zu erbringen sind, aber aus Gründen der Daseinsvorsorge oder des Umweltschutzes vom Staat oder von einer Gebietskörperschaft verlangt werden, müssen öffentlich ausgeschrieben und in Auftrag gegeben (bestellt) werden. Mit der *Regionalisierung des ÖPNV* ging 1996 die Zuständigkeit für den ↗Schienenpersonennahverkehr (SPNV) vom Bund auf die Länder über, die nach einem bestimmten Verteilungsschlüssel seitdem die zur Weiterführung des SPNV erforderlichen Mittel des Bundes erhalten. Nahverkehrsgesetze der Bundesländer regeln die Aufgabenträgerschaft für den SPNV (auf Landes- oder kommunaler Ebene) und für den übrigen öffentlichen Personennahverkehr (↗ÖPNV). ↗Eisenbahn. [JD]

Bajada, *Bahada*, Begriff aus dem Südwesten der USA, bezeichnet den Saum seitlich verzahnter ↗Schwemmfächer unterschiedlicher Größe zwischen dem Fuß der dortigen ↗Inselgebirge und der Tiefenlinie. Als Aufschüttungsform von in tektonischen Senkungsgebieten großer Mächtigkeit (↗Piedmont) ist sie das Gegenstück zur Abtragungsform ↗Pediment, dem sie auch auflagern kann (»fan-topped pediment«). Flächenhaft gekappte ältere Bajadas werden als Peripediment bezeichnet. Das Relief parallel zum Gebirgsfuß ist entsprechend der Querwölbung der einzelnen Schwemmfächer flachwellig.

Bajado, typisches ↗Trockental der spanischen mediterranen Winterregengebiete mit nur zeitweiser, v.a. winterlicher Wasserführung. Daher zeichnet sich seine Morphologie durch ein abschnittsweise unregelmäßiges Längsprofil sowie eine breite Schottersohle aus. Versiegt im Sommer das Gerinne nicht vollständig, ist die Bezeichnung Fiumara gebräuchlich. Das ↗Talquerprofil wird häufig durch steile Hänge akzentuiert. In Italien werden vergleichbare Täler ↗Torrente genannt, im englischen Sprachraum ↗creek.

Bajir, in Innerasien, besonders im Tarim-Becken, gebräuchliche Bezeichnung für ↗Salztonebenen bzw. ↗Playas im Zentrum abflussloser Becken.

Bakterien, einzellige oder in einem gering organisierten Verband (Thallus) angeordnete Lebewesen. Sie gehören zu den Prokaryonten, besitzen also keinen echten Zellkern, wohl aber DNA in sog. Kernäquivalenten; sie vermehren sich sehr rasch und ausschließlich durch Zellteilung. Ein erstes Differenzierungskriterium dieser sehr zahlreich auftretenden (1 g Boden enthält bis zu 25 Mrd. Bakterien) und alle Medien besiedelnden Gruppe ist ihre Gestalt. Demzufolge unterscheidet man kugelige Kokken, stäbchenförmige Bazillen und schraubenförmige Spirillen. Nach ihrer Lebensweise unterscheidet man die kleinere Gruppe der autotrophen, zur Chemosynthese befähigten Bakterien (z. B. *Nitrosomonas, Nitrobacter*, Schwefelbakterien) von der Mehrheit der heterotrophen. Diese leben entweder als ↗Saprophyten und erfüllen so eine wichtige ökologische Funktion bei der ↗Zersetzung des Bestandsabfalls, als ↗Parasiten – häufig als gefürchtete Krankheitserreger, z. B. der Diphtherie – oder in ↗Symbiose. [LN]

Balancegleichung, komplexe, nichtlineare Gleichung zur Beschreibung des Gleichgewichtes zwischen gegenseitig angepasstem Luftdruck- und Windfeld. Die Balancegleichung ermöglicht die Berechnung eines divergenzfreien Windfeldes aus einem vorgegebenen Druckfeld und wird vor allem in der numerischen ↗Wettervorhersage zur Initialisierung der Ausgangssituation angewendet.

Ballochorie, Ausbreitungsstrategie von Pflanzen, bei der die Verbreitung von Samen durch bloßes mechanisches Wegschleudern erfolgt.

Ballonsonde ↗*Radiosonde*.

Ballontheodolit, für die optische Verfolgung der Aufstiegsbahn einer ↗Radiosonde entwickelter Theodolit. Die Position des frei fliegenden Ballons wird durch Ablesen von Azimut und Höhenwinkel bestimmt. Durch Doppelanschnitt mit mehreren Ballontheodoliten lässt sich die Ballonbahn im Raum bestimmen. Der Ballontheodolit wird heute noch beim Einsatz von »constant level balloons« bei Untersuchungen in der ↗atmosphärischen Grenzschicht verwendet. Freifliegende Radiosonden, die bis in die obere Stratosphäre gelangen können, werden mit Radar verfolgt. ↗*Pilotballon*.

Ballungsgebiet, bezeichnet ein größeres Siedlungsgebiet mit mindestens 50.000 Einwohnern und einer Bevölkerungsdichte von mindestens 1000 pro km². Im Gegensatz zum ↗Verdichtungsraum, dessen Randzone mit den realräumlichen Gegebenheiten (z. B. Verkehrsachsen, Achsenendpunkten und deren Einzugsbereich) korrespondiert, orientiert sich das Ballungsgebiet an Land- und Stadtkreisgrenzen. Ballungsgebiete werden in zwei Typen gegliedert: a) Einkernballungen oder monozentrische Ballungsgebiete, die sich um eine dominierende Großstadt entwickelt haben und b) Mehrkernballung oder polyzentrisch strukturierte Ballungsgebiete mit zwei oder mehreren Kernstädten. Im Allgemeinen haben sich jedoch die Begriffe Verdichtungsraum bzw. ↗Agglomeration durchgesetzt, da diese nicht a priori negativ besetzt sind.

Ballungsraum ↗*Verdichtungsraum*.
Band ↗*Spektralbereich*.
Bandenspektrum ↗*Absorptionsbande*.
Bänderparabraunerde, Subtyp der ↗Parabraunerde in der ↗Deutschen Bodensystematik, zur Klasse der ↗Lessivés gehörend. Profil: Ah/Al/Bv+Bbt/(Bv/)(ilCv+Bbt/)/C. Sie besitzt einen diagnostischen Bbt-Horizont, in dem tonangereicherte Bänder mit tonärmeren, verbraunten Bereichen wechseln. Sie können sich zur Tiefe bis in den entkalkten Cv-Horizont erstrecken. Ihre Dicke variiert zwischen 1 und 5 cm. Nach ↗FAO-Bodenklassifikation handelt es sich um ↗Alisols oder ↗Luvisols. Ihre Verbreitung liegt vor allem in Gebieten mit Sandlöss und pleistozänen, silicatreichen (glazi-)fluviatilen Sedimenten.

Bänderton, *Warventon*, in jahreszeitlichem Wechsel rhythmisch geschichtete Ablagerungen von ↗Eisstauseen. Eine Jahresschicht aus Winter- und Sommerlage wird als Warve bezeichnet. Die Abfolge solcher Jahresschichten wird als ↗Warvenchronologie bezeichnet. Bei genügender Aufschlussdichte lassen sich die Abfolgen über größere Entfernung korrelieren. Für Schweden konnte auf diese Weise eine vollständige Warvenchronologie vom Ende der letzten Vereisung bis heute aufgestellt werden, die inzwischen mit der finnischen Warvenchronologie korreliert werden kann.

Bandpassfilterung ↗*Tiefpassfilterung*.
Bandstadt, 1) ↗Siedlungsstruktur. 2) bandförmig zusammengewachsene ↗Metropolitangebiete. Der Idee der Bandstadt lag der Gedanke zugrunde, dass ein Siedlungsband von begrenzter Breite jedem Teil der Stadt einen schnellen Zugang zum grünen Umland sichere und dass ferner die Besiedlung entlang einer Verkehrsstraße die effizienteste Art sei, den Zugang zum Naturraum ohne unnötigen Landschaftsverbrauch zu sichern. Obwohl das Konzept um 1880 entwickelt und 1930 verfeinert wurde, hat es sich als Planungskonzept nicht durchgesetzt, da es die für die Versorgung der Bevölkerung notwendige Zentrenstruktur nicht begünstigt.

Bank, 1) *Geologie*: a) feste, von Schichtfugen begrenzte Gesteinsschicht oder b) kleinste unterscheidbare Einheit in der Lithostratigraphie (↗Stratigraphie). 2) *Geomorphologie*: Geschiebeablagerungen in einem ↗Gerinnebett eines Fließgewässers, die bei ↗Mittelwasser nicht überströmt werden. Sie erreichen nicht die Höhe des Auenniveaus und besitzen keinen dauerhaften Bewuchs; sie können vegetationslos, mit Gräsern, Büschen oder jüngeren Gehölzen bestanden sein. Es lassen sich ortsfeste von stromabwärts wandernden Bankarten trennen, deren Übergänge jedoch fließend ausgebildet sind. Bänke ebenso wie Inseln, beides ↗Sohlstrukturen der ↗Gewässersohle, zeigen das Strukturbildungspotenzial bzw. die Eigendynamik eines Flusses an. Man unterscheidet (Abb.) bei wandernden Bankformen Großdünen, ↗Mittenbänke und wechselseitige ↗Uferbänke, bei ortsstabilen Bankarten ↗Diamantbank, ↗Gleituferbank, ↗Krümmungsbank, ↗Mündungsbank und ↗Querbänke. ↗Bankbildung. [II]

Bank: Bankformen.

wechselseitige Uferbänke

Diamantbänke

Gleituferbänke

Querbänke

Mittenbänke

Mündungsbänke

Baranski, *Nikolai Nikolajewitsch*

Banse, *Ewald*

Bankbildung, Prozess der Ablagerung von Feststoffen im ↗Gerinnebett, bei dem die Akkumulationen über das mittlere Sohlenlagenniveau herausragen und über den Wasserspiegel hinauswachsen. Das Bankwachstum teilt den ↗Stromstrich zunehmend in die Bank umlaufende Rinnen auf. In den Umfließungsrinnen erfolgen ↗Seitenerosion und Eintiefung, so dass es zu einer Querschnittsvergrößerung des Flussbettes und somit zu einer Absenkung des Wasserspiegels kommt. Die ↗Bank taucht auf und wird bei ↗Mittelwasser schließlich nicht mehr überströmt, erreicht jedoch nicht das Auenniveau. Sie spiegelt je nach ↗Fließgewässertyp den vorherrschenden Feststofftransport und das erfolgte Sedimentationsmilieu in ihrem Aufbau wider. Eine Bankbildung kann durch verschiedene Faktoren verursacht werden. Ist z. B. das Transportvermögen eines ↗Fließgewässers im Verhältnis zur herantransportierten Geschiebefracht zu gering, versucht der Flusslauf durch Feststoffakkumulation eine Vergrößerung des ↗Sohlgefälles zu erreichen, da er einem Gleichgewichtsgefälle zustrebt. Ebenso können Bankbildungen durch Wasservegetation initiiert werden. [II]

bankful ↗*bordvoll*.

Bannmeile, *Außenstadtrandzone*, Umgebung eines Ortes bis zur Entfernung einer Meile mit eingeschränkten demokratischen Freiheitsrechten (z. B. Demonstrationsrecht).

Bannwald, geschützte Waldfläche (*Schutzwald*) mit dem Ziel der Aufrechterhaltung von Schutzfunktionen des Waldes mit – je nach gültigem Landesrecht – unterschiedlichen Nutzungsbeschränkungen bis hin zu vollständigem Nutzungsverbot. In letztgenanntem Falle ist der Bannwald identisch mit ↗Naturwaldreservat.

Banse, *Ewald*, deutscher Geograph und Fachschriftsteller, geb. 23.5.1883 Braunschweig, gest. 31.10.1953 Braunschweig. Er brach sein Studium der Geologie und Geographie in Berlin und Halle ab und unternahm seit 1906 ausgedehnte Reisen, v. a. in den Vorderen Orient. Seine Reiseerlebnisse publizierte er in zahlreichen länderkundlichen Monographien (z. B. »Ägypten«, 1909; »Der Orient«, 1910; »Tripolis«, 1912; »Die Türkei«, 1915), in denen er sich um anschauliche, »künstlerische« Darstellung bemühte. Durch seine z. T. scharfe Polemik gegen die seiner Meinung nach »seelenlose« Katederwissenschaft (z. B. »Expressionismus und Geographie«, 1920) geriet Banse in Widerspruch zur Hochschulgeographie, fand aber unter den Schulgeographen Zuspruch. Allgemeine Zustimmung fand sein »Lexikon der Geographie« (1923). Seit 1932 hatte Banse eine Honorarprofessur an der TH Braunschweig inne, die ihm aber zwischenzeitlich aberkannt wurde, nachdem sein Buch »Raum und Volk im Weltkrieg« (1933) im Ausland für einen Eklat gesorgt hatte. [HPB]

Bar, gesetzliche Einheit des Druckes, der als Quotient von Kraft und Fläche definiert ist, 1 bar = 10^5 N/m^2 = 10^5 Pa. Die Einheit Bar und die davon abgeleitete Millibar (1 mbar = 10^{-3} bar) werden zunehmend durch die Einheit ↗Pascal (Pa) ersetzt.

Baranski, *Nikolai Nikolajewitsch*, russischer Ökonom und Geograph, geb. 27. Juli 1881 in Tomsk, gest. 29. Nov. 1963 in Moskau. Der Sohn eines Gymnasiallehrers ging 1899 mit besten Schulergebnissen an die Juristische Fakultät der Universität Tomsk. Hier trat er einem Freundeskreis zur Erforschung des Altai bei und es entstand eine erste kleine geographische Arbeit. Beteiligung an illegaler politischer Betätigung führten zur Relegierung und zu mehrfachen Gefängnisstrafen, zugleich häufigem Wechsel des Wirkungsortes, mit dem er das Russische Imperium von Karelien bis zum Fernen Osten gründlich kennen lernte. Von 1910 bis 1914 absolvierte er die Handelshochschule in Moskau und arbeitete anschließend als Ökonom in staatlichen Verwaltungen. Die Bolschewiki setzten Baranski als Finanzrevisor in der Arbeiter- und Bauern-Inspektion ein (wieder mit häufig wechselndem Einsatzort), bis er 1925 auf eigenen Wunsch in den Moskauer Hochschulen die ökonomische Geographie aufzubauen begann. In rascher Folge erschienen seine Lehrbücher zur ökonomischen Geographie der UdSSR, sowohl als Hochschullehrbücher als auch für die 7. und 10. Klasse der allgemein bildenden Schulen, in Millionenauflagen und in über 20 Sprachen der Sowjetunion. 1935 promovierte Baranski zum Doktor der geographischen Wissenschaft (vergleichbar der Habilitation in Deutschland). Mit den Büchern verwirklichte er sein Volksbildungsanliegen und näherte sich der ↗Didaktik der Geographie. Er begründete 1935 die renommierte Zeitschrift »Geographie in der Schule« und leitete deren Redaktion viele Jahre. Er förderte intensiv die Schulkartographie und initiierte die Entwicklung geographischer Lehrfilme. Er beteiligte sich maßgeblich an der Entwicklung eines Systems der Lehrerweiterbildung. Sein Wirken ist eng mit der »Großen Sowjet-Enzyklopädie« verbunden, deren Verlag er mitbegründete. Baranski betrieb eine ökonomische Geographie mit tiefer wirtschaftswissenschaftlicher Grundlegung bei Wahrung der »regionalen Methode« bzw. der Chorographie, mit der er die Selbstständigkeit der Geographie gegenüber der Politischen Ökonomie wahrte. Bezeichnenderweise gehen die Übersetzungen z. B. von ↗Thünens »Isoliertem Staat« und ↗Hettners »Geographie. Ihre Geschichte, ihr Wesen und ihre Methoden« auf Baranskis Initiative zurück. Er war ein redegewandter Dozent und er verstand es, eine Reihe hoch begabter Schüler und Freunde um sich zu scharen. [FK]

Barbenregion ↗*Fischregionen*.

Barchan, turkmenisches Wort für *Sicheldüne*, ist als ↗Einzeldüne die einzige echte *Wanderdüne*, deren gesamte Sandmasse sich mit der Windrichtung verlagert. Ein Barchan kann aus einem ↗Sandfleck oder ↗Sandschild durch Sandabblasung (↗Deflation) auf der Windseite (Luv) und Ablagerung im Windschatten (Lee) entstehen. (Abb. 1) Dabei werden die Sandkörner im Luv durch ↗Saltation hangaufwärts transportiert, wobei der Luvhang mit etwa 10–15° Neigung entsteht. Sobald der Leehang steiler wird als der Grenzneigungswinkel für lockeren Feinsand (30–35°), kommt es hier zu Rutschungen, wodurch sich ein scharfer ↗Dünenkamm quer zur Windrichtung (= Transportrichtung) ausbildet: der Barchan ist die einfachste Querdüne. Durch die Sandrutschungen entsteht eine charakteristische leehangparallele Schichtung der Dünen, weil sich kleinere Körner in einer unteren und größere Körner in einer oberen Lage anordnen. Da die Verlagerung der Sandmasse an den flachen Rändern des Sandschildes schneller geht als in der Mitte, bleibt dieser Teil etwas zurück und randlich bilden sich in Bewegungsrichtung voraus eilende *Barchanhörner*. So entsteht die im Luv konvexe Sichel- oder Halbmondform. Die Symmetrieachse des Barchans gibt die Transportrichtung und damit den dominanten Wind an. Für den Transportmechanismus sind einheitliche Windrichtung und fester, vegetationsloser Untergrund Voraussetzung. Das unimodale Windsystem ist jedoch selten gegeben; bis zu 20° Richtungsabweichung stören die Strömungsdynamik nicht. Zu dieser Dynamik gehören auch Leewirbel, die um die Hörner herum greifen und am Leehang aufwärts gerichtet sind. Sie halten den Untergrund sandfrei und unterstützen damit die *Dünenwanderung*.

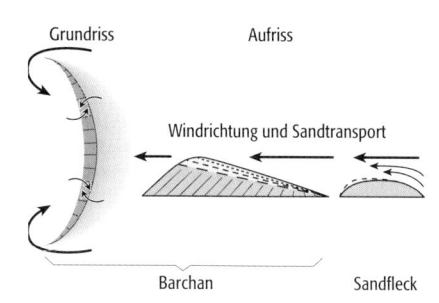

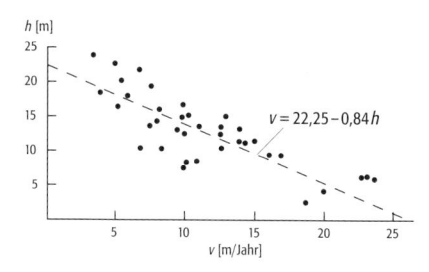

Barchane wandern besonders mit starken Passaten (z. B. in Ägypten, Sudan, Tschad) oder mit kräftigen Seewinden (z. B. in Namibia, Peru). In Peru werden Höhen von 30–80 m erreicht; meistens bleiben die Höhen jedoch unter 30 m. Da die gesamte Sandmasse umgewälzt werden muss, ist die Wanderungsgeschwindigkeit – bei vergleichbarer Windstärke – umgekehrt proportional zur Barchanhöhe (Abb. 2). Daher können kleinere Barchane größere Exemplare einholen und bei festen Luvhängen hinauf wandern (Abb. 3). So entstehen sehr komplexe Formen mit mehreren Leehängen und häufig unterschiedlichen ↗Sandkorngrößen. Kleinere Barchane sind z. B. häufig jünger und weisen eine unimodale Korngrößenhäufigkeitsverteilung auf. Mit zunehmender Wanderzeit, Wanderstrecke und/oder Windstärke verarmen Barchane an Feinsand, der bei Umwälzung ständig ausgeblasen wird, weil er nicht durch größere Körner geschützt werden kann wie auf stationären Dünen. Barchane sind daher die einzigen Dünen, die ihre Korngrößenhäufigkeitsverteilung ständig verändern. Sehr »alte« Barchane bestehen aus sehr groben Sanden oder besitzen bimodale Korngrößenhäufigkeitsverteilungen. Natürlich spielen auch die Korngrößen der Sandquellen eine Rolle. Gerät der Barchan auf Lockersand, so ebnet er sich selbst ein, weil die Leewirbel Vertiefungen schaffen, in die dann die Leehangrutschungen schütten. Letzte Reste ehemaliger Barchane sind hufeisenförmige Mulden oder Kessel, die besonders in Arabien zahlreich sind.

Mit dieser Dynamik erfüllt der Barchan alle Kriterien von Solitonen in der Physik, also stationären Wellen in nicht linearen dispersiven Systemen, die bei Fortpflanzung nicht auseinander laufen, sondern ihre Gestalt beibehalten, und die als dynamisch und strukturell stabile Energiepakete betrachtet werden können, wie im Folgenden gezeigt wird. Erstens: Solitone entstehen im Grenzbereich zwischen zu viel Energie (Turbulenz) und zu wenig Energie (Auflösung) als spontane Selbstorganisation durch nicht lineare Wechselwirkung (mit dem Boden). Genauso entstehen Barchane aus dem Sandfleck im energetischen Grenzbereich: bei zu viel kinetischer Energie (Windstärke) kommt es zur Verblasung und Zerstreuung des Sandes, bei zu wenig Energie werden nur die kleineren Körner ausgeblasen, es kommt zur Entmischung und zur Bildung eines ↗Deflationspflasters, wodurch der Sandfleck stabilisiert wird. Bei kritischen Energiewerten kommt es zu nicht linearen Wechselwirkungen, und die typische Sichelform entsteht durch Selbstorganisation. Wichtig scheinen die Einengung des Windfeldes am Luvhang (30 cm scheint eine kritische Höhe zu sein) und die Leewirbel am Boden zu sein. Zweitens: Solitonen wandern mit konstanter Geschwindigkeit und Formkon-

Barchane 1: Barchanentstehung aus einem Sandfleck (stark vereinfacht).

Barchane 2: Abhängigkeit der Wandergeschwindigkeit v von der Höhe h nach Messungen in Ägypten.

Barchane 3: Ein kleiner Barchan (rechts) reitet auf einem großen flachen; Küste Namibias.

$v = 22{,}25 - 0{,}84\,h$

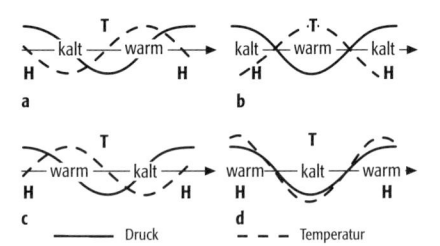

barokline Wellen: Barokline Wellen: a) anwachsend; b) gedämpft; c und d) stabil (T = Tiefdruckgebiet, H = Hochdruckgebiet).

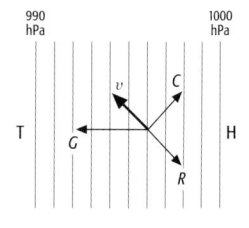

Barisches Windgesetz: Parallelogramm der Windvektoren beim Barischen Windgesetz (v = Wind, G = Gradientkraft, C = Corioliskraft, R = Reibungskraft, T = Tiefdruckgebiet, H = Hochdruckgebiet).

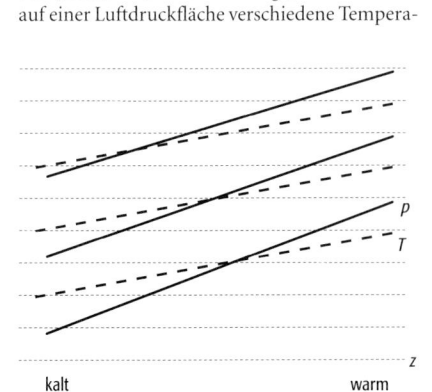

Baroklinität: Barokline Atmosphäre: Neigung von Druckflächen p und Temperaturflächen T im Vergleich zur absoluten Höhe z.

stanz ohne Dispersion (wichtigstes Kriterium). Barchane wandern mit Formkonstanz ohne Dispersion, sofern der Wind stets aus derselben Richtung kommt. Richtungsabweichungen des Windes bis 20° werden verkraftet, modifizieren jedoch die Sichelform, z. B. durch Verlängerung nur eines Barchanhornes. Sogar kürzere Perioden um 180° gedrehter Winde werden überstanden. Feste topographische Hindernisse wie Gesteinsausbisse oder Hügel werden ohne Störungen überwandert. Die Sichelform scheint extrem stabil zu sein. Drittens: Höhe und Geschwindigkeit eines wandernden Solitons sind miteinander gekoppelt, weshalb eine hohe schmale Welle eine niedrige breite einholen, durchdringen und überholen kann. Dies gilt auch für den Barchan. Der gesamte Überholvorgang wurde noch nie beobachtet, weil er sehr lange dauert. Indizien liegen aus Luftbildern und ↗Korngrößenanalysen vor. Interessant bei Barchanen sind die zu flüssigen Solitonen reziproken Verhältnisse beim Energie-Kriterium (Wellenauflösung bei zu wenig Energie, Sandfleckauflösung bei zu viel Energie) und bei der Höhen-Geschwindigkeitskorrelation. Der mathematische Beweis für den Barchan als Soliton, also die Beschreibung durch nicht lineare partielle Differenzialgleichungen, ist sehr schwierig (da nur wenige quantitative Beobachtungen und Messungen vorliegen) und steht noch aus; Simulationen sind jedoch gelungen. [HBe]

Barchanhorn ↗Barchan.

Barisches Windgesetz, Gesetz von der Richtungsablenkung des geostrophischen Windes in Bodennähe, hervorgerufen durch die in Bodennähe wirkende Reibungskraft, welche der ↗Corioliskraft entgegenwirkt und somit eine relative Linksablenkung (auf der Nordhalbkugel der Erde) zum Tiefdruckgebiet hin bewirkt (Abb.). Es gilt folgende Regel: Steht ein Beobachter (auf der Nordhalbkugel) mit dem Rücken zum Wind, so liegt das Tiefdruckgebiet links vor ihm und das Hochdruckgebiet rechts hinter ihm. Auf der Südhalbkugel sind die Ablenkungs- und Beobachtungsverhältnisse umgekehrt. ↗Buys-Ballot'sches Windgesetz, ↗Ekman-Spirale.

Barockstadt, ↗kulturhistorischer Stadttyp des 16. und 17. Jh., für den ein geometrisch geplanter Grundriss mit Ausrichtung auf die Schlossanlage sowie eine einheitliche architektonische Gestaltung der Baukörper (Aufriss) kennzeichnend ist. Die Macht des Fürsten spiegelte sich in der Stadtgestaltung, indem die Monotonie der bürgerlichen, kommunalen und kirchlichen Gebäude die Dominanz der fürstlichen Bauten noch hervorhob. Auch die ständische Gliederung der Bevölkerung wurde baulich durch eine gestaffelte Stockwerkzahl im Stadtbild reflektiert.

Barograph ↗Barometer.

barokline Instabilität, Instabilität der ↗zonalen Grundströmung in einer durch ↗Baroklinität geprägten Atmosphäre. Barokline Instabilität wird hauptsächlich durch starke meridionale Temperaturgradienten und eine labile vertikale Schichtung ausgelöst und führt zur Bildung sich selbst verstärkender, horizontaler Wellenbewegungen (↗barokline Wellen), aus denen sich ↗Tiefdruckgebiete entwickeln können.

barokline Wellen, wellenförmig verlaufende Strukturen im Druck- und Temperaturfeld der mittleren und oberen Troposphäre, die dadurch gekennzeichnet sind, dass die Welle im Druckfeld gegenüber der Welle im Temperaturfeld horizontal so verschoben ist, dass sich die Isobaren und die Isothermen schneiden (Abb.). ↗Baroklinität.

Dadurch erfolgt auf der Trogvorderseite der Welle Warmluftadvektion und auf der Trogrückseite Kaltluftadvektion, wodurch insgesamt Wärme aus den niederen in die hohen Breiten transportiert wird. Die baroklinen Wellenstörungen im Druckfeld der mittleren und oberen Troposphäre bewirken kräftige vertikale Luftbewegungen, aus denen sich am Boden Hoch- und Tiefdruckgebiete entwickeln. Letztere entwickeln sich weiter zu ↗außertropischen Zyklonen, die zur Ausbildung der ↗subpolaren Tiefdruckrinne und der ↗Polarfront beitragen. Barokline Wellen entstehen mit instabil wachsender Wellenlänge und Wellenamplitude, sobald die meridionalen Temperaturgradienten die kritischen Werte zur Auslösung ↗barokliner Instabilität überschreiten. Diese liegen im 500 hPa-Niveau bei 6°C/1000 km ohne und bei 3,5°C/1000 km mit Kondensation. Barokline Wellen überlagern die Grundströmung der Westwinddrift, die in der Regel bereits von ↗Rossby-Wellen überlagert wird. ↗atmosphärische Zirkulation, ↗Barotropie. [DKl]

Baroklinität, Gegenteil von ↗Barotropie; atmosphärischer Zustand, bei dem horizontal orientierte Flächen gleichen Luftdrucks (Druckflächen) und horizontal orientierte Flächen gleicher Temperatur (Temperaturflächen) gegeneinander geneigt sind, sodass sich Überschneidungen ergeben (Abb.). Dieses hat zur Folge, dass einerseits auf einer Luftdruckfläche verschiedene Temperaturen herrschen und dass andererseits der vertikale Abstand zweier Druckflächen von der horizontalen Temperaturverteilung abhängig ist. Dadurch sind auch übereinander liegende Druckflächen gegeneinander geneigt, sodass sich der ↗Wind einerseits mit der Höhe ändert und andererseits eine horizontale Temperaturänderung erfährt. Baroklinität ist die Voraussetzung für Energieumwandlungen, ↗barokline Instabilität mit thermischen und dynamischen Störungen, Vertiefungen und Auffüllungen von ↗Tiefdruckgebieten in der Atmosphäre sowie für den ↗thermischen Wind. Die Atmosphäre ist immer baroklin geschichtet. Während über den Polen und in den Subtropen die Baroklinität nur schwach ausgeprägt ist, tritt sie in den mittleren Breiten im Bereich der ↗planetarische Frontalzone als barokline Zone deutlich in Erscheinung. [DD]

Barometer, Instrument zur Messung des Luftdrucks. Es gibt verschiedene Messprinzipien: Beim Quecksilberbarometer, auch als ↗Stationsbarometer verwendet, wird das Gleichgewicht zwischen einer Quecksilbersäule und dem Luftdruck ausgenutzt, beim ↗Aneroidbarometer die verformende Wirkung des Luftdrucks auf teilevakuierte Metalldosen und beim ↗Hypsometer die Luftdruckabhängigkeit des Siedepunktes von Wassers. Registrierende Geräte heißen *Barographen* und beruhen meist auf dem Prinzip des Aneroidbarometers.

barometrische Höhenformel, beschreibt den Zusammenhang zwischen ↗Luftdruck und Höhe. Sie ergibt sich aus der statischen Grundgleichung und der Zustandsgleichung idealer Gase (↗Gasgesetze) mit z = Höhe, p = Luftdruck in der Höhe z, p_0 = Luftdruck für $z = 0$, g = Schwerebeschleunigung, R_L = spezifische Gaskonstante für trockene Luft und T_v = mittlere ↗virtuelle Temperatur zwischen den Luftdruckniveaus von p_0 und p:

$$\ln(p/p_0) = -g \cdot z/(R_L \cdot T_v)$$

bzw.

$$p = p_0 \cdot e^{-g \cdot z/(R_L \cdot T_V)}.$$

Daraus wird die negativ-exponentielle Luftdruckabnahme mit der Höhe ersichtlich. Die Temperatur wirkt insofern modifizierend, als der Luftdruck bei tiefen Temperaturen stärker mit der Höhe abnimmt als bei hohen Temperaturen. Der Dichteeinfluss des Wasserdampfs in feuchter Luft wird durch die Verwendung der virtuellen Temperatur berücksichtigt.

Die barometrische Höhenformel nach z bzw. T_v aufgelöst ergibt:

$$z = (R_L \cdot T_v/g) \cdot \ln(p_0/p),$$
$$T_v = (g \cdot z)/(\ln(p_0/p) \cdot R_L).$$

Verallgemeinert man sie auf beliebige Atmosphärenschichten zwischen zwei Höhenniveaus z_1 und z_2 mit Luftdruck p_1 und p_2, so lässt sich mit ihrer Hilfe eine Reihe unterschiedlicher Aufgabenstellungen bearbeiten:

a) Bestimmung des Luftdrucks in einer vorgegebenen Höhe, wenn der Luftdruck in einem bestimmten Niveau bekannt ist und die Mitteltemperatur der dazwischenliegenden Atmosphärenschicht abgeschätzt werden kann,
b) Bodenluftdruckreduktion auf Meeresniveau,
c) barometrische Höhenmessung, d. h. Bestimmung der Höhendifferenz zwischen zwei Standorten aufgrund deren gemessener Luftdruck- und Temperaturwerte,
d) Bestimmung der Mitteltemperatur einer Atmosphärenschicht, wenn deren Mächtigkeit sowie der Luftdruck im oberen und unteren Begrenzungsniveau bekannt sind.

In der praktischen Anwendung bedient man sich häufig einer modifizierten Formel, in der die Temperatur t_v in °C eingeht und $\alpha = 1/273{,}16$ den thermischen Ausdehnungskoeffizienten (↗Gasgesetze) bezeichnet:

$$\log p_2 = \log p_1 + (z_2 - z_1)/[18\,400 \cdot (1 + \alpha \cdot t_v)].$$

[JJ]

barometrische Höhenstufe, Höhendifferenz, die einer vertikalen Abnahme des ↗Luftdrucks um 1 hPa entspricht. Nach der ↗barometrischen Höhenformel nimmt der Luftdruck mit der Höhe negativ-exponentiell ab, deshalb vergrößert sich die barometrische Höhenstufe mit zunehmender Höhe (von etwa 8 m in Bodennähe auf etwa 16 m in rund 5,5 km Höhe, dem mittleren Niveau der 500 hPa Fläche).

Barotropie, Gegenteil von ↗Baroklinität; theoretischer atmosphärischer Zustand, bei dem horizontal orientierte Flächen gleichen Luftdrucks (Druckflächen) und horizontal orientierte Flächen gleicher Temperatur (Temperaturflächen) parallel verlaufen (Abb.), sodass die Druckflächen in allen Höhen die gleiche Neigung haben und auf einer Druckfläche an jedem Punkt dieselbe Luftdichte und dieselbe Lufttemperatur herrscht. Daraus resultiert ein ↗Wind mit einer höhenkonstanten ↗Windrichtung und ↗Windgeschwindigkeit. Barotrope Windfeldmodifikationen können nur durch Störungen, wie z. B. Abrisseffekte an Gebirgsketten, auftreten, die infolge der hieraus resultierenden barotropen Instabilität hauptsächlich zu horizontalen Wellenbewegungen führen. Eine barotrope Atmosphäre stellt sich auch dann ein, wenn Luftdichte und

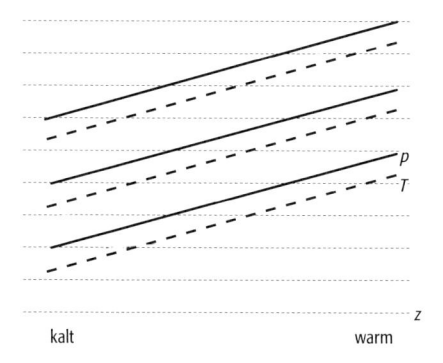

Barotropie: Barotrope Atmosphäre: Neigung von parallel verlaufenden Druckflächen p und Temperaturflächen T im Vergleich zur absoluten Höhe z.

Lufttemperatur in der gesamten Atmosphäre als konstant angenommen werden. Im Vergleich zur realen baroklinen Atmosphäre besitzt die künstliche barotrope Atmosphäre geeignete Voraussetzungen zur numerischen Analyse atmosphärischer Prozesse. So wird beispielsweise das numerische barotrope Modell in der ↗Wettervorhersage angewendet. Ferner sind unter barotropen Bedingungen die ↗Rossby-Wellen der mäandrierenden ↗Westwinddrift als barotrope Wellen numerisch beschreib- und vorhersagbar. [DD]

Barranco, *Barrancho*, spanische Bezeichnung für eine Erosionsschlucht, v. a. gebräuchlich für Furchen in Lockermaterialdecken von Vulkankegeln mit steilen Hängen.

Barre, küstenparallele, lang gestreckte, wallartige Erhebung vor dem ↗Strand, meist aus Sanden aufgebaut (sublitorale Sandbank). Eine Barre bildet sich gewöhnlich in der kritischen Wassertiefe und dem kritischen Strandabstand, wo die anlaufenden ↗Wellen häufigen Kontakt mit dem Meeresboden haben und Sedimente aufhäufen. Die Barre wandert im Laufe von einigen Tagen bis Wochen auf den Strand zu, ihr Material wird dem Strand einverleibt, und es kann vor dem Strand eine weitere Barre entstehen. Auch mehrere parallele Barren sind gleichzeitig möglich, jeweils getrennt durch parallele Rinnen.

Barrentheorie, erklärt die Bildung großer Salzlagerstätten. Bei Verdunstung von Meerwasser in einem teilweise abgeschnürten Meeresbecken fallen, in der Reihenfolge zunehmender Löslichkeit, ↗Evaporite aus dem Lösungsgemisch aus. Bei idealer Ausscheidungsfolge beginnt die Abscheidung der Evaporite mit ↗Gips ($CaSO_4 \cdot 2\,H_2O$) und ↗Anhydrit ($CaSO_4$). Danach folgen Steinsalz (NaCl) und schließlich Kali- und Magnesiumsalze, wie Sylvin (KCl), Carnallit ($KCl \cdot MgCl_2 \cdot 6\,H_2O$), Bischofit ($MgCl_2 \cdot 6\,H_2O$), Kieserit ($MgSO_4 \cdot H_2O$), Polyhalit ($K_2SO_4 \cdot MgSO_4 \cdot 2\,H_2O$) und Kainit ($KCl \cdot MgSO_4 \cdot 3\,H_2O$). Die Evaporite bilden einen mehr oder weniger umfangreichen, linsenförmigen Körper, der zwischen salzbegleitenden Gesteinen (meist ↗Dolomit, Salzton, Steinmergeln, etc.) eingeschaltet ist. ↗Salinar.

Barriadas ↗Hüttensiedlungen.

Barriere, eine Schranke als materielles begrenzendes Objekt oder begrenzender Faktor. Beispiele für geographische Barrieren sind Gebirgszüge und Gewässer, die von bestimmten Tieren und Pflanzen nicht überschritten werden (Ausbreitungsbarriere). Große Flüsse Amazoniens, wie der Amazonas und der Rio Negro erweisen sich selbst für Vogelarten als unüberwindliche Barrieren (Abb.).

Barriereriff ↗Korallenriffe.

Bartels, *Dietrich*, deutscher Geograph, geb. 27.2.1931 in Bochum, gest. 25.8.1983 in Kiel. Er studierte zunächst Germanistik und Romanistik, dann Geographie und Wirtschaftswissenschaften in Freiburg, Hamburg, Grenoble und Berlin. 1955 absolvierte er das Diplomexamen für Volkswirte in Freiburg, promovierte 1957 in Hamburg mit einer Arbeit über Nachbarstädte, habilitierte sich 1966 in Köln (»Zur wissenschaftstheoretischen Grundlegung einer Geographie des Menschen«). 1970–1972 war er Professor für Kultur- und Sozialgeographie in Karlsruhe, seit September 1972 Professor für Geographie in Kiel. Bartels war einer der bedeutendsten Fachtheoretiker des 20. Jh. In wissenschaftstheoretisch fundierter Weiterführung der im anglo-amerikanischen Raum diskutierten quantitativen Ansätze schuf er die Basis für ein modernes raumwissenschaftliches Konzept und trug damit erheblich zur Ablösung des Faches vom überholten landschaftsgeographischen Paradigma bei. Wichtige Veröffentlichungen: »Die Zukunft der Geographie als Problem ihrer Standortbestimmung« (in: Geogr. Zeitschrift 1968); »Zwischen Theorie und Metatheorie« (in: Geogr. Rundschau 1970); »Schwierigkeiten mit dem Raumbegriff in der Geographie« (in: Geographica Helvetica 1974); »Theorien nationaler Siedlungssysteme und Raumordnungspolitik« (in: Geogr. Zeitschrift 1979) und »Menschliche Territorialität und Aufgabe der Heimatkunde« (in: Riedel, W. (Hrsg.): Heimatbewusstsein, Erfahrungen und Gedanken. Beiträge zur Theoriebildung. Husum 1981). [UW]

Barysphäre, *Nife*, der aus Nickel und Eisen bestehende feste Erdkern. ↗Erdaufbau.

Baryt [von griech. barys = schwer], *Schwerspat*, durchscheinendes, farbloses, gelbliches oder blauviolettes Mineral mit der chemischen Formel: $BaSO_4$; Härte nach Mohs: 3–3,5; Dichte: 4,3–4,7 g/cm^3; orthorhombischer bis kubischer Kristallform. Er wird hauptsächlich bei der Farbenherstellung, als Schwerspülung bei Bohrungen und bei der Papier- und Textilherstellung verwendet.

basales Gleiten ↗Gletscherbewegung.

Basalt, Sammelbegriff für dunkle, basische Ergussgesteine. Basaltische Gesteine werden mine-

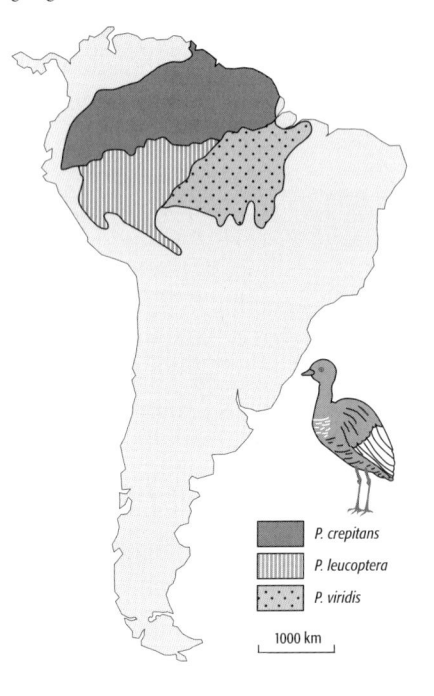

Barriere: Verbreitung der drei Trompetervogelarten der Gattung *Psophia* (Psophiidae) in Amazonien, Südamerika. Die Kontaktzonen der Arten verlaufen entlang der Flüsse Amazonas und Rio Madeira.

ralogisch durch den Anteil ihrer hauptsächlichen Mineralen, wie Plagioklas, ↗Augit, ↗Hornblende, Nephelin, Leucit oder ↗Olivin, unterschieden. Bedeutsam sind Alkalibasalte (Basanit, Nephelin-Basanit, Tephrit, Ankaratrit, Melilithbasanit, Leucitbasanit usw.). Charakteristisch für Basalt ist eine säulige Absonderung. Solche Basaltsäulen wurden bevorzugt bei Deichbauten verwendet. Ansonsten wird Basalt häufig als Schotter beim Straßenbau eingesetzt. Basalt ist in Mitteleuropa das verbreitetste vulkanische Gestein. Die meisten der mitteleuropäischen Basalte wurden im Jungtertiär gebildet und entstanden zum Teil subterrestrisch. Sie sorgten durch ihre Härte gewöhnlich für den heutigen Mittelgebirgscharakter in den Verbreitungsgebieten. Bedeutende Basalt-Gebiete in Deutschland sind die Rhön, der Vogelsberg und der Westerwald. ↗Streckeisen-Diagramm. [GG]

Basensättigung, prozentualer Anteil basischer Kationen (Ca^{2+}, Mg^{2+}, K^+ und Na^+) an der Kationenaustauschkapazität. Sie steigt mit zunehmendem ↗pH-Wert des Bodens und ist ein wichtiger Kennwert zur Beurteilung der ↗Trophie von Böden und für die Bodenklassifikation im Rahmen der ↗Deutschen Bodensystematik.

Basenzeiger, *Basiphyten, basiphile Arten*, ↗Zeigerpflanzen.

Basic-Nonbasic-Konzept, *Export-Basis-Konzept*, Theorie zur Erfassung der wirtschaftlichen Grundlagen der Stadt. Sie basiert auf einer Zweiteilung der städtischen Funktionen in solche, die der Versorgung und Erhaltung der Stadtbevölkerung dienen (nonbasic) und jene, die zum städtischen »Export« und damit einem Kapitalzustrom beitragen (basic). Letztere gelten als der eigentliche wirtschaftliche Stützpfeiler (economic base) einer Stadt und werden mithilfe des Standortquotienten Q bestimmt, der Beschäftigtenanteile und den Spezialisierungsgrad einer Stadt erfasst: Q ergibt sich aus den lokal Beschäftigten in einem Wirtschaftszweig/Gesamtheit der Lokalbeschäftigung im Verhältnis zu den national Beschäftigten in demselben Wirtschaftszweig/Gesamtheit der Beschäftigung. Ein Wirtschaftszweig ist »basic«, wenn sein lokaler Beschäftigungsanteil über seinem nationalen Anteil liegt. Die Economic-Base-Analyse ist ein wichtiges Instrument zur Erfassung wirtschaftlicher Strukturen und Trends in der Stadtökonomie. Der Ansatz geht davon aus, dass Wirtschaftswachstum in der Stadt durch den Multiplikatoreffekt exportorientierter (basic) Aktivitäten induziert wird. Dieser ermittelt sich aus dem Verhältnis Gesamtlokalbeschäftigung (B_g) zur Beschäftigung in den exportorientierten Wirtschaftszweigen (B_b), also (B_g/B_b). Beispiel: Eine Stadt hat eine Gesamtbeschäftigung von 48.000, darunter 20.000 exportorientierte (basic) Beschäftigte. Der Multiplikator ist 48.000/20.000 = 2,4. Ein Wachstum der Beschäftigung um 3000 in den exportorientierten Wirtschaftszweigen ergibt dann ein Beschäftigungswachstum von 3000 · 2,4 = 7200 und erhöht die Gesamtbeschäftigung auf 55.200. Nachteile des Konzepts sind die Annahmen zur Monokausalität des städtischen Arbeitsplatzwachstums, Konstanz der Multiplikatoreffekte sowie Kontinuität gesellschaftlicher und globalwirtschaftlicher Gegebenheiten. [RS]

Basiphyten ↗*Kalkpflanzen*.

Basisabfluss ↗*Abfluss*.

Basisdistanz, der Höhenunterschied zwischen dem höchsten Punkt eines Abtragungsgebietes und der ↗Erosionsbasis. In Zusammenhang mit der horizontalen Entfernung ist die Basisdistanz wichtig für die Intensität der ↗Abtragung.

Basiskarte, *BK, Grundlagenkarte, Kartengrund, Kartengrundlage*, vorwiegend aus topographischen Elementen bestehende Bezugsgrundlage in ↗thematischen Karten, die den Bezug zum ↗Georaum herstellt, aber auch Sachbezüge unterstützt. Während der Kartenbearbeitung liefert sie das Skelett für die Verortung der Inhalte der thematischen ↗Darstellungsschichten. Als Bestandteil der fertig gestellten Themakarte vermittelt die BK dem Kartennutzer die Lagebeziehungen im Georaum. Darüber hinaus trägt sie zur Erklärung der räumlichen Verteilungsmuster der thematischen Inhalte bei. Zum Beispiel erhellt das in ↗Klimakarten als Basiselement (BE) benutzte Relief weitgehend die Verteilung von Niederschlägen und Temperaturen.

Basiselemente thematischer Karten

a) topographische Basiselemente

Gewässernetz
Relief (als Höhenlinien- oder schattenplastische Darstellung)
Bodenbedeckung (bes. die Waldflächen)
Siedlungen (als Positionssignatur und/oder Grundrissdarstellung ggf. mit Kennzeichung der Verwaltungsfunktion)
Verkehrswege
Verwaltungsgrenzen und Grenzen von Schutzgebieten (z.B. NSG)
sowie diese Elemente erläuternde Kartennamen

b) als thematische Basiselemente verwendbare Grundstrukturen

Bevölkerungsverteilung
Raumordnungsregionen
zentrale Funktion der Städte, klassifiziert gemäß Raumordnung
Wahlbezirke
Postzustellbereiche

Basiskarte: Basiselemente thematischer Karten.

Nahezu alle Inhalte ↗topographischer Karten sind als Basiselement verwendbar (Abb.). Jedoch ist deren sorgfältige Abstimmung auf Thema, Maßstab und Zweck der Karte unerlässlich.
Für thematische Kartenserien und Atlanten wird in der Regel ein System aufeinander abgestimmter Basiselemente geschaffen, das durch Verwendung der entsprechenden Folien bzw. Ebenen (↗layer) eine optimale Anpassung an das Kartenthema erlaubt. ↗digitale Kartographie. [KG]

Basislage, *Basisschutt*, unterstes Glied einer vollständigen Folge von ↗Deckschichten bzw. ↗periglaziären Lagen. Die Basislage ist sehr weit verbreitet und fehlt lediglich in steilem Relief und manchmal auf sehr flachen Hängen. Sie besteht ausschließlich aus lokalen Komponenten, also aus Schutt und Feinmaterial des betreffenden Hanges. Sie ist häufig durch eine hohe Verdichtung gekennzeichnet und bedingt deshalb oft Staunässe oder begünstigt lateralen, hangparallelen Fluss des Sickerwassers (↗Interflow). Basislage ist kein chrono-stratigraphischer Begriff, d. h. ihr Alter ist a priori unbekannt und kann selbst im Verlauf eines Hanges wechseln.

Basisschutt ↗*Basislage.*

Batholith [von griech. bathos = Tiefe und lithos = Stein], in der Tiefe erstarrte Magmamasse, die erst durch die Abtragung von Deckgesteinen freigelegt wurde. ↗Pluton, ↗Lakkolith.

Bathyal, Tiefstufe des Meeres im lichtarmen Bereich des oberen ↗Kontinentalabhanges zwischen etwa 200 und 4000 m. ↗Meer Abb.

Bauepochen, im Städtebau nach gesellschaftlichen Verhältnissen, Leitbildern und Normen, Ideologien der Machteliten, Aufgabenstellung der Bebauung, Konstruktionsmethoden und Baumaterial zu unterscheidende Stilepochen der Architektur. Diese dienen der ↗Stadtgeographie u. a. zur Unterscheidung der ↗kulturhistorischen Stadttypen.

Bauer, *Hofbauer*, in der ↗Landwirtschaft tätiger Unternehmer mit einem ausgeprägten Bewusstsein gegenüber seinem Berufsstand, seinen Betriebsmitteln und seinem Heimatraum. In der heute gebräuchlichen Bedeutung wird der Begriff seit dem Hochmittelalter verwandt. Weitere Kennzeichen des Bauerntums sind: a) wirtschaftliches Streben ist vorrangig ausgerichtet auf die Verbesserung des Hofes, weniger auf rasche Profitmaximierung, b) langfristige Existenzsicherung hat Vorrang gegenüber kurzfristigen persönlichen Vorteilen, c) Selbstständigkeit, Eigenverantwortlichkeit, ausgeprägter Familien- und Gemeinschaftssinn, Traditionsverhaftung, d) nachhaltige Bewirtschaftung des Bodens in Verantwortung gegenüber folgenden Generationen. Die Attribute des Begriffes »Bauer« werden häufig denen des »Farmers« (traditionslos, geringe Bodenverbundenheit, ausschließlich marktorientiert, unternehmerisches und geldorientiertes Denken) der angelsächsischen Neusiedlungsländer gegenübergestellt. Inzwischen haben sich beide Typen in ihren Verhaltensmustern stark angenähert. [KB]

bäuerlicher Familienbetrieb, ↗agrarsoziales System, das im Wesentlichen durch die Arbeits- und Verdienstmöglichkeit, die es einer normalen bäuerlichen Familie zu bieten vermag, charakterisiert ist und nicht durch den Umfang der Nutzfläche. Während Familienbetriebe durch das Überwiegen der familiären Arbeitsleistung klar abgrenzbar sind, wird der Begriff bäuerlich je nach Standort und Zeitpunkt unterschiedlich definiert, entsprechend auch die Kombination beider Worte mit ihrem Leitbildcharakter. Formulierungen in den Agrarberichten kennzeichnen die teilweise Abkehr vom bäuerlichen Attribut und seine flexible Deutung in der Politik. Die fast beliebige Verwendung der hier politischen Vokabel macht ihren Gebrauch in diesem Rahmen fragwürdig.

Bauernbefreiung, eine wesentliche Reform in der ↗Landwirtschaft im 18. und 19. Jh. mit dem Ziel, die grundherrschaftlichen Bedingungen abzuschaffen. Daneben wandte sie sich auch gegen Erbuntertänigkeit, Frondienste und Grundherrschaft sowie gegen ständische Gerichtsbarkeit und Polizeigewalt. Sie begann mit der Aufhebung der Leibeigenschaft 1781 in Österreich und erfuhr eine Beschleunigung durch die Französische Revolution. In Preußen erfolgte sie v. a. durch die Reformen des Freiherrn vom Stein (1807) und des Staatskanzlers von Hardenberg (1811 und 1816). Die Bauernbefreiung war 100 Jahre nach ihrem Beginn zuletzt in Russland abgeschlossen.

Bauernlegen, Zerschlagung bäuerlicher Familienbetriebe und Einziehung der Hofstellen durch den Grundherrn oder Gutsherren; raumbedeutsamer Prozess vor allem in England ab dem 15. Jh. zum Zugewinn an Weideland für Schafe (»Die Schafe fressen die Menschen«); in Mecklenburg und Vorpommern verschwanden so weitgehend die selbstständigen Bauern auf ritterschaftlichem Besitz.

Bauernregeln, *Bauernwetterregeln*, *Wetterregeln*, sind einfache Prognoseregeln, die aus der Witterung an einzelnen Tagen (↗Lostage), Wochen oder Monaten die Witterung zukünftiger Zeiträume abzuleiten versuchen oder Aussagen über phänologische Eintrittsdaten, die Ernte oder andere Ereignisse treffen. Bauernregeln sind meist älter als der gegenwärtige gregorianische Kalender. Statistische Untersuchungen, welche die Eintrittswahrscheinlichkeit solcher Prognosen überprüfen, müssen daher die Kalenderreformen berücksichtigen, insbesondere in Mitteleuropa den Wechsel vom julianischen zum gregorianischen Kalender, der 1582 in den katholischen Ländern und in den folgenden 170 Jahren allmählich in den evangelischen Ländern eingeführt wurde. Dabei mussten 1582 10 Tage und um 1700 11 Tage übersprungen werden. In der langen parallelen Geltungsdauer beider Kalender gab es zeitgleich unterschiedliche Datumssysteme mit der Folge einer Verunsicherung der landwirtschaftlichen Bevölkerung bezüglich der Lostage und der Anwendung von Wetterregeln. Berücksichtigt man diese Datumsverschiebung bei der Auswertung von Bauernregeln, so ergeben sich teilweise Zusammenhänge mit überzufälligen Wahrscheinlichkeiten. Dies gilt beispielsweise für die sehr verbreitete Siebenschläferregel, nach der die Witterung am Siebenschläfer (27. Juni) eine Aussage über die Witterung der sieben folgenden Wochen gestattet. Tatsächlich besteht im sog. Europäischen Sommermonsun eine überdurchschnittliche Erhaltensneigung der Witterung. Ähnliches gilt für andere Witterungsregeln, die sich auf Witterungsregelfälle oder ↗Singularitäten beziehen, wie die ↗Schafskälte und den ↗Altweibersommer. Der Witterungsregelfall der Kaltlufteinbrüche zu den ↗Eisheiligen weist dagegen eine abnehmende Tendenz auf. Die meisten Bauernregeln basieren auf der Erhaltensregel der Witterung als einer ihrer verlässlichsten Eigenschaften und erlangen dadurch eine über 50 %

liegende Wahrscheinlichkeit. Dadurch können sie teilweise durch die naturwissenschaftliche auf Messungen basierende Klimatologie bestätigt werden. [JVo]

Bauerwartungsland, agrar- oder forstwirtschaftliches Land, das der ↗Flächennutzungsplan im Ausstrahlungsbereich der Stadt für eine zusätzliche nicht landwirtschaftliche Eignung ausweist. Die Erwartung einer möglichen baulichen Nutzung wird im Flächennutzungsplan, als der vorbereitenden Bauleitplanung, bereits als Baufläche gekennzeichnet. Durch öffentliche Vernehmlassungen über die Planung kann die Erwartung einer baulichen Nutzung zusätzlich erhöht werden. Bei solcherart ausgewiesenem Bauerwartungsland wird das Rohbauland durch Anschluss an das öffentliche Straßennetz und an Versorgungsleitungen erschlossen und kann anschließend als Baugebiet bebaut werden.

Baufläche ↗Baugebiet.

Baugebiet, i. A. Bezeichnung für mehrere Baugrundstücke, die eine räumlich abgegrenzte, zusammenhängende Fläche innerhalb einer Kommune bilden. Die Baunutzungsverordnung regelt die besondere Art der baulichen Nutzung für die verschiedenen Baugebiete, die im ↗Bebauungsplan festzusetzen sind, z. B. ↗Gewerbegebiete, ↗Kerngebiete, ↗Mischgebiete, ↗Sondergebiete oder ↗Wohngebiete. Im ↗Flächennutzungsplan sind demgegenüber *Bauflächen* mit der allgemeinen Art der baulichen Nutzung festzusetzen: Wohnbauflächen, gemischte und gewerbliche Bauflächen sowie Sonderbauflächen.

Baugesetzbuch, 1987 in Kraft getretene gesetzliche Grundlage der ↗Bauleitplanung, die die zwei Kategorien ↗Flächennutzungsplan und ↗Bebauungsplan beinhaltet. Im Baugesetzbuch werden das 1960 verabschiedete und mehrfach novellierte Bundesbaugesetz und das 1971 erlassene Städtebauförderungsgesetz zusammengefasst und erweitert. Als rechtlicher Rahmen der Stadtplanung gibt das Baugesetzbuch Direktiven für eine geordnete städtebauliche Entwicklung, eine sozial gerechte Bodennutzung sowie den Schutz der natürlichen Lebensgrundlagen. Das Baugesetzbuch ist in Zusammenhang mit der Baunutzungsverordnung (↗Baurecht) zu sehen.

Baukörperklimatologie, Ansatz der Klimatologie, der vom einzelnen Gebäude und seinen Wechselwirkungen mit der bodennahen Atmosphäre ausgeht und darüber die thermischen Anomalien der städtischen Grenzschicht analytisch zu erfassen versucht. Grundlage des baukörperklimatologischen Ansatzes ist die Strahlungsbilanz der Oberflächen des Gebäudes. Sie ergibt sich aus dem Strahlungsgewinn durch die Einstrahlung, dem Wärmedurchgang durch die Außenhaut und den physikalischen Parametern der Wärmeleitung (↗Stadtklima Abb. 1). Über die diversen beabsichtigten und unbeabsichtigten Öffnungen steht der Innenraumluft in einem mehr oder weniger kontinuierlichen ↗Masseaustausch mit der Außenluft. Die Summe der klimatischen Wirkungen der Einzelgebäude bewirkt, zusammen mit den spezifischen Klimaten der Erschließungsflächen sowie der Freiflächen, Wasserflächen usw., das Stadtklima. In einer derartigen gebäudebezogenen und wenig generalisierenden Perspektive ist das großmaßstäbige Muster lokaler Stadtklimaeffekte am besten zu erklären. Doch ist der baukörperklimatologische Ansatz nicht flächendeckend für eine Stadt zu realisieren, daher stellt er nur einen Baustein zur analytischen Erklärung des Stadtklimas dar.

Ein weiteres Anwendungsfeld der Baukörperklimatologie ist die Betrachtung der auf die Außenhaut eines Bauwerks wirkenden Lasten in der ↗angewandten Klimatologie, insbesondere Regen-, Schnee- und Windlast. Sie ergeben sich als Konsequenz aus den Bedingungen des regionalen Klimas, modifiziert und dadurch räumlich differenziert durch stadtklimatische Einflüsse. Der Begriff der Baukörperklimatologie ist nicht scharf vom demjenigen der ↗Gebäudeklimatologie getrennt. [JVo]

Baulandreserven, in der ↗Raumplanung für das Wachstum einer Stadt vorgesehenes Freigelände.

Bauleitplanung, als Pflichtaufgabe der Gemeinden unterste Ebene des Systems der ↗Raumordnung der BRD. Sie besteht aus der vorbereitenden, die Bodennutzung auf Gesamtgemeindeebene in Grundzügen darstellenden Flächennutzungsplanung (↗Flächennutzungsplan) und der Bebauungsplanung (↗Bebauungsplan) als rechtsverbindlicher Bauleitplanung. Die juristische Grundlage bildet das ↗Baurecht. Die Bauleitpläne sollen eine auf ↗Nachhaltigkeit ausgerichtete städtebauliche Entwicklung und eine dem Wohl der Allgemeinheit entsprechende sozialgerechte Bodennutzung gewährleisten. Die Bauleitpläne benachbarter Gemeinden sind aufeinander abzustimmen. Die Bürger und Träger öffentlicher Belange sind möglichst frühzeitig über die allgemeinen Ziele, Alternativen und Auswirkungen der Planung zu unterrichten und umfassend an der Aufstellung zu beteiligen. Das Planaufstellungsverfahren ist daher ein mehrstufiger Prozess (Abb.). [JPS]

bauliche Struktur, Oberbegriff für Baumaterial, bautechnischen Stand sowie Ausstattung der physischen Struktur von Siedlungen. Die Qualität der baulichen Struktur ist entscheidend für die ↗Bestandsdauer und damit für den Sanierungsbedarf von Bauobjekten.

Baulig, *Henri*, französischer Geograph, geb. 17.6.1877 Paris, gest. 8.8.1962 Igwiler. Er studierte als Schüler von ↗Vidal de la Blache an der Sorbonne ↗Geographie. Baulig lehrte zunächst als Dozent in Rennes, von 1918–1939 und ab 1945 in Straßburg. 1939–1945 war er in Clermont-Ferrand tätig. Von ↗Davis beeinflusst, wandte sich Baulig nach seiner Promotion der ↗Geomorphologie zu. Zu seinen Hauptwerken zählen: »Exercises cartographiques«, 1912; »Le Plateau Central de la France«, 1928; »Essais de Géomorphologie«, 1950.

Baumaltersklassen, *Altersklassen*, eine weit verbreitete Erscheinung in Wirtschaftswäldern und in natürlichen Waldformationen. Durch Anpflanzung entstandene Wirtschaftswälder (Fors-

Bauleitplanung: Aufstellungsverfahren nach dem Baugesetzbuch (BauGB) für Flächennutzungspläne und für genehmigungspflichtige Bebauungspläne.

Verfahrensschritt		Beteiligte	
	Träger öffentlicher Belange, Nachbargemeinden	Gemeinde, Planer, beauftragter Dritter	Bürger, Öffentlichkeit
Einleitungsphase		Aufstellungsbeschluss	ortsübliche Bekanntmachung
	Voranfrage	Bestandsaufnahme	
Vorentwurfsphase		Vorentwurf	frühzeitige Beteiligung der Bürger
	Beteiligung der Träger und Nachbargemeinden, grenzüberschreitende Unterrichtung		
Entwurfsphase		Entwurf	
		Auslegungsbeschluss	ortsübliche Bekanntmachung
	öffentliche Auslegung (Möglichkeit, Anregungen einzubringen)		
	Mitteilung des Abwägungsergebnisses	Abwägung der Anregungen bei Planänderung, Wiederholung der öffentlichen Auslegung bzw. vereinfachtes Verfahren nach § 13 BauGB	Mitteilung des Abwägungsergebnisses
		Feststellungs- bzw. Satzungsbeschluss	
Genehmigungsphase		Vorlage zur Genehmigung	
	Genehmigung		
			ortsübliche Bekanntmachung der Genehmigung
Wirksamwerden des Flächennutzungsplanes bzw. Inkrafttreten des Bebauungsplanes			

te) bestehen jeweils nur aus einer Altersklasse, die im Laufe der Bestandsentwicklung die verschiedenen Altersstadien bis zum Reifestadium durchläuft. Auch ↗boreale Nadelwälder bestehen häufig nur aus einer Art und einer Altersklasse, die unmittelbar nach Feuer, Insektenbefall oder Windwurf aus dem autochthonen Samenpool des Vorbestandes aufgewachsen ist. Viele Waldformationen bestehen aus zwei und mehr Altersklassen der gleichen oder einer anderen Art, die z. T. durch lange Regenerationslücken voneinander getrennt sind.

Baumartenwechsel, charakteristisch in Waldökosystemen, in denen nach natürlichen Störungen (Feuer, Insektenbefall, Windwurf) im Laufe der ↗Sukzession ein Wechsel zwischen den Baumarten der frühen und der späten Sukzessionsstadien stattfindet. So etabliert sich z. B. in den borealen Pappel-Fichten-Wäldern nach einem Feuer zunächst ein Pappelbestand, in dessen Schatten die Weißfichte heranwächst, die nach etwa 100 Jahren die Klimax-Dominante ist. In den pazifischen Regenwäldern Nordamerikas findet ebenfalls unter dem Einfluss von Feuer bei ungestörter Bestandsentwicklung ein Wechsel von der feuerangepassten Douglasie zur Western Hemlock statt, die dann die regionalen Klimaxwälder bildet.

Baumassenzahl, Messgröße, die den zulässigen baulichen Nutzungsgrad im ↗Bebauungsplan angibt und nach den Außenmaßen des potenziellen Rauminhalts eines Gebäudes, bezogen auf 1 m^2 Grundstücksfläche, ermittelt wird.

Baumgrenze, Linie einzelner Bäume, die der ↗Waldgrenze (Linie geschlossenen Baumbewuchses) vorgelagert ist. Sie ist in Naturlandschaften nicht nachweisbar. Dass dennoch in den meisten Gebirgen eine deutlich physiognomische Trennung in Wald- und Baumgrenze vorliegt, kann den langandauernden anthropo-zoogenen Eingriffen (z. B. Holzentnahme oder selektiver Weidegang des Viehs) zugeschrieben werden.

Baumholz ↗Altholz.

Baumkronendeformation, Verformungen der Kronen von Bäumen, die an windexponierten Standorten wachsen. Sie lassen sich zum einen auf mechanische, zum anderen aber vor allem auf windbedingte Störungen der ↗Transpiration und damit auf den Wasserhaushalt der Bäume zurückführen. Bei der artspezifischen Deformation dominieren Laub- vor Nadelbäumen. Mit einer Kartierung von Baumkronendeformationen lassen sich z. B. flächendeckende Aussagen über die Hauptwindrichtungen in Talschaften machen.

Baumschicht, von Bäumen gebildete Vegetationsschicht (↗Schichtung der Pflanzendecke) ab 4,5 m Höhe. Als Baum gelten verholzte, aufrechte, ausdauernde Pflanzen, die bei ungestörtem

Wachstum eine Höhe von mindestens 6 m erreichen.

Baunutzungsverordnung ↗Baurecht.

Bauordnungsrecht ↗Baurecht.

Baurecht, umfasst sämtliche Vorschriften über das Bauwesen. Wichtigste gesetzliche Grundlagen des deutschen Baurechts sind das im ↗Baugesetzbuch festgelegte *Städtebaurecht* und das in den Landesbauordnungen verankerte *Bauordnungsrecht*. Das Städtebaurecht regelt die Nutzung von Grund und Boden. In der *Baunutzungsverordnung* sind Vorschriften für die Darstellung in ↗Flächennutzungsplänen und ↗Bebauungsplänen festgelegt. In der *Planzeichenverordnung* werden die Planzeichen zur verbindlichen Darstellung in Flächennutzungs- und Bebauungsplänen definiert. Das Bauordnungsrecht behandelt die Ausführung der baulichen Anlagen auf dem Grundstück. Es beinhaltet die ordnungsrechtlichen Festlegungen für die Errichtung, bauliche Änderung, Nutzungsänderung, Instandhaltung und den Abbruch einzelner baulicher Maßnahmen unter Einbezug des Baugrundstücks. In privatrechtlicher Hinsicht ist im Baurecht das Nachbarschaftsrecht des Bürgerlichen Gesetzbuches zu beachten. [KW]

Baustofflandschaft, *Baustoffprovinz*, *Baustoffbezirk*, *Baumaterialprovinz*, kulturgeographische Einheit, die durch die Dominanz eines bestimmten dort verwendeten Baustoffes oder -materials (Holz, Naturstein, Ziegelstein, aber auch Rinde, Fell, Stoff, Gras und Stroh) charakterisiert wird. Die natürlichen Baustoffe, die in der traditionellen, einheimischen, klimagerechten Architektur (*vernikulare Architektur*) weltweit bis ins 19. Jh. verwendet wurden und in manchen Gebieten der Erde noch heute verwendet werden, enthüllen zusammen mit den Bauformen und den Funktionen von Bauten Vieles über die traditionelle Kultur einer Region. Das Material für Dächer und Wände von Wohnbehausungen und Repräsentativbauten, für Mauern, Pflasterung und Denkmäler gewährt meist den schnellsten Überblick über den geologischen Untergrund oder im Falle von Holz und Flechtwerk über die Art der Vegetation einer Region. Die Grenzen von Baustofflandschaften sind oft identisch mit geologischen Grenzen, Vegetationsgrenzen oder Klimagrenzen eines Gebietes. Mithilfe des Baumaterials lassen sich zumindest physiognomisch bedeutsame Differenzierungen innerhalb übergeordneter Kulturlandschaften bzw. Kunstlandschaften feststellen. Baumaterial und Gebäudeformen werden auch zur Abgrenzung kleinerer Stadttypenregionen herangezogen. Bereits die Begründer der ↗Humangeographie ↗Ratzel und ↗Vidal de la Blache, haben sich dem Thema Baustofflandschaft gewidmet, da beide das Baumaterial neben der Bauform als prägend für die Physiognomie von Siedlungen ansahen. Auch ↗Hassinger forderte schon 1910 die kartographische Erfassung des in einer Siedlungslandschaft verwendeten Baumaterials (↗Kunsttopographie). Vidal de la Blache hat 1922 (posthum) auf einer lange unübertroffenen thematischen Übersichtskarte Formen (Windschirm, Zelt, Hütte, Haus, Gehöft) und traditionelles Material (Gras, Rinde, Stoff, Flechtwerk Holz, Naturstein, Ziegel) in ihrer räumlichen Verbreitung dargestellt. Die Wildbeuter errichteten in ihren bodenvagen, ephemeren Siedlungen Windschirme und Hütten aus unmittelbar verfügbarem Material wie Gras, Moos, Zweige und Rinde. Bei den Behausungen der Jäger und Hirtennomaden handelte es sich um Zelte aus Fell, Häuten, Wolle, Stoff bzw. Filz (Jurten), und bei den Inuit sporadisch auch um aus Schneeblöcken bestehende Iglus. Die meisten Hack- und Pflugbauern zogen bzw. ziehen z.T. noch heute Holz, luftgetrocknete Lehmziegel (Adobe), gebrannte Ziegel oder Natursteine (Bruchsteine) als Baustoffe vor. In den borealen Nadelwaldgebieten Eurasiens und seit dem 17. Jh. auch Nordamerikas, aber auch z.T. im Hochgebirge, bestanden und bestehen die Behausungen aus Langholz (Blockhäuser) bzw. zunehmend aus Holzplanken und -pfosten (Holzskelettbauten). Für die Nadelwaldbereiche der Erde waren oft noch bis ins 20. Jh. die »Holzstädte« typisch, für die Laubwaldgebiete, etwa in Mittel- und Westeuropa, mit zunehmender Holzverknappung seit dem Hochmittelalter bis ins 19. Jh. die »Fachwerkstädte«. In den holzarmen Trockengebieten der Erde werden seit gut 10.000 Jahren Stampflehm und luftgetrocknete Lehmziegel (Adobe) als Baumaterial verwendet. Noch heute wohnt über ein Drittel der Menschheit in Häusern aus Lehm, einem billigen und vielerorts vorhandenen Baustoff. In Löss- oder Tuffbereichen der Trockengebiete lebten und leben die Menschen häufig in Höhlenwohnungen wie sie ↗Richthofen für Nordchina Lössgebiet bereits 1877 beschrieben hat. In den feuchteren Gebieten konnte man keine Adobeziegel verwenden, sondern musste bei Holzverknappung z.T. schon in der Antike gebrannte Ziegel einsetzen, etwa seit der Römerzeit in der Poebene, seit dem Hochmittelalter im nördlichen Mitteleuropa, im Voralpenraum oder aber auch in Zentralchina. Im Laufe des 19. Jh. hat der gebrannte Ziegel (Klinker, Backstein) dann weltweite Verbreitung gefunden. In holz- und lehmarmen feuchteren Gebieten, u.a. in vielen Gebirgen, wurden seit langem Naturstein als Baumaterial benutzt. Schon in der Antike und im Mittelalter bestanden v.a. die sakralen und profanen Repräsentativbauten (bes. in den Städten) meist aus ortsnah verfügbarem, meist unverputztem (dadurch verwitterungsanfälligem), bearbeitetem Naturstein. Nur in Zeiten, in denen die Probleme des Transportweges bzw. der Transportkosten keine Rolle spielten, wurde der mehr oder weniger weite Rahmen einer landschaftsgebundenen Baustoffprovinz gesprengt. Früher konnten nur an schiffbaren Flüssen liegende Städte bzw. finanzstarke Küstenstädte mehrere unterschiedliche Arten von Natursteinen als Baumaterial einsetzen. Das antike Rom bezog z.B. den Marmor aus Carrara an der toskanischen Küste, aber auch aus dem fernen Griechenland. Köln am Rhein erhielt seine Trachytsteine aus dem Siebengebirge, seine Sandsteine gar vom Oberrhein. Die Natursteine haben schon aufgrund ihrer Farbe großen Einfluss auf das Bild der alten Ortskerne und der Baugebiete des 19. und frühen 20. Jh. In SW-Deutschland heben sich z. B. die Bausteinprovinzen des rötlichen Buntsandsteins, des graugrünen Schilfsandsteins, des hellgrauen Muschelkalks oder des schwarzen Basalts deutlich voneinander ab. Als Dachmaterial kamen Stroh, Gras, Grassoden, Torf, Legschindeln oder Schieferplatten in Frage. Im Laufe der Neuzeit wurden diese traditionellen Materialien zunehmend durch gebrannte Dachziegel und im Laufe des 20. Jh. weltweit durch Metall- oder gar Kunststoffdächer abgelöst. Mit fortschreitender Verbesserung der Verkehrswege, der Einführung neuer Verkehrsmittel (v. a. Bahn und LKW) und der Verbilligung der Transportkosten wurde seit dem ausgehenden 19. Jh. eine weitgehende Unabhängigkeit vom örtlichen Baumaterial erreicht. Nun konnten in verkehrsgünstig gelegenen Siedlungen Baustoffe aus weiter Entfernung herangebracht werden. Mit der modernen Architektur, der jedes gewünschte Material und zunehmend auch moderne Baustoffe wie Zement, Beton, Stahl, Kunststoff und Glas zur Verfügung stand, ist allerdings ein wesentlicher Charakterzug landschaftlicher Differenzierung durch Baustofflandschaften verschwunden. Heute kann man daher in vielen Siedlungsgebieten der Erde die Baustoffe nicht mehr zur kleinräumigen Untergliederung von Kultur- bzw. Kunstlandschaften heranziehen. [AS]

Literatur: [1] EICHLER, H. (1999): Gesichter der Erde – Welt – Vademecum. – Hannover. [2] LEHMANN, H. (1961): Zur Problematik der Abgrenzung von Kunstlandschaften, dargestellt am Beispiel der Po-Ebene. In: Erdkunde, 15, S. 249–264. [3] SCHEUERBRANDT, A. (1972): Südwestdeutsche Stadttypen und Städtegruppen bis zum frühen 19. Jahrhundert. Heidelberger Geographische Arbeiten 32. [4] SIEBERT, A. (1969): Der Baustoff als gestaltender Faktor niedersächsischer Kulturlandschaften. Forschungen z. dt. Landeskunde, Bd. 167.

Bauträger, Genossenschaften, Privatpersonen, Entwicklungs- bzw. ↗Terraingesellschaften, ↗developer oder Kommunen, die ein Bauvorhaben planen, durchführen bzw. die finanziellen Mittel für ein Bauprojekt zur Verfügung stellen.

Bauxit, nach dem Fundort Les Baux-de-Provence (Süd-Frankreich) benanntes Verwitterungsprodukt tonreicher Gesteine, das unter warmem, humidem bis subhumidem Klima entstand. Bauxit ist aufgrund eines meist hohen Eisen(III)-Gehaltes gewöhnlich auffällig rötlich gefärbt. Es ist der wichtigste Rohstoff für die Gewinnung von Aluminium sowie Zuschlagstoff bei der Erzeugung von feuerfesten Keramikprodukten und künstlichen Schleifmitteln.

Bauzonenplanung, mit dem um 1890 eingeführten Bauzonenplan werden die in der Flächennutzungs- und ↗Bauleitplanung vorbereiteten Nutzungszonen formal festgelegt. Der Bauzonenplan ist Voraussetzung für die baurechtliche Genehmigung eines ausgearbeiteten Projektes, für die Vorausplanung von Baumöglichkeiten zur Befriedigung einer künftigen Nachfrage und schließlich für die Festlegung von Nutzungs- und Gestaltungsvorschriften für ein bestehendes Baugebiet.

Bazar, *Suq*, traditionell das zentrale Geschäfts- und Gewerbezentrum, wirtschaftliches Organisations- und Finanzzentrum der ↗islamisch-orientalischen Stadt. Typisch ist die räumlich nach Branchen sortierte Anordnung der Läden in Ladenstraßen, überdachten Hallen oder arkadengesäumten Innenhofpassagen. Im Laufe des 20. Jh. hat sich in Konkurrenz zum traditionellen Bazar am Rand der Altstadt ein modernes Geschäftszentrum nach westlichem Vorbild entwickelt.

beachrock, *Strandsandstein*, *Strandkonglomerat*, überwiegend mit Hochmagnesiumcalcit hart verfestigter ↗Strand mit typischer planarer Schichtung. Als beachrocks sollten nur solche Ablagerungen bezeichnet werden, die als offenliegender Strand verfestigt sind; nicht etwa verfestigte litorale Ablagerungen in einem Sedimentstapel. Die meisten beachrocks zeigen diverse Spuren der Zerstörung (durch ↗Abrasion, ↗Bioerosion oder Zerbrechen entlang von Klüften), was ein Hinweis auf eine frühere Entstehung (nach Radiocarbondaten meist vor 2000–4000 Jahren) bei einem tieferen Meeresspiegelstand ist. Umstritten ist, ob die Verfestigung, die in wenigen Jahren bis Jahrzehnten erfolgen kann, im ↗Eulitoral, d. h. in der Mischzone von Meerwasser und süßem Grundwasser im Strandsediment erfolgt oder im ↗Supralitoral (ohne Einwirkung von Grundwasser) infolge von Verdunstung. Beachrocks kommen von der Äquatorialregion bis in mediterrane Breiten vor. [DK]

Beamte, unselbstständig Beschäftigter, der zu einem öffentlichen Dienstgeber (Bund, Länder, Gemeinden) in einem öffentlich-rechtlichen Dienstverhältnis steht.

Beaufort-Skala, von F. Beaufort 1805 für die Seefahrt eingeführte, subjektive und 12-stufige Skala zur Abschätzung der ↗Windstärke anhand des Wellengangs. Später wurde die Skala für die Benutzung an Lande ergänzt sowie 1946 auf 17 Stufen erweitert. Zu Anfang des letzten Jh. wurden von der Internationalen Meteorologischen Organisation den einzelnen Stärkestufen Windgeschwindigkeitsbereiche zugeordnet (Abb.). In der Seewettervorhersage wird auch heute noch die Beaufort-Skala zur Angabe der Windstärke benutzt.

Bebauung, zulässiger Überbauungsgrad eines Grundstücks unter Einbeziehung der bebaubaren Fläche und der Geschosszahl der Gebäude. Der Begriff muss von der Bebauungsdichte unterschieden werden, womit das tatsächliche Verhältnis der bebauten zur unbebauten Fläche in einem Bau- oder Siedlungsgebiet bezeichnet wird.

Bebauungsdichte ↗Wohndichte.

Bebauungsplan, *B-Plan*, rechtsverbindlicher Bauleitplan (↗Bauleitplanung), der aus dem ↗Flächennutzungsplan (FNP) zu entwickeln ist. Der Bebauungsplan wird von der Gemeindevertre-

Windstärke in Beaufort	Windgeschwindigkeit			Bezeichnung	
	m/s	km/h	Knoten[1]	am Land	zur See
0	0–0,2	< 1	< 1	Stille	Stille
1	0,3–1,5	1–5	1–3	leichter Zug	fast Stille
2	1,6–3,3	6–11	4–6	leichter Wind	leichte Brise
3	3,4–5,4	12–19	7–10	schwacher Wind	schwache Brise
4	5,5–7,9	20–28	11–16	mäßiger Wind	mäßige Brise
5	8,0–10,7	29–38	17–21	frischer Wind	frische Brise
6	10,8–13,8	39–49	22–27	starker Wind	starker Wind
7	13,9–17,1	50–61	28–33	steifer Wind	steifer Wind
8	17,2–20,7	62–74	34–40	stürmischer Wind	stürmischer Wind
9	20,8–24,4	75–88	41–47	Sturm	Sturm
10	24,5–28,4	89–102	48–55	schwerer Sturm	schwerer Sturm
11	28,5–32,6	103–117	56–63	orkanartiger Sturm	orkanartiger Sturm
12	32,7–36,9	118–133	64–74	Orkan	Orkan
13[3]	37,0–41,4	134–149	75–80	Orkan	Orkan
14[3]	41,5–46,1	150–166	81–89		
15[3]	46,2–50,9	167–183	90–99		

Beaufort-Skala: Windgeschwindigkeiten, Bezeichnungen und Auswirkungen auf der Beaufort-Skala.

Windstärke	Auswirkungen des Windes und Bemerkungen	
	an Land	zur See
0	keine; Rauch steigt fast gerade auf	spiegelglatte See
1	kaum merkbar für das Gefühl, Rauch treibt in Richtung des Windes, Windflügel werden nicht bewegt	kleine, schuppenförmige Kräuselwellen bilden sich, aber ohne Schaum
2	bewegt einen Wimpel oder Laub, gute Windfahnen zeigen die Richtung an	kurze, gut ausgeprägte Wellen, die nicht brechen
3	streckt einen Wimpel, setzt Laub und dünne Zweige[2] in ununterbrochene Bewegung	Kämme beginnen zu brechen, glasiger Schaum
4	setzt Zweige und dünnere Äste[2] in Bewegung, Staub und lockerer Schnee werden aufgewirbelt	längere Wellen, vielfach weiße Schaumkämme
5	kleinere Laubbäume beginnen zu schwanken, Äste[2] werden in Bewegung gesetzt, Wellen mit ausgeprägten Schaumkämmen auf Binnenseen	ausgeprägte und lange Wellen, überall Schaumkämme
6	bewegt große Baumäste[2], pfeift in Telegraphen- und Telephonleitungen	größere Wellenberge, weiße Schaumkämme breiten sich über größere Flächen aus
7	ganze Bäume schwanken, behindertes Gehen im Gegenwind	See türmt sich auf und bricht, Schaum bildet Streifen in Windrichtung
8	bricht Zweige von Bäumen[2], beschwerliches Gehen im Freien	bedeutende Länge und Höhe der Wellenberge, Schaum legt sich in dichtere Streifen
9	kleinere Schäden an Häusern, Rauchkappen und Dachziegel werden herabgeweht	(wie 8)
10	selten im Binnenland, Bäume werden entwurzelt, bedeutende Schäden an Häusern	hohe Wellenberge mit langen Brechern, die Meeresoberfläche wirkt im ganzen gesehen weiß vor Schaum
11	sehr selten im Binnenland	in Sehweite befindliche Schiffe verschwinden hinter Wellenbergen, Meeresoberfläche vollständig von weißem Schaum bedeckt, welcher auch die Luft in solcher Menge erfüllt, dass die Sicht verschlechtert wird
12	(wie 11)	(wie 11)
13	dürfte nur auf Bergstationen vorkommen oder in Tromben oder Wirbelstürmen	selten, kommt besonders in tropischen Zyklonen vor

[1] 1 Knoten entspricht 1 nautischen Meile pro Stunde (= 1,852 km/h) [2] gilt für laubtragende Bäume; die Wirkung auf Nadelbäume und kahle Bäume ist anders [3] Auf Beschluss der Internationalen Meteorologischen Organisation in Paris wurde 1946 die alte 12-gradige Beaufortskala auf 17 Beaufort erweitert. In diese Tabelle wurden jedoch nur 15 Beaufortgrade aufgenommen.

tung als Satzung beschlossen (↗Bauleitplanung Abb.) und entfaltet im Gegensatz zum ↗Regionalplan und zum FNP mit parzellenscharfen Darstellungen eine direkte Wirkung auf den Bürger. Meist deckt der einzelne Plan nur einen räumlichen Teilausschnitt des Gemeindegebietes ab, sodass oft eine Vielzahl von B-Plänen parallel existieren. Der Plan trifft genaue Festlegungen u. a. über die Art und das Maß der baulichen Nutzung, die Bauweise und Stellung der baulichen Anlagen, die höchstzulässige Zahl der Wohneinheiten, Gemeinbedarfs- und Grünflächen, Sport- und Spielanlagen sowie Verkehrsflächen. Ebenfalls wird die Führung von Versorgungsanlagen und -leitungen festgelegt. Möglich sind selbst Vorgaben zur Anpflanzung bestimmter Bäume und Sträucher. Wenn es der städtebaulichen Ordnung nicht widerspricht, können Gemeinden auf die Erstellung von B-Plänen verzichten. Im nicht beplanten Innenbereich der Gemeinde haben sich Baumaßnahmen dann ortstypisch in die Eigenart der näheren Umgebung einzufügen. [JPS]

Becken, 1) *Sedimentationsbecken*, ausgedehnter, in Bezug zur Umgebung tiefer liegender Ablagerungsraum, in den aufgrund von Absenkung z. T. erhebliche Sedimentpakete gebildet werden; z. B. ↗Germanisches Becken, Mainzer Becken, ↗Pariser Becken. 2) tektonisches Becken, großräumige Faltenstruktur, bei der die Schichten konvex zum Erdinneren verbogen sind.

bedarfsorientierter Verkehr, öffentliches Verkehrsangebot für Räume bzw. Zeiten schwacher Verkehrsnachfrage zur Ergänzung oder als Ersatz des Linienverkehrs im ↗Öffentlichen Personennahverkehr (auch *differenzierte Bedienung* genannt). Die bekanntesten Formen sind Rufbus und Anruf-Sammeltaxi (AST); Linienfahrten zu festen Zeiten (Fahrplan) werden nur durchgeführt, wenn sich mindestens ein Fahrgast (in der Regel telefonisch) dazu angemeldet hat. Im sog. *Richtungsbandbetrieb* führen im Linienverkehr eingesetzte Pkw- oder Minibusse (↗Kraftomnibus) bedarfsorientiert (bei Anmeldung) Abstecher- und Umwegfahrten durch.

bedeckter Karst ↗Oberflächenkarst.

Bedecktsamer, *Angiospermen*, ↗Spermatophyten.

Bedeckungsgrad, *Bewölkungsgrad*, *Himmelsbedeckung*, Maß für die Bedeckung des Himmels mit ↗Wolken. Der Bedeckungsgrad wird als Anteil der von Wolken eingenommenen Fläche an der Himmelshalbkugel geschätzt und im Klimadienst in Zehnteln, im synoptischen Dienst in Achteln angegeben. Die Bezeichnung der verschiedenen Bedeckungsgrade ist in der Tabelle angegeben.

Bezeichnung	Bedeckungsgrad
wolkenlos	0/8
heiter	1/8 bis 2/8
leicht bewölkt	3/8 bis 4/8
wolkig	5/8 bis 6/8
stark bewölkt	7/8
bedeckt	8/8

Bedeckungsgrad: Bezeichnungen der verschiedenen Bedeckungsgrade.

Bedeutungsüberschuss, Begriff von ↗Christaller für das Überangebot eines zentralen Ortes (↗Zentrale-Orte-Konzept) mit Versorgungseinrichtungen, die über den Eigenbedarf hinaus ein Umland mitversorgen.

Bedienungsformen, im Einzelhandel unterscheidet man Fremdbedienung (durch Personal) und Selbstbedienung (durch Kunden). Eine Mischform stellt die Kundenvorwahl (selbst durch Kunden ggf. mit Beratung durch Fachpersonal) mit Fremdbedienung an dezentralen Kassen (z. B. in Warenhäusern) dar. ↗Betriebsformen.

Beduine [von arab. badiya = Bewohner der Steppe/Wüste], Menschen deren Wirtschaftsweise und Lebensform der ↗Nomadismus ist. Vor allem die kamelhaltenden Beduinen unternehmen ausgedehnte Wanderungen von bis zu mehreren hundert Kilometern Länge zwischen Sommer- und Winterweidegebieten. Heutzutage ist vor allem in den erdölreichen arabischen Staaten der überwiegende Teil der Beduinen zu einer sesshaften Lebensweise übergegangen und die Tierhaltung als Existenzgrundlage hat ihre dominante Stellung verloren. Der Begriff Beduine wird vor allem von den Sesshaften benutzt. Die Beduinen, die früher wegen ihrer kriegerischen Überfälle gefürchtet waren, nennen sich selbst meist »arab« (Araber), womit sie ihre Stammeszugehörigkeit unterstreichen wollen.

Beer'sches Gesetz, beschreibt die Abnahme der Strahlungsintensität i beim Durchgang durch ein Medium infolge von Streuung und Absorption. Diese ist abhängig vom Absorptionskoeffizient k und dem Streukoeffizienten s:

$$i = i_0 \cdot e^{-(k+s)m},$$

wobei i_0 die ursprüngliche und i die Strahlungsintensität nach dem Durchgang durch das Medium ist. In einer anderen Schreibweise werden k und s zum Faktor $\varkappa$ zusammengefasst und als Extinktionskoeffizient bezeichnet:

$$i = i_0 \cdot e^{-\varkappa \cdot m}.$$

Dies gilt in dieser allgemeinen Form nur für monochromatische Strahlung. Bei polychromatischer Strahlung muss die Extinktion für die einzelnen Spektralbereiche ermittelt und anschließend aufaddiert werden.

Befragung, *Interview*, Technik der ↗Datenerfassung in der Sozialforschung. Während dabei in der quantitativen Forschung die Hypothesenprüfung die Befragung bestimmt, ist es in der ↗qualitativen Forschung stärker die Generierung von Theorien. Dem entsprechen auch die Auswahl der Befragungstechniken und -formen. Jede Befragung stellt eine Kommunikation zwischen einem oder mehreren Interviewern und einem oder mehreren Befragten mit all den Problemen, die solchen Situationen innewohnen, dar. Grundsätzlich lässt sich nach der Art der Kommunikation zwischen mündlichen und schriftlichen Befragungen unterscheiden. Nach der Form der Kommunikation bzw. dem Grad der Strukturiertheit einer Befragung ist zwischen wenig strukturiert über teilstrukturiert bis hin zu stark strukturierten Interviews zu differenzieren. Wenig strukturierte Befragungen stellen dabei eher ↗reaktive Verfahren, stark strukturierte Befragungen – soweit es die Kommunikationssituation erlaubt – eher nichtreaktive Verfahren dar. Die Auswahl des jeweiligen Verfahrens ist sowohl von den Zielen der Forschung, dem Charakter des Untersuchungsgegenstandes und den Kostenüberlegungen bestimmt. Die telefonische Befragung (Telefoninterview) – vorwiegend in der Meinungs- und Marktforschung angewendet – wird z. B. insbesondere der Kostenreduzierung wegen eingesetzt.

Wenig strukturierte, sog. *qualitative Befragungen* werden vorwiegend mündlich (eine Ausnahme bildet das ↗Delphi-Verfahren) als narrative, biografische, themenzentrierte oder fokussierte Interviews durchgeführt. Mit dem Übergang zur teilstrukturierten Befragung werden Gesprächsleitfäden (*Leitfaden-Interview*) eingesetzt. Zentrales Instrument der stark strukturierten Befragung ist der Fragebogen mit standardisierten Fragen und standardisierten Antworten zu den Fragen, unter denen der Befragte eine Auswahl treffen kann. Die vorgegebenen Fragen und Antworten setzen bereits ein fundiertes Wissen über das Forschungsgebiet voraus, um die für die Erarbeitung des Fragebogens leitenden Hypothesen bilden zu können. Daher ist die Eignung eines Fragebogens zunächst in einem ↗Pretest zu prüfen. Bei Fragen, bei denen größere Unsicherheit besteht, kann darauf verzichtet werden, die Antworten vorzugeben (offene Fragen). Im Falle einer beabsichtigten statistischen Analyse (↗Statistik) sind die Antworten nachträglich zu standardisieren. Dieses schließt die Gefahr ein, dass die Auswerter die Antworten der Befragten in ihr eigenes vorurteilsgeprägtes Raster übersetzen.

Qualitative Befragung werden oftmals durch die Aufnahme auf Tonträger festgehalten und zur Auswertung wird eine partielle oder vollständige ↗Transkription des Interviews durchgeführt. Für ihre Auswertung ist ein erheblich größerer Aufwand notwendig, insbesondere wenn das qualitative Interview nicht der Erhebung speziellen Wissens (wie im Falle des Experteninterviews), sondern der Erhebung von Mustern oder Normen dient, die hinter dem subjektiven Handeln vermutetet werden. Dazu eignen sich verschiedene Varianten der ↗Inhaltsanalyse.

Während qualitative Befragungen stärker der ↗Einzelfallanalyse verbunden sind und die Auswahl der zu befragenden Subjekte eher nach der Normabweichung, Auffälligkeit oder nach Kriterien des theoretical sampling erfolgt, strebt die quantitative Forschung die ↗Repräsentativität ihrer ↗Stichprobe (statistical sampling) an. [PS]

Befreiungstheologie, *Christliche Befreiungstheologie*, setzt an der misslichen Situation ein, in die einheimischen Christen in verschiedenen außereuropäischen Ländern durch auf Unterwerfung abzielende Missionsmethoden und ↗Kolonialismus geraten sind. Da die selbstständigen Nachfolgestaaten Südamerikas besonders stark von Europa und den USA abhängig blieben und auf ihren Territorien sich kaum bemühten, die krassen Gegensätze zwischen Arm und Reich abzumildern, wurden Befreiungsstrategien hier auf breitester Basis entwickelt. Sie reichen von marxistisch-revolutionären Vorstellungen, die auf Klassenkampf setzen, über Bestrebungen, die Menschen zu ihrer wahren Identität zu befreien oder die Christen durch Jesu Beispiel zur Verantwortung für eine bessere Welt aufzurütteln, bis zur Beschränkung auf den innerkirchlichen Raum: ernsthaft umzukehren und neue Gemeindeformen, besonders sog. Basisgemeinden, zu entwickeln. Bis auf geringe Ausnahmen auf den Philippinen begnügen sich die Befreiungstheologien in asiatischen und afrikanischen Ländern mit anhaltender Belebung des christlichen Zeugnisses für eine bessere Welt. [KH]

Begabtenreserve, Anteil jener Schüler und Jugendlichen, welche keine ↗weiterführende Schule oder ↗Hochschule besuchen, obwohl sie über die kognitiven Fähigkeiten (Begabungen) und Leistungsmotivation verfügen, die sie zum Besuch einer weiterführenden Schule oder Hochschule befähigen würden. Die Ausschöpfung der Begabtenreserven ist ein Leitmotiv der Bildungspolitik und vieler Bildungsreformen. Die bisher angewandten empirischen Verfahren zur Erfassung der Begabtenreserven waren jedoch in den meisten Fällen methodisch sehr fragwürdig. So wurde etwa in der Bildungsdiskussion der 1960er- und 70er-Jahre aus räumlichen Unterschieden des Bildungsverhaltens direkt auf das Vorhandensein von Begabtenreserven geschlossen, ohne vorher die kognitiven Fähigkeiten der Schüler und Jugendlichen überprüft zu haben. Aufgrund der Selektivität von ↗Migrationen, der starken räumlichen Konzentration der Arbeitsplätze für Hochqualifizierte, der unterschiedlichen räumlichen Verteilung von soziokulturellen Milieus und der Tatsache, dass Begabungen nicht nur vererbt, sondern auch entwickelt und gefördert werden können, kann nicht davon ausgegangen werden, dass der Anteil der Begabten räumlich gleich verteilt ist. [PM]

Begleiter, *Begleitart*, ↗Assoziation.

Begleitforschung, Typ der ↗Evaluationsforschung, dabei wird parallel zur Umsetzung von Programmen, Plänen oder Maßnahmen die Wirksamkeit und Effizienz analysiert, um noch während des Umsetzungsprozesses Korrekturen und Optimierungen vornehmen zu können oder auch ggfs. das Programm zu stoppen.

Begriff, ist in wissenschaftlicher Hinsicht klar von »Wort« zu unterscheiden. Stellt ein »Wort« eine Kombination verschiedener Buchstaben, eine bedeutungsleere Sprachhülse dar, ist unter einem »Begriff« eine Buchstabenkombination zu verstehen, der über das Verfahren der ↗Definition feste Vorstellungsinhalte zugeordnet sind. Damit ist ein Begriff nicht auf beliebige Gegebenheiten anwendbar, sondern nur auf ganz bestimmte Teilklassen der wahrnehmbaren Gegenstände. Erst in dieser Form sind sprachliche Ausdrücke für wissenschaftliche Zwecke verwendbar. Dabei sind insbesondere drei Aspekte zu beachten: Erstens legt der Bedeutungsgehalt bzw. der Vorstellungsgehalt, den man mit einem Wort verbindet, den Bereich fest, den ein Begriff bezeichnet, und strukturiert damit die erfahrbare »Wirklichkeit« vor. Daraus folgt zweitens, dass so lange Sprachprobleme nicht geklärt sind, auch über Sachprobleme keine Verständigung erzielt werden kann. Wenn wir drittens uns über »Wirklichkeit« verständigen wollen, ist es erforderlich, dass alle Verständigungspartner derselben Buchstabenkombination mindestens annäherungsweise dieselbe Bedeutung zuordnen und dass sie diese Bedeutung auf dieselben Merkmale bzw. Bedeutungsdimensionen eines realen Sachverhaltes beziehen. In diesem Sinne sind alle Begriffe konventioneller Art das Ergebnis von Übereinkünften.

In Sozialisationsprozessen lernen wir die spezifischen Bedeutungszuordnungen. Das Erlernen einer Sprache in der Kindheit läuft grundsätzlich als Verweisung auf Gegenstände und/oder als Antworten auf »Was-ist-Fragen« ab. Diese Verweisungen und Antworten bestehen in der Angabe von Buchstabenkombinationen, die je nach Sprachgemeinschaft unterschiedlich ausfallen. Da wir uns diese Kombinationen von Wörtern und Gegebenheiten als feste Kombinationen aneignen, scheinen sie uns gewiss und unabänderlich zu sein. Dies kann aber nicht darüber hinweg täuschen, dass das Erlernen dieser Kombinationen kulturspezifisch abläuft. Auf wissenschaftlicher Ebene läuft die Sozialisation in eine Sprachgemeinschaft disziplinspezifisch ab.

Aufgrund des konventionellen Charakters von Begriffen ist es durchaus nicht selbstverständlich, welche Vorstellungsinhalte einem Wort zugeordnet werden. Vielmehr ist bei allen wissenschaftlichen Ausdrücken eine klare Festlegung mit großem Aufwand verbunden. Da die Beschreibung und Erklärung neuer Phänomene auch die Schaffung neuer Begriffe erfordert, ist wissenschaftliche Tätigkeit in erheblichem Maße an Begriffen orientiert oder Begriffe schaffend. Da Begriffe die Basiselemente von Aussagen bilden, kommt der klaren Festlegung ihres Bedeutungsgehaltes in jeder Wissenschaftsdisziplinen zentrale Bedeutung zu. [BW]

Begründungszusammenhang, bezeichnet alle Forschungsoperationen, die zur Bestätigung (↗Verifikation) oder Widerlegung (↗Falsifikation) der zu überprüfenden bzw. empirisch zu begründenden ↗Theorien und ↗Hypothesen erforderlich sind. Gemäß dem ↗kritischen Rationalismus ist für die Güte einer Hypothese nicht der ↗Entdeckungszusammenhang ausschlaggebend, entscheidend ist immer nur, ob man eine Hypothese vorläufig empirisch bestätigen kann oder ob man sie verwerfen muss. Dafür bildet die kontrollierte und intersubjektiv überprüfbare empirische Begründung immer das Kernstück der Forschung. Dazu ist zuerst die ↗Operationalisierung der zentralen ↗Begriffe der Hypothese zu zählen, durch welche sie der empirischen Überprüfung zugänglich gemacht werden. Nach der Festlegung der Indikatoren oder eines Indikatorenindexes und nach Abklärung, mit welchen Erhebungsinstrumenten die gesuchten Informationen erarbeitet werden können, kann die Sammlung des Materials bzw. Erhebung des gesuchten Materials mittels der entsprechenden Instrumente erfolgen. Das Datenmaterial ermöglicht die empirische Begründung oder Widerlegung der Hypothese. Es bildet damit die letzte Voraussetzung für den ↗Verwertungszusammenhang. [BW]

Behaglichkeit, subjektives Wohlbefinden des Menschen im Freien oder in Räumen, das von meteorologischen Größen, der Luftqualität sowie der individuellen Betätigung abhängt. Maßgeblichen Einfluss haben Lichtintensität, UV-Strahlung, Luft- und Strahlungstemperaturen, Luftfeuchtigkeit, Windgeschwindigkeit, Luftdruck, Sauerstoffpartialdruck, Ionenkonzentration im Raum, luftelektrisches Feld der Erde sowie gas- und partikelförmige Konzentrationen atmosphärischer Spurenstoffe.

Thermische Behaglichkeit besteht für einen ruhenden menschlichen Körper bei einer Lufttemperatur von 30°C, Windstille, einer mittleren Hauttemperatur von 32°C bis 34°C und einer Körperkerntemperatur von 36,6°C bis 37°C. Der PMV-Wert (↗Predicted Mean Vote) beträgt 0, der PET-Wert (↗Physiologisch Äquivalente Temperatur) 20°C. Für die thermische Behaglichkeit in Räumen spielt die Strahlungstemperatur der Umschließungsflächen (z. B. Wände, in Straßenschluchten auch Häuserfronten) gegenüber der Lufttemperatur die wichtigere Rolle. Erstere sollte von Letzterer, nach Erfahrungswerten, nicht mehr als 1 K abweichen. Eine photoaktinische Behaglichkeit stellt sich in Abhängigkeit des Hauttyps bei niedrigen Werten des ↗UV-Indexes ein. Lufthygienische Behaglichkeit ergibt sich bei geringen Konzentrationen an Spurenstoffen, die nicht an der Zusammensetzung der natürlichen Luftqualität beteiligt sind. Orientierungen für solche Konzentrationen bietet z. B. der MIK-Wert, der Maximale Immissionswert, ein in der TA Luft festgelegter Höchstmengenrichtwert maximaler Immissionskonzentration zum Schutz vor Gesundheitsgefahren sowie zum Schutz vor erheblichen Nachteilen und Belästigungen. [WKu]

behavior in space, bezeichnet im Rahmen der ↗verhaltenstheoretischen Sozialgeographie von David Lowenthal (1967) das ↗Verhalten im ↗Raum. In klarer Abgrenzung zu ↗spatial behavior (kognitive Raumrepräsentation) wird damit der Raum als Bezugsfläche für die Ausführung von Verhaltensweisen thematisiert. Behavior in space bezieht sich auf die wissenschaftliche Darstellung der beobachtbaren Bewegungen des Individuums im Raum. Dieses Konzept baut auf der These auf, dass das Verhalten im Raum durch die kognitive Raumrepräsentation (↗mental map) in starkem Maße mitbestimmt ist.

Behaviorismus [von engl. behavior = Verhalten], ist einer der einflussreichsten Forschungsansätze der Psychologie und bildet die theoretische Grundlage der ↗verhaltenstheoretischen Sozialgeographie und Soziologie. John B. Watson

(1878–1958) entwickelte diese Verhaltenslehre als Gegenposition zur sog. Bewusstseinspsychologie und hatte den Anspruch, der Psychologie als naturwissenschaftlicher Disziplin zu Anerkennung und Einfluss zu verhelfen. War die damals vorherrschende geisteswissenschaftlich orientierte Psychologie auf das ↗Verstehen von Bewusstseinszuständen durch introspektive, auf therapeutischem Gespräch aufbauende Methoden ausgerichtet, sollte sich die behavioristische Psychologie derselben Methoden bedienen wie die Naturwissenschaften: direkte Beobachtung unter experimentellen Bedingungen.

Die Ausgangsthese des klassischen Behaviorismus besteht im Postulat, dass jedes Verhalten eines Organismus, der menschliche mit eingeschlossen, eine Reaktion (response) auf einen äußeren Reiz (stimulus) darstellt. Einen »Reiz« kann dabei potenziell jede Gegebenheit der physischen und sozialen Umwelt darstellen. Forschungspraktisch wird eine solche Gegebenheit aber erst dann als »Reiz« betrachtet, wenn sie ein Verhalten bewirkt. Als »Reaktion« gilt alles, was das Lebewesen tut. Nach Watson vollbringt der Organismus mit seiner Reaktion eine Anpassungsleistung an seine Umwelt; d.h., dass der Organismus durch eine Bewegung seinen physiologischen Zustand so verändert, dass der »Reiz« keine weitere »Reaktion« mehr hervorruft. Die Reduktion menschlichen Tuns auf beobachtbare Organismusabläufe soll eine konsequente Anwendung naturwissenschaftlicher ↗Methodologie ermöglichen.

Das entsprechende Reiz-Reaktions-Schema ist in die darwinistische Frage nach dem Verhältnis von Mensch und Umwelt eingebettet. Wie der ↗Geodeterminismus ist der klassische Behaviorismus vor allem an der Aufdeckung allgemeiner Gesetzmäßigkeiten menschlicher Tätigkeiten interessiert. Die menschlichen Tätigkeiten sollen auf deren Grundlage kausal, d. h. durch Rückführung auf eine Ursache erklärt werden können. So soll es möglich werden, bei gegebenen »Reizen« – jederzeit und unter allen Umständen – die entsprechende Reaktion voraussagen zu können. Oberstes Ziel behavioristischer Forschung war demgemäß Erklärung, Vorsage und Kontrolle beobachtbarer Verhaltensweisen.

Die wichtigsten Forschungshypothesen des klassischen Behaviorismus lassen sich auf drei Behauptungen zusammenfassen. Erstens: Die Eigenschaften der Umwelt – als die Summe der (potenziellen) Reize – sind für das Verhalten von Individuen von entscheidender Bedeutung und nicht die Eigenschaften der Individuen. Zweitens: Unter gleichen Umständen verhalten sich verschiedene Individuen gleich. Drittens: Unter gleichen Umständen verhalten sich alle Individuen genau so, wie sie sich früher unter denselben bereits verhalten haben.

Spätere und aktuelle Formen des Behaviorismus teilen die Auffassung von der Umweltdetermination des Verhaltens in dieser strikten Form nicht mehr. Vielmehr geht man davon aus, dass das menschliche Bewusstsein die äußeren Reize zuerst interpretiert, bevor sie verhaltenswirksam werden können. Die entsprechenden kognitiven Verhaltenstheorien begreifen die Anregungen aus der Umwelt als ↗Informationen. Damit wird die Erklärungslast von der Umwelt auf das Individuum verlagert. In kognitiven Verhaltenstheorien werden primär Aspekte des Bewusstseins als verhaltensleitend betrachtet. Spannungen zwischen mentalen Faktoren gelten nun als die primären Auslöser von Verhaltensweisen (↗Anspruchsniveau). Verhalten wird als Reaktion begriffen, welche Spannungsmomente zwischen einzelnen kognitiven Faktoren abbaut. Damit diese Spannungszustände aber überhaupt erst auftreten können, sind äußere Anlässe (Umweltinformationen) nötig. Als kognitive Faktoren gelten Bedürfnisse, Motive und sozial-kulturell geprägte Persönlichkeitsmerkmale. Die auf diese Faktoren treffenden Informationen können bei der Person zu Spannungen führen. Je nach der Art der Informationen und der Ausprägung der kognitiven Faktoren äußert das Individuum eine spezifische Verhaltensweise, die den Spannungszustand aufhebt. [BW]

behavioristische Sozialgeographie, ↗*verhaltenstheoretische Sozialgeographie*.

Beherbergungsgewerbe ↗*Hotel- und Gaststättengewerbe*.

Beherbergungskapazität, *accomodation capacity*, ↗*Tourismusstatistik*.

Beherbergungsstatistik, *statistics of accomodation*, ↗*Tourismusstatistik*.

Behrmann, *Walter*, deutscher Geograph, geb. 22.05.1882 Oldenburg, gest. 3.5.1955 Berlin. Er studierte in Göttingen; promovierte 1905 bei ↗Wagner mit einer Arbeit über »Die niederdeutschen Seebücher des 15. und 16. Jahrhunderts«; habilitierte sich 1914 mit dem Werk »Die Oberflächengestaltung des Harzes, eine Morphologie des Gebirges«. Nach seiner Assistentenzeit bei ↗Partsch und ↗Penck nahm Behrmann an der Deutschen Neuguinea-Expedition teil (»Der Sepik und sein Stromgebiet«, 1917; »Das Stromgebiet des Sepik«, 1922). 1922 wurde er ao. Prof. in Berlin, 1923 o. Prof. für Geographie in Frankfurt/Main, wo er 21 Jahre lang lehrte. 1946 wurde Behrmann nach Berlin auf den ersten Lehrstuhl für Geographie an der FU Berlin berufen. Hier begründete er die Gesellschaft für Erdkunde zu Berlin neu. Er veröffentlichte zahlreiche Arbeiten zur Kartographie, zur Geomorphologie und zur Landesnatur von Indonesien und Ozeanien. [UW]

Behrmann, *Walter*

behutsame Stadterneuerung ↗*erhaltende Stadterneuerung*.

Beispielschlüssel ↗*Interpretationsschlüssel*.

Bekleidungsindustrie, *Bekleidungsgewerbe*, Verarbeitung relativ hochwertiger Materialien ohne größere Gewichtsverluste; Güter für den Endverbrauch; arbeitsorientiert; relativ wenig Rationalisierungsmöglichkeiten; große Varianz zwischen standardisierter ↗Massenproduktion und Einzelfertigung; relativ große Abhängigkeit von ↗Arbeitskosten, deshalb häufig Arbeitskräfteorientierung bei ↗Standortentscheidungen.

Belastbarkeit, 1) Maximum an Vieheinheiten, die sich von einer Weidefläche ernähren können, ohne dass die Weideressource geschädigt wird (↗Tragfähigkeit). Die Belastbarkeit korreliert mit dem Produktionspotenzial des Standortes sowie der Bewirtschaftungsintensität und kann erhebliche interannuelle Schwankungen aufweisen. 2) ↗ökologische Belastbarkeit.

Belastungsgebiete, fragestellungsbezogen ein- oder mehrdimensional zu charakterisierende Räume, deren Belastungsgrad metrisch oder ordinal skaliert wird. ↗Umweltbelastungen werden dabei unter verschiedenen Blickwinkeln betrachtet, sodass entweder deren Verursacher (z. B. Emittenten) im Vordergrund stehen oder die Umwelt belastende Stoffe (Xenobiotika), physikalische Einflüsse bzw. die Auswirkungen der Belastungsfaktoren (z. B. Immissionseffekte). Im folgenden Beispiel dienen luftverunreinigende Stoffe als Indikatorvariablen, um einen modellhaften Überblick über die regionale Differenzierung und zeitliche Veränderung der Emissionssituation in der Bundesrepublik Deutschland während der Phase besonders intensiver Wirtschaftsentwicklung zu gewinnen. Der Untersuchung liegen Daten über die Entwicklung der Schwefeldioxid-, Stickoxid- und Kohlenwasserstoffemissionen für die Jahre 1960, 1965, 1970, 1975 und 1980 in den Sektoren Industrie, Haushalte und Verkehr zu Grunde. Im Sektor Verkehr sind zusätzlich die Kohlenmonoxid-, Ruß- und Bleiemissionen, im Sektor Haushalt die Kohlenmonoxid- und Rußemissionen berücksichtigt. Die Werte der insgesamt 14 Variablen sind mithilfe von Emissionsfaktoren aus den Produktions- und Verbrauchsziffern für 70 Bezugsflächen von etwa 55×70 km² abgeleitet. Für Räume dieser Größe sind physikalisch-chemisch begründbare und vielfach recht enge Korrelationen zwischen ↗Emissionen und ↗Immissionen feststellbar, sodass die hier analysierte Emissionssituation auch mit guter Näherung einen Integralindikator für die Immissionsverhältnisse darstellt. Die 14-dimensional charakterisierten Bezugsflächen werden durch sukzessive Anwendung der Biplot-Technik und ↗Clusteranalysen (Complete Linkage, Relocate) in 18 Belastungsklassen eingestuft. Die Ausweisung von Belastungsgebieten stellt einen planungstechnisch wichtigen Fall integrativer Umweltbewertung dar. Sie liefert nur dann reproduzierbare Ergebnisse, wenn sie einem Messverfahren analog aufgebaut ist, d. h. auf einem möglichst genauen und richtigen Sachmodell fußt, sich möglichst exakt auf ein definiertes Ziel- oder Wertsystem (Umweltstandards) bezieht, eine formal konsistente Bewertungsstruktur besitzt und zu einer Ordnung der bewerteten Alternativen führt. [OF]

Belastungsgrenze ↗ökologische Belastbarkeit.

Belastungsverhältnis, Verhältnis zwischen Wasserführung und Feststofffracht eines Flusses. Ausdruck des Belastungsverhältnisses ist die Gefällskurve des Flusses.

Belemniten, tintenfischartige Gruppe (Ordnung) der ↗Cephalopoden. Ihr Gehäuse ist zu einem projektilförmigen Rostrum aus ↗Calcit reduziert, das vom Weichkörper umhüllt wurde. Als »Donnerkeile« bezeichnete Rostren (Abb.) finden sich angereichert in vielen Schichten des ↗Juras und der ↗Kreide und stellen einige wichtige ↗Leitfossilien.

Beleuchtungsrichtung, da alle ↗passiven Fernerkundungssysteme die Beleuchtung durch die Sonne nutzen (Ausnahme: Sensoren für das Thermische Infrarot), ist die Beleuchtung in Luft- und Satellitenbildern vom Aufnahmezeitpunkt abhängig. Bei Aufnahmen in den mittleren Breiten der Nordhalbkugel kommt sie meist, entsprechend dem Sonnenstand, aus südlichen Richtungen und der Schattenwurf im reliefierten Terrain fällt nordwärts. Aus den topographischen Karten dagegen sind wir die technische Beleuchtung aus NW mit einem entsprechenden Schattenentwurf gewohnt. Das führt bei der Betrachtung von Luft- und Satellitenbildern oft zu Problemen: Talzonen erscheinen hoch liegend, und Bergkämme als Täler. Das Problem löst sich, wenn man die Bilder umdreht. Bei sehr kleinmaßstäbigen Satellitenbildern besteht das Problem allerdings nicht, v. a. deshalb, weil die Ad-hoc-Orientierung durch topographische ↗mental maps erleichtert wird. [MS]

Bemessungsniederschlag, *Bemessungsregen*, dient zur Bemessung von wasserwirtschaftlichen Anlagen. Er beschreibt die funktionale Beziehung zwischen Ergiebigkeit eines Regenereignisses mit der Niederschlagsdauer, Regenhöhe und Auftrittswahrscheinlichkeit (Wiederkehrintervall).

Bénard-Zelle, von H. Bénard im Jahre 1900 in Flüssigkeiten entdecktes räumliches Muster der ↗Konvektion, die durch regelmäßig angeordnete Zonen absinkender Luft in Konvektionszellen gegliedert wird. In der Atmosphäre treten die auf Satellitenbildern gut erkennbaren, 20 km bis 100 km durchmessenden Bénard-Zellen bei Zellularkonvektion auf, die sich vor allem im Rücken von Tiefdruckgebieten über relativ warmen Meeresoberflächen bildet und eine systematische zellenförmige Anordnung von konvektionsbedingten Wolken aufweist.

Benetzungskapazität, Menge an Niederschlag, den Bäume je nach ihrer Kronenform zurückhalten. So halten großkronige, dichte Bäume mit kleinen leicht benetzbaren Blättern oder Nadeln mehr Niederschlag zurück als lockerkronige mit großen, weichen Blättern. Erst wenn die Pflanzendecke ausreichend benetzt ist, tropft das Wasser von Zweigen und Blättern ab. Die Benetzungskapazität fällt in Nadel- etwa doppelt so hoch aus wie in Laubwäldern (belaubt: 1 mm, unbelaubt: 0,5 mm).

Bengalen-Zyklone, ↗tropische Depression, die sich unterhalb einer Wellenstörung in der tropischen Ostströmung in großer Häufigkeit über dem Golf von Bengalen während der Sommer- und Herbstmonate ausbildet. Diese wandert, gesteuert von der Höhenströmung, von Osten nach Westen und kann sich dabei zu einem tropischen Sturm, gelegentlich auch zu einem ↗tropischen Wirbelsturm weiterentwickeln.

Benthal, Lebensraum des ↗Benthos. Der limnische Benthalbereich oberhalb der Kompensa-

Belemniten: Rostrum des Belemniten Belemnitella aus der Kreide von Norddeutschland.

tionsebene, d. h. der Schicht, in der sich aus licht-klimatischen Gründen Aufbau und Abbau in den photoautotrophen Primärproduzenten gerade ausgleichen, ist das Litoral, derjenige unterhalb des Profundals. Im pflanzenreichen Litoral lebt eine entsprechend vielfältige Gesellschaft von phyto- und zoophagen Tieren an den Pflanzen, auf dem oder im Boden sowie im Wasser schwebend oder schwimmend. Typisch ist ferner der Aufwuchs, d. h. der lebenden oder toten Substraten anhaftende Bewuchs von Einzellern, ↗Algen, ↗Schwämmen, Süßwasserpolypen und ↗Bryozoen. Das Profundal enthält neben wenigen chemoautotrophen Organismen nur ↗Konsumenten und ↗Destruenten.

Benthos [griech. = Tiefe], auf dem Grund des Gewässers (benthisch) festsitzende (sessile) oder bewegliche (vagile) Organismen.

Bentonit, nach den ersten Funden bei Ford Benton (Montana, USA) benanntes, meist bei der Zersetzung vulkanischer Aschen und Tuffite entstandenes toniges Gestein (mit Mineralen wie Montmorillonit, Beidelit, etc.). Bentonite werden als feuerfeste Tone und Spülmittel bei Bohrungen verwendet.

Beobachtung, grundlegende Form der Informationsgewinnung in Alltag und Forschung. Während die *alltägliche Beobachtung* zumeist eher unstrukturiert und zufällig ist (Wahrnehmung), kann die wissenschaftliche Beobachtung als zielgerichtet, absichtsvoll, selektiv und systematisch gekennzeichnet werden. Die Beobachtung ist zeitgleich mit dem zu beobachtenden Ereignis. Die quantitative Forschung definiert zugleich die Absicht, Hypothesen zu prüfen und die gewonnenen Daten auszuwerten. In ihrem Verständnis soll Beobachtung replizierbar und objektiv sein. Man spricht daher von *Laborbeobachtung*, die in den Naturwissenschaften eine entscheidende Rolle spielt. In der ↗qualitativen Forschung ist dagegen die *Feldbeobachtung* charakteristisch. Von einer technisch vermittelten Beobachtung spricht man bei einer Unterstützung durch Instrumente im Gegensatz zur unvermittelten Beobachtung. Letztere dominiert die qualitative Forschung.

Den grundlegenden Ansätzen, Zielen und Gegenständen der Forschung entsprechend sind unterschiedliche Formen der Beobachtung angemessen. Bei vereinfachender Gegenüberstellung lassen sich folgende Unterscheidungen treffen: Strukturierte bzw. standardisierte vs. nichtstrukturierte bzw. nicht- standardisierte Beobachtung. Die *standardisierte Beobachtung* ist i. d. R. hypothesengeleitet (*deduktive Beobachtung*) und hat vorab ein klares Kategorienschema für das Beobachtungshandeln. Erweist sich dieses Kategorienschema als unangemessen gegenüber den zu beobachtenden Sachverhalten, sind die so gewonnenen Daten unbrauchbar. Für die weitere Arbeit sind daher zunächst neue Hypothesen und darauf bezogene Kategorien zu entwickeln. Die standardisierte Beobachtung (↗Standardisierung) dient somit der Hypothesenprüfung. Die nicht standardisierte, auch *heuristische Beobachtung* oder *induktive Beobachtung*, sieht ihr Ziel dagegen eher in der Generierung von Hypothesen und Theorien, insbesondere in der Phase der Annäherung an das Forschungsfeld. Erst in weiteren Arbeitsschritten erfolgt die Fokussierung auf bestimmte Aspekte und neue Fragen.

In der sozialwissenschaftlichen ↗Feldforschung lassen sich nicht-teilnehmende und teilnehmende Beobachtungen gegenüberstellen. Im ersteren Falle wird der Forscher distanziert gegenüber den Objekten der Beobachtung bleiben und nicht selbst Teil des ↗Feldes werden. Er beobachtet wie im naturwissenschaftlichen Laborversuch quasi von außen. Die teilnehmende Beobachtung als grundlegende Methode der Ethnologie und Kulturanthropologie macht den Forscher zu einem Teil des Feldes und Partizipant am Alltagsleben der untersuchten Personen und Gruppen, um aus der Insiderperspektive deren Handlungsnormen und -muster zu erschließen. Ist der Forscher den Beforschten in seiner Rolle bekannt, so sprechen wir auch von *offener Beobachtung*, ist dieses nicht der Fall handelt es sich um eine *verdeckte Beobachtung*. Bei der teilnehmenden Beobachtung besteht in erhöhtem Maße die Gefahr des ↗going native.

Sind die gewonnenen Daten in numerischer Form vorhanden, erfolgt die Datenauswertung (↗Datenanalyse) durch statische Verfahren (↗Statistik). Bei verbalen ↗Beobachtungsprotokollen wird auf Verfahren der ↗Inhaltsanalyse u. a. Techniken der qualitativen Forschung zurückgegriffen. [PS]

Beobachtungsdaten ↗Wetterdaten.

Beobachtungsprotokoll, verbale und non-verbale Aufzeichnungen von wissenschaftlicher ↗Beobachtung, das alle relevanten Beobachtungsergebnisse enthalten sollte. Das Beobachtungsprotokoll – nicht die beobachteten Sachverhalte selbst – bildet die Grundlage der weiteren Datenverarbeitung und ↗Datenanalyse.

Beobachtungsschema, ein Plan, der für eine systematische ↗Beobachtung vorgibt, was, wann, wo und wie zu beobachten ist. Er enthält Zahl und Art der Beobachtungseinheiten, deren relevante Dimensionen und Kategorien. Das Beobachtungsschema wird auf operationalisierten ↗Hypothesen aufgebaut.

Beobachtungstermine, international standardisierte Zeitpunkte für die Durchführung von instrumentellen und visuellen Beobachtungen in der ↗Meteorologie und ↗Klimatologie. Die ↗synoptischen Wetterbeobachtungen werden weltweit zeitgleich um 0, 3, 6, 9, 12, 15, 18 und 21 Uhr GMT (Greenwich Mean Time) vorgenommen, die Termine 0, 6, 12 und 18 Uhr GMT werden dabei als synoptische Haupttermine bezeichnet. Bei der ↗Klimabeobachtung werden drei tägliche Beobachtungstermine verwendet, 7, 14 und 21 Uhr mittlerer Ortszeit (Mannheimer Stunden). Der ↗Deutsche Wetterdienst verwendet für die Klimabeobachtung in jüngerer Zeit die Termine 7, 14 und 21 Uhr vereinfachter mittlerer Ortszeit, entsprechend 7:30, 14:30 und 21:30 mitteleuropäischer Zeit. ↗Zeitsysteme.

Beregnung, die regenartige Verteilung von Wasser über ⇗Kulturpflanzen als Form der ⇗Bewässerung, besonders im Garten- und Feldgemüsebau; Beregnungsanlagen können ortsfest und beweglich ausgeführt werden; das Druckwasser kann auch mit Düngern versetzt werden. Beregnung ist auch als Frostschutz möglich.

bereichsbezogene Theorie ⇗Grounded Theory.

Bereifung ⇗Koagulation.

Berg, ⇗Vollform, die sich gegen ihre Umgebung durch größere Höhe und Neigung absetzt und damit eine höhere ⇗Reliefenergie aufweist.

Berg, *Lew Semjonowitsch*, russischer Naturwissenschaftler, geb. 14.3.1876 in Bender, Bessarabien, gest. 24.12.1950 in Leningrad. Der Sohn eines Notars studierte 1894 bis 1898 an der Moskauer Universität Naturwissenschaften, insbes. Zoologie und Geographie. In den Folgejahren untersucht er Aral-See, Issyk-Kul, Balchasch und andere Gewässer ichthyologisch, damit auch im Zusammenhang die Wüsten Mittelasiens und die Gletscher des Pamir. Wie er selbst sagte, wurde ihm Mittelasien zu seiner zweiten Heimat. Ab 1904 lebte Berg in Petersburg, habilitierte hier 1909 und begann die Lehre in Ichthyologie, ab 1916 auch am neuen Geographischen Institut, das er mit aufbaute. 1908 erschien »Der Aral-See. Versuch einer physisch-geographischen Monographie«, wenig später die »Süßwasserfische der UdSSR und angrenzender Gebiete«, ein Werk, das bis zur 4. Auflage 1948–1949 auf drei Bände angewachsen war. Von den zoologischen Untersuchungen führten ihn die wissenschaftlichen Fragestellungen zur Ablehnung der Hypothese, dass Asien austrockne, zu »Klima und Leben« (1922), und schließlich zu Werken über die Naturzonen der UdSSR (1928, 1931, 1937), mit denen er die Lehre ⇗Dokutschajews (1846–1903) vertiefte. Anderseits gelangte er über die Verbreitung der Fischarten und -verwandtschaften zu Paläontologie und Erdgeschichte, in denen allerdings ein Teil seiner Thesen Widerspruch auslösten. Mustergültig wurde seine Untersuchung über die Seespiegelschwankungen des Kaspi in historischer Zeit (1934) nach schriftlichen Quellen und Überlieferungen. 1940 wird Berg zum Präsidenten der Geographischen Gesellschaft gewählt, und er erarbeitete zu deren Jubiläum 1945 »Die Allunionsgesellschaft für Geographie in 100 Jahren«. Mit den »Studien zur Geschichte der russischen geographischen Entdeckungen« (deutsch: 1954) gelang ihm nach bislang unbekannten Archivalien die Aufklärung mancher Rätsel der Entdeckungsgeschichte. [FK]

Bergbau, die Gewinnung verwertbarer Bodenschätze. Zum Bergbau gehören das Aufsuchen, Erkunden und Bewerten von ⇗Lagerstätten (Exploration), der Abbau (Gewinnung und Förderung) und die Aufbereitung der Bodenschätze sowie die Verwahrung und Rekultivierung stillgelegter Abbaue. Bergbaulich gewonnene Bodenschätze sind Energierohstoffe (⇗Kohle, ⇗Erdöl, ⇗Erdgas), Metallerze (⇗Erzlagerstätten), Salze (Stein- u. Kalisalz, ⇗Salzlagerstätten), Industrieminerale (z. B. Schwerspat), Steine und Erden (z. B. Kalkstein, Ton, Sand) und Schmucksteine.

Die rechtlichen Verhältnisse regelt das Bergrecht (u. a. Bundesberggesetz). Das Nutzungsrecht an Bodenschätzen liegt in Deutschland grundsätzlich beim Grundeigentümer, außer für sog. »bergfreie« Bodenschätze, für die ein Staatsvorbehalt besteht (Energierohstoffe, Erze u. a.). Der Bergbau untersteht staatlicher Aufsicht (Bergverwaltung). Durch die Verknüpfung des Bergbaus mit der Lagerstätte ist er absolut standortgebunden. Findet der Bergbau an der Erdoberfläche statt, spricht man vom Tagebau (auch Steinbruch, Abgrabung), bei Gewinnung unterhalb der Erdoberfläche vom Tiefbau (Untertagebau, Bergwerk im engeren Sinne). Der Zugang zur Lagerstätte erfolgt hier über (meist senkrechte) Schächte und (meist horizontale) Stollen. Flüssige und gasförmige Bodenschätze (Erdöl, Erdgas) oder lösliche Salze (Sole) werden mittels Bohrungen gewonnen. Endlagerbergwerke dienen nicht zur Gewinnung von Bodenschätzen, sondern zur Schaffung von unterirdischem Deponieraum zur Verwahrung umweltbelastender Reststoffe (Chemieabfälle, radioaktives Material). Bergbau zählt zu den ältesten wirtschaftlichen Tätigkeiten (Bergbau auf Feuerstein in der Steinzeit). Die speziellen Bedingungen besonders im Untertagebergbau haben zu spezifischen Formen der Sozial-, Arbeits- und Betriebsorganisation geführt, die sich teilweise von denen anderer Wirtschaftszweige unterscheiden. [VW]

Bergbaufolgelandschaft, die in großräumigen Gebieten des ⇗Bergbaus während des Abbaus oder nach dessen Ende entstehende oder entwickelte Landschaft. Tagebaugebiete, z. B. zur Braunkohlengewinnung, sind durch ausgedehnte, tiefe, offene Abbaugruben und durch große Abraumaufschüttungen (⇗Halden) gekennzeichnet; die Gruben füllen sich oft mit Grund- und Niederschlagswasser und werden zu Seen oder sie werden mit Abraum verkippt (Kippenböden). Untertagebergbau zeigt sich oberflächlich durch hohe, tafelberg- oder kegelförmige Abraumhalden sowie durch z. T. versumpfte oder wassergefüllte Bergsenkungen. Früher wurden die Bergbaugebiete der natürlichen ⇗Sukzession überlassen, die manchmal Bereiche mit hohem Naturschutzwert (⇗Renaturierung), sonst aber auch ⇗Ödland hervorbrachte. Neuere Bergbaufolgelandschaften sind als ⇗Folgenutzungen aus geplanter ⇗Rekultivierung zugunsten von Land- oder Forstwirtschaft (dann oft mit Einebnung von Halden und Auffüllung von Gruben und Senkungen), aber auch für ⇗Freizeit- und ⇗Erholungs-Nutzung oder zugunsten des ⇗Naturschutzes hervorgegangen. [WHa]

Bergbaustadt, neu gegründete oder aus älteren Siedlungen entstandene städtische Siedlungen, die nahe einem Abbaugebiet liegen und stark von der Bergbaufunktion geprägt sind. Sie gehören im Vergleich zu den mittelalterlichen ⇗Bergstädten der frühneuzeitlichen Stadtentstehungsperiode an.

Berg, *Lew Semjonowitsch*

Bergener Schule, *norwegische Schule*, entwickelte die Polarfrontheorie (↗Polarfront) und darauf aufbauend die diagnostische Arbeitsmethode der synoptischen Meteorologie. Diese analysiert insbesondere die dreidimensionale Dynamik und Verteilung von Luftmassen, Strömungsstrukturen und Fronten und gewinnt daraus grundlegende Erkenntnissen zum Lebenslauf von ↗außertropischen Zyklonen sowie zu deren Funktion innerhalb der ↗atmosphärische Zirkulation.

Bergeron-Findeisen-Prozess, *B-F-Prozess*, Regenbildung über die Eisphase, Wachstum von fallenden Eispartikeln auf Kosten unterkühlter ↗Wolkentropfen. Der Bergeron-Findeisen-Prozess ist besonders effektiv für die Niederschlagsbildung in ↗Mischwolken der mittleren und hohen Breiten. Er basiert auf dem höheren ↗Sättigungsdampfdruck von Wasser gegenüber Eis bei Temperaturen < 0°C (Abb.). Aufgrund dieser Tatsache kann bei gleicher Temperatur durch das frühere Erreichen des Sättigungspunkts über Eis Wasserdampf auf ↗Eiskristallen deponiert werden. Dadurch sinkt der aktuelle Dampfdruck, sodass Wassermoleküle aus unterkühlten Wassertropfen zunehmend in den Dampfraum übergehen. Da durch die ↗Verdunstung der Wassertropfen der Sättigungsdampfdruck über Eis weiter erhalten bleibt, setzt ein Netto-Wasserdampfstrom von den unterkühlten Tröpfchen zum Eiskristall ein, der den festen Niederschlagspartikeln zu einem schnellen Wachstum verhilft. Innerhalb der Mischwolke wird der B-F-Prozess durch die Bildung von Eiskristallen über der -40°C-Isotherme initiiert. Diese fallen in den Mischbereich der Wolke, wo der B-F-Prozess wirksam werden kann. Erreichen die stark gewachsenen Festniederschläge die 0°C-Grenze, schmelzen sie zu großen Regentropfen. Manchmal wird unter dem Begriff Bergeron-Findeisen-Prozess neben dem Wachstum von Eispartikel auch das Wachstum von Festniederschlägen durch Bereifung (↗Koagulation) verstanden. ↗Sublimation. [JB]

Berghaus, *Heinrich*, einer der schöpferischsten Kartographen und Protagonisten der Geographie der Humboldt-Epoche, geb. 3.5.1797 Kleve, gest. 7.2.1884 Grünhof bei Stettin. Von Grund auf geodätisch ausgebildet, begann er seine kartographische Laufbahn in französischen und preußischen Diensten als Ingenieurgeograph. 1821 erfolgte seine Berufung zum Lehrer an der Berliner Bauakademie, drei Jahre später die Ernennung zum Professor. In Berlin entfaltete er eine umfassende Agitation für die Geographie, gab die führenden Fachzeitschriften heraus (z.B. »Hertha« 1825–29, »Annalen der Erd-, Völker- und Staatenkunde« 1829–43), initiierte die Gründung der Gesellschaft für Erdkunde zu Berlin (1829) und gründete in Potsdam 1839 die »Geographische Kunstschule«, an der einige der bekanntesten Kartographen wie z.B. ↗Petermann ihr Handwerk erlernten. Berghaus' wissenschaftliche Hauptwerke sind der »Atlas von Asia« (1832) und der »Physikalische Atlas« (1838–49), die bei J. Perthes in Gotha erschienen. [HPB]

Bergkrankheit ↗*Höhenkrankheit*.

Temperatur [°C]	0	-10	-20	-30	-40	-50
E_W	6,108	2,863	1,254	0,509	0,189	0,063
E_E	6,107	2,597	1,032	0,380	0,128	0,039
(E_E / E_W) 100	100,0	90,7	82,3	74,7	67,8	61,9

Bergeron-Findeisen-Prozess: Sättigungsdampfdruck über Wasser (E_W) und über Eis (E_E) in hPa.

Bergland, allgemeine Bezeichnung für ein vielgegliedertes Gebiet mit ↗Bergen, Plateaus und Rücken im Wechsel mit Ebenen und ↗Niederungen.

Bergmann'sche Regel ↗*ökogeographische Regeln*.

Bergmischwald, Wälder der montanen bis subalpinen Stufe (↗Höhenstufen), die aus Laub- und Nadelgehölzen aufgebaut werden. In Mitteleuropa sind Tannen-Buchenwälder (*Abieti-Fagetum*) und Ahorn-Buchenwälder (*Aceri-Fagetum*) charakteristische Beispiele. Der Anteil der Fichte nimmt mit zunehmender Höhe und Kontinentalität zu, ist im Bergmischwald aber auch vielfach durch waldbauliche Eingriffe gefördert worden. Generell überwiegen in ozeanischen Lagen, d.h. bei wintermildem, schneereichem Klima Laubgehölze, wogegen in kontinentalen Lagen eine Dominanz von Nadelgehölzen zu verzeichnen ist. Im meist steilen Gelände sind die Bestände im hochmontanen Bereich nicht dicht geschlossen und werden in der subalpinen Stufe lückenhaft. Sie besitzen in den Gebirgen vielfach eine wichtige Funktion als Schutz- bzw. ↗Bannwald gegen ↗Bodenerosion, ↗Muren und Lawinen.

Bergrutsch ↗*Bergsturz*.

Bergsavanne ↗*Savanne*.

Bergschrund, ist eine ortsfeste, eisbewegungsabhängige ↗Gletscherspalte, die im oberen ↗Akkumulationsgebiet von ↗Gletschern an der Grenze zwischen dem sich bewegenden Gletschereis und dem an der Talflanke oder Karrückwand (↗Kar) festgefrorenen Eis entsteht.

Bergstadt, nach den frühen mittelalterlichen Stadtgründungen an Erzlagerstätten gab es im 15. und 16. Jh. eine zweite Gründungswelle von Bergstädten, die durch Landesfürsten u.a. im Harz, Erzgebirge und Böhmerwald gegründet wurden. Diese ebenfalls auf den Erzbergbau ausgerichteten Städte wurden planmäßig angelegt und mit besonderen Autonomie-Rechten ausgestattet (↗Bergbaustädte).

Bergsturz, im Gegensatz zum *Bergrutsch* plötzliche gravitative Massenbewegung, bei der Locker- und Festgesteinsmassen hauptsächlich sturzartig entlang der Sturzbahn bewegt werden. Der Bergsturz hinterlässt am Hang eine Abrissnische; das aus der Bergsturzmasse entstehende unruhig reliefierte Ablagerungsgebiet wird auch als Tomalandschaft bezeichnet. Durch Bergsturzmassen kann es zur temporären Aufstauung von Flüssen (Bergsturzsee) kommen, z.B. prähistorischer Flimser Bergsturz im Vorderrheintal (Tal von Kästris), bei dem auf einer Länge von 15 km etwa 12 Mrd. m³ Gestein abstürzten und den Rhein ca. 90 m hoch aufstauten.

Bergsturzmoräne, Bergsturzschutt, der auf eine Gletscheroberfläche geschüttet wird, und in ver-

Berghaus, *Heinrich*

schiedene Formen von ↗Moränen eingehen kann; bleibt auch nach längerem Transport im ↗Gletscher als Bergsturzmoräne erkennbar.

Berg- und Talwind, thermisch bedingtes lokales Windsystem im Gebirge. In Räumen mit Reliefunterschieden vom Hügelland bis zum Hochgebirge bilden sich, mehr oder weniger häufig und abhängig von den aktuellen meteorologischen Bedingungen, lokale und regionale Windsysteme aus. Es sind an Hänge gebundene Hangauf- und -abwinde sowie an die Täler gebundene Berg- und Talwinde, deren Ursache horizontale Temperaturdifferenzen sind. Meteorologische Voraussetzungen sind Austauscharmut und möglichst wenig durch Bewölkung behinderte vertikale Strahlungsflüsse.

Mit der Umkehr der Strahlungsbilanz in den Nachmittagsstunden beginnt der Prozess der Abkühlung der Oberflächen. Ihr Wärmeverlust wird kompensiert durch vertikal aufwärts gerichtete Wärmeflüsse im Boden und abwärts gerichtete Wärmeflüsse aus der bodennahen Luft an die Oberflächen. Dies führt zur Abkühlung der bodennächsten Luftschicht, und zwar im Ausmaß abhängig von der ↗Turbulenz innerhalb der bodennahen Luftschicht, der Wärmeleitfähigkeit und der am Tage gespeicherten Wärmemenge des oberflächennahen Untergrundes. Wenn der Prozess der Abkühlung in der Atmosphäre sich wie im Boden nur über die molekulare Wärmeleitung vollzöge, würde die nächtliche Abkühlung insgesamt nur eine wenige Meter mächtige Luftschicht erfassen und die Blätter der Pflanzen würden aufgrund ihrer geringen Masse und damit Wärmespeicherung auch in der hochsommerlichen Strahlungsnacht erfrieren. Neben der molekularen Wärmeleitung müssen daher quantitativ noch wesentlich bedeutsamere Prozesse für den Wärmeaustausch in der Atmosphäre und damit für die Abkühlung der bodennahen Luft verantwortlich sein. Dies sind Mikroturbulenzen, welche auch in der scheinbar unbewegten Luft einen vertikalen Massetransport bewirken. Sie werden durch dynamische Turbulenzen verstärkt, deren Ausmaß von der Struktur der Oberflächen abhängig ist. Strömungsphysikalisch raue Oberflächen oder komplexe räumliche Strukturen weisen größere Turbulenzen auf, der Abkühlungsprozess der bodennahen Luft erstreckt sich also auf vertikal mächtigere Luftkörper. Über einer kurz geschnittenen Wiese erfasst die Abkühlung eine relativ kleinere Luftmasse als über einem Wald, entsprechend stärker ist die Abkühlungsrate, der Wärmeverlust eines Luftquantums in der Zeiteinheit. Für diese Prozesse werden umgangssprachlich die Begriffe der Kaltluftbildung, Kaltluftproduktion bzw. Kaltluftproduktivität verwendet, sie sind zwar physikalisch unsinnig, beschreiben aber anschaulich den Abkühlungsvorgang.

Die Dynamik der bodennahen Kaltluft ist die Folge von Druckdifferenzen, die sich aus horizontalen Druckgradienten ergeben. Unter den Randbedingungen einer homogenen waagerechten Oberfläche und gleichen Abkühlungsraten, also gleichen Parametern des Untergrundes und der Landnutzung sowie identischen meteorologischen Bedingungen, verbleibt die abgekühlte Luft am Ort ihrer Entstehung, da es keine horizontalen Temperatur- und damit Druckgradienten gibt. Es entsteht aufgrund der höheren Dichte der abgekühlten Luft eine stabile Schichtung, die sich durch den Abkühlungsprozess vertikal ausdehnt. In reliefiertem Gelände hingegen kommt es auch bei gleichen Abkühlungsparametern zu Temperatur- und damit Dichtedifferenzen auf einem absoluten Höhenniveau. Sie betragen 1 bis 3 Pa/km und entsprechen damit in der Größenordnung den horizontalen Druckgradienten makroskaliger Druckgebilde. Die zunehmende Abkühlung verstärkt die Druckgradientkräfte, bis diese ausreichen, entgegen der Trägheitskraft und der Reibungskraft einen Massefluss in Gang zu setzen. Der Initialvorgang ist fast immer eine instationäre Bewegung, indem mehr oder weniger periodische Prozesse beobachtet werden, wobei einzelne isolierte Luftpakete hangabwärts strömen. Für sie werden die Begriffe *Luftlawinen* oder Kaltlufttropfen verwendet. Das zuerst sich ausbildende Temperatur- und Druckgefälle besteht zwischen Hang- und Talatmosphäre, daher bilden diese Hangabwinde oder ↗Hangwinde die erste Phase der Bewegung. Die Isothermenflächen sind am Hang nach unten gebogen, es entsteht dort ein Kältehoch, im Tal ein Wärmetief. Mit zunehmender Abkühlung wird dieser Prozess stationärer. Der Volumenstrom der Luft lässt sich mit der Bewegung eines Fluides vergleichen, daher werden die Begriffe des Kaltluftflusses, bei unterbundenem Abfluss des Kaltluftstaus oder Kaltluftsees verwendet. Die gemessenen Geschwindigkeiten liegen zwischen wenigen Dezimetern und knapp 3 m/s. Die Bewegung der Kaltluft erzeugt dynamische Turbulenzen, welche den abwärts gerichteten Wärmestrom durch eine Intensivierung des Masseaustausches verstärken. Als Konsequenz ergibt sich ein sehr schnelles Ansteigen der Obergrenze der Kaltluftansammlung in den Tälern schon in den Abendstunden.

Von der Primärbewegung am Hang ist eine Sekundärbewegung im Tal zu unterscheiden. Sie ist neben horizontalen Druckdifferenzen auch eine Folge der Masseverlagerungen durch die Hangabwinde und meist talabwärts gerichtet. Der Volumenstrom nimmt mit zunehmender Größe des Einzugsgebietes zu, es entstehen sehr stationäre Strömungen, welche auch in Mittelgebirge Mächtigkeiten bis über 100 m, im Hochgebirge bis 1000 m erreichen können. Die Winde haben häufig lokale Namen oder sind einfach nach dem Tal, in welchem sie regelmäßig wehen, benannt. Zu den in Deutschland bekanntesten und am frühesten untersuchten gehören die Bergwinde des Schwarzwaldes zum Oberrheingraben hin, insbesondere des Höllentäler, welcher für die Stadt Freiburg eine große lufthygienische Bedeutung hat und die Extreme des ↗Stadtklimas mildert. Diese *Bergwinde* erstrecken sich meist über den gesamten Talboden und erfassen auch mehr oder weniger große Teile der Talflanken. Unterschiedliche Talquerprofile, wechselnde Rauigkeiten der Oberflächen oder unterschiedliche Expositionen gegenüber dem überlagernden Wind beeinflussen die Bewegung (Abb. 1).

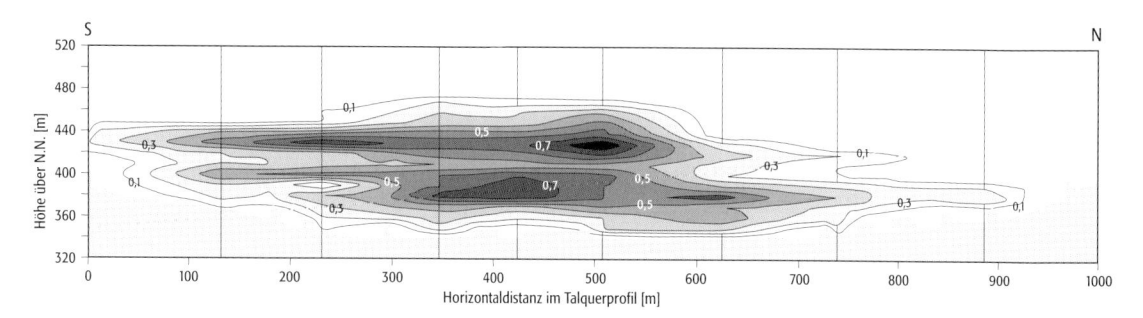

Die Bedeutung von Hangab- und insbesondere von Bergwinden ergibt sich dadurch, dass sie vor allem bei austauscharmen strahlungsgeprägten Wetterlagen bestehen, wenn infolge der großräumigen Druckfelder kein oder nur ein geringer bodennaher horizontaler Luftaustausch besteht und der vertikale Austausch durch ↗Inversionen beschränkt ist (↗Witterungstypisierung). Dann werden im Umfeld von Emittenten oder in Ballungsräumen lufthygienische Grenz- oder Richtwerte erreicht oder überschritten und die bioklimatischen Belastungsparameter nehmen zu. Dies gilt besonders für die schlecht durchlüfteten Tal- und Beckenlagen der Gebirge. Der einzige Motor für den bodennahen Luftaustausch sind in dieser Situation die Bergwinde, teilweise im Siedlungsrandbereich auch Hangabwinde. Die Volumenflüsse der Kaltluft können beträchtlich sein und reichen bis zu über 100.000 m³/s. Unter der Voraussetzung, dass sie Reinluft transportieren, kann man die Kaltluft als Frischluft bezeichnen. Ist sie lufthygienisch belastet, kann sie auch negative Wirkungen haben. Die Erfassung von Häufigkeiten, Mächtigkeiten und Transportleistungen sowie ihre lufthygienische Bewertung erfolgen daher in planungsbezogenen Analysen der angewandten Klimatologie.

Bergwinde haben ihr Häufigkeitsmaximum in den Sommermonaten, das aber durch die längere Andauer in den Wintermonaten kompensiert wird (Abb. 2). Sie sind nicht auf die Nachtstunden beschränkt, sondern setzen teilweise bereits vor Sonnenuntergang ein und enden erst in den Vormittagsstunden, in Abhängigkeit von verschiedenen steuernden Einflüssen erfolgt der Be-

Berg- und Talwind 1: Isotachen (Linien gleicher Geschwindigkeit) [m/s] eines Bergwindes in einem breiten Mittelgebirgstal.

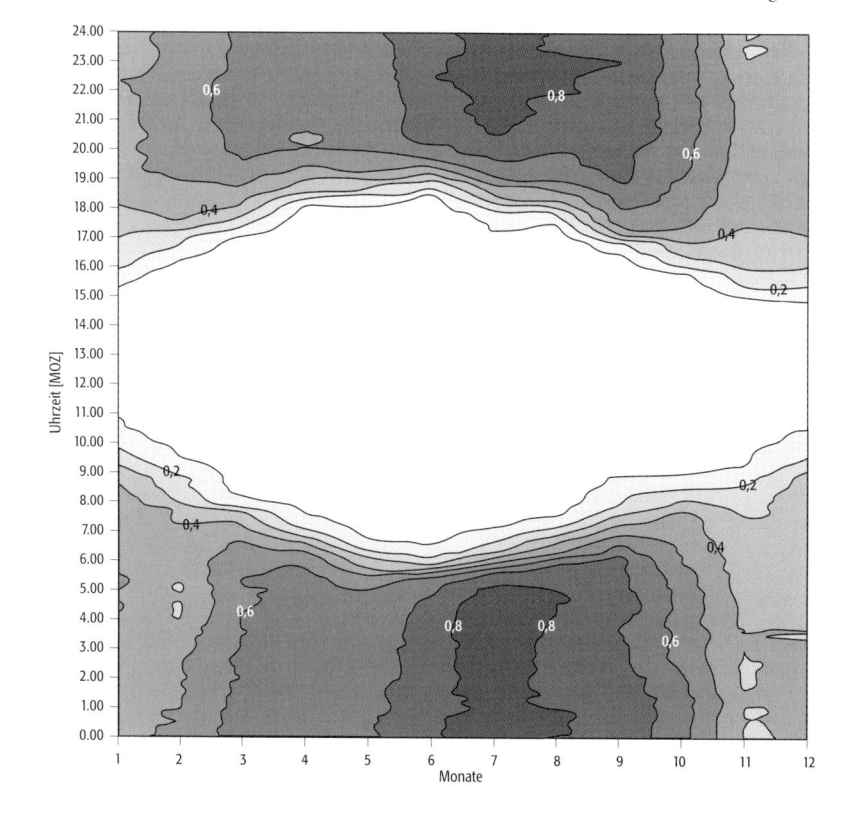

Berg- und Talwind 2: Tages- und Jahresgang der Häufigkeit des Bergwindes im Steinlachtal bei Tübingen/Schwäbisches Albvorland, als Ergebnis mehrjähriger Analysen.

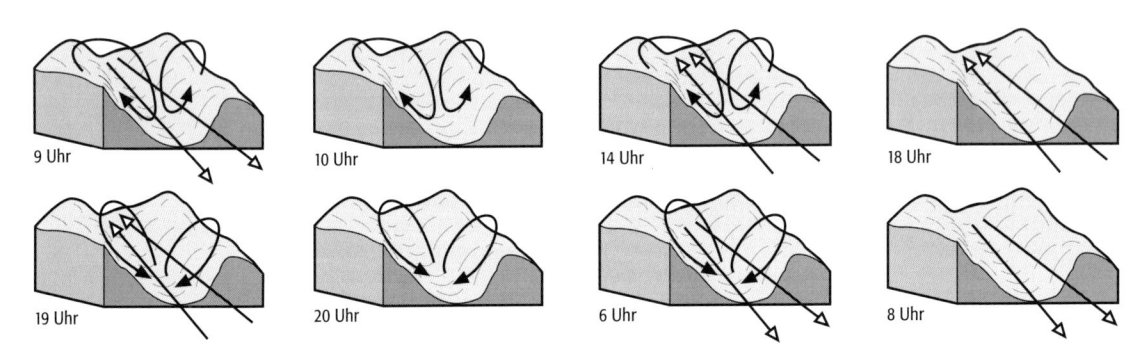

Berg- und Talwind 3: Zirkulationsmuster mit Hang-, Berg- und Talwinden im Hochgebirge unter der Randbedingung ungehinderter Einstrahlung.

ginn in Einzelfällen auch erst im Laufe der ersten Nachtstunden. Das Bewegungsmuster ändert sich im Laufe der Nacht, das Geschwindigkeitsmaximum verlagert sich vertikal nach oben, sodass sich in Bodennähe an ortsfesten Windgebern abnehmende Geschwindigkeiten ergeben.
Mit der Einstrahlung am Tage stellt sich wieder eine positive Wärmebilanz der Oberflächen ein. Mit der Erwärmung der bodennahen Luft zunächst an der sonnenexponierten Talflanke wölben sich dort die Isothermen auf, es entsteht ein kleines Wärmetief am Hang, noch während im Tal der Bergwind weht. Die Folge ist ein Hangaufwind, der sich jedoch nicht so eng an den Hang anschmiegt wie der Hangabwind.
Genetisch davon zu unterscheiden ist der *Talwind*, der sich nun nicht aus der Akkumulation von Hangaufwinden ergeben kann, sondern im Hochgebirge der zum Gebirgszentrum hin gerichtete Ast der Vorland-Gebirgs-Zirkulation (↗Vorlandwind) ist. Im Mittelgebirge fehlt der Talwind meist. In der konvektiven Talatmosphäre besteht durch ↗Thermik und periodische Ablösungsprozesse von Warmluft eine hohe Richtungs- und Geschwindigkeitsböigkeit oder der Oberwind greift mehr oder weniger abgelenkt bis zum Talboden durch. Die mit der Konvektion verbundene hochreichende turbulente Durchmischung macht diese Luftbewegungen für die Lufthygiene weniger relevant als die bodennahen Hangab- und Bergwinde der stabilen Schichtung in der nächtlichen Grenzschicht.
Im Hochgebirge gibt es zum Berg- und Talwind in der Höhe Antiwinde, welche der Bodenströmung jeweils entgegengesetzt sind (Anti-Bergwind und Anti-Talwind). Sie fehlen bei geringeren Reliefunterschieden oder sind nur lokal eng begrenzt als Masseausgleichsbewegungen ausgebildet. Auf die Scherfläche der dem Boden auflagernden Strömung folgt entweder der ↗geostrophische Wind oder ein übergeordnetes nicht an das jeweilige Tal gebundenes regionales Windsystem. Da eine Unterscheidung ohne aufwändige Vertikalsondierung nicht möglich ist, wird häufig nur vom Oberwind gesprochen (Abb. 3). [JVo]
Literatur: [1] BREHM, M. (1986): Experimentelle und numerische Untersuchungen der Hangwindschicht und ihrer Rolle bei der Erwärmung von Tälern. – München. [2] FREYTAG, C. (1988): Atmosphärische Grenzschicht in einem Gebirgstal bei Berg- und Talwind. – München. [3] VOGT, J. (2001): Lokale Kaltluftabflüsse und ihre Relevanz für die räumliche Planung. – Karlsruhe.

Bergwind ↗Berg- und Talwind.
Beringia, *Bering-Landbrücke*, ↗Landbrücke.
Berkeley School, einflussreiche Schule kulturgeographischer Forschung, die vom Lehrstuhlinhaber am Geographischen Institut der Universität Berkeley (CA), dem Landschaftsgeographen ↗Sauer in den 1920er-Jahren begründet wurde und die amerikanische ↗Kulturgeographie bis in die 1980er-Jahre dominiert hat. Sauer entwickelte eine kulturzentrierte (↗Kultur) Konzeption der kulturlandschaftlichen Feldforschung. Die Forschungen der Berkeley School weisen drei thematische Schwerpunkte auf. Im Vordergrund stehen die Forschungen zum kulturlandschaftlichen Nachweis der räumlichen ↗Diffusion von Kulturelementen in enger Zusammenarbeit mit Kulturanthropologen. Das zweite Interessensfeld stellt die regionale Begrenzung von Kulturen (cultural areas) unter Bezugnahme auf materielle ↗Artefakte wie auch immaterielle Gegebenheiten (Wertmuster) dar. Der dritte Forschungsbereich, die *Kulturökologie*, konzentriert sich auf die Analyse des Verhältnisses von Kultur und Natur, aufbauend auf der ↗Hypothese, dass die natürliche Umwelt in starkem Maße kulturdeterminiert ist. [BW]

Bernoulli'sche Gleichung, grundlegende Gleichung der Strömungslehre nach J. Bernoulli (17. Jh.), die für einen Strömungsquerschnitt in einer stationären, reibungsfreien und inkompressiblen Strömung die Beziehung zwischen statischem Druck p_s [hPa] und der Windgeschwindigkeit v [m/s] in der Höhe h [m] herstellt:

$$p_s = \varrho\, g\, h + {}^1\!/_2 \varrho\, v^2 = \text{const.},$$

mit ϱ = Luftdichte [kg/m³] und g = Fallbeschleunigung $\approx 9{,}81$ m/s². Der Term ${}^1\!/_2 \varrho\, v^2$ wird auch als ↗Staudruck bzw. dynamischer Druck bezeichnet. Bei der Geschwindigkeitsmessung von Windböen mittels des Pitotrohrs findet die Bernoulli'sche Gleichung in der vereinfachten Form

$$p_t = p_s + {}^1\!/_2 \varrho\, v^2,$$

mit p_t = Gesamtdruck [hPa] praktische Anwendung. [DD]

Bernstein [von mittelniederdeutsch bernen = brennen], *Brennstein*, *Sukzinit*, hellgelbes, bräunliches oder gelblich weißes, undurchsichtiges bis klares fossiles Harz, meist der tertiären Bernsteinfichte (*Pinites succinifera*); Härte nach Mohs: 2–2,5; Dichte: 1,05–1,10 g/cm^3. Als Einschlüsse finden sich häufig guterhaltene Insekten, Spinnentiere und Pflanzenreste. Er findet sich sekundär in der »Blauen Erde« (Oligozän) in Ostpreußen sowie an anderen Stellen der Ostseeküste. Bernsteine aus anderen Perioden der Erdgeschichte finden sich u. a. in der Dominikanischen Republik und in Neuseeland (Kauri-Harz).

berufliche Gliederung, die Verteilung der Erwerbspersonen nach ihrem Beruf, die auf der Grundlage von Berufsstatistik und -systematik im Rahmen von ↗Volkszählungen und seit 1957 ständig vom Mikrozensus (↗Bevölkerungsstatistik) erfasst wird. Die berufliche Tätigkeit gibt Aufschluss über die Lebensunterhaltsquellen der Bevölkerung und trägt wesentlich zu ihrer wirtschaftlichen und sozialen Situation bei.

berufliche Mobilität, Wechsel von Positionen innerhalb des Beschäftigungssystems oder Statusveränderungen zwischen Erwerbstätigkeit, ↗Arbeitslosigkeit und Nichterwerbstätigkeit. Berufliche Mobilität kann als individuelle Anpassung an geänderte Bedürfnisse oder externe Strukturen aufgefasst werden, insgesamt als notwendige Antwort auf den Strukturwandel. Innerhalb des Beschäftigungssystems kann es sich um intrasektorale Mobilität (beruflicher Wechsel in der gleichen Branche), intersektorale Mobilität (Wechsel in eine andere Branche), betriebsinterne Mobilität (Wechsel innerhalb des Unternehmens) oder betriebsexterne Mobilität (Wechsel des Arbeitgebers) handeln. Berufliche Mobilität über die Grenzen des Beschäftigungssystems hinaus erfolgt durch Austausch mit der Arbeitslosigkeit, der ↗Stillen Reserve oder der Nichterwerbstätigkeit. Die wichtigsten Ursachen sind eine Veränderung der Beschäftigung insgesamt, der Strukturwandel (Veränderung der sektoralen Wirtschaftsstruktur), der Wettbewerb zwischen den Betrieben in einer Branche, Veränderungen der Länge des Arbeitslebens und institutionelle Faktoren (Befristung von Arbeitsverhältnissen, Kündigungsschutz, Kurzarbeit). Berufliche Mobilität und ↗soziale Mobilität (vertikal oder horizontal) stehen in einem engen Konnex zueinander. [HF]

Berufsetappe, sequenzielle Untereinheit einer ↗Berufslaufbahn. Berufsetappen können zwar unterschiedlich definiert werden, zielen jedoch immer auf markante Einschnitte ab (Wechsel des Arbeitgebers, Wechsel des Berufs oder der Branche, Wechsel der hierarchisch-sozialrechtlichen Position).

Berufslaufbahn, die sequenzielle Abfolge einzelner ↗Berufsetappen. Alter, Geschlecht und Qualifikation sind beispielhafte personenbezogene Faktoren, welche die Berufslaufbahnen beeinflussen; die Zugehörigkeit zu bestimmten Arbeitsmarktsegmenten sowie der Wohn- und Arbeitsort stellen segmentspezifische und regionale Determinanten dar. Das räumliche Umfeld wirkt über die lokale Infrastruktur auf erreichbare Arbeitsplatzangebote sowie Bildungsweg, Berufsausbildung und Berufsziele fördernd oder behindernd. Man unterscheidet zwischen *aufstiegsorientierten Berufslaufbahnen*, wenn zwischen der beruflichen ↗Erstplatzierung und der ↗aktuellen Platzierung oder im Zuge einer ↗Berufsetappe ein markanter Wechsel auf eine gesellschaftlich höher bewertete Berufsposition erfolgt ist, *abstiegsorientierten Berufslaufbahnen*, wenn ein markanter Wechsel auf eine gesellschaftlich geringer bewertete Berufsposition erfolgt ist und gleich bleibenden, *Steady-State-Berufslaufbahnen*, wenn kein markanter Wechsel erfolgt ist. *Weibliche Berufslaufbahnen* sind gekennzeichnet durch einen signifikant geringeren Anteil an aufstiegsorientierten Berufslaufbahnen und höheren Anteilen an gleich bleibenden Steady-State-Berufslaufbahnen. Typisch sind auch die deutlich schlechteren beruflichen Erstplatzierungen, die im Laufe des weiteren Berufslebens nicht mehr ausgeglichen werden können sowie die zahlreicheren und längeren Unterbrechungen durch Kindererziehung und familiäre Pflege. [HF]

Berufspendler ↗Pendler.

Berufsprestigeskala, Instrument zur Einordnung von Berufen aufgrund des gesellschaftlichen Ansehens. Berufsprestigeskalen sind das Ergebnis von entsprechenden Erhebungen über die Einschätzung von Berufen.

Berufsverkehr ↗Verkehrszweck.

Berufszählung ↗Volkszählung.

Besatzdichte, *stocking density*, Vieheinheiten pro Flächeneinheit zu einem gegebenen Zeitpunkt.

Beschäftigte, in Deutschland alle in einem Unternehmen tätige Personen einschließlich tätige Inhaber, Mitinhaber und mithelfende Familienangehörige, die mindestens ein Drittel der üblichen Arbeitszeit im Betrieb tätig sind, einschließlich Teilzeitbeschäftigte und Aushilfsarbeiter, ohne Heimarbeiter. Von den Beschäftigten (erfasst am Arbeitsort, Arbeitsstätte) werden die ↗Erwerbstätigen (erfasst am Wohnort, Wohnung) unterschieden. Beschäftigte werden nach Sektoren und Wirtschaftszweigen und – funktional – nach Berufen und Tätigkeiten erfasst.

Beschäftigungsstabilität, Kennzeichen einer betrieblichen Personalpolitik, die auf eine geringe Fluktuation der Mitarbeiter achtet. Sie erreicht dies auch über eine ausgeprägte ↗Betriebsbindung.

Beschäftigungsstruktur, Gliederung der Erwerbstätigen in einer Region nach Wirtschaftszweigen, in dem die Arbeitsstätten gemäß dem wirtschaftlichen Schwerpunkt zugeordnet werden. Das Statistische Bundesamt unterscheidet zehn Wirtschaftsabteilungen, die aus Gründen der Übersicht und Vergleichbarkeit zum ↗primären Sektor (Land-/Forstwirtschaft, Fischerei), ↗sekundären Sektor (Verarbeitendes Gewerbe, Energie/Bergbau, Baugewerbe) und zum ↗tertiären Sektor (Handel, Verkehr/Nachrichten, Kredit/Versicherung, sonstige Dienstleistungen, Organisationen ohne Erwerbscharakter, Gebietskörperschaften) zusammengefasst sind. Die Charakterisierung der ↗Erwerbsstruktur nach Wirtschaftszweigen erlaubt Rückschlüsse auf den ökonomischen Entwicklungsstand und die zukünftige regionale Dynamik.

Beschlag, *abgesetzter Niederschlag*, Bezeichnung für kondensierten ↗Wasserdampf, welcher sich an Oberflächen niederschlägt, deren Temperatur niedriger ist als der Taupunkt der Luft. Dies erfolgt durch ausstrahlungsbedingte Abkühlung von Oberflächen und bildet je nach Aggregatzustand des Wassers den Tau- oder Reifbeschlag. Beschläge in der ↗Gebäudeklimatologie sind die häufigste Ursache für klimabedingte Bauschäden.

beschreibende Statistik ↗*deskriptive Statistik*.

Besichtigungstourismus, Teilsegment von ↗Städtetourismus und ↗Kulturtourismus. Besichtigungstourismus wird überwiegend im Rahmen von ↗Kurzzeittourismus individuell oder in Form von organisierten Gruppenreisen mit geführten (Stadt-)Rundfahrten (*sightseeing*) praktiziert. Hierbei werden in der Regel die wichtigsten Sehenswürdigkeiten (z. B. Denkmäler oder Bauwerke) einer Stadt und evtl. deren Umgebung aufgesucht.

Besitzersplitterung, die Verteilung des Besitzes eines landwirtschaftlichen Betriebes auf viele kleine Parzellen, deren Anzahl im Verhältnis zur Größe des Betriebes sehr groß ist. Bewirtschaftungserschwernisse ergeben sich aus der Streulage, ungradlinigen Begrenzungen, zu langen oder zu schmalen Grundrissen oder nicht isohypsenparallel verlaufender Längsachse bei Hangparzellen. Die Besitzersplitterung tritt gewöhnlich als Folge der ↗Realteilung auf.

Bestand, *Pflanzenbestand*, *Waldbestand*, konkrete Vergesellschaftung von sessilen Organismen, die eine gemeinsame Fläche besiedeln. Man kann zwischen gleichartigen Beständen bzw. Dominanzbeständen und Mischbeständen unterscheiden. Aus der Untersuchung (↗Bestandsaufnahme) mehrerer Bestände lassen sich abstrakte Bestandstypen ableiten (↗Assoziation). Die unterschiedlichen Entwicklungsphasen, die ein Bestand durchlaufen kann, werden als Bestandsfolgen bezeichnet. Teilweise wird der Begriff auch für die Größe von Populationen, d. h. im Sinne von Populationsdichte (Anzahl von Individuen pro Fläche oder pro Bestand) verwendet. In der Forstwirtschaft ist Bestand eine Bezeichnung für ein bezüglich Holzartenzusammensetzung und Altersaufbau einheitliches Waldstück.

Bestandsabfall ↗Abfall.

Bestandsaufnahme, *Aufnahme*, **1)** i. w. S. Erfassung der in einem bestimmten Gebiet lebenden Tiere bzw. Pflanzen. Neben der qualitativen Erhebung (Feststellung der Sippen) oft auch Ermittlung der ↗Artmächtigkeit und von Strukturmerkmalen (↗Schichtung der Pflanzendecke). Die Bestandsaufnahme ist bei tierökologischen Untersuchungen oft auf bestimmte Tiergruppen beschränkt, da hiernach die Fangmethode ausgerichtet wird. In der Vegetationsanalyse meist auf die makroskopisch sichtbaren Pflanzen begrenzt. **2)** i. e. S. *Vegetationsaufnahme*, *pflanzensoziologische Aufnahme*, standardisierte Erfassung von vegetationskundlichen Merkmalen und Standortparametern (Höhenlage, Bodeneigenschaften, Klimabedingungen, anthropogene Eingriffe) auf einer Probefläche mit in sich homogenen Eigenschaften. Nach der Aufnahme von Höhe und ↗Deckungsgrad der Vegetationsschichten (↗Schichtung der Vegetation) folgt eine Liste der Pflanzenarten mit Angaben zur ↗Artmächtigkeit sowie eventuell zu deren ↗Soziabilität und ↗Vitalität. Die Aufnahme liefert die Ausgangsdaten für ↗Vegetationstabellen und für induktiven Ableitung von Pflanzengesellschaften (↗Assoziationen) nach der pflanzensoziologischen Methode (↗Pflanzensoziologie). Gegensatz: ↗Transektmethode. [DU]

Bestandsdauer, die potenzielle Lebensdauer von Bauobjekten, die bei Wohnbauten generell höher ist als bei gewerblich genutzten Gebäuden. Neben dem Baualter sind die Qualität des Baumaterials, die Fertigungstechnik sowie das Ausmaß der Neubautätigkeit für die Bestandsdauer von Bedeutung.

Bestandsklima, durch Pflanzenbestände in mehrerer Hinsicht starke Modifizierung des Freilandklimas. So ergeben sich durch die abschirmende Wirkung an der Bestandsobergrenze, die Zahl der Vegetationsschichten und die jeweilige Bestandsdichte deutliche Veränderungen im tages- und jahreszeitlich differenzierten Strahlungs- und Temperaturgang. Sie sind im Vergleich zum angrenzenden Freiland wesentlich ausgeglichener. Eine Feststellung, die auch für die Luftfeuchte gilt. Die Windgeschwindigkeiten sind wesentlich verringert, die Richtungsböigkeit ist erhöht. Diese Phänomene verstärken sich von der Bestandsobergrenze in Richtung der Bodenoberfläche. Erhebliche Änderungen ergeben sich zudem beim Niederschlag. Infolge der art- und bestandsspezifischen Interzeption (↗Evaporation) wird der Niederschlag im Bestand zum Teil erheblich reduziert.

bestandsorientierte Regionalpolitik, ein Ansatz der regionalen ↗Wirtschaftsförderung bzw. Regionalpolitik, der im Wesentlichen die in der betreffenden Region vorhandenen Gunstfaktoren im Sinne endogener Potenziale aktiv zur Steigerung der regionalwirtschaftlichen Leistungsfähigkeit einzusetzen bzw. inwertzusetzen sucht. Ziel ist die ↗endogene Regionalentwicklung des Bezugsraumes. Die Strategie steht damit im Gegensatz zur ↗mobilitätsorientierten Regionalpolitik. Oft folgt sie jener zeitlich nach, wenn sich die Möglichkeiten der Attraktion auswärtiger Investoren als erschöpft erweisen.

Bestandszuwachs, Nettoprimärproduktion abzüglich des durch abgeworfene oder abgefressene Pflanzenteile bedingten Verlusts an ↗Biomasse.

Bestimmtheitsmaß ↗Korrelationsanalyse.

Bestimmungsflora ↗Flora.

Bestockung, **1)** *Botanik*: Bildung von Seitensprossen an Knoten des Hauptsprosses direkt am oder im Boden, vor allem bei Gräsern (Halmverzweigung beim Getreide). **2)** *Forstwirtschaft*: Gesamtheit der Holzgewächse eines Waldes oder Waldteils, unterschieden nach Rein- oder Mischbesto-

Besucherlenkung

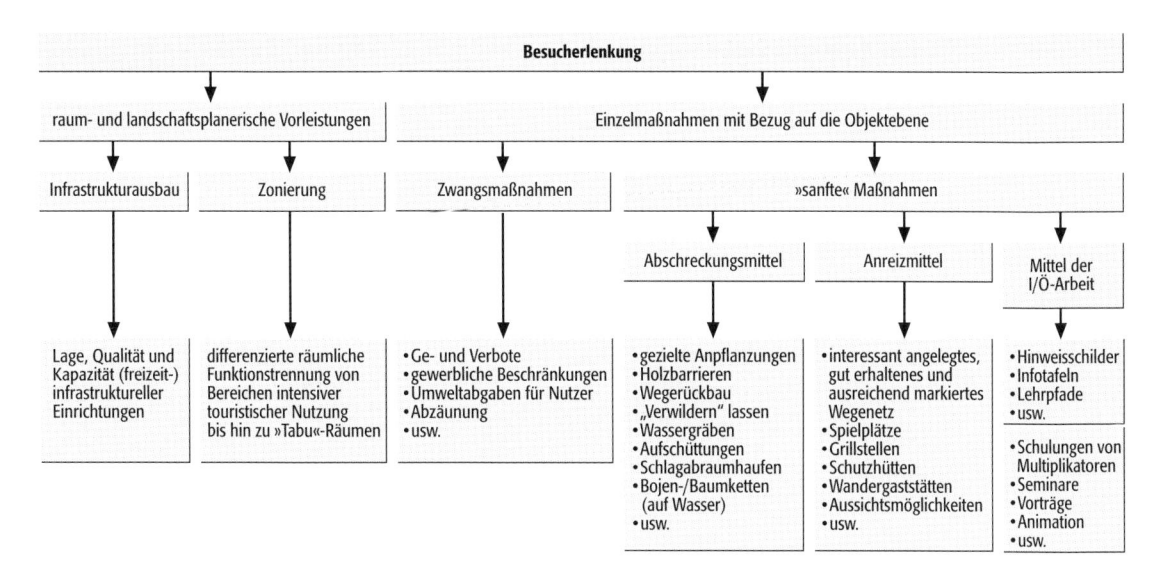

```
                              Besucherlenkung
                    ┌──────────────┴──────────────┐
         raum- und landschaftsplanerische    Einzelmaßnahmen mit Bezug auf die Objektebene
                 Vorleistungen
         ┌───────────┴───────────┐        ┌───────────┴───────────┐
   Infrastrukturausbau       Zonierung   Zwangsmaßnahmen       »sanfte« Maßnahmen
                                                        ┌──────────┼──────────┐
                                                   Abschreckungs-  Anreizmittel  Mittel der
                                                   mittel                        I/Ö-Arbeit
```

raum- und landschaftsplanerische Vorleistungen		Einzelmaßnahmen mit Bezug auf die Objektebene			
Infrastrukturausbau	Zonierung	Zwangsmaßnahmen	Abschreckungsmittel	Anreizmittel	Mittel der I/Ö-Arbeit
Lage, Qualität und Kapazität (freizeit-)infrastruktureller Einrichtungen	differenzierte räumliche Funktionstrennung von Bereichen intensiver touristischer Nutzung bis hin zu »Tabu«-Räumen	• Ge- und Verbote • gewerbliche Beschränkungen • Umweltabgaben für Nutzer • Abzäunung • usw.	• gezielte Anpflanzungen • Holzbarrieren • Wegerückbau • „Verwildern" lassen • Wassergräben • Aufschüttungen • Schlagabraumhaufen • Bojen-/Baumketten (auf Wasser) • usw.	• interessant angelegtes, gut erhaltenes und ausreichend markiertes Wegenetz • Spielplätze • Grillstellen • Schutzhütten • Wandergaststätten • Aussichtsmöglichkeiten • usw.	• Hinweisschilder • Infotafeln • Lehrpfade • usw. • Schulungen von Multiplikatoren • Seminare • Vorträge • Animation • usw.

ckung (einzelstamm- oder flächenweise). Waldbaulich ist Bestockung auch ein Maß für die Anzahl oder die Stammgrundfläche der Bäume je Hektar. **3)** ↗ *Weidewirtschaft*: Auftreiben von Rindern, Schafen und Ziegen auf Weideflächen.
Bestrahlungsstärke, *Strahlungsintensität*, Maß für eine aus verschiedenen Richtungen kommende ↗Strahlung, die auf eine Einheitsfläche bezogen und in der Einheit W/m² ausgedrückt wird.
Besucherlenkung ↗Besuchermanagement.
Besuchermanagement, räumlich gezielt eingesetzte Reglementierung (z. B. durch zulassungsbeschränkte Trekkingpermits) und Steuerung von Ausflüglern und Touristen. Dies ist abhängig von deren Verhaltensspektrum – Aufenthaltsdauer und ausgeübten Freizeitaktivitäten – sowie ökologischer, denkmalpflegerischer oder kultureller Sensibilität des besuchten Raumes bzw. Standortes. Zentrales Element ist die *Besucherlenkung*, die eine Vermeidung bzw. Verminderung von Umweltschäden beabsichtigt, bei möglichst höherer Besucherfrequentierung und größerer Gästezufriedenheit. Hierzu sind kompatible Instrumente (Abb.) erforderlich, deren Einsatz im Hinblick auf Wirkungsgrad, ökonomische Realisierbarkeit, planerisch-praktische Praktikabilität, technische Ausführungseignung, Reversibilität und Akzeptanz bei den Gästen abzuwägen ist.
Beta-Diversität, Variabilität zwischen biotischen Datensätzen, Aspekt der *Biodiversität*. ↗Diversität.
Beteiligungsverfahren ↗Planfeststellungsverfahren.
Betriebsbindung, Herstellung einer emotionalen Verbundenheit der Mitarbeiter mit dem Betrieb. Betriebsbindung ist ein wesentlicher Aspekt der Mitarbeitermotivation unabhängig von materiellen Gratifikationen.
Betriebsformen, **1)** *im Einzelhandel*: typische Kombinationen von Merkmalen von Ladengeschäften: Flächengröße (Verkaufsfläche), ↗Bedienungsform, Sortiment (Breite = Angebot aus verschiedenen Warengruppen, Tiefe = Auswahlmöglichkeiten innerhalb einer Warengruppe), Preisniveau. Zu den wichtigsten stationären Betriebsformen gehören im Lebensmittelbereich:

Besuchermanagment: Besucherlenkung.

Betriebsformen 1: Merkmale von Betriebsformen im Einzelhandel.

	Verkaufsfläche in m²	Bedienungsform	Preisniveau	Angebotstiefe	Angebotsbreite
überwiegend Lebensmittel					
Bedienungsladen	klein (bis 100)	fremd	hoch	flach	schmal
SB-Laden/SB-Markt	bis 400	selbst	mittel	flach	mittel
Supermarkt	über 400	selbst	mittel	mittel	mittel
Verbrauchermarkt/SB-Warenhaus (mit Non-food Begleitsortiment)	über 1500	selbst	niedrig	mittel	breit/sehr breit
Discounter	klein bis mittel	selbst	sehr niedrig	flach	schmal
überwiegend Non-food					
Fach-/Spezialgeschäft	klein bis mittel	fremd	mittel bis hoch	tief	schmal
Kaufhaus	ab 1000	selbst/fremd	mittel	tief	branchengebunden
Warenhaus	ab 3000	selbst/Vorwahl	mittel	mittel	breit
Fachmarkt	mittel bis sehr groß	selbst	niedrig	mitteltief	branchengebunden
Non-food-Discounter	mittel	selbst	sehr niedrig	flach	schmal

Betriebsgröße

Betriebsformen 2: Wandel der Betriebsformen im Einzelhandel.

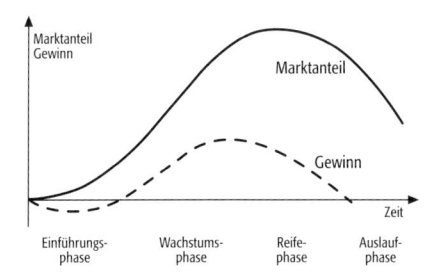

Betriebsformen 3: Marktanteile der Betriebsformen im Lebensmitteleinzelhandel in Deutschland.

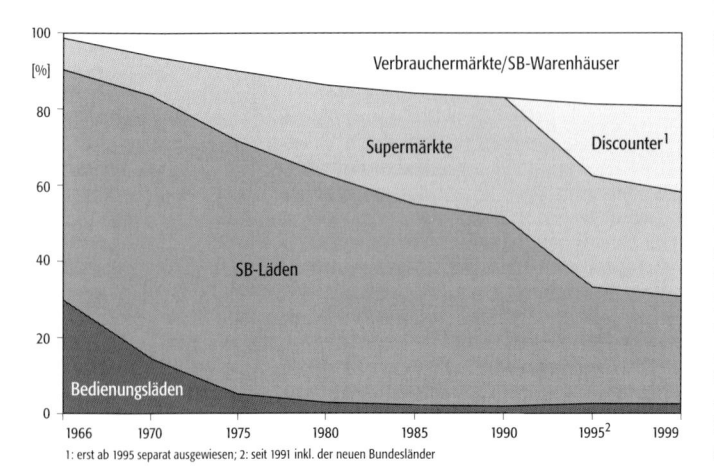

Bedienungsladen, *SB-Laden*, ↗Supermarkt, ↗Verbrauchermarkt, SB-Warenhaus, ↗Discounter. Im Non-Food-Bereich sind es: *Fachgeschäft, Kaufhaus,* Warenhaus, ↗Fachmarkt. Als Mischformen treten der Gemischtwarenladen (breites, aber sehr flaches Sortiment von Lebensmitteln und Non-Food-Artikeln) auf und als Spezialformen gelten Kiosk und Tankstellenshop. *Factory Outlet Stores* stellen eine Sonderform dar, in welcher die Hersteller ihre Produkte ohne die Vertriebskanäle des Groß- und Einzelhandels selbst verkaufen (Abb. 1). Langfristig zeigen sich Veränderungen in der Marktbedeutung von Betriebsformen des Einzelhandels. Die Lebenszyklushypothese von Einzelhandelsbetriebsformen geht von einer begrenzten Lebenszeit aller Betriebsformen aus, innerhalb der sie einen typischen Verlauf von Marktanteil und Gewinn durchlaufen. Neuentstandene Betriebsformen weisen zuerst nur geringe Marktanteile auf; sobald sie sich aufgrund spezieller Vorteile (z. B. niedriges Preisniveau der angebotenen Artikel, besonderes Warenangebot) durchgesetzt haben (Einführungsphase), gewinnt die neue Betriebsform durch zahlreiche zusätzliche Betriebseröffnungen (Wachstumsphase) stark an Bedeutung. Mit zunehmender Dauer des Lebenszyklus entstehen immer mehr Geschäfte dieses Typs und es kann zu einem Überangebot (*Overstoring*) kommen. Die Anbieter reagieren auf den verschärften Wettbewerb in der Reifephase zumeist durch *Trading-Up*-Maßnahmen (z. B. Erweiterung des Sortiments, Verbesserung der Geschäftsausstattung, Ausbau kundenorientierter Dienstleistungen); dadurch erhöhen sich die Kosten und der Gewinn sinkt. In der Auslaufphase wird die Betriebsform schließlich durch andere neue Betriebsformen, die besser den sich verändernden Rahmenbedingungen der Angebots- (z. B. Kostenstrukturen, Artikelzahlen) und der Nachfrageseite (↗Konsumentenverhalten) entsprechen, ersetzt. Die Lebensdauer von Betriebsformen ist sehr unterschiedlich; so gibt es das Warenhaus schon seit über 100 Jahren, während zwischenzeitlich entstandene Geschäftstypen (z. B. SB-Laden der 1960er-Jahre) bereits wieder aufgegeben wurden (Abb. 2). Der Wandel der Betriebsformen lässt sich in Deutschland empirisch belegen. Im Lebensmittelbereich sank der Umsatzanteil der bis Anfang der 1960er-Jahre dominierenden Bedienungsläden (↗Tante-Emma-Laden) von damals über 60 % auf heute unter 2 %. Ersetzt wurden sie zuerst durch SB-Läden (1970 55 % Umsatzanteil), in den 1970er-Jahren durch Supermärkte (1985 40 % Umsatzanteil) und ab den 1980er-Jahren durch Verbrauchermärkte (1995 30 % Umsatzanteil). Auch im Non-Food-Bereich verlieren die ehemals dominierenden Warenhäuser und Fachgeschäfte immer mehr Umsatzanteile an Fachmärkte (Abb. 3)

In den Ländern der Erde treten verschiedene Betriebsformen auf und sie setzen sich aufgrund differierender Rahmenbedingungen nicht überall gleichermaßen durch. Der amerikanische Drug-Store mit einem breiten und flachen Sortiment ist in Deutschland nicht vertreten. Weltweit gewinnen *Convenience Stores*, kleine Läden mit Grundbedarfssortiment und langen Öffnungszeiten (24 Std. am Tag), an Bedeutung; bisher gibt es diese in Deutschland aufgrund des Ladenschlusszeitengesetzes noch nicht.

2) *in der Landwirtschaft*: Gesamterscheinung eines Betriebes, die sich aus der Kombination folgender Merkmale ergibt: Naturgrundlagen, Produktionsziel, Produktivität, Kommerzialisierung, Verkehrs- und Marktlage, Betriebsgröße, Betriebsorganisation, Besitzform, Arbeitsverfassung, Methoden und Intensität der Bodennutzung, Ausstattung mit totem und lebendem Inventar. Aus den unterschiedlichen Merkmalskombinationen ergeben sich beispielsweise folgende Betriebsformen: ↗bäuerliche Familienbetriebe, ↗Farmen, ↗Güter, Plantagen, Produktionsgenossenschaften, Staatsgüter wie Domänen, Gestüte oder ↗Sowchosen. Die offizielle Agrarstatistik Deutschlands teilt die landwirtschaftlichen Betriebe produktionsorientiert nach dem Anteil der Standarddeckungsbeiträge für die Betriebszweige in fünf verschiedene Betriebsformen ein: Marktfruchtbetriebe, Futterbaubetriebe, Veredelungsbetriebe, Dauerkulturbetriebe, landwirtschaftliche Gemischtbetriebe. Neben diesen Typen des Betriebsbereichs Landwirtschaft stehen die übrigen Betriebsbereiche ↗Gartenbau, ↗Forstwirtschaft und die Kombinationsbetriebe. ↗Betriebssystem, ↗Agrarsystem. **3)** *im Tourismus*: ↗Hotel- und Gaststättengewerbe.

Betriebsgröße, wird unterschieden nach der Zahl der ↗Beschäftigten in kleine, mittlere und Groß-

1: erst ab 1995 separat ausgewiesen; 2: seit 1991 inkl. der neuen Bundesländer

betriebe. Die Klassifikationen sind nicht einheitlich. Die ↗EU differenziert z. B. zwischen sehr kleinen Unternehmen (1–9 Beschäftigte), kleinen Unternehmen (10–49 Beschäftigte), mittleren Unternehmen (50–249 Beschäftigte) und Großunternehmen 250 und mehr Beschäftigte).

Betriebssystem, uneinheitlich, aber häufig synonym zu ↗Betriebsform gebrauchter Begriff zur Klassifikation von Agrarbetrieben. Die Verwendung des Terminus System stellt heraus, dass es sich bei einem landwirtschaftlichen Betrieb um eine komplexe, in ihren Bestandteilen wechselwirkende Einheit handelt, bei der jede Änderung eines Elements Änderungen anderer nach sich zieht. Eine Grobsystematik unterscheidet folgende Betriebssysteme bzw. -formen: a) Sammelwirtschaften, b) Dauerkultursysteme (↗Pflanzungen, ↗Plantagenwirtschaft), c) Graslandsysteme (↗Nomadismus, ↗ranching, intensive Grünlandwirtschaften), d) Ackerbausysteme (↗Wanderfeldbau, ↗Feldgraswirtschaften, Körnerbauwirtschaften, Hackfruchtbauwirtschaften). ↗Agrarsystem.

Betroffenheit von Arbeitslosigkeit, wird als die Anzahl der Personen definiert, die innerhalb eines bestimmten Beobachtungszeitraumes (z. B. in einem Kalenderjahr) mindestens einen Tag arbeitslos waren. Aus dem Anteil der betroffenen Personen lässt sich eine Betroffenheitsquote errechnen. Diese drückt aus, wie groß der Anteil der von ↗Arbeitslosigkeit betroffenen Personen an allen unselbstständig Beschäftigten (inklusive der Arbeitslosen) ist. Sie bildet eine wichtige Kenngröße zur Abschätzung der gesellschaftlichen Durchdringung durch Arbeitslosigkeit.

bettbildender Abfluss, *gerinnebildender Abfluss, gewässerbettbildender Abfluss, strukturbildender Abfluss*, der fiktive konstante ↗Abfluss eines Fließgewässers, der die gleiche Lauf- und Bettform in der gleichen Größenordnung wie das vorherrschende ↗Abflussregime ausformen würde. Die Definition wurde aufgestellt, da selten umfangreiche Daten zur differenzierten Betrachtung eines Abflussregimes zur Verfügung stehen, die Simulation eines langjährigen Abflussgeschehens zu aufwendig wäre und da der Abfluss als wichtigster Parameter für die morphologische Ausformung eines Gerinnes gilt. Zu beachten ist jedoch, dass jeder Bettparameter genau genommen einen eigenen formbestimmenden konstanten Abfluss benötigt. Es existieren verschiedene Ansätze zur Bestimmung des bettbildenden Abflusses, von denen vor allem der ↗bordvolle Abfluss herangezogen werden kann. Der Abfluss mit den erosivsten und daher bettbildenden Kräften entspricht näherungsweise dem bordvollen Abfluss, allerdings nur bei Fließgewässern mit natürlichen oder naturnahen Abflussverhältnissen. [II]

Beugung, Änderung der Richtung von Lichtstrahlen an Hindernissen. Die Ausbreitung des Lichtes erfolgt in einem homogenen Medium in alle Richtungen gleichförmig. Jeder Punkt, der von dem Licht getroffen wird, kann als eine neue Lichtquelle angesehen werden. Trifft Licht auf einen Schirm mit kleiner Öffnung, so breitet es sich hinter dem Schirm kugelförmig aus. Dadurch entsteht eine Abweichung von der geradlinigen Ausbreitungsrichtung des Lichtes. Dieser Vorgang ist die Beugung oder Diffraktion. Die von den Punkten dieser Öffnung ausgehenden Lichtstrahlen interferieren nun mitcinander indem sie sich gegenseitig aufheben, wenn sie eine halbe Wellenlänge aus der Phase sind, oder verstärken, wenn sie in Phase sind. Dadurch entstehen konzentrische Lichtringe als Ergebnis der Beugung. Das Ausmaß der Beugung ist abhängig von der Wellenlänge. Langwelliges (rotes) Licht wird stärker gebeugt als kurzwelliges (blaues). Daher sind Beugungen von weißem Licht oft mit Farberscheinungen verbunden.

In der Atmosphäre findet eine Beugung des Lichtes an den festen und flüssigen Bestandteilen statt, insbesondere an Wassertöpfchen, Eiskristallen und Staubpartikeln, wenn deren Radius größer ist als die Wellenlänge des Lichts. Je kleiner ihr Durchmesser ist, desto stärker ist die Beugung.

Durch Beugung entstehen farbige Kränze oder ↗Aureolen um Sonne und Mond in der Form einer partiellen Aufhellung um diese herum. Sie bilden einen kleinen Winkel zum Kranzmittelpunkt. Er wird mit zunehmender Größe der beugenden Partikel kleiner, daher ist aus der Größe des Kranzes die Wolkentröpfchengröße abzuschätzen. Zuweilen sind die Kränze in mehrere konzentrische farbige Ringe gegliedert. Da Mond und Sonne aber keine punktförmigen Lichtquellen sind und die Wolken nicht aus völlig gleich großen Tröpfchen bestehen, ergibt sich meist kein Abbild der Spektralfarben, sondern es finden Überlagerungen statt. In die farbigen Kränze sind dadurch weiße Ringe eingefügt. Nur bei sehr homogenen optischen Bedingungen kann die Abfolge der Spektralfarben beobachtet werden. Da das rote Licht am stärksten und das blaue am geringsten gebeugt wird, ist ein Kranz innen blau und außen rot. Voraussetzung ist eine möglichst homogene Schicht kleiner und gleich großer Partikel, wie dies beispielsweise in dünnen stratiformen Wolken oder nach vulkanischen Stauberuptionen in die Stratosphäre der Fall ist. Da die Stäube relativ zu den Wolkentröpfchen sehr klein sind, ist der Radius der Kränze sehr groß. Sie werden dann nach der Beschreibung durch Sereno Bishop nach dem Vulkanausbruch des Krakatau 1883 als *Bishops-Ringe* bezeichnet.

Andere Beugungserscheinungen sind *Glorien*- oder *Heiligenscheine*, die im Gegenpol von Sonne und Mond zu sehen sind. Sie zeigen sich auf Wolken oder in Nebelbänken um einen Schatten herum, z. B. den Kopf des Beobachters oder den Schatten eines Flugzeuges auf der Wolkenoberseite. Glorien sind weniger lichtintensiv als Kränze. Auch sie weisen nicht nur Aufhellungen, sondern auch farbige Ringe auf. Eine besondere Form ist das Brockengespenst, bei dem sich Schatten und Glorien zu bewegen scheinen. Es ist mit der Bewegung der Wolken oder Nebel zu erklären und mit den Schwierigkeiten des mensch-

Bevölkerungsdichte 1: Maße zur Belastung des Raumes in Großräumen und Staaten der Erde Ende der 1990er-Jahre.

Staat/Kontinent	Bevölkerung in Mio.	Bev.-dichte Ew./km²	Arealitätsziffer ha/Ew.	Abstandsziffer in m	Physiologische Dichte Ew./km²
Welt	6055	45,2	2,2	159,8	400,9
Afrika	784	25,8	3,9	211,3	393,3
Ägypten	65,7	66	1,5	132,7	1990
Burundi	6,6	237	0,4	69,7	600
Asien	3683	116	0,9	99,8	660,5
Indien	975,8	297	0,4	62,4	574,5
Bangladesh	124	861	0,1	36,6	1504,6
Nordamerika	309	13,8	7,2	289,3	115,2
Lateinamerika	518	28,9	3,4	199,6	445,8
El Salvador	6,1	290	0,3	63,1	747,5
Argentinien	36,1	13	7,7	297,5	132,7
Europa	729	32	3,2	190,8	234,2
Deutschland	82,1	230	0,4	70,9	680,8
Frankreich	58,7	108	0,9	103,5	165,2
Russland	147,2	9	11,6	365,7	115
Australien/Ozeanien	30	3,5	54,3	792,2	27

lichen Auges, in diffusem Licht räumliche Bilder wahrzunehmen und Entfernungen abzuschätzen. [JVo]

Bevölkerung, *Bevölkerungsstand, Bevölkerungszahl,* die Anzahl der Einwohner eines Gebietes zu einem bestimmten Zeitpunkt. Der Begriff kann sich auch auf Teilgruppen beziehen wie z. B. bei der Bevölkerung im schulpflichtigen Alter oder bei ↗ländlicher Bevölkerung bzw. ↗städtischer Bevölkerung die Siedlungsart des Wohnortes berücksichtigen. Bei Vergleichen von zwischenstaatlichen Bevölkerungszahlen ist die Erhebungsmethode zu beachten. So unterscheidet man bei ↗Volkszählungen den De-jure-Ansatz, der die *Wohnbevölkerung* (am Ort gemeldete Personen) ermittelt, vom De-facto-Ansatz, der die ortsanwesende Bevölkerung zum Stichtag des Zensus angibt. Bevölkerung bezeichnet auch einen Prozess im Sinne von Peuplierung, d. h. das Ansiedeln von Menschen, um einen Raum intensiver zu nutzen und sich damit seiner ↗Tragfähigkeit zu nähern (↗Peuplierungspolitik).

Bevölkerungsdichte, Quotient d aus der Bevölkerungszahl P und Fläche a eines Raumes:

$$d = P/a.$$

Sie ist das wohl am häufigsten angewandte Maß, um über ↗Bevölkerungskonzentrationen oder ↗Bevölkerungsverteilungen Aussagen zu machen. Als relativ definierte Größe drückt sie die Belastung eines Gebietes durch die dort wohnende Bevölkerung aus, wobei das ↗Flächen-Bevölkerungsdiagramm graphisch auch über die absoluten Zahlen informiert. Weitere Indikatoren, die Bevölkerung und Raum in Beziehung setzen, sind die *Arealitätsziffer*

$$f = a/P$$

und die *Abstandsziffer*

$$e = 1{,}0774 \cdot \sqrt{f} = 1{,}0774 \cdot \sqrt{\frac{a}{P}}.$$

Die Berechnung der Abstandsziffer geht von einer gleichmäßigen Bevölkerungsverteilung im Untersuchungsgebiet aus. Jeder Einwohner wird gedanklich durch den Mittelpunkt eines regelmäßigen Sechseckes repräsentiert, und e ist dann der Abstand zwischen diesen Punkten.

Die Aussagekraft von Maßen zur ↗Dichte hängt eng mit der räumlichen Bezugsbasis zusammen, da eine Gleichverteilung der Einwohner innerhalb der Raumeinheiten angenommen wird. Im Falle von Staaten oder Großregionen, in denen die naturräumlichen Bedingungen erheblich variieren, ist es z. B. sinnvoll, die Bevölkerung auf die landwirtschaftliche Nutzfläche zu beziehen und so die physiologische Dichte zu erhalten (Abb. 1). Sie liegt für Ägypten, Kanada, Russland oder Australien um ein Vielfaches über der Bevölkerungsdichte bezogen auf das Staatsgebiet, während die Abweichungen für Indien, Bangladesh oder Deutschland im weltweiten Vergleich unterdurchschnittlich sind. Neben der räumlichen Bezugsbasis kann sich die Größe P auch auf bestimmte Bevölkerungsgruppen beziehen wie im Falle der ↗Agrardichte. Die zahlreichen Definitionen der Dichtemessung zielen darauf ab, qualitative Probleme durch die Belastung eines Gebietes, einschließlich der Folgen für das menschliche Verhalten, aufzugreifen. Diese Perspektive kommt im Begriff des ↗crowding zum Ausdruck. Bei Karten zur Bevölkerungsdichte stellt sich das Problem der Anzahl der Dichtegruppen oder Klassen, bei der ein Kompromiss zwischen Übersichtlichkeit und Informationsverlust zu finden ist. Für die Klassenzahl k kann die Faustregel:

$$k = 1 + 3{,}32 \cdot \log_{10} n$$

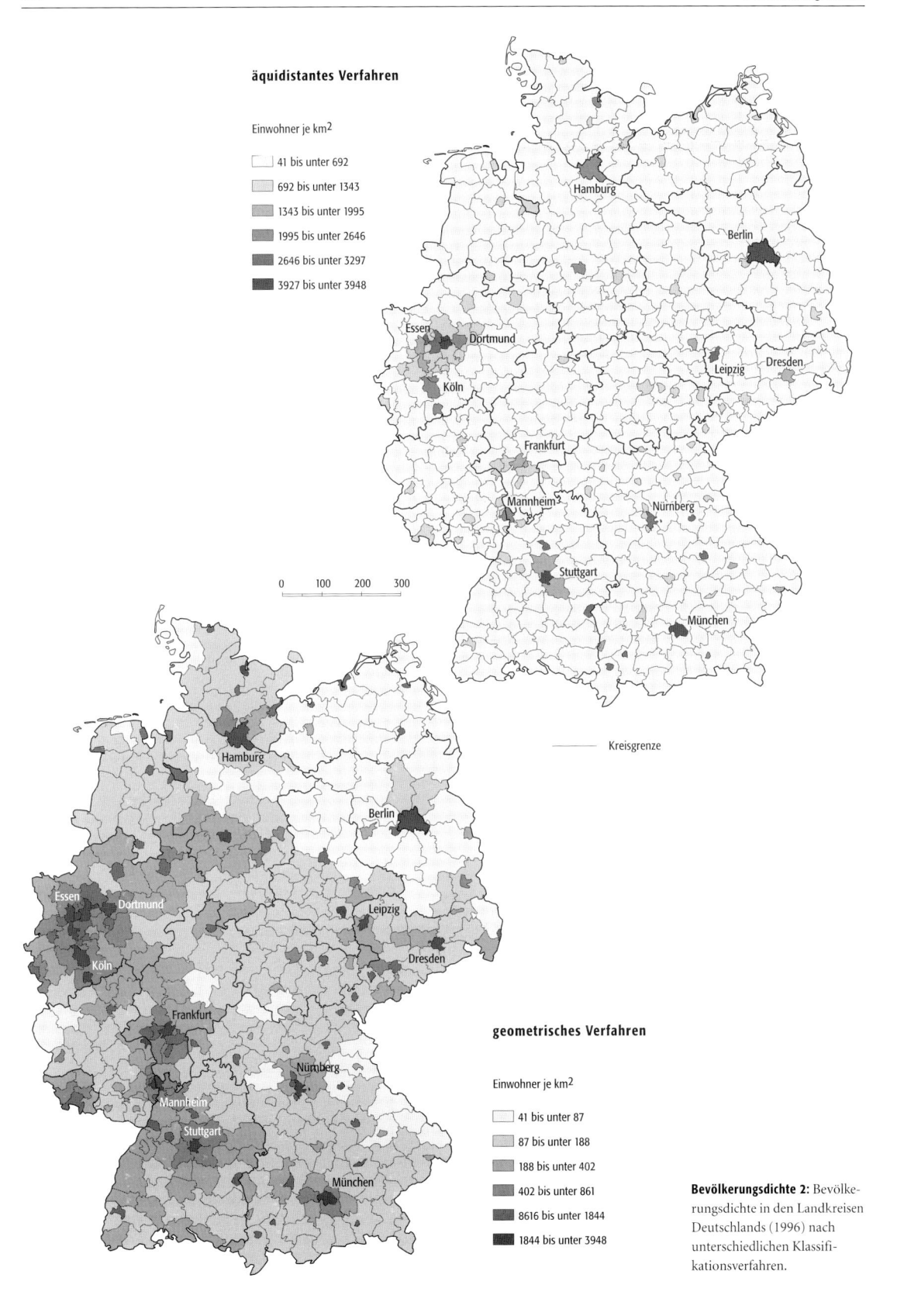

Bevölkerungsdichte

äquidistantes Verfahren

Einwohner je km²

- 41 bis unter 692
- 692 bis unter 1343
- 1343 bis unter 1995
- 1995 bis unter 2646
- 2646 bis unter 3297
- 3927 bis unter 3948

— Kreisgrenze

geometrisches Verfahren

Einwohner je km²

- 41 bis unter 87
- 87 bis unter 188
- 188 bis unter 402
- 402 bis unter 861
- 8616 bis unter 1844
- 1844 bis unter 3948

Bevölkerungsdichte 2: Bevölkerungsdichte in den Landkreisen Deutschlands (1996) nach unterschiedlichen Klassifikationsverfahren.

mit n = Anzahl der Raumeinheiten zur Orientierung dienen. Die Klassengrenzen k_G sollten die Verteilung der Dichtewerte widerspiegeln. Bei relativ hoher Gleichmäßigkeit bietet sich eine äquidistante Einteilung an, bei der die Klassengrenzen wie folgt berechnet werden:

$$k_G = \min + l \cdot \frac{\max - \min}{k}$$

mit $l = 0,1, \ldots, k$; min = minimaler und max = maximaler Wert der Bevölkerungsdichte.
Bei schiefen Verteilungen empfiehlt sich ein geometrisches Verfahren:

$$k_G = q^l \cdot \min$$

mit $l = 0, 1, \ldots, k$ und

$$\log q = \frac{\log \max - \log \min}{k}.$$

Die Gegenüberstellung der beiden Verfahren in Abb. 2 hebt den Einfluss der Klasseneinteilung auf die Karteninterpretation hervor. Während das äquidistante Verfahren intraregionale Unterschiede weitgehend verwischt, sind bei der geometrischen Progression die Übergänge zwischen Großstädten und ländlichen Gebieten fließend und spiegeln daher die Folgen der Bevölkerungssuburbanisierung wider. Die Kompaktheit der Bevölkerungsverteilung innerhalb von Städten bzw. Verdichtungsräumen drückt der ↗Bevölkerungsdichtegradient aus. [PG]

Bevölkerungsdichtegradient, das Gefälle der ↗Bevölkerungsdichte in Städten bzw. Agglomerationen mit zunehmender Distanz zu einem zentral gelegenen Punkt:

$$d_x = d_o \cdot e^{-bx}$$

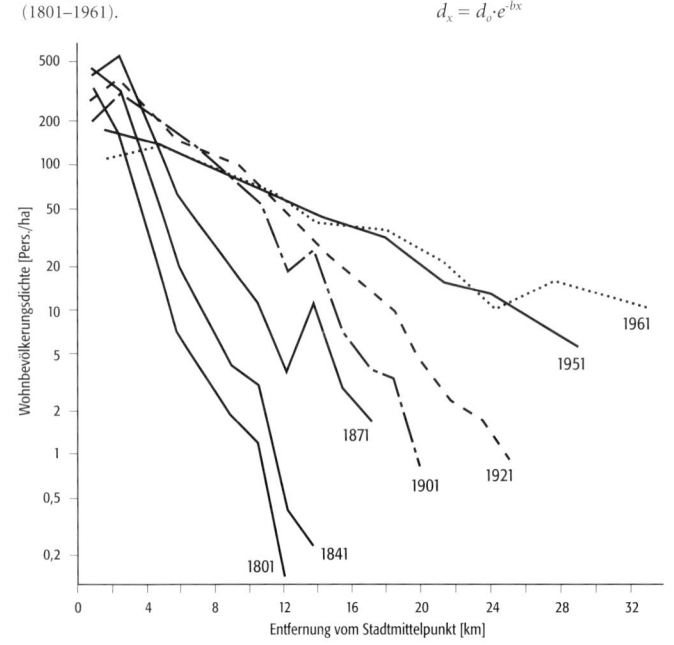

mit d_x = Bevölkerungsdichte einer Raumeinheit in der Distanz x zum Stadtzentrum, d_o = Bevölkerungsdichte im Stadtzentrum, b = Dichtegradient und e = Euler'sche Zahl. Zahlreiche Untersuchungen bestätigen diesen Zusammenhang. In westlichen Industrieländern verringert sich der Dichtegradient im Laufe der Zeit (Abb.). Die schrittweise Auflösung der kompakten Stadt zugunsten eines vornehmlich flächenhaften Wachstums hängt mit Verbesserungen im Verkehrswesen zusammen, dem Anstieg der Einwohnerzahlen und damit der Stadtgröße. Durch die sich fortsetzende Verdrängung der Wohnfunktion in zentral gelegenen Standorten sinkt der Bevölkerungsdichtegradient nahe des zentralen Punktes, ein *Dichtekrater* entsteht. Diese zeitliche Dynamik lässt sich verzögert auch in Staaten der Dritten Welt beobachten. Während des Urbanisierungsprozesses bleibt der Dichtegradient b in etwa konstant, bei zunehmendem d_o, mit Beginn der Bevölkerungssuburbanisierung, verringern sich beide Größen und zeigen den Übergang zur regionalen Dekonzentration an. [PG]

Bevölkerungsdispersion ↗*Dispersion*.

Bevölkerungsdruck, das Verhältnis von Einwohnerzahl zur Fläche des Gebietes lässt auf ein Überschreiten der ↗Tragfähigkeit schließen. Man spricht in diesem Falle auch von ↗Übervölkerung. Hierzu kann eine Kombination von nicht immer eindeutig zu interpretierenden Indikatoren Hinweise geben: Auswanderung (↗Migration), ↗Landflucht, ↗Wanderungspolitik, Erweiterung der landwirtschaftlichen Nutzfläche, ↗Bodenerosion, ↗Ernährungskapazität, Arbeitsplatzdefizite oder Wohnungsknappheit. Bevölkerungsdruck kann Folge eines anhaltenden Bevölkerungswachstums sein, aber auch einer verringerten Tragfähigkeit z. B. aufgrund von Klimaschwankungen. Möglichkeiten, in einem Gebiet bestehenden Bevölkerungsdruck zu verringern, sind zum einen Maßnahmen zur Geburtenbeschränkung im Sinne von ↗Malthus einzuführen, zum andern die Tragfähigkeit durch Kapitalinvestitionen oder Technologieimport zu erhöhen. [PG]

Bevölkerungsentwicklung, gemäß der ↗demographischen Grundgleichung das Ergebnis des Zusammenspiels von Geburten, Sterbefällen und Wanderungen in einem Raum und einem Zeitabschnitt. Bei positiver Änderung der Einwohnerzahl spricht man von *Bevölkerungswachstum* oder -zunahme, bei negativer Tendenz von *Bevölkerungsrückgang* oder -abnahme und bei konstanten Zahlen von *Nullwachstum*. Spielen nur die ↗natürlichen Bevölkerungsbewegungen für die Entwicklung eine Rolle, liegt eine geschlossene Bevölkerung vor, wenn, wie üblich, auch ↗räumliche Bevölkerungsbewegungen Einfluss nehmen, eine offene Bevölkerung.

Aus den Einwohnerzahlen P_{t1} und P_{t2} zu zwei Zeitpunkten $t1$ und $t2$ im Abstand von m Jahren leitet sich aus

$$P_{t2} = P_{t1} \cdot (1+r)^m$$

Bevölkerungsdichtegradient: Entwicklung des Bevölkerungsdichtegradients von London (1801–1961).

die durchschnittliche jährliche Wachstumsrate r mit

$$r = \sqrt[m]{\frac{P_{t2}}{P_{t1}}} - 1$$

oder in Prozent

$$r\% = r \cdot 100$$

und die *Verdoppelungszeit*, die Zeit, die eine Bevölkerung braucht, um sich zu verdoppeln,

$$n = \frac{\ln 2}{\ln(1+r)}$$

ab. Um die zukünftige Entwicklung und damit die Reproduktionskraft einer Bevölkerung abzuschätzen, berücksichtigt man bei der ↗totalen Fruchtbarkeitsrate (*TFR*) nur die weiblichen Geburten und erhält die *Bruttoreproduktionsrate* (*BBR*):

$$BBR = TFR \cdot \frac{weibliche\ Lebendgeborene}{alle\ Lebendgeborene}.$$

Die *BBR* wird als die Zahl von Töchtern interpretiert, die eine Frau bei konstant bleibenden altersspezifischen Fruchtbarkeitsraten zur Welt bringt, ohne die Mortalität einzubeziehen. Die altersspezifische ↗Sterblichkeit geht bei der *Nettoreproduktionsrate* (*NRR*) ein. Sie ist als die mittlere Anzahl lebendgeborener Töchter zu interpretieren, die eine hypothetische Zahl weiblicher Personen im Verlauf ihres Lebens gebären würde, wenn sich weder die zugrundegelegten altersspezifischen Geburten- noch Sterberaten verändern. Unter diesen Annahmen trifft die *NRR* eine Aussage über die zukünftige Bevölkerungsentwicklung: Ein Wert von 1 verweist auf eine konstante, größer 1 auf eine wachsende und kleiner 1 auf eine rückläufige Einwohnerzahl hin.
Im Jahr 2000 zählt die Weltbevölkerung mehr als 6 Mrd. Menschen, im Vergleich zu 1,6 Mrd. 1900. Für das 20. Jh. ist ein rasantes Wachstum kennzeichnend. Dieser Trend begann um 1800 in Europa mit langfristig rückläufigen Sterberaten und verzögert absinkenden Geburtenraten. Das Öffnen der Bevölkerungsschere (↗demographischer Übergang) rief zunächst in den Industrienationen, dann mit beginnendem ↗Sterblichkeitsrückgang auch in den Entwicklungsländern eine mit *Bevölkerungsexplosion* bezeichnete Dynamik hervor (Abb. 1). 130 Jahre dauerte es, bis sich die Weltbevölkerung von einer auf zwei Milliarden erhöht hatte, und diese Zeitspanne verringerte sich für jede weitere Milliarde bis heute auf zwölf Jahre (Abb. 2). Das beschleunigte Wachstum vollzog sich vor allem in den weniger entwickelten Staaten (Abb. 1). Heute ist die Verdoppelungszeit in Afrika ausgesprochen niedrig, während in Europa eine Stagnation oder sogar ein Rückgang der Einwohnerzahlen eingetreten ist. ↗Religionseinflüsse. [PG]

Literatur: [1] BÄHR, J. (1997): Bevölkerungsgeographie. – Stuttgart. [2] WEEKS, J. R. (1999): Population. An introduction to concepts and issues. – Belmont, Kanada.

Bevölkerungsexplosion ↗Bevölkerungsentwicklung.

Bevölkerungsfalle, *demographische Falle*, stark umstrittener Begriff in der Entwicklungsdiskussion, der einen Zusammenhang zwischen Bevölkerungswachstum und Epidemien herstellt. Dabei wird die These vertreten, dass die Bevölkerungsexplosion in den ↗Entwicklungsländern die Verbreitung von ↗Epidemien und Massenerkrankungen erleichtert. Mit dem Bevölkerungsanstieg in den Entwicklungsländern lebt ein wachsender Teil der Weltbevölkerung unter gesundheitlich äußerst prekären Bedingungen. Gleichzeitig können die Maßnahmen zur Verbesserung dieser Lebensumstände die durch das exponentielle Bevölkerungswachstum erhöhte Nachfrage nicht bewältigen, sodass öffentliche Einrichtungen des Gesundheitssystems zunehmend überlastet sind und keine ausreichende medizinische Versorgung gewährleisten können.

Bevölkerungsfortschreibung ↗Bevölkerungsstatistik.

Bevölkerungsgeographie, Teildisziplin der ↗Humangeographie. Ausgehend von der ↗demographischen Grundgleichung analysiert sie für einen Raum in einem bestimmten Zeitabschnitt die ↗Bevölkerungsverteilung, ↗Bevölkerungsstruktur, ↗Bevölkerungsentwicklung, ↗Fruchtbarkeit und ↗Sterblichkeit der Einwohner sowie ihre ↗Mobilität, differenziert nach Formen der ↗Migration und ↗Zirkulation. Der räumliche Bezug grenzt die Bevölkerungsgeographie von anderen Wissenschaften ab, die sich wie die ↗Demographie, ↗Ethnologie, Politikwissenschaft, Soziologie oder Wirtschaftswissenschaften ebenfalls mit der Bevölkerung oder einer ausgewählten Gruppe befassen. Von besonderem Interesse sind die wechselseitigen Beziehungen zwischen der Bevölkerung eines Raumes und den natürlichen wie räumlichen Bevölkerungsbewegungen, ein-

Bevölkerungsentwicklung 2: Zeitspanne zur Erhöhung der Weltbevölkerung um eine weitere Milliarde.

	Welt	Industrieländer	Entwicklungsländer
1750–1850	0,5	0,6	0,4
1850–1900	0,6	1,0	0,4
1900–1950	0,9	0,8	0,9
1950–1975	1,9	1,0	2,3
1975–1995	1,7	0,6	2,0
1995	1,5	0,5	1,9
1999	1,4	0,1	1,7

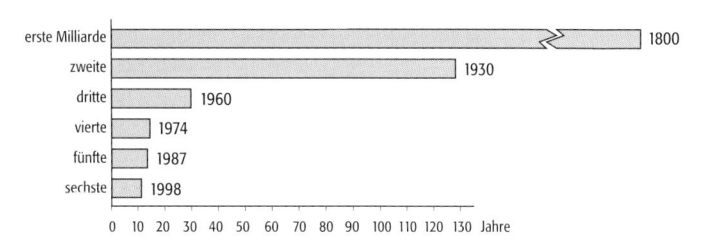

Bevölkerungsentwicklung 1: Mittlere jährliche Wachstumsrate der Weltbevölkerung zwischen 1750 und 1999.

schließlich des Beitrags jeder Komponente zu Bevölkerungsentwicklung und Änderungen der räumlichen Verteilung. Damit bildet nicht nur die Frage danach, wo eine Person lebt, den Schwerpunkt der Bevölkerungsgeographie, sondern auch die Frage danach, warum eine Person wo lebt.

Methodisch sind mikroanalytische Ansätze, bei denen Verhaltensweisen von Individuen oder Haushalten im Vordergrund stehen, von makroanalytischen Studien zu unterscheiden, die aggregierte Daten zu Bevölkerungsprozessen mithilfe ausgewählter Indikatoren zur Beschreibung räumlicher Bedingungen untersuchen. So kann die Bevölkerungsgeographie so definiert werden: Die Bevölkerungsgeographie analysiert auf verschiedenen Maßstabsebenen die räumliche Differenzierung und raumzeitlichen Veränderungen der Bevölkerung nach ihrer Zahl, ihrer Zusammensetzung und ihrer Bewegung; sie versucht, die beobachteten Strukturen und Prozesse zu erklären und zu bewerten sowie ihre Auswirkungen und räumlichen Konsequenzen in Gegenwart und Zukunft zu erfassen. Die Definition drückt eine demographische Orientierung der Bevölkerungsgeographie aus, die seit Anfang der 1990er-Jahren zunehmend zur Diskussion steht. Dabei wird vor allem bemängelt, dass die Bevölkerungsgeographie in zu geringem Umfang neuen methodischen und theoretischen Strömungen in der ↗Sozialgeographie und der ↗Wirtschaftsgeographie aufgegriffen hat und den Wechselwirkungen zwischen der räumlichen Bevölkerungsentwicklung, einschließlich ihrer Komponenten, und dem sozialen wie ökonomischen Wandel (↗Globalisierung, ↗internationale Arbeitsteilung, Verwestlichung) zu wenig Aufmerksamkeit schenkt. Innerhalb der Geographie wird die Bevölkerungsgeographie sehr unterschiedlich eingeordnet. Man kann sie als eine der Teildisziplinen betrachten, andere weisen ihr eine integrale und übergeordnete Position zu. Die zentrale Funktion der Bevölkerungsgeographie hängt wesentlich damit zusammen, dass die räumliche Verteilung der Bevölkerung und ihre zeitlichen Veränderungen die Grundlagen für die verschiedenen Teildisziplinen der ↗Humangeographie bilden, wie z. B. die Zahl der Personen im erwerbsfähigen Alter und ihre Ausbildung in der Wirtschaftsgeographie oder Land-Stadt-Wanderungen und Verstädterung in der ↗Siedlungsgeographie. Werte und Normen als ein Thema der Humangeographie beeinflussen in hohem Maße Fruchtbarkeit und Sterblichkeit in einer Bevölkerung und wirken sich auch auf die Geschlechtsgliederung merklich aus. Darüber hinaus beeinflusst der Mensch die naturräumlichen Bedingungen, wie diese umgekehrt, z. B. durch Temperatur und Niederschlagsverhältnisse, Rahmenbedingungen für die Bevölkerungsverteilung, trotz aller technischer Fortschritte, schaffen. Somit bestehen auch wechselseitige Interessen zwischen Bevölkerungsgeographie und ↗Physischer Geographie. [PG]
Literatur: [1] BÄHR, J. (1997): Bevölkerungsgeographie. – Stuttgart. [2] KULS, W. und F.-J. KEMPER (1993): Bevölkerungsgeographie. – Stuttgart. [3] OGDEN, P. E. (1998): Population geography. In: Progress in Human Geography 22, S. 105–114.

Bevölkerungsgesetz ↗Malthus.

Bevölkerungskarten, bedeutende und umfangreiche Kartenart (↗Kartenklassifikation) aus dem Bereich der ↗Sozialgeographie, vorwiegend der ↗Bevölkerungsgeographie. Bevölkerungskarten haben die georäumlich relevante natürliche und soziale Differenzierung der menschlichen Gesellschaft zum Gegenstand. Sie weisen alle Maßstabsstufen (↗Maßstab) auf; von der Erdkarte (1 : 150 Mio.) bis zur großmaßstäbigen Stadtteilkarte.

Für viele sozialgeographische Studien liefern Karten der ↗Bevölkerungsverteilung oder der ↗Bevölkerungsdichte eine wesentliche Grundlage. Ergänzung und Gegenstück der Absolutwertdarstellung in Verteilungskarten sind Karten der mittleren Bevölkerungsdichte (Relativwertdarstellung). Sie lassen sich auf Grundlage einer Verteilungsdarstellung (geographische Methode) oder nach Verwaltungseinheiten erarbeiten (statistische Methode). Überwiegend wird letztgenannte Methode benutzt, deren Aussagekraft wesentlich von der Größenordnung und den Größenabweichungen der gewählten bzw. verfügbaren ↗Bezugsflächen abhängt.

Im breiten Spektrum kartographischer Bevölkerungsdarstellungen sind des Weiteren die unten genannten Themenbereiche von Bedeutung; die fließende Grenzen zu anderen kulturgeographischen Karten aufweisen: ↗Altersstruktur, ↗Geschlechtsgliederung, ↗Bevölkerungsentwicklung, ↗Migration, ↗Erwerbsstruktur und ↗Arbeitslosigkeit.

Nicht allein bedingt durch die verfügbare Software ist das Flächenkartogramm (Choroplethen) die häufigste Methode der Darstellung von Bevölkerungsphänomenen, jedoch haben für die meisten dieser Themen größengestufte Signaturen oder Diagramme eine größere Aussagekraft. Zur Darstellung der Dynamik im Raum sind Bewegungslinien und Pfeile unverzichtbar (z. B. ↗internationale Wanderung Abb. 1 u. 3).

Bevölkerungsdaten werden meistens über ↗Volkszählungen erhoben. [KG]

Bevölkerungskonzentration, *Konzentration*, beschreibt sowohl den Zustand als auch die Veränderung einer ↗Bevölkerungsverteilung, die zu diesem Ergebnis führt. Im ersten Falle wohnen die Einwohner oder bestimmte Gruppen auf einer relativ begrenzten Fläche. Zu ihrer Quantifizierung können ↗Bevölkerungsdichte, ↗Lorenzkurve oder ↗Lokationsquotient angewandt werden. Mit Bevölkerungskonzentration ist auch ein Prozess, die Zunahme der Einwohnerzahlen in einem Teilgebiet des Untersuchungsraumes, zu verstehen. Beim ↗Stadtentwicklungsmodell wechseln z. B. Konzentrationsprozesse während der ↗Urbanisierung sowie ↗Reurbanisierung und Dekonzentrationsvorgänge während der ↗Suburbanisierung und ↗Desurbanisierung einander ab.

Bevölkerungsmaximum, die größte Anzahl von Personen, die in einem Raum unter den gegebenen naturräumlichen, sozioökonomischen und kulturellen Bedingungen gerade noch das Existenzminimum erreichen. Die Frage nach dem Bevölkerungsmaximum steht im Zusammenhang mit der ↗Übervölkerung eines Raumes und unterliegt im Vergleich zum ↗Bevölkerungsoptimum rein quantitativen Gesichtspunkten. Das Bevölkerungsmaximum ist ein Grenzwert, der sich aus dem Zusammenwirken verschiedener Faktoren wie Wirtschaftskraft, Handel, verfügbare Technologie, Ressourcen, Infrastruktur oder Lebensstandard ergibt, und ist eine Orientierung zur Berechnung der ↗Tragfähigkeit eines Raumes.

Bevölkerungsminimum, die Anzahl von Personen in einem Raum, die unter den gegebenen naturräumlichen, sozioökonomischen und kulturellen Bedingungen gerade noch die Reproduktion der Gruppe sichert. Die Frage nach dem Bevölkerungsminimum steht in Beziehung mit der ↗Untervölkerung eines Raumes und kann sich z. B. bei kleinen Inseln oder isolierten Siedlungen im tropischen Regenwald oder in Gebirgstälern stellen.

Bevölkerungsoptimum, Anzahl von Personen, die zu einem bestimmten Zeitpunkt und bei maximaler Nutzung der Ressourcen den höchst möglichen Lebensstandard erlaubt. Weder eine Verringerung der Einwohnerzahl (↗Untervölkerung) noch ihre Erhöhung (↗Übervölkerung) erbringt Vorteile für die betrachtete Bevölkerung (Abb.). Das Bevölkerungsoptimum ist im Vergleich zum ↗Bevölkerungsmaximum qualitativ zu interpretieren und unterliegt Wertungen und Zielsetzungen. Als Indikatoren können z. B. Bruttoinlandsprodukt je Kopf, Arbeitslosigkeit, Lebenserwartung, Wohnversorgung, Umweltbelastung usw. herangezogen werden.

Bevölkerungspolitik, zielgerichtete Maßnahmen vornehmlich staatlicher Institutionen, um die ↗Bevölkerungsentwicklung in einem Raum durch Einwirken auf Geburtenhäufigkeit, Sterblichkeit und/oder Wanderungsbewegungen zu beeinflussen. Eine quantitative Bevölkerungspolitik zielt mit ihren Maßnahmen auf die Zahl, eine qualitative auf die ↗Bevölkerungsstruktur oder Bevölkerungszusammensetzung. Weiterhin unterscheidet man eine expansive von einer restriktiven Bevölkerungspolitik. Die expansive Bevölkerungspolitik ist auf eine Zunahme bzw. gegen eine Verringerung der Einwohnerzahl gerichtet. Eine besondere Form sind pronatalistische Strategien, die zumindest eine Stabilisierung der Kinderzahl je Frau bezwecken. Entsprechende Intentionen gibt es in Europa schon nach dem Ersten Weltkrieg. So versuchten z. B. französische Regierungen in den 1920er-Jahren erfolglos, Anwendungen zur ↗Geburtenkontrolle einzuschränken. Die DDR führte Anfang der 1970er-Jahre umfassende Förderungen ein wie Schwangerenurlaub bei voller Entlohnung, Bevorzugung von Familien mit Kindern bei der Wohnungsvergabe und Ausbau der Kinderbetreuungseinrichtungen. Beurteilungen der pronatalistischen Bevölkerungspolitik kritisieren die kurzfristigen Effekte, die sich in einer ↗Bevölkerungswelle äußern, ohne entscheidende Auswirkungen auf die langfristige Entwicklung zu haben.

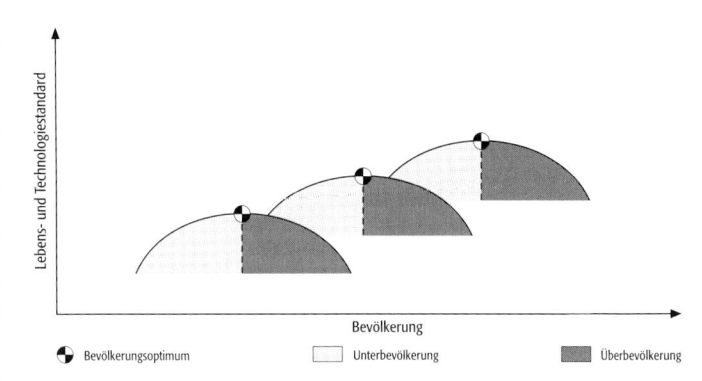

Eine restriktive Bevölkerungspolitik zielt zumindest auf einen Rückgang der Wachstumsrate. Hierzu zählen antinatalistische Bestrebungen, die in Entwicklungsländern im Rahmen der ↗Familienplanung die Geburtenhäufigkeit senken wollen, was im Hinblick auf die ↗Tragfähigkeit der Erde als notwendig erscheint. ↗Familienplanungsprogramme verfolgen ganz unterschiedliche Strategien. Das Erfolgsrezept in Thailand verweist auf vier Bedingungen: Einbeziehung der Familien in die Maßnahmen, überall eine große differenzierte Auswahl an Kontrazeptiva, Durchführung eines begleitenden, breit angelegten Aufklärungs- und Informationsprogramms und eine aktive Entwicklungspolitik zur Verbesserung der Lebensbedingungen. Demgegenüber setzt China weniger auf Freiwilligkeit, sondern auf eine von oben verordnete Geburtenkontrolle, die Ehepaare mit einem Kind finanziell begünstigen, mit zwei und mehr Kindern benachteiligen.

Bis in die 1960er-Jahre betrachtete man die Geburtenkontrolle als medizinisch-technisches Problem und förderte lediglich den Zugang zu Kontrazeptiva, die Bevölkerungspolitik erreichte so jedoch nur eine kleine Mittel- und Oberschicht. Erst mit der Weltbevölkerungskonferenz in Bukarest 1974 setzte sich die Auffassung durch, dass eine durchgreifende Verbesserung der Lebensbedingungen die beste Strategie zur Begrenzung des Weltbevölkerungswachstums ist. Bevölkerungspolitik umfasst auch Maßnahmen zu Bevölkerungsumverteilungen, der ↗Wanderungspolitik eines Staates. [PG]

Bevölkerungspotenzial, Maß für die Interaktionsmöglichkeiten der Einwohner in einem Gebiet mit den Einwohnern in allen anderen Raumeinheiten sowie für die Erreichbarkeit einer Bevölkerung an einem gegebenen Standort. Das Bevölkerungspotenzial V_i einer Raumeinheit i ist die Summe der Quotienten aus der Einwohnerzahl P_j aller Raumeinheiten j und deren Distanz d_{ij} zum Teilgebiet i

$$V_i = \sum_{j=1}^{n} \frac{P_j}{d_{ij}^b}$$

Bevölkerungsoptimum: Technologischer Fortschritt bewirkt bei steigendem Lebensstandard einen Anstieg des Bevölkerungsoptimums.

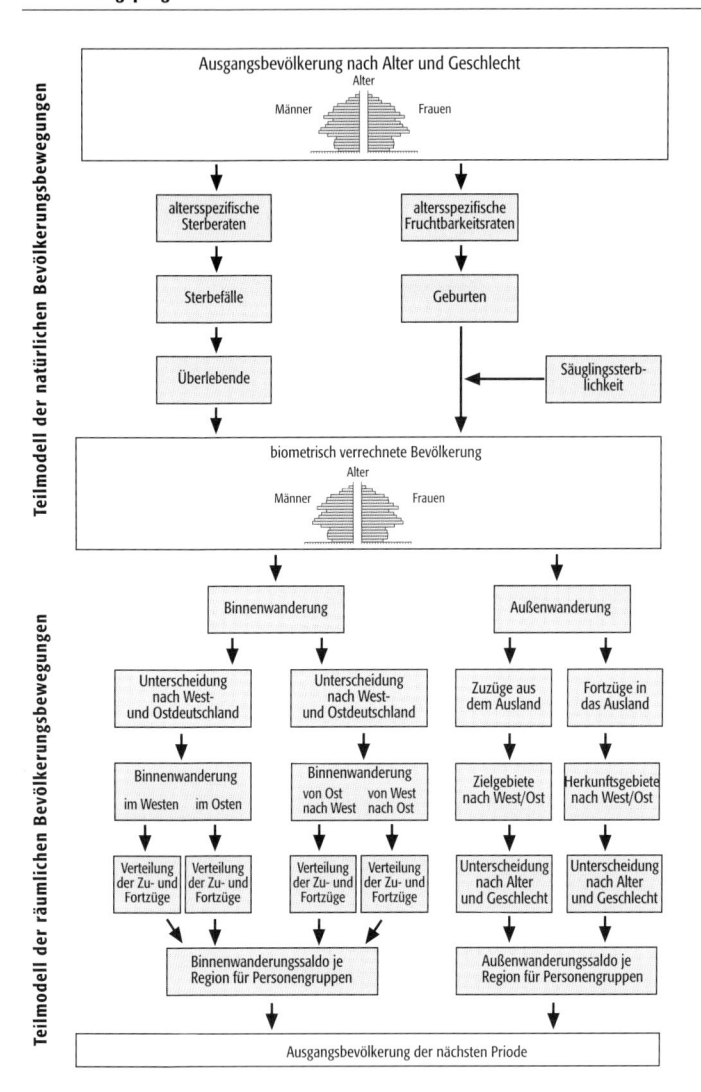

Bevölkerungsprognose 1: Struktur des Bevölkerungsprognosemodells vom Bundesamtes für Bauwesen und Raumordnung für Deutschland.

mit $i = 1, ..., n$ und b = Distanzexponent. Mit dem Exponenten b lässt sich der Aufwand zur Distanzüberwindung abschätzen. Je besser die Verkehrserschließung und je fortschrittlicher die Transporttechnologie im Untersuchungsgebiet, desto kleiner ist b zu wählen. Bei der Schätzung der Eigendistanz d_{ij} ist zu bedenken, dass bei einem kleinen Wert für d_{ij} das Eigenpotenzial der Raumeinheit stark gewichtet wird. Sinnvoll erscheint, als Bezugsgröße den Radius des Kreises zu wählen, der der Durchschnittsfläche aller einbezogenen Gebiete entspricht. Isoplethenkarten des Bevölkerungspotenzials erleichtern in Kombination mit dem ↗Bevölkerungsschwerpunkt die Interpretation der räumlichen ↗Bevölkerungsverteilung. [PG]

Bevölkerungsprognose, *Bevölkerungsvorausschätzung, Bevölkerungsvorhersage*, ist eine ↗Bevölkerungsvorausberechnung, welche die Schätzung wirklichkeitsnaher Einwohnerzahlen, einschließlich ihrer Zusammensetzung, für einen Raum zu einem späteren Zeitpunkt in 5 bis 20 Jahren zum Ziel hat. Bevölkerungsprognosen sind von großem politischen und planerischen Wert, da die zukünftige Bevölkerungsentwicklung die Nachfrage nach Arbeitsplätzen, Infrastruktur und sozialen Leistungen beeinflusst. Ein besonderes Interesse besteht für regional differenzierte Vorhersagen, da sie die Basis sowohl für Entscheidungen über bestehende oder neue Einrichtungen bilden als auch zur Überprüfung langfristig gewünschter Raum- und Siedlungsstrukturen herangezogen werden können.

Eine einfache Methode der Bevölkerungsprognose ist die ↗Extrapolation, für verlässlichere Ergebnisse wird die ↗Komponentenmethode angewendet, wie beim Bevölkerungsprognosemodell des Bundesamtes für Bauwesen und Raumordnung (Abb. 1). Im Teilmodell der natürlichen Bewegungen werden die Kohorten (↗Kohortenanalyse) der Ausgangsbevölkerung entsprechend der altersspezifischen Fruchtbarkeit und Sterblichkeit, einschließlich der Säuglingssterblichkeit, fortgeschrieben. Darauf baut das ↗Wanderungsmodell auf, das die Regionen simultan behandelt und drei Dimensionen unterscheidet: a) die ↗Mobilität und die Verteilung der ↗Migrationen, b) die ↗Wanderungsmotive, differenziert je nach Alter in vier Gruppen, um die Stellung im ↗Lebenszyklus einzubeziehen, und c) die Aufteilung in alte und neue Bundesländer. Die Gründe hierzu liegen im großräumigen West-Ost-Gefälle der Lebensbedingungen mit Konsequenzen für interregionale Migrationen und in den für Ostdeutschland fehlenden langfristigen Wanderungsverflechtungen.

Die für die Qualität der Prognose wesentlichen Annahmen zu den Verhaltensparametern bzgl. ↗Fruchtbarkeit, ↗Sterblichkeit und Wanderungen wurden in einem mehrstufigen Verfahren unter Einbeziehung von Befragungen und Diskussionen mit externen Experten (Delphi-Runde) festgelegt. Die bestehenden Unsicherheiten im Hinblick auf die Entwicklung der einzelnen Komponenten fasst Abb. 2 zusammen. Sie sind besonders hoch bei den internationalen Migrationen, den Binnenwanderungen sowie der Geburtenentwicklung in den neuen Bundesländern. Die Ergebnisse der Bevölkerungsprognose für 2010 zeigen, dass das Gefälle zwischen alten und neuen Bundesländern bestehen bleibt. Ostdeutschland verzeichnet weiterhin einen Rückgang der Einwohnerzahlen. Nur die Regionen von Berlin und Frankfurt/Oder registrieren ein Wachstum. Im Westen ist durchweg eine Zunahme zu beobachten, die insbesondere in Süddeutschland sowie in den weniger verdichteten Räumen überdurchschnittlich hoch ist. [PG]

Literatur: [1] BÄHR, J. (1997): Bevölkerungsgeographie. – Stuttgart. [2] BUCHER, H., GATZWEILER, H.-P. (1992): Das neue regionale Bevölkerungsprognosemodell der Bundesforschungsanstalt für Landeskunde und Raumordnung. In: Informationen zur Raumentwicklung H. 11/12, S. 809–826. [3] BUCHER, H., KOCKS, M., SIEDHOFF, M. (1994): Die künftige Bevölkerungsentwicklung in den Regionen Deutschlands bis

2010. Annahmen und Ergebnisse einer BfLR-Bevölkerungsprognose. In: Informationen zur Raumentwicklung H. 12, S. 815–852.

Bevölkerungsprojektionen, modellhafte ∕Bevölkerungsvorausberechnungen für einen längeren Zeitraum. Sie gehen von hypothetischen Annahmen der ∕Bevölkerungsentwicklung aus und unterscheiden sich darin von ∕Bevölkerungsprognosen. Ziele der Bevölkerungsprojektionen sind z. B. kurz- bis langfristige Auswirkungen unterschiedlicher Trends der ∕Fruchtbarkeit und ∕Sterblichkeit auf die Bevölkerungszahl aufzuzeigen, Abläufe zu modellieren, die sich einstellen müssen, um bestimmte Ziele z. B. bzgl. der Weltbevölkerung zu erreichen, oder die Konsequenzen von Maßnahmen der ∕Bevölkerungspolitik zu demonstrieren. Bevölkerungsprojektionen werden meistens mit der ∕Komponentenmethode berechnet.

Bevölkerungsschätzungen, Schätzung der Einwohnerzahl der Erde, eines Kontinents oder Landes für Zeitpunkte in Vergangenheit und Gegenwart mithilfe unterschiedlicher Datenquellen und unter Anwendung vergleichbarer Methoden wie bei ∕Bevölkerungsvorausberechnungen. Seit den modernen Volkszählungen ist die Zuverlässigkeit von Bevölkerungsangaben zwar merklich gestiegen, trotzdem treten auch in den Industrieländern Fehlerquoten bis zu 5 % zur tatsächlichen Zahl auf. Bevölkerungsschätzungen für historische Zeitabschnitte erfordern die Auswertung z. B. von Kirchenbüchern oder von historischen bzw. archäologischen Untersuchungen. Trotz der Einbeziehung zahlreicher Quellen sind solche Schätzungen mit hohen Unsicherheiten behaftet.

Bevölkerungsschere ∕demographischer Übergang.

Bevölkerungsschwerpunkt, charakterisiert zusammenfassend die ∕Bevölkerungsverteilung eines Raumes. Der Bevölkerungsschwerpunkt (x_s, y_s) berechnet sich analog zum arithmetischen Mittel aus den zumeist geschätzten Koordinaten (x_i, y_i) für die Mittelpunkte aller Teilgebiete i, gewichtet mit ihrer jeweiligen Einwohnerzahl:

$$x_s = \frac{\sum_{i=1}^{n} P_i \cdot x_i}{\sum_{i=1}^{n} P_i};$$

$$y_s = \frac{\sum_{i=1}^{n} P_i \cdot y_i}{\sum_{i=1}^{n} P_i}$$

mit n = Zahl der Raumeinheiten i und P_i = Einwohnerzahl von i. Berechnungen zum Bevölkerungsschwerpunkt bieten sich vor allem an, um Änderungen großräumiger Bevölkerungsverteilungen zu verfolgen. Am bekanntesten ist das Beispiel der USA (Abb.), wo die Erschließung des amerikanischen Westens mit einer markanten Verlagerung im 19. Jh. einhergeht und sich die seit 1910 stärker nach Südwesten orientierte Verschiebung aus dem zunehmenden Gewicht der Bevölkerung in Kalifornien und den Südstaaten ableitet. Die Berücksichtigung von Isolinien für das ∕Bevölkerungspotenzial gibt zudem Informationen über die räumliche Streuung der Bevölkerungsverteilung. [PG]

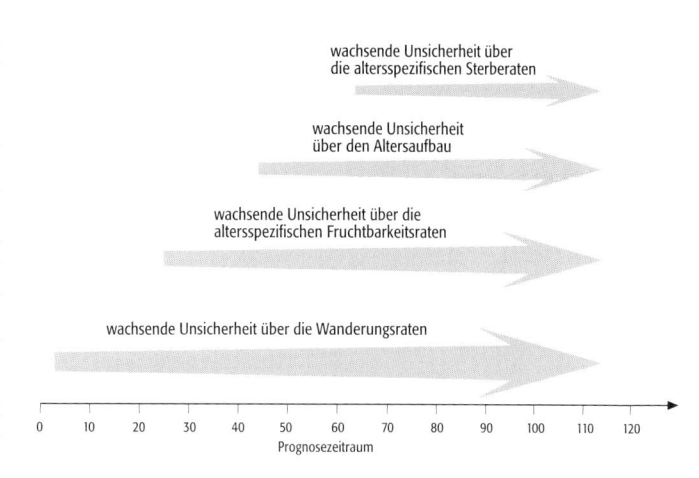

Bevölkerungsstand ∕Bevölkerung.

Bevölkerungsstatistik, für Verwaltung, Politik, Wirtschaft und Wissenschaft unerlässliche Informationen über die Einwohner eines Landes und dessen Teilräume. Die Bevölkerungsstatistik ermittelt durch ∕Volkszählung oder Mikrozensus Zahl, Zusammensetzung und räumliche Verteilung der ∕Bevölkerung zu einem bestimmten Stichtag nach Merkmalen wie Alter, Geschlecht, ∕Familienstand, ∕Haushaltsgröße und ∕Haushaltsstruktur, Konfession, Staatsangehörigkeit, Erwerbstätigkeit, Beruf usw.(∕Bevölkerungsstruktur). Während eine Volkszählung oder Zensus zum Ziel hat, alle Personen zu erfassen (Totalerhebung), basiert der *Mikrozensus* auf einer Flächenstichprobe von 1 % für die meisten Merkmale. Seine Ergebnisse erlauben, Angaben für die Bevölkerung größerer Verwaltungseinheiten eines Staates zu schätzen und somit Ungenauigkeiten der Bevölkerungsfortschreibung zu verringern. Bei der *Bevölkerungsfortschreibung* erhält man den aktuellen Bevölkerungsstand eines Ge-

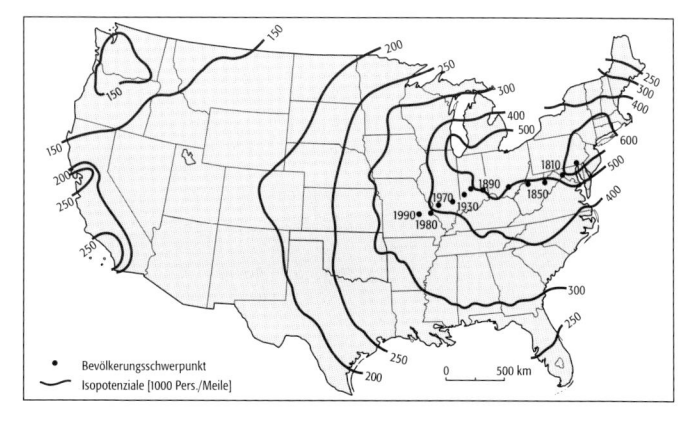

Bevölkerungsprognose 2: Zunehmende Unsicherheit über die Annahmen zur Entwicklung der Komponenten in Bevölkerungsprognosemodellen.

Bevölkerungsschwerpunkt: Verlagerung des Bevölkerungsschwerpunkts in den USA (1790–1990) und das Bevölkerungspotenzial für 1960.

Bevölkerungsstruktur: Altersstruktur in ausgewählten Stadtbezirken Mannheims (1998).

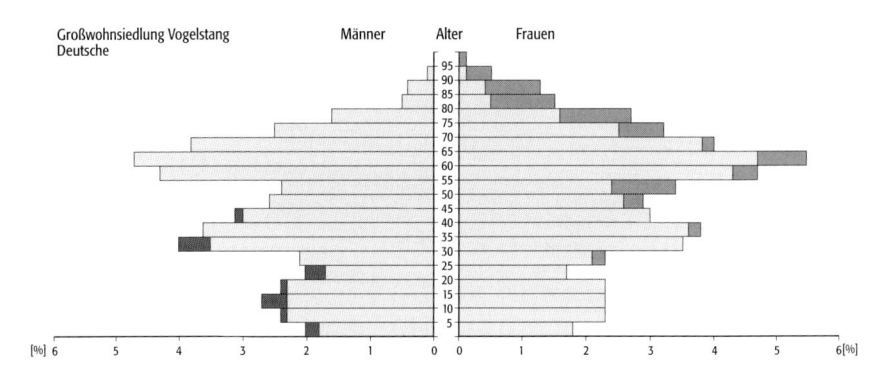

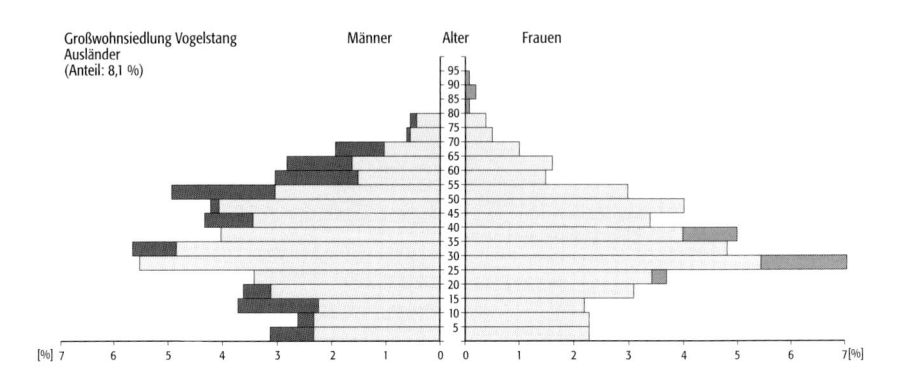

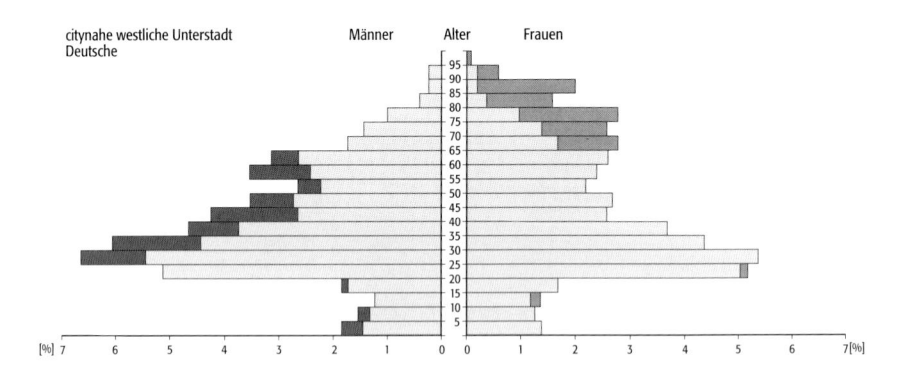

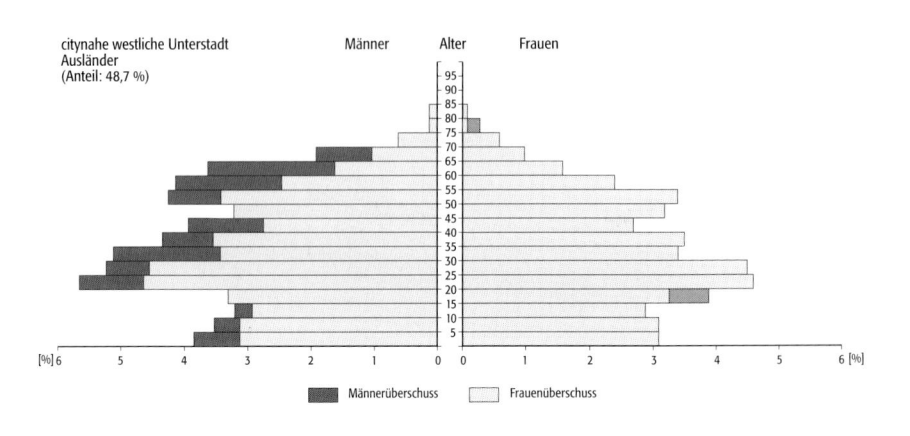

Großwohnsiedlung Vogelstang
Deutsche

Großwohnsiedlung Vogelstang
Ausländer
(Anteil: 8,1 %)

citynahe westliche Unterstadt
Deutsche

citynahe westliche Unterstadt
Ausländer
(Anteil: 48,7 %)

Männerüberschuss   Frauenüberschuss

bietes, in dem man zur Einwohnerzahl eines früheren Zeitpunktes entsprechend der ↗demographischen Grundgleichung die in der Zwischenzeit Geborenen und Zugezogenen addiert sowie die Gestorbenen und Weggezogenen subtrahiert (↗natürliche Bevölkerungsbewegung, ↗räumliche Bevölkerungsbewegung). Als Quelle dienen die Registrierungen von Standes- und Einwohnermeldeämtern, deren Angaben im Einwohnermelderegister zusammengeführt werden. Bei den Wanderungen erfordern die direkten Methoden ein Meldewesen, das die Einwohner eines Landes verpflichtet, sich im Falle eines Wohnsitzwechsels ab- und anzumelden. Indirekte Methoden erfassen Migrationen, z. B. bei Volkszählungen, indem alle Einwohner nach ihrem Wohnsitz zu einem bestimmten Zeitpunkt, teilweise auch nach dem Geburtsort, gefragt werden. Beide Vorgehensweisen beinhalten Fehlerquellen wie das Unterlassen von An- oder Abmeldungen oder das Nicht-Erfassen aller Wanderungen zwischen den Referenzzeitpunkten. [PG]

Bevölkerungsstruktur, *Bevölkerungszusammensetzung*, gliedert die Einwohner eines Gebietes nach demographischen, sozioökonomischen und ethnisch kulturellen Merkmalen. Geographische Analysen befassen sich mit der räumlichen Verteilung dieser Charakteristika und ihren wechselseitigen Beziehungen zu den natürlichen und räumlichen Bevölkerungsbewegungen. Grundlage für die verschiedenen Angaben ist die ↗Bevölkerungsstatistik, die sowohl eine sachliche Gliederung als auch räumliche Aufschlüsselung realisiert.

Zu den demographischen Indikatoren zählen ↗Altersstruktur, ↗Geschlechtsgliederung und eng damit verknüpft ↗Familienstand sowie ↗Haushaltsstruktur. Zu den sozioökonomischen Merkmalen einer Bevölkerungsstruktur zählen ↗Erwerbsstruktur sowie Angaben zu Lebensformen oder Siedlungsweise. Zu den ethnisch kulturellen Merkmalen einer Bevölkerung zählen u. a. ↗Religion, kulturelles Erbe oder gemeinsames Herkunftsgebiet, das durch die ↗Staatsangehörigkeit erfasst werden kann. Wesentliches Element ist die ↗Sprache, da sie Interaktionen zwischen den Mitgliedern einer Minorität entscheidend begünstigt.

Die Abb. zeigt die Überlagerung der verschiedenen Merkmale für die städtische Bevölkerung auf kleinräumiger Basis: In citynahen Gebieten Mannheims fallen bei den Deutschen zum einen 20- bis 35-Jährige auf, zum anderen ein Frauenüberschuss bei den älteren Menschen. In der Großwohnsiedlung Vogelstang am Stadtrand, die um 1970 errichtet wurde, legt die Besetzung der Altersgruppen die ↗Bevölkerungswellen offen, die mit Neubezug und anschließenden Wohnungswechseln zusammenhängen. Die Ehepaare, die mit ihren Kindern einzogen, wohnen häufig noch dort, während die Jüngeren das Wohngebiet zu einem großen Teil bereits verlassen haben. In frei gewordene Wohnungen zogen offenbar wieder Haushalte mit Kindern ein. Für die ↗Ausländer erkennt man in Citynähe drei Bevölkerungswellen, die aus der Gastarbeiterwanderung, dem Nachzug von Familienangehörigen sowie den hier geborenen Kindern resultieren. In der Großwohnsiedlung am Stadtrand fallen die hohen Anteile der 25- bis unter 35-Jährigen auf. Die Altersstruktur in den verschiedenen Wohngebieten ist das Ergebnis sich überlagernder Migrationsvorgänge und deutet für die Ausländer sowohl Prozesse der ↗Bevölkerungskonzentration als auch der ↗Dispersion an. [PG]

Bevölkerungsverteilung, Verteilung der Einwohner oder einer bestimmten Bevölkerungsgruppe eines Raumes auf dessen Teilgebiete zu einem festgelegten Zeitpunkt. Im Vergleich zur ↗Bevölkerungsdichte, bei der die Belastung des Raumes durch den Menschen im Vordergrund steht, berücksichtigen Analysen zur Bevölkerungsverteilung vor allem die Distanz zwischen Einwohnern. Zur Typisierung von räumlichen Mustern gibt es zahlreiche Möglichkeiten, von denen in Abbildung 1 die vier Grundformen dargestellt sind. Dispersion bedeutet eine Streuung der Einwohner über das Untersuchungsgebiet die gleichmäßig oder zufällig verteilt sein kann. ↗Bevölkerungskonzentration bedeutet eine Verdichtung von Menschen in einem (zentralisiert) oder mehreren (dezentralisiert) Teilgebieten.

Abbildung 2 zeigt die Bevölkerungsdichte auf dem Idealkontinent und in der Verteilung nach Höhenstufen. Die Bevölkerungsverteilung in einem Raum lässt sich auch mit Punktstreuungskarten darstellen. Abbildung 3 verdeutlicht den Einfluss von Verkehrslage, Wirtschaftsstruktur und von überragenden Metropolen. Die überwiegende Konzentration der ausländischen Einwohner auf die Agglomerationen in Westdeutschland verweist auf die Hintergründe der ↗Gastarbeiterwanderungen und auf den von Süd nach Nord fortschreitenden Diffusionsprozess der Beschäftigung ausländischer Arbeitnehmer, der von der Hierarchie des Städtesystems sowie von Nachbarschaftseffekten gesteuert wurde. Zur Analyse der Bevölkerungsverteilung stehen zahlreiche Methoden zur Verfügung: ↗Bevölkerungspotenzial, ↗Bevölkerungsschwerpunkt, Dissimilaritäts-, Konzentrations- und ↗Segregationsindex, ↗Lokationsquotient und ↗Lorenzkurve. [PG]

Bevölkerungsvorausberechnung, Oberbegriff für Schätzungen zur zukünftigen ↗Bevölkerungsentwicklung. Je nach Ziel lassen sich die Bevölkerungsvorausberechnungen nach dem ↗Progno-

Bevölkerungsverteilung 1: Grundformen der räumlichen Bevölkerungsverteilung.

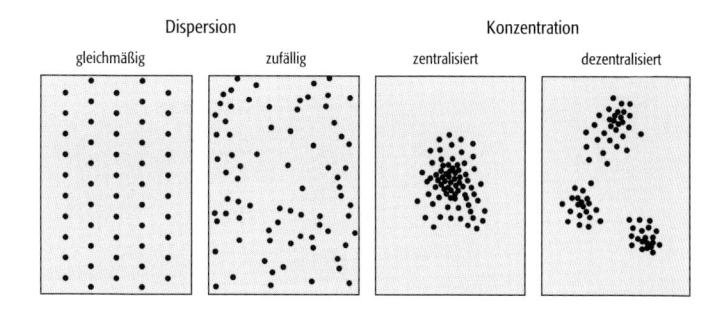

Dispersion — gleichmäßig — zufällig

Konzentration — zentralisiert — dezentralisiert

Bevölkerungsvorausschätzung

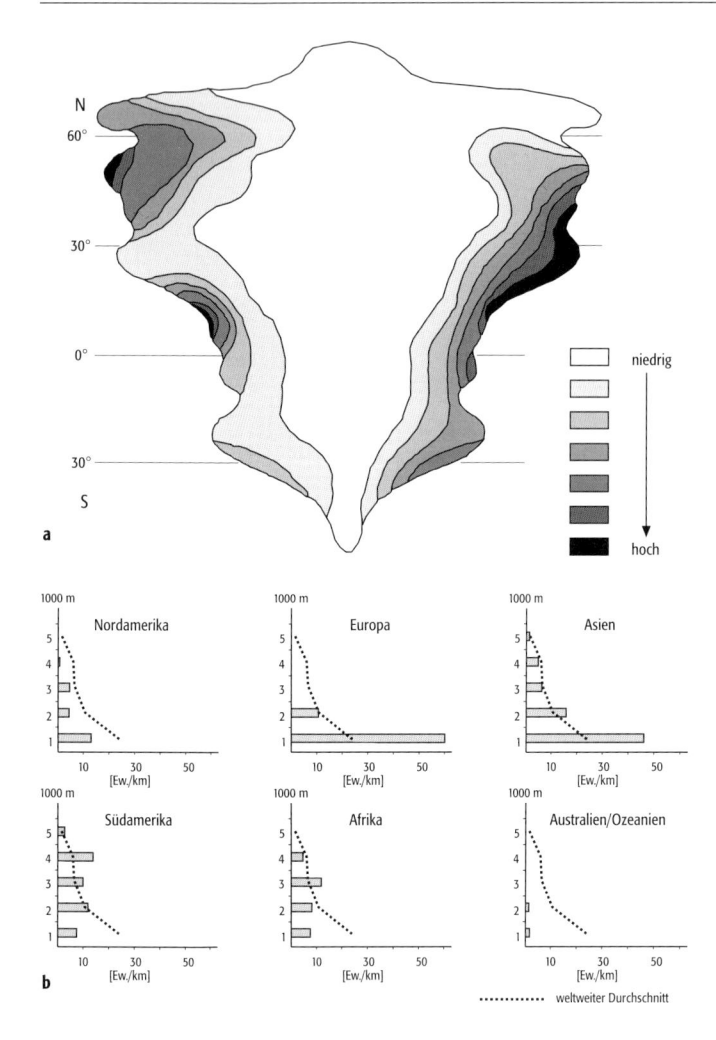

Bevölkerungsverteilung 2: Bevölkerungsverteilung a) nach Küstenabstand und Klimaregion, b) nach Höhenstufen (1958).

Bevölkerungsverteilung 3: Bevölkerungsverteilung der deutschen und ausländischen Einwohner auf der Grundlage von Raumordnungsregionen (1995).

sehorizont, der Größe des Untersuchungsraumes sowie dem Prognoseverfahren typisieren. Bei einer nicht einheitlichen Begriffsbildung unterscheidet man zwischen ↗Bevölkerungsprognose oder Bevölkerungsvorausschätzung, die sich auf einen kurz- bis mittelfristigen Prognosehorizont von 5 bis 20 Jahren beziehen, und Modellrechnungen oder ↗Bevölkerungsprojektionen für einen längerfristigen Prognosezeitraum, die Konsequenzen gegenwärtiger oder zukünftig wünschenswerter Entwicklungen untersuchen und weniger den Anspruch auf möglichst reale Schätzungen von Bevölkerungszahlen erheben. Bevölkerungsvorausberechnungen schätzen die Einwohnerzahl weltweit, für Großräume der Erde und für einzelne Staaten, einschließlich ihrer regionalen Differenzierung. Bei der Vorgehensweise greift man zumeist auf die ↗Komponentenmethode zurück, selten auf das Verfahren der ↗Extrapolation. [PG]

Bevölkerungsvorausschätzung ↗Bevölkerungsprognose.

Bevölkerungswachstum ↗Bevölkerungsentwicklung.

Bevölkerungsweise, spezifisches Zusammenwirken ökonomischer, sozialer und kultureller Faktoren, welche die Reproduktion einer Bevölkerung in einem Zeitabschnitt steuern. In traditionellen Gesellschaften erfordert die außerordentliche Säuglings- und Kindersterblichkeit eine hohe Geburtenhäufigkeit zur Bestandserhaltung (↗demographischer Übergang). Sozial und kulturell definierte Institutionen wie ↗Religion, Bräuche oder Wertvorstellungen haben einen dominierenden Einfluss und erschweren einen ↗Fruchtbarkeitsrückgang. In modernen Gesellschaften kommt dem ↗generativen Verhalten der einzelnen Paare eine entscheidende Bedeutung zu.

Bevölkerungswellen, wiederholter Wechsel von Zu- und Abnahmen der Einwohnerzahl in einem Gebiet. Sie haben meistens Besonderheiten der ↗Bevölkerungsstruktur zur Folge, die sich z. B. aus Kriegsereignissen, ↗Hungersnöten, einer pronatalistischen ↗Bevölkerungspolitik oder aus der ↗Wanderungsselektion, wie beim Zuzug in ein größeres Neubaugebiet, ergeben und in zyklischer Weise die zukünftige Größenordnung von Geburten- und Sterberaten beeinflussen.

Bevölkerungswissenschaft ↗Demographie.
Bevölkerungszahl ↗Bevölkerung.
Bevölkerungszusammensetzung ↗Bevölkerungsstruktur.

Bewässerung, künstliche Zufuhr von Wasser zum Ausgleich der für die Bodennutzung jahreszeitlich oder ganzjährig fehlenden Niederschläge, häufig auch zur ↗Düngung durch mitgeführte Nährstoffe. Sie ermöglicht den Anbau jenseits der Grenze des ↗Regenfeldbaus, die je nach Temperatur bzw. Verdunstung, Kulturart und Bodenstruktur zwischen 250 und 1000 mm/a liegt. Zudem wird durch die reichlichere und gleichmäßigere Verfügbarkeit von Wasser eine höhere Flächenproduktivität erzielt, eventuell mit mehreren Ernten pro Jahr (↗Bewässerungswirtschaft). Auch bei geringen Besitzgrößen kann durch Bewässerung die Existenz einer Familie gesichert werden (↗Ackernahrung). Die Profiltiefe eines bewässerungswürdigen Bodens soll etwa 120 bis 200 cm betragen. Damit ist eine genügende Durchwurzelung und eine normale Feuchtigkeitsreserve gewährleistet. Um Pflanzenschäden zu vermeiden, darf die elektrische Leitfähigkeit des Wassers 250 Mikrosiemens nicht überschreiten (ca. 1,5 g Salz pro Liter). Gutes Bewässerungswasser enthält möglichst wenig Natrium, weil dieses das Bodengefüge zerstört. [KB]

Bewässerungsfeldbau, Form der landwirtschaftlichen Bodennutzung, bei der den ↗Kulturpflanzen in niederschlagsfreien oder -armen Zeiten der Vegetationsperiode durch technische Maßnahmen ausreichende Wassermengen zugeführt werden (↗Bewässerung).

Bewässerungswirtschaft, auf der künstlichen Zufuhr von Wasser (↗Bewässerung) beruhende Wirtschaftsweise, die aufwändiger, aber auch flächenproduktiver als Landwirtschaft auf Regenbasis ist. Sie war und ist oft mit besonderen Agrarsozialstrukturen verbunden und von starker Prägekraft für das Erscheinungsbild der ↗Ag-

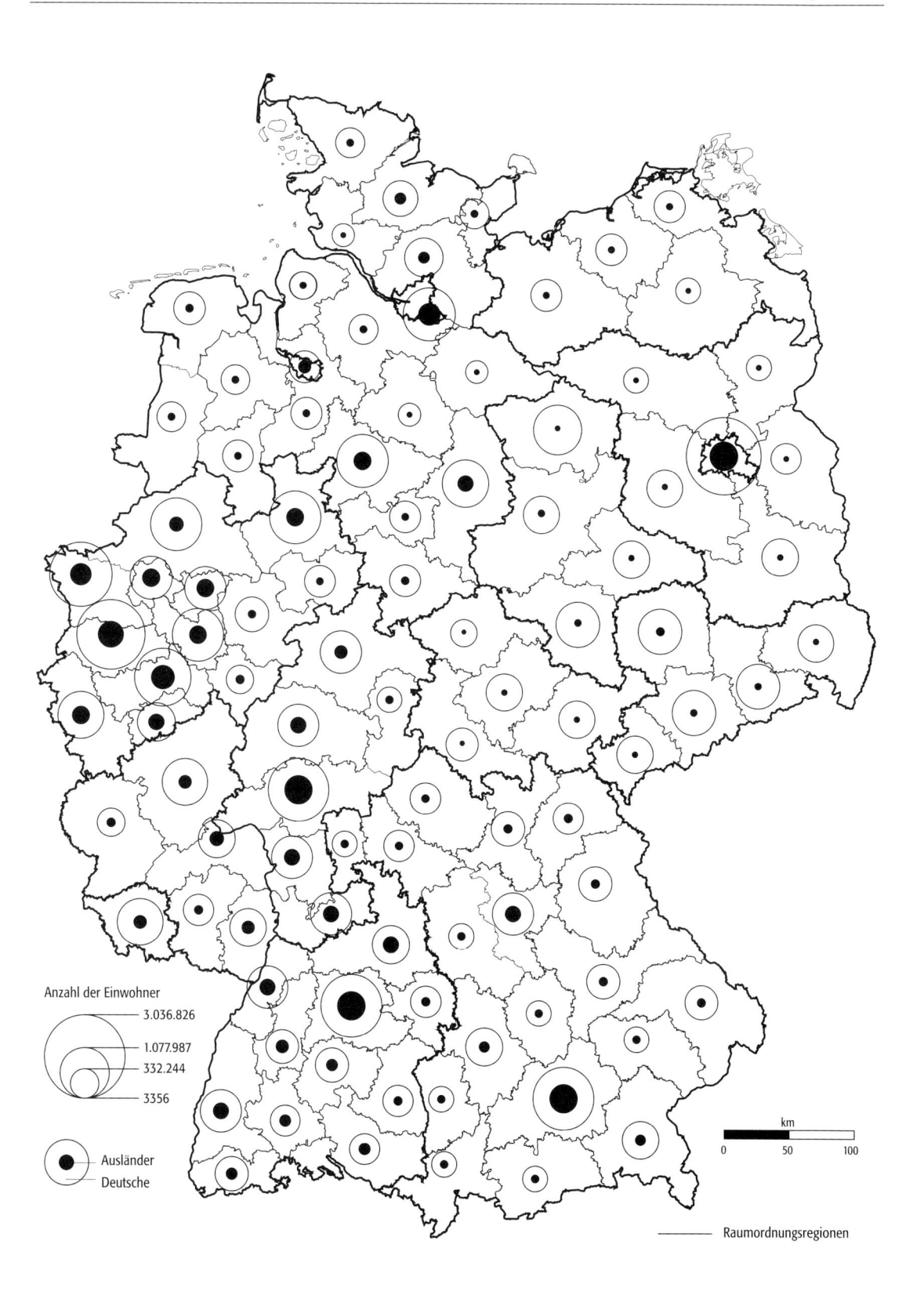

Bewässerungswirtschaft

Anzahl der Einwohner
- 3.036.826
- 1.077.987
- 332.244
- 3356

- Ausländer
- Deutsche

Raumordnungsregionen

Flächenüberstau	planierte, umdämmte Flächen werden unter Wasser gesetzt; das Wasser kommt zum Stillstand und versickert allmählich in den Boden
Terrassenbewässerung	Form des Flächenüberstaus, bei der das Wasser in die oberste Terrassenbank eingeleitet und durch einen niederen Erdwall aufgestaut wird; anschließend in die nächsttiefere Terrasse geleitet; bei einer Hangneigung von mehr als 5%
Rieselbewässerung	Wasser fließt mit geringer Geschwindigkeit durch Ackerfurchen oder über leicht geneigte Flächen.
Furchenbewässerung	Dabei ist das zu bewässernde Feld in zahlreiche Furchen gegliedert, durch die das Wasser fließt, während die Kulturpflanzen i.d.R. auf den dazwischenliegenden Dämmen stehen.
Konturfurchen-bewässerung	weitere Abwandlung der Oberflächenbewässerung, bei der die Furchen isohypsenparallel angelegt werden
Rillenbewässerung	Hierbei werden in Neigungsrichtung des Geländes schmale und flache, eng aneinanderliegende Rillen gezogen. Durch die Vielzahl der Rillen fließt erosionsvermeidend relativ wenig Wasser in den einzelnen Rillen.
Tröpchenbewässerung	Tropfbewässerung, Mikrobewässerung: Bewässerung durch perforierte, oberirdisch in unmittelbarer Bodennähe verlegte Schlauch- oder Rohrleitungen mit kleinen Verteilern (poröse Schlauchstücke), aus denen Wasser nach Pflanzenbedarf dosiert austritt
Unterflurbewässerung	erfolgt wie die Tröpchenbewässerung, aber mit unterirdisch, im Wurzelbereich der Pflanzen, verlegten Zuleitungen
Minisprinkler	Diese Sprinkler werden mit niedrigem Druck betrieben und sind etwa 10-15 cm hoch. Sie befeuchten eine Zone von bis zu 60 cm Durchmesser. Das sonstige Zuleitungs- und Verteilsystem ist dem der Tröpchenbewässerung identisch. Ihr Vorteil liegt in der geringeren Verstopfbarkeit und der größeren bewässerten Fläche, was sinnvoll z.B. ist beim relativ großen Wurzelraum von Agrumen-Dauerkulturen.
Beregnungsbewässerung	Bewässerung mittels mobiler oder stationärer Sprühanlagen; Wasser wird über Rohre oder Schläuche zu den Bewässerungsflächen geleitet und dort über verschiedene Beregnungssysteme verteilt, die weitgehend den natürlichen Regenfall nachahmen; auch zum Frostschutz im Obst- und Weinbau eingesetzt
Karussellbewässerung	Diese Kreisberegnungsbewässerung erfolgt mit einer Anlage, bei der das Wasser von einer zentralen Wasserabgabestelle in das um dieses Zentrum kreisförmig sich bewegende Rohrgestänge verteilt wird. Diese Anlagen wurden 1949 in den USA erfunden und werden seit 1953 vertrieben. Der Karussellbewässerung sehr ähnlich ist das Linear-move-System. Dabei bewegt sich das gesamte System linear vorwärts, wobei die Wasserzufuhr über ein Grabensystem erfolgt.

Bewässerungswirtschaft: Bewässerungsverfahren.

rarlandschaft. Historische Bewässerungskulturen waren wegen erheblicher technischer und organisatorischer Schwierigkeiten nur in straff organisierten Gemeinwesen möglich. Der Zerfall solcher gefestigter Strukturen führte meist auch zum Verfall der Bewässerungskulturen.

Künstliche Bewässerung ist in nahezu allen Klimazonen der Ökumene anzutreffen. Hauptgebiet der Bewässerungswirtschaft sind die Subtropen, wo Wasser der Minimumfaktor ist. Auf diese Trockenräume entfallen zwei Drittel der globalen Bewässerungsflächen. Die größten Bewässerungsflächen der Erde (62%) liegen in Asien, vornehmlich am Huanghe, Jangtsekiang und Hsikiang in China, ferner in der Ganges- und der Industiefebene in Pakistan und Indien. Außerhalb Asiens sind bedeutend Mexiko, Ägypten, Brasilien, Sudan und der Mittelmeerraum. Weniger als 10% der Weltanbaufläche sind vollständig auf Bewässerung angewiesen, insgesamt könnte man schätzungsweise nicht mehr als 20% bewässern. Nach Angaben der ↗FAO sind ca. 500 Mio. ha auf der Erde bewässerungswürdig, ca. 255 Mio. ha (ca. 1/6 der Weltackerfläche) werden bereits bewässert. Zwischen den einzelnen Ländern bestehen große Unterschiede beim Anteil der bewässerten Fläche an der ↗landwirtschaftlichen Nutzfläche (Pakistan 76%, Israel 63%, China 46%, Indonesien 36%, Indien 25%, USA 10%, Australien 4%). Die Verluste an Bewässerungsflächen (Absinken des Grundwasserspiegels, Umleitung des Wassers in Städte) übersteigen gegenwärtig die Flächengewinne durch neue Projekte. Ein Drittel der weltweit produzierten Nahrungsmittel stammt aus der Bewässerungslandwirtschaft, obwohl der Anteil an der bewässerten Fläche an der gesamtwirtschaftlichen Nutzfläche nur bei ca. 16% liegt. In Deutschland wird Bewässerung in Gebieten intensiver landwirtschaftlicher und gartenbaulicher Nutzung mit geringem jährlichen Niederschlag, insbesondere bei weniger als 700 mm, betrieben oder in den Alpen als ↗Wiesenbewässerung. In den alten Bundesländern wird die Bewässerungsfläche auf etwa 350.000 ha, das sind 2% der landwirtschaftlichen Nutzfläche, geschätzt.

Man unterscheidet zwei Grundformen der Bewässerung: a) unkontrollierte Wasserzufuhr (↗Nassfeldbau) und b) kontrollierte Wasserzufuhr (künstliche Bewässerung), wobei man verschiedene Bewässerungsverfahren (Abb.), die große Differenzen im Hinblick auf Effizienz, Wasserverbrauch, Kosten und Betriebsaufwand aufweisen, unterscheidet. In Entwicklungsländern werden aus Kostengründen meist offene Schwerkraftsysteme (Hebebewässerung, d. h. Niveauunterschiede werden durch Pumpen, Schöpfräder usw. überwunden) angelegt. Diese sind zwar einfach zu implementieren, bringen jedoch Probleme bei Betrieb und Unterhalt mit sich und führen zu erheblichen Wasserverlusten. Für bedeutende Bewässerungsländer wie Indien, Iran, und Pakistan, in denen die Bewässerungslandwirtschaft über 90% des Wasserverbrauchs beansprucht, wird geschätzt, dass nur 40% des abgeleiteten Wassers tatsächlich die Felder erreicht. Die Abbildungen im Farbtafelteil zeigen verschiedenen Formen der Bewässerung. [KB]

Bewegungsgleichung, i.e.S. physikalisches Gleichungssystem, mit dem für ein sich bewegendes

Medium Beschleunigung, Geschwindigkeit und Bewegungsrichtung berechnet werden können. Für die Atmosphäre als gasförmiges Medium werden die aus der Newton-Bewegungsgleichung (Kraft = Masse · Beschleunigung) abgeleiteten hydrodynamischen Bewegungsgleichungen angewendet. Die hierbei wirksam werdenden Kräfte sind ↗Gradientkraft, ↗Corioliskraft, die Potenzialkräfte Schwerkraft und ↗Zentrifugalkraft, innere und äußere Reibungskräfte sowie Advektions- und Auftriebskräfte. Die Bewegungsgleichungen werden vektoriell in einem dreidimensionalen kartesischen Koordinatensystem separat für die beiden horizontalen und die vertikale Bewegungskomponente als Vektoradditionen der beteiligten Kräfte aufgestellt.

Bewertung, Einordnung von Sachverhalten in Werteskalen, basierend auf unterschiedlichen ↗Bewertungsmaßstäben, z. B. im Rahmen von ↗Bewertungsverfahren.

Bewertungsmaßstab, definierte Werte zur Beurteilung von Umweltauswirkungen. Es existieren hierfür sowohl gesetzliche Maßstäbe (z. B. ↗Grenzwerte der ↗TA Luft) als auch solche, die nicht gesetzlich verbindlich sind (z. B. ↗Richtwerte, Zielwerte, ↗Orientierungswerte). Für bestimmte ↗Umweltmedien müssen vom ↗Umweltgutachter eigene Bewertungsmaßstäbe entwickelt werden, beispielsweise durch Ableitung von ↗Umweltqualitätszielen. Anwendung finden Bewertungsmaßstäbe v. a. im Rahmen von formalisierten ↗Bewertungsverfahren.

Bewertungsverfahren, *Bewertungsmethode*, Verfahren, die Bewertungsvorgänge sowohl formalisieren als auch inhaltlich strukturieren und reglementieren. Bewertungsverfahren stellen somit operationalisierte Regeln für Handlungsprozesse dar, die eine vergleichende, ordnende oder quantifizierende Einstufung von Objekten nach Wertgesichtspunkten zum Ziel haben. Der Bewertungsvorgang markiert somit den Übergang von der reinen Sachverhaltsbeschreibung (Sachebene) hin zu dessen normativer Interpretation (Wertebene). Ein Bewertungsverfahren muss die Eigenschaften Objektivität (die bewertende Person beeinflusst das Ergebnis nicht), Reliabilität (bei wiederholter Anwendung ergibt sich das gleiche Ergebnis) und Validität (die verwendeten Messsysteme sind repräsentativ für das zu messende System) aufweisen. Eingesetzt werden formalisierte Bewertungsverfahren häufig bei komplexen Bewertungen, bei denen eine Verknüpfung (Aggregation) mehrerer Bewertungskriterien notwendig wird (multikriterielle Bewertungsverfahren). Häufig verwendete Bewertungsverfahren sind die ↗Kosten-Nutzen-Analyse, die ↗Nutzwertanalyse und die ↗ökologische Risikoanalyse. Typische Anwendungsfelder von Bewertungsverfahren z. B. im Bereich der Umweltplanung sind Bewertungen verschiedener status-quo- bzw. Planungszustände der Umweltsituation, z. B. im Rahmen einer ↗Umweltverträglichkeitsprüfung. Meistens werden dabei mögliche Planungszustände (↗Projektalternativen, ↗Projektvarianten, ↗Nullvariante) anhand von ↗Prognosemethoden abgeleitet. Aus ↗Umweltqualitätszielen und ↗Umweltstandards (z. B. ↗Grenzwerten) lassen sich ↗Bewertungsmaßstäbe ableiten. Im Rahmen des Bewertungsvorgangs werden dann die Planungszustände im Hinblick auf ihre voraussichtlichen Folgen für die Umwelt miteinander verglichen. Das Ergebnis der Bewertung besteht bei diesem Beispiel in einer Beurteilung der verschiedenen Planungszustände inklusive eines Rankings (Ordinale Reihung aller Planungszustände von der aus Umweltsicht besten bis zur schlechtesten Alternative).

Nach wie vor wirft die Bewertung erhebliche Schwierigkeiten auf; in erster Linie deswegen, weil es in weiten Bereichen keine allgemein akzeptierten Standards, Maßstäbe oder Kriterien gibt. Aus diesem Grund werden Bewertungsverfahren zunehmend partizipativ angelegt, d. h., dass Betroffene einer Planung und/oder politische Entscheidungsträger bei der Auswahl der Eingangsdaten eines Bewertungsverfahrens und der Bewertungskriterien mitbestimmen. [AM/HM]

Bewirtschaftung, wirtschaftlicher und nutzengeleiteter Umgang mit natürlichen Ressourcen und Naturgütern, z. B. Land, Boden, Bodenschätzen, Wasser, Pflanzen- und Tierbeständen oder daraus hergestellten Produkten; auch ↗Abfälle werden in Bewirtschaftung einbezogen. Die Art und Regelung der Bewirtschaftung kann durch den freien Markt, durch staatliche Planung und Lenkung oder durch Mischung von Instrumenten beider Systeme erfolgen. Im Allgemeinen kann auf gesetzlich bestimmte Rahmenbedingungen für die Bewirtschaftung von Ressourcen (z. B. Wälder, Böden, Fischbestände, Grundwasser) nicht verzichtet werden.

Bewölkung, Bezeichnung für die am Himmel vorhandenen ↗Wolken. Die Bewölkung kann durch den ↗Bedeckungsgrad, die Wolkenarten und die Höhenlage der Wolken charakterisiert werden.

Bewölkungsgrad ↗*Bedeckungsgrad*.

Beziehungsnetz ↗*Biozönose*.

Bezirksregierung ↗*staatliche Mittelinstanz*.

Bezugseinheit ↗*räumlich-statistische Bezugseinheit*.

Bezugsellipsoid, *Referenzellipsoid*, in der ↗Geodäsie, ↗Kartographie und ↗Geoinformatik eine Hilfs- bzw. Bezugsfläche, auf die Messungen bezogen und auf der Berechnungen durchgeführt werden. Als optimale Näherungsfläche für die wahre Erdfigur kann das mittlere Erdellipsoid, das einem Rotationsellipsoid entspricht, angesehen werden. Vor der Verwendung künstlicher ↗Satelliten zu geodätischen Erdmessungen bestimmte man die Parameter des Erdellipsoids durch Gradmessungen. Aus deren Ergebnissen und weiteren Messungen ermittelte Bessel um 1840 die Dimensionen eines Erdellipsoids, das seitdem in Deutschland für Landesvermessungen einschließlich der Herstellung ↗topographischer Karten verbindlich ist. Insbesondere im Verlauf des 20. Jh. berechnete man unter Hinzunahme immer neuerer und genauerer Messergebnisse zahlreiche Bezugsellipsoide in immer besserer

Annäherung an das mittlere Erdellipsoid. In Deutschland wurde am Ende des 20. Jh. mit der Einführung des WGS (World Geodetic System) 1984 in Verbindung mit dem amtlichen Bezugssystem ETRS 89 (Europäisches Terrestrisches Referenzsystem) für die amtlichen topographischen Landeskartenwerke und somit auch für das Geoinformationssystem ↗ATKIS begonnen. [WK]

Bezugsfläche, *räumliche Bezugseinheit, statistische Bezugsgrundlage*, durch einen geschlossenen Linienzug abgegrenzte Fläche, auf die sich die in ↗Kartogrammen wiedergegebenen Werte beziehen. Bezugsflächen dienen als Fläche der Verortung der ↗Kartenzeichen, die im Falle von Diagrammen über den zentral in der Fläche liegenden *Bezugspunkt* erfolgt. Ungeachtet dessen beziehen sich die Daten stets auf die gesamte Fläche und sagen über deren innere Differenzierung nichts aus.

Bezugsflächen können sein: a) im Grundriss dargestellte natürliche, bewirtschaftete oder bebaute Flächen, b) aus einer ↗Raumgliederung hervorgegangene Flächen, c) Verwaltungseinheiten, die zumeist Erfassungseinheiten der amtlichen Statistik sind (statistische Karten), d) regelmäßige geometrische Flächen, die durch das Eintragen von Netzen verschiedener Art in die Karte entstehen. Diese geometrischen Bezugsflächen bieten im Unterschied zu anderen Bezugsflächen den Vorteil gleicher Größe, erfordern jedoch häufig einen höheren Aufwand bei der Datenerfassung (Feldermethode, Quadratrastermethode). [KG]

Bezugspunkt, **1)** *GIS*: *control point*, *Stützpunkt*, ein Punkt mit bekannten ↗Koordinaten, der zur ↗Geokodierung eines Datensatzes oder eines Rasterbildes verwendet wird. Es sind mindestens drei Bezugspunkte zur Geokodierung notwendig, i. A. werden aber zehn und mehr Bezugspunkte verwendet. Die Definition von Bezugspunkten ist einer der ersten Schritte bei der Digitalisierung von ↗geographischen Daten mit einem ↗Digitalisiertablett. Die Koordinaten der Bezugspunkte können z. B. einer existierenden Karte entnommen oder auch mittels ↗GPS bestimmt werden. **2)** *Kartographie*: ↗Bezugsfläche.

B-Horizont, mineralischer Unterbodenhorizont, geprägt durch ↗Verwitterung, ↗Verbraunung, ↗Verlehmung und Stoffanreicherung (↗Illuvialhorizont), wodurch es zu Veränderung der Farbe und des Stoffbestandes gegenüber dem Ausgangsgestein kommt. Die Feinerde ist frei von lithogenem Carbonat. Bv-Horizont: Verbraunung und Verlehmung durch Silicatverwitterung in ↗Braunerden; Bh-Horizont: Anreicherung von Huminstoffen; Bs-Horizont: Anreicherung von ↗Sesquioxiden in ↗Podsolen; Bt-Horizont: Anreicherung von Ton in ↗Parabraunerden; Bu-Horizont: Verwitterung und ↗Ferralitisierung, Anreicherung von Kaolinit und Hämatit (in Deutschland reliktisch).

Bias, methodischer Fehler bei der ↗Datenerfassung, der Informationen und Untersuchungsergebnisse systematisch verzerrt, z. B. durch suggestive Fragen, suggestives Interviewerhandeln oder Stichprobenauswahl.

Biblische Geographie, eine frühe Form der ↗Historischen Geographie und der Lehre von Religion-Raum-Beziehungen (↗Religionsgeographie), die sich im 16./17. Jh. entwickelte. Sie beschäftigte sich mit der Geographie des biblischen Raumes und der biblischen Zeit.

Bidonville, im französischen Sprachraum gebräuchliche Bezeichnung für ein als Provisorium in Eigenarbeit errichtetes Elendsviertel mit unzureichender Infrastruktur am Rand größerer Städte in ↗Entwicklungsländern. Die Bidonvilles werden meist von Zuwanderern aus ländlichen Gebieten (↗Landflucht) nach vorübergehendem Aufenthalt in innerstädtischen ↗Slums planlos errichtet (↗Favela). In jüngerer Zeit wird der Begriff auch angewandt auf die als Ghetto wahrgenommenen Großwohnsiedlungen (↗Trabantenstädte) am Rand der französischen Großstädte, in denen sich ein Randgruppenmilieu herausgebildet hat und sich sozial Ausgestoßene, Arme, Arbeitslose, Problemfamilien und Einwanderer dicht beieinander drängen. In diesen Siedlungen liegt der Lebensstandard weit unter dem Landesdurchschnitt, was ein erhöhtes Ausmaß abweichenden und delinquenten Verhaltens auslöst. [RS]

Bienne, *zweijährige Pflanzen*, ↗Raunkiaer'sche Lebensformen.

Bifang, schmaler gewölbter Ackerstreifen mit zwei bis sechs Wechselfurchen, welcher im Gegensatz zum ↗Wölbacker durch seitwärtiges Umsetzen des Bodens im Zuge eines Feld-Gras-Wechselsystems seine Lage veränderte, vornehmlich für Süddeutschland beschrieben. Das Bifangpflügen wurde bereits Mitte des 19. Jahrhunderts weitgehend aufgegeben.

Bifurkation, perennierende, periodische oder episodische Gabelung eines Flusses in zwei Richtungen infolge Überströmens der ↗Wasserscheide zu einem benachbarten ↗Einzugsgebiet. Bifurkationen treten an sehr flachen Wasserscheiden und/oder bei großen Wasserstandsschwankungen bzw. nach der Sedimentüberschüttung einer Wasserscheide auf. Bekanntes Beispiel ist die schon von A. v. Humboldt beschriebene Bifurkation des Orinoco-Casiquiare im südlichen Venezuela.

big push, ↗Entwicklungsstrategie, die auf einem geballten Investitionsschub basiert, durch den alle Wirtschaftsbereiche eines Landes gleichzeitig (»balanced growth«) auf ein höheres Niveau gehoben werden sollen.

Bildanalyse, quantitative und qualitative Analyse von analogen oder digitalen Bildern. Ziel ist, eine deskriptive oder mathematisch-statistische Auswertung der Daten oder die kartographische Darstellung von Bildinhalten. Neben der ↗visuellen Bildinterpretation wird der Begriff hauptsächlich in der semiautomatischen und automatischen computergestützten ↗digitalen Bildverarbeitung und ↗Klassifizierung gebraucht. Die visuelle Bildinterpretation bezieht menschliche Interaktion unmittelbar in das Analyseverfahren ein und erlaubt daher hochwertige komplexe Bewertungen raumbezogener Phänomene. Das Erkennen und Analysieren von Objekten in Bildern ist leicht möglich. Die spektrale Differenzierbarkeit der Bildinhalte ist jedoch auf die objektbezogene Wahrnehmbarkeit von ca. 16 Grauwertstufen beschränkt. Die computergestützte Bildklassifizierung kann dagegen multispektrale Analysen von Bildern in n-dimensionalen spektralen Merkmalsräumen, in spezifischen radiometrischen ↗Auflösungen und unter Angabe genauer Flächengrößen bereitstellen. Das Erkennen von Objekten und einheitlichen Flächen im Bild ist durch komplexe Rechenprogramme möglich, gelingt jedoch nicht immer vollständig. [MS]

Bildhauptpunkt, Zentrum einer Luft- bzw. Weltraumphotographie, zu ermitteln durch Verbindung der Randmarken des Bildes. Bei Senkrechtaufnahmen größeren Maßstabs setzt vom Bildhauptpunkt aus die ↗Zentralperspektive von Objekten bestimmter Höhe (Häuser, Bäume) ein. Sie erscheinen radial nach außen gekippt. In Bildflug-Ortungskarten werden die Bildhauptpunkte verzeichnet. ↗Bildmessflug.

Bildinterpretation ↗*visuelle Bildinterpretation*.

Bildkarten, *Luftbildkarte, Satellitenbildkarte*, Luft- oder Satellitenbilder, denen zur besseren Orientierung und Lesbarkeit Kartenelemente hinzugefügt werden. Dazu zählen Angaben zum Inhalt (Legende) und zur Geometrie des Bildes (Maßstab, Koordinaten) sowie Titel und Quellenangaben. Je nach Verwendungszweck und Maßstab können Geländeinformationen, Grenzverläufe und Ortsangaben von Städten oder Siedlungen zur Orientierung in der Bildkarte enthalten sein. Diese Kartenelemente kommen meist sparsam oder selektiv zum Einsatz – auch deshalb, weil durch Schriftzüge etc. jeweils Bildinhalte abgedeckt werden.

Bildklassifizierung ↗*Klassifizierung*.

Bildmaßstab, Verhältnis der Objektgröße im Bild zur Objektgröße in der Natur. Im Luftbildwesen werden die Maßstäbe zwischen 1:50.000 und 1:10.000 häufig angewendet, z. B. bei Siedlungsdarstellung, bei Straßenbauten, zu Biotopkartierungen oder bei der ↗Waldschadenserhebung. Revisionsflüge zur Nachführung von topographischen Karten erfolgen etwa im Maßstab 1:20.000, Weitwinkel-Aufnahmen zur Herstellung von ↗Orthophotos im Maßstab 1:30.000. Die Weltraumphotos der russischen ↗Satelliten haben Maßstäbe zwischen 1:200.000 und 1:400.000, die ↗Landsat MSS-Szenen hatten den Originalausgabemaßstab 1:1 Mio. Vergrößerungen oder Verkleinerungen ändern den Maßstab; praktisch ist es, eine Maßstabsleiste jeweils mitzuverändern. Die Grenzen der Maßstabsvergrößerungen liegen dort, wo das Filmkorn bzw. die Pixelstruktur sichtbar werden und so ein weiterer Informationsgewinn nicht gegeben ist. Ein optimaler Maßstab für Landsat TM-Szenen z. B. liegt zwischen 1:100.000 und 1:200.000.
In Luftbildern kann, wenn die Geländehöhen sehr verschieden sind, der Maßstab in einem Bild sehr unterschiedlich sein; er ist in höher gelegenen Gebieten größer als in tiefer gelegenen. (↗Zentralperspektive). [MS]

Bildmessflug, Anzahl von Luftbildaufnahmen im Rahmen der flugzeuggestützten ↗Luftbildfernerkundung entstanden, mit definierter ↗Bildüberlappung für eine ↗stereoskopische Bildbetrachtung. Aufnahmevoraussetzungen sind speziell im Gebirge ein hoher Sonnenstand (Sommer, Mittagsstunden) und generell geringe Bewölkung und Luftfeuchtigkeit. Die Zielsetzung bestimmt den ↗Bildmaßstab und damit die Flughöhe und Objektivwahl. Die Bildflugstreifen werden meist zur leichteren Orientierung in W-E- bzw. N-S-Richtung geflogen. Der Bildflug wird in einem Ortungsplan festgehalten, mit Angabe der Bildnummer im Nadir des ↗Bildhauptpunktes. Luftbilder aus Bildmessflügen sind Hilfsmittel zur Erstellung und Fortschreibung von ↗topographischen Karten.

Bildpunkt ↗Pixel.

Bildpunktversatz ↗Zentralperspektive.

Bildschirmkarte ↗Karte.

Bildüberlagerung, die ↗Grauwertbilder aus verschiedenen ↗Spektralbereichen einer ↗Satellitenbildszene können digital überlagert werden, wenn die Rasterdaten geometrisch konvergent sind. Bei Überlagerungen multitemporaler Satellitenbildszenen oder zur ↗Mosaikbildung bedarf es der Rektifizierung der Daten, d. h. der rechnerischen ↗Entzerrung über ↗Passpunkte. Häufig genügt die Angleichung eines Bildes an das andere (*relative Entzerrung*). Dabei wird ein Bild eines Datensatzes als Referenzbild benutzt, alle weiteren Bilder werden auf diese Bezugsgeometrie hin umgewandelt. Es entsteht somit nur ein in sich zusammenhängender Datensatz mit Bezug zum Ausgangsbild, nicht aber wie bei der ↗Geocodierung, zu einem geodätischen Koordinatensystem.

Bildüberlappung, bei ↗Bildmessflügen erfolgen die Aufnahmen so, dass in Flugrichtung eine Überlappung um 60 % (manchmal 80 %) erfolgt. Damit ist jeder Geländeausschnitt zweimal abgebildet, was die Voraussetzung für die ↗stereoskopische Bildbetrachtung ist. ↗Satellitenbildszenen weisen aufgrund der Flugbahnen der ↗Satelliten in den höheren Breiten eine zunehmende Überlappung auf, am ist sie Äquator minimal.

Bildung, ist ein Vorgang geistiger Formung und Sinnerschließung. Sie ist ein wichtiges Element der Persönlichkeitsentwicklung, der Kreativität und ↗Kultur. Bildung wird im Gegensatz zu ↗Ausbildung und ↗Qualifikation als zweckfrei angesehen. Trotz seiner zentralen gesellschaftlichen und kulturellen Bedeutung ist der Begriff Bildung schwer zu definieren und kaum quantitativ zu erfassen. In der Umgangssprache wird Bildung auch als Oberbegriff für Ausbildung und Erziehung verwendet, sodass sich Begriffe wie ↗Bildungsplanung oder Bildungsstatistik eingebürgert haben, obwohl Bildung weder geplant noch statistisch erfasst werden kann.

Bildungsabstinenz, die Nichtinanspruchnahme von in einem Areal vorhandenen und leicht zugänglichen ↗Bildungseinrichtungen.

Bildungsangebot, 1) Angebot an ↗Bildungseinrichtungen in einem Areal. 2) Angebot von Arbeitskräften (Erwerbstätigen) mit einem bestimmten Ausbildungs- und Qualifikationsniveau. ↗Bildungsnachfrage.

Bildungseinrichtung, Institution, an der ↗Bildung vermittelt wird bzw. erworben werden kann. Bildungseinrichtungen umfassen sowohl Institutionen des Schul- und Hochschulsystems, als auch Institutionen der ↗Weiterbildung und ↗Kultur. Schulische Bildungseinrichtungen wurden in größerem Umfang erst mit der Abkehr von der Subsistenzwirtschaft, mit der ↗Meritokratisierung der Gesellschaft, mit der Einführung komplexer arbeitsteiliger Wirtschaftsorganisationen und mit der Entstehung des modernen Staats errichtet. Die ↗Bildungsgeographie ist vor allem an den Standorten, Einzugsgebieten und der Inanspruchnahme von Bildungseinrichtungen interessiert.

Bildungsgeographie, *Geographie des Bildungs- und Qualifikationswesens*, Teilgebiet der ↗Humangeographie, befasst sich mit den räumlichen Strukturen, Disparitäten und Prozessen der Produktion, Vermittlung und Anwendung von ↗Wissen und ↗Bildung im weitesten Sinne. Sie untersucht die Akteure, die über das betreffende Wissen verfügen, die Institutionen, in denen Wissen und Bildung produziert, verbreitet und angewandt wird, und die materiellen Artefakte (Maschinen, Geräte, Fahrzeuge, Technologien, Computer, Laboratorien usw.), in denen sich das Wissen materialisiert hat. Selbstverständlich nehmen Akteure ihr persönliches Wissen mit, wenn sie sich im Raum bewegen. Die räumliche Verortung des Wissens erfolgt also in erster Linie über die Arbeitsplätze und Wohnorte der Akteure, sowie über ihre Netzwerke und Kontakträume.

Zu den wichtigsten Untersuchungsobjekten der Bildungsgeographie im engeren Sinne zählen u. a. das schulische und außerschulische Bildungssystem, Standorte und Einzugsgebiete von Bildungseinrichtungen, räumliche Strukturen und Prozesse des Ausbildungs- und Qualifikationsniveaus und ↗Bildungsverhaltens sowie Institutionen, an denen Bildung und Wissen im weitesten Sinne produziert und vermittelt werden. Die Institutionen zur Vermittlung von Bildung, Wissen, Qualifikationen und Ausbildungsniveaus sind nicht nur räumlich ungleich verteilt, sondern werden auch nicht von allen Gesellschaftsschichten und Bevölkerungskategorien in gleichem Ausmaß in Anspruch genommen. Da das ↗Bildungsniveau ein bedeutender Wettbewerbs- und Produktionsfaktor ist und zu den wichtigsten objektiven Merkmalen der sozialen Schichtung gehört, und das Wissen und Informationsniveau auch die Ziele, Bedürfnisse, ↗Normen, Entscheidungsabläufe und das ↗Handeln der Akteure nachhaltig beeinflussen kann, ist es denkbar, einen großen Teil der Themen der ↗Humangeographie (↗Sozialgeographie, ↗Wirtschaftsgeographie, ↗Bevölkerungsgeographie) mit bildungsgeographischen Fragestellungen und Ansätzen zu untersuchen. Die räumlich ungleiche Verteilung der Humanressourcen beeinflusst beispielsweise die Entstehung und den räumlichen Diffusionsprozess verschiedener ↗Innovationen (kreatives Milieu). Einen nachhaltigen Einfluss auf verschiedene Bereiche der Wirtschaft und Gesellschaft haben die Standorte der Entscheidungs- und Innovationszentren bzw. die räumliche Verteilung von Arbeitsplätzen für Hoch- und Niedrigqualifizierte. Räumliche Verteilungsmuster des Wissens sind eng mit räumlichen Strukturen der ↗Macht und des sozioökonomischen Entwicklungsniveaus verknüpft, sodass sie eine relativ hohe räumliche ↗Persistenz aufweisen und durch ↗Migration in der Regel nicht oder nur langfristig abgebaut werden können.

Zu den jüngeren Forschungsthemen der Bildungsgeographie gehören u. a. die Erfassung von kreativen oder innovativen Milieus und lernfähigen Regionen, die Analyse der soziodemographischen Strukturen und Laufbahnmuster des Forschungs- und Lehrpersonals, die Migration von Hochqualifizierten (↗brain drain), die Wechselbeziehungen zwischen beruflicher Karriere und regionaler ↗Mobilität, der Zusammenhang zwischen (räumlichem) Kontext und Wissensproduktion und die Wechselbeziehungen zwischen Wissen und Macht (Zensur, Legitimation von Macht und Politik durch Institutionen des Wissens, soziale Konstruktion von »Wirklichkeiten« und ↗nationalen Identitäten; ↗kollektives Gedächtnis, ↗Memorizid). Noch relativ wenig erforscht ist die räumliche Dimension verschiedener Arten von Heilswissen sowie kulturellem und religiösem Wissen (↗afrikanische Religionen, ↗afroamerikanische Religionen, ↗indianische Religionen).

Die ersten historischen Vorläufer einer Geographie des Bildungs- und Qualifikationswesens reichen in das frühe 19. Jh. zurück, als im Rahmen der Moralstatistik (↗social survey movement, ↗Dupin, ↗Booth) zuerst in Frankreich und England und später auch in anderen Ländern regionale Unterschiede der Lese- und Schreibkundigkeit untersucht und mit anderen Variablen wie Armut, Trunksucht oder Kriminalität in Verbindung gesetzt wurden. Darauf aufbauend haben Statistiker und Bevölkerungswissenschaftler noch vor der Jahrhundertwende Untersuchungen über regionale Unterschiede der ↗Alphabetisierung, der Organisationsform und Ausstattung von Schulen, der Lehrerbesoldung, Lehrerqualifikation und des Schulbesuchs publiziert. Schon die 1897 erschienene »Vaterländische Erdkunde« von Harms enthielt ein Kapitel über die geistige Kultur in Deutschland, in dem u. a. auch regionale Unterschiede in der Entwicklung des Schulwesens und der ↗Analphabetenquoten beschrieben wurden. Von diesen bemerkenswerten Ansätzen hat die etablierte Hochschulgeographie allerdings noch jahrzehntelang keine Notiz genommen. Zu den wenigen Ausnahmen, die schon sehr früh die Bedeutung bildungsgeographischer Fragestellungen erkannt haben, gehörte u. a. der US-amerikanische Sozialgeograph G. W. Hoke, der schon 1907 gefordert hat, dass sich die Sozialgeographie u. a. mit den geistigen Fähigkeiten (mental characteristics) und dem technischen Entwicklungsstand (technical status) der Bevölke-

rung befassen müsse. Im Rahmen der ↗Chicagoer Schule der Soziologie hat sich C. R. Shaw in den 1920er-Jahren mit innerstädtischen Unterschieden der Quote von ↗dropouts in Chicago und deren Bedeutung für die Jugendkriminalität befasst. Leo ↗Waibel forderte schon in den 1930er-Jahren, dass sich die Wirtschaftsgeographie u. a. mit der kulturellen und geistigen Differenzierung auseinander setzen müsse. Bevor sich eine eigenständige Bildungsgeographie entwickelt hat, wurden einige ihrer Forschungsfragen in anderen Teildisziplinen der Humangeographie untersucht. In der ↗Zentralitätsforschung wurden Institutionen des Bildungswesens zur Bestimmung des zentralörtlichen Rangs und Einzugsgebiets von zentralen Orten herangezogen. Die Migrationsforschung (besonders die Flüchtlingsforschung) hat sich mit dem Ausbildungsniveau der Migranten befasst, die ↗Religionsgeographie war am unterschiedlichen Bildungsverhalten einzelner Konfessionen und Religionen interessiert und die ↗Innovations- und Diffusionsforschung hat früh auf die Bedeutung des Ausbildungs- und Informationsniveaus für die Entstehung und Diffusion von Innovationen hingewiesen. Als Begründer einer an Hochschulen etablierten Bildungsgeographie kann Robert Geipel (TU München) bezeichnet werden. Im Jahre 1965 publizierte er sein Buch »Sozialräumliche Strukturen des Bildungswesens« und im selben Jahr stellte er beim Bochumer Geographentag seine ersten konzeptionellen Ideen für die Bildungsgeographie vor. Fast zeitgleich wandten sich Mitte der 1960er-Jahre auch andere sozialwissenschaftliche Disziplinen der regionalen Bildungsforschung zu. Dieser Aufschwung wurde durch die damals stattfindende »Bildungsexplosion«, die sehr intensive Diskussion über ↗soziale Ungleichheit und die Ausschöpfung der ↗Begabtenreserven und die neuen Aufgaben der angewandten ↗regionalen Bildungsplanung ausgelöst. Begünstigt wurde die Etablierung der Bildungsgeographie an Hochschulen durch die Tatsache, dass das Konzept der ↗Daseinsgrundfunktionen der Bildungsgeographie erstmals eine eigenständige Position neben anderen Zweigdisziplinen der Sozialgeographie zugewiesen hat. In dieser frühen Phase standen eher angewandte Fragen wie Standortplanungen für weiterführende Schulen und Hochschulen, die Erstellung von Schulentwicklungsplänen, die Organisation des Schülertransports und die Analyse von regionalen Disparitäten des schulischen Bildungsverhaltens im Mittelpunkt des Interesses. ↗Wissen. [PM]
Literatur: [1] GEIPEL, R. (1965): Sozialräumliche Strukturen des Bildungswesens. Studien zur Bildungsökonomie und zur Frage der gymnasialen Standorte in Hessen. – Frankfurt. [2] GEIPEL, R. (1966): Angewandte Geographie auf dem Feld der Bildungsplanung. In: Tagungsbericht des Deutschen Geographentages 1965 in Bochum. – Wiesbaden. [3] MAYR, A. (1979): Universität und Stadt. Ein stadt-, wirtschafts- und sozialgeographischer Vergleich alter und neuer Hochschulstandorte in der Bundesrepublik Deutschland. Münstersche Geographische Arbeiten 1. – Paderborn. [4] MEUSBURGER, P. (1998): Bildungsgeographie. Wissen und Ausbildung in der räumlichen Dimension. – Heidelberg.

Bildungsinfrastruktur, die Gesamtheit der in einem Areal vorhandenen ↗Bildungseinrichtungen und deren Ausstattung. Es wird zwischen schulischer und außerschulischer Bildungsinfrastruktur unterschieden.

Bildungsnachfrage, 1) Nachfrage nach einer ↗Bildungseinrichtung durch die Bevölkerung eines Areals. 2) Nachfrage der Wirtschaft nach Absolventen eines bestimmten Ausbildungs- und Qualifikationsniveaus. Die Diskrepanz zwischen ↗Bildungsangebot und Bildungsnachfrage auf dem ↗Arbeitsmarkt löst ↗Migration aus.

Bildungsniveau, 1) umgangssprachliches Synonym für ↗schulisches Ausbildungsniveau, 2) ein durch empirische Verfahren festgestelltes Niveau an verfügbarem Bildungswissen. Mit Methoden der empirischen Sozialforschung können nicht alle Bereiche der Bildung erfasst werden.

Bildungsökonomie, untersucht den Zusammenhang zwischen ↗Humankapital und Wirtschaftswachstum. Sie befasst sich u. a. mit den Fragen, wie sich Ausbildung auf Sozialprodukt und Einkommen auswirkt, wie weit Bildung als Investition und als Konsum zu betrachten ist, welche privaten und sozialen Erträge von Bildungsinvestitionen zu erwarten sind, welche ökonomischen Wirkungen die ↗Migration von Humankapital hat (↗brain drain), wie die Effizienz von ↗Bildungseinrichtungen zu fördern ist und wie die Abstimmung zwischen dem Bildungs- und Beschäftigungssystem erfolgt. Die Frage, wieviel Bildungsinvestitionen zum Wirtschaftswachstum beitragen, wird durch zwei Ansätze untersucht, den Korrelationsansatz und den Restgrößenansatz. Beim Korrelationsansatz werden statistische Beziehungen zwischen Indikatoren des Bildungswesens (z. B. Anteil der Universitätsabsolventen, Investitionen in das Schulsystem, Ausgaben für Forschung und Entwicklung) und Indikatoren der Wirtschaftsleistung (Pro-Kopf-Einkommen, Bruttosozialprodukt usw.) untersucht. Diese Korrelationen werden entweder anhand von Zeitreihen oder Ländervergleichen durchgeführt. Der Restgrößenansatz basiert auf der Erkenntnis, dass die quantitative Zunahme der Faktoren Arbeit und Kapital nur zu einem relativ geringen Anteil den Zuwachs des Sozialprodukts erklären kann, weil nur die Faktormenge, aber nicht die Qualität der Produktionsfunktion berücksichtigt worden seien. Es müsse also noch einen dritten Faktor geben, dem rund zwei Drittel des Produktionswachstums zugeschrieben werden muss. Diese Restgröße besteht u. a. aus dem Ausbildungs- und Qualifikationsniveau der Beschäftigten, aus dem technischen Fortschritt und aus Erfindungen.

An der Bildungsökonomie ist u. a. zu kritisieren, dass sie die komplexen Zusammenhänge zwischen Humanressourcen und Wirtschaftsleistungen sehr einfach darstellt, dass sie die zeitliche Phasenverschiebung zwischen den Investitionen

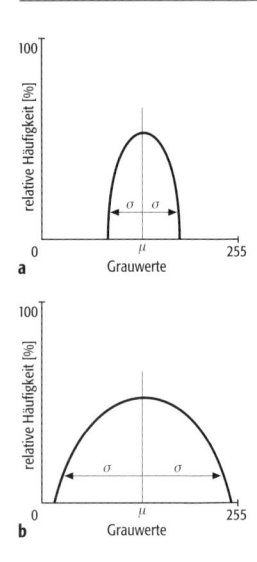

Bildverbesserung: Grauwerteverteilung a) vor der Histogrammstreckung, niedriger Kontrast; b) nach der Histogrammstreckung, hoher Kontrast.

Bimetallthermograph: Aufbau eines Bimetallthermographen (ohne Gehäusedeckel).

in Bildung (Forschung) und den dadurch ausgelösten wirtschaftlichen Erträgen außer Acht lässt und die Bedeutung des Zeitpunkts von Forschungsinvestitionen für den ökonomischen Ertrag sowie die Einflüsse des räumlichen Kontexts vernachlässigt. [PM]

Bildungsplanung, Planung der Entwicklung des Bildungswesens. In Deutschland ist Bildungsplanung eine Gemeinschaftsaufgabe von Bund und Ländern. Zu den Aufgaben gehören die Erstellung von langfristigen Rahmenplänen für die Entwicklung des Bildungswesens und die Aufstellung mittelfristiger Stufenpläne für die Verwirklichung der bildungspolitischen Ziele. ↗Schulentwicklungsplanung, ↗regionale Bildungsplanung.

Bildungssesshaftigkeit, das Ausmaß, in dem Schüler, Auszubildende und Studierende ihre schulische Laufbahn (ihren Ausbildungsverlauf) in einer einzigen (vorher definierten) Region absolvieren. Die Bildungssesshaftigkeit variiert mit der sozialen Herkunft, den Berufszielen und der beruflichen Motivation der Akteure, wird jedoch auch durch das Angebot der in der Wohnregion angebotenen Hochschulen und Studienrichtungen beeinflusst. ↗Bildungswanderer.

Bildungsverhalten, im Ggs. zum Begriff ↗schulisches Ausbildungsverhalten, der einen erfolgreichen Abschluss einer bestimmten ↗Schulform oder eines bestimmten Niveaus des Schulsystems impliziert, bezieht sich der Begriff Bildungsverhalten auf die Inanspruchnahme (den Besuch) von Bildungseinrichtungen, also auf einen für den Akteur zu einem bestimmten Zeitpunkt noch nicht abgeschlossenen Prozess. Man unterscheidet ↗schulisches Bildungsverhalten, berufliches und privates Bildungsverhalten. Indikatoren des schulischen Bildungsverhaltens beziehen sich auf den Besuch verschiedener Schulformen sowie auf Erfolg, Misserfolg und Verlaufsströme innerhalb des Schulsystems (von der Grundschule bis zur Universität). Indikatoren des beruflichen Bildungsverhaltens beziehen sich auf die Inanspruchnahme der beruflichen ↗Weiterbildung, die innerhalb und außerhalb der Unternehmen angeboten wird. Unter dem privaten Bildungsverhalten versteht man die Inanspruchnahme diverser Institutionen, an denen Wissen und ↗Bildung vermittelt wird (Theater, Museen, Konzerte, Galerien etc.). [PM]

Bildungswanderer, Personen, bei denen die Ausbildung den entscheidenden Anstoß zur ↗Migration gibt (↗Wanderungstypologien). Dieses Motiv dominiert bei den 18- bis unter 25-Jährigen. Gewinne der ↗Binnenwanderungen dieser Altersgruppe verzeichnen Regionen mit bedeutenden Universitätsstandorten (Tübingen, Marburg, Gießen) sowie die Ballungsräume wie Berlin, Hamburg oder München, in denen neben den Hochschulen noch vielfältige betriebliche Aus- und Weiterbildungsmöglichkeiten bestehen (Abb.). Die Verluste in den ländlich geprägten Gebieten und vor allem in den neuen Bundesländern drücken die dort insgesamt unbefriedigende Ausbildungssituation aus. Bei dieser Altersgruppe nehmen auch die Regionen mit Aufnahmelagern für Aussiedler eine besondere Position mit negativen Wanderungssalden ein.

Bildverarbeitung ↗digitale Bildverarbeitung.

Bildverbesserung, digitale Verfahren, um die visuelle Perzeption von Satellitenbilddaten zu optimieren. Die Bildverbesserung kann damit Vorbereitung einer ↗visuellen Bildinterpretation sein. Zu den einfachen Verfahren gehört die *Kontrastverstärkung* oder *Histogrammstreckung*. Dazu werden die spektralen Originaldaten meist auf die volle 8-Bit-Spannweite gestreckt (Werte von 0–255), was zu kontrastreicheren Bildern führt (Abb.). Die Streckung kann auch nach individuellem Gutdünken durchgeführt werden. Besonders heikel ist die Streckung der Originaldaten, wenn ein Farbkomposite erstellt wird, weil Streckungsunterschiede rasch zu Farbumschlägen (kühle Farben, warme Farbtöne, Farbdominanzen) führen. Neben der Kontrastverstärkung wird zur Bildverbesserung vielfach das Verfahren der ↗Kantenverstärkung (edge enhancement) angewendet. Die visuelle Perzeption wird stark durch die Farbzuordnung der spektralen Grauwertbilder im RGB-System (↗Farbmischung) beeinflusst. In gewissem Sinne kann sowohl die Transformation in das ↗IHS-Farbsystem wie auch die ↗Hauptkomponententransformation als Bildverbesserung angesehen werden, weil auch dadurch neue und oft bessere Farbbilder zustande kommen. [MS]

Billiglohnland ↗Hochlohnregion.

Bimetallaktinometer, Instrument zur Bestimmung der Intensität der direkten Sonnenstrahlung. Es basiert auf der Absorption der Strahlung auf einer geschwärzten dünnen Bimetallplatte. Sie erwärmt und verformt sich dabei ähnlich wie beim Prinzip des ↗Bimetallthermographen. Die Verformung wird über eine Mechanik auf ein Anzeigeinstrument übertragen. Die unterschiedliche Verformung einer bestrahlten und einer nicht bestrahlten Referenz-Bimetallplatte ist ein Maß für die Intensität der Sonnenstrahlung.

Bimetallthermograph, verbreitetes Instrument zur Messung und mechanischen Aufzeichnung der Temperatur. Thermobimetalle bestehen aus zwei durch Pressschweißen miteinander verbundenen Metallplatten. Durch unterschiedliche

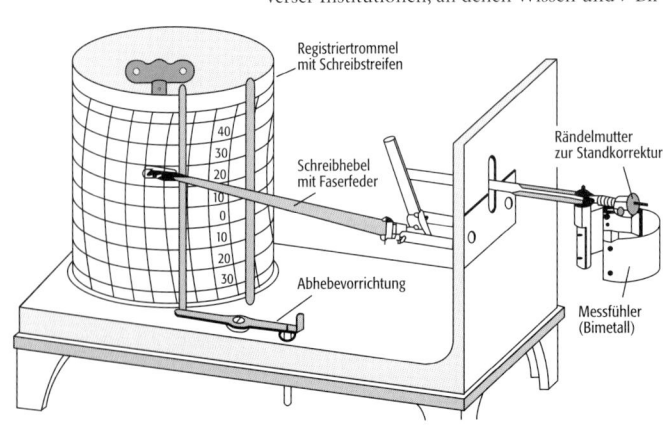

Bimetallthermograph

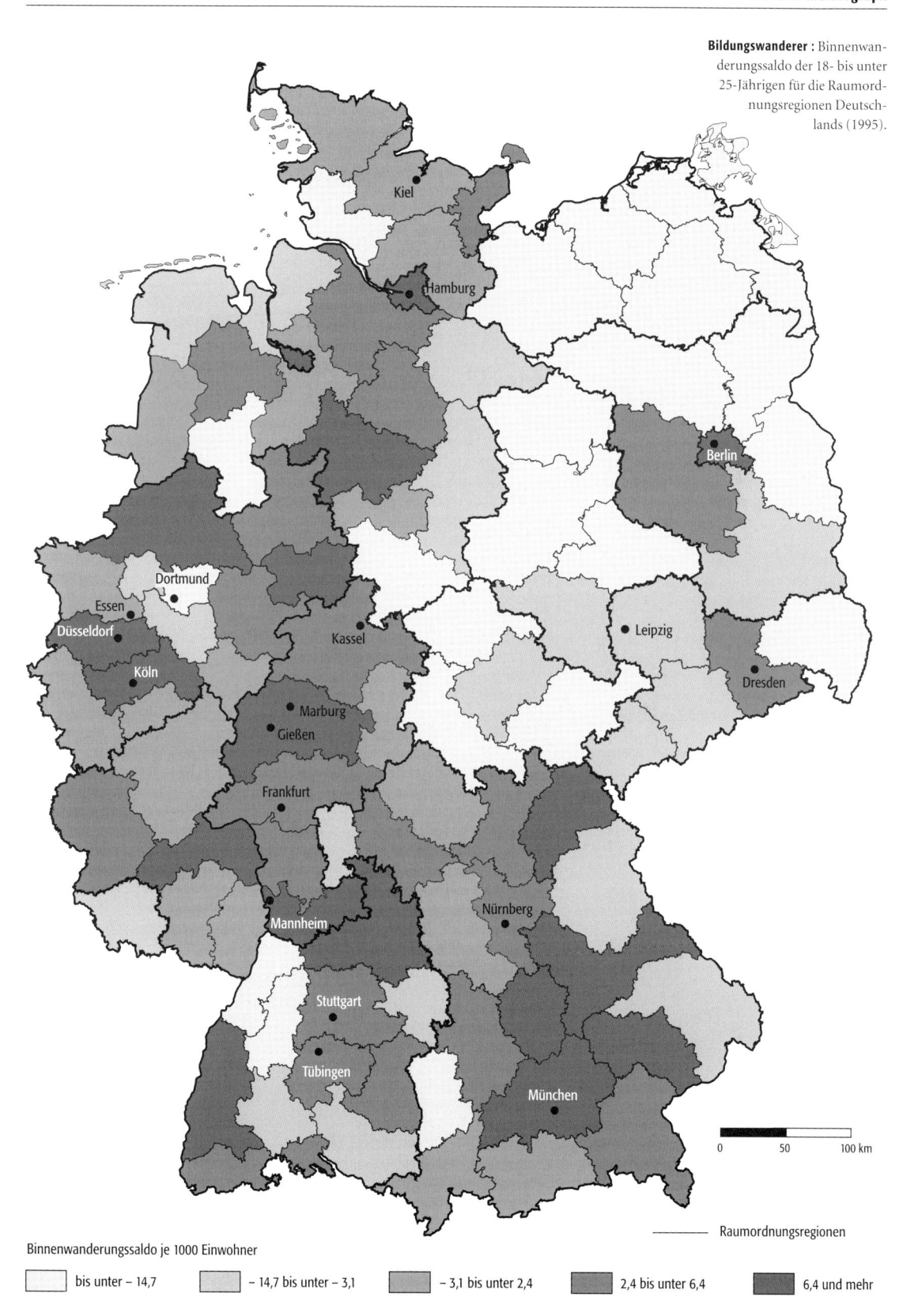

Bildungswanderer: Binnenwanderungssaldo der 18- bis unter 25-Jährigen für die Raumordnungsregionen Deutschlands (1995).

Binnenwanderungssaldo je 1000 Einwohner

- bis unter −14,7
- −14,7 bis unter −3,1
- −3,1 bis unter 2,4
- 2,4 bis unter 6,4
- 6,4 und mehr

— Raumordnungsregionen

Wärmeausdehnungskoeffizienten der beiden Metalle entsteht bei Temperaturänderung eine Krümmung des Bimetalls. Diese ist ein Maß für die anliegende Temperatur. Mechanisch registrierende Bimetallthermographen, wie sie bis heute standardmäßig weltweit eingesetzt werden, haben eine spezifische thermische Ausbiegung von 15,5 10^{-6}/K. Um materialbedingte Schwankungen zu minimieren, sind die Bimetalle künstlich vorgealtert (Abb.).

Bimsstein, kieselsäurereiches, vulkanisches Glasgestein, meist von heller Farbe, von zahlreichen Poren und Hohlräumen durchsetzt und deshalb mit geringem spezifischem Gewicht (in Wasser schwimmfähig). Die Löcher entstanden durch eingeschlossene Gase, die beim Auswurf aus dem vulkanischen Förderschlot in der Glasmasse verblieben. Mächtige Bimssteindecken finden sich beispielsweise im Neuwieder Becken.

Binärbild ↗ Äquidensiten.

binäre Nomenklatur, *Linné'sche Nomenklatur*, von C. v. Linné 1758 eingeführte Methodik zur wissenschaftlichen Benennung von Organismen. Wesentlicher Grundsatz ist, dass sich der Namen von Organismen aus zwei Worten zusammensetzt. Einem Substantiv als Gattungsname und einem Adjektiv als Artname. Die Namensgebung erfolgt nach internationalen Nomenklaturregeln lateinisch oder latinisiert, wobei die Benennung durch den Namen des Erstbeschreibers (meist in abgekürzter Form) ergänzt wird. So ist die wissenschaftliche Bezeichnung für das Buschwindröschen: *Anemone nemorosa L.* (L steht für Linné).

Bindestrichgeographien, *Kästchengeographien*, im informellen Sprachgebrauch Bezeichnung für die in Folge der anhaltenden Spezialisierung der Forschung und dem Streben nach Originalität entstandenen Subdisziplinen sowohl in der ↗ Humangeographie als auch in der ↗ Physischen Geographie. Der Forschungs- und Lehrbetrieb der Geographie ist vielfach nach Bindestrichgeographien benannt und geordnet. Bindestrichfächer gibt es nicht nur in der Geographie, sondern auch in anderen natur- und humanwissenschaftlichen Fächern (z. B. Familien-Soziologie, Raum-Soziologie, Umwelt-Ökonomie, Umwelt-Chemie). In Graphiken wird die Unterteilung der Geographie häufig so dargestellt, dass die einzelnen Teile in je einem Kästchen erscheinen; man spricht dann, ebenfalls informell, von »Kästchengeographien«.

Binge ↗ Pinge.

Binnendelta ↗ Delta.

Binnendüne, Einzeldüne im humiden Bereich, meist mit bogenförmigem bis parabelartigem (↗ Parabeldüne), seltener mit langgestreckt-strichförmigem (*Strichdüne*) Grundriss im Binnenland (im Gegensatz zu ↗ Küstendünen). Leitlinien der Binnendünenverbreitung sind die weiten Talsandebenen des mitteleuropäischen Tieflandes von den Niederlanden bis zum Baltikum sowie die mittel- und südosteuropäischen Becken. Ihre Entwicklung begann im Spätglazial unter periglazialen Verhältnissen, als bei spärlicher Vegetationsbedeckung ↗ Flugsand transportiert wurde. Der parabelförmige Grundriss der norddeutschen Bucht ist nach Westen geöffnet, also durch westliche Winde verursacht. Der bis zu 25°–30° nach außen geneigte Steilhang des Mittelstücks, ggf. mit (inzwischen überwachsenem) Slipface ist nach Osten gerichtet. Binnendünen wurden lange Zeit grundsätzlich als Indikatoren des hoch- und spätglazialen Windregimes gedeutet. Nach neueren Untersuchungen übertreffen allerdings die unter anthropogenem Einfluss im Holozän entstandenen bzw. überprägten Formen jene maximal spätglazialen Alters zumindest regional. Infolge mehrfacher Aufwehungs-, Erosions- und Stabilitätsphasen enthalten Binnendünen häufig ↗ Paläoböden.

Binnenentwässerung, oberflächliche Entwässerung, die nicht einen Ozean erreicht, sondern in einem Endsee endet (endorhëische Entwässerung). ↗ endorhëisch.

Binnengrenzen ↗ Grenzen.

Binnenklima, *kontinentales Klima, Kontinentalklima*, ↗ Kontinentalität.

Binnenkolonisation, *innere* ↗ *Kolonisation*; umfasst die Urbarmachung, Erschließung und Besiedlung minder entwickelter Gebiete des eigenen Staates; so wurde der Landesausbau (↗ Siedlungsperioden) verschiedener deutscher Staaten im 18. Jh. als Binnenkolonisation und die daraus entstanden Siedlungen als Kolonien bezeichnet.

Binnenmarktorientierung ↗ autozentrierte Entwicklung.

Binnenschifffahrt, Beförderung von Personen und Gütern auf Binnenwasserstraßen (Flüssen, Binnenseen, Kanäle). Die Binnenschifffahrt ist sehr langsam und beschränkt sich daher in den Industrieländern auf den Transport von Massengütern (z. B. Kohle), sie ist aber kostengünstig und hat eine positive Umweltbilanz in Vergleich mit anderen Transportarten. Die rd. 1200 Unternehmen der gewerblichen Binnenschifffahrt in Deutschland gliedern sich in acht Reedereien (mit eigener Akquisition), rd. 190 größere Unternehmen und etwa 1000 *Partikuliere*; das sind Schifffahrtsbetriebe mit bis zu drei Schiffen. Sie betreiben eine Binnenflotte von rd. 2700 Frachtschiffen, 500 Schuten und Leichtern sowie 700 Fahrgastschiffen. Auf dem rd. 6300 km langen Binnenwasserstraßennetz wurden 1999 91,8 Mio. Tonnen von deutschen Reedereien und weitere 137 Mio. Tonnen auf ausländischen Schiffen befördert. Das entspricht knapp 6 % des gesamten binnenländischen Güterverkehrs; auf die Verkehrsleistung (tkm) bezogen sind es 14 %. Über 60 % des Güterumschlags in der Binnenschifffahrt entfallen auf das Rheingebiet. [JD]

Binnenstaaten, *landlocked countries*, sind Länder, die im Inneren eines Kontinentes liegen und keinen natürlichen Zugang zum Meer besitzen. Aufgrund des Fehlens von Seehäfen sind die meisten Binnenstaaten in ihrem internationalen Handel stark eingeschränkt, was zu einer erheblichen wirtschaftlichen Benachteiligung führen kann. So gehören die meisten Binnenländer des ↗ Trikonts zu den ärmsten Ländern der Welt. Binnenländer der westlichen Welt, wie die Schweiz und Österreich, zeigen jedoch, dass wirtschaftlicher

Erfolg nicht notwendigerweise durch einen Zugang zum Meer bedingt sein muss.

Binnentourismus, bezeichnet Reisen von Einwohnern innerhalb ihres Landes.

Binnenverkehr ↗ Verkehrsstatistik.

Binnenwanderung, Form der ↗ Migration, bei der Herkunfts- und Zielort innerhalb desselben Staatsgebietes liegen. Binnenwanderungen, die innerhalb einer Gemeinde stattfinden, bezeichnet man auch als *Umzug*. Eine Differenzierung kann nach der Distanz zwischen altem und neuem Wohnstandort erfolgen, in Abhängigkeit von den Veränderungen beim ↗ wöchentlichen Bewegungszyklus wie bei der Unterscheidung von ↗ inter- und ↗ intraregionalen Wanderungen oder nach den Motiven wie z. B. bei ↗ Arbeitsplatzwanderern, ↗ Bildungswanderern oder Ruhesitzwanderern (↗ Altenwanderung). Binnenwanderungen können im Rahmen einer Wanderungspolitik auch von staatlicher Seite gesteuert sein.

Bioabrasion ↗ Bioerosion.

Bioakkumulation, Anreicherung von natürlichen oder anthropogenen Stoffen (Xenobiotika) in einem Organismus bzw. ↗ Kompartiment, die zu einer Konzentrationserhöhung über den Umgebungswert oder den Gehalt in der Nahrung führt. Die Fähigkeit aller Organismen zur Bioakkumulation ist eine elementare negentropische Eigenschaft, die aber auch in Abhängigkeit von den Eliminationsmechanismen zur Anreicherung von Schadstoffen führen kann. Als Komponenten der Bioakkumulation sind entsprechend der Aufnahme aus dem umgebenden Medium bzw. der Nahrung Biokonzentration und Biomagnifikation zu unterscheiden. Für erstere sind die physikalisch-chemischen Eigenschaften der Stoffe sowie ihre biologische Verfügbarkeit bestimmend; als Maß gibt der Biokonzentrationsfaktor (BCF) das Verhältnis der Konzentration im betrachteten Kompartiment zum umgebenden Medium an. Analog ist der Biomagnifikationsfaktor definiert. [OF]

Bioaktivität, *biologische Aktivität*, bezeichnet die Abbauleistung (↗ Zersetzung) der ↗ Destruenten eines Ökosystems und wird von einer Vielfalt an Faktoren gesteuert (Abb.). Je niedriger die biologische Aktivität, desto stärker akkumuliert das anfallende organische Material und umgekehrt. So zeichnet sich beispielsweise der tropische Regenwald durch eine sehr hohe biologische Aktivität aus, während etwa in Mooren oder borealen Wäldern die große Akkumulation abgestorbenen Pflanzenmaterials deutlich verlangsamte Zersetzungsraten und somit eine geringere Bioaktivität anzeigt.

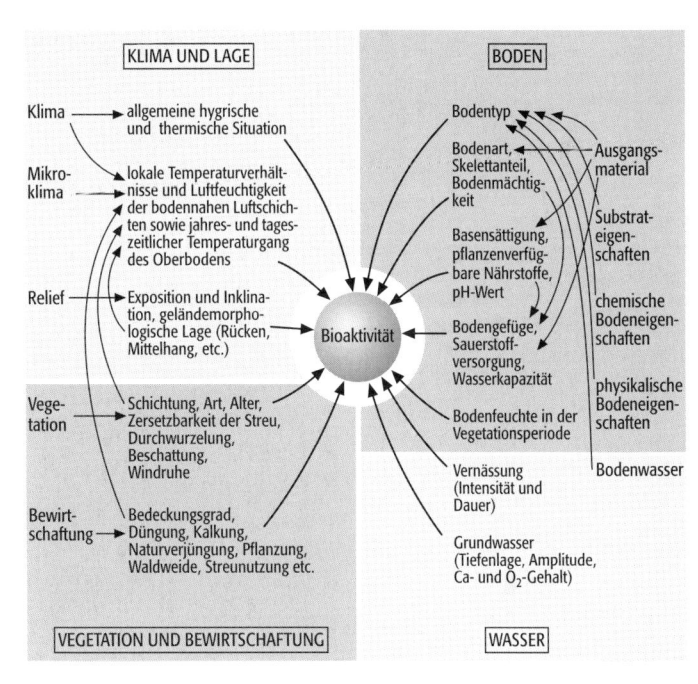

Biochore, ↗ Biozönose. Sie ist in etwa mit dem ↗ Biotop gleichzusetzen. Zugleich stellt sie Großlebensräume der Erde dar (↗ Biom), mit charakteristischem Klima und entsprechender Vegetation im marinen und terrestrischen Lebensraum.

Biodiversität, *biologische Diversität*, Vielfalt der biotischen Kompartimente von ↗ Biozönosen, ↗ Ökosystemen, Landschaften, ↗ Biomen und der Biosphäre. ↗ Diversität.

Bioerosion, Sammelbegriff für alle Abtragungsprozesse am Festgestein der ↗ Küste durch Organismen (Pflanzen und Tiere) sowohl im ↗ Sublitoral als auch im ↗ Eulitoral und ↗ Supralitoral. Die Gruppe der abtragenden Organismen ist sehr groß: Bohrmuscheln (z. B. *Lithophaga*, *Hiatella*), Bohrwürmer (z. B. *Polydora*), Bohrschwämme (z. B. *Cliona*), Bohrschnecken, aber auch Seeigel gehören dazu (Abb.), in den Tropen sogar Krebse. Man unterscheidet grundsätzlich zwischen Bohrern und Grasern. Außerdem kann man differenzieren, ob die Organismen Vertiefungen und Höhlungen schaffen, um sich darin vor der ↗ Brandung, vor Austrocknung oder vor Fressfeinden zu schützen, oder ob die Abtragung eher Folge eines Abweidens des Gesteins bei der Nahrungssuche ist. Die Gesteinszerstörung kann entweder mechanisch (z. B. durch Schalenränder, Stacheln, Radula) in Form von *Biokorrasion* oder

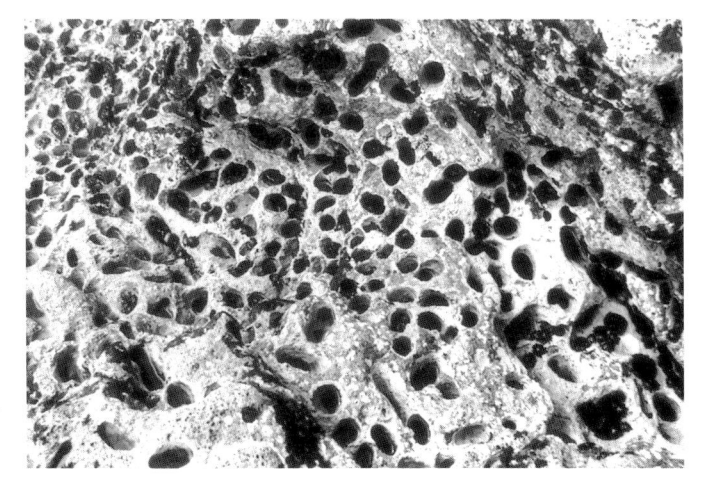

Bioaktivität: Direkte und indirekte Auswirkungen verschiedener ökosystemarer Partialkomplexe auf die biologische Aktivität eines Ökosystems.

Bioerosion: Seeigel haben sich zum Schutz vor Brandungswirkung und Fressfeinden bis zu 30 cm tief in harten Basalt gebohrt (Südküste der Insel Kauai, Hawaii-Archipel).

Biofazies

Lithosphäre		Hydrosphäre		Biosphäre		Atmosphäre	
O	62,600	H	65,400	H	49,800	N	78,300
Si	21,220	O	33,00	O	24,900	O	21,000
Al	6,470	Cl	0,330	C	24,900	Ar	0,930
H	2,920	Na	0,280	N	0,270	C	0,030
Na	2,640	Mg	0,030	Ca	0,073	Ne	0,002
Ca	1,940	S	0,020	K	0,046	H	0,001
Fe	1,920	Ca	0,006	Si	0,033		
Mg	1,840	K	0,006	Mg	0,031		
K	1,420	C	0,002	P	0,030		
Ti	0,270	B	< 0,001	S	0,017		

biogeochemische Kreisläufe 1: Prozentuale Elementzusammensetzung der Gesteins-, Wasser-, Lebens- und Lufthülle der Erde.

biogeochemische Kreisläufe 2: Exogene und endogene Stoffkreisläufe.

Bioabrasion erfolgen, wobei sehr dünne Gesteinsschichten abgeraspelt werden, in denen ↗ endolithische Mikroorganismen (Cyanophyceen, Chlorophyceen) leben, welche den Grasern als Nahrung dienen, oder chemisch mithilfe von Abscheidungen, Verdauungssäften usw. in Form von *Biokorrosion*. Bioerosion ist auf carbonatische Gesteine beschränkt, nur in den Tropen und Subtropen gibt es Ausnahmen. Flächenhaft werden dabei Abtragungsraten von mehr als 1 mm/Jahr erzielt, bei größeren bohrenden Organismen auch erheblich mehr. Das Ergebnis ist entweder eine Perforierung des Gesteins in der Brandungszone und damit möglicherweise eine Schwächung gegenüber dem Wellenangriff oder eine vollständige Entfernung in vielen sehr kleinen Abtragungsschritten. Charakteristische Formen der Bioerosion sind ↗ Hohlkehlen im Eulitoral und ↗ Felswannen im Supralitoral. Beide Formen an Kalksteinküsten werden in zwei Schritten angelegt: zunächst dringen, mikroskopisch kleine blaugrüne Algen (Cyanophyceen und Chlorophyceen) biochemisch in das Gestein ein, so tief, wie Licht für die ↗ Photosynthese gelangt (< 0,1 mm). Diese endolithisch lebenden Organismen dienen größeren (z. B. Napf- und Käferschnecken) als Nahrungsgrundlage und werden mitsamt dem Gestein durch deren Radula abgeschabt, sodass sich im Lebensraum dieser Schnecken, einem streng durch Benetzungsintensitäten vorgegebenen Streifen der Brandungszone (im Eulitoral), eine Gesteinsabtragung in Form von horizontalen Hohlkehlen ergibt. In der Spritzwasserstufe des Supralitoral dagegen, in dem Bereich erheblich geringerer Benetzungsintensitäten und damit höherer Temperaturen und Salzgehalte, werden die endolithischen blaugrünen Algen von zahlreichen Schnecken abgeweidet, wobei sich dicht vergesellschaftete Felswannen von wenigen Dezimetern Tiefe und bis zu einigen Metern Durchmesser ergeben können. Diese setzen in ganz individuellen Höhen an, sodass sich auch durch ihr Zusammenwachsen keine plattformähnlichen Gebilde ergeben. In einigen Jahrtausenden (d. h. während des gegenwärtigen Meeresspiegelhochstandes) können viele Generationen von Felswannen entstehen. [DK]

Biofazies ↗ Fazies.

Biogas, bei der Lagerung cellulosehaltiger Abfälle (insbesondere von Stalldung, Gülle, Klärschlamm) in geschlossenen luftdichten Behältern durch bakterielle Zersetzung entstehendes Gasgemisch, das aus 50–75 % Methan, 25–50 % Kohlendioxid und bis zu 1 % Wasserstoff und Schwefelwasserstoff besteht. In landwirtschaftlichen Großbetrieben und Abwasserreinigungsanlagen wird Biogas in Biogasreaktoren gewonnen. Gülle, organische Abfallstoffe oder Klärschlamm werden in die Anlage gepumpt und unter anaeroben Bedingungen innerhalb von 8 bis 20 Tagen vergoren. Je m³ Reaktorvolumen kann so täglich 0,5–3 m³ Biogas gewonnen werden. ↗ Energieträger.

biogen, durch Tätigkeit von Lebewesen entstanden oder durch (abgestorbene) Lebewesen gebildet, z. B. ↗ Erdöl, ↗ Kohle, ↗ Torf.

biogeochemische Kreisläufe, Bezeichnung für die Vorstellung, dass sich fast alle chemischen Elemente in unterschiedlichem Ausmaß und mit verschiedenen Geschwindigkeiten in und zwischen Atmo-, Hydro-, Litho- und Biosphäre bewegen. Die dort gegebene prozentuale Elementzusammensetzung ist in der Abbildung 1 zusammengefasst. Die Elemente durchlaufen dabei mehr oder weniger periodisch Zustände unterschiedlicher Bindung, sodass sie in bestimmten Zeiträumen im gleichen Zustand anzutreffen sind. Solche Stoffkreisläufe sind die Voraussetzung für alle Lebensvorgänge auf der Erde und damit die Entstehung negentropischer ↗ Ökosysteme. Angetrieben werden sie von Energieflüssen, unter denen die Sonnenstrahlung, geothermische Energie (radioaktive Zerfallsprozesse, chemische Differenziation und Phasenumwandlungen) und die Schwerkraft von besonderer Bedeutung sind. Wie die Abbildung 2 zeigt, sind bei globaler Betrachtung exogene und endogene Kreisläufe zu unterscheiden, die auf komplexe Weise miteinander verbunden sind; ihre genauere Analyse zeigt, dass sie sich über sehr unterschiedliche Raum- und Zeitskalen erstrecken.

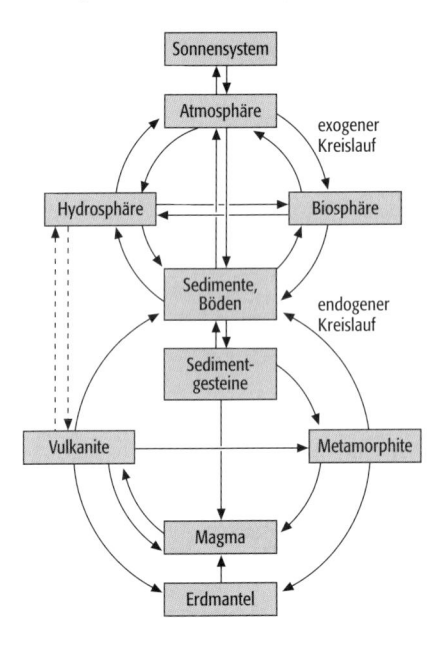

Dabei ist der atmosphärische Kreislauf, an dem neben dem Wasserdampf vor allem N_2, O_2, Ar, CO_2 und Spurengase beteiligt sind, wegen seiner Kopplung mit den terrestrischen Kreisläufen des Wassers, Kohlenstoffs (↗Kohlenstoffkreislauf), Sauerstoffs, Wasserstoffs und Stickstoffs (↗Stickstoffkreislauf) von herausragender Bedeutung. Mit einer Gesamtmasse von $5{,}12 \cdot 10^{15}$ t, ohne den räumlich und zeitlich zwischen 0,1 und 4 % schwankenden Wasserdampfgehalt, davon 78,09 Vol.-% N_2, 20,95 Vol.-% O_2 sowie 350 ppm = $2{,}72 \cdot 10^{12}$ t CO_2, stellt die Atmosphäre ein Reservoir erster Ordnung dar, denn die pflanzliche Biomasse besteht zu mehr als 90 % aus den Elementen C, O und H. 5 % des atmosphärischen CO_2 wird jährlich für die ↗Nettoprimärproduktion verbraucht; die gleiche Menge entstammt dem hydrosphärischen Speicher. Durch die ↗Photosynthese gelangen umgekehrt jährlich rund $2 \cdot 10^{11}$ t O_2 in die Atmosphäre. Der Weg der solcherart gebildeten Biomasse führt in unterschiedlich strukturierten Nahrungsnetzen zur Sekundärproduktion durch Konsumenten und schließlich zu den Destruenten. Nach dem biotischen und abiotischen Abbau der organischen Substanz (↗Mineralisierung) werden die Stoffe in elementarer Form oder als Verbindungen wieder verfügbar (Rezyklierung).

Im Gegensatz zu diesen mit Ausnahme der Humus- und Torfbildung relativ schnellen Kreisläufen weist der ↗Wasserkreislauf auch wesentlich langsamere Komponenten mit typischen Zeitskalen von 10^4 Jahren auf. Dies gilt ganz ausgeprägt für die lithosphärischen Zyklen. Der Sediment-Kreislauf (»Kleiner Kreislauf«) führt in nach Jahrmillionen zählenden Zeiträumen von der Zerstörung der Ausgangsgesteine zur Neubildung von klastischen oder organogenen Gesteinen. Unterliegen diese der Metamorphose oder Tektogenese, so treten sie in einen »mittleren Kreislauf« ein, der Zehner bis Hunderte von Jahrmillionen umfasst. »Große Kreisläufe« vollziehen sich in der unteren Litho- und Astenosphäre sowie in der Erdmantel und weisen z. T. Periodenlängen von $2 \cdot 10^8$ Jahren auf. [OF]

Biogeographie, Wissenschaft von der gegenwärtigen und früheren Verbreitung von Pflanzen und Tieren auf der Erdoberfläche einschließlich der Prozesse, die diese Verbreitungsmuster erzeugen. Traditionell wird sie in ↗Pflanzengeographie (Phytogeographie) und ↗Tiergeographie (Zoogeographie) unterteilt. Im Mittelpunkt der Biogeographie steht die Aufklärung der Struktur, Funktion, Geschichte und Indikatorbedeutung der Arealsysteme von Organismen (Arten), Populationen und Lebensgemeinschaften. Gegenstand ist auch die Aufklärung des Zusammenwirkens von Ökosystemen und Arealsystemen und damit auch die Raum-Zeit-Bindung einzelner Organismen und Populationen. Als vergleichend beobachtende Wissenschaft bewegt sie sich innerhalb großer Raum- und Zeitskalen, die dem Experiment weitgehend unzugänglich sind. Biogeographische Prozesse lassen sich durch den Vergleich der geographischen Verbreitung von verschiedenen Arten von Organismen innerhalb des gleichen Raumes bzw. einer Art in verschiedenen Regionen herleiten. Die Biogeographie ist eine synthetische Disziplin, die sich der Theorie und der Daten verschiedener Nachbarwissenschaften wie der ↗Ökologie, Populationsbiologie, Evolutionsbiologie, ↗Systematik, ↗Paläontologie, ↗Geologie und ↗Klimatologie bedient. Diese Verknüpfungen kommen in verschiedenen Teildisziplinen der Biogeographie zum Ausdruck: in der ökologischen Biogeographie, die Interaktionen zwischen Organismen und ihrer abiotischen und biotischen Umwelt untersucht; in der historischen Biogeographie, die Herkunft, Verbreitung und Auslöschung von Taxa und Biozönosen rekonstruiert. [UT]

Biogeosphäre ↗Ökosphäre.

Biographieforschung, Datenanalyse, die sich mit den Biographien bestimmter Personen beschäftigt. Sie ist erwachsen aus der Nutzung der ↗biographischen Methode und entstand in der ↗Chicagoer Schule der Soziologie, wo innerhalb der Verwerfungen der Großstadt die Biographie von spezifischen Gruppen in den Vordergrund gerückt wurde. Neben der Biographie von Personen können auch solche von Organisationen, Unternehmen usw. mit Methoden der ↗Feldforschung analysiert werden.

biographische Methode, Untersuchungsstil und Verfahren der ↗Datenerfassung in der ↗qualitativen Forschung. Erlangte erstmals in der ↗Chicagoer Schule der Soziologie größere Bedeutung. Im Vordergrund der Analyse steht die individuelle Lebensgeschichte einer Person oder auch Organisation (z. B. in der geographischen Unternehmensforschung). Die Analyse fragt nach Regelmäßigkeiten und stabilen Handlungsmustern, insbesondere in außergewöhnlichen Situationen oder Krisensituationen und versucht Phänomene zu identifizieren, welche die Lebensgeschichte des jeweiligen Untersuchungsgegenstandes strukturieren. Dabei wird versucht durch Typenbildung allgemeine Regelmäßigkeiten zu entdecken und als Erklärung zu nutzen. Zumeist handelt es sich um Einzelfallanalysen (↗Einzelfallforschung), in denen verschiedene Methoden der qualitativen Forschung und Methoden der ↗Triangulation eingesetzt werden. Erst in der weiteren Entwicklung der Nutzung der biographischen Methode tritt die Biographie selbst als Gegenstand der Forschung in das Blickfeld (↗Biographieforschung). [PS]

Bioherm, meist säulenartige von Organismen, wie ↗Korallen, Kalkalgen oder Wurmschnecken aufgebaute Aufragung im ↗Sublitoral, die eine eigenständige Form darstellt und damit in ähnlicher Weise wie ein ↗Korallenriff die physikalischen Bedingungen ihrer Umgebung (z. B. Lichteinfall, Wasserbewegung, Form) und damit die ökologischen Bedingungen für andere Organismen nachhaltig verändert (im Gegensatz zum Biostrom oder ↗Stromatolithen, die lediglich vorhandene Formen überkrusten).

Bioindikation

Manfred Meurer, Karlsruhe

1. Einführung

Bioindikation ermöglicht die zeitlich integrierende Kontrolle von Zuständen der biotischen Umwelt. Basierend auf der Kenntnis, dass Pflanzen- und Tierarten für ihr Wachstum spezielle Anforderungen an die Standortqualität besitzen, können durch Verschiebungen von Standortfaktoren Belastungen und Vitalitätseinbußen herbeigeführt werden. Die Arten, die sehr spezifisch auf derartige Belastungen reagieren, können gezielt als ↗Bioindikatoren eingesetzt werden. Als problematisch für ihren Einsatz gilt aber, dass sie am Wuchsort durch komplex wirkende Faktorengruppen beeinträchtigt werden. So sind ihre Reaktionen sehr viel schwieriger zu bewerten als exakt definierbare Laboranalysen. Die Abbildung 1 zeigt verschiedene Formen von Bioindikatoren: Neben ↗Zeigerarten gibt es ↗Testorganismen, die als Indikatoren im Labormaßstab fungieren. Beim Monitoring lässt sich grundsätzlich ein passives und ein aktives Monitoring unterscheiden. Mit ersterem Verfahren zieht man Organismen heran, die bereits im jeweiligen ↗Ökosystem vorhanden sind. Dagegen wird beim zweiten Konzept auf spezielle Arten gesetzt, die in standardisierter Form gezielt ins Ökosystem eingebracht werden. Hierbei handelt es sich um ein arbeits- und kostenintensives Verfahren. Man unterscheidet beim Monitoring weiterhin die Bioindikation mit *Reaktionsindikatoren* (Organismen, die durch Einwirkung von Schadstoffen in ihrer Entwicklung beeinträchtigt oder abgetötet werden) von der Bioindikation mit *Akkumulationsindikatoren* (Organismen, die Schadstoffe teilweise oder vollständig metabolisieren und in ihren Geweben anreichern). Bei der Reaktionsindikation können Schwierigkeiten auftreten, wenn bei unterschwelligen Schadstoffdosen keine eindeutigen Schadsymptome vorliegen, obwohl physiologische Beeinträchtigung schon erfolgt sein können und damit auch bereits eine Vitalitätseinbuße gegeben sein kann. Dieses Phänomen kann beim Einsatz von Reaktionsindikatoren nicht erfasst werden, da explizit äußerlich sichtbare Symptome – wie z.B. Blattnekrosen beim Tabak – als Schadmerkmal gelten. Außerdem zeigt sich gerade bei der Reaktionsindikation in hohem Maße die Bedeutung eines interdisziplinären Wissens, denn viele abiotische und biotische Faktoren können ähnliche Symptome wie beispielsweise Luftschadstoffe hervorrufen. Beim Einsatz von Akkumulationsindikatoren können die in Pflanzen und Tieren in einem vorgegebenen Expositionszeitraum gespeicherten Schadstoffe identifiziert und durch rückstandsanalytische Verfahren auch quantifiziert werden. Als Analyseverfahren dienen z.B. AAS, Polarograph, ICP/MS. Um aussagekräftige Resultate erzielen zu können, sind bestimmte Anforderungen an Reaktions- und Akkumulationsindikatoren zu stellen (Abb. 2).

2. Flechten als Bioindikatoren

Bereits seit mehr als 100 Jahren ist die Wirkung von Luftverunreinigungen auf die Vitalität von ↗Flechten bekannt. So konnte man 1859 nachweisen, dass die Flechtenflora von Manchester artenärmer war als die weniger stark industrialisierter Städte. Ein aktives Monitoring mit Flechten erfolgte schon 1891 in München. Aufgrund ihrer Physiologie und Anatomie eignen sich Flechten weniger, um akute Belastungen nachzuweisen, sondern reagieren vielmehr sensibel auf chronische Belastungen. Ihre spezielle Eignung als Bioindikatoren erwächst ihnen aufgrund des geringen Chlorophyllgehalts mit niedriger Stoffwechselrate, ihres langsamen Wachstums und ihrer begrenzten Regenerationsfähigkeit. Als poikilohydre Arten sind sie abhängig von Niederschlag und Luftfeuchte. Ferner verfügen sie weder über Cuticula noch über Exkretionsmöglichkeit und Laubwechsel. Flechten sind somit geeignete Zeigerpflanzen für ein passives Monitoring. Wesentlich ist dabei auch ihre artspezifische Sensitivität auf ↗Immissionen von ↗Luftschadstoffen. Bereits recht frühzeitig ist hierbei die Bedeutung von Schwefeldioxid erkannt worden. Ähnliches gilt für andere saure Gase, aber auch für saure Niederschläge insgesamt. Bei vergleichender Betrachtung erweisen sich die Bartflechten am empfindlichsten, die Krustenflechten als dagegen relativ resistent gegen saure Immissionen. In Ballungszentren fehlen infolge von hohen Immissionswerten Flechten häufig ganz (↗Flechtenwüste). Als Maß für die Luftgüte gilt der Luftreinhalteindex IAP (Index of Atmospheric Purity):

$$IAP = \sum_{i=1}^{n} (Q_i \cdot f_i),$$

wobei Q = Toxitoleranzfaktor einer Art i (ergibt sich aus der mittleren Zahl der Begleitarten der Art i an allen Probeflächen), f = Frequenz der Art i an der betrachteten Probefläche, welche sich aus einer Kombination aus Deckungsgrad und Häufigkeit ergibt, n = Anzahl der Arten). Je höher die

Bioindikation 1: Übersicht über die Nomenklatur in der Bioindikation.

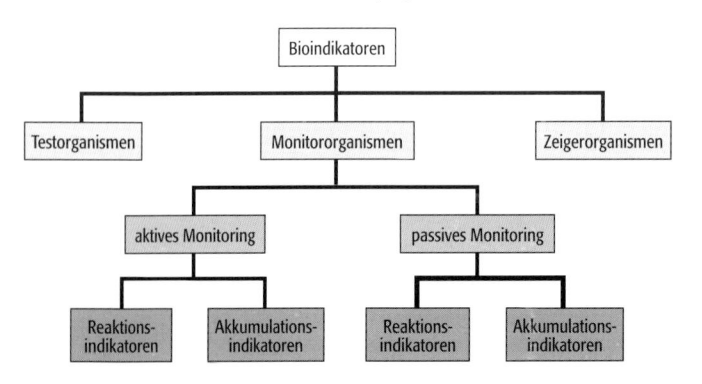

```
                    Bioindikatoren
         ┌──────────────┼──────────────┐
  Testorganismen  Monitororganismen  Zeigerorganismen
                  ┌──────┴──────┐
            aktives Monitoring  passives Monitoring
             ┌────┴────┐         ┌────┴────┐
         Reaktions- Akkumulations- Reaktions- Akkumulations-
         indikatoren indikatoren  indikatoren indikatoren
```

Zahl der Flechtenarten an einer Station ist, desto größer ist der IAP-Wert bzw. umso niedriger ist die Immissionsbelastung des Standortes. Anhand der VDI-Richtlinie 3799 Blatt 1 wurde dieses Verfahren in modifizierter Form standardisiert. Es stützt sich auf die Analyse epiphytischer Flechtenarten und ermittelt über eine modifizierte Berechnungsformel den Luftgütewert (LGW). An ausgewählten Trägerbäumen wird ein Aufnahmegitter mit 10 Feldern von jeweils 10 cm × 10 cm angelegt. Danach wird für alle in der Richtlinie aufgeführten Flechtenarten die Frequenz bestimmt. Aus der Summe der Frequenzen aller Arten wird schließlich die Frequenzsumme ermittelt. Aus dem arithmetischen Mittel der Frequenzsummen aller Bäume wird der Luftgütewert eines Standortes berechnet. Unter Berücksichtigung der mittleren Standardabweichung aller Messflächen werden für eine kartographische Darstellung Luftgüteklassen (LGK) abgegrenzt.

Das Verfahren der standardisierten Flechtenexposition mit der Blattflechte *Hypogymnia physodes* wird in der VDI-Richtlinie 3799 Blatt 2 dargestellt. Danach kann man, bei fehlenden Voraussetzungen für das passive Monitoring, das aktive auswählen. Dazu werden an gefällten Bäumen (v. a. Eichen) mit flechtenbewachsener Rinde Proben mit einem Durchmesser von 4 cm ausgestanzt, die unter immissionsarmen Bedingungen akklimatisiert und im Herbst für ein Jahr auf den Testflächen exponiert werden, und zwar auf Flechtentafeln oder -rädern. Die Räder erlauben je nach Windverhältnissen eine Exposition in die jeweilige Richtung. Zu Beginn und am Ende der Expositionen werden Dias der Exponate erstellt. Darauf basiert die Erfassung der geschädigten (gebleichten) Thallusfläche. Die Resultate erlauben einen qualitativen Vergleich der Immissionsbelastung. Die Abbildung 3 zeigt die Ergebnisse von Flechtenkartierungen in Innsbruck (Larcher, 1994).

3. Moose als Bioindikatoren

Die Kartierung der ↗Moosflora eines Gebietes gibt konkrete raumbezogene Hinweise auf die

Anforderungen an Reaktionsindikatoren

- Kenntnis der Reaktionsbedingungen in Testverfahren sowie unter Umwelteinflüssen der Biozönose als Basis für Diagnose von Schadsymptomen
- leichte Auswertbarkeit
- Offensichtlichkeit und Quantifizierbarkeit
- Spezifität, d.h. bestimmte, gegenüber anderen Umwelteinflüssen deutlich abgrenzbare, stoffbezogene Reaktion
- Empfindlichkeit, d.h. deutlich unterscheidbare Reaktionen auf unterschiedliche Emissionsbelastung

Anforderungen an Akkumulationsindikatoren

- Akkumulationsrate möglichst hoch
- Organismus zeigt keine Reaktion auf akkumulierte Substanz
- Pflanze toxitolerant für Einsatz in Belastungsgebieten
- keine saisonalen Unterschiede in Akkumulation
- allein Korrelation zwischen Akkumulation und Immission erlaubt sinnvolle Aussagen zu Belastungssituation
- Verlust der nachzuweisenden Substanz soll ausgeschlossen sein

Bioindikation 2: Übersicht über die Anforderungen an Bioindikatoren.

Bioindikation 3: Charakterisierung der zunehmenden Immissionsbelastung in Innsbruck und Umgebung mit Hilfe des Flechtenbewuchses.

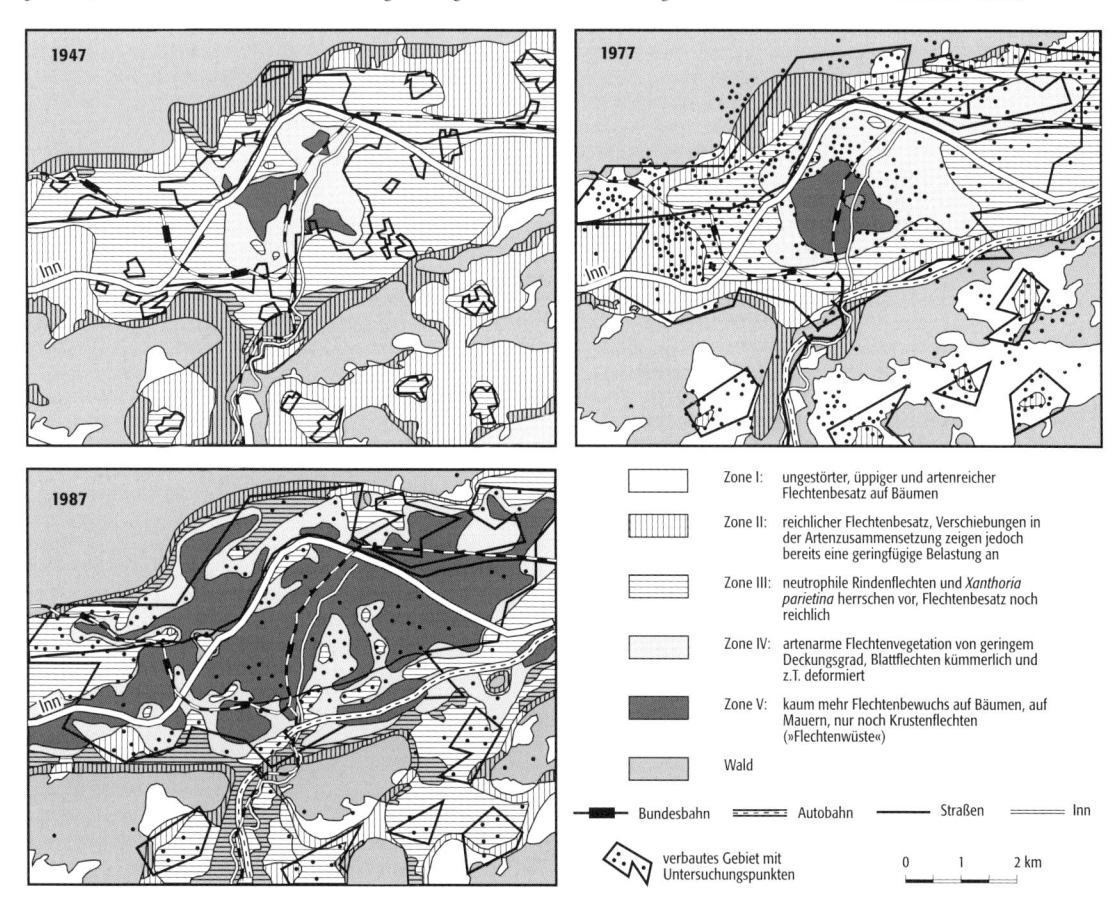

Zone I: ungestörter, üppiger und artenreicher Flechtenbesatz auf Bäumen

Zone II: reichlicher Flechtenbesatz, Verschiebungen in der Artenzusammensetzung zeigen jedoch bereits eine geringfügige Belastung an

Zone III: neutrophile Rindenflechten und *Xanthoria parietina* herrschen vor, Flechtenbesatz noch reichlich

Zone IV: artenarme Flechtenvegetation von geringem Deckungsgrad, Blattflechten kümmerlich und z.T. deformiert

Zone V: kaum mehr Flechtenbewuchs auf Bäumen, auf Mauern, nur noch Krustenflechten (»Flechtenwüste«)

Wald

Bundesbahn ══ Autobahn ── Straßen ══ Inn

verbautes Gebiet mit Untersuchungspunkten

0   1   2 km

Präsenz bzw. das Fehlen von Arten. Aus diesen Kenntnissen können entsprechende Rückschlüsse auf die Luftgüte des Untersuchungsgebietes gezogen werden. Ähnlich wie bei Flechten ist ferner die Berechnung eines Luftreinhalteindexes (IAP) möglich. Die Eignung von Moosen als Akkumulationsindikatoren ist mehrfach eindeutig nachgewiesen. Dabei lassen Analysen an älterem Material (aus Herbaren) erkennen, dass die Schwermetall-Grundbelastung in den letzten Jahren im Mittel angestiegen ist. Gerade in der Nähe industrieller Ballungsräume wurden maximale Konzentrationen an Schwermetallen nachgewiesen, aber auch an ↗PAK und ↗PCB, während ↗DDT vor allem in tropischen Regionen mit intensiver Landwirtschaft nachgewiesen werden konnte. Verschiedene Verfahren sind speziell für den Einsatz von Moosen im aktiven Monitoring entwickelt worden wie Transplantation, Exposition in Nylon-Haarnetzen oder Exposition in Testkammern mit und ohne Luftfilter. Höchst interessante Ergebnisse zeigten dabei flächendeckende Analysen der Schwermetalldeposition in Deutschland und Osteuropa. Dazu wurden 1991/92 in Deutschland, Polen, der Tschechischen Republik sowie der Slowakischen Republik an 831 Standorten Moosproben (*Pleurozium schreberi, Scleropodium purum, Hypnum cupressiforme, Hylocomium splendens, Polytrichum formosum* und *Dicranum scoparium*) gesammelt und auf Schwermetalle (Cd, Cr, Cu, Ni, Pb und Zn) hin analysiert. Den Resultaten – in Form von ↗Isolinien wiedergegeben – kann man die sehr hohen mittleren Schwermetallgehalte in den osteuropäischen Ländern – mit einem Maximum in der Slowakischen Republik – zweifelsfrei entnehmen. Generell zeichnet sich dabei ein ansteigender Gradient der mittleren Schwermetallgehalte von West nach Ost ab. Trotz noch bestehender methodischer Mängel lassen sich dadurch aussagekräftige Befunde über die Zusammensetzung und die Bedeutung von Luftbelastungen aus industriellen Regionen, die zentrale Emissionsquellen darstellen, gewinnen. Dabei erweisen sich Nickel-Konzentrationen vielfach in der Nähe von Raffinerien und petrochemischen Industriestandorten als deutlich überhöht. Dagegen zeigt sich bei Bleikonzentrationen ein steiler West-Ost-Konzentrationseffekt, bedingt durch den unterschiedlichen Verbrauch von unverbleitem Treibstoff.

4. Pilze als Bioindikatoren

Höhere ↗Pilze können in ihrem Fruchtkörper Schwermetalle akkumulieren, wobei der Eintrag über den Boden deutlich größer als über den Luftpfad ausfällt. Ursachen dafür sind das rasche Wachstum des Fruchtkörpers, das weite Verhältnis von Oberfläche zu Volumen sowie das ausgedehnte Mycel im Oberboden. Gründe für bislang fehlende standardisierte Verfahren für Pilze als Akkumulationsindikatoren sind: a) artspezifische Unterschiede der Akkumulation von Schwermetallen (um mehrere Dimensionen) sowie erhebliche Schwankungen bei der Einlagerung durch Individuen derselben Art und am selben Standort, b) die Tatsache, dass bestimmte Schwermetalle kaum über den Boden aufgenommen werden bzw. dass eine Korrelation zwischen dem Gehalt im Boden ind im Fruchtkörper, z. B. bei Zink, oft nicht möglich ist, c) fehlende Kenntnis über Ausdehnung des Pilzmycels und d) synergistische Effekte beim Auftreten mehrerer Schwermetalle.

5. Höhere Pflanzen als Bioindikatoren

Der Eintragspfad kann hier sowohl über den Boden als auch über die Atmosphäre erfolgen. Bevorzugt hat man in der Vergangenheit auf den Luftpfad gesetzt und über den Einsatz von Einheitserde als Substrat (sog. Nullerde, die schadstofffrei ist) den Bodenpfad ausgeschlossen.

Trotz der zahlreichen Probleme bei der Indikation von Bodenbelastungen (Adsorption abhängig von Größe und Ladung der Ionen und Austauschkapazität des Bodens, mikrobielle Aktivität und Wurzelausscheidungen usw.) sollen dennoch einige Beispiele angeführt werden. So gilt z. B. das gelb blühende Galmeiveilchen (*Viola calaminaria*) auf Zink als die namensgebende Art der Schwermetallarten Mitteleuropas, die mit Schwermetallökotypen von Frühlings-Miere (*Minuartia verna*) und Aufgeblasenem Leimkraut (*Silene cucubalus*) vergesellschaftet ist. Zum Nachweis von Schwermetallakkumulation sind Leguminosen, wie z. B. Rot-Klee (*Trifolium pratense*), gut geeignet. Besonders oft erfolgt der standardisierte Einsatz des Reaktionsindikators Tabak (*Nicotiana tabacum*) der Sorte Bel W 3, der auf ↗Ozon sehr empfindlich reagiert und Blattnekrosen ausbildet. Buschbohnen (*Phaseolus vulgaris*) der Sorte Pinto werden durch NO_2 geschädigt und zeigen Blattchlorosen. Gladiolen (Sorte *Snow Princess*) eignen sich für den Fluor-Nachweis (Chlorosen an Blattspitzen und -rändern), beispielsweise im Umfeld von Glashütten. Zur Erfassung von ↗Photooxidantien eignet sich die Kleine Brennnessel (*Urtica urens*) (Nekrosen an der Blattunterseite). Für die Akkumulationsindikation hat sich in den letzten Jahren vor allem das Welsche Weidelgras (*Lolium multiflorum*) bewährt. Dazu wurde ein standardisiertes Verfahren entwickelt (VDI-Richtlinie 3792 Blatt 1–3). Es erlaubt den Nachweis von Anreicherungen mit Fluor oder Schwermetallen. Die Expositionsdauer beträgt in der Regel 14 Tage. Dagegen erlaubt Grünkohl (*Brassica oleracea acephala*) als Standardpflanze den Nachweis von PAK sowie von Dibenzodioxinen und Dibenzofuranen bei einer Expositionsdauer von 90–100 Tagen.

5.1 Laubbäume als Bioindikatoren

Eine längere Tradition hat der Nachweis von Luftbelastungen mithilfe von Laubbäumen. So eignen sich mehrere Arten als Reaktionsindikatoren, sie weisen Schadsymptome an Blättern auf: a) Spitz-Ahorn (*Acer platanoides*) zeigt bei Bor-Immissionen Blattchlorosen und -nekrosen, b) Schwarz-Pappel (*Populus nigra*), Zitter-Pappel (*P. tremula*) und Rot-Buche (*Fagus sylvatica*) sind SO_2-empfindlich und c) Klone von Hybrid-

Pappeln verfügen über SO_2- bzw. O_3-Empfindlichkeit. Zur Akkumulationsindikation wurden vor allem die Blätter von Laubbäumen auf ihren Gehalt an Schwermetallen, Schwefel, Arsen oder Organika analysiert.

5.2 Nadelbäume als Bioindikatoren

Im Gegensatz zu Laubbäumen sind sie fast ausnahmslos ganzjährig den Immissionen ausgesetzt. Sie eignen sich häufig als Reaktionsindikatoren. So rufen SO_2-Immissionen vielfach Farbänderungen an den Nadeln von Weißtanne (*Abies alba*), Waldkiefer (*Pinus sylvestris*) und Fichte (*Picea excelsa*) hervor. Bei Ozoneinwirkung erweist sich die Weymouth-Kiefer als empfindlich. Als integrale Immissionswirkung kann der Benadelungsgrad von Baumkronen herangezogen werden, der die Wirkung verschiedener Luftbelastungen erkennen lässt. In geringerem Umfang werden sie auch als Akkumulationsindikatoren herangezogen, so z. B. über den Schwefelnachweis in Koniferennadeln zur Erfassung von SO_2-Belastung oder über Analysen zur Schwermetallbelastung von Nadeln.

6. Zusammenfassung

Letztlich bietet es sich bei der Bioindikation an, nicht über Einzelbefunde auf generelle Belastungen rückzuschließen, sondern vielmehr auf der Basis dieser gesamten Befunde zu einer Gesamtbetrachtung der Belastung des gesamten Ökosystems zu gelangen um frühzeitig Gefährdungspotenziale erfassen und abschätzen zu können. Um dieses Ziel erreichen zu können, müssen aber noch weitere Probleme gelöst werden: a) Kausalanalysen sind bei komplexen Wirkungsmechanismen äußerst schwierig, wie die ↗Waldschadenserhebung erkennen lässt; b) Reaktionen der Testobjekte unter Stressbedingungen sind weitgehend ungeklärt und c) Standardisierungen auf der Ebene von ↗Ökosystemen sind bislang nicht möglich. Ein erster Schritt in diese Richtung ist das Ökologische Wirkungskataster Baden-Württemberg, das seit 1983 als Frühwarnsystem installiert worden ist. Es soll die Gefährdung von Ökosystemen durch Schadstoffeintrag erkennen lassen und die Auswirkungen von Emissionsminderungsmaßnahmen belegen. Dazu wird sowohl aktives als auch passives Monitoring eingesetzt.

Für das passive Monitoring wurden ↗Dauerbeobachtungsflächen installiert. Sie sollen die Grundbelastung emittentenferner Räume aufzeigen. Dazu wurden 60 Flächen in naturnahen Waldökosystemen, 15 Grünlandflächen und 38 Standorte an weitgehend unbelasteten Fließgewässern ausgewählt, an denen Analysen abiotischer und biotischer Kompartimente realisiert werden. Aktives Monitoring erfolgt schließlich an 30 Messstellen mittels Klon-Fichten. Ferner werden an 20 Messstellen mithilfe ausgewählter Bioindikatoren Schäden durch Photooxidantien erfasst.

Der Trend der Bioindikation weist generell stärker in Richtung einer effizienteren Einbeziehung synökologischer Aspekte. Beispielhaft lässt sich eine Überwachung mitteleuropäischer Waldgesellschaften sowie der durch sie geprägten Landschaften anführen. Zunehmender Bedarf zeigt sich auch an einem geeigneten Monitoringverfahren für Stickoxide, an Konzepten der Bioindikation, die sich aus der nachgewiesenen CO_2-Erhöhung ergeben sowie aus einem Anstieg der UV-Strahlung. Weiterer Forschungsbedarf zeigt sich auch an einer stärkeren Standardisierung der im Rahmen der Bioindikation eingesetzten Untersuchungsverfahren auf nationaler und internationaler Ebene.

Literatur:

[1] ARNDT, U., NOBEL, W. u. SCHWEIZER, B. (1987): Bioindikatoren – Möglichkeiten, Grenzen und neue Erkenntnisse. – Stuttgart.
[2] LARCHER, W. (1994): Ökophysiologie der Pflanzen. – Stuttgart.
[3] MARKERT, B., HERPIN, U., BERLEKAMP, J., OEHLMANN, J., GRODZINSKA, K., MANKOVSKA, B., SUCHARA, I., SIEWERS, U., WECKERT V., LIETH, H. (1996): A Comparison of Heavy Metal Deposition in Selected Eastern European Countries Using the Moss Monitoring Method, With Special Emphasis on the »Black Triangle«. The Science of the Total Environment. Jahrgang 193, Heft 2, S. 85–100.
[4] ZIERDT, M. (1997): Umweltmonitoring mit natürlichen Indikatoren. – Berlin, Heidelberg, New York.
[5] ZIMMERMANN, R.-D., UMLAUFF-ZIMMERMANN, R. (1994): Von der Bioindikation zum Wirkungskataster. Zeitschrift für Umweltchemie und Ökotoxikologie, Bd. 6, S. 1–50.

Bioindikatoren, Organismen, deren Vorkommen oder leicht erkennbares Verhalten sich mit bestimmten Umweltverhältnissen so eng korrelieren lässt, dass man sie als Indikator verwenden kann; z. B. werden ↗Flechten zur Beurteilung der Luftverschmutzung, die ↗Saprobionten zur Beurteilung der ↗Gewässergüte (↗Saprobiensystem) verwendet. ↗Bioindikation.
Bioklimatologie, untersucht den Einfluss von Witterung und Klima auf Lebewesen. Unterschieden werden je nach Anwendungsbereich Agrar-Bioklimatologie, Forst-Bioklimatologie, Veterinär-Bioklimatologie und Human-Bioklimatologie. Die Agrar-Bioklimatologie behandelt den Zusammenhang zwischen Klima und dem Gedeihen, der Produktion und der Lagerung von Feldfrüchten. Dazu zählen die witterungsbedingte Verbreitung von Schädlingen und der Einfluss des Wetters auf Pflanzenkrankheiten. Auch werden die optimalen Klimaansprüche für Nutzpflanzen untersucht. Die Forst-Bioklimatologie untersucht die Einwirkungen von Witterung und Klima auf Wachstum und Verbreitung von Baumbeständen (z. B. Windwurf, Schneebruch,

Dürre, Frost, Waldbrand, Pflanzenkrankheiten). Beschrieben werden auch die speziellen klimatischen Bedingungen, die innerhalb eines Forstes oder Waldes auftreten (↗Bestandsklima). Die Veterinär-Bioklimatologie beschäftigt sich mit dem Einfluss von Witterung und Klima auf das Wachstum und den Ertrag von landwirtschaftlichen Nutztieren. Zu ihrem Bereich gehören auch die klimaabhängige Verbreitung und Übertragung von Schädlingen. In der auf den Menschen bezogenen Bioklimatologie (Human-Biometeorologie) werden die kausalen Zusammenhänge von Wetter und Klima auf das Befinden des Menschen untersucht. Da etwa ein Drittel der Menschen auf Wetteränderungen reagiert (↗Wetterfühligkeit), spielen hier medizin-meteorologische Untersuchungen eine besondere Rolle. Aufgabe der ↗Biotropie ist es, Reaktionen verschiedener Wetterphänomene auf gesunde und kranke Menschen zu untersuchen und zu beurteilen. Die Einwirkungen auf Psyche und Physis werden durch klimatische Einflussgrößen bestimmt, hierzu zählen Luftzusammensetzung, Luftdruck, Strahlung, Wärme und der Ablauf atmosphärischer Ereignisse.

Ein wichtiger Zweig der Bioklimatologie ist die Kurortklimatologie (↗Kurortklima), die sich mit der räumlichen Verteilung von heilwirksamen bioklimatischen Verhältnisse in Kurorten beschäftigt. Mithilfe der bioklimatischen ↗Wirkungskomplexe (photoaktinisch, thermisch, lufthygienisch, neurotropisch) lassen sich Einteilungskriterien festlegen, durch die die atmosphärischen Umgebungsbedingungen klassifiziert werden können (↗Diskomfort). [WKu]

Biokorrasion ↗Bioerosion.
Biokorrosion ↗Bioerosion.
Biolith, ↗Sedimentgestein, das größtenteils aus organischen Substanzen zusammengesetzt ist. Hierzu gehören u. a. ↗Kaustobiolith (brennbarer Biolith) und Saprolith (Faulschlammablagerung).
biologisch-chemische Verwitterung ↗biologische Verwitterung.
biologische Diversität ↗Biodiversität.
biologische Landwirtschaft, ökologischer Landbau, Gegenbewegung zur ↗konventionellen Landwirtschaft, deren industrialisierte Produktionsweisen (↗Agrarfabrik) mit hohem Einsatz von ↗Agrochemie und Gentechnik sie zugunsten einer naturgemäßen Erzeugung von Lebensmitteln ablehnt. Es gibt mehrere Richtungen und Methoden der biologischen Landwirtschaft, die durch entsprechende Verbände repräsentiert sind; diese sind, auch international, in einer Dachorganisation vereinigt. Allgemein verzichten sie, mit ganz wenigen Ausnahmen, völlig auf den Einsatz von synthetisch hergestellten chemischen Hilfs- und Behandlungsmitteln (↗Agrarchemikalien) in der Landwirtschaft, vor allem auf chemische ↗Pflanzenschutzmittel. Gedüngt wird nur mit verrottetem Stallmist, Kompost oder untergepflügter grüner ↗Biomasse, nicht aber mit Mineraldüngern (mit Ausnahme bestimmter Gesteinsmehle und Kalk). Der Bodenpflege und dem Humusgehalt gilt besondere Sorgfalt; in die ↗Fruchtfolge der Äcker werden stets luftstickstoffbindende Pflanzen wie Klee und andere Schmetterlingsblütler (↗Leguminosen) einbezogen. In den Betrieben der biologischen Landwirtschaft bleiben Ackerbau und Viehhaltung, auch wegen der Gewinnung des Stallmistes, verbunden; ↗Massentierhaltung wird abgelehnt. Durch Einbeziehung aller organischen Reste und Abfälle in die Bewirtschaftung nähert sich die biologische Landwirtschaft dem Prinzip des Stoffkreislaufs in einem ↗Ökosystem an. Auf Einsatz von Schleppern und Maschinen wird nicht verzichtet, dennoch sind höherer physischer Arbeitsaufwand und längere Arbeitszeit erforderlich. Da Aufwendungen für Mineraldünger und chemische Hilfsmittel entfallen, sind die Erzeugungskosten der biologischen Landwirtschaft geringer als in der konventionellen Landwirtschaft; die Abnehmer zahlen zu dem für die Erzeugnisse höhere Preise. Daher erzielen die biologisch wirtschaftenden Betriebe trotz quantitativ niedrigerer Erträge gleiche oder höhere Einkommen als die konventionell wirtschaftenden. Die biologische Landwirtschaft steht wegen Vermeidung der meisten Umweltbelastungen der konventionellen Landwirtschaft bei Umwelt- und Naturschützern in hohem Ansehen und genießt auch breite öffentliche Zustimmung. Im Vergleich dazu wird sie aber nur von einer Minderheit von Betrieben, fast immer ↗bäuerlichen Familienbetrieben, praktiziert, die allerdings am Beginn des 21. Jahrhunderts stark anwächst, aber in Deutschland noch unter 5 % bleibt. [WHA]
biologisches Gleichgewicht ↗ökologisches Gleichgewicht.
biologische Verwitterung, ↗Verwitterung unter dem Einfluss von Lebewesen. Sie kann in *biologisch-physikalische* und *biologisch-chemische Verwitterung* untergliedert werden. Biologisch-physikalische Verwitterung wird durch den Druck von in Klüfte des Gesteins eindringenden Pflanzenwurzeln, v. a. der Bäume (1–2 MPa), bewirkt, welcher zur Sprengung führen kann. Auch Tiere können zur Verwitterung beitragen, wie z. B. in Lockergestein wühlende Bodentiere oder Bohrmuscheln (Hiatella), -schnecken (Patella) und -würmer (Polydora), die v. a. an Küsten das Gestein nach Algen abweiden und dabei den Gesteinsverband zerstören. Dieser letztgenannte Prozess wird auch als Biokorrasion bezeichnet (↗Bioerosion). Im Wesentlichen versteht man unter biologisch-chemischer Verwitterung eine Verstärkung der Wirkung der ↗Hydrolyse durch organische Säuren. Erste Pioniere auf unbedeckten Gesteinsoberflächen sind Flechten, die Säuren ausscheiden, die wahrscheinlich die Oberflächen des Gesteins aufrauen und damit weiterer Verwitterung Angriffsmöglichkeiten liefern; zumindest bewirken solche Säuren die ↗organische Komplexierung. Auch Moose, Bakterien und andere Lebewesen scheiden säurehaltige Stoffe aus. Ferner gibt es Mangan-oxidierende Bakterien, die Gesteine verändern können (↗Oxidationsverwitterung). Sie werden als Ursache des dunklen ↗Wüstenlacks diskutiert. [AK]

biologisch-physikalische Verwitterung ↗ biologische Verwitterung.

Biom, *Bioformation*, 1) ↗ Biozönose eines Großklimabereichs mit charakteristischem (Klimax-) Vegetationstyp und einheitlicher Physiognomie, z. B. südamerikanischer Tieflandregenwald, nordafrikanische Wüste. Beinhaltet alle Pflanzen- und Tiergemeinschaften inklusive ↗ Sukzession.

Biomasse, die Masse eines Organismus bzw. mehrerer Organismen einer Aufsammlung (pflanzlich = *Phytomasse*, tierisch = *Zoomasse*); wichtiges ökologisches Maß bei der Beschreibung einer ↗ Population oder ↗ Biozönose als Alternative oder Ergänzung zur ↗ Abundanz. Die Biomasse wird angegeben als Frisch- oder Lebendgewicht oder nach Trocknung unter definierten Bedingungen als Trockengewicht, häufig unter Bezug auf eine Fläche (z. B. t/ha). In der Verwendung des Begriffes ergeben sich aber inhaltliche Unschärfen, indem die ↗ Nekromasse, also abgestorbenes organisches Material wie beispielsweise die Streu, das eigentlich der Biomasse gegenübergestellt ist, ihr teilweise auch zugerechnet wird. Zudem wird Biomasse häufig auch synonym gebraucht zu Phytomasse, da die Zoomasse mengenmäßig kaum ins Gewicht fällt; alleine die autotrophe Phytomasse macht ca. 99 % der biosphärischen Biomasse (angegeben mit $1843 \cdot 10^9$ t) aus. Der Rest entfällt überwiegend auf heterotrophe Pflanzen; die Zoomasse beträgt insgesamt nur etwa 0,1 %.
Durch die unterschiedliche Größe und das unterschiedliche spezifische Gewicht der Organismen verschiedener Arten ist das Verhältnis der Biomassen häufig sehr verschieden vom Verhältnis der Individuenzahlen und kann z. B. deutlich andere Diversitätszahlen ergeben. Für produktionsökologische Fragestellungen ist die Biomasse ein wesentlich geeigneteres Maß als die Abundanz, weil sie mit dem Energieumsatz eines Tieres korreliert ist. ↗ Bodenfauna.

Bioökologie, Oberbegriff für jenen Teilbereich der ↗ Ökologie, der die Lebewesen-Umwelt-Beziehungen aus biologischer Blickrichtung und unter Verwendung biologischer Ansätze und Methoden untersucht und beschreibt. Zuweilen wird die Bioökologie der ↗ Geoökologie als Komplementärbegriff gegenübergestellt. Diese Trennung erscheint jedoch künstlich, da die im Naturhaushalt ablaufenden ökologischen Prozesse stets unter Einbezug des Bios vonstatten gehen und wird daher von verschiedenen Autoren abgelehnt. Genauer sind die eingeführten Begriffe ↗ Autökologie, ↗ Synökologie und ↗ Demökologie bzw. die allgemeineren deutschen Ausdrücke ↗ Tierökologie und ↗ Pflanzenökologie.

Biorhythmik, *biologische Rhythmik*, periodische ↗ Aktivität von Organismen.

Biosphäre, jener Ausschnitt der Erdoberfläche, der von Organismen belebt und bewohnt wird. Die Biosphäre umfasst Ausschnitte der ↗ Atmosphäre, der ↗ Geosphäre sowie der ↗ Hydrosphäre.

Biosphärenpark, in Österreich naturschutzrechtlich eingeführte Schutzgebietskategorie für die Entwicklung und den Schutz national bedeutender Kulturlandschaften (z. B. 1997 im Bundesland Vorarlberg). Umweltverbände wie der NABU (Naturschutzbund Deutschland) hatten eine Einführung dieser Kategorie auch in Deutschland eingefordert. Inzwischen wurde im Bundesnaturschutzgesetz, trotz der Verwechslungsgefahr mit dem UNESCO-Begriff, die Kategorie ↗ Biosphärenreservat eingeführt. Der Begriff Biosphärenpark hat damit in der Praxis in Deutschland keine Bedeutung mehr.

Biosphärenreservat, 1) ursprüngliche Bedeutung: international anerkannte, großflächige Natur- und Kulturlandschaften, die seit 1975 im Rahmen des seit 1970 bestehenden UNESCO-Programms »Der Mensch und die Biosphäre (MAB)« weltweit ausgezeichnet werden. Die Bezeichnung »UNESCO-Biosphärenreservat« für solche Gebiete stellt keine rechtsverbindliche Ausweisung, sondern eine Prädikatisierung dar. Eine rechtliche Sicherung ist nicht vorgeschrieben, aber weltweit üblich und kann in Deutschland über die Schutzgebietskategorien der Naturschutzgesetze, aber auch durch andere Instrumente (z. B. der ↗ Bauleitplanung) erfolgen. 2) neuere Bedeutung: eine seit 1998 im ↗ Bundesnaturschutzgesetz geregelte und rechtsverbindlich festsetzbare Kategorie für den Schutz und die naturverträgliche Entwicklung großflächiger ↗ Kulturlandschaften. Derzeit existieren in Deutschland 14 UNESCO-Biosphärenreservate, von denen sieben ganz und eines (Elbtalaue – länderübergreifend) teilweise naturschutzrechtlich als Biosphärenreservat geschützt sind. ↗ Biosphärenpark. [AM/HM]

Biostasie, biologische Stabilitätsphase, während der das anstehende Gestein unter Waldbedeckung vorwiegend chemisch verwittert und die löslichen Bestandteile abgeführt werden. Es kommt zur Anreicherung von $CaCO_3$ im Meerwasser. Voraussetzung für diese Phase ist morphodynamische Stabilität. Wird diese gestört, spricht man von *Rhexistasie*.

Biostratigraphie ↗ Stratigraphie.

Biostratinomie, *Biostratonomie*, Rekonstruktion der Vorgänge, Beziehungen und Faktoren, die bei der Einbettung von ↗ Fossilien in ein Sediment maßgeblich waren. Zu beachten sind dabei Transport- und Umlagerungsprozesse, Einregelung, das Zusammenkommen verschiedener Organismenarten an einer bestimmten Stelle, sowie die Beurteilung von Lebensgemeinschaften (↗ Biozönosen) oder Todesgemeinschaften (Thanatozönosen und Taphozönosen).

Biostrom ↗ Stromatolithen.

Biosynoptik, Teilgebiet der ↗ Medizinmeteorologie, das insbesondere die Ursachen und Auswirkungen des Zusammenwirkens mehrerer meteorologischer Elemente auf den gesunden und kranken Menschen untersucht.

Biota, die Gesamtheit aller Lebewesen in einer Region oder einem ↗ Habitat.

biotische Aktivität, Gesamtheit der Aktivität aller Lebewesen im Boden (↗ Bodenfauna und ↗ Bodenflora), z. B. ↗ Bioturbation, ↗ Humifizierung, ↗ Mineralisierung.

biotische Ökofaktoren

Typ der Interaktion	Organismus 1	Organismus 2	Art der Interaktion
Neutralismus	◐	◐	Keiner der Organismen beeinflusst den anderen.
Antibiose (Opponenz)	○ ◐ ●	○ ○ ○	Ein Organismus wird durch einen anderen deutlich behindert, wobei dieser selbst geschädigt wird, unbeeinflusst bleibt oder eine Förderung erfährt.
Konkurrenz: Typ direkter gegenseitiger Beeinflussung	○	○	gegenseitige direkte Behinderung der Organismen
Konkurrenz: Typ gegenseitiger Beeinflussung durch Ressourcennutzung	○	○	gegenseitige indirekte Behinderung der Organismen
Amensalismus	○	◐	Ein Organismus wird behindert durch den anderen, der aber dadurch nicht gefördert wird.
Parasitismus	●	○	Ein meist kleinerer Organismus (Parasit, Schmarotzer) wird durch die Hemmung des anderen, größeren Organismus gefördert.
Episitismus (Prädation)	●	○	Ein meist größerer Organismus (Räuber) wird durch die Vernichtung des anderen kleineren Organismus (Beute) gefördert.
Allelopathie	●	○	Durch Ausscheiden von Stoffwechselprodukten wird ein Organismus gefördert, indem ein anderer gehemmt wird.
Probiose	● ●	◐ ●	Der eine Organismus genießt durch einen anderen Organismus einen Vorteil, wobei dieser entweder auch einen Vorteil erlangt oder zumindest nicht geschädigt wird.
Parabiose (Kommensalismus)	●	◐	Der eine Organismus wird durch den anderen Organismus gefördert, ohne dass dieser dadurch gehemmt wird.
Parökie	●	◐	Nachbarschaftsgesellung
Synökie	●	◐	Einmietung in Nestern
Epökie	●	◐	permanentes Aufsiedlertum
Entökie	●	◐	Einmietung in Körperhohlräume
Metabiose	●	◐	Der eine Organismus schafft zeitlich erst die Lebensbedingungen für den anderen Organismus.
Symbiose	●	●	Zusammenwirken zweier Organismen zum gegenseitigen Vorteil
Protokooperation	●	●	Das Zusammenwirken beider Organismen ist für beide förderlich, aber nicht zwingend notwendig, schließt lockere Partnerschaft (Allianz) und kürzerfristiges wechselseitiges Nutznießertum (Mutualismus) ein.
Eusymbiose	●	●	Das Zusammenwirken beider Organismen ist für beide förderlich und zwingend lebensnotwendig.

● = fördernde Wirkung, ○ = hemmende Wirkung, ◐ = neutrale Beziehung

biotische Ökofaktoren: Interaktionsmöglichkeiten zweier Organismen in einem Biosystem.

biotische Ökofaktoren, die Gesamtheit der biogenen standortprägenden Umwelteinflüsse. Sie lassen sich nicht immer deutlich von den abiotischen ↗Ökofaktoren trennen; denn diese werden qualitativ wie quantitativ durch die von Organismen ausgehenden Wirkungen beeinflusst. Die biotische Umwelt wirkt dabei entweder direkt durch die von ihr ausgehenden energetischen, hygrischen, chemischen und mechanischen Beeinflussungen (primäre Ökofaktoren) oder indirekt, indem sie primäre Ökofaktoren anderer Umweltkompartimente modifiziert. Eine systematische Übersicht über die Möglichkeiten zweier Organismen(-gruppen) miteinander in Wechselbeziehung zu treten vermittelt die Abbildung. Dabei ist zum einen zu beachten, dass die aufgeführten Interaktionstypen sowohl intra- wie interspezifisch auftreten und bei einem Organismus im Laufe seiner Entwicklung zeitlich und räumlich begrenzt sein können. Zum anderen gilt, dass die hier getroffenen Unterscheidungen zwar begrifflich scharf, in der Natur aber weniger deutlich ausgeprägt sein können. Es kann von der Größe der Beute abhängen, ob sich das gleiche Tier wie ein Räuber oder ein Parasit verhält (Beispiel: Bremse tötet ein Insekt, aber entnimmt einem größeren Tier nur Blut). Selbst die Unterscheidung von ↗Parasitismus und ↗Symbiose ist nicht immer leicht, da das labile Gleichgewicht eines avirulenten Parasitismus oder das stabile einer Symbiose vorliegen kann. Fließend sind auch die Übergänge von der Entökie zum Parasitismus oder die Unterscheidung von Phytoparasiten zu harmlosen »Weidegängern«, da sie stark von der Fähigkeit der betroffenen Pflanze abhängt, neues Gewebe zu bilden und Schäden zu kompensieren. [OF]

biotisches Ertragspotenzial, die Fähigkeit des Naturraumes ertragsmäßig verwertbare ⁊Biomasse zu erzeugen und die Wiederholbarkeit dieses Vorganges im Sinne der ⁊Nachhaltigkeit dauerhaft zu gewährleisten. Das Ertragspotenzial wird auch als Produktionsfunktion eines entsprechenden Naturraumes bezeichnet. Es ist Bestandteil des ⁊Leistungsvermögens des Landschaftshaushaltes. Teilpotenziale des Ertragspotenzials sind das land- und forstwirtschaftliche sowie das fischereiwirtschaftliche Ertragspotenzial.

biotisches Subsystem ⁊abiotisches Subsystem.

Biotit, nach dem franz. Physiker J. B. Biot (1774–1862) benannter, dunkler ⁊Glimmer mit der chemischen Formel: $K(Mg,Fe^{2+})_3[(OH,F)_2(Al,Fe^{3+})Si_3O_{10}]$; Härte nach Mohs: 2,5–3; Dichte: 3–3,1 g/cm³; wichtiges, gesteinsbildendes Mineral in kristallinen Gesteinen; sowohl als primäres Mineral in ⁊Magmatiten, als auch als metamorphes Produkt in Gneissen und ⁊Schiefern und als detritisches Mineral in Sandsteinen und anderen Sedimentgesteinen.

Biotop, räumlich abgrenzbarer Lebensraum einer aus Pflanzen und Tieren gebildeten Lebensgemeinschaft (⁊Biozönose). Er weist eine mehr oder minder einheitliche Beschaffenheit biotischer (und häufig auch abiotischer) Merkmale auf, anhand derer er sich von seiner Umgebung abgrenzen lässt. Biotop ist ein wertneutraler Begriff, er besagt nichts über eine eventuelle Schutzwürdigkeit aus naturschutzfachlicher Sicht. Eine Landschaft besteht aus einem Mosaik unterschiedlicher Biotope, das großflächig ausgeprägt sein (z. B. Ackerlandschaften Ostdeutschlands) oder eine große Mannigfaltigkeit auf engem Raum aufweisen kann (z. B. peripher gelegene Mittelgebirgslandschaften mit geringen Bodenwertzahlen, kleinparzellierter Nutzung und kleinräumig wechselnden Standortbedingungen). Ein Biotoptyp ist ein abstrahierter Typus aus der Gesamtheit gleichartiger Biotope, der mit seinen ökologischen Bedingungen weitgehend einheitliche Voraussetzungen für Lebensgemeinschaften oder deren Teile bietet. In der ⁊Kulturlandschaft sind Biotoptypen in der Regel durch Auswirkungen anthropogener Nutzung wesentlich mitbestimmt. Als Biotopkomplex wird eine charakteristische, häufig wiederkehrende Kombination von Biotoptypen in festem räumlichen Gefüge verstanden, beispielsweise entlang ökologischer Gradienten (⁊Ökoton). Biotopelemente sind strukturelle Bestandteile eines Biotops, die typische Biotopqualitäten darstellen und in verschiedenen Biotoptypen vorkommen können (zur Differenzierung der Begriffe siehe Abb.). Aufgrund des starken Rückgangs naturnaher Biotope und Halbkulturbiotope (durch traditionelle anthropogene Nutzung entstanden) zählt Biotopschutz heute zu den zentralen Aufgaben im ⁊Naturschutz: Biotopschutz bezeichnet Bestrebungen zum Erhalt und zur Entwicklung von Lebensräumen von aus Pflanzen und Tieren gebildeten Artengemeinschaften mit dem Ziel der Erhaltung möglichst vollständiger Biozönosen. Die Schutzbedürftigkeit einzelner Biotope (Biotopbewertung) wird vor allem anhand der Kriterien Seltenheit, Gefährdung und Flächengröße bewertet, unter Berücksichtigung von Vorkommen gefährdeter Arten (⁊Art). Biotopschutz schließt die Neuschaffung von Lebensräumen durch Renaturierung, soweit möglich, ein. Mit dem Ziel einer Inventarisierung in einem Gebiet vorkommender Biotope finden Biotopkartierungen statt. Als fundierte Grundlage für eine ökologische Planung sollte eine flächendeckende Biotopkartierung erfolgen. Eine selektive Erfassung beschränkt sich auf die (subjektiv) als schutzbedürftig erachteten Biotope. [EJ]

Biotoptypenkartierung, flächenhafte Erfassung von Biotoptypen als Grundlage für die ⁊Landschaftsplanung und die Beurteilung von Eingriffsvorhaben. Im Gegensatz zur selektiven Biotopkartierung werden bei der Biotoptypenkartierung alle Biotopbestände eines Gebietes erfasst, indem sie einem durch die Biotoptypenliste und den Kartierschlüssel definiertem Biotoptyp zugeordnet werden. Bei der Definition der verschiedenen Biotoptypen spielt die Vegetation eine wichtige Rolle, daneben werden auch unterschiedliche Nutzungsformen und Strukturen der Landschaft berücksichtigt.

Biotopverbundsystem, funktionierender räumlicher Kontakt (*ökologische Vernetzung*) zwischen Lebensräumen, ohne dass diese direkt miteinander verbunden sein müssen. Die zwischen gleichartigen ⁊Biotopen liegenden Flächen sollten für Organismen überwindbar sein, sodass ein Austausch von Individuen möglich ist. Das Konzept des Biotopverbunds im Rahmen von Bestrebungen zum ⁊Naturschutz versucht, durch entsprechende Gestaltung der Landschaft in Agrar-, Wald- und Siedlungsräumen einen intensiven Individuenaustausch zwischen Lebensräumen zu ermöglichen. Das Konzept verfolgt nebeneinander in relativ gleichrangiger Form vier Strategien: a) Ein Schutzgebietssystem mit großflächigen Vorranggebieten des Naturschutzes, zum Teil als Totalreservate (⁊segregativer Ansatz), soll ⁊Biozönosen mit möglichst vollständigem Arteninventar als genetisch stabile Dauerlebensräume sichern. Ihre Konzeption muss sich folglich an den Flächenansprüchen der ökologischen Spitzenarten orientieren. b) Trittsteinbiotope zwischen den großen Schutzflächen können kleinflächiger sein, da ihre Hauptfunktion in der Ermöglichung einer zeitweisen Besiedlung und ggf. Reproduktion besteht. Die Bezeichnung großflächiger Schutzgebiete und von Trittsteinen kann je nach

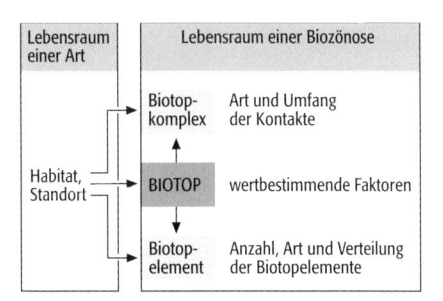

Biotop: Gliederungsebenen der verschiedenen Biotop- oder Lebensraum-Begriffe.

Raumanspruch der betrachteten Organismen sehr unterschiedlich sein. Beides sind Vorranggebiete des Naturschutzes. c) Korridorbiotope linearer Erstreckung sollen in der Theorie vorrangig den Individuenaustausch zwischen Schutzgebieten und Trittsteinen ermöglichen. In der Praxis scheint ihre Funktion als Lebensraum eigenständiger Biozönosen (↗Ökoton) gegenüber der Austauschfunktion zu dominieren. Letztere ist vor allem für anspruchslose, euryöke Arten nachzuweisen, weniger für die stenöken Arten, die aus naturschutzfachlicher Sicht vielfach als Zielarten (↗Art) dienen. d) Auf allen übrigen Flächen sollte durch Integration des Naturschutzes in die anthropogene Flächennutzung eine Nutzungsextensivierung realisiert werden, insbesondere um die starke Isolationswirkung der Nutzflächen auf Flora und Fauna durch Umstellung auf schonendere Wirtschaftspraktiken zu reduzieren und die überwiegend chemischen Belastungen (Düngung, Pestizide, Versauerung unter Nadelholzforsten innerhalb der Nutzflächen und darüber hinaus wirkend) zu verringern. Dieses theoretische Konzept wird in der Praxis jedoch in aller Regel nicht umfassend verwirklicht, sondern vielfach auf die Anlage eines Heckennetzes beschränkt. Dieser reduktionistische Ansatz kann als Biotopvernetzung bezeichnet werden, er darf nicht den umfassenderen Zielen von Biotopverbundsystemen gleichgesetzt werden. Wesentliche theoretische Grundlage des Konzepts von Biotopverbundsystemen sind die Ergebnisse der ↗Inselbiogeographie. [EJ]

Biotopwechsel, *Gesetz des Biotopwechsels, Gesetz der relativen Standortskonstanz*, von ↗Walter als ökologische Gesetzmäßigkeit formulierte Beobachtungen, dass Arten (bzw. Pflanzengesellschaften) bei einem gerichteten Klimagradienten innerhalb ihres Areals einen Biotopwechsel (bzw. Wuchsortwechsel) derart zeigen, dass die Klimaänderung möglichst kompensiert wird. Hierdurch bleibt die abiotische Umwelt (v. a. der Temperatur- und der Wasserfaktor) mehr oder weniger konstant (z. B. werden nordische Arten weiter im Süden zu Gebirgspflanzen, mediterrane Arten treten im Norden nur in Südexposition auf). An den Arealgrenzen verengt sich oft die ↗ökologische Amplitude.

Biotropie, beschreibt die Wirkungen bestimmter Wetterphänomene (Wetterakkord) auf das psychische und physische Befinden des gesunden und kranken Menschen (↗Wetterfühligkeit). Biotrope Wetterlagen sind solche, während derer bestimmte Befindensstörungen, Krankheitsbilder bzw. Todesfälle gehäuft auftreten. Hierzu zählen z. B. Tiefdruckwetterlagen, Föhn und Wetterwechsel. Bei Warmfronten werden verstärkt Beschwerden bei Kreislauferkrankungen und entzündlichen Prozessen beobachtet, bei Kaltfronten hingegen vermehrt Krämpfe und Koliken. Bei (austauscharmen) Stagnationswetterlagen (»Null-Wetterlagen«) treten häufiger Infarkte und Depressionen auf.

Bioturbation, durch Aktivität von Organismen erzeugte Texturen im Boden (↗Bodenfauna) bzw. Sediment, wodurch sowohl durch endogene (im Sedimentinneren) als auch exogene (an der Sedimentoberfläche angelegte) Bauten die ursprüngliche Schichtung zerstört wird. ↗Turbation.

Biozid, allgemeine Bezeichnung für Stoffe, die zwar für die Bekämpfung von als schädlich oder gefährlich angesehenen Organismen in der Land- und Forstwirtschaft, im Gartenbau, in Gebäuden, Grünanlagen, auf Lagerplätzen, in Vorrats- und Produktionsstätten der Lebensmittel-, der Pflanzenfaser- und Holzverarbeitung sowie in der Seuchenhygiene bestimmt sind, aber zugleich für Lebewesen und Lebensvorgänge allgemein schädlich oder giftig sind. Das gilt vor allem für persistente, schwer abbaubare, lange wirksame Stoffe, die in den Nahrungsketten Pflanze-Tier-Mensch weitergegeben und dabei durch den biochemischen Stoffwechsel in manchmal noch giftigere Verbindungen (Metabolite) umgewandelt werden. Gerade diese Eigenschaft, die äußerste Vorsicht im Umgang mit den Stoffen und Kontrolle ihrer Anwendung gebietet, hat die Bezeichnung Biozid veranlasst. Der meist synonym gebrauchte Name ↗Pestizid wird mehr auf die bestimmungsgemäße Verwendung bezogen; doch durch deren Neben- und Nachwirkungen wird ein Pestizid zum Biozid. Ein bekanntes Beispiel ist die Nachwirkung des Insektizids ↗DDT, das über die Nahrungskette in Vögel gelangt und deren Kalkstoffwechsel so beeinträchtigt, dass die Eischalen durch Kalkmangel destabilisiert wurden und beim Brüten zerbrachen. Dieser Befund hat wesentlich zum Verbot des DDT in Europa beigetragen. [WHa]

Biozone, *Zone*, durch ein ↗Leitfossil gekennzeichneter Abschnitt einer Schichtenfolge (↗Stratigraphie).

Biozönose, 1) *Ökologie*: *Lebensgemeinschaft, community*, bezeichnet das Zusammenleben von Pflanzen- und Tierarten in einem Raumausschnitt, der durch relativ einheitliche Standort- und Lebensbedingungen gekennzeichnet ist (= ↗Biotop). Eine Lebensgemeinschaft setzt sich zusammen aus Pflanzengemeinschaften (↗Phytozönosen) und Tiergemeinschaften (↗Zoozönosen), die sich jeweils durch eine den Standortbedingungen entsprechende, mehr oder weniger typische Vergesellschaftung ihrer Arten auszeichnen. Die Arten von Lebensgemeinschaften, d. h. ihre Individuen und Populationen, stehen in vielfältigen räumlichen, zeitlichen, energetischen und biologischen Wechselbeziehungen zueinander (*Beziehungsnetz*), wobei innerartliche und zwischenartliche ↗Konkurrenz um Ressourcen, z. B. um Raum, Licht, Wasser und Nahrung sowie direkte Nahrungsbeziehungen (Räuber-Beute-Beziehungen) als besonders wichtig hervorzuheben sind (Abb. 1). Lebensgemeinschaften haben eine räumliche und eine zeitliche Dimension. Während sich die Zusammensetzung und der Aufbau der Phytozönosen in hohem Maße an den abiotischen Standortbedingungen orientieren und sich entlang von Umweltgradienten ändern, sind für die Zoozönosen, die von der Vegetation bereitgestellten Nahrungsressourcen und

Habitatstrukturen eine weitere wichtige Voraussetzung zur Etablierung. Die Grenzen von Phyto- und Zoozönosen verlaufen aufgrund dieser unterschiedlichen ursächlichen Bedingtheit und aufgrund der sog. Mehrfachbiotopansprüche (Habitatvielfalt) vieler Tierarten nicht völlig identisch, was der Biozönose insgesamt unscharfe räumliche Grenzen verleiht. Auch die Tatsache, dass Lebensgemeinschaften keine statischen Gebilde sind, sondern dynamische Funktionseinheiten, die sich im Laufe der Zeit ändern (↗Sukzession), führt dazu, dass sie nicht eindeutig voneinander abgegrenzt sind, sondern ein durch vielfältige Übergänge geprägtes räumliches und zeitliches Muster bilden. Die Struktur und die Sukzession von Lebensgemeinschaften wird in der Regel von Pflanzen und ihren Gesellschaften in ihrer Eigenschaft als Basis aller ↗Nahrungsketten bestimmt, während Tiergemeinschaften der Entwicklung meist passiv folgen und nur seltener aktiv in das Geschehen oder die Strukturbildung eingreifen. Lebensgemeinschaften können auf allen Maßstabsebenen definiert und untersucht werden. Auf der globalen Betrachtungsebene, auf der recht grobe Verteilungsmuster erkannt und gesetzmäßig zusammengefasst werden, lassen sich beispielsweise die winterkahlen Laubwälder der gemäßigten Breiten als eine Lebensgemeinschaft definieren, deren Existenz und ökologische Charakteristika großklimatisch bedingt sind. Auf der lokalen Ebene lassen sich innerhalb der laubwerfenden Wälder der Mittelbreiten aber z. B. auch die bodensauren Eichen-Trockenwälder des Mittelrheintales als eine eigene Lebensgemeinschaft ausgrenzen. Ihre besondere Struktur und ökologischen Eigenheiten werden durch eine extreme meso- und mikroklimatisch sowie edaphisch bedingte Standorttrockenheit hervorgerufen. Das Beispiel zeigt auch: Lebensgemeinschaften besitzen kollektive und übergeordnete, aber auch emergente Eigenschaften, die sich durch spezifische Wechselbeziehungen voneinander unterscheiden. Werden nur die Populationen eines ↗Taxon einer Biozönose (Spinnen-Gemeinschaft der Streuauflage) betrachtet, so sollte im Englischen der Ausdruck ↗Assemblage verwendet werden. Weitere Eingrenzungen sind lokale ↗Gilde und Ensemble (Abb. 2). **2)** ↗*Medizinische Geographie*: Biozönose einer Krankheit, alle Faktoren, die das Auftreten oder die Verbreitung dieser Krankheit in der Population eines umschriebenen Gebietes beeinflussen und kennzeichnen. Die Biozönose der Krankheiten ist der Forschungsgegenstand von ↗disease ecology. Eine Krankheitsbiozönose, bei der Krankheitserreger in Tierpopulationen persistieren können und von dort sporadisch auf den Menschen übergehen, begründet eine ↗Anademie der betreffenden Krankheit.
biozönotische Grundprinzipien, regelhafte Zusammenhänge zwischen ↗Diversität und ↗Stabilität von ↗Biozönosen: a) Vielseitige Lebensbedingungen ermöglichen hohe Artenzahlen mit geringen relativen Individuendichten. b) Einseitige und extreme Lebensbedingungen führen zu wenigen Arten mit hohen relativen Individuendichten. Der Zusammenhang von Diversität, Komplexität und Stabilität gilt heute als wissenschaftlich nicht gesichert.
biozönotisches Gleichgewicht ↗*ökologisches Gleichgewicht*.
BIP ↗*Bruttoinlandsprodukt*.
bipolare Struktur ↗*duale Struktur*.
Bishop-Ring ↗*Beugung*.
bivariate Statistik ↗*Statistik*.
BK 25 ↗*Bodenkarten*.
Black Box, aggregiertes Modelll, das in formaler Weise korrekt die Beziehung zwischen Input und Output eines Systems vermittelt. Die mathematische Struktur wird nicht zwingend auf mechanistische Vorstellungen zurückgeführt. Beispiele sind hydrologische Systemmodelle, die durch Transferfunktionen eine Beziehung zwischen ↗Niederschlag und Hydrograph herstellen.
Black-Box-Modell, Modell zur Beschreibung von Phänomenen mithilfe von Variablen bzw. Indikatoren, die aber nicht eine kausale Erklärung des Phänomens liefern. Im Extremfall sind die beschreibenden Variablen reine Zufallsvariablen, d. h. $X = f(\varepsilon_1, \varepsilon_2, ..., \varepsilon_m)$.
Blattfall, Abwurf der Assimilationsorgane (Blätter, Nadeln) bei Holzgewächsen. Generell haben Blätter eine kürzere Lebensdauer als die Sprossachse, sodass sie früher oder später von ihr abfallen. Bei sommer- oder regengrünen Arten bleiben die Blätter nur eine Vegetationsperiode erhalten und werden zu Beginn ungünstiger Jahreszeiten (Kälte- oder Trockenzeiten) abgeworfen. Dies erfolgt je nach Art obligat oder fakultativ. Bei immergrünen Arten bleiben die Blätter über mehrere Vegetationsperioden erhalten. Sie besitzen aber ebenfalls nur eine beschränkte Le-

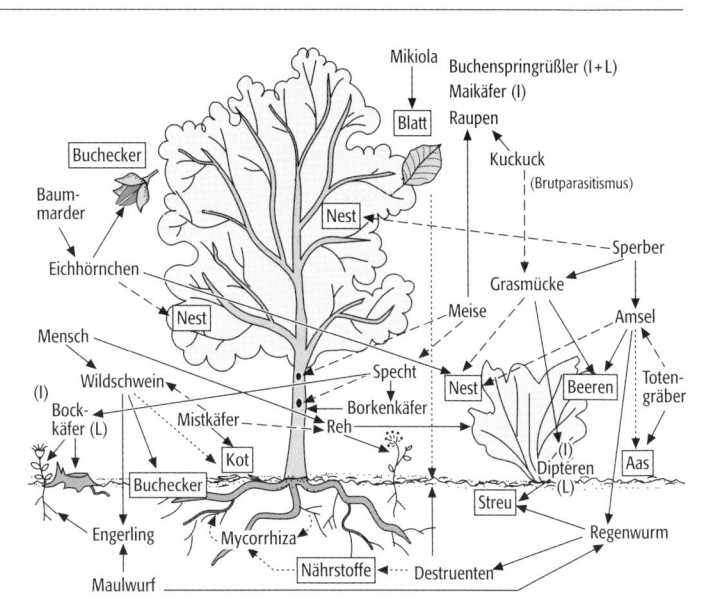

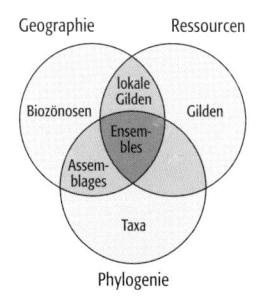

Biozönose 1: Ausschnitt des Beziehungsgefüges (biozönotischer Konnex) im Rotbuchenwald (I = Imago, L = Larve).

Biozönose 2: Durch die geographische, taxonomische und die Ressourcennutzung betreffende Einschränkung der untersuchten Populationen operational definierte biozönotische Begriffe.

Blattflächenindex

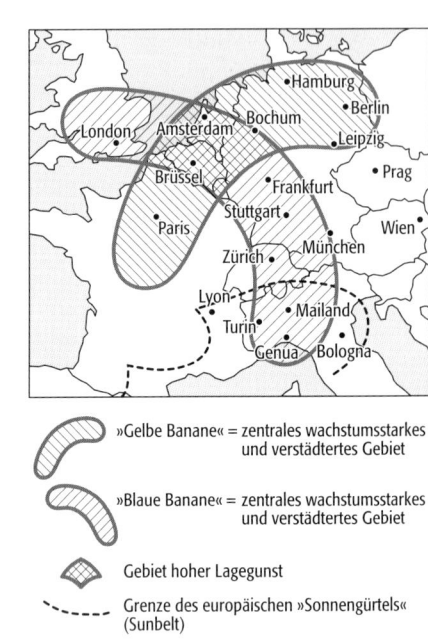

Blaue Banane: Kreuzbanane des Wohlstands in Europa.

bensdauer (z. B. bei Stechpalme, Ölbaum und Waldkiefer zwei Jahre; bei Lorbeer und Rotfichte fünf bis sechs Jahre). Der Blattabwurf dient auch einer Entschlackung, indem angereicherte Stoffe abgegeben werden. Der Blattfall ist ein aktiver Prozess, der über biochemische Abläufe gesteuert und durch die Bildung eines Trenngewebes an der Basis des Blattstiels ermöglicht wird. [TSc]

Blattflächenindex, *BFI*, *Leaf Area Index*, *LAI*, Messzahl für die Belaubungsdichte der Pflanzendecke. Der Blattflächenindex gibt an, wie groß die Oberfläche sämtlicher Blätter der Pflanzen über einer bestimmten Bodenfläche ist:

$$BFI = \frac{Gesamtsumme\ der\ Blattflächen}{Bodenoberfläche}.$$

Der BFI erreicht Werte zwischen 0,45 (bei nivalen ↗Polsterpflanzen) bis 14 bei ↗Hochstaudenfluren. In Ausnahmefällen, bedingt durch zusätzliche laterale Strahlung, kann dieser Wert sogar bis auf >20 ansteigen. Die ↗Primärproduktion erreicht bei mittleren Werten des BFI (bei Nutzpflanzen um 4) ihr Maximum. Wird der Pflanzenbestand nämlich zu dicht, ist die Gaswechselbilanz an schattigen Standorten nicht mehr positiv. Diese Strahlungsminderung wird durch den auf ↗Walter, Heinrich zurückgehenden Begriff des ↗relativen Lichtgenusses gekennzeichnet. Als weitere wichtige Größe hängt vom BFI die Interzeption (↗Evaporation) ab. So steigen die Interzeptionsverluste mit zunehmendem Niederschlag und BFI erheblich an. Entsprechende Analysen beim Ackerbau zeigen eine vergleichsweise hohe Interzeption beim Anbau von Hafer und Kartoffeln, eine geringere zum Weizen. In dichten Waldbeständen können sich schließlich Interzeptionsverluste von bis zu 50 % ergeben.

Blattnekrose, Absterben von Blättern durch Einwirkung von ↗Luftschadstoffen.

Blattstreu ↗Streu.

Blattverschiebung, eine ↗Verwerfung, bei der der weitaus überwiegende Teil der Bewegung horizontal und damit parallel zum ↗Streichen der Verwerfung erfolgte (Abb.). Blattverschiebungen sind im Kartenbild oft leicht zu erkennen, wenn bei jungen Bewegungen Oberflächenstrukturen (wie Bergrücken oder Flusstäler) disloziert werden. Die San Andreas Fault in Kalifornien besitzt zum größten Teil den Charakter einer Blattverschiebung. Die *Transformstörung* ist eine charakteristische Blattverschiebung an ↗mittelozeanischen Rücken, entlang der die Rücken versetzt sind.

Blaualgen ↗Algen.

Blaue Banane, gekrümmtes Agglomerationsband vom Großraum London über die holländische Randstadt, den Ballungsraum Brüssel, das Rhein-Ruhrgebiet, den Raum Rhein-Main und Rhein-Neckar, über die östliche Schweiz bis hin zum norditalienischen Dreieck Turin-Mailand-Genua. Es ist ein Gebiet mit vergleichsweise dynamischer Wirtschaft und Wohlstand sowie starker Verkehrsverflechtung. Dieser Raum kann als blau gefärbtes Rückgrat der westeuropäischen Dyna-

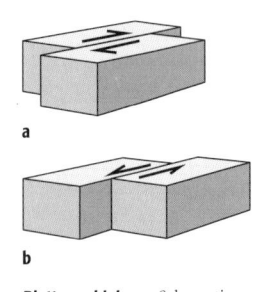

Blattverschiebung: Schematische Darstellung von Blattverschiebungen. a) rechtsseitige Blattverschiebung, b) linksseitige Blattverschiebung.

»Gelbe Banane« = zentrales wachstumsstarkes und verstädtertes Gebiet

»Blaue Banane« = zentrales wachstumsstarkes und verstädtertes Gebiet

Gebiet hoher Lagegunst

Grenze des europäischen »Sonnengürtels« (Sunbelt)

mik markiert werden (Blaue Banane). Quer dazu verläuft der südeuropäische Sonnengürtel an der Mittelmeerküste zwischen der nordöstlichen Adria bis hin zum mittelspanischen Küstensaum. Eine weitere quer dazu verlaufende europäische Entwicklungsachse lässt sich zwischen dem Großraum Paris über das Rhein-Ruhrgebiet, Hannover, Berlin weiter in Richtung Osten erwarten (Gelbe Banane). Abb.

Blaueis, existiert in der Antarktis an Stellen, an denen der direkte Eisabfluss zur Küste bzw. dem ↗Eisschelf blockiert ist. ↗Ablation findet ausschließlich durch ↗Sublimation statt. Blaueisfelder sind durch gehäufte Funde von Meteoriten bekannt geworden, die durch die Blockade des Eisabflusses dort gehäuft auftreten. Außerhalb der Polargebiete wird klares ↗Gletschereis je nach Farbintensität ebenfalls als Blaueis bezeichnet.

Blauthermik, *Trockenthermik*, konvektiver Aufstieg von Luftmassen, ohne dass es zu ↗Kondensation kommt. Führt die Einstrahlung und Erwärmung von oberflächennaher Luft zur ↗Konvektion, so lösen sich einzelne Luftmassen und steigen auf. Wird dabei der Taupunkt nicht erreicht, erfolgt der Anstieg nur trockenadiabatisch und es liegt Blauthermik vor. Da keine Kondensationswärme frei wird, ist die Vertikalgeschwindigkeit geringer als bei der Ausbildung von Cumuli, bei der sog. Cumulusthermik vorliegt. ↗Thermik.

Bleicherde, *Ae-Horizont*, ↗Bleichsand.

Bleichsand, *Bleicherde*, *Ae-Horizon*, durch ↗Podsolierung verursacht.

blight, baulicher und sozialer Verfall, der durch Nutzung (Abwohnen, Abnutzen), Planung (Planungsvernachlässigung, vorgesehene Sanierungsmaßnahmen), private Disinvestition sowie Bevölkerungsprozesse (↗Suburbanisation, ↗Invasion, ↗Sukzession sowie Abwanderung) verursacht sein kann und sich in ↗funktionalem

Stadtverfall sowie Verfall der gewerblichen Strukturen (commercial blight), der Industrieanlagen (industrial blight) oder der Wohnungssubstanz (↗Slums) zeigt.

Blindtal, Tal in einer ↗Karstlandschaft, das an einem Gegenhang blind endet. Das oberirdisch fließende Wasser führt zur ↗Fluvialerosion, jedoch besitzt das entstehende Tal keinen oberirdischen Ausgang. Das Wasser verschwindet in einem Schluckloch (Ponor) und fließt unterirdisch ab.

Blitz, Entladungsprozess in der Atmosphäre. Die häufigste Form ist der an einen Blitzkanal gebundene *Linienblitz* innerhalb von Gewitterwolken oder zwischen Erdoberfläche und Wolke (↗Gewitter). Wesentlich seltener sind andere Formen der Entladung.

Der Linienblitz erfolgt, wenn aufgrund von Ladungstrennungen zwischen Erde und Wolke eine kritische Durchbruchsfeldstärke überschritten ist. Der Blitz ist in mehrere Phasen gegliedert (Abb.). Ein nur schwach leuchtender Vorblitz schafft durch Stoßionisation einen elektrisch leitenden Kanal, den *Entladungskanal*. Er hat für die gesamte Entladung eine steuernde Funktion, indem er wie ein elektrischer Leiter wirkt und die Hauptentladung über eine Weglänge von bis zu mehreren tausend Metern ermöglicht. Der Vorblitz erfolgt mit einer Geschwindigkeit von ca. 150 km/s von oben nach unten. Dieser Prozess erfolgt in einzelnen Abschnitten und ist mit Richtungswechseln verbunden. Der Blitzkanal weist eine hohe Ionendichte auf, wodurch er die elektrische Leitfähigkeit erhöht und die Hauptentladung an sich bindet. Wenn die Spitze des Vorblitzes fast die Erdoberfläche erreicht hat, erfolgt von der Erde her ein Kurzschluss zwischen der positiv geladenen Erdoberfläche und der negativ geladenen Spitze des Vorblitzes. Sie beginnt meist von erhabenen Punkten wie Gebäudespitzen, Bäumen oder Berggipfeln. Dies ist der stark leuchtende Hauptblitz. Er nutzt den Blitzkanal und hat eine Geschwindigkeit von ca. 100.000 km/s, braucht also nur wenige Mikrosekunden. Die Stromstärke beträgt 10.000 bis 50.000 A, bei extremen Blitzstärken über 100.000 A. Der Entladungskanal wird dabei auf Temperaturen von 20.000 bis 30.000°C erhitzt. Nach einer Pause von einigen hundertstel Sekunden folgt auf dem Blitzkanal eine schwache Entladung von oben nach unten mit einer Geschwindigkeit von ca. 3000 km/s. Dadurch wird die Ionendichte im Blitzkanal wieder erhöht. Hat diese Entladung den Erdboden erreicht, so folgt die zweite, wiederum stark leuchtende Hauptentladung von unten nach oben. Nach dem gleichen Muster folgen noch weitere Entladungen, wobei die Stromstärke abnimmt, bis die Entladung so weit erfolgt ist, dass die Durchbruchsfeldstärke nicht mehr erreicht wird. Die gesamte Dauer des Blitzes beträgt nur wenige Zehntelsekunden, weshalb das Auge nur ein, zuweilen jedoch flackerndes, Leuchten wahrnimmt.

Der Blitzüberschlag von der Wolke zur Erde ist die häufigere, derjenige von der Erde zur Wolke der seltenere Vorgang, dabei sind die dargestellten Richtungen jeweils vertauscht. Die Folge der schlagartigen Erhitzung des Blitzkanals ist der *Donner*. Die hohe Temperatur im Entladungskanal bewirkt eine explosionsartige Ausdehnung der Luft mit Überschallgeschwindigkeit. Dies bewirkt in der Nähe einen hochfrequenten Explosionsknall. Die Frequenzabhängigkeit der Schallabsorption in der Atmosphäre, bei der hochfrequente Geräusche am stärksten absorbiert werden, sowie die Überlagerung mit Echos bewirken, dass der Schall mit zunehmender Entfernung tiefer wird und als mehr oder weniger lang anhaltendes Donnern wahrgenommen wird. Aufgrund der Frequenz kann die Entfernung des Blitzes geschätzt, aufgrund der Ausbreitung der Schallwellen mit 228 m/s (bei 20°C) bei einer Messung des Zeitintervalls zwischen Blitz und Eintreffen des Schallsignals auch genauer bestimmt werden. Der Donner ist in einer Entfernung von 15 bis 25 km vom Blitz zu hören. In größeren Entfernungen ist in der Nacht nur noch der Blitz oder sein Widerschein an Wolken zu sehen. Man spricht von Wetterleuchten.

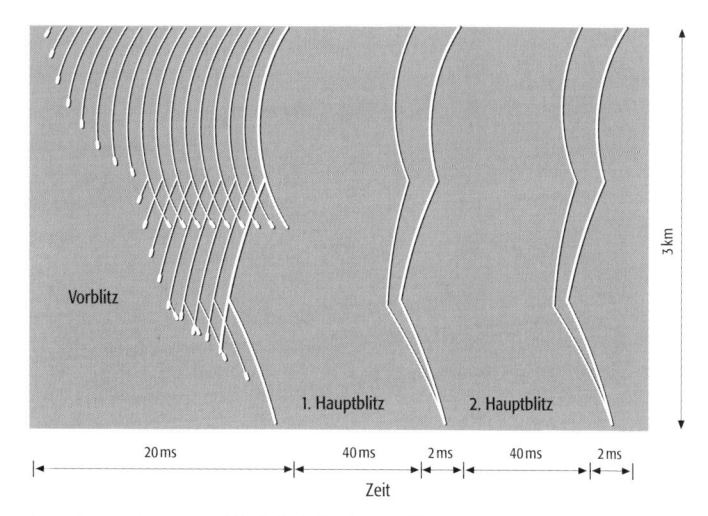

Die Entladungsprozesse in Gewitterwolken führen zu elektromagnetischen Störungen, welche sich in der Atmosphäre ausbreiten und an der Ionosphäre und Erdoberfläche reflektiert werden. Sie werden als Atmospherics oder Spherics bezeichnet und stören die künstlichen Radiowellen. Beim Empfang ist dann ein Knistern zu hören.

Die Häufigkeit von Blitzeinschlägen am Boden korreliert nicht nur positiv mit der Blitzhäufigkeit, sondern auch negativ mit der Höhe der Wolkenuntergrenze. Deshalb ist die relative Häufigkeit von Einschlägen in den Tropen mit höherer Wolkenuntergrenze niedriger als in den mittleren Breiten.

Eine seltene Sonderform des Blitzes sind *Kugelblitze*, damit werden gelb bis rot leuchtende Kugeln von ca. 20 cm Durchmesser beschrieben, welche an starke Raumladungen gebunden sind. Sie bewegen sich – meist vom Einschlagpunkt eines Linienblitzes aus – in horizontaler Richtung über der Erdoberfläche, bis sie geräuschlos erlö-

Blitz: Vorgänge während der Blitzentladung (ms = Millisekunden).

schen oder mit einem explosionsartigen Knall zerplatzen. Kugelblitze können sich vereinzelten Beobachtungen zufolge durch feste Materialien hindurch bewegen. Möglicherweise handelt es sich bei Kugelblitzen um Diffusionsverbrennungen von entzündlichen Gasen wie Methan oder Wasserstoff, die im Blitzkanal entstehen.
Eine andere ebenfalls sehr seltene Sonderform sind *Perlschnurblitze*. Dabei gliedert sich der Blitzkanal in einzelne leuchtende Segmente, die aus der Entfernung als Perlschnur erscheinen. Befriedigende wissenschaftliche Erklärungen von Kugelblitz und Perlschnurblitz stehen noch aus. Wahrscheinlich sind es unterschiedliche Erscheinungsformen des Plasmas im Blitzkanal. [JVo]
Literatur: SCHLEGEL, K. (1999): Vom Regenbogen zum Polarlicht. Leuchterscheinungen in der Atmosphäre. – Heidelberg und Berlin.
Blizzard, extrem starker, mit Sturm verbundener Schneefall. Ein Blizzard entsteht durch einen Kaltlufteinbruch in äquatornähere Gebiete an der Rückseite eines Tiefdruckgebietes im Winter Nordamerikas.
Blockflur, Verbund von Ackerparzellen mit einem Verhältnis von größter Breite zu größter Länge von 1:1 bis 1:2,5. Die Blockgrößen schwanken zwischen einigen Quadratmetern bis vielen Quadratkilometern. ↗Flurformen.
blockfreie Bewegung, *Non-aligned Movement*, wurde 1961 in Belgrad unter der Führung Indiens, Jugoslawiens und Ägyptens gegründet, um mehr Unabhängigkeit gegenüber den Machtblöcken in Ost und West zu erreichen. 1978 wurden die Grundmerkmale der *blockfreien Länder* als Freiheit von den Blöcken, Nichtbeteiligung an Militärbündnissen der Großmächte und Widerstand gegen alle Formen fremder Herrschaft definiert. Heute umfasst die blockfreien Bewegung 113 Mitglieder und ist durch ein Koordinationsbüro mit Sitz bei den Vereinten Nationen in New York vertreten. Ihr Wirkungsfeld hat sich von der Blockfreiheit auf den ↗Nord-Süd-Konflikt verlagert, was sich u. a. an der Forderung nach einer ↗Neuen Weltwirtschaftsordnung und an der Wiederbelebung des Nord-Süd-Dialogs zeigt.
blockfreie Länder ↗blockfreien Bewegung.
Blockgletscher, *rock glacier*, *Schuttgletscher*, sind große, meist zungenförmige gefrorene Schuttmassen in Gebirgsregionen, welche sich mit Geschwindigkeiten von einigen Zentimetern bis mehreren Metern jährlich tal- bzw. hangabwärts bewegen. Die meist aus grobblockigem Schutt bestehenden Blockgletscher treten nur im Bereich von ↗Permafrost auf, als dessen sicherer Indikator sie gelten. Das Eis im Schuttkörper ist ↗Grundeis, also ↗periglazialer Entstehung. Die Bezeichnung Block-»gletscher« basiert lediglich auf der teilweise morphologischen Ähnlichkeit mit Gletscherzungen (↗Gletscher, ↗Gletschertypen). Blockgletscher entstehen durch das Gefrieren größerer Schuttmengen und die Bildung von *Klufteis* (interstitial ice), welches Voraussetzung für die komplexe Bewegung der Blockgletscher ist. Nahezu übereinstimmend werden stark mit supraglazialem Material bedeckte Gletscher (↗Moränen) nicht als Blockgletscher definiert, da das Eis hierbei nicht periglazialen, sondern glazialen Ursprungs ist. Zur Bildung eines Blockgletschers werden große Akkumulationen von grobem Lockersediment benötigt. Dies können Hangschuttablagerungen, aber auch Moränen sein. Abhängig vom Materialangebot und Relief entwickeln Blockgletscher unterschiedliche Morphologie und Dimension. Aktive Blockgletscher bewegen sich nachweislich und sind durch eine steile, wulstartige Front sowie deutliche Fließstrukturen auf der Oberfläche (oft ein lobenförmiges Rippenmuster) gekennzeichnet. Fossile Blockgletscher besitzen dagegen keinen Eiskern mehr und ihre Randpartien sind durch Massenverlagerungsprozesse deutlich abgeflacht. [SW]
blockierendes Hoch, stationäres warmes und hochreichendes ↗Hochdruckgebiet in den mittleren Breiten, die aus der Abschnürung eines vom subtropischen Hochdruckgürtel polwärts vorstoßenden Hochdruckkeils entsteht (↗Cut-off-Prozess). Es blockiert die Westströmung und erzwingt dadurch an ihrer Westseite eine pol- oder äquatorwärtige Umlenkung der in der Westdrift wandernden ↗Zyklonen um das blockierende Hoch herum. Dieser Effekt wird ↗blocking action genannt. Wegen dieser Steuerungsfunktion, die blockierende Hochs auf den Verlauf der Zyklonenbahn ausüben, werden sie auch als steuernde Hochs oder Steuerungszentren bezeichnet. Infolge ihrer hohen Beständigkeit bestimmen blockierende Hochs die Witterung einer Region über ein bis zwei Wochen, oft auch bedeutend länger. Besonders häufig treten blockierende Hochs an der Westküste Europas und Nordamerikas im Spätwinter und Frühling auf. In Mitteleuropa bilden sie sich meistens aus einem Hochdruckkeil, der im Azorenhoch seinen Ausgang nimmt. [DKl]
blocking action, *blocking effect*, die Blockierung der ↗außertropischen Westwinddrift durch ein warmes ↗blockierendes Hoch, das bis in große Höhen reicht. Die Höhenströmung umströmt das blockierende Hoch in einer dem griechischen Großbuchstaben Omega Ω ähnlichen Form. Deshalb spricht man auch von einer Omegasituation. Blocking action kann im Verlauf des Indexzyklus' im Zusammenhang mit einer ↗Low-index-Zirkulation auftreten. Das blockierende Hoch kann durch einen ↗Cut-off-Prozess vertikal abgeschnitten werden und ist dann nur noch in der Höhenwetterkarte, aber nicht mehr am Boden erkennbar.
Blockmeer, *Felsenmeer*, eine Ansammlung von groben Blöcken (↗Wollsackverwitterung), die unter periglazialen Klimabedingungen durch Ausspülung von Feinmaterial entstanden ist. Blockmeere finden sich im z. B. im Harz, im Fichtelgebirge und im Bayrischen Wald. Wo die Blockanhäufungen in Tälern durch ↗Solifluktion zu zungenförmigen Gebilden umgeformt worden sind, spricht man von Blockströmen. Vergleichende Untersuchungen innerhalb und außerhalb der Reichweite des letzten Eisvorstoßes in Schottland haben gezeigt, dass die Frostverwitterung und Blockfeldbildung sich ganz überwiegend wäh-

rend der strengen Permafrostbedingungen des Hochglazials der ↗Weichsel-/Würm-Vereisung abgespielt haben. Während der ↗Jüngeren Dryaszeit ist es nur noch zu einer geringfügigen periglazialen Überprägung der Geländeoberfläche gekommen. Im Schottischen Hochland sind die meisten Hänge und Plateaus mit einem Schuttmantel bedeckt, dessen Tiefe i. A. bei 0,5–1 m liegt. Das Fehlen von erratischem Material weist darauf hin, dass es sich nicht um ehemalige Moränenablagerungen handelt, sondern um das Resultat von in situ erfolgter Frostverwitterung. Durch das ↗Auffrieren von Steinen erfolgt häufig eine Konzentration der Blöcke an der Geländeoberfläche, während darunter die Feinbestandteile angereichert werden. [JE]

Blockrutschung, spontane Massenbewegung in plastisch verformbaren Gesteinen relativ geringer Standfestigkeit, bei der der obere Teil der Rutschungsmasse seine innere Struktur beibehält. Bei einer Blockrutschung sind die Reibungskräfte im Inneren der Rutschungsmasse größer, als an der Gleitbahn. Man unterscheidet synthetische und antithetische Schollenbewegungen.

Blockstrom, Mehrzeitform in deutschen Mittelgebirgen (z. B. Harz, Fichtelgebirge, Odenwald) entstanden durch periglaziale Massenverlagerung, die grobe Blöcke solifluidal in feiner Matrix von Hängen ins Vorland transportiert hat. Durch Austrag des Feinmaterials im Holozän treten Blöcke zunehmend hervor (z. B. Basaltblockströme der Rhön). ↗Blockmeer.

blowout dune ↗*Parabeldüne*.

Blütenbestäubung, die Übertragung des Pollens auf die Samenanlagen. Bei Gymnospermen gelangt der Pollen über die Mikropyle direkt in die Samenanlage, während er bei Angiospermen auf die Narbe gebracht wird. Der Transport von Pollen geschieht v. a. durch Wind und Tiere (↗Fremdbestäubung). Teilweise wurde dabei im Laufe der ↗Evolution eine so weitgehende Anpassung der beiden Partner (Pflanze und Tier) erreicht, dass sie ohne einander nicht existieren können.

Blütenbildung, *Blüteninduktion*, der Wechsel einer Pflanze vom vegetativen in den generativen Zustand, ausgelöst von bestimmten Licht- und Temperaturverhältnissen. Insbesondere bei Wintergetreide, aber auch anderen winterannuellen, zweijährigen und ausdauernden Arten, wie *Erophila verna*, *Hyoscyamus niger* und *Lolium perenne*, erfolgt die für die Blütenbildung notwendige spezifische Ausdifferenzierung der Apikalmeristeme erst durch einen Kältereiz zwischen +1 und +9°C (↗Vernalisation), auf den häufig Langtagverhältnisse (Dauer >12 h) folgen müssen. Ohne diese Reizkombination bleiben sie steril. Man nimmt an, dass die Steuerung durch Phytohormone erfolgt. Die dabei ablaufenden biochemischen Vorgänge sind aber noch nicht endgültig geklärt.

Blütenpflanzen ↗*Spermatophyten*.

Blutregen, durch ockerfarbene, braune und rötliche Staubbeimengungen gefärbter ↗Niederschlag. Der Staub entstammt meist den subtropischen Trockengebieten und wird über weite Strecken transportiert. Analog dazu wird der Begriff des Blutschnees verwendet. Beim Schnee oder in Wasserpfützen ist die Diagnose nicht makroskopisch möglich, denn zuweilen handelt es sich um eine massenhafte Vermehrung von Blutalgen oder anderen Einzellern. ↗Aerosole, ↗Deposition.

BMZ, *Bundesministerium für wirtschaftliche Zusammenarbeit und Entwicklung*, gegründet am 14. November 1961. Dem BMZ oblag zunächst die Koordination der Entwicklungspolitik des Bundes, welche auf verschiedene Ministerien, einschließlich dem Auswärtigen Amt, verteilt war. Mit der Anerkennung der Eigenständigkeit der deutschen Entwicklungspolitik 1964 wurden dem BMZ die Zuständigkeit für die Grundsätze und Programme der Entwicklungspolitik sowie die Planung und Durchführung der ↗Technischen Entwicklungszusammenarbeit übertragen und 1972 schließlich die Zuständigkeit für die bi- und multilaterale ↗finanzielle Entwicklungszusammenarbeit. Es ist seither zuständig für die gesamte Konzeption und Planung, Durchführung und Evaluierung der bi- und multilateralen Entwicklungspolitik der Bundesregierung.

Bobek, *Hans*, österreichischer Geograph, geb. 17.5.1903 Klagenfurt, gest. 15.2.1990 Wien. Bobek studierte Geschichte, Geographie und Sozialwissenschaft in Innsbruck und promovierte dort 1926 mit einer stadtgeographischen Arbeit über Innsbruck. In dieser Arbeit und den getrennt publizierten theoretischen Überlegungen zu Grundfragen der Stadtgeographie wird erstmals in der deutschsprachigen Geographie auf die Notwendigkeit einer funktionellen sowie sozial orientierten Betrachtungsweise hingewiesen und eine sozialindikatorische Raumanalyse vorgelegt. Die Problematik der Stadt-Land-Beziehungen, die wenige Jahre später von ↗Christaller in der Theorie der zentralen Orte systematisch und nicht dem Landschaftskonzept verpflichtet behandelt wurde, griff Bobek nur ansatzweise auf. Nach dreijähriger Assistententätigkeit in Innsbruck folgte Bobek 1931 dem Angebot aus Berlin, die neu geschaffene Assistentenstelle bei ↗Krebs zu übernehmen. Er setzte die begonnenen geomorphologischen Studien fort und habilitierte sich 1935 mit einer Schrift über die Inntalterrasse, in der die Annahme einer »Schlusseiszeit« widerlegt wurde. Eine Dozententätigkeit durfte er erst 1938 aufnehmen, nachdem ihm gestattet wurde, den 1935 nicht bestandenen Lehrgang auf der NS-Dozentenakademie zu wiederholen. Bereits 1934 hatte Bobek auf einer längeren Forschungsreise, der 1936 eine kürzere folgte, glazialmorphologische Untersuchungen in iranischen Gebirgen durchgeführt. 1937 folgte eine Alpenvereins-Expedition in die Gebirge der südöstlichen Türkei. Bobeks Eindrücke und Informationen über die sozialen und ökonomischen Verhältnisse bildeten später die Grundlage für seine kultur- und stadtgeographischen Studien der bereisten Länder. Hierzu gehört vor allem die Theorie des ↗Rentenkapitalismus, die in der interdisziplinären Entwicklungsländerforschung der 1960er- bis 1980er-Jahre stark berücksichtigt wurde. Seit 1938 arbeitete Bobek als freier Mitarbeiter für

Bobek, *Hans*

Sozialgeographie und Landeskunde im »Arbeitswissenschaftlichen Institut« der »Deutschen Arbeitsfront«. Gleichzeitig beteiligte er sich mit theoretischen und empirischen Arbeiten auch an der Reichsarbeitsgemeinschaft für Raumforschung. 1940 einberufen, versah er seinen Wehrdienst bis 1943 als Kriegsverwaltungsrat. 1944 wurde er zur Forschungsstaffel der SS versetzt, wo er sich mit ↗Schmithüsen, ↗Ellenberg, ↗Walter u. a. an Einsätzen in Russland, Italien, Jugoslawien und Tschechien beteiligte. In den Kriegsjahren war Bobek gemeinsam mit ↗Troll Promoter der geographischen Luftbildforschung. 1946 übernahm er die Vertretung des Lehrstuhls in Freiburg, erhielt 1949 einen Ruf auf die Professur für Wirtschaftsgeographie an der Hochschule für Welthandel in Wien und wurde 1952 Nachfolger von ↗Hassinger an der Universität Wien. Auf einer siebenmonatigen Reise mit dem Limno-Zoologen H. Löffler griff er 1956 seine persischen Forschungsarbeiten erneut auf. 1958/59 übernahm er eine Gastprofessur in Teheran. 1971 endete seine offizielle Lehrtätigkeit mit der Emeritierung in Wien. In der Nachkriegszeit war Bobek ebenso wie ↗Hartke maßgeblich für die konzeptionelle Ausarbeitung der Sozialgeographie verantwortlich. Dabei siedelte Bobek die sozialgeographischen Fragestellungen auf der Makroebene der Gesellschaften und Kulturen an. Für ihn war Sozialgeographie immer eine Betrachtungsweise und keine Disziplin. Während dieser Zeit nahm er auch die in der Kriegszeit entstandenen Verbindungen zur Raumplanung wieder auf und eröffnete damit ein weites Feld anwendungsbezogener sozial- und wirtschaftsgeographischer Forschungsthemen. Mitte der 1950er-Jahre entwickelte er das Konzept für einen »Nationalatlas der Republik Österreich«, das er ab 1958 gemeinsam mit E. Arnberger verwirklichte. Mit diesem Atlas und den damit verbundenen Veröffentlichungen schuf Bobek ein hervorragendes Dokument für die räumliche Kenntnis von Österreich. Bis in die 1970er-Jahre war das 1949 mit J. Schmithüsen entwickelte »logische System der Geographie« mit seiner ganzheitlichen Schau und idealtypischen Konzeption des Landschaftsbegriffs die Basisideologie des Faches im deutschen Sprachraum. Auswahl seiner wichtigen Werke: »Grundfragen der Stadtgeographie«, 1927; »Innsbruck, eine Gebirgstadt, ihr Lebensraum und ihre Erscheinung«, 1928; »Die Formenentwicklung der Zillertaler und Tuxer Alpen«, 1933; »Die jüngere Geschichte der Inntalterrasse und der Rückzug der letzten Vergletscherung im Inntal«, 1935; »Luftbild und Geomorphologie«, 1941; »Stellung und Bedeutung der Sozialgeographie«, 1948; »Die Landschaft im logischen System der Geographie«, mit J. Schmithüsen 1949; »Die natürlichen Wälder und Gehölzfluren Irans«, 1951; »Die Hauptstufen der Gesellschafts- und Wirtschaftsentfaltung in geographischer Sicht«, 1959; »Iran. Probleme eines unterentwickelten Landes alter Kultur«, 1962; »Die Theorie der zentralen Orte im Industriezeitalter«, 1969; »Das System der Zentralen Orte Österreichs«, mit M. Fesl 1978. [HB]

Bocage-Landschaft, Regionaltyp der westeuropäischen Heckenlandschaft. Er ist in den Gebieten mit ↗Streusiedlung Nordwestfrankreichs (bretonisch-normannische Bocage), aber auch in weiten Teilen des Zentralmassivs verbreitet. Außerhalb Frankreichs treten solche geschlossenen Landschaftsstrukturen in Europa u. a. in Galizien, Großbritannien, Irland, Flandern, den Niederlanden, Schleswig-Holstein (↗Knicks), im westlichen Dänemark und auf der skandinavischen Halbinsel auf.

Bodden, sackförmige Buchten mit relativ geringer Wassertiefe, vor allem an der deutschen Ostseeküste vorkommend (Abb.). Diese ehemaligen

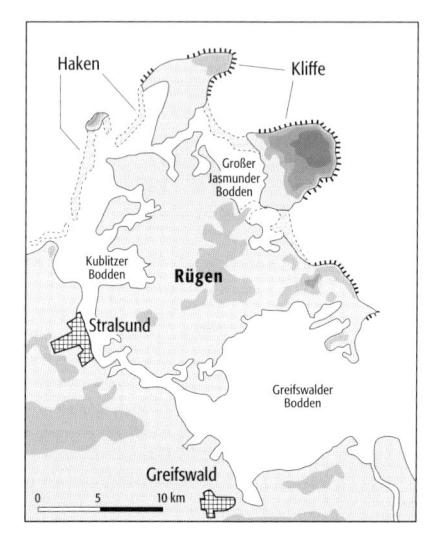

Bodden: Boddenküste an der deutschen Ostsee.

pleistozänen Zungenbecken sind durch den nacheiszeitlichen Meeresspiegelanstieg geflutet worden. Besonders gut bleibt die breite zungenartige Urform aus eiszeitlicher Anlage erhalten an Meeren mit geringer Brandungswirkung. Infolge des reichlich vorhandenen Lockermaterials der eiszeitlich geprägten Boddenlandschaft haben Prozesse der Strandversetzung und Verlandung viele Buchtkonturen bereits verändert.

Boden, Naturkörper der belebten obersten Erdkruste, der als Element der ↗Pedosphäre nach oben durch die ↗Atmosphäre mit der Vegetationsdecke und nach unten durch das feste oder lockere Gestein begrenzt ist. Böden bestehen zu wechselnden Anteilen aus mineralischen Substanzen (Gesteinsreste, primäre Minerale, Mineralneubildungen), organischen Substanzen (Streustoffe, Huminstoffe), ↗Edaphon und Hohlräumen, die ↗Bodenlösung und ↗Bodenluft enthalten. Ihre räumliche Anordnung bildet das ↗Bodengefüge. Böden sind offene Systeme, die aus der ↗Atmosphäre, ↗Lithosphäre und ↗Hydrosphäre Stoffe und Energie aufnehmen, einen Teil davon speichern und sie über die von Menschen und Tieren genutzte Vegetationsdecke, die Bodenluft und das ↗Sickerwasser abgeben. Dabei unterliegen sie einer ständigen Veränderung und bilden als Raum-Zeit-Struktur ein vierdimensionales System. Böden entstehen und verändern sich durch die kombinierte Wirkung der ↗Bodenbildungsfaktoren. Verschiedene Prozesse der ↗Pedogenese mit physikalischer und chemischer ↗Verwitterung, Mineralneubildung, ↗Mineralisierung und ↗Humifizierung, Gefügebildung und Stoffverlagerung, prägen im Laufe der Zeit das ↗Pedon mit seiner morphologischen Differenzierung in ↗Bodenhorizonte. Deren Merkmale und Eigenschaften dienen zur Bodenklassifikation im Rahmen der ↗Deutschen Bodensystematik, ↗FAO-Bodenklassifikation oder ↗Soil Taxonomy. Je nach Ausprägung und Wirksamkeit der bodenbildenden Faktoren werden eine Vielzahl von ↗Bodentypen mit unterschiedlichen Standorteigenschaften gebildet. Innerhalb von Landschaften können benachbarte Böden über Stofftransporte verknüpft sein und landschaftstypische ↗Bodensequenzen und ↗Bodengesellschaften ausbilden. In ↗Ökosystemen nehmen Böden eine zentrale Stellung ein, indem sie für die Lebewelt wichtige Bodenfunktionen (↗Pedoökosystem) ausüben. [PF]

Bodenacidität, saurer ↗pH-Wert von Böden.

Bodenalkalität alkalischer ↗pH-Wert von Böden.

Bodenart, Einteilung der Korngrößenzusammensetzung der mineralischen Bodensubstanz nach der vorherrschenden Kornfraktion in die Hauptbodenarten Tone, Schluffe, Sande und Lehme. Letztere stellen Dreikorngemenge dar, bei denen die einzelnen Fraktionen in deutlich erkennbaren Gemengenanteilen auftreten. Weitere Differenzierung der Hauptgruppen in tonige, schluffige, sandige und lehmige Bodenartenuntergruppen. Sie werden nach dem prozentualem Anteil der Kornfraktionen klassifiziert und als Klassenfelder in einem Korngrößendreieck dargestellt. Die Bestimmung erfolgt mittels der ↗Fingerprobe an feuchten Bodenproben im Gelände oder auf Basis von Laboranalysen der ↗Korngrößenverteilung.

Bodenbearbeitung, die Gesamtheit der Maßnahmen zur Vorbereitung des Bodens für seine Funktion als Pflanzenstandort und dabei die Schaffung von günstigen Wachstumsbedingungen von der Keimung bis zur Reife. Sie ist an den Einsatz von Geräten und Maschinen gebunden, deren Arbeitswerkzeuge durch Kraftübertragung auf den (bereits urbaren) Boden folgende Bearbeitungseffekte hervorrufen können: a) Wenden (Drehen eines abgetrennten Bodenstreifens; auch Bodenbalken); b) Lockern (Vergrößern des Porenvolumens); c) Mischen (Vermengen der Bodenteilchen untereinander und mit zugeführten Stoffen); d) Zerkleinern (Zerteilen von Bodenaggregaten, unabhängig von den im Boden vorhandenen natürlichen Bruchflächen); e) Krümeln (Zerteilen des Bodens an seinen natürlichen Bruchflächen); f) Verdichten (Verringern des Porenvolumens); g) Einebnen (Reduzieren der Bodenoberfläche durch Ausgleichen von Unebenheiten); h) Ausformen (Vergrößern der Bodenoberflächen durch Profilierung). Die Kombination dieser Arbeitsschritte wird als konventionelle Bodenbearbeitung bezeichnet. Deren wesentliches Kennzeichen ist die alljährliche Lockerung auf Krumentiefe mit dem Pflug und die damit verbundene Einarbeitung von organischen Reststoffen und Unkraut in den Boden. Wird die Zahl der Arbeitsgänge vermindert, spricht man von reduzierter Bodenbearbeitung. Die sog. konservierende Bodenbearbeitung verzichtet aus Gründen des Bodenschutzes auf den Pflugeinsatz. Das verbreitetste Bodenbearbeitungsverfahren für landwirtschaftliche ↗Kulturpflanzen ist die Flachkultur. Ein Ausformen der Bodenoberfläche ist meist nur aus technologischen Gründen erforderlich (günstigere Bedingungen für die Ertragsbildung, Erleichterung von Pflege- und Erntearbeiten, Erosionsschutz, Regulierung des Wasserhaushalts, Verhütung von Versalzungsschäden, Einarbeiten von Pflanzenresten bei der Urbarmachung) und besonders bei einjährigen Kulturen, aber auch bei mehrjährigen und vereinzelt bei ↗Dauerkulturen zu finden. Im Gegensatz zu Hügelkultur bieten die Flach-, Häufel- und Dammkultur bei ausreichender Feldgröße gute Voraussetzungen zur Mechanisierung. [KB]

Bodenbelastung ↗Bodenschutz.

Bodenbewertung, *Bodenschätzung, Bonitierung*, Klassifizierung von Böden im Hinblick auf ihre Ertragsfähigkeit. In Deutschland wurde dazu 1934 ein »Gesetz über die Schätzung des Kulturbodens« (*Reichsbodenschätzung*) verabschiedet und 1965 in den alten Bundesländern durch das »Bewertungsänderungsgesetz« ergänzt. Während die Bodenschätzung in den alten Bundesländern durch vom Finanzamt bestellte Bodenschätzer bis heute fortgeführt wurde, liegt sie in den neuen Bundesländern teilweise mehr als 50 Jahre zurück, wird z. Z. aber aktualisiert.

Nach heutigem Verfahren werden die Bodeneigenschaften eines Ackerstandortes durch die »Bodenzahl« bewertet. Zur Bestimmung der Bodenzahl werden 3 Faktoren herangezogen: ↗Bodenart, Entstehung bzw. die geologische Herkunft des Bodens sowie Zustandsstufe des Bodens. In Abhängigkeit von diesen Faktoren erhalten die Böden im Ackerschätzungsrahmen bestimmte Wertzahlen. Diese Bodenzahlen sind Verhältniszahlen, sie reichen von 7–100 (das Optimum liegt bei einigen Schwarzerden der Magdeburger Börde). Das heißt, die jedem Grundstück zugewiesenen Bodenzahlen geben an, in welchem Verhältnis der Reinertrag des geschätzten Grundstückes zum Reinertrag des Bodens mit der Wertzahl 100 liegt. Als Bezugsgrößen wurden folgende Bedingungen festgelegt: 8 °C mittlere Jahrestemperatur, 600 mm Niederschlag, ebene bis schwach geneigte Lage, annähernd optimaler Grundwasserstand weiterhin die betriebswirtschaftlichen Verhältnisse mittelbäuerlicher Betriebe Mitteldeutschlands. Weichen die Klima- und Geländeverhältnisse von den angeführten Bezugsgrößen ab, so werden an den Bodenzahlen Zu- oder Abschläge vorgenommen. Auf diese Weise erhält man die *Ackerzahl* als Maßstab für die durch Ertragsfähigkeit und natürliche Ertragsfaktoren bedingte Ertragsleistung. Bei der Bewertung des Grünlandes wird die Beurteilung nach Bodenart und Zustandsstufe

Bodendegradation: Prozesse der Bodendegradierung.

Verlagerung von Bodenmaterial		bodeninterne Umwandlungen		
Wassererosion	Winderosion	physikalische Prozesse	chemische Prozesse	biotische Prozesse
Verlust von Oberbodenmaterial	Verlust von Oberbodenmaterial	Versiegelung und Verkrustung von Oberflächen	Nährstoffverluste (Biomasseexport, Auswaschung)	Wandel der Biozönosenstruktur
Deformation der Oberflächen (Rinnen, Gullies, Täler)	Schädigung der Vegetation	Verdichtung (Bearbeitung)	Versalzung/Alkalinisierung (Bewässerung)	Wandel der Biozönosenfunktion
	Deformation der Oberflächen (Senken, Wehen, Dünen)	Strukturwandel (Dispersion, Humusabbau)	Versauerung (Deposition, Dünger, Biomasseexport)	Entkoppelungen zwischen Zersetzungs- und Produktionsprozessen
		Wasserstau (Verdichtung, Bewässerung)	Toxifikation (Schwermetalle, Organika)	
		Austrocknung (Drainage)	Red/Ox-Veränderungen	
		Sedimentation	Abbau der organischen Substanz	

beibehalten, jedoch weniger differenziert, das Ergebnis ist die *Grünlandzahl*.
Aus dem Verhältnis der Anteile des landwirtschaftlichen Betriebes an verschieden wertigem Acker- und Grünland ergibt sich die *Ertragsmesszahl* (EMZ) des Betriebes. Für Obststandorte besteht ein Bewertungsschema, das auf Bodenansprachen (Gründigkeit, Bodenart, Kalkgehalt) und Aufnahme der Wildflora fußt und außerdem ↗Exposition und ↗Inklination sowie Wärme und Spätfrostgefährdung berücksichtigt. Zur Beurteilung von Rebstandorten dienen acht Standortstufen mit den Kriterien Ausgangsgestein, Bodenart, Stein- und Kalkgehalt, nutzbare Feldkapazität, (auch Klima- und Reliefparameter berücksichtigender) ökologisch wirksamer Feuchtegrad und Wärmeverhältnisse. [KB]

Bodenbewirtschaftungsreform, eine Vielzahl von Maßnahmen, die die Nutzungsmethoden im Rahmen der ↗Landwirtschaft ändern sollen. Wesentliches Ziel ist, durch Beratung und Ausbildung den Landwirten neue Wege zu öffnen, ihre Betriebe zu reorganisieren oder zumindest die Bodennutzung zu verändern, um eine höhere ↗Produktivität zu erreichen. Entsprechende Maßnahmen sind u. a. die Neuorganisation des Kreditwesens, Flurbereinigungsmaßnahmen oder die Schaffung von neuen Vermarktungsorganisationen.

bodenbildende Substrate, aus dem geologischen Ausgangsmaterial entstandene mineralische Bodensubstanz, die gekennzeichnet wird nach bodenkundlich relevanten Merkmalen, in Form eines hierarchisch aufgebauten Systems. Definiert werden die Art, der Verwitterungs-, Umlagerungs- und Verlagerungszustand der bodenbildenden Ausgangsgesteine. Hierarchische Gliederungskriterien sind Zusammensetzung und Substratgenese (Substratarten-Hauptgruppe, Gruppe und Untergruppe) und die vertikalen Substratabfolgen (Substratklasse, Typ und Subtyp).

Bodenbildungsfaktoren, die ↗Pedogenese beeinflussende Größen: das Klima, das Ausgangsgestein, die Schwerkraft, das Relief als Position in der Landschaft, Flora und Fauna, das Grund- und Oberflächenwasser und der Mensch. Die Zeit wirkt als unbeeinflussbare Größe, in deren Ablauf die übrigen Faktoren zur Wirkung kommen. Sie bestimmt die Dauer der Bodenentwicklung und das Bodenalter. In ihrer Kombination induzieren und steuern die Faktoren die bodenbildenden Prozesse und damit die Bodenentwicklung, aus denen die vielfältigen Böden und ihre Standorteigenschaften resultieren. Aus der regional und zonal unterschiedlichen Kombination der Faktoren ergibt sich die große Variationsbreite an unterschiedlichen Böden in Landschaften und Klimazonen.

Bodencatena ↗Catena.

Bodendegradation, *Bodendegradierung*, die dauerhafte oder irreversible Veränderung der Strukturen und Funktionen von Böden oder deren Verlust, die durch physikalische und chemische oder biotische Belastungen entstehen und die Belastbarkeit der jeweiligen Systeme überschreiten (Abb.). Die Bodendegradation als wichtiger Bestandteil des ↗global change ist bislang weder in Industrie- noch in Entwicklungsländern ausreichend bewusst geworden. Immerhin gehen jährlich 5–8 Mio. ha kultiviertes Land alleine durch Versalzungs- und Erosionsprozesse verloren. ↗Bodenverdichtung.

Bodendichte ↗Lagerungsdichte.

Bodendruckfeld, ↗Druckfeld des ↗Luftdrucks im Bodenniveau; bei Reduktion auf Meeresniveau: Druckfeld des SLP (sea level pressure). Durch den Einfluss der energetischen Prozesse an und nahe der Erdoberfläche zeigt das Bodendruckfeld spezifische Phänomene, die im Druckfeld höherer Atmosphärenschichten nicht in Erscheinung treten (z. B. vertikal geringmächtige thermische Druckgebilde wie ↗Hitzetiefs und Kältehochs. Durch den Reibungseinfluss der Erdoberfläche verlaufen die Stromlinien des bodennahen Windfelds nicht parallel zu den Isobaren (↗Isolinien)

des Bodendruckfelds, sondern mit einem vom Rauigkeitsparameter (↗Rauigkeit) abhängigen Abweichungswinkel von der Verlaufsrichtung der Isobaren.
Bodeneis ↗Grundeis.
Bodenentwicklung ↗*Pedogenese*.
Bodenentwicklungsindex, Versuch, den komplexen, vielfachen Einflussfaktoren unterliegenden Entwicklungszustand eines Bodens mit einer oder einigen wenigen numerischen Angaben zu beschreiben. Darin gehen unterschiedliche Messwerte mit einem Gewichtungsfaktor ein, aber auch mit Rangzahlen versehene nicht-numerische Daten (z. B. Bodenstruktur). Bei regionaler Eichung können solche Indices dann zur ↗Relativdatierung herangezogen werden, da sich einige Bodenkenngrößen (z. B. ↗pH-Wert, Kalkkonzentration in ↗Kalkanreicherungshorizonten, Tongehalt, Entwicklungstiefe) mit der Zeit ändern. Die Anwendung ist jedoch schwierig, da ↗Klimaänderungen, die Eigenschaften des Ausgangssubstrats und Aufarbeitungsvorgänge von Bodenmaterial zu berücksichtigen sind. Das Ideal der Konstanz aller Faktoren außer der Zeit ist also nicht zu erreichen. ↗Verwitterungsindices beziehen sich ausschließlich auf Verwitterungsprozesse in den Böden. [AK]
Bodenerosion, *Erosion*, Abtrag von Bodenmaterial durch oberflächlich abfließendes Wasser (Wassererosion, vor allem linearer Bodenabtrag), Wind (Winderosion, Deflation, flächenhafter Bodenabtrag), Schneeschmelze (Schneeschmelz-Erosion) und gravitative Bodenverlagerung (Rutschungen, Massenfließen, Bearbeitungserosion z. B. durch Pflügen). Neben der im Wesentlichen durch Klimaänderungen und klimatische Extremereignisse (z. B. Orkane) induzierten natürlichen Erosion wird ein Großteil der heutigen Bodenerosion durch den Menschen hervorgerufen und bildet in den letzten Jahrzehnten weltweit den größten Anteil an der aktuellen ↗Bodendegradation (Abb. 1 im Farbtafelteil). In Deutschland beträgt die mittlere jährliche Bodenabtragsrate auf Ackerflächen etwa 15 t/ha, was einem Bodenverlust von etwa 1 mm entspricht. Demgegenüber steht eine jährliche Bodenneubildungsrate von selten mehr als 0,1 mm. In der Erosionsforschung wird zur Messung, Modellierung und Erklärung von Prozessen und Wirkungen der Bodenerosion unterschieden zwischen den von außen auf den Boden einwirkenden, exogenen Faktoren wie Relief, ↗Vegetation (insbesondere deren Bodenbedeckungsgrad), ↗Niederschlag (in erster Linie jahreszeitliche Verteilung und Niederschlagsintensität), Wind, Schnee, Landnutzung und Bewirtschaftungsform, Erosionsschutzmaßnahmen (z. B. Konturpflügen, Terrassierung, Direktsaat) und bodeninhärenten, endogenen Faktoren wie ↗Bodenart, Porengrößenverteilung (↗Bodenporen), ↗Bodengefüge, ↗organische Bodensubstanz, ↗Durchwurzelung sowie Wasser- und Lufthalt. Die Auswirkungen von Bodenerosion werden unterteilt in On-Site-Schäden (hervorgerufen durch den Abtrag von Bodenmaterial) und Off-Site-Schäden (hervorgerufen durch die Sedimentation von erodiertem Bodenmaterial außerhalb der eigentlichen Erosionsfläche oder dessen Eintrag in Gewässer). Für die mengenmäßig dominierende Wassererosion werden im On-Site-Bereich verschiedene Erosionsformen nach der Art und dem Ausmaß des Bodenabtrags unterschieden: Schichterosion (flächenhafter Abtrag, Abb. 2 im Farbtafelteil), Rillenerosion (etwa 10 cm tiefe lineare Abflussbahnen), Rinnenerosion (seichte, etwa bis zur Grenze der Bodenbearbeitung eingeschnittene und bis zu mehreren Metern breite Abflussbahnen, Abb. 3 im Farbtafelteil), Graben- oder Gullyerosion (nicht mehr durch einfache Bearbeitung, z. B. Pflügen, verschüttbare, in den Tropen und Subtropen häufig mehrere Dekameter tiefe und breite Gräben (Abb. 4 im Farbtafelteil) und Tunnelerosion (von der direkten Niederschlagswirkung unabhängige, unterirdische Bildung von Gängen und Tunneln durch Ausschwemmung dispergierter Bodenpartikel oder Lösungsverwitterung, z. B. Karst). [ThS]
Bodenfarbe, mit dem bloßen Auge wahrnehmbarer Farbeindruck des Bodens, resultierend aus der Gesamtheit aller Farben der im Boden vorkommenden Minerale (z. B. Hämatit = rot, Goethit = braun). Die Bodenfarbe ist das Ergebnis der Verwitterung und Bodenentwicklung und damit ein wichtiges diagnostisches Merkmal zur Kennzeichnung von Böden im Sinne von verschiedenen ↗Bodentypen und ↗Bodenhorizonten. Daneben beeinflusst sie die ↗Bodentemperatur des Oberbodens. Zur Objektivierung der Farbansprache von Böden werden konventionell ↗Munsell-Tafeln verwendet.
Bodenfauna, Gesamtheit der tierischen Bewohner des ↗Bodens (↗Edaphon) und der Bodenoberfläche inklusive der aufliegenden ↗Streu (↗Epigaion).
Nach Größenklassen der Körperlänge teilt man die Bodenflora, wie in der Abbildung dargestellt, in Mikrofauna, Mesofauna, Makrofauna und Megafauna ein.
Viele Organismen der Mikrofauna leben semiaquatisch im Bodenwasser, die Mesofaunaorganismen dagegen im durchlüfteten Porenraum des Bodens. Typische Bodenfaunagruppen und als ↗Saprophage weltweit maßgeblich an der Zersetzung der Streu beteiligt sind Hornmilben (Oribatei), Springschwänze (Collembola), Tausendfüßer (Diplopoda), Asseln (Isopoda), Regenwürmer (Lumbricida) und viele Insektenlarven, in den Tropen auch Ameisen (Formicidae) und Termiten (Isoptera). Regenwürmer sind größtenteils ↗Substratfresser, die einen großen Einfluss auf die Struktur und Chemie (Humusbildung) des Bodens haben können.
Neben Saprophagen leben auch zahlreiche Räuber wie Hundertfüßer (Chilopoda), Spinnentiere (Arachnida), Ameisen, Laufkäfer (Carabidae) und Aasfresser (Käfer und Fliegenlarven) im Boden und der aufliegenden Streu.
In europäischen Wäldern liegen die mittleren jährlichen ↗Abundanzen der Bodenfauna zwi-

Bodenfauna: Gliederung der Bodenfauna nach Größenklassen im Vergleich zu den Korngrößen der Mineralanteile des Bodens.

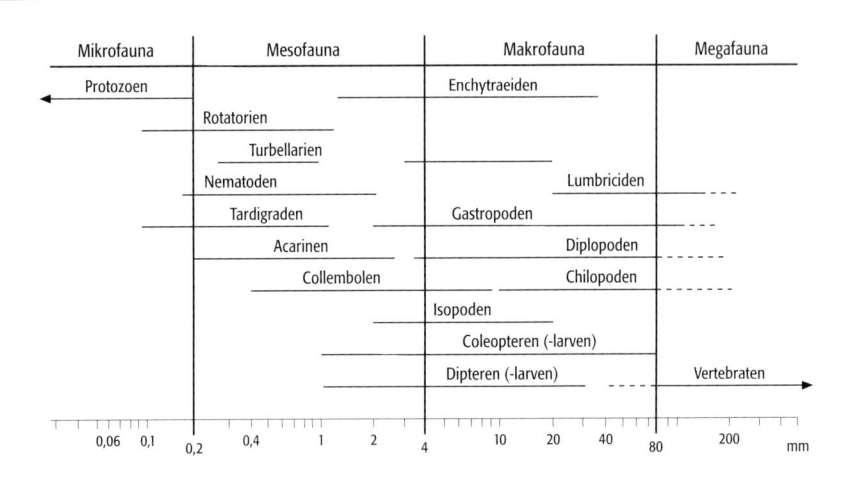

Mikrofauna	Mesofauna	Makrofauna	Megafauna
Protozoen		Enchytraeiden	
	Rotatorien		
	Turbellarien		
	Nematoden	Lumbriciden	
	Tardigraden	Gastropoden	
	Acarinen	Diplopoden	
	Collembolen	Chilopoden	
		Isopoden	
		Coleopteren (-larven)	
		Dipteren (-larven)	Vertebraten

0,06　0,1　0,2　0,4　1　2　4　10　20　40　80　200　mm

schen 50.000 und 300.000 Individuen/m² (nur Meso- und Makrofauna). Die Zahl der Individuen der Mikrofauna geht in die Millionen. Sehr viel aussagekräftiger als Individuenzahlen sind bei der sehr unterschiedlichen Körpergröße Angaben zur ↗Biomasse der Bodenfauna. Diese kann je nach Waldtyp zwischen 5 und 100 g Frischgewicht und 0,5 und 15 g Trockengewicht erreichen. Auf unterschiedlichen Skalen sind unterschiedliche räumliche Muster der Abundanz der Bodenfauna zu beobachten: a) Global gibt es einen deutlichen Klima- bzw. Breitengradienten, der von ca. 10–50 Individuen in kalten Gebieten bis zu mehreren Hunderttausend pro m² in tropischen Gebieten reicht. Die Biomassen dagegen nehmen von mittleren Breiten sowohl zu kälteren Gebieten wie auch zu den Tropen hin ab. b) Regional beeinflusst der Bodentyp und die Vegetation die Bodenfauna stark. Die größten Regenwurm-Dichten treten in Grasländern (Wiesen) auf. c) Lokal bestimmen Boden- und Vegetationseigenschaften, Nutzungsart und Kultivierungstechnik die Abundanzen der Bodenfauna.
Die Faktoren, die die Zusammensetzung und Dichte der Bodenfauna bestimmen, lassen sich in einer hierarchischen Faktorenfolge angeben: Das Klima ist der Hauptfaktor, ihm folgen Bodenbeschaffenheit und Nährstoffgehalt, dann Vegetations- und Ressourcenqualität und auf unterster Skala die biotischen Interaktionen der Makro- und Mikroorganismen.
Die Funktion der Bodenfauna in enger Wechselwirkung mit der ↗Bodenflora liegt in der chemischen und physikalischen Veränderung des Substrats, d. h. der Zersetzung des anfallenden pflanzlichen Bestandsabfalls. Ihre Aktivität führt zur Veränderung des Porenvolumens, der Aggregatstruktur des Bodens und der Nährstoffverteilung. Die physiologische Leistung der Bodenfauna kann durch Atmungsmessung und die ökosystemare Leistung über den Abbau (Gewichtsverlust) der Laubstreu gemessen werden (↗Zersetzung). ↗Edaphon Abb. [HH]

Bodenflora, *Bodenmikroflora*, Gesamtheit der im Boden lebenden Pflanzen, besteht zum überwiegenden Teil aus ↗Actinomyceten, ↗Pilzen, ↗Algen und ↗Flechten, die zusammen etwa 60–90 % der Masse des ↗Edaphons aufbauen, wird aufgrund der geringen Größe der beteiligten Pflanzenarten von < 0,2 mm auch als Mikroflora bezeichnet. Obwohl die Bakterien im biologischen Sinn nicht zur Flora gehören, werden sie in der Bodenkunde häufig zur Bodenflora gerechnet.

Bodenform, Beschreibungsmodus zur umfassenden Kennzeichnung des Bodenkörpers und seiner Standort- und Umwelteigenschaften mit der Möglichkeit des systematischen Vergleichs von Böden über die verschiedenen Landschaften hinweg; gebildet durch die Kombination von bodensystematischen und substratsystematischen Einheiten. Der ↗Bodentyp oder Bodensubtyp und der Substrattyp ergeben die Bodenform, die als Grundlage der ↗Bodenkartierung und zur Ausweisung der Katiereinheiten dient.

Bodenfrost, in der Meteorologie und Klimatologie definiert als Unterschreitung des Gefrierpunktes von Wasser (0°C) unmittelbar über dem Erdboden (in 5 cm Höhe); bei Landwirtschaft und Technik hingegen liegt dann Bodenfrost vor, wenn die Bodentemperatur den Nullpunkt unterschreitet. Besonders gravierend kann sich tiefreichender Bodenfrost bei fehlendem bzw. geringem Schneeschutz oder aber bei lang andauernder Schneebedeckung auf tiefgefrorenem Boden auswirken. So kann bei anhaltendem Bodenfrost die Wasserversorgung von Pflanzen behindert oder unterbunden werden. In der Folge treten bevorzugt an Hochlagenstandorten – bei andauernder kutikulärer und bei Nadelbäumen zudem auch stomatärer Transpiration – Austrocknisschäden auf, die als ↗Frosttrocknis bezeichnet werden.

Bodenfruchtbarkeit, *Ertragsfähigkeit, Ertragspotenzial*, im Sinne der ↗Bodenproduktivität objektive Eigenschaft des Bodens, den Nutzpflanzen durch die in ihm ablaufenden bodenphysikalischen, bodenchemischen und bodenbiologischen Prozesse die Bedingungen für das Wachstum und die Entwicklung zu bieten. In der Landnutzung wird Bodenfruchtbarkeit als Beschreibung der Ertragsbildung in Abhängigkeit von Bodeneigenschaften und ackerbaulichen Maßnahmen verstanden (↗Bodenbewertung). Man unterscheidet weiter zwischen aktueller Bodenfruchtbarkeit unter den gegebenen Standortbedingungen und der potenziellen Bodenfruchtbarkeit bei optimaler Versorgung der Pflanzen mit Nährstoffen, Licht, Sauerstoff, Wärme und Wasser. Gemessen wird die Bodenfruchtbarkeit üblicherweise am Ertrag, ausgedrückt als jährliche Biomasseproduktion pro Flächeneinheit.

Bodenfunktion, ökologische Funktion von ↗Boden.

Bodengare, bei Kulturböden verwendete Bezeichnung für den für das Pflanzenwachstum günstigsten Zustand des Bodens. Die Gare wird bedingt durch hohe biologische Aktivität der Bodenlebewesen und die Krümelstruktur des Bodens. Voraussetzungen sind: krümelfähiger Boden, z. B. Lehm, ausreichender Humusgehalt von ca. 2 %, neutrale Bodenreaktion, optimales Porenvolumen, ausreichende Wasserversorgung, möglichst ganzjährige Pflanzenbedeckung. Als bestes Beispiel für garen Boden gilt ein frischer Maulwurfshügel im ↗Grünland.

Bodengefüge, *Bodenstruktur*, Anordnung der festen mineralischen und organischen Bodenbestandteile im Raum, die sich in erster Linie in Abhängigkeit von der ↗Korngröße (↗Bodenart) und der Art der ↗Tonminerale durch natürliche bodenphysikalische und biotische Vorgänge ausbildet und in Kulturlandschaften häufig anthropogen verändert (z. B. durch Pflügen, ↗Melioration, ↗Bodenverdichtung) ist. Das Bodengefüge umfasst neben den festen Partikeln auch das durch die Gefügebildung entstandene Hohlraumsystem (Porensystem, ↗Bodenporen) des Bodens und steuert maßgeblich die ↗Durchwurzelbarkeit, den ↗Bodenwasser- und ↗Bodenluft-Haushalt (↗Feldkapazität, ↗Infiltration) sowie die Nährstoffverfügbarkeit. Es gehört somit zu den wichtigsten Summenparametern zur Erfassung und Bewertung von Böden für wissenschaftliche und insbesondere für praktische Fragestellungen (↗Bodenbewertung, ↗Zustandsstufe). Je gröber das Bodengefüge und/oder je dichter die einzelnen Gefügekomponenten, desto ungünstiger sind i. A. die Bodeneigenschaften. Bodenbildung (↗Bodenbildungsfaktoren) und Bodengefügeentwicklung bedingen sich gegenseitig (z. B. bei ↗Solonetz, ↗Calcisols, ↗Ferralsols) und führen in der Regel zu einer horizontspezifischen (↗Bodenhorizont) Gefügeausbildung. Man unterscheidet zwischen dem mit bloßem Auge erkennbaren Makrogefüge und dem an Bodendünnschliffen mithilfe der Mikroskopie erkennbaren Mikrogefüge. Anhand der Ausprägung und der Art des Zusammenhalts bzw. der Absonderung der Bodenpartikel werden verschiedene Makrogefügeformen ausgewiesen. Auf der obersten Gliederungsebene (Abb.) unterscheidet man zwischen einem Grund- oder Primärgefüge (räumliche Anordnung der Bodenbestandteile ohne Absonderung einzelner Bodenpartikel) und einem Aggregat- oder Sekundärgefüge (Zusammenfügung von Bodenpartikeln zu ↗Aggregaten), bedingt durch Quellung und Schrumpfung (Absonderungsgefüge) infolge variierender Wassergehalte (z. B. Peloturbation, ↗Turbation) oder durch bodenbiologische Prozesse, insbesondere der Verklebung von Bodenteilchen (Aufbaugefüge, z. B. in Form von Regenwurmlosung). Durch mechanische Bearbeitung des Bodens (z. B. Pflügen) gebildete, künstliche Gefügeformen werden als Bodenfragmente bezeichnet. [ThS]

Bodengenese ↗*Pedogenese*.

Bodengeographie, Teildisziplin der ↗Physischen Geographie und der ↗Pedologie, die sich in Lehre und Forschung mit der Entstehung und Verbreitung verschiedener ↗Bodentypen und ↗Bodengesellschaften auf der Erde und in ihren ein-

Bodengefüge: Gliederung des Makrogefüges im Boden.

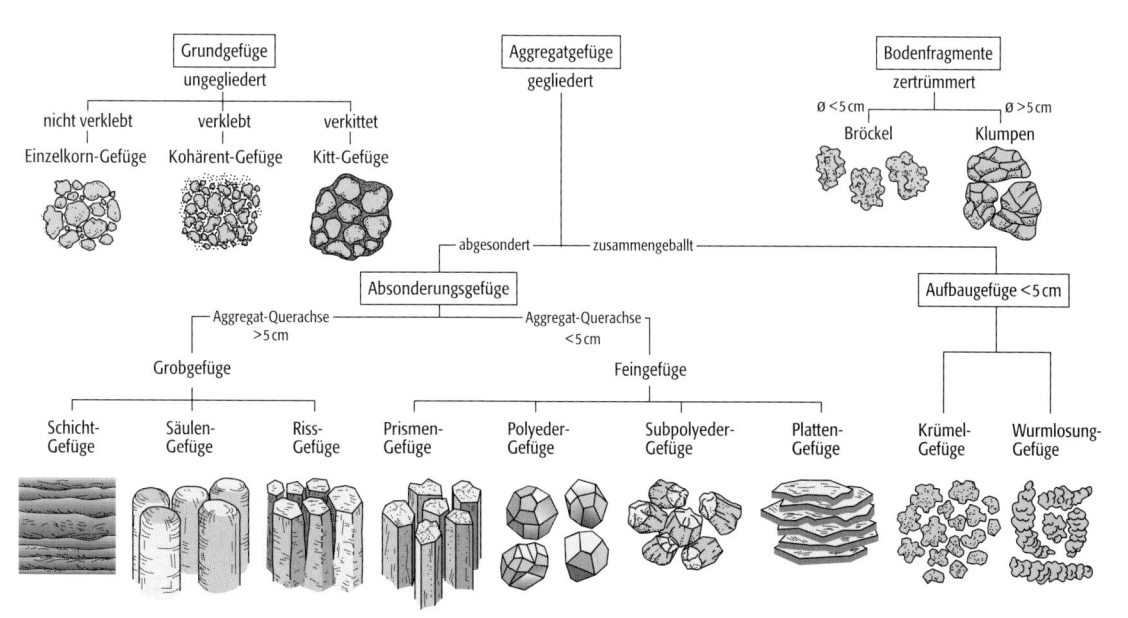

zelnen Teilräumen bzw. Landschaften befasst sowie ihr Alter und die komplexen funktionalen Wechselwirkungen in der ↗Ökosphäre raumbezogen untersucht. Sie liefert damit Grundlagen für die Entwicklung ↗landschaftsökologischer Modelle, die Schaffung von ↗Bodeninformationssystemen und die Regionalisierung von Bodendaten auf Basis geostatistischer Analysen (↗Geostatistik). Die Art und die Intensität der bodenkundlichen Rauminformation ist abhängig von der Größe des betrachteten Raums. Daher werden die Böden auf den verschiedenen Maßstabsebenen unterschiedlich gruppiert, womit vom kleinen zum großen Maßstab ein zunehmender Verlust an Detailinformation einhergeht. Kleinste Einheit (↗geographische Dimensionen) ist das ↗Pedon, das in seiner räumlichen Ausprägung ein monotypisches Pedotop (z. B. ↗Parabraunerde oder ↗Pseudogley) mit einer nur geringen Variation der Merkmale und Eigenschaften bildet. Die Pedotope in Teilbereichen einer Landschaft können als regionales Bodenmosaik zur Bodengesellschaft zusammengefasst werden (z. B. Parabraunerde-Pseudogley-Kolluvium), die in der Abfolge von Böden einer ↗Catena sichtbar wird. Die landschaftstypischen Bodengesellschaften prägen die Bodenlandschaft (Pedochore, z. B. der devonischen Massenkalkgebiete). Die Bodenregion (Makrochore, z. B. Böden der Berg- und Hügelländer mit einem hohen Anteil an Kalkstein) bezieht sich auf Bodenlandschaften mit Bezug zu den großräumigen geologisch-geomorphologischen Rahmenbedingungen. Die Zusammenfassung mehrerer Bodenregionen unter besonderer Berücksichtigung der Bodenbildungstendenzen und naturräumlicher Gesichtspunkte führt zur Ausweisung von Bodenprovinzen, die nach den sie prägenden Landschaften (z. B. Bodenprovinz der mitteleuropäischen Berg- und Hügellandschaft) benannt werden. Diese landschaftsökologisch-naturräumlich definierten Regionen werden schließlich zu acht bis zehn ↗Bodenzonen (z. B. Böden der Tundra, Nadelwaldzone, Laubwaldzone, Steppen, ariden Zonen, feuchten tropischen und subtropischen Zonen, der Niederungen und Hochgebirge) zusammengefasst, welche die größte Darstellungsdimension bildet und in kleinmaßstäbigen Karten dargestellt wird. [PF]

Bodengesellschaft, aufgrund naturräumlicher Gegebenheiten in spezifischer Anordnung auftretende Böden, die hinsichtlich Lage im Relief, Ausgangsmaterial, Wasserhaushalt und/oder Genese gemeinsame Merkmale aufweisen und zum Zwecke der Darstellung, z. B. auf kleinmaßstäblichen Karten, zu Einheiten zusammengefasst werden können. Bodengesellschaften sind Ausdruck der ↗naturräumlichen Ordnung.

Bodenhorizonte, nach typischen morphologischen, bodenphysikalischen und bodenchemischen Eigenschaften gemäß der ↗Deutschen Bodensystematik klassifizierte Merkmalskomplexe, die etwa oberflächenparallel verlaufen und sich zur Tiefe hin mehr oder weniger gleitend verändern; mit Großbuchstaben (Hauptsymbol) bezeichnet, die durch nachgestellte Kleinbuchstaben (Merkmalssymbol) näher klassifiziert werden. Die Kennzeichnung von speziellen geogenen und anthropogenen Eigenschaften erfolgt mit vorangestellten Kleinbuchstaben. Bei Übergangs- und Verzahnungshorizonten verwendet man eine Kombination von Haupt- und/oder Merkmalssymbolen mit Betonung auf dem jeweils letzten Symbol.

Bodeninformationssystem, digitales, computergestütztes Archiv von Bodendaten, normalerweise bestehend aus einer ↗Datenbank gekoppelt mit einem Geographischen Informationssystem (↗GIS). In einem Bodeninformationssystem werden alle verfügbaren Ergebnisse von Bodenkartierungen und Bodenanalysen in Form von Punkt-, Objekt- und Flächendaten zusammengefasst, aufbereitet und ausgewertet, um diese insbesondere für Fragen des ↗Bodenschutzes und ↗Naturschutzes, der ↗Landschaftsplanung und bei möglichen Bodengefährdungen (z. B. Unfälle mit umweltgefährlichen Stoffen) besser und schneller bereitstellen zu können. Ebenso wie die ↗Bodenkartierung obliegt die Erstellung und Führung von Bodeninformationssystemen üblicherweise den Landesämtern für Bodenforschung bzw. den Geologischen Landesämtern.

Bodeninversion ↗Inversion.

Bodenkarten, *bodenkundliche Karten, pedologische Karten*, thematische Karten, die Beschaffenheit und Merkmale des ↗Bodens wiedergeben. Bodenkarten fassen punktförmig gewonnene Informationen je nach ↗Maßstab bzw. ↗Generalisierung zu flächenhaften Bodeneinheiten zusammen. Auf diese Weise werden Areale abgebildet, deren Böden einen ähnlichen profilmorphologischen Aufbau besitzen oder spezifisch miteinander vergesellschaftet sind. Ihre Charakterisierung erfolgt dann in der Regel durch Angabe der Leit- und der Begleitböden. Bodenkarten stellen den Bodenaufbau i. A. bis 2 m unter Geländeoberfläche dar.

Neben wissenschaftlichen (insbesondere geowissenschaftlichen) Zwecken dienen Bodenkarten der Lösung wirtschaftlich-planerischer Aufgaben. Im Vordergrund stehen hierbei die Land- und die Forstwirtschaft. Weiterhin werden Bodenkarten für Belange der Bauwirtschaft und der Wasserwirtschaft sowie zur Raumplanung (Fachplanungen) herangezogen. Vom Darstellungsgegenstand bestehen enge Beziehungen zu ↗geologischen Karten.

Bodenartenkarten geben nur einen Teilkomplex des Bodens (die Textur) in analytischer Weise wieder (z. B. Ton-, Lehm-, Sand-, Torfboden) und können heutigen Anforderungen i. A. nicht mehr genügen (↗Bodenarten). Bodentypenkarten sprechen inhaltlich den Gesamtkomplex Boden an, wobei die Synthese- bzw. Typenbildung von der Genese der Böden in Abhängigkeit von den bodenbildenden Faktoren ausgeht (↗Bodentyp). In der Bundesrepublik Deutschland leiten sich die jeweiligen Maßstabsbereiche aus der Systematik der pedoregionalen Gliederung der bodenkundlichen Kartieranleitung, verbunden mit den einzelnen Aggregierungsstufen (↗Aggregation), ab. Die Herstellung groß- und mittelmaßstäbiger Bodenkarten, von denen die als Grundlagenkarte bezeichnete Bodenkarte 1 : 25 000 (*BK 25*) wohl die bekannteste ist, ist Hoheitsaufgabe der jeweiligen Bundesländer (/amtliche Karte). Hierbei werden die Karten der Leitbodengesellschaften gemeinsam mit der für die Bearbeitung der Bodenübersichtskarten zuständigen Bundesbehörde, der Bundesanstalt für Geowissenschaften und Rohstoffe (BGR), herausgegeben. Alle Bodenübersichtskartenkarten in Deutschland werden auf digitaler Basis im Rahmen des Fachinformationssystems Boden der BGR (FISBo BGR) erstellt und herausgegeben. Als Sonderformen von Bodenkarten können die Auswertungskarten angesehen werden. Hierzu zählen u. a. Bodengütekarten, Karten von Bodenbelastungen und -gefährdungen sowie Bodenschätzungskarten. Weltumspannend angelegt ist der 1965 beim Bibliographischen Institut Mannheim erschienene »Atlas zur Bodenkunde«. [WK]

Bodenkartierung, *Bodenaufnahme*, Erfassung des Bodeninventars durch Bodenaufnahme im Gelände und deren Darstellung in Bodenkarten verschiedener Maßstäbe. Gebräuchlich sind 1 : 5.000, 1 : 25.000 und 1 : 50.000 sowie hoch aggregierte Bodenübersichtskarten in kleineren Maßstäben, z. B. 1 : 300.000 für Hessen oder 1 : 5.000.000 für die Weltbodenkarte. In Deutschland obliegt die Bodenkartierung (landeskundliche Bodenaufnahme) den Landesämtern für Bodenforschung bzw. den Geologischen Landesämtern.

Bodenklassifikation, Grundlage der /Deutschen Bodensystematik, der /FAO-Bodenklassifikation, der /WRB und der /Soil Taxonomy.

Bodenkörper, *Solum*, /*Pedon*.

Bodenkunde, Bodenwissenschaft, /*Pedologie*.

Bodenkundliche Kartieranleitung, zurzeit in der 4. Auflage (1994) durch die Arbeitsgemeinschaft Bodenkunde der Geologischen Landesämter herausgegebene Richtlinie für die /Bodenkartierung. Es handelt sich um ein wichtiges Regelwerk für die Ansprache von Bodeneigenschaften und die Ableitung von Bodenfunktionen im Gelände und auf Basis von Labordaten für die Agrar-, Umwelt- und angewandten Bodenwissenschaften und für die Aufzeichnung der Bodenmerkmale sowie für deren Darstellung in Karte, Legende und Erläuterung. Auf Basis von Konventionen und Konsens werden einheitliche Kriterien für die Bodenansprache und die Bodenklassifikation dargestellt.

Bodenleben, /*Edaphon*.

Bodenlösung, Bodenwasser mit gelösten Gasen, Ionen und Kolloiden in zeitlich und räumlich sehr variabler Zusammensetzung, je nach Mineralbestand, Verwitterungsintensität, Bodenatmung, Ionenaustausch, Eintrag von Nähr- und Schadstoffen sowie der Intensität der Auswaschung mit dem Sickerwasser oder der Anreicherung mit dem Grundwasser. Die gelösten Nähr- und Schadstoffe sind leicht pflanzenverfügbar und zu verlagern.

Bodenluft, erfüllt alle Hohlräume des Bodens, die frei von Wasser sind und befindet sich im Zustand der /Feldkapazität nach Abzug des Sickerwassers vor allem in Grobporen >10 µm (Luftkapazität). Aufgrund des Stoffwechsels von Wurzeln und Mikroorganismen ist sie mit CO_2 angereichert und an O_2 gegenüber der Atmosphäre verarmt. Der Sauerstoffgehalt hat große Bedeutung für das Pflanzenwachstum (Wurzelatmung) und die mikrobielle Aktivität der /organischen Bodensubstanz. Der Gasaustausch mit der Atmosphäre erfolgt vorwiegend über die Diffusion. Das Ausmaß ist abhängig von der Luftdurchlässigkeit und damit von Körnung und Wassergehalt. Bei >5 Vol.-% CO_2 und < 15 Vol.-% O_2 sind das Pflanzenwachstums und die mikrobielle Aktivität eingeschränkt.

Bodenmarkt, *Grundstücksmarkt*, umfasst den Kauf und Verkauf von Grundstücken. Charakteristisch für den Bodenmarkt ist die geringe Markttransparenz sowie die Tatsache, dass es sich um einen unvollkommenen Markt handelt, da es nicht zu einem ausgeglichenen Verhältnis zwischen Angebot und Nachfrage kommt. Aufgrund räumlicher und sachlicher Präferenzen kommt es weiterhin nicht zu einer einheitlichen und ausgeglichenen Preisbildung. Der Bodenmarkt wird als vorgelagerter Markt im Wesentlichen durch die Folgenutzung beeinflusst, d. h. dass die beabsichtigte Nutzung preisbestimmend wirkt. Zur Unvollkommenheit des Marktes trägt auch die Eigenart des Gutes Boden bei, da dieser nicht mobil, also lokal gebunden und demzufolge nicht verlegbar und unvermehrbar ist. Des Weiteren ist der Boden meist nutzungsbeständig, da Umnutzung nur unter großem Kapitalaufwand erfolgt. Der *Bodenwert* wird vor allem durch die Lage (regional, z. B. hinsichtlich gesamtökonomischer Aspekte der Region oder lokal, z. B. hinsichtlich Exposition, Umfeld, Verkehrsanbindung, Image), Besiedelungsdichte und Attraktivität bestimmt, aber auch vom Erschließungsgrad und der bestehenden Nutzung (/Bodenpreis).

Um jedem einen Zugang zum Bodenmarkt zu ermöglichen, versucht der Gesetzgeber diesen transparenter zu gestalten, z. B. durch Ermittlung von Grundstückswerten durch möglichst unabhängige Einrichtungen. Die am Bodenmarkt befindlichen /Akteure lassen sich grob unterteilen in öffentliche Hand, Wirtschaftsunternehmen und Privatpersonen.

Der Bodenmarkt kann weiterhin in verschiedene Teilmärkte gegliedert werden, z. B. in Wohnlagen und Geschäftslagen. [GRo]

bodennahe Grenzschicht, sowohl Synonym zur Prandtl-Schicht (/atmosphärischen Grenzschicht) als auch Bezeichnung der untersten 2 m der /Atmosphäre – unterhalb der standardisierten Messhöhe von Temperatur und Luftfeuchte. Das Klima der bodennahen Grenzschicht ist ganz wesentlich durch die Nähe zum Untergrund geprägt und zeichnet sich durch eine sehr hohe kleinräumige Differenzierung aus (/Mikroklima). Bedeutung hat das Klima der bodennahen Grenzschicht vor allem als Lebensraum, weshalb seine Untersuchung ein Schwerpunkt der /Bioklimatologie und der /angewandten Klimatologie ist.

Bodennebel ↗Nebel.

Bodennutzungsmodelle, Modelle, die die städtische Bodennutzung durch Standortentscheidungen in Abhängigkeit von ↗Bodenpreisen und ↗Transportkosten erklären. Über die sozioökonomischen Aspekte, die in Bodennutzungsmodellen implizit enthalten sind, werden einige, jedoch nicht alle Ursachen sozialräumlicher Ausdifferenzierung und Segregationsprozesse erklärt.

Bodennutzungsordnung, rechtliche Vorschriften mit dem Ziel der optimalen Nutzung von Grund und Boden. Sie ist Grundlage der Stadtplanung für städtebauliche Um- und Neugestaltung und orientiert sich an der Flächennutzungs- bzw. ↗Bauleitplanung.

Bodennutzungsrecht, in zahlreichen Gesetzen geregelte Nutzung von Grund und Boden (Agrarverfassung, Siedlungsgesetzgebung, ↗Raumordnung, Landesplanung usw.) mit Vorrang der öffentlichen gegenüber den privaten Interessen (Enteignungsrecht).

Bodennutzungssystem, Einteilungsschema zur Kennzeichnung der gesamten räumlich-zeitlichen Bodennutzung eines landwirtschaftlichen Betriebes, einer Gemeinde oder eines ↗Agrargebietes. Bei Dauersystemen ist Land permanent für den ↗Ackerbau ausgeschieden, bei Wechselsystemen alterniert Ackerbau mit einer anderen Nutzungsart oder mit Nichtnutzung. In den gemäßigten Zonen werden alle vorkommenden ↗Kulturpflanzen einschließlich des Dauergrünlandes in eine der vier Gruppen a) Futterbau (Dauergrünland und Feldfutter), b) Getreide, c) Hackfrüchte (Hackfrüchte, Feldgemüse) und d) ↗Sonderkulturen (meist ↗Dauerkulturen) eingereiht. Die Bestimmung des Bodennutzungssystems erfolgt dann nach der Leitkultur und der Begleitkultur.

Bodenordnung, 1) im Sinne einer Bodenverfassung die Regelung der Eigentumsverhältnisse in Bezug auf den Boden bzw. das Grundstück. Hierbei ist zu berücksichtigen, dass Boden zwar wie jedes andere (bewegliche wie unbewegliche) Eigentum behandelt wird, jedoch im Konfliktfeld zwischen Privatrecht und öffentlichem Recht steht. Als Privateigentum kann über den Boden frei verfügt werden, solange Gesetze oder Rechte Dritter nicht entgegenstehen. Zum Wohle der Allgemeinheit ist jedoch auch die Enteignung von Grund und Boden möglich. Die Bodenordnung ist also nicht Gegenstand einer gesonderten rechtlichen Regelung, sondern setzt sich aus dem Zusammenspiel verschiedener Rechtsgrundlagen zusammen. 2) die (Neu-) Ordnung von Boden bzw. Grundstücksgrenzen, wobei den planenden und ausführenden Instanzen unterschiedliche Maßnahmen zur Verfügung stehen. Während Enteignung als Maßnahme eine untergeordnete Rolle spielt, werden Grenzregelung und Umlegung häufiger verwendet. Ziel der Bodenordnung ist es, homogene Gebiete gleicher Nutzung zu schaffen, um z.B. Großprojekte zu ermöglichen bzw. eine wenig effektive Kleinkammerung zu beseitigen. ↗Flurbereinigung, ↗Bodenmarkt. ↗Bodenreform. [GRo]

Bodenporen, Gesamtheit der wasser- und luftgefüllten Hohlräume im Boden; bilden den Porenraum oder das Porenvolumen. In Abhängigkeit von der ↗Korngrößenverteilung, dem ↗Bodengefüge, dem Gehalt an ↗organischer Bodensubstanz und der ↗Humusform zeigen Böden sehr unterschiedliche Porenvolumina und Porengrößenverteilungen. Die Bodenporen werden entsprechend ihrer Bedeutung für den Bodenwasserhaushalt nach dem ↗Äquivalentdurchmesser (ÄD) differenziert in Grobporen (ÄD>10 μm), durch welche das Sickerwasser abfließt (ÄD 10 bis 50 μm = langsam dränend, ÄD>50 μm = schnell dränend), Mittelporen (ÄD 10 bis 0,2 μm), welche das pflanzenverfügbare Haftwasser bereitstellen (↗nutzbare Feldkapazität), und Feinporen (ÄD < 0,2 μm), in denen das nicht mehr pflanzenverfügbare Wasser (Totwasser, ↗Welkepunkt) gebunden ist und die nur noch bei sehr starker Austrocknung mit Luft gefüllt sind. [ThS]

Bodenpreis, der Preis, der beim Kauf von Grund und Boden erzielt wird. Der Preis ist zunächst abhängig von Angebot und Nachfrage und beides wiederum von der Lage und der ökologischen Qualität des Bodens. Grundstücke in zentraler Lage oder auf ökologisch bevorzugten Standorten (Seegrundstück) erzielen höhere Preise als abseitig gelegene Grundstücke mit geringer ökologischer Qualität. ↗Bodenmarkt.

Bodenpreisgefälle, *Bodenpreisgradient*, Gradient der ↗Bodenpreise; häufig synonym gebraucht mit Bodenrentengefälle wegen der engen Verbindung von Bodenpreisen und ↗Bodenrente.
Nach der Bodenpreistheorie sinkt der höchste auf einem Grundstück zu erzielende Ertrag (Grundrente) von einem eng begrenzten Citykernbereich, als lukrativem Geschäfts- und Bürostandort, sehr rasch zur Peripherie, als Vorortzone mit überwiegender Wohnfunktion, hin ab, wobei sich sekundäre Maxima in Subzentren ergeben. Der Gradient folgt der aktuellen Bewertung von Standorten und ist eine auf der Preistheorie basierende Erklärung ↗städtischer Bodennutzung.

Bodenpreispolitik, politische Programme, die Rahmenbedingungen für die ↗Bodennutzungsordnung in Bezug auf Eigentumsrecht und -verteilung schaffen. Als Grundlage für die Umsetzung konkreter Planungsvorhaben reflektieren sie gegebene gesellschaftspolitische Strukturen.

Bodenpreistheorie, besagt, dass der Wert eines Grundstücks oder einer größeren Fläche generell durch verschiedene Gunst- und Ungunstfaktoren (Produktions-, Transport- und Kommunikationskosten sowie städtische Grundrente, jedoch auch sozialen Faktoren z.B. Verslumung) bestimmt wird. Die Höhe des Bodenwertes ist im marktwirtschaftlichen System von Angebot und Nachfrage abhängig. Der ↗Bodenpreis ist ein Indikator und Mechanismus der funktionalen und sozialräumlichen Ausdifferenzierung einer Stadt.

Bodenproduktivität, *Standortproduktivität*, in naturalen Einheiten gemessene oder in Geld bewertete land- oder forstwirtschaftliche Produktion, bezogen auf den Produktionsfaktor Boden. Bei der Bemessung wird das Ergebnis um die tierische Produktion aus von außen zugeführten Futtermitteln vermindert. /Bodenfruchtbarkeit.

Bodenprofil, zweidimensionaler Schnitt durch den Boden zwischen Bodenoberfläche und Ausgangsgestein, sichtbar in natürlichen (Kliff, Steilhang) oder künstlichen Aufschlüssen (Böschungen, Bau- und Kiesgruben), in aufgegebenen Profilgruben oder Bohrungen. Nach den Kriterien der /Bodenkundlichen Kartieranleitung dient das Bodenprofil zur Untersuchung von Boden- und Standorteigenschaften, zur Ausweisung und Gliederung von /Bodenhorizonten, Bestimmung des /Bodentypen sowie zur Entnahme von Bodenproben.

Bodenrauigkeit, Geländerauigkeit, /Rauigkeit.

Bodenreaktion, /pH-Wert des Bodens.

Bodenreform, eine Reform der Agrarsozialstruktur unter Einschluss einer Änderung der Eigentumsverhältnisse an Grund und Boden. Maßnahmen zur Veränderung der Besitzstruktur können durch Enteignungen, freiwilligen Landverkauf oder Landschenkung erzielt werden. Unterscheidbar sind einerseits Reformen, die von unten durch Maßnahmen, die von Bauerngruppen, z. B. durch Besetzung von Flächen, erreicht werden und andererseits die Reformen von oben, bei denen durch revolutionäre Veränderungen, z. B. Regierungswechsel, oder durch geplante Maßnahmen von Regierungen neue Agrarstrukturen geschaffen werden. Bodenreformen lassen sich auf drei Grundtypen zurückführen, die als Reinform oder als Mischform auftreten können: a) Schaffung individualwirtschaftlicher Familienbetriebe, oft gekoppelt mit dem Versuch, Bauern zu freiwilligem Zusammenschluss in Genossenschaften zu bewegen; b) Zusammenschluss der Landbevölkerung zu Produktionsgenossenschaften (kollektiver Landbesitz und gemeinsame Landbewirtschaftung) sowie Anlage großer Staatsbetriebe mit Lohnarbeitsverfassung; c) kollektivistische Reformen in Anlehnung an traditionelle Agrarverfassungen.

Die im Herbst 1945 einsetzende Bodenreform auf dem Gebiet der sowjetisch besetzten Zone Deutschlands hatte sowohl ideologische Gründe wie auch Ursachen, die in der Notlage der Bevölkerung (Einheimische und Flüchtlinge) und der daniederliegenden Nahrungsmittelproduktion lagen. Demgegenüber gab es auf dem Gebiet der früheren Bundesrepublik nach dem Zweiten Weltkrieg lediglich Ansätze zu einer Bodenreform, die Betriebe mit über 100 ha betraf. [KB]

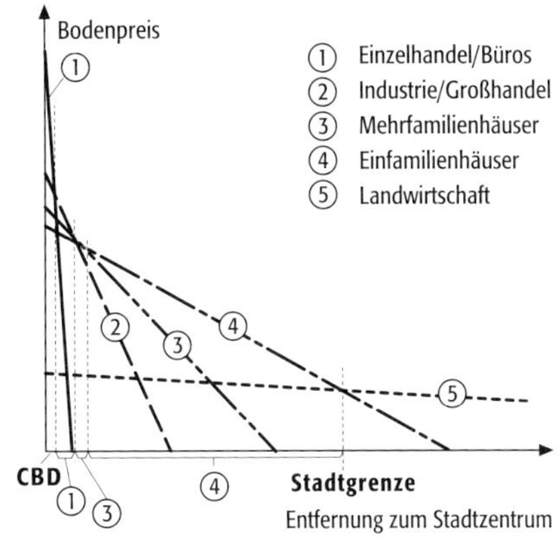

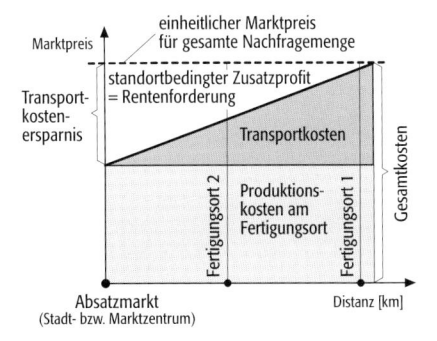

Bodenreibung, äußere /Reibung zwischen Luftströmungen der Atmosphäre und der Erdoberfläche.

Boden-Reibungs-Wind /Bodenwind.

Bodenrente, lagebedingter Ertrag bzw. standortbedingter Zusatzprofit, der pro Flächeneinheit aus Vermietung oder Verkauf eines Grundstücks zu erzielen ist. Er unterscheidet sich je nach Lage des Grundstücks innerhalb des Stadtraumes. Die Bodenrente ist für den Besitzer eines städtischen Grundstücks im Stadtzentrum wegen der zentralen Lage und guten Erreichbarkeit am höchsten. Im Wettbewerb der Nutzer/Mieter bzw. Käufer werden nur die Finanzkräftigsten die geforderten Mietpreise/Pacht- oder Nutzungsgebühren oder Kaufpreise entrichten können, wobei der Wettbewerb selbst diese Preise in die Höhe treibt. Für die Nutzer hingegen ergibt sich an zentralen Standorten eine höhere *Lagerente*, d. h. der lagebedingte Ertrag, der sich pro Flächeneinheit aus der Anmietung/Nutzung bzw. des Kaufs eines Grundstücks ergibt (Abb. 1). Dieser resultiert daraus, dass die Nutzer/Käufer ihre Kosten auf die Kunden in Form höherer Preise umlegen. Es versteht sich, dass dies überwiegend bei Gütern des gehobenen Bedarfs der Fall sein kann. Bodenrenten bzw. Lagerenten erklären, warum in zentralen Geschäftsbezirken überwiegend Güter

Bodenrente 1: Ertragsgradienten städtischer Nutzungen.

Bodenrente 2: Formen der Grundrentenbildung in städtischen Wirtschaftsräumen.

a Differenzialrente

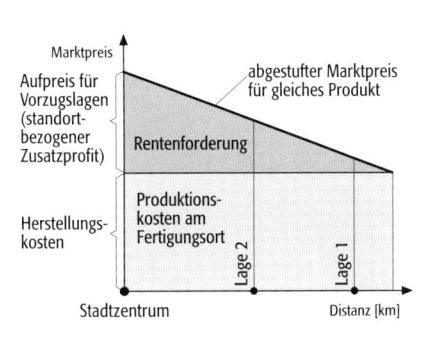

b Monopolrente

des nichtalltäglichen Bedarfs von einer gewissen Exklusivität angeboten werden. Ferner sind sie ausschlaggebend für die Konzentration der besonders finanzkräftigen Dienstleistungsbereiche des Banken-, Kredit-, Versicherungs- und Immobilienwesens. Die *städtische Grundrente* ist an die Bodenpreise gekoppelt, jedoch nicht synonym mit dem Bodenpreis. Vielmehr handelt es sich um die im Vergleich zu anderen städtischen Standorten höhere oder niedrigere Ertragsmöglichkeit eines Grundstücks. Die Grundrente, also die lagebedingten Erträge, die aus Vermietung/Verkauf bzw. Nutzung pro Flächeneinheit zu erzielen ist und sich im Stadtraum je nach Standort deutlich unterscheidet, ist der wichtigste ökonomische Mechanismus der ↗innerstädtischen Differenzierung. Die Abbildung 2 zeigt die Formen der Grundrentenbildung.

Nach dem *Bodenrentenmodell* ordnen sich die einzelnen Raumnutzungen gemäß der linearen Abnahme der Bodenrenten vom Zentrum zur Peripherie ringzonal um das Stadtzentrum an. Der Realität entsprechend ist dieses symmetrische Raummuster allerdings theoretisch-induktiv modifiziert worden, wobei auch die Abnahme der Bodenrenten vom Stadtzentrum nicht linear sein kann. [RS/SE]

Bodenrentenmodell ↗Bodenrente.

Bodenschutz, Anwendungsgebiet des ↗Umweltschutzes und Forschungsrichtung der angewandten Bodenkunde (↗Pedologie); umfasst den Flächenschutz, die Erhaltung und Wiederherstellung der ökologischen Funktionen des ↗Bodens (↗Pedoökosystem) und die Vermeidung der ↗Bodendegradation und Bodenzerstörung durch Versiegelung, Übernutzung, Erosion (↗Bodenerosion) und Belastung mit ↗Schadstoffen. Durch das Gesetz zum Schutz des Bodens (BBodSchG) vom 17.3.1998 und begleitende Gesetze auf Ebene der Bundesländer wird der Bodenschutz in Deutschland zu einer gesellschaftlichen Aufgabe. Im Mittelpunkt stehen die ökologisch bedeutenden Bodenfunktionen, insbesondere die Filter-, Puffer- und Transformationsfunktionen und die Lebensraumfunktionen. Sie sind für die langfristige Produktion unbelasteter Nahrungsmittel und sauberen Grundwassers in ausreichenden Mengen von größter Bedeutung für die Menschheit. Die Ursachen für zunehmende *Bodenbelastungen* durch den Eintrag von Säuren, organischen Schadstoffen, Salzen und Schwermetallen sowie die zunehmende Bodenzerstörung durch Abgraben, Versiegelung und Überbauung, Erosion oder starker Verdichtung resultieren aus der Zunahme der ↗Bevölkerungsdichte, Nutzungsintensität und ↗Industrialisierung, ohne dass damit einhergehend Verfahren für eine nachhaltige, bodenschonende Lebens- und Wirtschaftsweise entwickelt werden. Daher nimmt gegenwärtig die Fläche der produktiven und unbelasteten Böden weltweit ab, während die Weltbevölkerung zunimmt. Da sich Böden im Verlauf von Jahrtausenden langsam entwickeln, der ursprüngliche Zustand zerstörter Böden nicht wiederherstellbar ist, sich gestörte Bodenfunktionen nur in langen Zeiträumen regenerieren und Bodenbelastungen mit persistenten Schadstoffen (z. B. Schwermetalle) nicht mehr rückgängig zu machen sind, ist insbesondere der vorsorgende Bodenschutz von größter Bedeutung. Daher sind Grundnutzungen auf das notwendige Maß zu beschränken, um den Bodenverbrauch durch Siedlung, Industrie und Verkehr zu minimieren. Entsiegelung von überbauten Flächen führt Böden in den Naturhaushalt zurück. Für Böden, die der Nahrungsproduktion und Trinkwassergewinnung dienen, stehen die Vermeidung von Erosion, Verdichtung, Überdüngung, Versauerung und Schadstoffbelastung im Vordergrund des Bodenschutzes. Die schleichende Schadstoffbelastung von Böden mit organischen und anorganischen Schadstoffen sowie Säuren in industriefernen Gebieten, die durch den Ferntransport von Staub oder belasteten Niederschlägen erfolgt, ist nur zu vermeiden, wenn in Industriebetrieben die Freisetzung von luftgetragenen Stoffen durch Abluftfilterung und Festlegung von Abfallstoffen unterbunden wird. Bodensanierungen werden bei Belastungen mit relativ leicht mobilisierbaren Stoffen, d. h. mit löslichen Salzen (Wasserextraktion), leichtflüchtigen Organika (Luftabsaugung) und schwerabbaubaren Organika (Einsatz von Mikroorganismen) durchgeführt. Dagegen mildern Verfahren der Sicherung belasteter Böden die Wirkung von persistenten Schadstoffen. Dabei werden Schwermetalle, Säuren und Radionuklide durch Kalkung und den Einsatz von Absorbern immobilisiert. Tiefenumbruch sowie Auftrag und Einmischung von unkontaminierten Substraten haben eine Senkung hoher Schadstoffkonzentrationen durch Verdünnung zur Folge. Bei extremen, meist punktuellen Belastungen, z. B. als Folge von Industrieunfällen oder im Bereich von Altdeponien, sind die Böden einzukapseln oder abzugraben. Das Bodenmaterial ist dann als Sonderabfall zu deponieren oder einer Substratsanierung in Extraktionsanlagen zu unterziehen. [PF]

Bodensediment, Material, das durch Bodenbildung geprägt und anschließend von Umlagerungsvorgängen (z. B. durch fließendes Wasser) am Hang erfasst wurde. Bodensedimente sind feinkörnig und meist humos. Sie überlagern den an Ort und Stelle gebildeten Boden, ausnahmsweise auch das anstehende Gestein, und sind nach ihrer Ablagerung der weiteren Überprägung durch Bodenbildung ausgesetzt. Mit *Kolluvium* bezeichnet man Bodensedimente, die auf ↗Bodenerosion an ackerbaulich oder forstlich genutzten Hängen zurückgehen und an tieferen Abschnitten des Hanges abgelagert sind. Einige Autoren rechnen auch ↗Auenlehm (»fluviales Kolluvium«) oder äolisch umgelagertes Bodenmaterial (»Äolium«) zu den Kolluvien. Insbesondere bei letzteren lässt sich der menschliche Einfluss allerdings oft nur schwer belegen.

Bodensequenz, Abfolge von Böden als ↗Chronosequenz, ↗Klimasequenz, ↗Lithosequenz.

Bodensicht, Erkennbarkeit von Objekten an der Erdoberfläche bei Blickrichtung von oben. Die

Beurteilung der Bodensicht erfolgt anhand der Unterscheidbarkeit von Rastern am Erdboden (↗Sichtweite).

Bodenskelett, bezeichnet die Korngrößenfraktion mit einem Durchmesser >2 mm. Die weitere Untergliederung erfolgt nach morphologischen Kriterien und Durchmesser in Grus (eckig) oder Kies (gerundet) bis 63 mm Durchmesser, Steine (eckig) oder Geröll (gerundet) bis 200 mm Durchmesser, und Blöcke mit einem Durchmesser von >200 mm.

Bodenstruktur ↗Bodengefüge.

Bodentemperatur, 1) *Bodenkunde*: Maß für den Wärmezustand bzw. den thermischen Energiehaushalt des ↗Bodens als Ausdruck der Bewegungsenergie der Moleküle, üblicherweise angegeben in Grad Celsius. Die Bodentemperatur ist eine wesentliche Steuergröße für den Bodenwasser- und Bodenlufthaushalt, die Verwitterungsintensität, den Abbau organischer Substanz, die Ausbildung des ↗Bodengefüges, die ↗biotische Aktivität und die Keimung und das Wachstum höherer Pflanzen. Die Bodentemperatur hängt ab von der Intensität der Sonneneinstrahlung, dem Absorptionsverhalten der Bodenoberfläche und dem Verhältnis der Phasen Festsubstanz, Wasser und Luft. Sie kann in den oberen Zentimetern des Bodens im Tagesgang und in Abhängigkeit von der Exposition stark schwanken und gleicht sich in größeren Tiefen zunehmend an den Jahresgang der gebietstypischen mittleren Temperatur an. 2) *Klimatologie*: die Lufttemperatur in einer Höhe von 2 m über Grund in der ↗Wetterhütte, im Gegensatz zu den bei ↗aerologischen Aufstiegen ermittelten Temperaturen höherer Luftschichten (↗Temperatur). Davon zu unterscheiden ist die ↗Erdbodentemperatur, die Temperatur im Erdboden, welche an ausgewählten Standorten des Klimameldenetzes in 2, 5, 10, 20, 50 und 100 cm Tiefe gemessen wird.

Bodentextur, ↗Korngrößenverteilung der Bodensubstanz. ↗Bodenart.

Bodentyp, zentrale Klassifikationseinheit der ↗Deutschen Bodensystematik, unterschieden und systematisch gegliedert nach charakteristischen Horizonten und Horizontfolgen mit jeweils diagnostischen Merkmalen und Eigenschaften, die als Folge spezifischer pedogener Prozesse im Ober- und Unterboden entstanden. Eine weitere Untergliederung erfolgt nach qualitativen Kriterien in Subtypen mit spezifischer Horizontfolge: Normsubtyp mit charakteristischer Horizontfolge des Typs; Abweichungssubtyp mit abweichenden Merkmalen vom Normsubtyp; Übergangssubtyp mit stark ausgeprägten typfremden Merkmalen, auch als Typinterferenz bezeichnet. Verschiedene Bodentypen zeigt die Abbildung im Farbtafelteil.

Bodenverdichtung, Verringerung des Gesamtvolumens des ↗Bodens, mit einhergehender Veränderung des ↗Bodengefüges. Sie besteht insbesondere in der Abnahme des Grobporenanteils. Die in der Abbildung genannten Auswirkungen der Bodenverdichtung bedingen auch andere, dem Pflanzenwachstum abträgliche chemische Prozesse. Beispielsweise führt die verdichtungsbedingte Zunahme der Reduktionsprozesse zu Mangan- und Eisentoxizität. Aufgrund dieser Qualitätsveränderungen wird neuerdings der Begriff »Bodenschadverdichtung« vorgeschlagen. Auf natürliche Weise kann Bodenverdichtung auftreten nach ↗Entkalkung bei Böden aus Lockergesteinen (Sackungsverdichtung), durch Humusverluste, durch die schlagende Wirkung großer Regentropfen (Verschlämmung) und durch Tonverlagerung. Meist aber ist sie durch Schwermaschineneinsatz in Land- und Forstwirtschaft bedingt und erfasst sowohl den Unter- (Bildung der Pflugsohle) als auch den Oberboden und erfordert Maßnahmen der ↗Bodenbearbeitung und ↗Melioration. Abgesehen von den genannten Einflussgrößen können auch einseitige Fruchtfolgen, z. B. mit hohem Silomaisanteil, die Gefahr von Bodenverdichtungen erhöhen. In der Landwirtschaft können je nach Ausprägungsgrad technogener Schadverdichtungen Ertragsausfälle von 5–40 % entstehen. [KB]

Bodenwärmestrom, der Wärmetransport, welcher im Boden – meist in vertikaler Richtung und bezogen auf den oberflächennahen Untergrund – stattfindet. Er ist die Folge eines Temperaturgefälles. Zum Boden werden in der Klimatologie alle die Atmosphäre unterlagernde Materialien, also auch künstliche Stoffe oder versiegelte Oberflächen, zuweilen auch das Wasser, gerechnet. Der Wärmestrom durch einen Körper ist:

$$Q = \lambda \cdot A \cdot \frac{\theta_1 - \theta_2}{d} \cdot t$$

mit λ = spezifische Wärmeleitfähigkeit, A = Querschnittsfläche, D = Stoffdicke senkrecht zum Wärmedurchgang, $\theta_1 - \theta_2$ = Differenz der Temperaturen und t = Zeit.

Im Gegensatz zu künstlichen Materialien ist die spezifische Wärmleitfähigkeit des Bodens abhängig vom Substrat, der Lagerungsdichte, dem Wassergehalt und anderen Parametern, sodass sich nur Richtwerte angeben lassen. Trockener Lehmboden mit 40 % Porenvolumen hat eine Wärmeleitfähigkeit von 0,25 W/(m · K), welche niedriger ist als diejenige von Baumaterialien (Ziegel, Beton, Asphalt) oder Wasser. Mit steigender Lagerungsdichte und steigendem Wasseranteil nimmt die Wärmeleitfähigkeit zu.

Wärmeleitung über die Oberflächen hinweg tritt stets zusammen mit einem Wärmeübergang auf, wobei Energie zwischen festen und flüssigen oder gasförmigen Materialien ausgetauscht wird. Hier wird mit einem Wärmeübergangskoeffizienten gearbeitet, welcher die verschiedenen steuernden Einflüsse der Materialeigenschaft und der Strömungsvorgänge erfasst. Er wird in W/(m² · K) angegeben. Unter dem Begriff des Wärmedurchgangs fasst man die Begriffe der Wärmeleitung und des Wärmeübergangs zusammen. Ein Boden oder auch eine künstliche Wand setzen dem Wärmedurchgang einen Widerstand entgegen, den Wärmedurchgangswiderstand, welcher in der Wärmedämmung als k-Wert verwendet wird

Folgen der Bodenverdichtung

- Verschlechterung der Durchwurzelbarkeit
- geringere Wasser- und Nährstoffverfügbarkeit
- Sauerstoffmangel und Stickstoffverluste (Denitrifikation)
- geringere Infiltration und Perkolation (Regenverdaulichkeit)
- erhöhter Oberflächenabfluss, dadurch stärkere Bodenerosion
- erschwerte Bearbeitbarkeit
- verringerte biologische Aktivität
- Förderung der Verunkrautung

Bodenverdichtung: Übersicht über die wichtigsten Auswirkungen von Bodenverdichtung.

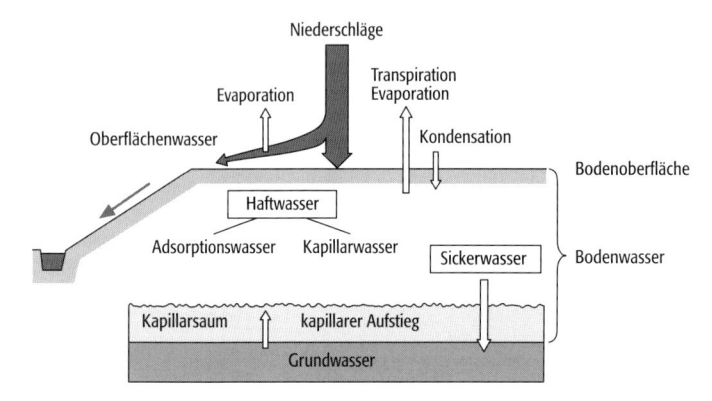

Bodenwasser: Schematische Darstellung der Komponenten des Bodenwassers und deren Interaktion mit dem Niederschlag und dem Grundwasser.

und in der ↗Baukörperklimatologie zur Abschätzung des Wärmestromes aus dem Inneren eines Gebäudes in die umgebende Atmosphäre dient. Zuweilen wird der Begriff des Bodenwärmestromes für die Summe aller von unten zur Oberfläche hin gerichteten Wärmeflüsse verwendet. Er schließt dann, vor allem bei globalen Energiebilanzbetrachtungen, auch die vertikalen ozeanischen Transporte ein. [JVo]

Bodenwasser, im Boden befindlicher Teil des unterirdischen Wassers, gespeist aus Niederschlagswasser und in geringem Ausmaß Kondensationswasser nach ↗Infiltration in den Boden oder aus dem Grundwasser durch ↗kapillaren Aufstieg. Im Unterschied zum Kristallwasser befindet sich das Bodenwasser in den ↗Bodenporen und wird nach seinem Verhalten im Boden untergliedert in ↗Sickerwasser (Gravitationswasser), das den Boden in den Grobporen der Schwerkraft folgend durchströmt, und *Haftwasser*, welches in den Bodenporen entgegen der Schwerkraft gehalten wird (Abb.). Das Haftwasser setzt sich zusammen aus dem an der Oberfläche von Bodenpartikeln haftenden *Adsorptionswasser* und dem durch Kapillarkräfte in Menisken gebundenen und häufig aus dem Grundwasser aufsteigenden *Kapillarwasser*. Aufgrund der großen Bedeutung des Bodenwassers als ökologischer, pedogenetischer und standortkundlicher Faktor werden zur Bemessung und Bewertung u.a. die Parameter ↗Feldkapazität, ↗nutzbare Feldkapazität, Totwasser, ↗K_f-Wert, ↗pF-Wert, ↗Permeabilität, Infiltration und ↗Welkepunkt ausgewiesen. Im Rahmen der Boden- und Landschaftsentwicklung (z.B. ↗Hydromorphierung, ↗Marmorierung) sowie der ↗Bodenklassifikation sind neben den Komponenten Sickerwasser und Haftwasser das Stauwasser (zeitweilig auftretendes bewegliches Bodenwasser über einem meist oberhalb 130 cm unter Geländeoberfläche befindlichen wasserstauenden ↗Bodenhorizont; z.B. bei ↗Stauwasserböden, ↗Pseudogley, ↗Haftnässemarsch) und das *Hangwasser* (sich unter Einwirkung der Schwerkraft hangabwärts bewegendes Bodenwasser; z.B. Hanggley) von großer Bedeutung. Der Oberflächenabfluss und das Oberflächenwasser werden nicht zum Bodenwasser gezählt. Die Gesamtheit der Zustände und Prozesse der Bodenwasserbewegung und der Bodenwasservorräte werden unter dem Begriff Bodenwasserhaushalt (zeitliche Veränderung der Bodenwassermenge, bedingt durch Aufnahme, Speicherung und Abgabe von Wasser) als Teil des globalen ↗Wasserkreislaufs zusammengefasst. Wichtigste Regelfaktoren sind neben dem Klima, der Vegetation und dem Grundwasser die Bodeneigenschaften ↗Bodenart, Wassergehalt, ↗Wasserspannung und Permeabilität des Bodens. [ThS]

Bodenwert ↗Bodenmarkt.

Bodenwetterkarte, ↗Wetterkarte, auf der der atmosphärische Zustand und die Wettererscheinungen nahe der Erdoberfläche dargestellt sind. Neben den Daten ↗synoptischer Wetterbeobachtungen von Landstationen und ↗Wetterschiffen können auch Isobaren, Fronten, Niederschlagsgebiete u.a. eingetragen sein.

Bodenwind, Luftströmung im unteren Bereich der bodennahen Luftschicht (Prandtl-Schicht, ↗atmosphärische Grenzschicht), die hauptsächlich durch die ↗Bodenreibung geprägt ist, auch als *Boden-Reibungs-Wind* bezeichnet. Obwohl die vertikale Mächtigkeit des Bodenwindes nicht exakt definiert ist, wird der Wind unterhalb von 10 m ü. Grund in hindernisfreiem Gelände allgemein als Bodenwind aufgefasst. Im Gegensatz zum ↗Gradientwind der ↗freien Atmosphäre ist beim Bodenwind die Reibungskraft aufgrund der ↗Rauigkeit der Erdoberfläche am deutlichsten ausgeprägt, während der Einfluss der ↗Corioliskraft vernachlässigbar gering ist. Ferner weist der Bodenwind infolge thermischer und dynamischer ↗Turbulenz eine starke vertikale Differenzierung auf. Die Windgeschwindigkeit ist am Boden am niedrigsten und nimmt nach dem ↗logarithmischen Windgesetz aufgrund nachlassender Turbulenz rasch mit der Höhe zu. [DD]

Bodenzahl ↗Bodenbewertung.

Bodenzeiger, *Bodenanzeiger*, Pflanzen, die als Indikatororganismen (↗Zeigerpflanzen) Eigenschaften des Bodens anzeigen, z.B. Acidophyten geringen ↗pH-Wert (↗Säurepflanzen), Basiphyten hohen pH-Wert (↗Kalkpflanzen), Halophyten (↗Salzpflanzen) hohen Salzgehalt.

Bodenzone, größte bodengeographische Darstellungsdimension der nach bioklimatischen Kriterien im globalen Maßstab zusammengefassten Böden. In Teilen sind die Bodenzonen mit Klima-, Landschafts- oder Ökozonen der Erde deckungsgleich. Die kartographische Darstellung erfolgt meist mit acht bis zehn Einheiten. Die für eine Bodenzone jeweils typischen Böden werden als ↗zonale Böden bezeichnet, da ihre Entstehung insbesondere von den ↗Bodenbildungsfaktoren Klima und Vegetation geprägt wurde, während die intrazonalen Böden eine besondere Abhängigkeit von den Faktoren Wasser und Gestein repräsentieren. Dagegen stellen azonale Böden nur schwach entwickelte Rohböden dar.

Böenfaktor ↗Böigkeit.

Böenkragen ↗Böenwalze.

Böenschreiber ↗*Anemograph*.

Böenwalze, *gust line*, lang gestreckte dunkle Wolkenwalze, die sich vor dem Herannahen von heftigen Einzelgewittern (↗Gewitter) oder Gewitterfronten (↗squall line) ausbildet. In den Mittelbreiten wird sie meist von einer sich schnell vorwärts bewegenden ↗Kaltfront verursacht. Sobald in einer Gewitterwolke ↗Niederschlag einsetzt, kühlen Regen, ↗Graupel oder ↗Hagel den entgegenströmenden Aufwind (*updraft*) ab und drehen ihn um (*downdraft*, bzw. *downburst* bei Abwinden >3,6 m/sec), der stark abgekühlte Abwind stürzt in die Tiefe. Die so gebildete Kaltluft breitet sich an der Erdoberfläche in einer flachen Schicht aus und hebt die dort auf die Gewitterwolke zuströmende feuchtwarme Luft walzenförmig an. Durch ↗Kondensation kommt es zur Ausbildung einer bogenförmigen Wolkenwalze (*Böenkragen*, *arc cloud*) (Abb.). Die durch die Böenwalze verursachten Windstöße erreichen Sturmgeschwindigkeit und sind wegen der starken Turbulenzen sowie auftretenden ↗Windscherungen im Luftverkehr besonders gefürchtet. [JB]

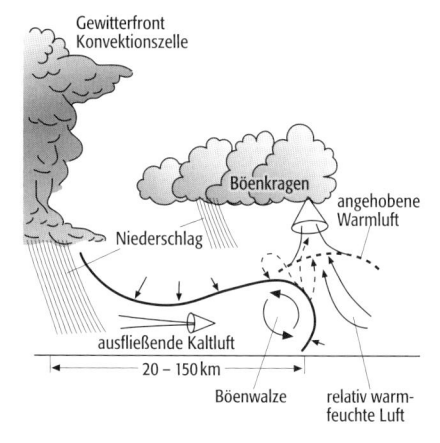

Bogendüne ↗*Lunette*.
Böhmische Masse, Moldanubische Scholle, ↗Massiv kristalliner Gesteine in Böhmen, das in der Erdgeschichte wiederholt Festland war und in westlicher Richtung die Sedimentation im südlichen ↗Germanischen Becken während ↗Zechstein und ↗Trias entscheidend beeinflusste.
Bohrstock, Schlitzsonde von 1 m Länge, die mit einem speziellen Hammer in den Boden getrieben wird. Nach dem Herausziehen verbleibt mechanisch gestörtes aber in der Horizontfolge relativ ungestörtes Bodenmaterial im Schlitz und erlaubt die Ansprache der Horizontfolge und verschiedener Bodenmerkmale. Der *Pürckhauer-Bohrstocks* wird als Standardbohrer bei der ↗Bodenkartierung von Mineralböden verwendet. Aufschraubbare Verlängerungsstangen ermöglichen die Erkundung größerer Tiefen.
Böigkeit, spontane, im Sekundenbereich auftretende, kurzzeitige Schwankungen der ↗Windgeschwindigkeit und ↗Windrichtung aufgrund thermischer und dynamischer ↗Turbulenz. Da die Böigkeit von der ↗Rauigkeit und der Erwärmung der Oberfläche abhängt, ist sie über Land und in unteren Luftschichten höher als über dem Meer und in höheren Luftschichten. Die Intensität der Böigkeit wird über den *Böenfaktor* bestimmt, der aus dem Verhältnis von der gemessenen maximalen Windgeschwindigkeit (Böenspitze) zum Geschwindigkeitsmittelwert eines Messzeitraums (z. B. 1 Stunde) berechnet wird. Die stärksten Böen treten bei Stürmen (Sturmböen) und bei Gewittern (Gewitterböen, insbesondere entlang der ↗sqall line) auf.

Bolson [von span. bolson = großer Beutel], geomorphologischer Terminus für abflusslose Becken arider und semiarider Hochländer und Kettengebirge vor allem im Südwesten der USA, in Nordmexiko und in Westargentinien. Bolsone sind demnach Charakterformen solcher Trockengebiete, in denen sich während der jüngeren Erdgeschichte, d. h. vorwiegend im Neozoikum, infolge lebhafter tektonischer Vorgänge Streifenmuster sich hebender und senkender Schollen mit dem Resultat orographischer Beckenbildung entwickelt haben. Dabei bestimmen die differenzierten Bewegungen der Erdkruste nicht nur die Konfiguration und räumliche Anordnung der Großformen des Reliefs, sondern wirken über die von ihnen ausgehende Modifizierung des Klimas (einschließlich der Höhenstufen) bis in die feinere Reliefierung der tektonisch bestimmten Großformen hinein. Im Idealfall sind Bolsone geschlossene Becken mit zentripetaler Entwässerung, wobei lang gestreckte Formen als lineare Bolsone und solche, die von einem Fluss gequert bzw. entwässert werden oder einseitig geöffnet sind, als »semi-bolsons« oder als »bolsonoide Formen« zu bezeichnen sind.
Die charakteristische Morphosequenz der Bolsone besteht aus der Abdachung bzw. den Hängen der sie umrahmenden Gebirge oder Höhenzüge, dem beckenwärts daran anschließenden ↗Piedmont und dem von einer ↗Salztonebene bzw. von einem Salzsumpf eingenommenen ↗Endpfanne. [EB]

bonebed, *Knochenbrekzie*, Anreicherung zusammengespülter Fragmente u. a. von Wirbeltierknochen, Schuppen, und Zähnen. Bonebed-Lagen sind in Deutschland besonders im unteren ↗Keuper und im ↗Rhät häufig. Sie finden sich in küsten- oder ufernah abgelagerten Gesteinen. Bei starker Anreicherung von bonebeds können wegen des Phosphatgehaltes der Skelettreste wirtschaftlich nutzbare Lagerstätten (Düngemittel) entstanden sein.
Bonitierung ↗*Bodenbewertung*.
Booth, *Charles*, engl. Reeder und Sozialwissenschaftler, 1840–1916. Sein Hauptwerk »Life and Labour of the People in London« (17 Bände, 1889–91, 1892–97, 1902) war der Höhepunkt des ↗social survey movement und der Beginn einer empirischen ↗Sozialgeographie. Booth hat sich viele Jahre lang mit den Ursachen und der innerstädtischen Verbreitung von ↗Armut in London befasst. Die Ergebnisse seiner Untersuchungen haben das öffentliche Bewusstsein für soziale Probleme geweckt und auch zu sozialen Reformen geführt. In den Jahren 1905 bis 1909 war er ein Mitglied der Royal Commission of the Poor Law. Booth und seine Mitarbeiter sind zwar nicht

Böenwalze: Schema zur Bildung einer Böenwalze.

immer systematisch vorgegangen, haben jedoch viel zur Entwicklung der Methoden der empirischen Sozialforschung beigetragen. Sie haben nicht nur Tausende von Personen befragt, sondern auch die Methode der teilnehmenden ↗Beobachtung angewandt, indem sie sich z. B. bei Arbeiterfamilien einquartierten und über deren Alltagsleben Buch führten. Darüber hinaus hat Booth die Volkszählung von 1891 herangezogen, Schulregister ausgewertet (Dokumentenanalyse) sowie Priester, Lehrer, Polizisten und Wohltätigkeitsorganisationen über das Ausmaß und die Ursachen der Armut in ihren Bezirken befragt (Experteninterviews). Booth hat wohl als Erster versucht, eine Armutslinie zu bestimmen und Indikatoren für unterschiedliche Stufen der Armut zu finden. Die Bevölkerung der von ihm untersuchten Londoner Stadtteile hat er in acht soziale Klassen unterteilt, wobei er vor allem die Unter- und Mittelschicht genau differenzierte. Die unterste Klasse (A) bezeichnete er als »Gelegenheitsarbeiter, Faulenzer und Halbkriminelle«, in der Klasse B waren »sehr Arme mit gelegentlichem Einkommen und chronischem Mangel«. Die oberste Klasse H umfasste die »true middle class«, die sich Dienstboten leisten konnte. Für die Sozialgeographie und ↗Sozialökologie von besonderem Interesse ist die Tatsache, dass Booth die Wohnorte der sozialen Klassen nach Straßen kartographisch dargestellt und diese Karten mit anderen Indikatoren verglichen hat. Mit dieser Vorgehensweise konnte er überraschend große innerstädtische Disparitäten der sozialen Schichtung und Zusammenhänge zwischen verschiedenen Merkmalen nachweisen (z. B. zwischen Armut und Bevölkerungsdichte). Da manche Erhebungen nach einigen Jahren wiederholt wurden, konnte er auch die zeitliche Veränderung der Sozialstruktur erfassen und auf die ökologischen Kräfte verweisen, welche die Bevölkerung aus dem Zentrum in den inneren Ring hinausdrängen. Damit hat er schon Erkenntnisse vorweggenommen, die später von der ↗Chicagoer Schule der Soziologie am Beispiel des Kreismodells erläutert wurden. Im Rahmen seiner Studien über die Armut war Booth vor allem an den Einkommensverhältnisse, der beruflichen Tätigkeit, dem Schulbesuch, der Qualität der Schulen (diese hat er in 6 Stufen eingeteilt), den hygienischen Verhältnissen, der Überbelegung von Wohnungen, dem kulturellen Milieu (Anzahl und Art der im Haushalt vorhandenen Bücher) und am Einfluss der Religion interessiert. Er gehörte zu den Ersten, die Armut nicht als selbstverschuldet ansahen und auf den Zusammenhang zwischen Armut und Sittenlosigkeit bzw. einem regulären Einkommen und einer »anständigen Lebensweise« hingewiesen haben. Insgesamt hat er zusammen mit seinen Mitarbeitern in London 4076 Fälle von Armut untersucht und die Ursachen für Armut erforscht. Es gibt wohl kaum eine bessere quantitative und qualitative Untersuchung über die Lebensbedingungen und Sozialstrukturen einer Großstadt im ausgehenden 19. Jahrhundert. Was die von Booth untersuchten Fragestellungen und die angewandten Methoden betrifft, war er seiner Zeit weit voraus. Ähnliche Forschungsfragen wurden von der Soziologie und Sozialgeographie erst Jahrzehnte später wieder aufgegriffen. Die akademische ↗Soziologie und ↗Humangeographie haben von Booth zu seinen Lebzeiten nur wenig Notiz genommen. [PM]

Bora [von griech. boréas = Nordwind], lokaler, ablandiger ↗Fallwind an der dalmatinischen Küste. Die kalte, trockene und stark böige Bora tritt hauptsächlich im Winter bei starken Luftdruckgradienten auf, wenn aus einem Hochdruckgebiet über dem Balkan kalte Festlandsluft zu einem südlich der Alpen gelegenen Tiefdruckgebiet (Adriatief) strömt. Nach Überströmen der Karstgebirge bleibt der kalte Charakter der Bora trotz einsetzender föhnartiger Erwärmung aufgrund der geringen Fallhöhe erhalten. Die in die relativ warme Adrialuft einbrechende Kaltluft führt aufgrund starker Luftmassenumlagerungen zu heftigen Böen (↗Böigkeit).

bordvoll, *bordvoller Abfluss, bankful*, die Abflussmenge im Gewässerbett, die soeben noch ohne Ausuferungen abfließen kann. Der natürliche bordvolle Abfluss erstreckt sich bis zu beiden Böschungsoberkanten und entspricht näherungsweise dem ↗bettbildenden Abfluss, für den die Wiederkehrzeiten der bordvollen Abflusswerte entscheidend sind. Bei ausgebauten Fließgewässern tritt der bordvolle Abfluss wesentlich seltener auf; um von bettbildend zu sprechen, ist die Wiederkehrzeit zu gering.

Bore, steile, stromaufwärts wandernde gezeitenbedingte Flutwelle in Trichtermündungen.

Boreal ↗Quartär.

borealer Nadelwald, Vegetation der borealen ↗Vegetationszone auf der Nordhemisphäre (Abb. 1), an die im Norden die ↗Tundra und im Süden ↗sommergrüne Laubwälder oder ↗Steppen anschließen. Die vorherrschenden *Nadelwälder* (in Sibirien als *Taiga* bezeichnet) werden nur von den vier Koniferengattungen *Picea* (Fichte), *Pinus* (Kiefer), *Abies* (Tanne) und *Larix* (Lärche) mit jeweils wenigen Arten gebildet. Auch die Laubbaumgattungen *Betula* (Birke) und *Populus* (Pappel) sind ein charakteristisches Element der borealen Wälder. In der ebenfalls artenarmen Bodenvegetation herrschen Zwergsträucher, Flechten und Moose vor, von denen häufig nur eine Art auf großen Flächen dominant ist. Zwischen den oceanischen ↗Waldklimaten und kontinentalen Waldklimaten bestehen hinsichtlich ↗Niederschlag und Temperatur große Unterschiede. Die Niederschläge nehmen von >600 mm in küstennahen Gebieten auf 200–300 mm im Landesinneren ab. Die Temperaturen des wärmsten Monats schwanken nur wenig und liegen bei 10–15°C bzw. 10–20°C. Mit zunehmender Küstenferne werden jedoch die Wintertemperaturen kälter, sodass die Jahresamplitude der Monatsmitteltemperaturen zwischen 15 und >60°K schwankt. Da in Eurasien die Kontinentalität und Winterkälte am stärksten ausgeprägt ist, hat der kontinuierliche ↗Permafrost, der in Nordamerika nur bis in die Waldtundra hineinreicht, hier seine größte Verbreitung bis weit ins Innere des Kontinents. Als zonaler Bodentyp gilt der ↗Podsol, der jedoch nur außerhalb der Permafrostgebiete typisch entwickelt ist. Bei ständiger Bodengefrornis sind stattdessen Gleypodsole, Kryotaigagleye und Kryotaigaböden kennzeichnend. Ein allen Böden gemeinsames Merkmal ist die z. T. mächtige Rohhumusauflage. Den unterschiedlichen Klimaverhältnissen entsprechend kommt es auch zur unterschiedlichen Ausbildung der Waldformationen. In Eurasien vollzieht sich mit zunehmender Kontinentalität ein Wandel von der nord- und osteuropäischen Fichten-Taiga über die westsibirische Fichten-Tannen-Kiefern-Taiga (durchsetzt von riesigen ↗Mooren) hin zur extrem-kontinentalen ostsibirischen Lärchen-Taiga mit der vorherrschenden *Larix dahurica*. Deren Verbreitungsgebiet ist weitgehend kongruent mit dem Vorkommen des Permafrostes. In Nordamerika (Kanada und Alaska) sind dagegen die Lärchen nur von untergeordneter Bedeutung. Im Osten sind vor allem Fichten- und Fichten-Tannenwälder verbreitet, an die sich nach Westen Fichten-Kiefernwälder, Fichten-Pappelwälder und Nadelmischwälder anschließen. Die Zusammensetzung und das mosaikartige Verbreitungsmuster der Waldareale unterschiedlichen Alters wird maßgeblich vom zyklischen Auftreten von Waldbränden bestimmt (Abb. 2 im Farbtafelteil). Feuer ist ein natürlicher ökologischer Faktor und sowohl für die Regenerationsdynamik der Wälder als auch für die Nährstoffkreisläufe von großer Bedeutung. [UT]

boreales Klima [von griech. boreal = nördlich], *boreales Nadelwaldklima*, *Nadelwaldklima*, *Schneewaldklima*, *Schneeklima*, Klimatyp (↗Klimaklassifikation) mit langen kalten Wintern mit regelmäßiger ↗Dauerschneedecke und kurzen warmen Sommern, der zur Ausbildung einer Zone mit ↗borealem Nadelwald führt. Die sommerlichen Monatsmitteltemperaturen erreichen Werte über 10°C bis maximal 15°C, höchstens 4 Monate überschreiten 10°C. Die Mitteltemperatur des kältesten Monats liegt unter −3°C und kann Werte bis −50°C erreichen. Verbreitet tritt ↗Permafrost auf. Die borealen Nadelwaldklimate sind in Folge der niedrigen Temperaturen verhältnismäßig niederschlagsarm, die Jahresniederschlagssumme liegt in der Regel zwischen 100 mm und 700 mm. Die Niederschläge sind gleichmäßig über das Jahr verteilt oder zeigen, in kontinentalen Lagen, ein deutliches Maximum im Sommer (↗hygrische Kontinentalität). Das boreale Klima ist im festländischen Bereich nur auf der Nordhalbkugel vertreten, daher die Bezeichnung boreal. [MHa]

Bornhardt ↗Inselberg.

Borowina, Varietät der ↗Deutschen Bodensystematik; Abteilung: ↗Semiterrestrische Böden; Klasse: ↗Auenböden; humusreiche Varietät der Kalkparternia (Auenpararendzina) mit Anmoorhorizont; Profil: aAa/aAh/(aelCc)/aelC/aG. Der Humusgehalt im Oberboden liegt meist > 20 Masse-%. Sie ist in Flussauen unter sehr niederschlagsreichem Klima und hohen Grundwasserständen entstanden; örtlich ist sie aus ehemals anmoorigen Böden hervorgegangen. Zum Teil zeigt sie eine Carbonatanreicherung unterhalb des Humushorizonts. In der ↗FAO-Bodenklassifikation entspricht der Borowina dem Mollicalcaric Fluvisol (↗Fluvisols).

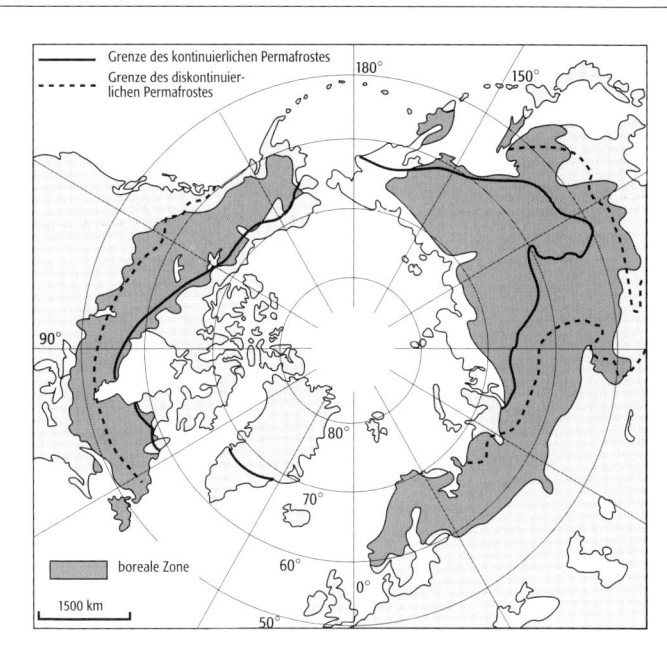

Botanik, Wissenschaft von den Pflanzen und der Naturgeschichte des Pflanzenreiches (Teildisziplin der Biologie). Sie beschäftigt sich mit der Stammesgeschichte, dem Bau, der Lebensweise, den Fortpflanzungsmechanismen, der Ver- und Ausbreitung der Pflanzen sowie mit den Anpassungserscheinungen an ihre Umwelt. Entsprechend gliedert sie sich in die Teildisziplinen: Morphologie bzw. ↗Anatomie, ↗Systematik, ↗Physiologie, Genetik, ↗Pflanzenökologie und ↗Geobotanik.

bottomset beds ↗Deltaschichtung.

Bouguer-Lambert-Beer'sches Gesetz, beschreibt die Schwächung (E = ↗Extinktion) der extraterrestrischen Sonnenstrahlung E_0 beim Durchgang durch die Erdatmosphäre in Abhängigkeit von der optischen Luftmasse m und dem Extinktionskoeffizienten k durch die Gleichung:

$$E = E_0 \cdot e^{-k \cdot m}$$

mit e = Euler'sche Zahl.

boundary, der oftmals mit Grenze übersetzte Terminus bezeichnet in der englischsprachigen ↗Politischen Geographie die Linie, die zwei Staaten voneinander abgrenzt. Im Gegensatz zur ↗frontier ist die Wirkung von boundaries nach innen gerichtet, d. h. auf das Gebiet, das sie eingrenzen (= to bound). Die Grenzlinie markiert in einem bildlichen Verständnis die Trennung in unterschiedliche, jeweils in sich abgeschlossene Machtsysteme, die sich innerhalb ihrer territorialen Rahmen manifestiert haben. Auf der gesell-

borealer Nadelwald 1: Verbreitung der borealen Nadelwaldzone und Grenzen des kontinuierlichen und diskontinuierlichen Permafrostes.

schaftspolitischen Ebene stellen boundaries eine notwendige Voraussetzung für die Entstehung und den Erhalt nationaler Souveränität dar. Nach außen ist diese Souveränität durch die der Nachbarstaaten begrenzt.

Neuerdings wird der Begriff in den Sozialwissenschaften auch als Metapher zur Beschreibung der Konstitutionsbedingungen sozialer Kategorien verwendet (↗Grenzforschung). [ASt]

bounding box ↗*Hüllrechteck*.

Bourdon-Rohr, älteres, heute nicht mehr eingesetztes Instrument zur Bestimmung des ↗Luftdrucks und der Lufttemperatur, das vom französischen Ingenieur E. Bourdon entwickelt wurde. Es besteht aus einem dünnwandigen geschlossenen Metallrohr mit linsenförmigem Querschnitt. Mit Alkohol gefüllt, erfährt es mit zunehmender Temperatur aufgrund der unterschiedlichen Ausdehnungskoeffizienten eine Streckung, luftleer eine Streckung mit abnehmendem Luftdruck.

Bowen-Verhältnis, *Bo*, in der Energiebilanzbetrachtung der ↗Atmosphäre benutzte dimensionslose Größe zur Beschreibung des relativen Verhältnisses und der Flussrichtung der Wärmestromdichten von ↗sensibler Wärme Q_H [W/m^2] und ↗latenter Wärme Q_E [W/m^2]:

$$Bo = Q_H/Q_E.$$

Das Bowen-Verhältnis gibt an, welcher relative Anteil der zu einem Zeitpunkt von einem Standort in die Atmosphäre abgestrahlten Wärmeenergie für Verdunstungsprozesse (Q_E) oder Erwärmungsprozesse (Q_H) aufgewendet wird. Überwiegt die Erwärmung, so ist *Bo* größer 1; bei dominierender ↗Verdunstung beträgt *Bo* zwischen 0 und 1. Nachts ist über natürlichen, unversiegelten Oberflächen das Bowen-Verhältnis' aufgrund des umgekehrten, von der Atmosphäre zur Erdoberfläche gerichteten, fühlbaren Wärmestromes Q_H negativ. Die Abbildung enthält einige Richtwerte des mittleren Bowen-Verhältnis *Bo* während der Tagstunden für verschiedene Oberflächenformen. [DD]

Bowen-Verhältnis: Richtwerte des mittleren Bowen-Verhältnis *Bo* der Tagstunden für verschiedene Oberflächenformen

Oberfläche	*Bo*
Mittel Ozeane	0,14
Mittel Festland	0,84
globales Mittel	0,2
humide Gebiete und bewässerte Landwirtschaftsflächen	0,2
Grasland	0,5
Wälder	1,0
Städte	1,5
semiaride Gebiete	5
Wüsten	10

Bowman, *Isaiah*, amerikanischer Geograph, geb. 26.12.1878 Berlin, gest. 6.1.1950 Baltimore. Bowman studierte ↗Geographie und ↗Geologie an der Harvard-Universität, stark beeinflusst von ↗Davis. Von 1905 bis 1915 lehrte er an der Yale-Universität Geographie. Auf drei Expeditionen nach Südamerika erforschte er vor allem die Anden (z. B. »The Andes of Southern Peru«); die 1911 erschienene »Forest Physiography« stellte einen wichtigen Baustein zur naturräumlichen Gliederung der USA dar. 1915 bis 1935 war Bowman hauptamtlich Direktor der »American Geographical Society«, in dieser Funktion regte er die Karte Lateinamerikas im Maßstab 1 : 1 Mio. an, führte Forschungen über die Siedlungsgrenze (z. B. »The pioneer fringe«, 1931) durch und unterstützte die Polarforschung. Schließlich leitete er von 1935 bis 1948 als Präsident die John-Hopkins-University in Baltimore. Seine Bedeutung beschränkt sich jedoch nicht auf seine Verdienste in Wissenschaft und Wissenschaftsmanagement; darüber hinaus nahm er als geographischer Berater verschiedener Präsidenten großen Einfluss auf die amerikanische Außenpolitik. Als Berater W. Wilsons bei den Pariser Friedensverhandlungen trugen seine Vorschläge zur Grenzziehung in Ostmittel- und Südosteuropa entscheidend bei; seine Erfahrungen als politischer Berater hielt er in »The new world. Problems in political geography« (1921, 4. Aufl. 1928) fest. Auch während und nach dem 2. Weltkrieg trat Bowman als Berater der amerikanischen Politik auf. [HPB]

Boyle-Mariotte'sches Gesetz, für ideale Gase ist bei konstanter Temperatur das Produkt aus Druck *p* und Volumen *V* konstant:

$$p \cdot V = \text{const.}$$

Eine Volumenänderung bei einem eingeschlossenen Gas hat also eine umgekehrt proportionale Druckänderung des Gases zur Folge. Der Wert der Konstante hängt von der Masse, der Temperatur und der Art des Gases ab.

Das Boyle-Mariotte'sche Gesetz ist wie das ↗Gay-Lussac'sche Gesetz implizit in der Zustandsgleichung idealer Gase enthalten (↗Gasgesetze).

B. P. ↗*Absolutdatierung*.

Brache, die aus der Agrarproduktion längerfristig ausgeschiedenen ↗landwirtschaftlichen Nutzflächen, die keiner anderen Verwendung zugeführt wurden. Nach den Ursachen des Brachfallens unterscheidet man zwischen Sozialbrache, Grenzertragsbrache, Rotationsbrache, Buntbrache und Stilllegungsbrache.

Während bei der *Grenzertragsbrache* die Nutzungsaufgabe wegen zu geringer Ertragskraft des Bodens oder zu hohen Arbeitsaufwandes bei der Bearbeitung erfolgt, ist die *Sozialbrache* auf außerlandwirtschaftliche Faktoren zurückzuführen. Bei der *Rotationsbrache* oder *Schwarzbrache* handelt es sich um planmäßig und vorübergehend unbebautes Land innerhalb einer geregelten Nutzung (z. B. ↗Dreifelderwirtschaft). Wird der Anbau auf einem Feld mehrjährig unterbrochen, handelt es sich um eine Dauerbrache. Wenn sich bei Dauerbrache die natürliche Vegetation ungestört entwickeln kann, spricht man von Sukzessionsbrache.

Die *Buntbrache* dient dem ökologischen Ausgleich. Bei der *Grünbrache* wird systematisch begrünt. *Stilllegungsbrache* erfolgt im Rahmen der

↗ Agrarpolitik, wenn zur Minderung von Überproduktion ↗Flächenstilllegungen über Prämien gefördert werden. Während die Flächen, die durch Grün-, Schwarz- oder Stilllegungsbrache zeitweise aus der Produktion genommen sind, zur ↗landwirtschaftlich genutzten Fläche zählen, bleiben die dauerhaft nicht mehr bewirtschafteten Nutzflächen (Sozial- und Grenzertragsbrache) ausgeklammert. [KB]

Brachflächen, nicht mehr genutzte ehemalige Industrie- oder Gewerbeflächen (Industriebrachen bzw. Gewerbebrachen), die als städtebauliche »Rest«- bzw. Reserveflächen für neue Nutzungen oder auch als mögliche ökologische Ausgleichsflächen zur Verfügung stehen.

Brachiopoden, *Brachiopoda*, *Armfüßer*, zur Stammgruppe der Tentaculata gehörender Stamm mariner wirbelloser Tiere mit zwei Klappen, äußerlich oft muschelähnlich; Weichkörper mit kennzeichnenden Kiemenarmen (Lophophoren), die oft von einem Armgerüst (Brachidium) gestützt werden und gewöhnlich einen Stiel haben. Die Symmetrieebene verläuft durch die Klappenmitte. Meist ist die Stielklappe größer als die Armklappe (im Ggs. zu den Muscheln, die zwei gleich große Klappen haben), an der das Armgerüst befestigt ist. Manche Brachiopoden sind mit der Stielklappe auf dem Substrat festgewachsen. Vom Altpaläozoikum bis zum mittleren ↗Mesozoikum stellten sie eine der wichtigsten und häufigsten Gruppen mariner Organismen (z. B. die Ordnungen der ↗Spiriferen und der ↗Terebratln), heute sind sie mit noch etwa 260 Arten vertreten. Abb.

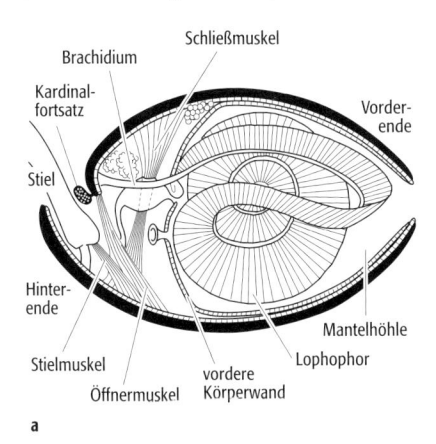

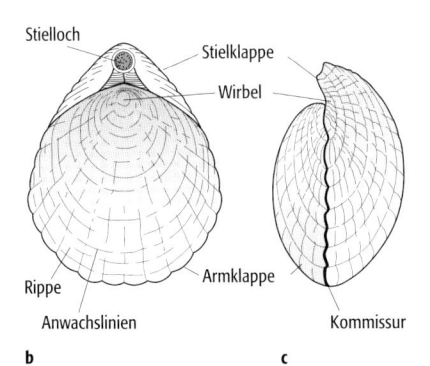

Brachsenregion ↗Fischregionen.

Brachyantiklinale, *Brachyantikline*, ↗Antiklinale.

braided river ↗*verwilderter Flusslauf*.

brain drain, Abwanderung von wissenschaftlich ausgebildeten, hoch qualifizierten Fachkräften. Der Begriff brain drain (= Auszug des Geistes) wurde erstmals 1962 in einem Bericht der British Royal Society über die negativen Konsequenzen der Abwanderung von wissenschaftlich ausgebildeten Fachkräften verwendet. Er impliziert, dass die Abwanderung der Hochqualifizierten im Herkunftsgebiet einen Mangel an ↗Humanressourcen auslöst und dem Auswanderungsland schadet. Erstens gehen die Investitionen für die Ausbildung der Auswanderer verloren und zweitens nehmen diese Wissen und Innovationspotenzial mit, das die Herkunftsländer selbst dringend benötigen würden. Bisher wurde vorwiegend der brain drain zwischen Staaten (von ↗Entwicklungsländer in ↗Industrieländer) erforscht. Forschungen zum brain drain zwischen Regionen desselben Staats sind noch relativ selten. ↗brain overflow. [PM]

brain exchange, internationale ↗Migration von Hochqualifizierten zwischen Betrieben eines transnationalen Konzerns. ↗brain drain.

brain overflow, Auswanderung von Hochqualifizierten aus einem Land, das mehr Hochqualifizierte ausbildet als sein Arbeitsmarkt aufnehmen kann. ↗brain drain.

Brand Lands, multifunktionale Freizeit- und Konsumeinrichtungen, die in erster Linie der Darstellung einer (Handels-)Marke (Brand) bzw. eines Unternehmens in einer emotionalen und spielerischen Atmosphäre dienen. Sie fungieren als Marketing-Instrumente zur Diversifikation und Unternehmenskommunikation. Zentrales Ziel ist die nachhaltige positive Verankerung der jeweiligen Marke bzw. des Unternehmens in den Köpfen der Konsumenten. Zu den tragenden Säulen der Angebotskonzeption gehören eine Ausstellung mit Informationen zu den Produkten/Dienstleistungen des Unternehmens, eine Darstellung der Firmenphilosophie/-geschichte, ein Shop (Verkauf von Merchandising-Produkten mit Bezug zum Unternehmen), gastronomische Einrichtung und regelmäßige Events. Beispiele: Legoland (Billund), Swarovski Kristallwelten (Wattens/Innsbruck), RWE-Meteorit (Essen), Ravensburger Spieleland (Meckenbeuren), Opel Live (Rüsselsheim), Playmobil Fun Park (Zirndorf), VW Autostadt (Wolfsburg). [ASte]

Brandrodung, Fällen und anschließendes Verbrennen der Bäume des Primärwaldes im Rahmen einer flächenextensiven ↗Landwechselwirtschaft in tropischen und subtropischen Waldgebieten. Ziel ist die Urbarmachung des Bodens für eine kurzfristige Nutzung. Im Gegensatz zu Waldgesellschaften der gemäßigten Breiten sind die Nährstoffe der tropischen Regenwälder weitgehend in der ↗Phytomasse gespeichert. Werden diese Bestände durch Brandrodung vernichtet, dann werden die gebundenen Nährstoffe

Brachiopoden: *Magellania flavescens*: a) Grundbauplan; b) dorsale Schalenansicht; c) laterale Schalenansicht.

in kürzester Zeit mineralisiert (Asche). Partiell gehen sie dem Waldstandort gasförmig sowie durch Oberflächenabfluss verloren. Durch häufigere Brandlegungen bei immer kürzeren Umtriebszeiten im Rahmen von ↗shifting cultivation entwickeln sich schließlich aus mehrstöckigen artenreichen Primärwäldern stark degradierte Sekundärwälder bis hin zu waldfreien Grasfluren. Großflächige Brände, wie z. B. 1999 in SE-Asien, führen selbst über größere Distanzen hinweg zu erheblichen lufthygienischen Belastungserscheinungen und gesundheitlichen Beeinträchtigungen der Bevölkerung. Zugleich tragen sie nicht unerheblich zu einer Verstärkung des globalen ↗Treibhauseffektes bei. Abb. im Farbtafelteil.

Brandt-Kommission, *Nord-Süd-Kommission, Unabhängige Kommission für internationale Entwicklungsfragen*, wurde auf Anregung des ehemaligen Weltbankpräsidenten Robert McNamara ins Leben gerufen. Sie stand unter dem Vorsitz des Altbundeskanzlers der BRD, Willy Brandt. Die 18 Kommissionsmitglieder (10 aus ↗Entwicklungsländern und 8 aus ↗Industrieländern) sollten Lösungsvorschläge für dringliche internationale Probleme (↗Armut, ↗Hunger, Stagnieren der Weltwirtschaft, wachsende Weltbevölkerung, globale Umweltbelastung usw.) erarbeiten. 1980 legte die Kommission den sog. Brandt-Bericht »Das Überleben sichern« mit Lösungsvorschlägen zur internationalen sozialen Lage vor. 1982 folgte ein zweiter Bericht mit dem Titel »Hilfe in der Weltkrise«, der schwerpunktmäßig die Probleme des internationalen Finanz- und Währungssystems analysierte.

Brandung, bezeichnet die Umformung der ↗Wellen des freien Meeres bei Annäherung an die ↗Küste, wo die zunächst sinusförmigen Schwingungen infolge eines Grundkontaktes der Orbitalbahnen der Wasserteilchen an Seichtwasserküsten gebremst werden, die Wellen sich aufsteilen und schließlich überschlagen. Dadurch wird ihre Bewegungsenergie umgesetzt zur Formung von ↗Kliffen, ↗Schorren oder ↗Stränden, wobei ein Materialtransport auch deutlich über das herrschende Meeresniveau möglich ist. An Tiefwasserküsten, das sind solche, bei denen die Wellen vor Erreichen des Festlandes keinen Grundkontakt haben, treffen sie undeformiert und ungebremst auf steile Böschungen. Ihre Energie wird zum einen dadurch vernichtet, dass beträchtliche Wassermassen dabei vertikal hochgeschleudert werden, zum anderen auch dadurch, dass die von der Steilwand reflektierten Wellen gegen die neu anbrandenden treffen und diese dabei bereits vor der Küste erheblich an Kraft verlieren. Da den Tiefwasserküsten gewöhnlich die Brandungswaffen fehlen, ist die geomorphologische ↗Brandungswirkung trotz spektakulärer Welleneindrücke relativ schwach, wie die biokonstruktiven Kalkalgengesimse, bioerosiven ↗Hohlkehlen oder ununterbrochenen Weichalgentapeten an ihnen belegen. [DK]

Brandungserosion ↗Brandungswirkung.
Brandungshohlkehle ↗Brandungswirkung.
Brandungspfeiler ↗Brandungswirkung.
Brandungsplattform ↗*Schorre*.
Brandungsschutt ↗Brandungswirkung.
Brandungsterrasse ↗Brandungswirkung.
Brandungstor ↗Brandungswirkung.
Brandungswaffen ↗Brandungswirkung.
Brandungswirkung, ↗Brandung kann sowohl akkumulativ als auch erosiv wirken. Typische Aufbauformen sind der ↗Strand und alle damit zusammenhängenden Formen, aber auch das ↗Watt oder die ↗Marsch sowie ↗Haken, ↗Nehrungen und ↗Nehrungsinseln, die durch ↗Strandversetzung entstehen. Die Aufbauwirkung der Brandung beruht darauf, dass die ↗Wellen Material über den Meeresspiegel bzw. den Hochwasserspiegel auftürmen können, wo es für kürzere oder längere Zeit abgelagert wird. Destruktive Brandungswirkung (*Brandungserosion*, *Abrasion*) ist sowohl an Lockermaterial wie Stränden und Marschen sowie ↗Küstendünen zu beobachten, aber auch beim gegenwärtig nahezu weltweit ansteigenden Meeresspiegel mit zunehmender und küstengefährdender Intensität, und zwar vor allem an Festgesteinen. Dabei entsteht – unter Mitwirkung von bewegtem Lockermaterial, den *Brandungswaffen* – als Steilform ein ↗Kliff, in dem das Festland zurückgeschnitten wird, während vor dem Kliff passiv eine seewärts leicht geneigte Brandungsplattform oder ↗Schorre zurückbleibt. Diese ist eine durch Wellenwirkung abgetragene oder gar abgeschliffene Schnittfläche. Ihre Breite ist abhängig von ↗Wellenenergie und Tidenhub (↗Gezeiten) sowie der Dauer der Einwirkung. Mit wachsender Breite wird die Wellenenergie auf der Brandungsplattform immer mehr gebremst, womit ihr Breitenwachstum und damit das Zurückschneiden des Kliffes allmählich erlischt, das Kliff kann inaktiv werden, sofern nicht ein steigender Meeresspiegel eine landwärtige Verbreiterung gewährleistet. Die maximale Breite von Brandungsplattformen liegt bei einigen Dekametern während eines einige Jahrtausende dauernden Meeresspiegelhochstandes. Bei erheblich größeren Breiten – auch in wenig resistenten Gesteinen – ist anzunehmen, dass sie bei steigendem Meeresspiegel oder während mehrerer Hochstände angelegt bzw. alte terrestrische Flachformen wie Fuß- und Rumpfflächen benutzt und umgestaltet wurden. Fraglich ist, ob Brandungsplattformen ohne Brandungswaffen oder *Brandungsschutt* (Schluffe, Sande, Kiese, Blöcke) und damit allein durch den Druckschlag der Wellen eingeschnitten werden können. Dies mag bei sehr geringresistenten Gesteinen der Fall sein, doch ergeben sich dabei meist stärker skulpturierte Formen mit Ausprägung vorliegender Schwächelinien usw. Am Klifffuß können mithilfe der Brandungswaffen *Brandungshohlkehlen* (↗Hohlkehle) eingeschliffen sein, die durch glatte Polituren gekennzeichnet sind und an Schwächestellen des Gesteins zu Brandungshöhlen erweitert sein können. Bei unterschiedlicher Gesteinsresistenz werden zunächst Brandungsgassen, dann Kliffbuchten entstehen, zwischen denen anfangs Ausleger stehen bleiben. Werden

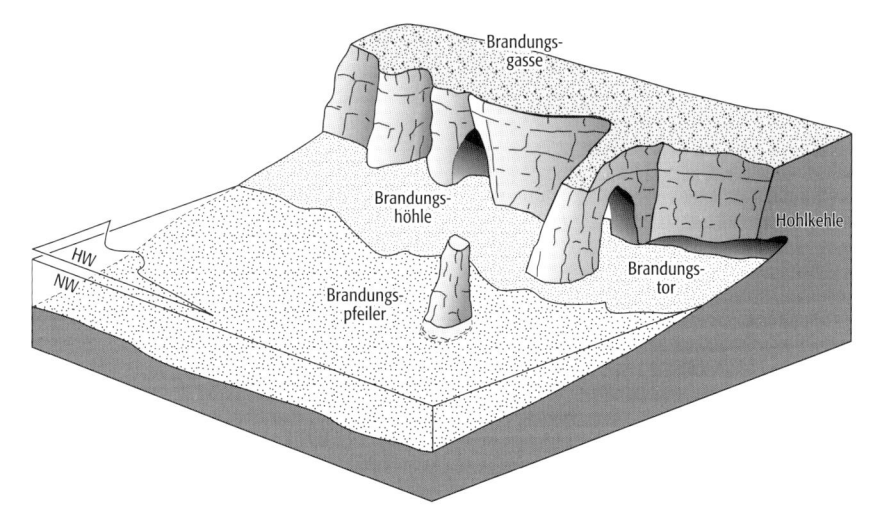

Brandungswirkung: Zurückgeschnittene Steilküste im Fels mit den typischen Begleitformen.

diese seitlich durchhöhlt, entstehen *Brandungstore*, die gewöhnlich nachfolgend einstürzen, sodass schließlich nur noch *Brandungspfeiler* zurückbleiben, bis auch diese durch die fortdauernde Abrasion in die Brandungsplattform mit einbezogen werden (Abb.). Werden Brandungsplattformen seewärts durch ein Kliff angeschnitten, so entstehen echte *Brandungsterrassen*. Horizontale Felsplattformen im Brandungsbereich, wie sie in körnigen Gesteinen in warmen und trockenen Klimaten zu beobachten sind, werden meist durch Abgrusung infolge Salzsprengung im Bereich häufiger Wasserbenetzung und Austrocknung angelegt, während in einem tieferen Stockwerk ständiger Durchfeuchtung dieser Abtragungsprozess nicht aktiv ist. Demzufolge verdanken diese horizontalen Gebilde ihre Entstehung nicht der Wellenenergie, und die Abtragung erlischt mit Erreichen des mittleren Niedrigwasserniveaus. Die gleichzeitige Entstehung von zwei horizontalen Felsplattformen übereinander bei unterschiedlichen Gezeitenniveaus wurde zwar gelegentlich beschrieben, aber nicht überzeugend genetisch dargelegt. [DK]

Brandwolken, ↗Wolken, die durch große Brände (Wald- oder Steppenbrände, Industriebrände) verursacht werden. Aufgrund der durch die Brandhitze verursachten starken ↗Konvektion verdichtet sich der aufsteigende Rauch rasch zu dichten und dunklen Wolken, die hinsichtlich ihrer Form konvektiven Wasserwolken ähneln. Sie unterscheiden sich von diesen jedoch durch die Schnelligkeit der Entwicklung sowie ihren Wasser- und Aerosolgehalt, sodass sie deutlich dunkler erscheinen. Sie können mit dem Wind über große Strecken transportiert werden.

Braun-Blanquet, *Josias*, Schweizer Botaniker, geb. 3.8.1884 Chur, gest. 20.9.1980 Montpellier; Mitbegründer der ↗Pflanzensoziologie. ↗Braun-Blanquet-Methode.

Braun-Blanquet-Methode, Klassifikation der ↗Vegetation nach dem Kriterium der floristischen Ähnlichkeit der Bestände (↗Pflanzensoziologie); Ausdruck auch irrtümlich gebraucht für die Anwendung der Braun-Blanquet-Skala zur Schätzung der ↗Artmächtigkeit.

Braun-Blanquet-System ↗Pflanzensoziologie.

Braundüne ↗Küstendünen.

Braunerde, ↗Bodentyp der ↗Deutschen Bodensystematik; Abteilung: ↗Terrestrische Böden; Klasse: ↗Braunerden; Profil: Ah/Bv/C (↗Bodentyp Abb. im Farbtafelteil); diagnostischer Bv-Horizont gleichmäßig braun gefärbt, oft gleitender Übergang in unverwitterten ↗C-Horizont (BvC). Braunerde ist durch ↗Verbraunung und ↗Verlehmung, ohne verlagerungsbedingte Anreicherung von Ton, ↗pedogenen Oxiden oder Humus entstanden. Man unterscheidet folgende Subtypen: Norm-, Kalk-, Humus- und Lockerbraunerde sowie Übergänge zu anderen Bodentypen. Ihre Verbreitung finden sie im gemäßigt humiden Klimabereich in Erosionslagen und an relativ trockenen Standorten, auf kalkarmen bis kalkfreien Gesteinen. Braunerde entspricht meist den ↗Cambisols der ↗FAO-Bodenklassifikation und wird als Acker- und Grünland, bei steinreichen, flachgründigen und stark sauren Braunerden meist als Wald genutzt.

Braunerden, Klasse der ↗Deutschen Bodensystematik; Abteilung: ↗Terrestrische Böden. Zusammenfassung von Böden mit einem verbraunten und verlehmten Bv-Horizont als Folge von ↗Entkalkung, ↗Silicatverwitterung und Tonmineralbildung. Einziger ↗Bodentyp ist die Norm-Braunerde (↗Braunerde).

Braunkohle, durch ↗Inkohlung entstandener ↗Kaustobiolith aus pflanzlicher Substanz. Sie ist gewöhnlich schwarz- bis gelbbraun gefärbt, mit einem Kohlenstoffgehalt zwischen 60 und 75 %. Braunkohlen bildeten sich hauptsächlich im ↗Tertiär. Vom Gesamtkohlevorrat der Erde entfallen mehr als 50 % auf Braunkohlelagerstätten, von denen die meisten in Nordamerika liegen. Die frühere DDR deckte den Kohlebedarf fast ausschließlich aus den Braunkohlerevieren Mitteldeutschlands. ↗Kohle, ↗Steinkohle.

brave westerlies, Bezeichnung aus der Seefahrt für ganzjährig sehr beständige starke Westwinde im Bereich der ↗außertropischen Westwindzone der mittleren Breiten auf der Südhalbkugel.

Brawer, *Abraham Jacob*, israelischer Geograph, geb. 30.3.1884 Striy/Galizien (Ukraine, damals Österreich-Ungarn), gest. 8.11.1975 Tel Aviv, beerdigt am Ölberg in Jerusalem. Brawer war der erste jüdische Geograph mit akademischer Ausbildung, der sich in Palästina niederließ und mit seinen Ideen und Forschungen maßgeblich die Grundlagen für die Etablierung der ↗Geographie in Israel schuf. Er hatte von 1904–1909 in Wien Geschichte und als Schüler von ↗Penck Geographie studiert sowie das Rabbinerseminar besucht, welches er 1908 erfolgreich abschloss. Nachdem er 1909 mit der Arbeit »Galizien. Wie es an Österreich kam. Eine historisch-statistische Studie über die inneren Verhältnisse des Landes im Jahre 1772«, (1910) promoviert wurde, ging er 1911 nach Palästina und unterrichtete bis 1914 am Lehrerseminar in Jerusalem Geographie. Sein Hauptinteresse galt der Erforschung von »Erez Israel« und dem Nahen Osten entsprechend der deutschen länderkundlichen Konzeption. 1913 gründete er die »Gesellschaft zur Erforschung von Erez Israel«. Von 1914 bis 1918 war er Rabbiner der österreichischen jüdischen Gemeinde in Konstantinopel und zuständig für die jüdischen Soldaten der österreichischen Truppen, die in der Türkei stationiert waren. 1918 kehrte er für weitere Studien nach Wien an das Geographische Institut zurück, wo er selbst eine der ersten Lehrveranstaltungen über regionale und historische Geographie des »Heiligen Lands« abhielt. 1919 wurde er aufgrund der »Balfour Deklaration« von Zionistischen Organisationen gebeten die politischen Grenzen einer »Jüdischen Heimstatt« auf Basis geographischer, archäologischer und historischer Grundlagen auszuarbeiten, um sie der Friedenskonferenz in Paris vorzulegen. 1920 kehrte er endgültig nach Jerusalem zurück, wo er bis 1949 am Lehrerseminar unterrichtete. Brawers Verdienste liegen vor allem auch darin, dass er die Geographie in Palästina bzw. Israel als Schulfach einführte. Er gab ↗Atlanten heraus, schrieb zahlreiche Schulbücher, die zur länderkundlichen Standardliteratur über Israel zählen. Darüber hinaus publizierte er Ergebnisse seiner Feldforschungen, aufgrund seiner Forschungsreisen im Nahen Osten, die er zwischen 1928 und 1935 durchgeführt hatte. Seine außergewöhnlichen Kenntnisse von ↗Kartographie und arabischer Welt führten dazu, dass er seit den 1920 er bis in die 1960er-Jahre immer wieder an den Siedlungsprogrammen der Zionisten und des Staates Israel beteiligt wurde. Als engagierter Publizist schrieb er Hunderte von Artikeln in Tageszeitungen und Zeitschriften und veröffentlichte zahlreiche wissenschaftliche Arbeiten zur Geographie, zur modernen jüdischen Geschichte und aus dem der Bereich Biblischen Studien. Werke: »Palästina nach der Agada«, 1920; »Haaretz – A comprehensive Regional Geography of the Holy Land«, 1927 (in Hebräisch); »The land (Ha'aretz). A textbook for school«, 1928 (in Hebräisch); »A general Atlas« 1935 (in Hebräisch); »Avak Drakhim – Highway dust – a report on travels in Syria, Iraq, Kurdistan and Iran«, 1942 (in Hebräisch); »The Jews in Galizia in the 18 century«, 1966 (in Hebräisch); »The memories of a father and a son«, 1966 (in Hebräisch). [YBG, AMe]

break-up Prozess ↗Regentropfen.

Breccie ↗Brekzie.

Brechungsindex ↗Lichtbrechung.

Breite, *Breitengrad, geographische Breite*, der in Grad gemessene Winkel zwischen der Lotrichtung an einem Punkt auf der Erdoberfläche und der Äquatorebene (↗Gradnetz der Erde). Die Lotlinie schneidet die Äquatorebene jedoch nicht im Erdmittelpunkt, da die Erde ein abgeflachtes Rotationsellipsoid ist. Misst man dagegen genau den Winkel zwischen der Verbindungslinie Erdmittelpunkt mit einem Punkt an der Erdoberfläche und der Äquatorebene so spricht man von der *geozentrischen Breite* (↗Gradnetz der Erde Abb. 2). Die geographische Breite beträgt am Äquator 0° und am Pol 90°. Zusammen mit der geographischen ↗Länge legt sie die geographischen ↗Koordinaten eines Punktes auf der Erde fest. Ein *Breitenkreis* ist ein parallel zum Äquator verlaufender Kreis auf dem alle Punkte gleicher geographischer Breite verbunden sind.

Breitengrad ↗Breite.

Breitenkreis ↗Breite.

Breitenvarianz, das Verhältnis der größten zur kleinsten Gerinnebettbreite innerhalb einer betrachteten Fließgewässerstrecke bei ↗Mittelwasser einschließlich sämtlicher Bank- und Inselbildungen. Von Bedeutung ist das Ausmaß sowie die Häufigkeit des räumlichen Wechsels der Breite eines ↗Gerinnebettes. Es handelt sich um einen geomorphologischen Parameter bei der Bewertung der ↗Gewässerstrukturgüte. Zur Erfassung der Breitenvarianz werden unter Berücksichtigung des jeweiligen ↗Leitbildes Breitenabweichungen von der mittleren Gerinnebettbreite des heutigen potenziell natürlichen Gewässerzustandes aufgestellt. Anschließend ist eine Einteilung in definierte Breitenvarianz-Klassen und somit eine Beurteilung des Natürlichkeitsgrades möglich. Die Breitenvarianz zeigt neben der ↗Linienführung die gegenwärtige Strukturbildungspotenzial, vor allem anhand von flussbreitenverändernden ↗Bänken und Inseln, an. [II]

Brekzie, *Breccie*, Gestein, das aus eckigen Gesteinsfragmenten besteht, die durch verschiedenartige Bindemittel verkittet sind. Nach der Entstehung unterscheidet man zwischen tektonischen oder Reibungsbrekzien, vulkanischen Brekzien, Gangbrekzien und sedimentären Brekzien. Mega-Brekzien sind verkittete Trümmer von Gesteinen, deren Komponenten Größen von über 20 m erreichen.

Bremsblock, *Wanderblock* bezeichnet einen ortsfesten Block an einem durch ↗Solifluktion geprägten Hang. Durch aktive Solifluktion und deren Behinderung durch den festsitzenden Block bildet sich hangaufwärts des Blocks ein Stauwulst. Wanderblöcke sind dahingehend große Blöcke, die sich schneller als das umgebende Feinmaterial einen Hang hinabbewegen (meist mehrere Zentimeter oder Dezimeter pro Jahr). Hangaufwärts des Blocks bildet sich eine längliche Furche, hangabwärts ein mit einer Solifluktionslobe (↗Solifluktion) morphologisch identischer Wulst. Selbst wenn Frostkriechen und einmalige Gleitungsvorgänge als Theorie für die Genese der Wanderblöcke existieren, wird deren Bewegung überwiegend als Folge verstärkte Solifluktion durch hohes Eigengewicht und verstärkter Wirkung der Gravitation interpretiert.

Bretton-Woods-Abkommen, Abkommen über ein internationales Währungssystem und über die langfristige Kapitalhilfe für Wiederaufbau und Entwicklung, das 1944 auf der Währungs- und Finanzkonferenz von Bretton Woods im US-Bundesstaat New Hampshire von zunächst 44 Mitgliedsländern unterzeichnet wurde. Institutionelle Zentren des neuen Systems wurden der Internationale Währungsfonds (↗IWF) und die ↗Weltbank (»Bretton Woods Zwillinge«), jeweils mit Sitz in Washington (USA), wobei der IWF mit der Lösung kurzfristiger Zahlungsbilanzprobleme und die Weltbank mit der Überwindung von längerfristigen Strukturproblemen beauftragt ist.

Brettwurzeln ↗Stelzwurzeln.
Bright Band ↗Radar-Niederschlagsmessung.
Brise 1) nautisches Wort für Wind. 2) weit gefasster Begriff für schwache bis frische Winde der Stärke 2 bis 5 auf der ↗Beaufort-Skala. Bei einem Geschwindigkeitsbereich von 1,6 bis 10,7 m/s bzw. 6 bis 38 km/h sind die meisten in Bodennähe auftretenden, regulären Winde den Brisen zuzuordnen.

Brodelböden ↗Kryoturbation.
Bröller ↗Karsthydrologie.
Bruchfaltengebirge, durch enge Vergesellschaftung von Bruchbildung und Faltung tektonisch stark beanspruchte Gesteinsmassen, deren Bau auch orographisch hervortritt.
Bruchharsch ↗Harsch.
Bruchlinie, von der Erdoberfläche geschnittene ↗Verwerfung.
Bruchlinienstufe, deutlich asymmetrische Reliefform mit insgesamt geradlinigem, gelegentlich bajonettartig versetztem Grundriss als Ausdruck tektonischer Verstellungen, deren Erscheinungsbild durch exogene Prozesse deutlich verändert wurde, insbesondere durch randliche Zertalung und Verschüttung der Hangfußbereiche durch ↗Schwemmfächer. Eindrucksvolle Beispiele finden sich u. a. im Leinetalgraben bei Göttingen und an den vielfach durch ↗Staffelbrüche gekennzeichneten Flanken des Oberrheingrabens. ↗Bruchstufe.

Bruchschollentektonik, Zerlegung des geologischen Untergrundes infolge starrer Deformation in einzelne Gesteinspakete, die an ↗Verwerfungen gegeneinander verstellt sind. Im Gegensatz zur »alpinotypen Tektonik« mit ihren engen Faltenwürfen bezeichnet man die Bruchschollentektonik als »germanotype Tektonik«. Das Schichtfallen kann räumlich stark wechseln. Bei einem Alternieren von stark und gering resistenten Schichten entwickeln sich Bruchschollengebiete zu ↗Schichtstufen- und Schichtkammlandschaften.

Bruchstufe, durch eine ↗Verwerfung entstandene Geländestufe, in deren Verlauf die Lineation der verursachenden Bewegungsfläche noch erkennbar ist. Bruchstufen (Abb.) begleiten beiderseits als markante Geländestufen die durch junge Bewegungen entstandenen ↗Gräben.

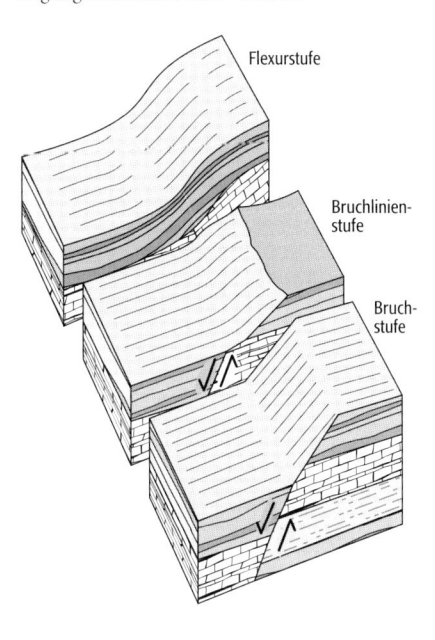

Bruchstufe: Bruchstufe, Bruchlinienstufe und Flexurstufe.

Bruchtektonik ↗Tektonik.
Bruchwald, Gehölzvegetation auf langzeitig, besonders im Winter und Frühjahr vernässten, zeitweise auch überstauten (↗Überstauung) oder überfluteten (↗Auenvegetation) Standorten mit geringen Wasserspiegelschwankungen von max. 1 m Höhendifferenz. Bruchwälder bilden einerseits das Endstadium der ↗Verlandungsfolge von Seen, abgeschnittenen Flussarmen und Mooren und treten andererseits in den Randmulden der Flussauen, insbesondere der norddeutschen ↗Urstromtäler, großflächig auf. Bruchwälder stocken auf autogenem, d. h. durch die Bestandsabfälle selbst erzeugtem Bruchwaldtorf und stellen ein typisches Beispiel von ↗azonaler Vegetation dar. In Abhängigkeit von Nährstoffgehalt und ↗Höhenstufe werden die Bruchwälder von verschiedenen Baumarten dominiert: Auf meso- und eutrophen Standorten findet man in Mitteleuropa von der planaren bis zur submontanen Stufe Erlen-Bruchwald (*Alnus glutinosa*), in der montanen und subalpinen Stufe entwickelt sich Fichten-Bruchwald (*Picea abies*), dem unter subozeanischen Klimabedingungen die Weißtanne (*Abies alba*) beigemischt sein kann. Auf oligotrophen Standorten der planaren, kollinen und submontanen Stufe bilden sich Birken- und Kiefern-Bruchwälder (*Betula pubescens* und *Pinus sylvestris*), die in der montanen und submontanen Stufe von Fichten-Bruchwäldern abgelöst werden. Abbildung im Farbtafelteil. [KJ]

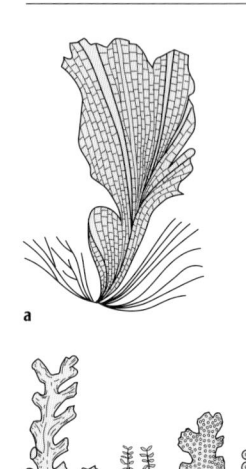

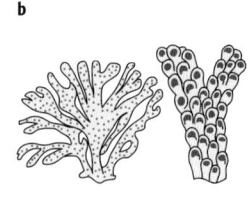

Bryozoen: Moostierchen der Ordnung Cryptostomata: a) *Fenestella*, b) *Acanthocladia*, c) *Tamniscus*.

Brückner'sche Periode, Klimaperiode von 35 Jahren. Der dt. Geograph und Meteorologe Eduard Brückner (1862–1927) stellte die Theorie dieser Klimaperiode auf.

Brundtland-Bericht, Bericht der »World Commission on Environment and Development«, die 1983 als unabhängige UN-Sonderkommission von der UN-Generalversammlung ins Leben gerufen wurde. Sie bestand aus 22 Mitgliedern (13 aus ↗Entwicklungsländern und 9 aus ↗Industrieländern) und wurde von der Norwegerin Gro Harlem Brundtland geleitet. 1987 legte die Kommission den unter der Bezeichnung Brundtland-Bericht bekannten Abschlussbericht »Our Common Future« vor. Er betonte u. a. erstmals die wechselseitige Abhängigkeit von Umwelt und Entwicklung und löste eine rege internationale Diskussion um ↗Nachhaltigkeit aus.

Bruttoinlandsprodukt, *BIP*, erfasst den Wert aller Güter und Dienstleistungen, die in einer Raumeinheit (zumeist eines Landes oder einer Region) innerhalb einer Zeitperiode – in der Regel 1 Jahr – erstellt wurden. Das BIP ist ein Indikator für die wirtschaftliche Leistungskraft einer Raumeinheit. Allerdings können messtechnische Probleme zu Ungenauigkeiten bei der Berechnung des BIP führen und damit die Aussagekraft des Indikators einschränken: a) Der Wert von Gütern und Dienstleistungen wird auf Grundlage von Marktpreisen erfasst. Bewertungsverzerrungen entstehen bei jenen Gütern und Dienstleistungen, deren Preise in monopolistischen oder oligopolistischen Märkten entstehen (Überbewertung) oder durch staatliche Eingriffe beeinflusst werden (z. B. Unterbewertung bei Subventionierung). Des Weiteren existieren für eine Reihe von öffentlichen Gütern und Dienstleistungen keine Marktpreise. Hier finden Hilfsgrößen (z. B. Herstellungskosten) Verwendung. Diese können zu einer Überbewertung führen, wenn sie steigen, die erbrachte Leistung aber gleich bleibt. b) Leistungen, die von der amtlichen Statistik nicht zu erfassen sind, gehen nicht in das BIP ein: z. B. Hausfrauen-/Hausmännertätigkeit, handwerkliche Eigenleistungen, Schwarzarbeit, ↗Subsistenzwirtschaft oder der ↗informelle Sektor. [KWe]

Bruttoprimärproduktion, die gesamte organische Substanz (↗Biomasse), die von Pflanzen unter Verwertung von Strahlungsenergie in der ↗Photosynthese aus anorganischem Substrat gebildet wird. Teile der Bruttoprimärproduktion werden in der zeitgleichen Atmung (↗Dissimilation) wieder abgebaut. ↗Nettoprimärproduktion.

Bruttoreproduktionsrate ↗Bevölkerungsentwicklung.

Bruttosozialprodukt, *BSP*, gibt die Höhe des Einkommens an, welches den Einwohnern einer Raumeinheit (zumeist eines Landes oder einer Region) innerhalb einer Zeitperiode – in der Regel ein Jahr – zur Verfügung steht. Die Berechnung des BSP erfolgt auf der Grundlage des ↗Bruttoinlandproduktes: Vom BIP ist der Wert der Vermögens- und Erwerbseinkommen, die aus der Raumeinheit abfließen, zu subtrahieren und der Wert der Vermögens- und Erwerbseinkommen, die von außerhalb in die Raumeinheit fließen, zu addieren.

Bryophyten ↗*Moose*.

Bryozoen, Bryozoa, *Moostierchen*, zur Stammgruppe der Tentaculata gehörender Tierstamm; seit dem ↗Ordovizium verbreitete, marine, koloniebildende, polypenartige Tiere. Sie besitzen (wie die ↗Brachiopoden) ein Lophophor und spielen als Milieuindikatoren besonders in der Oberkreide und im ↗Tertiär eine Rolle. Im ↗Zechstein Thüringens bildeten sie riffartige Bauten. Abb.

BSP ↗*Bruttosozialprodukt*.

Buchenhochwald, typischer Kalkbuchenwald; nach ↗Gradmann bei seiner klassischen Beschreibung des Schwäbischen Jura der »normale Buchenhochwald«; umfasst die Buchenwälder auf kalkreichen Böden, nicht auf sauren Böden.

Buckelwiese ↗*Karstlandschaft*.

Buddhismus, bildet die viertgrößte ↗Religionsgemeinschaft nach dem ↗Christentum, ↗Islam und ↗Hinduismus. Die Anzahl der Anhänger beträgt heute 353.141.000, d. h. 6 % der Weltbevölkerung. Von ihnen leben 98,7 % in Asien, vor allem in Ostasien. Verbreitet ist der Buddhismus heute in 123 Ländern, darunter als Religion der Mehrheit in Japan, Thailand, Myanmar, Vietnam, Sri Lanka, Kambodscha, Laos und Bhutan. Der Buddhismus entstand in Indien im 6. Jh. v. Chr. als eine Reformbewegung in Reaktion auf unbefriedigende Aspekte des ↗Hinduismus. Noch heute werden der Buddhismus ebenso wie der ↗Sikhismus und ↗Jainismus von der indischen Rechtsprechung als Hindu-Religion eingestuft, in der westlichen ↗Religionswissenschaft aber als selbstständige Religionen behandelt.

Nach der Überlieferung war der Gründer des Buddhismus, Prinz Siddharta Gautama (Buddha), schockiert von dem Elend, das ihn umgab und im krassen Gegensatz stand zum Glanz und Reichtum, in dem er im heutigen Nepal aufgewachsen war. Er war Anhänger einer Asketen-Bewegung, die sich gegen den Brahmanismus, die Vorherrschaft der Priesterkaste, wandte und somit der erste indische Religionsführer, der sich u. a. gegen das Kastenwesen des Hinduismus aussprach. Im Gegensatz zum Hinduismus wurde der Buddhismus zu einer bedeutenden missionierenden Religion. Infolge seiner Ausbreitung hat der Buddhismus verschiedene regionale Formen ausgebildet. Die Zweige des in Tibet entwickelten Buddhismus haben die Bezeichnung Lamaismus erhalten, in dem die Mönchsreligion mit der Verehrung lokaler Dämonen und Gottheiten verbunden ist. Der »ursprüngliche« Theravada-Buddhismus (oder Hinayana-Buddhismus) ist die zweitgrößte buddhistische Schulrichtung. Nach seiner strengen Lehre (»Lehre der Alten«) können nur wenige (Mönche und Nonnen, nach vielen Quellen nur als Mönche wieder geborene Nonnen) in einem kleinen Fahrzeug den Ozean des leidvollen Daseins überqueren und ans jenseitige Ufer (Nirvana) gelangen. Er wird auch südlicher Buddhismus genannt, weil sein Verbreitungsgebiet vor allem in Süd- und Südost-

asien liegt – z. T. sogar als Staatsreligion (Sri Lanka, Burma, Kambodscha, Thailand und Laos).
Die größte buddhistische Schulrichtung wird Mahayana-Buddhismus (»großes Fahrzeug«) genannt, weil alle Menschen, Mönche und Laien, in einem großen Fahrzeug das Nirvana erlangen können. Diese weltoffene Hauptrichtung wird auch als nördlicher Buddhismus bezeichnet. Seine Verbreitungsgebiete sind China, Korea, Japan, Vietnam, Mongolei, Ladakh, Nepal, Bhutan, Sikkim und Tibet.
Im indischen Südasien für mehrere Jahre nahezu völlig verschwunden (1900: nur 200.000 Anhänger), hat die Zahl der Buddhisten in den letzten Jahrzehnten durch Konvertierung von Personen unterer Kasten auf über 6 Mio. wieder zugenommen und macht heute etwa 1 % der indischen Bevölkerung aus. Die Attraktivität buddhistischer Prinzipien hat vor allem in der westlichen Welt zu einer anhaltenden Ausweitung geführt. [GR]

Büdel, *Julius*, deutscher Geograph, geb. 8.8.1903 Molsheim im Elsaß, gest. 28.8.1983 Würzburg. Er ist aufgewachsen in München, wo er sein Studium auch begann, das er dann aber in Wien fortführte. Bereits seine Dissertation (»Morphologische Entwicklung des südlichen Wiener Beckens und seiner Umrandung«, Wien 1933) und seine Habilitationsschrift (»Eiszeitliche und rezente Verwitterung und Abtragung im ehemals nicht vereisten Teil Mitteleuropas«, Berlin 1937) verraten seine physisch-geographischen Neigungen. Seit 1951 lehrte Büdel als o. Prof. in Würzburg. Er gilt als einer der Hauptvertreter einer klimagenetischen Geomorphologie. Seine Theorie der »Doppelten Einebnungsfläche« trug wesentlich zur Erklärung der Rumpfflächengenese bei. Sein Spätwerk »Klima-Geomorphologie« (1977) fasst seine Forschungen zusammen.

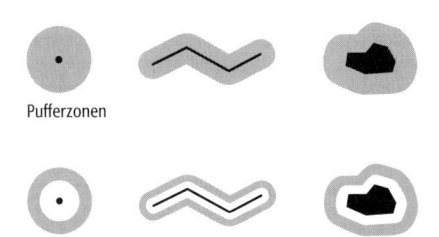

buffer, *Pufferzone*, Fläche, deren Grenzlinie einen bestimmten Abstand zu einem geometrischen Ort (dem Ursprungsobjekt) aufweist. Je nach Art des Ursprungsobjektes unterscheidet man Punkt-, Linien- und Flächerpuffer. *Korridore* besitzen zusätzlich zur äußeren auch eine innere Distanz zum Ursprungsobjekt, bilden also eine bandförmige Struktur (Abb.). Anwendungsgebiete sind z. B. die Bestimmung von Einzugsbereichen um Einzelhandelsstandorte oder die Ausweisung von Lärmbelastungszonen an Flughäfen.

bufferstocks, Ausgleichslager für Rohstoffe. Durch Stützungskäufe, Lagerung und Verkäufe von Rohstoffen sollen Rohstoffpreisschwankungen auf dem Weltmarkt abgefedert werden. Ziel dieser Maßnahmen ist es, zum einen die Rohstoffversorgung der rohstoffabhängigen ↗Industrieländer, zum anderen die Exporterlöse der ↗Entwicklungsländer zu sichern. Bufferstocks wurden innerhalb der ↗Rohstoffabkommen zwischen Industrie- und Entwicklungsländern eingerichtet. Ihre ausgleichende Wirkung ist jedoch aufgrund der geringen Finanzmittel begrenzt.

Buhne, im Abstand von einigen Dekametern bis zu einigen 100 m künstlich angelegtes Querwerk senkrecht zum Küsten- bzw. Strandverlauf (↗Küste, ↗Strand). Besteht aus Steinpackungen, Pfostenreihen, Betonplatten o. Ä. und wird zur Unterbrechung des küstenparallelen Materialtransportes (↗Strandversetzung) und damit zur Verhinderung der ↗Stranderosion errichtet. Allerdings wirken sich Buhnen wegen der leeseitigen Erosion oft als Verstärker der Abtragung aus.

Bülte ↗*Bulte*.

Bulte, *Bülte*, kissenförmige Buckel von 0,5–3 m Durchmesser, die aus Torfmoosen aufgebaut werden und zusammen mit den 0,2–0,5 m tieferliegenden *Schlenken* (*Flarken*) das Mikrorelief der Hochmoore formen.
Je nach Lage zum mooreigenen Wasserspiegel werden die Bulte von horstig wachsenden Wollgräsern und Simsen oder von Zwergsträuchern besiedelt. Im Verlandungsbereich von Seen bildet die Steifsegge (*Carex elata*) Horste aus, die auch als Bulte bezeichnet werden.

Bundenbacher Schiefer, schiefrige Sedimente des Unterdevons im Hunsrück, berühmt wegen der in ↗Pyrit umgewandelten Fossilien wie z. B. ↗Trilobiten und Schlangensterne, die durch Röntgenaufnahmen sichtbar gemacht werden können.

Bundesamt für Bauwesen und Raumordnung, *BBR*, 1998 aus Bundesbaudirektion (BBD) und Bundesforschungsanstalt für Landeskunde und Raumordnung (BfLR) entstandene Bundesbehörde. Sie untersteht dem auch für Raumordnung zuständigen Bundesministerium für Verkehr, Bau- und Wohnungswesen (BMVBW). Zu den Aufgaben des BBR gehören u. a. Forschungsprojekte und wissenschaftliche Publikationen im Bereich von Raumordnung, Städtebau und Wohnungswesen, städtebauliche und raumordnerische ↗Modellvorhaben und die Betreuung von Bundesbauvorhaben. Das BBR berät das BMVBW und die Bundesregierung und erstellt ↗Raumordnungsberichte.

Bundesanstalt für Arbeit, nachgeordnete Behörde des Bundesministeriums für Arbeit und Sozialordnung mit Sitz in Nürnberg.

Bundesartenschutzverordnung, *BArtSchV*, Verordnung zum Schutz wild lebender Tier- und Pflanzenarten, Ausführungsverordnung vom 29. Dezember 1986 zum ↗Bundesnaturschutzgesetz, die besonders geschützte Tier- und Pflanzenarten auflistet und deren Ein- und Ausfuhr reglementiert. Unterschieden werden drei Kategorien, wobei die vom Aussterben bedrohten Arten besonders hohen Schutz genießen.

Bundesimmissionsschutzgesetz, *BImSchG*, die zentrale Rechtsnorm in der Bundesrepublik Deutschland zum Schutz der Umwelt vor schäd-

Büdel, *Julius*

buffer: Pufferzonen und Korridore.

lichen Immissionen. Das 1974 erlassene und seither mehrfach novellierte BImSchG fasst die Maßnahmen zum Schutz der Umwelt vor schädlichen Einwirkungen durch Luftverunreinigungen, Geräusche, Erschütterungen und ähnliche Vorgänge zusammen. Die wichtigsten Bereiche sind die Luftreinhaltung und der Lärmschutz. Es wird ergänzt durch spezielle Gesetze wie das Fluglärmgesetz oder das Benzinbleigesetz. Ein umfangreiches Regelwerk von Rechtsverordnungen schließt sich an das BImSchG an.

Das BImSchG unterscheidet in a) anlagenbezogenen Immissionsschutz, b) produktbezogenen Immissionsschutz, c) verkehrsbezogenen Immissionsschutz und d) gebietsbezogenen Immissionsschutz.

a) Im anlagebezogenen Immissionsschutz wird bestimmt, welche Anlagen genehmigungspflichtig sind (geregelt in der 4. Bundesimmissionsschutzverordnung, BImSchV) und welche Pflichten die Anlagenbetreiber haben, insbesondere eine Schutzpflicht, eine Vorsorgepflicht, eine Entsorgungspflicht und eine (bislang noch nicht weiter konkretisierte) Abwärmenutzungspflicht. Die Bundesregierung ist ermächtigt, weitere konkretisierende Rechtsverordnungen zu erlassen, wovon sie Gebrauch gemacht hat, z. B. mit der Störfall-Verordnung (12. BImSchV) und der Großfeuerungsanlagen-Verordnung (13. BImSchV).

b) Der produktbezogene Immissionsschutz resultiert aus dem Vorsorgeprinzip. Er setzt bei der Herstellung, dem Inverkehrbringen oder Einführen von Anlagen, Stoffen oder Produkten an. In Rechtsverordnungen sind die Grenzwerte vorgegeben, welche die Produkte einhalten müssen, z. B. in der Verordnung über den Schwefelgehalt von leichtem Heizöl und Dieselkraftstoff (3. BImSchV), der Rasenmäherlärmverordnung (8. BImSchV) und der Verordnung über Beschränkungen von PCB, PCT und VC (10. BImSchV).

c) Der verkehrsbezogene Immissionsschutz umfasst die Regelungen über die Beschaffenheit und den Betrieb von Kraftfahrzeugen, Verkehrsbeschränkungen bei ⁄austauscharmen Wetterlagen und den Verkehrslärmschutz. Die Überprüfung von Fahrzeugen erfolgt in Deutschland durch den TÜV; die Befugnis zu Verkehrsbeschränkungen bei austauscharmen Wetterlagen ist auf die Länder übertragen, welche die heute teilweise wieder außer Kraft gesetzten Smog-Verordnungen erlassen haben.

d) Der gebietsbezogene Immissionsschutz ist ein Instrument der flächenbezogenen Kontrolle. Erstellt werden verwaltungsinterne Planungsinstrumente, welche für den Bürger keine Verbindlichkeit haben, z. B. die Luftreinhaltepläne in bestimmten lufthygienisch besonders gefährdeten »Untersuchungsgebieten«, welche früher als Belastungsgebiete bezeichnet wurden. [JVo]

Bundesinstitut für Berufsbildung, nachgeordnete Behörde des Bundesministeriums für Bildung, Wissenschaft, Forschung und Technologie. Das Bundesinstitut wurde von Berlin nach Bonn verlegt.

Bundesnaturschutzgesetz, *Gesetz über Naturschutz und Landschaftspflege, BNatSchG*, Gesetz zum ⁄Naturschutz vom 20. Dezember 1976, zuletzt geändert am 26. August 1998, welches als Rahmengesetz durch die ausführendes Landesgesetze teilweise weiter konkretisiert wird. Nach P 1 ist die Natur und Landschaft im besiedelten und unbesiedelten Bereich so zu schützen, zu pflegen und zu entwickeln, dass a) die Leistungsfähigkeit des Naturhaushaltes, b) die Leistungsfähigkeit der Naturgüter, c) die Pflanzen- und Tierwelt sowie d) die Vielfalt, Eigenart und Schönheit von Natur und Landschaft als Lebensgrundlage des Menschen und als Voraussetzung für seine ⁄Erholung in Natur und Landschaft nachhaltig gesichert sind. Das BNatSchG regelt u.a. die ⁄Landschaftsplanung, das Verfahren der planerischen Bewältigung von Eingriffen in Natur und Landschaft sowie den Flächen- und Objektschutz. [EJ]

Bundesstaat ⁄Föderalismus.

Bundesverkehrswegeplan, *BVWP*, ⁄Verkehrswegeplanung.

Bundeswaldgesetz, Gesetz zur Erhaltung des Waldes und zur Förderung der Forstwirtschaft vom 2.5.1975, geändert am 27.7.1984. Ziele des Rahmengesetzes des Bundes, das durch die Bundesländer in ihren Wald- bzw. Forstgesetzen umgesetzt und teils konkretisiert wird, sind die nachhaltige Sicherung (⁄Nachhaltigkeit) der Nutzfunktion und der Schutz- und Erholungsfunktionen des Waldes, die Förderung der ⁄Forstwirtschaft und ein Ausgleich zwischen den Interessen der Allgemeinheit und den Belangen der Waldbesitzer.

Buntbrache ⁄Brache.

Buntsandstein, unterster stratigraphischer Abschnitt der germanischen ⁄Trias (siehe Beilage »Geologische Zeittafel«). Die lithostratigraphische Gliederung unterscheidet unteren, mittleren und oberen Buntsandstein, Letzterer auch als ⁄Röt bezeichnet. Das im ⁄Zechstein entstandene ⁄Germanische Becken wurde mit fluviatilterrestrischen, limnischen und untergeordnet auch marinen Ablagerungen gefüllt. Den größten Teil der Ablagerungen stellen Sandsteine und Siltsteine, daneben Konglomerate und Tonsteine, in Norddeutschland entstanden ⁄Rogensteine. Das Buntsandstein-Becken wurde u. a. im Südosten vom ⁄Vindelizischen Land und im Westen vom Gallischen Land begrenzt. ⁄Fossilien sind spärlich (Pflanzenreste, Tetrapodenspuren, Chirotherien). In Norddeutschland beinhaltet das Röt Steinsalzlager, bei Bentheim auch Kalisalz, und ⁄Gips. Die Mächtigkeiten betragen im Schwarzwald 300 m, im Spessart 500 m, am Niederrhein 1000 m und am Solling 1500 m. Im alpinen Bereich entspricht dem Buntsandstein in etwa die Skyth-Stufe (Werfener Schichten, Haselgebirge, Seisser und Campiller Schichten). [GG]

Bürgerinitiative, Zusammenschluss von Stadtbewohnern, die sich durch städtebauliche Mängel oder Stadtplanungen in ihrem Lebensgefühl beeinträchtigt fühlen. Sie sind als Bürgerinitiative offizielle Gesprächspartner der Stadtverwaltung v.a. in Fragen einer ⁄erhaltenden Stadterneuerung, der Erhaltung von Freiflächen, des Ausbaus dringend benötigter ↗Infrastruktur sowie Lärmschutzmaßnahmen oder bei allgemeinen ↗Planfeststellungsverfahren.

bürgerliche Dämmerung ↗Dämmerung.

bürgerliches Jahr ↗Jahr.

Bürgerstadt, ↗kulturhistorischer Stadttyp des mittelalterlichen Territorialstaates, der politisch-herrschaftliche Funktion und Marktfunktion in sich vereinte. Als freie Reichsstädte bzw. Stadtstaaten (in Flandern und Italien) verfügten mittelalterliche Burgstädte bis zur Übernahme durch den absolutistischen Flächenstaat über alle Verteidigungs-, Rechtsprechungs- sowie Kontrollfunktionen. Charakteristisch ist die zentrale Anlage des Marktplatzes (Abb.), der von Wohn-, Zunft- und Gewerbehäusern umgeben die »soziale Mitte« der Stadt darstellte.

Burgstadt, ↗kulturhistorischer Stadttyp, der infolge des Siedlungswachstums um befestigte Herrschaftssitze in verschiedenen Kulturräumen, z. T. schon in antiken Hochkulturen, entstand. Typisch sind Burgstädte u. a. für die Feudalzeit des europäischen Mittelalters, als sich Handwerker und Kaufleute zu Füßen von befestigten Burgen – im Suburbium – ansiedelten (Abb.), aber auch für Hochkulturen Mittel- und Südamerikas (z. B. Macchu Pichu in Peru) oder die Feudalzeit Japans.

Burgundische Pforte, Meeresstraße während der ↗Trias, die zeitweilig die ↗Tethys mit dem ↗Germanischen Becken verband.

Bürokratisierung, ein Prozess, welcher Arbeitsbeziehungen formalisiert, standardisiert und entpersonalisiert. Das Ziel der Bürokratisierung besteht darin, große, komplexe und hierarchisch strukturierte Organisationen zu ermöglichen und diese überschaubar, berechenbar und steuerbar zu machen. Sie soll die Effizienz, Integrität und Uniformität von Verwaltung und Produktion gewährleisten. Das Konzept der idealen Bürokratie verlangt eine klare Rangordnung der Positionen eines Unternehmens. Die für eine Position erforderlichen Fachkompetenzen und Qualifikationen müssen klar definiert sein. Die Positionen einer Organisation sind hierarchisch angeordnet und in eindeutige Verantwortungsbereiche, Entscheidungs- und Zuständigkeitsstrukturen gegliedert, die eine klare Trennung der Macht- und Verantwortungsbereiche ermöglichen (↗Hierarchie). Alle Entscheidungen und Informationsabläufe sollen nach festgelegten Regeln ablaufen. Stellenbesetzung und Beförderung sollen ausschließlich nach erwiesener Kompetenz und erbrachten Leistungen vorgenommen werden. Nepotismus und politischer Protektionismus sind von der Organisation fern zu halten. Die Bürokratisierung ist als Übergang von der traditionellen zur rationalen Herrschaft bzw. von der Privilegienhierarchie zur Kompetenzhierarchie zu werten. Im Idealfall soll die Hierarchie der Bürokratie eine Hierarchie des Wissens und der Fähigkeiten sein. Die Bürokratisierung der Arbeitsbeziehungen war eine entscheidende Voraussetzung für die Entstehung großer Organisationen. Während die Notwendigkeit einer ↗Meritokratisierung und ↗Professionalisierung weitgehend außer Diskussion steht, ist die Organisationssoziologie seit einigen Jahrzehnten der Ansicht, dass hierarchische und bürokratisch reglementierte Strukturen nur unter folgenden Rahmenbedingungen anderen Organisationsformen überlegen sind: a) Die Umwelt ist relativ stabil, sodass wenig Anpassungs-, Innovations- und Lernzwänge auftreten. b) Das Zielsystem der Organisation ist zeitstabil, einfach und transparent. c) Die von der Organisation zu erfüllenden Aufgaben sind relativ gleichförmig und ändern sich nicht unvorhersehbar. d) Die Aufgaben sind repetitiver Natur, standardisierbar und routinemäßig erfüllbar.

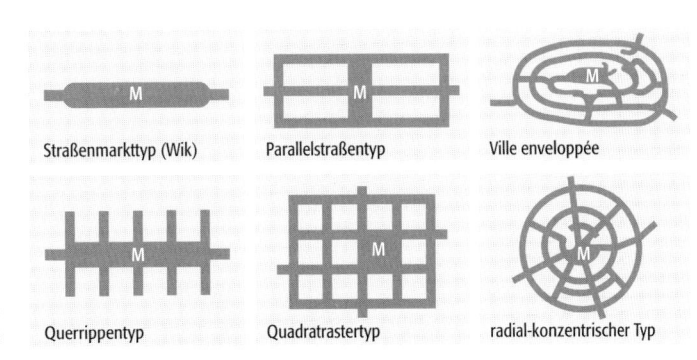

In verschiedenen Organisationen entstehen unter dem Wettbewerbsdruck der ↗Globalisierung, angesichts des zeitlichen Drucks von Entscheidungen und der sich schnell ändernden technischen Rahmenbedingungen zahlreiche nicht standardisierbare Aufgaben, deren Lösung Kreativität, flexible Organisationsstrukturen, direkte Koordination durch Kooperation und Dezentralisierung von Kompetenzen erfordern.

Bürokratisierung und ↗Professionalisierung haben entscheidend zur engen Verknüpfung zwischen Bildungs- und Beschäftigungssystem beigetragen. Die Bürokratisierung der Arbeitsbeziehungen hatte gravierende Konsequenzen für die räumliche ↗Arbeitsteilung und hat in vielen Bereichen die zentral-peripheren Disparitäten des Ausbildungsniveaus der ↗Arbeitsbevölkerung verstärkt. ↗Weber, Max [PM]

Burosems, schwach alkalische Mineralböden der Steppenklimate mit hellbraunem, humusarmen

Bürgerstadt: Mittelalterliche Stadtgrundrisstypen.

Burgstadt: Bürgerliche Vorstadt vor einer mittelalterlichen Burganlage.

Büsching, *Anton Friedrich*

Buys-Ballotsches Windgesetz:
v = Wind, χ = Ablenkungswinkel, G = Gradientkraft, C = Corioliskraft, R = Reibungskraft, T = Tiefdruckgebiet, H = Hochdruckgebiet.

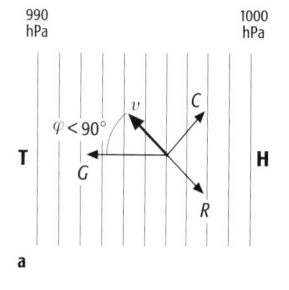

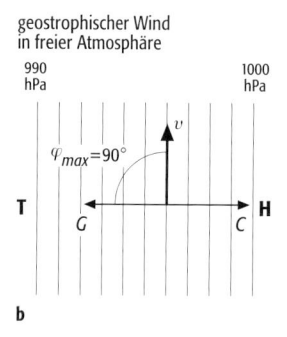

↗A-Horizont gefolgt von einem Kalk-, Salz- und/oder Gipsanreicherungshorizont in Oberflächennähe, in älterer Literatur auch als Braune Halbwüstenböden bezeichnet. Burosems entsprechen etwa den ↗Calcisols oder ↗Gypsisols der ↗FAO-Bodenklassifikation (1990) und der ↗WRB-Bodenklassifikation (1998).

Busch, *Strauch,* Holzgewächse, die nicht mit einem Hauptstamm, sondern durch basale Seitentriebe wachsen. ↗Wuchsform.

Büsching, *Anton Friedrich,* deutscher Theologe, Pädagoge und Geograph, geb. 17.9.1729 Stadthagen, gest. 28.5.1793 Berlin. Nach dem Studium der Theologie in Halle (1744–48) und Tätigkeit als Hauslehrer erhielt Büsching 1754 eine Professur für Philosophie an der Universität in Göttingen. Nachdem er 1760–65 als Geistlicher in St. Petersburg gelebt hatte, wirkte er seit 1766 als Oberkonsistorialrat und Direktor des Gymnasiums zum Grauen Kloster in Berlin. Büsching war der bedeutendste geographische Schriftsteller des 18. Jh. in Deutschland. Sein vielbändiges Werk »Neue Erdbeschreibung«, dessen erste elf Bände (1754–92) über Europa und Asien er selbst verfasste, erlebte mehrere Auflagen und diente aufgrund seiner Zuverlässigkeit Wirtschaft, Verwaltung und Politik als historisch-statistisches Grundlagenwerk. Dem späteren Vorwurf, er habe darin rein kompilativ Fakten zusammengetragen und die naturwissenschaftlichen Grundlagen der ↗Geographie völlig vernachlässigt, wird sein Verdienst entgegengehalten, die Kompendiengeographie auf eine wissenschaftliche Basis gestellt zu haben, von der aus sich die Neuausrichtung der Geographie in Deutschland durch ↗Kant, ↗Ritter u. a. erst entwickeln konnte. Verdienste erwarb sich Büsching als Herausgeber erfolgreicher Zeitschriften, dem »Magazin für die Historie und Geographie der neueren Zeiten« (1767–88) und dem Referateorgan »Wöchentliche Nachrichten von neuen Landkarten, geographischen, statistischen und historischen Büchern und Schriften« (1773–87). [HPB]

Büßerschnee, *Penitentes,* ist eine aus bizarren Schnee- und Eispyramiden bestehende Form der selektiven ↗Ablation an Schnee- und Gletscheroberflächen. Diese Schnee- und Eispyramiden, die wenige Zentimeter bis einige Meter hoch werden können, sind meist in Ost-West-Reihen angeordnet und in Richtung der Sonne geneigt. Büßerschnee tritt in subtropischen und tropischen Hochgebirgen mit kontinentalem Klima auf, wo der Verdunstung/Sublimation ein hoher Anteil an der Ablation zukommt. Abb. im Farbtafelteil.

Büßerstein, vom ↗Regolith freigelegtes, oft monolithisches Festgestein (Schichtköpfe); vergesellschaftet bilden Büßersteine die Felsstädte.

Bustourismus ↗Reiseverkehrsmittel.

Buys-Ballot'sches Windgesetz, Gesetz vom Niederländer Ch. H. D. Buys-Ballot aus dem Jahre 1856, das besagt, dass in Bodennähe der Wind um höchstens 90° von der Richtung des Luftdruckgradienten abweichen kann, und zwar nach rechts auf der Nordhalbkugel (Abb. a) und nach links auf der Südhalbkugel. Ursache ist die Reibungskraft, welche der ↗Corioliskraft entgegenwirkt, die ihrerseits in der ↗freien Atmosphäre eine Maximalablenkung von 90° bewirken kann (Abb. b). ↗Barisches Windgesetz.

Wind in Bodennähe

geostrophischer Wind in freier Atmosphäre

a

b

Caatinga ↗Dornwälder.

CAD, *computer aided design*, computergestütztes Entwerfen und Konstruieren. Für eine Kartenbearbeitung sind CAD-Programme allerdings selten geeignet, da die Symbolisierung der Karte nicht flexibel genug unterstützt wird. In der Kartographie werden CAD-Programme zur ↗Digitalisierung von Karten eingesetzt. Dann werden die erhaltenen Daten in einem Austauschformat (↗Datenkonvertierung) abgelegt und zur Weiterverarbeitung in ein Geoinformationssystem (↗GIS) übernommen. ↗digitale Kartographie.

Cala, viel verwendete italienische und spanische Bezeichnung für kleinere Buchten verschiedener Gestalt. Sie sind durch ↗Ingression in Hohlformen des Festlandsreliefs, ↗Brandungswirkung, Karstprozesse oder gar eine Mischung aus allen Faktoren entstanden.

CA-Lager, *Controlled Atmosphere-Lager*, Lagerverfahren im Obst-, Gemüse- und Blumenanbau, bei dem das Luftgemisch bzw. der Luftdruck im Lagerraum verändert wird und so haltbarkeitsfördernd die Atmung und die Ethylenbildung verringert wird.

Calamiten, Gruppe der Schachtelhalmgewächse, besonders im ↗Karbon und ↗Perm verbreitet. Die bekanntesten Gattungen sind *Calamites, Annularia, Calamodendron, Asterophyllites* und *Palaeostachys*.

Calanque, an der französischen Mittelmeerküste Bezeichnung für kleinere steilflankige Buchten, die zunächst kleine ↗Rias waren, aber durch Karstprozesse und ↗Abrasion mehr oder weniger umgestaltet wurden.

Calcisols [von lat. calx = Kalk], Bodenklasse der ↗FAO-Bodenklassifikation (1990) und der ↗WRB-Bodenklassifikation (1998); geringmächtige, humusarme Mineralböden mit sekundärer Kalkanreicherung und oftmals krümeligem oder plattigem ↗Bodengefüge. Calcisols sind in Wüsten und subhumiden Trockengebieten mit unregelmäßigen Niederschlägen < 500 mm pro Jahr weit verbreitet (↗Weltbodenkarte). Der illuviale ↗B-Horizont weist neben einer Kalkanreicherung innerhalb der oberen 125 cm (100 cm nach WRB) häufig eine blockige Struktur auf. Es gibt keine eindeutige Entsprechung in der ↗Deutschen Bodensystematik.

Calcit, *Kalzit, Kalkspat*, eines der häufigsten, gesteinsbildenden Minerale mit der chemischen Formel $CaCO_3$; Härte nach Mohs: 2–3; Dichte: 2,6–2,8 g/cm³; trimorph mit ↗Aragonit und Vaterit. Calcit ist meist weiß, farblos oder gelblich und besitzt eine perfekte rhombische Spaltbarkeit. Es ist der Hauptbestandteil von ↗Kalkstein und kristallinem ↗Marmor und findet sich daneben in Süßwassertuff, Tropfsteinen, als Gangmineral in vielen ↗Erzlagerstätten und als Zement etlicher klastischer Gesteine. ↗Karstgesteine.

Caldera, große, kesselförmige Eintiefung über Vulkanschloten. Sie entsteht als Einbruch über einem entleerten vulkanischen Herd (Einsturz- oder Einbruch-Caldera), durch Explosion (Explosions-Caldera) oder durch Erosionsvorgänge (Erosions-Caldera). Abb. im Farbtafelteil.

Calme ↗Kalme.

Cambisols [von lat. cambiare = tauschen, wechseln], Bodenklasse der ↗FAO-Bodenklassifikation (1990) und der ↗WRB-Bodenklassifikation (1998); ↗azonale Böden relativ jungen Alters und mittlerer Verwitterungsstufe, die ein Übergangsstadium der Bodenentwicklung hin zu dem für die Klimaregion oder/und das Ausgangsmaterial typischen Boden kennzeichnen. Cambisols sind auf den jüngeren Landoberflächen der humidgemäßigten Zone weit verbreitet sowie seltener in arideren Gebieten (↗Weltbodenkarte). Sie sind durch den Prozess der ↗Verbraunung gekennzeichnet und weisen einen braun, gelblich oder rötlich verwitterten ↗B-Horizont auf und entsprechen teilweise der Klasse der ↗Braunerden der ↗Deutschen Bodensystematik.

CAM-Pflanzen, sukkulente Pflanzen mit diurnalem Säurerhythmus. Sie besitzen bei Wassermangel eine CO_2-Aufnahme nur in der Nacht und bauen dieses in Äpfelsäure (Vakuole) ein. Am Tag wird das CO_2 wieder freigesetzt und zur Photosynthese in den ↗Chloroplasten benutzt, die ↗Spaltöffnungen können dann tagsüber geschlossen bleiben.

Campo, offene, meist baumlose Grasländer in den ↗Savannen der Tropen Südamerikas. Nach der Vegetationszusammensetzung unterscheidet man verschiedene Typen. Campo cerrado ist ein lichter Savannenwald, dessen Vegetationsmosaik von der Nährstoffverteilung in den Böden bestimmt wird. Er weist eine Baum-, Busch-, Kraut- und Grasschicht auf und entspricht dem Prototyp der Savannenlandschaft. Campo limpo ist baumfrei und Campo sujo ist durchsetzt mit einzelnen Baum- und Strauchgewächsen und nimmt eine Zwischenstellung zwischen Campo cerrado und Campo limpo ein.

Canale, *Vallone, Dalmatinischer Küstentyp*, lang gestreckte kanalartige Wasserstraßen zwischen ebenfalls lang gestreckten Festlandsaufragungen und Inseln; werden angelegt durch Überflutung von tektonisch vorgezeichneten Ausraumzonen in einem jüngeren Faltenrelief; kommen vor allem an der dalmatinischen Küste vor.

Cañon [von span. = Hohlweg], *Canyon*, tief eingeschnittenes Tal mit typischem getreppten ↗Talquerprofil. Die charakteristische Form dokumentiert das Vorherrschen der ↗Tiefenerosion gegenüber der ↗Seitenerosion, das ↗Belastungs-

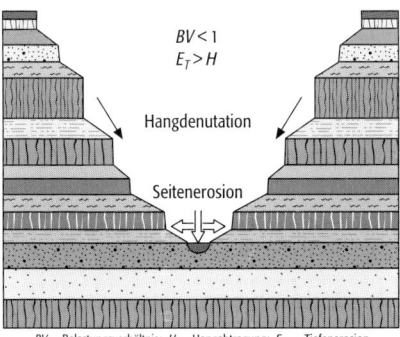

BV = Belastungsverhältnis; *H* = Hangabtragung; E_T = Tiefenerosion

Cañon: Talquerprofil.

Carol, *Hans*

verhältnis ist somit kleiner/gleich eins. Der eigentliche ↗Talboden ist schmal und meist mit dem ↗Gerinnebett identisch (Abb.). Die getreppten Hänge erklären sich aus der flachen Lagerung der sie übereinander aufbauenden, wechselnd widerständigen Gesteine. Durch die Tiefenerosion und die darauf eingestellten Prozesse der Hangdenudation entstehen steile Hangabschnitte (Resistenzstufen) in den widerständigeren und flache in den weniger widerständigeren Gesteinen. An den ↗Prallhängen des Gerinnes wirken ebenfalls Prozesse der Seitenerosion. Bekanntestes Beispiel ist der 350 km lange, 6–30 km breite und bis zu 1800 m tiefe »Grand Cañon« des Colorado River im Südwesten der Vereinigten Staaten. [OB]

Canyon ↗*Cañon*.

Capensis ↗Florenreiche.

Carbonat, *Karbonat*, 1) mineralogisch ein Mineralbestandteil mit dem Anion CO_3^{2-}, z. B. ↗Calcit oder ↗Aragonit. 2) sedimentologische eine Ablagerung (↗Sedimentgestein), die organisch oder anorganisch aus einer wässrigen Lösung von Calcium-, Magnesium- oder Eisencarbonaten ausgeschieden wird, z. B. ↗Kalkstein.

Carbonatisierung ↗*Kohlensäureverwitterung*.

Carbonatkarst, ↗Lösungsvorgänge und Karstformen in carbonatischen ↗Karstgesteinen, am häufigsten in Kalken ($CaCO_3$) und Dolomiten ($CaMg(CO_3)_2$).

Carbonatverwitterung ↗*Kohlensäureverwitterung*.

CARICOM, *Caribbean Community*, *Karibische Gemeinschaft*, gegründet 12.04.1973 mit politischen und wirtschaftlichen Zielen zur Weiterentwicklung der Karibischen Freihandelszone ↗CARIFTA. Mitglieder: Antigua und Barbuda, Bahamas, Barbados, Belize, Dominica, Grenada, Guyana, Jamaika, Montserrat, St. Kitts-Nevis, St. Lucia, St. Vincent, Trinidad u. Tobago. Assoziiert: Surinam sowie elf Staaten mit Beobachterstatus, darunter die Dominikanische Republik, Kuba, Mexiko und Venezuela. Organe: Konferenz der Regierungschefs, Ministerrat, Generalsekretariat in Georgetown/Guyana. Die Zielsetzungen sind auf die wirtschaftliche Integration gerichtet (Zollunion, einen gemeinsamen Markt: CCM (Caribbean Common Market) sowie auf die Koordinierung der Außenpolitik und auf die Kooperation in sozialen, kulturellen und technologischen Fragen. Wiederholt Verzögerungen durch die Nichteinhaltung der Zielsetzungen. [HN]

CARIFTA, *Caribbean Free Trade Association*, *Karibische Freihandelsassoziation*, am 15.12.1965 von Barbados, Guyana, Jamaika sowie Trinidad und Tobago unter britischem Einfluss gebildet, 1973 in ↗CARICOM aufgegangen.

Carnivore ↗Konsumenten.

Carol, *Hans*, Schweizer Geograph, geb. 22.10.1915 Baden, gest. 28.6.1971 Toronto. Carol war Schüler von H. Boesch in Zürich, bei dem er 1942 diplomierte und drei Jahre später promovierte (»Die Wirtschaftslandschaft und ihre kartographische Darstellung«). Erfahrungen in verschiedenen südafrikanischen Agrarräumen fasste er 1951 in der Habilitationsschrift (»Das agrargeographische Betrachtungssystem«) zusammen. Seit 1958 setzte er seine Hochschullaufbahn in Nordamerika fort, zunächst in Worcester, dann in Cincinnati, schließlich ab 1962 an der York University in Toronto. Carol war ein exponierter Vertreter der Landschaftsgeographie, der sich um eine terminologische und theoretische Klärung des Systems der ↗Geographie bemühte, sich darüber hinaus aber auch bereits seit den 1940er-Jahren um den Anwendungsbezug der Wissenschaft in planerischen Kontexten Verdienste erwarb. [HPB]

Car Sharing [engl. = Auto-Teilen, Auto-Teilhabe], bezeichnet eine Angebotsform, wonach Pkw individuell zu nutzen sind, der Besitz jedoch gemeinschaftlich als Dienstleistung organisiert wird. Die Fixkosten der Fahrzeughaltung werden auf die variablen Betriebskosten entsprechend der Nutzung umgelegt. Ende der 1980er-Jahre entstanden, bestehen gegenwärtig rund 80 Car-Sharing-Organisationen in über 200 deutschen Städten mit etwa 40.000 Mitgliedern. Mittelfristig wird in Deutschland mit einem Nutzerpotenzial von 2,5 Mio. gerechnet.

cartographic modelling, ein Analyseverfahren in Geographischen Informationssystemen (↗GIS) zur Lösung komplexer räumlicher Probleme. ↗map algebra.

cash crops ↗Exportkulturen.

Casinoökonomie, Bedeutungsgewinn des Wertpapier- und Anlagenhandels gegenüber produktiven Realinvestitionen; typisch für die Wirtschaftsweise des ↗Postfordismus. Wirtschaftliche Gewinne werden zunehmend nicht mehr primär über Produktionsaktivitäten, sondern durch spekulative Finanzgeschäfte erzielt. Städte sind insofern davon betroffen, als Grundstücke und Gebäude verstärkt wegen ihres Anlagewertes und weniger wegen ihrer Nutzungen gekauft werden. Als Anlageobjekte werden sie wiederum häufig wegen ihrer kurz- und mittelfristig zu erwartenden Wertsteigerungen gehandelt. Gebiete des Verfalls oder Grundstücke und Gebäude, die erst durch erhebliche Zusatzinvestitionen »marktfähig« gemacht werden müssen, erfahren daher häufig keine Berücksichtigung durch die Marktkräfte. Unterstützt wird die spekulative Casinoökonomie nicht selten durch wirtschaftsfördernde Maßnahmen der öffentlichen Hand, die einzelne Gebiete oder Projekte mit Potenzial gezielt subventionieren und andere vernachlässigen, was in der angloamerikanischen sozialwissenschaftlichen Literatur als »Policy of Neglect« bezeichnet wurde. Die Auswirkung der Casinoökonomie ist daher eine Verstärkung bestehender sozialräumlicher Polarisation. [RS/SE]

CAT ↗*Clear-Air-Turbulence*.

Catena, im engeren Sinne *Bodencatena*; idealisierter Schnitt durch eine Bodenlandschaft zur Beschreibung der Raumstruktur einer ↗Bodengesellschaft; Untersuchung an natürlichen Aufschlüssen, wie Gräben oder Böschungen oder in Sequenzen aus ↗Bodenprofilen. Die Glieder der Catena spiegeln die landschaftstypische, vorwiegend vom Relief bestimmte genetische und funktionale Verknüpfung der Böden wider. Sie wird durch den Bodenwasserhaushalt (Oberflächenabfluss, Hangzugwasser, Grundwasser) und damit einhergehende Stoff- und Energietransporte bestimmt. Unterschiedliche Landschaften sind durch unterschiedliche aber charakteristische Catenen geprägt. In der Geoökologie ist analog der Begriff der ↗geoökologischen Catena gebräuchlich; in der Geomorphologie ↗arid-morphologische Catena.

CBD ↗Central Business District.

CBD-Höhenindex, zur Abgrenzung des ↗Central Business District gebrauchte Messzahl, die auf Baublockbasis das Verhältnis der gesamten CBD-typisch genutzten Geschossfläche (Gesamtfläche der auf verschiedenen Stockwerken liegenden Räume eines Gebäudes) zur Gebäudegrundfläche angibt.

CBD-Intensitätsindex, zur Abgrenzung des ↗Central Business District gebrauchte Messzahl, die den Prozentanteil von CBD-typisch genutzter Geschossfläche (Gesamtfläche der auf verschiedenen Stockwerken liegenden Räume eines Gebäudes) an der gesamten Geschossfläche eines Baublocks angibt.

20c-Biotope, Biotoptypen, welche nach § 20 c des ↗Bundesnaturschutzgesetzes (BNatSchG) besonders geschützt sind. Beispiele dafür sind Moore, Sümpfe, offene natürliche Block- und Geröllhalden, Felsbildungen, Auwälder, Fels- und Steilküsten. Unabhängig von der ↗naturschutzrechtlichen Eingriffsregelung sind alle Maßnahmen, die zu einer Zerstörung bzw. einer erheblichen oder nachhaltigen Beeinträchtigung dieser Biotoptypen führen können, unzulässig. (Unter bestimmten Bedingungen können von den Naturschutzbehörden Ausnahmen genehmigt werden.) In § 20 c BNatSchG aufgeführte Biotoptypen sind automatisch, ohne zusätzliche formale Ausweisung geschützt. Die zusätzlich von den zuständigen Behörden nach besonderen Kartieranleitungen durchgeführten Geländeaufnahmen haben rechtlich nur deklamatorischen Charakter, sind aber in der Praxis für die Umweltplanung von großer Bedeutung. Die Ausgestaltung der bundesrechtlichen Gesetzesvorschrift durch die Länder erfolgt im Wesentlichen in deren Naturschutz- und Waldgesetzen. [AM/HM]

Ceilograph ↗Ceilometer.

Ceilometer, *Ceilograph, Wolkenhöhenmesser*, Gerät zur automatischen Bestimmung der Wolkenhöhe. Es basiert auf der Aussendung von intensiven optischen Signalen (Lichtblitze) von der Erdoberfläche senkrecht nach oben. Diese erzeugen auf der Wolkenunterseite einen Lichtfleck. Parallel wird mit einem optischen Messgerät die senkrecht stehende Ebene des Lichtstrahls abgetastet und der Winkel zwischen der Horizontalen sowie der Achse zwischen Messgerät und Lichtfleck bestimmt. Daraus lässt sich trigonometrisch die Wolkenhöhe bestimmen und automatisch aufzeichnen.

Central Business District, *CBD, Dowtown*; entspricht im deutschen Sprachgebrauch der ↗City; funktionaler Kernbereich und Hauptgeschäftsbereich nordamerikanischer Großstädte. Ursprünglich bezeichnete der CBD nur den im Stadtzentrum gelegenen Einzelhandelsbereich. Mit der sich wandelnden Innenstadtstruktur (Bau von ↗malls, Multifunktionszentren und Mischnutzungskomplexen) sowie dem durch die ↗Suburbanisierung begünstigten Kernstadtverfall und den Maßnahmen, den zentralen Geschäftsbezirk gezielt aufzuwerten, wurde der CBD stärker zum räumlichen und multifunktionalen Versorgungs- und Dienstleistungszentrum (speziell für hochwertige Finanzdienstleistungen). In vielen amerikanischen Metropolen hat die Gesamtheit der suburbanen ↗Shopping Center bzw. einzelne ↗edge cities dem CBD umsatzmäßig den Rang abgelaufen. Abb. im Farbtafelteil.

Central City ↗Kernstadt.

Centroid-Kriterium ↗Clusteranalyse.

Cephalopoden, *Cephalopoda, Kopffüßer*, Klasse der ↗Mollusken, höchstentwickelte wirbellose Tiere, gekennzeichnet durch die Enwicklung eines Siphonalapparates, der einen kontrollierten Auftrieb erlaubt. Sie enthält u. a. die Gruppen der ↗Endoceraten, ↗Nautiliden, ↗Ammonoideen und ↗Belemniten. Im späten ↗Paläozoikum und im ↗Mesozoikum stellen die Cephalopoden die wichtigsten ↗Leitfossilien.

Ceratiten, eine ausgestorbene Gruppe der ↗Ammonoideen mit besonders gestalteter, sog. ceratitischer Lobenlinie. Hauptverbreitung in der ↗Trias, im ↗Muschelkalk und in der alpinen Trias wichtige ↗Leitfossilien (Gattungen *Ceratites* (Abb.), *Trachyceras*).

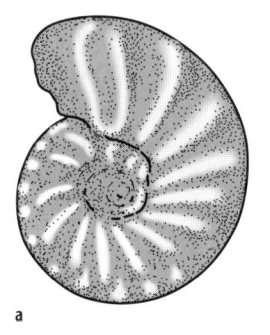

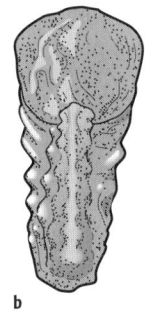

Ceratiten: *Ceratites nodosus* aus dem oberen Muschelkalk; a) Seitenansicht, b) Frontalansicht.

cerrado ↗Vegetationszonen.

CFL-Kriterium, *Courant-Friedrichs-Lewy-Kriterium*, mathematische Bedingung nach R. Courant, K. Friedrichs und H. Lewy für die numerische Stabilität, d. h. der Konvergenz zu einer mathematischen Lösung (↗numerische Instabilität); häufig verwendetes Differenzenverfahren bei bestimmten Klassen von partiellen Differenzialgleichungen. Diese spielen eine wichtige Rolle bei der numerischen ↗Wettervorhersage, bei ↗Klimamodellen und ↗Zirkulationsmodellen. Das CFL-Kriterium definiert den maximalen ↗Zeitschritt Δt für eine vorgebene ↗Maschenweite Δx (oder Δy) und Signalgeschwindigkeit $|v|$ (z. B. Verlagerungsgeschwindigkeit von Wellen) über die Bedingung:

$$\Delta t \le \Delta x/|v|.$$

Hohe Signalgeschwindigkeiten, z. B. von Schallwellen mit $|v| \approx 330$ m/s, erfordern kurze Zeitschritte, d. h. lange Rechenzeiten der ↗numerischen Simulation atmosphärischer Vorgänge (Abb.), ohne meteorologisch bedeutend zu sein. Die Wettervorhersage, z. B. für 24 h, 48 h und 72 h, ist auf kurze Rechenzeiten angewiesen, um möglichst aktuell zu sein. Schallwellen gehören neben internen und externen Schwerewellen zum meteorologischen Lärm und werden deshalb in Wettervorhersagemodellen durch Filterung der ↗prognostischen Gleichungen unterdrückt. Heute stehen für viele Klassen von Differenzialgleichungen und unterschiedliche numerische Lösungsverfahren spezielle Methoden zur Verfügung, mit denen die numerische Stabilität und andere Eigenschaften, z. B. der Grad numerischer ↗Diffusion, beurteilt werden kann. [CK]

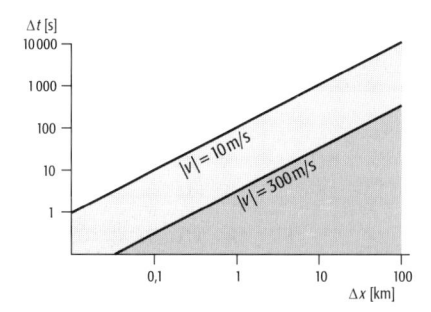

CFL-Kriterium: Maximal zulässige Zeitschrittweite Δt (grauer Bereich) nach dem CFL-Kriterium in Abhängigkeit der Auflösung Δx und der Signalgeschwindigkeit ($|v| \approx 300$ m/s typisch für Schallwellen und $|v| \approx 10$ m/s typisch für Schwerewellen) in der numerischen Modellierung atmosphärischer Prozesse.

Chaco ↗ *Gran Chaco*.
Chamaephyten ↗ Raunkiaer'sche Lebensformen.
change detection, Erfassung von Veränderungen auf der Erdoberfläche durch Methoden der ↗Fernerkundung. Veränderungen können erkannt werden, wenn Datensätze aus unterschiedlichen Aufnahmeterminen Prozesse aufzeigen, die im Zeitraum zwischen den Aufnahmeterminen abgelaufen sind (↗Fernerkundung Abb. 3 und 4 im Farbtafelteil). Bei digitalen Satellitendaten werden solche Veränderungen bei der ↗Bildüberlagerung sichtbar, wenn z. B. eine Bilddatenmatrix von der anderen abgezogen wird. Das Ergebnis erschließt sich aus der ↗Bildanalyse. Desertifikation, Waldflächenveränderungen, Siedlungsentwicklung, phänologisch-saisonale Fragen und militärische Aspekte sind Change-detection-Themen.
Charakterart, *Kennart*, 1) in der ↗Pflanzensoziologie Bezeichnung für eine Art oder Sippe, die einen eindeutigen Schwerpunkt in einer ↗Assoziation oder in einem höheren Syntaxon besitzt. ↗Differenzialart. 2) in der ↗Tierökologie Bezeichnung für eine Art, die regelmäßig und fast ausschließlich in einem ↗Biotop vorkommt.
Charta von Athen, 1933 in der Nähe von Athen auf einem internationalen Städtebaukongress verfasstes Dokument, das eine grundsätzliche Trennung der städtischen Nutzungsflächen nach den ↗Daseinsgrundfunktionen Wohnen, Arbeiten, Erholen und Verkehr für eine geordnete Stadtentwicklung fordert. Dieses ↗Leitbild, das den Städtebau in westlichen Industrieländern in der Folgezeit stark prägte, beinhaltet die systematische Aufgliederung der Städte und Agglomerationsräume in räumlich klar getrennte Nutzungsbereiche. Die fast siebzigjährige städtebauliche Umsetzung dieses Leitbildes ergab im ausgehenden 20. Jh. die ausufernden Stadtlandschaften mit suburbanen Wohn- und »Schlafgemeinden« im Umland von Städten, großflächige suburbane Industrie- und Gewerbeflächen (↗Grüne Wiesen-Entwicklungen), die von Entleerungseffekten (Abwanderung von Bewohnern und Arbeitsplätzen (↗Stadt-Umlandwanderung), Verlust der Steuerkraft, ↗funktionaler Stadtverfall) in den Kernstädten begleitet sind. In nicht wenigen Städten wird mit Imagesteigerung (↗Imageanalyse) und gemischter Nutzung im Wohn- und Städtebau versucht, diesen Verödungserscheinungen zu beggnen. [RS/SE]
Chelation ↗ *organische Komplexierung*.
chemische Verwitterung, Veränderung der chemischen Zusammensetzung und in der Folge Zersetzung eines Minerals durch Reaktionen mit Wasser und eventuell darin enthaltenen gelösten Stoffen. Nach dem chemischen Prozess wird unterschieden in ↗Lösungsverwitterung, ↗Kohlensäureverwitterung, ↗Hydrolyse, ↗Hydratationsverwitterung, ↗Oxidationsverwitterung, Verwitterung durch ↗Kationenaustausch und ↗organische Komplexierung. Lösungs- und Kohlensäureverwitterung erfolgen kongruent, d.h. das betroffene Mineral kann völlig in Lösung übergehen. Die anderen Formen sind inkongruent, es bleiben also Residuen der Verwitterung zurück, die z. B. an der Neubildung von Mineralien beteiligt sein können. Außer bei der Kohlensäureverwitterung steigt die Intensität der chemischen Verwitterung mit der Temperatur.
Chemosphäre, zusammenfassende Bezeichnung derjenigen Schichten der ↗Atmosphäre, in denen wichtige photochemische Prozesse stattfinden. Dies ist vor allem der Prozess der ↗Ozonbildung und Dissoziation mit einem Maximum in ca. 30 km Höhe. Die Chemosphäre umfasst damit die obere ↗Stratosphäre und die untere Mesosphäre und wirkt infolge der photochemischen Prozesse als Heizschicht. Das dadurch bedingte Temperaturmaximum bildet die Stratopause in 47 bis 51 km Höhe.
Chernozems [von russ. chern = schwarz, zemlja = Erde, Land], Bodenklasse der ↗FAO-Bodenklassifikation (1990) und der ↗WRB-Bodenklassifikation (1998). Schwarze, humusreiche, sehr fruchtbare Mineralböden der Steppen- und Waldsteppenregionen. Sie weisen neben einer starken Humusanreicherung im mächtigen ↗A-Horizont eine Anreicherung mit sekundären Carbonaten innerhalb der oberen 125 cm des Bodens auf und sind unter Steppen- und Prärievegetation in den Lössgebieten der mittleren Breiten unter kontinentalen Klimabedingungen weit verbreitet (↗Weltbodenkarte) und entsprechen im Wesentlichen der Klasse der ↗Schwarzerden der ↗Deutschen Bodensystematik.

Farbtafelteil

Bewässerungswirtschaft 1: Traditionell bewirtschaftete Quelloase in Timimoun, Algerien.

Bewässerungswirtschaft 2: Vielfältig bewirtschaftete Flussoase Urmetan am Syrdarja, Tadschikistan.

Bewässerungswirtschaft 3: Traditionelle Verteilung durch einen „Wasserkamm" in Timimoun, Algerien.

Bewässerungswirtschaft 4: Fernleitung für die Bewässerung des Ararat-Tales in Armenien.

Bewässerungswirtschaft 5: Sprinklerbewässerung für Obstkulturen in Joaquin Valley, Kalifornien.

Bewässerungswirtschaft 6: Weinbau mit Hilfe von Tröpfchenbewässerung im Elqui-Tal, Nordchile.

Farbtafelteil

Bodenerosion 1: Landschaftszerstörung durch Bodenerosion nach Starkregenereignissen in semiariden Klimaregionen. Durch die Austrocknung und Verhärtung der vegetationsfreien Bodenoberfläche kann kaum noch Wasser in den Boden infiltrieren. Der dadurch insbesondere zu Beginn der Regenzeit bei ausgetrocknetem Oberboden entstehende Oberflächenabfluss wird in Rillen und Vertiefungen stark konzentriert und reißt innerhalb kürzester Zeit tiefe Kerben und Erosionsgullies auf, die zu einer Zerschneidung der Landschaft führen (KwaZulu-Natal, Südafrika).

Bodenerosion 2: Vollständige Abtragung des humosen Oberbodens durch Flächenerosion auf tonreichem ferrallitischen Acrisol nach Abholzung infolge Oberflächenverschlämmung und anschließender Ausbildung von Schichtfluten auf kaum geneigten Hängen in der Regenzeit (Oberes Middleveld, Swaziland).

Bodenerosion 3: Ausbildung von Erosionsrinnen als bevorzugte Wasserleitbahnen des Oberflächenabflusses entlang von Trampelpfaden des Viehs infolge zu hohem Viehbesatzes (Lesotho).

Bodenerosion 4: Zerschneidung von Hängen durch bis zu 20 m tiefe und mehrere hundert Meter lange Erosionsgullies, die sich durch rückschreitende Erosion fingerförmig hangaufwärts erweitern (Middleveld, Swaziland).

Bodentyp: Profile ausgewählter Bodentypen mit Horizontabgrenzungen und -bezeichnungen.

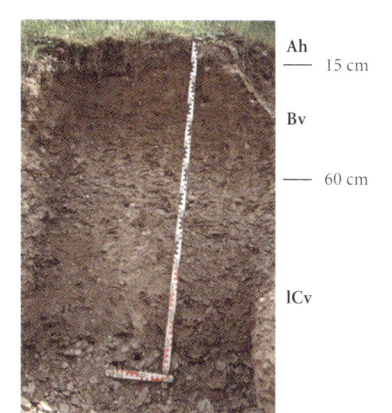

Norm-Braunerde aus Hangschutt (Tonschiefer und Grauwacke) im Rheinischen Schiefergebirge.

Gley aus Lösslehm unter Ackernutzung, Pleiser Hügelland, östlich von Bonn.

Pararendzina aus Löss unter Ackernutzung an einem Erosionsstandort in Hessen.

Parabraunerde aus Löss unter Ackernutzung im Münsterland.

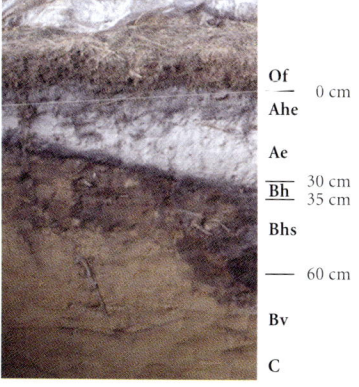

Eisen-Humus-Podsol aus Schmelzwassersanden mit Auflagehumus aus Moder, Waldstandort im Münsterland.

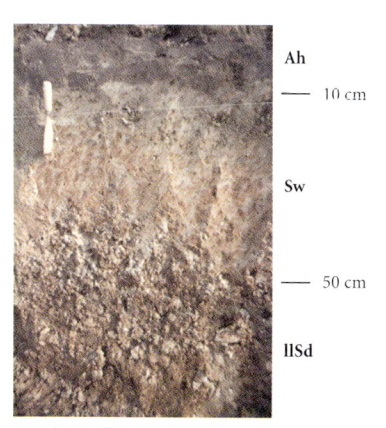

Pseudogley aus Löss (Sw) über verdichteter Hauptterrasse des Rheins (II Sd) bei Bonn.

Farbtafelteil

borealer Nadelwald 2: Luftaufnahme einer typischen borealen Waldlandschaft mit Brandflächen, Mooren und Seen.

Brandrodung: Brandrodungsfeldbau bei Zamora, Südecuador.

Bruchwald: Erlen-Bruchwald bei Bickenbach, Darmstadt.

Farbtafelteil

Büßerschnee: Büßerschnee als Sublimationsformen in ariden Hochgebirgen (Llullaillaco in 6100 m NN, Nordchile).

Caldera: Blick vom Gipfel in die Caldera des 3700 m hohen Rinjani auf Lombok, Indonesien.

Central Business District: CBD in Sidney.

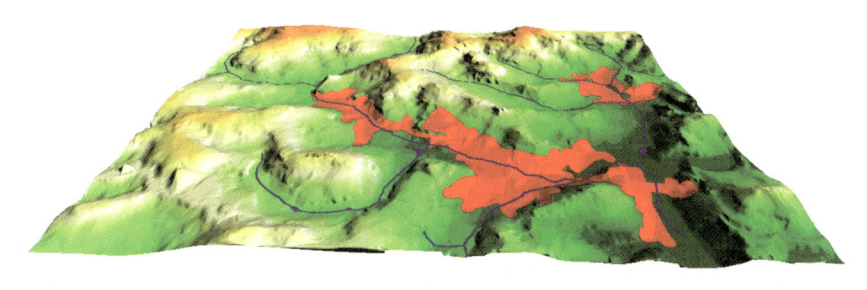

Draping: Dreidimensionales Panoramabild von Dietzhölztal (Hessen). Das Bild wurde mittels GIS erstellt und visualisiert. Als Drape sind die Höhenstufen eingeblendet.

Drumlinküste: Drumlinküste bei Yakutat, südliches Alaska.

Farbtafelteil

Dünentypen 1: Riesen-Nebka mit Tamarisken im nördlichen Sudan.

Dünentypen 2: Sandschwanz hinter niedriger Vegetation: Die stets quer zur Windrichtung entstehenden Rippeln bilden die beiden Äste der am Hindernis geteilten Luftströmung ab.

Dünentypen 3: Ansatz einer > 1 km langen Leedüne auf der Südseite eines Hügels im südlichen Ägypten.

Dünentypen 4: kleine Echodüne im Luv eines Yardangs aus Seesedimenten im Nordosten der Republik Tschad.

ecofarming 1: Mischkultur mit Taro (vorn), Maniok, Kokos, Durian (hinten) auf Ovalau, Fiji.

ecofarming 2: Rotationsfeldbau bei Quetzaltenango, Guatemala.

Erde 1: Planetenkonstellation unseres Sonnensystems.

Sonne	Merkur	Venus	Erde	Mars	Jupiter	Saturn	Uranus	Neptun	Pluto
1392	4.840	12.228	12.756	6.770	143.650	120.670	47.100	50.000	2.500

Durchmesser [Tausend km]

Erdpyramiden: Erdpyramiden in Badland-Formation im Bryce-Canyon, Utah.

Erg 2: Etwa 20 m hohe Kesseldünen am Südrand des Namib-Erg.

Erstbesiedler: Das Alpen-Leinkraut (*Linaria alpina*) ist ein typischer Erstbesiedler auf kalkreichem Gesteinsschutt.

Farbtafelteil VIII

Ethnien 1: Kurden in Teheran.

Ethnien 2: Araber, Berber und schwarze Haratin bei Erfoud, Marokko.

Ethnien 3: Kirgisische Halbnormaden im Ostpamir, Westchina.

Ethnien 4: Deutschensiedlung in Colonia Tovar bei Caracas, Venezuela.

Fallstreifen: *Cirrus spissatus virga* mit Fallstreifen.

Additive Farbmischung

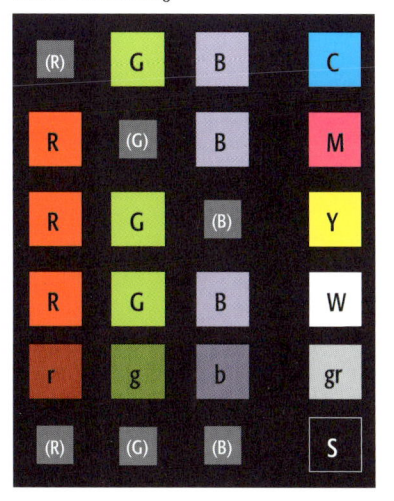

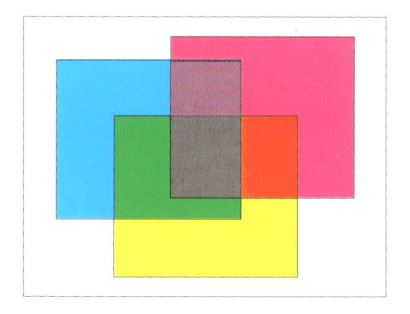

Subtraktive Farbmischung

Farbmischung: Additive und subtraktive Farbmischung der Grundfarben (R=Rot, G=Grün, B=Blau, C=Cyan, M=Magenta, Y=Yellow, W=Weiß, gr=Grau, S=Schwarz).

Farbtafelteil X

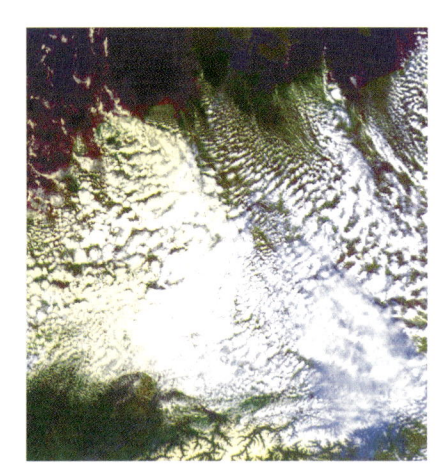

Fernerkundung 1: Wolkenverteilung in einem AVHRR-Bild aus dem sichtbaren und infraroten Spektralbereich (hellblau: dünne Eiswolken (Cirren); weiß: Quellwolken; gelb: tiefere Wolken; grün: wolkenfreies Land) (NOAA-14, 12.4.1997, 13:01 UTC).

Fernerkundung 2: IKONOS-Aufnahme von Wien als Echtfarbenkomposite mit einer Pixelauflösung 4x4 Meter.

Fernerkundung 3: Landsat TM-Szenen von Peloponnes (Argolis und Arcadia), Griechenland, in RGB-Darstellung: R = Band 7, G = Band 5, B = Band 4.

Aufnahmezeitpunkt: 27. März, starke Rotfärbung = hoher Anteil an Vegetation im Frühling, die stark im Nahen Infrarotbereich (Band 7) reflektiert.

Aufnahmezeitpunkt: 7. August, geringere Rotfärbung = große Teile der Vegetation sind zu diesem Zeitpunkt verdorrt, deshalb niedrigere Reflexion im Nahen Infrarotbereich.

Fernerkundung 4: Landnutzung auf Peloponnes, Griechenland, ermittelt durch eine multitemporale Bildklassifikation. Der Merkmalsraum pro Bildpunkt besteht aus den Daten der oben abgebildeten punktgenau überlagerten Landsat TM-Szenen.

- Agrumen
- andere Intensivkulturen
- Getreide-Ölbaum-Mischkultur
- Getreidebau auf Regenfall
- Mischkulturen im Hochland
- lockere Macchiebestände
- mäßigdichte Macchiebestände
- dichte Macchiebestände
- Laubgehölze des Hochlandes
- Gebirgsweiden
- Gebirgsweiden
- Felsgelände
- Wasserfläche der Bucht von Nauplion
- Seichtwasserzone

Farbtafelteil XII

Fjord: Milford Sound, Südinsel Neuseelands.

Flaschebaum: Affenbrotbaum in Simbabwe.

Flüchtlinge: Hinweis auf mexikanische Immigranten bei San Diego, Kalifornien.

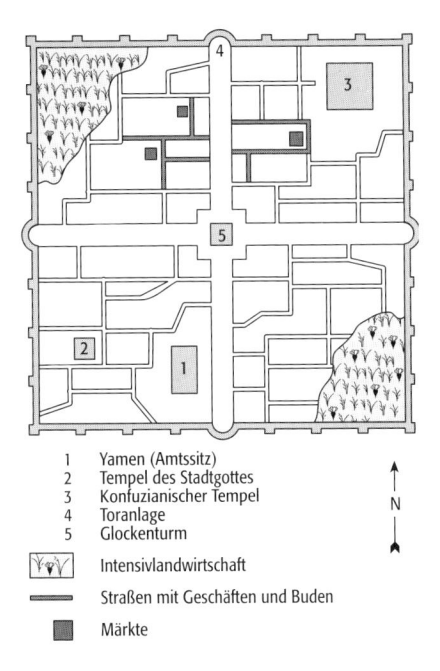

chinesische Stadt 1: Typischer Grundriss einer kaiserzeitlichen Kreisstadt.

1 Yamen (Amtssitz)
2 Tempel des Stadtgottes
3 Konfuzianischer Tempel
4 Toranlage
5 Glockenturm

Intensivlandwirtschaft
Straßen mit Geschäften und Buden
Märkte

Chicagoer Schule der Soziologie, Forschungsrichtung nach dem ersten Weltkrieg, die seit den 1920er-Jahren empirische und theoretische Werke zur soziologischen Stadtgliederung hervorbrachte und damit die Stadtstrukturforschung einleitete (↗Stadtstrukturmodelle). Bedeutende Vertreter waren Burgess, McKenzie und ↗Park, deren Untersuchungsgegenstand die Regelhaftigkeit und wechselseitige Abhängigkeit der sozialen und wirtschaftlichen Interaktionen im Stadtgebiet war. Diese werden in Anlehnung an die darwinistische Theorie der natürlichen Konkurrenz als Form der ökonomischen Konkurrenz um soziale Rangpositionen in der menschlichen Gesellschaften übertragen. Die diesbezügliche Forschungsrichtung der ↗Sozialökologie ergab drei klassische Stadtstrukturmodelle, die als Instrumente der ↗Sozialraumanalyse weltweit wichtige gedankliche und methodische Impulse lieferten. [RS/SE]

chinesische Stadt, ↗kulturgenetischer Stadttyp. Gestaltungselemente aus vier verschiedenen Perioden vereinen und überlagern sich in der chinesischen Stadt: Stadtspezifika aus der Kaiserzeit (Abb. 1), der Periode westlicher Einflüsse seit Mitte des 19. Jahrhunderts, dem sozialistischen China sowie der gegenwärtigen Reform- und Öffnungspolitik (Abb. 2). Die traditionelle chinesische Stadt ist eine von der chinesischen Volksreligion geprägte Stadt Ostasiens. Vor allem im Universismus der chinesischen Volksreligion besteht eine sehr enge Beziehung zwischen religiösen Vorstellungen und Städtestrukturen. Der Universismus ist eine am Universum (Weltall) orientierte Denk- und Lebensweise, durch die das individuelle menschliche Leben mit dem das Universum bestimmende Weltgesetz in Harmonie/Übereinstimmung gebracht wird. Das Universum besteht aus einem runden Himmelsgewölbe, getragen von vier heiligen Bergen und einem heiligen Berg im Zentrum und einer quadratischen Erdscheibe. Das runde Himmelsgewölbe rotiert um eine Achse, die durch den Polarstern geht, über der quadratischen, vom Meer umgebenen Erde. China liegt im Zentrum, weshalb es sich auch »Reich der Mitte« nannte. Die Ordnung auf der Erde wird durch die Gestirne vorgegeben, da sie die Himmelsrichtungen bestimmen. Das Quadrat ist deshalb die kosmische Ordnungsform. Als Beauftragter der höchsten Gottheit und oberster Priester stellte der Kaiser die Verbindung von Himmel und Erde her, indem er der Erdgottheit am Tag der Sommersonnenwende auf der quadratischen Altarterrasse in Peking bis 1913 das Staatsopfer darbrachte. So sind auch die Städte quadratisch angeordnet und ausgerichtet nach den im Kosmos herrschenden Gesetzen und Mustern. Die Gliederung der Stadt ist somit ein Abbild der kosmischen Ordnung. Am deutlichsten wird das Streben nach kosmischer Harmonie in der Anlage der Herrscherstädte, so auch am Stadtplan von Peking (Abb. 3). Nach dem Vorbild der quadratischen Erde besitzt Peking eine viereckig angelegte Stadtmauer. Die Straßen verlaufen parallel zu den Mauern, sind

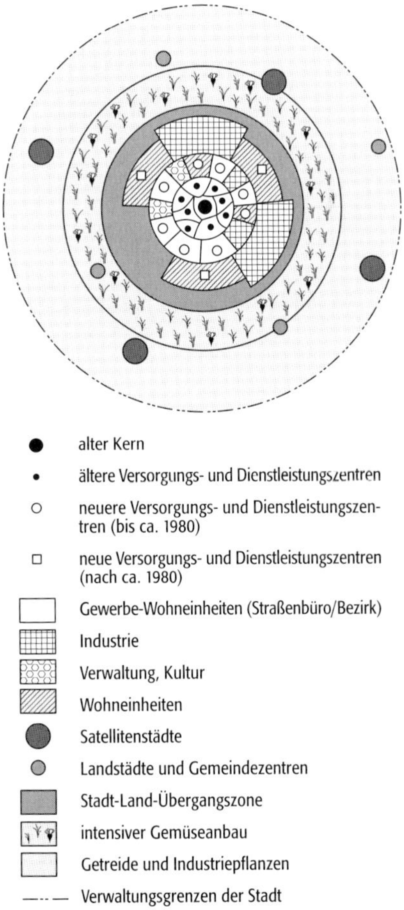

● alter Kern
• ältere Versorgungs- und Dienstleistungszentren
○ neuere Versorgungs- und Dienstleistungszentren (bis ca. 1980)
□ neue Versorgungs- und Dienstleistungszentren (nach ca. 1980)
Gewerbe-Wohneinheiten (Straßenbüro/Bezirk)
Industrie
Verwaltung, Kultur
Wohneinheiten
Satellitenstädte
Landstädte und Gemeindezentren
Stadt-Land-Übergangszone
intensiver Gemüseanbau
Getreide und Industriepflanzen
Verwaltungsgrenzen der Stadt

chinesische Stadt 2: Modell einer chinesischen Stadt: Form und Flächennutzung.

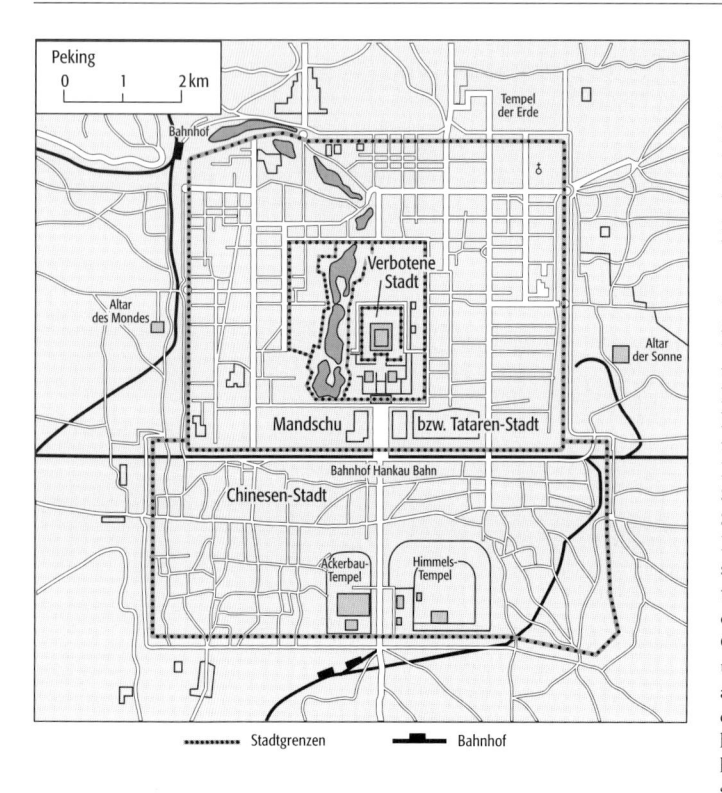

Die Überformung und Ausweitung der traditionellen chinesischen Stadt durch westliche Einflüsse seit der Mitte des 19. Jh. betrifft vor allem die Küsten- und Flussstädte im Osten. Diese erhielten neue europäisch gestaltete Viertel, moderne Industriekomplexe, Hafen- und Handelsviertel, Banken, Kaufhäuser und Hotels, und damit eine veränderte Struktur ihrer Altstadtkerne. Während der sozialistischen Transformation von 1949 bis in die 1980er-Jahre, in der der wirtschaftliche Schwerpunkt der Industrialisierung galt, wurden die Städte durch Industrieanlagen und Arbeiterdörfer erweitert. Auf Basis der traditionellen mauerbewehrten Nachbarschaftseinheiten wurden ummauerte städtische Arbeitseinheiten (Danweis) geschaffen, die Wohnen, Arbeiten und Versorgung räumlich zusammenführen. Diese zellulare Grundstruktur, die »Stadt in der Stadt«, ist bis heute für fast alle chinesischen Städte charakteristisch. Auch die Funktion der Danweis ist die gleiche wie die der Nachbarschaftseinheiten in der feudalen Stadt. Als fast autonome Lebens- und Arbeitseinheiten versorgen die Danweis ihre Mitglieder mit Wohnungen, Gemeinschafts- und Versorgungseinrichtungen und dienen damit sowohl als soziales Netz als auch der sozialen Kontrolle. Die Heraushebung der Stadtmitte wurde als ein weiteres traditionelles Element des chinesischen Städtebaus beibehalten, wenngleich dies durch andere gestalterische Mittel erfolgte, nämlich die Betonung wichtiger Gebäude durch monumentale Architektur und die Anlage großer zentraler Plätze. Die aktuellen Stadtstrukturen, die sich während der Reform- und Öffnungspolitik herauskristallisieren, sind durch eine ringförmige Nutzungsabfolge gekennzeichnet. Um den alten Stadtkern gruppieren sich stark untergliederte Wohn- und Gewerbeeinheiten, die über eigene ältere Versorgungs- und Dienstleistungszentren verfügen. Daran schließen sich Ringe großflächiger monofunktionaler Kultur-, Verwaltungs-, Großwohnungs- oder Industrieeinheiten mit neueren Versorgungs- und Dienstleistungszentren an, gefolgt von dem Ring intensiver Landwirtschaft sowie den Satellitenstädten (Abb. 2). Aufgrund der verkehrsmäßigen Entwicklung und der intensiven Landwirtschaft weisen die chinesischen Städte trotz des flächenmäßigen Wachstums insgesamt eine kompakte Form auf, allerdings ist die Übergangszone zwischen Stadt und Land auch durch heterogene und häufig ungeplante Nutzungen gekennzeichnet.

chinesische Stadt 3: Stadtplan von Peking.

nach den Himmelsrichtungen ausgerichtet und verbinden die gegenüberliegenden Stadttore miteinander. Die Schnittpunkte der Hauptachsen wurden nicht zu Platzanlagen erweitert, wie in anderen von religiösen Vorstellungen geprägten Städten üblich. Jedoch erhebt sich die fürstliche Residenz entsprechend dem heiligen Berg im Zentrum des Himmelsgewölbes. Auch die beiden Urkräfte Yang (das Männliche) und Yin (das Weibliche) werden als kosmisches Ordnungsprinzip auf die Ordnung der Stadt übertragen. Yang ist das Symbol des Himmels und hat seinen Höhepunkt im Sommer, im Süden. So liegt der Himmelstempel im Süden der Stadt. Yin ist Symbol der Erde und hat seinen Höhepunkt im Winter, im Norden. So ist der Tempel der Erde im Norden der Altstadt gelegen. Entsprechend finden sich der Altar der Sonne (Sonnenaufgang) im Osten und der Altar des Mondes (gegenüber der Sonne gelegen) im Westen der Stadt. Im Ganzen haben die Chinesen es verstanden, ihre Städte den physisch-geographischen Bedingungen in sehr feiner Weise anzupassen. Die Einbindung in die Natur vollzogen sie unter den Regeln des Feng-Shui (↗Geomantik), der auf magische Weise die beste Form für die anzulegende Siedlung finden sollte. Der Norden ist die Seite ungünstiger geomantischer Einflüsse, was wahrscheinlich auch auf die winterlichen Kälteeinbrüche zurückzuführen ist. Stadttore sind im Norden nicht vorhanden oder zugemauert, damit die bösen Geister keinen Einzug fanden. Das Leben wendet sich deshalb nach Süden, der Sonne zu und alle architektonischen Hauptachsen sind so orientiert. ↗heilige Stadt.

Chinook, ↗Fallwind in Nordamerika. Im Bereich der ↗außertropischen Westwindzone, 40 bis 45° N, werden die Luftmassen am nordamerikanischen Felsengebirge gehoben, durch die trockenadiabatische Erwärmung entsteht an der Ostseite ein warmer trockener Fallwind. Die Folge der permanenten Föhneinflüsse (↗Föhn) ist ein ausgesprochenes Trockengebiet im Ostvorland. Entsprechend werden auch an der südamerikanischen Kordillere die Luftmassen beeinflusst. Der trockene Fallwind wird dort *Zonda* genannt.

Chionograph, Schneemesser, schreibendes Registriergerät für ↗Niederschläge in fester Form, insbesondere Schnee.

Chionosphäre, umfasst alle schneebedeckten Bereiche im ↗Klimasystem der Erde. Sie ist Teil der *Kryosphäre*, die sämtliche Bereiche des gefrorenen Wassers auf der Erde und unterhalb der Erdoberfläche einschließt.

Chirotherium, *Handtier*, Saurier, dessen Fußabdrücke in der ↗Germanischen Trias (↗Buntsandstein, ↗Keuper) erhalten sind. Einige Schichten im Buntsandstein sind nach der Fährte benannt.

Chisholm, *George Goudie*, englischer Wirtschaftsgeograph, geb. 1.5.1850 Edinburgh, gest. 9.2.1930 Edinburgh. Ab 1867 besuchte Chisholm die Universität Edinburgh und erwarb 1871 den Magister Artium in Philosophie. Anschließend arbeitete er im Verlagshaus W. G. Blackie & Son, Glasgow, wo er geographische Literatur kennen lernte und 1882 sein erstes Buch publiziert wurde. Weitere Studien in Geologie, Botanik und Zoologie an der Universität Edinburgh folgten, die er 1883 mit dem Bachelor of Science abschloss. Er verfasste u. a. einige geographische Schulbücher, jedoch lag sein Schaffensschwerpunkt in der Handels- und ↗Wirtschaftsgeographie: Sein Hauptwerk »Handbook of Commercial Geography« erschien zuerst 1889 und wurde bis 1925 von ihm und später von anderen Geographen (z. B. von ↗Stamp) überarbeitet. Ab 1896 war Chisholm als Dozent für Handelsgeographie am Birkbeck College in London tätig. 1907 übernahm er den Vorsitz der Geographical Association. 1908 wurde er als erster Lehrbeauftragter für ↗Geographie an die Universität in Edinburgh berufen. Das Amt des Sekretärs der Royal Scottish Geographical Society (RSGS) übte er von 1910 bis 1925 aus. Aus dieser Arbeit entwickelte sich die Association of Scottish Geography Teachers mit Chisholm als Vorsitzendem, die jedoch nur von 1912 bis 1917 existierte. 1923 ging er in den Ruhestand. Für sein Werk verlieh man ihm die Silbermedaille der RSGS (1908), die Daly-Goldmedaille der American Geographical Society (1917) und die Culver-Goldmedaille der Chicago Geographical Society (1918). Werke (Auswahl): »The two hemispheres«, 1882; »A pronouncing vocabulary of Modern Geographical names«, 1885; »Longmans School Geography«, 1886; »Guernsey«, 1886; »Longmans new atlas, political and physical« (Hrsg.), 1889; »Longmans Gazetteer of the World« (Hrsg.), 1895; »Geography and the course of war«, 1916; »World unity«, 1927. [SR]

Chlorite, Gruppe wichtiger Fe-, Mg-, Al-Silicat-Minerale, häufig in Chloritschiefern. ↗Glimmer.

Chloroplasten, Zellorganellen der grünen Pflanzengewebe (z. B. Blätter), welche den Gesamtprozess der ↗Photosynthese bestehend aus Licht- und Dunkelreaktionen durchführen.

Chlorose, lokaler oder globaler Chlorophyllverlust im Blatt. Chlorosen können vor allem durch Mangel an Magnesium oder Eisen hervorgerufen werden; auch Mangan- oder Schwefelmangel kann Chlorosen erzeugen. Bei Eisenmangel-Chlorosen ist häufig die Pflanzenverfügbarkeit des im Boden vorhandenen Eisens durch hohe pH-Werte (>pH 7, sog. Kalkchlorosen) verringert. Chlorosen zeigen sich häufig zuerst in den Interkostalfeldern der Blätter (leitbündelferne Abschnitte). Lang anhaltende Mangelbedingungen können schließlich zum Blatt- bzw. Nadelabwurf führen. Bei frühzeitiger Erkennung der Ursachen der Chlorosen kann durch gezielte Düngung eine Revitalisierung erreicht werden. Chlorosen können auch durch pflanzenpathogene Viren hervorgerufen werden.

Chondriten, *Fukoiden*, Spurenfossilien mit büschelförmig verzweigtem Habitus in feinkörnigen, flyschoiden Gesteinen, früher als tangähnliche Pflanzen interpretiert. Chondriten sind z. B. im Fucoiden-Sandstein, im oligozänen ↗Flysch, ferner im schwäbischen Jura (»Seegrasschiefer«) und im badischen Dogger (»Wedelsandstein«) häufig.

Chore ↗*Geochore*.

chorematische Geographie, vom französischen Geographen Roger Brunet eingeführtes Darstellungsmodell einer Regionalgeographie, die den Raum als von sozialen Kräften (Energien) durchzogen ansieht. Geographische Akteure, seien es Individuen, Kollektive, soziale Gruppen, Unternehmen oder der Staat, wirken dabei in einem räumlichen System so aufeinander, dass sich bestimmte räumlich-energetische Felder, sog. Geons, ergeben. Ausdruck dieser Kräfte sind Prozesse der Aneignung, der Ausbeutung, der Kommunikation, des Wohnens und der Regulierung. Das Konzept benutzt einen kartographisch-semiotischen Code, der die sieben Elemente Fläche, Punkt und Linie, Bewegungsrichtung und Durchgang, Polarisierung und Gradient repräsentiert. Die chorematische Geographie stellt die Basis des mehrbändigen enzyklopädischen Werks der »Géographie Universelle« dar, die in Frankreich in den 1990er-Jahren erschien. [WDS]

chorische Dimension, Maßstabsbereich Maßstabsbereich (1:25.000 bis 1:200.000) für die Betrachtung geographischer Räume (Naturräume, Landschaftsräume) innerhalb dessen die Erkundung und Abgrenzung aufgrund der naturräumlichen Ordnung der ↗Ökotope zu bestimmten Raumgefügen vorgenommen wird. Nach dem Aggregierungsgrad der Ökotope werden in der chorischen Dimension folgende Dimensionsstufen unterschieden: Nano-, Mikro-, Meso- und Makrochoren. Die Räume der chorischen Dimension sind landschaftsökologisch stets mehr oder weniger heterogen. Die Unterscheidung der verschiedenen Ordnungsstufen erfolgt nach den Gefügemustern der Ökotope, in denen sowohl landschaftsgenetische als auch aktuelle dynamische Prozesse zum Ausdruck kommen (Art der Koppelung, z. B. ↗geoökologische Catena). ↗geographische Dimensionen.

C-Horizont, Ausgangsgestein des Bodens bzw. Gestein, das unter dem Solum liegt. Vorangestellte Symbole kennzeichnen die petrologischen Eigenschaften, z. B. lC für Lockergestein (grabbar); mC für Festgestein (nicht grabbar); yC für anthropogene Auffüllung aus technogenem Material. Nachgestellte Merkmalsymbole kennzeichnen den Grad der physikalischen und chemischen Vorverwitterung, z. B. Cv für angewitterter C-Horizont mit Gesteinsstruktur und Übergang zum frischen Gestein; Cn für unverwittertes Locker- oder Festgestein; Cc für C-Horizont mit sekundärer Kalkanreicherung; Cj für ↗Saprolit.

Chorographie, Beschreibung des Erdraumes, von ↗Richthofen und ↗Hettner als Vorstufe der erklärenden Wissenschaft vom Erdraum, der *Chorologie* betrachtet. Immanuel Kant sah die gesamte Aufgabe der ↗Geographie in der wissenschaftlichen Propädeutik, deren Aufgabe es sein soll, beschreibendes Wissen von den erdräumlichen Differenzierungen natürlicher und kultureller Gegebenheiten zu liefern.

chorographische Karten, geographische Übersichtskarten, nicht einheitlich verwendete Bezeichnung für mittel- bis kleinmaßstäbige Übersichtskarten, die einen Maßstabsbereich von etwa 1:250.000 bis 1:800.000 bzw. < 1:300.000 (bei topographischer Darstellung) und < 1:500.000 (bei thematischer Darstellung) umfassen. Objekte und Strukturen der Landschaft lassen sich in chorographischen Karten nur noch stark generalisiert (↗Generalisierung) abbilden, Siedlungen beispielsweise nur noch mittels typisierter Ortssignaturen. Beim Verkehrsnetz muss eine deutliche Auswahl getroffen werden. Gebietskarten, z. T. auch Länderkarten, sind chorographische Darstellungen.

Chorologie ↗Arealkunde, ↗Chorographie.

chorologische Pflanzengeographie, geht von den verschiedenen Landschaftsräumen aus und betrachtet deren ↗Vegetation in ihrer räumlichen Gliederung und Abhängigkeit von Klima, Boden, Mensch. Auch die Nutzung der Vegetation und die angebauten Nutzpflanzen gehören zu den Fragestellungen der chorologischen Pflanzengeographie, die man als die ↗Pflanzengeographie im engeren Sinne sehen kann.

Christaller, *Walter*, geb. am 21.4.1893 in Berneck, gest. 9.3.1969 Königstein. Christaller studierte zunächst Philosophie und Volkswirtschaft in Heidelberg und München, war dann Bergmann, Maurer, Journalist und Mitarbeiter des Hessischen Heimstättenwesens. Mitte der 1920er-Jahre nahm er das Studium wieder auf und legte 1930 das Examen als Diplom-Volkswirt ab. Die schon zwei Jahre später bei ↗Gradmann in Erlangen eingereichte Dissertation »Die Zentralen Orte in Süddeutschland« stellte mit ihrer konsequenten Anwendung der funktionalen Betrachtungsweise einen Meilenstein in der stadtgeographischen Forschung dar. 1935–1937 wurde Christaller Mitarbeiter am sog. »Atlas des Deutschen Lebensraumes«. Die Ergebnisse seiner 1937 publizierten Begleitforschungen (»Die ländliche Siedlungsweise im Deutschen Reich und ihre Beziehungen zur Gemeindeorganisation«) bildeten den Grundstock für seine 1938 in Freiburg eingereichte Habilitationsschrift »Die ländlichen Siedlungen des deutschen Reiches«. Trotz seiner sozialistischen Überzeugungen arrangierte er sich mit dem NS-Regime und lieferte Vorarbeiten für den sog. »Generalplan Ost«. Die in Christallers Dissertation vorgeschlagene funktionale Betrachtungsweise für die Hierarchiebildung von Siedlungssystemen wurde von deutschen Geographen zunächst skeptisch aufgenommen, obwohl sein Konzept im Rahmen der angewandten Raumforschung eine Schlüsselposition einnahm. Seit Ende der 1940er-Jahre begann eine breite Rezeption seiner Gedanken im skandinavischen und anglo-amerikanischen Sprachraum; rund zehn Jahre zeitversetzt entwickelte sich auch in Deutschland ein eigener Rezeptionsstrang. Obwohl im In- und Ausland hoch geehrt, blieb Christaller eine Hochschullaufbahn verwehrt. Bis kurz vor seinem Tode hat er von den kargen Einkünften als »freischaffender Geograph« gelebt. ↗Zentrale-Orte-Konzept. [HPB]

Christentum, mit 1929.987.000 Gläubigen und einem Anteil von 33,0 % an der Gesamtbevölkerung die größte ↗Religionsgemeinschaft der Welt. Sie ist in 244 Staaten der Erde verbreitet, in der Form des Katholizismus, der Orthodoxie und des Protestantismus. Die christliche Religion hat ihren Ursprung in dem Wunsch der Juden nach Befreiung von der römischen Unterdrückung durch den Messias und vor allem in dem Erscheinen Jesu. Nach dem Tod und der Auferstehung des Gründers Jesus breitete sich die religiöse Bewegung unterstützt von Predigern und Missionaren aus, die zunächst jüdische Gemeinden in Städten am Rande des östlichen Mittelmeers aufsuchten. Die größte Ausbreitung fand jedoch unter dem Einfluss von Paulus, einem griechisch erzogenen Juden statt, der auf seinen Reisen nun auch Nicht-Juden in griechisch-römischen Städten ansprach (↗Religionsausbreitung). Einen besonders starken Impuls erhielt die Ausbreitung des Christentums durch die Bekehrung Kaiser Konstantins, der es zur offiziellen Staatsreligion des Römischen Reiches machte. Fast ganz Westeuropa und Teile von Südwestasien standen 600 n.Chr. unter christlichem Einfluss. Ost- und Nordeuropa folgten bis zum 13. Jh. Die Ausbreitung des Christentums erfuhr einen starken Anstoß durch die Entdeckungsreisen und anschließende ↗Kolonisierung. In dieser Kolonialzeit trugen die christlichen Missionare zur Europäisierung in Bereichen der Religion, Sprache, sozialen Sitten und Gebräuche sowie der Akzeptanz der säkularen Autorität bei.

Obwohl auch ↗Buddhismus und ↗Islam einen Anspruch auf weltweite Bedeutung erheben, hat keine andere Religion dieses Ziel in einem solch hohen Maße erreicht wie das Christentum. Durch die Ausbreitung der in Europa vorhandenen politischen und kulturellen Systeme, vor allem durch energische Missionstätigkeit, ist das Christentum zu einem globalen Phänomen geworden. Das Christentum ist heute die verbreitetste und größte Religion und obwohl die Zahl der Anhänger mancherorts zurückgeht, steigt sie in anderen Regionen.

Die globale Ausbreitung des Christentums lässt sich auch an der zahlenmäßigen Entwicklung der christlichen Weltbevölkerung zeigen (Abb.). Die

Christaller, *Walter*

Anteile der weißen Christen innerhalb des Christentums sind kennzeichnend für den Ausbreitungsprozess des Christentums. [GR]
christliche Stadt, im christlichen Abendland von religiösen, d.h. christlichen Leitbildern mitgeprägte Stadt. So haben im ↗Christentum religiöse Kultstätten einen entscheidenden Einfluss auf die Stadtplanung gehabt. Hohe Kirchtürme sind als Symbole des allmächtigen Gottes von weither sichtbar. Größenordnung und künstlerische Ausgestaltung der Kultbauten verdeutlichen im städtischen Erscheinungsbild die Anerkennung der überirdischen Instanz, die im Mittelpunkt aller Lebensäußerungen der Stadtbewohner stand und daher den räumlichen Bezugspunkt bildete (Abb.). In formaler Hinsicht waren solche Kultstätten auf einem erhöhten Standort, als großzügige rechtwinklige Anlagen um zentrale Plätze angelegt und auch in bestimmte, kosmologisch festgelegte Himmelsrichtungen orientiert (↗Kosmologie). Teilweise waren es im Frühmittelalter, nach einem einheitlichen Grundschema gebaute ↗Klöster, die Beispiele für in sich geschlossene Stadtanlagen darstellen und zu Keimzellen weiterer städtischer Entwicklungen wurden. Manche Klöster wurden auch zu mächtigen Burgen ausgebaut und überragten die Kaufmanns- und Handwerkerstadt, die der Abt zur Stärkung seiner wirtschaftlichen Macht gründete. In zahlreichen europäischen Städten waren es Bischofssitze, ausgestattet mit einem Bischofspalast, einer Sommerresidenz, einer Burg, einem Dom und bestimmten Gebäuden, die zahlreiche, meist religiöse Funktionen hatten. Manchmal verfügten die im Frühmittelalter gegründeten Städte auch über beide Funktionen, eine oder mehrere Klostersiedlungen und einen Bischofssitz, wie z.B. Eichstätt in Bayern, in dem ganze Stadtviertel kirchlich belegt waren und somit der Einfluss der religiösen Funktion auf die Stadt besonders deutlich wird. Doch die Position der Religion blieb nicht unbestritten, denn sie musste sich mit weltlichen Macht- und Raumansprüchen auseinandersetzen. So erhielten die Bischöfe Konkurrenz von zwei Seiten: den weltlichen Territorialherren und der Bürgerschaft, die in ihren Kaufmannssiedlungen räumlich und rechtlich eigenständig war. Ausschlaggebend für das Leitbild in den Gründungsperioden des hohen Mittelalters war vor allem die wirtschaftliche Funktion als zentraler Ort. Die Grundwerte Religion und Herrschaft gingen zurück und es entstanden Marktplätze, Kaufhäuser, Tuchhallen und Rathäuser im Stadtmittelpunkt. [GR]

Chronoelement, historisches ↗Florenelement, ↗Sippen mit gleicher Entstehungszeit.

Chronosequenz, Abfolge von z.B. Reliefformen gleicher Genese aber unterschiedlicher zeitlicher Stellung. Solche Sequenzen werden untersucht, um Aufschlüsse über den zeitlichen Verlauf der Prozesse nach Entstehung der eigentlichen Form zu erhalten (↗Verwitterungsraten, Bodenbildungsraten). Man unterscheidet mehrere Typen: a) post-inzisiv, wenn die Formen unterschiedliches Alter haben und bis heute den zu untersu-

Jahr	Weltbevölkerung in Mio.	Christen in Mio.	in %	Anteil weißer Christen in %
30	170	< 0,8	0,5	0
100	182	1	0,6	30
500	193	43	22	38
1000	269	50	19	61
1500	425	81	19	93
1800	903	208	23	87
1900	1620	558	34	81
1980	4374	1433	33	51
2000	6260	2020	32	< 50

Christentum: Entwicklung des Christentums.

christliche Stadt: Christliche Stadt in Deutschland um 1250.

Pfarrkirche J5
Rathaus G4/5
Kornhaus KL7
Burg K3
- Bergfried K2
- Pallas H3
- Kapelle J3
- Küche J2/3
- Wohnbauten J2, KL3
- Vorburg G3
Tortürme C5, H9, O6
Stapelplatz M8/9
Mühle N9
Kirchhof K6
Herbergen B4, Q5
Hospital mit Kapelle R5

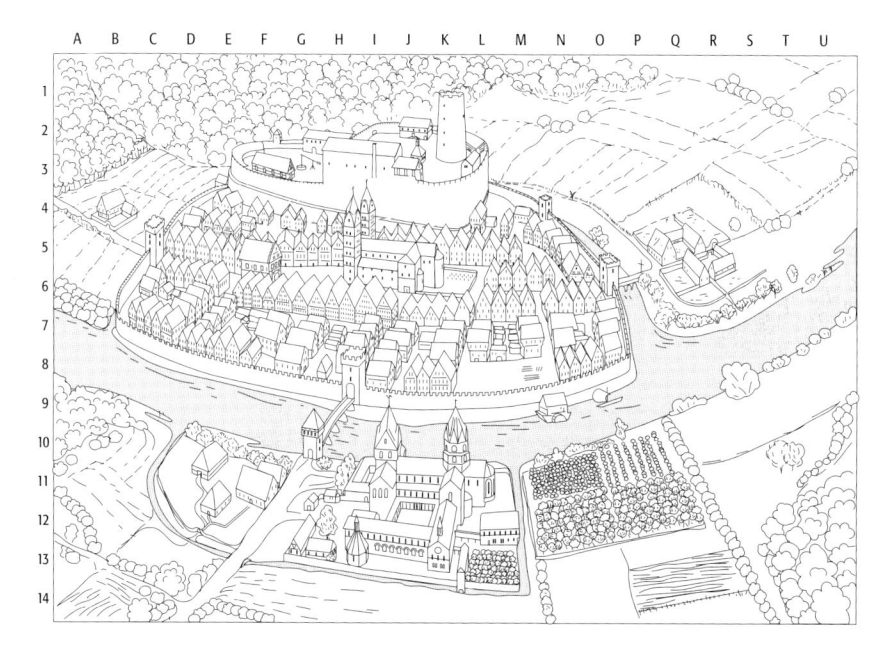

Benediktinerkloster J12
- Kirche J11
- Paradies, Atrium HI11
- Kreuzgang J12
- Dormitorium K13
- Refektorium I13
- Küchenbau HI13
- Hospital L13
- Abtshaus I12/13
- Gasthaus GH13
- Torbau G12
- Laienkapelle GH12
- Latrinen KL14, M12/13
- Wirtschaftshof E12

chenden Prozesse ausgesetzt sind (z. B. ↗Terrassen); b) prä-inzisiv, wenn die Formen gleichzeitig entstanden sind, jedoch zu unterschiedlichen Zeiten begraben wurden (z. B. sukzessiv wachsende Beckenfüllung verschüttet Hangrelief); c) zeittransgressiv ohne Überlappung, wenn die Formen zu unterschiedlichen Zeiten entstanden und verschüttet worden sind (z. B. Paläobodenfolge in ↗Löss); d) zeittransgressiv mit Überlappung, wie Fall (c), jedoch lagen die Formen zeitweise gleichzeitig an der Oberfläche (z. B. Hang mit Kolluvien am Hangfuß). Die Aussagekraft von Chronosequenzen hängt von den Möglichkeiten der ↗Datierung ab.

In der Bodenkunde wird Chronosequenz demnach im Sinne von räumlicher Bodensequenz, deren Glieder sich nur in der Zeitdauer der Bodenentwicklung voneinander unterscheiden, während die übrigen bodenbildenden Faktoren gleich sind, gebraucht. Mit zunehmendem Alter zeigen die Böden dann zunehmende Verwitterungstiefe, Profildifferenzierung und Intensität der Verwitterung. Teilweise können Böden und ↗Paläoböden einer Region im Rahmen der Bodenstratigraphie nach ihrem Entwicklungsgrad stratigraphisch parallelisiert bzw. unterschieden werden.

Chronostratigraphie ↗Stratigraphie.

Chronotop, »*Zeitort*«, Typus der raum-zeitlichen Erfassung in sprachlichen Kunstwerken. Der Begriff wurde vom russischen Literaturwissenschaftler M. Bakhtin als formale Kategorie eingeführt, die anzeigt, nach welchen Kriterien Raum und Zeit im Kunstwerk konstruiert sind. So geht das aristotelische Theater von einer dramatischkontinuierlichen Einheit von Raum, Zeit und Handlung aus. Die mittelalterliche Epik beruht auf stereotypen und zeitlosen Raumelementen (Schloss, Wald, Höhle) mit monotoner Handlungsstruktur. Im ↗Stadtroman der Neuzeit zerbrechen die räumlichen Zusammenhänge in unverbundene bildhafte Eindrücke, die letztlich die Subjektivität der Hauptfigur und die Handlungssequenzen angreifen. Die Diskussion des Chronotops ist wesentlich für die Erfassung von ↗Raumkonstruktionen in der ↗postmodernen Geographie und der Geographie der Kultur.

Literatur: [1] BAKHTIN, M. (1981): The dialogical imagination. – Austin. [2] BAKHTIN, M. (1998): Questões de literatura e de estética. A teoria do romance. – São Paulo.

CIR-Luftbild ↗*Infrarot-Luftbild*.
Cirrenschirm ↗Amboss.
Cirrocumulus ↗Wolken.
Cirrostratus ↗Wolken.
Cirrus ↗Wolken.

City, 1) im deutschen Sprachgebrauch Gebiet höchster baulicher Verdichtung mit der höchsten Konzentration städtischer Funktionen im zentralen Bereich von größeren Städten. Umfasst Einzelhandels- und Dienstleistungsbereich, jedoch auch zentralörtliche kulturelle Funktionen (↗Central Business District). 2) Im angloamerikanischen Kontext offizielle Bezeichnung für eine Stadt mit eigener Verwaltungsfunktion, z. B. City of New York, daher räumlich gesehen identisch mit der ↗Kernstadt einer Agglomeration.

Citybildung, innerstädtischer Funktionswandel, der zur Ausbildung der ↗City oder zur Entstehung neuer Citybereiche führt. Wird hierbei ein Wohnviertel in einen Standort des ↗tertiären Sektors umgewandelt, spricht man von ↗Tertiärisierung.

City-Ergänzungsgebiet, Gebiet der in der unmittelbaren Nähe der ↗City gelegenen Geschäftsstraßen und angrenzender Stadtteile, die die City zum Teil funktional ergänzen. In amerikanischen Städten entsprechen City-Ergänzungsgebiete weitgehend der vom ↗konzentrischen Ringmodell ausgeschiedenen ehemaligen Zone of Transition, die im Rahmen des Strukturwandels oder der Sanierung von ↗Inner City Slums teilweise der ↗Totalsanierung zum Opfer fielen. Nach dieser »städtischen Flurbereinigung« wurden diese Areale teilweise gezielt als Hotel- und Kongressbezirke, Behördenviertel, neuerdings auch zu ↗Gated Communities aufgebaut. Auch jene riesigen CBD-nahen Parkplätze, die häufig 30–40 Jahre zwischengenutzt werden, gehören als Baulandreserve für die zukünftige City-Erweiterung zum City-Ergänzungsgebiet.

Citylogistik ↗Stadtlogistik.

Ckd, *Completly knocked down*, Montage importierter Teile und Bausätze, in der Regel in Ländern mit Importrestriktionen, z. B. hohen Importzöllen.

Clapeyron'sche Zustandsgleichung ↗*Clausius-Clapeyron-Gleichung*.

clash of civilisation ↗*Kampf der Kulturen*.

Clausius-Clapeyron-Gleichung, *Clapeyron'sche Zustandsgleichung*, die spezifische Verdampfungswärme λ, die als Wärmemenge der Einheitsmasse einer Flüssigkeit zu ihrer Verdampfung zugeführt werden muss, hängt von der jeweiligen Verdampfungstemperatur T, der Änderung des ↗Dampfdrucks dp mit der Temperatur dT sowie den spezifischen Volumina des Dampfes v_D und der Flüssigkeit v_F ab:

$$\lambda = T \cdot dp/dT \cdot (v_D - v_F).$$

Clear-Air-Turbulenz, *CAT*, außerhalb von Konvektionswolken und Gewittern in der wolkenfreien Luft der oberen Troposphäre auftretende ungeordnete Wirbelströmung (↗atmosphärische Turbulenz). Clear-Air-Turbulenz tritt vorzugsweise am Rande von ↗Strahlströmen bei starker vertikaler ↗Windscherung auf und erstreckt sich über einige 100 m Höhe. Clear-Air-Turbulenz kommt besonders häufig im Bereich von Höhenhochkeilen (↗Druckgebilde) vor, wenn diese eine starke antizyklonale Krümmung und hohe Windgeschwindigkeiten aufweisen. Aufgrund heftiger Vertikalbewegungen ist die Clear-Air-Turbulenz in der Luftfahrt gefürchtet.

CLINO, *Climate Normals*, *Normalwerte*, statistische Kenngrößen der ↗Klimaelemente 30-jähriger ↗Normalperioden. Nach der Festlegung der ↗Weltorganisation für Meteorologie ist die aktuelle Normalperiode der Zeitraum 1961–1990.

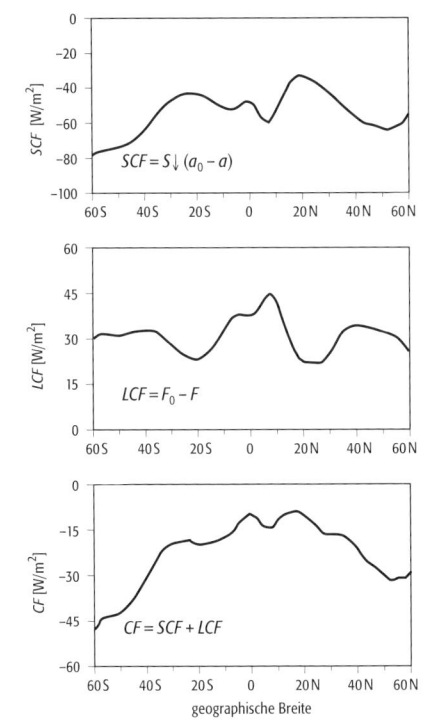

clos, französischer Begriff für einen von einer Mauer oder Ähnlichem eingefriedeten Weingarten oder Weinberg.

Cloud Forcing, *CF*, Einfluss der Wolken auf die Netto-Strahlungsbilanz im System Erde-Atmosphäre. *CF* ergibt sich als Differenz zwischen der aktuellen ↗Strahlungsbilanz mit Wolkenfluss (*H*) und einer wolkenfreien Referenzatmosphäre (H_0) bei sonst identischen Bedingungen (Temperatur, Wasserdampfgehalt etc.) und wird in W/m² angegeben:

$$CF = H - H_0.$$

Dabei wird *CF* häufig in einen kurzwelligen (solare Strahlung, *SCF*) und einen langwelligen (terrestrisches Infrarot, *LCF*) Anteil untergliedert. *CF* dient vor allem zur Abschätzung der Auswirkung von veränderten Bewölkungsverhältnissen auf das Klimasystem bei Untersuchungen zu ↗Klimaänderungen (Abb.).

cloud-scavening, Anlagerung von Gasen und ↗Aerosolen an ↗Wolkentropfen (in-cloud-scavening, ↗Rain-out) oder ↗Regentropfen (below-cloud-scavening, ↗Wash-out).

cloud seeding, *Wolkenimpfen*, Einbringen von künstlichen ↗Kondensationskernen in ↗Wolken durch Flugzeuge oder Raketen, um diese zum Abregnen zu zwingen. Besonders effizient ist dabei der Eintrag von Silberiodid- oder Kohlesäure-Eiskristallen (Trockeneis), mit denen unterkühlte Wolken geimpft werden. Cloud seeding wird in trockenen Gebieten (z. B. Steppen in Russland) vor allem für die agrarischer Nutzung eingesetzt. Die Erfolge sind aber nur mäßig und das resultierende Regenwasser ist mit der Impfsubstanz kontaminiert. ↗Hagel.

Club of Rome, *COR*, 1968 in Rom gegründete ↗Nichtregierungsorganisation, bestehend aus Persönlichkeiten aus Politik, Wirtschaft, Wissenschaft und Kultur, zählt 100 Mitglieder aus 52 Ländern, hat zum Ziel, globale Herausforderungen sozialer, ökonomischer und ökologischer Art zu thematisieren. Der COR veranstaltet zu diesem Zweck Konferenzen und publiziert Berichte. Der erste Bericht des COR, »Grenzen des Wachstums« (1972), warnte vor den Folgen eines stetig steigenden Bevölkerungs- bzw. Wirtschaftswachstums für die ökologische Tragfähigkeit der Erde und hatte erheblichen Einfluss auf die beginnende Umweltdebatte. Die interdisziplinär zusammengesetzte Mitgliedschaft des COR umfasst Wissenschaftler, Wirtschaftsvertreter und Politiker.

Cluburlaub, 1950 mit dem »Club Méditerranée« in Frankreich begründete, spezielle ↗Tourismusform in eigenen Clubdörfern, deren (Aus-)Wirkungen in den Destinationsländern durchaus ambivalent zu bewerten sind. Der Cluburlaub repräsentiert eine bis zur Perfektion betriebene Form der Pauschalreise, bei der hoher Komfort, Animation, Organisation und Betreuung rund um die Uhr gewährleistet werden. Die zielgruppen-spezifische Animation mit ihren vorrangig sport-orientierten Angeboten bildet dabei das image-prägende Element dieser Tourismusform.

Clusteranalyse, *numerische Taxonomie, automatische Klassifikation, Grouping Strategy, Clumping Strategy*, ein multivariates mathematisches Verfahren, um eine umfangreiche Menge von Objekten (z. B. Raumeinheiten), die durch mehrere Variablen gekennzeichnet sind, zu homogenen Gruppen (Klassen, Cluster) so zusammenzufassen, dass die in einer Gruppe enthaltenen Elemente hinsichtlich ihrer Merkmalsausprägungen sehr ähnlich sind, während die einzelnen Gruppen sich möglichst stark voneinander unterscheiden. Die Gruppierung erfolgt in einem iterativen Verfahren, wobei zwischen ↗hierarchischen Gruppierungsverfahren und ↗nicht-hierarchischen Gruppierungsverfahren zu unterscheiden ist. Hierarchische Verfahren werden weiter untergliedert in ↗divisive Gruppierungsverfahren und ↗agglomerative Gruppierungsverfahren. Für die Messung der Ähnlichkeit zwischen den Gruppen (Ähnlichkeitskriterium) wie auch für die Art und Weise, wie ähnliche Gruppen zu einer neuen zusammengefasst werden (Fusionskriterium), können sehr verschiedene Kriterien angewendet werden und diese können zu deutlich unterschiedlichen Ergebnissen führen. Beim Ähnlichkeitskriterium unterscheidet man zwischen Ähnlichkeitsmaßen (je größer desto ähnlicher sind die Gruppen) und Unähnlichkeitsmaße (je größer desto unähnlicher sind die Gruppen). Korrelationskoeffizienten (↗Korrelationsanalyse) können z. B. als Ähnlichkeitsmaße dienen, Distanzmaße, die die Unterschiedlichkeit der Gruppen bzgl. der Variablen messen, können als Unähnlichkeitsmaße verwendet werden. Die unterschiedlichen Fusionskriterien haben großen Ein-

Cloud Forcing: Zonal gemitteltes Cloud Forcing *CF* für das Jahr 1985 im kurzwelligen solaren (*SCF*) und langwelligen terrestrischen (*LCF*) Spektralbereich. Das Netto Forcing (*CF*) ist die Summe aus *SCF* und *LCF*. Das kurzwellige Forcing ergibt sich aus der solaren Einstrahlung $S\downarrow$ mit der Albedo einer wolkenfreien Referenzatmosphäre (a_0) – der solaren Einstrahlung $S\downarrow$ mit der natürlichen Albedo (*a*). Aufgrund der hohen natürlichen Wolkenalbedo ist das *SCF* negativ. Das *LCF* ergibt sich aus der langwelligen Ausstrahlung einer wolkenfreien Referenzatmosphäre F_0 – der langwelligen Ausstrahlung der natürlichen Atmosphäre *F*. Durch die atmosphärische Gegenstrahlung (Treibhauseffekt der Wolken) ist das *LCF* über alle Breitenkreise positiv. In der Nettobilanz überwiegt die kurzwellige Reflexion an der Wolkenobergrenze gegenüber dem Treibhauseffekt der Wolken, sodass Wolken grundsätzlich eine abkühlende Wirkung (negatives Netto *CF*) bewirken. Allerdings sind die Nettoverluste in den Tropen wesentlich geringer als in den Mittelbreiten, wo vornehmlich Mischwolken mit längerer Lebensdauer und größerer Flächenbedeckung auftreten. Mischwolken verursachen ein höheres kurzwelliges Forcing als die raum-zeitlich begrenzteren Konvektionswolken der Tropen, die zusätzlich aufgrund ihrer kalten Oberflächentemperatur (große Höhe, geringe thermische Abstrahlung) und der warmen Wolkenbasis (hohe Gegenstrahlung) ein positiveres langwelliges *CF* aufweisen.

Clusteranalyse: Fusionskriterien und ihre Eigenschaften.

Verfahren	Distanz der aus den Gruppen p und q gebildeten neuen Gruppe r zu den anderen Gruppen i $(= d_{ri})$ $(n_r = n_p + n_q)$	Eigenschaften/Bemerkungen
Single Linkage (Nearest Neighbor)	$d_{ri} = \min(d_{pi}, d_{qi})$	kontrahierend
Complete Linkage (Furthest Neighbor)	$d_{ri} = \max(d_{pi}, d_{qi})$	dilatierend
Average Linkage	$d_{ri} = \frac{1}{2}(d_{pi} + d_{qi})$	konservativ
Weighted Average Linkage	$d_{ri} = \frac{1}{n_r}(n_p d_{pi} + n_q d_{qi})$	konservativ
Median	$d_{ri} = \frac{1}{2}(d_{pi} + d_{qi}) - \frac{1}{4}d_{pq}$	konservativ, nur günstig für quadrierte euklidische Distanzen als Ähnlichkeitsmaß
Centroid	$d_{ri} = \frac{1}{n}(n_p d_{pi} + n_q d_{qi}) - \frac{n_p n_q}{n_r^2}d_{pq}$	konservativ, nur günstig für quadrierte euklidische Distanzen als Ähnlichkeitsmaß
Ward	$d_{ri} = \frac{1}{n_r + n_i}\left((n_i + n_p)d_{pi} + (n_i + n_q)d_{qi} - n_i d_{pq}\right)$	konservativ, Maximierung der Gruppenhomogenität bei quadrierten euklidischen Distanzen als Ähnlichkeitsmaß

fluss auf die Gruppenkonfigurationen (Abb.). Fusionsverfahren werden dilatierend genannt, wenn die Tendenz besteht, einige sehr große Gruppen zu bilden, während die anderen Gruppen eine geringe Anzahl von Elementen aufweisen. Kontrahierende Verfahren ordnen auch weit entfernte Elemente einer Gruppe zu. Verfahren, die diese Effekte nicht bzw. nur wenig aufweisen, bezeichnet man als konservativ. Die bislang in der Geographie angewandten Gruppierungsverfahren sind überwiegend agglomerative hierarchische Verfahren, wobei als Fusionskriterium meistens das *Centroid-Kriterium* oder der *Ward-Algorithmus* verwendet wurde. [JN]

clustercity, nach Ebenezer Howard (↗Gartenstadt) städtisches Siedlungsgebiet mit ca. 250.000 Einwohner, das sich aus einer Zentralstadt und mehreren funktional untergeordneten Nachbarstädten zusammensetzt.

Clutter ↗Radar-Niederschlagsmessung.

CMW ↗Wettersatellit.

CMYK-System ↗Farbmischung.

C/N-Verhältnis, Massenverhältnis von Kohlenstoff (C) und Stickstoff (N) in Pflanzen, organischen Abfällen oder Böden. Sie dient als Maßzahl für das Zersetzungsverhalten organischer Stoffe, wie ↗Streu oder ↗Humine, sowohl in Bezug auf bestimmte Stoffe als auch für die Gesamtheit aller an einem bestimmten Punkt in der Landschaft zu einem bestimmten Zeitpunkt vorliegenden Substanzen. Je enger das C/N-Verhältnis, desto mehr Stickstoff ist im Vergleich zu Kohlenstoff vorhanden und umso schneller verläuft die Zersetzung. Beispiele: Pilzmycel 19–15, Laubblätter 15–25, ↗Mull 10–20, ↗Moder 20–26, ↗Rohhumus 27–20, Fichtennadeln 40–80, Fichtenholz 100–400.

CO_2 ↗Kohlendioxid.

CO_2-Assimilation, photosynthetische, lichtgesteuerte Fixierung und Reduktion von CO_2 zu Zucker und anderen organischen Substanzen in den ↗Chloroplasten der grünen Pflanzenteile. Sie ist die Grundlage für die pflanzliche Biomasseproduktion. ↗Photosynthese.

Coccolithen, winzige Kalkplättchen des Nannoplanktons, die das Skelett von Einzellern aus der Gruppe der Coccolithophoriden zusammensetzen. Sie bilden den ganz überwiegenden Teil der oberkretazischen Schreibkreidegesteine.

cockpit ↗Vollformenkarst.

Coelenteraten, *Coelenterata, Cnidaria, Hohltiere*, seit dem späten ↗Proterozoikum bekannter Stamm der wirbellosen Tiere, der u. a. die Quallen und ↗Korallen beinhaltet.

Coevolution ↗Koevolution.

Colbertismus ↗Merkantilismus.

collective self-reliance, kollektive Eigenständigkeit, Übertragung des Konzepts der ↗self-reliance auf die ↗Entwicklungsländer bzw. auf Teile von ihnen und ihre Beziehungen zu den ↗Industrieländern. Ziel ist es, die Beziehungen der Entwicklungsländer untereinander sowie die Position gegenüber den Industrieländern bzw. transnationalen Unternehmen zu verbessern.

Color Infrared Film ↗Infrarot-Luftbild.

company towns, im angelsächsischen Sprachraum übliche Bezeichnung für die von Bergbau- und Industriebetrieben planmäßig angelegten Werkskolonien oder Kleinstädte, die entweder im Besitz oder Verwaltung des Unternehmens waren oder durch firmeneigene Versorgungsinfrastruktur die Abhängigkeit der Bewohner über das Arbeitsverhältnis hinaus förderte. Im weiteren Sinne auch monostrukturierte Städte, deren wirtschaftliche Entwicklung weitgehend von einem oder wenigen Unternehmen abhängt. In diesem Sinne gehören zu den company towns im Manufacturing Belt der USA kleinere Bergbaustädte (↗mining towns in den Appalachen) ebenso wie die großen Stahl- oder Automobilzentren Pittsburgh oder Detroit. Im angloamerikanischen Sprachgebrauch wird der Begriff auch über das

Geographische hinaus wertend verstanden: In vielen kleineren company towns herrschte nicht selten ein rigides Regime, das sich demokratischen Basisprozessen zur Verbesserung der sozialen Lage der Arbeiterschaft widersetzte. Während in den großen company towns progressive Politik durch Allianzen der Unternehmen mit der öffentlichen Verwaltung (↗Public-Private-Partnerships) bei Strukturwandel und Massenentlassungen eine sozialorientierte Umstrukturierung einleitete wie in Pittsburgh, wurde das soziale Elend vieler kleinerer company towns in strukturschwachen Gebieten häufig durch die dominierende Firma verfestigt. So wurde in vielen company towns verhindert, dass Arbeitnehmer sich Gewerkschaften anschlossen, um Lohnforderungen nach dem gesetzlichen Mindestlohn oder darüber hinaus durchzusetzen. Dies erklärt z. B. auch heute noch im gesamten Appalachenraum der USA die Persistenz der Strukturschwäche, niedrigere Lohnniveaus sowie geringe gewerkschaftliche Einbindung, was wiederum für einzelne ausländische Investoren (z. B. ausländische Automobilhersteller in Alabama oder North Carolina) einen Anreiz darstellte. [RS]

computer aided design ↗CAD.

Computerkartographie ↗digitale Kartographie.

Computerreservierungssysteme, *CRS*, Informations-, Kommunikations-, Reservierungs- und Vertriebssysteme in der Tourismusbranche. Während früher Printmedien zu den wichtigsten Vertriebsmitteln zählten, kamen im Zuge der technologischen Revolution im Business-Bereich immer mehr Computer zum Einsatz. Die Entwicklung der CRS begann Ende der 1950er-Jahre. Zur Bewältigung der Datenflut im Flugbetrieb wurden zunächst nur firmenspezifische Systeme entwickelt, später entstanden nationale Systeme, die wiederum bis zum Ende des 20. Jh. durch Fusionen und Kooperationen zu weltumspannenden Systemen ausgebaut worden sind. Damit können u. a. »Echtzeitbuchungen« ausgeführt werden, die ihrerseits wieder eine Voraussetzung für ↗Last-Minute-Reisen oder auch eine stark differenzierte Tarifstruktur bei Flugpreisgestaltungen bilden. Seit Mitte der 1990er-Jahre sehen sich die CRS verstärkt mit den Möglichkeiten der neuen ↗Informationstechnologien konfrontiert, die es dem Endverbraucher ermöglichen, sich unter Umgehung der Reisemittler direkt über touristische Leistungen zu informieren und teilweise auch zu buchen. Zukünftig werden die Informationstechnologien mit den CRS verschmelzen. Doch damit entsteht für die CRS ein weiterer Vertriebsweg, der die Reisemittler nicht mehr berücksichtigt, wodurch sich deren Bedeutung im Vertrieb touristischer Leistungen rückläufig entwickeln wird. [WSt]

Conchostraken, Gruppe von krebsartigen Tieren (↗Crustaceen) mit zweiklappigem, muschelartigem Gehäuse und zahlreichen Blattbeinen, bis mehrere Millimeter groß. Besonders im ↗Karbon und in der ↗Trias können Conchostraken massenhaft auftreten. Nach ihnen sind die Estherienschichten des ↗Keupers benannt. Conchostraken sind gute Milieuindikatoren (Süß- und Brackwasser), z. T. auch ↗Leitfossilien.

conditional matrix ↗Grounded Theorie.

Conodonten, winzige, zahn- oder plattenförmige Gebilde aus Phosphatapatit. Vom frühen ↗Paläozoikum bis zur ↗Trias verbreitet, besonders im ↗Devon und ↗Karbon sehr wichtige ↗Leitfossilien. Ihre Identität war bis vor kurzem sehr umstritten; mittlerweile ist gesichert, dass es sich um Apparate im Schlund von chaetognathenartigen Tieren handelte.

Consolidated Metropolitan Statistical Area, *CMSA*, ↗Metropolitan Area; besteht aus mehreren ↗Primary Metropolitan Statistical Areas.

Constant-level-balloon ↗Schwebeballon.

constraints-Modelle [von engl. constraint = Zwang] erweitern ↗verhaltensorientierte Wanderungsmodelle durch die Einbeziehung von begrenzenden Einflüssen (Zwänge) auf den Handlungsspielraum und damit auf die Wahlfreiheit der Haushalte bei der ↗Wanderungsentscheidung. Sie berücksichtigen sowohl die wahrgenommene subjektive als auch die objektive Raumstruktur. Constraints ergeben sich z. B. aus vorliegenden Engpässen auf dem Wohnungsmarkt.

Containerverkehr, Transport von Stückgütern oder Schüttgütern in genormten Großbehältern (Container). Der Containerverkehr hat den Seetransport nach Übersee seit den 1960er-Jahren völlig revolutioniert und stellt heute die herausragende Form des ↗kombinierten Verkehrs dar. Die großen Überseehäfen in Europa wickeln mehr als 80 % ihres Stückgutumschlages in Containern ab. Der Containertransport im ↗Hinterland erfolgt per Lkw, Bahn oder Binnenschiff (Rhein). Zum Einsatz kommen ISO-genormte 20- und 40-Fuß-Container (1 Fuß = 30,48 cm). Als Maßeinheit für transportierte Container gilt der 20-Fuß-Container (TEU). Der Schnellumschlag macht den Einsatz immer größerer Containerschiffe rentabel, deren Kapazität inzwischen über 6000 TEU (bis 90.000 t) beträgt.

contouring, automatischer bzw. halbautomatischer Prozess zur Generierung von Höhenlinien aus einem digitalen Höhenmodell (↗DHM). Dabei kann der Benutzer angeben, welchen Abstand die Höhenlinien aufweisen bzw. welche Höhenwerte durch Linien dargestellt werden sollen, wie die Höhenlinien beschriftet werden und wie die Linien gestaltet werden sollen.

control point ↗Bezugspunkt.

Conurbation ↗Konurbation.

Convective-Stratiform Technique ↗Niederschlagsmessung.

Convenience Store ↗Betriebsformen.

CORINE, *Coordination de l'Information sur l'Environment*, 1985 gestartetes EU-Programm zur Umweltüberwachung in den Staaten der Gemeinschaft. Innerhalb des Programms wurde mit ↗Landsat TM-Satellitenbildern (infraroter ↗Spektralbereich) eine europaweite Landnutzungs- und Landoberflächen-Kartierung nach über vierzig Landnutzungsklassen vorgenommen. Das Produkt, eine thematische Karte, ent-

Corioliskraft, C, nach G.G. de Coriolis (1792–1843) ablenkende Kraft der Erdrotation, die auf sich bewegende Körper wirkt (Abb.). Bei der Corioliskraft C [N] handelt es sich um eine Scheinkraft, da sie eine Beschleunigungskraft (Geschwindigkeit) zur Voraussetzung hat. Sie ergibt sich aus der Tatsache, dass auf der rotierenden

Corioliskraft: Ablenkende Wirkung der Corioliskraft auf einen Wind auf der Nordhalbkugel (G = Gradientkraft, C = Corioliskraft, v = geostrophischer Wind, T = Tief, H = Hoch).

Erde die Erdanziehung in Verbindung mit der Bodenreibung dazu führt, dass die Lufthülle und der feste Erdkörper mit gleicher Geschwindigkeit rotieren. Luftteilchen bewegen sich deshalb wie der Erdkörper am Äquator mit einer Geschwindigkeit von 40.000 km/Tag oder 1666 km/h, in 40° Breite von 1277 km/h und am Pol von 0 km/h. Wegen der Massenträgheit behalten Luftteilchen bei horizontalen und vertikalen Bewegungen ihren Ausgangsimpuls bei. Auf der rotierenden Erde haben folglich vom Äquator polwärts strömende Luftteilchen gegenüber den Luftteilchen in höheren Breiten einen größeren Drehimpuls, eilen diesen also voraus, was auf der Nordhemisphäre (Südhemisphäre) einer Rechtsablenkung (Linksablenkung) entspricht. Äquatorwärts strömende Luftteilchen treffen mit abnehmender Breite auf Teilchen, die einen höheren Drehimpuls als sie selbst aufweisen. Sie bleiben deshalb hinter deren Bewegung zurück, was ebenfalls einer Rechtsablenkung (Linksablenkung) entspricht. Die Corioliskraft berechnet sich aus:

$$C = 2\,m\,v\,\omega\,\sin\varphi$$

mit m = Luftmasse [kg], v = Windgeschwindigkeit [m/s], ω = Winkelgeschwindigkeit der Erde (2π/Erddurchmesser = $7{,}292\cdot 10^{-5}$/s), φ = geographische Breite [°]. Die Corioliskraft ist der Bewegungsgeschwindigkeit proportional, steht senkrecht auf dem Bewegungsvektor und dem Drehvektor der Erdrotation und wirkt auf der Nordhalbkugel nach rechts, auf der Südhalbkugel nach links (Abb.). Die Corioliskraft ist am Äquator Null und nimmt zu den Polen hin zu.
Die Coriolis-Beschleunigung c [m/s] erhält man durch die Division von

$$C/m = c = 2v\,\omega\,\sin\varphi.$$

Den für die Bewegungsgleichungen notwendigen Coriolis-Parameter f_C erhält man durch die Division von

$$C/(m\,v) = f_C = 2\omega\,\sin\varphi.$$

Corona ↗ *Aureole.*

Cost-benefit-Modelle, individuelle ↗Wanderungsentscheidung unter Berücksichtigung einer Nutzenmaximierung. Dabei vergleicht der potenzielle Migrant den zu erwartenden Nutzen im Zielgebiet wie Einkommensmöglichkeiten, Beschäftigungssituation, Arbeitsmarktrisiken und Aufstiegschancen mit dem entsprechenden Gegenwert im Herkunftsland. Die Person entscheidet zugunsten einer ↗Migration, wenn der zu erwartende komparative Nutzen unter Berücksichtigung des Aufwandes positiv ausfällt. Damit ist eine Migration als Investition zu werten, an die langfristige Erwartungen geknüpft sind. ↗Wanderungsmodelle, ↗internationale Wanderungen, ↗Stadt-Umlandwanderung.

counterurbanization, Teil der ↗Desurbanisierung, großräumige Verlagerungen von Bevölkerung und Arbeitsstätten aus den Agglomerationsräumen in weniger dichte Gebiete. Bzgl. der Bevölkerung tragen ↗interregionale Wanderungen, die im Städtesystem hierarchieabwärts gerichtet sind, entscheidend zur counterurbanization bei. Der wirtschaftliche Strukturwandel sowie im weitesten Sinne die Umwelt als Wanderungsmotiv begünstigen eine rural renaissance, sodass counterurbanization als Folge räumlicher Bevölkerungsbewegungen und damit eines Dekonzentrationsprozesses entgegen der Urbanisierung mit ihren Land-Stadt-Wanderungen begriffen werden kann. Träger dieses Prozesses sind neben älteren Menschen (↗Altenwanderung) auch jüngere Personen, die sich mehr oder minder bewusst von städtischen Lebensstilen abwenden.

C$_3$-Pflanzen, Pflanzen, bei denen das photosynthetisch fixierte CO_2 direkt in C_3-Körper (Phosphoglycerinsäure und Triosephosphat) umgewandelt wird. Dies ist bei der Mehrzahl unserer heimischen Pflanzen der Fall. ↗C$_4$-Pflanzen, ↗Photosynthese.

C$_4$-Pflanzen, z.B. Mais, Zuckerrohr und Hirse; sie haben in den Blattmesophyll-Zellen, eine Vorfixierung von CO_2 in C_4-Säuren (Oxalessigsäure, Apfelsäure, Asparaginsäure), aus denen in den benachbarten Leitbündelscheidezellen CO_2 freigesetzt und dann photosynthetisch wie bei ↗C$_3$-Pflanzen in C_3-Körpern fixiert wird. ↗Photosynthese.

crag-and-tail, ein durch Gletschererosion stromlinienförmig überprägter Felsbuckel (crag) mit einer Schleppe aus Moränenmaterial (tail).

Credner, *Wilhelm*, deutscher Geograph, geb. 23.12.1850 Greifswald, gest. 13.10.1948 München. Er studierte anfänglich Geologie, dann Geographie in Greifswald und Heidelberg, wo er 1922 bei ↗Hettner mit der Arbeit »Grundzüge einer vergleichenden Morphologie der kristallinen Gebiete von Spessart und Odenwald« promovierte. 1925 habilitierte er sich in Kiel (»Landwirtschaft und Wirtschaft in Schweden«). In der Zeit von 1927–1931 hielt er sich zu Forschungszwecken in Siam, Birma, Indochina und China auf. Die Ergebnisse der Forschungsreisen sind in zahlreichen Aufsätzen sowie in Credners beiden Hauptwerken »Siam, das Land der Tai« (1935) und »Hinterindien« (1937 in HB d. Geogr. Wiss., S. 321–425) veröffentlicht. 1930 wurde Credner ao. Prof. in Kiel, 1931 in Nürnberg, 1932 o. Prof. an der TU München, 1946 übernahm er zusätzlich den wirtschaftsgeographischen Lehrstuhl der Münchener Universität. Er forschte insbesondere auf den Gebieten der Länderkunde, der Wirtschafts- und Kulturgeographie. [UW]

creek, im englischen Sprachraum gebräuchlicher Begriff für einen nur zur Regenzeit, also periodisch wasserführenden Fluss der Subtropen und wechselfeuchten Tropen. ↗Bajado, ↗Torrente.

Creutzburg, *Nikolaus*, deutscher Geograph, geb. 10.4.1893 Fünfhöhen in Posen, gest. 1.10.1978 Freiburg/Br. Creutzburg promovierte 1920 bei ↗Drygalski in München (»Glazialmorphologische Studien in der Ankogel-Hochalmspitzgruppe«) und habilitierte drei Jahre später in Münster mit einer der frühesten modernen Arbeiten zur Industriegeographie (»Lokalisationsphänomene der Industrie am Beispiel des Thüringer Waldes«, 1925). Seine Hochschullaufbahn führte ihn nach Danzig (1928) und Dresden (1936), schließlich 1948 nach Freiburg/Br., wo er 1961 emeritiert wurde. Seine Arbeitsbereiche lagen sowohl in der Physischen Geographie – 1950 entwickelte er eine neue ↗Klimaklassifikation – als auch in der Anthropogeographie. 1938–1945 trat er als Herausgeber von »Petermanns geographischen Mitteilungen« hervor.

Crinoiden, *Crinoidea, Seelilien*, seit dem ↗Ordovizium verbreitete Klasse der ↗Echinodermen, bestehend aus Stiel, Kelch und Tentakelarmen (Abb.) zum Filtern der Nahrungspartikel aus dem Meerwasser. Einzelne Stielglieder sind teilweise annähernd gesteinsbildend, z. B. in den Encriniten-Schichten des ↗Muschelkalks (Crinoidenkalke).

critical levels, kritische Belastungsgrenze von Ökosystemen gegenüber gasförmigen Schadstoffen; dient als ↗Bewertungsmaßstab von Belastungen über den Luftpfad.

critical loads, kritische Belastungsgrenze von Ökosystemen gegenüber Schadstoffen, die durch Deposition eingetragen werden; dient als ↗Bewertungsmaßstab.

crofting, Agrarsystem in Schottland, bei dem das früher gemeinsam bewirtschaftete ↗Ackerland unter den Kleinbauern (crofter) aufgeteilt wurde, während das Weideland weiterhin als ↗Allmende genutzt wird.

Crossopterygier, *Quastenflosser*, altertümliche Fischgruppe mit achsenartigen Flossen, seit dem ↗Devon auftretend. Devonische Crossopterygier galten bis vor kurzem als Eroberer des Festlands und als Ahnen der ersten Tetrapoden.

crowding, rückt die Folgen der Belastung des Raumes für das menschliche Verhalten in den Vordergrund und beinhaltet damit im Vergleich zum Begriff der ↗Bevölkerungsdichte eine Wertung, die Einflüssen städtebaulicher Elemente, sozialer Bedingungen und individueller Charakteristika unterliegt. Indikatoren sind die Wohnfläche je Person oder die Zahl der Personen je Raum. Ob die ↗Wohndichte als zu hoch empfunden wird und von overcrowding gesprochen werden kann, ist von subjektiven Wertvorstellungen und Wahrnehmungen abhängig und zeigt ausgeprägte kulturelle Unterschiede.

C-R-S-Strategie ↗Strategie.

Crustaceen, *Crustacea, Krebstiere*, Klasse der ↗Arthropoden, gekennzeichnet durch zwei Antennenpaare und charakteristische Mundgliedmaßen. Seit dem ↗Kambrium mit reicher Formenentfaltung. Wichtige Gruppen sind die Branchiopoden (Blattfußkrebse), ↗Ostracoden (Muschelkrebse), Cirripedia (Rankenfüßer) und Malacostracen (höhere Krebse).

Cryosols, Bodenklasse der ↗WRB-Bodenklassifikation (1998). Mineralböden mit ↗Kryoturbation innerhalb der oberen 100 cm Boden infolge eines periodischen Gefrierens und Auftauens über ↗Permafrost. Während der Auftauphase sind die Böden wassergesättigt. Ihr Vorkommen ist an arktische und subarktische Klimaverhältnisse in hohen Breiten und Hochgebirgen gebunden.

cultural clash ↗*Kampf der Kulturen*.

Cultural Studies, interdisziplinäre kulturwissenschaftliche Forschungsrichtung, die sich in einem gesellschaftskritischen Ansatz um die Untersuchung von Massenkultur, Machtbeziehungen und Identitätsfragen in einer spätmodernen kapitalistischen Gesellschaft bemüht. Sie geht zurück auf die Arbeiten verschiedener englischsprachiger Autoren. R. Hoggart hat in seinem Buch »The uses of literacy« (1957) die Bedeutung der ↗Alphabetisierung (↗Bildungsgeographie) und die Benutzung von Schriftwerken in Arbeitergemeinschaften in Großbritannien dargestellt. Dabei ging er davon aus, dass Kultur nicht allein auf die bürgerlichen Kulturformen der Kunst beschränkt sei, sondern alle alltäglichen Praktiken (Arbeit, Sexualität, Familie usw.) umfasse. So konnte er aufzeigen, wie die Kohärenz der traditionellen proletarischen Arbeitergruppen durch die neuen Massenmedien (Zeitung, Kino usw.) untergraben wurde. Aus literaturwissenschaftlicher Sicht kritisierte R. Williams in »Culture and Society« (1958) die Position der intellektuellen Elite Großbritanniens, wie sie z. B. T. S. Eliot mit seiner Unterscheidung von Kultur und Demokratie vornahm und stellte stattdessen vergleichende Untersuchungen zwischen den internen Machtbeziehungen von Gruppen der Elite und der Arbeiterklasse an. Trotz großen marxistischen Einflusses lehnte Williams dabei das Primat der materiellen Bedingungen (»Basis«) als Grundlage für den ideologischen »Überbau« ab und ging von einem gleichwertigen und unabhängigen Einfluss beider Bereiche im Alltagsleben aus. Ähnlich, aber stärker materialistisch orientiert, argumentierte der Historiker E. P. Thompson in seinem Buch »The making of the English Working Class«.

1964 gründete Hoggart an der Universität Birmingham das »Centre for Contemporary Cultural Studies«, das sich schnell zu einem intellek-

Credner, *Wilhelm*

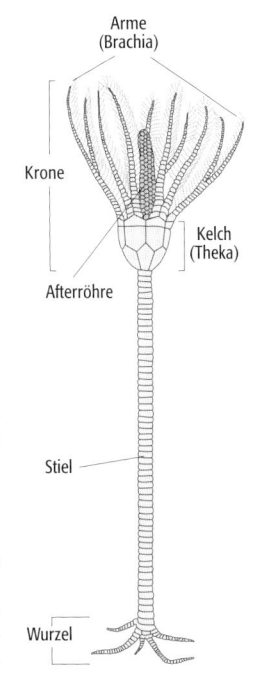

Crinoiden: Grundbauplan.

Arme (Brachia)
Krone
Kelch (Theka)
Afterröhre
Stiel
Wurzel

tuellen Zentrum der britischen »Neuen Linken« entwickelte. Unter der Führung von S. Hall (1970–1979), eines in Jamaika geborenen schwarzen Soziologen, wurde es zu einem Herd antithatcheristischer Kritik und untersuchte jugendliche Subkulturen, nicht-britische ethnische Einwanderergruppen und die neue Rolle der Frau (/Feministische Geographie). In den 1970 er Jahren machte sich in den Studien des Zentrums zunehmend der Einfluss der kritischen französischen Philosophie und Soziologie (Bourdieu, Foucault), wenig später auch der des /Poststrukturalismus (Lacan, Kristeva, Deleuze u. a.) bemerkbar. Trotzdem blieb er sich bis heute mit seiner neomarxistischen Interpretation treu, beruft sich dabei aber eher auf die philosophischen Schriften von K. Marx und weniger auf seine ökonomischen Überlegungen. Bei der Untersuchung der Massenkultur sind Einflüsse der /Kritischen Theorie in den Arbeiten des Zentrums unübersehbar. Durch die Institutionalisierung als Universitätsfach der britischen Open University erlangten die Cultural Studies in den 1980er-Jahren zuerst in Großbritannien, wenig später dann aber auch in den USA und anderen englischsprachigen Ländern große Anerkennung. Heute gehören sie selbstverständlich zum universitären Fächerkanon in der englischsprachigen Welt. Die Diskussion um die /Postmoderne und die zunehmende Bedeutung einer »Cultural Geography« haben die Cultural Studies auch für Geographen attraktiv gemacht (Soja, Dear, Harvey). Ihr Einfluss ist v. a. für die /New Cultural Geography von nicht zu unterschätzender Bedeutung. [WDS]

cultura mista, italienischer Begriff für die mediterrane Ausprägung der /Mischkultur, einer intensiven, bodensparenden Anbauweise von /Sonderkulturen, meist auf kleinen /Parzellen. Der Anbau erfolgt häufig zwei- oder mehrstöckig. Die Bedeutung der cultura mista ist stark zurückgegangen.
cumuliforme Wolken /Wolken.
Cumulonimbus /Wolken.
Cumulus /Wolken.
Cumuluswolken /Wolken.
Cuticula /cuticuläre Transpiration.
cuticuläre Transpiration, Übertritt von Wasserdampf aus den Epidermiszellen von Pflanzen in die Atmosphäre. Hierzu muss das Wasser den konstant hohen Diffusionswiderstand des Blatthäutchens (*Cuticula*) überwinden, das aus veresterten Hydroxyfettsäuren und Wachsen in mehreren Schichten aufgebaut ist. Die cuticuläre Transpiration macht bis zu 10 % der Gesamttranspiration aus, über 90 % der Transpiration erfolgt über den regulierbaren Weg der /Spaltöffnungen, bei /Xerophyten bis über 99 % (/Transpiration).
Cut-off-Prozess, *Abschnürprozess*, Vorgang bei dem aus der troposphärischen Westwinddrift bei großräumigen Vorstößen kalter Polarluft nach Süden bzw. warmer Tropikluft nach Norden, Kaltluftwirbel bzw. Warmluftinseln abgeschnürt werden (/atmosphärische Zirkulation Abb. 4). Ausgangspunkt eines Cut-off-Prozesses sind /barokline Wellen in der Höhenwestströmung, in denen die Temperaturwelle (in Bewegungsrichtung) hinter der Druckwelle liegt. Infolge der Phasenverschiebung zwischen Temperatur- und Druckwelle erfolgt Kaltluftadvektion in den /Trog der Höhenwelle und Warmluftadvektion in den Wellenrücken. Dadurch wächst die Amplitude der Druckwelle sehr rasch an, während die Wellenlänge abnimmt. In diesem Stadium kann die ständig weiter äquatorwärts vorstoßende Kaltluft von ihrem polaren Ursprungsgebiet und die polwärts vorstoßende Warmluft von ihrem subtropischen Ursprungsgebiet getrennt werden. Durch diese Abschnürung formiert sich in der Warmluft eine geschlossene warme Höhenantizyklone (Höhenhoch) und in der abgeschnürten Kaltluft ein abgeschlossenes kaltes Höhentief (/Druckgebilde). Beide Druckgebilde können gleichzeitig auftreten, oft wird aber auch nur die Bildung eines abgeschnürten Höhenhochs oder Höhentiefs beobachtet. Cut-off-Zyklonen und -Antizyklonen bleiben oft ortsfest und haben nicht selten eine lange Lebensdauer. Dadurch bestimmen sie die Witterungsbedingungen großer Gebiete nachhaltig. Insbesondere blockieren die Cut-off-Druckgebilde die zonale Westwindhöhenströmung (/blocking action), wodurch deren Aufspaltung in einen pol- und äquatorwärtigen Ast erzwungen wird. Die in der so aufgespalteten Höhenwestströmung auftretenden kurzen baroklinen Wellen und die mit ihnen im Bodenniveau verbundenen /außertropischen Zyklonen werden jetzt auf eine antizyklonale /Zugbahn um das warme Höhenhoch bzw. auf eine zyklonale Zugbahn um das kalte Höhentief geführt. Bilden sich mehrere Cut-off-Höhenzyklonen und -Höhenantizyklonen in Folge, so kann eine langanhaltende Blockierung der Westdrift (/außertropische Westwindzone) auftreten, da die von Westen herannahenden Wellen im Luv der abgeschnürten Druckgebilde ihre Wellenlänge verkleinern und ihre Wellenamplitude vergrößern. Dadurch kommt es zu erneuten Cut-off-Prozessen. Derartige Blockierungssituationen treten bevorzugt im Spätwinter und Frühling vor den Westküsten Westeuropas und Nordamerikas auf. Im Mittel dauern diese Blockierungen 16 Tage, oft aber auch mehr als einen Monat. [DKl]
Literatur: LAUER, W. (1993): Klimatologie. – Braunschweig.

Cvijić, *Jovan*, serbischer Geograph, geb. 12.10.1865 Loznica, gest. 10.1.1927 Belgrad. Cvijić studierte 1889–93 an der Universität Wien, wo damals u. a. auch /Penck lehrte, bei dem er über »Das Karstphänomen« promovierte. Die darin gebrauchte Terminologie (z. B. /Uvala, /Polje) ist in die internationale Fachsprache eingegangen. Nach Serbien zurückgekehrt, erhielt er an der Universität Belgrad eine Professur für /Geographie, die er bis zu seinem Tode bekleidete. Daneben war er zeitweise Präsident der Serbischen Geographischen Gesellschaft (1910 von ihm gegründet), Rektor der Belgrader Universität und Präsident der serbischen Akademie der Wissenschaften. Seine Bedeutung als Geograph liegt in seiner umfassenden Kenntnis der Balkanhalbinsel, deren Erforschung in etwa 1500 Publikationen mündete. Sie erstreckte sich auf die gesamte Geographie, vor allem aber auf Fragen der ↗Physischen Geographie und ↗Geologie (z. B. »Morphologie terrestre«, 2 Bde 1924/26; »Grundlinien der Geographie und Geologie von Mazedonien und Altserbien«, 1908). Seine Landeskunde »La péninsule balkanique et les pays slaves du Sud« (1918) trug bei den Friedensverhandlungen 1918/19 zur Schaffung eines neuen südslawischen Staates bei. [HPB]

Cyanophyta ↗Algen.

Cybergeographie, Richtung der Geographie, die mit der Entwicklung des World Wide Webs bzw. des Cyberspace entstanden ist und der Frage nachgeht, inwieweit sich Begriffe und Techniken der herkömmlichen Raumerfassung auf virtuelle Welten übertragen lassen. So wird u. a. versucht die globale Verteilung und Bewegungsmuster von Hardware, Firmen, Nutzern und Bit-Strömen zu erkennen und diesen Informationsfluss in Karten darzustellen. Solche Abbildungen zeigen weder Länder noch Kontinente, sondern Punkte, Strecken und Netze. Diese Verflechtungen können dabei helfen zu erfahren wie ansonsten ortslose Daten verteilt sind und wie digitale Netze funktionieren.

Cyber-Religion, *cyber church*, *Religion im Internet*, ist eine virtuelle Religionsgemeinschaft im Internet, an der der Mensch nicht mehr physisch teilnimmt, wie es bei einer lokalen, religiösen Gemeinschaft üblich ist (↗religiöse Gemeinschaften). Die religiösen Aktivitäten (wie z. B. Gottesdienst) werden in einen virtuellen Raum verlegt, bei dem die Teilnehmer per Datenleitung und Videokonferenz miteinander verbunden sind. Online-Pfarrer betreuen per E-mail ihre »Schäfchen«, d. h. sie reden mit Menschen im Netz über den Glauben. In der aktiven Kommunikation werden über das Internet Menschen in Newgroups zusammengeführt, die sich sonst wohl nie getroffen hätten. Ansätze gab es schon im Bereich der electronic churches des Fernsehevangelismus (↗religiöses Fernsehen), nur dass nun die virtuelle, religiöse Aktivität (Teilnahme am Gottesdienst) eine ganz neue Qualität bekommt: Man kann durch das Internet interaktiv in das Geschehen eingreifen wie z. B. per E-mail (oder später per Mikrofon) Fürbitten für diesen Gottesdienst formulieren.

Cyprinidenregion ↗Fischregionen.

D

2 D, Daten in einem zweidimensionalen Koordinatensystem, bestehend aus *x*- und *y*-Koordinaten. Bei einem dreidimensionalen Koordinatensystem spricht man von *3 D*, d. h. *x*-, *y*- und *z*-Koordinaten. *2.5 D* kennzeichnet Daten, bei denen die dritte Dimension nicht auf einer (unabhängigen) Koordinatenachse gemessen, sondern durch eine Funktion beschrieben wird.

2.5 D ↗2 D.

3 D ↗2 D.

D 8, Zusammenschluss von acht Staaten mit überwiegend islamischer Bevölkerung. Ziel ist, die Kooperation zwischen den Mitgliedsstaaten zu fördern, wechselseitige Konkurrenz zu unterbinden, ein Gegengewicht zu den wirtschaftlichen Zusammenschlüssen der Industrieländer (z. B. damalige ↗G 7 oder ↗EU) zu bilden und dadurch die neue Weltordnung mitzubestimmen. Die Gruppe der D 8 wurde 1997 auf Bestreben des türkischen Ministerpräsidenten Necmittin Erbakan in Istanbul gegründet. Mitgliedsstaaten sind Ägypten, Bangladesch, Indonesien, Iran, Malaysia, Nigeria, Pakistan und die Türkei. »D« steht hierbei für development und »8« für die Anzahl der Gründungsmitglieder.

Dachbegrünung, spontane oder künstliche Ansiedlung von Vegetation auf Flach- und Steildächern, Letztere sind bis ca. 30° begrünbar. Je nach Substratmächtigkeit und Pflanzenbewuchs werden als Ausbildungsformen extensive (pflegelose) von intensiven Dachbegrünungen unterschieden. Die ökologischen Funktionen der Begrünungsformen sind demnach sehr unterschiedlich zu beurteilen.

Dachfläche ↗Schicht.

Dachziegellagerung, die in Fließgewässern vorkommende dachziegelartige Lagerung von Geschiebekörpern mit latenter Erosion. Die Strömung erfährt aufgrund der Dachziegellagerung den geringsten Widerstand und zugleich leistet diese Einregelung des Geschiebes ihrer Veränderung den größtmöglichen Widerstand.

Dacit, ein ↗Vulkanit, der neben mehr als 20 Vol.-% ↗Quarz mehr Plagioklas als Alkalifeldspat (↗Feldspäte) enthält. Die SiO_2-Gehalte liegen über 63 Gew.-%. ↗Streckeisen-Diagramm.

Dalmatinischer Küstentyp ↗Canale.

Dalton-Gesetz, in einem Gemisch idealer Gase (↗Gasgesetze) ist der Gesamtdruck gleich der Summe der Partialdrucke (↗Druck) der einzelnen Bestandteile des Gasgemisches; gilt in Näherung für das Gasgemisch der Atmosphäre.

Dämmerung, Übergangszeit zwischen Tag und Nacht als Abend- bzw. Morgendämmerung. Die Dämmerung ist die Folge der ↗Rayleigh-Streuung an den Luftmolekülen und der ↗Mie-Streuung an ↗Aerosolen und ↗Wolkentropfen. Die Aufhellung des Himmels beginnt und endet bei einem Sonnenstand von etwa 18° unter dem Horizont. Dies begrenzt die Zeit der *astronomischen Dämmerung*. Zwischen 0° und 6° unter dem Horizont spricht man von der *bürgerlichen Dämmerung*. Sie ist so definiert, dass man eine gedruckte Schrift im Freien noch lesen kann. Am Ende der bürgerlichen Dämmerung beträgt die Beleuchtungsstärke nur noch ca. 1/400 von derjenigen zum Zeitpunkt des Sonnenunterganges. Die Beleuchtungsstärke während der Dämmerung ist vor allem für verkehrsrechtliche Fragen von Bedeutung. Sie ist abhängig von der Trübung der ↗Atmosphäre und das dadurch gegebene Verhältnis von direkter und diffuser Strahlung. Während bei normaler Trübung der Anteil der diffusen Strahlung bei einem Sonnenstand von 5° über dem Horizont gleich groß ist wie derjenige der direkten Strahlung, ist dies bei Großstädten und Industriegebieten schon bei 10° der Fall. Die Andauer der Dämmerung ist eine Funktion der scheinbaren Sonnenbahn, sie ist in Äquatornähe sehr kurz und nimmt mit zunehmender geographischer Breite zu. Die Dämmerung ist mit optischen Erscheinungen verbunden, welche bei Aufgang und Untergang der Sonne mehr oder weniger regelmäßig zu beobachten sind. Am auffallendsten ist das ↗Purpurlicht, ein roter Lichtsektor bis ca. 25° über dem Horizont, der sich beim Sonnenstand 4° unter dem Horizont zeigt, sowie der *Dämmerungsbogen*, der ein helles Segment des Himmels während der Dämmerung begrenzt. Er entsteht durch die Streuung des Sonnenlichtes an Aerosolschichten der Atmosphäre. [JVo]

Dämmerungsbogen ↗Dämmerung.

Dammkultur, *Dammsaat*, Anbaumethode bei Nässestau im Boden. Durch entsprechendes Pflügen werden in Richtung des natürlichen Gefälles Furchen und Dämme angelegt. Auf den trockeneren Dämmen kann dann gepflanzt werden. Bei Kartoffelkulturen erfolgt die Dammkultur unabhängig von Fragen der Wasserversorgung zur Erleichterung der Ernte.

Dammuferfluss, *Dammfluss*, geomorphographischer Begriff, für einen Fluss, der beidseitig von einem Uferwall begrenzt wird. Ein Dammuferfluss entsteht, wenn ein sedimentreicher Tieflandfluss bei Überschreiten des ↗bordvollen Abflusses infolge der abnehmenden Fließgeschwindigkeit große Mengen seiner ↗Flussfracht beidseitig an den Ufern akkumuliert. Dadurch bilden sich natürliche Dämme (↗Levées), die um viele Meter anwachsen können. Liegt schließlich der Flussspiegel höher als die umgebende Ebene, besteht bei erneutem ↗Hochwasser die Gefahr weiträumiger Überflutungen. Diese sind v. a. dann katastrophal, wenn Dämme durchbrochen werden (crevasse). Beispiele für Dammuferflüsse sind die Unterläufe von Mississippi, Po und Hwangho.

Dampf, unsichtbares Gas. Im allgemeinen Sprachgebrauch wird unter dem Begriff Dampf der ↗Wasserdampf verstanden.

Dampfdruck, derjenige Teil des ↗Luftdrucks in wasserdampfhaltiger Luft, der auf den vorhandenen Wasserdampf zurückgeht. Der Dampfdruck ist ein Maß für den absoluten Feuchtigkeitsgehalt der Luft. Der obere Grenzwert des Dampfdrucks in einem Luftquantum heißt Sättigungsdampfdruck, er hängt exponentiell von der Temperatur ab, wie aus der empirischen Magnus-Formel (↗Sättigungsdampfdruck) zu ersehen ist. Warme Luft besitzt also eine wesentlich größere Wasser-

dampfaufnahmefähigkeit als kalte Luft. In wasserdampfgesättigter Luft sind Dampfdruck und Sättigungsdampfdruck gleich. Die Differenz zwischen Sättigungsdampfdruck und Dampfdruck heißt Sättigungsdefizit, das prozentuale Verhältnis des Dampfdrucks zum Sättigungsdampfdruck ergibt die relative Feuchtigkeit (↗Luftfeuchte).
Der Dampfdruck lässt sich messtechnisch bestimmen (z. B. Absorptionshygrometer) oder aus anderen Messgrößen ableiten, etwa aus Trocken- und Feuchttemperatur mittels der Psychrometerformel (↗Aspirationspsychrometer) oder aus Temperatur und relativer Feuchte mittels der Magnus-Formel. [JJ]

Dampfhunger, *Verdunstungskraft*, großes ↗Sättigungsdefizit einer trockenen Luftmasse.

Dampfnebel ↗Seenebel.

Darcy-Gesetz, durch Henry Darcy 1856 für die Planung der Wasserversorgung der Stadt Dijon entwickelte Gesetzmäßigkeit, nach der die durch eine bestimmte Fläche hindurchfließende Wassermenge Q dem antreibenden Potenzial ψ (z. B. der Höhendifferenz) und einem gesteinsspezifischen Durchlässigkeitskoeffizienten k direkt proportional und umgekehrt proportional der Fließstrecke l ist:

$$Q = k \cdot \frac{d\psi}{dl}.$$

Die Darcy-Gleichung beschreibt die Wasserbewegung in flüssiger Form in einem porösen Medium.

Darstellungsschicht, Mittel zur generellen graphischen Strukturierung des Inhalts von Karten. In Karten lassen sich flächenhafte graphische Elemente mit anderen flächenhaften, mit linienhaften oder punkthaften Elementen sowie mit Schriften als Darstellungsschichten überlagern. Diese entsprechen jedoch nur bedingt den Ebenen (↗layern) der Computergraphik. Darstellungsschichten resultieren vornehmlich aus der Gliederung des Karteninhalts. Sie lassen sich übersichtlich gegliederten ↗Legenden mit einem Blick entnehmen. Die mehrschichtige Darstellung ist in der Regel eine Kombination mehrerer ↗kartographischer Darstellungsmethoden. In vielen Fällen bildet der flächenhafte Untergrund (z. B. ein Flächenkartogramm) die erste Darstellungsschicht. Die darüber liegende zweite Darstellungsschicht kann Linearsignaturen, eine dritte Positionsdiagramme oder Diagrammsignaturen enthalten. Als einschichtige Darstellung werden gemeinhin jene Karten bezeichnet, die nur eine thematische Schicht aufweisen. Elemente der ↗Basiskarte werden hierbei nicht als Darstellungsschicht angesehen. ↗Gestaltungskonzeption. [KG]

Darwin, *Charles Robert*, geb. 12.2.1809 The Mount, Shrewsbury, Shropshire, gest. 19.4.1882 Downe, Kent. Darwin stammte aus einer Medizinerfamilie. Nach seiner Schulzeit (1818–1825) besuchte er die Edinburgh Medical School, wo er in Medizin und Naturwissenschaften ausgebildet wurde, jedoch ohne Abschluss abging. Es folgten drei Jahre am Christ's College in Cambridge (1828–1831). Hier lernte er die beiden anglikanischen Priester Adam Sedgwick und John Stevens Henslow kennen, die ihn in das Feld der Naturgeschichte einführten. Durch dieses anglikanische Netzwerk erhielt Darwin die Gelegenheit, als Naturkundler an der Weltreise der Beagle teilzunehmen (1831–1836) und lernte so u. a. die Atlantischen Inseln, Südamerika, Galapagos, Tahiti, Neuseeland, große Teile von Australien, Mauritius und das Kap der Guten Hoffnung kennen. Auf der Basis der auf dieser Reise gemachten Beobachtungen und angelegten Sammlungen entwickelte Darwin seine wegweisende Evolutionstheorie, die er in »On the Origin of Species« (1859) und »The Descent of Man« (1871) veröffentlichte. Darwins Gedanken hatten einen weitreichenden Einfluss, auch auf die ↗Geographie, die sich seit der zweiten Hälfte des 19. Jh. mehr und mehr evolutionistisch ausrichtete und die von Darwin gewonnenen Auffassungen auch auf menschliche Verhaltensweisen und Handlungen übertrug. ↗Evolution. [UW, PA]

Daseinsgrundfunktionen, *Grunddaseinsfunktionen*, stellen für Architektur, ↗Raumordnung und die ↗Sozialgeographie einen Katalog von Tätigkeiten zur Befriedigung bestimmter menschlicher Grundbedürfnisse dar und werden mit verschiedenen Anwendungsvorstellungen und unterschiedlich differenzierten Bedeutungsgehalten verknüpft. Von Wissenschaftlern der planenden Raumordnungsforschung wurden sie als normatives Orientierungsraster zur Bereitstellung eines ausgewogenen Maßes von Nutzflächen und deren möglichst optimaler räumlicher Anordnung verstanden. Von Ruppert, Schaffer, Maier und Paesler etc. werden die Daseinsgrundfunktionen als ein ordnendes Interpretationsschema der ↗Kulturlandschaft verwendet. In der funktionalen Architekturtheorie der ↗Charta von Athen werden diese »fonctions de l'être« zum zentralen Bestandteil des normativen Planungsleitbildes. ↗Bobek formuliert die geographisch belangreichen Funktionen des menschlichen Lebens im Kontext der (rekonstruktiven) sozialgeographischen Landschaftsanalyse so: a) biosoziale Funktionen (Fortpflanzung und Aufzucht zwecks Erhaltung der Art); b) ökosoziale Funktionen (Wirtschafts-Bedarfsdeckung und Reichtumsbildung); c) politische Funktionen (Behauptung und Durchsetzung der eigenen Geltung); d) toposoziale Funktionen (Siedlungsordnung des bewohnten und genutzten Landes); e) migrosoziale Funktionen (Wanderung, Standortänderungen); f) Kulturfunktionen (soweit landschafts- oder länderkundlich belangreich). Alle raumwirksamen Zwecksetzungen menschlichen Wirkens, die den ↗Naturraum umgestalten und die Kulturlandschaft produzieren, können gemäß Bobek auf diesen Katalog zurückgeführt werden. Partzsch (1964) geht von der These aus, dass in den Raumansprüchen der sog. Funktionsgesellschaft die raumrelevanten Daseinsgrundfunktionen der Menschen erkennbar sind. Die sieben (Grund)-Bedürfnisse bzw. Daseinsfunk-

Darwin, *Charles Robert*

tionen, welche die zentralen Kategorien des Analyserasters bilden, sind nach Partzsch: »Wohnen«, »Arbeiten«, »Sich-Versorgen«, »Sich-Bilden«, »Sich-Erholen«, »Verkehrsteilnahme« und »In Gemeinschaft leben«. Dieser Katalog der sieben Daseinsgrundfunktionen wird als universalgültig aufgefasst. Denn jede raumwirksame Aktivität eines Individuums befriedige immer eines dieser Bedürfnisse. Die ↗Raumplanung soll für jede Funktion in ausgewogenem Maße Flächen zu ihrer Befriedigung (normativ) festlegen. [BW]

Daten [lat. = die Gegebenen], Informationen über Sachverhalte im Forschungsprozess (↗Datenerfassung, Datenverarbeitung, ↗Datenanalyse). Da sowohl die Forschungsfrage als auch die methodischen Schritte oder die Entwicklung von Instrumenten zur Datenerhebung nicht aus der Wirklichkeit entnommen werden können, sondern forschungsstrategische und -methodische Entscheidungen und damit auch abhängig vom jeweiligen Verständnis der Wissenschaft, also ein Kulturprodukt sind, wäre es richtiger, vom *Fakt* oder Faktum (lat. = dem Gemachten) zu sprechen.

Datenanalyse, *Datenauswertung*, 1) *Allgemein*: Methoden zur Aufbereitung und Interpretation von Datenmengen. Die Auswertung kann sowohl quantitativ als auch qualitativ (↗dokumentarische Methode) geschehen. Die quantitative Analyse wird meist mithilfe von mathematisch-statistischen Verfahren und mit Computerunterstützung gemacht. Ziel dabei ist, die Beschreibung von Strukturen, die Aufdeckung von Zusammenhängen, die Generierung von Daten (Interpolation) und die Quantifizierung der Unsicherheit. 2) *Geoinformatik*: *Analyse geographischer Daten, spatial analysis*, Verfahren in Geographischen Informationssystemen (↗GIS). Gemäß der Verschiedenartigkeit ↗geographischer Daten, die Informationen über Lage und Eigenschaften von Objekten, über die Zeit und über wirkende Prozesse umfassen, sind Analysen möglich als: a) *Lageanalysen* (Analysen, die Lage und räumliche Beziehungen von Objekten betreffen), b) *Attributanalysen* (Analysen, die die nichträumlichen Eigenschaften von Objekten betreffen), c) *Prozessanalysen* (Analysen, die raumwirksame Prozesse betreffen) und d) ↗*Zeitreihenanalysen*.

GIS-Analyseverfahren lassen sich grob in drei Gruppen gliedern: a) Überlagerungstechniken (↗Overlay) und geometrisch-topologische Operationen wie z. B. ↗Verschneidung oder Bildung von Pufferzonen (↗buffer); b) statistische Analysen und Modellierung von Objekten (z. B. Methoden der univariaten und multivariaten ↗Statistik); c) Modellierung von Prozessen z. B. durch Verfahren der Zeitreihenanalyse.

Während die ↗Dateneingabe, ↗Datenverwaltung und ↗Datenausgabe in einem Geographischen Informationssystem durch leistungsfähige Softwarekomponenten unterstützt werden, besteht bei der Analyse geographischer Daten noch erheblicher Entwicklungsbedarf. 3) *Statistik*: Grundsätzlich kann man zwischen explorativer und konfirmatorischer Datenanalyse unterscheiden.

Bei der *explorativen Datenanalyse* werden statistische Verfahren zur Aufdeckung und Beschreibung charakteristischer Strukturen in einer Menge von Daten eingesetzt. Sie werden deshalb auch als *strukturentdeckende Verfahren* bezeichnet. Die so gewonnenen Resultate dienen oft als Ausgangspunkt zur Formulierung von Hypothesen, die dann in einem weiteren Schritt bei der konfirmatorischen Datenanalyse auf ihre »Richtigkeit« getestet werden. Explorative Datenanalysen sind dann angebracht, wenn nur geringe theoretische Grundlagen vorhanden sind bzw. wenn die Daten nicht explizit für die Fragestellung erhoben wurden, so dass der Forscher nur eine unvollständige Vorstellung über die Struktur der Daten hat. In der geographischen Forschung sind solche Analysen recht häufig anzutreffen; ↗faktorenanalytische Verfahren oder auch ↗Clusteranalysen werden in hohem Maße in diesem Sinne eingesetzt.

Bei der *konfirmatorischen Datenanalyse* werden statistische Verfahren auf eine Datenmenge angewendet, mit dem Ziel formulierte Hypothesen an der »Realität« zu überprüfen. Dazu gehören insbesondere auch Verfahren, der analytischen Statistik, aber auch Verfahren, die Zusammenhänge untersuchen (z. B. ↗Regressionsanalyse). Solche Verfahren werden auch als *strukturprüfende Verfahren* bezeichnet.

Die *kategoriale Datenanalyse* oder *diskrete Datenanalyse* umfasst statistische Verfahren zur Analyse von Zusammenhängen zwischen einer Menge von Variablen. Ist eine Unterscheidung zwischen abhängiger Variable und unabhängigen Merkmalen möglich, so werden meistens ↗Logit-Modelle, ↗Probit-Modelle oder ↗loglineare Modelle eingesetzt. Kann nicht zwischen abhängiger und unabhängigen Variablen unterschieden werden (aber alle Variablen sind vom ↗Skalenniveau kategorial) und es soll nur der Zusammenhang ermittelt werden, werden multiple Kontingenztabellen verwendet (↗Kontingenzanalyse). ↗Varianzanalyse und ↗Diskriminanzanalyse, in denen auch kategorial skalierte Variablen eine wichtige Rolle spielen, werden in der Regel nicht zu den Verfahren der kategorialen Datenanalyse gezählt. Die kategoriale Datenanalyse wird in der Geographie seit dem Ende der 1970er-Jahre in zunehmendem Maße angewendet, insbesondere bei Analysen des räumlichen Wahl- und Entscheidungsverhaltens auf Individualebene.

Datenausgabe, Ausgabe der Ergebnisse von Abfragen, Analysen oder Berechnungen. Die gebräuchlichsten Datenausgabegeräte sind Bildschirm, Drucker, Plotter, Belichter und Speichermedien.

In einem Geographischen Informationssystem (↗GIS) ist, im Gegensatz zu einer ↗Karte, die gleichzeitig zur Datenspeicherung und Datenpräsentation ↗geographischer Daten dient, die Datenausgabe getrennt von der Datenspeicherung, d. h. die Daten können sowohl in unterschiedlicher Form (Karten, Grafiken, Tabellen, Texte) als auch in unterschiedlichen Maßstäben und Detaillierungsgraden ausgegeben werden.

Datenaustausch ↗Datenkonvertierung.

Datenauswertung /*Datenanalyse*.
Datenbank, eine nach einem konzeptionellen Schema geordnete Sammlung von Daten mit Funktionen zur Eingabe, Änderung und Abfrage der Daten. Sie besteht aus den eigentlichen Daten und entsprechender Software zu ihrer Verwaltung, dem Datenbankmanagementsystem (*DBMS*) (Abb.). In einer Datenbank sind die Anwenderprogramme datenunabhängig, d. h. Programme, die auf die gespeicherten Daten zurückgreifen, müssen nicht geändert werden, wenn die Datenbankstruktur geändert wird. Eine Datenbank besteht üblicherweise aus drei Ebenen, den sog. Schemata: Im internen Schema ist die Struktur der physischen Speicherung der Daten festgelegt, diese wird vom Hersteller der Datenbank bestimmt. Das konzeptionelle Schema beschreibt die logische Organisation der Daten und wird vom Datenbankadministrator festgelegt. Externe Schemata ermöglichen den einzelnen Benutzern je nach Aufgabenstellung oder rechtlichen Kriterien unterschiedliche Ansichten (views) und Zugriffsmöglichkeiten auf die Daten.

Man unterscheidet verschiedene Datenbankmodelle (auch Datenmodelle genannt), je nachdem, in welcher Form die /Entitäten und die Beziehungen zwischen den Entitäten abgebildet werden. Die gebräuchlichsten Datenbankmodelle sind: a) /hierarchisches Datenbankmodell, b) /Netzwerk-Datenbankmodell, c) relationales Datenbankmodell (/RDBMS) beziehungsweise – um eine räumliche Komponente erweitert – /georelationales Datenbankmodell, d) in der Entwicklung begriffen sind in jüngster Zeit objektorientierte Datenbankmodelle (/Objektorientierung). [WE]

Dateneingabe, die Eingabe von Informationen in einen Computer, d. h. ihre Umwandlung in digitale (computerlesbare) Form. Sie ist Teil der /Datenerfassung. Die gebräuchlichsten Eingabegeräte für /geographische Daten in ein /GIS sind /Digitalisiertablett und Scanner.

Datenerfassung, *Datengewinnung*, Oberbegriff für unterschiedliche Methoden zur Beschaffung von /Daten. Zur Datenerfassung gehört die Erhebung von /Primärdaten im Gelände oder /Feld z. B. durch /Vermessung, /Kartierung, /Befragung, /Beobachtung oder /Experimente. In der /Geoinformatik wird unter dem Begriff i. A. die Modellierung und Erfassung /geographischer Daten sowie ihre Umwandlung in digitale Form (/Dateneingabe) verstanden. Häufig werden die Daten auch direkt digital erfasst, z. B. Fernerkundungsdaten mit einem Satellitenscanner oder die Standortbestimmung über /GPS. Die jeweils verwendeten Methoden, der Detaillierungsgrad und die Qualität der Datenerfassung hängt vor allem vom verwendeten Datenmodell und vom Aufnahmemaßstab ab. Außerdem ist bei der Wahl der Methoden oft zwischen Qualität der Daten, der gewünschten Detailgenauigkeit und dem notwendigen Kosten- und Zeitaufwand abzuwägen. Bei der Datenerfassung handelt es sich um einen mehrstufigen Prozess: Für die abzubildenden Objekte der »realen Welt« müssen zunächst sog. deskriptive Datenmodelle (/GIS-Modelle) erstellt werden (z. B.: Ist ein Haus ein Punkt oder eine Fläche? Ist eine Straße eine Linie oder eine Fläche?). Darauf aufbauend erfolgt die Wahl eines geeigneten Datenmodells (z. B. /Vektordaten, /Rasterdaten). Auch bei der eventuell anschließenden Datenerhebung gibt es in der Regel mehrere Optionen: So kann man etwa die Position eines Hauses mit einem konventionellen Vermessungsinstrument bestimmen, mit einem GPS einmessen oder von einer topographischen Karte oder einem (entzerrten und geocodierten) Luftbild entnehmen. Auch beim letzten Arbeitschritt, der Dateneingabe, gibt es wiederum mehrere Möglichkeiten: /Digitalisierung analoger Karten mit einem /Digitalisiertablett, Scannen von Karten, konventionelle alphanumerische Eingabe mittels Tastatur, Direktimport bereits digital aufgenommener Daten (z. B. GPS-Daten, amtliche /Geobasisdaten wie /ATKIS oder /ALK). [WE]

Datengewinnung /Datenerfassung.

Datenkompression, Verfahren zur Reduzierung des Speicherplatzbedarfs bei /Rasterdaten, ohne dass ein Informationsverlust auftritt. Geläufige Verfahren sind u. a. die /Lauflängenkodierung und /Quadtrees. Eine Reduktion des Datenumfangs kann dabei nur erreicht werden, wenn die zugrunde liegenden Daten größere homogene Bereiche aufweisen. Bei hoher räumlicher Variabilität können Datenkompressionsverfahren sogar zu einer Erhöhung des Speicherplatzbedarfs führen.

Datenkonvertierung, Umwandlung von digitalen Daten in unterschiedliche Formate zum *Datenaustausch* zwischen unterschiedlichen Programmen oder Rechnern. Der Datenkonvertierung kommt bei Geographischen Informationssystemen (/GIS) eine besondere Bedeutung zu, da hier eine Vielzahl unterschiedlicher Systeme, die meist ein eigenes Datenformat nutzen, im Einsatz sind. Zudem führt die unterschiedliche logische Struktur von /geographischen Daten und

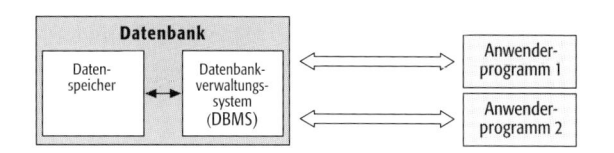

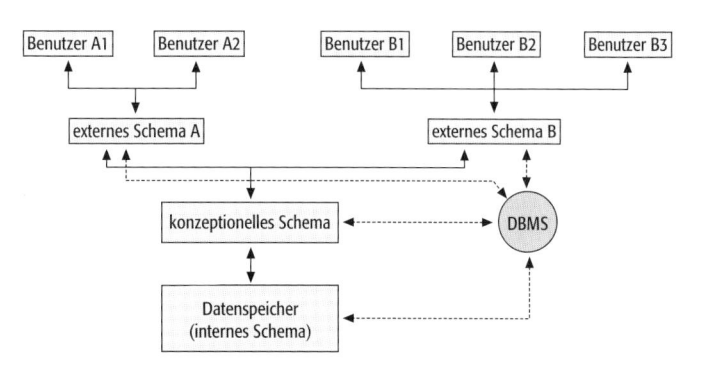

Datenbank: Struktur und Schemata einer Datenbank.

↗Attributdaten zu spezifischen Problemen beim Datentransfer, sodass Informationsverluste oft nur durch eine aufwändige interaktive Nachbearbeitung ausgeglichen werden können.

Datenmodell ↗GIS-Modelle.

Datenqualität, Beschreibung der Genauigkeit, Vollständigkeit, logischen Konsistenz, Aktualität und Entstehungsgeschichte von Daten. Auf internationaler, europäischer und nationaler Ebene existieren eine Vielzahl von Ansätzen, die Qualität in Standards abzubilden. Allgemeine Ansätze zur Qualitätssicherung sind die ISO-Standards (ISO 9000–9004) zur Qualitätssicherung in der Herstellung. Spezielle nationale Richtlinien beschäftigen sich konkret mit Vorgaben zur Genauigkeit von ↗geographischen Daten, wie z. B. die Empfehlungen der Arbeitsgemeinschaft der Vermessungsverwaltungen der Länder zur Erfassung von ↗ATKIS-Daten. Angaben zur Datenqualität sind Teil der ↗Metadaten.

Datensatz, *record*, Eigenschaften (Attribute) einer Erhebungseinheit (↗Entität) in einer ↗Datenbank. Ein Datensatz besteht aus einem oder mehreren Schlüsselfeldern zur Identifizierung des Datensatzes sowie Datenfeldern, die die Eigenschaften des Objektes beschreiben.

Datenverwaltung, Eingabe, Speicherung, Aktualisierung und Abfrage von Daten. Die Speicherung der Daten kann entweder als Dateien in einer Verzeichnisstruktur oder in einer ↗Datenbank erfolgen.

Datierung, *Altersbestimmung* von ↗Sedimenten, Reliefformen, ↗Böden usw. Die Einteilung der verschiedenen Methoden erfolgt nach den zugrunde liegenden Phänomenen. Biologische Methoden nutzen ↗Fossilien, Pollen (↗Palynologie), ↗Flechten (↗Lichenometrie) oder Jahrringe von Bäumen (↗Dendrochronologie). Stratigraphische Methoden umfassen ↗Tephrochronologie, ↗Warvenchronologie, ↗Paläomagnetik, ↗Eisschichtung, ↗Milanković-Zyklen oder den Entwicklungsgrad von Böden (↗Bodenentwicklungsindices). Ferner werden z. B. übereinander liegende Sedimente nach unten immer älter; Ähnliches gilt für Flussterrassen zunehmender Höhenlage, was zur ↗Relativdatierung genutzt wird. Chemische Methoden sind einige der Methoden, die mit ↗Verwitterungsrinden arbeiten und die ↗Aminosäuremethode. Archäologische Methoden benutzen Ausgrabungsfunde zur Datierung. Radiometrische Methoden sind ↗Radiokarbonmethode, ↗kosmogene Nuklide, ↗Thermolumineszenz, ↗Kalium-Argon, ↗Uranreihen, eingeschränkt auch ↗fission track. Ferner kann man die Datierungsmethoden in abhängige, also solche die eine Eichung benötigen, und unabhängige einteilen. Man unterscheidet ferner ↗Absolutdatierungen und Relativdatierungen. [AK]

Datumsgrenze, international festgelegte Grenzlinie, an der ein Datumswechsel vorgenommen werden muss. Wird die Datumsgrenze von Osten nach Westen überschritten, so ist ein Tag zu überspringen, während in umgekehrter Richtung (West – Ost) ein Tag zweimal gezählt werden muss, d. h. das gleiche Datum und der gleiche Wochentag gelten zwei Tage lang. Auf diese Weise wird die durch die Drehung der Erde um ihre Achse von West nach Ost entstehende Datumsdifferenz eliminiert. Die Datumsgrenze verläuft weitgehend entlang des 180. Längengrades (Abb.), weicht aber in Nordostsibirien davon ab und trennt das Territorium Russlands von dem der USA. Eine weitere deutliche Abweichung von der Meridianlinie gibt es in der Südsee, um zu vermeiden, dass zusammengehörige Inselgruppen getrennt werden.

Dauerbeobachtungsfläche, *Dauerfläche*, *Dauerprobefläche*, *Dauerquadrat*, *permanent plot*, dauerhaft festgelegter, in der Regel markierter Ausschnitt einer ↗Biozönose, auf der ökologische Parameter und Kenngrößen (z. B. Artmächtigkeiten, Biomasse, pH-Wert, Schadstoffeinträge) mit identischer Methode wiederholt erfasst werden, um Veränderungen zu analysieren. Flächengröße und -form kann abhängig von der Struktur des Bestandes und der Fragestellung stark variieren. Letztere bestimmt auch Zahl der Erhebungstermine, Zeitintervalle und Regelmäßigkeit.

Dauerfrost ↗*Permafrost*.

Dauerfrostboden ↗Permafrost.

Dauergesellschaft, Pflanzengesellschaft, die in der ↗Sukzession ein Stadium erreicht hat, in dem sie

Datumsgrenze: Verlauf der Datumsgrenze.

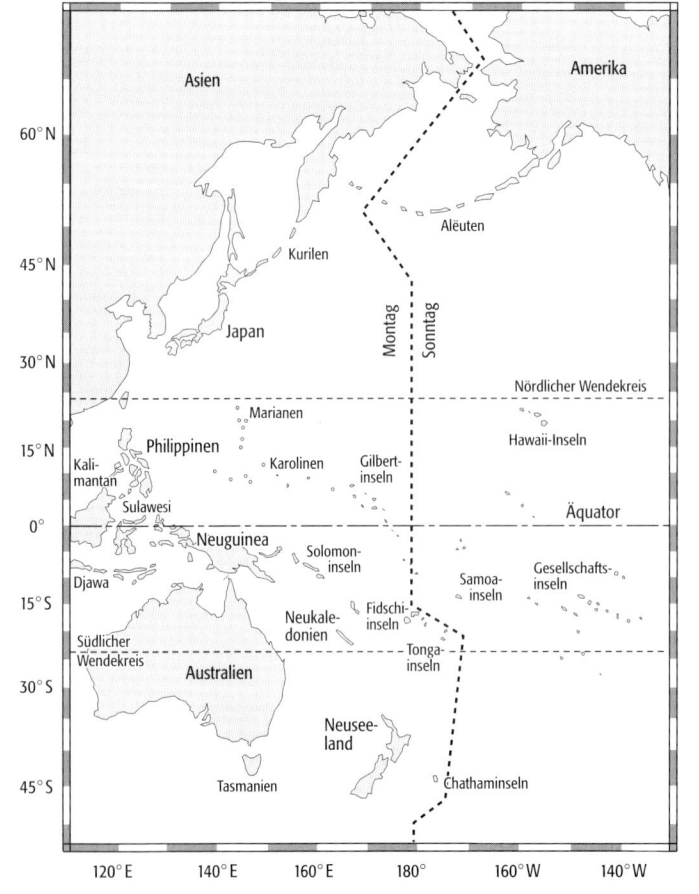

sich mit den topoedaphischen oder anthropogenen Umweltfaktoren im Gleichgewicht befindet und sich über längere Zeit nicht wesentlich verändert. Sie ist also keine vom Klima bedingte Klimaxgesellschaft (Beispiel: Niedermoore, Küstendünen, Dauergrünland, Forsten).

Dauergrünland ↗ Grünland.

Dauerkultur, Pflanzenbestand außerhalb der ↗ Fruchtfolge, der über mehrere Jahre hinweg genutzt wird und der wiederkehrende Erträge erbringt. Dazu gehören in Deutschland Obst- und Rebanlagen, Hopfengärten, mehrjährige Beerenanlagen, Spargelfelder, Korbweiden- und Pappelanlagen, Baumschulen und Weihnachtsbaumkulturen außerhalb des Waldes. Für den Mittelmeerbereich sind u. a. zu nennen die Flächen für Mandelbäume, Zitruskulturen, Nussbäume, Haselsträucher und Ölbäume. In tropischen Gebieten gehören dazu Kaffeepflanzen, Teekulturen, Kakaobäume, tropische Fruchtbäume usw. Dauerkulturen unterscheiden sich betriebswirtschaftlich gesehen von einjährigen Kulturen dadurch, dass zu ihrer Erstellung hohe Ausgaben (Arbeit, Kapital) nötig sind, und dass das investierte Kapital für längere Zeit festgelegt ist. Der Wert des Kapitals wächst zwar bis zur vollen Ertragsfähigkeit der Anlagen, was aber erst nach mehreren Jahren erreicht ist. Dauerkulturen stellen fast immer besondere Standortansprüche. Ihre Erzeugnisse sind meist hochwertig, jedoch schwanken Erträge und Preise oft stärker als bei einjährigen ↗ Kulturpflanzen. Die Produkte der Dauerkulturen eignen sich gewöhnlich nicht für die Grundversorgung der bäuerlichen Familien. Für die Eigenversorgung tragen Dauerkulturen i. d. R. – wenn überhaupt – nur zusätzlich bei (z. B. bei Obst, Ölbaum, Tee oder Kaffee). Die meisten Produkte erfordern eine Verarbeitung, um das konsumreife Endprodukt zu erzeugen. Eine Zwischenstellung zwischen Dauerkulturen und einjährigen Kulturpflanzen nehmen mehrjährige Pflanzen ein, wie beispielsweise Zuckerrohr oder Sisalagaven. [KB]

Dauerregen, lang anhaltende, ununterbrochene Regenfälle von meist geringer bis mäßiger Intensität. Unter mitteleuropäischen Verhältnissen werden Regenniederschläge mit einer Dauer von mindestens sechs Stunden und einer stündlichen Niederschlagsmenge von mindestens 0,5 mm als Dauerregen bezeichnet. Dauerregen sind frontgebundene zyklonale ↗ Niederschläge, sie treten in erster Linie beim Durchzug von ↗ Warmfronten auf.

Dauerschneedecke, geschlossene Schneedecke, die für mehrere Tage erhalten bleibt.

Dauersiedlung, eine permanente, ständig bewohnte, bodenstete Siedlung. Sie kann in der Regel nur dann dauerhaft sein, wenn ihre Bewohner aus der Umgebung mit aus Ackerbau, Viehhaltung oder Fischfang stammenden Nahrungsmitteln versorgt werden können. Die Dauersiedlung ist die Voraussetzung für die Entwicklung von Hochkulturen. Der Dauersiedlungsbereich wird in Anlehnung an das antike Vorbild seit ↗ Ratzel häufig als ↗ Ökumene oder auch als Vollökumene bezeichnet. Die *Siedlungsgrenze* ist die Grenze stationärer Dauersiedlung gegenüber einem nicht erschlossenen, bestenfalls temporär besiedeltem Bereich. Meist handelt es sich nicht um eine Linie, sondern um einen Grenzsaum, eine Pioniergrenze, eine ↗ frontier einer Grenze voranschreitender Agrarkolonisation (z. B. in Nordamerika oder in Sibirien). Oft ist die Siedlungsgrenze mit ↗ Anbaugrenzen identisch. Der Verlauf der Dauersiedlungsgrenze hängt von natürlichen Voraussetzungen wie ↗ Klima, ↗ Böden, Relief, ↗ Vegetation ab. Mithilfe von wirtschaftlichen Anreizen (Privilegien, Subventionen, Kolonisation, Meliorationen, Landgewinnungsmaßnahmen) und technischen Entwicklungen kann die Dauersiedlungsgrenze in den bislang nur ephemer, temporär oder saisonal bzw. periodisch besiedelten Bereich (Subökumene, Semiökumene) oder auch in den unbesiedelten Raum (Anökumene) hinein verschoben werden. Starke Reliefenergie und unwegsames Gelände können im Gebirge die potenzielle Dauersiedlungsgrenze nach unten drücken. Eine Siedlungsgrenze kann auch im Gefolge von Naturkatastrophen (↗ hazard), Vernichtungskriegen (z. B. Mongolensturm) oder von wirtschaftlichem bzw. kulturellem Niedergang (↗ Wüstungen) zurückverlegt werden. Der Dauersiedlungsraum wird v. a. durch Wassermangel und Wärmemangel (Frost) eingeschränkt. Die ↗ Trockengrenze ist dabei mithilfe traditioneller oder moderner künstlicher ↗ Bewässerung am ehesten in aride Gebiete hinein verschiebbar. Um eine Dauerbesiedlung zu gewährleisten, muss an mindestens 110 Tagen im Jahr eine Temperatur von über 4°C herrschen. Bei der Kältegrenze des Dauersiedlungsraumes kann man eine polare und eine höhenbedingte Grenze unterscheiden. Die Lage der Höhengrenze der Ökumene ist abhängig von der geographischen Breitenlage eines Gebirges. In den polaren Breiten liegt sie auf Meeresniveau. Äquatorwärts steigt sie auf mehr als 4000 m über Normal Null an. In Tibet finden sich Dauersiedlungen noch in Höhen bis 4000 m, in den Alpen liegen die höchsten Dauersiedlungen in den Zentralalpen: im Veltlin (Trepalles, 2070–2170 m), in den französischen Alpen (St. Veran, 1980–2050 m) und in Graubünden (Juf, 1680–2130 m). Auf der Nordhalbkugel liegt die Dauersiedlungsgrenze an den Sonnenhängen höher als an den Schattenhängen. Je mächtiger und höher ein Gebirgsmassiv ist, desto höher finden sich gemäß dem ↗ Massenerhebungseffekt noch Dauersiedlungen. Bei Dauersiedlungen in der Subökumene bzw. in der Anökumene handelt es sich in Wüstengebieten bzw. Hochgebirgen nur um punkthafte Siedlungen, deren Bewohner auf Nahrungsversorgung von weit entfernten Gebieten her angewiesen sind. Dazu gehören vor allem Bergbausiedlungen, die zeitweise einige tausend Einwohner zählten, inzwischen aber oft nur noch Geisterstädte (ghost towns) sind. Bergbaukolonisation führt nicht mit gleicher Sicherheit zur Anlage von Dauersiedlungen wie Industriekolonisation. In den Anden Boliviens liegt der Bergbauort Loripongo in 5300 m

Höhe, in Tibet der Bergbauort Tok–Dschalung in 5000 m. In den Polargebieten sind abgesehen von alten Pelzhandelsposten oder Bergbauorten im Laufe des 20. Jh. einige Militärposten, ständig besetzte Wetter- bzw. Forschungsstationen, Bergbau-, Erdöl- und Industriestädte sowie ein paar Hafenorte bzw. inzwischen meist wiederaufgegebene Fischfang- oder Walfangstationen entstanden. Der Bereich dieser Dauersiedlungen in der Anökumene wird oft als Periökumene (Randökumene) bezeichnet. [AS]

Dauerweidewirtschaft, Typ der ↗Weidewirtschaft mit vielen regionalen Variationen und Größenordnungen, bei dem Betriebe hinreichend Weideflächen besitzen, um den gesamten Viehbestand auf diesen Weideflächen ernähren zu können. Ganzjähriger Weidegang am Standort des Betriebes setzt ganzjährig gemäßigte oder ozeanisch-milde Temperaturen voraus sowie ausreichend Niederschlag ohne lange Trockenzeiten. Diese Bedingungen finden sich optimal in einigen mild-ozeanischen Regionen Irlands, Großbritanniens und der französischen Westküste (Großvieh und Schafe) sowie in Teilen Neuseelands, in den Höhenlagen der zentralamerikanischen und südamerikanischen Kordilleren (Großvieh). Ferner ist in Ostpatagonien eine ganzjährige Schafweidewirtschaft möglich.

Davis, *William Morris*, amerikanischer Geologe und Geograph, geb. 12.2.1850 Philadelphia, gest. 5.2.1934 Pasadena. Er studierte ↗Geologie; war zunächst als Geologe im Gebiet der Oberen Seen und in Colorado sowie beim argentinischen Wetterdienst tätig. 1890 wurde Davis Assistent für Geologie an der Harvard-University, später war er dort Ordinarius für Geologie. Davis entwickelte die Lehre vom sog. geographical cycle, ein stark deduktiv gehaltenes Modell zur Erklärung der Oberflächenformen des Landes und reformierte mit diesem Konzept den geographischen Unterricht an amerikanischen Schulen und Hochschulen. Sein im Winter 1908/09 im Rahmen einer Austauschprofessur in Berlin vorgestelltes Konzept traf unter den deutschsprachigen Morphologen nicht nur auf Zustimmung; insbesondere ↗Hettner entwickelte sich zu einem der schärfsten Kritiker, konnte aber den weltweiten Siegeszug des Modells in der geomorphologischen Forschung nicht verhindern. [UW]

Dayglow ↗Luftglühen.

DBMS, *Datenbankmanagementsystem*, ↗Datenbank.

DDT, *Dichlordiphenyltrichlorethan*, ist ein 1872 entwickeltes, sehr wirksames ↗Pflanzenschutzmittel der Gruppe der Chlorkohlenwasserstoffe, dessen Wirksamkeit jedoch erst 1939 entdeckt wurde. Es wird seit 1940 eingesetzt. Aufgrund seiner Wirksamkeit, Persistenz und Fettlöslichkeit ist es ubiquitär verbreitet. Eingesetzt wurde und wird es v.a. um Insekten zu bekämpfen, die Krankheiten (z.B. Malaria, Fleckfieber, Typhus) übertragen. Es war daher jahrzehntelang weltweit das wichtigste Insektizid. Auftretende Resistenz bei verschiedenen Insekten, Berichte u.a. über die Anreicherung von DDT im Fettgewebe von Warmblütern, die Verdünnung von Eierschalen und der Verdacht, dass DDT und DDE (ein Abbauprodukt des DDT) östrogene Wirkungen auf Wirbeltiere haben, führten zum Verbot von DDT in fast allen ↗Industrieländern. In ↗Entwicklungsländern wird es noch, insbesondere zur Bekämpfung von Malaria übertragenden Mücken, eingesetzt, da es zurzeit keine wirksame und preiswerte Alternative gibt. ↗Biozid.

Debriefing, methodisches Verfahren um das ↗going-native eines Forschers zu vermeiden. Dabei wird der Forscher selbst als Informant betrachtet und von am Projekt nicht beteiligten Forschern regelmäßig interviewt.

Debris, international verwendete Sammelbezeichnung für auf, in und einem Gletscher transportierte Lockersedimente. Debris umfasst Material unterschiedlicher Korngröße und Ursprungsortes. Je nach der Position des Transportes im ↗Gletschertransportsystem unterscheidet man zwischen supraglazialem Debris auf der Gletscheroberfläche, englazialem Debris im Gletscher und subglazialem Debris unter bzw. in der Basiszone eines Gletschers.

Decke, a) *tektonische Decke*, *Schubmasse*, *Schubdecke*, auf flacher Gleitbahn über bedeutende Distanzen (> 20 km) bewegter Gesteinsverband. Das Ursprungsgebiet ist die Deckenwurzel oder *Wurzelzone*, der distale Rand die Deckenstirn. Sofern sich die Decke über eigenem Material bewegt, spricht man von Abscherungsdecke, bei fremdem Untergrund von Überschiebungsdecke. Der Vorgang, bei dem eine Decke auf fremdem Untergrund transportiert wird, heißt *Deckenüberschiebung* (Abb.). Durch spätere Erosion entstehen aus dem Deckenkomplex isolierte Teile, die als *Deckenschollen*, Deckenruinen oder (tek-

Decke: Blockbilder zur Entstehung einer Deckenüberschiebung: a) Bildung einer Falte mit Erosion des Faltenscheitels, b) Beginn der Deckenüberschiebung; Ausbildung einer Mulde im Vorland, die mit Abtragungsschutt gefüllt wird, c) Deckenüberschiebung, Abtragung führt zur Bildung einer Stufenlandschaft.

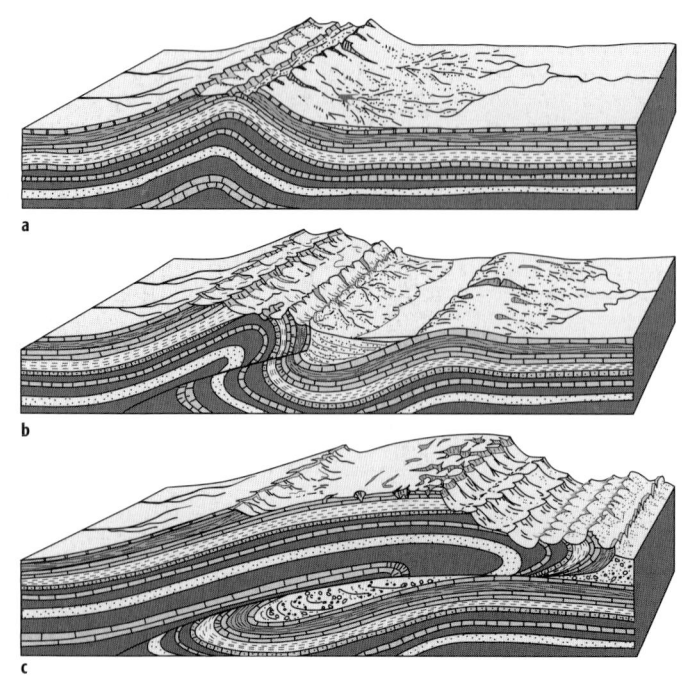

tonische) Klippen bezeichnet werden. Liegen mehrere Decken übereinander, entsteht ein Deckenpaket. ↗Fenster. b) *vulkanische Decke*, *Eruptivdecke*, *Deckenerguss*, ausgedehnte Ergussgesteinsmassen. ↗Trapp.

Deckenmoor ↗Moore.

Deckentheorie, These vom geologischen Befund, dass die meisten Faltengebirge der Erde (wie Alpen, Pyrenäen, Karpaten, Himalaja) aus einem System von Überschiebungsdecken (↗Decke) aufgebaut sind. Diese Lehre wurde in den Schweizer Alpen von A. Heim (1919–1922) begründet.

Deckenüberschiebung ↗Decke.

Deckgebirge, 1) der dem ↗Grundgebirge aufliegende sedimentäre Gesteinsstapel. 2) nicht beanspruchte ↗Schichten über metamorphen oder tektonisch stark beanspruchten Gesteinseinheiten. 3) in der Bergmannssprache die Schichten über einer ↗Lagerstätte.

Deckschicht, ein Umlagerungsprodukt an Hängen. Als Folge der Verlagerung von verwittertem Gestein durch flächenhafte Umlagerungsprozesse (insbesondere ↗Solifluktion) und vielfach auch durch die zusätzliche Einmischung äolischer Komponenten (insbesondere ↗Löss) sind ↗Sedimente entstanden, die sich in ihrer Zusammensetzung und Lagerung vom darunter anstehenden Gestein unterscheiden. In grobkörniger Ausprägung auch *Schuttdecke* genannt. In vielen Gebieten der Erde bilden diese Deckschichten beinahe lückenlos den oberflächennahen Untergrund. Sie sind ein bedeutender Faktor der Geoökosysteme, indem sie die Bodenbildung, den Wasserhaushalt und den oberflächennahen Stoffhaushalt maßgeblich beeinflussen. Im Bereich flacher Wasserscheiden gehen die verlagerten Deckschichten oft nahtlos in Substrate über, die durch ↗Kryoturbation (evtl. unter Beimischung von Löss) entstanden sind und sich ebenfalls deutlich vom Untergrund unterscheiden. Diese werden aufgrund von Abgrenzungsschwierigkeiten vielfach den Deckschichten zugerechnet. In Becken gehen die Deckschichten oft ähnlich nahtlos in reine Lösse über, die aber nicht mehr in die Deckschichten-Definition einbezogen werden. Während in anderen Klimazonen auch andere Prozesskonstellationen in Betracht kommen, sind die Deckschichten der gemäßigten Breiten (mit Ausnahme der ↗Oberlage) unter periglazialen Bedingungen entstanden (↗periglaziäre Lagen). [AK]

Deckschutt ↗Hauptlage.

Decksediment ↗Hauptlage.

Deckung ↗Deckungsgrad.

Deckungsgrad, *Deckung*, die auf den Boden projizierte Fläche (horizontale Raumbesetzung) einer Art. ↗Artmächtigkeit, ↗Bestandsaufnahme.

DED ↗*Deutscher Entwicklungsdienst*.

Deduktion, bezeichnet in der ↗Wissenschaftstheorie und ↗Methodologie ein Erkenntnisverfahren, mit dem das Besondere aus dem Allgemeinen abgeleitet wird. Anhand logischer Regeln (↗Erklärung) wird die Existenz einer singulären Gegebenheit durch die Unterordnung (Subsumtion) unter einen allgemeinen Zusammenhang hergeleitet und begründet. Im Rahmen des ↗Rationalismus wird davon ausgegangen, dass jede Deduktion letztlich in nicht weiter ableitbaren Ausgangssätzen, sog. Axiomen gründet. Im ↗kritischen Rationalismus, gemäß dem das Ziel wissenschaftlicher Forschung in der Widerlegung bisheriger für gültig gehaltener wissenschaftlicher ↗Theorien besteht, wird die Deduktion mit dem Falsifikationsprinzip (↗Falsifikation) verbunden. Da im Rahmen einer Deduktion in der Ableitung nicht mehr behauptet wird, als in der Prämisse enthalten ist, gilt sie im Gegensatz zur ↗Induktion als logisch gültiges Erkenntnisverfahren. [BW]

deduktive Beobachtung ↗Beobachtung.

deep convection ↗Wolken.

De-facto-Standard, inoffizielle, aber allgemein als verbindlich akzeptierte Produktmerkmale oder technische Lösungen. Ein Beispiel ist das Videosystem VHS der japanischen Matsushita-Gruppe. De-facto-Standards entscheiden in erheblichem Maße über den Markterfolg.

deficit spending policy, in den europäischen Wohlfahrtsstaaten vor allem in den 1970er-Jahren praktizierte ausgabenorientierte Wirtschaftspolitik; an der Wirtschaftstheorie von Keynes ausgerichtete Strategie arbeitsmarktpolitischer Maßnahmen, die in interventionistischer Weise auf den Erhalt bestehender und die Schaffung neuer Arbeitsplätze orientiert ist und dazu hohe finanzielle Zuwendungen der öffentlichen Hand zur Verfügung stellt; ein hohes Budgetdefizit wird einer hohen Arbeitslosenquote vorgezogen.

Definiendum, zu definierendes Wort, dessen Bedeutungsgehalt mittels ↗Definition festzulegen ist.

Definiens, legt den Bedeutungsgehalt eines Begriffes (↗Begriff) im Rahmen der ↗Definition fest.

Definition, stellt einen Übertragungsvorgang dar, bei dem ein Wort/mehrere Wörter und ein Bedeutungsgehalt auf kontrollierte und eindeutige Weise miteinander verknüpft werden. Der Bedeutungsgehalt wird mit dem definierten Begriff auf eine Kurzformel gebracht. Definierte Begriffe sind als explizit getroffene Konventionen über die Bedeutung von sprachlichen Zeichen aufzufassen. Da die Definition eines Begriffs nichts anderes als eine Konvention über die Verwendungsweise bzw. über den Bedeutungsgehalt eines sprachlichen Ausdrucks darstellt, folgern einige Autoren daraus, dass Definitionen weder wahr noch falsch sein können, sondern zweckmäßig oder unzweckmäßig bzw. brauchbar oder unbrauchbar. Andere betonen jedoch, dass eine Definition durchaus objektiv wahr oder falsch sein könne. Die Zweckmäßigkeit/Brauchbarkeit einer Definition lässt sich im Hinblick auf das verfolgte Forschungsziel beurteilen oder im Hinblick auf die Bedeutung eines Wortes bei den untersuchten Handelnden.

Mit dem Verfahren der Definition wird eine Vereinbarung über die mit einem sprachlichen Ausdruck, einem sprachlichen Zeichen (Wort) zu verbindende Bedeutung getroffen, d.h. ein

»Wort« soll mit dem Verfahren der Definition in seiner Bedeutung derart festgelegt werden, dass es anschließend auf eindeutige Weise verwendet werden kann: Das Verfahren, mit dem Worte und Vorstellungsinhalte als »Begriffe« festgelegt werden, nennt man »Definition«.

Definitionen sind in dreifacher Hinsicht bedeutsam. Erstens wird erst auf der Grundlage von klaren Definitionen eine intersubjektive (/Intersubjektivität) Verständigung über Sachverhalte möglich. Man muss sich zuerst gemeinsam über die Bedeutung von Sprachzeichen einigen, bevor man wissen kann, ob man vom gleichen spricht, wenn man dasselbe Zeichen verwendet. Im wissenschaftlichen Bereich ist diese Abstimmung mit höchster Genauigkeit und Eindeutigkeit anzustreben. Zweitens sind klare Definitionen die Voraussetzung dafür, klare Vorstellungsinhalte verfügbar zu machen. Die Festlegung eines Zeichens auf eine bestimmte Bedeutung kann nicht willkürlich erfolgen, sondern ist auf den theoretisch festgelegten Zweck der Untersuchung abzustimmen. Drittens schließlich sind Definitionen notwendig, um kürzere Aussagen zu ermöglichen.

Die Definition ist auch als Substitutionsverfahren zu betrachten, mit dem lange, beschreibende Aussagen durch einen Begriff ersetzt werden. Der Bedeutungsgehalt wird mit dem definierten Begriff auf eine Kurzformel gebracht. Ist der Übertragungsvorgang abgeschlossen, kann das Problem *definitorischer Regress* auftauchen: Da beim /Definiens wiederum Begriffe vorkommen, die eigentlich selbst der Definition bedürfen, werden weitere Klärungen notwendig. Die unklaren Begriffe sind solange zu ersetzen, bis über ihren Bedeutungsgehalt Konsens erzielt werden kann, d. h. bis alle Mitglieder der Forschergemeinschaft zustimmen können, dass die Begriffe des Definiens unmittelbar verständlich sind und für das angestrebte Forschungsziel als ausreichend eindeutig betrachtet werden. Dieser Konsens ist notwendig, um den Regress nicht unendlich werden zu lassen. [BW]

definitorischer Regress /Definition.

Deflation, flächenhafte /äolische Abtragung von Lockermaterial durch Wind. Voraussetzung ist das Vorhandensein /äolisch transportierbaren Materials der entsprechenden /Korngrößenklassen an der Oberfläche und ein Wind mit leichtem (zeitlichem oder räumlichem) Energieüberschuss, der in der Lage ist, Material auszutragen, ohne dass es zur Wiederablagerung des deflatierten Materials kommt. Deflation wird gebremst bis verhindert durch Feuchtigkeit, Salzgehalt und Tongehalt des zu deflatierenden Materials, durch Anreicherung grober, nicht mehr austragbarer Korngrößen zu einem /Deflationspflaster, sowie durch Vegetation.

Deflationspflaster, *Auswehungspflaster*, *Wüstenpflaster*, durch /Deflation bedingte Anreicherung grober, nicht (mehr) vom Wind transportierbarer Korngrößen an der Oberfläche eines Lockersubstrates, z.B. eines /Schwemmfächers oder einer /Terrasse. Die Bildung eines Deflationspflasters hängt außer von der Windintensität vor allem von den Mengenverhältnissen grober und feiner /Korngrößenklassen im Ausgangsmaterial ab. Je mehr grobe Partikel vorhanden sind, desto weniger Feinmaterial muss deflatiert werden, um ein Pflaster zu bilden. Wenige, gleichmäßig verteilte grobe Partikel können eine ebenso große Rauigkeit und damit Abbremsung des Windfeldes mit nachlassender Deflationswirkung verursachen wie entsprechend zahlreiche, aber kleinere Rauigkeitselemente. Nach Abtragung der (gerade noch) transportierbaren Korngrößen ist die Oberfläche stabil. Bei Störung eines Deflationspflasters durch Viehtritt oder anthropogene Eingriffe können erneut deflatierbare Korngrößen an die Oberfläche gelangen und es kommt zur Reaktivierung der Deflation. [IS]

Deflationswall, durch Auswehung am Luvbeginn eines /Sandflecks, /Rippelflecks oder einer /Düne gebildete, wallartige Sandaufhäufung, meist mit den Kennzeichen eines großen /Windrippels mit besonders grobkörnigem /Rippelkamm; 1988 erstmals als »*accumulation rim*« beschrieben. Ein Deflationswall entsteht dadurch, dass der am Luvbeginn auftreffende Wind noch die volle Strömungsenergie hat und zudem sanduntersättigt ist, dort also starke /Deflation mit Abreicherung der feineren /Korngrößenklassen verursacht. Die verbleibenden gröberen Partikel schützen den Luvbeginn vor weiterer Auswehung; der Beginn des möglichen Sandaustrags verlagert sich immer weiter windabwärts und die Zone des Deflationswalls wächst an Breite und Höhe.

Deflationswanne, flache, oft in windparalleler Richtung lang gestreckte Geländehohlform, die durch /äolische Abtragung feiner /Korngrößenklassen aus losem Material entsteht. Das Längsprofil einer Deflationswanne zeigt allmähliches flaches Abfallen vom Luvbeginn bis zum tiefsten Punkt und häufig ein übersteiltes Lee-Ende; dort kann die reine /Deflation übergehen in äolische /Korrasion mit schleifender Wirkung des Windes. Deflationswannen bilden sich in Lockermaterial wie Dünensand oder auf /Sandtennen, aber auch in weichen bzw. verwitterten, leicht erodierbaren /Gesteinen oder /Sedimenten, z. B. Siltstein, Kalkstein, Seesediment. Dabei handelt es sich dann jedoch genetisch nicht mehr um reine Deflationsformen i. e. S., sondern bereits um Korrasionsformen.

Defoliation, mechanische oder chemische Entfernung von Blättern und Sprossteilen von Nutzpflanzen oder Wildkräutern. Dieses Verfahren findet z. B. im Pflanzenbau Anwendung, um die Ernte von Hackfrüchten sowie die Reife von Leguminosen zu beschleunigen. Ferner kann sie das Ergebnis einer exzessiven /Überweidung darstellen. Im Gegensatz zur Mahd ist die Defoliation durch Beweidung horizontal und vertikal wesentlich heterogener. Denn schmackhafte Arten werden intensiver, Weideunkräuter dagegen extensiver genutzt. Defoliation reduziert das photosynthetisch aktive Gewebe. Ferner werden dadurch in Speicherorganen wie Zwiebeln oder /Rhizomen und verbliebenen Blättern Kohlehydrate aktiviert, die für den Neuaufbau von Blattmasse benötigt werden. Dessen Erfolg hängt von der restlichen Assimilationsfläche, den Reservekohlehydraten und dem Entwicklungsstadium der Pflanzen ab. War die Beweidung zu intensiv, dann kann die beweidete Pflanze bei zu geringen Assimilatreserven und einer gestörten Wurzelentwicklung durch ↗Tritt und ↗Bodenverdichtung sowie damit verbundenem beeinträchtigten Wasserhaushalt absterben. ↗Weideökologie. [MM]

Deformationsfeld, Luftdruckfeld zwischen zwei Hoch- und Tiefdruckgebieten, die einander kreuzweise gegenüberliegen (Abb.). Beispiel eines solchen Viererdruckfeldes ist das Kanadahoch und Mexikotief im Westteil und das Islandtief und Azorenhoch im Ostteil des Atlantiks. In dem hieraus resultierenden Strömungsfeld bildet sich eine Schrumpfungsachse S aus, entlang derer die Luft in das Deformationsfeld einströmt, sowie eine senkrecht hierzu verlaufende Dehnungsachse D, entlang derer die Luft aus dem Deformationsfeld wieder herausströmt. Der Schnittpunkt zwischen Schrumpfungs- und Dehnungsachse ist der neutrale Punkt oder Sattelpunkt. Eine in das Deformationsfeld einströmende Luftmasse M erfährt eine longitudinale Schrumpfung bei gleichzeitig transversaler Dehnung (Dilatation). Tritt entlang der Schrumpfungsachse ergänzend eine Temperaturänderung ein, so kann es durch die Isothermenscharung zur Bildung einer ↗Front kommen. Der Sattelpunkt heißt dann *frontogenetischer Punkt*. [DD]

deformierte Raumstruktur, Begriff in der ↗Entwicklungsländerforschung, der die Verzerrung räumlicher Strukturen als Folge von ↗Unterentwicklung und ↗struktureller Heterogenität umschreibt. Die Deformationen von Raumstrukturen beziehen sich dabei auf die ungleiche Verteilung von Bevölkerung und Siedlungen sowie von Industrie und Landwirtschaft. Auch die Verflechtungen und Strukturen der jeweiligen Bereiche in unterschiedlichen Regionen sind von einseitigen Abhängigkeiten und Ressourcenströmen geprägt. Der Begriff der deformierten Raumstruktur hebt damit die Besonderheiten ↗räumlicher Disparitäten in Entwicklungsländern hervor. Typisch für die deformierten Raumstrukturen ist die extreme Konzentration von Bevölkerung, Industrie und Landwirtschaft in einem räumlich eng umgrenzten Gebiet, in dem sich gleichzeitig meist die Steuerungszentralen des politischen und wirtschaftlichen Lebens befinden. Für diese Zentren dienen die übrigen peripheren Regionen eines Landes häufig nur als Reserveräume für humane und natürliche Ressourcen (↗Zentrum-Peripherie-Modell). Dadurch verstärken sich die Marginalisierungstendenzen (↗Marginalität) an den Peripherien (↗Peripherisierung) zusätzlich, so dass eine Überwindung der Deformation erschwert wird. Die Kritik am Begriff der deformierten Raumstruktur setzt an der eurozentrisch geprägten Prämisse an, dass Deformationen nur gegenüber einem potenziellen »Normalzustand« festgestellt werden können. Als Maßstab dienen dabei in der Regel die »normalen« Strukturen in den Industrieländern. [MN]

Dega ↗Höhenstufen.

De-Geer-Landbrücke ↗Landbrücke.

De-Geer-Moränen ↗Moränen.

degenerative Krankheiten ↗epidemiologischer Übergang.

Deglomeration, durch Bevölkerungsabnahme, Wirtschaftsabwanderung oder auch überproportionale Flächenerweiterung verursachte Auflösung oder Auflockerung eines Agglomerationsraumes.

Deich, künstlich errichteter lang gestreckter Erdwall gelegentlich mit Stabilisierung durch eine Reihe von Holzpfosten und wellenresistenten Abdeckungen zum Schutz tief liegender Flachküsten gegen Fluten und ↗Sturmfluten. Die ersten vor ca. 1000 Jahren angelegten Deiche waren nur ca. 1 m hoch und sowohl an der Luv- als auch der Leeseite steil, d. h. ihr Querschnitt war recht klein. Im Laufe der Zeit wurden die Deiche nicht nur höher, u. a. wegen steigender Sturmflutwasserständen, sondern auch an der Seeseite stark abgeflacht, um die Energie des Wellenauflaufes (↗Wellen) zu verringern (Abb.).

Deindustrialisierung, ein Kennzeichen des ↗wirtschaftlichen Strukturwandels zu einer postindustriellen oder Dienstleistungsgesellschaft, deren Merkmal ein hoher Anteil an Beschäftigten im Dienstleistungssektor sowie eine Ausrichtung der Wirtschaft und Gesellschaft auf Wissenschaft und wissensintensive Branchen ist. Der Bedeutungsverlust v. a. der Altindustrien äußert sich in Standortwechsel (↗Internationalisierung, ↗Globalisierung) sowie Stilllegung, Abnahme des Anteils der Beschäftigten sowie der Rückgang der wirtschaftlichen Wertschöpfung im ↗Sekundären Sektor und damit verbundenen ↗Blight-Erscheinungen. Eine innerregionale Deindustrialisierung war zunächst nur in den Verdichtungsräumen bei einer gleichzeitigen Zunahme des Umlandanteils der industriellen Tätigkeit (Industriesuburbanisierung) zu beobachten. Seit den 1980er-Jahren führte der postindustrielle Strukturwandel zunehmend zu einer Verlagerung der industriellen Fertigung in Billiglohnländer (↗internationale Arbeitsteilung). Im Zuge der Standortförderung versuchen viele von der Deindustrialisierung betroffen Regionen und

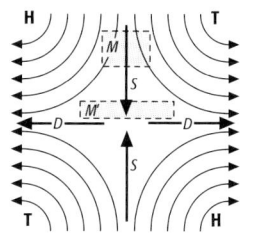

Deformationsfeld: Deformationsfeld mit Schrumpfungsachsen S und Dehnungsachsen D sowie einer Luftmasse vor (M) und nach der Dilatation (M'). H = Hochdruckgebiet, T = Tiefdruckgebiet.

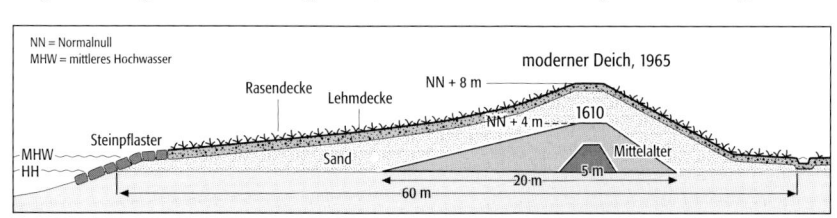

Deich: Typische Querschnittsentwicklung der Deiche innerhalb der letzten 1000 Jahre an der deutschen Nordseeküste.

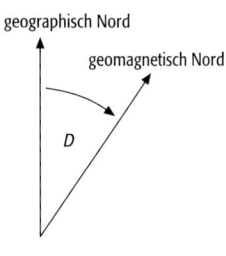

Deinotherium 1: Definition der Deklination als Winkel D zwischen der geographischen und der geomagnetischen Nordrichtung.

Deklination 2: Darstellung der Deklination durch Isogonen 1965 und 1995.

Großstädte, technologie- und forschungsintensive Produktion in Kernregionen der globalen Wirtschaft (z. B. Silicon Valley) aufzubauen. Man spricht dabei von »Re-Agglomeration«. [RS/SE]

Deinotherium ↗ *Dinotherium*.

Deklination, 1) *Astronomie:* der Winkelabstand eines Gestirns vom Himmelsäquator. **2)** *Kartographie: Missweisung, Nadelabweichung,* die Abweichung der Richtung der einspielenden Magnetnadel von der Meridianrichtung, d. h. der Winkel zwischen geographisch Nord und geomagnetisch Nord (↗ Nordrichtung) (Abb. 1). Die Angabe der Deklination erfolgt positiv über Osten gezählt. Sie ändert sich mit der Zeit (Abb. 2). In den Jahren zwischen 1965 und 1995 wanderten die ↗ Isogonen in Europa um 700 km nach Westen.

Dekolonisation, *Dekolonisierung, Entkolonisierung,* Prozess der Auflösung der europäischen Kolonialreiche durch Entlassung ehemaliger ↗ Kolonien in die Unabhängigkeit bzw. durch Erkämpfung der Unabhängigkeit. Die erste Welle der Dekolonisation fand bereits im 18. und 19. Jh. mit den Unabhängigkeitskriegen in Nord- und Südamerika statt. Die eigentliche Dekolonisation setzte allerdings erst nach dem Zweiten Weltkrieg mit der – freiwilligen und unfreiwilligen – Entlassung der englischen, französischen, niederländischen, belgischen und portugiesischen Kolonien in Asien und Afrika in die Unabhängigkeit ein: Indien 1947, Indonesien 1949, Vietnam 1954. Das erste afrikanische Land, das im Jahr 1957 seine Unabhängigkeit erhielt, war Ghana. 1962 errang Algerien nach Ende des Algerienkrieges seine Unabhängigkeit von Frankreich. Am längsten wehrte sich Portugal bis Mitte der 1970er-Jahre gegen die Aufgabe seiner afrikanischen und asiatischen Kolonien (Angola, Mozambique, Ost-Timor). Seit den 1980er-Jahren kann der Prozess der Dekolonisation von wenigen Ausnahmen abgesehen weitgehend als abgeschlossen betrachtet werden. [MC]

Dekolonisierung ↗ *Dekolonisation*.

Dekomposition ↗ *Zersetzung*.

Dekonstruktion, *déconstruction* (franz.), »abbauender Aufbau«, von J. Derrida eingeführter Begriff, der eine philosophische Einstellung, eine textkritische Analysemethode und eine politische Haltung beschreibt, die auf der Gedankenfigur der ↗ *différance* als sich »unterscheidendem Unterschied« beruht und wesentlich für die Denkweise der ↗ Postmoderne ist.

Die philosophische Dekonstruktion wendet sich gegen ontologische, mit sich selbst identischen Begriffsbildungen (z. B. Ich, Welt, Sein usw.) und gegen dialektische, sich gegenseitig ausschließende Gegensatzpaare (Kultur/Natur, Geist/Sinnlichkeit, Seele/Körper). Sie versucht vielmehr darzustellen, dass die ontologische Dimension Bestandteil eines Prozesses der Differenzierung ist (und insofern fortwährend veränderlich) und dass Gegensätze grundsätzlich supplementär aufeinander angewiesen sind, sodass sie eigentlich nicht exklusiv zueinander sein können.

Die methodische Dekonstruktion hat sich vor allem als literaturkritische Methode entwickelt, die von der sog. Yale-Schule in den 1970er-Jahren praktiziert wurde. Dabei versuchten ihre Anhänger, nicht offensichtliche Strukturen in einem Text durch spielerische Interventionen und neue, ungewohnte Kontextualisierungen aufzuzeigen. So konnten hierarchische Beziehungen und Relationen zwischen Text und Kontext freigelegt werden und durch Doppeldeutigkeiten neue Textdimensionen erschlossen werden. Das Beispiel der Analyse eines Entwicklungsromans, bei welchem der Name des männlichen Helden spielerisch durch einen Frauennamen ersetzt wird, macht z. B. aufgrund der Verfremdung klar, wann das Verhalten der Hauptfigur eindeutig »männlich« ist. Die Betrachtung geographischer Sachverhalte als ↗ Text lässt ähnliche Interventionen der »textlichen Ortsverschiebung« (Barnett) zur Relativierung von funktionalen Eindeutigkeiten möglich erscheinen, wie v. a. Arbeiten der ↗ Feminis-

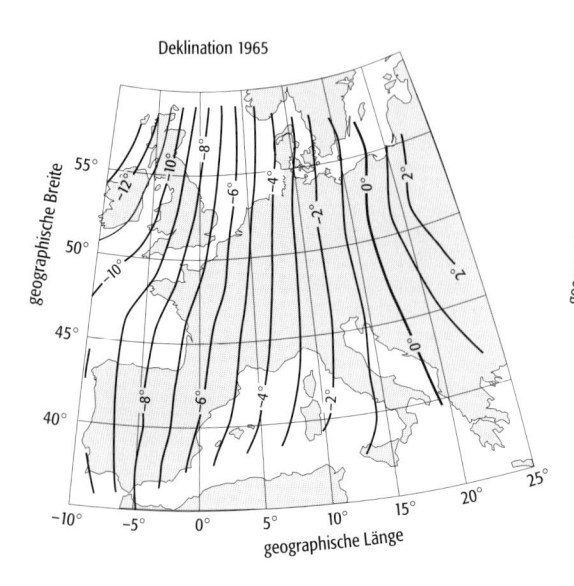

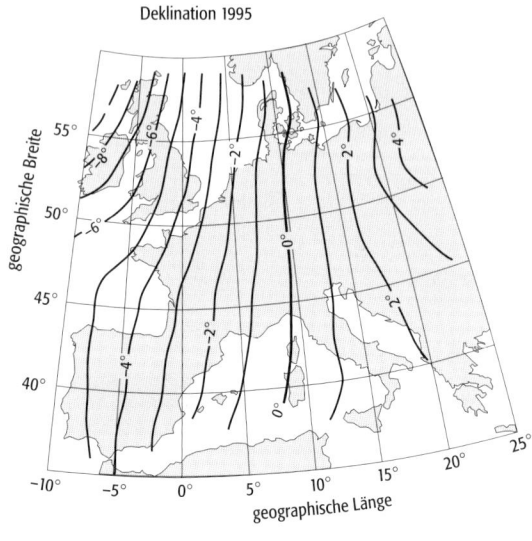

tischen Geographie und der ↗New Cultural Geography zeigen.
Als politische Strategie wirkt die Dekonstruktion im Rahmen der Kritik klassischer Rollenbilder. So haben v. a. verschiedene Neue Soziale Bewegungen, deren Themen ↗Umwelt, Frauen, Homosexuelle, Arbeiter, ↗Migration, ethnische ↗Minderheiten, und ↗Regionalismus sind, zur Veränderung von vorherrschenden Verhältnissen beigetragen, indem sie aufzeigten, dass die herrschenden Leitbilder indirekt auch von ihren Beiträgen abhängig waren. [WDS]
Literatur: [1] BARNETT, C. (1999): Deconstructing Context: exposing Derrida. Transactions of the Institute of Britisch Geographers 24, 3, 277–294. [2] DERRIDA, J. (1974): Grammatologie. – Frankfurt/M.

Dekonstruktivismus, Ende der 1960er-Jahre entwickelte philosophische Analysemethode, welche die Kritik am binären und hierarchisch geordneten Denken und damit am Logozentrismus des metaphysischen Diskurses ins Zentrum stellt. Der Dekonstruktivismus als Teil des ↗Poststrukturalismus ist eine Form der umfassenden Rationalitäts- und Vernunftkritik, dessen Strategie es ist, vermeintlich abgeschlossene Systeme aufzubrechen und Vielfalt anzuerkennen. In der ersten Phase der ↗Dekonstruktion geht es um die Entlarvung philosophischer Gegensätze als Hierarchien und um die Berücksichtigung der Struktur, die ihnen zugrunde liegt. Die daran anschließende Phase besteht aus dem Versuch, Binaritäten als ein Verhältnis zu bestimmen, in dem jeder Begriff eines Gegensatzpaares die konstitutive Bedingung für den anderen darstellt. Ziel der Dekonstruktion ist die Erläuterung und Anerkennung von ↗Differenzen. Als wissenschaftliche und politische Strategie fragt der Dekonstruktivismus, warum Binaritäten als Gegensätze konstruiert werden, welche Herrschaftsverhältnisse sie (re)produzieren und wie diese aufgelöst werden können. Angewandt wird die Dekonstruktion bisher vor allem in der ↗Feministischen Geographie zur Destabilisierung des hierarchischen Geschlechterverhältnisses und zur Veränderung von Raumnutzungsstrukturen sowie in der ↗Politischen Geographie. [ASt]

Dekonzentration, im Ggs. zur ↗Konzentration wird in der ↗Raumplanung mit der Dekonzentration versucht, Funktionen räumlich zu verteilen und nicht in der Nähe hochrangiger Zentren oder in Verdichtungsräumen zu konzentrieren.

Delayed Oscillator ↗El Niño.

Delimitation, Grenzziehung nach Gebietsveränderung.

Delle, ein sanfter Talursprung (*Dellentälchen*), wie er für mitteleuropäische Täler typisch ist. Diese Tal-Ursprungsmulden enthalten i. d. R. keinen Bach. Dieser beginnt erst einige hundert Meter weiter von der Wasserscheide entfernt. Die Dellen sind durch periglaziäre Prozesse entstanden, wobei die ↗Solifluktion eine wesentliche Rolle gespielt hat.

Dellentälchen ↗Delle.

Delphi-Verfahren, Verfahren zur Datengewinnung, vorzugsweise in unübersichtlichen Forschungsfeldern mit ungesichertem Wissen zur Gewinnung eines Überblicks über Fragestellungen, Aspekte oder Lösungsansätze, aber auch zur Konsensfindung über Entwicklungsstrategien, Wertmassstäbe u. Ä. Das Delphi-Verfahren wurde um 1970 besonders von der RAND Corporation bekannt gemacht. Dabei handelt es sich um ein i. d. R. zwei- bis vierstufiges Verfahren. In der ersten Stufe erarbeitet ein Forscherteam (Lenkungsausschuss), das im Verfahren eher die Rolle von Moderatoren einnimmt, vorläufige Fragestellungen, Vorgehensweisen und die Bestimmung der einzubeziehenden »Experten«. Die ersten Rückläufe werden gesammelt und strukturiert und in der nächsten Runde den Befragten zur Kenntnis gebracht, die daraufhin ihre Aussagen detaillieren oder revidieren können. Mit der Fokussierung auf eindeutige Fragen und Aspekte kann in den letzten Runden auch eine Quantifizierung der Informationen gemacht werden. In neueren Studien wird das Delphi-Verfahren auch computerunterstützt durchgeführt. [PS]

Delta, verzweigte ↗Mündung eines Flusses in einen See (*Binnendelta*) oder Ozean, benannt wegen ihrer Dreiecksform, die dem griechischen Buchstaben Delta (Δ) ähnelt. Es liegt an der Stelle, wo die Flüsse ihre Schleppkraft beim Einmünden in ein stehendes Gewässer verlieren und weist eine typische ↗Deltaschichtung auf. Ein Delta bildet immer einen oder mehrere zusammengesetzte, sehr flache Schwemmfächer, auf denen sich die Flüsse in verschiedene Mündungsarme aufspalten können (↗Bifurkation). Förderlich für das Deltawachstum sind neben starker Sedimentanlieferung vom Festland, ein großes Einzugsgebiet mit starker Verwitterung, eine geringe Wassertiefe, das Fehlen kräftiger Strömungen, geringe Wellenenergie und mäßige Gezeiten, sowie submerse Vegetation, welche die Sedimente auffängt und festhält. Alle Deltas der Erde sind sehr junge Gebilde (maximal 6000–7000 Jahre alt) und auf den gegenwärtigen Meeresspiegel eingestellt. Bei sonst gleichen Faktoren würde ein steigender Meeresspiegel das Deltawachstum behindern, ein fallender würde es fördern. Die Umrissformen der Deltas bzw. die von ihnen neu geschaffenen Küstenkonturen sind vielgestaltig (Abb.). Unregelmäßige partielle Buchtfüllungen kommen ebenso vor wie dreieckige oder keilförmige Vorsprünge (*cuspate deltas*), gerundete Deltas (*rounded deltas*), stark gegliederte längliche Vorsprünge beim ↗Vogelfußdelta oder schaufelförmige Deltas mit seitlichen ↗Flügelnehrungen. Sind Wellenenergie, Tidenhub oder Strömungen zu stark, können Deltas auch gekappt werden und sind dann in einer geraden Küstenlinie zurückgeschnitten. Deltas sind wegen ihrer großen Sedimentationsgeschwindigkeit und des Gehaltes an organischen Resten gute Speicher für Kohlenwasserstoffe und damit wichtige Erdöl- und Erdgaslagerstätten. Ihre in wenigen Jahrtausenden oft auf mehrere Kilometer Mächtigkeit anwachsende Sedimentlast auf relativ kleiner Flä-

Delta: Deltatypen. a) Spitzdelta (Bsp. Tiber), b) Flügeldelta (Bsp. Ebro), c) Fingerdelta (Bsp. Mississippi), d) Bogendelta (Bsp. Niger), e) Ästuardelta (Bsp. Rhein-Maas-Delta vor seiner anthropogenen Veränderung).

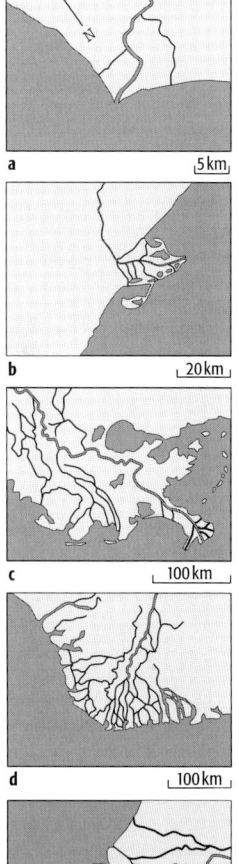

che führt meist zu einer aktiven isostatischen Absenkung (/Isostasie) des Untergrundes, was verbunden mit der normalen Sedimentkompaktion das Deltawachstum behindern sollte. Eine zunehmende Sedimentbelastung der Flüsse infolge Rodung des Hinterlandes und Ausbreitung der Landwirtschaft vermag diesen Faktor jedoch oft überzukompensieren. [DK]

Deltaschichtung: Schematische Darstellung.

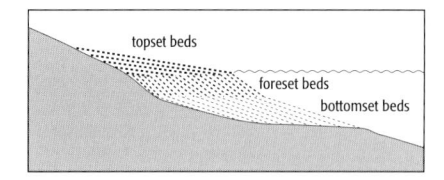

Deltaschichtung, charakteristischer Innenbau eines /Deltas (Abb.). Eine sehr flache Oberflächenschicht mit meerwärtiger Neigung (*topset beds*) geht an der Wasserlinie in sehr stumpfem Winkel über in steil geneigte Vorschüttsedimente (*foreset beds*), während vor dieser Deltafront auf dem flachen Meeresboden wieder sehr gering geneigte Sedimentschichten (*bottomset beds*) liegen.
DEM, *digital elevation model*, /DHM.
Demangeon, *Albert*, französischer Geograph, geb. 13.6.1872 Gaillon, gest. 25.7.1940 Paris. Nach einigen Jahren als Gymnasiallehrer promovierte Demangeon 1905 mit einer regionalgeographischen Arbeit (»La plaine picarde«). Seit 1911 wirkte er neben seinem Lehrer /Vidal de la Blache an der Pariser Sorbonne. 1918/19 gehörte er mit /Martonne zu den geographischen Beratern Frankreichs bei den Friedensverhandlungen. Demangeon führte die /Geographie in der Tradition Vidals fort; er war in den 1920er- und 30er-Jahren einer der führenden Humangeographen, dessen Interessen dem /ländlichen Raum, den Siedlungen, der Wirtschaft und nach 1920 besonders der /Politischen Geographie galten. Von seinen Hauptwerken seien genannt: »Le déclin de l'Europe«, 1920; »Le Rhin. Problèmes d'histoire et d'économie«, mit L. Febvre, 1935 und die länderkundlichen Werke über die Britischen Inseln (1927), die Benelux-Staaten (1927) und Frankreich (1946, 1948), die alle in der großen »Géographie universelle« erschienen. [HPB]

Demangeon, *Albert*

demographischer Übergang 1: Schematische Darstellung.

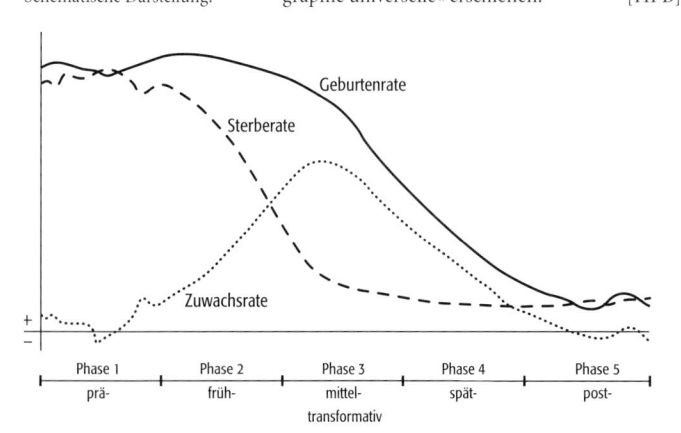

Demarkation, *Grenzziehung*, häufig als Waffenstillstandslinie gebraucht.
Demographie, *Bevölkerungswissenschaft*, analysiert die menschliche Bevölkerung insgesamt oder in einem bestimmten Raum im Hinblick auf ihre Größe, Struktur, Entwicklung und den zugrundeliegenden Prozessen. Die Demographie ist interdisziplinär ausgerichtet. So werden Bevölkerungsfragen aus der Perspektive der Ökonomie, /Soziologie, Medizin, Geschichte oder /Geographie bzw. /Bevölkerungsgeographie behandelt.
demographische Grundgleichung, gibt Richtung und Größenordnung der /natürlichen Bevölkerungsbewegungen und der /räumlichen Bevölkerungsbewegungen wieder und schließt deren Auswirkungen auf die Entwicklung der Einwohnerzahl in einem Gebiet während eines beliebigen Zeitraumes ein:

$$P_{t1} = P_{t2} + B_{t1,t2} - D_{t1,t2} + Z_{t1,t2} - A_{t1,t2}$$

mit P_{t1} = Bevölkerung zum Zeitpunkt $t1$, P_{t2} = Bevölkerung zum Zeitpunkt $t2$, $B_{t1,t2}$ = Geburten im Zeitraum $t1,t2$, $D_{t1,t2}$ = Sterbefälle im Zeitraum $t1,t2$, $Z_{t1,t2}$ = Zuwanderungen im Zeitraum $t1,t2$, $A_{t1,t2}$ = Abwanderungen im Zeitraum $t1,t2$.
Damit fasst die demographische Grundgleichung die wesentlichen Fragestellungen der /Bevölkerungsgeographie zusammen.
demographischer Übergang, *demographische Transformation*, mehr oder minder regelhafter Wandel der natürlichen Bevölkerungsbewegungen von relativ hohen Geburten- und Sterbeziffern zu vergleichsweise niedrigen Werten. Mit dem Übergang von der traditionellen zur modernen /Bevölkerungsweise, dessen Ursachen in weitreichenden gesellschaftlichen und ökonomischen Veränderungen, in Europa insbesondere in der fortschreitenden Industrialisierung und Verstädterung, zu suchen sind, steigt das natürliche Bevölkerungswachstum aufgrund der verzögert absinkenden Geburtenziffer zeitlich begrenzt an. Der Verlauf lässt sich in fünf Transformationsphasen untergliedern (Abb. 1):
a) prätransformative Phase: hohe demographische Umsatz- bei geringen /Geburtenüberschussziffern, vorübergehend auch Geburtendefizite aufgrund kurzfristig stark variierenden Sterberaten; b) frühtransformative Phase: eher konstante bis sogar leicht zunehmende Geburtenrate bei zurückgehender Sterberate, durch das Auseinanderlaufen der beiden Graphen Geburtenrate und Sterberate spricht man von der Öffnung der *Bevölkerungsschere*, das natürliche Wachstum steigt an; c) mitteltransformative Phase: weiteres Absinken der Mortalität und langsamer Beginn des /Fruchtbarkeitsrückgangs, maximale natürliche Wachstumsraten, die Bevölkerungsschere ist jetzt am weitesten geöffnet; d) spättransformative Phase: beschleunigte Verringerung der Geburtenrate, nur noch geringfügig rückläufige Sterberate, die Zuwachsrate wird langsam geringer, die Bevölkerungsschere beginnt sich zu

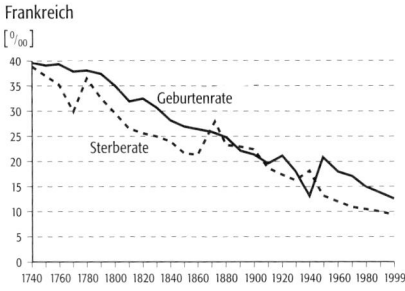

demographischer Übergang 2: Entwicklung der Geburten- und Sterberaten in ausgewählten Ländern.

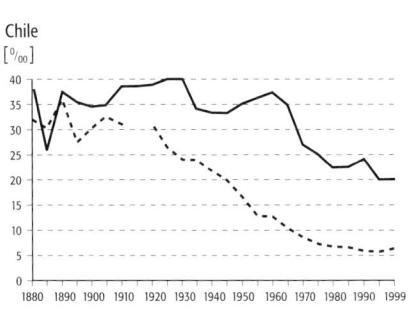

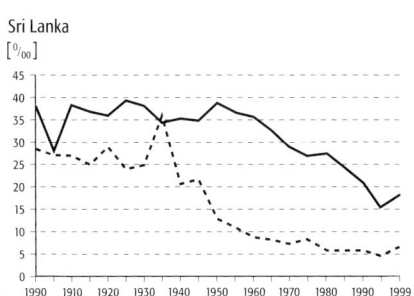

schließen; e) posttransformative Phase: niedrige Umsatzziffern, geringes natürliches Wachstum bis hin zu einem Bevölkerungsrückgang, leicht steigende Sterberate wegen des zunehmenden Anteils älterer Menschen.

Als Konsequenz des demographischen Übergangs ändern sich ↗Altersstruktur und ↗Geschlechtsgliederung. Der beschriebene schematische Verlauf, auch Modell des demographischen Übergangs genannt, trifft weitgehend für Europa, Nordamerika, Australien/Neuseeland sowie Japan zu (Abb. 2). Je später sich die Bevölkerungsschere öffnet, desto kürzer ist der Übergang (↗Geburtenüberschussziffer Abb. 1). In Frankreich setzte etwa zur gleichen Zeit der Rückgang von Geburten- und Sterberate um 1800 ein, das natürliche Wachstum verzeichnet nie überdurchschnittliche Werte. In den weniger entwickelten Ländern sinkt die Sterblichkeit Mitte des 20. Jh. sehr rasch ab, und der ↗Fruchtbarkeitsrückgang erfolgt verzögert. Geburten- und Sterberate entwickeln sich stark auseinander mit hoher positiver ↗Bevölkerungsentwicklung über einen relativ langen Zeitraum (Abb. 2). Das variable Übergangsmodell (Abb. 3) versucht, die in der Realität bzgl. Beginn, Verlauf und Größenordnung der Raten auch auf regionaler Ebene zu beobachtende Vielfalt des demographischen Übergangs zu erfassen. Das Modell bildet auch einen Rahmen für Erklärungsansätze. Allerdings betonen sie zu sehr den ↗Fruchtbarkeitsrückgang und beziehen nicht die demographischen Auswirkungen von ↗Migrationen ein. Zu einer Prognose ist das Modell ungeeignet, da ökonomische, soziale und kulturelle Bedingungen regional zu sehr variieren. Die Entwicklung im Gebiet der ehemaligen Sowjetunion mit einem markanten Anstieg der Sterblichkeit bei Männern (↗Übersterblichkeit) und stark sinkender Fruchtbarkeit lässt sich z. B. nicht in das Modell einordnen. [PG]

Literatur: [1] BÄHR, J. (1997): Bevölkerungsgeographie. – Stuttgart. [2] HAUSER, J. A. (1981): Zur Theorie der demographischen Transformation. In: Zeitschrift zur Bevölkerungswissenschaft 7, S. 255–271. [3] WEEKS, J. R. (1999): Population. An introduction to concepts and issues. – Belmont (Kanada).

demographische Umsatzziffer ↗Geburtenüberschussziffer.

Demökologie, *Populationsökologie*, untersucht die Struktur, Funktion und Dynamik von Populationen einer Art. ↗Synökologie, ↗Autökologie.

Denaturierung, reversible oder irreversible Veränderung der natürlichen Struktur und räumlichen Anordnung der Aminosäureketten von Proteinen (Enzymen) z. B. durch Hitze oder Bestrahlung, durch Behandlung mit Säuren, Basen,

demographischer Übergang 3: Variables Modell des demographischen Übergangs.

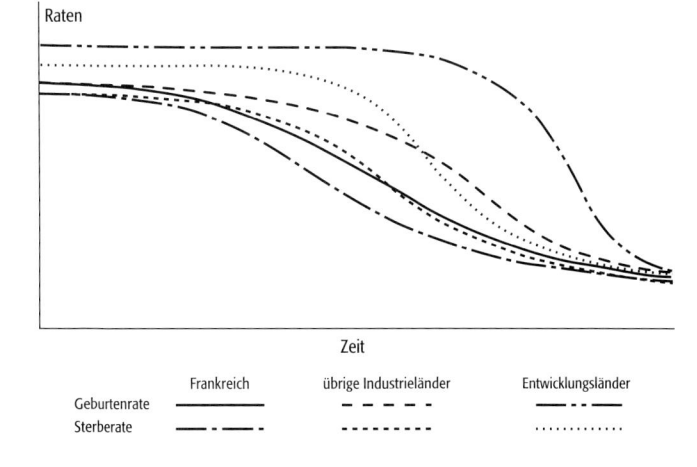

chaotropen (Wasserstoffbrücken-brechenden) Reagenzien wie Harnstoff oder Dodecyl-Sulfat. Durch reduzierende Reagenzien (z. B. Mercaptoethanol) können Disulfidbrücken gespalten werden. Die hoch geordnete, knäuelartige Raumstruktur geht in einen ungeordneten Zustand über, die Proteine verlieren ihre funktionelle Konformation. Die meist als Enzyme fungierenden Proteine verlieren durch Denaturierung ihre enzymatische Funktion und ihre chemisch-physikalischen Eigenschaften. Nehmen die Proteine durch geeignete Behandlung ihre Raumstruktur und ihre katalytische Aktivität wieder auf, spricht man von Renaturierung.

Dendrochronologie, *Jahrringchronologie*, die Auswertung von Jahrringen, die von Holzpflanzen der Außertropen gebildet werden. Die Auszählung erlaubt eine bis auf das Jahr genaue Altersbestimmung. Die jährlichen Zuwachsraten hängen von den Umweltbedingungen ab, es ergeben sich deshalb oft innerhalb eines Gebiets für beliebige Zeitreihen charakteristische Abfolgen. Durch verschiedene Bäume mit überlappender Lebensspanne erhält man eine über die Lebensdauer einzelner Gewächse hinausreichende Sequenz von Jahrringen, in die sich wiederum Neufunde einreihen oder anhängen lassen. Dendrochronologie liefert Eichkurven für die ↗Radiokarbonmethode, indem dendrochronologisch bestimmtes Holz radiokarbondatiert wird. Für Mitteleuropa gelang über die Analyse von Mooreichen die Erstellung einer Dendrochronologie der letzten 10.000 Jahre. Das homogene Klima der tropisch-subtropischen Regionen verhindert dagegen weitgehend die Ausbildung charakteristischer Schwankungen im Bau der Jahresringe. Im Bereich der Geowissenschaften findet die Dendrochronologie Anwendung bei der Datierung holozäner Sedimente von Seen, Flüssen, Mooren oder Bergrutschen. Wesentlich bedeutender ist allerdings der Nutzen für die Archäologie im Rahmen der Altersbestimmung historischer und prähistorischer Gebäude und Geländefunde.

Aus der Dendrochronologie entwickelte sich die Dendroklimatologie, eine Methodik, wonach sich aus dem jahreszeitlich gebundenen Wachstumsverhalten bestimmter Bäume der dabei wirksame Klimaeinfluss rekonstruieren lässt (Abb.). Dazu werden die für jedes Jahr typischen und optisch bestimmbaren Jahresringe verwendet. Die Zuordnung der Klimagrößen ist allerdings problematisch, da stets mehrere Einflüsse – auch nicht klimatologische – wirksam sind. Daher wird versucht, sich auf Zonen zu konzentrieren, in denen entweder die Temperatur oder der Niederschlag das begrenzende Klimaelement und somit der dominante Klimafaktor ist. Die Jahringe der Bäume sind darüber hinaus auch Träger bestimmter Isotope bzw. radioaktiver Elemente, woraus sich ebenfalls Klimainformationen herleiten lassen. Die maximale Reichweite dendroklimatologischer Rekonstruktionen liegt derzeit bei rund 10.000 Jahren und umfasst somit das gesamte Holozän. ↗Proxidata.

Denkmalschutz, bezeichnet Auflagen zur Erhaltung und Sanierung von historischer Bausubstanz. Als historische, schützenswerte Bausubstanz gilt in Deutschland generell die vor dem ersten Weltkrieg, sowie auch teilweise in der Zwischenkriegsphase errichtete Bausubstanz. Rechtsgrundlage ist das Bundesbaugesetz, das durch das ↗Baugesetzbuch abgelöst wurde. Das im Baugesetzbuch festgelegte »Besondere Städtebaurecht«

Dendrochronologie: Schema der zeitlichen Zuordnung (durch Überlappung) und Ermittelung dendroklimatologischer Informationen aus lebenden Bäumen und früher verwendeten Nutzhölzern (z. B. beim Bau benutzte Holzbalken).

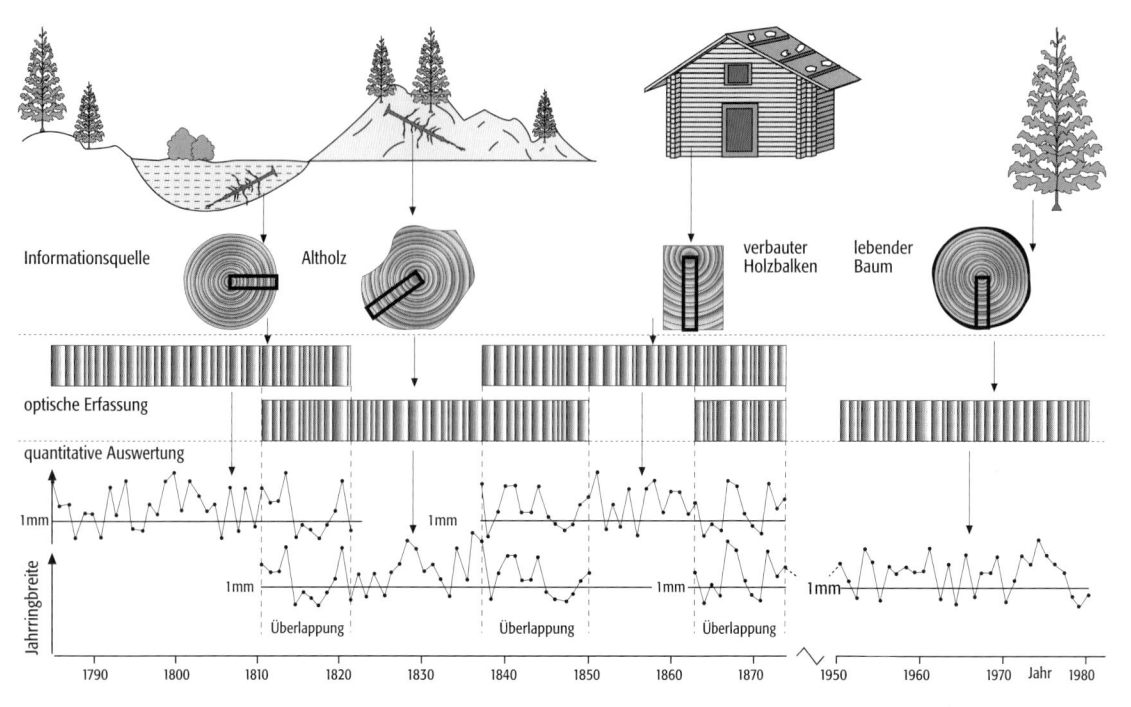

legt unter anderem Erhaltungssatzung und städtebauliche Gebote fest, das »Allgemeine Städtebaurecht« die bei der Aufstellung der ↗Bauleitpläne zu berücksichtigenden Belange des Denkmalschutzes und der Denkmalpflege sowie der erhaltenswerten Ortsteile, Straßen und Plätze von geschichtlicher, künstlerischer oder städtebaulicher Bedeutung. Auf der Grundlage der Gesetzgebung zum Denkmalschutz müssen in der Bundesrepublik Deutschland vor Sanierung denkmalgeschützter Gebäude Genehmigungsverfahren durchlaufen werden.

Denkmalschutz ist in den USA 1968 durch die Gesetzgebung zur »historic preservation« eingeführt worden. Danach können Gebäude als »historic landmark« oder ganze Ortsteile als »historic districts« ausgewiesen werden. Die Sanierung solcher historischer Bausubstanz begann in großem Ausmaß im Umfeld der Zweihundertjahrfeier und leistete der ↗Gentrification von Ortsteilen aus der viktorianischen Periode (Wohnhäuser aus dem 19. Jh.) großen Vorschub. In Stadtteilen mit historischer Bausubstanz, die dem Verfall und im Rahmen von Invasions-Sukzessions-Prozessen eine Bevölkerungsumschichtung erfahren haben, wird die Ausweisung eines denkmalgeschützten Stadtteiles (historic district designation) durch die öffentliche Verwaltung nicht selten bewusst betrieben, um die Sanierung durch kaufkräftige »Gentrifiers«, und damit eine Aufwertung eines Stadtgebietes einzuleiten. [RS]

Denomination, *Benennung*, vor allem im englischsprachigen Bereich verwendete Bezeichnung für eine christliche ↗Konfession oder Kirche. Die USA, in deren Verfassung die Trennung von Kirche und Staat sowie die Religionsfreiheit von Anfang an festgeschrieben wurde, waren einerseits Auswanderungsziel nicht anerkannter bzw. verfolgter christlicher Gemeinschaften vor allem aus Europa, andererseits entwickelten sich hier vor allem im 19. und 20. Jh. viele neue, organisierte Ausprägungen der christlichen Religion. Viele der so entstandenen Denominationen breiteten sich von hier in andere Teile der Welt aus.

density slicing, Aufteilung einer Grauwertabfolge im digitalen Satellitenbild-Datensatz und Zuweisung von Farben zu den einzelnen Intervallklassen der Datenwerte. Sinnvoll überall dort, wo die Grauwertskala eines Parameters farblich differenziert dargestellt werden soll, z. B. bei Thermalbild-Daten oder Daten des digitalen Höhenmodells (↗DHM). ↗Äquidensiten.

Dentalien, kleine, konisch-röhrige bis stoßzahnartige Kalkgehäuse der Scaphopoden (Kahnfüßer), einer Klasse der ↗Mollusken (Weichtiere). Im unteren ↗Muschelkalk zum Teil massenhaft zusammengespült (»Dentalien-Bänke«).

Denudation, Summe der, im Gegensatz zur linearen ↗Erosion, flächenhaft wirkenden Abtragungsprozesse. Denudation umfasst die ↗fluvialen, ↗gravitativen, ↗glazigenen, ↗litoralen sowie die ↗äolischen Prozesse. Unter dem Einfluss der angelsächsischen Literatur, in der die beiden Begriffe Erosion und Denudation nicht auf die gleiche Art unterschieden werden, wird ihre Abgrenzung häufig nur mehr ungenau eingehalten (z. B. ↗Bodenerosion).

Denudationsbasis, Ebene, Verflachung, auf die Abtragungsprozesse (↗Denudation) eingestellt sind. Die Intensität der Prozesse ist dabei abhängig von der Höhe bzw. Steilheit des darüber befindlichen Geländes. Es wird zwischen lokaler und absoluter Denudationsbasis unterschieden.

Denudationsrate, Abtrag an Mineralsubstanz je Zeiteinheit an einem Hang oder in einem Einzugsgebiet durch ↗Denudation, ausgedrückt in Gewichts- oder Volumeneinheiten. Zur Bestimmung gibt es zahlreiche methodische Ansätze. a) Messung der Erniedrigung des Reliefs: Dünne Stifte oder Stäbe werden in die Oberfläche eingebracht. Nach einiger Zeit bzw. regelmäßig wird gemessen, um wie viel sie weiter aus dem Relief aufragen, um wie viel sich also die Oberfläche erniedrigt hat. Wird ein Potenziometer zwischen Spitze und Fußpunkt des Stabes montiert, so kann die Veränderung kontinuierlich aufgezeichnet werden. Solche Verfahren sind am besten für flachgründige Bewegungen geeignet, z. B. Abspülung oder Deflation, werden aber auch an Uferböschungen eingesetzt, um die Seitenerosion eines Fließgewässers zu bestimmen. Größere Reliefveränderungen lassen sich mit ↗Photogrammetrie, ↗Nivellement oder ↗Vermessung von einem Fixpunkt aus erfassen. b) Messung des Transports durch Sedimentfallen: Die durch ein bestimmtes Hangstück fluvial transportierte Feststofffracht kann in einer quer in das Relief eingelassenen Wanne aufgefangen werden. Soll auch die Lösungs- und Schwebfracht erfasst werden, so sind Absenkbecken ausreichenden Fassungsvermögens mit der Wanne zu koppeln. Die Ergebnisse sind nur dann reproduzierbar, wenn das Einzugsgebiet der Wanne konstant groß und genau bekannt ist. Auffangschalen, rings um eine kleine Fläche herum angeordnet, erlauben die Bestimmung des ↗splash Effekts. c) Aus den ↗Transportraten im ↗Vorfluter kann die Abtragung im gesamten Einzugsgebiet bilanziert und auf dessen Fläche bezogen werden. Das Verfahren erfasst aber den Großteil des äolischen Austrags nicht und eignet sich kaum zur feineren Differenzierung einzelner Reliefelemente. d) Zur Messung der Bewegungsgeschwindigkeit insbesondere bei Kriechbewegungen werden Markierungen, wie z. B. Pflöcke, in die Oberfläche eingebracht, die von einem Fixpunkt (Felsoberfläche) aus in ihrer Lage und Höhe vermessen werden. Soll auch der Tiefgang der Bewegung erfasst werden, so können Pflockreihen oder Aluminiumstreifen in ein Bohrloch eingebracht werden, die nach einiger Zeit (unter einschneidender Störung des Messobjekts) wieder ausgegraben werden, und die mit ihrer Lage dann die Bewegung in unterschiedlicher Tiefe nachzeichnen. Noch stärker zerstörerisch muss bei der Anlage und dem Wiederaufgraben von *Young Pits* vorgegangen werden, wo in eine Grube, die anschließend wieder verfüllt wird, in verschiedenen Tiefen Markierungsstäbe horizontal eingebracht werden. Bei sehr langsamen Kriechbewegungen können auch flexible Kunststoffrohre verwendet werden, deren Verformung beliebig oft von oben her bestimmt werden kann. d) Rekonstruktion der Denudation aus den korrelaten Sedimenten: Der Teil des abgetragenen Materials, der nicht in den Vorfluter gelangt ist, oder von diesem nicht transportiert werden konnte, kann z. B. durch Bohrungen und ↗geomorphologische Kartierung in seinem Volumen bestimmt werden. Dieses Verfahren eignet sich für Solifluktionsprozesse, aber auch für schnelle Denudationsprozesse wie ↗Bergsturz, ↗Rutschung oder Murenabgang. Durch ↗Datierung der Sedimente lässt sich der Bezug zur Zeit herstellen. e) Tracerisotope sind insbesondere ^{137}Cs, das seit ca. 1954 als Folge von Kernwaffentests entstand, oder ^{10}Be, das sich zeitabhängig im Substrat anreichert (↗kosmogene Nuklide) und denudativ wieder entfernt wird. Das Verhältnis zwischen dem Input und dem Austrag des Isotops aus einem Einzugsgebiet, aber auch die im Substrat verbliebene Konzentration lassen auf die Abtragung schließen. Besondere Schwierigkeiten bereitet bei allen Ansätzen die Übertragung der Ergebnisse auf andere Maßstabsebenen, insbesondere auf Einzugsgebiete anderer Größenordnung, aber auch auf von der verwendeten Messdauer und -frequenz abweichende Zeitskalen. Definierte Rahmenbedingungen der untersuchten Prozesse streben Laborexperimente mit künstlicher Beregnung an, so dass z. B. der Einfluss unterschiedlicher Hangneigungen oder Tropfengrößen auf das Prozessergebnis isoliert untersucht werden kann, während alle anderen Faktoren konstant gehalten werden. [AK]

Dependenz, *Abhängigkeit* einer Gesellschaft von einer anderen, dominanten Gesellschaft in Hinsicht der Technologie, des Kapitals, des politischen Einflusses, des Militärs, der Werte u. a. ↗Dependenztheorie, ↗Zentrum-Peripherie-Modell.

Dependenztheorie, *Dependencia-Ansatz*, aus der Entwicklungsländer-Diskussion stammendes theoretisches Konzept (↗Entwicklungstheorie). Die Dependenztheorie gründet auf wirtschafts- und sozialwissenschaftlichen Arbeiten, die ab den 1960er-Jahren vor allem in Lateinamerika erschienen und die sowohl Blockaden wirtschaftlicher und gesellschaftlicher ↗Entwicklung zu erklären suchten als auch Strategien für die Überwindung von ↗Unterentwicklung aufzeigen wollten. Man unterscheidet zwischen einer marxistischen und einer strukturalistischen Variante der Dependenztheorie. Ihnen war als neuer Erklärungsansatz gemeinsam, dass sie in der Abhängigkeit (span. dependencia) der ↗Entwicklungsländer von den ↗Industrieländern (↗Zentrum-Peripherie-Modell) die Hauptursache für Unterentwicklung sahen. Unterentwicklung wird nicht mehr als bloßes Zurückbleiben im Verhältnis zu den Industrienationen angesehen, sondern als Folge des historischen Prozesses einer effizienten Integration der Entwicklungsländer in den kapitalistischen Weltmarkt. Unterentwicklung wird somit aus Sicht der Dependenztheorie vorrangig als exogen verursacht (↗exogene Ursachen) interpretiert und nicht als Folge endogener Faktoren (↗endogene Ursachen) wie bei den ↗Modernisierungstheorien. Einerseits sehen Dependenztheoretiker die Ursachen von Abhängigkeit und Ausbeutung im Verfall der ↗Terms of Trade und andererseits in der strukturellen Ausrichtung der Ökonomien der Entwicklungsländer auf die Verwertungsinteressen der Zentren. ↗Strukturelle Heterogenität und Marginalisierung (↗Marginalität) sind aus Sicht der Dependenztheorie die Hauptkennzeichen der Wirtschafts- und Gesellschaftsstruktur in den Entwicklungsländern. Die aus den Dependenztheorien abgeleiteten Strategien zur Überwindung von Unterentwicklung forderten die Herauslösung der Entwicklungsländer aus dem Weltmarkt (↗Dissoziation) bzw. hielten die Veränderung der weltwirtschaftlichen Rahmenbedingungen für unabdingbar (Forderung nach einer Neuen Weltwirtschaftsordnung). Die Dependenztheorie war zunächst in Lateinamerika verbreitet und wurde später auch auf Afrika, weniger auf asiatische Verhältnisse angewendet. Ab den 1970er-Jahren fanden Gedanken der Dependenztheorie mit Untersuchungen zu Zentrum-Peripherie-Strukturen, zu den Ursachen disparitärer Raumentwicklung (↗räumliche Disparitäten) sowie zu Marginalität in Stadt und Land auch Eingang in die geographische ↗Entwicklungsländerforschung (räumliche Konsequenzen des ↗peripheren Kapitalismus). Die Kritik an der Dependenztheorie entzündete sich vor allem an der einseitigen Betonung der exogenen Ursachen von Unterentwicklung, am Unvermögen, Differenzierungsprozesse innerhalb der Gruppe der Entwicklungsländer zu erklären, sowie an den schwer umzusetzenden Strategieempfehlungen (↗Entwicklungsstrategien). [MC]

Deposition, Vorgang der Ablagerung von Spurenstoffen, welche über die Atmosphäre transportiert wurden, an einem Akzeptor. Die Deposition ist die Voraussetzung, um eine Wirkung von Luftverunreinigungen herbeizuführen. Deponiert werden gasförmige, flüssige oder feste Stoffe, welche durch die ↗Emission freigesetzt wurden oder beim Transport eine physikalische oder chemische Veränderung erfahren haben. Vollzieht sich die Deposition über den Weg des Niederschlags, spricht man von nasser, ansonsten von trockener Deposition. Trockene Deposition liegt also auch vor, wenn sich Spurenstoffe an nassen Oberflächen anlagern, ohne über den Weg des Niederschlags dorthin transportiert worden zu sein. Der nassen Deposition vorausgegangen ist ein ↗Rain-out, wenn die Luftverunreinigungen bereits an ↗Wolkentropfen oder ↗Eiskristallen angelagert waren, und vom ↗Wash-out, wenn dies erst an den fallenden ↗Regentropfen oder Schneeflocken geschah. Die nasse Deposition von Schwefel- und Stickstoffoxiden bildet den ↗sauren Regen. Bei der okkulten Deposition ist der Weg, auf welchem die Deposition an den Akzeptor gelangte, nicht bekannt. Abb.
Die Deposition erfolgt an den Oberflächen von Lebewesen, z. B. der menschlichen Lunge oder einer Blattoberfläche sowie an abiotischen Flä-

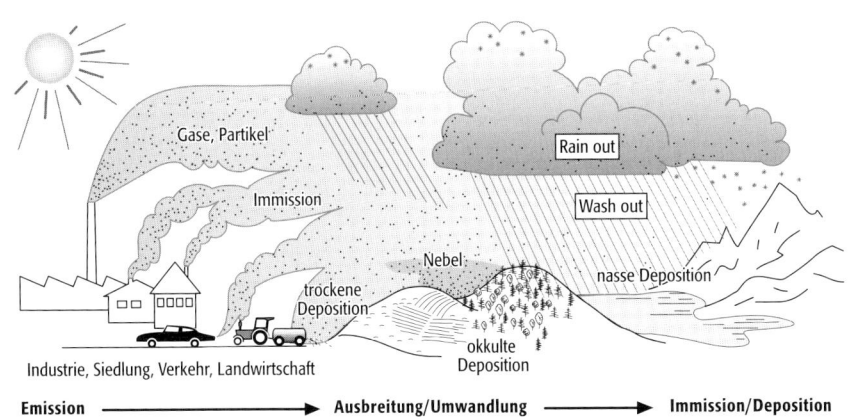

Deposition: Ausbreitung von Luftbeimengungen in der Atmosphäre.

chen, wo sie, etwa an Bauwerken, ebenfalls zu Schädigungen führen kann. Entscheidend für die Depositionsprozesse sind die mikroskaligen physikalischen und chemischen Vorgänge an den betreffenden Oberflächen. Gase werden aufgrund turbulenter oder molekularer Diffusion deponiert. Feste und flüssige Materialien werden aufgrund von Sedimentation infolge der ↗Erdbeschleunigung oder der Impaktion, der trägheitsbedingten Abscheidung von bewegten Aerosolen deponiert. Die Anlagerung an den Oberflächen ist von den Sorptionseigenschaften der Oberfläche oder ihren Hafteigenschaften für Aerosole abhängig. Sie ist sehr unterschiedlich und zeitlich variabel. So kann erst eine Benetzung von Blattoberflächen die Anlagerung von hygrophilen Stoffen ermöglichen.

Die nasse Deposition setzt eine Kollision von ↗Aerosolen und Wasser- oder Wolkentröpfchen voraus, die man statistisch beschreiben kann. Die Kapazität des atmosphärischen Wassers für Teilchen ist sehr hoch. In einem Regentropfen können bis zu 10.000 Aerosole enthalten sein. Die Wahrscheinlichkeit, dass es zur Aufnahme kommt, wird durch einen Auswaschkoeffizienten bestimmt. Er hat bei Wasser sein Minimum bei einem Durchmesser des Aerosols von 1 µm und nimmt zu größeren und kleineren Durchmessern hin zu. Der Auswaschkoeffizient von Schnee ist etwa eine Zehnerpotenz größer als von Wassertröpfchen. [JVo]

Depression, 1) *Geomorphologie*: Teil des Festlandes, der unter dem Meeresspiegel liegt (z. B. Totes Meer -394 m). Befindet sich in einer Depression ein See, dessen Spiegel über dem Niveau des Meeresspiegels liegt, so spricht man von einer Kryptodepression (z. B. Baikalsee: Seespiegel + 455 m, tiefster Punkt des Beckens -1165 m). Durch Deichbau trockengelegtes, unter dem Meeresspiegel gelegenes Marschland wird als Küstendepression bezeichnet. Gelegentlich wird der Begriff Depression auch generell für geschlossene Hohlformen (d.h. ohne Bezug auf das Meeresspiegelniveau) verwandt. **2)** *Klimatologie*: Absenkung der ↗Schneegrenze während einer Kaltzeit. **3)** *Mathematik*: Winkel (»Kimmtiefe«) zwischen dem scheinbaren und dem natürlichen Horizont. **4)** *Meteorologie*: ↗Tiefdruckgebiet.

Dequalifizierung, Verminderung der für eine berufliche Position (Tätigkeit) geforderten ↗Qualifikationen, meist eine Folge der ↗vertikalen Arbeitsteilung und des technischen Fortschritts. K. Marx und spätere marxistische Theoretiker gingen davon aus, dass die Arbeiterschaft durch ↗Arbeitsteilung, Automatisierung und Mechanisierung dequalifiziert werde und am Ende des Prozesses in der kommunistischen Gesellschaft jeder überall einsetzbar sein werde. Sie haben übersehen, dass die im Zuge der vertikalen Arbeitsteilung und der industriellen Massenproduktion (↗Fordismus) eintretende Dequalifizierung nur einen Teil der Tätigkeiten betrifft und dass parallel zur Dequalifizierung von routinisierbaren, meist manuellen Tätigkeiten eine Höherqualifizierung jener Funktionen eintritt, die mit Planung, Koordination und Entscheidungsfindung befasst oder mit einem hohen Maß von Unsicherheit konfrontiert sind (↗Professionalisierung, ↗Meritokratisierung). An der These der Dequalifizierung wurde von Marxisten deshalb so lange festgehalten, weil sie eine Vorbedingung für eine klassenlose Gesellschaft ist. [PM]

Deregulierung, Abbau von Regelungssystemen, z. B. durch Privatisierung, Entbürokratisierung und Abnahme von Interventionen (Aufbrechen verfestigter Strukturen, Stabilisierung von ↗Produktionsstruktur und Konsumstruktur). Ziele einer Deregulierung sind die Förderung von Wachstum, Investitionen und Beschäftigung; zur Verhinderung negativer sozialer Wirkungen der Deregulierung bedarf es jedoch neuer Regelungen. ↗Deregulierung des Arbeitsmarktes.

Deregulierung des Arbeitsmarktes, Abbau von staatlichen und institutionellen Regulierungen und Wiederherstellung eines liberalen Konzepts von »Markt«, getragen vom Vertrauen auf die ausgleichende Wirkung der Marktmechanismen. ↗Deregulierung.

Desegregation, Prozess der Verringerung oder Auflösung der hohen Konzentration oder ungleichen Verteilung von Bevölkerungsgruppen über städtische Teilräume. Desegregationspolitische Maßnahmen dienen der Verringerung der überproportionalen Konzentration bestimmter Bevölkerungsgruppen, v.a. sozial diskriminierter

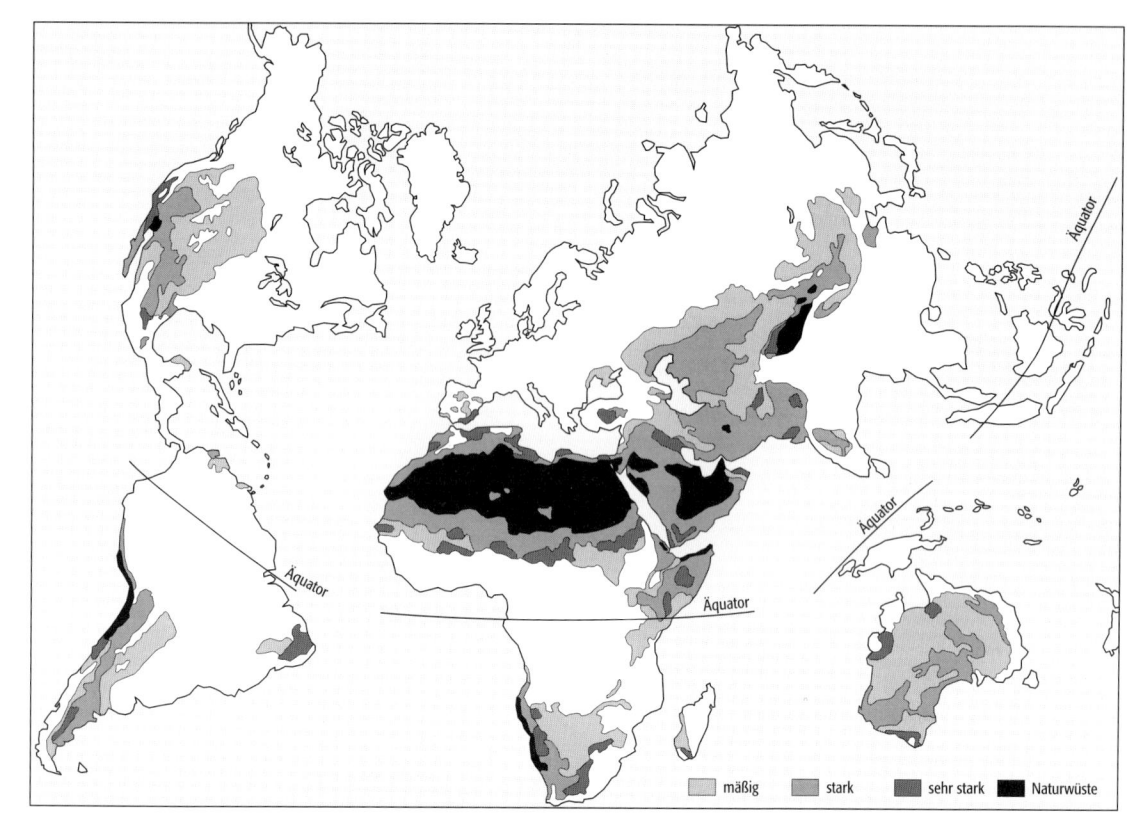

Desertifikation: Weltkarte der Wüsten und der von Desertifikation bedrohten Gebiete.

Legende: mäßig | stark | sehr stark | Naturwüste

Personen in städtischen Teilräumen zum Ziele ihrer Integration (↗Segregation).

Desertifikation, durch ↗Übernutzung oder nicht standortgerechte Nutzung in meist subtropischen und tropischen Trocken- und Halbtrockengebieten bewirkte Entstehung und Ausbreitung wüstenhafter Verhältnisse (↗Wüste, ↗Unland) und damit Aufhören jeglicher Nutzungsmöglichkeit. Das Phänomen der Desertifikation wurde anlässlich einer extremen ↗Dürre 1969–1973 im Sahel, einem Halbwüstengebiet am Südrand der Sahara, erstmalig gründlich untersucht und aufgeklärt. Die traditionelle Nutzung erfolgt hier durch Nomaden (↗Nomadismus) mit wandernden Viehherden, die den räumlich wechselnden, niederschlagsbedingten Weidemöglichkeiten folgen und deren Kopfstärke auch durch die jeweilige Wasserverfügbarkeit reguliert wird. Diese angepasste, ökologisch tragfähige Nutzung wurde durch politisch gewollte Sesshaftmachung der Nomaden aufgehoben, die durch Wasserversorgung aus neu erbohrten Brunnen gestützt wurde. Damit entfielen die Viehzahlregulierung durch Trockenheit und das Wandern zu nutzbaren Weiden; ↗Überweidung im Umkreis der nunmehr festen Wohnplätze bewirkte irreversible Zerstörung der spärlichen Vegetation und damit die Ausbreitung der Wüste, die hier klimatisch eigentlich nicht vorkommen würde.

Diese sog. Sahel-Katastrophe gab Anlass zu international koordinierten Gegenmaßnahmen, die nach der UNO-Konferenz über Desertifikation in Nairobi 1977 zu der auf der UNO-Konferenz für Umwelt und Entwicklung in Rio de Janeiro 1992 beschlossenen Internationalen Konvention zur Bekämpfung der Desertifikation führte. Deren Hauptwirkungsgebiet ist Afrika, doch soll sie auch in allen anderen Erdteilen zur Anwendung kommen, weil Desertifikation als weltweites, nicht auf Trockengebiete beschränktes Problem erkannt wurde (Abb.). [WHa]

Desilifizierung, Teilprozess der ↗Ferralitisierung, der zur Bildung des Ferralits bzw. ↗Ferralsols führt, bezeichnet die Auswaschung von löslicher Kieselsäure aus Böden mit dem Sickerwasser. Betroffen sind vor allem Böden der Tropen und Subtropen, da die Mobilisierung und Löslichkeit von Kieselsäure im Verlauf der Silicatverwitterung temperaturabhängig ist und mit der Temperatur an Intensität zunimmt. Als Folge der Desilifizierung reichern sich unlösliche ↗pedogene Oxide des Al (Gibbsit), Fe und Mn sowie kaolinitische ↗Tonminerale relativ an.

Desintegration, Auflösung oder Auseinanderfallen eines Ganzen (↗Separatismus, ↗Regionalismus).

Deskription, *Beschreibung*, wissenschaftstheoretisch (↗Wissenschaftstheorie) als begrifflicher Gegensatz zu ↗Erklärung verwendet. Als deskriptive Darstellungen werden wissenschaftliche Arbeiten dann bezeichnet, wenn es sich bei ihnen um ein theorieloses Registrieren von Eigenschaften einer disziplinspezifisch relevanten Gegebenheit handelt. Forschungen, die sich auf bloße Beschreibungen beschränken, werden oft mit dem Vorwurf des naiven Empirismus konfrontiert. Im Rahmen der ↗Geographie ist insbesondere die ↗Länderkunde und ↗Landschaftskunde von Vertretern des raumwissenschaftlichen Ansatzes mit dem Vorwurf der theoriefernen, rein deskriptiven Darstellung räumlicher Wirklichkeiten konfrontiert worden: Sie sei lediglich an der zusammenhanglosen Schilderung interessiert, nur an der Erfassung des idiographischen Charakters »räumlicher Gestalten« orientiert, nicht aber an der Aufdeckung und Erklärung von (räumlichen) Gesetzmäßigkeiten und der Erklärung der räumlichen Verhältnisse. Innerhalb der qualitativen Sozialforschung ist die Deskription jedoch ein Verfahren, in dem zahlreiche Vorteile gesehen werden. Insbesondere wird betont, dass damit nicht eine voreilige Eingrenzung auf eine bestimmte (theoretische) Perspektive notwendig ist. Wissenschaftlichen Wert können Beschreibungen aber nur dann erlangen, wenn mit ihnen klar angebbare Absichten verfolgt werden. Insbesondere das Erschließen des subjektiven Sinns menschlicher Handlungen ist auf beschreibende Darstellungen angewiesen. Doch dafür ist ein klar angebbares deskriptives Schema die unabdingbare Voraussetzung. Damit ist ein Raster gemeint, das die wichtigsten thematischen Leitlinien vorgibt, entlang derer die wissenschaftliche Darstellung erfolgen soll. Dieses Schema hat aber in jedem Fall der eigentlichen Hypothesen- und Theoriebildung vorauszugehen, falls diese überhaupt ein Ziel der Forschung sein soll.

Die sog. »thick description« bzw. »dichte Beschreibung« ist ein Verfahren, das C. Geertz in Anlehnung an den Oxforder Philosophen G. Ryle im Rahmen der ↗Ethnologie für die interpretative, verstehende Sozial- und Kulturforschung entwickelt hat. Es ist auf die Rekonstruktion von Bedeutungsstrukturen innerhalb einer bestimmten Kultur aus der Sicht der Einheimischen angelegt. Die dichte Beschreibung unterscheidet sich von der theoriefreien »thin description« des naiven Empirismus, wie er häufig in länder- und landschaftskundlichen oder ethnographischen Feldforschungen praktiziert wird, durch die phänomenologisch (↗Phänomenologie) inspirierte These von der (subjektiven) Konstitution aller Bedeutungswelten. Ziel der entsprechenden Forschungen ist die rekonstruktive Analyse dieser Konstitutionsleistungen und die Erschließung der kulturspezifischen Symbolsysteme. Damit erfüllt die dichte Beschreibung viele Anforderungen der Sozial- und Kulturforschung in subjektiver Perspektive, wie sie auch im Rahmen der ↗handlungstheoretischen Sozialgeographie postuliert wird. ↗Beobachtung. [BW]

deskriptives Datenmodell ↗GIS-Modelle.
deskriptive Statistik, *beschreibende Statistik*, Teilgebiet der ↗Statistik, das sich mit Vorgehensweisen und statistischen Verfahren zur exakten Beschreibung bzw. Erfassung der Eigenschaften der vorliegenden Daten befasst.
Sind die vorliegenden Daten zufallsbeeinflusst oder messfehlerbehaftet bzw. bilden diese eine ↗Stichprobe und man möchte mit ihrer Hilfe Informationen über die ↗Grundgesamtheit erhalten, so sind Verfahren der ↗analytischen Statistik zu verwenden.

desktop mapping ↗digitale Kartographie.
Desorption ↗Adsorption.
Desquamation, *Abschalung, Abschuppung*, Absprengen von Schalen oder Schuppen unterschiedlicher Dicke (Millimeter- bis Dezimeterbereich) von Gesteinen im Zuge der ↗physikalischen Verwitterung. Das Abplatzen feinerer (bis zentimeterdicker) Schuppen findet sich auch an weitgehend homogenen Gesteinen, während größere Schuppen und Schalen an entsprechend strukturierte Gesteinspartien (Schichtungs- und Schieferungsflächen oder ↗Klüfte) gebunden sind. Wenn es zu einer kugelförmigen Desquamation kommt, wird von *Sphäroidalverwitterung* gesprochen. Die Desquamation größerer Schuppen nennt man *Exfoliation*. Das Phänomen findet sich gehäuft in Trockengebieten und wird dort auf die Kombination von ↗Salz-, ↗Hydratations- und ↗Insolationsverwitterung zurückgeführt.

Destinationslebenszyklus, in Analogie zum betriebswirtschaftlichen Begriff des Produktlebenszyklus (↗Produktlebenszyklus) beschreibt der Destinationslebenszyklus die einzelnen Phasen einer ↗touristischen Destination im Markt. Sie wird hierbei als das touristische Produkt und die Wettbewerbseinheit im Tourismus gesehen. Nach dem Lebenszykluskonzept wird grundsätzlich von einer zeitlich begrenzten Akzeptanz einer Destination am Markt ausgegangen. Demnach lässt sich die Lebensdauer einer Destination zwar nicht exakt in Jahren angeben, allerdings in folgende Phasen unterschiedlicher Marktakzeptanz unterteilen: a) Einführungsphase (Markteintritt der Destination mit steigender Zahl von Übernachtungen, stark steigender Wertschöpfung, hohen Investitionen sowie starker Nutzung der natürlichen Ressourcen); b) Wachstumsphase (die Zahl der Übernachtungen steigt weiter stark an und die Destination gewinnt zunehmend Marktanteile; hierbei ist ihr Wachstum höher als das des Gesamtmarktes; bei weiter steigender Wertschöpfung werden die Investitionen der Nachfrage angepasst); c) Reifephase (der bislang erzielte Marktanteil wird annähernd gehalten, die Wertschöpfung ist rückläufig aufgrund sinkender Preise; die Investitionen stagnieren; notwendige Erneuerungen werden nicht vorgenommen); d) Degenerationsphase (die Destination verliert absolut und relativ Marktanteile, ihr Image verschlechtert sich zusehends, die Investitionen sind rückläufig, gleichzeitig nimmt die Nutzung der natürlichen Ressourcen zu, d. h. mehr Tagesausflugsverkehr). Künftig wird sich die Nachfrage entweder auf niedrigem Niveau stabilisieren oder es gelingt mit erheblichem Aufwand ein Relaunch – also eine Wiedereinführung der Destination mit strategischer Neupositionierung und mit Gewinnung neuer, konsumkräftiger Zielgruppen (Beispiel: Golftourismus auf Mallorca). [Ase]

Destruenten [von griech. destruens = zerstörend, niederreißend], zusammenfassende Bezeichnung für Organismen der Destruenten-Nahrungskette, die tote organische Substanz (Streu, Detritus) zerkleinern, zersetzen und mineralisieren. Die Zerkleinerer und Zersetzer werden als ↗Saprophage bezeichnet, die für die anderen Organismengruppen die Vorverarbeitung und Vorverdauung leisten. Wie in der Konsumenten-Nahrungskette dienen sie selbst wiederum zoophagen Organismen als Nahrung. Die Saprophagen werden nach der Art der konsumierten toten, organischen Substanz (pflanzliche Substanz, Tierleichen, Kot) untergliedert in Phytophage, Nekrophage und Koprophage. Entsprechend ihrer Größe werden die Saprophagen der Makrofauna (>1 cm, Regenwürmer, Tausendfüßler und andere Arthropoda, Schnecken), der Mesofauna (0,2–1 cm, diverse Asseln, Tausendfüßler, Springschwänze (Collembola), Hornmilben) und der Mikrofauna (< 0,2 cm, u. a. Springschwänze, Milben) zugeordnet. Innerhalb der Destruenten-Nahrungskette durchlaufen die Nahrungsstoffe (↗Detritus) nebst ihren Inhalten (Pilze, Bakterien) meist mehrere Zersetzer nacheinander. Die Destruenten im engeren Sinne sind die ↗Reduzenten (↗Pilze und ↗Bakterien), von denen die organischen Abfallsubstanzen durch Reduktion und Oxidation in anorganische Substanzen bis hin zu den elementaren Ausgangssubstanzen umgewandelt werden. Im Saprophagen-Destruenten-System bestehen hochvernetzte wechselseitige trophische Beziehungen, da z. B. die phytophagen Saprophagen mit dem pflanzlichen Detritus auch die darauf und davon lebenden Mikroorganismen konsumieren. Von jeder Trophiestufe der Nahrungskette werden die partikulären Abfallstoffe wieder in den Pool des Bestandsabfalls zurückgegeben, bis schließlich eine vollständige Mineralisierung erreicht ist. Die Dauer dieses Prozesses im Destruenten-Saprophagen-System hängt von der Stabilität der organischen Ausgangssubstanzen und ihren organischen Verbindungen ab. Für die wichtigsten Pflanzenreste besteht folgende zunehmende Stabilität: Leguminosen < Gräser, Kräuter < Laubgehölze < Nadelgehölze < ericoide Zwergsträucher. Die Stabilität der wichtigsten organischen Verbindungen hat von gering nach stark die Reihung: Zucker, Stärke, Poteine < Proteide < Pektine, Hemizellulose < Zellulose < Lignin, Wachse, Gerbstoffe. [UT]

Destruenten-Nahrungskette ↗Nahrungskette.

Desurbanisierung, Phase der Stadtentwicklung (↗Stadtentwicklungsmodell), in der die Verdichtungsräume eine Bevölkerungsabnahme verzeichnen, die im Wesentlichen auf dem Rückgang der Einwohnerzahlen in der Kernstadt beruht. Die Desurbanisierung umfasst die ↗Exurbanisierung sowie ↗counterurbanization und ist u. a. Folge ↗interregionaler Wanderungen. Zum einen erhöhen der weitere Verkehrsausbau, Innovationen in der Kommunikations- und Informationstechnologie, der wirtschaftliche Strukturwandel mit neuen Betriebsorganisationen und Transportmustern, Freizeit- und Erholungsangebote sowie günstige Bodenpreise in landschaftlich reizvoller Lage die Attraktivität von Standorten in weniger verdichteten Räumen, zum andern verschlechtert die Flächenexpansion von Nicht-Wohnfunktionen die Erreichbarkeit zentral gelegener Standorte.

Deszendenz, Bezeichnung für die ↗Infiltration des ↗Sickerwassers.

Determinismus, Lehre von der Vorbestimmtheit allen Geschehens, die meist im Zusammenhang mit der ↗Kausalität gesehen wird. Der weltanschauliche Determinismus geht von der weder nachweisbaren noch definitiv widerlegbaren These aus, dass alle Ereignisse ursächlich determiniert sind. In der ↗Geographie hat der Determinismus vor allem in Form des ↗Geodeterminismus bzw. ↗Naturdeterminismus prägende Bedeutung erlangt. In den ↗Sozialwissenschaften sind verschiedene Formen des *Sozialdeterminismus* einflussreich geworden. Hier steht die These im Vordergrund, dass die menschlichen Tätigkeiten von der sozialen Umwelt bestimmt sind. Sie kann bezüglich der gesellschaftlichen Verhältnisse postuliert werden, wie dies im Marxismus der Fall ist, oder bezüglich der sozialen Strukturen, wie dies beim ↗Strukturalismus der Fall ist. Gemeinsam ist den verschiedenen wissenschaftlichen Formen von Determinismus, dass alle (physischen oder sozialen) Erscheinungsformen auf Ursachen zurück geführt werden können. Eine beobachtbare Gegebenheit gilt dann als erklärt (↗Erklärung), wenn sie auf empirisch gültige Weise unter eine allgemeine, universal gültige Kausalbeziehung subsumiert werden kann. [BW]

deterministisches Verfahren, mathematisches Verfahren zur Analyse bzw. Modellierung von Phänomenen (Prozess, Struktur), die unter gleichen Ausgangsbedingungen immer zu einem identischen Ergebnis führen. Solche Verfahren sind insbesondere dann adäquat anzuwenden, wenn davon auszugehen ist, dass bei dem zu untersuchenden Phänomen unter gleichen Bedingungen im Ergebnis keine Abweichungen auftreten, sondern immer das gleiche Resultat vorhanden ist. Ist das nicht der Fall, so liegt ein probabilistisch strukturiertes Phänomen vor und es bietet sich an, ↗probabilistische Verfahren anzuwenden. ↗Trendanalyse und ↗Gravitationsmodell sind Beispiele für deterministische Verfahren. ↗Statistik.

deterministische Wanderungsmodelle, wie ↗Distanzmodelle, ↗Gravitationsmodelle oder ↗push-pull-Modelle basieren sie auf aggregierten Daten und berücksichtigen mit unterschiedlicher Gewichtung vier Faktoren, welche die ↗Wanderungsentscheidung beeinflussen (Abb.): im Ziel- und Herkunftsgebiet wirkende Determinanten, intervenierende Hindernisse (z. B. Einwanderungsgesetze oder Transportkosten) (↗intervening opportunities) sowie persönliche Merkmale (Alter, Ausbildung oder Beruf der Migranten). Deterministische ↗Wanderungsmodelle unterstellen häufig wirtschaftliche Motive als auslösendes Moment für eine Wanderungsentscheidung. Allerdings verweist das oft geringe Bestimmtheitsmaß *regressionsanalytischer Wanderungsmodelle*, die mithilfe der Regression versu-

deterministische Wanderungsmodelle: Schematische Darstellung deterministischer Wanderungsmodelle.

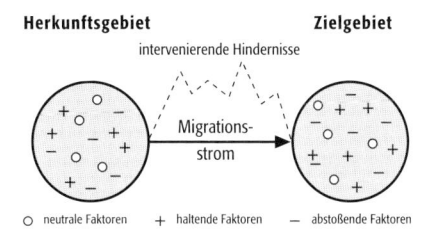

chen, den Migrationsstrom z. B. durch ökonomische Größen zu schätzen, auf weitere Gründe. Zu nennen sind die Qualität der Wohnsituation und der Wohnumgebung sowie ↗Migrantennetzwerke. ↗probabilistische Wanderungsmodelle, ↗Migration. [PG]

Detersion, Abschleifen des Gesteinsuntergrunds eines Gletschers durch Eis, v. a. aber durch mitgeführte, festgefrorene Gesteinsfragmente. Der Prozess ist nach dem Verschwinden des Gletschers oft noch an Gletscherschrammen, die in den Untergrund eingefräst sind, zu erkennen, wodurch die Bewegungsrichtung des Gletschers rekonstruiert werden kann.

Detraktion, Herausbrechen von an der Unterseite eines Gletschers festgefrorenen Gesteinspartien durch die Vorwärtsbewegung des Eises.

Detritus, 1) in der Geologie Bezeichnung für Gesteinsschutt und Verwitterungsmaterial, 2) in der Gewässer- und Meereskunde Sammelbegriff für die abgestorbenen organischen Schwebeteilchen, 3) in der terrestrischen Ökologie Sammelbegriff für alle toten, partikulären Substanzen, die aus dem Abbau von toten Organismen hervorgehen. In den aquatischen und terrestrischen Ökosystemen entsteht Detritus auf allen trophischen Ebenen und bildet insgesamt die Nahrungsquelle für die Destruenten-Nahrungskette (↗Nahrungsketten).

Detritusfresser ↗ *Saprophage*.

Deutsche Akademie für Landeskunde, *DAL*, zentrale wissenschaftliche Institution der geographischen Landesforschung in Deutschland und des deutschsprachigen Raumes in Mitteleuropa. Als Zentralkommission für wissenschaftliche Landeskunde 1882 vom Deutschen Geographentag gegründet, ist die Deutsche Akademie für Landeskunde seit 1974 in der Rechtsform eines eingetragenen Vereins tätig. Bis 1995 trug sie den Namen »Zentralausschuss für deutsche Landeskunde«. Zu den Zielen der DAL gehören die Förderung der geographischen Landesforschung in Zusammenarbeit mit Einrichtungen der Wissenschaft sowie der öffentlichen und privaten Praxis, die Diskussion wissenschaftlicher Ergebnisse, die Beratung raumbezogener Institutionen und politischer Entscheidungsträger in grundlegenden Fragen der Landesstruktur und -entwicklung und die Veröffentlichung wissenschaftlicher Publikationen. Bedeutende Publikationen der DAL sind die »Berichte zur deutschen Landeskunde« und die »Forschungen zur deutschen Landeskunde«. Die wissenschaftliche Arbeit der Akademie erfolgt zum einen in Arbeitskreisen bzw. Sektionen mit langfristig zu bearbeitenden Themenfeldern. Daneben konzentrieren sich kleinere Arbeitsgruppen auf zeitlich begrenzte Akademieprojekte. Das Arbeitsprogramm umfasst Themenfelder wie: Theorie der regionalen Geographie, physisch-geographische Grundlagen, Analyse des Naturraumpotenzials, geoökologische Raumgliederung und Umweltbewertung, Siedlungs- und Kulturlandschaftsforschung, geographische Stadtforschung, Standortforschung des tertiären Wirtschaftssektors (Einzelhandel, Freizeit, Tourismus), Raumplanung, regionale Entwicklungskonzepte, Planung- und Politikberatung.

Deutsche Bahn AG, deutsches Verkehrsunternehmen. Mit der ↗Bahnreform und der ↗Regionalisierung des ÖPNV wurden die wettbewerbsrechtlichen Vorgaben der EU umgesetzt. Die Vereinigung und privatrechtliche Umstrukturierung der ↗Eisenbahnen in beiden Teilen Deutschlands (Deutsche Bundesbahn, Deutsche Reichsbahn) und deren Entschuldung durch den Bund führten 1994 zur Bildung der Deutschen Bahn AG (DB AG) mit den Geschäftsbereichen Fernverkehr, Nahverkehr, Schienennetz, Güterverkehr und Personenbahnhöfe. Diese wurden 1999 ausgegliedert und bilden seitdem als DB Reise & Touristik AG, DB Regio AG, DB Netz AG, DB Cargo AG und DB Station & Service AG rechtlich selbstständige Aktiengesellschaften unter dem Dach der DB AG als Holding.

Deutsche Bodenkundliche Gesellschaft, *DBG*, wissenschaftliche Fachorganisation zur Förderung der Kenntnisse über die Entstehung, Verbreitung, Standorteigenschaften und den Schutz von ↗Böden; Gründung 1926, Neugliederung in acht Kommissionen 1935, Neugründung nach dem 2. Weltkrieg 1949 in Wiesbaden; heute mit ca. 3000 Mitgliedern, in acht Kommissionen unterteilt: I. Bodenphysik, II. Bodenchemie, III. Bodenbiologie, IV. Bodenfruchtbarkeit und Pflanzenernährung, V. Bodengenetik, Klassifikation und Kartierung, VI. Bodentechnologie, VII. Bodenmineralogie, VIII. Bodenschutz. Ferner widmen sich zahlreiche Arbeitsgruppen und Arbeitskreise speziellen Themen der Bodenkunde u. a. Bodensystematik, Paläopedologie, Humusformen, urbane Böden, Waldböden.

Deutsche Bodensystematik, Einteilung der Böden nach ihrem Profilaufbau, ihrer von der Bodenentwicklung bestimmten Horizontausbildung und Horizontfolge, sowie *Bodenklassifikation* auf Basis der spezifischen Kombinationen von morphologischen, physikalischen, chemischen und biologischen Bodeneigenschaften, die bodengenetische sowie anwendungs- und nutzungsorientierte Bedeutung besitzen. Grundlage ist die Abgrenzung von diagnostischen Horizonten und die Ausweisung von diagnostischen Merkmalen und Eigenschaften, die spezifische pedogene Prozesse und Standorteigenschaften widerspiegeln. Die hierarchisch aufgebaute Systematik (Abb.) weist sechs Kategorien mit einer zunehmenden Dichte der Klassifikationskriterien aus: Abteilungen, Klassen, Typen, Subtypen, Varietäten, Subvarietäten.

Deutsche Gesellschaft für Geographie, *DGfG*, ↗geographische Verbände.

Deutsche Meteorologische Gesellschaft, *DMG*, 1883 gegründet, gemeinnütziger Verein mit dem Ziel der Förderung und Pflege der Meteorologie als reiner und angewandter Wissenschaft. Innerhalb der DMG bestehen die Fachausschüsse Umweltmeteorologie, Biometeorologie, Hydrometeorologie und der Fachausschuss Geschichte der Meteorologie. Die DMG gibt Fachzeitschriften heraus und veranstaltet Tagungen.

Deutscher Entwicklungsdienst, *DED*, seit 1963 personeller Entwicklungsdienst der BRD. Der DED setzt Fachkräfte in Projekten der ↗Entwicklungszusammenarbeit in Entwicklungs- und Transformationsländern ein.

Deutscher Verband für Angewandte Geographie, *DVAG*, ↗geographische Verbände.

Deutscher Wetterdienst, *DWD*, nationaler meteorologischer Dienst der BRD, teilrechtsfähige Anstalt des öffentlichen Rechts im Geschäftsbereich des Bundesministeriums für Verkehr, Bau- und Wohnungswesen mit Sitz in Offenbach/Main. Die Aufgaben des DWD umfassen u. a.: a) das Erbringen meteorologischer Dienstleistungen für die Allgemeinheit oder einzelne Kunden und Nutzer, b) die meteorologische Sicherung der Luft- und Seefahrt, c) die Herausgabe von Warnungen über Wettererscheinungen, die zu einer Gefahr führen können, d) die kurzfristige und langfristige Erfassung, Überwachung und Bewertung der meteorologischen Prozesse und der Zusammensetzung der ↗Atmosphäre, e) die Vorhersage der meteorologischen Vorgänge, f) die Bereithaltung, Archivierung und Dokumentation meteorologischer Daten und Produkte, g) die Teilnahme an der internationalen Zusammenarbeit und die Erfüllung der sich daraus ergebenden Verpflichtungen, i) Betreibung einer großen Zahl von haupt- und nebenamtlichen ↗meteorologischen Stationen, Niederschlagsstationen und Windstationen, daneben aerologische Forschungs- und Erprobungsstellen (AFE) und drei ↗Observatorien für ↗Wetterbeobachtung und ↗Klimabeobachtung. [MHa]

Deutsches Institut für Entwicklungspolitik, *DIE*, wurde 1964 als gemeinnützige GmbH mit Sitz in Berlin gegründet. Zu den Aufgaben des Instituts gehören Beratungs-, Forschungs- und Ausbildungstätigkeiten im Bereich der ↗Entwicklungspolitik und ↗Entwicklungszusammenarbeit. Die Beratungs- und Forschungstätigkeit wird im Auftrag öffentlicher Institutionen der BRD durchgeführt. Das Ausbildungsprogramm umfasst einen einjährigen Lehrgang, der Hochschulabsolventen aus Deutschland und anderen EU-Ländern auf die berufliche Praxis deutscher und internationaler Entwicklungspolitik und -zusammenarbeit vorbereiten soll. Gesellschafter sind der Bund (75 %) und das Land NRW (25 %), welche die Finanzmittel zur Verfügung stellen. Der Umzug von Berlin nach Bonn erfolgte im Jahr 2000.

Deutsche Stiftung für internationale Entwicklung, *DSE*, seit 1959 entwicklungspolitische Institution, die Fortbildung für Fach- und Führungskräfte aus Entwicklungsländern und Transformationsländern sowie internationale Tagungen und Konferenzen zu entwicklungspolitischen Themen durchführt. Zudem unterhält sie die größte Dokumentations- und Informationsstelle zu entwicklungspolitischen Themen in Deutschland.

Deutungsmuster, Muster des Agierens und Interpretierens im Alltag mit einer gewissen kollektiven Verbindlichkeit. Deutungsmuster existieren nicht per se, sondern sie werden durch das Handeln und Deuten der Gesellschaftsmitglieder ständig reproduziert. Sie sind daher nicht als gegeben hinzunehmen, sondern werden durch die Anwendung von Akteuren konstituiert, die auf diese Weise mittels Deutung soziale Wirklichkeit schaffen (↗Konstruktivismus). Deutungsmuster spielen daher in dem entscheidenden Anliegen ↗qualitativer Forschung, die (soziale) Konstruktion von Wirklichkeit zu dokumentieren, eine zentrale Rolle.

developer, in Nordamerika Bezeichnung für Entwicklungsgesellschaften oder private Unternehmer, die große Areale im Innenstadtbereich sowie im suburbanen Raum aufkaufen, planmäßig erschließen und als Wohngemeinden, Gewerbe- und Dienstleistungsflächen schlüsselfertig erstel-

Deutsche Bodensystematik: Abteilungen, Klassen und Bodentypen.

Abteilung	Bodenklasse	Bodentyp
Terrestrische Böden	O/C-Böden	Felshumusboden, Skeletthumusboden
	Rohböden	Syrosem, Lockersyrosem
	Ah/C-Böden	Ranker, Regosol, Rendzina, Pararendzina
	Schwarzerden	Tschernosem, Kalktschernosem
	Pelosole	Pelosol
	Braunerden	Braunerde
	Lessivés	Parabraunerde, Fahlerde
	Podsole	Podsol
	Terrae calcis	Terra fusca, Terra rossa
	Fersial. und Ferral. Paläoböden	Fersiallit, Ferrallit
	Reduktosole	Reduktosol
	Stauwasserböden	Pseudogley, Stagnogley
	Kultusole	Kolluvisol, Plaggenesch, Hortisol, Rigosol, Tiefumbruchboden
Semiterrestrische Böden	Auenböden	Rambla, Paternia, Kalkpaternia, Tschernitza, Vega
	Gleye	Gley, Nassgley, Anmoorgley, Moorgley
	Marschen	Rohmarsch, Kalkmarsch, Kleimarsch, Haftnässemarsch, Dwogmarsch, Organomarsch, Knickmarsch
Semisubhydrische und Subhydrische Böden	Semisubhydrische Böden	Watt
	Subhydrische Böden	Protopedon, Gyttja, Sapropel, Dy
Moore	Moore	Niedermoor, Hochmoor

len. Während Wohnhäuser zumeist noch während der Bauphase an private Käufer weiter veräußert werden, behalten sich developer in sog. ↗malls und in Gewerbe- und Dienstleistungszentren häufig Besitzrechte und das Gesamtmanagement, inkl. der Sicherung der Objekte durch private Sicherheitsdienste vor.

Devon, ↗System der Erdgeschichte (siehe Beilage »Geologische Zeittafel«) vor etwa 410 bis 355 Mio. Jahren; Teil des ↗Paläozoikums. Während des Zeitraums entstanden marine Tiefseeablagerungen mit bedeutenden magmatischen Förderungen im Bereich der ↗variskischen Gebirgsbildung Mittel- und Südeuropas und Nordwestafrikas, aber auch in der heutigen Türkei, im Ural, Zentral- und Ostasien und Südamerika, aus denen sich im ↗Karbon Gebirgszüge entwickelten. Ausgedehnte kontinentale Ablagerungen entstanden auf dem sog. ↗Old Red-Kontinent, der die heutigen Regionen Spitzbergen, Grönland und die Britischen Inseln umfasste, aber auch in Nordpersien und Teilen Russlands. In devonischen Meeren existierte eine üppig entwickelte Fauna mit Vertretern der meisten Wirbellosenstämme. Typisch sind ↗Brachiopoden, ↗Korallen, ↗Trilobiten und ↗Stromatoporen. Die ↗Graptolithen starben aus, altertümliche Fische entfalteten sich weiter, es traten die ersten Amphibien auf. Das Festland wurde endgültig von Pflanzen und Tieren erobert. An nutzbaren ↗Lagerstätten liefert das Devon in Deutschland Eisenerze (Lahn-Dill-Gebiet), ↗Marmor und Dachschiefer. Tektonische Bewegungen (sog. bretonische Faltungsphase) bilden die Grenze zum nachfolgenden ↗Karbon. Das Klima war für das heutige Mitteleuropa ausgeglichen warm und eher feucht, für den Old-Red-Kontinent wüstenhaft. Aus Südafrika liegen Vereisungsspuren vor. [GG]

dezentrale Konzentration ↗Konzentration.

Dezentralisierung, wird in der Geographie als räumlicher Prozess verstanden, der durch zentrifugal wirkende Kräfte von einem Zentrum nach außen gerichtet ist. Während dieser Begriff in Hinblick auf ↗Verdichtungsräume die Folgen des zunehmenden Flächenbedarfs im Zentrum oder negative Externalitäten von ↗Agglomerationen beschreibt, die zu Erscheinungen der ↗Suburbanisierung und ↗counterurbanization führen, bezeichnet ↗Dezentralisierung in der ↗Politischen Geographie die Verlagerung politisch administrativer ↗Macht und Entscheidungsbefugnis an Institutionen außerhalb der ↗Primatstadt oder ↗Hauptstadt. Auf diese Weise können zum Beispiel Forderungen nach verstärkter ↗Autonomie entsprochen bzw. Maßnahmen gegen ein zunehmendes Übergewicht der Hauptstadt begründet werden. Im Allgemeinen wird Dezentralisierungspolitik als wichtiges Mittel angesehen, die Möglichkeiten zur politischen Partizipation in allen ↗Regionen gleichmäßig zu entwickeln. In der Europäischen Union besteht das Prinzip der Subsidiarität, das darauf ausgerichtet ist, Entscheidungsbefugnisse an die jeweils untersten politischen Ebenen zu verlagern (↗Föderalismus). [JO]

DFK, digitale Flurkarte, ↗ALK.

DGK 5 ↗Grundkarte.

DGM, digitales Geländemodell, DTM (digital terrain model), digitale Darstellung der Topographie, wobei neben den Höhenwerten auch andere topographische Parameter wie Hangneigung, Hangexposition oder Bruchkanten Verwendung finden. Der Begriff wird oft synonym mit ↗DHM gebraucht, ist diesem aber eigentlich übergeordnet.

DHM, digitales Höhenmodell, DEM (digital elevation model), digitale Darstellung der Topographie, meist in Form eines regelmäßig angeordneten Punktrasters, in dem die einzelnen Punkte die Höhenwerte repräsentieren. Manchmal wird der Begriff auch für andere digitale Darstellungsformen der Erdoberfläche wie ↗TIN oder digitale Höhenlinien verwendet. ↗DGM.

Diabas, ein vulkanisch bis subvulkanisches, fein- bis mittelkörniges ↗Gestein der Basalt-Gabbro-Familie mit ophitischem Gefüge. 1) In Mitteleuropa und England wird der Begriff nur für sekundär umgewandelte Gesteine verwendet (sonst: ↗Dolerit). 2) In den USA und Skandinavien gilt der Begriff ohne diese Einschränkung für alle Gesteine des oben beschriebenen Typs.

diabatische Prozesse ↗adiabatische Prozesse.

Diagenese, Lithifikation, Vorgang der Umbildung lockerer ↗Sedimente in mehr oder weniger feste ↗Gesteine (Festgesteine) durch Druck und/oder Temperatur. Die Vorgänge führen zu einer Entwässerung, mechanischen Verdichtung, Verkittung und Umkristallisation. Aus Tonschlämmen entstehen z. B. Tonsteine, aus Sand Sandstein, aus Torf ↗Kohle.

diagnostische Gleichung, einer der beiden Grundtypen physikalischer Gleichungen, der ohne zeitabhängige Terme zur Darstellung des Zustandes (Diagnose) eines physikalischen Systems, aber nicht seiner zeitlichen Änderungen geeignet ist. Diagnostische Gleichungen können in strenger Genauigkeit für die Atmosphäre, wie z. B. die Zustandsgleichung idealer Gase, aber auch durch Approximationen aus ↗prognostischen Gleichungen abgeleitet werden. Bei der ↗numerischen Simulation atmosphärischer Vorgänge repräsentieren die diagnostischen Gleichungen die Erfahrungssätze der Massen-, Energie- und Impulserhaltung. In diagnostischen Gleichungen treten keine zeitlichen Änderungen der Zustandsgröße φ auf oder sie werden vernachlässigt. Diagnostische Gleichungen werden unter anderem dazu verwendet, um nicht messbare Größen der Meteorologie (wie die mittlere Vertikalgeschwindigkeit) aus messbaren Größen (im obigen Fall dem Geopotenzialfeld) abzuleiten.

Die zeitlichen Änderungen bei großräumigen atmosphärischen Bewegungen und die damit verbundenen Energieumsätze, sind in der Regel deutlich kleiner als die einzeln wirkenden Kräfte bzw. Beiträge zur Energieänderung, sodass diagnostische Gleichungen wichtige Beziehungen zwischen verschiedenen Zustandgrößen (z. B. Temperatur-, Geopotenzial- und Windfeld) in erster Näherung gut beschreiben. Die für die ↗Wettervorhersage wichtigen Entwicklungen von ⁊Fronten und ⁊Tiefdruckgebieten erfolgen aber gerade durch die zeitabhängigen Terme und können nur durch Modelle auf der Grundlage prognostischer Gleichungen zutreffend dargestellt werden. [CK]

Diagonalschichtung, *Schrägschichtung*, Sedimentschichtung in fluvialen Akkumulationskörpern. Diagonalschichtung entsteht durch gleichmäßig gerichtetes Fließen als Folge der Wirbelbildung an Hindernissen mit anschließender Selbstverstärkung (Abb.). Ergebnis ist die Entstehung von Luv- und Leeschichten. Wechselt die Fließ-

Diagonalschichtung: Entstehung von Diagonalschichtung.

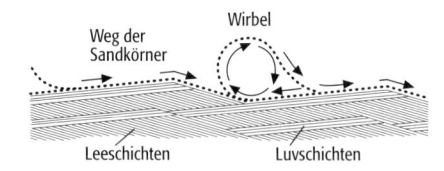

richtung und kommt es zu einem mehrfachen Überlagern von Sedimentationskörpern mit Diagonalschichtung so entsteht die *Kreuzschichtung*.

Dialogismus, von M. Bakhtin eingeführtes Konzept, nach dem literarische Texte vielstimmig sind, da zahlreiche Charaktere in sie einfließen und sie unterschiedliche Interpretationen zulassen (⁊Vielperspektivität). Auf sozialwissenschaftliche Fragestellungen übertragen bedeutet dies, dass bei der Beschreibung des Sachverhaltes einer Forschung zwischen Forscher und Beforschten niemals ein endgültiger Konsens hergestellt werden kann. Die Aussagen bleiben für den Leser unvollständig und ergänzungsbedürftig, er muss in einen Dialog mit ihnen eintreten. So werden durch wissenschaftliche Diskussionen (Dialoge) Forschungsergebnisse über Perspektivenwechsel »fortgeschrieben«.
Literatur: BAKHTIN, M. (1981): The dialogical imagination. – Austin.

Diamant, härtestes natürliches Mineral; Härte nach Mohs: 10; Dichte: 3,47–3,56 g/cm³. Der Edelstein Diamant besteht aus reinem Kohlenstoff (C) und wird sowohl als Schmuckstein als auch technisch (z. B. in Bohrkronen) verwendet. Die geschliffene Form des Diamant heißt Brillant. Aufgrund der extrem hohen Drucke, die zur Genese nötig sind, kommen Diamanten natürlich nur in Vulkanschloten (»Pipes«) oder sekundär in ⁊Seifen vor. Die Gewichtseinheit ist das Karat (1 Kt = 200 mg). Der größte bisher gefundene Diamant (»Cullinan«) wog 3106 Karat (= 621,2 g) und wurde in den britischen Kronjuwelen verarbeitet.

Diamantbank, ortsfeste ⁊Bank in einem Fließgewässer, die aus einer nur langsam stromabwärts wandernden oder ortsstabilen ⁊Mittenbank entstanden ist. Die Strömung wurde derart um die Bank herumgeleitet, dass sie auf beide Ufer abgelenkt wurde und dadurch eine Gewässerbettaufweitung herbeiführte. Die Mittenbank konnte sich somit durch Anlandungen ebenfalls verbreitern, was wiederum eine Breitenerosion begünstigte. Häufig wird die Morphologie der Diamantbank durch diese ⁊Sohlenstrukturen zerschneidende und unter Umständen allmählich wieder zerteilende Erosionsrinnen geprägt.

Diamikt, ein unsortiertes, terrestrisches Sediment, das ein breites Korngrößenspektrum umfasst. In unverfestigtem Zustand wird es als Diamikton, in verfestigtem Zustand als Diamiktit bezeichnet. Diese rein beschreibende Bezeichnung wird verwendet, wenn keine genetische Aussage getroffen werden soll.

Diapir, Gesteinskörper, der aufgrund von höherer Teilbeweglichkeit oder geringerer Dichte aus tieferen Bereichen aufsteigt und die darüber liegenden Schichten durchdringt, z. B. Salzdiapir, Manteldiapir. *Manteldiapire* sind in der Lage, durch ihre höhere Temperatur Lithosphärenplatten anzuschmelzen und sind so für Intrusionsvorgänge (⁊Plutonite, ⁊Migmatite) und die Bildung von ⁊hot spots verantwortlich. Der Begriff wird v. a. für intrusive Vorgänge (⁊Intrusion) im ⁊Grundgebirge verwendet.

diarhëische Flüsse, Flüsse, die in einer humiden Klimaregion entspringen, später ein arides Gebiet durchfließen und in einem humiden Gebiet münden, z. B. Niger.

Diasporen, Überdauerungs- und Verbreitungseinheiten von Pflanzen. Bei Algen dient häufig die Zygote zur Überdauerung und Verbreitung. Bei ⁊Farnpflanzen, Moosen und Pilzen wird die Verbreitung über ⁊Sporen erreicht, bei Samenpflanzen ist die Diaspore meist der ⁊Same oder die Frucht. Beispiele für Samen als Diasporen finden sich bei Streu- und Explosionsfrüchten oder bei Porenkapseln (Robinie, Springkraut, Mohn). Die Früchte (oder Teile davon) dienen beispielsweise bei Steinfrüchten, Nussfrüchten und Beeren als Verbreitungseinheit (Kirsche, Haselnuss, Mistel). Manche Samen besitzen nahrhafte Anhängsel (Elaiosomen), die die Tierverbreitung fördern. Auch ganze Pflanzen können Diasporen sein, z. B. bei Steppenrollern (bei *Salsola kali*, »tumbleweed«, werden auf diese Weise die Samen verteilt), bei Pflanzen die sich typischerweise vegetativ vermehren (in Mitteleuropa z. B. *Elodea canadensis*) oder bei der Ausbildung spezieller Brutkörper (Lebermoose, *Ranunculus ficaria*) (⁊vegetative Ausbreitung). Der Begriff der Samenbank kann sinngemäß zur Diasporenbank erweitert werden. [MSe]

Diatomeen, *Kieselalgen*, seit dem ⁊Lias bekannt. Diatomeenerde, Kieselerde oder Kieselgur ist eine gesteinsbildende Anreicherung von Kieselschalen toter Diatomeen, die in Binnenseen kühlerer Regionen zu finden sind. Diatomit ist ein feinporöses und extrem saugfähiges Gestein. In marinem Milieu bildet sich in Tiefen von 1000 bis 6000 m Diatomeenschlamm, der mit einer Fläche von über 28 Mio. km² etwa 8 % des Meeresbodens bedeckt.

dichotome Variable ⁊Skalenniveau.

Dichte, 1) spezifische Masse, ϱ, Quotient aus Masse und Volumen. Die Dichte wird in kg/m³ oder g/cm³ angegeben. 2) Konzentrationsmaß, dargestellt als Quotient Elemente/Flächeneinheit (= arithmetische Dichte). In Dichtewerten schlägt sich die Intensität der Raumnutzung nieder. Für die Raumplanung sind verschiedene Dichtewerte relevant, z. B. ↗Bevölkerungsdichte, ↗Wohndichte oder Bebauungsdichte. Ist-Werte der Dichte werden als Indikatoren für Nutzungsintensität verwendet, Soll-Werte mit normativem Charakter dagegen als Planungsziel. Die Bewertung von Dichte hat sich in der Regionalplanung gewandelt, da sich niedrige Bebauungsdichten nur bei hohem Flächenverbrauch erzielen lassen. Deshalb wird vielfach das Ziel der ↗Nachverdichtung vorhandener Siedlungsfläche angestrebt (»kompakte Stadt«).

Dichteanomalie des Wassers ↗Wasser.
Dichtekrater ↗Bevölkerungsdichtegradient.
Dickinson, *Robert Eric*, englischer Geograph, geb. 9.2.1905 Manchester, gest. 1.9.1981 Arizona. Dickinson studierte 1922–1926 ↗Geographie an der Universität Leeds, wechselte dann als Assistant Lecturer für Geographie an das University College Exeter und beschloss sein Studium 1928 mit der M.A.-Thesis »Leeds as a regional capital«. 1928 folgte er seinem Lehrer ↗Fawcett als Assistent an die Universität London. Dort promovierte er 1932 mit der Arbeit »Distribution and functions of urban settlements in East Anglia«. Rockefeller Stipendien ermöglichten ihm 1931/32 Reisen durch die USA und 1936/37 ausgedehnte Reisen durch Frankreich und Deutschland, die er mit längeren Aufenthalten in Jena, Berlin, Bonn und Heidelberg verband. Im Vordergrund standen siedlungsgeographische und siedlungsstrukturelle Untersuchungen. Auf dem Deutschen Geographentag in Jena 1936 begegnete er ↗Christaller, der ihn anschließend auf zwei Reisen durch Deutschland begleitete. Mit ihm diskutierte er dessen ↗Zentrale-Orte-Konzept, das er jedoch für die Erklärung der realen Verteilung städtischer Siedlungen als zu stark vereinfacht einstufte, er setzte sich aber auch mit der Neuordnung Deutschlands durch das NS-Regime, den Ideen der ↗Politischen Geographie und Geopolitik in Deutschland sowie mit dem Lebensraum- und Landschaftsbegriff auseinander. 1947 folgte er einer Einladung der Syracuse University (NY). ↗Stadtgeographie und Geschichte der Geographie waren seither seine Arbeitsschwerpunkte. Mit Untersuchungen der ↗Agrarreform und der wirtschaftlichen Entwicklung griff er 1950 ein weiteres Arbeitsgebiet auf. Zwischen 1951 und 1966 führten ihn Gastprofessuren u. a. nach Vancouver, Benares, Minneapolis, Lincoln und Seattle. 1967 übernahm er die Geographieprofessur an der Universität von Arizona in Tucson, die er bis 1975 wirkungsvoll vertreten konnte. Werke (Auswahl): »The making of Geography« (mit O. J. R. Howarth), 1933; »Markets and market areas of East Anglia«, 1934; »The German Lebensraum«, 1943; »City region and regionalism: a geographical contribution to human ecology«, 1947; »Germany, a general and regional Geography«, 1953, 1961; »The population problem of southern Italy: an essay in social geography«, 1955; »The makers of modern geography«, 1969. [HB]

Didaktik der Geographie

Eberhard Kroß, Bochum

Die *Geographiedidaktik* ist die wissenschaftliche Disziplin, die sich mit allen Fragen des Lehrens und Lernens von geographisch relevanten Sachverhalten befasst. Im engeren Sinne versteht man darunter nur die Didaktik des Geographieunterrichts (↗Schulgeographie) – nach älterem, ministeriell üblichem Sprachgebrauch des Erdkundeunterrichts bzw. der Erdkunde. Der Geographiedidaktik kommt wie allen Fachdidaktiken eine Brückenfunktion zwischen der Allgemeinen Didaktik als einem Teilgebiet der Erziehungswissenschaft (Pädagogik) und der Fachwissenschaft ↗Geographie sowie verwandten raumwissenschaftlichen Disziplinen zu.

Die Allgemeine Didaktik entwickelt die relevanten Aufgaben- und Fragestellungen. Die Vertreter der bildungstheoretischen Didaktik hatten um 1960 mit der Einsicht, dass die Bestimmung von Zielen oder Intentionen eines Unterrichts (Warum?) und der Auswahl seiner Inhalte (Was?) vorrangig ist, die Didaktik im engeren Sinne begründet. Damit hatten sie zugleich die damals gängige Abbilddidaktik überwunden, nach der Ziele und Inhalte des Unterrichts durch die Fachwissenschaft bestimmt und durch didaktische Reduktion sowie methodische Arrangements für das Aufnahmevermögen von Schülern zuzubereiten waren. Vielmehr wiesen sie den Entscheidungen über die Methode (Wie?) und die Medien (Womit?) eine nachgeordnete Rolle zu. Zwischen didaktischer Frage und fachlicher Aussage entsteht dadurch eine klare Hierarchie, sodass die Sachanalyse zu einem integralen Bestandteil ei-

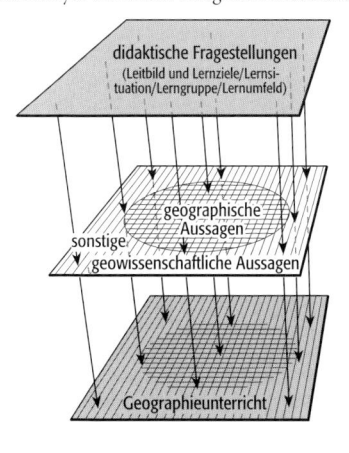

Didaktik der Geographie 1: Modell zur didaktischen Analyse.

Didaktik der Geographie 2:
Strukturgüte des Unterrichts nach dem Berliner Modell.

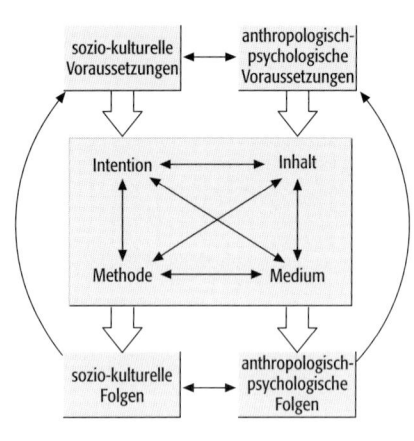

ner didaktischen Analyse wird und sich ihr unterordnet (Abb. 1).

Um 1970 erlangte die lerntheoretische Didaktik Einfluss. Mit dem sog. Berliner Modell (Abb. 2) wiesen ihre führenden Vertreter darauf hin, dass alle vier Unterrichtsdimensionen (Warum? Was? Wie? Womit?) als Entscheidungsfelder gleichermaßen didaktisches Handeln bestimmen und zwischen ihnen Interdependenzen bestehen. Darum ist der Versuch, methodische oder mediale Entscheidungen aus intentionalen Entscheidungen ableiten zu wollen, wenig sinnvoll. Als sehr hilfreich erwies sich auch der Blick auf die Faktoren, die Voraussetzungen und Folgen des Unterrichts sind.

Mit der Diskussion um eine kritisch-konstruktive Didaktik haben sich die beiden ursprünglich kontroversen Positionen inzwischen so weit angenähert, dass sie als sinnvolle Ergänzung begriffen werden. Durch die Betonung der Handlungsorientierung wurden sie deutlicher auf die Schüler ausgerichtet. Zunehmend wird dafür plädiert, neben den Handlungsspielräumen der Schüler die der Lehrer nicht zu vergessen.

Am Berliner Modell lassen sich gut die Aufgaben der Geographiedidaktik erläutern. Im Wesentlichen geht es um drei Dinge: a) die Begründung, Analyse und Beschreibung der Ziele und Inhalte von Geographieunterricht als Theorie geographischer Bildung, b) die Planung, Gestaltung und Evaluation von Geographieunterricht als Theorie und Praxis geographischer Bildung und c) die Erfassung konkreter Handlungsmöglichkeiten von Schülern und Lehrern im Geographieunterricht im Hinblick auf gesellschaftliche Rahmenbedingungen. Diese drei großen Aufgabenbereiche erfordern eine forschungsorientierte Ausrichtung der Geographiedidaktik, die sich damit als eigenständige wissenschaftliche Disziplin versteht, deren allgemeines Ziel die Aktualisierung und Verbesserung geographischer Bildung ist. Die ursprünglich vornehmlich hermeneutisch-normativ ausgerichtete Forschung wird inzwischen durch eine differenzierte empirisch-analytische Forschung ergänzt.

Der erste Aufgabenbereich der Geographiedidaktik wird am intensivsten bearbeitet, umfasst er doch die zentrale Frage nach den Zielen und Inhalten geographischen Unterrichts und deren Strukturierung. Er ist stark normativ ausgerichtet. Die Geographiedidaktik versucht hierbei Antworten auf gesellschaftliche Herausforderungen zu geben, die historisch unterschiedlich ausgefallen sind. Dies lässt sich eindringlich durch die Gegenüberstellung der Ansprüche an einen vaterländischen, einen nationalsozialistischen, einen sozialistischen oder einen demokratischen Geographieunterricht illustrieren. Der Schulgeographie kommt dabei entgegen, dass auch die Universitätsgeographie vor vergleichbaren Herausforderungen steht, so dass sich geographische Metatheorien und geographiedidaktische Leitbilder durchaus entsprechen.

Seit ↗Ritter 1862 die Erde als »die große Erziehungsanstalt des Menschgeschlechts« bezeichnet hatte, steht das Verhältnis Mensch-Erde im Mittelpunkt des Geographieunterrichts – jedoch mit sich wandelnden Leitbildern. Bis in die Zeit nach dem II. Weltkrieg wurde es als Auseinandersetzung des arbeitenden Menschen mit seiner Umwelt verstanden, wobei in Abhängigkeit vom Entwicklungsstand einer Gesellschaft durchaus unterschiedliche Lösungen vorkommen konnten. Im Rahmen der Curriculumreform um 1970, als Schulunterricht Qualifikationen zur Bewältigung von Situationen des privaten und öffentlichen Lebens bereitstellen sollte, rückte dann in positivistischem Sinne die Planbarkeit menschlicher Lebens- und Umweltbedingungen in den Mittelpunkt. Unter dem Eindruck sich verschärfender ökologischer und sozialer Krisen bei zunehmendem Bevölkerungs- und Wohlstandswachstum wendet sich der Geographieunterricht nun einem globalen Lernen zu, das am Prinzip der ↗Nachhaltigkeit orientiert ist und zur »Bewahrung der Erde« auffordert. Entsprechend verändern sich die Unterrichtsinhalte und -methoden sowie die Auffassungen von der Funktion der Schule. Damit ändert sich zugleich die Diskussion um das angemessene »geographische Weltbild«. Sie thematisiert nun stärker die Ausbildung einer räumlichen Identität, die sich in ausgewogener Weise zwischen den Polen Heimat und Welt entfalten soll.

Angesichts zunehmender Verfallsgeschwindigkeit des Wissens werden nun methodische Fähigkeiten wieder stärker betont. So hat sich die Geographiedidaktik mit der allgemeindidaktischen Diskussion über Handlungsorientierung auseinanderzusetzen, in der nicht selten Fachinhalte abgewertet werden. Andererseits ist es durchaus akzeptabel, wenn die von einem Fach eingebrachte Wissensfülle im Interesse der Lernenden auf ein pädagogisch sinnvolles Maß reduziert wird. Schülerorientierung wäre dafür eigentlich der angemessenere Begriff, denn Handlungsorientierung lässt sich auch in einem wissenschaftsorientierten Unterricht erreichen – durch Experimente, Erkundungen und alle übrigen mit Datenerhebung und -verarbeitung verbundenen Methoden. Das Vordringen neuer Medien dürfte die Handlungsorientierung stärken, ähnlich wie die Forderung nach stärkerer Berücksichtigung von Alltagswelt und Alltagsbewusstsein getan hat. In jedem Fall verändert Schule ihre Funktion und wandelt sich von einer traditionellen Lehranstalt hin zu einer Lernwerkstatt.

Der zweite Aufgabenbereich der Geographiedidaktik betrifft die empirische Fundierung von Planung, Durchführung und Evaluation des Geographieunterrichts, damit er über eine rezeptologische Meisterlehre hinauskommt. Das lässt sich forschungsmethodisch am besten bewältigen, wenn aus dem hochkomplexen Unterrichtsgeschehen, bei dem alles mit allem zusammenhängt, Teilaspekte zur Untersuchung herausgegriffen werden. Hier reicht das Spektrum von der Effizienz bestimmter Unterrichtsmethoden bis hin zum Einsatz geographischer Schulbücher im Unterricht. Sehr umfangreich sind die Forschungen zur inhaltlichen und formalen Bewertung der verschiedenen Unterrichtsmedien. Große Bedeutung kommt auch der Lernkontrolle und Leistungsbewertung zu. Besonderes Interesse finden dabei die Aufgabenstellungen, zur Steuerung des Lernprozesses. Da sie oft auf die methodische Konzeption des Unterrichts bezogen sind, spiegeln sie unterschiedliche didaktische Konzepte, etwa eines handlungsorientierten Unterrichts oder eines lehrerzentrierten Unterrichts.

Der dritte Aufgabenbereich der Geographiedidaktik, der sich mit den Voraussetzungen und Rahmenbedingungen von Unterricht durch eine Beobachtung der Schüler und der Lehrer sowie der schulischen und gesellschaftlichen Bedingungen befasst, ist forschungsmäßig noch stärker aufgefächert. Gute Beispiele liefern die Untersuchungen von geographischen Kenntnissen, Interessen und Einstellungen der Schüler. Wie wertvoll solche empirischen Untersuchungen sein können, zeigen die Befunde, nach denen die Übernahme von Vorurteilen durch Schüler weitgehend bis zum 14. Lebensjahr abgeschlossen ist. Wenn dennoch ein Lehrplan nach dem Prinzip vom Nahen zum Fernen aufgebaut ist und eine Begegnung mit Außereuropa erst in der 7. oder 8. Klasse zulässt, wird er wenig zur internationalen und interkulturellen Verständigung beitragen können. Ähnliches gilt für die Wahrnehmung von Umweltproblemen und die Bereitschaft zum Umwelthandeln im Rahmen globalen Lernens. Von großer Bedeutung sind auch die Schulbuchanalysen zur Ermittlung vorurteilsbehafteter Darstellungen von Afrikanern, Zuwanderern oder Frauen sowie von Regionen wie dem Ruhrgebiet. Am Beispiel der Schulbuchevaluation lässt sich so eindrucksvoll zeigen, wie durch Forschung Schulbücher verbessert werden konnten. Neben den eigenen Forschungen der Geographiedidaktik ist bei begrenzten personellen Ressourcen des Faches die Übernahme und Adaptation von Forschungsergebnissen aus der Erziehungswissenschaft einschließlich Lern-, Entwicklungs- und Sozialpsychologie notwendig. Keinesfalls sollte erwartet werden, dass jedes Forschungsergebnis direkt unterrichtspraktisch verwertet werden kann. Daran entzündet sich Kritik von Lehrern als »Schulpraktikern«, die den »Geographiedidaktikern« Theorielastigkeit und Praxisferne vorwerfen. Dabei zeigen viele empirisch schlecht fundierte Unterrichtsmodelle, ja selbst Curricula, dass ein gegenseitiges Ausspielen von Theorie und Praxis nicht weiter führt. Geographiedidaktik ist – genau wie die Erziehungswissenschaft – »Theorie von und für die Praxis«. In diesem Sinne sollten die Kräfte gebündelt werden, um angesichts der wachsenden Spezialisierung und Ausdifferenzierung sowohl der Fachwissenschaft wie der Erziehungswissenschaft Geographieunterricht weiterhin überzeugend begründen und vertreten zu können.

Literatur:
[1] BÖHN, D. (Hrsg.) (1999): Didaktik der Geographie – Begriffe. – München.
[2] GUDJONS, H. u. R. WINKEL (Hrsg.) (1997): Didaktische Theorien. – Hamburg.
[3] HAUBRICH, H. u. a. (1997): Didaktik der Geographie konkret. – München.
[4] KÖCK, H. (1991): Didaktik der Geographie: Methodologie. – München.
[5] RITTER, C. (1862): Allgemeine Erdkunde. – Berlin.
[6] KROß, E. u. H. VOLKMANN (1994): Empirische Geographiedidaktik. In: H. H. Blotevogel u. H. Heineberg (Hrsg.): Kommentierte Bibliographie zur Geographie, Bd. 1. – Paderborn.
[7] SCHULTZE, A. (Hrsg.) (1996): 40 Texte zur Didaktik der Geographie. – Gotha.
[8] SCHMIDT-WULFFEN, W. u. W. SCHRAMKE (Hrsg.) (1999): Zukunftsfähiger Erdkundeunterricht. – Gotha und Stuttgart.

DIE ↗ _Deutsches Institut für Entwicklungspolitik_.

Dienstleistungen, gewinnen in weit entwickelten Volkswirtschaften dominierende Bedeutung (↗Sektorentheorie, ↗Sektorenwandel). Ihre Abgrenzung gegenüber den produzierenden Sektoren (Landwirtschaft, Verarbeitendes Gewerbe) ist jedoch schwierig. Lange Zeit galten Dienstleistungen als Restbereich der Wirtschaft, in den alle nicht mit der Herstellung von Sachgütern verbundenen Aktivitäten eingeordnet wurden. Heute dienen die Merkmale »_Immaterialität von Produkten_«, deren »fehlende Lagerfähigkeit«, die große »Humankapital- oder Arbeitsintensität« bei der Herstellung und das »uno-actu-Prinzip« beim Vertrieb zur Charakterisierung. Letzteres besagt, dass eine unmittelbare Interaktion zwischen dem Erbringer und dem Nutzer einer Dienstleistung erfolgen muss, da Produktion und Verwendung der Dienstleistung räumlich und zeitlich zusammenfallen (z. B. bei einem Haarschnitt genauso wie bei einer Investmentberatung). Zwischen der materiellen Warenherstellung und Dienstleistungen gibt es jedoch Überschneidungen; Industriebetriebe führen nicht nur _operative Tätigkeiten_ (Warenherstellung), sondern auch _dispositive Tätigkeiten_ (z. B. Forschung/Entwicklung, Verwaltung, Verkauf, Werbung, Logistik) durch. Dienstleistungen besitzen damit eine größere Bedeutung als ihr statistischer sektoraler Anteil (z. B. an ↗Bruttoinlandsprodukt Beschäftigten) ausdrückt. Hinsichtlich der inneren Gliederung des Dienstleistungssektors gibt es verschiedene Vorgehensweisen. Unterscheidungen nach der Qualität identifizieren einen ↗Tertiären Sektor, mit eher klassischen einfacheren Serviceleistungen (z. B. Handel, personenbezogene Dienste), und einen ↗Quartären Sektor, mit moderneren höherwertigen Aktivitäten (z. B. Forschung, Entwicklung, Beratung). Die Gliederung nach der Fristigkeit – kurzfristig (z. B. Handel, Gastronomie), mittelfristig (z. B. Arzt, Reparatur), langfristig (z. B. Versicherung) – basiert auf der Häufigkeit der Nutzung. Häufig verwendet wird eine Aufteilung nach Art und Zielgruppe der Dienste; unterschieden werden ↗distributive Dienstleistungen (z. B. Verkehr), ↗öffentliche Dienstleistungen (z. B. Gesundheitswesen, Verwaltung), ↗konsumentenorientierte Dienstleistungen (z. B. Handel, Fremdenverkehr, Unterhaltung) und ↗unternehmensorientierte Dienstleistungen (z. B. Wirtschafts-/Ingenieurberatung). Entsprechend ihrer Merkmale besitzen bei der Standortwahl Einflüsse der Nachfrageseite (Nähe zu Nachfragern, Nachfragevolumen) als ↗Standortfaktoren von Dienstleistungen entscheidende Bedeutung und prägen das ↗Standortsystem von Dienstleistungen.

Die Entwicklungsdynamik von Dienstleistungen zeigt einen generellen Beschäftigtenzuwachs des Gesamtsektors in hoch entwickelten Volkswirtschaften, der jedoch in den einzelnen Teilbranchen unterschiedlich ausgeprägt ist; parallel treten Wachstums-, Stagnations- und Schrumpfungstendenzen auf. Die Entwicklung wird geprägt durch einen Nachfragezuwachs nach Dienstleistungen, Substitutionsprozesse (z. B. durch langlebige Konsumgüter) und Produktivitätsfortschritt (begrenzt Beschäftigtenzuwachs). Humankapitalintensive unternehmensorientierte Dienstleistungen verzeichnen durch stärkere Nachfrage (z. B. wegen ↗Globalisierung, kürzerer Produktlebenszyklen, Auslagerungen aus Unternehmen) den höchsten Zuwachs. Auch die Beschäftigtenzahl von Finanz- und Versicherungsdienstleistern vergrößert sich (Globalisierung, internationale Finanzgeschäfte), jedoch führt hier der Einsatz neuer Technologien (z. B. EDV, Telekommunikation, Bankautomaten) zur Erhöhung der Beschäftigtenproduktivität. Stark steigt der Bedarf an distributiven Dienstleistungen, jedoch finden hier neue arbeitssparende Technologien (z. B. Containerverkehr, Güterverkehrszentren) Verwendung. Die Nachfrage nach konsumentenorientierten Dienstleistungen vergrößert sich auch, jedoch begrenzen Produktivitätserhöhungen und Substitutionsprozesse den Beschäftigtenzuwachs. So konnten Einzelhandelsunternehmen durch neue ↗Betriebsformen (z. B. Super-, Verbrauchermarkt) den Umsatz steigern und den Personalbestand reduzieren (z. B. durch Selbst- statt Fremdbedienung). Einfachere auf Endverbraucher orientierte Dienste (z. B. Boten, Putzhilfe, Wäscherei) werden durch langlebige Konsumgüter (z. B. PKW, Staubsauger, Waschmaschine) substituiert. Zuwachs zeigen Bereiche, in denen nur begrenzt die Personalproduktivität (z. B. Gastronomie, Fremdenverkehr) zu erhöhen ist. Auch bei ↗öffentlichen Dienstleistungen steigt in hochentwickelten Volkswirtschaften der Bedarf (z. B. Altenpflege), jedoch begrenzen die verfügbaren staatlichen Mittel den Zuwachs (Abb.). Prognosen gehen davon aus, dass auch in Zukunft einfachere produktionsorientierte Tätigkeiten und konsumentenorientierte Dienste durch Einsatz neuer personalsparender Techniken und Substitutionsprozesse einen geringen Zuwachs verzeichnen. Dagegen steigt der Bedarf nach höherwertigen Diensten und führt zu einem Beschäftigungszuwachs bei beratenden, lehrenden und forschenden Tätigkeiten. [EK]

Dienstleistungsgeographie ↗Geographie des tertiären und quartären Sektors.

Dienstleistungsgesellschaft, wirtschaftliche Entwicklungsstufe, bei der Dienstleistungen (bezogen auf Anteil am ↗Bruttoinlandsprodukt und den Beschäftigten) dominierende Bedeutung besitzen (↗Sektorenwandel).

Dienstleistungssektor ↗Tertiärer Sektor.

différance, franz. »*sich unterscheidender Unterschied*«, *Differenz*, Kunstbegriff, des Philosophen J. Derrida, der eine neue Gedankenfigur der philosophischen ↗Postmoderne im Bereich der ↗Semiotik darstellt. Nach Derrida entsteht Sinn nicht als feste Beziehung zwischen Bezeichnendem (Signifikant) und Bezeichnetem (Signifikat), sondern konkretisiert sich nur durch Kontexte zwischen Zeichen. Damit ist Sinn permanent veränderlich, und es herrscht ein freies Spiel der Signifikanten. Er ist permanent verschoben (différer = verschieben), beruht aber gleichzeitig auf der Herstellung des Unterschieds (difference). Das hat grundlegende wissenschaftstheoretische Konsequenzen für alle Fächer, die mit Sinn und Interpretation arbeiten und kann nur durch ↗Dekonstruktion offengelegt werden.

In der ↗Geographie bedeutet dies, dass alle Sachverhalte des Faches permanent neu untersuchbar

Dienstleistungen: Prognose des Erwerbstätigenanteils nach Dienstleitungs- und Tätigkeitsgruppen.

Anteile [%]	1985	2010
Primäre Dienstleistungen		
• Allgemeine Dienste (Reinigung, Gastronomie, Transport, Lagerung)	15,4	13,8
• Bürotätigkeit	16,5	11,8
• Handel	10,5	10,6
Sekundäre Dienstleistungen		
• Betreuen/Beraten/Lehren	11,9	18,4
• Organisation/Management	5,8	9,7
• Forschung/Entwicklung	5,1	7,3
Produktionsorientierte Tätigkeiten		
• Reparatur	6,2	4,9
• Maschinen einrichten/warten	8,2	11,2
• Herstellung	20,5	12,2
	100,0	100,0

und interpretierbar sind. Somit löst sich die Ebene der Interpretationen vom physischen Raum und es entsteht eine Vielzahl virtueller Geographien, die sich über unsere körperliche Welt als kulturelle Ausdrucksformen verstreuen. Derrida bezeichnet dies als »dissemination«. Diese Verstreuung konnte beispielsweise bereits in der Vielzahl der Begriffsbildungen in der ↗Landschaftskunde-Diskussion beobachtet werden, ist aber auch für die ↗postmoderne Geographie charakteristisch. Sie ist dabei keineswegs beliebig, sondern folgt den Bedingungen von Traditionen und Verständigungskontexten, die sich in die geographischen Begrifflichkeiten eingeschrieben haben. [WDS]
Literatur: DERRIDA, J. (1974): Grammatologie. – Frankfurt/M.

Differenz, beschreibt zunächst als Differenzierung den Prozess oder das Ergebnis der Aufteilung eines Ganzen in mehrere Einzelteile, z. B. die Einteilung in Regionen, die Trennung in Geschlechterrollen oder die Herausbildung sozialer Klassen. Die Differenz als hierarchischer Unterschied zwischen zumeist zwei einander gegenübergestellten Positionen (↗Polarisierung) wird oft mit essentialistischen Argumenten begründet. Beeinflusst von der Ausdifferenzierung der Gesellschaft sowie durch postmoderne bzw. poststrukturalistische Ansätze findet eine zunehmende Abkehr von dieser Vorstellung statt (↗Pluralismus). Anerkannt wird das relationale Verhältnis zwischen den nicht-identischen Positionen als Konstitutionselement des Unterschieds (↗Dekonstruktivismus).

Differenzialanalyse, *Partialanalyse*, in der Landschaftsökologie Bezeichnung für die Erfassung der ↗Partialkomplexe Boden, Deckschichten, Relief, Vegetation (Landnutzung), Mikroklima und Gewässer in einem Gebiet, einem Landschaftsraum oder einer Region. Die Differenzialanalyse erfasst über eine ↗Kartierung (eventuell in Verbindung mit ↗Fernerkundung) die flächenhafte Verbreitung dieser Landschaftskompartimente. Sie untersucht ihre unterschiedliche Zusammensetzung und ihre funktional bedeutenden strukturellen Eigenschaften. Ergebnis sind Karten für die einzelnen Kompartimente, die als Cover in die Datenbank eines ↗GIS integriert werden. ↗Komplexanalyse.

Differenzialart, *Trennart*, 1) in der ↗Pflanzensoziologie Bezeichnung für eine Art, die nur in bestimmten Untereinheiten eines Syntaxon (z. B. in einer Subassoziation) vorkommt und diese floristisch und standörtlich (↗Zeigerpflanze) trennt. 2) in der ↗Tierökologie Bezeichnung für eine Art, die durch ihr Vorkommen oder Fehlen zur Unterscheidung verschiedener Varianten eines ↗Biotops dient.

Differenziation, in der Geologie der Zerfall eines ↗Magmas in stofflich unterschiedliche Schmelzen, die zur Bildung verschiedenartiger Gesteine führen. Ein Magma granitischer Zusammensetzung kann so zur Bildung von ↗Granit, ↗Diorit, ↗Syenit und ↗Gabbro führen.

differenzielle Migration ↗*Wanderungsselektion*.

differenzierte Bedienung ↗*bedarfsorientierter Verkehr*.

Differenzierungszentrum ↗*Entstehungszentrum*.

Differenzmethode, *Residualmethode*, wird bei einer unzuverlässigen Erfassung von Zu- und Fortzügen (↗Migration) angewandt. Ausgehend von der ↗demographischen Grundgleichung subtrahiert man von der Differenz zweier Bevölkerungsbestände den natürlichen Saldo und erhält die Nettowanderung bzw. die Wanderungsbilanz.

Diffluenz, 1) *Geomorphologie*: Überfließen eines Gletschers über die von der fluvialen Vorform vorgegebenen Hänge eines Tals hinweg in ein Nachbartal. 2) *Klimatologie*: Gegensatz von ↗Konfluenz; Beschreibung der Auffächerung von Stromlinien in einem atmosphärischen Strömungsfeld, ohne eine Aussage zu einer eventuellen ↗Divergenz oder einem damit verbundenen Luftmassenverlust zu treffen.

Diffluenzstufe, Schwelle/Stufe im Längsprofil ↗glazialer Talformen, entstanden durch Verringerung der Eismächtigkeit (und damit Erosionskraft) des Gletschers (↗Diffluenz), beispielsweise beim Ausfluss von Fjordgletschern auf dem Kontinentalschelf als ↗Eisschelf.

diffuse Reflexion, Bezeichnung für Reflexionen, bei denen keine bevorzugte Richtung besteht, man spricht daher auch von diffuser Streuung. ↗Strahlungsbilanz.

Diffusion, bedeutet im allgemeinsten Sinne einen Prozess der Ausbreitung einer Gegebenheit (materieller wie immaterieller Art). 1) *Anthropogeographie*: Ausbreitung insbesondere auch technischer Neuerungen (↗Innovation) – in räumlicher und zeitlicher Hinsicht. ↗Innovations- und Diffusionsforschung. 2) *Physische Geographie*: Stehen mischbare Gase oder Flüssigkeiten in direktem Kontakt zueinander oder variiert in einem Gasgemisch der Partialdruck (↗Druck) wenigstens eines der enthaltenen Gase von Ort zu Ort, so kommt es als Folge der Wärmebewegung der einzelnen Moleküle ohne äußere Einflüsse zu einer allmählichen Vermischung der beteiligten Stoffe, bis sämtliche Konzentrationsunterschiede ausgeglichen sind. Diese molekulare Diffusion (beschrieben in der allgemeinen ↗Diffusionsgleichung) hat in der Atmosphäre gegenüber der wesentlich größeren turbulenten Durchmischung nur eine untergeordnete Bedeutung. Der Begriff Diffusion wird allerdings auch bei turbulenten Transportprozessen verwendet, etwa bei der Ausbreitung von Luftbeimengungen, die vorwiegend turbulent erfolgt. ↗Gasgesetze, ↗turbulente Diffusion. [JJ]

Diffusionismus, von ↗Ratzel begründete und vor allem von der ↗Ethnologie aufgegriffene Lehre, nach der die einzelnen Kulturbestandteile nicht primär Ausdruck einer Entwicklung im Sinne des ↗Evolutionismus sind, sondern vielmehr das Ergebnis von Übertragungen, insbesondere auf der Basis von Wanderungen, darstellen. Diese Ausgangsthese wurde von der sog. Kulturhistorischen Schule der Ethnologie am umfassendsten rezipiert und zur Leitlinie der empirischen Forschung (↗Empirie) gemacht. Aus diesem Forschungsansatz resultierte schließlich die Kulturkreislehre (↗Kulturerdteile), nach der die verschiedenen ↗Kulturen wechselseitig auf einander einwirken und somit gewisse Ähnlichkeiten ihrer Bestandteile erlangen, sodass schließlich Gebiete mit einer hohen kulturellen Verwandtschaft entstehen.

Diffusionsgleichung, Gleichung, die den Prozess der molekularen ↗Diffusion beschreibt. Danach ist die Teilchenanzahl Δv eines Gases, das durch eine Fläche q diffundiert, proportional zur Größe dieser Fläche, zum Gefälle der Teilchenzahldichte η und zur Zeitspanne Δt in eine Richtung x

$$\Delta v = -D \cdot q \cdot (d\eta/dx) \cdot \Delta t.$$

Der Proportionalitätsfaktor D in diesem sog. 1. *Fick'schen Gesetz* heißt molekularer Diffusionskoeffizient [m^2/s], der seinerseits umgekehrt proportional zur Dichte des Gases ist. In der Atmosphäre ist D mehrere Zehnerpotenzen kleiner als der turbulente Diffusionskoeffizient (↗turbulente Diffusion). Bei nicht stationärer Diffusion (Anzahl der pro Volumen einströmenden Teilchen ungleich der Anzahl ausströmender Teilchen) gilt das sog. 2. Fick'sche Gesetz:

$$d\eta/dt = D \cdot (d^2\eta/dx^2),$$

das auch als allgemeine Diffusionsgleichung bezeichnet wird und die zeitliche Veränderung der Teilchenzahldichte η beschreibt. [JJ]

digitale Bildverarbeitung, *Bildverarbeitung*, Sammelbegriff für alle rechnerischen Verfahren, mit deren Hilfe Rasterdaten-Bilder verändert, d.h. für bestimmte Fragestellungen (↗visuelle Bildinterpretation, ↗Klassifizierung, ↗Monitoring) optimiert werden. Außer in der ↗Fernerkundung finden solche Verfahren auch in der medizinischen Diagnosetechnik und in der Industrie Anwendung. Die digitale Bildverarbeitung bezieht sich auf geometrische Verfahren (↗Entzerrung, ↗Mosaikbildung), auf die ↗Bildverbesserung und auf die Klassifizierung von Fernerkundungsdaten. In der Fernerkundung werden dabei multispektrale Daten (↗Spektralbereich) und ↗multitemporale Daten miteinander verknüpft.

digitale Filter, in der ↗digitalen Bildverarbeitung angewandte Verfahren, bei denen erwünschte Bildinformationen von unerwünschten getrennt werden, bzw. wahre Informationen von zufälligen. Sie sollen damit Störungen unterdrücken oder besondere Phänomene hervorheben. Digitale Filter können über das ganze Bild oder nur lokal, an bestimmten Stellen, eingesetzt werden. Generell wird unter einem digitalen Filter eine Matrix verstanden, die über das Bild gelegt wird. Die Größe der Matrix ist i.d.R. frei wählbar, die Anzahl der Zeilen und Spalten ist allerdings immer ungerade (3×3, 5×5), sodass das Zentrum der Matrix der zu berechnende Bildpunkt ist. Der neue Grauwert eines Bildpunktes berechnet sich aus den Grauwerten der Bildpunkte der Umgebung. Man unterscheidet zwei Ebenen der Filterung, die im Ortsbereich (spatial domain) und die im Frequenzbereich (frequency domain).

digitale Karte ↗Karte.

digitale Kartographie, *Computerkartographie, rechnergestützte Kartographie*, allgemeiner Begriff für den Entwurf, die Bearbeitung und Vervielfältigung (↗Kartenherstellung), aber auch für die Nutzung von Karten unter Anwendung digitaler Techniken. Die auf herkömmlichen Techniken beruhende Kartographie wird zumeist als konventionelle, seltener als traditionelle oder analoge Kartographie bezeichnet. Die Anfänge der digitalen Kartographie lassen sich für die Industrieländer in den sechziger Jahren des 20. Jh. ansetzen (erste Verwendung von Vektorplottern und Schreibwerkdruckern für kartographische Zwecke). Vor allem in den 1990er-Jahren hat sie sich stürmisch entwickelt und beherrscht heute die meisten Bereiche kartographischen Schaffens. Folgende vier Hauptrichtungen der digitalen Kartographie lassen sich abgrenzen: a) das *desktop mapping*, d.h. die Bearbeitung von Karten mittels kommerzieller Graphikprogramme: Die Neubearbeitung einer Karte im desktop mapping erfolgt i.d.R. durch manuelles Nachzeichnen einer gescannten Vorlage am Graphikbildschirm. Die Effektivität resultiert u.a. aus den komfortablen und vielseitigen Zeichen- und Editierfunktionen sowie aus der mehrfachen Verwendung einmal geschaffener Kartengrundlagen bzw. Ebenen, die in gewissem Sinne den Folien der konventionellen Kartographie gleichkommen. b) kartographische Konstruktionsprogramme: Sie erlauben die relativ rasche Umsetzung georaumbezogener statistischer Daten in eine kartographische Darstellung. Allerdings setzen sie entsprechende digitale Geometrien (↗Bezugspunkte, Bezugslinien, ↗Bezugsflächen) und die Verfügbarkeit der Programm-Module für die angestrebte ↗Darstellungsmethode voraus. Die Schaffung und Laufendhaltung konsistenter (d.h. widerspruchsfreier) Geometrie- und Sachdatenbasen erfordern einen hohen Aufwand. Dem steht der Vorteil kartengestalterischer Flexibilität gegenüber. c) kartographische Anwendung von ↗GIS-Software: Dafür gelten hinsichtlich der Datenbasen die unter b) genannten Voraussetzungen. Ihre Bedeutung liegt vor allem in den Möglichkeiten der raumbezogenen Datenanalyse. Darüber hinaus werden einschlägige Programm-Pakete in breitem Umfang für den Aufbau digitaler topographischer Datenbasen (↗ATKIS) benutzt. Unter Umständen verfügen GIS nicht über das volle Spektrum kartographischer Darstellungsmethoden bzw. sind die graphischen Gestaltungsmöglichkeiten etwas eingeschränkt. Typisch für die unter a) bis c) beschriebenen Möglichkeiten ist die Verwendung von ↗Vektordaten, d.h. von Koordinaten. Damit verbunden ist eine Strukturierung der Graphik in mehrere Ebenen (↗layer). d) ↗Rasterdaten: Sie werden vornehmlich für die ↗Kartenreproduktion und die Zeit sparende Fortführung analoger Karten und Kartenwerke verwendet, Letzteres u.U. in Kombination mit Vektordaten.

Die beschriebenen vier Hauptbereiche der digitalen Kartographie lassen sich nicht scharf voneinander trennen. Häufig werden in technologischen Linien Programme aus mehreren o. g. Bereichen benutzt. Ebenso fließend sind die Übergänge zu benachbarten Tätigkeitsfeldern, darunter zum Satz und Layout des desktoppublishing, zur rasterdatenorientierten Bildverarbeitung der Werbe- und Druckbranche, aber auch der ↗Fernerkundung sowie zur Computeranimation. Selbst Programme der Tabellenkalkulation und der Geschäftsgraphik kommen für redaktionelle Aufgaben und für die Vorkonstruktion zum Einsatz.

Einen neuen Entwicklungsschub erfährt die digitale Kartographie durch die zunehmende Herstellung ↗elektronischer Atlanten und Karten, die häufig in ein multimediales Umfeld eingebunden werden, sowie mit der Verbreitung kartographischer Produkte über das Internet (web mapping). [KG]

digitales Geländemodell ↗DGM.
digitales Höhenmodell ↗DHM.
digitales Kartenmodell, DKM, ↗ATKIS.
digitales Landschaftsmodell, DLM, ↗ATKIS.
Digitalisiertablett, dient bei der ↗Digitalisierung zur Eingabe graphischer oder ↗geographischer Daten von analogen Vorlagen wie z.B. Karten oder Luftbildern. Es besteht aus einer aktiven Fläche, auf der die Vorlage befestigt wird, und einem Zeigegerät (Stift oder Lupe), mit dem die Position der einzugebenden Objekte aufgenommen und in den Rechner übertragen wird.
Digitalisierung, Umwandlung analoger in digitale Daten. Bei ↗geographischen Daten kann dies, neben der Eingabe über die Tastatur, entweder durch ein ↗Digitalisiertablett für ↗Vektordaten oder durch einen Scanner für ↗Rasterdaten erfolgen. ↗Dateneingabe, ↗Datenerfassung.
Diluvium, veraltete Bezeichnung für das ↗Eiszeitalter. Der Name wurde von W. Buckland (1923) für die quartären Ablagerungen geprägt, die als Ablagerungen einer Sintflut angesehen wurden. Heute vom ↗Pleistozän abgelöst.
dinarischer Karst, *ektropischer Karst*, Typ einer ↗Karstlandschaft, deren Hauptverbreitungsgebiet außerhalb der Tropen liegt. Seine typische Ausprägung zeigt der dinarische Karst im Gebirgszug der namensgebenden Dinariden. Dort wurden Ende des 19. Jh. die ersten karstmorphologischen Untersuchungen vorgenommen. Der dinarische Karst ist durch Formen des ↗Oberflächenkarstes sowie durch ↗Tiefenkarst gekennzeichnet.
Dinosaurier, *Riesenechsen, Riesensaurier*, im ↗Mesozoikum verbreitete Gruppe der Reptilien. Der mit Schreckenseschsen zu übersetzende Name spielt auf die Tatsache an, dass sie die größten und schwersten landlebenden Wirbeltiere der Erdgeschichte hervorgebracht haben. Dinosaurier zählen innerhalb der Klasse Reptilia zu den Archosauriern, die u.a. durch einen diapsiden (mit zwei Schläfenfenstern versehenen) Schädeltyp gekennzeichnet sind und überwiegend einen wechselwarmen Metabolismus besitzen. Relativ gleichzeitig treten in der oberen ↗Trias die beiden bekannten Dinosaurier-Ordnungen Saurischia (Echsenbecken-Saurier, Abb. 1 a) und Ornithischia (Vogelbecken-Saurier, Abb. 1 b) im Fossilbericht auf. Dinosaurier dominierten mit einer unglaublichen Fülle sowohl carnivorer als auch herbivorer Formen weltweit (inklusive der Polarregionen) die mesozoischen Landfaunen. Man kennt neben isolierten Knochen und Zähnen auch artikulierte Skelette, Hautabdrücke, einzelne Fußspuren, Fährten sowie Koprolithen (Kotsteine). Überliefert sind außerdem auch Eier und ganze Gelege, die sehr selten fossilisierte Embryonen enthalten können. Dinosaurier kamen in allen Größenklassen von Hühnergröße bis zu gigantischen Riesenformen mit maximal 25 m Länge vor. Neben der ursprünglicheren zweibeinigen Fortbewegungsweise sind viele Formen zur Vierbeinigkeit übergegangen, hier sind besonders die riesigen Sauropoden zu nennen. Je nach Ernährungsgrundlage haben Dinosaurier schneidende (z.B. Theropoda, Abb. 2 a), stiftförmige, zum Greifen geeignete (z.B. Sauropoda, Abb. 2 b) oder mahlende Zähne (z.B. Ornithopoda, Abb. 2 c) entwickelt, teilweise waren auch im vorderen Kieferbereich Hornschnäbel ausgebildet (z.B. Ceratopsia, Abb. 2 d). Die Haut der Dinosaurier wurde von Reptilschuppen bedeckt. In manchen Gruppen wurden jedoch bestimmte Körperregionen zusätzlich mit Knochen unterschiedlicher Form und Dicke versehen (z.B. *Stegosaurus*, Abb. 3), die dem Schutz vor Fressfeinden, der Verteidigung, als Kommunikationsorgane oder der Thermoregulation dienten. Neueste Funde chinesischer Dinosaurier belegen auch das Vorhandensein federartiger Strukturen. Bei einigen, nach ihrer Anatomie besonders schnellen und wendigen, meist Fleisch fressenden Dinosauriern wird aus energetischen Gründen Warmblütigkeit vermutet. Theoretischen Berechnungen zufolge sollen Riesenformen wie *Apatosaurus* (Abb. 4) auch eine deutlich erhöhte, aber jahreszeitlich schwankende Körpertemperatur gehabt haben (Gigantothermie). Am Ende der ↗Kreide starben alle Dinosaurier aus, die ↗Vögel jedoch als Nachfahren der Saurischia könnte man im Sinne der phylogenetischen Systematik als überlebende Dinosaurier bezeichnen. [DCK]

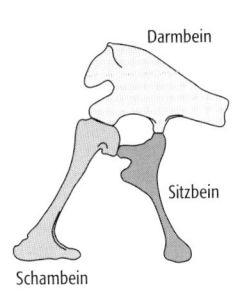

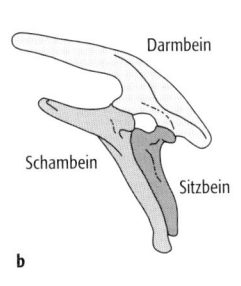

Dinosaurier 1: Die Großsystematik innerhalb der Dinosaurier wird u. a. anhand der Konstruktion des Beckengürtels vorgenommen. Man unterscheidet anhand der Stellung des Pubis (Schambein) die a) Saurischia von den b) Ornithischia (zur Orientierung: links ist vorne).

Dinosaurier 2: Beispiele unterschiedlicher Schädelmorphologien und Bezahnungen: a) Theropoda: *Deinonychus*; b) Sauropoda: *Diplodocus*; c) Ornithopoda: *Iguanodon*; d) Ceratopsia: *Triceratops* (Schädelgrößen nicht maßstäblich).

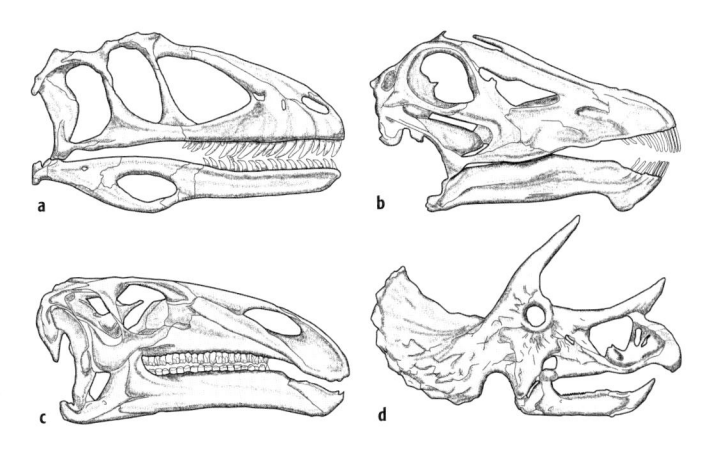

Dinosaurier 3: Gepanzerte und/oder bewehrte Dinosaurier: Stegosaurier *Stegosaurus* mit alternierenden dorsalen Knochenplatten und bestacheltem Schwanzende und einer Länge von ca. 7 m.

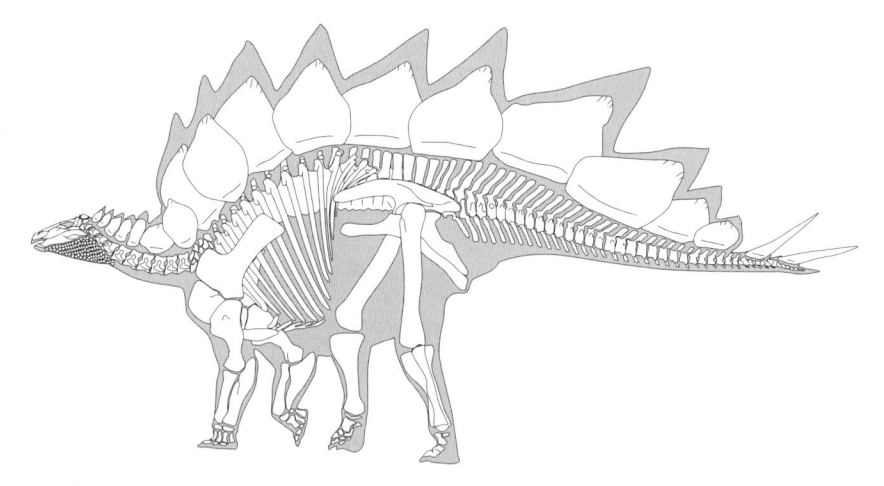

Dinosaurier 4: Der Sauropode *Apatosaurus* war mit fast 18 m Körperlänge einer der größten Dinosaurier.

Dinotherium, *Deinotherium*, im Obermiozän und Unterpliozän verbreitetes Rüsseltier mit mehr als 4 m Schulterhöhe und nach unten und hinten gekrümmten Stoßzähnen. Die Dinotherien-Schichten im Mainzer Becken gehören dem älteren Pliozän an.

Diorit, grünlicher oder grauer magmatischer ↗Plutonit intermediärer Zusammensetzung, v. a. aus Plagioklas, ↗Hornblende und ↗Pyroxen. ↗Streckeisen-Diagramm.

Dioxine, Sammelbezeichnung für über 200 Verbindungen aus der Gruppe der polychlorierten Dibenzo-p-Dioxine (PCDD) und Dibenzofurane (PCDF), die zu den chlorierten ↗Kohlenwasserstoffen zählen. Einige Dioxine werden zu den gefährlichsten Umweltschadstoffen gerechnet und sind teilweise bis zu 1000 mal giftiger als Zyankali. Am bekanntesten ist das als »Seveso-Gift« bezeichnete Isomer 2,3,7,8-TCCD (Tetrachlordibenzodioxin), benannt nach dem Unfall in der Chlorphenolfabrik in Seveso im Jahr 1976. Dioxine lagern sich in biologischen Geweben, v. a. im Fett- und Muskelgewebe, in der Haut und in der Leber an und verursachen dort schwere Schäden. Sie entstehen in Spuren als unerwünschte Nebenprodukte bei der Herstellung bestimmter chlorhaltiger Chemieprodukte (z. B. Desinfektionsmittel, Pflanzen- und Holzschutzmittel), bei der Verbrennung bestimmter chlorierter Kohlenwasserstoffe (z. B. des Kunststoffes PVC) und teilweise auch bei der Abfallverbrennung oder beim Brand von ↗PCB-haltigen Transformatoren. Sie gelangen über die Luft, über das Abwasser und über Produktionsabfälle in die Umwelt und können, wenn es sich um hohe Konzentrationen handelt, ganze Landstriche vergiften. Gelangen dioxinhaltige Stoffe auf Mülldeponien, so besteht die Gefahr, dass sie, insbesondere durch den Kontakt mit Lösungsmitteln, ins Sickerwasser gelangen und ausgetragen werden. Eine umweltverträgliche Entsorgung von Dioxinen kann in entsprechenden thermischen Behandlungen erfolgen (Sonderabfallverbrennungsanlagen).

direct rule, direkte Form der Kolonialverwaltung (↗Kolonialismus), bei der die einheimischen Herrschaftsstrukturen der Kolonie nicht berücksichtigt werden. Der gesamte Verwaltungs- und Kontrollapparat wird vom Mutterland aufgebaut und betrieben und rekrutiert sich auch vornehmlich aus diesem. ↗indirect rule.

Direktabfluss ↗Abfluss.

Direktinvestition, *Auslandsinvestition*, Kapitalanlage im Ausland, um ein Unternehmen zu gründen, zu erweitern, zu erwerben oder um sich an einem Unternehmen zu beteiligen. Direktinvestitionen werden bestimmt durch Märkte und Kosten, vor allem ↗Arbeitskosten, ↗Subventionen, Risikostreuung, ↗Globalisierungsvorteile und ↗Regionalisierungsvorteile.

Direktvermarktung, im Bereich der ↗Landwirtschaft der Verkauf von Agrarerzeugnissen unmittelbar an den Konsumenten ohne Zwischenschaltung von Handels- und Verarbeitungsbetrieben. Direktvermarktung bedeutet umgekehrt die Wiedereingliederung zahlreicher Funktionen in den landwirtschaftlichen Betrieb (Verarbeitung, Transport, Lagerung, Werbung, Verkauf). Dadurch wird in der Regel eine Erhöhung der

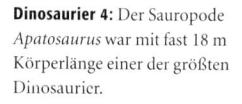

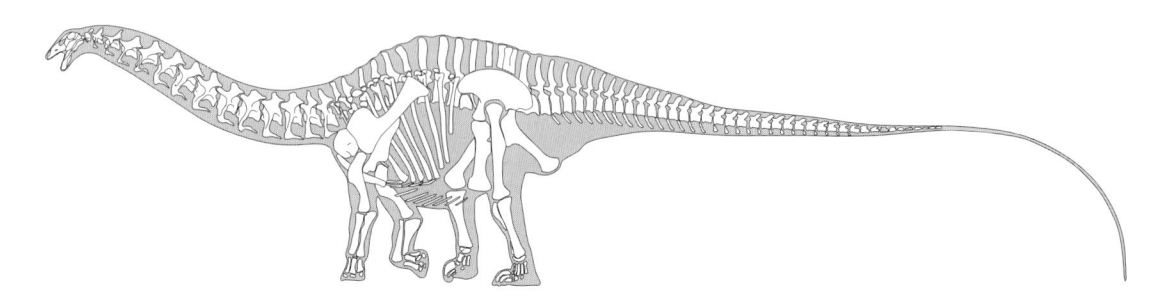

Wertschöpfung innerhalb eines Betriebes und auch dessen ökonomische Stabilisierung bewirkt. Direktvermarktung findet in den vergangenen Jahren verstärkt Bedeutung, u. a. da sie dem Bedürfnis bestimmter Verbraucher nach möglichst engem Kontakt zum Produzenten und nach transparenter Produktion entgegenkommt. Häufig besitzen Formen der Direktvermarktung kooperativen Charakter oder sind Element einer Erzeuger-Verbraucher-Gemeinschaft. Zur Direktvermarktung gehören Ab-Hof-Verkauf, Hofläden, Frei-Haus-Verkauf (z. T. mit Internet), Selbstpflückanlagen, Stände am Straßenrand, Marktstände, Bauernmärkte, Belieferung von Großkunden (Hotels) und Versand. [KB]

Disaggregierung, *downscaling*, Verfahren der Regionalisierung mit dem die unbekannte Ausprägung von Variablen (Merkmalen) einer niedrigeren Raum- und/oder Zeitskala aus weniger detaillierten und geringer aufgelösten Daten einer höheren Skala abgeleitet wird. Disaggregierung ist mit dem Übergang von einer höheren zu einer niedrigen Skala verbunden. Sie führt zu einer stärkeren räumlichen und/ oder zeitlichen Differenzierung der betrachteten Ausgangsgröße. Die Disaggregierung einer auf höherem Skalenniveau vorliegenden Größe erfordert zusätzliche, in feinerer Auflösung vorliegende Informationen über solche Größen, von denen die Ausprägung und Verteilung der auf einer unteren Skalenebene abzubildenden Variablen abhängig ist. ↗Aggregation.

Discounter sind Ladengeschäfte, die in konsequenter Selbstbedienung Waren eines Branchenbereichs (z. B. Lebensmittel, Bekleidung) mit Orientierung auf ein niedriges Preisniveau anbieten (↗Betriebsformen).

Disdrometer ↗Niederschlagsmessung.

disease ecology, Erforschung des Zusammenhangs von Krankheit und Umwelt.

disjunktes Areal, *zerstreutes Areal*, *diskontinuierliches Areal*, ↗Arealkunde.

Diskomfort (engl.), Unbehagen, in der Human-Biometeorologie (↗Bioklimatologie) derjenige thermische Bereich, bei dem nach subjektiver Einschätzung keine ↗Behaglichkeit vorherrscht, sondern entweder Kalt-Diskomfort (Kältestress, ↗Kältereiz) oder Warm-Diskomfort (↗Wärmebelastung, ↗Schwüle). Der Mensch kann als homoiothermes Wesen (↗Wärmeregulation) aufgrund seiner Thermoregulation, der geeigneten Wahl seiner Bekleidung und seiner körperlichen Aktivität in engen Grenzen ein Temperaturpräferendum herstellen. Früher erfolgte eine Bewertung des Diskomforts mithilfe sog. Diskomfort-Indices, deren Grundlage die ↗effektive Temperatur ist. Heute wird thermischer Diskomfort durch Anwendung von PMV (↗Predicted Mean Vote), PET (↗Physiologisch Äquivalente Temperatur), pt (↗gefühlte Temperatur) und ↗wind chill ermittelt.

Diskontinuität, 1) *Allgemein*: fehlender Zusammenhang, ungleichmäßige Verteilung. **2)** *Geologie*: Bereich im Inneren der Erde, in dem es zu sprunghaften Veränderungen physikalischer und chemischer Eigenschaften kommt, ↗Erdaufbau, ↗Mohorovičić-Diskontinuität.

Diskordanz, i. e. S. das winklige Aneinanderstoßen von sedimentären Schichten im Gesteinsverband (*Winkeldiskordanz*); bei Magmenkörpern auch das unregelmäßige Durchsetzen der Nebengesteine. Heute auch für ↗Schichtlücken gebräuchlich, die durch Sedimentationsunterbrechungen oder Erosionsereignisse erzeugt wurden (*Erosionsdiskordanz*). ↗Konkordanz.

Diskretisierung von Oberflächen, *tesselation*, Überführung von Daten in eine nichtkontinuierliche Form. In der Regel wird man nicht in der Lage sein, die natürliche Umwelt direkt in einem System abzubilden, da es sich in den meisten Fällen um ein Kontinuum handelt wie z. B. die Höhenlage der Erdoberfläche oder Temperaturverteilung. In einem Geographischen Informationssystem (↗GIS) müssen diese Erscheinungen deshalb diskretisiert werden, wenn es nicht möglich ist, sie beispielsweise durch eine Funktion abzubilden. Für die Diskretisierung von Oberflächen gibt es fünf gängige Ansätze (Abb.): a) Rasterzellen oder -punkte (↗Rasterdaten), b) Dreiecksvermaschung (↗TIN), c) unregelmäßig verteilte Einzelpunkte, d) ↗Isolinien, e) ↗Polygone (Gattungsflächen).

Diskriminanzanalyse, Verfahren der multivariaten ↗Statistik zur Überprüfung von Unterschieden zwischen Objektgruppen (z. B. Raumeinheiten). Sie ermöglicht es, zwei oder mehrere vorgegebene Gruppen simultan hinsichtlich mehrerer Variablen mit metrischem ↗Skalenniveau unter folgenden Fragestellungen zu untersuchen: a) Ist die vorliegende Gruppierung bzgl. der zugrunde liegenden Variablen die bestmögliche oder ist sie verbesserungswürdig? b) In welche Gruppe ist ein Objekt, dessen Gruppenzugehörigkeit noch nicht bekannt ist, aufgrund der Merkmalsaus-

Diskretisierung von Oberflächen: Vier Möglichkeiten zur Diskretisierung einer kontinuierlichen Fläche: a) regelmäßige Rasterpunkte; b) Dreiecksvermaschung; c) unregelmäßig verteilte Einzelpunkte; d) Isolinien.

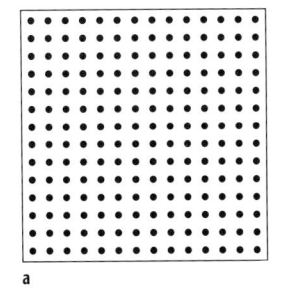

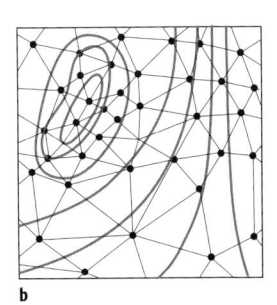

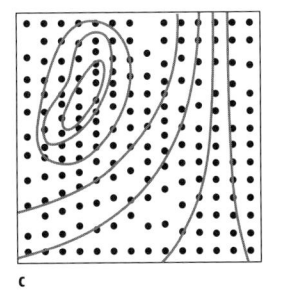

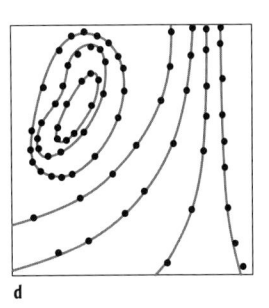

a b c d

Diskriminanzanalyse: Trennung durch Ausgangsvariablen X_1 und X_2 bzw. durch die Diskriminanzfunktion Y.

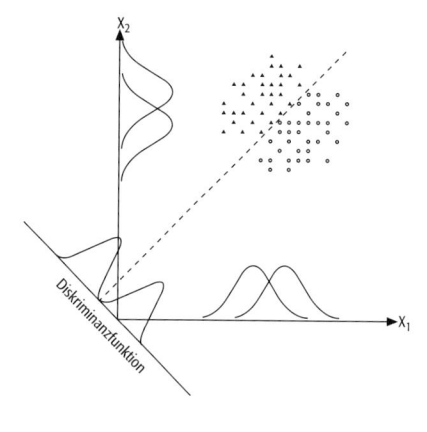

prägungen einzuordnen? c) Wie lassen sich die Gruppenunterschiede erklären?

Ausgehend von den m Variablen X_j werden neue Dimensionen Y_l, die sog. Diskriminanzfunktionen, berechnet, bezüglich denen die Trennung der Gruppierung optimal beobachtet werden kann (Abb.). Diese Diskriminanzfunktionen sind paarweise unkorreliert. Als Strukturkoeffizienten bezeichnet man die Korrelationen zwischen den Diskriminanzfunktionen Y_l und den Ausgangsvariablen X_j. In der Regel werden in der Geographie lineare Diskriminanzanalysen durchgeführt, wenn auch grundsätzlich nichtlineare Ansätze möglich sind. Berechnung und Interpretation gestalten sich jedoch als weitaus schwieriger. In Geographie und Regionalwissenschaften wird die Diskriminanzanalyse vornehmlich zur Überprüfung und Verbesserung vorgegebener Raumgliederungen verwendet. Daneben wird sie für folgende Fragestellungen eingesetzt:

a) Zuordnung nicht klassifizierter Raumeinheiten zu vorgegebenen Raumtypen,

b) Test von Variablen, ob diese für eine vorgegebenen Gruppierung verantwortlich gemacht werden können. [JN]

Diskriminierung, bezeichnet Einstellungen und Verhaltensweisen, durch die bestimmte Menschen oder gesellschaftliche Gruppen ungerecht behandelt und benachteiligt werden. Diskriminierung basiert auf gesellschaftlichen ↗Differenzen, erfolgt durch sowohl offensive als auch subtile Praktiken und wirkt sich auf der individuellen wie kollektiven Ebene aus. Diskriminiert werden Menschen u. a. aufgrund ihres Alters, ihres Geschlechts, ihrer ↗Religion, ihrer sozialen bzw. sozioökonomischen sowie regionalen Herkunft, einer Behinderung oder Krankheit, der Zuordnung zu einer bestimmten ↗Ethnie oder ihrer sexuellen Orientierung. Unter positiver Diskriminierung wird die Begünstigung bestimmter Gruppen verstanden, um einer Benachteiligung entgegenzuwirken.

Diskurs, erörternde, mitteilende und (er)klärende Rede, die als Sprechereignis immer in einem spezifischen sozial-kulturellen Kontext vollzogen wird. In die deutschsprachige sozialwissenschaftliche Theoriedebatte wurde Diskurs, im Sinne der vernünftigen Rede, als besondere gesellschaftliche Äußerungsform durch Jürgen Habermas (↗Kritische Theorie) eingebracht. Die Analyse der Diskurse (↗Diskursanalyse) stellt eine wichtige Methode der empirischen Sozialforschung dar.

Im umfassenden Sinne werden in den Sozial- und Kulturwissenschaften und in der sozialwissenschaftlichen ↗Geographie Diskurse als kulturspezifische Konstruktions- und Interpretationspraktiken verstanden, in denen sich nicht nur die Bedeutungsstrukturen der sozial-kulturellen Welt äußern, sondern auch die konstitutiven Prozesse der Herstellung der gesellschaftlichen Wirklichkeit. Diskurse können in diesem Sinne als (sprachliche) Praktiken verstanden werden, in welchen die Welt zur sinnhaften und verstehbaren Welt wird. Dabei ist jedoch zu betonen, dass im weit verbreiteten Verständnis von Diskurs nicht davon ausgegangen wird, dass die (Sprach-)Praxis immer genau das ausdrückt, was man denkt, sondern vielmehr wird für die Bedeutungsverleihung auf die zentrale Rolle der Strukturen der Sprache verwiesen.

Für die empirischen Forschungen in der sozialwissenschaftlichen Geographie ist insbesondere auf drei spezifische Merkmale von Diskursen aufmerksam zu machen. Erstens ist auf die tiefe Verfestigung der Diskurse in gesellschaftlichen Bedingungen hinzuweisen. Diskurse sind nicht als freischwebende Praktiken zu verstehen, deren Gestaltung den Subjekten zur freien Gestaltung offen steht. Zu den strukturierenden Vorgaben sind auch die lokalen und regionalen Traditionen zu zählen. Zweitens kann eine weitere Charakteristik von Diskursen in der Tendenz zu vergegenständlichenden Aneignungen gesehen werden. Die damit verbundenen Reifikationen machen aus gedanklichen Konstrukten naturhafte Gegebenheiten, wie dies für die als unbefragt vorgegebene ↗Lebenswelt und Alltagswelt typisch ist. Im Rahmen der ↗handlungstheoretischen Sozialgeographie werden normative und symbolische Aneignungen räumlicher Kontexte in Form von regionalistischen (↗Regionalismus) und nationalistischen (↗Nationalismus) Diskursen dazugezählt oder auch symbolische Aneignungen im diskursiven Rahmen der Heimatliteratur. Drittens schließlich ist der räumlich und zeitlich kontextuelle Charakter von Diskursen zu betonen. So ist insbesondere darauf hinzuweisen, dass die lokalen Erzählungen und Traditionen sowie das lokale Wissen zu berücksichtigen sind, um einen angemessenen Zugang zu Diskursen finden zu können. Welche Bedeutung der räumlichen und zeitlichen Kontextualisierung von Diskursen unter globalisierten (↗Globalisierung) Bedingungen der Wissensverbreitung (↗Wissen) und der ↗Kommunikation in alltäglichen Zusammenhängen tatsächlich zukommt, ist Gegenstand empirischer Forschungen. [BW]

Diskursanalyse, bezeichnet seit den 1970er-Jahren ein empirisches Verfahren (↗Empirie) zur Untersuchung von ↗Diskursen, das in der Zwischenzeit in den Sozial- und Kulturwissenschaften, insbesondere auch im Rahmen der qualitativen Sozialforschung, große Bedeutung erlangt hat. Insgesamt ist zwischen eher strukturalistisch (↗Strukturalismus) ausgerichteten und eher hermeneutisch (↗Hermeneutik) ausgerichteten Diskursanalysen zu unterscheiden sowie einer expliziten Kombination der beiden im Sinne der objektiven Hermeneutik. Daneben ist das Verfahren auch für die ethnomethodologischen (↗Ethnomethodologie) Konversationsanalysen bedeutsam. Diskursanalysen strukturalistischer Prägung weisen einen starken Bezug zur Sprachtheorie des Genfer Linguisten Ferdinand de Saussure (1857–1913) und dem französischen Philosophen Michel Foucault (1926–1984) auf. Hier steht die Analyse der sprachlichen Äußerungen im Vordergrund, die weder formalisierend noch interpretativ ausfallen soll. Damit ist gemeint, dass die Analyse nicht vom Standpunkt des sprechenden oder schreibenden Subjektes aus erfolgen soll und auch nicht in Bezug auf die formalen Strukturen des Textes, welche nach quantitativen Verfahren verlangen. Die Ausrichtung stellt die Regeln der Sprachpraxis ins Zentrum, nach denen die Aussagen generiert werden. Ein Diskurs ist in diesem Sinne als eine Folge von Zeichen konstituiert, die zu Aussagen und Aussagegruppen zusammengefügt sind. Die Aussagegruppen werden als die zentralen Elemente eines Diskurses verstanden. Die Diskursanalyse zielt darauf ab, die Bedeutungen, die sich über die Kombination der verschiedenen Diskurselemente einstellen, zu erschließen. Dabei sollen auch die für eine ↗Kultur typischen Stilmerkmale herausgearbeitet werden. Die hermeneutisch orientierten Formen von Diskursanalyse sind auf die Sprecher zentriert und fokussieren damit die verschiedenen Gebrauchsweisen von Sprache und deren Konsequenzen im Rahmen der Bedeutungskonstitutionen. [BW]

diskursives Bewusstsein, zentraler Begriff der ↗Strukturationstheorie, die ein Stufenmodell der Handelnden postuliert. Im Vergleich zum ↗Unterbewusstsein und zum ↗praktischem Bewusstsein umfasst die Ebene des diskursiven Bewusstseins jene Wissensbestände, die im Handeln nicht nur zur Anwendung gebracht werden, sondern nach denen die handelnde Person befragt werden kann und die sie auch in der Lage ist zu referieren. Das diskursive Bewusstsein bildet die Voraussetzung für die Reflexivität des Handelns, welches seinerseits wiederum als die Voraussetzung für die ↗Intentionalität des Handelns gesehen wird.

Disparitäten ↗räumliche Disparitäten.

Disparitätendiagramm, eine graphische Darstellung der Verteilung regionaler Disparitäten zwischen den Teilregionen eines Gesamtraumes für ein Phänomen, z. B. Wertschöpfung. Das Diagramm (Abb.) basiert auf der graphischen Interpretation des gewichteten relativen Variabilität V_g (↗Streuungsparameter) und vereinigt eine absolute und eine relative Darstellung der Unterschiede zwischen den Teilregionen. Die Höhe der einzelnen Säulen gibt an, wie stark die Pro-Kopf-Wertschöpfung der Teilregion über bzw. unter dem des Gesamtraumes liegen, die Flächen der Säulen geben an, wie viel Wertschöpfung jede Teilregion mehr (unterhalb der Abszisse) oder weniger (oberhalb der Abszisse) haben müsste, damit die Wertschöpfung über die Regionen – entsprechend ihrer Bevölkerung – gleichverteilt wären.

Dispersion, **1)** *Bevölkerungsgeographie*: *Bevölkerungsdispersion*, bezeichnet einen Prozess, der zu einer größeren Streuung der Bevölkerung in einem Untersuchungsgebiet führt (↗Bevölkerungsstruktur, ↗Modell zur Stadtentwicklung, ↗Sozialökologie). **2)** *Zoogeographie*: Verteilung der Individuen (oder Kolonien, Nester) einer Population im Raum. Es gibt die Grundstruktur der regelmäßigen, der zufälligen (Normal-) und der geklumpten Verteilung (*Aggregation*). Die Dispersion wird besonders durch die ↗Ausbreitung und die Verteilung der ↗Ressourcen beeinflusst. Ungleichverteilung der Ressourcen und Interaktionen führen dazu, dass die meisten Populationen mehr oder weniger geklumpt verteilt sind.

dispositive Tätigkeiten ↗Dienstleistungen.
Dissimilaritätsindex ↗Segregationsindex.
Dissimilation, *Katabolismus*, *Respiration*, *Atmung*, biologische Oxidation, Gesamtheit der energieliefernden Abbauprozesse des Zellstoffwechsels in Pflanzen, Tieren und Mikroorganismen. Die verschiedenen Arten von organischen Molekülen, insbesondere Kohlenhydrate, Fette und Proteine, werden durch Oxidation und Sauerstoffverbrauch unter Energiefreisetzung (ATP-Bildung) zu den energiearmen anorganischen Verbindungen CO_2 und H_2O umgesetzt. Die Atmung ist durch einen messbaren Gaswechsel (CO_2-Freisetzung, O_2-Aufnahme) charakterisiert. Bei Pflanzen ist dieser Gaswechsel bei Nacht

Disparitätendiagramm: Disparitätendiagramm der Bruttowertschöpfung der Raumordnungsregionen in NRW 1996. G = Erwerbstätige im Gesamtraum, g_i = Erwerbstätige in der Teilregion i, y_i = Bruttowertschöpfung zu Faktorkosten in der Region i, x_i Bruttowertschöpfung zu Faktorkosten pro Erwerbstätigen in der Region i, $\bar{x}_g$ = Bruttowertschöpfung zu Faktorkosten pro Erwerbstätigen im Gesamtraum.

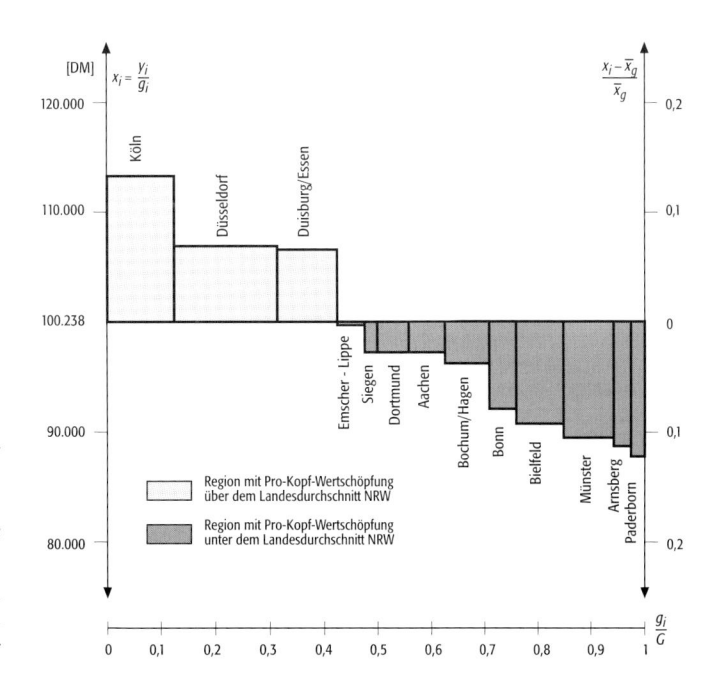

(bzw. bei Verdunklung der Pflanzen) gut messbar. Am Tage überschneidet er sich mit dem Gaswechsel der ↗Photosynthese (lichtinduzierte CO_2-Fixierung und O_2-Freisetzung), sodass die Atmung am Tage nicht gemessen werden kann oder nur über verdunkelte Blätter. Bei den Pflanzen geht der Gasaustausch durch die ↗Spaltöffnungen (Stomata), welche das Interzellularsystem der Sprosse und Blätter mit der Außenluft verbinden. Geschlossene Stomata bedeuten einen Widerstand für den Durchtritt von CO_2 und die Aufnahme von Sauerstoff.

Bei der Veratmung von Zuckern z. B. Glukose werden pro Mol 6 Mol O_2 aufgenommen und 6 Mol CO_2 abgegeben, wobei 2826 kJ Energie freigesetzt werden, die Energiemenge die bei der Photosynthese gebunden wurde:

$$C_6H_{12}O_6 + 6\,O_2 \rightarrow 6\,CO_2 + 6\,H_2O.$$

Bei der Veratmung von Zuckern und Kohlenhydraten ist der Atmungsquotient, das Verhältnis von freigesetztem CO_2 zu verbrauchtem O_2, gleich 1. Bei der Veratmung der stärker reduzierten Fettsäuren in Ölen liegt der Atmungsquotient bei ca. 0,7. Beim Abbau von Proteinen z. B. bei der Samenkeimung (Abbau der Speicherproteine) liegt der Atmungsquotient deutlich über 1. Sehr hohe Atmungsintensität liegt vor bei keimenden Samen und schnellem Wachstum und auch beim Abbau von Pflanzenbiomasse durch Pilze und Bakterien. Bei Verwendung und bei Schädigung durch verschiedene Stressfaktoren und hohen Temperaturen steigt die Atmungsrate der Pflanzengewebe an (Ankurbelung von Reparaturprozessen). Samen und ausgewachsene Laubblätter oder andere Dauergewebe haben hingegen eine relativ geringe Atmungsrate (Erhaltungsatmung). Das Temperaturoptimum der Atmung liegt bei 35°–40°C und wesentlich höher als jenes der Photosynthese. Die bei ↗C_3-Pflanzen im Starklicht und bei CO_2-Mangel auftretende ↗Lichtatmung benötigt zwar ebenfalls Sauerstoff und setzt CO_2 frei, hat aber mit der hier beschriebenen dissimilatorischen mitochondriellen Atmung nichts zu tun. Der Atmungsprozess verläuft in verschiedenen Stufen. Er beginnt im Falle der Zucker mit der Glykolyse, dem Abbau von Glukose oder Fruktose bis Brenztraubensäure im Cytosol der Zelle, daran schließt sich die oxidative Decarboxylierung (Mitochondrienaußenmembran) an, die Acetyl-CoA und CO_2 liefert. Acetyl-CoA wird im Krebszyklus (Tricarbonsäurezyklus, Zitronensäurezyklus) der Mitochondrien zu CO_2 oxidiert. Die entstandenen Reduktionsäquivalente werden dann in der Atmungskette der Mitochondrieninnenmembran sukzessive oxidiert, wobei die Elektronen über Ubichinon und Cytochrome in drei Schritten schließlich auf Sauerstoff übertragen werden (Cytochromoxidase als Endoxydase). Die hierbei frei werdende Energie wird weitgehend zur ATP-Bildung (oxidative Phosphorylierung) benutzt. Kohlenhydrate müssen erst zu freien Zuckern, Fette in Fettsäuren und Glyzerin gespalten und Proteine zu freien Aminosäuren hydrolysiert werden, bevor sie abgebaut werden können.

Neben dieser quasi normalen Atmung mit Abschluss in einer kompletten Atmungskette, gibt es bei Pflanzen auch eine alternative Atmung, die cyanidresistent ist, in der Atmungskette höchstens beim 1. Schritt ATP liefert und die restliche Energie als Wärme abgibt. Diese alternative Atmung dient der Wärmeerzeugung, tritt besonders bei Verletzung der Pflanzengewebe auf, kommt aber auch z. B. während des Aufblühens der Kolbenblüten von Aronstab und anderen Araceen vor, wo sie im Dienste der Anlockung von Blütenbestäubern steht und diesen mit einer 10–12°C über der Außenluft liegenden Temperatur in kalten Frühjahrsnächten Wärmeschutz bietet.

Durch Erhöhung der CO_2-Außenkonzentration sinkt die dissimilatorische Atmung von Pflanzengeweben. Dies wird bei der Lagerung von Obst (Äpfeln), Getreide oder Kartoffeln ausgenutzt, um Ernteverluste durch Atmung zu verringern oder Reifungsprozesse zu verlangsamen. Auch eine Temperaturerniedrigung trägt hierzu bei. [HLi]

Dissipation, i. A. Zerstreuung von Energie; in der Meteorologie die Umwandlung von ↗kinetischer Energie in Wärme, die insbesondere bei der ↗dynamischen Turbulenz auftritt, wenn sich Reibungswirbel auflösen. Die stetig kleiner werdende Bewegungsenergie der Wirbel wird dabei in Wärme überführt.

Dissoziation, *Trennung*, **1)** *Chemie*: Zerfall von Molekülen in einfachere Bestandteile. **2)** *Entwicklungsländerforschung*: Entwicklungsstrategie, die von den Vertretern der ↗Dependenztheorie für die ↗Entwicklungsländer gefordert bzw. empfohlen wurde und die eine vollständige Isolierung der Drittweltländer von den ↗Industrieländern vorsieht (*Abkopplung*).

Distanz, *Abstand, Entfernung*, die verschiedene Dimensionen beinhaltet: a) soziale Distanz (Ausmaß der sozialen ↗Segregation, der Annäherungsbereitschaft zwischen Personen/Gruppen, des gewünschten Kontakts zu einer zweiten Person/Gruppe, b) demographische Distanz (Unterschiede bezüglich der Haushalts- und Altersstruktur bzw. dem generativen Verhalten), c) sozioökonomische Distanz (Unterschiede bezüglich des Sozialstatus) und d) räumliche Distanz (zwischen zwei Punkten einer Strecke).

Distanzgruppierungsverfahren, durch ein mehrdimensionales mathematisch-statistisches Gruppierungsverfahren (↗Clusteranalyse) werden sozioökonomische Variablen so sortiert, dass relativ homogene Sozialgruppen und Sozialraumtypen (↗Segregation) entstehen. Die räumliche Verteilung der Sozialraumtypen ergibt die sozialräumliche Struktur einer Stadt.

distanzielle Theorien, ökonomische Standorttheorie, die sich auf die Analyse der Beziehungen von Systemelementen als Funktionen der räumlichen ↗Distanz konzentriert, die auch Zeit-, Kosten-, Mühe- und Risikofaktoren beinhaltet. Ziel ist die Entwicklung allgemein gültiger abstrakter Raum-Wirtschafts-Modelle. Vernachlässigt werden dabei allerdings die vielfältigen sozioökonomischen Verflechtungsbeziehungen sowie die raumrelevanten Prozesse des historischen, wirtschaftlichen und gesellschaftlichen Strukturwandels: Durch verbesserte Verkehrs- und Transporttechnologie verliert heute der Distanzfaktor stetig an Bedeutung, es kommt zu einer Veränderung der hierarchischen Strukturen des zwischen- und innerstädtischen Systems.

Distanzmodelle, Typ von ↗deterministischen Wanderungsmodellen, der eine umgekehrt proportionale Beziehung zwischen Wanderungshäufigkeit und Entfernung zwischen altem und neuem Wohnstandort abbildet (↗Wanderungsgesetze). Das Distanzmodell beschreibt diesen Zusammenhang durch eine Funktion

$$M_{ij} = a \cdot d_{ij}^{-b}$$

mit M_{ij} = Zahl der Migranten von der Raumeinheit i nach j bezogen auf 1000 der mittleren Bevölkerung in i, d_{ij} = mittlere Distanz zwischen i und j, b = Exponent und a = Konstante.

Der mittels einfacher Regression geschätzte Parameter b zeigt bei größeren Werten einen hohen Widerstand der Distanz an und damit ein relativ begrenztes, bei kleinen Werten ein eher ausgedehntes Wanderungsfeld. Mit fortschreitender Verkehrserschließung z. B. verringert sich der Exponent, und er ist für Personen mit höherem sozialen Status kleiner, d. h. sie wandern eher über große Entfernungen als Personen mit geringer Ausbildung. Die Parameter erlauben eine Beschreibung der Wanderungsverflechtungen, weniger ihre Erklärung. [PG]

Distanzüberwindungsbereitschaft ↗Konsumentenverhalten.

Disthen, *Cyanit*, blaues bis hellgrünes Mineral mit der chemischen Formel: $Al_2[O/SiO_4]$; Inselsilicat (↗Silicate); meist als nadelige oder stängelige Kristalle in metamorphen Gesteinen wie Schiefern und Gneisen oder in Granitpegmatiten. Disthen wird während der Regionalmetamorphose (↗Metamorphose) bei mittleren Temperatur- und hohen Druckverhältnissen gebildet und lässt deshalb Rückschlüsse auf die Bildungsbedingungen des Gesteins zu.

distributive Dienstleistungen, Dienstleistungen mit verteilender und vermittelnder Funktion. Über den Transport hinaus erfüllen sie zusätzliche logistische Aufgaben (z. B. Lagerung, Umverpackung, Aufteilung) und können auch in geringem Umfang Bearbeitungen vornehmen. Üblicherweise gehören Transportgewerbe, Verkehr, Post, Nachrichtenwesen und Großhandel dazu. Teilweise gilt auch der ↗Einzelhandel als distributive Dienstleistung, häufiger jedoch als konsumentenorientierte. Hinsichtlich der Standortfaktoren zeigt sich eine große Bedeutung verkehrlicher Erreichbarkeit. Clusterungen an Verkehrsknoten (↗Standortsysteme von Dienstleistungen) und an Verkehrswegen im Großstadtumland treten häufig auf.

Divergenz 1) *Allgemein*: Strömungsbewegung, die Massen auseinander führt, die Gegenbewegung ist die ↗Konvergenz. 2) *Geomorphologie*: Divergente Bewegungen im Bereich der ↗Plattentektonik führen zur Bildung neuer Ozeane (↗seafloor-spreading). 3) *Geologie*: Kipprichtung geneigter ↗Falten mit oben auseinander laufenden Achsenebenen. 4) *Klimatologie*: horizontales Auseinander- oder Abströmen von Luftmassen im Übergangsbereich zwischen Hochdruckgebieten und ↗Tiefdruckgebieten. Divergenz entsteht dort, wo aufgrund einer Spreizung von ↗Isobaren der Druckgradient kleiner wird und zur Verringerung der Windgeschwindigkeit führt (Abb. 1). Aufgrund der Massenträgheit der Luft tritt der Wind anfangs mit einer höheren Geschwindigkeit in das Divergenzgebiet ein, sodass die im Vergleich zur Gradientkraft höhere Corioliskraft zu einer Richtungsablenkung nach rechts (auf der Nordhalbkugel) zum Hochdruckgebiet hin führt. Umgekehrte Verhältnisse herrschen bei Konvergenz (Zusammenströmen) vor, bei der aufgrund einer Isobarenscharung der Druckgradient zunimmt und so zu einer Windgeschwindigkeitserhöhung führt. Der Wind tritt hier zunächst mit einer geringeren Geschwindigkeit in das Konvergenzgebiet ein, sodass die im Vergleich zu Gradientkraft geringere Corioliskraft zu einer Richtungsablenkung nach links (auf der Nordhalbkugel) zum Tiefdruckgebiet hin führt. Konvergenz- und Divergenzgebiete treten innerhalb der Troposphäre horizontal und vertikal komplementär auf, d. h. auf jedes Divergenzgebiet folgt sowohl horizontal als auch vertikal ein Konvergenzgebiet und umgekehrt, wobei der Luftaustausch zwischen vertikal gelagerten Druckgebieten über Vertikalbewegungen durch ein ↗divergenzfreies Niveau hindurch erfolgt (Abb. 2). Die Konvergenzzonen können sowohl punktförmig als auch linienförmig (↗Konvergenzlinie) ausgeprägt sein. 5) *Ozeanographie*: Oberflächennahe Divergenz erzeugt bei der Bewegung von Wassermassen eine vertikale Ausgleichsströmung von Tiefenwasser (Upwelling).

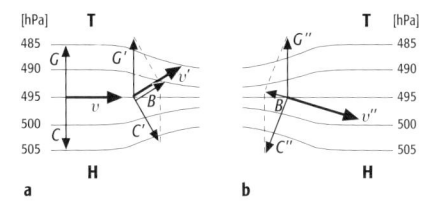

Divergenz 1: Kräftediagramm für a) Konvergenzen und b) Divergenzen in einer Höhenströmung. G = Gradientkraft, C = Corioliskraft, v = Windgeschwindigkeit, B = Beschleunigung, T = Tiefdruckgebiet, H = Hochdruckgebiet.

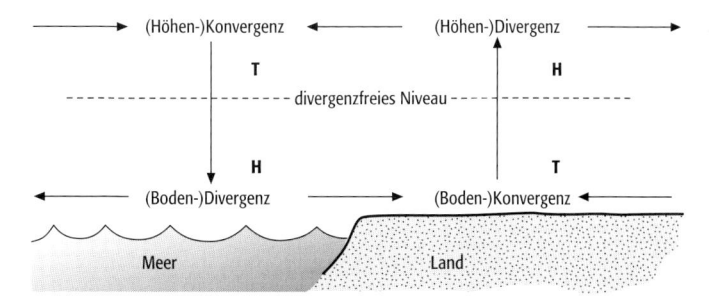

Divergenz 2: Horizontale und vertikale Divergenz und Konvergenz von Luftmassen am Beispiel des Land-Seewindsystems. T = Tiefdruckgebiet, H = Hochdruckgebiet.

divergenzfreies Niveau, Höhenniveau in der mittleren Troposphäre zwischen vertikal komplementär gelagerten ↗Divergenz- und Konvergenzfeldern, in dem die ↗Isobaren parallel verlaufen, sodass aufgrund der gleich großen Gradient- und Corioliskraft der geostrophische Wind hier seine höchste Windgeschwindigkeit erreichen kann.

Divergenzgleichung, Gleichung zur Beschreibung der zeitlichen Änderung der ↗Divergenz in einer horizontalen Strömung in Abhängigkeit verschiedener Einflussgrößen des Druck- und Strömungsfeldes. Wird in der Divergenzgleichung die Divergenz als nicht vorhanden angenommen, so ergibt sich die ↗Ballancegleichung.

Diversifikationsindex ↗regionalanalytische Methoden.

Diversifizierung, Unternehmen weiten ihre Tätigkeit durch neue, selbstentwickelte oder zugekaufte Geschäftsfelder aus. Zu den Gründen gehören beispielsweise Wachstum, Reduzierung von Risiken, Nachfragerückgang, Konkurrenz, instabiler Bedarf, Kapitalanlage und Nutzung von Synergien. Bleiben die neuen Geschäftsfelder eng mit dem ↗Kerngeschäft verbunden, sogenannte Diversifizierung um ↗Kernkompetenzen, dann sind die Erfolgschancen größer als bei Diversifizierung in nicht verwandte Geschäftsfelder.

Diversität

Carl Beierkuhnlein, Rostock

Der Begriff Diversität beschreibt im geographischen und biologischen Zusammenhang folgende Aspekte der natürlichen Vielfalt: Variabilität, Vielzahl und Komplexität.

Die Frage nach der Ergründung der Vielfalt der Natur hat Wissenschaftler seit der Antike beschäftigt. Das Streben nach der Beschreibung und Erklärung dieser Vielfalt kann als Grundlage der Naturwissenschaften angesehen werden.

In der Renaissance sind es Forscher wie Conrad Gesner (1516–1565), die sich bemühen einen Überblick über die natürliche Vielfalt zu gewinnen. 200 Jahre später wird durch Carl von Linné (1707–1778) ein im Wesentlichen bis heute gültiges nomenklatorisches System etabliert, welches hilft, die Vielfalt der Organismen zu kategorisieren.

Neben biogeographischen Aspekten der taxonomischen Vielfalt schenkt ↗Humboldt besonders den strukturellen Unterschieden der ↗Vegetation Beachtung. Die Ursachen der Vielfalt beschäftigen schließlich auch ↗Darwin, welcher über das Hinterfragen der Artenvielfalt bzw. der morphologischen Ähnlichkeit der Organismen, die Evolutionsforschung begründet.

Auch wenn der Begriff Biodiversität erst Ende der 1980er-Jahre etabliert wurde, so wird doch offensichtlich, dass die Betrachtung der Vielfalt keineswegs ein neues Forschungsfeld verkörpert. Allerdings wurde bis in die jüngste Vergangenheit unter »Diversität« vor allem die Artenvielfalt von Lebensgemeinschaften bzw. ihre Artenzahl (species richness) verstanden. Heute besitzt der Begriff eine breitere Bedeutung.

Die Artenzahl pro Fläche ist eine einfach zu ermittelnde und messbare biotische Größe. Es ist jedoch festzuhalten, dass Artenvielfalt neben der Artenzahl noch weitere Aspekte wie quantitative Eigenschaften der Arten mit einbezieht (z. B. Dominanzverhältnisse, Verteilung).

Im Rahmen der ↗Inselbiogeographie wird eine einfache Beziehung zwischen Flächengröße und Artenzahl entwickelt. Einschränkungen des einfachen Zusammenhangs zwischen Flächengröße und Artenzahl ergeben sich allerdings über die Unterschiedlichkeit der Lebensraumdiversität bzw. der Habitatvielfalt innerhalb der Fläche.

Aus der ↗Pflanzensoziologie kommt der ebenfalls flächenbezogene Ansatz des ↗Minimumareals, welches für einzelne Pflanzengesellschaften definiert wird. Dabei wird in quasi-homogenen Beständen von einer gesellschaftsspezifischen Sättigung der Artenzahl mit zunehmender Fläche ausgegangen.

Bereits frühzeitig werden differenzierte Diversitätsindices zur quantitativen Kennzeichnung von Diversitätseigenschaften entwickelt. Besondere Verbreitung erfuhr Shannons Diversitätsindex (auch »Shannon's entropy«), welcher zusätzlich zur Artenzahl die Abundanz der Arten berücksichtigt. Da die Werte durch die Artenzahl beeinflusst werden, eignet sich dieser Index nur bedingt zum Vergleich unterschiedlicher Bestände (mit unterschiedlicher Gesamtartenzahl).

Die Evenness basiert auf dem Shannon-Index. Sie charakterisiert die Gleichverteilung und die Dominanzverhältnisse der Arten. Durch die Normierung auf die maximal auftretende Diversität ist es möglich, Bestände unterschiedlicher Artenzahl miteinander zu vergleichen.

Whittaker (1972) führt die Bezeichnungen Alpha-, Beta- und Gamma-Diversität ein (Abb. 1). Mit seinen Arbeiten ist die Etablierung eines übergreifenden Gedankengebäudes der Diversität verbunden, welches verschiedene Formen der Diversität berücksichtigt. Artenvielfalt wird nun auf unterschiedlichen Maßstabsebenen betrachtet. Der Raumbezug und der Bezug zu Umweltgradienten werden berücksichtigt. Die Artenvielfalt ist als Alpha-Diversität in das Konzept integriert. Alpha- und Gamma-Diversität besitzen allerdings dieselbe Datenqualität. Sie bezeichnen eine diskrete Zahl von Objekten (z. B. Artenzahl), wobei sich die Gamma-Diversität aus der Alpha-Diversität ergibt. Alpha-Diversität beschreibt die Zahl von Objekten einer einzelnen Aufnahme

Diversität 1: Schema zur Alpha-, Beta- und Gamma-Diversität. Alpha- und Gamma-Diversität kennzeichnen eine Anzahl von Objekten. Beta-Diversität ist ein Maß für die Ähnlichkeit bzw. Unähnlichkeit und damit für die Variabilität zwischen Objekten bzw. Einheiten.

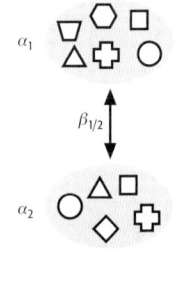

bzw. eines Plots oder Datums und Gamma-Diversität die Gesamtzahl von Objekten im Datensatz. Betrachtet man statt Arten ↗Biozönosen oder Typen von ↗Ökosystemen, so wird deutlich, dass auch ihre Zahl, sowohl im Rahmen einzelner Teilflächen als auch eines gesamten Untersuchungsgebietes, ermittelt werden kann. Die nicht selten zu findende Gleichsetzung zwischen Gamma-Diversität und ↗Landschaftsdiversität ist nicht zulässig, da Alpha- und Gamma-Diversität nicht an bestimmte Maßstabsebenen oder spezifische Objekteigenschaften gebunden sind. Allgemein kann Alpha- und Gamma-Diversität als Vielfalt eines biotischen Parameters innerhalb einer räumlichen, zeitlichen oder funktionellen Einheit bezeichnet werden. Sie sind für bestimmte Raum- oder Zeiteinheiten absolut. Beta-Diversität hingegen beschreibt die Veränderung der Artenzusammensetzung im Vergleich verschiedener ↗Ökotope, z. B. entlang eines Gradienten, und wird dimensionslos über Ähnlichkeitswerte ausgedrückt. Es ist nicht möglich, wie es die alphabetische Folge assoziiert, Beta-Diversität als zwischen Alpha- und Gamma-Diversität angesiedelt aufzufassen oder einer bestimmten räumlichen Maßstabsebene zuzuordnen. Vielmehr ist sie als Variabilität im Vergleich einzelner Einheiten zu verstehen. Des Weiteren kann Beta-Diversität dazu benutzt werden, Daten verschiedener Zeitpunkte miteinander zu vergleichen, und damit die zeitliche Entwicklung eines Bestandes zu charakterisieren. In diesem Fall wird die Ähnlichkeit bzw. Unähnlichkeit der Artenzusammensetzung verschiedener Zeitpunkte berechnet. Beta-Diversität ist dann als Turnover-Rate (»species turn-over«), also als Artenumsatz in der Zeit, zu verstehen.

In den 1980er- und 1990er-Jahren wird der Diversitätsbegriff um wesentliche Aspekte erweitert. Bis dahin vor allem auf Organismen bezogen, wird seine Gültigkeit nun explizit auf Lebensgemeinschaften, Ökosysteme und Landschaften ausgedehnt. Die Erweiterung des Begriffsgehaltes ist mit terminologischen Veränderungen verbunden. Zunächst wird ein umfassenderes Verständnis der Vielfalt über die Formulierung »biologische Diversität« ausgedrückt. Von der Bedeutung »Artenvielfalt« hat sich damit der Gültigkeitsbereich der Diversität hin zu einer allgemeineren und weit mehr Aspekte des Lebens umspannenden »Vielfalt an biotischen Eigenschaften« entwickelt.

Gegen Ende des 20. Jahrhunderts werden negative Entwicklungen der globalen Diversität vermehrt festgestellt. Es ist von einer Krise der biologischen Diversität die Rede.

Im Rahmen einer Tagung, die sich mit den Problemen globaler Artenverluste befasst, wird 1986 erstmals der Begriff »biologische Diversität« zu »BioDiversität« zusammengezogen. Durch ungenaues Zitieren verschwindet der Hybridcharakter und das Wort »BioDiversität« mutiert rasch zu »*Biodiversität*«. Mit der Einführung dieses Begriffes ging einher, dass nun der Vielfalt der Natur normative Qualität beigemessen wird.

Die UNCED-Konferenz von Rio (1992) vermeidet den Begriff »Biodiversität« noch und definiert: »Biological Diversity means the variability among living organisms from all sources, including, inter alia, terrestrial, marine and other aquatic ecosystems and the ecological complexes of which they are part; this includes diversity within species, between species and of ecosystems.«

Aus dieser Definition lässt sich ableiten, dass die Vielfalt mehr ist, als allein durch die Artenvielfalt ausgedrückt werden kann und die genetische Vielfalt innerhalb von Populationen, wie auch die morphologische Variabilität mit umfasst. Die biologische Vielfalt wird ferner auf die ökosystemare Ebene erweitert. Mit der Einbeziehung der ↗ökologischen Komplexität ist eine funktionelle Sichtweise in die Definition integriert. Dennoch ist die UNCED Definition in sich nicht konsistent und in ihren Formulierungen nicht eindeutig.

Als Ergebnis ist in den 1990er-Jahren eine zunehmende Unklarheit zum Begriffsgehalt festzustellen, welche durch weitere Definitionsversuche eher gefördert als vermindert wurde. Es entsteht der Eindruck, dass eine ausgesprochene Diversität der Ansichten zur Diversität besteht.

Zwar findet der Begriff Biodiversität einerseits in kurzer Zeit weltweite Verbreitung und dringt in verschiedenste gesellschaftliche Bereiche vor, andererseits verliert er an Profil. »Biodiversität« dient heute neben seiner Bedeutung als naturwissenschaftliche Messgröße und als Wissenschaftskonzept auch als umweltpolitisches Schlagwort.

Im Rahmen der naturwissenschaftlichen Analyse der Biodiversität wird dem Raumbezug sowie dem Bezug zu geoökologischen Rahmenbedingungen eine wachsende Bedeutung beigemessen. Deshalb fordern auch Biologen eine stärkere Beteiligung von Geographen bei der Bearbeitung der Biodiversität.

Darüber hinaus sind Ökosysteme oder Landschaften nur zum Teil aus biotischen Einheiten aufgebaut. Auch die abiotische Vielfalt ist zu beachten und kann für die einzelnen Kompartimente sektoral als Pedodiversität, Hygrodiversität oder Petrodiversität charakterisiert werden. Allgemein wird die Vielfalt von abiotischen Standorteigenschaften in einem gegebenen Raum als Geodiversität bezeichnet. Die Vielfalt der abiotischen Eigenschaften hat funktionelle und prozessurale Konsequenzen, z. B. für die Pufferung von Stoffeinträgen.

Soll die Vielfalt ökologischer Systeme, in welchen abiotische, biotische und anthropogene Faktoren wirken, gekennzeichnet werden, so ist von »Ökodiversität« zu sprechen.

Die biotische Diversität bzw. Biodiversität, kann nach den jeweils betrachteten Kompartimenten wiederum in Phytodiversität, Zoodiversität und Mikrobiodiversität untergliedert werden.

Die Habitatvielfalt oder Lebensraumdiversität ist bezogen auf die Vielfalt der Lebensbedingungen für einzelne Organismen oder Populationen zu verstehen.

Landschaftsdiversität hingegen kennzeichnet Diversitätseigenschaften auf einer bestimmten

Diversität

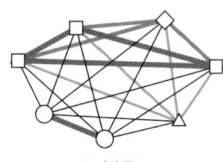

Variabilität
(Ähnlichkeit bzw. Unähnlichkeit zwischen Objekten)

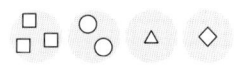

Vielzahl
(Vielfalt von Einheiten oder Typen)

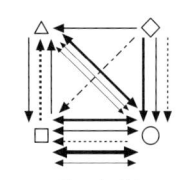

Komplexität
(Vielfalt von Wechselwirkungen)

Diversität 2: Schematisierte Veranschaulichung der primären, sekundären und tertiären Biodiversität. Die Symbole können z. B. auf der Ebene der Organismen als Individuen bzw. Arten verstanden werden.

Diversität 3: Modell der Beziehung zwischen Diversität und Stabilität bzw. zur Erzeugung und Regulation der Artenvielfalt in ökologischen Systemen. Durchgezogene Linien bedeuten einen Anstieg, gestrichelte Linien eine Abnahme.

- stabilere Umweltbedingungen
- weniger Energieaufwand zur Regulation
- mehr Energie verfügbar zur Produktion
- größere Population
- **mehr Arten**
- frühe Stadien:
  a) schnellere Nährstoffumsetzung
  b) erhöhte Stabilität der Lebensgemeinschaft
  c) gedämpfte Klimafluktuationen

erhöhte Produktivität

- Instabilitäten der Umweltbedingungen
- produktionslimitierende Faktoren
- begrenzter Raum
- späte Stadien: »Überspezialisierung« und kleinere Populationsgrößen
- verringerte Stabilität der Lebensgemeinschaft

limitierte Produktivität

räumlichen Skala, nämlich auf jener der Landschaften und kann sich auf die Vielfalt an Organismen, Lebensgemeinschaften, Ökosystemtypen aber auch an bestimmten abiotischen Landschaftselementen beziehen.

Grundsätzlich ist zwischen der Diversität der Eigenschaften und Funktionen konkreter Objekte, also real existierender räumlich oder zeitlich lokalisierbarer Einheiten, und der Diversität abstrakter Objekte, gedanklich definierter Einheiten (z. B. Taxa, Syntaxa, Geosyntaxa), zu unterscheiden. Abstrakte Einheiten sind Typen, welche aufgrund bestimmter Kriterien (z. B. morphologische Ähnlichkeit, Ähnlichkeit der Artenzusammensetzung etc.) erstellt werden oder sich begriffshistorisch herausgeschält haben. Konkrete Objekte können bestimmten abstrakten Einheiten (z. B. Individuen zu Arten oder zu Lebensformen) zugeordnet werden. Es ist schließlich denkbar, die konkreten Individuen höheren Taxa wie Familien zuzuordnen und dann nicht die Zahl der Arten sondern zum Beispiel der Familien zu ermitteln. Fragt man in der ↗ Systematik nach der Zahl der Arten in einer Gattung oder Familie, so werden abstrakte Objekte bearbeitet, denn sowohl Arten als auch höhere Taxa sind auf der Grundlage bestimmter Kriterien konstruiert – und entsprechend den Veränderungen des Erkenntnisfortschrittes unterworfen. Kritisch ist die unterschiedliche Schärfe der Abgrenzung und innere Variabilität (z. B. genetische Vielfalt) abstrakter Einheiten (wie Sippen) zu sehen. Zählt man beispielsweise Arten, so werden Objekte unterschiedlicher Variabilität gleichgesetzt.

Konkrete Diversität ist immer in einem konkreten zeitlichen und räumlichen Bezug zu sehen. Als eine erfass- und messbare Größe beschreibt Biodiversität die Vielfalt biotischer Einheiten zu einem bestimmten Zeitpunkt (bzw. Zeitraum) in einem bestimmten Raum. Das heißt, sie ist auf zeitliche und räumliche Maßstäbe zu beziehen.

Räumliche Diversität wird vorwiegend flächenbezogen dargestellt. In konkreten Flächen kann die Vielfalt von Verteilungseigenschaften von Organen, Organismen, Zönosen oder Ökosystemen erfasst werden. Derartige Naturelemente können darüber hinaus musterbildend auftreten und auch die Vielfalt solcher räumlichen Muster stellt einen Diversitätsaspekt dar (»pattern diversity«). Als besonders beachtenswert gelten die »Hotspots« der Biodiversität, Gebiete mit außergewöhnlich hoher Artenvielfalt. Bei einer globalen Betrachtung sind solche Bereiche vor allem in den Tropen und in Gebirgsregionen zu erkennen. Relativ gesehen bestehen auch in Mitteleuropa derartige Gebiete. Und selbst bei lokalen und regionalen Betrachtungen lassen sich Bereiche hoher Vielfalt erkennen.

Ein wesentlicher Teil der räumlichen Vielfalt ist ferner die dreidimensionale physiognomische Organisation bzw. die Strukturvielfalt.

Aus den bisher geschilderten Zusammenhängen lässt sich ein Konzept der Biodiversität ableiten (Abb. 2), welches die verschiedenen Aspekte der Diversität abdeckt. Zunächst ist festzuhalten, dass neben Organismen auch Einheiten geringerer (Organe) und höherer Komplexität (Lebensgemeinschaften, Ökosysteme) interessieren. Mit wachsender Komplexität der Systeme wird die funktionelle Vielfalt, die Vielfalt der Prozesse zur Übertragung und Speicherung von Stoffen, Energie und Information zunehmend bedeutsam. Zunächst muss die Ähnlichkeit bzw. Verschiedenartigkeit zwischen den Einheiten der Untersuchungsflächen oder -zeiträume festgestellt werden, d. h. ihre Variabilität bzw. Beta-Diversität. Daraus können Objekttypen abgeleitet werden, welche gezählt werden können. Deshalb ist die Variabilität als primäre Diversität aufzufassen. Aufbauend auf der primären Abgrenzung der Einheiten kann die Zahl der Typen (z. B. Arten) ermittelt werden. Die Bestimmung der Zahl von Einheiten in einem Bezugsraum wird konventionell als Alpha- oder Gamma-Diversität bezeichnet, kann aber allgemeiner als sekundäre Biodiversität aufgefasst werden. Sie beschreibt die quantitative Diversität innerhalb konkreter Flächen (z. B. Artenzahl, Strukturvielfalt, geographische Muster), innerhalb bestimmter Zeiträume (z. B. unterschiedliche Saisonbiaität, Vielfalt an Sukzessionsstadien) und auch innerhalb abstrakter Einheiten bestimmter Organisationsebenen (z. B. genetische Diversität von Arten, Artenvielfalt von Assoziationen). Aus der Vielfalt der funktionellen Beziehungen zwischen den Objekten bzw. aus ihren Interaktionen ergibt sich eine weitere Form der Biodiversität: die funktionelle Vielfalt. Sie beschreibt die Vielfalt der ökologischen Prozesse (z. B. ↗ Assimilation, Transpiration) und Flüsse (Transport und Speicherung von Stoffen, Energie und Information) sowie deren quantitative Bedeutung. Diese tertiäre Biodiversität wird auch als ökologische Komplexität bezeichnet. In der Praxis ist es allerdings kaum vorstellbar, die Vielfalt der Wechselbeziehungen zwischen den Organismen oder zwischen Gesellschaften zu ermitteln, zu typisieren und zu katalogisieren.

Die Artenzahl wurde frühzeitig als funktionelle Steuergröße von Ökosystemen aufgefasst. Connell & Orias (1964) entwickelten Hypothesen zur Rückkoppelung zwischen der Artenvielfalt und der ↗Stabilität (Abb. 3). Ein artenreiches Ökosystem wird vielfach mit einem stabilen Ökosystem gleichgesetzt. May (1972) vermeidet im Zusammenhang mit Stabilität den Begriff Diversität, da es sich bei Stabilität um die Bezeichnung für einen Prozess handelt. Er setzt vielmehr die Komplexität von Systemen zur Stabilität in Beziehung, welche wir heute in unserem erweiterten Verständnis jedoch als Teil der Diversität auffassen.

Ausgelöst durch die zunehmende Effizienz und allgemeine Verfügbarkeit moderner Landnutzungstechniken, durch die Nutzung fossiler Energie- und Nährstoffquellen sowie synthetischer Agrochemikalien, durch die Uniformierung der Landnutzungsweisen sowie nicht zuletzt durch die infrastrukturelle und informationstechnische Verknüpfung der Märkte manifestierte sich das menschliche Wirken, neben Veränderungen der globalen biogeochemischen Kreisläufe und des Klimas, auch in einem anthropogen induzierten Artensterben. Dies wird als bedrohlich empfunden. Allerdings liegen nur wenige Hinweise zur ökologischen Funktion der Artenvielfalt vor. Im Zusammenhang mit der Beurteilung der Auswirkungen globaler Artenverluste bei gleichzeitig stattfindenden Umweltveränderungen wird diese Diskussion erneut belebt. Es werden Auswirkungen des Biodiversitätsverlustes auf die Funktionsfähigkeit von Ökosystemen erwartet. Damit verbunden besteht eine zunehmende Sorge um sozioökonomische Konsequenzen. Neben dem Verlust potenzieller Ressourcen für Nutzungen durch künftige Generationen, wird die Zunahme von biotisch induzierten schädlichen Naturereignissen befürchtet. Weiter Sorge gilt dem Verlust von Schutzfunktionen vor abiotischen Schadereignissen. Hinzu kommen mögliche Einschränkungen ökosystemarer Serviceleistungen wie Nahrungsmittel- und Rohstoffproduktion, Trinkwasserbereitstellung oder Luftreinhaltung.

Literatur:
[1] BEIERKUHNLEIN, C. (1998): Biodiversität und Raum. Die Erde 128: 81–101.
[2] GASTON, K.J. (1996): Biodiversity. Blackwell. – Oxford.
[3] WHITTAKER, R.H. (1972): Evolution and measurement of species diversity. Taxon 12: 213–251.
[4] CONNELL, J.H., ORIAS, E. (1964): The ecological regulation of species diversity. Am. Nat. 98: 399–414.
[5] MAY, R.M. (1972): Will a large complex system be stable? Nature 238: 413–414.

Diversitäts-Stabilitäts-Hypothese, ältere Auffassung, dass die ↗Stabilität einer ↗Biozönose mit der ↗Diversität (im Sinne von Artenvielfalt) wachse. Untersuchungen an modellhaften ↗Nahrungsnetzen zeigten jedoch, dass die Stabilität mit steigender Zahl und zunehmender Durchschnittsintensität der trophischen Beziehungen abnimmt, und zwar umso ausgeprägter, je höher die Artenzahl ist. Neuere Analysen führten ebenfalls zu dem Ergebnis, dass ↗Ökosysteme selbst gegenüber schwachen Störungen instabil werden können, wenn ihre strukturelle Komplexität einen Grenzwert überschreitet. Freilanduntersuchungen in der Serengeti bestätigten diese Befunde in dem Sinne, dass artenarme Grasbestände auf relativ jungen Böden eine stärkere Wechselwirkung ihrer Komponenten aufweisen als artenreiche und Letztere auch empfindlicher auf Störungen reagieren. Für die Klimaxbestände tropischer ↗Regenwälder gilt, dass ihre Diversität großflächig mit abnehmender Nährstoffversorgung ihrer Böden wächst; gleichzeitig nimmt die Empfindlichkeit für großräumige Eingriffe zu. [OF]

divisives Gruppierungsverfahren, Strategie der ↗Clusteranalyse zum Auseinanderführen von Objekten (z.B. Raumeinheiten) aus Gruppen. Ausgehend von der Gruppe, in der alle Objekte zusammengefasst sind, erfolgt eine schrittweise Aufteilung zu kleineren, in sich homogeneren Gruppen (↗hierarchisches Gruppierungsverfahren). Am Ende ist jedes Elemente für sich allein in einer Gruppe erfasst.

DKM, *digitales Kartenmodell*, ↗ATKIS.

DLM, *digitales Landschaftsmodell*, ↗ATKIS.

DMG ↗*Deutsche Meteorologische Gesellschaft*.

DMSP ↗*Wettersatellit*.

Dobson-Einheit, *DU*, das Maß für die Gesamtmenge des Ozons über einer Flächeneinheit in Bodennähe. 100 DU entsprechen einer Säule von reinem Ozon von 1 mm Höhe bei Normaldruck und 273 K.

Dogger, *Brauner Jura*, *Mittlerer Jura*, Serie (↗Stratigraphie) des ↗Juras (siehe Beilage »Geologische Zeittafel«).

Dokumentanalyse, befasst sich mit den Resultaten, Dokumentationen und Beschreibungen früher abgelaufenen ↗Handelns aller Art. In diesem weiteren Sinne sind auch die geographischen Verfahren des Spurenlesens, der ↗Raumbeobachtung, der Kulturlandschaftsanalyse (↗Kulturlandschaft), die ↗Karteninterpretation und Luftbild- und Satellitenbildinterpretation als Dokumentanalysen zu begreifen. Im engeren Sinne werden damit vor allem Text- bzw. Inhaltsanalyse, Bild- und Filmanalyse sowie die Analyse auditiver Dokumente zusammengefasst. Jede Form von Dokumentanalyse ist auf die Erhebung von Daten über menschliches Handeln auf der Grundlage von ↗Artefakten ausgerichtet. Dabei ist zwischen unterschiedlichen Arten von Ergebnissen des Handelns zu unterscheiden. Zu-

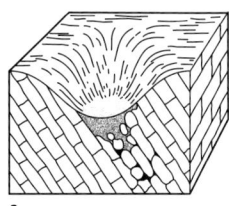

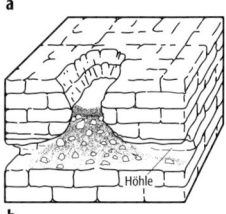

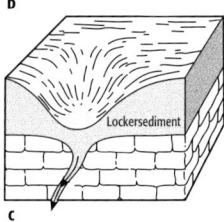

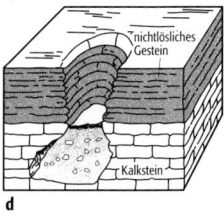

Doline: Verschiedene Dolinenformen: a) Lösungsdoline, b) Einsturzdoline, c) Erosionsdoline (Schwemmlanddoline), d) Nachsackungsdoline.

Dokutschajew, *Wassili Wasiljewitsch*

erst sind jene zu erwähnen, die zu einem früheren Zeitpunkt unmittelbar durch eine menschliche Tätigkeit hervorgebracht wurden. Darauf zielen das Spurenlesen, die geographische Raumbeobachtung und die Kulturlandschaftsanalyse ab. Hier geht es um die Erhebung unmittelbar sinnlich wahrnehmbarer Manifestationen früherer Tätigkeiten wie etwa die Analyse von ↗Flurformen, ↗Verkehrsnetzen und Siedlungsnetzen, Brachflächen u. Ä.
Die Erhebung von Daten über menschliches Handeln mittels der Analyse von schriftlichen, graphischen, auditiven oder visuellen Dokumentationen, die Menschen über oder für das Handeln anderer Menschen hervorgebracht haben, weisen einen weniger unmittelbaren Zugang zu den Handlungsabläufen auf, was bei der Konstruktion der verschiedenen Instrumente der entsprechenden Arten von Dokumentanalyse zu berücksichtigen ist. Je mittelbarer der Bezug zur Praxis, desto größere Sorgfalt ist bei den empirischen Folgerungen angebracht. [BW]

dokumentarische Methode, Verfahren der Textauswertung in der ↗qualitativen Forschung, bei dem sequenziell die Abläufe von Interaktionen, Erzählungen oder ↗Diskursen rekonstruiert werden. Ziel ist die Aufdeckung kollektiver Orientierungen (Strukturen). Das Verfahren unterscheidet vier Stufen der Interpretation: a) formulierende, b) reflektierende Interpretation, c) Diskursbeschreibung und d) Typenbildung.

Dokutschajew, *Wassili Wasiljewitsch*, russischer Naturforscher, Geologe und Mineraloge, geb. 01.3.1846 in Miljukowo, Gouv. Smolensk, gest. 8.11.1903 in Petersburg. Der Sohn eines Dorfpfarrers war für die geistliche Karriere ausersehen, doch den Seminaristen zog es zu den hervorragenden Lehrern der Naturwissenschaften an die physikalisch-mathematische Fakultät in Petersburg, wo er 1871 das Examen ablegte. Hier arbeitete er auch seit 1872, seit 1883 als Professor für Geologie und Mineralogie. Seine Dissertation galt dem Studium der Flüsse und Talbildungen im oberen Wolgagebiet, als Nebenergebnis fand er den Stoff für eine Vorlesung über die quartären Ablagerungen (ab 1879). Er vollendete eine Kartierung der Böden Russlands und gab 1883 als erstes Hauptwerk »Der russische Tschernosjom« heraus. Seit 1887 hielt er seine Hauptvorlesung über die Böden, und es ist seinem Lehr- und Organisationstalent zu danken, dass sich die neuen Fächer unter den Geowissenschaftlern wie unter den Landwirten rasch durchsetzten. Ein aufgeschlossenes Agrar-Unternehmertum nach den Agrarreformen in Russland holt Dokutschajew zu Untersuchungen der Böden in viele Teile des europäischen Russlands. Er betrachtete den Boden als komplexen Naturkörper, dessen Ausprägung von den geologischen Bedingungen, von Klima und Hydrographie und der Tierwelt, insbesondere den Mikroorganismen abhängt. Die Böden sind in Zonen organisiert, für die er ein Gesetz der Zonenbildung fand. In den geographischen Zonen finden die Bildungsfaktoren ihre charakteristische Ausprägung (»Zur Lehre über die Zonen der Natur. Horizontale und vertikale Bodenzonen«, 1899). Bei der idiographischen Durchdringung der Abstraktion Zone löste sie sich bei Dokutschajew auf in Untergebiete, die er »Geoformationen« nannte, um schließlich zur Negation der Abstraktion Zone zu kommen. Desgleichen erkennt er eine Geschichte der Bodenbildung, in die er die Wirksamkeit des Menschen einbezieht. Eine Antwort auf eine katastrophale Dürre ist die Arbeit »Unsere Steppen einst und jetzt« (1892). In ihr wird u. a. auf Schutzwaldstreifen eingegangen, für deren Anlage er selbst mit Hand angelegt hatte. Dokutschajew war ein Naturforscher, der wie kaum ein anderer eine große Zahl bedeutender Schüler in die Geologie, Mineralogie, Hydrographie und Geographie entließ. Der damaligen Geographie stand er recht zurückhaltend gegenüber. Aber diese Skepsis war vielleicht die Voraussetzung dafür, dass er zu einem Begründer der modernen russischen Geographie wurde. [FK]

Doline [von slowenisch *Dólina* = (Trichter-)Loch, Senke], Leitform des Karstes und in praktisch allen ↗Karstlandschaften vorkommend. Allseits geschlossene und in den Untergrund entwässernde, i. A. rundliche bis elliptische Hohlform des ↗Oberflächenkarstes, die durch ↗Lösungsvorgänge und Abfuhr der Lösungswässer in den Untergrund (in der Regel zunächst entlang von Klüften, bei Weiterentwicklung auch über senkrechte, kaminartige *Karstschlote* (*Avens*, *Jamas*) mit bis zu über hundert Metern Tiefe bei nur wenigen Metern Durchmesser) entsteht. Die Durchmesser von Dolinen liegen zwischen einigen Metern bis über 1000 m, die Tiefe erreicht bis mehrere 100 m bei den Großdolinen (Durchmesser > Tiefe). Man unterscheidet zwischen *Einsturzdolinen* (durch Nachbruch über Hohlräumen des ↗Tiefenkarstes) mit häufig senkrechten, teils sogar überhängenden Wänden, und *Lösungsdolinen* (Abb.), bei denen ausgehend von der Erdoberfläche die Gesteinslösung mit zur Tiefe hin abnehmender Intensität eine schüssel- bis trichterartige Hohlform schafft. Je nach Verhältnis Durchmesser/Tiefe und Wölbung der Dolinenwände wird bei den Lösungsdolinen deskriptiv unterschieden zwischen *Trichterdolinen*, *Schüsseldolinen* und *Kesseldolinen*. Liegen mehrere *Schlotten*, bis zu einige Meter tiefe, mit Lösungsresiduen und Akkumulationsmaterial verfüllte Dolinen mit geringem Durchmesser (wenige Dezimeter bis ca. 1 m), nebeneinander, werden diese (wegen des sich im Aufschluss bietenden Bildes) als *geologische Orgeln* bezeichnet. Eine an den ↗Vollformenkarst gebundene Sonderform der Doline stellen die *cockpits* dar.

Kommt es durch unterirdischen Karst zum Nachsacken der Deckschichten an der Erdoberfläche, so spricht man von einem *Erdfall*. Bildet eine Doline als Zentrum der Entwässerung eines Gebietes mit Ableitung von Oberflächenwasser über ein Ponor (↗Karsthydrologie) in den Untergrund, so wird diese als *Ponordoline* bezeichnet. Bei den *Erosionsdolinen* erfolgt das Nachsacken nach unterirdischer mechanischer Lockermaterialabfuhr in Hohlräume des unterirdischen oder des Tiefenkarstes, weshalb sie eine Zwischenstellung zwischen Karst und ↗Piping einnehmen. Der im süddeutschen Raum gebräuchliche Begriff »Hüle« (auch: »Hühle«, »Hülle«, »Hülbe«) fasst karstgebundene Feuchtstellen in zum Untergrund hin abgedichteten Dolinen und in Erdfällen zusammen. Offene Wasserflächen und alle Verlandungsstadien sind darin möglich, anthropogene Überprägung der Hülen ist weit verbreitet. [BS]

Dolomit, nach dem franz. Mineralogen J. D. Dolomieu (1750–1801) benanntes, weißes, farbloses oder bräunliches Mineral mit der chemischen Formel: $CaMg(CO_3)_2$; Härte nach Mohs: 3,5–4,0; Dichte: 2,8–2,9 g/cm³; rhombische Kristallform. Dolomit ist häufig und oft gesteinsbildend und teilweise in ungeheuren Massen als Produkt der Umkristallisation von ↗Calcit zu finden (Dolomiten, nördliche Kalkalpen). ↗Karstgesteine.

Dolomitasche ↗Karstgesteine.
Dolomitgrus ↗Karstgesteine.
Dolomitsand ↗Karstgestein.
Dom, *Brachyantiklinale*, ↗Morphotektonik.
Domestikation, die Übernahme eines Wildtieres in den *Haustier*-Stand und seine züchterische Veränderung. Die Zuchtformen unterscheiden sich durch die Veränderung, z. B. des Habitus, der Färbung, Behaarung oder Befiederung sowie durch Schädelverkürzung und Gehirnverkleinerung oft stärker untereinander als Arten ihres Verwandtschaftskreises. Auch physiologische Funktionen ändern sich. So kommt es zu häufigerer Brunst oder Dauerbrunst, erhöhter Fruchtbarkeit und Entwicklungsbeschleunigung. Es besteht eine Neigung zu Fettablagerung und besserer Futterverwertung. Der Unterschied zwischen Haustieren und Nutztieren ist fließend. Im weitesten Sinne können *Nutztiere* z. B. auch jagdbare Wildtiere einschließen. Weil sie jedoch nicht domestiziert wurden, gelten sie nicht als Haustiere. Im volkstümlichen Sinne leben Haustiere im engeren Kontakt mit dem Menschen. Von den insgesamt bekannten 50.000 Wirbeltierarten bilden

Art	Zuchtformen weltweit	bedrohte Zuchtformen
Esel	78	11
Büffel	62	1
Rind	783	112
Ziege	313	32
Pferd	357	81
Schwein	263	53
Schaf	863	101

Domestikation 1: Zuchtformen verbreiteter Haustiere.

nur etwa 30 bis 40 Säuger- und Vogelarten die Kerngruppe der Haustiere. Im Vergleich zu den ↗Nutzpflanzen scheint die Zahl domestizierbarer Wildtierarten in vielen Regionen aus biologischen Gründen begrenzt gewesen zu sein. Außer dem Hund und der Katze gibt es vier Haustiergruppen, die heute überall dort, wo auch Menschen leben, mit Ausnahme in der Antarktis, vorkommen. Das sind die Rinder (*Bos indicus* und *Bos primigenius f. taurus*), Schafe (*Ovis aries*), Schweine (*Sus scrofa*) und Hühner (*Gallus domesticus*). Im Verlauf jahrtausendelanger Züchtung sind vielfältige Zuchtformen entstanden, von denen heute aus wirtschaftlichen Gründen viele als bedroht gelten (Abb. 1). Schätzungen haben ergeben, dass in Westeuropa etwa 97 Zuchtformen von Rindern, Ziegen, Schafen und Schweinen, in der ehemaligen Sowjetunion 106 und weltweit etwa 295 ausgerottet sind. Auf vielen von Europäern besiedelten Inseln wurden Haustiere vor Jahrhunderten angesiedelt. Verwildern solche, kann sich ihr Habitus bis zu einem gewissen Grad wieder der Wildform annähern. Haustiere gelten als infrasubspezifische Einheiten ihrer Stammart, deren Namen sie tragen müssen. Gezüchtet werden auch viele aquatische und amphibische Tierarten (Fische, Schalentiere, Frösche, Schildkröten, Krokodile, Krebse). Fast 200 Arten wurden in 136 Ländern erfasst. Davon können aber wenige als echte züchterisch veränderte Haustiere betrachtet werden; in den meisten Fällen handelt es sich um den Wildformen sehr nahe stehende Nutztiere. Die weltweit verbreitetsten Haustiere stammen aus dem eurasia-

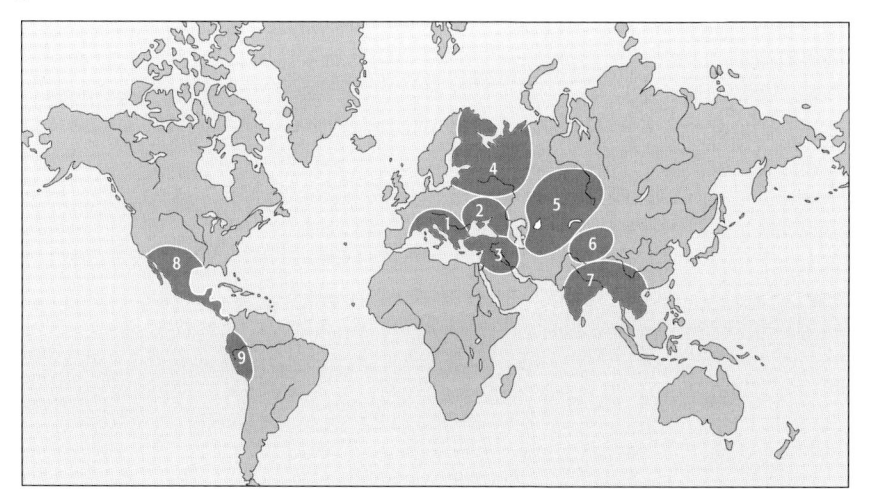

Domestikation 2: Herkunftsgebiete von Haustieren: 1 = Rind, Schwein, Gans, Hauskaninchen; 2 = Pferd; 3 = Esel, Ziege, Schaf; 4 = Rentier; 5 = Zweihöckriges Kamel; 6 = Yak-Rind; 7 = Zebu-Rind, Wasserbüffel, Haushuhn; 8 = Truthahn; 9 = Lama, Alpaka, Meerschweinchen.

doppelte Einebnungsfläche: Reliefelemente des Mechanismus der doppelten Einebnungsfläche.

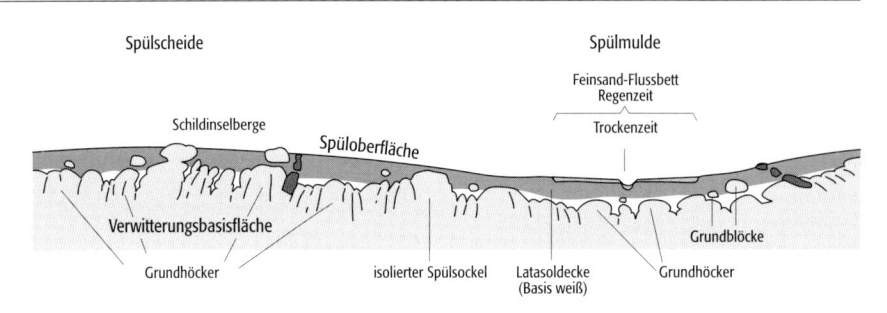

tischen Bereich. Daneben gibt es in allen Kontinenten viele einheimische Haustiere, die ihre regionale Bedeutung noch erhalten haben (Abb. 2). Nur der australische Kontinent hat keine eigenen Haustiere hervorgebracht. Der Dingo ist ein von den Ureinwohnern eingeführter verwilderter Hund. [WH]

Dominanz, 1) *Biogeographie:* der relative Anteil einer Art in Bezug auf die Individuenzahl oder Biomasse der übrigen Arten bzw. der Gesamtheit einer ↗Biozönose bzw. Aufsammlung. Kategorien der Dominanz sind Eudominante, Dominante, Subdominante, Rezedente (Zurücktretende), Subrezedente und Sporadische. Je nach Struktur der Biozönose können die Grenzen dieser Kategorien unterschiedlich festgelegt werden. Gebräuchlich ist eine logarithmische Einteilung in eudominant: über 32 %, dominant: 10–31,9 %, subdominant: 3,2–9,9 %, rezedent: 1,0–3,1 %, subrezedent: 0,32–0,99 %, sporadisch: unter 0,32 %. In der Vegetationskunde wird Dominanz oft synonym gebraucht mit ↗Deckungsgrad bzw. ↗Artmächtigkeit. **2)** *Sozialgeographie:* im Rahmen der ↗Sozialökologie ein Stadium des Invasions-Sukzessions-Zyklus bei Umnutzung städtischer Gebiete. Dominanz ist in diesem Zyklus dann erreicht, wenn ein Gebiet zuvor homogen von einer bestimmten Bevölkerungsgruppe bewohnt wurde bzw. ein zuvor homogen genutztes Gebiet nach einer Phase starker Durchmischung – aufgrund der ↗Invasion einer anderen Bevölkerungsgruppe oder Nutzung – von einer neuen Bevölkerungsgruppe oder Nutzungsform dominiert wird bzw. sich zu einem homogenen Gebiet anderer Art entwickelt hat.

Donner ↗Blitz.

Doppelstadt, frühmittelalterliche Stadterweiterung durch Ansiedlung einer Stadt neben einer bereits Bestehenden, die sich in ihren Funktionen ergänzten und als selbstständige Nachbarstädte gemeinsame Umlandbeziehungen pflegten. Häufig wurde die ältere der Städte als Altstadt und die neuere als Neustadt bezeichnet.

doppelte Buchführung, erfasst alle in Zahlenwerten feststellbaren, wirtschaftlich bedeutsamen Vorgänge in einem Betrieb und führt neben Bestandskonten auch Erfolgskonten. In einem Inventar- und Bilanzbuch werden die jährlichen Vermögensaufstellungen und Bilanzen aufgenommen. Die Einführung der doppelten Buchführung im 15. Jahrhundert durch Luca Pacioli (1445–1512) löste eine wirtschaftshistorische Zäsur ersten Ranges aus, sie hat die Handelsgeschäfte und die wirtschaftliche Situation eines Kaufmanns durchschaubar und berechenbar gemacht, das Maß an ↗Ungewissheit und die Zahl der Fehlentscheidungen verringert und seine Wettbewerbsfähigkeit gesteigert. Die doppelte Buchführung war zusammen mit anderen Veränderungen der Geschäftsabläufe (Wechsel, Handelsniederlassung) eine Vorbedingung für die Entstehung des Kapitalismus.

Die frühe Einführung der doppelten Buchführung hat den norditalienischen Handelsunternehmen einen entscheidenden Wettbewerbsvorsprung gebracht. Der wirtschaftliche Niedergang der Hansestädte im 16. Jh. wird z. T. darauf zurückgeführt, dass sie es versäumt hätten, rechtzeitig die doppelte Buchführung einzuführen. Die Einführung der doppelten Buchführung erforderte von Kaufleuten und Handwerkern Lese-, Schreib- und Rechenkenntnisse und hat deshalb zur ↗Alphabetisierung der städtischen Bevölkerung beigetragen. In den wichtigsten europäischen Handelszentren (z. B. Florenz, London) mussten Kaufleute, Handwerker und Verwaltungsbeamte schon in der ersten Hälfte des 14. Jh. Lesen, Schreiben und Rechnen können. [PM]

doppelte Einebnungsfläche, theoretische Vorstellung von ↗Büdel zur Flächenbildung in den wechselfeuchten Tropen. An der unteren Einebnungsfläche (*Verwitterungsbasisfläche*) verwittert das Tiefengestein zu ↗Regolith, an der oberen Einebnungsfläche (↗Spüloberfläche) wird das Feinmaterial abgespült. Die Abbildung zeigt die Spüloberfläche, die Verwitterungsbasisfläche, die sich bildenden ↗Grundhöcker und Schildinselberge (↗Inselberg) und andere Reliefelemente, deren Bildung im Zusammenhang mit der doppelten Einebnungsfläche stehen soll (↗Spülmulden).

Doppelwalze, gleichzeitiges Auftreten von ↗Grundwalze und Deckwalze bei einem lotrechten Absturz. ↗Wasserwalze.

Doppler-Radar ↗Radar-Niederschlagsmessung.

Doppler-SODAR ↗SODAR.

Dorf, allgemein eine ↗ländliche Siedlung ab einer Größe von ca. 100 Einwohnern bzw. 20 Hausstätten. Neben dem Größenkriterium wird dem Begriff Dorf in der deutschen Geographie meist ein Mindestmaß an Infrastruktur wie Kirche, Schule, Post, Gasthof, Laden und Bürgermeisteramt zugeordnet. Im allgemeinen interdisziplinären und öffentlichen Sprachgebrauch ist jedoch der populäre Begriff Dorf zu einer Art Synonym für ländliche Siedlung geworden, der damit auch ländliche Einzelsiedlungen und kleinere Gruppensiedlungen umfasst.

Dorferneuerung, staatliches Förderinstrument zur Verbesserung der Lebensverhältnisse im ↗Ländlichen Raum. Die ganzheitlich orientierte Dorferneuerung umfasst alle Lebens- und Wirtschaftsbereiche in ländlich geprägten Orten bzw. Gemarkungen. Gemeinhin werden sieben verschiedenartige Sektoren der Dorferneuerungsförderung unterschieden: Landwirtschaft; Gewerbe und private Dienstleistung; Verkehr; Dorfstraßen und -plätze; Kommunale Grundausstattung; Begrünung und Gewässer; bauliche Ordnung und Denkmalpflege; Gemeinschaftsleben. Zur Dorferneuerung gehören öffentliche und private Aktivitäten, wie z. B. das Renovieren alter Fassaden, das Freilegen von Fachwerkfronten, das Verbauen von regional üblichen Natursteinen und Hölzern, die Verkehrsberuhigung und Pflasterung von Straßen und Wegen sowie das Errichten von Dorfplätzen mit Brunnen, Bänken und Laternen. Darüber hinaus werden Büsche, Hecken und Bäume gepflanzt, Teiche angelegt und Dorfbäche reaktiviert, kulturelle und soziale Traditionen wiederbelebt. Seit etwa 1975 hat die Dorferneuerung die Dorfsanierung abgelöst, die überwiegend von Ortsauflockerung, d. h. Gebäudeabrissen, und häufig überdimensioniertem Verkehrsausbau geprägt war. Das Dorf erfährt u. a. durch den Impuls des Europäischen Denkmalschutzjahres 1975 eine neue Wertschätzung, die sich in den von Bund und Ländern getragenen Programmen der Dorferneuerung (ab 1976) niederschlägt. Seit den späten 1970er-Jahren werden in der Dorferneuerung zunehmend die überlieferten Bautraditionen respektiert, was sich in dem Leitbild der erhaltenden Dorferneuerung niedergeschlagen hat. Um sicherzustellen, dass Dorferneuerung jeweils nur auf der Basis eines qualifizierten Konzepts durchgeführt wird, wurde von Bund und Ländern der Dorferneuerungsplan institutionalisiert. Der Dorferneuerungsplan muss jeweils in Karte und Text über die strukturellen und funktionalen Verhältnisse des Dorfes Aufschluss geben sowie die notwendigen und wünschenswerten Maßnahmen der Dorferneuerung aufzeigen. Oftmals bestehen allerdings Diskrepanzen zwischen der Binnensicht des Dorfes durch seine Bewohner und der Außenansicht des Dorfes durch Planer und städtische Besucher. Zudem gibt es schwerpunktmäßige Unterschiede in der Dorferneuerungspraxis in den Bundesländern. [GH]

Dorfgeographie ↗Geographie des ländlichen Raumes.

Dorfgrundriss, *Dorfform, Siedlungsform, Ortsform*, zentrales Kriterium zur physiognomischen Beschreibung und Typisierung ↗ländlicher Siedlungen. Der Siedlungsgrundriss setzt sich aus der Verkehrsfläche und der bebauten Fläche zusammen. Er beinhaltet das Liniengefüge von Straßen, Plätzen, Häusern und Hofstellen in ihrem Verlauf und ihrer Zuordnung. Nach der Anordnung der Wohnstätten zueinander werden die folgenden drei Grundrissformen unterschieden: lineare Siedlung, d. h. Siedlung mit geradlinig reihenförmiger Anordnung der Wohnstätten (z. B. ↗Straßendorf); ↗Platzdörfer und Siedlung mit flächigem Grundriss, d. h. mit flächiger Anordnung der Hausstätten. Ein zusätzliches Kriterium ist hier die Regelmäßigkeit oder Unregelmäßigkeit der Anlage. Die regelmäßige Anlage ist gekennzeichnet durch geometrische Anordnung der Haus- und Hofparzellen sowie der Straßen (z. B. ↗Schachbrettdorf). Ein Beispiel für eine Siedlung mit unregelmäßigem flächigem Grundriss ist das ↗Haufendorf. Ein weiteres Merkmal zur Differenzierung der Siedlungsform ist die Bebauungsdichte. Man unterscheidet zwischen sehr dichter, mäßig dichter, lockerer und sehr lockerer Bebauung. Bei einem maximalen Hausstellabstand von ca. 150 m wird die Grenze der Gruppensiedlungen zu ↗Einzelhöfen bzw. ↗Streusiedlung erreicht. Ausgehend von den genannten Kriterien werden neun Formtypen unterschieden (Abb.). Es sind Einzel- und Streusiedlungen, lockere Dörfer, d. h. flächig bebaute Gruppensiedlungen, die als spezifisches Merkmal eine relative Weitständigkeit von Gebäuden und Hofstellen aufweisen; geschlossene Dörfer, die durch eine gedrängte Anordnung der Gebäude auf einem flächigen Areal gekennzeichnet sind; Rechteckplatzdörfer, die sich durch geradlinige Reihung der Gebäude um einen rechtwinkligen Platz ergeben; Rundplatzdörfer, ↗Angerdörfer; Straßendörfer; ↗Zeilendörfer und ↗Reihendörfer. Der nachhaltige Funktionswandel des

Dorfgrundriss: Typen ländlicher Siedlungsgrundrisse.

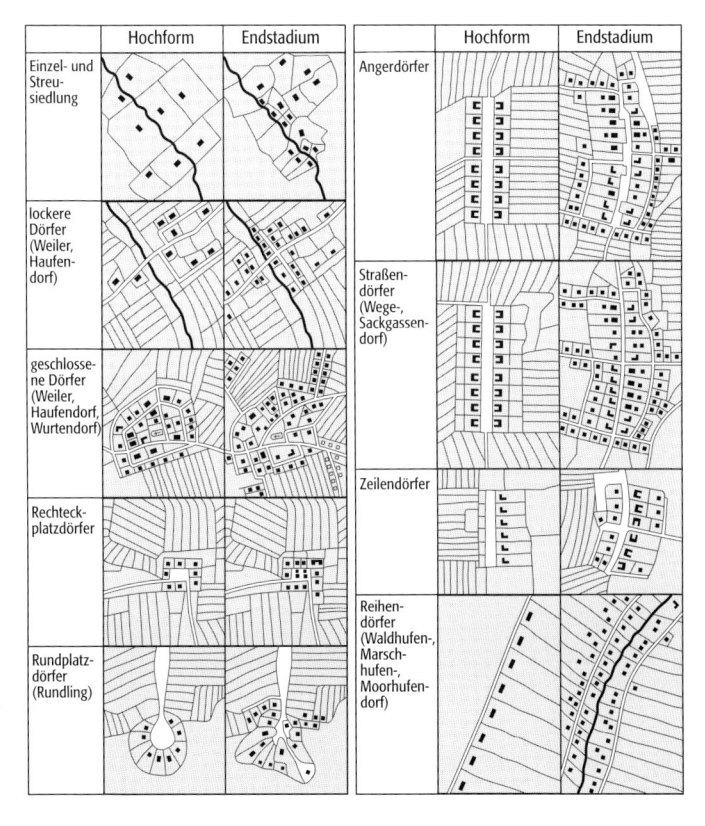

↗Ländlichen Raumes seit dem Zweiten Weltkrieg hat auch die tradierten ländlichen Siedlungsformen so stark verändert, dass die typischen »Normalformen« häufig nicht mehr vorhanden oder erkennbar sind. Hier kann man von Auflösungs-, Zerfalls- oder Endstadium sprechen. Die wissenschaftliche Beschäftigung mit Ortsgrundrissen erfährt in der jüngeren Zeit eine verstärkte Nachfrage. Einmal versuchen ↗Freilichtmuseen mehr und mehr ganze Dorftypen grundrissgetreu darzustellen, zum anderen wird der überlieferte Ortsgrundriss zunehmend im Rahmen der erhaltenden ↗Dorferneuerung erfasst und als Entwicklungsperspektive genutzt. [GH]

Dorfhandwerk, in der frühen Neuzeit bis zur Mitte des 20. Jh. Handwerkszweige, die für den täglichen Bedarf des Dorfes arbeiteten. Hierzu zählten Schmied, Radmacher, Zimmermann, Müller, Schneider, Leineweber und Schuster. Dabei war das Handwerk auf dem Lande in der Regel weniger spezialisiert als in der Stadt. Seit der Industrialisierung erfuhr das Dorfhandwerk einen stetigen Wandlungsprozess. Nach dem Zweiten Weltkrieg verlor das klassische Dorfhandwerk gegenüber der Industrieproduktion wesentlich an Gewicht. Gleichwohl konnten sich auch auf dem Lande neue Handwerkszweige wie das Elektrohandwerk, die Sanitär- und Heizungstechnik sowie hochspezialisierte Betriebe des Maschinenbaus und der Holzverarbeitung durchsetzen.

Dorfhierachie, soziale Rangfolge innerhalb des ↗Dorfes. In der Agrargesellschaft erfolgte die Einstufung auf der Basis des Grundbesitzes bzw. des Standes. Zunehmend seit dem 19. Jh. trat an ihre Stelle eine beruflich differenzierte Mittelstandsgesellschaft. In den meisten ↗ländlichen Siedlungen existieren heute zwei soziale Schichtungsprinzipien nebeneinander: das am Grundbesitz orientierte agrarische Schichtengefüge, in dem den Zugezogenen vielfach (zunächst) gar kein Status zugebilligt wird, und das am Beruf, Einkommen und Freizeitverhalten ausgerichtete Schichtengebäude der Moderne, das gerade auch den neuen Dorfbewohner sofort respektiert und einordnet. ↗ländliche Unterschicht, ↗ländliche Mittelschicht, ↗ländliche Oberschicht.

Dorfsanierung, Programme und Maßnahmen zur Behebung baulicher Missstände in den 1960er- und 1970er-Jahren, wobei die Maßnahmen eher auf Abriss und Neubau als auf eine Objektsanierung der Altbauten ausgerichtet waren (↗Flurbereinigung, ↗Dorferneuerung).

Dorfschule, integraler Bestandteil des lokalen öffentlichen Lebens seit dem frühen 19. Jh. Bis in die 1950er- und 1960er-Jahre war praktisch in jedem, auch kleineren Dorf Deutschlands eine Schule. Bei geringer Anzahl der Schulkinder wurden mehrere Jahrgänge in einem Klassenverband zusammengefasst und von jeweils einem Lehrer unterrichtet. Die Lehrer prägten als Autoritäten ersten Ranges neben Pfarrer und Bürgermeister u. a. auch die Kulturpflege und das Vereinsleben. Seit Mitte der 1960er-Jahre kam es zu einer Diskriminierung der sog. Zwergschulen und generell der kleinen Dorfschulen und schließlich zu einer massiven Zentralisierung der schulischen Bildungseinrichtungen, d. h. konkret zu flächenhaften Schulschließungen auf dem Lande. Im gesamten Bundesgebiet dürfte die Zahl der dörflichen Schulschließungen in den zurückliegenden Jahrzehnten bei etwa 10.000 liegen.

Dorfvegetation, typische Pflanzengesellschaften ↗ländlicher Siedlungen, die stark durch ↗Archäophyten und teils ↗Neophyten geprägt sind und meist ruderalen Charakter aufweisen (↗Ruderalstelle). Dorftypische Vegetation ist an traditionelle Nutzungsweisen gebunden und daher in Mitteleuropa selten geworden bzw. auf kleine Restvorkommen zurückgedrängt worden – z. B. die Brennnessel-Gänsemalven-Flur. Besonders artenreiche Gesellschaften wachsen auf Freiflächen von Bauernhöfen mit unspezialisierter, vielfältiger Wirtschaftsweise und auf unversiegelten Hofflächen.

Dorfzerstörung, Zerstörung und Abriss von Gebäuden, die z. B. durch den Zweiten Weltkrieg sowie ↗Dorfsanierungen der 1960er- und 1970er-Jahre hervorgerufen wurden. Seit etwa 1980 versucht man überwiegend durch Maßnahmen der erhaltenden ↗Dorferneuerung die alte Bausubstanz des Dorfes zu respektieren und wiederherzustellen.

Dornsavanne ↗Savanne.

Dornwälder, Bestandteil der Dornsavanne (↗Savanne). Wichtiges Kennzeichen ist eine weitgehende Reduktion der assimilierenden Organe zu kleinen, feingliedrigen Blättern (Mimosentyp) oder auch zu Dornen als Verdunstungsschutz. Eine weitere Anpassung an die 7,5 bis 10 ariden Monate besteht in der Ausbildung wasserspeichernder Organe (↗Sukkulenz). Da diese Formen in allen drei Kontinenten mit Dornwäldern (Afrika, Amerika und Australien), trotz geringer floristischer Gemeinsamkeiten, in analoger Weise auftreten, wird deutlich, dass sie aufgrund des Selektionsdrucks der vorherrschenden, ähnlichen Umweltbedingungen entstanden sind. Als idealtypische Ausprägung gilt die brasilianische Caatinga mit ihrem hohen Anteil an Mimosen und Kakteen.

Dosenbarometer, seltenere Bezeichnung für das ↗Aneroidbarometer.

downburst ↗Böenwalze.

downdraft ↗Böenwalze.

downtown, umgangssprachlich für ↗*Central Business District*.

Draa, *Megadüne*, *Sandrücken*, die im Gegensatz zu Dünen ausschließlich in ↗Ergs vorkommen.

Drahtmodell, perspektivische Darstellung eines dreidimensionalen Objektes (z. B. ↗DGM) mithilfe von Linien.

Dränung, Ableitung von ↗Bodenwasser.

Draping, das Überlagern eines digitalen Geländemodells (↗DGM) mit zusätzlicher Information, z. B. mit einem Satelliten- bzw. Luftbild oder Information einer thematischen Karte (Abb. im Farbtafelteil).

Drehimpuls, *Drall*, *Impulsmoment*, ein um eine Achse rotierender Körper hat einen Drehimpuls. Für einen Massenpunkt, der einen festen Punkt umrundet, ist es das Produkt aus der Bahngeschwindigkeit und der Entfernung zur Rotationsachse. Die Richtung des Drehimpulsvektors steht senkrecht auf der Bahnebene. Der dem Impulserhaltungssatz bei linearen Bewegungen entsprechende Drehimpulssatz lautet: Wenn keine äußeren Kräfte eingreifen, bleibt der Drehimpuls in Betrag und Richtung konstant. Dies ist in der Klimatologie für alle Drehbewegungen in der Atmosphäre bedeutsam. Darüber hinaus bewirkt der Drehimpuls der ↗Erdrotation, dass Luftkörper, welche sich in meridionaler Richtung bewegen, infolge der Veränderung des Abstandes von der Bewegungsachse eine Beschleunigung in zonaler Richtung erfahren. Gelangt der Körper von niederen in höhere Breiten, muss sich die zonale Geschwindigkeitskomponente erhöhen, die Luft wird also in ostwärtiger Richtung beschleunigt. Bei einer Bewegung von höheren in niedere Breiten erhöht sich der Abstand von der Bewegungsachse, die zonale Geschwindigkeitskomponente verringert sich folglich. ↗Coridiskraft [JVo]

Dreiecksdiagramm ↗*Strukturdreieck*.

Dreieckshandel, kolonialzeitliches Handelssystem zwischen Europa, seinen Kolonien in der Neuen Welt (Amerika) und West-Afrika. Die tragende Säule des transatlantischen Handels war der Sklavenhandel, der seinen Anfang 1517 nahm, mit der Aufhebung des Verbotes durch Kaiser Karl V., schwarze Sklaven aus West-Afrika in die spanischen Kolonien der Neuen Welt zu importieren. Bis Ende des 17. Jahrhunderts blieb der Sklavenhandel ein Vorrecht privilegierter Handelskompanien, seitdem beteiligten sich auch private Kaufleute mit wachsender Intensität daran. Im 18. Jahrhundert dominierten dann englische Kaufleute den Dreieckshandel. Gewerbliche Produkte Europas, wie Metallwaren, Feuerwaffen oder Alkohol, wurden an der Küste West-Afrikas gegen Sklaven eingetauscht, die dann wiederum in Amerika verkauft wurden, wo sie als billige Arbeitskräfte eine wichtige Voraussetzung für das Aufblühen und die Entwicklung der ↗Plantagenwirtschaft bildeten. Die Schiffe wurden dann mit Anbauprodukten der Sklavenkolonien – Zucker kam vornehmlich aus der Karibik, Baumwolle aus Nord-Amerika – nach Europa zurückgeführt. In Afrika wurden die Sklaven von Staaten des Hinterlandes, wie z. B. Ashanti im heutigen Ghana oder Dahome im heutigen Benin, kriegerisch von Nachbarn »erbeutet«, und dann an der Küste von einheimischen Zwischenhändlern an die Europäer verkauft. Diese besetzten zum Teil feste Küstenplätze (z. B. französisch Gorée im heutigen Senegal oder Groß-Friedrichsburg, zunächst brandenburgisch-preußisch, später dann niederländisch, im heutigen Ghana) oder betrieben den Handel von ihren Schiffen aus. Schätzungen zufolge wurden insgesamt ca. 9 Mio. Sklaven nach Amerika verkauft, wobei der Sklavenhandel im 18. Jahrhundert seinen absoluten Höhepunkt erlebte, als jährlich ca. 55.000 Sklaven verfrachtet wurden. Mit dem Niedergang des Sklavenhandels zu Beginn des 19. Jahrhunderts kam auch der traditionelle Dreieckshandel zum Erliegen. [JJa, RM]

Dreifelderwirtschaft, *Dreizelgenwirtschaft*, im Mittelalter entwickeltes Fruchtwechselsystem mit einer gemeinsamen und geplanten Verlagerung der einzelnen Elemente. »Feld« steht dabei nicht für den Acker des einzelnen ↗Bauern, sondern die Gesamtheit aller Äcker einer einheitlich bewirtschafteten Zelge. Jedes Mitglied der dörflichen Gemeinschaft hatte Anteil an jedem Feld und war andererseits bei der Bewirtschaftung engen Grenzen unterworfen (↗Flurzwang). Es sind zu unterscheiden: a) alte Dreifelderwirtschaft (8./9. – 18. Jh.) mit der ↗Fruchtfolge ↗Brache – Winterung – Sommerung. Auf dem Bracheschlag wuchsen Ausfallgetreide und Unkraut, die ein dürftiges (Weide-)Futter boten. Diese eingeschobene Rotationsbrache diente zum einen der Bodenerholung (↗Düngung durch Exkremente der Weidetiere, Mineralisierung), zum anderen erlaubten die geringen Anspannkräfte nicht die Bewirtschaftung der gesamten Ackerflächen. Die im Herbst bestellte Winterung waren in der Regel Roggen, häufig auch Dinkel, Spelz oder Weizen. In der im Frühjahr bestellten Sommerung standen meist Hafer oder Gerste. Die ↗Allmende unterlag einer gemeinschaftlichen Weidenutzung. Auch der Wald war in das System mit einbezogen. ↗Waldweide und vielseitige andere Nutzungen führten zu lichten Waldbeständen, ↗Bodendegradation, Verheidung und Nährstoffverarmung. b) verbesserte Dreifelderwirtschaft mit der Fruchtfolge Blattfrucht und/oder Hackfrucht – Wintergetreide – Sommergetreide. Die Weiterentwicklung der verbesserten Dreifelderwirtschaft (z. B. durch die Einführung stickstoffanreichernden Pflanzen im 18. Jh.) konnte zu einer Mehrfelderwirtschaft führen, in der neben Kartoffeln und Rüben beispielsweise auch Lein und Luzerne auftraten. [KB]

Drieschhang, in Mitteleuropa infolge Beweidung durch die Sekundärvegetation des Trockenrasens gekennzeichnete Steilhänge insbesondere auf Kalkuntergrund, beispielhaft verbreitet auf Muschelkalkschichtstufen.

Drieschwirtschaft, im Westen und Südwesten Deutschlands vorkommende Bezeichnung für die ↗Feldgraswirtschaft. Das Drieschland war das zeitweise ruhende, zur Selbstberasung (↗Weide) sich überlassene ↗Ackerland.

Drift 1) *Geologie*: Verschiebung der Kontinente auf der ↗Asthenosphäre. **2)** *Klimatologie*: Eine der ungeordneten Luftbewegung überlagerte, im Mittel gleichgerichtete Windströmung, die durch ein vorherrschendes Druckgefälle und unter dem Einfluss von ↗Corioliskraft, ↗Zentrifugalkraft und ↗Reibung zustande kommt (z. B. ↗außertropische Westwindzone). **3)** *Ozeanographie*: Durch einen regelmäßigen Wind (z. B. ↗Passate) hervorgerufene Oberflächenströmung des Meeres.

Driftstrom ↗*Ekman-Spirale*.

Dritte Welt, umstrittene Bezeichnung für Staaten Afrikas, Asiens und Lateinamerikas, die im Ggs. zu den ↗Industrieländern (Erste und Zweite Welt) bei im Einzelnen unterschiedlicher innerer Struktur durch wirtschaftlichen und sozialen Entwicklungsrückstand charakterisiert sind. Die

Herkunft des Begriffes ist im Kontext des sich ausbreitenden Ost-West-Gegensatzes der 1950er-Jahre zu verorten und bezeichnet jene Länder, die, einen »dritten Weg« zwischen Washington und Moskau zu beschreiten gewillt schienen: den der ↗blockfreien Länder. In den 1960er-Jahren geriet die Frage des Verhältnisses zu den Großmächten in den Hintergrund und wirtschaftliche Gesichtspunkte in den Vordergrund, sodass fortan auch wirtschaftliche Kriterien von Entwicklung und Unterentwicklung in den Diskussionen um den Begriff eine Rolle spielten. Auf der UNCTAD-Konferenz (1964) umfasste der Sammelbegriff Dritte Welt jene ↗Entwicklungsländer, die sich der »Gruppe der 77« anschlossen. Seit der Auflösung des Ost-West-Konfliktes verlor der Begriff an Bedeutung. [RM]

dropout, »Aussteigen«, vorzeitiges Verlassen der (Pflicht-)Schule ohne regulären Abschluss. Dropoutquoten repräsentieren entweder den Anteil der Schüler an der Gesamtschülerzahl eines bestimmten Schuljahrgangs, die das Schulsystem vorzeitig und ohne Abschluss verlassen (event dropout) haben, oder den Anteil der Personen an der erwachsenen Gesamtbevölkerung, die weder einen (Pflicht-)Schulabschluss besitzen noch an einer (Pflicht-)Schule registriert sind (status dropout). Da der Begriff dropout das schulische Versagen des Individuums in den Vordergrund rückt, wird alternativ oft auch die Bezeichnung pushout verwendet; damit soll die Rolle der Gesellschaft und der schulischen Institutionen im Rahmen des Dropoutprozesses hervorgehoben werden. Dropoutquoten differieren meist nach sozialen, ethnischen und ökonomischen Kriterien und bilden somit einen ausgezeichneten Indikator für strukturelle Disparitäten der Gesellschaft und des Arbeitsmarkts. Die soziale Bedeutung des vorzeitigen Ausscheidens aus der Schule wurde bereits in den Arbeiten der ↗Chicagoer Schule der Soziologie der 1920er-Jahre erkannt und thematisiert. Eine hohe Korrelation der Dropoutquoten mit Aspekten von Jugendkriminalität, ↗Arbeitslosigkeit, ↗Armut und Obdachlosigkeit untermauert ihre Aussagekraft. [WGa]

dropstones, Gesteinsbruchstücke, die durch die Wassersäule in weiches Sediment gesunken sind, wobei die ursprüngliche Feinschichtung der Sedimente gestört worden ist. In kaltzeitlichen ↗marinen und ↗lakustrinen Ablagerungen sind dropstones i.d.R. ein Anzeichen für Treibeis-Transport. Dropstones und feinkörnigere Treibeisablagerungen werden häufig unter dem Begriff Ice-rafted Detritus (IRD) zusammengefasst. Zyklisch auftretende Lagen von IRD im Nordatlantik werden nach ihrem Entdecker als Heinrich layers bezeichnet.

Druck, 1) *Allgemein*: Kraft (= Masse × Beschleunigung) pro Flächeneinheit [Pa] (↗Pascal). 2) *Klimatologie*: In der Atmosphäre resultiert unter Wirkung der Schwerebeschleunigung der ↗Luftdruck. Liegt ein Gemisch verschiedener, nicht miteinander reagierender idealer Gase vor, quantifiziert der *Partialdruck* eines jeden dieser Gase denjenigen Teil des gesamten Druckes, den das betreffende Gas für sich allein ausüben würde (↗Dampfdruck, ↗Dalton-Gesetz). In Flüssigkeiten und Gasen wirkt aufgrund der freien Beweglichkeit der Moleküle ein allseitig gerichteter Flüssigkeits- bzw. Gasdruck (↗kinetische Gastheorie), der z. B. in Wasserkörpern und der Atmosphäre den Auftrieb von Massequanten ermöglicht (↗Gasgesetze).

Druckänderung, Änderung des Luftdrucks, die folgende Ursachen haben kann: a) Massenkonvergenzen oder -divergenzen des horizontalen Strömungsfeldes in der Luftsäule oberhalb der betrachteten Bezugsfläche; b) Advektion unterschiedlich temperierter und damit unterschiedlich dichter Luft; c) Vertikaltransport von Luft durch die Bezugsfläche (entfällt für die Druckänderung am Boden). In den synoptischen Druckänderungskarten, die in drei- bzw. 24-stündigen Intervallen erstellt werden, werden durch die Linien gleicher Luftdruckänderung (Isallobaren) Druckfall- und -steiggebiete erkennbar, deren Lage Hinweise auf die Verlagerung von ↗Fronten und ↗Druckgebilden gibt.

Druckausgleich, bei horizontalen Luftdruckunterschieden entsteht ein ↗Druckgradient (beschreibt die Luftdruckänderung pro Streckeneinheit in Richtung des stärksten Luftdruckgefälles), der eine Tendenz zum Ausgleich dieser Luftdruckunterschiede erzeugt, d. h. es wird eine horizontale Luftbewegung vom relativ höheren zum relativ tieferen Druck ausgelöst, deren Wirksamkeit umgekehrt proportional zur Luftdichte ist. Durch die zusätzliche Einwirkung von ↗Corioliskräften, Reibungs- (↗Reibung) und Fliehkräften kommt es jedoch in den meisten Fällen zu Veränderungen der Bewegungsrichtung, sodass kein vollständiger Druckausgleich stattfin-

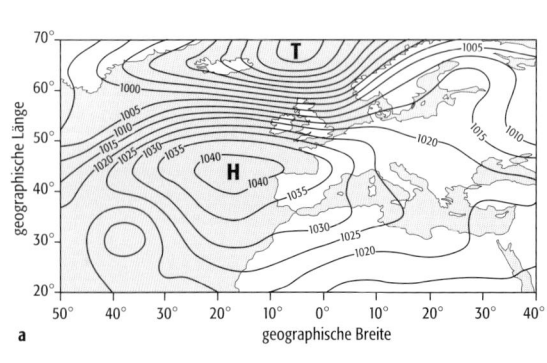

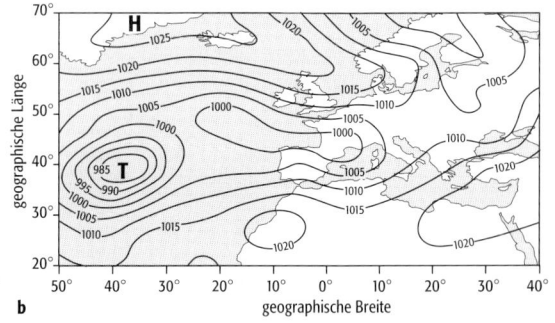

Druckfeld: Unterschiedliche Druckverteilung [hPa] im europäischen Raum während verschiedener Phasen der Nordatlantischen Oszillation. a) positiver NAO Index am 20. Januar 1976, 1 Uhr MEZ; b) negativer NAO Index am 12. Januar 1963, 1 Uhr MEZ.

den kann. Der für die höhere Atmosphäre bedeutsame Fall des ↗geostrophischen Windes impliziert aufgrund seiner isobarenparallelen Strömungsrichtung sogar einen Fortbestand der initialen Luftdruckunterschiede.

Druckfeld, die räumliche Verteilung des ↗Luftdrucks oder der geopotenziellen Höhe (↗Geopotenzial) einer Isobarenfläche, meist gegeben durch diskrete Werte an den Schnittpunkten eines regelmäßigen Gitternetzes, lässt sich veranschaulichen durch interpolierte Feldlinien (Isobaren bzw. Isohypsen), die die Verteilung von Hoch- und Tiefdruckgebieten sowie von Bereichen schwacher und starker Gradienten zum Ausdruck bringen. Meist organisiert sich das Druckfeld in charakteristischen Konfigurationen (↗Viererdruckfeld), die die Ausgliederung einer überschaubaren Anzahl von Druckfeldklassen oder die Bestimmung typischer Druckverteilungsmuster erlauben. Die Abbildung zeigt z. B. die Druckverteilungen während verschiedener Phasen der ↗Nordatlantischen Oszillation (NAO). Derartige Strukturierungen ergeben vielfältige Untersuchungsmöglichkeiten zur Variabilität der ↗atmosphärischen Zirkulation und sie lassen sich in Zusammenhang mit den variierenden witterungsklimatischen Verhältnissen verschiedener Erdregionen bringen. [JJ]

Druckflächen, *isobare Flächen*, Flächen, auf der alle Punkte den gleichen Luftdruck aufweisen. Die Schnittlinie einer geneigten Druckfläche mit der Erdoberfläche wird als Isobare (↗Isolinien) bezeichnet. Sie verbindet Punkte gleichen Bodenluftdrucks. Im Bereich von ↗Tiefdruckgebieten erfahren die Druckflächen Einsenkungen, im Bereich von ↗Hochdruckgebieten Aufwölbungen. Die Höhe einer bestimmten Druckfläche über der Erdoberfläche wird durch die Isohypsen der ↗Geopotenziale beschrieben. Aus dem Abstand der Isohypsen kann man die Windgeschwindigkeit in der betrachteten Höhe ableiten. Je dichter diese gedrängt sind, umso größer sind die ↗Druckgradienten und die resultierenden Windgeschwindigkeiten. Aus den aerologischen Aufstiegen der Wetterdienste werden die absoluten Höhen der Hauptdruckflächen 850, 700, 500, 300, 200 und 100 hPa berechnet und in Form von Isohypsen, die im Abstand von jeweils 4 geopotenziellen Dekametern gezeichnet werden, kartographisch erfasst. Die mittleren Höhen dieser Hauptdruckflächen sind 1.5, 3, 5, 10, 12 und 15 km. Als relative ↗Topographien bezeichnet man die kartographische Darstellung der Höhendifferenzen zwischen zwei Hauptdruckflächen. Sie beschreibt die Schichtdicke. Mit steigender Temperatur wächst die Schichtdicke infolge der temperaturabhängigen Dichteänderung der Luft. Die Lage von Warm- und Kaltluft kann folglich aus der relativen Topographie unmittelbar abgelesen werden. Zentren der Höchstwerte einer relativen Topographie werden dementsprechend mit einem W (warm), die Zentren der Tiefstwerte mit einem K (kalt) gekennzeichnet. Gebräuchlich ist die Darstellung der Differenzen zwischen der 1000 und 500 hPa-Fläche. Die größten Gradienten dieser relativen Topographie fallen mit den thermischen Frontalzonen der Erde zusammen (↗atmosphärische Zirkulation). [DKl]

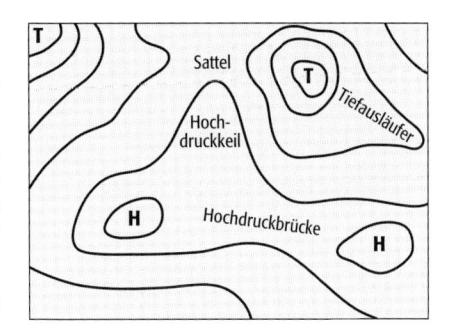

Druckgebilde: Isobarenverlauf und Bezeichnung der dabei auftretenden Druckgebilde.

Druckgebilde, die aus der atmosphärischen Druckverteilung erkennbaren Luftmassenräume, ↗Hochdruckgebiete und ↗Tiefdruckgebiete sind durch eine oder mehrere geschlossene Isobaren erkennbar, wobei Tiefdruckgebiete Bereiche relativ niedrigen und Hochdruckgebiete Bereiche relativ hohen Luftdrucks sind. Der Kern eines Tief- bzw. Hochdruckgebietes repräsentiert den niedrigsten bzw. höchsten Druckwert und wird immer von mehreren geschlossenen Isobaren umgeben (Abb.).

Hochdruckbrücken verbinden durch mindestens eine geschlossene Isobare zwei Zentren hohen Luftdrucks. Als *Hochdruckkeile* und *Tiefausläufer* werden keilförmige Ausbuchtungen in den ansonsten geschlossenen Isobaren von Hoch- und Tiefdruckgebieten bezeichnet. Ein *Randtief* (↗Randstörung oder Tochterzyklone) ist ein kleines Tief, das randlich des Kerns eines ausgedehnten Tiefdruckgebietes auftritt aber noch mindestens von einer Isobare dieses ausgedehnten Tiefdruckgebietes umschlossen wird. Treten mehrere Tochterzyklonen gleichzeitig im Bereich eines Kerntiefs (*Mutterzyklone*) auf, so wird dieses Druckgebilde als Tiefdrucksystem bezeichnet. Eine *Tiefdruckrinne* oder Tiefdruckfurche ist eine Zone tiefen Luftdrucks, die in der Regel mehrere kleinere Tiefdruckgebiete durch mindestens eine lang gestreckte geschlossene Isobare miteinander verbindet. Stoßen zwei Tief- und zwei Hochdruckgebiete in einem Punkt so zusammen, dass sich jeweils die Tief- und Hochdruckgebiete gegenüber liegen, so wird dieser zentrale Punkt Sattelpunkt oder Sattel genannt.

Wird die Luftdruckverteilung in höheren Luftschichten mit einbezogen, lassen sich weitere Druckgebilde kennzeichnen. Ein *Höhenhoch* ist ein warmes Hochdruckgebiet, das in den absoluten ↗Topographien durch geschlossene Isohypsen erkennbar ist. Ein *Höhentief* ist ebenfalls durch geschlossene Isohypsen gekennzeichnet und entsteht i. A. in einem fortgeschrittenen Stadium der ↗Zyklogenese oder in ausgedehnter Weise über den Polargebieten aufgrund der niedrigen Temperaturen. Ohne zugehöriges Bodentief wird ein Höhentief auch als Kaltlufttropfen bezeichnet. Ein *Höhentrog* ist eine zyklonale Ausbuchtung der Höhenströmung, die als Welle meist von West nach Ost wandert. Er entsteht oft hinter orographischen Hindernissen, die quer zur Strömungsrichtung verlaufen. Auf Höhenwetterkarten wird er erkennbar durch eine Zunge von Isohypsen geringerer Werte, die äquatorwärts vorstößt. ⁊Ferrel'sche Druckgebilde, ⁊thermische Druckgebilde. [DKl]

Druckgradient, *Luftdruckgradient*, das Gefälle des Luftdrucks, bezogen auf eine vorgegebene Längeneinheit. In der Vertikalen verlaufen die Flächen gleichen Drucks nahezu parallel zueinander. Die 850 hPa-Hauptdruckfläche tritt im Mittel in 1,5 km, die 700 hPa- in 3 km, die 500 hPa- in 5 km und die 200 hPa-Fläche in 12 km Höhe auf. In der unteren Troposphäre ergibt sich demzufolge im Mittel ein vertikaler Luftdruckgradient von rund 0,1 hPa/m, in der oberen Troposphäre hingegen von 0,028 hPa/m.

In der Regel ist, wenn ohne weitere Angabe von Druckgradienten gesprochen wird, nicht der vertikale sondern der horizontale Druckgradient gemeint. Dieser beschreibt das horizontale Druckgefälle senkrecht zu den Isobaren. Dieses Druckgefälle bestimmt in Form der Gradientkraft die Intensität des Windes. Oft wird der horizontale Druckgradient in hPa pro 100 km oder pro 1000 km angegeben. Gelegentlich wird aber auch die Distanz der im Abstand von 5 hPa gezeichneten Isobaren in km als Maß genannt. Aus den Druckgradienten kann anhand von Tabellen, unter Berücksichtigung der geographischen Breite, die Intensität des ⁊geostrophischen Windes bestimmt werden, da dieser das geostrophische Gleichgewicht zwischen Druckgradientkraft und ⁊Corioliskraft repräsentiert und folglich isobarenparallel mit dem niedrigen Druck zur Linken weht. Für den Fall eines Druckgradienten von 1 hPa/100 km ergeben sich geostrophische Windgeschwindigkeiten für eine geradlinige Strömung in 70° Breite von 5,4 m/s, in 45° von 7,1 m/s und in 20° von 14,8 m/s. ⁊Gasgesetze. [DKl]

Druckschmelzpunkt ⁊Gletscherbewegung.

Drucktendenz ⁊Luftdrucktendenz.

Druckwasser, das Zutagetreten von Grundwasser in Geländemulden, wie z.B. ⁊Flutrinnen und ⁊Flutmulden, in der näheren Umgebung von Fließgewässern. Fluss- und Grundwasser stehen in ständiger Wechselbeziehung miteinander. Bei höheren ⁊Abflüssen kann es je nach lokalen Gegebenheiten zu einem Übertritt von Fluss- in Grundwasser kommen, das somit zurückgedrängt wird und in Geländemulden Vernässungen bildet. ⁊Qualmwasser.

Drumlinküste, in den Umrissformen durch vergesellschaftete ⁊Drumlins (subglazial aus Lockermaterial aufgehäufte, lang gestreckte walfischrückenförmige Erhebungen geringer Höhe) bestimmte Küstenkonturen (Abb. im Farbtafelteil); tritt häufig u. a. bei den dänischen Inseln auf.

Drumlins, stromlinienförmige Rücken in ehemals vergletscherten Gebieten, die oft in großer Zahl vorkommen (Drumlinschwärme). Die Einzelformen sind meist mehrere hundert Meter lang und i. d. R. etwas weniger als halb so breit. Formen bis zu 3 km Länge können vorkommen. Die Längsachse der Drumlins streicht in Richtung der Eisbewegung. Ändert sich die Eisbewegungsrichtung, so kann es zur Überlagerung verschieden alter Formen kommen. Der Begriff Drumlin (gälisch druim = Höhenrücken) stammt aus Irland. Drumlins entstehen wahrscheinlich durch die subglaziale Verformung unverfestigter Sedimente.

Dryaszeit, in der Gliederung des Pleistozäns nach Klimastufen die subarktische Zeit im Spätglazial der ⁊Weichsel-/Würm-Kaltzeit, unterteilt in Ältere und ⁊Jüngere Dryaszeit (subarktisch), die von dem gemäßigten subarktischen ⁊Alleröd unterschieden werden. Mit dem nachfolgenden Präboreal beginnt das Postglazial (⁊Quartär). Die Dryaszeit ist nach der in den Dryastonen des Spätglazials vorkommenden Pflanze *Dryas octopetala* (Silberwurz) benannt, die heute in den Alpen, in Skandinavien und in Sibirien wächst.

dry farming, *Trockenfarmsystem*, *Trockenfeldbau*, dabei wird in den Grenzgebieten des ⁊Regenfeldbaus der mittleren Breiten durch Einschub von Schwarzbrache in die ⁊Fruchtfolge Wasser gespart (z. B. Brache – Weizen – Weizen). Vor einem Regenfall wird der Boden grobschollig gepflügt, um durch die vergrößerte Bodenoberfläche die Niederschlagsaufnahme zu erleichtern und den Abfluss zu verhindern. Nach dem Regen verringern Eggen und Walzen die Verdunstungsoberfläche, hemmen die Kapillarverdunstung und konservieren die Bodenfeuchtigkeit. Gleichzeitig wird durch diesen Bearbeitungsschritt die Verunkrautung bekämpft. Das Dry-farming-System ist besonders im niederschlagsarmen mittleren Westen der USA verbreitet und ermöglicht dort den ⁊Ackerbau noch bei 200–300 mm/a.

Drygalski, *Erich von*, geb. 9.2.1865 Königsberg, gest. 10.1.1949 München. Er studierte 1882–87 zunächst Mathematik und Naturwissenschaften in Königsberg, Bonn, Leipzig und Berlin (Dissertation 1887), schließlich Geographie bei ⁊Richthofen, bei dem er 1898 habilitiert wurde. Mit der Grönland-Expedition der Berliner Gesellschaft für Erdkunde (1892/93) und der wissenschaftlich erfolgreichen deutschen Antarktis-Expedition auf der »Gauß«, die er 1901–1903 leitete (in 20 Bänden 1905–1931 publiziert), begründet sich sein Ruf als führender Polarforscher. Sein Hauptforschungsgebiet war die Glazialmorphologie, nach 1920 publizierte er auch politisch-geographische Arbeiten. Als Hochschullehrer war Drygalski 1906–1934 an der Universität München tätig, wo er eine große Schülerschar ausbildete.

DSE ⁊*Deutsche Stiftung für internationale Entwicklung*.

DTM, *digital terrain model*, ⁊DGM.

duales Arbeitsmarktmodell, Ende der 1960er-Jahre entwickeltes Modell eines zweigeteilten ⁊Arbeitsmarktes, das von der Existenz eines primären Arbeitsmarktes und eines davon durch Barrieren getrennten sekundären Arbeitsmarktes ausgeht. Begründet wird dies durch den unterschiedlichen Technologieeinsatz im primären und sekundären Arbeitsmarkt, der unterschiedliche Beschäftigungsregime notwendig macht, durch ökonomische Überlegungen über die Ren-

Drygalski, *Erich von*

tabilität von betriebsspezifischen Qualifikationen und schließlich durch politische Argumente, die eine gezielte Spaltung der Arbeitnehmer als Mittel der leichteren Beherrschung unterstellen.

duale Struktur, *bipolare Struktur*, sozialräumliche Gegensätze, die sich aus unterschiedlichen gesellschaftspolitischen oder sozioökonomischen Organisationsformen mit verschiedenen Raumnutzungen herleiten und durch neue Entwicklungen (↗Globalisierung, ↗Marginalisierung, ↗Neue Armut) weitere Impulse erhalten. Beispielhaft ist in den ↗Entwicklungsländern das Nebeneinander von modernen, marktwirtschaftlichen und traditionellen, wirtschaftlich rückständigen Sektoren der Wirtschaft. Es zeigt sich zwischen Metropolen und ländlichem Raum sowie innerhalb der Metropolen zwischen westlichem zentralen Geschäftsbezirk, Regierungsviertel und europäisierten Wohnvierteln und dem ↗informellen Sektor und den ↗squatter settlements. Duale Strukturen zeichnen sich zunehmend auch in postsozialistischen und westlichen Städten der Spätmoderne ab (↗working poor).

Dualismus, auf die ↗Entwicklungsländer bezogener Begriff, der die Aufspaltung von Wirtschaft und Gesellschaft in einen traditionellen, stagnierenden, nicht mit den dynamischen sozioökonomischen Segmenten verbundenen Sektor einerseits und einen modernen, dynamischen und in den ↗Weltmarkt integrierten Sektor andererseits umschreibt. Nach dem Dualismus-Modell entwickeln sich diese beiden Sektoren unabhängig voneinander nach jeweils eigenen Gesetzmäßigkeiten. Lange Zeit wurde als wesentliches Ziel von ↗Entwicklung gesehen, dualistische Strukturen zu überwinden. Dies hoffte man, durch eine ↗Modernisierung des traditionellen Sektors sowie durch die Förderung des modernen Sektors mit dem Ziel seiner Ausdehnung in Wirtschaft und Gesellschaft zu erreichen.

Düne, Erhebung aus ↗äolisch angehäuftem Sand (meistens Quarzsand). Das indogermanische Stammwort bedeutet so viel wie »Aufgewirbeltes, Zusammengewehtes«, Verwandtschaft besteht in »Daune« (Flaumfeder) und engl. »down« (Hügel). Charakteristisch sind bestimmte ↗Sandkorngrößen, eine Schichtung aus wechselnden Fein- und Grobkornlagen und bei aktiven Dünen Bedeckung mit ↗Rippeln auf der dem Wind zugewandten Luvseite. Die Höhen können von wenigen Dezimetern bei ↗Mikrodünen bis zu einigen Dezimetern betragen; bei größeren Höhen handelt es sich meistens um Draa (↗Erg). Bildungsvoraussetzungen sind Vegetationsarmut, ausreichende Sandmengen und kräftige Winde (>20 km/h). Nach der Lage werden Strand- oder ↗Küstendünen von Wüsten- oder ↗Binnendünen unterschieden; nach der Dynamik unterscheidet man freie von gebundenen Dünen, Querdünen von Längsdünen, komplexe von Einzeldünen mit jeweils weiteren Unterkategorien: ↗Dünentypen. [HBe]

Dünendepression, flache Senke zwischen ↗Dünen, entweder als Bereich, in dem der Untergrund der Dünen primär noch sichtbar ist, oder sekundär entstanden durch die ↗äolische Morphodynamik von ↗Dünentypen, z. B. zwischen dicht aufeinander folgenden Transversaldünen oder enggescharten Längsdünen. Meist haben sich in Dünendepressionen unter pluvialzeitlichen Bedingungen oder in der neolithischen Feuchtphase Seen bzw. Schilfsümpfe gebildet, die anhand von Seesedimenten, fossilen Rhizomhorizonten oder Sumpferzbildungen noch nachzuweisen und häufig mit Fundplätzen von ↗Artefakten assoziiert sind. Die Abdichtung des Dünensandes nach unten ist dabei sowohl durch die vorangegangene pedogene Überprägung des Dünensandes (fossile Dünen) möglich oder aber durch Ablagerung eingetragener äolischer Stäube in die Sumpf- und Seebereiche.

Dünenformen, alle nur denkbaren Formen sind möglich, sofern die Oberflächenneigungen unter 30–35°, dem Grenzneigungswinkel für lockeren Feinsand (↗Sandkorngrößen), bleiben. Eine Einteilung erfolgt nach ↗Dünentypen.

Dünengasse, *Dünenkorridor*, ↗Erg.

Dünengeneration ↗Erg.

Dünenkamm, Grenzlinie zwischen Luv- und Leehang. ↗Barchan. ↗Dünentypen.

Dünenkorridor, *Dünengasse*, ↗Erg.

Dünenreaktivierung ↗Erg.

Dünenstabilisierung, natürliche Stabilisierung durch Verfestigung infolge von Durchfeuchtung, Bodenbildung und/oder Bewuchs mit Durchwurzelung. Sie kann aber auch durch Bildung eines ↗Deflationspflasters aus Grobsand (↗Sandkorngrößen) erfolgen. Diese nur oberflächliche Stabilisierung wird durch Begehung oder Befahrung leicht zerstört; es kann zur Dünenreaktivierung kommen. Zur künstlichen Stabilisierung werden Bepflanzung (mit Bewässerung) oder – bei ausreichenden Niederschlägen – Sameneintrag vom Flugzeug aus durchgeführt. Letzteres und Flechtwerke aus Stroh oder anderen vegetabilen Materialien haben sich in China bewährt. Beschichtung mit Bitumen, Teer oder anderen Chemikalien ist nur sinnvoll, wenn kein Sand nachgeliefert wird, also keine Sandquelle in der Nähe ist. Viele Verfahren arbeiten mit Bepflanzung und gleichzeitiger Stabilisierung durch abbaubare Chemikalien, sind jedoch sehr teuer. Zwischen natürlicher und künstlicher Stabilisierung ist die prähistorische Dünenstabilisierung durch dichte neolithische Artefaktstreu einzuordnen. Die zum Zeitpunkt der Niederlassung durch Vegetation fixierten Dünen werden durch die menschliche Hinterlassenschaft auch nach der Aridisierung der Sahara vor Reaktivierung geschützt. [HBe]

Dünentypen, unterscheiden sich durch ihre Form als Ausdruck ↗äolischer Dynamik. Man trennt zunächst *freie Dünen* von *gebundenen Dünen*. Letztere entstehen an Hindernissen, z. B. an größeren Einzelpflanzen, die als Sandfang wirken. Können diese Pflanzen die Sande durchwurzeln, so entstehen durch Selbstverstärkung größere Sandhügel (Abb. 1 im Farbtafelteil): *Kupsten* oder (arab.) *Nebka*(s) (auch *Nebcha*). Besonders die Tamariske kann durch Sandverklebung mittels ausgeschiedener Salze Nebkas von beträchtlicher Höhe (10–20 m) und hohem Alter (800 Jahre) bilden. Bei geringerem Sandangebot entstehen im Lee kleiner Pflanzen durch die hier aufeinander treffenden Sandströme längliche Sandkörper mit einem Kamm in der Mitte: *Sandschwänze* (Abb. 2 im Farbtafelteil). Größere Formen bilden sich hinter Nebkas, Hügeln oder Stufenvorsprüngen als *Leedünen* (Abb. 3 im Farbtafelteil), die bei Sandnachschub mehrere Dekameter hoch und mehrere Kilometer lang werden können. Typisch sind zwei etwa 20° geneigte Flanken und ein zentraler ↗Dünenkamm, an dem der steilere Lee- und der flachere Luvhang kleinräumlich wechseln. An der Luvseite von Hügeln bilden sich bei geringem Neigungswinkel (< 45°) *Sandrampen* (keine Dünen, da keine Vollform) und bei größerem Winkel durch Luftwalzen, die den Sand zurück werfen, *Echodünen* (Abb. 4 im Farbtafelteil). Beide Formen bilden sich auch im Lee von Hindernissen. Freie Dünen können als *komplexe Dünen* und *Einzeldünen* auftreten und beide als *Querdünen* oder *Längsdünen*. Die einfachste Quer- oder *Transversaldüne* ist der ↗Barchan, die einfachste Längs- oder *Longitudinaldüne* der *Sif* (auch *Sief*, *Seif*, arab.: Säbel). Diese nur leicht gekrümmten Dünen entstehen bei jahreszeitlich wechselnden Winden aus zwei zueinander diagonalen Richtungen. Wie Leedünen sind sie im Querschnitt nahezu symmetrisch mit einem je nach gerade herrschendem Wind im oberen Teil wechselnden Luv- und Leehang und daher pendelndem Kamm. Hintereinander geschaltete Sif sind häufig und gehören zu den komplexen Längsdünen. Sie werden als *Silk* bezeichnet. Bei Einschnürung können sich Barchane abspalten. Komplexe Querdünen sind Ketten aus Barchanen oder barchanartigen Dünen oder auch ↗Aklé. Weitere sog. komplexe Dünen gehören eigentlich zu den Draa-Dünen-Komplexen (↗Erg). [HBe]

Dünenvegetation ↗Küstendünen.

Dünenwanderung ↗Barchan.

Düngemittel, nach dem deutschen Düngemittelgesetz Stoffe, die dazu bestimmt sind, unmittelbar oder mittelbar Nutzpflanzen zugeführt zu werden, um ihr Wachstum zu fördern, ihren Ertrag zu erhöhen oder ihre Qualität zu verbessern; ausgenommen sind Stoffe, die überwiegend dazu bestimmt sind, Pflanzen vor Schadorganismen und Krankheiten zu schützen oder, ohne zur Ernährung von Pflanzen bestimmt zu sein, die Lebensvorgänge von Pflanzen zu beeinflussen, sowie Bodenhilfsstoffe, Kultursubstrate, Pflanzenhilfsmittel, Kohlendioxid, ↗Torf und Wasser.

Düngung, die Zufuhr von mineralischen oder organischen Stoffen zu Boden und Pflanzen über das natürliche Angebot hinaus zur Erzielung optimaler Erträge und zur Erhaltung und Verbesserung der Fruchtbarkeit sowie die biologischen Aktivität des Bodens. Die meisten der wichtigen ↗Pflanzennährstoffe (N, P, K) kommen im Boden oft nur in minimalen Konzentrationen vor und sind bei einer Bewirtschaftung rasch aufgebraucht. Da die Feldfrüchte mit Ausnahme der Ernterückstände (↗Streu, Stroh, Stauden) vom Acker entfernt werden, kann an Ort und Stelle kein Recycling und damit keine Nachbildung von Nährstoffen erfolgen. Deshalb müssen diese Mineralsalze durch Düngung immer wieder nachgeliefert werden. Vom Wirkungsprinzip her können zwei grundsätzliche Möglichkeiten der Düngung unterschieden werden: organische Düngung mit Abfällen aus der ↗Landwirtschaft, dem ↗Gartenbau oder Haushalten und Düngung auf der Basis anorganischer Salze. Bei ersterer geht der Weg der Nährstoffe über die Bodenlebewesen, bis sie für die Pflanzen verfügbar sind, anorganischer Dünger kann sofort von den Wurzeln aufgenommen werden.

Heute werden bei bestimmten ↗Kulturpflanzen pro Flächeneinheit mehr als 10fach höhere Pflanzenerträge erzielt als zu Beginn des 19. Jahrhunderts; rund 50–60 % dieser Ertragssteigerungen werden durch Düngung bewirkt. Andererseits erhöhen sich die Erträge nicht in gleichem Maße wie gesteigerte Düngerzufuhr.

Organische und anorganische Düngung haben erhebliche und teilweise unterschiedliche ökologische Auswirkungen (↗Überdüngung). [KB]

Dunst, Trübung der – in der Regel bodennahen – Atmosphäre, wodurch sich eine horizontale Sichtweite zwischen 1 und 8 km ergibt. Dunst entsteht durch Wassertröpfchen oder Staub. Durch die wellenlängenunabhängige ↗Mie-Streuung an diesen Partikeln erscheint die Atmosphäre milchig-weiß bis grau. Dunst entsteht häufig bei austauscharmen Wetterlagen, wenn in der bodennahen Atmosphäre eine große Zahl von ↗Aerosolen vorliegt. Dies ist besonders unterhalb von ↗Inversionen der Fall, welche den Vertikalaustausch unterbinden. Durch die Ansammlung von Aerosolen und Wassertröpfchen mit einer scharfen vertikalen Begrenzung spricht man auch von einer *Dunstglocke*. Sinkt die Sichtweite unter 1 km, wird in der ↗SYNOP-Meldung Nebel gemeldet.

Dunstglocke ↗Dunst.

Dünung, ↗Seegang, der nicht mehr dem Einfluss des Windes unterliegt und sich in Form von freien ↗Wellen ausbreitet. Dünung entsteht, wenn der Seegang aus dem Ursprungsgebiet herauswandert oder die Windstärke abnimmt.

Dupin, *Charles*, franz. Ökonom, Mathematiker und Marineingenieur, 1784–1873. Dupin war Professor für Geometrie und Mechanik, Mitglied der französischen Akademie der Wissenschaften (1818), Staatsrat (1831) und Marineminister (1834). Er gilt als ein Vorreiter der ↗Bildungsgeographie in Frankreich. Dupin interessierte sich für den Zusammenhang zwischen Schulbesuch und Einkommen sowie für regionale Disparitäten des ↗Bildungsverhaltens. Im Jahre 1826 wies er in einem Vortrag über das ↗Ausbildungsniveau und seine Beziehung zum ökonomischen Wohlstand darauf hin, dass Nordfrankreich hinsichtlich des Ausbildungsniveaus der Bevölkerung, der Zahl der Patente für Erfindungen, der Zahl der Mitglieder in der Akademie der Wissenschaften und der Medaillen bei der Industrieausstellung im Jahre 1819 den Regionen in Südfrankreich stark überlegen sei. 1827 veröffentlichte er die »Carte figurative de l'instruction populaire de la France«, in welcher regionale Unterschiede der Bildungsbeteiligung in Frankreich dargestellt wurden. ↗social survey movement. [PM]

Durchbruchstal, ein Tal, das entsteht, wenn sich ein Fluss durch ↗Tiefenerosion in ↗Vollformen bzw. quer zum ↗Streichen härterer Gesteine einschneidet. Genetisch betrachtet beruhen die meisten Durchbruchstäler auf ↗Antezedenz oder ↗Epigenese.

Durchfluss ↗Abfluss.

Durchflussgang, *Abflussgang* (veraltet), zeitlicher Verlauf des Durchflusses in einem Durchflussquerschnitt. Der Durchflussgang wird durch die ↗Durchflussganglinie dargestellt.

Durchflussganglinie, *Abflussganglinie* (veraltet), Beschreibung oder Darstellung des beobachteten oder berechneten ↗Abflusses bzw. Durchflusses an einem bestimmten Punkt eines Flusses (z. B. Messpegel). Die Durchflussganglinie gibt entweder die jeweilige Wassermenge [m³/s] oder die Wasserhöhe an. Man erhält sie durch das Auftragen der berechneten Durchflüsse in der Reihenfolge ihres zeitlichen Auftretens in einem rechtwinkligen Koordinatensystem.

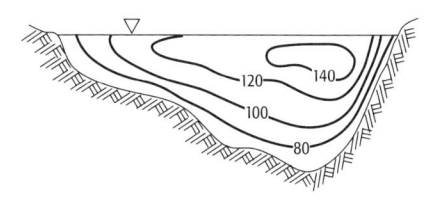

Durchflussquerschnitt, ein durch Tiefen- und Breitenmessungen erfasster wasserführender ↗Gerinnequerschnitt eines Fließgewässers. Der ↗Abfluss wird über den ↗Wasserstand an den Messquerschnitten als Durchfluss ermittelt. In dem ausgewählten Querschnitt kann neben dem Gesamtdurchfluss und Bereichen gleicher Abflussgeschwindigkeit (Abb. 1) die Geschwindigkeitsverteilung (Abb. 2), die maximale Oberflächengeschwindigkeit usw. unter Berücksichtigung des jeweiligen Bezugswasserstandes zu einem bestimmten Zeitpunkt gemessen werden. Zur Durchflussermittlung existieren verschiedene Verfahren.

Durchgängigkeit, die natürliche Durchwanderbarkeit eines Fließgewässers in seiner Längen-, Breiten- sowie Tiefenausdehnung für Flora und Fauna sowie in sedimentologischer Hinsicht. Die ökologische und sedimentologische Durchgängigkeit besitzen wichtige Zeigerfunktionen für den Grad der Natürlichkeit eines ↗Gerinnebettes wie auch seiner Ufer- und Auenbereiche. Ursprünglich sind sämtliche Lebensräume entlang eines solchen Ökosystems als Biotopverbund miteinander vereinigt. Im natürlichen oder naturnahen Zustand eventuell auftretende Störungen sind überwindbar für die einzelnen Organismen, sodass die ökologische Durchgängigkeit gewährleistet ist. Barrieren wie z. B. ein Wasserfall sind naturgemäß. Im Zuge des ↗Gewässerausbaus wurde das Kontinuum Fließgewässer zerstört. Die Durchgängigkeit ist häufig nicht nur im Längsverlauf durch ↗Querbauwerke gestört, sondern ebenfalls im Querprofil, da seitliche Ufer- und Auenbereiche durch Baumaßnahmen komplett vom Gerinnebett abgetrennt wurden. Die Unterbindung der Durchgängigkeit in vertikaler Richtung verhindert eine Organismenbesiedlung des Lückensystems (Interstitial) der ↗Gewässersohle. [II]

Durchgangsverkehr ↗Verkehrsstatistik.

Durchlässigkeit des Untergrundes, Maß für die hydraulische Leitfähigkeit eines Gesteins, d. h. das auf den Einheitsquerschnitt bezogene Wasservolumen, das pro Zeiteinheit und bei einem hydraulischen Gradienten von 1 cm/cm geleitet wird. Der Durchlässigkeitsbeiwert (↗K_f-Wert) ist eine gesteinsspezifische Konstante. Sie ist enthalten in der Darcy-Gleichung (↗Darcy-Gesetz).

Durchmischung, in der ↗Atmosphäre der Prozess der vertikalen Umschichtung von Luft infolge von Konvektion und Turbulenz. In der konvektiven, labil geschichteten Atmosphäre, erfolgt infolge der Durchmischung ein ↗Massenaustausch bis zur ↗Tropopause. Werden lufthygienisch belastete Stoffe in diese Durchmischung einbezogen, erfolgt eine starke Verdünnung. ↗Inversionen behindern diesen vertikalen Durchmischungsprozess. In Tälern und Becken, in denen von vornherein die horizontale Durchmischung eingeschränkt ist, steht bei bodennahen Inversionen nur ein sehr geringes Luftvolumen für Durchmischungsprozesse zur Verfügung. Daher können Luftbeimengungen in extrem hohen Konzentrationen auftreten.

Durch den Massenaustausch bei der Durchmischung wird auch Wärme von der Erdoberfläche in die Atmosphäre transportiert und damit deren negative ↗Strahlungsbilanz kompensiert. [JVo]

Durchströmungsmoor ↗Moore.

Durchwurzelbarkeit, Eigenschaft des Bodens, von Wurzeln mehr oder weniger tief durchwachsen werden zu können. Der durchwurzelbare Bodenraum ist bei Kompaktgesteinen i. A. durch die Tiefe des Solums (↗Pedon) begrenzt (einzelne Wurzeln können auch über das Solum hinaus in Spalten und Risse des festen Gesteins hineinwachsen), bei Lockergesteinen über die Tiefe des Solums hinausgreifend. Die Durchwurzelbarkeit ist jedoch stark von der Bodenkonsistenz (Grad des Zusammenhalts der Bodenpartikel) und den sie bestimmenden Faktoren (↗Bodenart/Körnung, Gehalt an ↗organischer Bodensubstanz, ↗Bodengefüge und -stabilität) abhängig. ↗Ort-

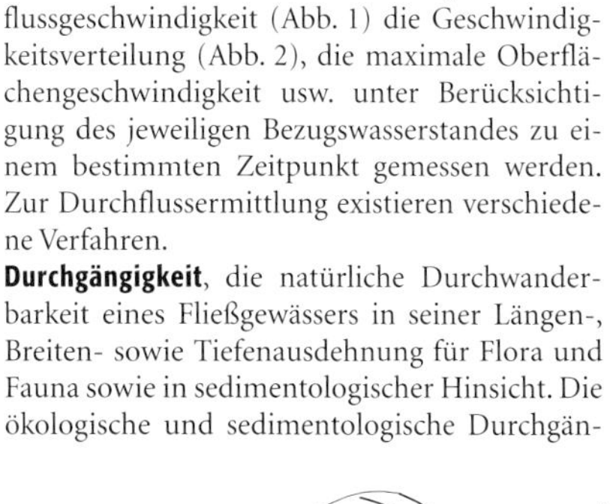

Durchflussquerschnitt 1: Isotachen (Linien gleicher Geschwindigkeit) in einem Durchflussquerschnitt.

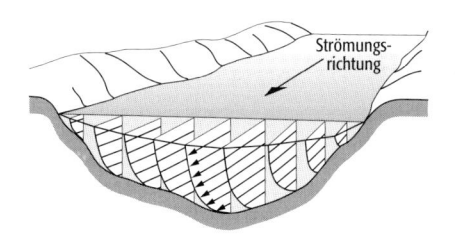

Durchflussquerschnitt 2: Geschwindigkeitsverteilung (schraffierte Flächen) in einem Durchflussquerschnitt.

stein, ↗Raseneisenstein, stark verdichtete Bt-Horizonte (↗B-Horizont) mit geringen Gehalten an Grobporen, hoch anstehendes Stau- und Grundwasser, Salzgehalt, pH- und Redox-Potenzial-Sprünge können bewirken, dass der Wurzelraum nur Teile des Solums umfasst. [RG]

Durchwurzelung, Eindringtiefe der Pflanzenwurzeln in den Boden. Wurzelhärchen können noch in Poren mit einem Durchmesser von ca. 10 µm eindringen. Bei Hauptwurzeln setzt bereits ab Porendurchmessern < 400 µm eine Wachstumsreduzierung ein, Poren mit Durchmessern von ca. < 100 µm können nicht erschlossen werden. Der von den Wurzelspitzen ausgehende Druck auf die Bodenmatrix wird häufig mit bis zu 2 MPa angegeben, jedoch bereits ab 0,02 bis 0,4 MPa treten Wachstumshemmungen auf. Die Durchwurzelung eines Bodens ist neben arttypischen Unterschieden sowie dem Nährstoff- und Wasserangebot vor allem von der ↗Lagerungsdichte und der Porengrößenverteilung (↗Bodenporen) abhängig. ↗Durchwurzelbarkeit.

duricrust, verhärtete Krusten oder Lagen in Böden und Sedimenten, hervorgerufen durch relative Anreicherung infolge Stoffabfuhr anderer Stoffe bzw. absolute Anreicherung bei Stoffzufuhr von Siliciumoxid, Aluminiumhydroxid, Calciumcarbonat, Dolomit, Eisenoxid und -hydroxid sowie Manganoxid.

Durisols [von lat. durus = hart], Bodenklasse der ↗WRB-Bodenklassifikation (1998). Mineralböden mit einem verhärteten Horizont im Unterboden innerhalb der oberen 100 cm Boden. Die Verhärtung bzw. Zementierung (↗duricrust) wird durch eine Kieselsäure-Anreicherung in Form von Opal oder mikrokristallinen Kieselsäure-Formen hervorgerufen. Durisols treten überwiegend in semiariden und mediterranen Klimaten auf.

Dürre, klimatisch bedingte Trockenperiode mit sehr geringen Niederschlägen und hohen Temperaturen. Je größer das Wasserangebot vom Mindestbedarf der Vegetation abweicht, desto gravierender ist eine Dürre. Sie wird zur *Dürrekatastrophe*, wenn durch die Degradation der Vegetation und den Wassermangel die Lebensgrundlagen der Menschen zerstört sind. Totale Ernteausfälle, Viehsterben, Hungertod und Massenmigration können die Folgen sein. Dürrekatastrophen sind auf eine Kombination klimatischer und anthropogener Faktoren zurückzuführen: Ökologisch nicht angepasste Landnutzung wie Überweidung, ackerbauliche Übernutzung und übermäßiger Holzeinschlag können im Falle einer Dürre zur Dürrekatastrophe führen.

Dürrekatastrophe ↗Dürre.

Dürreperiode, längerer Zeitraum mit unterdurchschnittlichen Niederschlägen, insbesondere während der Vegetationsperiode, dabei kommt es zum Wassermangel der Vegetation. ↗Dürre.

Dürreresistenz ↗Vollwüsten.

Düseneffekt, Zunahme der Bodenwindgeschwindigkeit durch Einengung des Strömungsquerschnittes, z. B. an Gebäudelücken oder in Straßenschluchten und Tälern, bei letzteren auch in Verbindung mit einer Umlenkung (Kanalisierung). Aus Kontinuitätsgründen (Erhaltung des Massenflusses) strömt die Luft an engen Stellen schneller, um in der gleichen Zeit die gleiche Luftmasse durch die Verengung leiten zu können als in einem breiteren Strömungsquerschnitt.

DWD ↗*Deutscher Wetterdienst*.

Dwogmarsch, ↗Bodentyp der ↗Deutschen Bodensystematik; Abteilung: ↗Semiterrestrische Böden; Klasse: ↗Marschen; Profil: Ah/GoSw/fAh.Sd/fGo.Sd/Go/Gr. Es handelt sich um einen Marschboden aus überwiegend carbonatfreien Gezeitensedimenten, die im Zuge von Sturmfluten auf älteren Landoberflächen abgelagert wurden. Daher tritt oberhalb von 7 dm ein fossiler, verdichteter Bodenhorizont (fAh, fGo, fSd) auf. Die Dwogmarsch findet in den Altmarschgebieten an der Nordseeküste Verbreitung. Durch Wasserstau und Luftarmut bietet sie ungünstige Standorteigenschaften. Eine Nutzung erfolgt meist als Grünland. In der ↗FAO-Bodenklassifikation entsprechen Dystric oder Eutric Gleysol.

Dwyka, permokarbone v. a. glazial beeinflusste Ablagerungen (oft ↗Tillite) im südafrikanischen Karroobecken. Das sog. Dwyka-Konglomerat ist eine fossile Grundmoräne (Geschiebelehm). Äquivalente Glazialbildungen im Kongo-Becken heißen Lukanga (Manjema), in Vorderindien Talchir, im Paraná-Becken (Südamerika) Tubarão und Itararé, in New South Wales (Australien) Allandale und Lochinvar Drift.

Dy, ↗Bodentyp der ↗Deutschen Bodensystematik, Abteilung: Semisubhydrische und subhydrische Böden; Klasse: ↗Subhydrische Böden. Es handelt sich um einen Unterwasserboden aus vorwiegend dunkelbraunen, sauren Huminstoffgelen (Braunschlamm), der sich am Grunde von sauerstoffarmen und gleichzeitig nährstoffarmen Seen ablagert und der sauer, biologisch inaktiv, durch Ausflockung von in dem braun gefärbten Wasser gelösten organischen Verbindungen, arm an pflanzlichen und tierischen Organismen und schlecht durchlüftet ist. In der ↗FAO-Bodenklassifikation sind diese Böden nicht vorgesehen.

Dynamik, **1)** *Klimatologie*: Teilgebiet der Meteorologie, das die atmosphärischen Bewegungsvorgänge und ihre Ursachen theoretisch beschreibt. Zu den Arbeitsgebieten der Dynamik zählen u. a. Hydrodynamik, ↗Turbulenz und ↗Austausch, ↗Reibung, Zirkulation und Energieumwandlung. **2)** *Vegetationsgeographie*: ↗Vegetationsdynamik.

dynamische Klimatologie, die Lehre von den Auswirkungen der ↗atmosphärischen Zirkulation auf das Klima der verschiedenen Erdregionen. Durch den Versuch der ↗Klimaklassifikation setzt die dynamische Klimatologie die Dynamik der atmosphärischen Prozesse in Beziehung zu den ↗Wetterlagen sowie den diese bestimmenden meteorologischen Erscheinungen wie ↗Fronten, ↗Aktionszentren, ↗Zugbahnen von ↗Hochdruckgebieten und ↗Tiefdruckgebieten etc. Im Ergebnis wird auf diese Weise eine genetische Klimaklassifikation erreicht.

dynamische Länderkunde, ↗Länderkunde, älterer, nicht unmittelbar erfolgreicher, aber methodisch wichtiger Versuch, die Vorherrschaft einer chorologischen Darstellungsweise von Gebietseinheiten unterschiedlicher Maßstabsebene (i.d.R. Staaten oder Großräume) nach dem ↗länderkundlichen Schema zu überwinden. In der 1928 von ↗Spethmann. vorgestellten dynamischen Länderkunde steht das dynamische Spiel, sprich Geschwindigkeit und Ausbreitung einzelner Gestaltungskräfte im Vordergrund (u. a. technische, finanzielle, politische und religiöse Kräfte, aber auch die Kraft der Bodenschätze, der Persönlichkeit u. a.), die einen Raum funktional und physiognomisch prägen.

dynamisches Gleichgewicht ↗ökologisches Gleichgewicht.

dynamische Turbulenz, *mechanische Turbulenz*, *dynamische Konvektion*, derjenige Anteil der ↗atmosphärischen Turbulenz, der durch ↗Reibung an der Erdoberfläche und durch ↗Windscherung zur mechanisch-turbulenten Durchmischung der Luft, insbesondere in der atmosphärischen ↗Grenzschicht führt. Die Intensität der mechanischen Turbulenz hängt neben der Windgeschwindigkeit von der ↗Rauigkeit und vom Geschwindigkeitsgefälle bei der Windscherung ab. Das Spektrum der dynamischen Turbulenz erstreckt sich über alle meteorologischen Längenskalen vom Zentimeter- (ausgelöst durch Windscherung) über den Dekameter- (topographische Hindernisse) und Kilometerbereich (Landschaftsformen, z. B. Städte, Hügel) bis in den Bereich einiger tausend Kilometer (Kontinentalgebirge). Dynamische Turbulenz tritt über natürlichen, unversiegelten Oberflächen insbesondere nachts auf, während thermische Turbulenz ausgelöst durch ↗thermische Konvektion hauptsächlich auf die Tagstunden beschränkt bleibt. Nächtliche thermische Turbulenz tritt nur lokal über Städten oder Gewässern auf, wenn sie eine ↗Wärmeinsel darstellen. [DD]

dynamische Viskosität, η, Maß des Fließwiderstandes in laminaren homogenen Strömungssystemen. Die dynamische Viskosität beschreibt das Verhältnis von Schubspannung zum Geschwindigkeitsgefälle. Die Maßeinheit 1 Pa s (Pascalsekunde) entspricht der dynamischen Viskosität einer Flüssigkeit, bei der zwischen zwei ebenen, parallelen Schichten im Abstand von 1 m, mit dem Geschwindigkeitsunterschied von 1 m/s die Schubspannung 1 Pa herrscht. Es gilt:

$$1\eta = 1 \text{ Pa s} = 1 \text{ N s/m}^2 = 1 \text{ kg/(m s)}.$$

dystroph, Bezeichnung für nährstoffarme, huminsäurereiche Gewässer. ↗Trophie.

E

easterly waves: Schematische Darstellung der vertikalen und horizontalen (700 hPa) Luftbewegungen sowie der charakteristischen Bewölkungsstruktur im Bereich einer easterly wave über der Karibik.

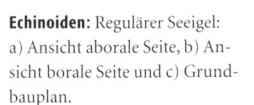

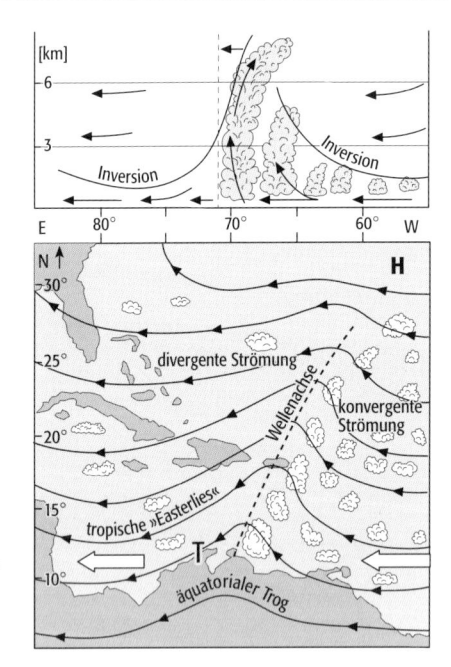

EAGFL ↗Europäische Raumordnung.

easterly waves, *African waves*, Wellenstörungen in der tropischen Ostströmung, die an der äquatorwärtigen Flanke der subtropischen Hochdruckgebiete auftreten und von Osten nach Westen wandern. Sie erreichen im 700–500 hPa-Niveau ihre maximale Intensität und sind oft im Bodenluftdruckfeld kaum erkennbar. Auf der Vorderseite der Wellenstörung herrscht eine divergente Strömung vor, die mit Wolkenauflösung einhergeht (Abb.). Auf der Rückseite dominieren konvergente Strömungen, die zu einer Labilisierung der Luft führen, hier können sich hoch aufreichende Cumulus- bzw. Cumulonimbuswolken bilden, die meist mit heftigen Gewitterniederschlägen verbunden sind. Über den tropischen Ozeanen können sich die easterly waves zu tropischen Zyklonen (↗tropische Depressionen) und ↗tropischen Wirbelstürmen verstärken, wenn die Wassertemperaturen 26,5 °C übersteigen und die Wellenstörung im 200 hPa-Niveau von einem ausgedehnten Höhentrog der außertropischen Höhenwestwindströmung überlagert wird.

Easterly waves, die sich über Afrika sehr regelmäßig südlich des Tschads bilden, werden auch als »African waves« bezeichnet. Sie wandern von dem Entstehungsgebiet breitenparallel in 10–15° nördlicher Breite westwärts über den afrikanischen Kontinent und den angrenzenden atlantischen Ozean. Einige Wellenstörungen, die den Atlantik überquert haben, erfahren in 60–80° westlicher Länge eine Intensivierung und wandern über die Halbinsel Yukatan auf das mexikanische Festland, wobei ihre breitenparallele Zugbahn rasch in eine längenparallele übergeht, die durch die Lage und Intensität des Bermudahochs in ihrem weiteren Verlauf bestimmt wird (↗Hurrikan). [DKl]

Ebbe ↗Gezeiten.

Echinodermen, *Echinodermata*, Stachelhäuter, Stamm, zu dem u. a. die Seeigel (↗Echinoiden), Seelilien (↗Crinoiden), die Seesterne und die Seegurken gehören.

Echinoiden, *Echinoidea*, *Seeigel*, seit dem ↗Ordovizium bekannte Klasse der ↗Echinodermen (Abb.). Man unterscheidet je nach Lage von After und Mund zwei Organisationsformen: irreguläre und reguläre Seeigel.

Echodüne ↗Dünentypen.

Echtfarbenbild, Luft- oder Satellitenbild (analog oder digital), bei dem drei Spektralkanäle (↗Spektralbereiche) aus dem Bereich des sichtbaren Lichtes verwendet und den Farben Rot (langwelliger Spektralkanal des sichtbaren Lichtes), Grün und Blau (kurzwelliger Spektralkanal) zugeordnet werden (↗Farbmischung; bei ↗Landsat TM: Band 3,2,1 = Farben Rot, Grün, Blau). Bei Farbfotographien werden die drei Spektralbereiche RGB durch die in unterschiedlichen Wellenlängenbereichen empfindlichen Filmschichten separiert. Satelliten-Echtfarbenbilder wirken zunächst eher unbunt aufgrund der mitaufgenommenen Atmosphäre. Dieser Effekt kann durch Verfahren der ↗Bildverbesserung bzw. der ↗Atmosphärenkorrektur gemindert werden.

Echtfarbenkomposite ↗Farbkodierung.

ecofarming, Konzept der kleinbäuerlichen Landbewirtschaftung in den wechselfeuchten und immerfeuchten Tropen, das durch Rückbesinnung auf gelungene traditionelle Agrarkulturen unter weitgehendem Verzicht auf zugekaufte Hilfsmittel die Bodenproduktivität durch standortange-

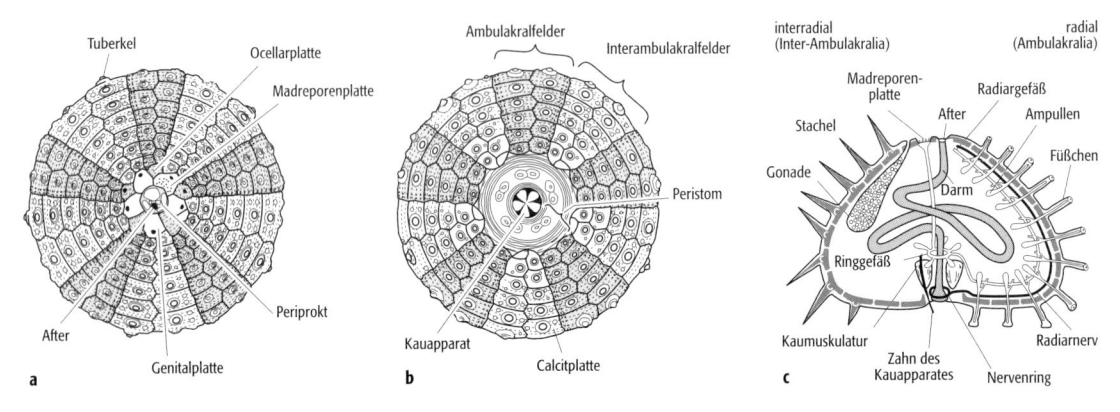

Echinoiden: Regulärer Seeigel: a) Ansicht aborale Seite, b) Ansicht borale Seite und c) Grundbauplan.

passte, umweltschonende Bewirtschaftungsmethoden zu steigern und langfristig zu erhalten sucht. Das ecofarming orientiert sich am Mangel in ↗Entwicklungsländern und ist als Alternative zur Technologie der ↗Grünen Revolution entwickelt worden. Trotz der ökologischen und ethnischen Vielgestaltigkeit der Tropen ergeben sich erstaunliche methodische Ähnlichkeiten: a) permanente ↗Agroforstwirtschaft (Bäume und Büsche sind in großer Zahl in den ↗Feldbau integriert und haben stabilisierende und produktive Aufgaben); b) organische Methoden (stets werden pflanzliche und tierische Abfälle als Dünger verwendet); c) ↗Mischkulturen (Feldkulturen werden meist in komplizierten, z. T. mehrstöckigen Mischungen angepflanzt; siehe Abb. 1 im Farbtafelteil); d) Intensivbrachen (kurze, ein bis zwei Jahre dauernde Buschbrachen stehen in Rotation zu den Mischkulturen; siehe Abb. 2 im Farbtafelteil) und e) Nassreiskultur (natürliches Vorbild ist die periodisch überschwemmte Flussaue; global-ökologischer Wert ist fragwürdig wegen der Entstehung von klimarelevanten Spurengasen wie z. B. Methan). Ein Durchbruch des Ecofarming-Konzeptes ist bislang nicht erfolgt, nicht zuletzt da die Wirkungen des ökologischen Anbaus auf die bäuerlichen Einkommen erst mittelfristig eintreten. [KB]

École des Annales, eine der bis heute wichtigsten Schulen historischer Forschung, die in Paris begründet und durch Lucien Febvre (1878–1956), Marc Bloch (1886–1944) und vor allem durch Fernand Braudel (1902–1985), einem Schüler von ↗Vidal de la Blache, dem Begründer des ↗Possibilismus, geprägt wurde. Nach Braudel sollen historische Erklärungen nicht allein auf die Leistungen der Subjekte, der historischen Figuren, Bezug nehmen. Vielmehr sollen die gesellschaftlichen Strukturen als handlungsleitende Instanzen für die Erklärung des sozialen Wandels berücksichtigt werden. Als zentrale Bestandteile der ↗Struktur werden »regionale Mentalitäten« und natürliche Lebensbedingungen betrachtet. Der historische Wandel wird von Braudel – ähnlich wie später in der ↗Strukturationstheorie – als Ausdruck eines Zusammenspiels von ↗Handeln und Struktur begriffen, bei dem drei Typen historischer Zeithorizonte unterschieden werden. Der erste Typus (Ereignisse) bezeichnet den Zeithorizont der tagtäglichen Verrichtungen, die sich schnell wandelnden Umstände im Rahmen der Mikro-Geschichte. Hier hat das Handeln der Subjekte Übergewicht. Den zweiten Zeithorizont bezeichnet Braudel als Konjunktur und meint damit den Zeithorizont der Veränderungen von Wirtschaftslagen, politischer Institutionen usw. im Rhythmus von Jahrzehnten. Und drittens, die »longue durée«, der Zeitraum der biologischen ↗Evolution des Menschen, der naturräumlichen und klimatischen Wandlungen im Rhythmus von Jahrhunderten und länger. Hier erlangt gemäß Braudel die Struktur den dominanten Einfluss. Der Lauf der Geschichte wird vor allem als der Ausdruck der »longue durée« interpretiert. [BW]

E-Commerce ↗Einzelhandel.

Ecomuseum, steht für ein franz. Museumskonzept, das ursprünglich eine Synthese aus Naturpark und Freilichtmuseum bildet sowie prinzipiell aus einem Zentrum (Museum/Forschung) und regionalen Außenstellen besteht. »Eco« steht für »écologie«; Hauptthema ist der wirtschaftende Mensch in seiner Umwelt, sodass auch »économie« inbegriffen ist. Ein Ecomuseum soll Laboratorium, Konservatorium und Schule sein. Die Idee geht auf H. Riviere zurück, Mitinitiator der 1946 in Paris gegründeten Museums-Organisation ICOM (UNESCO-assoz.). Das erste Ecomuseum (»Ecomusée de la Grande Lande-Marquèze«) wurde 1972 im »Parc Naturel Régional des Landes de Gascogne« (zwischen Bordeaux und Mont de Marsan) eröffnet. Ab 1974 gab es das Industriemuseum »Ecomusée du Creusot-Montceau« (↗Industriearchäologie) und viele weitere in Europa und Kanada.

Economies of scale, interne Ersparnisse. Im Rahmen einer fordistischen Produktionsstruktur (↗Fordismus) führt eine starke Konzentration der Produktion in wenigen großen Unternehmen und räumlichen Industrieballungen, ferner eine zunehmende räumlich-funktionale Arbeitsteilung (mit Forschung und Entwicklung in den Zentren, Montagezweigwerken in der Peripherie) zur Senkung der Produktionskosten und damit zu internen Ersparnissen.

Economies of scope, Fähigkeit von Unternehmen, im Rahmen einer postfordistischen Wirtschaftsstruktur (↗Postfordismus) durch Einsatz flexibler Produktionsverfahren und flexibler Arbeit kostengünstig produzieren zu können.

edaphische Faktoren, *Bodenfaktoren*, sie beinhalten die Gesamtheit der chemisch-physikalischen Eigenschaften der ↗Böden in ihrer Wirkung auf die ↗Vegetation und bilden damit einen wichtigen Bestandteil der ↗Standortfaktoren. Sie sind oftmals entscheidend für das Auftreten bestimmter Pflanzenarten oder -gesellschaften. Auf der Kenntnis dieser speziellen Zusammenhänge beruht der Einsatz von ↗Zeigerpflanzen zur Ableitung bestimmter chemisch-physikalischer Eigenschaften eines Bodens. Exemplarisch können ↗pH-Wert, Bodenwasserhaushalt mit den ihn steuernden Komponenten sowie das Nährstoffangebot eines Bodens angeführt werden.

Edaphon, *Bodenlebewelt*, *Bodenleben*, Gesamtheit der im Boden lebenden Organismen (↗Bodenfauna und ↗Bodenflora), nicht berücksichtigt werden die tote organische Substanz und die im Boden wurzelnden höheren Pflanzen. Der Anteil des Edaphons am Gesamtboden bezogen auf die Trockensubstanz kann bis zu 10 Masse-% erreichen. Hinsichtlich des Habitats der Bodenlebewesen unterscheidet man sessil lebende Bodenhafter (z. B. Bakterien, Pilze, Milben), in Hohlräumen lebende Bodenkriecher (z. B. Springschwänze, Fadenwürmer), im Haftwasser lebende Bodenschwimmer (z. B. Rädertiere, Mikroflora) und im Boden grabende und bohrende Bodenwühler (z. B. Regenwürmer, Termiten, Ameisen). Die Abbildung zeigt die wichtigsten im Boden lebenden Organismengruppen. Die Bedeutung des

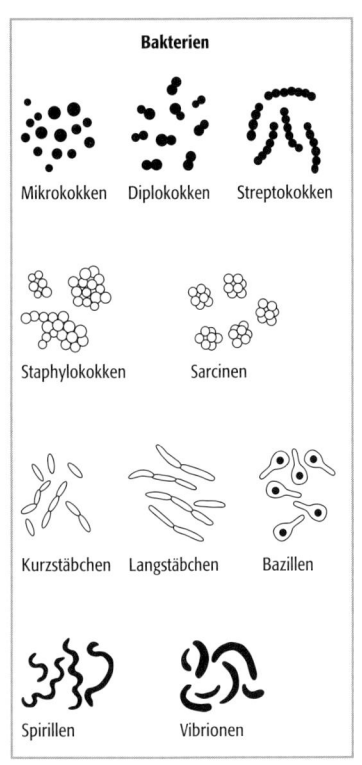

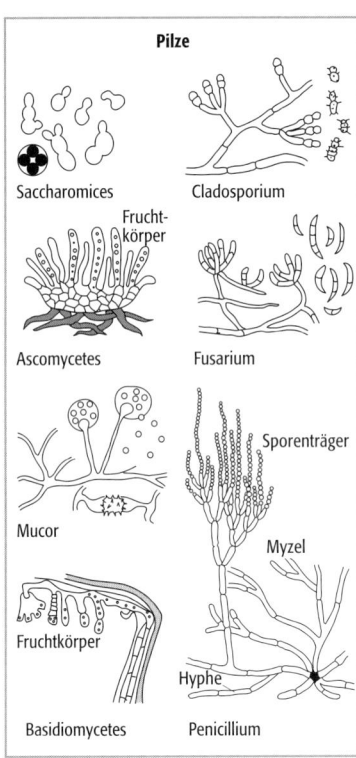

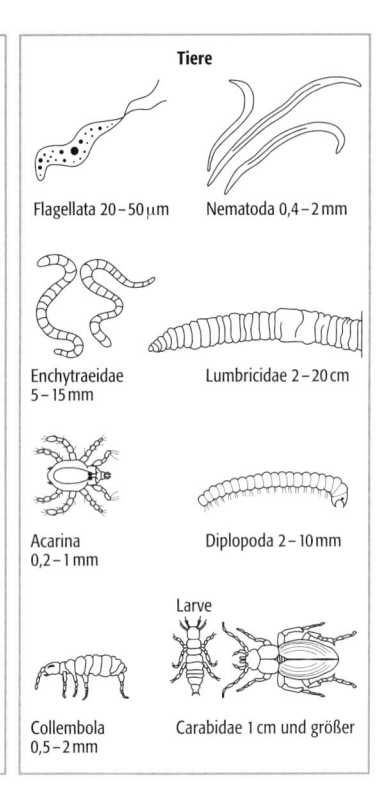

Edaphon: Die wichtigsten Organismengruppen des Bodens.

Edaphons liegt neben der Verwesung, der ↗Humifizierung und dem Abbau organischer Substanz vor allem in der Verlagerung von Bodenmaterial (↗Bioturbation) und der Beteiligung am Nährstoffhaushalt und an Redoxprozessen (↗Hydromorphierung). [ThS]

EDBS, *einheitliche Datenbankschnittstelle*, von der amtlichen Vermessung in der Bundesrepublik Deutschland verwendetes Format zur Speicherung von digitalen ↗Geobasisdaten, insbesondere ↗ATKIS und ↗ALK.

Edeyen, *Nefud, Kum, Sandsee,* ↗*Erg.*

edge cities, *Außenstädte, Außenzentren,* Phänomen aller größeren amerikanischen Metropolen. Es handelt sich um Wachstumszentren, die in der Nachkriegszeit zumeist an den Kreuzungen großer Autobahnen im suburbanen Raum entstanden. Insbesondere in den Jahren des wirtschaftlichen Aufschwungs, jedoch auch in der Rezession der beginnenden 1990er-Jahre, vollzog sich das Wachstum der edge cities rasant. In dem meisten Großstadtregionen beginnen edge cities die Funktionen der Downtowns zu übernehmen bzw. auszuschalten. Für edge cities gibt es keine legitimierten Akteure, sie entstehen nicht durch öffentliche Planungsprozesse. Sie folgen keinen Planungsvorstellungen, die dem Gemeinwohl verpflichtet sind. Nur die Counties, in denen sie entstehen, sind an Entscheidungen über Anteile von Flächennutzungen, Verkehrserschließung und Art des Verkehrs beteiligt. Die Edge-City-Entwicklung verläuft fast immer ohne öffentliche Anhörungen, wobei eine wesentliche Voraussetzung für ihre Herausbildung die stark miteinander konkurrierenden »Municipities« von Metropolitanregionen sind. Dies sind rechtlich/gebietskörperschaftlich, aber nicht baulich voneinander abgetrennte eigenständige Gemeinden, die mit ihrer Ansiedlungspolitik Wachstumszentren begünstigen. In ihrer Anlage sind edge cities häufig nicht einmal eigenständige Gemeinden sondern »unincorporated«, d. h. gemeindelose Gebiete unter der Verwaltung eines County. Herausragendes Beispiel einer solchen Edge City ist Tysons Corner, W. Va. im Großraum Washington, D.C. [RS]

edge matching ↗*Randanpassung.*

effektive Quellhöhe, theoretischer Emissionspunkt einer Punktquelle, der sich aus der Quellhöhe und der Abgasfahnenüberhöhung oder *Schornsteinüberhöhung* ergibt, sofern die emittierten Stoffe keine gravitativ bedingte Vertikalbewegung aufweisen. Emissionen verlassen den Kamin mit einer erhöhten Temperatur und/oder einer Vertikalgeschwindigkeit. Infolge der turbulenten Durchmischung verlangsamt sich der Auftrieb, bis die Achse der ↗Abluftfahne waagerecht liegt. Dies ist die effektive Quellhöhe, welche der ↗Ausbreitungsrechnung zugrunde gelegt wird.

effektive Temperatur, älteres Maß zur Abschätzung der thermischen Behaglichkeit durch Kombination von Temperatur und Luftfeuchtigkeit; Ermittlung der Daten anhand von Klimakammeruntersuchungen, die mit einem Kollektiv von Versuchspersonen unter raumklimatischen Bedingungen durchgeführt wurden. Aus einem Diagramm (Trockentemperatur, spez. Feuchte) lässt sich die effektive Temperatur ablesen. Heute gebräuchliche Maße sind PMV (↗Predicted Mean Vote), PET (↗Physiologisch Aquivalente Temperatur) und pt (↗gefühlte Temperatur).

Effektivitätsziffer ↗Migration.

Effizienz, Wirksamkeit und Leistungsfähigkeit eingesetzter ↗Produktionsfaktoren (z. B. Arbeit) im Vergleich zum ↗Output.

Effizienzlohn, liegt über dem marktmäßig zu zahlenden ↗Lohn, und hat zum Ziel, langfristig die Effizienz der Arbeitskräfte zu steigern. ↗Arbeitslosigkeitstheorie.

Effusion ↗Eruption.

Effusivgestein ↗Vulkanit.

EFRE, *Europäischer Fond für Regionalentwicklung*, ↗Europäische Raumordnung.

EFTA, *European Free Trade Association*, Europäische Freihandelsassoziation, gegründet auf Initiative von Großbritannien am 4.1.1960 zusammen mit Dänemark, Norwegen, Schweden, Irland, Portugal, Schweiz und Österreich als Alternative zur ↗EWG. Späterer Anschluss von Island (1970), Finnland (1986) und Liechtenstein (1991). Bis auf die Schweiz, Norwegen, Island und Liechtenstein sind mittlerweile alle anderen ehemaligen EFTA-Staaten der ↗EG bzw. der ↗EU beigetreten. Organe: Rat Ständiger Delegierter bzw. Minister aus den Mitgliedstaaten, Generalsekretär und verschiedene Komitees zur Regelung organisatorischer Fragen. Die Ziele der EFTA sind auf die Weiterentwicklung der Freihandelszone für Industrieerzeugnisse und das Verbot wettbewerbsbeschränkender Praktiken gerichtet. Zölle gegenüber Drittländern können von den Mitgliedstaaten nach eigenem Ermessen festgelegt werden. Eigenständig bleiben auch die Agrar-, Fischerei- sowie die Steuer- und Finanzpolitik. Die EFTA hat Freihandelsabkommen mit der EG (1972) und mit einer Reihe ost- und südosteuropäischer Staaten geschlossen. Sie bildet seit 1994 (ohne die Schweiz) mit der EU den Europäischen Wirtschaftsraum. ↗EWR. [HN]

EG, *Europäische Gemeinschaft*, entstanden 1965 durch die Zusammenfassung der drei Organisationen EGKS, ↗EWG und EAG (Europäische Atomgemeinschaft), unter Beibehaltung ihrer rechtlichen Selbstständigkeit und Unterstellung einer gemeinsamen Kommission.

Das wichtigste Organ der EG ist der *Europäische Rat* mit Sitz in Brüssel, der aus je einem Vertreter auf Ministerebene aus den Mitgliedsstaaten besteht und in unterschiedlicher sektoraler Zusammensetzung tagen kann (Rat der Wirtschaftsminister, Rat der Landwirtschaftsminister, Verkehrsminister etc.). Neben der einfachen Mehrheit wird in besonderen Fällen ein gewichtetes Stimmrecht angewendet (Deutschland, Frankreich, Italien, Großbritannien je 10 Stimmen; Spanien 8 Stimmen; Belgien, Niederlande, Portugal, Griechenland je 5 Stimmen; Österreich, Schweden je 4 Stimmen; Dänemark, Finnland, Irland je 3 Stimmen; Luxemburg 2 Stimmen).

Das *Europäische Parlament* mit Sitz in Straßburg und mit zurzeit 626 direkt gewählten Abgeordneten besitzt Mitwirkungs-, Beratungs- und Kontrollrechte, aber kein Initiativrecht. Erst seit den jüngeren Reformen sind die Mitentscheidungsmöglichkeiten und Kontrollfunktionen gestärkt worden, ohne dass die sonst üblichen parlamentarischen Aufgaben zugesichert wurden. Die ebenfalls in Brüssel residierende Kommission besteht aus 20 Mitgliedern (mindestens ein oder höchstens zwei Vertreter aus jedem Land) und wird für fünf Jahre mit Zustimmung des Parlaments eingesetzt. Geleitet wird die Kommission der EG von einem Präsidenten, der zugleich Mitglied des Europäischen Rates ist. Sie fungiert als Exekutivorgan, gibt Stellungnahmen ab und besitzt Initiativrecht. Der Europäische Gerichtshof (EuGH) in Luxemburg wird durch 15 Richter und acht Generalanwälte geleitet, die für eine Amtsperiode von sechs Jahren von den Regierungen der Mitgliedsländer im Einvernehmen vorgeschlagen werden. Beigeordnet ist seit 1988 ein Gerichtshof (EuG), der Klagen von Einzelpersonen behandelt. Der 1975 eingerichtete Europäische Rechnungshof mit ebenfalls 15 auf sechs Jahre ernannten Mitgliedern überwacht die Ordnungsmäßigkeit und Wirtschaftlichkeit der Finanzausgaben der EU. Wichtige ergänzende Institutionen sind der Wirtschafts- und Sozialausschuss (WSA) zur Beratung von Rat und Kommission, der Ausschuss der Regionen (AR), der mit Vertretern der Gebietskörperschaften besetzt ist sowie seit 1998 die Europäische Zentralbank (EZB) mit Sitz in Frankfurt und die Europäische Investitionsbank.

Am 01.07.1968 wurde die Zollunion in der Sechsergemeinschaft verwirklicht, und im folgenden Jahr konkretisierten sich Pläne für eine Wirtschafts- und Währungsunion. Das Europäische Währungssystem EWS sollte mit festen Wechselkursen und einem einheitlichen Zahlungsmittel (ECU) arbeiten. 1970 konnten auch Fortschritte für eine politische Zusammenarbeit (EPZ) erzielt werden, allerdings nur auf der Basis freiwilliger intergouvernementaler Kooperation.

Die 1967 von Großbritannien, Dänemark, Norwegen und Irland erneut vorgelegten Beitrittsanträge wurden nach De Gaulles Rücktritt 1969 behandelt und am 22.1.1972 mit positivem Ergebnis abgeschlossen. Da die norwegische Bevölkerung erneut gegen einen Beitritt zur EG votierte, wurde die Gemeinschaft zum 1.1.1973 nur um drei weitere nordwesteuropäische Länder erweitert.

Auf der Basis eines 1985 von der Kommission vorgelegten Weißbuches zur Vollendung des europäischen Binnenmarktes bis 1993 und der Beschlüsse von Luxemburg wurde am 28.2.1986 die Einheitliche Europäische Akte (EEA) unterzeichnet, die am 1.7.1987 in Kraft trat und eine Reihe weiterführender wirtschafts- und währungspolitischer Beschlüsse im Hinblick auf die Realisierung des Binnenmarktes durch die Beseitigung von technischen und rechtlichen Hemmnissen bis zum 1.1.1993 enthielt. Auch die Europäische Politische Zusammenarbeit (EPZ) und die Institution des 1974 vereinbarten Europäischen Rates der Staats- und Regierungschefs und des Kommissionspräsidenten erhielten eine vertragliche Grundlage. Wichtige Änderungen bzw. Ergänzungen der EWG-Verträge bestanden in der Verlagerung von Kompetenzen von den Nationalstaaten an die EG. Hierzu gehören neben ökonomischen Tatbeständen im Waren-, Dienstleistungs-, Kapital- und Personenverkehr auch Teilbereiche der Sozial- und Technologiepolitik sowie des ↗Umweltschutzes. Auch das Europäische Parlament soll stärker in die Zusammenarbeit einbezogen werden.

1986 findet die Süderweiterung der EG durch den Beitritt von Spanien und Portugal nach der bereits 1981 erfolgten Integration von Griechenland ihren Abschluss. Die Gemeinschaft ist damit auf 12 Staaten angewachsen. (↗Europäische Integration Abb.). [HN]

Egartwirtschaft, *Egartenwirtschaft*, heute seltene Form des ↗Grünlandes im Wechsel mit ↗Ackerbau in Süddeutschland und im deutschsprachigen Alpenraum mit der Unterscheidung in *Naturegart* und *Kunstegart*. Der wesentliche Bestimmungsgrund für die Egartwirtschaft wird in der Selbstversorgung gesehen.

Der Naturegart ist ↗Wechselgrünland mit Naturbegrasung. Im Unterschied zum Kunstegart ist die ackerbauliche Nutzung kurz, weil diese Flächen häufig zu einer starken Verunkrautung neigen. Im Anschluss an die einjährige ackerbauliche Nutzung des Naturegarts folgt eine vier- bis sechsjährige Grünlandnutzung. Beim Kunstegart wird angesät. Auf eine acht- bis zehnjährige Grünlandnutzung folgt eine ackerbauliche Zwischennutzung, der zumeist ein dreifeldriges Fruchtfolgeglied (Kartoffeln – Sommergerste – Sommerroggen) zugrunde liegt.

Ehescheidungen, erfolgen in Deutschland nur aufgrund eines gerichtlichen Urteils auf Antrag eines oder beider Ehegatten. Ehescheidungen beeinflussen ähnlich wie die Heiratshäufigkeit die Gliederung der Bevölkerung nach dem ↗Familienstand. Die rohe Scheidungsziffer oder *Ehescheidungsziffer (s)*, bezieht die Zahl der Scheidungen (S), z.B. in einem Kalenderjahr, auf 1000 Einwohner des mittleren Bevölkerungsstandes $\bar{P}$:

$$s = \frac{S}{\bar{P}} \cdot 1000.$$

Die rohe Scheidungsziffer beschreibt das Scheidungsverhalten einer Bevölkerung für raumzeitliche Vergleiche unzureichend, da durch die mittlere Bevölkerungszahl Unterschiede in der Gliederung nach dem Familienstand unberücksichtigt bleiben. Daher bezieht man bei der Scheidungsziffer der Ehen die Zahl der Scheidungen z.B. in einem Kalenderjahr auf die Zahl der Ehepaare. Sind Angaben zum Alter der geschiedenen Personen sowie zur Ehedauer bekannt, können zum Vergleich des Scheidungsverhaltens in Bevölkerungen alters- und ehedauerspezifische Ehescheidungsziffern berechnet werden.

Ehescheidungsziffer ↗Ehescheidung.

E-Horizont, diagnostischer Horizont des ↗Plaggeneschs und ↗Hortisols; mächtiger humoser Mineralbodenhorizont, aus aufgetragenem Plaggen- oder Kompostmaterial, der die aktuelle Pflugtiefe überschreitet und häufig von Kulturabfällen durchsetzt ist oder einen stark erhöhten Phosphatgehalt aufweist; je nach mineralischer und ↗organischer Bodensubstanz der aufgetragenen Gras- oder Heideplaggen von brauner bis grauer Färbung. Als Ex-Horizont des ↗Hortisols ist er durch Auftrag von Kompost und ausgeprägte, tiefreichende biologische Aktivität geprägt.

Eigenentwicklung ↗Regionalplanung.

Eigenschwingung ↗*atmosphärische Eigenschwingung*.

Eignungsbewertung, Bewertung eines Raumes in Hinblick auf bestimmte Nutzungsansprüche. Ziel der Eignungsbewertung ist eine auf der Grundlage von Grenz-, Schwellen- und Normwerten beruhende Festlegung von Eignungspräferenzen für verschiedene gesellschaftliche Nutzungsanforderungen. Im Rahmen der ökologischen Eignungsbewertung wird die Nutzungseignung durch die Bewertung des Naturraumpotenzials bzw. des ↗Leistungsvermögens des Landschaftshaushaltes ermittelt, das ein entsprechender Landschaftsausschnitt in Bezug auf eine vorhandene oder geplante Nutzung besitzt. Die ökologische Eignungsbewertung bezieht Aspekte wie ↗ökologische Belastbarkeit und ↗Tragfähigkeit des Naturhaushaltes mit ein.

Eignungskarte, Planungsgrundlagenkarte, die die im Rahmen der ↗Eignungsbewertung ausgewiesenen Nutzungseignungen und Nutzungspräferenzen von Flächen innerhalb eines Planungsgebietes darstellt.

Einarbeitungszeit, notwendige Zeit, um arbeitsplatzspezifische und betriebsspezifische Qualifikationen zu erwerben.

Einbetriebsunternehmen ↗Unternehmenskonzentration.

Einbruchsniederschläge, ↗Niederschläge hinter rasch voranschreitenden Einbruchsfronten, die durch das Einbrechen hochreichender Kaltluft in die vorgelagerte langsamere Warmluft gekennzeichnet sind (↗Kaltfront). Dabei wird die Warmluft von der Kaltluft wegen ihres gegenüber der Kaltluft geringeren Gewichtes rasch vom Boden in große Höhen gehoben, wodurch es zu Sturmböen und einem Temperatursturz im Bodenniveau kommt. Gleichzeitig entwickelt sich eine vertikal mächtige Konvektionsbewölkung, aus der kräftige Schauer fallen. Nicht selten entwickelt sich auch heftige ↗Gewitter.

Einbürgerung, *Naturalisation*, dauerhafte Etablierung von eingeschleppten oder eingeführten Sippen (↗Einschleppung) in einem neuen Lebensraum, d.h. mit der Fähigkeit zur Regeneration und zum Aufbau beständiger Populationen. Eine Sippe gilt als eingebürgert, wenn sie in dem neuen Gebiet alle Merkmale einer indigenen Art besitzt, d.h. sich über natürliche Fortpflanzung oder ohne direkte anthropogene Hilfe vermehren kann sowie regelmäßig und häufig über eine längere Zeitperiode an geeigneten Standorten vorkommt. Dabei ist die Einbürgerung der Sippen mit deutlich größeren Schwierigkeiten behaftet als der bewusste oder unbewusste Transport (Einschleppung) ihrer Ausbreitungseinheiten. Nach dem Einbürgerungsgrad unterscheidet man neben den *indigenen*, d. h. einheimischen, schon vor wirksamen Eingriffen des Menschen vorhandenen Pflanzensippen: a) Neuheimische (*Agriophyten*), die feste Bestandteile der heutigen natürlichen Vegetation sind, und auch ohne menschliche Einflüsse erhalten blieben; b) Kulturabhängige (*Epökophyten*), die nur in anthropogenen ↗Ersatzgesellschaften fest etabliert sind und in ihrem Fortbestand auf menschliche Einflüsse angewiesen sind (z. B. ↗Ackerwildpflanzen (↗Unkräuter) und ↗Ruderalpflanzen); c) *Passanten* (*Ephemerophyten*), wild wachsende, kurzlebige, nicht winterharte, konkurrenzschwache Pflanzen, die aber keinen festen Platz in der heutigen Vegetation besitzen); d) Kultivierte (*Ergasiophyten*), die sich nur bei ständig neuer Aussaat oder Anpflanzung durch den Menschen halten können. Als wirklich eingebürgert können nur Agriophyten und Epökophyten angesehen werden. Manche eingebürgerte Stauden sind durch hohen Wuchs und rasche vegetative Ausbreitung so konkurrenzfähig (z. B. *Solidago* spec., *Reynoutria japonica*, *Helianthus tuberosus*, *Impatiens glandulifera*), dass sie einheimische Arten verdrängen und neue Pflanzengesellschaften bilden. Insbesondere an mitteleuropäischen Binnengewässern ist dies in vielfältiger Weise zu beobachten. [ES]

Eindeichung, im Zuge des ↗Gewässerausbaus erstelltes flusslaufparalleles Deichsystem entlang eines Fließgewässers zum Schutz der Kulturlandschaft vor Überflutungen. Die Eindeichung hat einen Ökosystemwandel herbeigeführt, da frühere Auenwaldkomplexe ausgedeicht und in andere Nutzungsformen überführt wurden. Die heutige ↗Aue lässt sich in eine Überflutungsaue innerhalb der Hochwasserschutzdämme und eine fast ausschließlich grundwasserbeeinflusste und inselhaft verbreitete Altaue außerhalb der Deichanlagen gliedern. Zudem verursachen Eindeichungen Hochwasserverschärfungen aufgrund des Verlustes von ↗Retentionsräumen.

Einfachkorrelation ↗Korrelationsanalyse.
Einfachregression ↗Regressionsanalyse.
einfadiger Flusslauf ↗Gerinnebettmuster.
Einfallen ↗Fallen.
Eingemeindung, Eingliederung einer zuvor eigenständigen Gemeinde in eine meist größere Nachbargemeinde als deren Stadt- oder Ortsteil. Dadurch wird die administrative Grenze an eine bereits eingetretene oder vorherzusehende bauliche oder funktionale Angleichung v. a. am Rand wachsender Großstädte angepasst.
Eingemeindungspolitik, politisch und ökonomisch motivierte Eingliederung von ehemals selbstständigen Gemeinden oder von Land ohne eigenen Gemeindestatus in eine meist größere Nachbargemeinde. Da ↗Suburbanisierung häufig die finanzstarken Stadtbewohner in städtische Umlandgemeinden abzieht, die als selbstständige Gebietskörperschaften nicht der Besteuerung durch die ↗Kernstadt unterliegen, stellt Eingemeindungspolitik (↗Gemeindegebietsreform) einen wirkungsvollen Mechanismus dar, Steuer- und Finanzkraft wieder der ↗Kernstadt zuzuführen. Beispiel dieser Eingemeindungspolitik ist das Groß-Berlin-Gesetz von 1921, das die Stadtgrenze jenseits der allmählich gewachsenen mittelständigen Vorortgemeinden verlegte und diese dadurch wieder in die Stadt integrierte.
Eingriffsregelung ↗naturschutzrechtliche Eingriffsregelung.
einjährig, *annuell*, *annual*, Pflanzen, die ihren Lebenszyklus in einem Jahr abschließen. ↗Raunkiaer'sche Lebensformen.
Einkaufsgemeinschaft ↗Unternehmenskonzentration.
Einkaufstourismus, *Shoppingtourismus*, Einkaufen als Freizeitaktivität in zwei Varianten: a) in Form der sog. »Butterfahrten«, die – in aller Regel organisiert betrieben – aufgrund internationaler Preis- bzw. Steuersatzunterschiede einen regen Ausflugs- und Versorgungsverkehr bewirkten. Doch mit der wirtschaftlichen Harmonisierung innerhalb der ↗EU verliert diese Variante an Bedeutung. b) internationaler Shoppingtourismus des Jetsets, der als sehr kaufkräftige Gruppe die mit dem Flugzeug erreichbaren Städte zum Einkaufen aufsucht.
Aktuelle Projekte der ↗Shopping Center und ↗Urban Entertainment Center belegen deutlich den Trend zur Verschmelzung von ↗Freizeit und Einkauf.
Einkaufsverkehr ↗Verkehrszweck.
Einkaufszentrum, stellt eine Konzentration von mehreren Ladengeschäften an einem Standort dar. Durch die räumliche Nähe steigt die Attraktivität für Kunden, da sie während eines Besuchs mehrere Besorgungen koppeln können (↗Konsumentenverhalten). So erschließen sich die Ladengeschäfte durch die räumliche Nähe zueinander höhere Besucherfrequenzen. Gewachsene Einkaufszentren, meist innerstädtische Zentren (↗Einzelhandelsstandorte), sind eine räumliche Agglomeration von baulich getrennten Ladengeschäften. Geplante Einkaufszentren (↗Shopping Center) weisen einen baulichen Zusammenhang (z. B. entlang einer überdachten Passage) auf. Häufig sind sie von einem Betreiber errichtet, der die Räume vermietet und dabei auf einen Mix verschiedener ↗Betriebsformen und Warensortimente achtet.
Einkommen, alle Geldbeträge (auch Naturalleistungen), die Personen in einem bestimmten Zeitraum erhalten. Wird Einkommen durch Arbeitsleistung erwirtschaftet, dann wird das Einkommen als Arbeitseinkommen bezeichnet (im Unterschied zum Gewinneinkommen oder Besitzeinkommen).
Einkommensdisparitäten, Unterschiede der ↗Einkommen. Die Unterschiede der Einkommen werden für Bevölkerungsgruppen ausgewiesen, die nach sozialen, demographischen oder regionalen Gesichtspunkten differenziert werden. Diese Differenzierung führt in weiterer Folge zu Konstrukten wie geschlechtsspezifische Einkommensdisparität, regionale Einkommensdisparität oder al-

tersspezifische Einkommensdisparität. Generell sagen Einkommensdisparitäten etwas über das Ausmaß der ↗sozialen Ungleichheit in einer Gesellschaft aus. Große Einkommensunterschiede kennzeichnen ein hohes Maß an sozialer Ungleichheit, geringe Einkommensunterschiede eine eher egalitäre Gesellschaftsformation. Aus dem Ausmaß an Ungleichheit soll aber nicht vorschnell auf »gerecht« oder »ungerecht« geschlossen werden. Einkommensdisparitäten sind vor dem Hintergrund bestimmter theoretischer Annahmen (↗Arbeitsmarkttheorie) unumgänglich und auch notwendig. Weil Löhne und damit Einkommen notwendigerweise variieren müssen, um das ↗Arbeitskräfteangebot und die ↗Arbeitskräftenachfrage zu einem Gleichgewicht zu bringen, sind Einkommensunterschiede systemimmanente Folge dieser einkommensabhängigen Steuerung. Wenn Arbeitskräfte gesucht werden, die hoch qualifiziert sind und sich selten auf dem Arbeitsmarkt anbieten, dann wird ein hoher Lohn die Folge sein. Bildungsinvestitionen werden in diesem Fall durch hohes Einkommen belohnt, was gesellschaftlich akzeptiert wird.

Im Rahmen der ↗Arbeitsmarktgeographie ist die Erforschung der regionalen Einkommensdisparität von besonderer Bedeutung, denn sie kennzeichnet unterschiedliche »Qualitäten« ↗regionaler Arbeitsmärkte. Empirische Studien zeigen dabei erhebliche Stadt-Land- und zentral-periphere Einkommensunterschiede, die mit der generellen Zielsetzung der Raumordnungspolitik (Schaffung gleichwertiger Lebensbedingungen) im Widerspruch stehen und daher auch Gegenstand regionalpolitischer Maßnahmen sein können. [HF]

Einkommensverteilung, Verteilung des Volkseinkommens auf bestimmte soziale Klassen oder Personen. Die personelle Einkommensverteilung einer räumlichen Einheit (Staat, Gemeinde etc.) erfasst man mithilfe einer ↗Lorenzkurve. Dabei wird als Maß für die Einkommenskonzentration der Gini-Koeffizient verwendet, der die Abweichung der empirisch ermittelten Lorenzkurve von der Gleichverteilungsgeraden misst. Die funktionale Einkommensverteilung misst die Einkommensanteile der einzelnen Produktionsfaktoren (Arbeit, Kapital, Boden) am Produktionsergebnis. Für die Bewertung wirtschaftlichen Wachstums ist die Verteilung der Wachstumsraten auf die Einkommenszuwächse der jeweiligen sozialen Gruppen von besonders großer Relevanz (↗Einkommensdisparitäten).

Einödlage ↗Flurform.

Einpendler ↗Pendler.

Einschleppung, vom Menschen unbeabsichtigtes, zufälliges und unbewusstes Einbringen von Sippen in einen für sie neuen Lebensraum (↗Einwanderung). Sie steht im Gegensatz zur bewussten Einführung von Sippen in einen bis dahin von dieser Sippe noch nicht besetzten Lebensraum. Seitdem die ersten Kulturpflanzen und die sie begleitenden ↗Unkräuter nach Mitteleuropa kamen, muss von ca. 12.000 höheren Pflanzensippen ausgegangen werden, die z. T. gezielt eingeführt, vielfach aber unbewusst nach Deutschland eingeschleppt wurden. Diese Zahl der Neuankömmlinge übertrifft die in Deutschland heimischen wild wachsenden Farn- und Blütenpflanzen um das Fünffache. Hiervon gelang jedoch nur einem geringen Prozentsatz die ↗Einbürgerung. Weltweiter Handel und Verkehr seit Anfang des 16. Jh. führten zur Überbrückung von Ausbreitungsbarrieren und zu immer besseren und schnelleren Ausbreitungsbedingungen. Bevorzugter Lebensraum eingeschleppter Sippen sind meist zeitweilig oder dauerhaft gestörte Standorte, wo ungesättigte, d. h. noch aufnahmefähige ↗Biozönosen auftreten. In Mitteleuropa sind Ränder von Fließgewässern sowie das Umfeld von Verkehrsanlagen bevorzugt, da diese linearen Landschaftselemente häufig auch als Ausbreitungswege für ihre Diasporen dienen. Die ökologischen Folgewirkungen von eingeschleppten Sippen sind, wenn sie sich etablieren können, häufig nicht abzusehen. Es gibt zahllose Beispiele für Massenvermehrungen eingeschleppter Arten, die auf ihre hohe Anpassungsfähigkeit sowie fehlende Konkurrenz und Prädation zurückgeht und zu entsprechend weitreichenden Veränderungen der Umwelt geführt haben. Beispiele hierfür sind die starke Reduzierung flugunfähiger Vögel auf Neuseeland durch Ratten, die Zerstörung der Vegetationsdecke in Teilen Australiens durch Kaninchen (*Oryctolagus cuniculus*) oder die Ausbreitung des Bisams (*Ondatra zibethica*) oder der Wasserpest (*Elodea canadensis*) an europäischen Fließgewässern. Viele Pflanzen (*Poa annua*, *Galium aparine*, *Taraxacum officinale*), aber auch Tiere (Hausratte, Hausmaus, Haussperling) sind erst durch die Einschleppung zu ↗Kosmopoliten geworden. [ES]

Einschneidung ↗Tiefenerosion.

Einschulungsquote, Anteil der Kinder eines Jahrgangs, die in die erste Schulstufe einer ↗Grundschule eintreten, an der Gesamtzahl der schulpflichtigen Kinder dieses Jahrgangs. ↗Schulbesuchsquote.

Einsprengling, größerer, häufig idiomorph ausgebildeter Einzelkristall in ↗Magmatiten.

Einstellung, *Haltung*, *Attitüde*, bezeichnet die selektive Ausrichtung von ↗Handeln, ↗Verhalten, Denken, Wahrnehmen, Urteilen und Erkennen.

Einstrahlung, die dem Klimasystem von der Sonne zugeführte ↗Strahlung.

Einstreu, Streumaterial in Ställen, vornehmlich zur Aufnahme flüssiger und feuchter Darmausscheidungen. Einstreu wird auch heute noch bei allen Festmistverfahren benötigt. Vorwiegend wird Stroh verwendet, wobei lang- oder kurzgehäckseltes Stroh von Wintergetreide eine gute Saugfähigkeit besitzt und damit den Zweck erfüllt, die Liegeplätze der Tiere trocken und sauber zu halten sowie die Liegeplätze warm zu halten.

Einsturzdoline ↗Doline.

Einwanderung, **1)** *Bevölkerungsgeographie*: Immigration, ↗Migration. **2)** *Biogeographie*: Prozess von neu in ein Gebiet gelangenden Arten; im Laufe der Erdgeschichte vor allem durch Klimawandel oder Entstehung von Landbrücken ausgelöst; in historischer Zeit insbesondere durch

↗Einschleppung, d. h. durch direkte Eingriffe des Menschen (Pflanzung, Transport der Organismen bzw. deren Diasporen) oder durch indirekte menschliche Eingriffe (Veränderung der Standortbedingungen, Schaffung von Wanderwegen). Spontan wachsende Ankömmlinge nennt man *Adventivpflanzen* bzw. ↗Adventivtiere. Hierzu gehören in Mitteleuropa die meisten ↗Unkräuter, die mit dem Ackerbau hierher gelangten. Nach dem Einwanderungszeitpunkt wird zwischen ↗Archäophyten (Altadventiven) und ↗Neophyten (Neuadventiven) (vor oder nach der Entdeckung der Neuen Welt zu uns gelangt) unterschieden. Treten Adventivarten massenhaft auf und wird dies als negativ empfunden, so spricht man von *Invasion*. [UD]

Einwanderungsland, ein Staat, bei dem der Umfang der Immigration die Zahl der Emigranten in einem gewissen Zeitraum übertrifft. Während der europäischen Überseewanderung war die USA mit Abstand das wichtigste Einwanderungsland (↗internationale Wanderung, ↗Einwanderungspolitik).

Einwanderungspolitik, basiert auf gesetzlichen Regelungen zur Steuerung der Zuzüge von Ausländern in ein Staatsgebiet. Sie bildet einen Teil der ↗Wanderungspolitik. Die meisten klassischen ↗Einwanderungsländer (z. B. USA, Australien, Israel, Brasilien) beschränken heute die Einwanderung durch ein Quotensystem, das unter quantitativen Aspekten die absolute Zahl der Zuzüge festlegt und unter qualitativen Gesichtspunkten Personen mit bestimmten Merkmalen wie Ausbildung, Beruf oder Nationalität bevorzugt.

Einwohner-Arbeitsplatz-Dichte, *EAD*, Indikator, der vor allem bei der Abgrenzung von ↗Verdichtungsräumen bzw. früher von ↗Stadtregionen Anwendung findet. Er stellt ein gegenüber der ↗Bevölkerungsdichte aussagekräftigeres Verdichtungsmerkmal dar, da neben der Einwohnerzahl auch die Zahl der Arbeitsplätze/Beschäftigten berücksichtigt wird. Die EAD berechnet sich aus der Summe aus Einwohnern und Arbeitsplätzen (bzw. Beschäftigten) pro Flächeneinheit.

Einzelberg, deutlich von ihrer Umgebung abgesetzte Vollform, die meistens eine Kappe aus resistenterem Gestein trägt.

Einzeldüne ↗Dünentypen.

Einzelfallforschung, Konzeption der Geistes- und Sozialwissenschaften, in der Allgemeines und Besonderes als im Individuellen zusammengeschlossen betrachtet werden. Die Erfassung von Komplexität ist demnach wesentliches Kennzeichen und zentrale Leistung der Einzelfallstudie. Mit zunehmender Abkehr von den geisteswissenschaftlichen Grundlagen und der Zuwendung zu einer einheitswissenschaftlichen Konzeption auf der Basis naturwissenschaftlicher Ansätze der Erfahrungswissenschaften verlor die Einzelfallforschung zunächst an Bedeutung und sinkt herab zur Kasuistik, die lediglich bei der Generierung von ↗Hypothesen eine Bedeutung hat. Eine Ausnahme bildet die Einzelfallanalyse im Grenzbereich von Soziologie, Anthropologie und ↗Volkskunde (europäische Ethnologie), von Disziplinen also, die vielfach noch in der geisteswissenschaftlichen Tradition stehen oder ethnographischen Ansätzen verpflichtet sind. Gerade bei den ethnographischen Verfahren verläuft jedoch eine Trennungslinie zwischen klassifikatorischen Ansätzen nach vorgegebenen Kategorien und sinnrekonstruktiven Ansätzen auf handlungstheoretischer Grundlage. Letztere und verwandte Ansätze werden in den Sozialwissenschaften seit den 1970er-Jahren vor allem auch in Abgrenzung gegenüber quantifizierenden Verfahren verstärkt diskutiert. Seit den 1990er-Jahren haben einzelfallorientierte Ansätze eine Renaissance erfahren. Unter einem Fall wird hier ein Gebilde mit eigener Bildungsgeschichte bzw. eigener Geschichte der Individuierung sowie mit angebbaren, bei den Akteuren innerhalb wie außerhalb des Falles mental und handlungsmäßig erzeugten Grenzen verstanden. Fälle können demnach Individuen und Familien, Institutionen wie Vereine und Firmen, Stadtviertel, Gemeinden und Regionen bis hin zu nationalen Gesellschaften sein. Gegenstand einer Fallanalyse ist die Rekonstruktion der Struktur eines Falles (Fallstruktur). Der Begriff Rekonstruktion deutet darauf hin, dass der Sozialforscher nicht Ordnung in den Fall als Ausschnitt von sozialer Wirklichkeit hineinlegt. Stattdessen wird diese Wirklichkeit als bereits geordnete begriffen, deren Ordnungsstrukturen es zur Sprache zu bringen gilt, und zwar in der Sprache des Falles selbst. Das Ziel der Fallrekonstruktion besteht dann darin, diese Ordnung nachzuzeichnen, eben: zu rekonstruieren. Der Begriff Fallstruktur bezieht sich darauf, dass angenommen wird, dass Fälle in kontinuierlichen Handlungsprozessen Muster herausbilden, die typisch erwartbar sind. Die Fallstruktur stellt dann die geordnete Sequenz von Entscheidungsmustern eines Falles dar, die erwartbar wiederkehren und sich in jedem Aspekt eines Falles im Zeitverlauf wieder finden lassen müssen. Im Forschungsprozess wird diese Fallstruktur als Hypothese formuliert. In Bezug auf eine Fallstruktur von einer Hypothese zu sprechen, macht deutlich, dass der Prozess der Rekonstruktion einer Fallstruktur als Entwicklung und Überprüfung von Hypothesen verläuft, und dass dieser Prozess, wie die soziale Wirklichkeit selbst, offen ist. Eine Fallstruktur gilt dann als bestimmt, wenn mindestens eine Phase in der Wiederholung strukturierter lebenspraktischer Entscheidungen eines Falles und damit dessen kontinuierliche Entwicklung identifiziert werden kann. In diesem Falle handelt es sich dann um eine Fallstrukturreproduktion, die beobachtet wird. Von Strukturtransformation wird dann gesprochen, wenn eine Veränderung der Strukturiertheit eines Falles und damit dessen diskontinuierliche Entwicklung im Material identifiziert wird. Den Abschluss einer Fallrekonstruktion bildet die Fallmonographie. Sie beinhaltet die umfassende Darstellung der Fallstrukturhypothese, in welcher alle Strukturaspekte sowie ihr Zusammenhang untereinander unter Einbeziehung von Material beschrieben werden. Dabei richtet sich der

Umfang des einbezogenen Materials danach, wie viel davon erforderlich ist, damit die Entwicklung der Fallstrukturhypothese nachvollziehbar ist. Eine Fallmonographie ist von einer Fallbeschreibung zu unterscheiden. Letztere verfolgt lediglich das Ziel, eine möglichst umfassende, inventarische Darstellung des Lebens einer sozialen Einheit ohne Anspruch auf die Rekonstruktion von Strukturierungsgesetzlichkeiten und damit ohne theoretische Relevanz zu geben. Fallbeschreibungen haben somit in der fallrekonstruktiven Forschung keine Bedeutung.

Im Prinzip ist es möglich, anhand einer einzigen Fallrekonstruktion eine Theorie zu entwickeln. Dies ergibt sich daraus, dass, wie eingangs ausgeführt, die Fallrekonstruktion Allgemeines und Besonderes zugleich erschließt: Der Fall ist ein Allgemeines, insofern er sich im Kontext objektiv gegebener gesellschaftlicher Strukturen gebildet hat. Er ist ein Besonderes, insofern er sich in Auseinandersetzung mit diesen individuiert hat. Wo möglich, sollten jedoch mehrere Fälle analysiert werden, da die zu entwickelnde ↗Theorie reichhaltiger wird, wenn mehrere Fälle systematisch miteinander kontrastiert werden. Die Auswahl des Falles ergibt sich aus der Fragestellung eines Forschungsvorhabens. Nur in Ausnahmefällen wird ein Fall wissenschaftlich rekonstruiert, weil er aus sich heraus interessant ist. Während vielfach angenommen wird, der Zugang zum Feld würde dadurch erleichtert, dass möglichst das Bekannte untersucht wird, ist genau das umgekehrte Verfahren richtig: Je fremder das Feld, desto eher können die Sozialforscher als Fremde auftreten, denen die Untersuchten etwas zu erzählen haben, das für die Forscher neu ist. Des Weiteren wird durch die Wahl eines fremden, d. h. dem Forscher nicht vertrauten Falles das Problem zumindest eingedämmt, dass Forscher, die Untersuchungen in ihrer eigenen Kultur durchführen, die für diese selbst weitgehend fraglos ist, sich bei der Interpretation dieser Kultur nicht auf die Interpretationsmuster berufen, auf die sie selbst als Alltagsakteure vertrauen. Ziel der Datenerhebung ist es, Material zu generieren, das prozessual organisiert ist und somit die Rekonstruktion der Reproduktion einer Fallstruktur, die ja ihrerseits Prozess ist, ermöglicht. Dabei muss der Zeitraum der Prozesse, der überschaut werden soll, ausreichend umfänglich bemessen werden, damit diese Prozesse in die Wahrnehmung eintreten können. Zu solchen Daten gehören Archivdaten über historische Abläufe, Interviews mit zentralen ↗Akteuren, Dokumentenanalysen, teilnehmende ↗Beobachtungen. Da Strukturen durch ↗soziales Handeln hervorgebracht werden, sollte solchen Interviewverfahren der Vorzug gegeben werden, die nicht das individuelle Subjekt ins Zentrum rücken, sondern Interaktionen. Hierzu bieten sich demnach Gruppendiskussionsverfahren an. [BH]

Literatur: [1] BOHNSACK, R.: (1999): Rekonstruktive Sozialforschung. – Opladen. [2] HILDENBRAND, B. (1999): Fallkonstruktive Familienforschung. – Opladen.

Einzelform ↗Reliefgrundformen.

Einzelhandel, definiert als der Verkauf von Waren an Endverbraucher. Der Einzelhandel erfüllt vermittelnde Funktionen zwischen den Herstellern (Landwirtschaft, Industrie) und ggf. dem Großhandel auf der Input-Seite und den Konsumenten/Kunden/Endverbrauchern auf der Output-Seite. Als Formen lassen sich unterscheiden: der *stationäre Einzelhandel* mit dauerhaft lokalisierten Verkaufsstellen (*Ladengeschäft*), der *ambulante Handel* mit temporären Standorten (z. B. Marktstände, Verkaufswagen), der *Versandhandel* mit Bestellung in entfernten Zentralen (z. B. durch Kataloge, Internet) und Auslieferung an die Kunden. Auf den stationären Einzelhandel entfallen in Deutschland über 90 % Umsatzanteil. Gegenwärtig verzeichnet *E-Commerce* (= Warenangebot im Internet, Bestellung per elektronischen Medien und Auslieferung an den Wohnstandort) als spezielle Form des Versandhandels hohe Zuwächse, der Anteil des ambulanten Handels stagniert und der des klassischen Versandhandels sinkt. Die Ladengeschäfte des stationären Einzelhandels lassen sich verschiedenen ↗Betriebsformen zuordnen. Üblicherweise erfolgt eine Untergliederung ihres *Sortiments* nach der Art der verkauften Waren (Lebensmittel/Food und Nicht-Lebensmittel/Non-Food), nach ihrer Wertigkeit (Grundbedarf = z.B. Nahrungsmittel; Ergänzungsbedarf = z.B. Bekleidung; hochwertiger Bedarf = z.B. Foto, Uhren, Unterhaltungselektronik) bzw. nach der Häufigkeit ihres Erwerbs (kurzfristig = Lebensmittel; mittelfristig = Bekleidung, Schuhe; langfristig = Unterhaltungselektronik, Möbel). Betriebe mit einem breiten Sortiment verkaufen Artikel aus verschiedenen Warengruppen, jene mit einem schmalen Sortiment konzentrieren sich auf eine Warengruppe. Innerhalb dieser Warengruppe werden bei einem tiefen Sortiment vielfältige Auswahlmöglichkeiten zwischen artähnlichen Artikeln geboten, während bei einem flachen Sortiment nur sehr wenige artähnliche Artikel vorhanden sind. Vorindustrielle Gesellschaften mit geringem Nachfragevolumen und niedriger Angebotsdiversifizierung besitzen ein Einzelhandelssystem mit hohem Marktanteil von Grundbedarfsgütern (z. B. Lebensmittel, einfache Haushaltsartikel). Das Standortsystem ist wenig vielfältig; der Verkauf erfolgt über kleine stationäre Ladengeschäfte, Ladenhandwerksbetriebe (z. B. Bäcker, Schuhmacher) und ambulante Verkaufsformen (z. B. Marktstände, fahrende Händler). Mit zunehmendem Entwicklungsstand steigt das Nachfragevolumen, vor allem nach Non-Food-Artikeln des Ergänzungs-/höherwertigen Bedarfs, und es entwickelt sich ein differenziertes stationäres Angebotssystem. In Gesellschaften mit hohem Einkommen wird zwischen einem primären Standortsystem und einem sekundären Standortsystem unterschieden. Das primäre Standortsystem besteht aus dem wohnstandortnahen Netz von Ladengeschäften, die kurzfristig benötigte Grundbedarfsgüter anbieten (z. B. Lebensmittel), und dem hierarchischen System von innerstädtischen Zentren, in welchen sich mehrere Betriebe mit einem mittel- und langfristigen Non-Food-Angebot konzentrieren. Betriebe, die gleichartige Grundbedarfsgüter verkaufen und Konsumenten aus der unmittelbaren Umgebung versorgen, vermeiden die unmittelbare Nachbarschaft zu artähnlichen Konkurrenten (*Konkurrenzmeidung*). Artungleiche Ladengeschäfte des Grundbedarfs (z. B. Backwaren, Getränke, Wurstwaren) und Betriebe mit einem mittel-/langfristigen Angebot und großem Einzugsbereich suchen dagegen die Nähe zueinander (*Konkurrenzanziehung*), da sie gemeinsam eine größere Attraktivität für Kundenbesuche erzielen. Kunden können während eines Besuchs dieser Standorte Zeit sparend Besorgungen in mehreren Ladengeschäften koppeln (↗Konsumentenverhalten).

Als *sekundäres Standortsystem* gelten alle Standorte außerhalb der geschlossenen Bebauung von Siedlungen; diese Standorte können erst bei hoher Individualverkehrsmobilität der Kunden (z. B. durch Pkw) entstehen. Es befinden sich dort vor allem großflächige eingeschossige Ladengeschäfte (z. B. Verbrauchermarkt/Fachmarkt), die eine hohe eigene Angebotsattraktivität für Kunden (z. B. durch niedrigen Preis und hohes internes Kopplungspotenzial, durch vielfältiges Angebot) besitzen. Auf das sekundäre Standortsystem entfallen in West-Deutschland ca. 30 % Umsatzanteil und in Ost-Deutschland über 40 %. [EK]

Einzelhandelsstandorte, man unterscheidet ↗Einkaufszentren, an denen sich mehrere Ladengeschäfte in räumlicher Nähe zueinander befinden, und Einzelstandorte (Streulagen) von Ladengeschäften.

Für die Standortwahl von Ladengeschäften besitzt der Faktor Absatz entscheidende Bedeutung. Das Nachfragevolumen im ↗Einzugsbereich, die verkehrliche Erreichbarkeit und ggf. die Nähe zu externen Frequenzbringern (z. B. Verkehrsknoten wie Bahnhöfe, Nähe zu anderen Ladengeschäften) bestimmen den Standort. Besonders für kleinere Ladengeschäfte mit höherwertigem Warenangebot des mittel- und langfristigen Bedarfs ist die räumliche Nähe zu *Magnetgeschäften* (auch Magnet Store) wichtig; dies sind großflächige Läden mit Sortimentsattraktivität (z. B. aufgrund von Preis oder Vielfalt), die hohe Besucherfrequenzen generieren. Dagegen wirken Input-Faktoren (z. B. Erreichbarkeit für Lieferanten) und Flächenfaktoren (Verfügbarkeit und Preis der Betriebsflächen) eher nur modifizierend auf die kleinräumige Lage.

Bei dem primären Standortsystem (↗Einzelhandel) lassen sich hierarchisch gegliederte Typen *innerstädtischer Zentren* identifizieren (Abb. 1). Das höchstrangigste Zentrum innerhalb einer Stadt ist die ↗City, mit einem vielfältigen und hochwertigen Angebot an mittel- und langfristigen Artikeln. Es folgen verschieden große Stadtteilzentren, Nachbarschaftszentren und Nachbarschaftsläden in Streulagen. Mit abnehmendem Rang der Zentren sinken die Gesamtverkaufsfläche und die Zahl der Ladengeschäfte und steigt der Anteil des Warenangebots von Grundbedarfsgütern (vor allem Lebensmitteleinzelhandel); zugleich verringert sich die Größe des ↗Einzugsbereichs. Das sekundäre System (↗Einzelhandel) von Einzelhandelsstandorten liegt außerhalb der geschlossenen Wohnbebauung (*nicht-integrierte Standorte* bzw. Lage). Dort dominieren großflächige moderne ↗Betriebsformen. Es lassen sich Einzelstandorte (z. B. einzelne Bau-, Möbel- oder Verbrauchermärkte), baulich miteinander verbundene Einzelhandelsagglomerationen (z. B. Verbrauchermarkt und mehrere Fachmärkte in räumlicher Nähe zueinander) oder ↗Shopping Center (in einer geschlossenen baulichen Anlage mehrere Ladengeschäfte mit unterschiedlichem Sortiment und Größe) unterscheiden.

Im großräumigen System der Siedlungen erfolgt üblicherweise eine Untergliederung nach dem Grad der Zentralität (↗Zentrale-Orte-Konzept), der wesentlich durch das vorhandene Angebot an Dienstleistungen (einschließlich Einzelhandel) bestimmt wird. Die wichtigsten zentralörtlichen Stufen sind Oberzentrum, Mittelzentrum,

	Angebot		Zahl der Einrichtungen
	Bedarfsstufe der Waren	Betriebsformen	
City	mittel/lang	Waren-/Kaufhaus, Fachgeschäft	über 100
Stadtteilzentrum (mit City-Ergänzungsfunktion)	mittel/kurz	kleines Warenhaus, Fachgeschäft	50–200
Stadtteilzentrum	kurz (mittel)	Fachgeschäft, Supermarkt	20–100
Nachbarschaftszentrum	kurz	Supermarkt/SB-Laden, z. T. Fachgeschäft	5–30
Nachbarschaftsladen	kurz	SB-Laden/Supermarkt	1–10
Nicht-integriertes Zentrum	kurz sowie ausgewählte Teile von mittel/lang	Verbrauchermarkt/Fachmarkt	1–100

Einzelhandelsstandorte 1: Merkmale innerstädtischer Zentren.

Einzelhandelsstandorte 2: Hierarchiesysteme von Einzelhandelsstandorten.

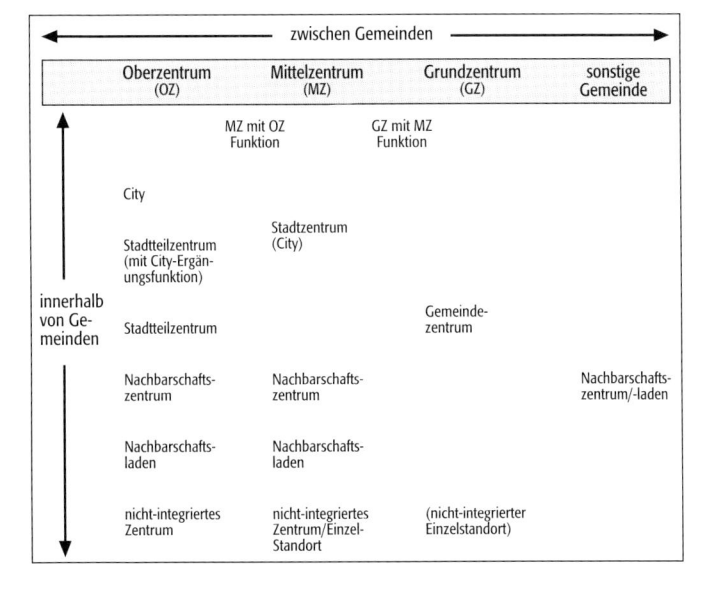

	zwischen Gemeinden			
	Oberzentrum (OZ)	Mittelzentrum (MZ)	Grundzentrum (GZ)	sonstige Gemeinde
innerhalb von Gemeinden		MZ mit OZ Funktion	GZ mit MZ Funktion	
	City			
	Stadtteilzentrum (mit City-Ergänzungsfunktion)	Stadtzentrum (City)		
	Stadtteilzentrum		Gemeindezentrum	
	Nachbarschaftszentrum	Nachbarschaftszentrum		Nachbarschaftszentrum/-laden
	Nachbarschaftsladen	Nachbarschaftsladen		
	nicht-integriertes Zentrum	nicht-integriertes Zentrum/Einzel-Standort	(nicht-integrierter Einzelstandort)	

Grundzentrum und Ort ohne zentrale Funktion. Innerhalb dieser Siedlungen ist das System von Einzelhandelsstandorten unterschiedlich stark differenziert; mit zunehmender Größe der Orte nimmt die Zahl der innerstädtischen Hierarchietypen zu und wird der jeweils höchstrangigste Einzelhandelsstandort größer (Abb. 2).

Die Struktur und die Dynamik der Einzelhandelsstandorte werden durch drei Gruppen von ↗Akteuren bestimmt: Die Konsumenten nehmen Einfluss durch ihr räumliches Einkaufsverhalten (↗Konsumentenverhalten) (z. B. abhängig von Einkommen, Verkehrsmitteln, Verhalten), die Anbieter nehmen Einfluss (Betriebe, Unternehmen) durch die Wahl der betrieblichen Merkmale und der Standorte ihrer Ladengeschäfte (Wandel der ↗Betriebsformen, ↗Unternehmenskonzentration) und die Planer/Politiker nehmen Einfluss durch den Einsatz standortgestaltender Instrumente (↗Standortplanung). [EK]

Einzelhof, *Einzelsiedlung*, *Einödhof*, kleinster Siedlungstyp, der vor allem im nordwestlichen Deutschland, in einigen Mittelgebirgsregionen sowie im Allgäu vorkommt. Die Einzelsiedlung besteht aus einer einzigen Haus- oder Hofstätte, die eine unterschiedliche Anzahl von Gebäuden aufweisen kann. Entscheidendes Kriterium für die Einstufung als Einzelsiedlung ist die isolierte Lage einer Wohn- und Wirtschaftseinheit (Mindestabstand 150 m zur nächsten Siedlungseinheit). Nicht selten sind Einzelsiedlungen verbandsmäßig zusammengeschlossen, z. B. als Bauernschaft in Nordwestdeutschland oder Talschaft in den Alpen. Eine Sonderform der Einzelsiedlung ist die Gutssiedlung, die vor allem im östlichen Mitteleuropa verbreitet ist. Zur Gutssiedlung, die als Einzelsiedlung oder als Bestandteil eines Dorfes auftreten kann, gehören in der Regel das Herrenhaus, die Wirtschaftsgebäude und die Landarbeiterhäuser. [GH]

Einzelkorngefüge, ↗Bodengefüge aus Einzelkörnern.

Einzelsiedlung ↗*Einzelhof*.

Einzugsbereich, im ↗Einzelhandel (auch *Marktgebiet*) jenes Gebiet um den Standort einer Einzelhandelseinrichtung, aus welchem die Kunden stammen. Die Größe des Einzugsbereichs ergibt sich aus der maximal von Nachfragern zurückgelegten Entfernung zum Erreichen der Einzelhandelseinrichtung und der Anzahl der innerhalb dieses Gebietes wohnenden Personen. Mit zunehmender Entfernung sinkt die Abschöpfungsquote, d. h. der Anteil von Personen aus diesen Teilräumen, welche die Einzelhandelseinrichtung besuchen. Die ideale kreisförmige Form von Einzugsbereichen wird durch räumliche Einflüsse (z. B. Verkehrswege, natürliche Barrieren, Lage konkurrierender Zentren) modifiziert. Bisher dominierten *Nearest-Center-Bindungen*, d. h. die Nachfrager besuchten den von ihrem Wohnstandort jeweils nächsten Standort einer Einzelhandelseinrichtung mit dem gewünschten Warenangebot. Durch die neuen Einkaufsverhaltensweisen (↗Konsumentenverhalten) lösen sich diese Orientierungen gegenwärtig auf und es entstehen sich laufend verändernde Einzugsbereiche. Generell verringert sich mit abnehmender Größe und Angebotsvielfalt der ↗Einzelhandelsstandorte die Größe des Einzugsbereichs. Die ↗City von Großstädten besitzt den größten Einzugsbereich; die Kunden kommen wöchentlich/monatlich und nutzen den Öffentlichen Verkehr bzw. Pkw. Stadtteilzentren werden aus den umgebenden Stadtgebieten besucht, und die Kunden kommen wöchentlich/mehrmals wöchentlich mit Individualverkehrsmitteln (zu Fuß, Fahrrad, Pkw). Nachbarschaftsläden werden aus den umgebenden Baublocks täglich mit Individualverkehrsmitteln besucht. Nichtintegrierte Standorte besitzen große Einzugsbereiche; sie werden seltener (wöchentlich/monatlich) fast ausschließlich mit Pkw (über 90 % Anteil) besucht. [EK]

Einzugsgebiet, in der Hydrogeographie durch ↗Wasserscheiden begrenztes Gebiet, welches durch einen Fluss mit allen seinen Nebenflüssen entwässert wird. Es wird zwischen dem oberirdischen und dem unterirdischen Einzugsgebiet unterschieden. Die jeweils zugeordnete Einzugsgebietsfläche wird in der Horizontalprojektion angegeben. Die wirkliche Größe des Einzugsgebietes [in km^2] ist jedoch meist größer als diese Projektion (so ist z. B. die Fläche bei 60° Neigung bereits doppelt so groß, wie die Projektion dieser Fläche). Von dem oberirdischen Einzugsgebiet kann das unterirdische Einzugsgebiet, besonders in Karstgebieten (↗Karsthydrologie), erheblich abweichen.

Eis, ↗Gletschereis, ↗Meereis.

Eis-Albedo-Rückkopplung, einfacher positiver Rückkopplungsprozess, der zu einer sich selbst verstärkenden Abkühlung (Erwärmung) der Erde führt. Ausgangspunkt ist eine initiale Abkühlung (Erwärmung), die eine Ausdehnung (Schrumpfung) der mit Eis bzw. Schnee bedeckten Fläche auslöst. Dadurch steigt (fällt) die Größe der ↗Albedo, was infolge der vermehrten (verminderten) ↗Reflexion zu einer weiteren Abkühlung (Erwärmung) führt, die eine erneute Änderung der eisbedeckten Flächengröße bedingt. Theoretisch würde die einfache Eis-Albedo-Rückkopplung nach einer initialen Störung zu einer gänzlichen Eisbedeckung bzw. Eisfreiheit der Erde führen. Dieser Entwicklung stehen aber negative Rückkopplungen, die mit den Temperaturänderungen einhergehen, entgegen. An erster Stelle ist die mit Wolken bedeckte Fläche der Erde zu nennen, die infolge der temperaturabhängigen Wasserdampfaufnahmekapazität der Luft bei einer Temperaturabnahme reduziert bzw. bei einer Temperaturzunahme verstärkt wird. Da Wolken ähnlich wie Eis eine hohe Albedo aufweisen, reduziert sich daher durch die Temperatur-Wolken-Rückkopplung die Erdalbedo bzw. erhöht sich im Falle einer globalen Temperaturzunahme. Das Zusammenwirken dieser beiden Rückkopplungsmechanismen führt daher zu einer weitgehenden Begrenzung der Selbstverstärkungsprozesse der Eis-Albedo-Rückkopplung. [DKl]

Eisberg, von einem ↗Gletscher, Inlandeis oder ↗Schelfeis abgebrochener, frei schwimmender oder auf Grund gelaufener massiver Eiskörper, der mindestens 5 m über die Wasseroberfläche hinausragt. Deutlich kleinere Fragmente werden als Growler oder Eishümpel bezeichnet. *Tafeleisberge*, große Eisplatten mit ebener Oberfläche und Durchmessern von weniger als 1 bis zu mehr als 100 km bei etlichen hundert Metern Dicke, stammen meist von einem der Schelfeise. Eisberge stellen insbesondere im westlichen Nordatlantik eine Gefahr für die Schifffahrt und Ölförderung dar. Die wiederholte Freisetzung großer Eisbergflotten in den Nordatlantik während des Weichsel-Glazials (/Weichsel-Würm-Vereisung) war mit erheblichen Folgen für das Klimasystem und die großräumige Verdriftung grobklastischer Sedimente verbunden. Durch den in Eisbergen teilweise enthaltenen /Debris, der über viele hundert Kilometer mittransportiert werden kann, lassen sich in Tiefsee-Bohrkernen Vereisungsperioden nachweisen. In diesen Bohrkernen (durch Konzentration von mit Eisbergen transportierten marinen Sedimentpartikeln) lassen sich Perioden starken Abkalbens von Eisbergen, sog. *Heinrich events*, nachweisen. Diese Sedimentschichten werden als *Heinrich layers* bezeichnet.

Eisbohrkerne, wichtige Methode in der /Paläoklimatologie zur Ausweisung/Rekonstruktion von Klimaveränderungen. Eisbohrkerne werden in den Zentralbereichen von polaren Eisschilden und Eiskappen gewonnen (/Gletschertypen). Man geht von einer geringen, kalkulierbaren Eisbewegung, einer jährlichen Akkumulation mit ausweisbarer Jahresschichtung und der Abwesenheit von Schmelzwasser im Prozess der Schneemetamorphose und Eisgenese aus. Man analysiert an Eiskernen die Zusammensetzung der in den kleinen Luftporen des Eises eingeschlossenen Luft, die Aufschluss über die Zusammensetzung der /Atmosphäre zum Zeitpunkt der Schneeakkumulation bzw. Eisentstehung geben soll. Das Verhältnis der Sauerstoffisotopen ($\delta^{18}O/^{16}O$) gibt Aufschluss über die Paläotemperatur, der Aciditätsindex (gemessen über die elektrische Leitfähigkeit) über die im Eis enthaltenen Gase aus Vulkanausbrüchen. Der »dust veil index« (DVI) liefert Aussagen über die ebenfalls im Eis enthaltenen Staubpartikel, welche ebenfalls von Vulkanausbrüchen stammen. Eisbohrkerne liefern, insbesondere bei Kombination mit anderen paläoklimatischen Methoden, wertvolle Erkenntnisse über die Atmosphäre und die Klimaverhältnisse der letzten rund 100.000 Jahre. Sie sind jedoch nicht unproblematisch, weil die Analyse sehr sorgfältig erfolgen muss, um Kontaminationen und dadurch Verfälschung der Ergebnisse zu vermeiden. Eine gewissen Unsicherheit über die gänzliche Abwesenheit von Diffusionsprozesse im polaren Gletschereis (Voraussetzung für die Auflösung bis zu Jahresschichten) und das Problem der nur langsamen Schließung der Luftporen durch den langen Schneemetamorphoseprozess besteht immer noch, ebenso über das notwendige fehlende Auftreten von Schmelzwasser, dessen Verlagerungsprozesse die Ergebnisse verfälschen würde. Durch die geringe winterliche Schneeakkumulation und den Einfluss der Winddrift ist mit regionaler Differenzierung zu rechnen und eine Korrelation verschiedener Eisbohrkerne notwendig. [SW]

Eisenbahn, /Verkehrsträger, der wie kein anderer in seiner Entwicklung mit dem Prozess der Industrialisierung und Verstädterung im 19. Jh. eng verknüpft ist. Bis zum Zweiten Weltkrieg war die Eisenbahn im Personen- und Güterverkehr in Deutschland und Europa das wichtigste Verkehrsmittel. Die besondere Leistungsfähigkeit des Eisenbahnverkehrs (*Schienenverkehr*) beruht nach wie vor auf der Rad-Schiene-Technik. Hohe Fixkosten (für Schienennetz, Fahrzeuge usw.) und vergleichsweise sehr niedrige variable Kosten (für den Zugbetrieb) begünstigen die Eisenbahn für den Massenverkehr. Aus der Auslastung der vorgehaltenen Kapazitäten resultieren zugleich die anhaltenden Schwierigkeiten der Bahn in Deutschland und anderen westlichen Industrieländern, eine hinreichende Wirtschaftlichkeit zu erzielen. Die /Deutsche Bahn AG besitzt in Deutschland praktisch das Schienenverkehrsmonopol, steht jedoch in scharfem Wettbewerb zum /Individualverkehr (bis 500 km) und /Luftverkehr auf der einen und zum /Straßengüterverkehr auf der anderen Seite. Neben der im Eigentum des Bundes stehenden DB AG gibt es in Deutschland zahlreiche *NE-Bahnen* (nichtbundeseigene Bahnen), auch »Privatbahnen« genannt. Sie bedienen im Personen- und Güterverkehr regionale Teilnetze. Nach der /Bahnreform treten sie auch als Wettbewerber zur DB AG um Verkehrsleistungen im /Schienenpersonennahverkehr auf DB-Strecken auf. [JD]

Eisenbahntourismus /Reiseverkehrsmittel.

Eisfuß, an einer /Steilküste angefrorenes Meerwasser als meist horizontale Rampe, die auch durch Brandung und Gezeitenbewegungen zunächst nicht zerstört wird, sondern sogar als temporäre Ablagerungsfläche für vom /Kliff abgestürztes Material dient. Wird sie durch die Wasserbewegung abgebrochen, können zusätzlich noch größere Fragmente des Gesteins aus dem Kliff herausgerissen und wegtransportiert werden und gehen damit der lokalen /Brandung als Waffe verloren.

Eishagel /Hagel.

Eisheilige, Termin, an dem nach einer verbreiteten /Bauernregel der letzte mit Frost verbundene Kaltlufteinbruch erfolgt. In Norddeutschland sind Mamertus, Pankratius und Servatius die Eisheiligen, deren Namenstage auf den 11. bis 13. Mai fallen, in Süddeutschland sind es Pankratius, Servatius und Bonifazius vom 12. bis 14. Mai. Hinzu kommt verbreitet die »Kalte Sophie« (15. Mai). Die Verschiebung lässt sich zwanglos mit dem Fortschreiten eines Kaltlufteinbruchs von Nord nach Süd erklären. Tatsächlich nimmt die Wahrscheinlichkeit von Frost- und Bodenfrosttagen in diesem Zeitraum stark ab. Zwischen 11./12. und 15./16. Mai beträgt sie noch 18 %, in der folgenden Pentade sinkt sie auf 5 %. Möglicherweise bestand früher eine noch signifikantere Grenze. Der letzte Frost trat während der Eisheiligen von 1881 bis 1910 in 77 % der Fälle, seither nur in 58 % der Fälle auf. Genetisch sind die Fröste der Eisheiligen durch Kaltlufteinbrüche bei Nordlagen gegeben, die im Mai eine erhöhte Wahrscheinlichkeit haben und Polarluft nach Mitteleuropa transportieren. [JVo]

Eishöhle ↗Höhle.

Eiskappe ↗Gletschertypen.

Eiskeil, durch Tieffrostschwund entstehende Eisakkumulation im Bereich von ↗Permafrost. Durch die Volumenkontraktion fester Körper bei sinkender Temperatur entstehen bei Temperaturen unter dem Gefrierpunkt Risse und Spalten im Oberflächensubstrat. Während ↗Frostrisse und Frostkeile auch bei saisonalem Frost außerhalb des Permafrost auftreten können, ist aktive Eiskeilbildung ein Indikator für kontinuierlichen Permafrost. Ein initialer Riss setzt sich dabei von der Oberfläche bis in den Bereich unterhalb der Permafrostfront fort. Vor einem Verschließen während der sommerlichen Erwärmung der Auftauschicht (↗Permafrost) bildet sich in der entstandenen Spalte Eis aus Schmelzwasser oder Luftfeuchtigkeit (↗Kammeis). Da die Erwärmung nur sehr langsam in den Untergrund eindringt (im Vergleich zur Erwärmung der Luft), kann die Spalte nie geschlossen werden. Im nächsten Winter wird sich an dieser Schwachstelle erneut eine Spalte bilden und durch eine Wiederholung des Prozesses mit der Zeit ein bis zu mehreren Metern tiefer Eiskeil sukzessive aufgebaut werden (Abb. Teil a). Die Breite der Eiskeile nimmt mit zunehmender Tiefe aufgrund geringerer Temperaturschwankungen ab. Epigenetische Eiskeile sind nach der Ablagerung des Oberflächensubstrats entstanden und setzen sich bis an die Grenze des isothermen Permafrosts fort. Syngenetische Eiskeile, die gleichzeitig mit der Ablagerung des Oberflächensubstrats gebildet wurden, können dagegen bis in diese Zone hinabreichen. Nach Abtauen des Eiskeils kann die Spalte vor einer Zerstörung durch Sediment verfüllt werden. Die so entstandenen Eiskeilpseudomorphosen zeichnen die Morphologie des Eiskeils nach (Abb. Teil b). Diese Eiskeilpseudomorphosen sind von *Sandkeilen* zu unterscheiden. Sandkeile bilden sich analog zu Eiskeilen aktiv in kontinuierlichem Permafrost. Bei den in hochariden periglazialen Gebieten auftretenden Sandkeilen ist jedoch aufgrund fehlenden Wasserangebots (auch der Luft) die durch Tieffrostschwund entstandene Spalte nicht mit Eis, sondern mit überwiegend windverfrachtetem Sand verfüllt worden. Eiskeile können in großer Anzahl auftreten und sind von der Oberfläche aus durch eine leichte Depression, welche sich oft über ihnen bildet, zu erkennen. Der Grundriss der vergesellschafteten Eiskeile ist unregelmäßig polygonal, weshalb man auch von Polygonböden oder *Eiskeilnetzen* spricht (↗Frostmusterböden). Viele Faktoren steuern im Detail die Entwicklung von Eiskeilen, so z. B. Korngröße und Porenwassergehalt des Sediments oder Klimafaktoren (Stärke der Temperaturzunahme, Höhe einer isolierenden Schneedecke etc.). [SW]

Eiskeilnetz ↗Eiskeil.

Eiskeime ↗Gefrierkerne.

Eiskerne ↗Gefrierkerne.

Eiskontaktdeltas, sind Sonderformen von ↗Deltas, die während der Rückzugsphase der eiszeitlichen Inlandeise beispielsweise im Bereich von Fjordküsten (↗Fjord) entstanden sind. Wenn das Eis nach schnellem Rückzug durch ↗Kalbung über den tiefen Fjordbecken an einer Schwelle oder Seitentalmündung gründig wurde, konnte während der nachfolgenden glazialdynamisch (nicht klimatisch) bedingten Stillstandsphase durch Sedimentation der Schmelzwasserbäche ein Delta an der Eisfront aufgebaut werden. Da dessen Oberfläche oft dem damaligen Meeres-

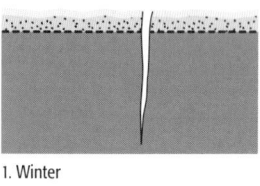

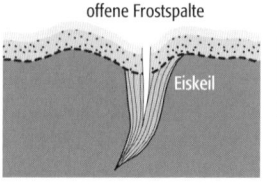

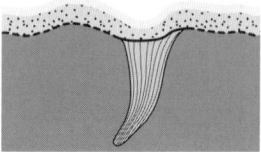

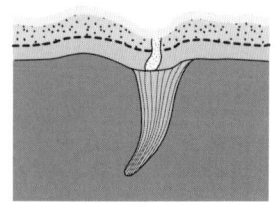

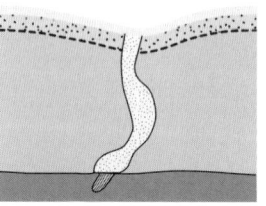

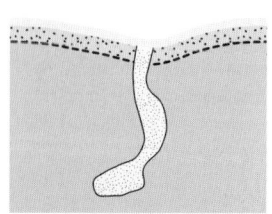

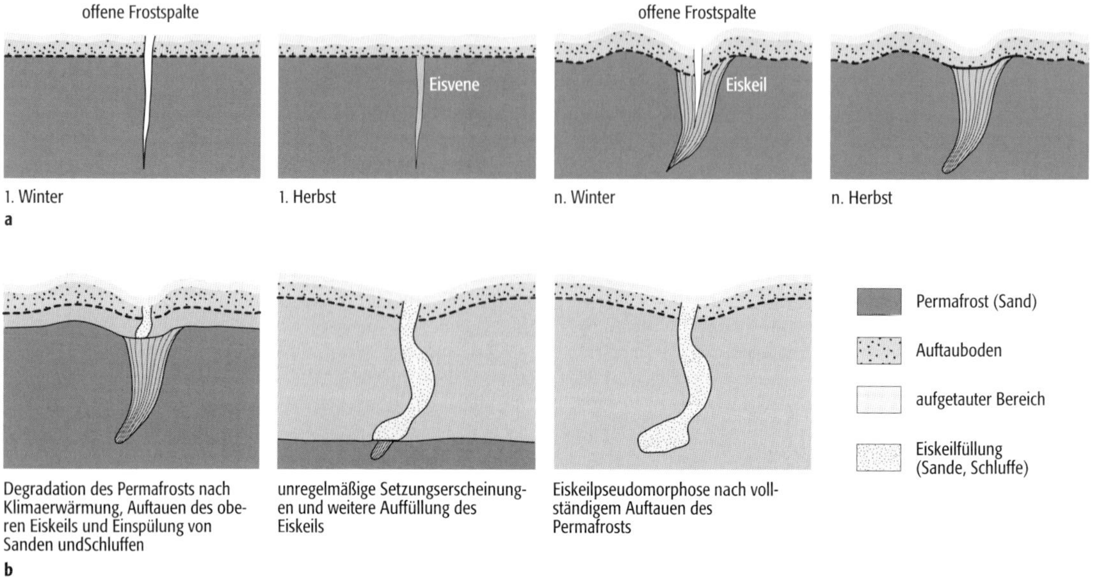

Eiskeil: Schematische Darstellung der Entwicklung von Eiskeilen (a) und Eiskeilpseudomorphosen (b).

spiegel (oder Seespiegel) entsprach, eignen sich Eiskontaktdeltas zur Rekonstruktion ehemaliger Meeresspiegelstände und Glazialisostasie.

Eiskristalle, *reguläre Eiskristalle*, Erscheinung des ↗Wassers in fester Form. Sie entstehen durch Gefrieren oder ↗Deposition. Da Eis ein hexagonales Kristallsystem aufweist, bestehen Eiskristalle aus hexagonalen Prismen oder Plättchen. Ihre Größe schwankt zwischen einigen μm und mm. Die Erscheinungsform von Eiskristallen hängt von den thermischen und hygrischen Bildungsbedingungen ab. Beim langsamem Kristallaufbau (meist bei weniger niedrigen Temperaturen und geringer Übersättigung) wird jede Schicht voll ausgebaut und es entstehen hexagonale Platten oder Prismen. Ein schneller Aufbau, wie er etwa bei sehr niedrigen Temperaturen oder hoher Übersättigung eintritt, führt zu unvollständig ausgebauten Kristallebenen, sodass größere oder kleinere Höhlungen die Folge sind. Bei sehr hoher Übersättigung treten dendritische Formen mit ausgeprägten Erhöhungen oder Verzweigungen auf (Abb.). Mischformen fester ↗Hydrometeore wie ↗Graupel, ↗Hagel oder Schneeflocken (↗Schnee) werden als *nichtreguläre Eiskristalle* oder -partikel bezeichnet. [JB]

Eislast, in der Technik verwendete Bezeichnung für die durch Eis entstehenden Lasten. Meist handelt es sich um Materialbeanspruchungen durch Vereisungen von Oberflächen. Die den Konstruktionen zugrunde zu legenden Eislasten für besonders gefährdete Baukörper sind normiert (DIN 1055–5; Lastannahmen für Bauten; Verkehrslasten, Schneelast, Eislast). Eislasten können beträchtliche Ausmaße annehmen, sie wirken auf horizontale und senkrechte Flächen, wo sie nicht nur die Materialien beanspruchen, sondern auch die auf die Fläche wirkenden Windlasten erhöhen. Freileitungen sind besonders eislastgefährdet. An ihnen können Eislasten bis 30 kg pro Meter Leitung auftreten.

Eisnebel ↗Nebel.

Eisregen, Bezeichnung für unterkühlten Regen, der beim Auftreffen auf der Erdoberfläche gefriert oder ↗Niederschlag aus gefrorenen Regentropfen, wenn das Wasser in flüssiger Form die Wolke verlässt, aber auf dem Weg zum Boden durch eine kalte Luftschicht fällt und dabei gefriert.

Eisrinde, besteht aus *Tabereis*, einem speziellen Typ von ↗Segregationseis und ist ↗Grundeis periglazialen Ursprungs. Die Zone der Eisrinde ist ein unterhalb der sommerlichen Auftauschicht (↗Permafrost) gelegener Bereich hohen Eisgehalts und starker Zerrüttung des anstehenden Gesteins. Tabereis entsteht, wenn durch die von der Oberfläche vordringenden ↗Frostfront Wasser angesogen wird. In der Zone der späteren Eisrinde bilden sich durch Dehydratation Schrumpfungsrisse, welche bei tieferem Vordringen der Frostfront mit Eis gefüllt werden. ↗Frostverwitterung ist ebenfalls wirksam.
Der sog. *Eisrindeneffekt*, der zur starken ↗Talbildung in der periglazialen Zone durch Aufbereitung des Gesteins für ↗Fluvialerosion durch Ab-schmelzen der Eisrinde im Kontakt zum Wasser beitragen soll, gilt als widerlegt.

Eisrindeneffekt ↗Eisrinde.

Eisschelf ↗Gletschertypen.

Eisschichtung, die Schichtung die in den oberen Dekametern des Gletschers durch jahreszeitliche Unterschiede in der Zusammensetzung und Diagenese (Verfestigung) von ↗Gletschereis entsteht. Diese Rhythmen können abgezählt und zur Altersbestimmung des Eises verwendet werden. Derzeit reicht die längste derartige Reihe aus Zentralgrönland beinahe 40.000 Jahre zurück. Darüber hinaus erlaubt Eis zahlreiche andere Klimaparameter zu rekonstruieren, wie Gaszusammensetzung der ↗Atmosphäre, die in Lufteinschlüssen konserviert ist, äolische Aktivität und ↗Vulkanismus oder die Isotopen-Zusammensetzung des Niederschlags (↗Sauerstoffisotopenkurve).

Eisschild, *Inlandeis*, ↗Gletschertypen.

Eisschubwälle, vom im Küstenbereich bewegten ↗Meereis aufgeschobene girlandenartige Blockwälle aus Lockermaterial von geringer Höhe. Sie befinden sich meist an der Grenze zum festgefrorenen Küsteneis.

Eisstausee, Sammelbezeichnung für alle infolge Blockade der normalen Dränage durch Gletscher und Eisschilde aufgestaute Binnenseen. Die Größenordnung kann von einem am Rand eines Gletschers aufgestauten Randsees von mehreren Quadratmetern über ein abgedämmtes Seitental im Hochgebirge bis zu kontinentalen Dimensionen (Baltischer Eisstausee als Vorstadium der Ostsee oder pleistozäne Seen in der Abschmelzphase des Laurentischen Eisschilds (↗Laurentia) in Nordamerika) reichen. Seeausbrüche (↗Jökulhlaups) haben große erosive Wirkung, in Eisstauseen abgelagerte Sedimente Warventon und alte ↗Seeterrassen sind Zeugnisse ehemaliger Eisstauseen.

Eisstromnetz ↗Gletschertypen.

Eistag, ein Tag, an dem das Tagesmaximum der Lufttemperatur in 2 m über Grund unter 0 °C liegt. Bei *Frosttagen* hingegen liegt das Minimum der Lufttemperatur in 2 m über Grund unter 0 °C.

Eisverdunstung ↗Sublimation.

Eiswassergehalt ↗Wassergehalt der Wolken.

Eiswolken ↗Wolken.

Eiszeit, *Glazial*, ist eine ↗Kaltzeit mit ausgedehnter Vereisung. Das Eiszeitalter (↗Quartär) ist eine Zeit starker Klimaschwankungen, in der Kaltzeiten und Warmzeiten (Interglaziale) miteinander abwechseln. Wenn nicht die Zeitdauer, sondern der vergletscherte Bereich gemeint ist, spricht man von *Vereisung* oder *Vergletscherung* (z. B. ↗Weichsel-/Würm-Vereisung). Von einer Warmzeit (↗Interglazial) spricht man, wenn ein dem heutigen vergleichbares Klima geherrscht hat. Schwächere Wärmeschwankungen innerhalb einer Kaltzeit werden als *Interstadiale* bezeichnet, die Kaltphasen dagegen als *Stadiale*.

Eiszeitalter, i. e. S. Begriff für die pleistozäne Vereisungsperiode (↗Pleistozän), i. w. S. Abschnitt der Erdgeschichte, in dem aufgrund von niedrigen Temperaturen und vermehrten Niederschlä-

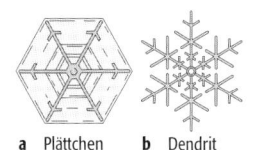

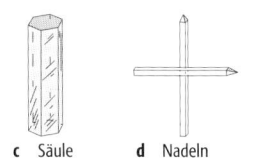

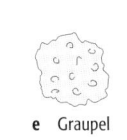

Eiskristalle: Beispiele typischer Eiskristallformen: a) hexagonale Plättchen, b) Dendriten, c) Säulen mit hexagonalem Querschnitt, d) Nadeln, e) Graupel.

gen weite Gebiete der Erde von Gletschern und Inlandseismassen bedeckt sind. Eine ↗Eiszeit kann durch Klimaschwankungen in mehrere kalte Glazial- und wärmere Interglazialzeiten (Zwischeneiszeiten) untergliedert sein. Die bedeutendsten Eiszeiten waren die eokambrische Vereisung (mehrere Glazialperioden am Ende des ↗Proterozoikums), eine Vereisung an der Wende vom ↗Ordovizium zum ↗Silur, die ↗permokarbone Vereisung (v. a. auf der Südhalbkugel) und die pleistozäne Eiszeit (↗Quartär).

Eiszeittheorien, Theorie, die sich mit den starken periodischen Klimaschwankungen des Eiszeitalters (↗Quartär) beschäftigt. Auch unsere heutige Warmzeit, das Holozän, ist Teil des Eiszeitalters. In den meisten Erdzeitaltern waren die Polkappen eisfrei, und in den mittleren Breiten herrschte ein wärmeres Klima als heute. Aufgrund der Erkenntnisse aus der Tiefseeforschung sind die Klimazyklen des Quartärs heute recht gut bekannt. Etwa 60 *Sauerstoffisotopenstadien* lassen sich innerhalb der letzten 1,8 Millionen Jahre unterscheiden; d. h. etwa 30 Warm- und 30 Kaltzeiten (ungerade Zahlen für warme Abschnitte, gerade für kalte). Mithilfe der ↗Paläomagnetik lässt sich das Alter der ↗Klimaschwankungen grob eingrenzen. Innerhalb der letzten 600.000 Jahre überwog ein Kalt-Warmzeit-Zyklus von etwa 100.000 Jahren; davor dominierte ein 40.000-Jahres-Zyklus. Die Ursachen dieser zyklischen Klimaschwankungen liegen in der periodischen Änderung der Erdbahnelemente und deren Einfluss auf den Strahlungshaushalt der Erde. Drei Faktoren spielen dabei eine Rolle: a) Die Erde beschreibt bei ihrem Umlauf um die Sonne eine Ellipse, deren Form sich ständig ändert. Die Abweichung von einer Kreisbahn schwankt in einem Rhythmus von etwa 100.000 Jahren zwischen 0,5 % und 6 %. Starke Exzentrizität resultiert in starken Temperaturunterschieden zwischen Sommer und Winter auf beiden Halbkugeln. b) Die Neigung der Erdachse schwankt in einem Rhythmus von etwa 40.000 Jahren zwischen 22,1° und 24,5°. Je geringer die Neigung ist, desto geringere Einstrahlung erhalten die Polarregionen auf beiden Halbkugeln. c) Die Erdachse rotiert in einem Rhythmus von 20.000 Jahren um den Pol. Zusammen mit der Erdumlaufbahn bestimmt diese Bewegung, wann die Erde der Sonne am nächsten kommt (Perihel). Diese ↗Präzession verstärkt die Temperaturgegensätze auf einer Halbkugel und verringert sie auf der anderen. Die genannten drei Faktoren bestimmen den Rhythmus der Klimaschwankungen; sie werden als der »Schrittmacher des Eiszeitalters« bezeichnet. Da die Schwankungen der Erdbahnelemente während der gesamten Erdgeschichte stattgefunden haben, können sie jedoch nicht Ursache der Vereisungen sein. Die meisten Autoren gehen heute davon aus, dass die Eiszeiten auf terrestrische Ursachen zurückgehen. Eine Voraussetzung für die Ausbildung großer Eisschilde ist z. B. die Anwesenheit größerer Landmassen in Polnähe. Die gleichzeitige Entstehung bedeutender ↗Hochgebirge in Asien, Amerika und Europa dürfte einen erheblichen Einfluss auf die ↗atmosphärische Zirkulation ausgeübt haben sowie auf die ↗Verwitterung und ↗Abtragung. Verstärkte chemische Verwitterung könnte zu einer Reduzierung des atmosphärischen CO_2 geführt haben und damit den ↗Treibhauseffekt zu einem Kühlhauseffekt umgewandelt haben. Eine andere Theorie hält die Ausbildung eines mächtigen Eisschildes in Tibet für den Auslöser des Eiszeitalters. Die Ausbildung eines Eisschildes in der postulierten Größe wird aber eher bezweifelt. [JE]

Eiszerfallslandschaft, entsteht beim Eisabbau und zeichnet sich durch eine Reihe charakteristischer Oberflächenformen, die sowohl im nordischen als auch im alpinen Vereisungsgebiet verbreitet sind, aus. Zu den Elementen dieser Landschaft gehören ↗Kames und Kamesterrassen, ↗Soll/Toteishohlformen und Reste von ↗Spaltenfüllungen. Eine Eiszerfallslandschaft, die in starkem Maße durch das Auftauen von Toteis im Untergrund geprägt ist, wird auch als Niedertaulandschaft bezeichnet. Das norddeutsche Tiefland war aufgrund seiner Lage am Südrand der Ostseesenke für die Abtrennung großer Toteisgürtel besonders begünstigt, doch finden sich entsprechende Formen auch in Süddeutschland, z. B. östlich des Starnberger Sees und nordöstlich von Ravensburg.

Ejektion ↗Eruption.

Ejido, kollektivistische Organisationsform in Mexiko nach dem Vorbild traditioneller indianischer Dorfgemeinschaften (communidades indigenas). Ejidos entstanden im Gefolge von ↗Bodenreformen, in denen Mexiko ab 1915 versuchte, Latifundienstrukturen (↗Latifundium) zu zerschlagen und kleinbäuerliche Produzenten zu stärken. In Abhängigkeit von familien-individueller oder kollektiver Bewirtschaftung werden individuelle Ejidos von kollektiven Ejidos unterschieden. Trotz des großen Umfangs hat die mexikanische ↗Agrarreform die gesetzten Ziele nicht erreicht.

Ekliptik, Koordinatenebene der Erdbahn um die Sonne. Sie verändert ihre Lage im Raum aufgrund von Störungen, hervorgerufen durch die gravitative Wirkung der anderen Planeten. Die Achse der Erde ist gegenüber der Ekliptik um 23,5° geneigt (*Erdachsenneigung*, *Schiefe der Ekliptik*). Diese Neigung hat erheblichen Einfluss auf die klimatischen Gegebenheiten der Erde (↗Erdrevolution Abb. 1). Die gedachte Verlängerung der Erdachse weist zum Himmelspol (Polarstern). Die Erdachsenneigung und auch ihre Orientierung unterliegen langfristigen Variationen. ↗Erde.

Eklogit, hauptsächlich aus den Mineralen Augit (Omphacit) und ↗Granat zusammengesetzte, metamorphe Gesteinsgruppe (↗Metamorphite). Eklogite bilden sich während einer Regionalmetamorphose (↗Metamorphose) bei extrem hohen Drucken (bis über 1 GPa) und Temperaturen von 600–700°C und charakterisieren eine spezielle Gesteinsfazies (↗Fazies).

Ekman-Schicht ↗atmosphärische Grenzschicht.

Ekman-Spirale, vom schwedischen Ozeanografen W. Ekman ursprünglich für Meeresströmungen entwickelte und später auf atmosphärische Strömungen übertragene bildhafte Projektion von gleichzeitig am selben Standort in verschiedenen Höhen der ↗Ekman-Schicht auftretenden Strömungs- bzw. ↗Windvektoren auf eine gemeinsame Projektionsebene, wobei alle Vektoren einen gemeinsamen Ausgangspunkt haben und die anschließende Verbindung der Vektorspitzen durch eine Linie eine Spirale darstellt. Die Ekman-Spirale verdeutlicht den zunehmenden Brems- und Einlenkungseffekt des ↗geostrophischen Windes bei stetiger Annäherung an die Erdoberfläche (↗Barisches Windgesetz): Mit abnehmender Höhe nimmt aufgrund der ↗Rauigkeit der Erdoberfläche die Reibungskraft zu, welche sowohl der ↗Gradientkraft als auch der ↗Corioliskraft entgegen wirkt. In der Ozeanographie stellt die Ekman-Spirale die Strömungsbewegung innerhalb einer windgetriebenen Oberflächenschicht (*Driftstrom*) dar: mit ca. 45° von der Windrichtung abgelenkt setzt sich das Oberflächenwasser in Bewegung. Mit zunehmender Tiefe wird die Strömung infolge Reibungsverlustes langsamer und weiter stetig abgelenkt. Die mittlere Bewegung der insgesamt bewegten Schicht weist 90° Abweichung von der Windrichtung auf (Nordhalbkugel nach rechts, Südhalbkugel nach links). In der Tiefe, in der die Bewegung gegen Null geht, ist ihre Richtung der Oberflächenströmung direkt entgegengesetzt. Abb.

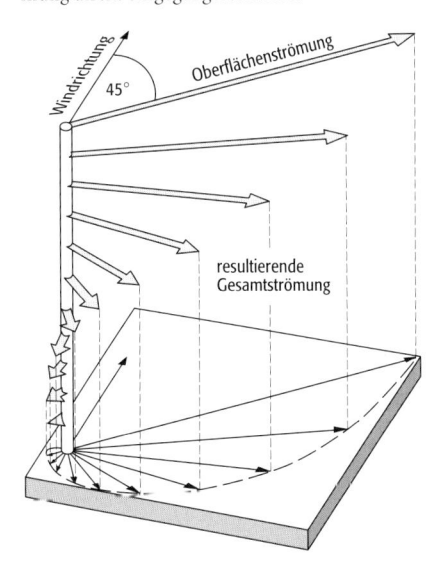

ektropischer Karst ↗dinarischer Karst.
ektropischer Westwindgürtel ↗außertropische Westwindzone.
Elastizität, *Resilienz*, kennzeichnet als Stabilitätstyp (↗Stabilität) eines Ökosystemkompartiments dessen Eigenschaft, nach einer Veränderung infolge des vorübergehenden Einwirkens eines begrenzten Störfaktors wieder in den Ausgangszustand zurückzukehren. Störfaktoren sind Einflussgrößen, die nicht zum normalen Haushalt des Systems gehören, z. B. eingewanderte oder vom Menschen eingeführte Arten, Düngung einer Magerwiese oder Luftverschmutzung. Der Begriff »Störfaktor« drückt aus, dass dieser Faktor nicht unbedingt eine Auswirkung haben muss; in diesem Fall liegt ↗Resistenz vor. In anderen Fällen kann ein Störfaktor nach einiger Zeit in einem durch seine Einwirkung veränderten System zum normalen Haushalt gehören, z. B. die Nährstoffeinträge einer Düngewiese.
Elektroindustrie, Wachstumsindustrie seit Ende des 19. Jh. mit großem innovativen Potenzial; ↗Industriezweig mit einem breiten Spektrum von Produkten und Dienstleistungen, u. a. Haushaltsgeräte, Fahrzeugausrüstungen, Produkte der Mess- und Regeltechnik, Datenverarbeitung, Nachrichtentechnik, Elektrizitätserzeugung und -verteilung, die durch die amtliche Statistik unterschiedlich zugeordnet sind, z. B. die Herstellung von elektrischen Haushaltsgeräten, dem Maschinenbau, die Herstellung von Rundfunk- und Fernsehgeräten der Rundfunk-, Fernseh- und Nachrichtentechnik.
Elektronenspinresonanz ↗Thermolumineszenz.
elektronischer Atlas, aus Software- und Datenkomponenten bestehendes System, mit dessen Hilfe sich ausschließlich oder vornehmlich Karten auf dem Bildschirm eines PC darstellen lassen. Entsprechend dem Grad der Interaktivität und der Funktionalität unterscheidet man folgende Grundtypen elektronischer Atlanten:
a) Systeme, die im Prinzip nur die Betrachtung vorgefertigter, zumeist im ↗Rasterformat vorliegender Karten ermöglichen (View-only-Systeme), b) Systeme, die vor allem für die Erzeugung von Karten auf Grundlage der Sach- und Geometriedaten ausgelegt sind, die sich zumeist auf Verwaltungseinheiten beschränken. Im Rahmen der verfügbaren Geometrien, Sachdaten und kartographischen Methoden erlauben sie die interaktive Kartenkonstruktion im Vektorformat (↗Vektordaten, ↗digitale Kartographie) durch den Nutzer, c) Systeme, die eine universelle oder spezifische Datenanalyse anhand von Bildschirmkarten ermöglichen (z. B. Routenplaner).
Nicht selten enthalten elektronische Atlanten zwei oder drei der genannten Komponenten in unterschiedlicher Ausprägung. Weitere Entwicklungsrichtungen sind ↗Multimedia-Atlanten, die außer Karten Texte und Fotos, Ton und Videosequenzen enthalten sowie Karten aus dem Internet nach ähnlichen Prinzipien wie oben genannt (web mapping). [KG]
Elementarlandschaft, 1) ↗Naturraum bzw. ↗Landschaftsraum, der aus einem ↗Ökotop oder mehreren zu einem charakteristischen Gefüge verbundenen Ökotopen (Nano- bzw. Mikrochore) besteht und elementarer Bestandteil eines größeren Raumgefüges der ↗chorischen Dimension ist. Elementarlandschaften sind Grundeinheiten der landschaftsökologischen Analyse und Bewertung und können i. A. als ↗Geoökosysteme oder ↗Landschaftsökosysteme modelliert werden. 2) allgemeine Bezeichnung für Naturräume ohne Dimensionsbezug, die durch ↗Wasserscheiden begrenzt werden und somit

Ekman-Spirale: Darstellung der Strömungsbewegungen bei einem nur durch Wind angetriebenen reinen Driftstrom.

Wassereinzugsgebiete bilden. Sie werden von verschiedenen geowissenschaftlichen Disziplinen (Hydrologie, Geomorphologie, Bodenkunde, Geoökologie) für Untersuchungen des Wasser- und Stoffhaushalts herangezogen.

Elementarschule ↗ *Grundschule*.

Elementarzelle, 1) *Allgemein*: in der Modellierung das einzelne Element des durch ein Gitter bzw. Raster aufgegliederten zwei- oder dreidimensionalen Raumausschnittes. Eine Elementarzelle kann also eine Fläche oder eine Volumeneinheit repräsentieren. In der Fernerkundung entspricht die Elementarzelle dem Pixel. Bei der Modellierung von Prozessen in der Landschaft weisen die Elementarzellen eine Größe von 5×5 m bis max. 50×50 m auf. Größer können sie nicht sein, weil sonst der Streufaktor Relief nicht mehr ausreichend differenziert abgebildet wird. 2) *Landschaftsökologie und Bodenkunde*: der kleinste Mosaikbaustein einer Landschaft, der in seinem vertikalen Aufbau vom Gestein bis zur bodennahen Luftschicht bzw. bis zur Bodenoberfläche im geographischen Sinn homogen aufgebaut ist und damit auch analytisch eindeutig quantitativ beschrieben werden kann. In der Bodenkunde entspricht die Elementarzelle dem ↗Pedon. In der Landschaftsökologie ist die Elementarzelle die Bezugsfläche für die Erfassung der vertikalen Funktionszusammenhänge des Energie-, Wasser- und Stoffhaushaltes (↗komplexe Standortanalyse). [TM]

Elendsviertel ↗ *Slum*.

Eliminationsschlüssel ↗Interpretationsschlüssel.

Elite, eine politisch-gesellschaftlich führende Minderheit. Neben einer durch Standeszugehörigkeit definierten Geburtselite, unterscheidet man eine Wertelite (durch Einkommen und Bildung definiert) sowie eine Funktionselite (aufgrund beruflicher und fachlicher Fähigkeiten).

Ellenberg, Heinz, deutscher Geobotaniker und Ökosystemforscher, geb. 1.8.1913 Hamburg, gest. 2.5.1997 Göttingen; Professor in Hamburg (ab 1953), Zürich (ab 1958) und ab 1966 in Göttingen (Institutsdirektor). Er führte geländeexperimentelle Untersuchungen in der ↗Geobotanik durch, insbesondere zur Erforschung des Verhaltens von Pflanzenarten mit und ohne Konkurrenz, ihrem ökologischen und physiologischen Maximum (welches sie jeweils auch bei Variation eines Standortfaktors zeigten) sowie den Informationsgehalten, die hinsichtlich der Verbreitung von Arten und Pflanzengemeinschaften daraus zu ziehen waren. Konsequenterweise übernahm er 1966 die Koordination des »Solling-Projektes« als Beitrag Deutschlands zum »Internationalen Biologischen Programm« (IGBP). Im Rahmen dieses Pilotprojektes, an dem mehr als 120 Wissenschaftler aus unterschiedlichen naturwissenschaftlichen Disziplinen teilnahmen, wurden grundlegende Erkenntnisse zu Struktur, Dynamik und damit Belastung und ↗Belastbarkeit repräsentativer ↗Landschaftsökosysteme gewonnen. Ellenbergs Forschung war geprägt durch eine außerordentliche Themen- und Methodenbreite, dem Bestreben bio- und geowissenschaftliche Sachverhalte miteinander zu verbinden sowie der Bemühung um die praktische Umsetzung von Resultaten aus der Grundlagenforschung. Seine Habilitationsarbeit bei ↗Walter über die Auswirkungen von Grundwasserabsenkungen auf die Zusammensetzung und die Leistungsfähigkeit von Grünlandflächen (1952) eröffnete die Anwendung von ↗Bioindikation zum Nachweis von Umweltveränderungen, die später nicht nur zu agrarökologischen Fragestellungen, sondern auch für die forstliche Standortkartierung eingesetzt wurde sowie bei Untersuchungen zum Stickstoffhaushalt und Aspekten des ↗Naturschutzes. Eine erste Forschungsreise 1957 nach Peru bildete den Auftakt verschiedener Forschungsarbeiten in Südamerika zum Studium der verschiedenen Pflanzenformationen in Abhängigkeit von Höhenlage, Klimatyp und menschlichen Eingriffen. Seine wissenschaftlichen Leistungen wurden vielfach international ausgezeichnet. Zudem war Ellenberg Mitbegründer und Präsident (1976–1977) der »Gesellschaft für Ökologie«. Werke (Auswahl): »Vegetation Mitteleuropas mit den Alpen« (5 Auflagen, 1963–1996; englische Ausgabe 1988), »Integrated Experimental Ecology« (1971), »Zeigerwerte der Gefäßpflanzen Mitteleuropas« (3. Auflagen, 1974–1992), »Aims and Methods of Vegetation Ecology (1974), „Ökosystemforschung – Ergebnisse des Solling Projekts 1966–1986« (1986).

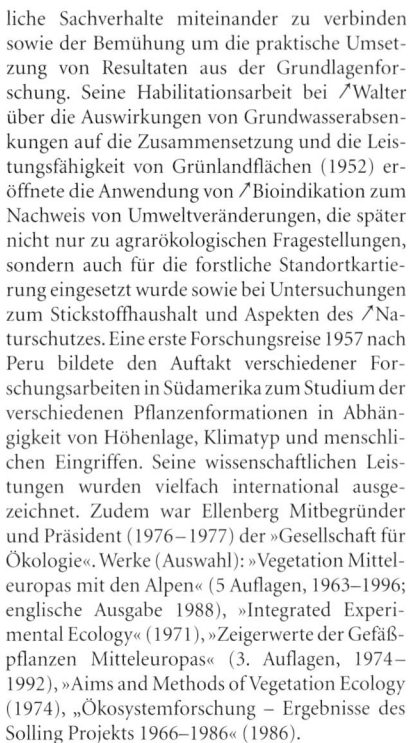

Ellenberg-Zahlen ↗Zeigerwert.

Elmsfeuer, *Eliasfeuer*, relativ häufigste Form einer ↗Spitzenentladung; erfolgt von hochreichenden Spitzen (Blitzfangstäbe, Felsvorsprünge, Aufbauten von Schiffen usw.) aus, meist von elektrischen Leitern. Bei hoher elektrischer Ladung und entsprechend hohem Spannungsgefälle der Luft, besonders während gewittriger Lagen, kommt es bei geringen Krümmungsradien von Spitzen zu sehr hohen Feldstärken. Daher können Gasentladungen zwischen Erdoberfläche und Atmosphäre stattfinden, indem ein Strom aus der Luft zu dieser Spitze hin fließt. Wenn die Strombahnen schwach blau leuchten, kann man eine schwache büschelförmige Leuchterscheinung über der Spitze sehen. Das erforderliche Spannungsgefälle beträgt etwa 10^5 V/m, kann aber bis 10^6 V/m reichen. Der Normalwert der elektrischen Feldstärke der Atmosphäre liegt bei 120 V/m.

El Niño, *EN*, periodisch wiederkehrende Strömungsumkehr der atmosphärischen und ozeanischen Zirkulation im tropischen Pazifik mit einer Andauer von mehreren Monaten. Dieses weltweit einzigartige Klimaphänomen tritt alle 3–5 Jahre auf. Sein Einsetzen um die Weihnachtszeit hat ihm den Name »El Niño«, span. Christkind, eingebracht. Ursprünglich war mit EN ein kurzfristiges Phänomen gemeint, bei dem im Zuge des normalen Jahreszeitenwechsels das aus dem Humboldtstrom resultierende kalte Wasser im Küstenbereich von Südecuador und Nordperu (bis ≈ 5°S) für einen Zeitraum von wenigen Wochen durch warmes, von Norden vorstoßendes Wasser des äquatorialen Gegenstroms verdrängt wird. Heute wird unter dem Begriff EN die Um-

Ellenberg, *Heinz*

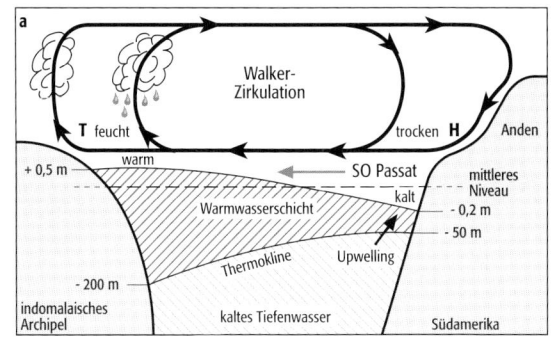

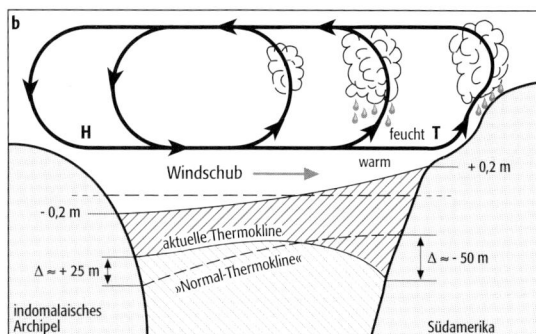

kehr der ↗Walker-Zirkulation bei negativem SOI (↗Southern Oscillation), die veränderten Strömungsbedingungen im tropischen Pazifik, und die entsprechenden Folgen für das Klima in diesem Bereich verstanden (Abb.). Da EN eng mit Änderungen in der Southern Oscillation verknüpft ist, wird häufig auch der Begriff ENSO (El Niño and Southern Oscillation) verwendet. Der 3–5 jährige zyklische Phasenumschwung im gekoppelten Ozean-Atmosphären-System des tropischen Pazifiks ist eine Folge von schnell wandernden äquatorial-ozeanischen Wellenformen. Bei Abflauen der Passate über dem südhemisphärischen Ostpazifik während des Nordwinters, wenn das Südpazifikhoch weniger stark ausgeprägt ist, verlagert sich warmes Oberflächenwasser aus dem Westpazifik in Form von warmen ↗Kelvin-Wellen ostwärts, die bei Erreichen der südamerikanischen Küste das Aufsteigen von kaltem Wasser (Upwelling) zeitweise unterbinden. Die veränderten Zirkulationsbedingungen rufen nun im Westpazifik nach Westen wandernde ozeanische ↗Rossby-Wellen hervor, die dort relativ kaltes Wasser an die Oberfläche gelangen lassen. Sie werden am Westrand des Pazifiks reflektiert, wandern in der Folge als kalte Kelvin-Wellen ostwärts und verstärken das jetzt auftretende Upwelling von kaltem Wasser vor der Westküste Südamerikas. Bei besonders starker Abkühlung des dortigen Oberflächenwassers wird diese Phase auch als *La Niña* bezeichnet. Bei nun wiederum veränderten Windverhältnissen (normale Walker-Zirkulation) treibt der SO-Passat erneut warme Wassermassen in den Westpazifik in Form von warmen Rossby-Wellen. Diese werden am Westrand des Pazifiks reflektiert (Badewanneneffekt) und bei Abflauen des SO-Passats als warme Kelvin-Wellen in den Ostpazifik verlagert; das nächste EN-Ereignis beginnt. Da die atmosphärischen Anomalien (Niederschlag, Windfeld) der geänderten Ozeanzirkulation nachfolgen, diese Extremzustände aber gleichzeitig die Phasenumkehr in der Ozeanzirkulation einleiten, wird der Mechanismus auch als Delayed Oscillator (von engl. delay = verschieben) bezeichnet. Unklar ist aber bis heute, welche Auslöser für das Abflauen der Passate im Ostpazifik und die darauf folgende Umkehr der pazifischen Walker-Zirkulation verantwortlich sind. Zurzeit werden verschiedene mögliche Mechanismen diskutiert: a) Die globale Erwärmung könnte zur generellen Abschwächung der Passate im Ostpazifik führen, sodass EN-Situationen häufiger auftreten. b) Eine Erwärmung im Bereich des Südpols würde eine Verlagerung des Südpazifikhochs nach Süden und damit die Abschwächung der Passate im Ostpazifik bedeuten. c) Bei einer Abkühlung der Nordhemisphäre könnte das Nordpazifikhoch nach Süden verschoben und dadurch warmes Wasser aus dem äquatorialen Gegenstrom über den Äquator in Richtung des Perustroms verlagert werden. Auch hier wäre die Folge ein Abflauen der Passate im Ostpazifik. Besonders im Zusammenhang mit Vulkanausbrüchen ist eine solche Abkühlung der Nordhemisphäre durch Staubeinwirkung häufiger beobachtet worden. d) Tropische Vulkanausbrüche können direkt zur strahlungsbedingten Schwächung des Südpazifikhochs und zum Abflauen der Passate beitragen.

Neben den klimatischen Effekten von EN im tropisch-pazifischen Raum sind auch weltweite Auswirkungen (Telekonnektionen) bekannt, die sich allerdings statistisch schwer nachweisen lassen. Überschwemmungen in normalerweise wüstenhaften Gebieten oder extreme Dürren in sonst feuchten Regionen lösen während El Niño-Ereignissen häufig enorme volkswirtschaftliche Schäden aus. [JB]

Eluvialhorizont, *Auswaschungshorizont*, an gelösten oder suspendierbaren Stoffen verarmter ↗A-Horizont. Dazu gehören der an Ton verarmte Al-Horizont der ↗Lessivés, der an ↗pedogenen Oxiden und Humus verarmte Ae-Horizont der ↗Podsole und der an reduzierbaren Elementen verarmte Sew-Horizont des ↗Stagnogleys mit Nassbleichung. Die Entstehung des Horizonts setzt eine Mobilisierung der Bodenbestandteile durch Lösung, Komplexbildung oder Dispergierung sowie die Verlagerung durch Diffusion oder Transport mit dem Sickerwasser voraus.

Emagramm, zu den ↗thermodynamischen Diagrammen zählendes Diagramm zur Auswertung ↗aerologischer Aufstiege. In dem vom norwegischen Meteorologen A. Refsdal entwickelten Diagramm ist auf der Abszisse die Lufttemperatur in linearem Maßstab aufgetragen. Auf der rechtwinklig dazu angeordneten Ordinate ist der Luftdruck in logarithmischem Maßstab ($\ln p$) aufgetragen. In diesem Koordinatensystem sind die

El Niño: In Normaljahren (a) weht über dem tropischen Pazifik ein kräftiger SO-Passat, der eine Verlagerung des warmen Oberflächenwassers in Richtung Westpazifik auslöst (höherer Wasserstand, tiefere Thermokline), während an der südamerikanischen Westküste kaltes Auftriebswasser klimawirksam wird (Humboldtstrom). Trocken stabile Verhältnisse (durch die persistente südpazifische Antizyklone) im Bereich der Westküste Südamerikas (ecuadorianisch-peruanische Küstenwüste, absteigender Ast der Walker-Zirkulation) stehen Konvektion (tiefer Luftdruck) und ausgedehnten Niederschlägen aufgrund von hohen Meeresoberflächentemperaturen und Verdunstungsraten (aufsteigender Ast der Walker-Zirkulation) im indomalaiischen Archipel gegenüber.

In EN-Jahren (b) kommt es zu einer Abschwächung der bodennahen Ostwindkomponente, so dass sich die im Westpazifik angestauten Wassermassen in Richtung Ostpazifik verlagern können. Als Folge ändert die Walker-Zirkulation ihren Drehsinn mit Niederschlägen in den sonst trockenen Bereichen der südamerikanischen Westküste (Südecuador, Nordperu) und trocken-stabilen Verhältnissen im indomalaiischen Archipel.

↗Adiabaten und die spezifische Feuchte als Scharen gekrümmter Linien angebracht, die u. a. die Bestimmung des Energiebetrages pro Masseneinheit (EMa, daher der Name Emagramm) und somit quantitative Aussagen zur ↗Stabilität bzw. ↗Labilität der Atmosphäre ermöglichen. Die Weiterentwicklung des Emagramms führte zum ↗Aerogramm.

emers, *aufgetaucht*, Bezeichnung für über der Wasserfläche befindliche Organe von ↗Wasserpflanzen.

Emigration, 1) *Bevölkerungsgeographie*: das freiwillige oder erzwungene Verlassen des Heimatlandes aus politischen oder weltanschaulichen Gründen; rechtlich ein Fall der Auswanderung (↗Migration). 2) *Biogeographie*: Auswanderung von Organismen aus einem Lebensraum, wenn keine Rückkehr mehr erfolgt (↗Migration).

Emission, 1) Freisetzung jeglicher Stoffe (z. B. Staub, Ruß), Strahlungen (z. B. Radioaktivität) oder elektromagnetischer Wellen sowie Erschütterungen und Lärm in die Umwelt (↗Luftreinhaltung). Hauptemittentengruppen sind Verkehr, Industrie und Haushalte. Emissionen erfolgen punktuell oder linienhaft. Bei hoher Dichte von Linien- und Punktquellen spricht man flächenhafter Emission oder Flächenquellen. In der Physik und Klimatologie versteht man unter Emission die Abstrahlung von elektromagnetischen Wellen oder Korpuskularteilchen, abhängig von der Temperatur und dem ↗Emissionsgrad.

Emissionsgrad, *Emissionsvermögen*, Verhältnis der von einem beliebigen Körper ausgesendeten Strahlungsenergie zum entsprechenden Wert eines aussendenden ↗schwarzen Körpers.

Empfängnisverhütung, *Kontrazeption*, Maßnahmen, die eine Empfängnis als Folge von Geschlechtsverkehr verhindern und vor allem der ↗Geburtenkontrolle dienen. Methoden sind z. B. Zeitwahl, Coitus interruptus, Verwendung von Kondomen oder verschiedener Arten von Pessaren, von chemischen antikonzeptionellen Mitteln, der Anti-Baby-Pille oder die Sterilisation von Männern und Frauen. ↗Familienplanungsprogramme informieren i. A. über die verschiedenen Methoden der Empfängnisverhütung. Im Zusammenhang mit der Ausbreitung von ↗AIDS haben Kondome an Bedeutung gewonnen.

Empfindlichkeit, ↗Bewertungsmaßstab z. B. für die Beurteilung von Schutzwürdigkeit als Aufgabenbereich der ↗Landschaftsplanung und der ↗Naturschutzplanung. Der Begriff Empfindlichkeit wird im Bereich der ↗Umweltplanung insbesondere im Rahmen der ↗ökologischen Risikoanalyse häufig verwendet. Die Empfindlichkeit ist hierbei ein Maß, wie stark und wie schnell ein (Umwelt-)Schutzgut bei Einfluss eines äußeren Reizes anspricht und reagiert (sog. Beeinträchtigungsempfindlichkeit). Dabei ist zu berücksichtigen, dass eine schnelle Regenerationsfähigkeit die Empfindlichkeit vermindert. In vielen Fällen besitzen empfindliche Schutzgüter eine relativ hohe Schutzwürdigkeit.

Empirie, Begriff griechischen Ursprung, der soviel wie »Sinneserfahrung« bedeutet. Empirische Wissenschaft heißt dementsprechend Erfahrungswissenschaft. Empirische Forschung beschäftigt sich mit Dingen, die der Sinneserfahrung zugänglich sind. Es sind Forschungen, die Behauptungen über die »Wirklichkeit« mittels ↗Beobachtungen überprüfen. Die erkenntnistheoretischen Voraussetzungen dieser Wissenschaftsauffassung wurden in der englischen Philosophie der Aufklärung, dem englischen Empirismus von John Locke (1632–1704) und David Hume (1711–1776) geschaffen. Dort wird davon ausgegangen, dass Aussagen nur dann gültig sind, wenn sie mittels Sinneserfahrungen (sehen, hören, riechen, schmecken und tasten) überprüft und als wahr (↗Wahrheit) ausgewiesen werden können. Dementsprechend ist die empirische Forschung im allgemeinsten Sinne auf die Überprüfung der bestehenden (theoretischen) Wissensbestände auf der Basis wissenschaftlicher Beobachtungen ausgerichtet. Ihr übergeordnetes Ziel besteht in der Überprüfung von bisher für wahr gehaltenen Theorien oder in der Erweiterung und Verbesserung bestehender Theorien. Der naturwissenschaftlichen empirischen Forschung geht es um die wahre Darstellung und Modellierung der Zusammenhänge und Verhältnisse der physisch-materiellen und biologischen Wirklichkeitsbereiche, sozial- und kulturwissenschaftlicher empirischer Forschung um die wahre Darstellung und Erschließung gesellschaftlicher Wirklichkeitsbereiche und Sinnzusammenhänge. Auch hier erlangen ↗Modelle eine zentrale Bedeutung.

Wird die beobachtbare Wirklichkeit als Überprüfungsinstanz für ↗Hypothesen betrachtet, ist davon auszugehen, dass diese Realität unabhängig vom Beobachter besteht. Um aber an diese Überprüfungsinstanz zu gelangen, bedarf es einer Vermittlungsleistung. Diese wird durch theorie-/hypothesengeleitete Sinnesdaten hergestellt. Hypothesen sollen den Beobachtungsprozess leiten und helfen, ihn zu kontrollieren. Sie sollen dafür sorgen, dass sich die Beobachtungen streng auf die Überprüfung der geltenden ↗Theorie bzw. die Erklärung der problematischen Sachverhalte beziehen. Die Hypothesen sollen in diesem Sinne den zu erforschenden Realitätsausschnitt derart strukturieren, dass genau das beobachtet und gemessen wird, was für unsere theoretischen Interessen relevant ist. Zudem sollen die Hypothesen logisch widerspruchsfrei, grammatikalisch korrekt formuliert und widerlegbar sein.

Empirische Forschung ist demzufolge als ein aktiver Vorgang zu betrachten, der sich auf Hypothesen stützt, welche die Realität erst »ausleuchten« müssen. Da die Hypothesen immer als sprachlich formulierte Aussagen vorliegen, sind hypothesengeleitete Beobachtungen als sprachvermittelt aufzufassen. Um festzustellen, ob eine Theorie mit der Realität übereinstimmt, ist konsequenterweise zuerst Einigung über die Bedeutungsgehalte der (deskriptiven) Begriffe einer Hypothese (welche die Beobachtung leiten) zu erzielen. Erst dann kann intersubjektiv Konsens hergestellt werden, ob alle vom gleichen Objekt in der Realität sprechen und ob die Sinneswahrnehmung auf dasselbe Objekt bzw. dieselben Aspekte des Objekts gerichtet ist. Dieses Problem ist mittels der Verfahren der ↗Explikation und ↗Definition zu regeln. Um aber über die Übereinstimmung von (theoretischer) Aussage mit der Realität entscheiden zu können, bedarf es eines bestimmten Wahrheitskriteriums. Als solches betrachtet Popper (1902–1994) die »Korrespondenz« einer theoretischen Aussage mit der von ihr beschriebenen Tatsache. Dieses Wahrheitskriterium verweist auf das Problem der Operationalisierung von (deskriptiven) Begriffen bzw. der Transformation begrifflicher Bedeutungsgehalte in sinnlich erfahrbare Indikatoren. Zur genaueren Überprüfbarkeit des Wahrheitswerts werden schließlich präzise Messungen nötig, die den Prinzipien der Korrespondenztheorie, der ↗Wahrheit entsprechen müssen.

Es stellt sich jedoch für das gesamte Wissenschaftssystem die Frage, ob nur das wirklich ist, was unmittelbar beobachtet werden kann. Wenn also jemand die Behauptung aufstellt: »Zurzeit regnet es in London«, kann diese mit einem Blick auf London auf ihren Wahrheitsgehalt hin überprüft werden. Dieses Vorgehen ist für die empirische Forschung im traditionellen, naturwissenschaftlichen Sinne charakteristisch: Überprüfen von Aussagen aufgrund von Beobachtungen, sinnlichen Erfahrungen bzw. Überprüfung des Wahrheitsgehaltes von Aussagen mittels Konfrontation mit der »Wirklichkeit« als höhere Form bzw. Referenzsystem von »Wahrheit«. Die Behauptung »Peter und Martha hassen sich« kann bspw. nicht unmittelbar unter bloßer Bezugnahme auf die Beobachtung auf ihren Wahrheitsgehalt überprüft werden. Denn bei »Hass« handelt es sich nicht um eine unmittelbar beobachtbare Gegebenheit. Trotzdem kann der Wahrheitsgehalt dieser Aussage überprüft werden, auch wenn sich hier die Einlösung des Anspruchs der empirischen Forschung, die Überprüfung des Wahrheitsgehaltes von Aussagen mittels Konfrontation mit sozial-kulturellen, sinnhaft konstituierten Wirklichkeiten wesentlich anspruchsvoller gestaltet. Sozial-kulturelle Wirklichkeiten bestehen nicht unabhängig von den beteiligten ↗Akteuren. Dieser Besonderheit ist im Rahmen der geographischen Sozial- und Kulturforschung Rechnung zu tragen.

Das Wirklichkeitsverständnis der ↗Phänomenologie geht davon aus, dass die sozial-kulturellen Wirklichkeiten nur auf der Grundlage intersubjektiv (↗Intersubjektivität) gleichmäßiger Konstitutionsleistungen existieren und als solche gehandhabt werden. Was für einen thailändischen Mönch wirklich ist, braucht für einen europäischen Touristen nicht wirklich zu sein. In diesem Sinne gibt es keine unabhängige, als objektive Überprüfungsinstanz verwendbare (universelle) sozial-kulturelle Realität, sondern nur räumlich und zeitlich beschränkte soziale Realitäten. Das Feld des Empirischen ist somit durch eine soziale, zeitliche, räumliche und sachliche Relativität gekennzeichnet: Im Verhältnis von »Wissen« und »Wirklichkeit« äußert sich die Tatsache der gesellschaftlichen Relativität. Zur Erfassung dieser Zusammenhänge bzw. zur Rekonstruktion entsprechender Wirklichkeiten erlangen die empirische Forschung in subjektiver Perspektive und die Methoden der qualitativen Sozialforschung besondere Bedeutung. [BW]

Empirische Kulturwissenschaft ↗Volkskunde.

Empowerment, ↗Entwicklungsstrategie zur Stärkung der eigenen Fähigkeiten und Durchsetzungsmacht marginalisierter Gruppen.

EN ↗El Niño.

enclosure [engl. = Einhegung], in England im 15. Jh. beginnende und bis ins 19. Jh. reichende Flurneuordnung. Dabei wurden Gruppensiedlungen größtenteils aufgelöst, die ↗Fluren mit ↗Hecken eingehegt, Grundstücke wurden zusammengelegt und aus dem Flurzwangsystem einer genossenschaftlich organisierten Feldgemeinschaft herausgelöst. Es entstand eine ↗Agrarlandschaft mit ↗Einzelhöfen. Teilweise wurde während dieser von verschiedenen Typen von Obrigkeit betriebenen Enclosure-Bewegung auch die bäuerliche Bevölkerung verdrängt. Grundsätzlich ging es beim Prozess der enclosure um die Ablösung des älteren »Open-field-Systems«, das mit seinem ↗Flurzwang und der gemeinsamen Viehweide der mitteleuropäischen ↗Zelgenwirtschaft entsprach.

Encriniten, *Encrinus*, Seelilie (↗Crinoiden) der ↗Trias; Stielglieder werden Trochiten (Bonifatiuspfennige, Rädelsteine, Teufelsmünzen) genannt.

Endemie, örtlich begrenzt auftretende Dauerseuche. Man unterscheidet: *Hypoendemie* in Gebieten mit geringer Übertragung und geringfügiger Auswirkung auf die Gesamtbevölkerung, *Mesoendemie*, bei der die Übertragung je nach lokalen Gegebenheiten in ihrer Intensität variiert, *Hyperendemie*, in Gebieten mit intensiver aber saisonaler Übertragung und *Holoendemie* in Gebieten mit dauerhafter Übertragung.

endemisch, Arten oder Taxa werden als endemisch bezeichnet, wenn sie nur in einem eng begrenzten Areal vorkommen. Der Anteil der endemischen Taxa einer Regionen an der Gesamtartenzahl bezeichnet den Grad des *Endemismus* des Gebiets. Man unterscheidet ↗Paläoendemismus und ↗Neoendemismus.

Endemismus ↗endemisch.

Endkonsumenten ↗Konsumenten.

Endmoränen ↗Moränen.

Endoceraten, Gruppe lang gestreckter bis kegelförmiger ↗Cephalopoden des Ordoviziums. *Endoceras vaginatum* in den Vaginaten-Kalken des Baltikums und Schwedens wurde mehr als 2 m lang. Verwandte von *Endoceras* erreichten mehr als 10 m Länge und gehören zu den größten wirbellosen Tieren überhaupt.

Endogamie ↗Heiratsverhalten.

endogen [von griech. endogenes = innen geboren], **1)** *Allgemein*: im Innern eines Körpers entstehend, von innen, aus dem Inneren kommend; Ggs.: ↗exogen. **2)** *Botanik*: innen entstehend (von Pflanzenteilen, die nicht aus Gewebeschichten der Oberfläche, sondern aus dem Innern entstehen und die unbeteiligten äußeren Gewebeschichten durchstoßen). **3)** *Geologie*: ↗endogene Dynamik. **4)** *Entwicklungsländerforschung*: bezieht sich auf die Verursachung von Unterentwicklung bzw. auf die entwicklungsstrategischen Ansätze wie ↗self-reliance, ↗Selbsthilfe, ↗Ländliche Regionalentwicklung. ↗endogene Ursachen.

endogene Dynamik, *endogene Morphodynamik*, geologische Vorgänge, die ihren Ursprung im Erdinneren haben, wie orogene und generell tektonische Prozesse sowie Magmatismus und ↗Metamorphose. Der Begriff geht auf ↗Humboldt zurück. ↗exogene Dynamik.

endogene Potenziale, sind die Basis der ↗bestandsorientierten Regionalpolitik und ↗endogenen Regionalentwicklung.

endogene Regionalentwicklung, bezeichnet den Vorgang einer auf örtlich vorhandenen infrastrukturellen, institutionellen und/oder personellen Gunstfaktoren, d. h. endogenen Potenzialen, basierenden Entwicklung einer Wirtschaftsregion. In diesem Zusammenhang gelten insbesondere ansässige Hochschulen/Forschungseinrichtungen, ein qualifizierter Arbeitsmarkt, leistungsfähige Unternehmen, eine gute Verkehrs- und Versorgungsinfrastruktur sowie eine hohe Lebens-/Umweltqualität als Elemente, die durch ihre verstärkte Inwertsetzung einem regionalwirtschaftlichen Fortschritt aus eigener Kraft nutzen können. Aber auch soziokulturelle Besonderheiten oder regionales Prestige können in diesem Rahmen als endogenes Potenzial fungieren. Die endogene Entwicklung steht im Gegensatz zur Regionalentwicklung auf der Basis exogener Potenziale, welche sich vorwiegend auf Impulse und Akteure von außerhalb stützt (z. B. Filialniederlassungen auswärtiger Investoren am Ort). Der Begriff beschreibt sowohl den laufenden Prozess, d. h. den Entwicklungsvorgang an sich, dient aber häufiger noch zur Bezeichnung des aktiven Förderansatzes im Rahmen der regionalen ↗Wirtschaftsförderung bzw. ↗Regionalpolitik. Im letztgenannten Bereich ist er mit der Strategie der ↗bestandsorientierten Regionalpolitik assoziiert, welcher die ↗mobilitätsorientierte Regionalpolitik gegenübersteht. Maßnahmen der endogenen Entwicklung sind im Hinblick auf die regionalwirtschaftliche Zukunftsfähigkeit insbesondere mit der seit Anfang der 1980er-Jahre verstärkt aufkommenden Förderrichtung der ↗innovationsorientierten Regionalpolitik verknüpft. Als wesentliche Bestandteile und Triebkräfte einer endogenen Entwicklung sind z. B. der ↗Wissenstransfer aus örtlichen Hochschulen/Forschungseinrichtungen zu lokalen Betrieben zu nennen, sog. Spin-off-Gründungen junger Firmen durch ehemalige Mitarbeiter von Organisationen am Ort sowie Initiativen zur Vergrößerung und qualitativen Aufwertung ansässiger Unternehmen. [MFE]

endogene Ursachen, *Entwicklungsländerforschung*: intern im jeweiligen ↗Entwicklungsland bestehende Ursachen (oder Faktoren) der ↗Unterentwicklung. Hierzu werden beispielsweise traditionelle Strukturen in Wirtschaft und Gesellschaft (Einflüsse von traditionellen Abhängigkeitsstrukturen, Religion, Kultur), fehlender Reformwille, mangelnde Leistungsbereitschaft und andere Faktoren gerechnet. Die Bedeutung endogener Faktoren zur Erklärung von Unterentwicklung ist entwicklungstheoretisch (↗Entwicklungstheorie) im Verhältnis zu den ↗exogenen Ursachen von Unterentwicklung umstritten. Aus Sicht der ↗Modernisierungstheorien spielen endogene Ursachen eine entscheidende Rolle bei der Blockierung gesellschaftlicher und wirtschaftlicher ↗Entwicklung und sind deshalb vorrangig zu überwinden (↗Dualismus).

endolithisch [von griech. endon = innen und lithos = Stein], Bezeichnung für im Fels lebende Organismen (↗Felspflanzen). Im Meer spielen die in Korallen lebenden autotrophen Zooxanthellen eine wichtige Rolle beim Aufbau der Riffe. An Land treten endolithische Organismen v. a. in Kalkgestein auf; Cyanophyceen (Blaualgen) und Krustenflechten dringen einige Millimeter tief in den Fels ein. Sie sind an der Lösung von Kalkgestein und an der biogenen Krustenbildung an Felsen beteiligt. Nach außen treten nur die Fruchtkörper der Flechten in Erscheinung. ↗Bioerosion.

endoreïsch [von griech. endon = nach innen und rhein = fließen], im Gegensatz zu ↗exoreïsch, Flüsse, die nicht das Meer erreichen, sondern in ariden Gebieten aufgrund zu hoher Verdunstung und Verlusten an das Grundwasser noch auf dem Festland versiegen.

Endpfanne, *Trockendelta*, durch Verdunstung und Versickern bedingter Auslaufbereich eines Flusses in Trockengebieten und deshalb nicht notwendig an ein vom Relief her abflussloses Becken gebunden, im Unterschied zur ↗Playa, die außerdem durch zahlreiche, auch kleine Zuflüsse von den umgebenden Schwemmfächerflächen gespeist wird. (In der Literatur wird diese Unterscheidung allerdings vielfach nicht gemacht.) Der Fluss endet in einzelnen Armen und Becken mit tonig-schluffiger Sedimentation, zwischen denen durch das Wechselspiel von Pflanzenwachstum und Einwehung entstandene, oft mehrere Meter hohe Kupsten oder Nebkas (↗Dünentypen) mit Holzgewächsen z. T. sehr hohen Alters stehen, die vom hohen Grundwasserstand leben, dazu unmittelbar nach einer Flut annuelle Vegetation. Häufiger Kupstenbilder ist die Tamariske, die eingewehten Sand mit dem durch ihre nadelartigen Blätter ausgeschiedenen Salz verklebt. Wird von den Fluten auch ausreichend Sand zugeführt, kann dieser auch zu weiterwachsenden Dünen aufgeweht werden. Durch die Auswehung von während des Abtrocknens der Ton- und Schluffflächen gerissenen und aufgerollten Tonhäutchen und der an sie gebundenen Salze kann der Salzgehalt im Endpfannenboden Boden geringer sein als aufgrund der Verdunstung zu erwarten wäre. ↗Vlei. [DB]

Endrumpf, theoretisches Endstadium der Abtragung der Erdoberfläche nahe dem Meeresspiegel, bei dem alle Erhebungen beseitigt worden sind

und nur der ungegliederte »Rumpf« der Erdkruste übrig geblieben ist. Der Begriff spielte in der frühen Diskussion der Rumpfflächenbildung eine Rolle (/Davis, /Penck).
Endstadium /Sukzession.
Energie, ist die Fähigkeit eines physikalischen Systems, Arbeit zu verrichten. Es gibt verschiedene Erscheinungsformen der Energie, die ineinander umgewandelt werden können, z. B. mechanische, elektrische und magnetische Energie, thermische Energie, chemische Energie, Kernenergie. Die SI-Einheit der Energie (und der Arbeit) ist das Joule (Einheitenzeichen J).
Energie bestimmt die Existenz von /Ökosystemen und beeinflusst ihre strukturelle Differenzierung. Der weitaus bedeutendste Energielieferant ist die Sonne, deren durch Kernfusion erzeugte Strahlungsenergie mit einer Größe von 10^{25} kWh/d an den Weltraum abgegeben wird. Global betrachtet, verteilt sich die zu 85 % kurzwellige Sonnenstrahlung in der in der Abbildung zusammengefassten Weise.

Energieterme	Absolut [J/(cm²min)]	Relativ [%]
Solarkonstante	8,3	100
Verluste in Atmosphäre, planetarische Albedo	2,8	34
Strahlungsbedingte lang- und kurzwellige Bilanz als Gesamtenergiezufuhr	5,46	66
Davon werden verbraucht:		
für Erwärmung, Luft, Boden, Wasser, Pflanzen	3,0	36
für latente Energie, Verdunstung von Wasser	1,91	23
für konvektiven Aufstieg warmer Luft, Zirkulation der Atmosphäre, Transport von Wasser, Wolken	0,33	4
für kinetische Energie, Reibung etc.	0,14	2
für Bruttophotosynthese, Veratmung der Pflanzen, Tiere etc. (hierin sind chemische Prozesse zu 0,01 % enthalten)	0,08	1

Die Energieumsetzungen in Ökosystemen lassen sich übersichtlich in der Wärmehaushaltsgleichung zusammenfassen:

$$Q = Q_B + Q_E + Q_H + Q_{ad} + Q_P + Q_{PH}.$$

Wobei Q den Wärmehaushaltssaldo angibt; wird er = 100 % gesetzt, entfallen auf die einzelnen Terme folgende Beträge:
Q_B = Bodenwärmestrom [W/m²]: 5–8 %; Q_E = latente Wärmeenthalpie (Verdunstungsstrom) [W/m²]: häufig 70–80 %; Q_H = fühlbarer Wärmestrom (für Erwärmung der Umwelt verantwortlich) [W/m²]: häufig bei 12 %; Q_{ad} = Strom advektiver Energie (von Luftmasse und Windgeschwindigkeit abhängig) [W/m²]: 3–7 %; Q_P = Pflanzenwärmestrom (Leitung von Wärme durch Pflanzenteile) [W/m²]: 1–2 %; Q_{PH} = Photosyntheseenergie (je nach Witterung und Pflanzenstand) [W/m²]: 1–5 %. Die angegebenen Werte gelten für Ökosysteme gemäßigter Breiten mit dichtem Bewuchs.
Die in der Gleichung zuletzt genannte /Photosynthese ist der wichtigste biochemische Vorgang auf der Erde, der in der Absorption von Strahlungsenergie durch das Chlorophyll autotropher Bakterien und Pflanzen und der Assimilation von CO_2 zum Aufbau von Kohlenhydraten besteht. Die solcherart gebildete Glucose kann in weiteren Reaktionen enzymatisch in höhermolekulare Verbindungen wie Cellulose, Proteine und Lipide umgewandelt werden; ein anderer Teil wird zur Deckung des eigenen Energiebedarfs von den Pflanzen wieder zu CO_2 und H_2O oxidiert. Auf diese pflanzliche Energie- und Stoffspeicherung folgt im biotischen Energiefluss die Atmung (/Dissimilation), d.h. die Verbrennung von Kohlenhydraten, Lipiden und Proteinen durch tierische Organismen und heterotrophe Pflanzen. Die solcherart freigesetzte chemische Energie dient verschiedenen Formen der Arbeitsleistung dieser Lebewesen. Im Rahmen der enzymatisch gesteuerten Biosynthese werden kontinuierlich wichtige Komponenten der Zelle wie Proteine, Nucleinsäuren, Lipide und Polysaccharide aufgebaut, wobei es ebenso wie bei der autotrophen Biomassebildung zu einer Verringerung der /Entropie kommt. Die zweite Art der Arbeit, die von Pflanzen und Tieren auf allen Ebenen von der Zelle bis zum Organismus zu leisten ist, dient dem aktiven Transport und der Anreicherung von Substanzen; sie ist daher ebenfalls negentropisch. Die dritte Form der Umwandlung chemischer Energie vollzieht sich bei mechanischer Arbeit, etwa der Entwicklung intrazellulärer Zugkräfte mithilfe kontraktiler Fasern.
Im Rahmen bioenergetischer Analysen der Struktur und Selbstorganisation von Ökosystemen kommt der Exergie- bzw. Emergiekomponente des Energiehaushaltes – zu denen auch die im Genotyp gespeicherte Information gehört – eine besondere Bedeutung zu. Je größer die Anzahl der Transformationsschritte zwischen verschiedenen Energieformen ist, umso höher ist die »Qualität« dieser Energie und die zu ihrer Erzeugung benötigte Sonnenstrahlung. Berechnet man den Energiebetrag einer Ebene, der einen bestimmten Fluss auf einer anderen Ebene erzeugt, so wird dieser als Emergie (inkorporierte Energie) bezeichnet. Ökosysteme organisieren sich in der Form, dass die Degradation ihrer Exergie, d.h. die Nutzung der maximalen Arbeit, die mit der gespeicherten Energie geleistet werden kann, optimiert wird. Dies bedeutet, dass die mit den jeweiligen Anpassungs-, Selektions- und Entwicklungsprozessen verknüpften thermodynamischen »Kosten« durch einen Anstieg der Exergiedegradation ausgeglichen werden müssen. Damit aber wird der jeweilige Maximierungsprozess durch die Standortpotenziale, die vorhandenen Arten und ihre typische Dynamik in systemspezifischer Weise bestimmt. [OF]

Energie: Die Komponenten des irdischen Energiehaushaltes.

Energiebilanz, *Energieumsatz, Energiehaushalt*, **1)** *Glaziologie*: beschreibt die für den /Massenhaushalt wichtigen Energieflüsse an der Gletscheroberfläche. Die Energiebilanz setzt sich zusammen aus kurz- und langwelliger ↗Strahlungsbilanz, latentem und sensiblem ↗Wärmefluss und Energieabgabe von ↗Niederschlag. Zusammen mit Schnee-/Eisverlust durch Lawinenabgänge (↗Schneelawinen) und ↗Kalbung stellen diese Energieflüsse die *Ablationsfaktoren* innerhalb des Massenhaushalts dar, deren Bedeutung regional differenziert ist. **2)** *Klimatologie:* ↗Energieflüsse. **3)** *Vegetationsgeographie:* gibt die Beziehung zwischen aufgenommener und abgegebener ↗Energie einer Pflanze, eines Pflanzenbestandes oder eines ↗Ökosystems an. Es handelt sich meist um die Energieumsätze pro Zeiteinheit gemessen in kJ pro Tag. Im Falle der Pflanzen gehen hierbei die Assimilationsrate und die Gesamtatmungsrate (Tag- und Nachtatmung) mit ein. Bei Umweltstress und Schädigung der Pflanzen wird die Energiebilanz schlechter, da die Assimilationsrate sinkt und die Atmungsrate in der Regel erhöht wird.

Energieflüsse, Energiemengen, die pro Zeiteinheit durch einen beliebigen Querschnitt fließen. Sie werden in der Maßeinheit Joule pro Sekunde (J/s) angegeben. Erfolgt der Energiefluss durch eine abgegrenzte Flächeneinheit, so wird die Bezeichnung Energieflussdichte und die Maßeinheit $J/(m^2 s)$ verwendet. Wird in der Klimageographie von Energieflüssen gesprochen, so sind fast ausnahmslos Energieflussdichten gemeint. So erfolgen die Angaben zur ↗Strahlungsbilanz des Systems Erde-Atmosphäre immer bezogen auf die ↗Solarkonstante, die mit $340 \text{ W/m}^2 = 340 \text{ J}/(m^2 s)$ eine Energieflussdichte kennzeichnet. In diesem Zusammenhang ist zu beachten, dass mit Ausnahme des Energietransportes durch elektromagnetische Wellen (↗Strahlung) alle anderen atmosphärischen Energietransporte immer zusammen mit Massentransporten in Form bewegter Moleküle oder Luftpakete erfolgen.

Der molekulare Energietransport durch die Brown'sche Molekularbewegung bleibt dabei prinzipiell sehr klein. Der Energietransport durch bewegte Luft erfolgt in Form turbulenter und konvektiver Luftbewegungen. Erstere treten in Verbindung mit subskaligen Wirbeln, Letztere hingegen beim Vorhandensein einer mittleren Strömung auf. Die *Energiebilanz* eines vorgegebenen Massenvolumens wird durch den Energiefluss bestimmt, der auf einer der Begrenzungsflächen in das Volumenelement eintritt und auf der gegenüberliegenden gleich großen Fläche wieder austritt. Unterscheiden sich Zu- und Abfluss, so erfolgt eine Energieadvektion in das Volumenelement, die allerdings langfristig durch die Umwandlung der Energie in Wärme abgebaut wird, sodass die Energiebilanz des betrachteten Volumenelementes wieder Null wird. In diesem Sinne wird auch die positive Strahlungsbilanz der Erdoberfläche durch den Massenfluss von Wasserdampf im Gefolge von Verdunstungsprozessen und durch den Massenfluss bodennah erwärmter Luft in größere Höhen durch konvektive und turbulente Austauschprozesse ausgeglichen. [DKl]

Energiepflanzen, energieliefernde ↗Nutzpflanzen, bei denen man von einer fast ausgeglichenen CO_2-Bilanz ausgeht, wodurch sie zugleich einen wichtigen mindernden Beitrag im Rahmen der globalen Erwärmung (↗Treibhauseffekt) spielen. Wichtige Vertreter sind Sonnenblumen, Raps (Biodiesel), Flachs, Lein, Zuckerrüben, Chinesisches Riesenschilf. In Anbetracht der Diskussionen um die Endlichkeit fossiler Energien sowie die Probleme der Energiegewinnung mittels Kern- und Wasserkraft (Staudammbau mit zum Teil gravierenden Eingriffen in den Gewässer- und Landschaftshaushalt) wird verstärkt der Einsatz von nachwachsenden Energien gefordert. Nicht unbeträchtliche Umweltbelastungen zeichnen sich dabei aber aufgrund der erforderlichen großflächigen Anlage von ↗Monokulturen mit erheblichem Dünger- und Pestizid-Einsatz ab mit zugleich negativen Konsequenzen für die ↗Biodiversität sowie einer bislang gerade bei dezentralen kleineren bis mittleren Verbrennungsanlagen noch nicht realisierten effizienten Filterung von Stäuben beim Verheizen der ↗Phytomasse. In die ↗Energiebilanz muss ferner der mitunter unberücksichtigte Energiebedarf für den Transport der Phytomasse zum Kraftwerk miteinbezogen werden. [MM]

Energieträger, Stoffe oder Medien, die Energie in einer wirtschaftlich nutzbaren Form enthalten. Natürlich vorkommende Energie (*Primärenergie*) lässt sich nach den Energieträgern in *fossile Energie*, *Kernenergie* und *erneuerbare Energie* oder *regenerative Energie* gliedern. Fossile Energieträger (↗Torf, ↗Braunkohle, ↗Steinkohle, ↗Erdöl, ↗Erdgas) konservieren über geologische Zeiträume die bei endothermen biochemischen Vorgängen (z. B. ↗Photosynthese) gespeicherte Bioenergie. Diese wird bei der Verbrennung (exotherme Oxidation) als Wärme freigesetzt. Der Wirkungsgrad eines Kraftwerkes, das auf Verbrennung beruht, kann durch die ↗Kraft-Wärme-Kopplung erhöht werden. Kernenergieträger enthalten radioaktive Isotope, d. h. Atomkerne, die unter Abgabe von Strahlungs- und Wärmeenergie zerfallen (z. B. Uran 235). Durch technische Maßnahmen lässt sich der Zerfallsprozess nach Bedarf steuern. Problematisch ist die Verwahrung der langlebigen, strahlenden Abfallprodukte. Erneuerbare oder regenerative Energiequellen sind all diejenigen Energienutzungsschemata, die ohne die Ausbeutung der nur begrenzt vorhandenen fossilen Energiequellen auskommen. Dazu zählen die direkten oder indirekten Nutzungsmöglichkeiten der Sonnenenergie (↗Solarenergie) sowie, global in wesentlich geringerem Umfang genutzt, die ↗Geothermie (Erdwärme), die Gezeitenenergie und die Biomasse (↗Biogas). Seit langem genutzte regenerative Energien sind ↗Wasserkraft und ↗Windenergie. [VW]

energy farming, die Gewinnung nachwachsender Energieträger aus ↗Biomasse. Zu den Produktlinien des energy farming gehören die Produktion von Bioethanol als Motorkraftstoff aus Zuckerrohr, Zuckerrüben, Kartoffeln, Weizen u. a., die Herstellung von Pflanzenölen als Treibstoff, z. B. aus Raps, die Wärme- und Stromgewinnung,

z. B. aus Durchforstungsholz, Industrierestholz, Stroh, Elefantengras und Ölpflanzen. Der Ertragsfaktor als Maß der Produktivität gibt das Verhältnis der Nutzenergie des Brennstoffs zum Energieaufwand für dessen Produktion an. In ↗Industrieländern mit intensiver ↗Landwirtschaft ist er häufig kleiner als 1, dagegen in ↗Entwicklungsländern größer als 1.

Engel'sches Gesetz, nach dem Statistiker Ernst Engel (1821–1896) bezeichnete Gesetzmäßigkeit, die besagt, dass der relative Anteil der Nahrungsmittelausgaben an den gesamten Verbrauchsausgaben sinkt, wenn das Einkommen steigt. Das Engel'sche Gesetz gilt als eine Erklärung für die Auseinanderentwicklung von landwirtschaftlichen und außerlandwirtschaftlichen Einkommen (↗Einkommensdisparität).

Englische Hütte ↗Wetterhütte.

Engtal, ein Tal, das entsteht, wenn die ↗Tiefenerosion eines Flusses die ↗Seitenerosion überwiegt (↗Belastungsverhältnis < 1). Das Verhältnis von Taltiefe zur maximalen Talbreite ist größer oder gleich eins. Typische Engtäler sind ↗Schlucht und ↗Klamm. Genetisch betrachtet beruhen sie häufig auf ↗Antezedenz oder ↗Epigenese.

Enklave, Teil eines Staatsgebiets, das von einem anderen Staat umschlossen wird. Im entwicklungspolitischen Sprachgebrauch Bezeichnung für Wirtschaftssektoren, die meist mit moderner und vom Auslandskapital beherrschter Technologie für den Weltmarkt produzieren.

Enkulturation, Grundbegriff der Kulturanthropologie und Soziologie, bezeichnet den Verinnerlichungsprozess von typischen Handlungsweisen und Handlungsmustern einer gegebenen ↗Kultur bzw. einen Lern- und Anpassungsprozess, über den Individuen die Elemente der zugehörigen Kultur und ↗Gesellschaft erwerben. Enkulturation ist Teil der ↗Sozialisation.

Ensemble, Gemeinschaft aller am selben Ort zur selben Zeit lebenden Organismen eines ↗Taxon einer ↗Gilde. Beispiele: die aktiv jagenden Spinnen der Streuauflage eines Waldes, Blätter absuchende insektivore Vögel im unteren Waldbereich. ↗Biozönose.

ENSO, *El Niño-Southern Oscillation*. Da ein El Niño-Ereignis eng mit einer Änderung der ↗Southern Oscillation verbunden ist, wird der Gesamtvorgang in der Literatur oft als ENSO-Ereignis bezeichnet.

Entankerung, *Entbettung* (von engl. disembedding), zentraler Begriff der strukturationstheoretischen (↗Strukturationstheorie) und sozialgeographischen (↗Sozialgeographie) Analyse des Globalisierungsprozesses (↗Globalisierung). Im Gegensatz zu den räumlich und zeitlich verankerten (↗Verankerung) prämodernen Gesellschaften, werden spätmoderne Gesellschaften (↗Spät-Moderne) als räumlich und zeitlich entankert charakterisiert. Als die zentralen Entankerungsmechanismen in räumlicher Hinsicht werden Schrift, Geld und technische ↗Artefakte betrachtet, durch deren Wirksamkeit die räumlichen Kammerungen gesellschaftlicher Zusammenhänge in vielerlei Hinsicht aufgehoben werden. Fortbewegungsmittel z. B. ermöglichen ein Höchstmaß an Mobilität. Individuelle Fortbewegungs- und weiträumige Niederlassungsfreiheit implizieren eine Durchmischung verschiedenster – ehemals lokaler – Kulturen auf engstem Raum. In zeitlicher Hinsicht ist die Entankerung vor allem in der Loslösung der Bezugsrahmen der Handlungsorientierung von der lokalen ↗Tradition begründet, was individuellen Entscheidungen einen wesentlich größeren Rahmen absteckt. Globalisierung wird in diesem Zusammenhang als ein Ausdruck der räumlichen und zeitlichen Entankerung der Handlungszusammenhänge der Subjekte gesehen. Das Konzept der Entankerung bedeutet nicht, dass Arbeitsplätze beliebig zu verlagern sind. Die Globalisierung und Digitalisierung der Arbeitswelt hat die räumliche Konzentration von ↗Wissen und ↗Macht in vielen Branchen sogar noch verstärkt. [BW]

Entdeckung ↗Forschungsreise.

Entdeckungszusammenhang, wissenschaftstheoretischer Begriff, der den Kontext der Entdeckung einer neuen theoretischen Idee bzw. einer neuen ↗Hypothese bezeichnet. Allgemein wird davon ausgegangen, dass die Art des Entdeckungszusammenhangs noch nichts über die Qualität der ↗Theorie und der damit zu erzielenden Resultate aussagt. Entscheidend ist immer, ob man eine Hypothese im Rahmen des ↗Begründungszusammenhanges empirisch (↗Empirie) bestätigen kann oder ob man sie verwerfen muss.

Entisols, Bodenordnung der US-amerikanischen ↗Soil Taxonomy (1994); sehr schwach entwickelte ↗azonale Böden ohne erkennbare Horizontierung; vergleichbar den ↗Arenosols, ↗Regosols und ↗Leptosols der ↗FAO-Bodenklassifikation (1990) und der ↗WRB-Bodenklassifikation (1998).

Entität, ein Objekt oder ein Phänomen, das nicht in Teile der identischen Art unterteilt werden kann (↗Entitätbeziehungsmodell).

Entitätbeziehungsmodell, *entity relationship model, ER-Modell*, Beschreibungsweise für ↗Datenbankmodelle. Das ER-Modell geht davon aus, dass die »reale Welt« aus eindeutig identifizierbaren Objekten (↗Entitäten) besteht, die in Beziehung zueinander stehen. Einzelne Entitäten, die ähnliche Merkmale aufweisen, werden zu Objekttypen (Entitätsmengen) zusammengefasst wie z. B. alle Eisenbahnlinien oder alle Wohngebäude. Jede Entität besitzt Eigenschaften (↗Attribute) und steht zu anderen Entitäten in Beziehung. Beziehungen zwischen Entitätsmengen können sein: a) 1:1 Beziehung: ein Punkt auf der Erdoberfläche weist nur ein Koordinatenpaar als Lageinformation auf, diesem Koordinatenpaar kann aber auch nur ein Punkt zugeordnet sein. b) 1:M Beziehung: ein Landkreis besteht aus mehreren Gemeinden, aber jede Gemeinde gehört nur einem Landkreis an. c) N:M Beziehung: ein Grundstück kann mehrere Eigentümer haben, ein Eigentümer kann andererseits auch mehrere Grundstücke besitzen. [WE]

Entkalkung, Auflösung und Auswaschung von Calciumcarbonat ($CaCO_3$) bei der Bodenbil-

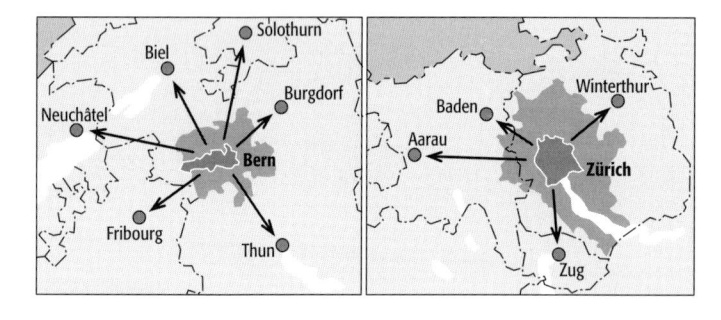

Entlastungsstädte: Entlastungszentren für Bern und Zürich.

dung aus primär kalkhaltigen Ausgangsgesteinen wie Löss, Geschiebemergel, Kalksandstein oder Kalkstein. Die Auflösung des Kalks erfolgt durch Reaktion mit Säure, vor allem der Kohlensäure, und führt zur Bildung von wasserlöslichem Calciumhydrogencarbonat ($Ca(HCO_3)_2$), das mit dem Sickerwasser verlagert wird. Folgen sind die Versauerung des Bodens, die Bildung von Kalkanreicherungshorizonten im tieferen Unterboden oder Gestein und die Anreicherung des Grundwassers mit Calciumhydrogencarbonat (Wasserhärte).

Entkolonialisierung, Auflösung kolonialer Herrschaft (↗Kolonialismus).

Entladungskanal ↗Blitz.

Entlastungsstädte, erweiterte oder neu gegründete städtische Siedlung am Stadtrand oder im Umland zur Entlastung der Kernstadt durch die Aufnahme von Wohnbevölkerung, die Schaffung von Versorgungseinrichtungen und z. T. auch Arbeitsplätzen. Viele der Entlastungsstädte entwickelten sich im Laufe der Zeit zu eigenständigen bedeutenden Arbeitsplatz- und Dienstleistungszentren (z. B. Frankfurt-Eschborn oder die in der Abbildung dargestellten).

Entlastungszentrum ↗Konzentration.

Entomophage ↗Ernährungsweise.

Entropie 1) *Allgemein*: Begriff aus der Thermodynamik, mit dem der Zustand thermodynamischer Systeme erfasst wird. Die Entropie S ist ein Maß für den Ordnungszustand eines thermodynamischen Systems bzw. für die Umkehrbarkeit eines Prozesses. Nach dem 2. Hauptsatz der Thermodynamik laufen in einem geschlossenen System die Prozesse so ab, dass die Entropie konstant bleibt ($dS = 0$) oder zunimmt ($dS>0$). Sie bleibt konstant, solange die beteiligten Prozesse reversibel sind, hingegen sind alle irreversiblen Prozesse in einem abgeschlossenen System mit einer Entropievergrößerung verbunden. In (offenen) Teilsystemen kann sich die Entropie vergrößern ($dS>0$) bzw. verringern ($dS < 0$), wenn die Systemprozesse durch äußere Energiezufuhr oder -entzug (↗Dissipation) irreversibel beeinflusst werden.

Die statistische Fassung des thermodynamischen Entropiebegriffes durch Boltzmann lautet:

$$S = k_B \cdot \ln W,$$

wobei k_B die Boltzmann-Konstante ($1{,}38 \cdot 10^{-23}$ J/K) und W die thermodynamische Wahrscheinlichkeit des Systemzustandes sind. Im Falle geschlossener Systeme würde eine Entropiezunahme ($dS>0$) einen Übergang zu wahrscheinlicheren und damit weniger geordneten Zuständen bedeuten. **2)** *Klimatologie*: Von besonderem Interesse ist die Entropie atmosphärischer Systeme. Sie hat die Einheit J/(kgK) und berechnet sich aus

$$S = c_p \ln\left(\frac{T_L}{T_0}\right) + \frac{q_V \cdot s}{T_L} - R \ln\left(\frac{p}{p_0}\right)$$

mit c_p = spezifischer Wärmekapazitätsdichte der Luft = 1004,67 J/(kg K), T_L = Temperatur des betrachteten Luftpaketes [K], T_0 = Bezugstemperatur = 273,15 K, q_V = spezifische Verdunstungswärme von Wasser($2{,}260 \cdot 10^6$ J/kg), s = spezifische ↗Luftfeuchte [g/kg], R = individuelle Gaskonstante der Luft = 287,05 J/(K kg), p = aktueller Luftdruck in Messhöhe [hPa] und p_0 = Referenzluftdruck = 1.000 hPa.

In der ↗Atmosphäre sind insbesondere während ↗adiabatischer Prozesse die beteiligten Komponenten reversibel, so dass von einer Entropiekonstanz auszugehen ist. **3)** *Landschaftsökologie*: Eine für das Verständnis lebender Systeme grundlegende Erweiterung des Entropiebegriffes der klassischen Thermodynamik führt zur Einführung eines Entropieflussterms, so dass folgende Beziehung gilt:

$$dS = d_iS + d_eS,$$

wobei d_iS die Entropieproduktion des offenen (d.h. Energie und Materie mit seiner Umgebung austauschenden) Systems und d_eS den Entropiefluss über die Systemgrenzen hinweg bedeutet. Während d_iS stets positiv ist, kann d_eS auch negativ werden. Wenn $d_eS = -d_iS$ ist, befindet sich das System im stationären Zustand. Eine Höherentwicklung i. S. einer morphologischen und funktionellen Differenzierung bzw. eine Selbstorganisation, wie sie für lebende Systeme konstitutiv ist, bedeutet eine Entropieabnahme ($dS < 0$) und setzt dementsprechend voraus, dass der Entropieexport die Entropiequellrate des Systems übertrifft:

$$|d_eS|>d_iS>0.$$

Solcherart gefasst, wird der Entropiesatz zur Grundlage für das modelltheoretisch vertiefte Verständnis von Systemstrukturen, die aus (vielfach) rückgekoppelten Prozessen (Handlungen, Entscheidungen) entstehen. Langfristige Selbstorganisationstendenzen von Ökosystemkomplexen in Abhängigkeit von der unterschiedlichen Verfügbarkeit von Energie, Wasser, Kohlenstoff und Nährstoffen sind ein Beispiel. **4)** *Statistik*: Ein informationstheoretisches Maß zur Bestimmung des Umfangs der Ungewissheit von Zuständen in einem System. Es wird in der Regel gemessen als

$$H = -\sum_{i=1}^{k} P_i \cdot \log P_i$$

mit: p_i = Wahrscheinlichkeit für das Eintreffen des Zustands i,
k = Anzahl der möglichen Zustände.
Minimale Entropie ($H = 0$) liegt dann vor, wenn für einen Zustand j gilt: $p_j = 1$, d.h. der Zustand j tritt immer ein (und die anderen nie). Es ist also vollständige Gewissheit vorhanden. H erreicht ein Maximum, wenn alle p_i gleich groß sind, d.h. das Eintreffen jedes möglichen Zustandes gleich wahrscheinlich ist. Dann liegt maximale Ungewissheit vor.

Entropie-Maximierungs-Modell, statistisches Modell zur Identifikation desjenigen räumlichen Musters (z. B. von Bewegungen), das in einem System auf der Grundlage bestimmter Randbedingungen am wahrscheinlichsten ist. Solche Modelle basieren auf dem Prinzip maximaler ↗Entropie und werden vor allem in der Interaktionsforschung (Migration, Pendler, Einkaufen) benutzt zur Schätzung des Umfangs der räumlichen Interaktion T_{ij} zwischen zwei Raumeinheiten i und j, wenn für jedes Ursprungsgebiet i die Anzahl der dort beginnenden und für jedes Zielgebiet j die Anzahl der dort endenden Bewegungen sowie der Gesamtaufwand zur Durchführung aller Interaktionen bekannt ist.

Jede Verteilung der T_{ij} kann durch eine bestimmte Anzahl verschiedener Kombinationen von individuellen Bewegungen zustande kommen. Im Falle, dass keine Informationen über die individuellen Bewegungen vorliegen, also nichts bekannt ist über die Einflussfaktoren, wird nun davon ausgegangen, dass alle individuellen Bewegungen gleich wahrscheinlich sein können. Dann ist diejenige Verteilung der T_{ij} am wahrscheinlichsten, für die die Anzahl der sie erzeugenden, jeweils gleich wahrscheinlichen Kombinationen von individuellen Bewegungen am größten ist.

Die Schätzformel für die T_{ij} ist der Formel des ↗Gravitationsmodells ähnlich, sie ist allerdings als statistisches Schätzmodell wesentlich besser theoretisch begründet. [JN]

Entscheidungstheorie, setzt sich vertieft mit einer analytisch differenzierten Handlungssequenz zweckrationaler Handlungen (↗zweckrationales Handeln; ↗Rationalität) auseinander: der Entscheidung zwischen alternativen Mitteln für einen gegebenen Zweck, ein vorgegebenes Ziel des Handelns (Gewinn- bzw. Nutzenmaximierung). Dabei wird unterstellt, dass für die handelnden ↗Akteure, die Entscheidungssubjekte, immer eine Menge von Handlungsalternativen bestehen, die in Abhängigkeit von den situativen Bedingungen wahrzunehmen sind.

Die Entscheidungstheorie ist im Hinblick auf zwei verschiedene Zielsetzungen angelegt. Einerseits wird eine Verbesserung der empirischen Beschreibung von Handlungen in verschiedenen Entscheidungssituationen angestrebt (deskriptiver Aspekt); andererseits – und dies bildet ihr Hauptinteresse – sollen die entscheidungstheoretischen Aussagen die Handelnden in ihren Bemühungen um »richtige« Entscheidungen beratend unterstützen können. Den zweiten Aspekt kann man als den normativen Verwendungszweck der Entscheidungstheorie bezeichnen. Dabei sind unter ↗Normen solche der technischen Rationalität, der richtigen Zweck-Mittel-Kombination, zu verstehen.

Die Entscheidungstheorie hat vor allem im Rahmen der Ökonomie vielfältige Anwendung gefunden. Aber auch in anderen Disziplinen (z. B. Politikwissenschaft, Rechtswissenschaft, Ethik u. a.) ist sie weiterentwickelt und zur theoretischen Grundlage empirischer Forschung gemacht worden, häufig im Zusammenhang mit technologischer (↗Technologie) und prognostischer (↗Prognose) Theorieanwendung. In der ↗Geographie können alle ↗Standorttheorien als disziplinspezifische Umsetzungen der allgemeinen Entscheidungstheorie verstanden werden. [BW]

Entsorgung, engl. *waste disposal*, euphemistischer Begriff für die Abfallwirtschaft (↗Abfall).

Entstehungszentrum, ein Gebiet, in dem eine Art sich aus einer Teilpopulation einer Vorgängerart herausgebildet hat und von dem aus eine ↗Ausbreitung erfolgte. Ein Entstehungszentrum ist ein *Ausbreitungszentrum* 1. Ordnung und in der Regel durch überdurchschnittlichen Artenreichtum gekennzeichnet. Heutige ↗Diversitäts-Zentren müssen jedoch nicht das ursprüngliche Entstehungszentrum sein, sondern sind oftmals Erhaltungszentren oder Refugialgebiete (↗Refugium). Ehemalige, z. B. eiszeitliche Refugien, können zu Ausbreitungszentren 2. oder höherer Ordnung werden. Ausbreitungszentren sind aufgrund der Überlagerung zahlreicher Verbreitungsareale von Arten formenreich.

In einem *Differenzierungszentrum* entfaltete sich eine Gruppe verwandter Arten durch Aufspaltung besonders dort, wo auf engem Raum eine Anzahl isolierender ↗Barrieren die Artbildung begünstigte, wie in Gebirgen und Archipelen.

Entstehungszentren und Ausbreitungszentren können, müssen sich aber nicht decken, können geographisch sogar weit auseinander liegen. Ein rezentes Areal ist plesiochor zum Entstehungszentrum und den verschiedenen Ausbreitungszentren, wenn eine Überlappung vorhanden ist. Fehlt eine solche, ist ein rezentes Areal apochor im Bezug zum letzten Ausbreitungszentrum und zum Entstehungszentrum. Der Nachweis von Entstehungszentren ist meist schwer zu erbringen. Bei den bis heute identifizierten rezenten Ausbreitungszentren, dürfte es sich in den meisten Fällen um Ausbreitungszentren 2. oder höherer Ordnung handeln. [WH]

Entvölkerung, negative Bilanz der Geburten und Sterbefälle sowie der Wanderungsbilanz (↗Migration) über einen längeren Zeitraum. ↗Landflucht ist oftmals ein wesentlicher Faktor für den Bevölkerungsrückgang in ländlichen Gebieten, und die ↗Land-Stadt-Wanderungen erfassen mit fortschreitender Verkehrserschließung und dem Ausbau von Kommunikationsnetzen auch sehr peripher gelegene Gebiete. Negative Konsequenzen für den ländlichen Raum ergeben sich aus einem beträchtlichen ↗brain drain sowie fehlenden Personen im erwerbsfähigen Alter.

Entwicklung, **1)** *Allgemein*: naturwissenschaftlicher und älterer kulturphilosophischer Grundbegriff sowie Begriff der Geschichtsphilosophie und -schreibung, Soziologie und Sozialgeschichte zur Kennzeichnung des gesetzmäßigen Prozesses der Veränderung von Dingen und Erscheinungen als Aufeinanderfolge von verschiedenen Formen oder Zuständen. **2)** *Entwicklungsländerforschung*: wirtschaftliche und gesellschaftliche Entwicklung von ↗Entwicklungsländern. Allerdings lässt sich Entwicklung in diesem Kontext nicht in universell gültiger Weise definieren, da es sich um einen normativen Begriff handelt, in den kollektive und individuelle Vorstellungen von Werten und möglichen gesellschaftlichen Veränderungen einfließen. Insofern wird Entwicklung je nach theoretischen oder politisch-ideologischen Grundhaltungen heraus unterschiedlich interpretiert werden. In früheren Jahren galt das Vorbild der ↗Industrieländer als Orientierungsmaß für wirtschaftliche und gesellschaftliche Entwicklung. Entsprechend wurde Entwicklung als anzustrebender Prozess des Nachholens und letzten Endes des Aufschließens zum Entwicklungsniveau der Industrieländer angesehen. Dabei stand wirtschaftliches Wachstum im Vordergrund des Entwicklungsbegriffes und der vorrangig propagierten ↗Entwicklungsstrategien. Des Weiteren wurde insbesondere im Sinne gesellschaftlicher Modernisierung sozialer Wandel gemeinhin als zentraler Bestandteil von Entwicklung angesehen. Aus heutiger Sicht sind bei der Definition von Entwicklung, verstanden als dauerhafte Verbesserung der Lebensumstände für alle Mitglieder einer Gesellschaft, die komplexen Wechselwirkungen zwischen wirtschaftlichen, sozialen, kulturellen, politischen und auch ökologischen Faktoren zu berücksichtigen. Entsprechend lässt sich vor dem Hintergrund des sog. »Magischen Fünfecks« von Entwicklung, das durch die Eckpunkte Wachstum, Arbeit, Gleichheit/Gerechtigkeit, Partizipation und Unabhängigkeit gebildet wird, Entwicklung am ehesten als die eigenständige Entfaltung der Produktivkräfte zur Versorgung der gesamten Gesellschaft mit lebensnotwendigen materiellen sowie lebenswerten kulturellen Gütern und Dienstleistungen im Rahmen einer sozialen und politischen Ordnung, die allen Gesellschaftsmitgliedern Chancengleichheit gewährt, sie an politischen Entscheidungen mitwirken und am gemeinsam erarbeiteten Wohlstand teilhaben lässt, bezeichnen.
Die Komplexität des Entwicklungsbegriffs bringt es mit sich, dass eindimensionale Indikatoren wenig geeignet sind, um über Stand und Fortschritte von Entwicklung Auskunft zu erteilen. Aus dieser Erkenntnis erklärt sich die Kritik an der bis vor wenigen Jahren üblichen Verwendung des ↗Pro-Kopf-Einkommens aus dem Hauptindikator für Entwicklung. So wird kritisch angeführt, dass das aus dem ↗Bruttoinlandsprodukt errechnete Pro-Kopf-Einkommen nicht in der Lage ist, über die tatsächlich bestehenden, monetär nur unzureichend erfassbaren Ungleichheiten zwischen sozialen Gruppen, Ethnien oder zwischen den Geschlechtern Auskunft zu erteilen. Ebenso werden elementare Faktoren der realen Lebensverhältnisse wie Bildung, Ernährung oder Gesundheit außer Acht gelassen. Schließlich können mit dem Indikator Pro-Kopf-Einkommen vielschichtige regionale Disparitäten nur unzureichend widergespiegelt werden. Seit einiger Zeit findet deshalb in Wissenschaft und internationalen Institutionen eine Diskussion um aussagekräftigere Indikatoren für das mehrdimensionale Phänomen der Entwicklung statt (↗Human Development Index). ↗Entwicklungindikatoren. [MC]

Entwicklungsachse ↗Achsenkonzept.

Entwicklungsdekaden, sind von den Vereinten Nationen formulierte quantifizierbare Entwicklungsziele und Strategien für ↗Entwicklungsländer, die seit den 1960er-Jahren für jeweils 10 Jahre formuliert werden. Die ersten beiden Entwicklungsdekaden widmeten sich der Wirtschaftsentwicklung dieser Länder. In der Mitte der 1970er-Jahre zeigte sich dort jedoch eine Zunahme der Verarmung (↗Armut) großer Bevölkerungsgruppen. Entsprechend stand in der dritten Entwicklungsdekade (1980er-Jahre) die ↗Grundbedürfnisbefriedigung im Vordergrund. Eine weitere Verschlechterung der Lebensverhältnisse der Menschen in den Entwicklungsländern brachte dieser Dekade den Namen verlorenes Jahrzehnt ein. Die Entwicklungsstrategie der 1990er-Jahre setzte erneut auf Wachstum im Rahmen der Marktwirtschaft, flankiert von sozialpolitischen Komponenten.

Entwicklungshilfe ↗Entwicklungszusammenarbeit.

Entwicklungsindikatoren, aufgestellte Merkmale, die in der Entwicklungsforschung den Versuch darstellen, den Entwicklungsstand eines Landes zu bestimmen, um repräsentative und international vergleichbare Aussagen über Wohlstand und ↗Armut zu treffen. Entwicklungsindikatoren sind Variablen, die für definierte Teilaspekte von Entwicklung repräsentativ sind. Sie zeigen Sachverhalte an, die nicht direkt beobachtbar sind. So gilt die Quote der ↗Alphabetisierung als Indikator für das Bildungsniveau, die durchschnittliche ↗Lebenserwartung als Indikator für die medizinische Versorgung bzw. für den Ernährungsstatus. Welche Entwicklungsindikatoren ausgewählt werden, um Aussagen über den Entwicklungsstand und Entwicklungsprozess zu machen, hängt von dem zugrunde liegenden Entwicklungsbegriff (↗Entwicklung) ab. Im wirtschaftsorientierten ↗Weltentwicklungsbericht der ↗Weltbank gilt das ↗Pro-Kopf-Einkommen als Schlüsselindikator für den Entwicklungsstand eines Landes, die jährliche Wachstumsrate dient als Messgröße für Entwicklung. Nach diesen Größen stellt der jährlich erscheinende Weltentwicklungsbericht eine Rangliste der Länder der Erde auf, deren Klassifizierung nach den Kategorien »high income«, »upper middle income«, »lower middle income«, »low income«-countries erfolgt. Der 1990 erstmals vorgelegte »Human Development Report« des UN-Entwicklungsprogramms ↗UNDP setzt dieser rein wirtschaftsbezogenem Messung des

Entwicklungsniveaus den ↗Human Development Index (HDI) entgegen. [RMü]

Entwicklungsländer, ↗*Dritte Welt*, ↗*Trikont*, stellen die größte Ländergruppe der Erde dar. Sie weisen recht unterschiedliche soziale und ökonomische Rahmenbedingungen auf. Definitionen von Entwicklungsländern beschreiben entsprechend des ihnen zugrunde liegenden theoretischen Verständnisses von ↗Unterentwicklung den Zustand, in dem die Länder sich befinden, entweder als strukturell und statisch oder als Übergangsstadium auf einem Entwicklungsweg in Richtung ↗Industrialisierung nach westlichem Muster. Entsprechend vielfältig und umstritten sind die Kriterien und ↗Entwicklungsindikatoren, die zur Klassifizierung eines Landes als Entwicklungsland herangezogen werden. Generell werden ökonomische, soziale und soziokulturelle Indikatoren bzw. Merkmale dazu verwendet, den Entwicklungsstand eines Landes zu beschreiben. Stark umstritten ist jedoch die Gewichtung dieser Merkmale. Wichtigste ökonomische Indikatoren für Entwicklungsländer sind ein niedriges ↗Pro-Kopf-Einkommen, eine niedrige Spar- und Investitionstätigkeit, ein geringer Kapitalaufwand pro Beschäftigten, niedrige Produktivität und ein geringer Technisierungsgrad. Ein hoher Anteil des ↗primären Sektors am ↗Bruttosozialprodukt und eine geringe Diversifizierung der Wirtschaft werden aus ökonomischer Sicht ebenfalls als typische Charakteristika der Entwicklungsländer genannt. Häufig beschriebene soziale Merkmale der Entwicklungsländer sind: a) eine niedrige ↗Lebenserwartung bei Geburt und eine hohe ↗Kindersterblichkeit bis zum 4. Lebensjahr als Indikator für einen allgemein schlechten Gesundheitszustand der Bevölkerung; b) eine unzureichende Kalorien- und Proteinaufnahme pro Tag als Indikator für den Ernährungszustand der Bevölkerung und c) eine hohe ↗Analphabetenquote als Indikator für ein mangelhaftes Bildungssystem. Am wenigsten Konsens herrscht über die Gewichtung der soziokulturellen Merkmale der Entwicklungsländer, da sie konzeptionell schwierig zu erfassen und auch nur schwer quantitativ auszudrücken sind. Soziokulturelle Merkmale der Entwicklungsländer sind eine geringe ↗nationale Identität der Bevölkerung, eine geringe ↗soziale Mobilität, das Vorherrschen traditioneller Verhaltensmuster, die sich hemmend auf rationales wirtschaftliches Handeln auswirken können, und eine geringe soziale Differenzierung. Als Folge sind die Möglichkeiten zur Befriedigung individueller Bedürfnisse, des individuellen sozialen Aufstiegs und beliebiger Wahlbeziehungen für den größten Teil der Menschen in den Entwicklungsländern gering. Zur Beantwortung der Frage, in welchem Ausmaß interne und externe Faktoren Unterentwicklung in den jeweiligen Entwicklungsländern verursacht haben und dort heute die Situation und die Dynamik bestimmen, ist das theoretische Verständnis von Unterentwicklung entscheidend. Anhänger der ↗Modernisierungstheorie, die Unterentwicklung als eine Vorstufe der Industrialisierung im westlichen Stil begreifen, betonen die Bedeutung von ↗endogenen Ursachen. Für Anhänger der ↗Dependenztheorien ist Unterentwicklung eine Folge ↗exogener Ursachen bzw. der strukturellen Benachteiligung der Entwicklungsländer in der ↗Internationalen Arbeitsteilung. [IJ]

Entwicklungsländerforschung, beschäftigt sich mit der Erforschung überseeischer Gebiete. Aufgrund einer lange Fachtradition haben sich der Forschungsfokus und die Betrachtungsweisen inzwischen grundlegend gewandelt (Abb.). Im ausgehenden 19. und beginnenden 20. Jh. entwickelte sich die ↗Kolonialgeographie. Nach dieser Phase stand die wissenschaftliche Beschäftigung mit den überseeischen Gebieten bis in die 1960er-Jahre unter dem Primat des länderkundlichen Ansatzes. Hierbei dominierte der ganzheitliche Anspruch, die Individualität von Ländern und Landschaften mit einem zunehmend verfeinerten methodischen Instrumentarium zu erfassen.

Entwicklungsländerforschung: Phasen der geographischen Entwicklungsländerforschung.

Phase	Zeit	Inhaltliche Schwerpunkte
Kolonialgeographie	vor Zweitem Weltkrieg	• Determinismus, Eurozentrismus • Geopolitische Begründung territorialer Ansprüche
Primat der Länderkunde	bis in die 1960er-Jahre	• Untersuchung »individueller Landschaften« • Monographien nach »länderkundlichem Schema« • Theorieansätze: »Kulturerdteile« (Kolb), »Rentenkapitalismus« (Bobek)
Problemorientierte »Geographie der Entwicklungsländer«	ab den 1960er-Jahren	• (Quantitative) Regionalisierung der Entwicklungsländer • (Quantitative) Prozessanalyse in ländlichen und städtischen Räumen • Regionale Evaluierung »nachholender Entwicklung«
Theoriegeleitete geographische Entwicklungsforschung	ab den 1970er-Jahren	• Rezeption gesellschaftswissenschaftlicher Entwicklungstheorien • Raumrelevanz von internationalen Zentrum-Peripherie-Strukturen • Raumrelevanz von »Struktureller Heterogenität« und Marginalität
Differenzierung theoretisch-methodischer Ansätze und Anwendungsorientierung	ab den 1980er-Jahren	• Evaluierung regionaler Entwicklungsstrategien • Informeller Sektor, Überlebensstrategien, »Gender«-Aspekte • Regionale Wirtschaftskreisläufe, Konflikte, Raumnutzungskonkurrenzen • Risikoforschung, Verwundbarkeit, Krisenbewältigung • Mensch-Umwelt-Beziehungen, traditionelles Wissen, Nachhaltigkeit • Globalisierung und Regionalisierung

Aus dieser Phase stammt eine Fülle umfassender Ländermonographien, die teilweise bis heute ihren Stellenwert als regionale Standardwerke erhalten haben. In dieser länderkundlich dominierten Phase sind jedoch auch vereinzelt Arbeiten entstanden, die über den länderspezifischen Einzelfall hinausgehend nach Gründen und Regelmechanismen gesellschaftlicher ↗Unterentwicklung und ↗Entwicklung fragen und bemüht sind, ein kulturraumspezifisches Konzept der geographischen Analyse der überseeischen Welt theoretisch zu begründen. In diesem Sinne sind vor allem ↗Bobeks »Theorie des Rentenkapitalismus« sowie Albert Kolbs Konzept der ↗Kulturerdteile zu nennen. Beide Ansätze wirkten bis in aktuelle Phasen einer stärker theorieorientierten Entwicklungsländerforschung fort. Während der 1960er-Jahre wurde dann der länderkundliche Blickwinkel um Fragen nach den generellen Ursachen von Unterentwicklung und dem Bedeutungsinhalt von Entwicklung erweitert und somit für die sozioökonomischen Probleme der Entwicklungsländer und ihre Überwindung geschärft. Eine problemorientierte »Geographie der Entwicklungsländer« bildete sich heraus, die sich unter Nutzung der zeitgleich in die ↗Geographie Einzug haltenden quantitativen Methoden zunehmend der Struktur- und Prozessanalyse in ländlichen und städtischen Räumen der ↗Dritten Welt zuwandte. Als allgemeine Aufgabe einer Entwicklungsländerforschung wurde nun gefordert, die wirtschaftlichen, sozialen und kulturellen Bedingungen in den Ländern der Dritten Welt in den Mittelpunkt zu stellen, Voraussetzungen zur Verbesserung der Lebensverhältnisse zu untersuchen, Lösungsansätze zu entwickeln und auf ihre Anwendbarkeit hin zu prüfen. Gleichzeitig widmete man sich angesichts einer als zu grob erkannten Entwicklungsland-Kategorisierung der verfeinerten ↗Regionalisierung der Welt, wozu man auf der Basis statistischer Verfahren immer komplexere sozioökonomische Indikatorenbündel heranzog.

Wie die Geographie insgesamt, so stand auch die geographische Entwicklungsländerforschung ab den 1970er-Jahren im Zeichen eines tief greifenden Umbruchs, der im Wesentlichen auf die Öffnung des Faches für Einflüsse aus den gesellschaftswissenschaftlichen Nachbardisziplinen und auf die damit verbundene Rezeption ökonomischer, soziologischer und politikwissenschaftlicher Ansätze einer kritischen Entwicklungstheorie zurückzuführen ist. So wird denn auch von den Protagonisten eines solchen stärker theorieorientierten Forschungsansatzes das zuvor bestehende Theoriedefizit an den Pranger gestellt und für die Verhaftung der Geographie in traditionellen Ansätzen sowie für ihre geringe Relevanz in der interdisziplinären Diskussion um Ursachen und Überwindungsmöglichkeiten von Unterentwicklung verantwortlich gemacht. Als besonders befruchtend erwiesen sich die vor allem im lateinamerikanischen Zusammenhang entstandenen ↗Dependenztheorien, deren Erklärungsansatz im Wesentlichen auf der exogenen Verursachung von Unterentwicklung infolge perpetuierter wirtschaftlicher und politischer Abhängigkeitsstrukturen im internationalen Kontext basierte. Geographen nutzten die Konzepte der »dependencia« in verstärktem Maße zur Erklärung räumlicher Strukturen und Prozesse auf unterschiedlichen Maßstabsebenen und konzipierten nun vorrangig theoriegeleitet empirische Detailuntersuchungen. Dies trifft beispielsweise für stadtgeographische Studien zu, die die sozialräumlichen Strukturen sowie die Lebensbedingungen und das Wanderungsverhalten der Unterschichtbevölkerung thematisierten und modellhaft zu erfassen suchten. Im ländlichen Raum wurden dependenztheoretische Ansätze zur Erklärung der Persistenz agrarstruktureller Disparitäten sowie der deformierenden Wirkung modernisierter außenorientierter Nutzungssysteme herangezogen. Darüber hinaus gewann das ↗Zentrum-Peripherie-Modell an Bedeutung.

Nach der Phase, in der sich die geographische Entwicklungsländerforschung an den großen, globalen Gültigkeitsanspruch erhebenden Gesellschaftstheorien zu Unterentwicklung und Entwicklung orientierte und dadurch einen tief greifenden Erneuerungsprozess durchlief, ist seit Ende der 1980er-Jahre – ebenso wie in der übrigen gesellschaftswissenschaftlichen Entwicklungsforschung – eine deutliche Differenzierung der theoretischen und methodischen Ansätze zu beobachten. Dies hängt damit zusammen, dass sich aufgrund der Differenzierungsprozesse in der Dritten Welt immer mehr die Erkenntnis durchsetzt, dass die Erklärungskraft der großen Theorien eher begrenzt ist. Darüber hinaus wird im Gefolge der Rezeption von Theorien aus anderen Wissenschaftsdisziplinen der Ruf nach spezifisch geographischen Beiträgen zur Entwicklungsdiskussion laut. Damit wird zwar keineswegs die Theoriediskussion ad acta gelegt, jedoch sieht man, ähnlich wie in den Nachbarwissenschaften, in der Hinwendung zu sog. »Theorien mittlerer Reichweite« eine Möglichkeit, den ins Stocken geratenden fachinternen Diskurs neu zu beleben und um Ansätze, die der heterogenen Realität in den Entwicklungsländern eher angemessen sind, zu bereichern. Aus dem breiten Spektrum der aktuellen Fragestellungen und theoretischen Erklärungselementen seien hier Untersuchungen zum ↗informellen Sektor und zur Überlebensökonomie, zu Aspekten der Verwundbarkeit, zum Mensch-Umwelt-Verhältnis, zu den wirtschafts- und sozialräumlichen Auswirkungen der ↗Globalisierung sowie zu den Möglichkeiten und Grenzen nachhaltiger Entwicklung (↗Nachhaltigkeit) genannt. Diese Themen zeigen die in den letzten Jahren zweifellos gewachsene Bandbreite geographischer Entwicklungsländerforschung. Sie spiegeln die zunehmende Differenzierung der gesellschaftlichen und räumlichen Realitäten in den Entwicklungsländern wider. Deshalb wird es auch immer schwieriger, von einer einheitlichen geographischen Entwicklungsländerforschung zu sprechen. [MC]

Literatur: [1] BLENCK, J. (1979): Geographische Entwicklungsforschung. In: Hottes, K.-H. (Hrsg.): Geographische Beiträge zur Entwicklungsländer-Forschung. DGfK-Hefte 12. – Bonn. [2] LUHRING, J. (1977): Kritik der (sozial-)geographischen Forschung zur Problematik von Unterentwicklung – Ideologie, Theorie und Gebrauchswert. In: Die Erde 108, S. 217–238. [3] SCHMIDT-WULFFEN, W.-D. (1987): 10 Jahre entwicklungstheoretischer Diskussion. Ergebnisse und Perspektiven für die Geographie. In: Geographische Rundschau 39. [4] SCHOLZ, F. (Hrsg.) (1985): Entwicklungsländer. Beiträge der Geographie zur Entwicklungsforschung. – Wege der Forschung, Bd. 553. – Darmstadt. [5] SCHOLZ, F. & K. KOOP (Hrsg.) (1998): Geographische Entwicklungsforschung I, II, III. Rundbrief Geographie 148, 149, 150. – Leipzig.

Entwicklungsmodell, vom Einzelfall abstrahiertes Modell, das einzelne der durch die ↗Entwicklungspolitik thematisierten Sachverhalte und Problembereiche und ihren Wirkungszusammenhang auf eine mögliche Entwicklung hin erklärt. Entwicklungsmodelle sind Grundlage der Entscheidungen für eine bestimmte ↗Entwicklungsstrategie.

Entwicklungsplanung, 1) zielorientierte Gestaltung der sozialen und ökonomischen Entwicklung eines Landes oder eines Teilgebietes durch Aufstellung eines Entwicklungsplans, der in mehrere Arbeitsphasen unterteilt wird: Bestandsaufnahme, Festlegung von Zielen und Strategien, Programmierung, Durchführung, Bewertung. 2) gesetzlich nicht geregelter Typ ↗ökologischer Planung, der die künftige Entwicklung von ↗Biotopen mit dem Ziel einer Steigerung ihrer naturschutzfachlichen Wertigkeit beinhaltet. Pflege- und Entwicklungsplanung umfasst die Planung von Pflegemaßnahmen, gestaltenden Maßnahmen im Sinne einer Renaturierung von Biotoptypen und Vorschriften zu Formen und Intensität der Landnutzung. Sie wird vor allem in Naturschutzgebieten, Biosphärenreservaten und Nationalparken angewendet. ↗Naturschutz.

Entwicklungspole, räumlich begrenzte Wachstumszentren innerhalb eines nationalen oder internationalen Wirtschaftsraumes. Das Konzept der Entwicklungspole beruht auf der Beobachtung, dass von den Zentren unter bestimmten Bedingungen eine dynamisierende Wirkung bzw. ↗Trickle-down-Effekte auf die Umgebung ausgehen können. Darauf richtet sich die Strategie, knappe Investitionsmittel zunächst in diesen Entwicklungspolen zu investieren, um dadurch einen optimalen Wirkungsgrad für das wirtschaftliche Wachstum zu erzielen. ↗Wachstumspolkonzept. (↗Naturschutz).

Entwicklungspolitik, Summe aller Maßnahmen, die von ↗Industrie- und ↗Entwicklungsländern ergriffen werden, um die wirtschaftliche und soziale Entwicklung in den armen Ländern Asiens, Afrikas und Lateinamerikas zu unterstützen und die Lebensbedingungen der dortigen Bevölkerungen zu verbessern. Entwicklungspolitik ist als ein multifunktionales Aufgabenfeld zu verstehen, das sich durch eine Heterogenität der beteiligten Institutionen, ihrer Interessen und Zielsetzungen auszeichnet. Dementsprechend sind die Vielfalt und durchaus auch die Widersprüchlichkeit entwicklungspolitischer Maßnahmen durch die Überlagerung von einerseits humanitären, entwicklungsorientierten Anliegen und andererseits außenpolitischen und außenwirtschaftspolitischen Eigeninteressen zu erklären.

Die Entwicklungspolitik der Industrieländer hat in den vier letzten Dekaden des 20. Jahrhunderts einen Wandel durchlaufen, der von Teilerfolgen wie auch von Fehlschlägen begleitet war und wesentlich durch die sich verändernden globalen Rahmenbedingungen und unterschiedliche ↗Entwicklungsstrategien geprägt wurde. Vorbild für die Entwicklungspolitik der Industrieländer gegenüber den zu Beginn der zweiten Hälfte des 20. Jahrhunderts unabhängig werdenden ehemaligen Kolonien war das Aufbauprogramm des Marshall-Planes, mit dem die USA nach dem zweiten Weltkrieg den kriegszerstörten Ökonomien in Europa und speziell der jungen Bundesrepublik zu einem »Wirtschaftswunder« verhalfen. Die ↗Weltbank (International Bank for Reconstruction and Development, IBRD) und der Internationale Währungsfonds (↗IWF) sind bis heute die beiden wichtigsten internationalen Institutionen für die wirtschaftsorientierte Entwicklungspolitik. Sie wurden 1945 im amerikanischen Bretton Woods (daher: »Bretton Woods-Institutionen«) gegründet.

Nachfolgend werden hier kurz im historischen Überblick die internationale Entwicklungspolitik und dann die Entwicklungspolitik der BRD dargestellt. Die globale Entwicklungspolitik ist nicht einheitlich, da hier zahlreiche ↗Akteure mit zum Teil widersprüchlichen Zielsetzungen zusammenwirken. Sie lässt sich der Übersicht halber nach den von den Vereinten Nationen deklarierten Entwicklungsdekaden gliedern:

a) In der in der ersten Entwicklungsdekade in den 1960er-Jahren verfolgte Entwicklungspolitik war dem modernisierungstheoretischen Verständnis von Entwicklung (↗Entwicklungstheorie, ↗Entwicklungsstrategie) verhaftet und richtete sich deshalb auf die Förderung des Wirtschaftswachstums, der Industrialisierung und des Infrastrukturausbaus in den Entwicklungsländern. Durch wachstumsorientierte Maßnahmen und die Steigerung der Agrarproduktion im Rahmen der ↗Grünen Revolution sollte der ↗Teufelskreis der Armut durchbrochen werden, und im Zuge einer ↗nachholenden Entwicklung sollten die nach damaliger Auffassung rückständigen unterentwickelten Länder dem Vorbild der entwickelten Industrieländer folgen. Gleichzeitig diente die Entwicklungspolitik in dieser Epoche aber auch der Durchsetzung außenpolitischer Interessen der Geberländer im Ost-West-Konflikt, was sich in widerspruchsvollen und häufig erfolglosen Resultaten (z. B. Vietnam-Debakel der USA) niederschlug.

b) In den 1970er-Jahren wuchs die Kritik an der einseitig wachstumsorientierten Entwicklungspolitik, sodass als Reaktion darauf vermehrt soziale Ziele und vor allem die Befriedigung von Grundbedürfnissen stärkere Berücksichtigung fanden.

c) Die dritte Entwicklungsdekade in den 1980er-Jahren war für die meisten Entwicklungsländer ein »verlorenes Jahrzehnt«, weil fallende Rohstoffpreise und zunehmende Verschuldung viele Länder in schwere Wirtschaftskrisen stürzten, die vor allem in den ärmsten Ländern Afrikas, aber auch einigen der früheren Hoffnungsträger wie Brasilien, Elfenbeinküste, Mexiko und Algerien zu einem rapiden Verfall der Pro-Kopf-Einkommen, einer Verschlechterung der Lebensverhältnisse (↗Human Development Index) und politischen Unruhen führten. Ausnahmen von dieser allgemeinen Rückentwicklung waren die Wachstumsökonomien der vier »kleinen Tiger« und die VR China in Ostasien.

d) Anfang der 1990er-Jahre bot sich der globalen Entwicklungspolitik nach der Überwindung der Konfrontation von Ost und West die Chance zu einer Neuorientierung, gleichzeitig aber stand sie auch vor der schwierigen Aufgabe, die aus dem Zusammenbruch des Ostblocks hervorgegangenen neuen Entwicklungs- und Transformationsländer in die Leistungen der in ihren Mitteln zunehmend beschränkten ↗Entwicklungszusammenarbeit (EZ) aufzunehmen. Mit der Auflösung der großen Blöcke wurde auch der Begriff der »Dritten Welt« obsolet, und außerdem ging den Entwicklungsländern mit dem Scheitern der Planwirtschaften des sozialistischen Lagers die Alternative zum westlich-kapitalistischen Entwicklungsweg verloren. Neue Impulse wurden von den Geberländern in dieser Phase unter anderem durch die Konditionalisierung der EZ gesetzt. Dabei wird die Vergabe von Leistungen mit bestimmten Auflagen verknüpft, wie beispielsweise der Durchführung wirtschaftlicher und politischer Reformen. Unter Federführung von Weltbank und Internationalem Währungsfonds wurden zahlreiche hochverschuldete Entwicklungsländer im Rahmen von Strukturanpassungsprogrammen zu wirtschaftlichen Reformen gezwungen, die zwar durchaus zu einer wirtschaftlichen Gesundung beitragen, aber zum Teil mit massiven Verschlechterungen der Lebensbedingungen vor allem für die ärmeren Bevölkerungsschichten verbunden sind.

Das Aufgabenfeld der internationalen EZ hat sich im Verlauf der 1990er-Jahre enorm erweitert, weil sie sich zunehmend auch auf übergreifende Problembereiche richten muss, die ein gemeinsames Handeln der Weltgemeinschaft erfordern, z. B. Umwelt und Klimaschutz, Bevölkerungswachstum und Migration, Krisen- und Katastrophenprävention. Das Auseinanderklaffen von wachsenden globalen Anforderungen und begrenzter Leistungsbereitschaft des Nordens führt dazu, dass die großen entwicklungspolitischen Aufgaben bis heute ungelöst bleiben.

Die Entwicklungspolitik der Bundesrepublik Deutschland ist in die globalen Trends eingebettet, aber auch durch spezifisch deutsche Belange geprägt. Eine eigenständige deutsche Entwicklungspolitik gewann nach der Gründung des Ministeriums für Wirtschaftliche Zusammenarbeit (BMZ) im Jahre 1961 nur langsam an Konturen, was unter anderem auf die Verknüpfung von Entwicklungshilfevergabe mit deutschlandpolitischen Zielen (Anerkennung des deutschen Alleinvertretungsanspruchs gemäß der Hallstein-Doktrin) und die Zuordnung entwicklungspolitischer Kompetenzen zu anderen Ressorts (Auswärtiges Amt, Wirtschaftsministerium) zurückzuführen war. Erst seit Ende der 1960er-Jahre (1968 Amtsantritt von Minister Eppler) gelang es, eine in sich konsistente Politik des BMZ mit einer längerfristig angelegten konzeptionellen Basis zu formulieren und die Zuständigkeiten in einem Ministerium stärker zu bündeln. Erleichtert wurde diese Neuorientierung außenpolitisch durch die weltweite Entspannungspolitik und die Blockbildung der Dritten Welt und innenpolitisch durch das Reformklima dieser Jahre.

Der Ölschock des Jahres 1973 und die dadurch ausgelöste weltweite Wirtschaftskrise führten zu einer Verlagerung von Schwerpunkten und der Erweiterung entwicklungspolitischer Zielsetzungen, die jetzt stärker auf globales Krisenmanagement und die Absicherung deutscher außenpolitischer wie vor allem außenwirtschaftspolitischer Interessen ausgerichtet wurden.

Unter der konservativ-liberalen Bundesregierung (1982 bis 1998) folgte die deutsche Entwicklungspolitik einer neoliberalen Wirtschaftspolitik. Dabei wurden nun auch wieder stärker deutsche Interessen verfolgt, vor allem im Bereich der Exportförderung. Im Jahre 1991 beschloss die Bundesregierung fünf neue Kriterien für die Entwicklungshilfe, die von den Partnerländern als Voraussetzung für die Vergabe von Leistungen (»Konditionalisierung der Hilfe«) erfüllt werden sollten:
a) Entwicklungsorientierung staatlichen Handelns, z. B. zur Armutsbekämpfung; b) Schaffung marktfreundlicher Wirtschaftsordnungen, z. B. durch die Privatisierung von Staatsbetrieben; c) Rechtssicherheit; d) Beachtung der Menschenrechte und e) Demokratisierung.

Die rot-grüne Bundesregierung (seit 1998) verursachte mit rigiden Sparmaßnahmen zunächst eine weitgehende Lähmung der deutschen Entwicklungspolitik. Die Mittelkürzungen führen in Verbindung mit einer Neuorientierung von Entwicklungspolitik als »globale Strukturpolitik« zu einer Konzentration der deutschen Entwicklungszusammenarbeit auf bestimmte Schwerpunktländer und Förderbereiche. Gleichzeitig bemüht sich die Bundesregierung um eine aktivere Rolle in internationalen Gremien und im multilateralen Nord-Süd-Dialog, unter anderem mit Unterstützungen für die Ansiedlung von UN-Organisationen in Bonn. [DM]

Entwicklungsprojekt, ein räumlich, zeitlich, gegenständlich und sozial abgegrenztes Maßnahmenbündel, das in einem ↗Entwicklungsland (Projektträger) unter Mithilfe einer Organisation eines ↗Industrielandes durchgeführt wird, um damit ein zuvor vereinbartes Projektziel zu erreichen.

Mehrere Projekte können komplementäre Bestandteile eines übergeordneten Programms bilden. Planung und Durchführung von Entwicklungsprojekten erfolgen in der Regel in systematischen Arbeitsschritten. Projektideen oder Initiativen zum Aufbau von Projekten können von Zielgruppen, Regierungsinstitutionen im Entwicklungsland, ↗Nichtregierungsorganisationen oder auch von Durchführungsinstitutionen im Industrieland ausgehen. Anschließend werden in der deutschen staatlichen ↗Entwicklungszusammenarbeit in dem Verfahren der ↗zielorientierten Projektplanung verschiedene standardisierte Planungsschritte durchlaufen, u. a. Problemanalyse, Beteiligtenanalyse, Definition von hierarchisch geordneten Projektzielen und schließlich Festlegung von Aktivitäten und Indikatoren zur Messung und Evaluation der Projektergebnisse. Entwicklungsprojekte lassen sich typisieren hinsichtlich der Breite des Aktivitätenbündels (mono-/multisektoral), dem Grad der Zielgruppenbeteiligung (↗Selbsthilfe) und der Form der Aktivitäten der externen Entwicklungsorganisation (↗Technische Zusammenarbeit bzw. ↗finanzielle Entwicklungszusammenarbeit, Beratung, ↗Ländliche Regionalentwicklung; Ressourcenschutz). [DM]

Entwicklungsstadientheorie, *Stufenlehre der Entwicklungsstadien*, modernisierungstheoretisches Modell zur Beschreibung des Übergangs vom ↗Entwicklungsland zum ↗Industrieland in fünf Stadien. Das Modell überträgt in stark generalisierter Form die historischen Entwicklungsstadien der heutigen Industrieländer als Muster auf die heutigen Entwicklungsländer, wobei kulturelle, soziale und ökonomische Besonderheiten keine Berücksichtigung finden. Die Take-off-Phase markiert in dieser Modellvorstellung den Wendepunkt der Entwicklung eines vormals unterentwickelten agrarisch geprägten Landes zu einem modernen Industriestaat. Voraussetzung für das Erreichen der Take-off-Phase ist eine erfolgreiche ↗Modernisierung.

Entwicklungsstrategie

Detlef Müller-Mahn, Bonn

Wenn man ↗Entwicklung allgemein als einen Prozess mit normativ begründeter Zielrichtung versteht, geben Entwicklungsstrategien den Weg an, über den das Ziel erreicht werden soll. Dementsprechend werden Entwicklungsstrategien stets durch eine negativ bewertete Ausgangslage, eine positive Zielsetzung und durch die vorhandenen Mittel für die erforderlichen Veränderungen bestimmt. Im engeren Sinne werden Entwicklungsstrategien als aufeinander abgestimmte entwicklungspolitische Maßnahmen verstanden, die aus dem analytischen Rahmen von ↗Entwicklungstheorien abgeleitet werden und darauf ausgerichtet sind, konkrete entwicklungspolitische Ziele nachhaltig zu erreichen.

Entsprechend den unterschiedlichen normativen Grundlagen des Entwicklungsbegriffes lassen sich eine Vielzahl von Strategien unterscheiden. Gemeinsam ist ihnen allen, dass sie auf Verbesserungen innerhalb eines bestimmten Gegenstandsbereiches und/oder für eine bestimmte Zielgruppe ausgerichtet sind, und dass sie zur Überwindung der ↗Unterentwicklung und ihrer Folgen beitragen wollen. Weil es aber in der Entwicklungstheorie unterschiedliche Auffassungen über die Ursachen von Unterentwicklung gibt, können auch die strategischen Schlussfolgerungen nicht einheitlich sein.

Projektstrategien und nationale Entwicklungsstrategien

Für eine erste Systematisierung können einerseits die unmittelbar praxisorientierten Projektstrategien und andererseits die übergeordneten, stärker auf die nationale Ebene zielenden Entwicklungsstrategien unterschieden werden:

a) Projektstrategien

Auf der Ebene der projektgebundenen Entwicklungszusammenarbeit lassen sich sektorale, sektorübergreifend-regionale und armutsorientierte Strategien unterscheiden. Zu den sektoralen Strategien gehören z. B. Ansätze zur Förderung der Agrarproduktion im Rahmen der ↗Grünen Revolution; eine sektorübergreifende Strategie verfolgen die Programme der ↗Ländlichen Regionalentwicklung und unmittelbar der Armutsbekämpfung dienen die Strategien der ↗Grundbedürfnisbefriedigung, des ↗Empowerments und vor allem der Hilfe zur ↗Selbsthilfe. In der Praxis von ↗Entwicklungsprojekten ist eine strenge Abgrenzung von Strategietypen kaum möglich, da häufig verschiedene Komponenten miteinander verbunden werden.

b) nationale Entwicklungsstrategien

Auf übergeordneter Ebene hat die Suche nach geeigneten Entwicklungsstrategien in den vergangenen Jahrzehnten verschiedene Phasen durchlaufen, die einerseits durch den wechselvollen Verlauf der Theoriedebatte und andererseits durch die Veränderungen der politischen, ökonomischen und sozialen Rahmenbedingungen beeinflusst wurden. Die ersten Formulierungen von Entwicklungsstrategien nach dem zweiten Weltkrieg basieren auf einem Vergleich von entwickelten und unterentwickelten Gesellschaften, um daraus entwicklungsrelevante Faktoren abzuleiten, die den Entwicklungsprozess begünstigten bzw. behinderten. Dabei stand bis Anfang der

1970er-Jahre das Wachstumsziel unbestritten im Vordergrund.

Wachstumsstrategien in Entwicklungsländern

Wachstumsstrategien setzen Entwicklung gleich mit wirtschaftlichem Wachstum, gemessen an der Zunahme der Gesamtleistung einer Volkswirtschaft (↗Bruttosozialprodukt, ↗Bruttoinlandsprodukt) oder des ↗Pro-Kopf-Einkommens. Diesen ökonomisch orientierten Entwicklungsstrategien liegt die Auffassung zugrunde, der Entwicklungsprozess müsse verschiedene Stadien des Wachstums durchlaufen (↗Entwicklungsstadientheorie), die sich an dem Entwicklungsmuster der industrialisierten Länder zu orientieren hätten.

Unterschiedliche Auffassungen bestanden von Anfang an darüber, wie wirtschaftliches Wachstum am besten erreicht werden könnte. Die zu beseitigenden Engpässe und Entwicklungshindernisse wurden in verschiedenen Bereichen gesehen: Eine Richtung der Strategiedebatte vertrat die Auffassung, der zentrale Engpass läge in der Kapitalknappheit der Entwicklungsländer, die deshalb nicht ausreichend in den Aufbau von Infrastruktur etc. investieren könnten. Entwicklungsstrategische Folgerung war die Erhöhung des Kapitalimports und die Förderung der Ersparnisbildung. Die Strategie der Erhöhung des Kapitalangebots prägte die Entwicklungsplanungen einer Reihe asiatischer Länder wie Taiwan, Pakistan und Indien.

Eine andere Richtung der Strategiedebatte sah den zentralen Engpass eher in der unzureichenden Kapitalnachfrage und hielt daher die Mobilisierung von Spar- und Auslandskapital für nicht ausreichend. Vielmehr seien die zu geringe Umsetzung von Finanz- in Sachkapital und die geringe Investitionstätigkeit auf die Enge des Marktes bzw. auf fehlende unternehmerische Fähigkeiten zurückzuführen. Aus diesem Verständnis heraus wurden zwei gegensätzliche Strategien abgeleitet, die beide auf eine Stimulierung der Kapitalnachfrage abheben, sich aber in der Verteilung der entwicklungsfördernden Investitionen unterscheiden: Die Strategie des gleichgewichtigen Wachstums (balanced growth) zielt auf eine ausgewogene Entwicklung des Binnenmarktes durch gleichzeitige Investitionen in verschiedenen unterentwickelten Sektoren, um ein sich selbst tragendes Wachstum mit Komplementaritätswirkungen zwischen verschiedenen Sektoren zu induzieren. Als möglicher Auslöser für anhaltende ökonomische Wachstumsprozesse wird ein kräftiger Investitionsstoß (»big push«) erwogen.

Die Strategie des ungleichgewichtigen Wachstums (unbalanced growth) geht dagegen davon aus, dass nicht das unzureichende Kapitalangebot der knappe Faktor für wirtschaftliches Wachstum in Entwicklungsländern sei, sondern die fehlende Investitionsbereitschaft der einheimischen Kapitaleigner. Als Begründung wird auf Luxuskonsum, Prestigedenken und unproduktive Investitionen in vielen Entwicklungsländern verwiesen. Kapital ließe sich unter diesen Bedingungen nur bei Aussicht auf große Gewinnchancen mobilisieren. Demzufolge müssten für die einheimischen Investoren starke Anreize für eigene Investitionen gesetzt werden. In der Unbalanced-growth-Strategie wird dazu der gezielte Aufbau von Schlüsselindustrien mit hohem Verflechtungsgrad vorgeschlagen und gleichzeitig eine Angebotssteuerung auf dem Binnenmarkt durch Importrestriktionen. Durch die Beschränkung und Verteuerung von Importen entsteht ein gegen externe Konkurrenz geschützter Binnenmarkt, auf dem die einheimische Produktion mit staatlicher Unterstützung Importe zunehmend ersetzen soll.

Importsubstitution oder Weltmarktorientierung

Die ebenfalls in den Kontext des ungleichgewichtigen Wachstums gehörende Importsubstitutionsstrategie basiert auf Preissteigerungen und den daraus resultierenden Investitionsanreizen in den durch Importrestriktionen betroffenen Sektoren. Importsubstitution wurde in einigen Ländern (z. B. Mexiko) zur Steigerung der Agrarproduktion eingesetzt, diente aber im Wesentlichen als Element einer umfassenden Industrialisierungsstrategie. Die Importsubstitution war als strategisches Mittel zur Industrialisierung in den 1950er- und 1960er-Jahren in vielen Ländern (z. B. Ägypten, Indien) zunächst durchaus erfolgreich, indem Wachstumseffekte realisiert werden konnten, führte aber bereits seit Anfang der 1970er-Jahre zu zunehmender Unrentabilität der Protektionswirtschaft.

Als Reaktion auf die Krise der Importsubstitution wurde seit den 1970er-Jahren verstärkt auf die Strategie der Exportexpansion gesetzt. Dazu waren zunächst ein Abbau der protektionistischen Maßnahmen und eine Förderung des Exportes durch Steuererleichterungen, Subventionen und administrative Unterstützung erforderlich. Gleichzeitig wurde versucht, ausländische Direktinvestitionen einzuwerben und die Ansiedlung exportorientierter ausländischer Unternehmen zu fördern. Die Kombination von Importsubstitution in einer ersten stärker binnenorientierten Entwicklungsphase und einem anschließenden systematischen Übergang zu einer weltmarktorientierten Entwicklung durch massive Exportexpansion war die Grundlage der erfolgreichen wirtschaftlichen Entwicklung einiger Schwellenländer wie Taiwan oder Südkorea.

Kritik an den Entwicklungsstrategien

Die in der Praxis verfolgten Entwicklungsstrategien gerieten jedoch auch wiederholt in die Kritik der entwicklungspolitisch interessierten Öffentlichkeit. Die Kritik an den ausschließlich wachstumsorientierten Entwicklungsstrategien bezog sich zum einen auf die normative Basis des Entwicklungszieles und zum anderen auf die beobachteten negativen Auswirkungen bei der Umsetzung von Wachstumsstrategien. Die normativ begründete Kritik richtet sich darauf, dass wirtschaftliches Wachstum keineswegs mit einer allgemeinen Verbesserung der Lebensbedingungen für alle Mitglieder von Entwicklungsgesellschaften verbunden ist, sondern im Gegenteil zur Verschärfung sozioökonomischer Disparitäten und zur Zunahme von Massenarmut führt. Abgelehnt wird von Kritikern insbesondere die modernisierungstheoretische Unilinearität, wie sie beispielsweise das Rostow'sche Stadienmodell kennzeichnet: Das westlich geprägte Modernisierungsleitbild versteht demnach Entwicklung als Einbahnstraße und propagiert eine nachholende Entwicklung durch die Nachahmung westlicher Konsum- und Produktionsstile. Die Erfahrungen aus vier Entwicklungsdekaden zeigen, dass eine zu einseitig an westlichen Vorbildern orientierte Entwicklung leicht in Konflikt mit den kulturellen und sozialen Strukturen der Entwicklungsländer gerät (↗Entwicklungszusammenarbeit). Kritisiert wird außerdem, dass eine Ausdehnung der mit westlichen Konsum- und Produktionsstilen verbundenen Umweltbelastungen kaum im allgemeinen Interesse liegen kann.

Aus der kritischen Auseinandersetzung mit den westlich geprägten Modernisierungs- und Wachstumsstrategien gingen alternative strategische Ansätze hervor, die bei einem grundsätzlich anderen Verständnis von Unterentwicklung ansetzen. Ausgehend von der Auffassung, dass Unterentwicklung mit all ihren Erscheinungsformen im Wesentlichen durch Abhängigkeitsstrukturen begründet ist, die bereits in der Kolonialzeit (↗Kolonialisierung) angelegt wurden, wird die entscheidende Voraussetzung für Entwicklung in der Überwindung von Abhängigkeit gesehen. Das Kolonialsystem erzwang eine Anpassung der Produktionsstrukturen in den Kolonien an die Strukturen und Bedürfnisse der Mutterländer und führte damit zu einer ungleichen Kapitalakkumulation. Die in der Kolonialzeit etablierte politische Abhängigkeit wurde auf diese Weise nach der Dekolonisierung in eine ökonomische Abhängigkeit umgewandelt.

Die Strategie der autozentrierten Entwicklung fordert eine Orientierung an den Bedürfnissen der breiten Masse der Bevölkerung in den Entwicklungsländern und eine größere Unabhängigkeit der Wirtschaft von Importen und Investitionen aus Industrieländern. Den Schritt einer partiellen Dissoziation (Abkopplung) aus weltwirtschaftlichen Verflechtungen haben jedoch nur wenige Länder vollzogen. Erfolge ließen sich dabei nur dort verzeichnen, wo ein ausreichend großer Binnenmarkt vorhanden war (China), während die Versuche einer autozentrierten Entwicklung in kleineren ↗Entwicklungsländern an der Enge des Binnenmarktes, der Ineffizienz der nationalen Entwicklungsbürokratie und dem Widerstand der Industrieländer scheiterten (Tansania, Sri Lanka, Burma).

Entwicklungstheorie, in der Entwicklungsländerforschung diskutierte Theorien zu ↗Entwicklung und ↗Unterentwicklung. Entwicklungstheorien haben sich seit jeher zwei Herausforderungen zu stellen: Einerseits sollen sie die wirtschaftlich-gesellschaftlichen Phänomene von Unterentwicklung und Entwicklung analysieren und einen Beitrag zu ihrer Erklärung leisten. Andererseits sollen sie die Möglichkeit bieten, aus der Problemanalyse und -erklärung strategische Folgerungen abzuleiten (↗Entwicklungsstrategien). Dabei kann der Fokus einzelner Theorieansätze auf wirtschaftlichen, sozialen, politischen oder kulturellen Faktoren liegen, beziehungsweise versuchen, diese miteinander zu verbinden (Abb.). Vereinfacht können ↗Modernisierungstheorie und ↗Dependenztheorie als die beiden großen Antipoden der theoretischen Auseinandersetzung während der letzten Jahrzehnte angesehen werden. Die Dependenztheorie wurde in den 1970er-Jahren aufgegriffen und weiterentwickelt. Hier sind vor allem die ↗Weltsystemtheorie, die Staatsklassentheorie (↗Staatsklasse) sowie die Theorie ↗strategischer Gruppen zu nennen. Die entwicklungstheoretische Diskussion der 1980er-Jahre stand im Zeichen der sog. »Theorien mittlerer Reichweite«. Sie erhoben vor dem Hintergrund der Differenzierungsprozesse innerhalb der Dritten Welt nicht mehr einen umfassenden Erklärungsanspruch, sondern waren bemüht, zum Verständnis regionalspezifischer Fragen oder zur Funktionsweise einzelner sozioökonomischer Phänomene von Unterentwicklung und Entwicklung beizutragen, so beispielsweise im Rahmen des sog. Bielefelder ↗Verflechtungsansatzes. Heute lässt sich im Zuge der Diskussion um ↗Globalisierung allerdings eine Rückkehr zu makrotheoretischen Argumentationen erkennen. Dabei ist die aktuelle entwicklungstheoretische Diskussion stärker denn je von einer Pluralität der Ansätze gekennzeichnet. Im Vordergrund steht die Frage nach Funktionsweise und Wirkung der Globalisierung: Gehören die Länder des Südens zu den potenziellen Gewinnern, wie teilweise von Vertretern des Neoliberalismus unterstellt, oder zu den Verlierern des Globalisierungsprozesses? Kritiker stellen die fragmentierende Wirkung der Globalisierung mit Prozessen der Inklusion und Exklusion in den Vordergrund, die zukünftig dazu führen kann, dass der ehemalige Gegensatz zwischen reichem Norden und armem Süden durch ein globales Mosaik von vernetzten Wohlstandsinseln in einem neuen weltweiten »Meer der Armut« abgelöst wird. Ebenso wird unvermindert die Frage nach den (u. a. institutionellen) Hintergründen für Entwicklungsblockaden und nach den Voraussetzungen für die Inwertsetzung von Entwicklungspotenzialen – vermehrt aus institutionenökonomischer Sicht – diskutiert sowie die Frage nach den Regelmechanismen des Mensch-Umwelt-Verhältnisses gestellt (↗Nachhaltigkeit). Zwar sind viele der heute diskutierten Fragen nicht neu, jedoch ist die früher oft vorherrschen-

Entwicklungstheoretische Ansätze	Zeitlich-politischer Hintergrund	Hauptkennzeichen von Unterentwicklung	Erklärung von Unterentwicklung	Hauptziel von Entwicklung
Modernisierungstheorie	1950er/1960er Jahre: Nachkriegsboom	Dualismus traditionell – modern	endogen	nachholende Entwicklung
Dependenztheorie	1960er/1970er Jahre: Entkolonialisierung, Nord-Süd-Gegensätze	Abhängigkeit Marginalität, strukturelle Heterogenität	exogen	(Dissoziation) self-reliance
Weltsystemtheorie	1970er/1980er Jahre: historische Dominanz des kapitalistischen Systems	Inkorporation in weltweites kapitalistisches System als Peripherien bzw. Semiperipherien	exogen	Veränderung des kapitalistischen Weltsystems
Staatsklassentheorie/ Strategische Gruppen	1980er Jahre: Persistenz von »Entwicklungsdiktaturen«	Entwicklungsblockade durch Machtgruppen	endogen/ institutionell	Abbau interner Entwicklungsblockaden
Theorien »mittlerer Reichweite«: »Bielefelder Verflechtungsansatz«, regionalspezifische Theorien	1980er Jahre: interne Differenzierung der Dritten Welt	regionalspezifische Ausprägungen und Differenzierungen	exogen und endogen	regionalspezifisch zu definieren, Valorisierung der Überlebensökonomie
Theorien der Globalisierung	1990er Jahre: Auflösung der Blöcke, ökonomische/kulturelle Globalisierung	Peripherisierung, Fragmentierung	unspezifisch	globale Regimebildung

Entwicklungstheorien: Tabellarische Übersicht.

de und zurecht kritisierte Eindimensionalität in den Erklärungen von Unterentwicklung und Entwicklung einer mehrdimensionalen Betrachtungsweise gewichen, denn nur in der Verflechtung von wirtschaftlichen, politischen, sozialstrukturellen und kulturellen Faktoren lassen sich die komplexen Probleme der Entwicklungsländer verstehen. [MC]

Entwicklungszentrum ↗Konzentration.

Entwicklungszusammenarbeit, EZ, bezeichnet die Kooperation zwischen Institutionen aus Geber- und Empfängerländern zum Zweck der Entwicklungsförderung. Dazu gehört der Transfer von Kapital, Ausrüstungsgütern und Wissen in ↗Entwicklungsländer zum Zweck der Förderung lokaler und nationaler Entwicklungsprozesse. Sie umfasst die ↗technische Entwicklungszusammenarbeit (TZ), die ↗finanzielle Entwicklungszusammenarbeit (FZ) sowie die ↗Nahrungsmittelhilfe. Die Entwicklungszusammenarbeit enthält materielle und nichtmaterielle Leistungen von privaten bzw. öffentlichen Stellen der ↗Industrieländer (Abb.) an private und/oder staatliche Empfänger in den Partnerländern. Der Begriff der Entwicklungszusammenarbeit wird heute im offiziellen Sprachgebrauch dem Begriff der Entwicklungshilfe vorgezogen, um damit den Grundgedanken einer Partnerschaft zwischen Nord und Süd auszudrücken. Damit wird ein grundsätzlicher Wandel im Bereich der Konzepte der internationalen ↗Entwicklungspolitik, der zum einen auf Fehlschläge und Lernerfahrungen früherer Entwicklungsdekaden zurückzuführen ist, zum anderen aber auch auf ein langsam wachsendes Verständnis von gemeinsamen Zukunftsaufgaben in einer immer enger vernetzten Welt. Das Umdenken ist auf die massive Kritik zurückzuführen, die von entwicklungspolitisch engagierten Gruppen und von den Entwicklungsländern selbst seit den 1960er-Jahren an den Formen und Inhalten dieser Kooperation zwischen de facto doch recht ungleichen Partnern vorgebracht wurde. Die Kritik bezog sich im Wesentlichen darauf, dass mit der Hilfe auch ein westlich geprägtes Verständnis von Entwicklung exportiert werde, und dass sich die Verteilung der Leistungen nicht nur an den Bedürfnissen der Empfänger, sondern auch – und häufig recht einseitig – an den wirtschaftlichen und geostrategischen Eigeninteressen der Geber orientierte. Auch die deutsche ↗Entwicklungspolitik wurde in ihrem wechselvollen Verlauf durch das Spannungsverhältnis von humanitären Anliegen und ökonomisch-politischen Eigeninteressen geprägt. Heute bezieht sich der Begriff der Entwicklungshilfe wie im englischen Sprachgebrauch (»development assistance«) primär auf die konkreten Leistungen, während der umfassendere Begriff der Zusammenarbeit das gesamte Politikfeld der Nord-Süd-Beziehungen einbezieht.

Die institutionellen Grundlagen der Entwicklungszusammenarbeit lassen sich nach den folgenden Kriterien gliedern:

a) Herkunft der Leistungen: Zu unterscheiden ist zwischen offizieller (staatlicher) und privater Entwicklungshilfe. Im engeren Sinne werden nur solche direkten und indirekten Leistungen an Entwicklungsländer als offizielle Entwicklungshilfe (»official development assistance«, ODA) bezeichnet, die von der öffentlichen Hand der Geberländer stammen, der Förderung sozialer und wirtschaftlicher Entwicklungsprozesse in den Empfängerländern dienen, und im Vergleich zu kommerziellen Transaktionen ein Zuschusselement von mindestens 25 % enthalten, also zu gegenüber den üblichen Marktbedingungen deutlich günstigeren Konditionen vergeben werden. Die private Entwicklungshilfe umfasst die nichtkommerziellen Übertragungen an Entwicklungsländer von nichtstaatlichen Trägern (↗Nichtregierungsorganisationen, NRO) wie z. B. Stiftungen, kirchlichen Organisationen u. a.

b) institutionelle Trägerschaft der Leistungen: In einigen Geberländern werden die Entwicklungs-

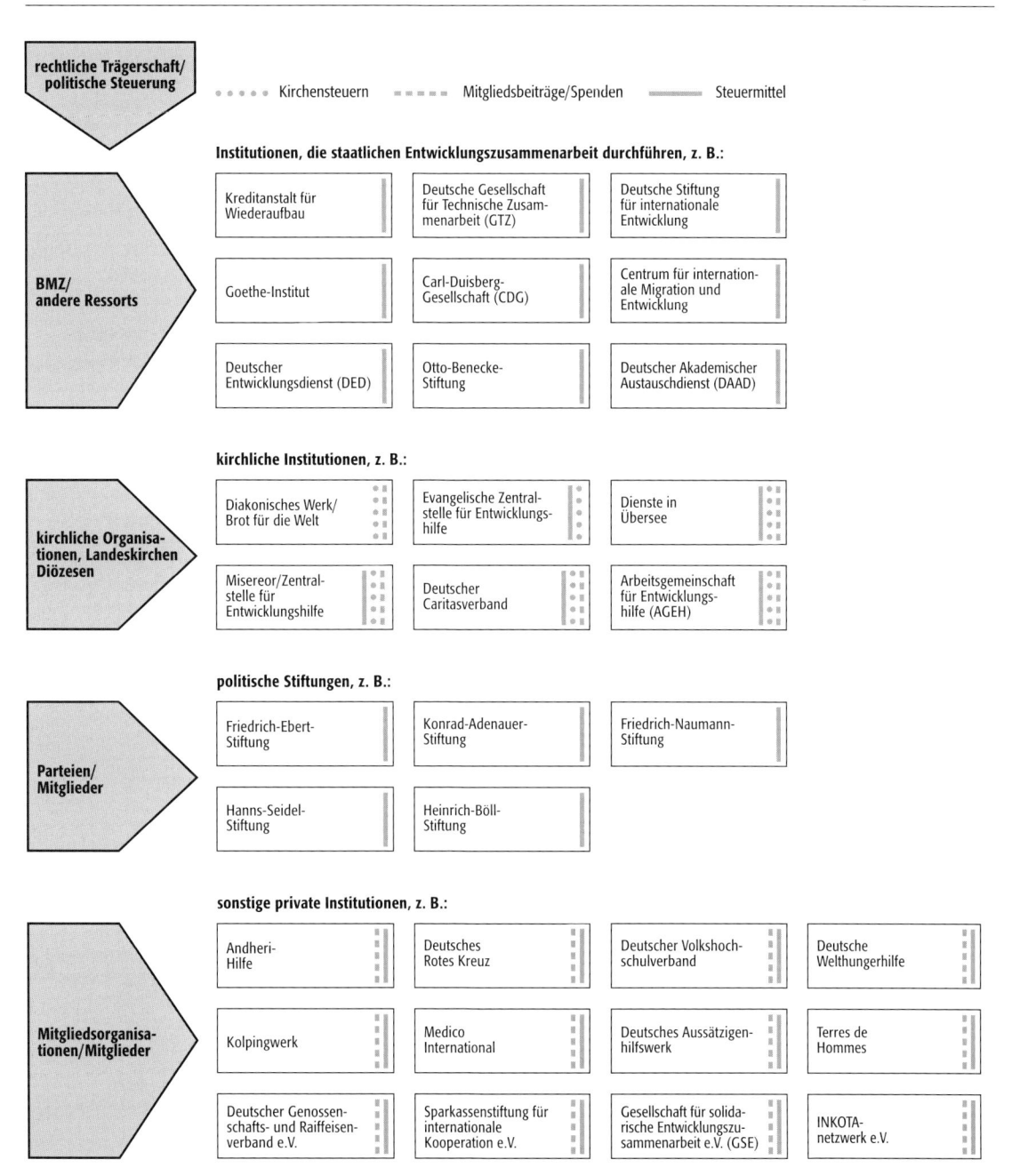

Entwicklungszusammenarbeit

| | ····· Kirchensteuern | ─ ─ ─ Mitgliedsbeiträge/Spenden | ─── Steuermittel |

rechtliche Trägerschaft/politische Steuerung

BMZ/andere Ressorts

Institutionen, die staatliche Entwicklungszusammenarbeit durchführen, z. B.:

Kreditanstalt für Wiederaufbau	Deutsche Gesellschaft für Technische Zusammenarbeit (GTZ)	Deutsche Stiftung für internationale Entwicklung
Goethe-Institut	Carl-Duisberg-Gesellschaft (CDG)	Centrum für internationale Migration und Entwicklung
Deutscher Entwicklungsdienst (DED)	Otto-Benecke-Stiftung	Deutscher Akademischer Austauschdienst (DAAD)

kirchliche Organisationen, Landeskirchen Diözesen

kirchliche Institutionen, z. B.:

| Diakonisches Werk/Brot für die Welt | Evangelische Zentralstelle für Entwicklungshilfe | Dienste in Übersee |
| Misereor/Zentralstelle für Entwicklungshilfe | Deutscher Caritasverband | Arbeitsgemeinschaft für Entwicklungshilfe (AGEH) |

Parteien/Mitglieder

politische Stiftungen, z. B.:

| Friedrich-Ebert-Stiftung | Konrad-Adenauer-Stiftung | Friedrich-Naumann-Stiftung |
| Hanns-Seidel-Stiftung | Heinrich-Böll-Stiftung | |

Mitgliedsorganisationen/Mitglieder

sonstige private Institutionen, z. B.:

Andheri-Hilfe	Deutsches Rotes Kreuz	Deutscher Volkshochschulverband	Deutsche Welthungerhilfe
Kolpingwerk	Medico International	Deutsches Aussätzigenhilfswerk	Terres de Hommes
Deutscher Genossenschafts- und Raiffeisenverband e.V.	Sparkassenstiftung für internationale Kooperation e.V.	Gesellschaft für solidarische Entwicklungszusammenarbeit e.V. (GSE)	INKOTA-netzwerk e.V.

politik und ihre Umsetzung durch ein spezielles Ministerium gesteuert, z. B. in der Bundesrepublik Deutschland durch das Bundesministerium für Wirtschaftliche Zusammenarbeit (BMZ), in anderen Ländern handelt es sich um Querschnittsaufgaben verschiedener Ressorts. Zu unterscheiden ist zwischen bilateraler und multilateraler EZ. Die bilaterale EZ basiert auf Rahmenabkommen zwischen jeweils einem Geber- und einem Empfängerland und der gemeinsamen Durchführung konkret vereinbarter ↗Projekte oder projektübergreifender Programme, die durch die Instrumentarien der FZ und TZ unterstützt werden. Für die Abwicklung der FZ der Bundesrepublik Deutschland ist die Kreditanstalt für Wiederaufbau (KfW) in Frankfurt zuständig, für die TZ die Deutsche ↗Gesellschaft für Technische Zusammenarbeit (GTZ) in Eschborn bei Frankfurt. Bei der multilateralen EZ führen die Geberländer Finanzmittel an internationale Institutionen ab, die dann ihrerseits Projekte oder Programme in Entwicklungsländern durchführen. Die wichtigsten internationalen Entwicklungsinstitutionen sind das United Na-

Entwicklungszusammenarbeit: Institutionen der Entwicklungszusammenarbeit in Deutschland.

Epigenese: Epigenetisches Durchbruchstal des North Platte River (Wyoming/USA, 20 km nordöstlich Rawlins), das Schichtkämme aus Mesaverde-Sandstein (Oberkreide) quert und sich von einer alttertiären Rumpffläche aus eingeschnitten hat.

tions Development Programme (↗UNDP), die ↗Weltbank und der Internationale Währungsfonds (↗IWF). [DM]

Entzerrung, *Rektifizierung*, Angleichung von Rasterdaten der ↗Fernerkundung an ein geodätisches Koordinatensystem mittels einer Anzahl von ↗Passpunkten. Dabei werden den Passpunkten des Bildes die korrespondierenden Koordinaten des geodätischen Systems zugeordnet. Die Passpunkte werden lagerichtig positioniert, wodurch folgend der gesamte Bilddatensatz rechnerisch entzerrt wird. Die Entzerrung ist absolut notwendig, wenn Satellitenbild-Mosaike erstellt werden, oder wenn Satellitenbild-Datensätze in GIS-Anwendungen einfließen. Bei einer ↗Bildüberlappung reicht oft eine relative Entzerrung, d. h. nur die Angleichung der Geometrie der Satellitenbilder an ein Referenzbild. Eine *absolute Entzerrung* beschränkt sich nicht nur auf geodätisch korrekte X, Y-Werte, sondern verwendet auch die Z-Werte eines digitalen Höhenmodells (↗DHM). Das ist bei Luftaufnahmen von besonderer Bedeutung (↗Zentralperspektive, ↗Orthophoto). [MS]

environmental impact assessment, ↗Umweltverträglichkeitsprüfung.

Eophytikum, *Frühpflanzenzeit*, wenig gebräuchlicher Zeitbegriff und stratigraphische Einheit, die durch eine frühe Entwicklungsstufe der Pflanzen (vor dem Auftreten von Gefäßpflanzen) charakterisiert ist. Sie umfasst den frühesten Zeitabschnitt der Erdgeschichte vom ↗Präkambrium bis zum ↗Ordovizium. ↗Evolution von Ökosystemen.

Eozän, Zeitabschnitt des ↗Tertiärs (siehe Beilage »Geologische Zeittafel«) mit bekannten Meeresablagerungen im ↗Pariser Becken und der berühmten Fossilfundstelle des Ölschiefers von ↗Messel bei Darmstadt.

Ephemerophyten ↗Einbürgerung.

Epidemie, Ausbruch einer Krankheit in einem Gebiet, in dem sie für einige Zeit unbekannt war und in dem die Immunität entsprechend gering ist. Schwere Erkrankungen sind zwar charakteristisch, aber es muss nicht zwangsläufig zu Massenerkrankungen kommen.

Epidemiologie, Erforschung der Ausbreitungsursachen und -wege von Krankheiten in der Bevölkerung und der Möglichkeiten ihrer Eindämmung.

epidemiologischer Übergang, Modell, das den Zusammenhang zwischen ↗Krankheitsmustern und sozialen, wirtschaftlichen, ökologischen und demographischen Bedingungen beschreibt. Der epidemiologische Übergang ist ursprünglich in drei Phasen gegliedert: a) Seuchen und Hungersnöte (Krankheiten der Armut), b) Zurückweichen von Seuchen, c) *degenerative Krankheiten* (körperlicher Abbau) und durch den Menschen verursachte Krankheiten (*man-made-diseases*). Die Verlängerung der Lebenserwartung hat manche Autoren veranlasst, eine vierte Phase zu ergänzen: d) verspätet einsetzende degenerative Krankheiten. Diese vierte Phase ist aber auch gekennzeichnet durch die wachsende Bedeutung »sozialer« Krankheitsbilder, d. h. durch steigende Mortalität aufgrund von Alkoholismus, Unfällen, Gewalt, Selbstmorden usw., die in direktem Zusammenhang mit dem individuellen Verhalten und dem Lebensstil stehen. Auch ↗AIDS ist ein gesellschaftliches Problem, das dieser oder bereits einer fünften Phase des Modells zugeordnet werden kann: e) der Phase der Wiederkehr alter und des Auftretens neuer ↗Infektionskrankheiten und parasitärer Krankheiten.

Der epidemiologische Übergang lässt sich am ↗Industrieländern am Verlaufe des Entwicklungsprozesses zeitlich nachvollziehen. In vielen ↗Schwellenländern können verschiedene Phasen des Modells nebeneinander beobachtet werden, weshalb man dort auch von der »doppelten Last« spricht. Der epidemiologische Übergang steht in enger Verbindung zum ↗demographischen Übergang. [HL]

Epigaion, Organismen der Bodenoberfläche und der darauf liegenden Pflanzenstreu. ↗Bodenfauna.

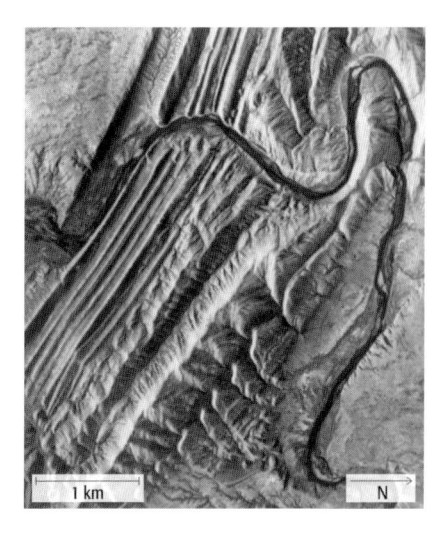

Epigenese, Art der Talbildung (*epigenetisches Tal*), bei der das Flusssystem einer Ebene infolge schneller Hebung unter Beibehaltung (»Vererbung«) seines Grundrisses eingetieft wird. Dabei können aus Flussmäandern (↗Mäander) ↗Talmäander werden. Bei der Querung von ↗Strukturformen entstehen epigenetische ↗Durchbruchstäler. Je nach Beschaffenheit der Ausgangsebene wird zwischen Sedimentdecken-Epigenese und Rumpfflächen-Epigenese (Abb.) unterschieden. Epigenetische Täler sind ein deutliches Indiz der Reliefentwicklung (↗Morphogenese) aus einem Flachrelief. Bei Taleintiefungen infolge kleinräumiger ↗Epirogenese ist eine klare Unterscheidung von epigenetischer und antezedenter Talbildung (↗Antezedenz) nicht möglich.

epigenetisches Tal ↗Epigenese.

Epikarst, Bezeichnung für die oberflächennahe, subkutane Zone des vadosen Bereiches. ↗Karsthydrologie.

Epiphylle, *Foliicole*, meist fakultativ blattbewohnende (»Phyllosphäre«) flachwachsende ↗Moose (Moosdecken) und Krusten- ↗Flechten auf glatten Blattoberseiten immergrüner mesophyller langlebiger Blätter (2–5 Jahre) im dichtschattenden Unterholz tropischer perhumider Bergwälder (↗Nebelwald) mit permanent höchster Luftfeuchtigkeit; größte Verbreitung in der innertropischen submontanen Stufe (1000–2000 m NN); höchste Artenvielfalt in Nebelwäldern der Malesiana, Melanesia und der Antillen, vereinzelte Vorkommen auch im hochozeanischen Westeuropa. Die Verbreitung erfolgt vegetativ durch Thallusbruchstücke. Im dauerfeuchten Schatten des Unterholzes tropischer Bergwälder herrschen Lebermoose (Hepaticae, häufigste Familie Lejeuneaceae) vor. Wird der Bestand aufgelichtet und unterliegt Luftfeuchtigkeitsschwankungen, verschwinden die epiphyllen Lebermoose (Störungszeiger). Foliicole Flechten ertragen Feuchtigkeitsschwankungen, sie besiedeln immergrüne Blätter der Kronenperipherie tropischperhumider Wälder oder wechselfeucht-tropische Wälder. [GM]

Epiphyten, Gefäßpflanzen, Moose und Flechten, die obligat, nur in feuchtesten Wäldern auch fakultativ, auf anderen Pflanzen, vorzugsweise Bäumen, wachsen; sie belasten die ↗Trägerpflanze, parasitieren jedoch nicht (Abb. 1). Die auf Ästen wurzelnden Gefäßpflanzen-Epiphyten können so wenig wie Moos- und Flechten-Epiphyten Verdunstungsverluste aus dem Boden kompensieren, sind also für ihren Wasserhaushalt gänzlich auf Niederschlag und das Wasserspeichervermögen epiphytischer Substrate auf den Bäumen angewiesen. Sie sind deshalb in der Mehrzahl sensible Humiditätszeiger, vor allem für die Humiditätshöhenstufung in subtropischen und tropischen Gebirgen. ↗Nebelwälder haben oft aspektbestimmenden Epiphytenbesatz und können durch Epiphytendominanz differenziert werden. In der Südabdachung des zentralen Himalaja (Nepal) herrscht folgende Höhenstufung vor: untere Nebelwaldstufe 2000–2500 m mit epiphytischen Orchideen und Blattflechten, die saisonale Austrocknung ertragen; mittlere Nebelwaldstufe 2500–3000 m mit Bartmoosen, epiphytischen Sträuchern und epiphytischen Farnen im Bestandesinnern, Bartflechten und trockenkahlen epiphytischen Farnen im äußeren Kronenraum; 3000 m bis zur oberen Waldgrenze höchste Humidität im Bestandesinnern mit Lebermooskissen, welche die Bäume einhüllen und Bartflechten an der Kronenperipherie. Im Waldgrenzökoton bei wechselnder Nebelnässung und Einstrahlung herrschen Bart- und Krustenflechten vor. Die wechselfeuchten tropischen Wälder Südamerikas der kollinen ↗Höhenstufe haben reiche Epiphytenflora von austrocknungsangepassten Bromeliaceen und Cactaceen. In der humiden Außenabdachung der bolivianischen Ostkordillere liegt die höchste Artenvielfalt an Gefäßpflanzen-Epiphyten in der ↗Höhenstufe der »Tierra caliente« (1200–2300 m, Abb. 2) als der Summe feuchtester und wärmster Bedingungen. Von den ca. 23.500 epiphytischen Gefäßpflanzen sind 2600 Farn- und Farnverwandte-, 14.000 Orchideen-, 1400 Araceen- und 1100 Bromeliaceen-Arten. Moos-Epiphyten sind für feucht-kühle Gebirge typisch und können auch außerhalb der Tropen aspektbestimmend sein. Epiphyten halten das Holz ihres Trägerbaums permanent nass, was Pilzbefall und Astbruch fördert. Damit wird das Kronendach gelichtet, sodass in Nebelwäldern der struktur- und artenreiche Bestandesaufbau durch die epiphytenbe-

Epiphyten 1: Verschiedene Epiphyten im tropischen Regenwald.

Epiphyten 2: Epiphytendiversität in den Anden und hygrothermische Klimavielfalt.

m ü. NN		Epiphyten (Artenzahlen)					
5500 - 6000	Tierra nevada				0		Kalte Tropen
5000 - 5500							
4500 - 5000	3°C						
4000 - 4500	Tierra helada		0	0			
3500 - 4000	5°C						
3000 - 3500	Tierra fria	< 10	< 10	< 10	0	0	
2500 - 3000	12°C	400 - 200	50 - 10				
2000 - 2500	Tierra templada	> 800	100 - 50	50 - 10	< 10	0	Warme Tropen
1500 - 2000							
1000 - 1500	20°C						
500 - 1000	Tierra caliente	400 - 200	100 - 50	50 - 10	< 10	0	
0 - 500	26 - 28°C	100 - 50	50 - 10	< 10	0		
Basisschema der dreidimensionalen hygrothermischen Klimagliederung nach W. Lauer	humide Monate	12	11	10	9	8	7	6	5	4	3	2	1	0
	aride Monate	0	1	2	3	4	5	6	7	8	9	10	11	12
		humid		semihumid		semiarid		arid		vollarid	
		Feuchte Tropen			Trockene Tropen			

dingte Kronendachauflichtung gesteuert sein kann. Einige Baumarten (*Betula*, *Sorbus*, *Prunus* und *Rhododendron* im Himalaya, *Hagenia* in Ostafrika, *Polylepis* in den Anden) entledigen sich der Moosepiphyten durch hautartig abschälende Rinde. Flechten, vor allem Bartflechten der Gattung *Usnea*, besetzen die Kronenperipherie oder Bestandesränder mit raschem Wechsel von Einstrahlung und Austrocknung sowie durchziehenden Bergnebel. [GM]

Epirogenese, weiträumige (10^2–10^3 km) und langdauernde Krustendeformationen (↗Morphotektonik) durch elastische Verbiegungen ohne unumkehrbare Verformungen des Gesteinsgefüges. Sie wird durch Magmaströmungen im tieferen Untergrund oder durch ↗Isostasie verursacht. Epirogenetische Bewegungen der Erdkruste lassen sich durch ↗Epigenese und durch Küstenverschiebungen nachweisen. Sie sind auf den ↗Kratonen trotz deren Stabilität häufig und spielen eine wesentliche Rolle im Energiehaushalt der Morphodynamik und bei der Einleitung von morphogenetischen Aktivitätsphasen.

episodischer Abfluss ↗Abfluss.

Epistemologie [von griech. episteme = Wissen, Erkenntnis, Wissenschaftslehre], wird im deutschsprachigen Kontext meist mit ↗Erkenntnistheorie übersetzt und bedeutet im ursprünglichen Sinne »Lehre von der Erkenntnisgewinnung«. ↗Wissen.

Epizentrum ↗Erdbeben.

Epizone ↗Metamorphose.

Epökophyten ↗Einbürgerung.

Equivalent Sand Thickness, EST, Äquivalenz-Sandmächtigkeit, definiert als Mächtigkeit einer Sanddecke, die dadurch entstünde, wenn man das in ↗Dünen eines bestimmten Typs enthaltene Sandvolumen flächenhaft über eine normierte Fläche ausbreiten würde. ↗Barchane haben eine wesentlich geringere Äquivalenz-Sandmächtigkeit als Längsdünen (↗Dünentypen) und diese wiederum eine geringere als Transversaldünen. Die EST ist somit ein Maß für das in Dünen gespeicherte und für ihre Aufrechterhaltung nötige Sandvolumen bzw. den erforderlichen Sandnachschub.

Eratosthenes, *von Kyrene*, griechischer Gelehrter, geb. um 284/274 v. Chr. Kyrene, gest. um 202/194 v. Chr. Alexandria. Er studierte in Alexandria, war später in Athen und dann als Leiter der Bibliothek in Alexandria tätig. Eratosthenes kompilierte systematisch die bruchstückweise bei anderen Autoren enthaltenen Informationen und Gedanken zu einem dreibändigen Werk, dem er erstmalig die Bezeichnung »Geographie« gab, worunter er vor allem die Beschaffung und Verarbeitung des topographischen Materials verstand. Darüber hinaus entwarf er eine Gradnetzkarte der damals bekannten Welt und versuchte mithilfe des Schattenmessers den Erdumfang zu bestimmen, dessen wirklicher Länge er trotz falscher Prämissen überraschend nahe kam.

Erbinselberg ↗Inselberg.

Erbrecht, ↗Anerbenrecht, ↗Realteilung.

Erdachsenneigung ↗Ekliptik.

Erdalter ↗Erde.

Erdaufbau, die materielle Zusammensetzung des Erdballs. Sie entzieht sich der direkten Beobachtung, sprunghafte Änderungen in den Laufzeiten der Erdbebenwellen (↗Erdbeben) lassen jedoch Rückschlüsse auf einen *Schalenbau* (Schichtenbau) der Erde zu. Zudem werden durch Vulkanschlote ↗Magmen aus größeren Tiefen an die Oberfläche geschafft, die in ihrer Zusammensetzung deutlich von oberflächlichen Gesteinen abweichen. Der Schalenbau entstand aus einer Schmelze von Eisen, Sulfiden und Silicaten, deren Bestandteile sich bei der Abkühlung gravitativ nach der Dichte gruppierten. Grundsätzlich werden eine dünne Erdkruste, ein breiter Erdmantel und ein voluminöser Erdkern unterschieden (Abb.). Mit der Tiefe nehmen – etwas ungleichmäßig – auch Temperatur (↗geothermische Tiefenstufe) und Druck von den atmosphärischen Bedingungen bis zu etwa 5000 °C und schätzungsweise 3500 kbar (350 GPa) im Erdzentrum zu. Die feste Erdkruste, je nach Position von der Erdoberfläche bis etwa 70 km Tiefe, besteht hauptsächlich aus aluminiumsilicatischen Gesteinen, weshalb sie als *Sial* (Silicium-Aluminium) bezeichnet wurde. Der *Erdmantel*, von der Untergrenze der Erdkruste bis 2900 km Tiefe, besteht aus Eisensilicaten, wobei der Eisengehalt mit der Tiefe zunimmt. Der obere Erdmantel bis etwa 1000 km Tiefe ist offenkundig reich an Magnesium und besteht aus olivinreichen, ↗Peridotit-artigen Gesteinen. Der Erdmantel wurde deshalb auch als *Sima* (Silicium-Magnesium) bezeichnet. Während er vermutlich plastisch ist, wird für den unteren Erdmantel heute eine recht feste Konsistenz angenommen. Der *Erdkern* hingegen besteht aus Nickel- und Eisenmineralen (*Nife*). Trotz der hohen Temperaturen dürfte aufgrund der hohen Drucke der Kern teilweise fest sein. Die Grenzfläche (↗Diskontinuität) zwischen Erdkruste und Erdmantel wird als ↗Mohorovičić-Diskontinuität bezeichnet, die zwischen Erdkruste und Erdkern als Wiechert-Gutenberg-Diskontinuität. ↗Kruste. [GG]

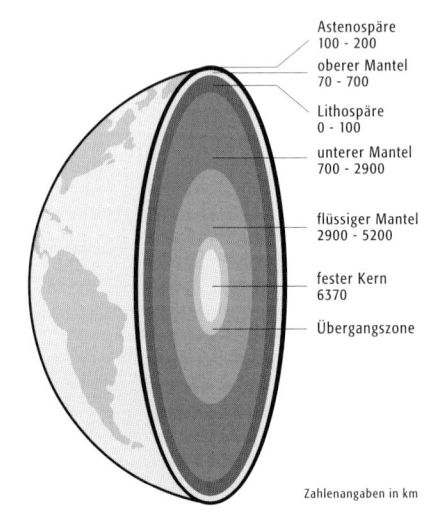

Erdaufbau: Schalenbau der Erde.

Astenospäre 100 - 200
oberer Mantel 70 - 700
Lithospäre 0 - 100
unterer Mantel 700 - 2900
flüssiger Mantel 2900 - 5200
fester Kern 6370
Übergangszone

Zahlenangaben in km

Erdbahn ↗ *Erdrevolution*.

Erdbeben, natürliche Erschütterungen der Erdoberfläche, in Meeresbereichen heißen sie Seebeben. Ein Erdbeben geht von einer Stelle innerhalb der Erde aus, die als Erdbebenherd oder *Hypozentrum* bezeichnet wird. Senkrecht über dem Bebenherd liegt an der Erdoberfläche das *Epizentrum*, das meist auch der Raum mit der größten Erdbebenstärke ist. Tiefbeben wurden bis über 700 km Tiefe registriert; i. d. R. liegt der Herd aber nicht tiefer als 50 km. Die Erdbebenwellen gehen vom Hypozentrum aus. Die ersten Wellen, die als »Vorläufer« die Erdoberfläche erreichen, sind schnelle Longitudinalwellen, die als *P-Wellen* (von lat. primae undae) bezeichnet werden. Die »zweiten Vorläufer« sind etwas langsamere Transversalwellen, die sog. *S-Wellen* (von lat. secundae undae). Durch die Vorläuferwellen induziert, bilden sich an der Erdoberfläche die *L-Wellen* (von lat. longae undae), die durch längere Perioden charakterisiert sind. Sie verursachen die heftigsten Bodenbewegungen. Ihnen folgen »Nachläufer« mit deutlich schwächeren Amplituden. Die Erschütterungen werden durch Messgeräte registriert, die als Seismographen bezeichnet, und in Seismogrammen aufgezeichnet werden. Maß für die Bebenintensität ist die Magnitude, die sich aus der maximalen Amplitude unter Berücksichtigung der Energieabnahme infolge der Entfernung vom Bebenherd berechnet. Für makroseismische Beobachtungen wurde vom italienischen Geophysiker A. Mercalli (1850–1914) eine zwölfteilige Intensitätsskala vorgeschlagen (*Mercalli-Skala*), die allerdings von subjektiven Beobachtungen abhängig ist. Deshalb entwarf der amerikanische Seismologe C. F. Richter 1935 die heute gebräuchlichste, nach oben offene *Richter-Skala*, die Erdbebenintensitäten logarithmisch einordnet. Die Verbreitung von Erdbeben zeigt die Karte zur ↗ Plattentektonik im Farbtafelteil. ↗ Seismik. [GG]

Erdbeobachtungssatelliten, im Gegensatz zu bemannten Raumstationen oder Raumflugmissionen unbemannte Weltraumflugkörper (↗ Satelliten), die Messeinrichtungen zur Aufzeichnung von Sachverhalten an der Erdoberfläche tragen (↗ Fernerkundungssystem). Messeinrichtungen sind multispektrale ↗ Scanner oder (häufig in der russischen Erdbeobachtung) fotografische Systeme. Die Erdbeobachtungssatelliten sind nach ↗ Sensoren, Orbit (Erdumlaufbahn), Flughöhe und Aufnahmebereich verschieden (↗ Auflösung Abb.). ↗ Fernerkundung.

Erdbeschleunigung, *Schwerebeschleunigung*, die Auswirkung des allgemeinen Newton'schen Gravitationsgesetzes, wonach sich alle Massen anziehen, angewandt auf die Erde. Die mittlere Erdbeschleunigung beträgt $g_0 = 9{,}81$ m/s². Das Newton'sche Gravitationsgesetz gilt nur für Inertialsysteme. Auf der rotierenden Erde müssen zusätzliche Kräfte berücksichtigt werden. Man arbeitet mit den Scheinkräften der aus der Trägheit resultierenden ↗ Corioliskraft und der ↗ Zentrifugalkraft oder Fliehkraft, die auf jeden Körper im rotierenden System wirkt. Die Fliehkraft und die Newton'sche Schwerebeschleunigung addieren sich zur effektiven Schwerebeschleunigung, die vom Äquator zu den Polen zunimmt. Am Äquator beträgt die Fliehkraft etwa 4‰ der Gravitationsbeschleunigung. Darüber hinaus ist die effektive Schwerebeschleunigung abhängig von der Entfernung zum Masseschwerpunkt der Erde, wegen der Form des abgeplatteten Rotationsellipsoiden wird sie folglich zusätzlich in Richtung der Pole größer. Daher ist g_0 keine Konstante. Die effektive Schwere variiert breitenkreisabhängig, ist am Äquator am geringsten und nimmt zu den Polen hin zu. Um diese Abhängigkeit auszuschalten, benutzt man bei Berechnungen in der Atmosphäre anstelle der geometrischen Höhe das ↗ Geopotenzial. [JVo]

Erdbodentemperatur, die Temperatur im Erdboden im Gegensatz zur ↗ Bodentemperatur. Sie wird mit dem ↗ Erdbodenthermometer gemessen. Da die Topographie sehr starken Einfluss auf die Erdbodentemperatur hat, müssen der Zweckbestimmung des Messnetzes entsprechend starke Vereinheitlichungen vorgenommen werden, um vergleichbare Messergebnisse zu gewährleisten. Das Messfeld für Erdbodentemperaturmessungen besteht im Umkreis von 1 m aus unbewachsenem Boden, ist eben, unbeschattet und darf nicht in das Grundwasser reichen.

Erdbodenthermometer, spezielle Thermometer zur Messung der Erdbodentemperatur. Bis 31 cm Tiefe werden Quecksilberthermometer nach DIN 58655 verwendet, deren Thermometergefäß sich im Boden und deren Skalenträger sich abgewinkelt über der Erdoberfläche befindet. Sie verbleiben permanent in der Messposition. Ähnlich sind die Erdbodenextremthermometer aufgebaut. In 50 und 100 cm Tiefe wird mit Thermometern gemessen, die sich in einem Führungsrohr befinden und zur Messung kurz herausgezogen werden. Zunehmend werden Halbleiterfühler mit Fernregistrierung eingesetzt, wodurch die Messung vereinfacht wird.

Erdbodenzustand, witterungsbedingter Zustand der natürlichen, bewachsenen oder unbewachsenen Erdoberfläche. Der Erdbodenzustand wird bei der ↗ Wetterbeobachtung und ↗ Klimabeobachtung nach zehn vorgegebenen Merkmalen in der näheren und weiteren Umgebung des Beobachtungsplatzes ermittelt und den Zustandsklassen trocken, feucht, nass, überschwemmt, gefroren, Glatteis/Eisglätte, Graupel- oder Hagelbedeckung mindestens 50 %, Fest- oder Nassschneebedeckung mindestens 10 %, Locker- oder Trockenschneebedeckung mindestens 10 % oder geschlossene Schneedecke zugeordnet.

Erde, von der Sonne aus gesehen der dritte Planet im Sonnensystem, hinter Merkur und Venus. Danach folgen Mars, Jupiter, Saturn, Uranus, Neptun und Pluto (Abb. 1 im Farbtafelteil). Ihre Entfernung zur Sonne beträgt ca. $149{,}6 \cdot 10^6$ km. Der *Erdumfang*, um die Pole gemessen, beträgt ca. 40.000 km. Der aus den Pol- und Äquatorradien gemittelte *Erdradius* beträgt ca. 6378 km. Die Oberfläche umfasst $510 \cdot 10^6$ km², von der ca. 71 % von Wasser bedeckt sind. Die Verteilung

Erde 2: Physikalische Maße der Erde.

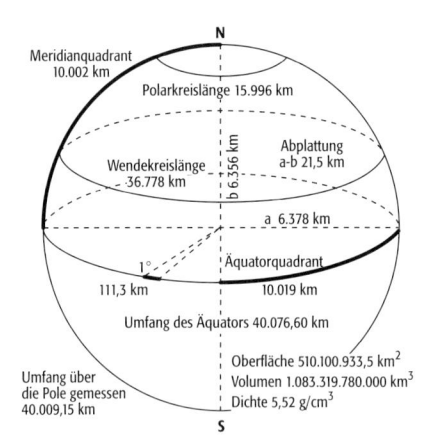

von Land und Wasser ist auf den beiden Hemisphären unterschiedlich. Auf der Nordhalbkugel beträgt der Wasseranteil ca. 61 %, während er auf der Südhalbkugel ca. 81 % erreicht. Das Volumen der Erde beträgt $1,083 \cdot 10^{21}$ m³ und die *Erdmasse* entspricht $5,973 \cdot 10^{24}$ kg (Abb. 2).

Die ersten Angaben über das *Erdalter* stammen aus der Bibel. J. Usher (1581–1656) errechnete aus der Abfolge im Alten Testament ein Erdalter von ca. 6000 Jahren. Im 19. Jh. kam es zu den ersten physikalischen und geologischen Überlegungen. Solche Überlegungen waren z. B. ein Abkühlungsmodell der Sonne des Physikers Helmholtz (1821–1894). Er ging von einem Maximalalter der ↗Sonne von ca. 19 Mio. Jahren aus, wodurch das Maximalalter der Erde ebenfalls bei ca. 19 Mio. liegen musste. Lord Kelvin (1824–1907) kam über den ↗geothermischen Gradienten auf ein Alter von ca. 100 Mio. Jahren. Erste, aus heutiger Sicht zuverlässige, Ergebnisse brachte die Entdeckung der natürlichen Radioaktivität durch Becquerel im Jahre 1896. Durch die quantitative Bestimmung der radioaktiven Zerfallsprodukte und den Vergleich mit der Ausgangsmenge, kommt man zu Ergebnissen über die Dauer und damit auch zum Beginn des Zerfalls. Für die Ermittlung des Erdalters sind insbesondere die Elemente mit großen Halbwertzeiten aus der Uran- und Thorium-Reihe von Wichtigkeit. Prinzipiell stehen Gesteine aus drei unterschiedlichen Quellen für diese Untersuchungen zur Verfügung: irdische Gesteine, ↗Meteorite und Mondproben. Gesteine aus den verschiedenen Schildgebieten (↗Schild) der Erde zeigen ein Uran-Blei-Alter von 3,4–3,9 Mrd. Jahren. Vereinzelt sind auch schon Alter um 4,0 Mrd. Jahren gefunden worden. Das Entstehungsalter von Meteoriten ergibt Werte zwischen 4,4–4,5 Mrd. Jahren. An Gesteinsproben vom Mond wurde ein maximales Alter von 4,5 Mrd. Jahren bestimmt. Aus der Gesamtheit dieser Daten resultiert für die Erde ein Alter von 4,5–4,6 Mrd. Jahren. Es gibt zwei Modelle zur Entstehung der Erde. Beim homogenen Akkretionsmodell ist vor ca. 4,46 Mrd. Jahren eine gravitative Trennung durch Differenziation von Erdkern und Erdmantel (↗Erdaufbau) erfolgt. Beim heterogenen Modell ist zuerst der siderophile Erdkern und später der silicatische Erdmantel entstanden. Das homogene Akkretionsmodell wird heute von vielen Wissenschaftlern favorisiert. Bei beiden Modellen entstand im Anschluss daran durch Differenziation aus dem Erdmantel die Erdkruste (mindestens 3,9 Mrd. Jahre alt), die im Laufe der geologischen Entwicklung Veränderungen unterlegen war. Etwa zur gleichen Zeit entstanden die Vorstufen der heutigen ↗Hydrosphäre und ↗Atmosphäre, die aber unterschiedlich von den jetzigen chemischen Zusammensetzungen sind.

Die Erdumlaufbahn, eine leicht elliptische Bahn, beschreibt die Erdbahn (↗Erdrevolution Abb. 1) um die Sonne. In einem Brennpunkt dieser Erdbewegung steht die Sonne (gemäß den Kepler'schen Gesetzen). Dabei befindet sich die auf die Erde wirkende Gravitationskraft (↗Gravitation) und die ↗Zentrifugalkraft der Erde im Gleichgewicht. Ein Umlauf dauert ein ↗Jahr (365 d 5 h 48 min 46 s). Die maximale Entfernung Erde-Sonne (↗Aphel, zurzeit am 3. Juli) beträgt 152,099 Mio. km, die minimale (Perihel, zurzeit am 2. Januar) 147,096 Mio. km. Die mittlere Umlaufgeschwindigkeit liegt bei 29,78 km/s. Die Erdumlaufbahn bewirkt in Zusammenhang mit der Erdachsenneigung (↗Ekliptik) die ↗Jahreszeiten. Zur Zeit der ↗Äquinoktien, d. h. der Tag- und Nachtgleiche (21. März und 23. September) werden Nord- und Südhalbkugel gleichmäßig von der Sonne beschienen. Zu anderen Zeiten überwiegt die Besonnung auf einer der beiden Halbkugeln deutlich (Abb. 3). Der Sonnenhöchststand liegt im Sommerhalbjahr auf der

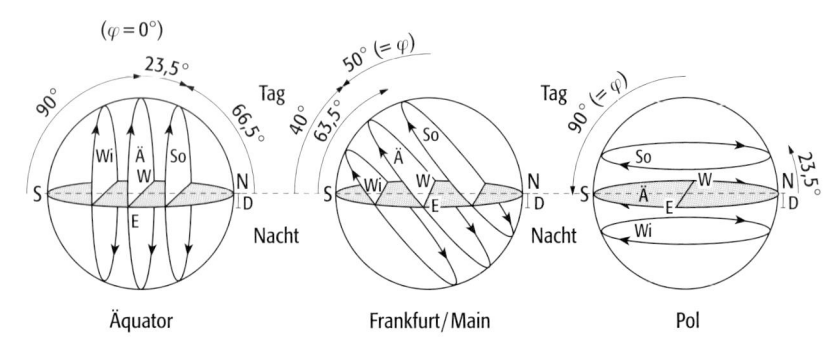

Erde 3: Scheinbare Bewegung der Sonne um die Erde an unterschiedlichen Orten.

φ: Breitengrad, Wi: Winter, So: Sommer, Ä: Äquinoktien, D: Dämmerung, S: Süden, N: Norden, E: Osten, W: Westen

Erde 4: Erdmagnetfeld [nT].

Nordhalbkugel am 21. Juni (Sommerpunkt, Südwinter) und der niedrigste Sonnenstand im Winterhalbjahr in der Südhemisphäre am 21. Dezember (Südsommer) (↗Solstitium). Die Erdumlaufparameter (Orbitalparameter) unterliegen bestimmten langfristigen Variationen. Und zwar variiert die Exzentrizität der Umlaufbahn mit einer Periode von 95.000 Jahren zwischen den Werten 0,0005 und 0,0607 (derzeit 0,0167 abnehmend). Die Erdachsenneigung (welche die Intensität der Jahreszeitenausprägung steuert) variiert mit einer Periode von 21.000 Jahren zwischen rund 22° 2' und 24° 30' und das Datum von Aphel bzw. Perihel wegen der Präzessionsbewegung (↗Präzession) der Erdachse mit einer Periode von 21.700 Jahren. Dies führt zu Variationen der Sonneneinstrahlung. Bereits im Jahr 1930 hat M. Milanković versucht, aufgrund dieser Variationen, in diesem Zusammenhang auch ↗Milanković-Zyklen genannt, das Kommen und Gehen der ↗Eiszeiten und Warmzeiten (↗Interglazial) zu erklären. Ein Konzept, das modifiziert im Rahmen der ↗Paläoklimatologie auch heute in Klimamodell-Rechnungen (↗Klimamodelle) verwendet wird.

Die Form der Erde wird allgemein als Erdkugel bezeichnet, obwohl sie genau genommen ein Ellipsoid bzw. ein ↗Geoid ist. Die Form des Geoids wird durch einen idealisierten Meeresspiegel, der die Oberfläche der Ozeane nach Erreichen des Gleichgewichtszustandes zeigt und der sich unter den Kontinenten fortsetzt, dargestellt. Das Geoid ist kein starrer Körper, sodass an ihm endogene, und exogene Kräfte wirken können. Diese Erddeformationen lassen sich nach ihren räumlichen Ausdehnungen (global, regional, lokal), nach ihren zeitlichen Abläufen (lang andauernd, periodisch, vorübergehend) sowie nach dem physikalischen Materialzustand (elastisch, viskos, plastisch) unterscheiden. Unter lang andauernden, globalen Deformationen der Erde versteht man das Wirken der Kräfte im Erdinnern, die die ↗Plattentektonik und ↗Tektonik in Gang bringen. Die exogenen Kräfte dagegen wirken mit langer Dauer vor allem bei Klimavariationen durch die veränderte atmosphärische Auflast oder durch Schmelz- und Gefrierprozesse in den Polargebieten und der damit verbundene Änderung des Meeresspiegels.

Globale periodische Deformationen werden in erster Linie durch äußere Kräfte in Form der Erdgezeiten (Anziehungskraft von Sonne, Mond und Planeten) sowie durch die jahreszeitliche Variation der atmosphärischen Auflast und des Wasserkreislaufes (ozeanische Zirkulation) erzeugt. Regionale bzw. lokale lang andauernde Deformationen sind dagegen häufig die Folge eines anthropogenen Einflusses, wie z. B. durch den Abbau von Rohstoffen oder die Akkumulation von Massen. Periodische regionale Deformationen ergeben sich durch jahreszeitlich bedingte meteorologische und hydrologische Variationen. Die episodischen Deformationen entstehen hauptsächlich regional bzw. lokal nach einem ↗Erdbeben, ↗Vulkanismus oder ↗Bergsturz. Betrachtet man also die Erde als Ganzes und will ihre Deformation realistisch beschreiben oder modellieren, so muss eine Kombination des unterschiedlichen Materialverhaltens (elastisch-viskos-plastisch) berücksichtigt werden. Deformationen im Erdinneren sind langsame Fließvorgänge, denen ein viskoses Materialverhalten zugrunde liegt. Prozesse und Auswirkungen der Deformationen werden in der ↗Geodäsie beobachtet und präzise gemessen. Bei den messbaren Effekten handelt es sich einerseits um eine geometrische Veränderung der Form der Erdoberfläche in horizontaler (Plattenkinematik) und vertikaler (Gebirgsbildung) Richtung. Andererseits sind auch die daraus resultierenden Variationen der ↗Erdrotation und der Erdanziehungskraft mit den Methoden der Geodäsie messbar.

Der Aufbau der Erde ist konzentrisch schalenförmig und wird deshalb in einzelne Geosphären untergliedert. Die äußerste Schale bildet die gasförmige Atmosphäre, gefolgt von der ↗Biosphäre und ↗Hydrosphäre. Im Erdinneren setzt sich der Schalenbau fort und ist im Prinzip dreigeteilt, in Erdkruste (bis max. 70 km), Erdmantel (70–2898 km) und Erdkern (2898–6371 km) (↗Erdaufbau). Der Chemismus der Erde ist sehr heterogen. Zirka 90 % der Erde sind aus den vier Elementen Eisen, Sauerstoff, Silicium und Magnesium aufgebaut.

Das an der Oberfläche gemessene Erdmagnetfeld setzt sich seiner Herkunft nach aus dem Erdinnenfeld und dem Außenfeld zusammen. Das magnetische Erdinnenfeld, dessen Quellen sich im Erdkörper befinden, besteht aus dem Haupt- oder Kernfeld, dem Feld der magnetisierten Gesteine der Erdkruste sowie aus dem Anteil, der durch elektrische Induktion in der Kruste erzeugt wird (/Erdmagnetismus). Das Erdmagnetfeld (Abb. 4) ist die Vektorsumme aller Felder natürlichen irdischen Ursprungs. Hierzu gehören die magnetischen Felder, die im Erdkern modelliert werden, die magnetischen Felder der magnetisierten Gesteine der Erdkruste und die magnetischen Felder der elektrischen Ströme in /Ionosphäre und /Magnetosphäre. Das Geodynamofeld ist das Hauptfeld, es beträgt an den magnetischen Polen etwa 60.000 nT (Nanotesla, 1 Tesla = Weber/m^2 = Vs/m^2), am magnetischen Äquator etwa 30.000 nT. Es ändert sich zeitlich nur langsam und hat angenähert die Geometrie eines Dipolfeldes. Das erdmagnetische Außenfeld entsteht durch Stromsysteme außerhalb des Erdkörpers. Diese Ionosphärenströme erzeugen tägliche Variationen von etwa 50 nT in mittleren Breiten (/Polarlichter). Sie werden von intensiven und zeitlich variablen Strömen in Ionosphäre und Magnetosphäre hervorgerufen. Erdmagnetische Stürme werden ausgelöst durch Sonneneruptionen deren Häufigkeit mit dem elfjährigen Zyklus der solaren Aktivität korreliert. Solche Stürme lassen sich bisher nur ungenau ankündigen.

Ein anderes Phänomen ist das elektrische Feld der Atmosphäre, ein infolge der Potenzialdifferenz zwischen Ionosphäre und Erdoberfläche bestehendes elektrisches Feld. Bei ungestörtem Wetter ist das Feld vertikal nach unten ausgerichtet. Die Erdoberfläche bildet dabei den negativen Pol. Die Änderung der Feldstärke mit der Höhe verläuft im Wesentlichen invers zur elektrischen Leitfähigkeit die ihrerseits von der Ionisationsrate und der Mobilität der Ladungsträger abhängt. Das Feld ist nahe der Erdoberfläche am stärksten mit -100 bis -150 V/m und nimmt mit der Höhe annähernd logarithmisch ab. In einer Höhe von 30 km beträgt die Feldstärke nur noch etwa -30 mV/m.

Einzelne Themenbereiche der /Geographie, die die Erde im Hinblick auf natürliche Gegebenheiten und anthropogene Phänomene betrachten, sind unter folgenden Stichworten abgehandelt: /Agrarregion, /Bevölkerungsentwicklung, /Faunenreiche, /Florenreiche, /Klimaklassifikation, /Kulturerdteile, /Plattentektonik, /Vegetationszonen, /Weltbodenkarte.

Erdfall, *Nachsackungsdoline*, Sackung nicht oder gering verkarstungsfähiger Deckschicht über einem Hohlraum des unterirdischen Karstes. In ihrer Morphologie ähneln die Erdfälle den Lösungsdolinen (/Doline). Häufig führen die nachgesackten Deckschichten zu Wasserstau in der Hohlform, sodass Erdfälle verbreitet als See oder versumpfte Feuchtstelle mit rundlich-elliptischem Grundriss in Erscheinung treten und als solche gerade in den karstbedingt edaphischen Trockenräumen der /Karstlandschaft karstökologisch wertvolle Sonderstandorte darstellen (/Karstökologie).

Erdfließen /*Solifluktion*.

Erdgas, gasförmiger, aus Kohlenwasserstoffen zusammengesetzter Stoff, der im Erdinneren bei Umwandlungsprozessen organischer Substanzen entstand. Hauptbestandteil ist Methan (CH_4) (durchschnittlich 90–98 %), in geringerem Umfang Stoffe wie Propan, Butan, Stickstoff etc. Das Vorkommen von Erdgas ist zumeist mit /Erdöllagerstätten verknüpft und steht meist unter hydrostatischem Druck, sodass es selbsttätig aus Bohrlöchern entströmt.

Erdkern /Erdaufbau.

Erdkriechen, *Kriechdenudation*, bezeichnet alle Arten der langsamen Hangabwärtsbewegung von Lockermaterial. Das Erdkriechen kann in stark tonigem Substrat kontinuierlich oder durch Expansion und Kontraktion (durch Frostwechsel, Quellen des Tons beim Befeuchten oder durch Salzkristallwachstum) ausgelöst sein. Das Phänomen ist oft am /Hakenschlagen zu erkennen. /Solifluktion.

Erdkruste /Kruste.

erdlose Kulturverfahren, der Anbau von Pflanzen außerhalb des gewachsenen Bodens unter Verwendung von mehr oder weniger sterilen Substraten (u.a. Ton, /Torf, Schaumstoff, Perlite, Rinde, Holzfasern) oder in reiner Nährlösung vor allem im /Gartenbau aus verschiedenen Gründen (z.B. starke Verseuchung der ursprünglichen Böden durch schwer bekämpfbare bodenlebende Schaderreger oder starke Veränderung der physikalischen und chemische Eigenschaften der Böden). Man erreicht außerdem eine bessere Anpassung der Wasser- und Nährstoffzufuhr an die Bedürfnisse der Pflanzen.

Erdmagnetismus, im Erdinneren entsteht aufgrund von elektrischen Stromsystemen ein Magnetfeld, das rund 95 % des irdischen Magnetismus ausmacht (Hauptfeld). Ein kleiner Anteil wird in der hohen /Atmosphäre (bes. in der Ionosphäre) gebildet, der Rest entsteht aus magmatischen Komponenten der Gesteine. Das magnetische Hauptfeld besteht aus einem symmetrischen Dipolfeld, das durch die elektrischen Ströme unterhalb der Kern-Mantel-Grenze (/Erdaufbau) erzeugt wird und einem unsymmetrischen Anteil. Die beiden Anteile überlagern sich, wobei die Felder oberhalb der Ionosphäre durch die Ladungswolken des Sonnenwindes verzerrt werden. Die Durchstoßpunkte des Dipolfeldes mit der Erdoberfläche werden als *Magnetpole* bezeichnet. Das Hauptfeld verändert sich zeitlich mit einer Periodizität von mehreren hundert Jahren (Säkularvariation). Dadurch stimmen die Magnetpole nicht mit den geographischen Erdpolen überein und verändern ihre Position. Das Magnetfeld der Ionosphäre variiert dagegen durch die Sonnenaktivität rasch im Rahmen zwischen einer Sekunde bis mehr als 24 Stunden. Plötzliche Änderungen des Ionosphären-Feldes werden als (erd)*magnetische Stürme* bezeichnet. Im Laufe der Erdgeschichte kommt es zusätzlich

Land	1998	1986
Saudi Arabien	404,1	251,3
USA	402,0	477,3
Russland (1986 UdSSR)	343,4	615,0
Iran	193,0	93,4
Mexiko	169,3	137,5
VR China	162,6	130,7
Venezuela	159,3	91,3
Norwegen	158,9	44,6
Großbritannien	138,9	127,0
Kanada	128,8	84,2
Vereinigte Arabische Emirate	109,6	66,4
Irak	108,2	82,7
Nigeria	104,5	72,8
Kuwait	91,9	71,6
Weltförderung	3512,1	2916,9

Erdölförderländer: Erdölförderung der wichtigsten Förderländer in Mio. t 1998 und 1986.

in unregelmäßigen Abständen zu einem Wechsel der *Polarität* des Magnetfeldes. Ausfließendes basaltisches Magma enthält magnetische Mineralpartikel, die beim Abkühlen der Lava die augenblickliche Orientierung des Erdmagnetfelds einfrieren. Anhand der an ↗mittelozeanischen Rücken symmetrisch angeordneten Areale von basaltischen Gesteinen mit normal und invers angeordneten Magnetisierungsrichtungen lässt sich nachweisen, dass das Erdmagnetfeld oftmals umgepolt wurde und damit Nord- und Südpol vertauscht waren. ↗Deklination, ↗Inklination, ↗Magnetisierung. [GG]

Erdmantel ↗Erdaufbau.
Erdmasse ↗Erde.
Erdöl, natürlich vorkommendes Gemisch aus Kohlenwasserstoffen (Paraffine, Naphthene, Olefine, Azetylen-Kohlenwasserstoffe etc.) mit einem spezifischen Gewicht von 0,8–0,9 g/cm³ (bei 15°C). Durch Destillation (bei Temperaturen von 35 bis 400 °C) lässt sich Erdöl in Fraktionen zerlegen, die meist von eminenter wirtschaftlicher Bedeutung sind. Grundsätzlich sind die Anteile von Benzin und Petroleum umso größer, je leichter das Erdöl ist. Erdöl wird aus organischem Material (hauptsächlich ↗Plankton) gebildet, das unter Faulschlammbedingungen (↗Sapropel) abgelagert wurde. Unter Mitwirkung von Bakterien werden die organischen Substanzen zu Fettsäuren abgebaut, die schließlich in Bitumen überführt werden. Sedimente mit solchen Bitumina bilden Erdölmuttergesteine. Erdöl ist solches, mobilisiertes Bitumen, das schließlich in den Poren eines Erdölspeichergesteins gelagert wird. Erdölspeichergesteine werden von undurchlässigen Schichten abgedeckt. Spezielle Lagerungsbedingungen der Schichten sorgen für eine besondere Anreicherung von Erdöl. Solche Stellen werden als Erdölfallen bezeichnet. Bevorzugt entstehen Erdöllagerstätten an Aufwölbungen, ↗Flexuren, ↗Verwerfungen, Salzstöcken, Riffen und anderen Schichtunregelmäßigkeiten. Häufig werden Erdölvorkommen von ↗Erdgas begleitet, das als Gaskappe die Ölvorkommen überlagert. [GG]

Erdölförderländer, Länder, die über maßgebliche Erdölvorkommen verfügen und in denen das Erdöl häufig dominierender Faktor in der nationalen Wirtschaft ist (Abb.). Die Organisation Erdöl exportierender Staaten (↗OPEC) ist ein Zusammenschluss von 11 Erdölförderländern, die die Koordinierung der Erdölpolitiken in den Förderländern und die Stabilisierung der Weltmarktpreise u. a. durch Regulierung der Fördermengen zum Ziel hat.

Erdpyramide, *Erdpfeiler*, steile, säulen- bis kegelförmige Abtragungsformen, die an einem Steilhang durch Runsenspülung aus Lockermaterial herauspräpariert wurden. Voraussetzung der Entstehung ist ein feinkörniges, leicht erodierbares aber standfestes Material (besonders geeignet sind vulkanische ↗Tuffe und Moränenmaterial, aber auch in ↗Löss und in manchen Sandsteinen tritt das Phänomen auf), wobei in dieses Material eingelagerte gröbere Blöcke, die ihre direkte Unterlage schützen, die Entstehung der Pyramiden begünstigen können. Abb. Farbtafelteil.

Erdradius ↗Erde.
Erdrevolution, *Erdbahn*, Bahn der ↗Erde um die Sonne auf einer schwach exzentrischen Ellipse, mit größter Sonnennähe im Perihel und größter Sonnenentfernung im ↗Aphel (Abb. 1). Die Erdbahnparameter unterliegen in erdgeschichtlichen Zeiträumen periodischen Veränderungen, welche Klimaveränderungen begründen:
Die Exzentrizität unterliegt einer Schwingung von 100.000 Jahren, wobei die Erdbahn von der nahezu idealen Kreisform zur Ellipse und zurück variiert. Die Präzession (das Fortschreiten des ↗Frühlingspunktes) variiert mit einer Schwingung von ca. in etwa 25.800 Jahren (platonisches Jahr) um den Pol der Ekliptik, wobei ↗Aphel und Perihel ein Jahr durchlaufen. Sie wird durch die Gravitationskräfte der Sonne und in geringerem Maße durch die Wirkung der Planeten bestimmt. Die Schiefe der Ekliptik, der Neigung der Erdachse gegen die Ebene der Erdrotation, variiert mit einer Wellenlänge von ca. 41.000 Jahren zwischen 22 und 24,5°, sie beträgt zurzeit 23,5°.
Alle drei sich überlagernden Einflüsse verändern den Strahlungsgewinn der ↗Erde und seinen Jahresrhythmus. Ihre Bedeutung für die Erklärung des Wechsels von Warm- und Kaltzeiten wurde erstmals von Milanković 1930 erkannt. Die Milanković-Theorie kann die mit paläokli-

Erdrevolution 1: Schematische Darstellung der Erdrevolution.

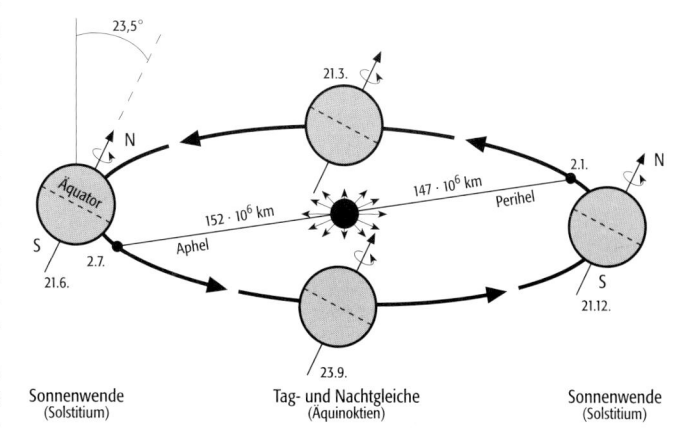

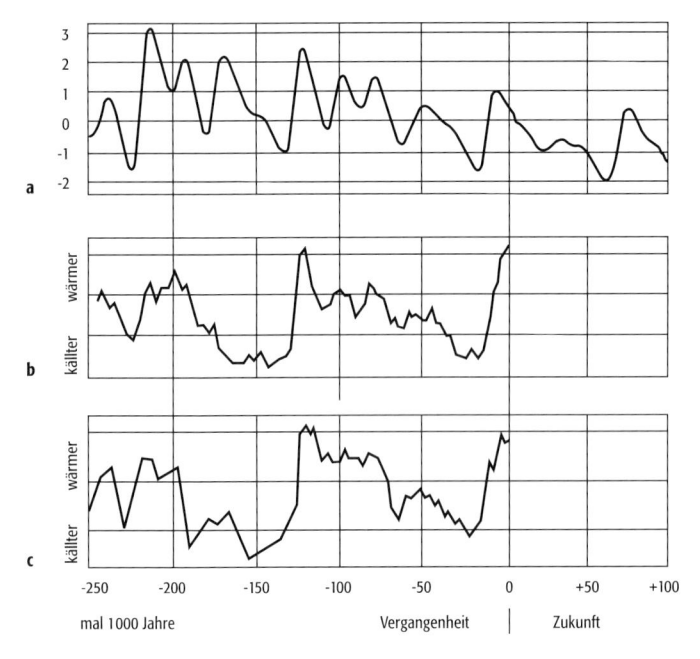

Erdrevolution 2: a) Verlauf der Temperatur nach einer erweiterten Milanković-Theorie; im Vergleich dazu nach der Sauerstoff-Isotopenmethode aus Bohrkernen berechnete Temperatur b) aus dem Indischen Ozean und c) aus dem Pazifischen Ozean.

matischen Methoden bestimmte mittlere Erdtemperatur der zurückliegenden 250.000 Jahre weitgehend, wenn auch nicht vollständig, erklären (Abb. 2). [JVo]

Erdrotation, die Drehung der Erde um ihre eigene Achse. Die Drehung erfolgt von W nach E, also vom Nordpol her gesehen gegen den Uhrzeigersinn. An einem Sterntag wird eine Drehung in 86.164 s = 23 h, 56 min und 4 s vollzogen. Der Sonnentag ist wegen der zusätzlichen Drehung der Erde um die Sonne, der ↗Erdrevolution, um 4 Minuten länger. Aufgrund der Erdrotation hat die Erde eine Winkelgeschwindigkeit von 7,2922 $10^{-5} s^{-1}$, die für alle Bewegungen in der Atmosphäre von großer Bedeutung ist (↗Corioliskraft).

Erdrutsch, gravitative Massenbewegung in leicht beweglichem, tonigem Material. Sonderform des Bergrutsches (↗Bergsturz).

Erdschlipf, *Erdstrom,* gravitative Massenbewegung in wassergesättigten Lockersediment- und Verwitterungsdecken; erfolgt häufig im Mediterrangebiet mit seinen ergiebigen winterlichen Niederschlägen in leicht verwitternden, oft auch gering verfestigten, quellfähigen Gesteinen, die seit der Antike aufgrund intensiver Landnutzung entwaldet wurden.

Erdumfang ↗Erde.

Erdzeitalter, die Epochen ↗Archaikum, ↗Proterozoikum, ↗Paläozoikum (Erdaltertum), ↗Mesozoikum (Erdmittelalter) und Neo- oder ↗Känozoikum (Erdneuzeit) der Erdgeschichte. Sie werden jeweils in ↗Systeme (im deutschen Sprachgebrauch früher Formationen) usw. untergliedert (↗Stratigraphie). Die Charakterisierung der Erdzeitalter ist das Forschungsgebiet der Historischen Geologie.

Erfolgskontrolle ↗*Evaluation.*

Erg, arabisches Wort für Dünengebiete gleich welcher Dimension, wird in der ↗Geographie aber nur für große Dünenmeere oder Sandseen verwendet. Synonyme sind *Edeyen* (engl. Idehan) in der nördlichen Zentralsahara, *Nefud* (engl. Nafud) in Arabien und *Kum* in Zentralasien. Fast alle Ergs liegen randlich zu großen Abtragungsgebieten (meist Gebirgen), und bei vielen kann eine Entstehung aus riesigen ↗Schwemmfächern nachgewiesen werden, so z. B. beim mit 650.000 km² größten Erg der Erde, der Rub' al Khali in Südarabien. *Sandquellen* können neben fluvialen Ablagerungen auch Strände und zerfallende Sandsteine mit passenden ↗Sandkorngrößen – z. B. ↗Äolianite – sein, wie in der Namib Südwestafrikas nachgewiesen. Fast alle Ergs weisen ähnliche Muster auf, deren wesentlichste Formenelemente Draa, ↗Dünen und Gassen (unkorrekt *Dünengassen* oder *Dünenkorridore*) sind. Draa sind Riesen- oder Megadünen, die im Gegensatz zu Dünen ausschließlich in Ergs vorkommen und stets Paläoformen – meistens aus dem Pleistozän – sind. Kennzeichnend sind Hunderte von Kilometer lange Sandrücken (engl. *whaleback*) mit gleichmäßigen Abständen im km-Bereich (als Wellenlänge der Draa bezeichnet). Die Höhen können von wenigen Dekametern bis zu 200 m variieren, sind innerhalb desselben Ergs jedoch relativ einheitlich. Besonders häufig kommen Höhen um 100 m und Wellenlängen um 2 km vor. In den Gassen zwischen den Draa können die Oberflächen aus ↗Reg, ↗Serir, sogar ↗Hamada oder nacktem Fels bestehen; sie können Eisen-, Kiesel-, oder Kalkkrusten tragen, Seeablagerungen aufweisen oder versandet sein. Sandige Gassen weisen – wie auch die unteren Draa-Flanken – häufig große flache Sandwellen quer zur Windrichtung auf, die *Zibar* genannt werden und auch auf Sandschwemmebenen und ↗Sandtennen vorkommen.

Neben vielen Spekulationen gibt es nur ein Modell zur Draa-Entstehung, das alle Phänomene widerspruchsfrei erklären kann: das Modell der gegenläufigen Doppelspiralen in der ↗atmosphärischen Grenzschicht oder Reibungsschicht der Atmosphäre (Abb. 1). Bei richtungskonstanten und gleichmäßig starken Winden bilden sich über erhitzten Oberflächen (ohne störendes Relief) durch Überlagerung von aufsteigender Warmluft mit dem sich in der Reibungsschicht spiralig drehenden Wind (↗Ekman-Spirale) parallele gegenläufige Wirbelrollen aus. Die absteigenden Äste bewirken ↗Deflation und schaffen die Gassen; zwischen den aufsteigenden Ästen wird Sand zu

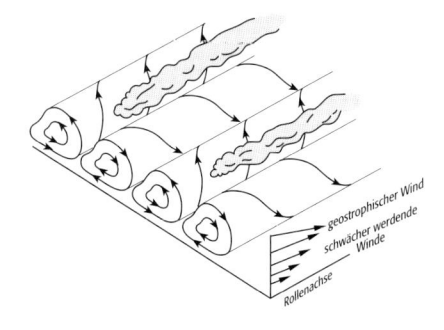

Erg 1: Schema der gegenläufigen Wirbelrollen (auch Taylor-Görtler-Bewegung genannt) in der atmosphärischen Grenzschicht; Draabildung erfolgt unterhalb der Wolkenbänder.

Draa angehäuft. Einmal als Sandrücken vorhanden, verstärken sie den Heißluftaufstieg und bewirken, dass die Spiralen ortsgebunden bleiben. Da die Reibungsschicht häufig um 1 km mächtig ist, erklärt dies die weit verbreitete Wellenlänge von 2 km. Wichtige Voraussetzungen zur Ausbildung der Doppelspiralen sind ebene Oberflächen von mindestens 20 km Länge, geringe Bodenreibung und damit geringe /Windscherung und bei einheitlicher Richtung besonders große Windgeschwindigkeiten (mindestens 36 km/h). Letzteres setzt größere Luftdruckgefälle als heute voraus, was im Pleistozän gegeben war. Draa werden daher auch unkorrekt als *Altdünen* oder *Paläodünen*, d. h. als unter nicht mehr herrschenden Klimabedingungen entstandene Dünen, bezeichnet und heute nicht mehr gebildet. Die Deflation der Gassen hört auf, wenn der feste Grund unter den Lockersanden erreicht ist. Handelt es sich hier nur um dünne /Krusten oder Seeablagerungen, so können diese verwittern und der darunter liegende Sand wird ebenfalls deflatiert. So entsteht der Eindruck von /Terrassen und *Erosionsdünen*. Viel seltener als die beschriebenen longitudinalen Draa (parallel zur Windrichtung) sind transversale Draa, deren Sandrücken senkrecht zur Windrichtung verlaufen, z. B. in der nördlichen Großen Sandsee in Ägypten. Hierfür existiert noch kein anschauliches Wirbelrollen-Modell.

Manche Ergs enthalten oder bestehen ganz aus *Sterndünen* (arab. *Ghourd*), so z. B. der Große Östliche Erg in der Sahara. Die Ghourd – riesige Sandhaufen mit wie Arme ausgreifenden Dünen – treten vorwiegend in Reihen mit Wellenlängen von Draa-Dimensionen auf, es sind also Stern-Draa. Für die Bildung gibt es noch kein befriedigendes Modell. Möglich wäre eine Grenzlage im Bereich zweier starker (pleistozäner) Windsysteme, im Großen Östlichen Erg z. B. der /Passate (N) und der extropischen Westwinde (/außertropische Westwindzirkulation) (NW-W), die sich jahreszeitlich verschieben. Von manchen Autoren wird ein trimodales Windsystem angenommen, was bei Simulationen auch funktioniert, aber nur zur Bildung von einzelnen kleinen sternförmigen Dünen führt, also nicht zur Draabildung. Aus Arabien werden ovale *Sanddome* oder *Sandberge* (auch *Pyramidendünen* genannt) beschrieben, die in größeren Gruppen auftreten und wahrscheinlich auch zu den Draa gehören. Im Namib-Erg gibt es den seltenen Fall echter Pyramidenformen infolge fluvialer Erosionsfurchen.

Wegen der heute schwächeren Winde sind die Draa – und häufig auch die Gassen – mit Längsdünen oder Querdünen (/Dünentypen) besetzt und werden unkorrekt als komplexe Dünen bezeichnet. Querdünen können Gassen vollständig versperren und dann ein Gittermuster mit den longitudinalen Draa bilden, das als *Gitterdünen* bezeichnet wird, korrekterweise jedoch Draa-Dünen-Gitter heißen müsste. Echte Gitterdünen sind selten, weil sie starke Windrichtungsänderung voraussetzen, finden sich jedoch am Rande großer Ergs. Bei geringeren Dimensionen bleiben zwischen dem Gitter tiefe Kessel erhalten: es entstehen *Kesseldünen* (Abb. 2 im Farbtafelteil).

Manche Ergs liegen in Gebieten, die heute feuchter sind als zur Entstehungszeit und sind bewachsen (z. B. in der Kalahari oder am Südrand der Sahara). Diese Draa werden häufig als *fossile Dünen* bezeichnet, wobei weder Düne noch fossil (von lat. fossa = Graben) korrekt ist, weil sie nicht begraben sind. Bei Vegetationszerstörung – z. B. durch /Überweidung – bilden sich hier auch aktuell Dünen. Dieser Vorgang – häufig mit /Desertifikation verbunden – wird als *Dünenreaktivierung* bezeichnet, was auch nicht ganz korrekt ist, weil Teile von Draa in Form von Dünen reaktiviert werden. In geologischen Zeiträumen können wiederholte Prozesse der /Dünenstabilisierung (durch Bodenbildung und Bewachsung) in Feuchtphasen und der Reaktivierung in Trockenphasen zu unterschiedlich alten *Dünengenerationen* führen. So sind beispielsweise in den Wahiba-Sanden in Oman neben den Draa der beschriebenen Dimensionen und den Dünen noch Draa kleinerer Dimensionen, sog. *Mesodünen*, gefunden worden. Aufgrund dieser Tatsache, und weil mit der Methode der Rasterelektronenmikroskopie die Spuren von Milieuänderungen auf den Quarzkornoberflächen gelesen werden können, stellen Ergs Klima-Archive dar, die Aufschluss über das Paläoklima geben können. Die zeitliche Einordnung der Prozesse wird durch die Methode der /Thermolumineszenz-Datierung ermöglicht. [HBe]

Ergasiophyten /Einbürgerung.

Ergussgestein /*Vulkanit*.

erhaltende Stadterneuerung, *sanfte Stadterneuerung*, *behutsame Erneuerungen*, *historic preservation*, Erhalt der physischen Struktur des zumeist historischen Altbaubestandes in Grund- und Aufriss, wobei z. T. ganze Stadtviertel so nah wie möglich in den historischen Ursprungszustand zurückversetzt werden. Durch architektonische und technologische Aufwertung alter Bausubstanz soll eine emotionale und intellektuelle Bindung zu traditionellen Stadträumen geschaffen werden. Während sich behutsame Erneuerung als Attraktivitätssteigerung für Stadtbild und Stadtimage erweist, ist diese Form der Sanierung nicht ohne soziale Kosten. Häufig wird im Rahmen dieser /Gentrification ein Aufwertungsprozess in historischer Altbausubstanz eingeleitet, der von den ursprünglichen Mietern nicht mehr bezahlt werden kann und zu deren Verdrängung führt. In den USA wird die erhaltende Stadterneuerung durch Auflagen der Stadtverwaltung an die Hauseigentümer eigens ausgewiesener »Historic Districts« bewusst eingeleitet, um eine soziale Umschichtung in Richtung eines höher besteuerbaren Klientels herbeizuführen. /Denkmalschutz. [RS]

Erhaltensneigung, Eigenschaft der endogenen Komponente eines zeit-varianten, raum-zeit-varianten oder /raum-zeit-varianten Prozesses, die sich dadurch auszeichnet, dass »benachbarte« Prozesszustände nicht unabhängig voneinander sind. Ist in einem zeit-varianten Prozess die

Nachbarschaft durch die Wirkungsrichtung (vorher-nachher) eindeutig festgelegt, so ist dieses bei raum-varianten Prozesskomponenten nicht a priori der Fall und es muss zunächst das räumliche Nachbarschaftssystem festgelegt werden.

Es lassen sich unterschiedliche Formen von Erhaltensneigungen unterscheiden, die i. A. in zwei Kategorien zusammengefasst werden: den deterministischen und den stochastischen Formen. Deterministische Formen werden durch deterministische Prozesskomponenten erzeugt und resultieren in Trends, wobei vor allem lineare Trends und periodische Trends eine wichtige Rolle spielen. Sie können durch Verfahren der ↗Trendanalyse bzw. ↗Trendoberflächenanalyse ermittelt werden. Stochastische Formen werden durch stochastische Prozesskomponenten erzeugt und resultieren in ↗stochastischen Abhängigkeiten innerhalb der Prozessvariablen, den ↗Autokorrelationen, die durch ↗Autokorrelationskoeffizienten gemessen werden können. In deren Definition werden auch die unterschiedlich möglichen Nachbarschaftsbeziehungen festgelegt.

Erhaltensneigung macht sich als Regelhaftigkeit im Kurvenverlauf der Prozessvariablen bemerkbar (Abb.). So ist der Verlauf der ↗Zeitreihe in Abb. a linear ansteigend und gleichzeitig ist eine periodische Variation vorhanden, die Zeitreihe enthält sowohl einen linearen als auch einen periodischen Trend. Eine solche Regelhaftigkeit ist in den Kurven der Abb. b, c und d nicht unmittelbar zu erkennen. Allerdings ist der Verlauf der Zeitreihe in Abb. b relativ glatt, benachbarte Werte sind recht ähnlich. In Abb. c hingegen ist der Kurvenverlauf zackig ausgebildet, es folgt jeweils ein entgegengesetzt ähnlicher Wert. Im ersten Fall enthält die Zeitreihe eine positive, im zweiten Fall eine negative Autokorrelation. Ist eine Regelhaftigkeit in der Abfolge der Werte nicht vorhanden (Abb. d), benachbarte Werte also stochastisch unabhängig, so ist die Variable nicht autokorreliert. Der durch eine solche Variable repräsentierte Prozess besitzt keine Erhaltensneigung. Man spricht dann auch von »weißem Rauschen«. [JN]

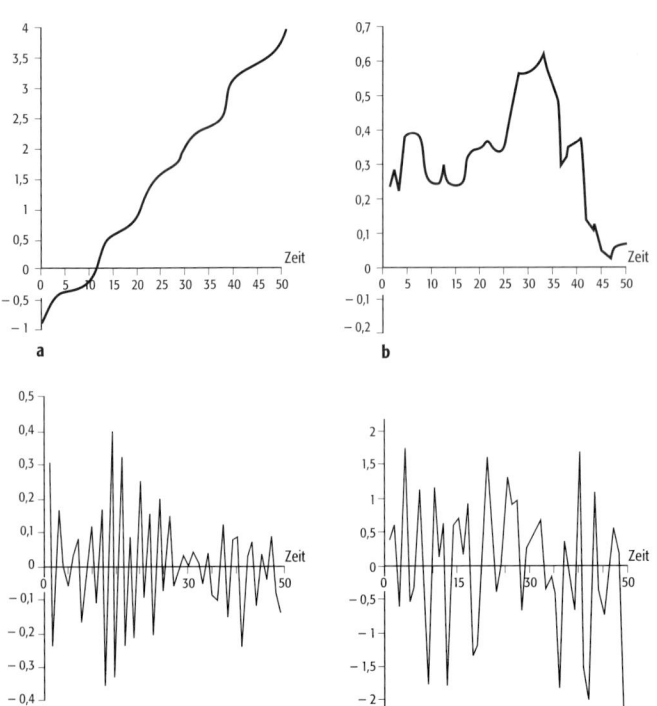

Erheblichkeit, bezeichnet eine nicht immer eindeutig definierte Schwelle, oberhalb derer Auswirkungen auf die Umwelt bzw. auf ein Umweltmedium als rechtsrelevant einzustufen sind. Anwendung findet der Begriff im ↗UVP-Gesetz, wo in § 2 festgelegt wird, dass Vorhaben einer ↗Umweltverträglichkeitsprüfung zu unterziehen sind, die erhebliche Auswirkungen auf die Umwelt haben. Ferner ist der Begriff im Rahmen der ↗naturschutzrechtlichen Eingriffsregelung relevant, in welcher die Veränderung der Gestalt oder Nutzung von Grundflächen als Eingriff definiert wird, sofern diese Veränderung die Leistungsfähigkeit des Naturhaushaltes oder des Landschaftsbildes erheblich beeinträchtigen kann. Auch bei der Prüfung von Projekten und Plänen nach § 19 c des ↗Bundesnaturschutzgesetzes, die einzeln oder im Zusammenwirken mit anderen Projekten oder Plänen geeignet sind, ein Natura-2000-Gebiet (↗FFH-Gebiet) erheblich zu beeinträchtigen, spielt die Bestimmung der Erheblichkeitsschwelle eine wichtige Rolle. [AM/HM]

Erholung, bezeichnet den Vorgang, der nach dem Ausüben einer Tätigkeit den gleichen Zustand eines Organismus wie vor dem Ausüben dieser Tätigkeit wiederherstellt. Der Erholungsbegriff spielt in der ↗Geographie der Freizeit eine große Rolle, da damit der regenerative Zweck von räumlichen Aktivitäten angesprochen ist (↗Naherholung). Der synonyme Begriff »Rekreation« wurde in den sozialistischen Ländern Osteuropas – zurückgehend auf russische Geographen – benutzt, konnte sich letztlich aber nicht durchsetzen.

Erholungstourismus, Tourismusart, bei der die physische und psychische Erholung im Vordergrund steht. Der Erholungstourismus kann sowohl in der Form der ↗Naherholung als auch der Ferien- oder Urlaubserholung vorkommen, aber auch die Kurerholung zur (Wieder-)Herstellung der Gesundheit durch die Anwendung natürlicher Heilfaktoren (Wasser, Gase, Peloide, Klima) gehört dazu. Überwiegend handelt es sich hierbei gleichzeitig um eine Variante des ↗Langzeittourismus. 1999 stellte der Erholungstourismus in Form des Ausruh-Urlaubs (33 %) und des Strand-/Bade-/Sonnen-Urlaubs (30 %) für 63 % der Deutschen die wichtigsten Urlaubsreisearten dar. ↗Kurzzeittourismus ist in weitaus geringerem Maße dem Erholungstourismus zuzurechnen, denn nur bei 15,5 % bildet Erholung den Reiseanlass.

ericoid, *nadelförmig*, bezeichnet Pflanzen mit einem Blattbau, der dem der *Ericacae* (Heidekrautgewächse) gleicht.

Erhaltensneigung: Zeitreihen mit unterschiedlicher Erhaltensneigung: a) mit linearem und periodischem Trend; b) ähnliche Nachbarwerte; c) alternierende Nachbarwerte; d) weißes Rauschen.

Erkältung der Pflanze, Schädigung von Zellstrukturen und Zellfunktionen durch Unterschreitung der kritischen artspezifischen Minimumtemperaturansprüche. Tropische Pflanzen können z. B. schon bei Temperaturen von noch einigen Grad über dem Gefrierpunkt Erkältungsschäden erleiden, indem zunächst die Protoplasmaströmung erstarrt, dann die Photosyntheseleistung nachlässt, eine Schädigung der ↗Chloroplasten eintritt und schließlich beim Erkältungstod die Semipermeabilität der Biomembranen verloren geht und der Zellsaft in die Interzellularen austritt. Pflanzen, die an tiefe Temperaturen über oder sogar unter dem Gefrierpunkt durch ↗Frostabhärtung adaptiert sind, werden erst durch entsprechende Frosttemperaturen und Eisbildung im Gewebe geschädigt.

Erkenntnistheorie, v. a. ein Teilbereich der Philosophie als eine der sog. metatheoretischen (↗Metatheorie) Disziplinen. Dort wird sie allgemein als der umfassende Bereich verstanden, in dem Fragen sowohl der alltäglichen als auch der wissenschaftlichen Erkenntnis behandelt werden. In diesem Sinne bilden sowohl die ↗Wissenschaftstheorie als auch die ↗Methodologie als Erkenntnislogik Teilbereiche der Erkenntnistheorie. Im Zentrum steht die Frage nach den Bedingungen der Erkenntnisgewinnung und damit auch nach der Produktion von ↗Wissen. Dem gemäß ist die Erkenntnistheorie nicht nur für die Wissenschaftstheorie aller empirischen Wissenschaften sowie der ↗Geographie grundlegend, sondern auch für die Geographie der Wissensverbreitung und für die ↗Bildungsgeographie. Weitere wichtige Bereiche der Erkenntnistheorie stellen Fragen nach dem Verhältnis von Erfahrung und Wirklichkeit, der Möglichkeit des Erfassens der ↗Wahrheit sowie nach der Ontologie der natürlichen und sozial-kulturellen Wirklichkeit bzw. Wirklichkeiten dar. [BW]

Erklärung, Oberbegriff für verschiedene Arten der Begründung einer Einzeltatsache als Ausdruck eines allgemeinen Zusammenhanges. Erklären stellt eine der Hauptaufgaben des wissenschaftlichen Arbeitens dar und besteht darin, eine unverständliche (individuelle) Gegebenheit einem bekannten, verständlichen (allgemeinen) Zusammenhang unterzuordnen. In der ↗Physischen Geographie wird die wissenschaftliche Erklärung in aller Regel als »Kausalerklärung« (↗Kausalität) interpretiert. Dabei wird eine bislang unverständliche (individuelle) Gegebenheit dadurch erklärt, dass die für sie zuständige Ursache (hinreichende Bedingung) angeführt wird. Dies geschieht durch die Subsumption, d. h. die Unterordnung, der Einzeltatsache unter einen gesetzmäßigen Ursache-Wirkung-Zusammenhang, ein bekanntes Naturgesetz. In der ↗Sozialgeographie wird die wissenschaftliche Erklärung als rationale Erklärung interpretiert. Dabei wird eine problematische Gegebenheit nicht durch die Zurückführung auf eine Ursache, sondern auf einen Grund (notwendige Bedingung) und die Subsumption unter eine regelmäßige Grund-Folge-Beziehung verständlich gemacht.

Die wissenschaftliche Erklärung besteht grundsätzlich aus den zwei Hauptelementen *Explanandum* und *Explanans*. Das Explanandum umfasst Sätze, die den Sachverhalt beschreiben (↗Deskription), der erklärt werden soll. Das Explanans umfasst erklärende Aussagen, d. h. die Erklärung im engeren Sinne. Das Explanandum umfasst in der Regel eine Aussage oder Aussagen über einen problematischen Sachverhalt, der empirisch als wahr gilt. Denn sonst würde man imaginäre Dinge erklären wollen. Um das »Zu-Erklärende« erklären zu können, muss man über einen Satz verfügen, der eine allgemeine, regelmäßige Beziehung zum Ausdruck bringt, sowie über eine weitere singuläre deskriptive Aussage, welche die Anwendbarkeit des allgemeinen Satzes auf den problematischen Sachverhalt sicherstellt. Beide zusammen bilden das Explanans. Der allgemeine Satz behauptet einen bestimmten Zusammenhang zwischen zwei oder mehreren Variablen, der mindestens einmal bestätigt (verifiziert) und nicht allzu häufig widerlegt (falsifiziert) wurde. Sie werden auch Gesetzeshypothesen (↗Hypothese) genannt und sollen die Wenn-Dann- oder Je-Desto-Form aufweisen. Die singuläre deskriptive Aussage, welche die Anwendbarkeit des allgemeinen Satzes sicherstellt, wird »Randbedingung« genannt. Sie sichert die Anwendung des allgemeinen Satzes zur Erklärung des problematischen Sachverhaltes ab. Die Randbedingung hat somit mit der Wenn-Komponente der allgemeinen Wenn-Dann-Behauptung identisch zu sein. Diese Darstellung der Einzelelemente einer wissenschaftlichen Erklärung entspricht dem Ablauf eines Erklärungsversuches. Am Anfang ist man in aller Regel mit einer problematischen Tatsache konfrontiert (dem Explanandum). Sie ist uns als erstes Element der Erklärung bekannt. Unbekannt ist hingegen zunächst das Explanans. Dieses muss im Verlaufe des ↗Forschungsprozesses immer erst entdeckt bzw. formuliert werden. So kann man sagen, dass wir zuerst immer eine problematische Wirkung oder Folge kennen. Die Aufgabe des Wissenschaftlers besteht darin, dafür die Ursache oder den Grund zu finden.

Um eine Erklärung leisten zu können, sind die Einzelelemente logisch korrekt miteinander in Beziehung zu setzen. Erst dann kann eine problematische Gegebenheit angemessen erklärt werden. Dazu ist eine Regel des Schließens notwendig, die uns angibt, wie das Explanandum logisch korrekt aus dem Explanans abzuleiten ist.

Logiker haben zahlreiche Formen des Schließens rekonstruiert und formuliert sowie deren logische Gültigkeit diskutiert. Für die Erklärung von problematischen Sachverhalten wird vor allem auf zwei logisch gültige Schließregeln Bezug genommen: den »modus ponens« (MP) und den »modus tollens« (MT). Sie geben an, was man tun muss bzw. kann und darf, um von einem übergeordneten allgemeinen Satz bzw. einer allgemeinen Gesetzeshypothese korrekt auf einen untergeordneten singulären Satz bzw. auf eine (problematische) Einzeltatsache zu schließen. In dieser Funktion sind sie wahrheitskonservierend

(↗Wahrheit) und (deshalb) logisch gültig. Der MP stellt die Regel dar, die angibt, wie man von einem wahren »p« zu einem gültigen »q« gelangen kann und der MT gibt an, wie man von einem nicht gültigen »q« auf die Nichtgültigkeit von »p« schließen kann. [BW]

Erlebniseinkauf ↗Konsumentenverhalten.

Erlebniskonsum, Form des Nachfrageverhaltens, das durch den Wunsch nach Erlebnis, Spaß und Emotionen geprägt wird. Der Erlebniskonsum hat sich speziell in den 90er-Jahren des 20. Jh. als Gegenpol zum bisherigen ↗Versorgungskonsum herausgebildet. Wichtiger Steuerfaktor war dabei ein gesellschaftlicher Wertewandel. An die Stelle traditioneller Pflicht- und Akzeptanzwerte (Disziplin, Gehorsam, Ordnung, Leistung) treten zunehmend Selbstentfaltungs- und Engagementwerte (Emanzipation, Hedonismus, Individualismus). Den Hintergrund bilden sozioökonomische Faktoren wie Deckung der Grundbedürfnisse (↗Reisenentscheidung), wachsende Freizeit, gestiegene Einkommen, höherer Bildungsstand, zunehmende Erwerbstätigkeit der Frauen, Tertiärisierung der Wirtschaft, Sättigung der Konsumgütermärkte usw. Im Erlebniskonsum stellt nicht mehr der Gebrauchswert einer Ware oder Dienstleistung das entscheidende Konsummotiv dar, sondern der genussvolle Zusatznutzen in Form sinnlicher und emotionaler Erlebnisse (Spannung, Überraschung, Faszination). Die Erlebniskonsumenten sind dabei ständig auf der Suche nach »once-in-lifetime-events«. Als Reaktion auf diese Konsumorientierung entstehen zunehmend neue Erlebnis- und Konsumwelten wie ↗Urban Entertainment Centers, ↗Musicals, ↗Multiplex-Kinos, ↗Erlebnisparks, ↗Brand Lands usw. Außerdem erleben der ↗Event-Tourismus und der ↗Städtetourismus (speziell in Großstädten) einen Nachfrageboom. [ASte]

Erlebnispark, künstlich geschaffene, abgeschlossene, privatwirtschaftlich geführte, multifunktionale Freizeiteinrichtung, in der die Besucher eine Vielzahl unterschiedlicher Attraktionen und Fahrgeschäfte gegen einmalige Gebühr (Tagesgebühr) in Anspruch nehmen können. Ein Erlebnispark hat – im Gegensatz zum ↗Freizeitpark – ein oder mehrere Themen, die mithilfe von Kulissen, Attraktionen, Fahrgeschäften, Shows, Animateuren, Shops und gastronomischen Einrichtungen inszeniert werden (Mikrowelten). In Deutschland gibt es seit den 1970er-Jahren Beispiele für Erlebnisparks; zu den größten zählen der Europa-Park Rust (zweitgrößter Erlebnispark Europas) und das Phantasialand Brühl; derzeit größter Erlebnispark Europas ist Disneyland Paris. Während Erlebnisparks lange Zeit typische Tagesausflugsziele waren, entwickeln sie sich in der jüngeren Vergangenheit durch die Angliederung von Hotelbetrieben zunehmend zu Kurzurlaubsreisezielen. Der Erfolg dieser Strategie dokumentiert sich in einer Verlängerung der Aufenthaltsdauer der Besucher in den Parks, in einer Erweiterung der Einzugsbereiche und in überdurchschnittlich hohen Auslastungsquoten der Hotels (teilweise 90 %). [ASte]

Erlebniswert, Bedeutung des ↗Landschaftsbilds für die Erholung des Menschen. Verfahren zur Bestimmung des Erlebniswerts bewerten entweder einzelne natürliche und infrastrukturelle Elemente oder analysieren das Verhalten und/oder die Wahrnehmungsmuster von Erholungssuchenden. Aufgrund der kaum objektivier- und quantifizierbaren Kriterien wird der Erlebniswert einer Landschaft in der Wissenschaft kritisch gesehen.

Ernährung, Aufnahme von Nahrungsstoffen für den Aufbau, die Erhaltung und Fortpflanzung eines Lebewesens. Ausreichende Ernährung ist das wichtigste der elementaren menschlichen Grundbedürfnisse. Obwohl die Anzahl der Menschen in den vergangenen 30 Jahren um 60 % gestiegen ist, gibt es nach UN-Statistiken gegenwärtig rein rechnerisch pro Kopf 18 % mehr Nahrungsmittel. Grundlage für diese Entwicklung sind die landwirtschaftlichen Produktionserfolge aufgrund von Produktionstechnologien, die auf modernen Bewässerungstechniken, auf dem Einsatz von Hochertragssorten, Düngemitteln, Pflanzenschutzmitteln und Hybridsorten beruhen (↗Grüne Revolution). Trotz dieser Entwicklungen ist die globale Ernährungssituation zu Beginn des 21. Jh. durch große regionale Unterschiede gekennzeichnet. In vielen ost- und südafrikanischen Ländern hat sich die Ernährungssituation kontinuierlich verschlechtert, darunter sind die von Bürgerkriegen zerrissenen Staaten (Republik Kongo, Angola, Äthiopien, Somalia) am stärksten betroffen. In West- und Zentralafrika überwiegen ebenfalls niedrige Werte des ↗Ernährungsindex, doch verzeichnet die Mehrheit der Staaten seit Anfang der 1980er-Jahre eine aufwärts gerichtete Entwicklung (Ausnahme: Sierra Leone, Niger, Kamerun, Elfenbeinküste). Durchgängige Verbesserungen der Ernährungssituation zeigen sich in den Regionen Nordafrika/Naher Osten und in den meisten Ländern Süd- und Südostasiens und Lateinamerikas. Die unzureichende Ernährungssituation von weltweit 826 Mio. Menschen (1999) ist eng mit ↗Armut verknüpft. Mangelnder Zugang zu produktiven Ressourcen (Boden, Wasser, technisches Gerät etc.) und fehlende Kaufkraft sind die Gründe dafür, dass die Menschen in Entwicklungsländern nicht genügend Nahrungsmittel für den Eigenkonsum produzieren (↗Subsistenzwirtschaft) oder diese auf den lokalen Märkten kaufen können. Andere Faktoren sind Defizite der nationalen ↗Agrarpolitik, die der einheimischen Nahrungsmittelproduktion nicht die gebotene Priorität zuweist. Die Ursachen und Strategien für eine zukünftige Sicherung der Welternährung sind umstritten: Vertreter der einen Richtung begreifen das Ernährungsproblem aufgrund des anhaltend hohen Bevölkerungswachstums in ↗Entwicklungsländern als ein Kapazitätsproblem; in Anknüpfung an die Erfolge der Grünen Revolution soll dem Ernährungsproblem mit einer Erhöhung der Flächenproduktivität auf Grundlage technologieintensiver Produktionsmethoden begegnet werden. Vertreter der anderen Position sehen nicht den absoluten Mangel an Nahrungsmitteln als das zentrale Problem, sondern – nicht zuletzt als Effekt der Grünen Revolution – die Art und Weise, wie der Zugang zu den vorhandenen Nahrungsmitteln reguliert wird sowie die Zerstörung der natürlichen Produktionsgrundlagen. Wesentliche Aspekte sind u. a. die Vernichtung fruchtbarer Böden, Überfischung, Trinkwasserverknappung und steigende Konsumansprüche (z. B. Fleischkonsum), sowohl in den Entwicklungs- als auch in den ↗Industrieländern. Die Kapazitätsausweitung wird nicht als Lösung, sondern als das Problem angesehen. Dem folgend sind aus Sicht der ↗Nichtregierungsorganisationen die wichtigsten Voraussetzungen für eine erfolgreiche Umsetzung des auf der ↗Welternährungskonferenz 1996 in Rom verabschiedeten Ziels, die Zahl der von ↗Hunger und ↗Unterernährung betroffenen Menschen bis zum Jahr 2015 zu halbieren: a) der politische Wille der Regierungen in den betroffenen Ländern und b) die vorrangige Entwicklung der ländlichen Regionen einschließlich der Förderung von Kleinbauern. Wichtige Schlüsselfaktoren sind u. a. die wirtschaftliche und soziale Stärkung der Frauen, die in der Ernährungssicherung eine zentrale Rolle einnehmen, Investitionen in das Ausbildungs- und Gesundheitswesen. [RMü]

Ernährungsindex, Kennzahl zur Beschreibung der Ernährungssituation eines Landes (↗Ernährung), die zwischen 0 und 100 als Maximalwert liegt. Er berechnet sich aus dem geschätzten Anteil der an ↗Unterernährung Leidenden in der Bevölkerung, aus dem Anteil der Kinder mit Untergewicht und der Sterblichkeitsrate von Kindern unter fünf Jahren. Der Ernährungsindex ermöglicht einen raschen Vergleich der Ernährungssituation und ihrer Veränderung für einzelne Länder im Zeitvergleich.

Ernährungskapazität, Bevölkerungszahl einer Region, für die in diesem Gebiet ausreichend Nahrungsmittel produziert werden kann. Die Begriffsbildung steht in Beziehung zu ↗Tragfähigkeit, ↗Bevölkerungsdruck und ↗Nahrungsspielraum. Ende der 1990er Jahre erreichte allein die weltweite Getreideproduktion 348 kg je Einwohner. Bei mindestens 3000 kcal und 100 g Eiweiß je Kilo Getreide, einem mittleren Tagesbedarf einer Person von 2500 kcal und 70 g Eiweiß war der gegenwärtige Weltnahrungsbedarf schon 1990 ausreichend gedeckt, sogar ohne weitere Nahrungsmittel einzuziehen (↗Ernährungssituation). Trotz der insgesamt günstig erscheinenden Ernährungssituation gibt es Stimmen, dass bereits heute die weltweite Tragfähigkeit im Hinblick auf eine nachhaltige Nutzung der Ressourcen (Wasserverfügbarkeit und -belastung, Bodendegradierung) überschritten ist. ↗Ernährung.

Ernährungssituation, Quantität und Qualität der Ernährung einer Bevölkerung. Sie ist von erheblichen Unterschieden auf allen Untersuchungsebenen gekennzeichnet. So zählen zwar die Industrieländer zu den Hauptagrarproduzenten und ihre Bevölkerung nimmt mehr Kalorien zu sich als notwendig, doch gibt es auch in diesen Staaten Menschen, die sich für einige Tage keine ausreichende Nahrungsmittelversorgung leisten können. Durch die Industrialisierung der Landwirtschaft und die Zunahme von industriell gefertigten Nahrungsmittel wird auch in den Industrieländern die Qualität der Nahrungsmittel zunehmend in Frage gestellt. Zudem ist unter dem Gesichtspunkt des schonenden Umgangs mit Ressourcen ein hoher Energieeinsatz zur Produktion, Kühlung und zum Transport der Nahrungsmittel bedenklich. In den Entwicklungsländern, vor allem in Afrika, leidet ein Großteil der Bevölkerung an chronischer Unterernährung mit negativen Auswirkungen auf die physiologische Leistungsfähigkeit, Infektionsanfälligkeit und Sterblichkeit. ↗Ernährung. [PG]

Ernährungsweise, 1) nach der Form und Größe der aufgenommenen Nahrung unterschiedene Art und Weise der Ernährung: *Makrophage* (Schlinger und Zerkleinerer) und *Mikrophage* (Filtrierer, Strudler, Säftesauger). Zu letzteren gehören auch parenterale Tiere, die die Nahrung über die Körperoberfläche aufnehmen (viele Endoparasiten) und Tiere die flüssige Substanz nach extraintestinaler Verdauung aufnehmen (z. B. Spinnen). 2) bestimmte Lebensform, die durch die Art der Nahrung charakterisiert wird: ↗Substratfresser fressen ihr Substrat; ↗Pflanzenfresser (Phytophage) fressen lebende pflanzliche Substanz; ↗Saprophage, ernähren sich von toter organischer Substanz; ↗Koprophage, fressen speziell tierische Exkremente; Carnivoren (↗Konsumenten) fressen lebendes Fleisch und Zoophage andere Tiere (z. B. Insekten als *Entomophage* oder Insektivore), die sie als ↗Räuber erwerben; Aasfresser oder *Nekrophage* tote tierische Substanz. So genannte Allesfresser oder besser Omnivore (↗Konsumenten) bzw. *Euryphage* ernähren sich mindestens längerfristig durch verschiedene Kost pflanzlichen und tierischen Ursprungs. [HH]

erneuerbare Energie ↗Energieträger.

Erneuerungsknospen, *Erneuerungsorgane, Winterknospen, Innovationsknospen, Überdauerungsknospen*, bei ausdauernden Kormophyten die Bezeichnung für Knospenanlagen, mit denen ungünstige Jahreszeiten (Kälte- oder Trockenperiode) überdauert werden und die danach zu einem vollständigen Trieb heranwachsen. Es werden unterirdisch angelegte Erneuerungsknospen (bei Geophyten) von oberirdischen unterschieden. Die Lage zur Erdoberfläche und der Schutz der Erneuerungsknospen während einer durch Kälte oder Trockenheit bedingten Vegetationsruhe ist entscheidendes Kriterium zur Einteilung der ↗Raunkiaer'sche Lebensformen.

Erörterung, rechtlich geregelter Verfahrensschritt in Form einer mündlichen Verhandlung zur Auseinandersetzung mit Sachfragen, Problemen oder Meinungen und Belangen beteiligter Behörden bzw. betroffener Bürger im Rahmen eines Verwaltungsverfahrens (↗Umweltverträglichkeitsprüfung, ↗Planfeststellungsverfahren).

Erosion, 1) i.w.S. jede Form der ↗Abtragung. 2) v. a. im deutschen Sprachgebrauch die linienhafte Abtragung durch fließendes Wasser. Sie wird der flächenhaft wirkenden Abtragung (↗Denudation) gegenübergestellt. Ihr bedeutendster Teilprozess ist das Abheben und Transportieren von Sand, Kies und Steinen durch fließendes Wasser, womit die Wände des ↗Gerinnebetts abgescheuert und abgeschlagen werden. Hierbei gewinnt der Fluss neues Transportgut, mit dem die Gerinnebettwände weiter bearbeitet werden, während das ältere zerbricht und zermahlen wird. Besonders wirksam wird das Gerinnebett durch ↗Wasserwalzen beim ↗turbulenten Strömen ausgekolkt, während ruhiges, ↗laminares Fließen die Erosion kaum fördert. Die Stärke der Erosion wird zum einen von Eigenschaften des Gerinnes (Wasserführung, Fließgeschwindigkeit, Turbulenz, Transport von Sand und Steinen), zum anderen von Eigenschaften des Gerinnebetts (Widerständigkeit des anstehenden Gesteins, Gefälle) beeinflusst. Bei wechselnder Widerständigkeit der anstehenden Gesteine arbeitet die Erosion selektiv, indem die weicheren Gesteinspartien schneller ausgeräumt werden als die harten. Neben dem oben genannten Abschlagen und Ausschürfen der Talsohle durch Steine und Sand können weitere Prozesse (u. a. Lösung, Kavitation, das Abtauen von Dauerfrost) zur Erosion beitragen. Erosion bewirkt die Zerrunsung von Hängen und die Talbildung. Man unterscheidet die Unterschneidung von Talhängen (Seitenerosion) und die in Richtung der Schwerkraft wirkende Einschneidung (Tiefenerosion). Während Erstere zu einer Verbreiterung der Talsohle führt, bewirkt Letztere die Einschneidung in den Untergrund. Da durch die Tiefenerosion der Talanfang und Gefällsstufen stromaufwärts zurückweichen, wirkt sie rückschreitend. Die maximale Tiefe, bis zu der Erosion wirksam werden kann, wird als ↗Erosionsbasis bezeichnet. Die absolute Erosionsbasis entspricht dem Meeresspiegel, lokale Erosionsbasen von Nebenflüssen können das Niveau des Haupttales oder eines Sees sein, während die lokale Erosionsbasis eines ↗endoreischen Flusses ein abflussloses Becken ist. Die Höhenlage der Erosionsbasis kann Veränderungen unterliegen, z. B. durch Meeresspiegelschwankungen im Wechsel der quartären Warm- und Kaltzeiten. Eine Tieferlegung der Erosionsbasis kann zur Belebung, ihre Erhöhung zur Schwächung der Erosion führen. 3) ↗glaziale Erosionsprozesse. [HS]

Erosionsbasis, Niveau, bis zu dem ↗Erosion wirken kann. Unterhalb der Erosionsbasis kann sedimentiert werden, über ihr ist Sedimentation in einem Ablagerungsraum nur ein temporärer Vorgang und es findet Erosion statt. Die allgemeine Erosionsbasis aller Abtragungsvorgänge ist der Meeresspiegel.

Erosionsdiskordanz ↗Diskordanz.

Erosionsdoline ↗Doline.

Erosionsdüne ↗Erg.

Erosionsrippeln, Sondertypus von ↗Windrippeln, die durch ↗äolische Abtragung statt durch ↗äolische Akkumulation entstehen. Erosionsrippeln sind genetisch an die ↗äolische Morphodynamik von Längsdünen (↗Dünentypen) gekoppelt, wo am Fuß der Leeflanke durch starke dünenwärts wehende, sanduntersättigte Winde windparallele, symmetrische Erosionsrinnen in den Sand des Dünenfußes geschliffen werden. Dies ist deshalb möglich, weil der Sand am flachen Lee-Unterhang annähernd horizontal geschichtet und daher standfest ist. Diese äolische Erosion führt am Fuß der Leeflanke zur Bildung einer ↗Deflationswanne, zur Übersteilung der Dünenleeflanke, sowie zum zurück zur Düne gerichteten Sandtransport. Sie ist damit ein entscheidender Mechanismus zur Aufrechterhaltung einer Gleichgewichtsbilanz bei Längsdünen. Genetisch handelt es sich bei Erosionsrippeln um ein Mikrorelief aus ↗Yardangs und ↗Windgassen, jedoch im lockeren, nicht pedogen verfestigten Sand. Erosionsrippeln werden dann von schwächeren, flankenparallelen Winden in »normale« Akkumulationsrippeln weitergeformt und erhalten so ein asymmetrisches Querprofil. [IS]

Erosionsterminante, theoretischer Endzustand der Entwicklung eines Flusslängsprofils, wo überall im Flusslauf ein Gefälle herrscht, bei dem die anfallenden Frachtmengen gerade noch abtransportiert werden können.

Erratika, Gesteinsbruchstücke, die durch Gletschertransport außerhalb ihres Anstehenden gefunden werden. In Deutschland wird der Begriff meist für Großgeschiebe (erratische Blöcke, *Findlinge*) verwendet. Der größte Findling Norddeutschlands ist der »Buskam« am Göhrener Ufer bei Mönchgut (Mecklenburg-Vorpommern). Sein Volumen wird auf 600–750 m^3 geschätzt. Der größte Findling im Alpenraum ist die Pierre des Marmettes bei Monthey in der Schweiz (1600 m^3). Großgeschiebe (Megablocks) kann eine flächenhafte Ausdehnung von über hundert Metern erreichen.

Erreichbarkeit, auch als *Verkehrszentralität* bezeichnet, ist ein Maß für die Lagequalität eines Ortes bzw. einer Raumeinheit in Bezug auf potenzielle Personenfahrten und/oder Gütertransporte von bzw. nach anderen Orten (Raumeinheiten). Die Erreichbarkeit hängt direkt von Art und Umfang der *Verkehrserschließung* (der Bereitstellung von Verkehrsmitteln, deren Vernetzung, Ausbau und Plangeschwindigkeit der Verkehrswege) und indirekt von der Siedlungs- und Raumstruktur (↗Bevölkerungsdichte) ab. Eine überregional gute Erreichbarkeit stellt für die Wohnbevölkerung ein hohes Kontakt- und Aktivitätenpotenzial und für die Wirtschaft einen Standortvorteil im interregionalen Wettbewerb dar. Der Zusammenhang zwischen Erreichbarkeit – als Kriterium für die ↗Verkehrsinfrastruktur – und Wirtschaftskraft von Regionen ist empirisch evident. Es gibt zahlreiche Indikatoren zur Messung von Erreichbarkeit. Im einfachsten Fall dient die Distanz oder Reisezeit (in Bezug auf potenzielle Quell- und Zielorte) oder die innerhalb einer bestimmten Reisezeit erreichbare Bevölkerung als Indikator. Komplexere Indikatoren beziehen die Attraktivität potenzieller Zielorte oder die regionale Wirtschaftskraft als Gewichtungsfaktoren ein. [JD]

ERS, *European Remote Sensing Satellite*, ERS-1 und 2 (Start: 1991 und 1995), Satellitensysteme der ↗ESA zur ↗Mikrowellen-Fernerkundung. Wichtigstes Messgerät neben anderen Sensoren ist ein SAR (Synthetic Aperture Radar)-System, welches eine 30×30 m²-Bodenauflösung erreicht (↗Radar-Fernerkundung).

Ersatzgesellschaft, Bezeichnung für eine Pflanzengesellschaft, die infolge menschlicher Einflussnahme oder natürlicher Ereignisse an die Stelle der ursprünglich in einem Landschaftsausschnitt vorkommenden ↗Vegetation (Dauergesellschaft, Klimaxgesellschaft) getreten ist. Anthropogene Ersatzgesellschaften auf den natürlichen Waldstandorten Mitteleuropas sind z. B. Fettwiesen (u. a. anstelle von Auwäldern) und Kalkmagerrasen (anstelle lichter Buchenwälder). Auch Acker- und Forstgesellschaften sind typische Ersatzgesellschaften von Wäldern, auf dräniertem Gelände u. a. von Mooren. Häufig werden zudem Pioniergesellschaften oder andere Teile von Sukzessionsserien, die vorübergehend eine Klimaxgesellschaft ersetzen (z. B. nach Brandereignissen oder Windwurf), als Ersatzgesellschaften angesprochen. ↗Sukzession.

Erstarrungsgestein ↗*Magmatit*.

Erstarrungspunkt ↗*Gefrierpunkt*.

Erstbesiedler, Pioniere, Pionierarten, initiale Besiedler neu entstandener oder durch katastrophale Ereignisse völlig umgestalteter Lebensräume (Abb. im Farbtafelteil). Sie markieren den Beginn der ↗Sukzession und bilden Pioniergesellschaften (Initialgemeinschaften). Typische Beispiele sind die ersten pflanzlichen Besiedler auf Gletschervorfeldern oder vulkanischem Substrat. Ihre Ansiedlung und Verbreitung auf den juvenilen Standorten ist oft zufällig und im Falle extremer Bedingungen (z. B. Trockenheit) an geschützte Mikrohabitate, sog. »safe sites«, gebunden. Die Erstbesiedler werden mit zunehmendem Standortsalter (fortschreitende Bodenentwicklung, ausgeglichenes Mikroklima, etc.) von anspruchsvolleren Arten der Aufbauphasen abgelöst.

Erstplatzierung, ist die erste berufliche Position nach Beendigung der Schule, der Lehre oder des Studiums und dokumentiert, mit welcher beruflichen ↗Qualifikation welche beruflichen Tätigkeiten aufgenommen werden können. Sie erlaubt präzise Aussagen über Veränderungen im regionalen und gruppenspezifischen Vergleich.

Ertrag, ein unbewirtschaftetes ↗Ökosystem zeichnet sich ebenso wie ein agrares System durch eine bestimmte Produktion an Pflanzensubstanz innerhalb eines definierten Zeitraums, sein ↗biotisches Ertragspotenzial, aus; dies hängt wesentlich von den ↗Standortfaktoren, insbesondere Boden- und Klimaparametern sowie den Nutzungs- und Pflegeintensitäten oder Kalamitätenbefall ab. Der wesentliche Unterschied zwischen beiden Systemen besteht darin, dass bei ökosystemarer Betrachtungsweise die gesamte Produktion an Holz, Laub und Fortpflanzungseinheiten (entsprechend der ↗Nettoprimärproduktion) zum Ertrag zählt, während dagegen aus landwirtschaftlicher Sicht selektiv bestimmte verwertbare Teilprodukte als Ertrag betrachtet werden, etwa nur die Äpfel des Apfelbaums. Das prozentuale Verhältnis der Menge dieser Produkte zum gesamten Pflanzenertrag wird als Ertrags- oder Ernteindex bezeichnet. Bei Getreide beinhaltet er somit den Anteil der Körnertrockenmasse an der Gesamttrockenmasse der Sprosse zum Erntezeitpunkt. Bei Getreidesorten liegt er zwischen ca. 25 % (Mais, Roggen) und 50 % (Reis, Gerste), wobei durch den Einsatz neuer Sorten sowie von Chemikalien (Halmverkürzung) angestrebt wird, günstigere Relationen zu erreichen. [LN]

Ertragsmesszahl ↗*Bodenbewertung*.

Eruption, vulkanische Ausbruchstätigkeit (↗Vulkanismus), in Form von *Effusion* (Ausfließen der Lava), und *Extrusion* (Ausfluss von Lava und Auswurf von Lockermaterial, meist jedoch das Herauspressen von zähflüssigem Material). Sie umfasst z. B. Lavaeruption (Effusion und Extrusion), Aschen- und Schlackeneruption (*Ejektion*), und Gas- und Dampferuption. Im Gegensatz zu dauerhaften vulkanischen Tätigkeiten handelt es sich bei Eruptionen um meist kurzzeitige, heftige vulkanische Äußerungen. Je nach Lage des Ausbruchs wird zwischen Gipfel- und Flankeneruptionen unterschieden, dazu nach der Geometrie zwischen Zentral-, Linear- oder Arealeruption. Der Eruptionskanal mündet in einen Eruptionsschlot, einen Eruptionskrater oder einer Eruptionsspalte. Die aufgeschüttete Erhebung wird Eruptionskegel genannt. ↗Vulkan.

Eruptivgestein ↗*Vulkanit*.

Erwerbsbeteiligung, Anteil verschiedener Bevölkerungsgruppen und Altersstufen, die einer Erwerbstätigkeit nachgehen können oder wollen. Die Erwerbsbeteiligung ist ein theoretisches Konstrukt, das anhand verschiedener Indikatoren (↗Erwerbsquote, ↗Erwerbstätigenquote) operationalisiert werden muss, um empirisch messbar zu sein. Da die Erwerbsbeteiligung sehr stark von den Bedingungen ↗regionaler Arbeitsmärkte, von gesetzlichen Rahmenbedingungen und von gesellschaftlichen Wertvorstellungen abhängig ist, kommt ihr eine wichtige Indikatorfunktion zu.

Erwerbsbiographie, sequenzielle Abfolge unterschiedlicher ↗Berufsetappen inklusive Unterbrechungen aufgrund von Kindererziehung, Betreuungsleistung oder Weiterbildung. ↗Berufslaufbahn.

Erwerbscharakter, Abgrenzung der einzelnen landwirtschaftlichen Betriebe nach sozial-ökonomischen Kriterien. 1997 wurde eine neue Abgrenzung von Haupt- und Nebenerwerbsbetrieben eingeführt, die sowohl in der allgemeinen Agrarstatistik als auch in der Testbetriebsbuchführung angewendet wird, die aber nicht kompatibel mit entsprechenden Definitionen der ↗EU ist. In der Testbetriebsbuchführung entfällt die zusätzliche Unterscheidung der Haupterwerbsbetriebe nach ↗Vollerwerbsbetrieben und ↗Zuerwerbsbetrieben. a) *Haupterwerbsbetriebe*: Betriebe mit 1,5 und mehr Arbeitskräften (AK) je Betrieb oder 0,75 bis unter 1,5 AK je Betrieb und mit einem

Anteil des betrieblichen Einkommens am Gesamteinkommen von mindestens 50 % und b) *Nebenerwerbsbetriebe*: alle anderen Betriebe.

erwerbsfähige Bevölkerung, die Summe der 15- bis 65-Jährigen (manchmal auch 15- bis 60-Jährigen), unabhängig vom tatsächlichen Erwerbsstatus, Erwerbswunsch oder Erwerbsvermögen.

Erwerbskombination, gleichzeitige Ausübung von verschiedenen Tätigkeiten, häufig landwirtschaftsbezogene und außerlandwirtschaftliche Beschäftigungen. Der fortschreitende ↗ländliche Strukturwandel erfordert von den Landwirten verstärkt, die Möglichkeiten der Erwerbskombination beziehungsweise der Mehrfachbeschäftigung konsequent zu nutzen. Dazu bieten sich unter anderem an: a) Nebenerwerbstätigkeiten in ländlichen Gewerbe- und Dienstleistungsbereichen; b) Übergang zur ↗biologischen Landwirtschaft; c) Verarbeitungsaktivitäten und ↗Direktvermarktung der erzeugten Produkte; d) Naturschutz- und Landschaftspflegearbeiten und e) Nutzung und Ausbau vorhandener, nicht mehr benötigter Wirtschaftsgebäude.

Erwerbskurve, graphische Darstellung des altersspezifischen Verlaufs der ↗Erwerbsquote, aussagekräftiger als die Erwerbskurve ist die ↗Erwerbstätigenkurve.

Erwerbslose, Personen ohne Arbeitsverhältnis, die sich jedoch um einen ↗Arbeitsplatz bemühen. Erwerbslosigkeit ist der übergeordnete Begriff, der ↗Arbeitslosigkeit im rechtlichen Sinne mit einschließt. Alle Arbeitslosen sind auch erwerbslos, aber nicht alle Erwerbslosen auch arbeitslos.

Erwerbsperson, Person, die eine mittelbar oder unmittelbar auf Erwerb ausgerichtete Tätigkeit ausübt oder sucht. Zu den Erwerbspersonen gehören also die ↗Erwerbstätigen und die ↗Erwerbslosen, jedoch nicht die sog. ↗stille Reserve. Die Einbeziehung der Arbeitslosen beruht auf der theoretischen Annahme der Neoklassiker, dass ↗Arbeitslosigkeit nur eine kurzfristige Episode sei und nicht als dauerhafter eigener Erwerbsstatus anzusehen ist. Für die Definition der Erwerbspersonen werden die geleistete Arbeitszeit und das aus der Tätigkeit erzielbare Einkommen nicht berücksichtigt. Hausfrauen und Hausmänner gelten nicht als Erwerbspersonen. ↗Erwerbsquote.

Erwerbspersonenpotenzialquote, die Summe aus Erwerbspersonen und abschätzbarer ↗stiller Reserve. Sie misst den Anteil eines unter günstigen ökonomischen Voraussetzungen mobilisierbaren ↗Arbeitskräfteangebots an der Wohnbevölkerung.

Erwerbsquote, Anteil der ↗Erwerbspersonen an der Wohnbevölkerung. Da eine auf die gesamte Wohnbevölkerung bezogene Erwerbsquote für die Erfassung und Erklärung regionaler Unterschiede wenig geeignet ist, wird sie in der Regel auf die 15- bis 65-Jährigen oder auf die Wohnbevölkerung über 15 Jahre bezogen. Für spezifische Fragestellungen wird sie auch für einzelne Jahre oder Altersgruppen berechnet.

Erwerbsstruktur, gliedert die Bevölkerung eines Raumes nach ↗Erwerbspersonen, die eine unmittelbar oder mittelbar auf Erwerb gerichtete Tätigkeit ausüben oder suchen und Nichterwerbspersonen, die z. B. von Renten leben. Als erwerbsfähig gelten i. A. die 15- bis unter 60- bzw. 65-Jährigen. Die Altersgrenzen ergeben sich aus der ↗Schulpflicht und dem Beginn des Ruhestandes und berücksichtigen z. B. weder Erwerbsunfähigkeit noch Vorruhestandsregelungen oder Erziehungszeiten. Die Erwerbspersonen unterteilt man in ↗Erwerbstätige, die einer auf Erwerbseinkommen ausgerichtete Tätigkeit nachgehen, und ↗Erwerbslose, die eine Arbeit suchen. In Deutschland gelten Erwerbslose als arbeitslos, wenn sie sich als Arbeitssuchende gemeldet haben.

Die Erwerbsstruktur ist Ausdruck der ökonomischen Basis, des Entwicklungsstandes und auch der gesellschaftlichen Bedingungen in einer Region bzw. einem Land. Hierzu gibt die ↗Erwerbsquote, der Anteil der Erwerbspersonen an der Gesamtbevölkerung (manchmal auch bezogen auf die Zahl der 15- bis unter 65-Jährigen), erste Hinweise (Abb.). Sie variiert sehr stark sowohl in

	Erwerbspersonen (in 1000)	Erwerbspersonen primärer Sektor (in %)	Erwerbspersonen sekundärer Sektor (in %)	Erwerbspersonen tertiärer Sektor (in %)	Erwerbspersonen bezogen auf Personen im Alter 15-65 Jahren (in %)
USA	124.900,0	3,4	23,8	72,9	71,9
Deutschland (1994)	36.075,0	4,0	36,4	59,6	64,7
Schweden (1994)	3927,0	3,7	24,8	71,5	69,8
Spanien (1993)	11.837,6	10,6	30,2	59,2	44,2
Polen (1992)	15.462,3	28,1	31,5	39,8	61,0
Irland (1991)	1125,1	14,3	28,0	57,3	49,2
Ägypten (1994)	15.241,4	35,5	21,2	43,3	45,0
Äthiopien (1993)	682,9	14,7	27,0	58,3	2,8
Kenia (1991)	1441,7	19,2	19,7	61,2	13,8
Pakistan (1994)	33.047,0	50,1	17,4	32,4	65,1
Thailand (1991)	31.138,4	60,5	15,3	24,2	78,2
Japan	64.570,0	5,8	33,5	60,3	74,1
Indonesien (1992)	78.104,1	55,6	13,3	30,9	64,7
Venezuela	7669,6	14,2	22,6	63,1	64,8
Mexiko	33.881,0	25,2	20,9	53,5	66,0
Chile	5.025,8	17,5	24,3	58,2	54,4

Erwerbsstruktur: Erwerbsstruktur für ausgewählte Staaten Anfang der 1990er-Jahre.

/Industrie- als auch in /Entwicklungsländern. Weibliche Erwerbsquoten spiegeln den sehr unterschiedlichen sozialen Status von Frauen in der jeweiligen Gesellschaft wider. Allerdings sind bei diesen internationalen Vergleichen Erhebungs- und Abgrenzungsprobleme zu berücksichtigen wie z. B. bei saisonalen Tätigkeiten oder Aktivitäten im /informellen Sektor.

Regionale Unterschiede der Erwerbsquoten sind z. B. in Deutschland bei den Männern zwischen alten Bundesländern (1995: 76,6 %) und neuen Bundesländern (73,3 %) zu beobachten, bei den Frauen kehrt sich die Größenrelation bei niedrigeren Werten markant um (1995: 58,5 % zu 67,2 %). Dies erklärt sich durch abweichende Einstellungen zur Erwerbstätigkeit die bei Frauen in der DDR z. T. weit über 80 % lag. Weitere Argumente sind kürzere Ausbildungszeiten, geringe Studierneigung sowie höhere Erwerbstätigkeit der Frauen während der Mutterschaft in den neuen Bundesländern (/Frauenerwerbstätigkeit).

Die Erwerbsstruktur wird nicht nur von der /Erwerbsbeteiligung der Bevölkerung bestimmt, sondern auch von ihrer Gliederung nach Wirtschaftsbereichen. So zeichnet die /Beschäftigungsstruktur bereits mit einer groben Einteilung in drei Sektoren klare Unterschiede in der Wirtschaftsstruktur auf internationaler Ebene nach (Abb.). In den Industrieländern dominieren heute nach der /Sektorentheorie die Dienstleistungen (tertiärer Sektor), mit deutlichem Abstand gefolgt vom produzierenden Gewerbe (sekundärer Sektor) und von vernachlässigbaren Werten für die /Land- u./ Forstwirtschaft (primärer Sektor). Diese hat in den Staaten der Dritten Welt nach wie vor hohe Bedeutung. Allerdings fällt das Gewicht des tertiären Sektors auf, das z. B. auf zu geringe Beschäftigungseffekte durch Industrieansiedlungen oder auf Tätigkeiten im informellen Sektor als wichtige Einkommensquelle der städtischen Bevölkerung hinweist. [PG]

Erwerbstätige, Personen im erwerbsfähigen Alter (beispielsweise von 15 bis 74 Jahren), die eine mittelbar oder unmittelbar auf Erwerb gerichtete Tätigkeit mindestens eine Stunde in der Woche ausüben (/Labour-Force-Konzept). Hierzu zählen unselbständig Beschäftigte, Lehrlinge, Selbstständige und mithelfende Familienangehörige unabhängig von der (finanziellen) Bedeutung dieser Tätigkeit für den Lebensunterhalt, aber keine Arbeitslosen. Die Erwebstätigen werden im Ggs. zu den /Beschäftigten am Wohnort erfasst.

Erwerbstätigenkurve, graphische Darstellung des Verlaufs der altersspezifischen Erwerbstätigkeit. Von besonderem Interesse ist ein geschlechtsspezifischer Vergleich der Erwerbstätigenkurven (Abb. 1). Am aussagekräftigsten sind Kurven, in denen die Erwerbstätigkeit für jeden Altersjahrgang dargestellt ist. In publizierten amtlichen Statistiken liegen jedoch die benötigten Daten meistens nur für Altersgruppen vor. Eine Zusammenfassung nach Fünf- oder Zehnjahresgruppen verschleiert besonders bei weiblichen Erwerbstätigen wichtige Abschnitte wie z. B. die /Familienphase. Die Abbildung 2 zeigt, wie sehr eine Zusammenfassung nach Altersgruppen die Interpretationsmöglichkeiten vermindert und somit auch Ergebnisse verfälschen kann. /Frauenerwerbstätigkeit.

Erwerbstätigenquote, Anteil der tatsächlich /Erwerbstätigen an der Wohnbevölkerung. Ähnlich wie die /Erwerbsquote wird auch die Erwerbstätigenquote auf bestimmte Altersjahrgänge (/Erwerbstätigenkurve) oder Altersgruppen (15- bis 65-Jährige) berechnet. Für regionale Analysen und in Zeiten hoher /Arbeitslosigkeit sind Erwerbstätigenquoten aussagekräftiger als /Erwerbsquoten.

Erzeugerring, horizontaler (d.h. auf gleicher Produktionsstufe) und freiwilliger Zusammenschluss von Erzeugern landwirtschaftlicher Produkte mit dem Ziel, Qualität und Wirtschaftlichkeit der Erzeugnisse zu fördern. Durch z. B. gleiche Sortenwahl und /Düngung oder gleiches Tiermaterial und gleiche Fütterung sollen die Produktion vereinheitlicht und die Produktionskosten gesenkt werden.

Erziehungsurlaub, in Deutschland 1986 eingeführter Freistellungsanspruch zum Zweck der Kinderbetreuung in den ersten Lebensjahren der Kinder.

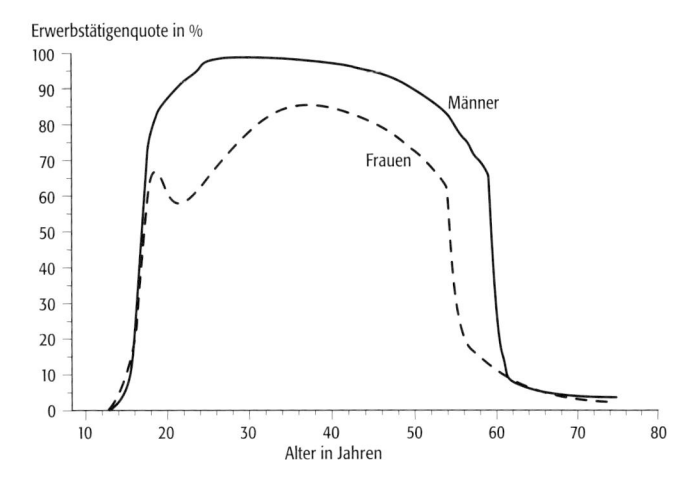

Erwerbstätigenkurve 1: Geschlechtsspezifische Unterschiede der Erwerbstätigenkurven in Ungarn 1990.

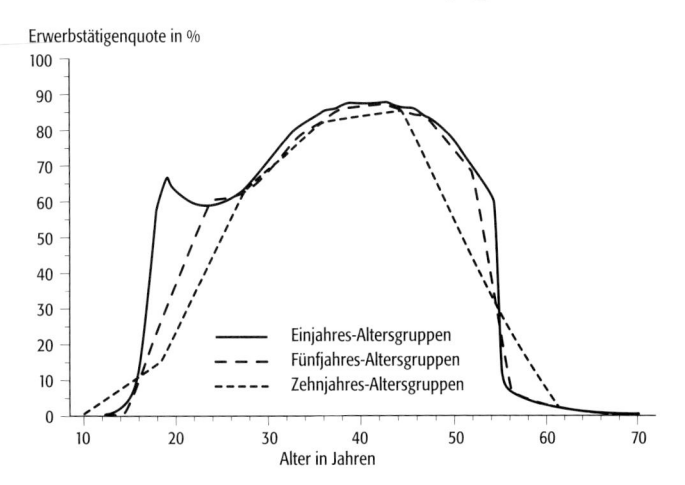

Erwerbstätigenkurve 2: Erwerbstätigenkurven der Frauen in Ungarn 1990 in Abhängigkeit von der Spannweite der Altersgruppen.

Erzlagerstätte, natürliches Vorkommen von Erzen. Nach Art der Entstehung unterscheidet man magmatische (liquidmagmatisch, pegmatitisch, pneumatolytisch und hydrothermal), exhalative, sedimentäre, metamorphe und metasomatische Erzlagerstätten, sowie Kontaktlagerstätten. Weitere Klassifikationen berücksichtigen die Form des Auftretens (/Flöze, Stöcke, /Gänge, Linsen, etc.), das zeitliche Verhältnis zum Nebengestein (syngenetisch, epigenetisch), die Entfernung vom Stammmagma, den Ort der Ausscheidung (intrusivmagmatisch, extrusivmagmatisch, submarin-exhalativ, Verwitterungserzlagerstätte, etc.) und die Bildungstemperaturen (katathermal bei 450–350°C, mesothermal bei 350–200°C, epithermal unter 200°C). /Lagerstätte.

ESA, *European Space Agency*, Europäische Weltraumagentur, gegründet 1975, Sitz in Paris. Aufgabe der ESA ist die Nutzung und Förderung der Raumfahrt und Raumforschung zu ausschließlich friedlichen Zwecken und die Koordination der nationalen Raumfahrtprogramme ihrer 14 europäischen Mitgliedsstaaten. Die Programme der ESA umfassen die Weltraumforschung, die Erd- und Wetterbeobachtung (z. B. /METEOSAT, /ERS), die Telekommunikation, die Entwicklung von Trägerraketen und Forschungssatelliten, die bemannte Raumfahrt und die Mikrogravitationsforschung.

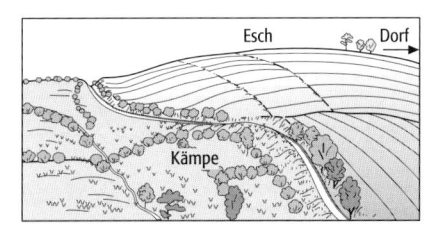

Esch: Schematische Darstellung eines nordwestdeutschen Esch.

Esch, eine mindestens ins späte germanische Altertum zurück reichende, heute aber im allgemeinen Sprachgebrauch nicht mehr lebendige Bezeichnung für die mit Saat genutzte Fläche in Siedlungsnähe (Abb.). Durch Erweiterungen der Flur seit dem Mittelalter sind die ältesten Ackerstücke in der Regel zum Kernbereich der Fluren geworden. Erst dadurch hat Esch allmählich die erweiterte Bedeutung von älterem, intensiv genutztem Ackerland im inneren Bereich der Flur erhalten, besonders im südwestdeutsch-schweizerischen und niederländisch-westfälisch-niedersächsischen Raum (/Plaggenwirtschaft). In der genetischen Siedlungsforschung wurde lange die Eschkerntheorie diskutiert, nach der jedes gewachsene /Gewann einen Kern aus Langstreifen enthalte; als typische Siedlungsform wird danach der Drubbel, ein lockerer /Weiler, gesehen.

ESF, *Europäischer Sozialfonds*, /Europäische Raumordnung.

Estancia, *Estanzia*, großer Betrieb mit /Weidewirtschaft (Rinder, Pferde oder Schafe) in Südamerika, vor allem in den venezolanischen /Llanos und besonders in den /Pampas Argentiniens, mit einer Flächenausstattung bis über 100.000 ha. Produktionsziel ist vorwiegend die Fleischerzeugung. Der Erschließungsgrad des Weidelandes ist abhängig von den vorhandenen Wasserstellen und der Stärke der Verbuschung. Neben extensiven Formen auf natürlichem Grasland treten auch hochspezialisierte Aufzucht- und Mastbetriebe mit Kunstweiden meist in Großstadtnähe auf.

Estavelle /Karsthydrologie.

Etappenwanderung, *step-wise migration*, bezeichnet einen Wanderungstyp, bei dem zwischen Herkunfts- und endgültigem Zielgebiet zumindest ein weiterer Wohnstandort eingeschaltet ist. /Land-Stadt-Wanderungen verlaufen häufig in Etappen und sind innerhalb der Städtesystem-Hierarchie aufwärts gerichtet (Abb.). Erklärungen gehen von Kontaktbarrieren und Informationsdefiziten aus, sodass Migranten im Sinne einer Minimierung von Risiken Wohnstandortänderungen über kürzere Entfernungen bevorzugen. Diese These bestätigt sich darin, dass sich mit der Verkehrserschließung und der Verbesserung der Informationsmöglichkeiten z. B. durch Radio oder Fernsehen die Bedeutung von Etappenwanderungen verringert. (/Wanderungsgesetze).

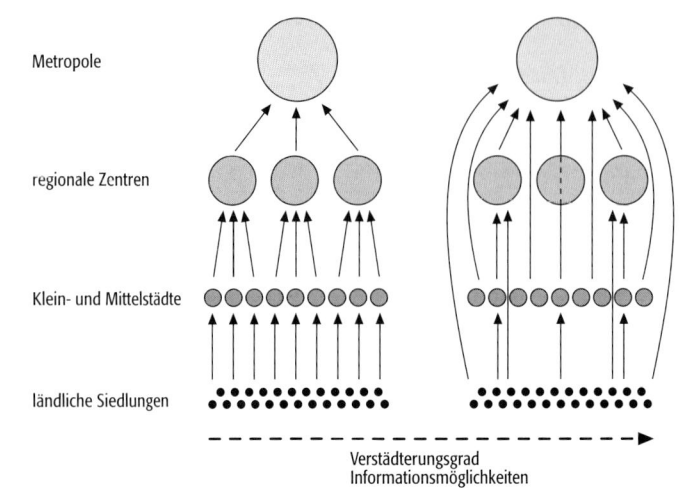

Etesien, im östlichen Mittelmeerraum im Sommerhalbjahr regelmäßig auftretende trockene Nordwinde. Sie werden zwischen dem Azorenhoch über den Alpen und dem vorderasiatischen Tief nach Süden geleitet. Bei ruhiger Wetterlage gehen sie in den NE-Passat Nordafrikas über.

Etesienklima /mediterranes Klima.

Ethnie [von griech. *ethnos* = Volk], *ethnische Gruppe*, ist eine familienübergreifende und familienerfassende Gruppe, die sich selbst eine (u. U. auch exklusive) kollektive Identität zuspricht. Dabei sind die Zuschreibungskriterien, welche die Außengrenzen setzen, wandelbar. Die Bildung von Ethnien beruht auf einer Definition, die von den Mitgliedern selbst stammt, und ist in einer Dichotomie von »Wir-Andere« (/Multikulturalismus) verankert. Vier Aspekte können als Basis zur Identifikation ethnischer Gruppen herangezogen werden: gemeinsame Kultur (Sprache, Re-

Etappenwanderung: Etappenwanderungen bei zunehmender Verstädterung und Informationsmöglichkeiten (Pfeile zeigen in Richtung der Migration).

Bevölkerungscharakteristik	Weiße	Afro-Amerikaner	US-amerikan. Indianer	Asiaten, Einwohner pazifischer Inseln	Hispanics
Bildung					
mind. 25jährige Personen mit Abitur in %	77,9	63,1	65,5	77,5	49,8
mind. 25jährige Personen mit Universitätsabschluss in %	21,6	11,4	9,3	36,6	9,2
Arbeitsmarkt					
erwerbstätige Frauen (mind. 16 Jahre) in %	56,4	59,5	55,1	60,1	56,0
arbeitslose Männer (mind. 16 Jahre) in %	5,3	13,7	15,4	5,1	9,8
durchschnittliches Haushaltseinkommen in US$	40.308	25.872	26.206	46.695	30.301
Haushalte mit weniger als 25.000 US$ in %	39,2	59,3	59,5	33,8	51,5
Haushalte mit mind. 100.000 US$ in %	4,8	1,3	1,4	7,5	2,0
Ehestand und Familienstatus					
Ehepaare mit Kindern unter 18 in %	26,4	18,8	28,6	40,3	37,5
alleinerziehende Frauen mit Kindern unter 18 in %	4,5	19,1	12,9	7,4	11,6
Relation Ehepaare zu alleinerziehenden Frauen	5,9	0,9	2,2	8,6	3,2
Demographische Merkmale					
totale Fertilitätsrate 1993	1,85	2,45	2,76	2,48	2,90
Lebenserwartung von Frauen zum Zeitpunkt ihrer Geburt in Jahren (1993)	80,0	74,5	81,6	86,2	82,8

Ethnie 5: Bevölkerungsstruktur und Lebensbedingungen ausgewählter ethnischer Gruppen in den USA.

ligion, Normen, Werte und Traditionen); gemeinsame Herkunft und Geschichte; besondere ↗Bevölkerungsstrukturen einschließlich sozialer Interaktionen und räumlicher Konzentration sowie physische Merkmale und Verhaltensweisen. (Abb. 1–4 im Farbtafelteil). Die Erfassung von Charakteristika ethnischer Gruppen ist eingeschränkt und beziehen sich zumeist auf die Variablen wie Sprache, Geburtsort oder Staatsangehörigkeit (z. B. bei Volkszählungen). Ethnische Gruppen, die als ↗Minderheiten wahrgenommen werden, sind sich oft bewusst, dass ihre Herkunft, Kultur, Sprache oder Religion und damit auch ihre Verhaltensweisen sie von anderen unterscheiden (↗Ethnomethodologie).

Geographische Untersuchungen haben sich bzgl. ethnischer Gruppen auch mit Fragestellungen zu ↗Migration und ↗Segregation befasst. Mitglieder von Ethnien erleichtern Neuankömmlingen über bestehende ↗Migrantennetzwerke z. B. den Zugang zum Wohnungs- und Arbeitsmarkt, sie vermitteln nicht nur Verhaltensweisen der Aufnahmegesellschaft, sondern auch eine gewisse Geborgenheit aufgrund der kulturellen, sprachlichen und religiösen Identität. Beispiele aus den USA zeigen (Abb. 5), dass sich Mitglieder von ethnischen Gruppen erheblich von der Bevölkerungsmehrheit hinsichtlich ihrer Ausbildung und Chancen auf dem Arbeitsmarkt, ihres sozialen Status, ihrer Haushaltsgröße und -struktur, ihrer Fruchtbarkeit und Sterblichkeit unterscheiden. Die Zugehörigkeit zu einer ethnischen Gruppe, wie z. B. zu den Asiaten, muss nicht automatisch mit schlechteren Lebensbedingungen und Diskriminierungen einhergehen. So liegt das Haushaltseinkommen der Asiaten über dem der weißen Amerikaner und auch die Lebenserwartung der asiatischen Frauen ist bemerkenswert hoch. [PG]

ethnische Arbeitsmarktsegmentierung, Prozess, durch den ein ethnischer ↗Teilarbeitsmarkt entsteht, d. h. ein Teil des Arbeitsmarktes, in dem eine oder mehrere Nationalitäten (↗Gastarbeiter oder ethnische ↗Minderheiten) einen besonders hohen Anteil haben. Eine ethnische Segmentierung des Arbeitsmarktes wird nur dann angenommen, wenn die berufliche Positionierung von ethnischen Gruppen über einen längeren Zeitraum stabil bleibt. Mehr oder weniger rigide Filtermechanismen sorgen dafür, dass ausländische Arbeitskräfte oder Angehörige von Minderheiten nur in einzelnen Segmenten des Arbeitsmarkts Arbeit finden können und dort auch bleiben. Die Stabilität ethnischer Teilarbeitsmärkte wird dadurch verstärkt, dass Informationen über freie Arbeitsplätze oft nur über persönliche Kontakte innerhalb der ethnischen ↗Netzwerke weitergegeben werden und offene Stellen nur mit Angehörigen derselben Nationalität (Sprachgruppe) besetzt werden. ↗Arbeitsmarkt, ↗Segregation. [PM]

ethnische Gruppe, ↗Ethnie.

ethnische Ökonomie, eine ethnische Gruppe dominiert Teile der wirtschaftlichen Institutionen und der wirtschaftlichen Abläufe. Ethnische Ökonomien treten in großen Metropolen auf und richten sich mit den angebotenen Gütern und Dienstleistungen an die eigene ethnische Gruppe (Ressourcenthese). Ihr Auftreten kann daher von der Größe der ethnischen Gruppe abhängig sein.

ethnische Religionen, eng an eine ethnische Gruppe gebundene, regional begrenzte ↗Religionsgemeinschaften. Sie suchen in der Regel keine Konvertiten und breiten sich nur langsam und über große Zeiträume aus. Unter ihnen lassen sich einfache ↗Primärreligionen und komplexere ethnische Religionen wie das ↗Judentum, der ↗Shintoismus, der ↗Hinduismus, der ↗Sikhismus, ↗Jainismus und die chinesische Religion des ↗Konfuzianismus und ↗Taoismus unterscheiden, die sich im Wesentlichen auf eine bestimmte nationale Kultur konzentrieren.

ethnischer Teilarbeitsmarkt ↗Teilarbeitsmarkt.

Ethnisierung, Prozess der »Übernahme« bestimmter Bereiche des Arbeitsmarkts durch ausländische Arbeitskräfte. Die Ethnisierung ist sehr häufig mit der ethnischen ↗Unterschichtung, mit ethnischen Teilarbeitsmärkten (↗Teilarbeitsmarkt) oder mit der ↗ethnischen Ökonomie gekoppelt.

Ethnizität, bezeichnet die ethnische Identitätsbildung in Form der Abgrenzung (Auf- oder Abwertung) einer ethnischen Gruppe über Sprache und kulturelle Traditionen. Theoretisch ist ethnische bzw. kulturelle Identität ein gesellschaftliches Klassifikationsmerkmal, das weder die grundlegende Persönlichkeit einzelner Personen beschreibt noch bestimmte Verhaltensweisen als Ausdruck einer ethnischen Identität erklärt. Gleichwohl kann ethnische Identität einer Person zugeschrieben bzw. von ihr beansprucht werden. In der Praxis wird Ethnizität oftmals mit ethnischer Persönlichkeit gleichgesetzt, die aus induktiver Verallgemeinerung konstruiert wird. Ethnizität ist jedoch immer relational und vieldimensional und auf individueller Ebene nur ein Teilaspekt personaler Identität. Im Gegensatz zum essenzialisierenden und stigmatisierenden Begriff »Rasse« wird Ethnizität benutzt, um die gesellschaftlichen Mechanismen der Konstruktion von ethnischer Identität zu betonen. [ASt]

Ethnobotanik, die Lehre von den Beziehungen zwischen Pflanzen und dem Menschen. Die Anfänge der Ethnobotanik liegen in Studien über angebaute und wild wachsende ↗Nutzpflanzen bei bestimmten Volksgruppen, wobei lokale Namen und Verwendungszwecke meist in Listenform zusammengefasst wurden. Wesentliche Grundlagen sind botanische ↗Sytematik und die ↗Ethnologie. In jüngerer Zeit entwickelt sich die Ethnobotanik zu einer interdisziplinären Aufgabe mit Verbindungen unter anderem zu Pharmakologie, Agrar- und Ernährungswissenschaften, ↗Vegetationsgeographie und Naturschutzforschung. Die wachsende ökonomische Bedeutung natürlicher Ressourcen führt gegenwärtig zu einem Aufschwung der Ethnobotanik.

Ethnographie, erfasst und beschreibt als Teilbereich der ↗Ethnologie die materielle und geistige Kultur eines Volkes. Hierzu zählen Kenntnisse der Wirtschafts- und Sozialstruktur, die ↗Sprache, ↗Religion, Geschichte und Traditionen. Als Arbeitsmethoden stützt sie sich auf ↗Feldforschungen, die z. B. durch teilnehmende ↗Beobachtung Struktur und Interaktionen sozialer und/oder ethnisch kultureller Gruppen ermitteln. Zwar beschrieb schon Herodot fremde Völker, jedoch nahmen ethnographische Arbeiten im Rahmen von Reiseberichten seit dem 16. Jh. erheblich zu. Bestandsaufnahmen der Ethnographie können heute schriftlosen Völkern helfen, eine auf ihrer Identität beruhende Perspektive zu vermitteln.

Ethnologie [von griech. ethnos = Volk und logos = Rede, Kunde], *Völkerkunde*, die Wissenschaft von den kulturellen, sozialen und historischen Sachverhalten von Völkern, besonders von Naturvölkern oder ↗Ethnien. Die Ethnologie stützt sich in ihren Analysen auf die Ergebnisse der ↗Ethnographie. Die meisten Naturvölker unterliegen Einflüssen durch zahlenmäßig größere und wirtschaftlich dominierende Gruppen innerhalb eines Staates, sodass die Ethnologie ihre traditionellen Forschungsinhalte mit einem mehr sammelnden Charakter verliert. Mit einer stärker sozialwissenschaftlichen Ausrichtung wendet sie sich stärker Fragen des Kulturwandels ethnischer Gruppen oder der Förderung zum Verständnis fremder Völker zu.

Ethnomethode, Interaktions- und Kommunikationsregeln, deren situative Anwendung – oft mehr als formale Regeln – das alltägliche Handeln und Zusammenleben von Menschen im ↗Alltag prägen und in denen das ↗Wissen und die Erfahrungen einer Gesellschaft oder Kultur kontinuierlich lebendig erhalten bzw. neu hergestellt werden.

Ethnomethodologie, sozialwissenschaftlicher Forschungsansatz, untersucht die Art und Weise wie Menschen ihre alltägliche Lebenswelt deuten und ordnen und geht dabei im Grundsatz von einer subjektiven Handlungsorientierung aus. Mithilfe empirischer Methoden (teilnehmender ↗Beobachtung ↗dokumentarische Methode) will die Ethnomethodologie nachweisen, dass sich Mitglieder einer Gruppe, z. B. einer ↗Ethnie, bei ihrer Sinnerstellung und Sinndeutung an unverzichtbare Regeln unter Einsatz verschiedener Fähigkeiten wie ↗Sprache halten und erst dadurch eine Strukturierung ihrer alltäglichen Handlungsweisen erreichen. Die Ethnomethodologie die sich aus der ↗Phänomenologie und dem ↗symbolischen Interaktionismus ableitet, wendet sich gegen eine positivistische Ausrichtung der Sozialwissenschaften, da sich diese nur mit dem abbildbaren Teil der Realität befasst. Die alltägliche Lebensumwelt ist aber nach dem Verständnis der Ethnomethodologie nur als ständige Konstitution lokaler Strukturierung im situativen Kontext zu begreifen.

Ethno-Tourismus, Reisen mit dem Ziel, fremde Völker und Kulturen kennen zu lernen und zu beobachten. Er findet i. d. R. in Form des ↗Ferntourismus und als Gruppenreisen statt. In ihren traditionellen Sitten und Gebräuchen (z. B. Kleidung, Schmuck, rituelle Handlungen) verhaftete, autochthone Volksgruppen, insbesondere der ↗Entwicklungsländer, werden aufgesucht. Wie der ↗Alternativtourismus hat der Ethno-Tourismus oft Akkulturation zur Konsequenz, d. h. die Anpassung von spezifischen Elementen des bereisten Kulturkreises an den (eventuell nur vermeintlich) überlegenen. Eine weitere Auswirkung kann der Folklorismus sein: die Verfremdung von Kulturgütern (z. B. Fruchtbarkeitstänze), die aus dem ursprünglichen Zusammenhang herausgelöst und nur als touristische Darbietung inszeniert werden.

Ethnozentrismus, 1) *Allgemein*: besondere Form des ↗Nationalismus, bei der das eigene Volk bzw. die eigene Nation als Mittelpunkt und zugleich als gegenüber anderen Völkern überlegen angesehen wird. 2) *Entwicklungsländerforschung*: beinhaltet die Beurteilung wirtschaftlicher, sozialer, politischer und kultureller Verhältnisse und Prozesse in den ↗Entwicklungsländern aus der wertenden Sicht der als vorrangig angesehenen Werte- und Überzeugungsmuster anderer Gesellschaften und Kulturen, insbesondere der abendländisch-europäischen Kultur (↗Eurozentrismus). Dem Ethnozentrismus liegt die Vorstellung zugrunde, dass Entwicklung – im Sinne der ↗Modernisierungstheorie – nur durch eine Orientierung am Vorbild der weiterentwickelten »modernen« westlichen Gesellschaften möglich sei. Ethnozentrismus (bzw. Eurozentrismus) ist somit Ausdruck eines über lange Zeit vorherrschenden, von Vorurteilen und Verständnislosigkeit geprägten Verhältnisses zwischen Industrie- und Entwicklungsländern. In der jüngeren entwicklungspolitischen und -theoretischen Diskussion werden im Gegensatz zu ethnozentristischen Vorstellungen kultureller Identität, Gleichwertigkeit und Eigenständigkeit der Entwicklungswege stärker herausgestellt. [MC]

EU, *Europäische Union*, basiert auf dem am 7.2.1992 von den EG-Staaten unterzeichneten Vertrag von Maastricht, der die Schaffung der Wirtschafts- und Währungsunion (WWU) bis zum 1.1.1999 vorsah und am 1.11.1993 in Kraft trat (↗Europäische Integration Abb.). Das impulsgebende Organ der EU ist der Europäische Rat, der mindestens zweimal jährlich zusammentritt. Rat, Kommission, Europäisches Parlament und Gerichtshof bleiben die wichtigen gemeinsamen Organe.

Die Union fungiert als Dach für die weiter bestehenden rechtlich selbstständig bleibenden Gemeinschaften ↗EG, EGKS, EAG und für die neu hinzugekommenen Bereiche einer gemeinsamen Außen- und Sicherheitspolitik GASP (anstelle von EPZ) sowie einer engeren intergouvernementalen Zusammenarbeit für Justiz- und Innenpolitik (ZBJI), die aber noch nicht durch die Abtretung von nationalen Hoheitsrechten Bestandteil des Gemeinschaftsrechtes geworden sind. Während die neue Zentralbank mit Sitz in Frankfurt die Verantwortung für die Währungspolitik erhalten hat, bleibt die Außenpolitik Bestandteil der Nationalstaaten. Außerdem wird den Staatsangehörigen der Mitgliedstaaten die Unionsbürgerschaft sowie Freizügigkeit und Wahlrecht für das Europäische Parlament und die kommunale Ebene in jedem anderen Mitgliedsstaat zuerkannt.

Die 1994 begonnenen Beitrittsverhandlungen mit Finnland, Norwegen, Österreich und Schweden führten nach dem Scheitern des Referendums in Norwegen am 1.1.1995 zur Vertragsunterzeichnung und Erweiterung der EU um drei Länder auf 15 Mitgliedsstaaten.

Im Amsterdamer Vertrag von 1997 werden die Bereiche Freiheit, Sicherheit und Recht, die bisher auf EG-Ebene nur im Rahmen der intergouvernementalen Zusammenarbeit geregelt werden konnten, der Gemeinschaft übertragen. Fragen der Einwanderung, der Asylpolitik und Kernkompetenzen der Sozialpolitik, der Gesundheits- und Arbeitsmarktpolitik werden jetzt in Brüssel geregelt. [HN]

EU-AKP-Abkommen ↗Lomé-Abkommen.

EU-Binnenmarkt, gemeinsamer Binnenmarkt der Europäischen Union (↗EU), Vereinbarungen dazu traten am 1.1.1993 in Kraft. Sie sehen die Beseitigung noch bestehender Mobilitätshemmnisse (Zollschranken, sonstige technische und fiskalische Schranken) innerhalb der Gemeinschaft vor und damit den unbehinderten Austausch von Gütern und Dienstleistungen.

Eucalyptus-Wälder, Wälder, die von der Gattung *Eucalyptus* gebildet werden, zu der der Großteil der waldbildenden Arten Australiens gehört. Diese ↗sklerophyllen Sippen haben einen hohen Gehalt an ätherischen Ölen, der die Ursache für eine erhöhte Brandwahrscheinlichkeit ist. Meist handelt es sich um feuertolerante oder ↗Pyrophyten, die für ihre Reproduktion auf Feuer angewiesen sind. Eucalyptus-Arten sind von den feuchten Küstenbereichen Australiens bis zur oberen Waldgrenze sowie in den semiariden Gebieten häufig bestandsbildend. Sie können dabei je nach Niederschlag unterschiedliche Formationen aufbauen, die von hohen Wäldern mit maximal 100 m hohen Bäumen in den feuchteren Regionen bis zu niedrigwüchsigen Formationen mit basiton verzweigten Sträuchern (Mallee) im südlichen Australien reichen.

euhemerob ↗Hemerobie.

Euler'sche Bewegungsgleichung, nach L. Euler (1755) benannte ↗Bewegungsgleichung für ein kompressibles, ideales (keine Viskosität) Gas in einem Inertialsystem. Die Bewegungsgleichung beruht auf der Annahme, dass sich der Gesamtimpuls eines Flüssigkeits- oder Gasvolumens nur durch Änderung aller auf das Volumen einwirkenden Kräfte ändern kann. Die Euler'sche Bewegungsgleichung besteht aus drei Komponenten für die Impulse in die drei Raumrichtungen. In die Gleichung gehen die Kräfte Schwerkraft und Druckkraft ein.

Euler'scher Wind, Wind in seiner einfachsten Form, der nur durch den Luftdruckgradienten (↗Druckgradient) aufrecht erhalten wird, während ↗Corioliskraft und ↗Reibung unwirksam sind. Der Euler'sche Wind ist bei kleinräumigen Windsystemen zu beobachten. Ein spezieller Fall des Euler'schen Windes sind eng begrenzte Zirkulationen, bei denen die Gradientkraft weitgehend durch die ↗Zentrifugalkraft kompensiert werden kann (z. B. ↗Tromben).

Eulitoral, Teil des ↗Litorals, Bezeichnung für den engeren Bereich der ↗Brandungswirkung und der Gezeitenstände (↗Gezeiten) um den Meeresspiegel. Die Vertikalerstreckung ist abhängig von der Stärke der Exposition und dem Tidenhub und kann über 20 m betragen, an kleineren gezeitenlosen Küstenabschnitten bleibt sie auch unter 2 m. Unterhalb des Eulitorals schließt sich das ↗Sublitoral, oberhalb das ↗Supralitoral an.

EUMETSAT, *European Organisation for the Exploitation of Meteorological Satellites*, *Europäische Organisation für die Nutzung von Wettersatelliten*, Sitz in Darmstadt. Die EUMETSAT ist zuständig für die Errichtung, Unterhaltung und Nutzung europäischer operationeller meteorologischer

euphotische Zone

Satellitensysteme. Sie arbeitet nach den Empfehlungen der ↗Weltorganisation für Meteorologie.

euphotische Zone, Bereich ausreichender Lichtintensität für ↗Photosynthese im Oberflächenbereich eines Gewässers (noch mit Nettogewinn an organischem Material). Die Untergrenze liegt bei ca. 1 % des Oberflächenlichtes und je nach Trübung bei wenigen Dezimetern bis gegen 100 m Wassertiefe.

EUREK, *Europäisches Raumentwicklungskonzept*, ↗Europäische Raumordnung.

Europäische Ethnologie ↗Volkskunde.

Europäische Integration, die Vereinigung Westeuropas zu einer wirtschaftlich und politisch eng verflochtenen Gemeinschaft, der auch die Nachbarländer Süd- und Nordeuropas beigetreten sind und der sich die osteuropäischen Anrainerstaaten anschließen möchten (Abb.); beginnt Anfang der 1950er-Jahre mit der Einrichtung übernationaler Institutionen für begrenzte Aufgaben und führt über die Gründung der ↗EWG und der ↗EG zur ↗EU.

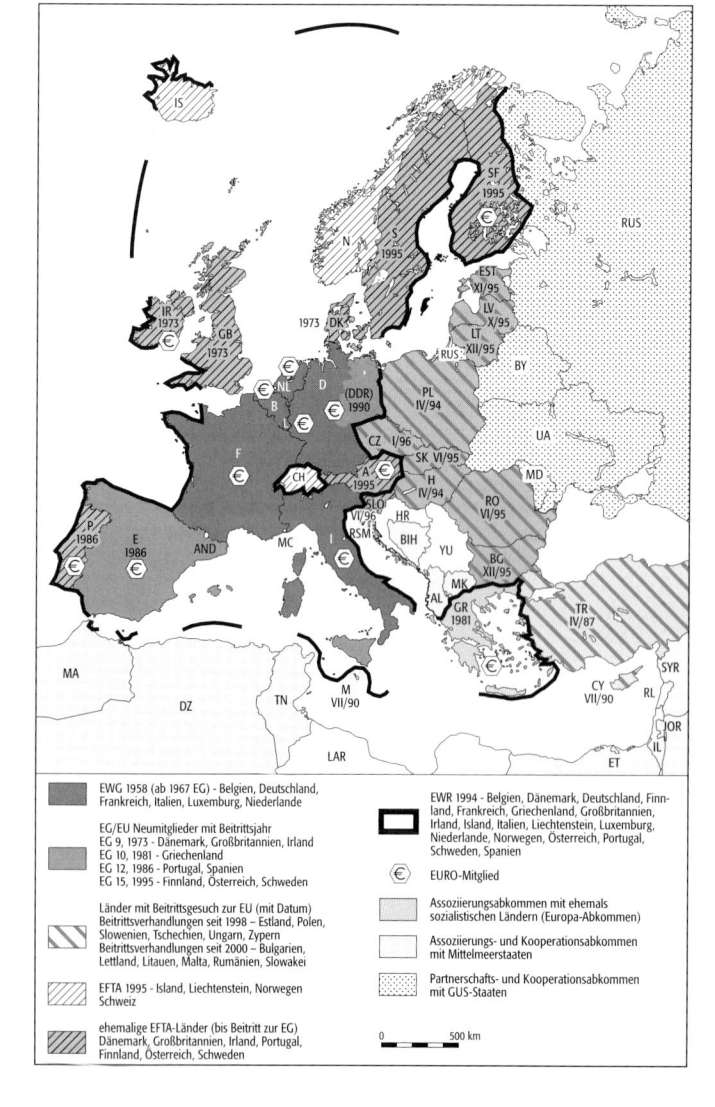

Europäische Raumordnung, befasst sich mit den Leitvorstellungen zur Ordnung und Entwicklung des europäischen Raumes und den Mitteln zu ihrer Verwirklichung. Das Europäische Raumentwicklungskonzept (*EUREK*, 1999) nennt als wesentliches Ziel einer europäischen Raumentwicklungspolitik: Ausrichtung auf ↗Nachhaltigkeit und auf eine ausgewogene Entwicklung, insbesondere auch durch die Stärkung des wirtschaftlichen und sozialen Zusammenhalts. Das bedeutet die sozialen und wirtschaftlichen Ansprüche an den Raum mit seinen ökologischen und kulturellen Funktionen in Einklang zu bringen und somit zu einer dauerhaften, großräumig ausgewogenen Raumentwicklung beizutragen. In Anlehnung an das »Zieldreieck ausgewogener und nachhaltiger Raumentwicklung« (Abb.) beinhaltet dies die Verknüpfung der drei politischen Ziele: wirtschaftlicher und sozialer Zusammenhalt, Erhaltung der natürlichen Lebensgrundlagen und des kulturellen Erbes sowie ausgeglichenere Wettbewerbsfähigkeit des europäischen Raumes. Europäische Raumordnung wird außerdem seit langem durch entsprechende Regionalpolitik betrieben in Form von Europäischen Gemeinschaftsmaßnahmen (EGM) und Europäischen Gemeinschaftsinitiativen (EGI). Bekannteste Initiative ist die europäische Gemeinschaftsinitiative zur Förderung von grenzübergreifender Zusammenarbeit und transnationalen Versorgungsnetzen (*INTERREG*).

Die regionalen Wohlstandsdisparitäten Europas sollen durch Strukturfonds abgebaut werden. Es gibt drei große Strukturfonds: Europäische Fonds für regionale Entwicklung (*EFRE*), Europäische Sozialfonds (*ESF*) und Europäische Ausrichtungs- und Garantiefonds für die Landwirtschaft (*EAGFL*). Der Vertrag von Maastricht (Vertrag über die Europäische Union vom 7.2.1992) intensiviert die Weiterentwicklung der regionalen Strukturpolitik durch zusätzliche Elemente: a) Bekräftigung der wirtschaftlichen und sozialen Kohäsion; b) Einführung des Subsidiaritätsprinzips; c) Einrichtung eines Ausschusses der Regionen; d) Möglichkeit ergänzender strukturpolitischer Maßnahmen und e) Schaffung eines speziellen Kohäsions-Fonds für strukturschwache Mitgliedstaaten.

Das *Subsidiaritätsprinzip* ist im Vertrag von Maastricht definiert: »Die Gemeinschaft wird innerhalb der Grenzen der ihr in diesem Vertrag zugewiesenen Befugnisse und gesetzten Ziele tätig. In den Bereichen, die nicht in ihre ausschließlichen Zuständigkeiten fallen, wird die Gemeinschaft nach dem Subsidiaritätsprinzip nur tätig, sofern und soweit die Ziele der in Betracht gezogenen Maßnahmen auf Ebene der Mitgliedstaaten nicht ausreichend erreicht werden können. Die Maßnahmen der Gemeinschaft gehen nicht über das für die Erreichung der Ziele des Vertrages erforderliche Maß hinaus.« Die praktische Durchführung dieses Prinzips gestaltet sich schwierig, da der Vertrag nicht festlegt, welchen

Europäische Integration: Europäischer Wirtschaftsraum im Jahr 2000.

Ebenen spezifische Kompetenzen zugesprochen werden.

Der »*Ausschuss der Regionen*«, die im Vertrag von Maastricht vereinbarte Einrichtung eines beratenden Ausschusses aus Vertretern der regionalen und lokalen Gebietskörperschaften, hat 189 Mitglieder und wird vom Rat oder von der Kommission der EU in regional bedeutsamen Angelegenheiten gehört oder gibt dazu Stellungnahmen ab. Deutschland ist durch die Bundesländer und durch die drei kommunalen Spitzenverbände im »Ausschuss der Regionen« vertreten.

Grundlegende Daten für die Länder der europäischen Gemeinschaft und die europäische Raumordnung werden von *EUROSTAT* (Statistisches Amt der Europäischen Gemeinschaft), das der EU-Kommission in Brüssel untersteht und seinen Amtssitz in Luxemburg hat, bereitgestellt. Seine Aufgabe besteht darin, der Kommission und anderen europäischen Institutionen die notwendigen statistischen Informationen zur Verfügung zu stellen, ein einheitliches europäisches statistisches System aufzubauen, die statistischen Erhebungen auszuwerten und die Entwicklung von nationalen Statistiksystemen zu unterstützen. [KW]

Literatur: [1] v. MALCHUS, V. (1995): Europäische Raumordnung. In: Handwörterbuch der Raumordnung. – Hannover. [2] SPIEKERMANN, B. (1995): Europäische Instrumente der Regionalpolitik. In: Handwörterbuch der Raumordnung. – Hannover.

Europäischer Rat ↗EG.

Europäisches Parlament ↗EG.

europäische Überseewanderung, ↗Migrationen des 19. und frühen 20. Jh. aus Europa vor allem in die Neue Welt. Das Öffnen der Bevölkerungsschere zu Beginn des ↗demographischen Übergangs erzeugte einen ↗Bevölkerungsdruck, der nach 1820 aufgrund verschiedener Faktoren in ↗internationale Wanderungen nach Übersee mündete (↗Mobilitätstransformation): Auswanderungsfreiheit, verbesserte Transportmöglichkeiten (Dampfschiffe), Werbekampagnen (z. B. großer Landeigentümer, aber auch von Regierungen), wirtschaftliches Wachstum in den Zielländern sowie Emigranten, die Freunde oder Verwandte nachholen wollten (↗Kettenwanderung) trugen zur Emigration bei. Ca. 55 Mio. Europäer verließen ihre Heimat in Richtung USA (60%), Argentinien (10%), Kanada (8%) oder Brasilien (7%). Zunächst stand die Besiedlung unerschlossener Räume im Vordergrund, dann überwogen die Städte als Ziel. Zugleich änderte sich die nationale Zusammensetzung der Immigranten. Bis 1880 bildeten die britische Emigranten den höchsten Anteil, danach die italienischen Auswanderer. Die Auswanderungen breiteten sich mit einer zeitlichen Verzögerung von 20 bis 25 Jahren zum Anstieg des natürlichen Bevölkerungswachstums von Nordwest- nach Ost- und Südeuropa aus. [PG]

EUROSTAT ↗Europäische Raumordnung.

Eurozentrismus, eine Einstellung, die Europa unhinterfragt in den Mittelpunkt des Denkens und Handelns stellt. Ausgehend von der Annahme, dass die kulturellen und politischen Systeme Europas das ideale Modell universeller Vernunft und menschlicher Entwicklung darstellen, wird Europa als Maßstab gesellschaftlicher Analysen und politischer Praxis betrachtet. Besonders deutlich wird dies im Zusammenhang mit ↗Kolonialismus und ↗Imperialismus. Epistemologisch betrachtet ist Europa dabei sowohl Forschungssubjekt als auch -objekt, d. h. es wird als Modell für gesellschaftliche Entwicklungen betrachtet, mit dem alle anderen Erscheinungen verglichen werden. Die europäische Geschichte und Gesellschaftsentwicklung wird als Norm verstanden, die erfüllt oder von der abgewichen wird, ohne die historische und kulturelle Partialität dieser Perspektive zu erkennen. Der damit verbundene universalistische Anspruch, der die europäische Auffassung privilegiert, ignoriert die nur begrenzte theoretische und praktische Übertragbarkeit. Kritik am Eurozentrismus durch Offenlegung der Funktionsmechanismen dieser kulturellen Konstruktion wird u. a. durch den ↗Poststrukturalismus und den ↗Postkolonialismus geübt. ↗Ethnozentrismus. [ASt]

eurychor, Bezeichnung für Organismen die weit verbreitet sind. ↗Arealkunde.

euryhalin, Bezeichnung für Organismen, die innerhalb eines weiten Bereiches des Salzgehaltes in aquatischen Ökosystemen leben können. Besonders salztolerante Lebewesen im Brackwasser können sich wechselnden Salzkonzentrationen anpassen. Einige Arten (z. B. Lachs, Aal) können im Süß- und Salzwasser leben. Gegensatz: *stenohalin*.

euryhydrisch, Bezeichnung für Pflanzen, die unterschiedliche Nässegrade tolerieren. ↗Zeigerwerte.

euryök, Bezeichnung für Organismen, die hohe Amplituden an wirkenden Umweltfaktoren ertragen, also bezüglich der wichtigsten Faktoren eine hohe ↗ökologische Amplitude besitzen.

Euryphage ↗Ernährungsweise.

eurytop, in vielen verschiedenen ↗Biotopen bzw. ↗Habitaten vorkommend. Eurytope Organismen müssen nicht unbedingt ↗euryök sein, sondern können in vielen Habitaten die notwendigen Bedingungen, z. B. in Mikrohabitaten, finden.

eutroph, *nährstoffreich*, ↗Trophiegrad.

Eutrophierung, 1) Allgemein: Anreicherung von Nährstoffen in ↗Ökosystemen und Ökosystemkompartimenten. 2) i. e. S. der vom Menschen herbeigeführte, übermäßige Nährstoff-, insbesondere Stickstoff- und Phosphateintrag in terrestrische und aquatische ↗Ökosysteme (Abb.). Eutrophierung bewirkt ein verstärktes Pflanzenwachstum und führt zu einer raschen Artenselektion an den betroffenen Standorten, indem stickstoffliebende, meist ubiquitäre Arten (↗Ubiquisten) gefördert und bestandsaufbauend werden, während stickstoffmeidende Arten verdrängt werden. Die in den vergangenen 50 Jahren stattgefundene Intensivierung der ↗Landwirtschaft, die durch Düngung und Melioration auch ehemalige Grenzertragsstandorte und extensiv genutzte Wiesen und Weiden in die intensive Nut-

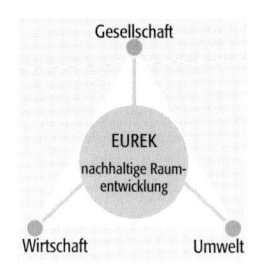

Europäische Raumordnung: Zieldreieck ausgewogener und nachhaltiger Raumentwicklung mit dem Europäischen Raumentwicklungskonzept (EUREK) im Zentrum.

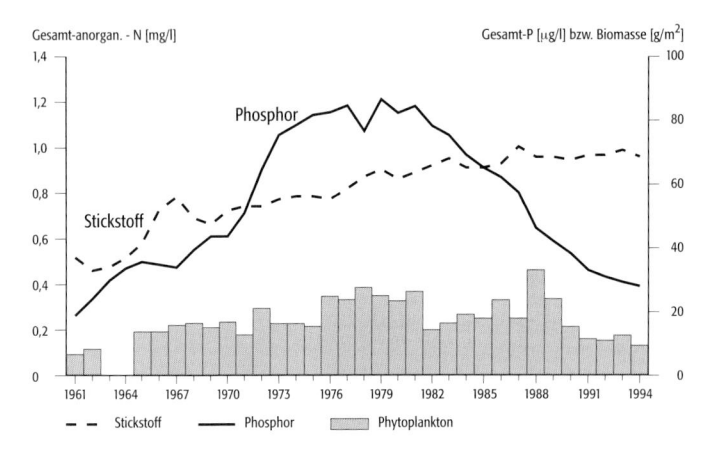

Eutrophierung: Entwicklung der Stickstoff- und Phosphorkonzentration sowie der Biomasse im Bodensee.

zung mit einbezog, wird als Hauptverursacher einer großflächigen Eutrophierung der mitteleuropäischen Landschaft angesehen. Dabei sind nicht nur die Standorte der direkten Nährstoffzufuhr von der Eutrophierung betroffen. Ein großer Teil der durch Düngung zugeführten Nährstoffe, insbesondere des Stickstoffes, gelangt durch Auswaschung, d. h. mit dem Oberflächenabfluss oder dem Sickerwasser in benachbarte Ökosysteme, in das Grundwasser bzw. in die Flüsse und führt hier zu Belastungen. Im Falle einer Gewässereutrophierung, die besonders auch durch Haushaltsabwässer hervorgerufen wird, kommt es durch das Massenwachstum pflanzlicher Organismen zu einer Belastung des Gewässers mit toter organischer Substanz. Bei der Zersetzung der absterbenden Pflanzen kommt es zu einer Sauerstoffverarmung des Wassers und zu kritischen Sauerstoffverhältnissen, die am Gewässergrund zu Fäulnisprozessen und somit zur Bildung von Faulschlamm und toxischen Gasen wie Schwefelwasserstoff und Ammoniak führen. Im ungünstigsten Fall, der mit dem Terminus »Umkippen des Gewässers« belegt wird, kommt es zum völligen Sauerstoffverbrauch, was mit dem Sterben höherer Organismen einhergeht. Der Grad der Eutrophierung bestimmt somit auch die Quantität und die Qualität des natürlichen Fischbesatzes eines Gewässers. Stillgewässer wie Seen und kleine Fließgewässer mit geringer Strömungsgeschwindigkeit sind von einer Negativwirkung der Eutrophierung stärker betroffen und gefährdet als rasch strömende, größere Fließgewässer. Die Eutrophierung von Ökosystemen ist eine schleichende Form der Vernichtung von naturnahen und halbnatürlichen extensiv genutzten ↗Lebensräumen und ihrer Arten und führt zu einer Nivellierung der Landschaft, indem nährstoffarme Sonderstandorte wie ↗Halbtrockenrasen, extensive Wiesen und Weiden, ↗Moore u. Ä. dadurch ihre charakteristische Artenzusammensetzung und somit auch ihre floristische Struktur und Physiognomie verlieren. [ES]
EUV-Strahlung ↗Thermosphäre.
euxinisch, sind Ablagerungen in Meeresteilen mit extremer Armut an Sauerstoff bei erheblichem Gehalt an Schwefelwasserstoff. Bestes rezentes Beispiel ist das Schwarze Meer (pontus euxinus). Euxinische Ablagerungen sind z. B. Sapropelite, Graptolithenschiefer und manche Erdölmuttergesteine.
Evaluation ↗Evaluierung.
Evaluationsforschung, angewandte Wissenschaft, die sich mit der Überprüfung, Kontrolle und Bewertung des Erfolgs oder Misserfolgs von Programmen, Plänen, Maßnahmen und deren Umsetzung befasst (↗Evaluierung). In der empirischen Forschung wird die Evaluationsforschung nicht als eigenständiger Forschungsbereich, sondern als Methode für spezielle Fragestellungen gesehen. Die Evaluationsforschung im heutigen Sinne entwickelte sich in den 30er-Jahren des vorigen Jahrhunderts in den USA bei der Überprüfung der Wirksamkeit sozialpolitischer Programme und Interventionen im Gesundheits- und Bildungsbereich. Von hier aus nahm sie ihren Weg nach Europa und fasste zugleich in zahlreichen neuen Feldern Fuß.
Evaluierung, *Evaluation, Erfolgskontrolle,* Begriff für ein in Projektabwicklungen (↗Projektevaluierung), Planungs- und Entscheidungsprozessen eingesetztes Überprüfungs- und Korrekturinstrument, welches die tatsächlich erreichten Ziele mit vorgegebenen Politik- oder Projektzielen vergleicht und die festgestellten Unterschiede untersucht. Dabei kann zwischen Selbst- und Fremdevaluierung unterschieden werden. Für die ↗Geographie besonders relevant sind Evaluierungen bei städtebaulichen, regional-, raumordnungs- und umweltpolitischen Projekten, aber auch bei Forschungs- und Bildungsmaßnahmen. Beim Vergleich der Ziele lassen sich drei Erfolgsmaße unterscheiden: a) »Vorher-Nachher-Vergleich« (tatsächlicher Erfolg), b) »Soll-Ist-Vergleich« (normativer Erfolg) und c) »Mit-Ohne-Vergleich« (maßnahmenbedingter Erfolg). Der Umfang einer Evaluierung unterscheidet sich insbesondere nach dem gewähltem Erfolgsmaß. So stellt der »Mit-Ohne-Vergleich« besonders hohe Anforderungen an die Untersuchungsmethode, da zusätzlich zu den zu diagnostizierenden Zustandsänderungen auch die kausalanalytischen Beziehungen zwischen Zustandsänderung und Maßnahme (»Wirkungszusammenhänge«) im Rahmen gesonderter »Wirkungskontrollen« aufgedeckt werden müssen.
Folgende Untersuchungen können, müssen aber nicht Teil einer Evaluierung sein: a) Erarbeitung von Korrektur- und Optimierungsvorschlägen für das jeweilige Programm bzw. Projekt; b) Umsetzungs-, Maßnahmen-, Durchführungskontrollen, Implementationsanalysen; c) Effektivitäts- und Wirksamkeitskontrollen; d) Wirtschaftlichkeits- und Effizienzkontrollen und e) Zielanalysen bzw. -kontrollen.
Evaluierung wird i. d. R. nach Beendigung einer Maßnahme durchgeführt, wenn der Erfolg oder die Wirkung überprüft werden soll (summative Evaluationsforschung). In der jüngeren Zeit hat aber die formative ↗Evaluationsforschung zugenommen, die bereits während der laufenden Maßnahme Wirkungen und Nebenwirkungen

untersucht und Optimierungsvorschläge unterbreitet (↗Begleitforschung). Bei dieser Art der Evaluationsforschung kommen qualitative Ansätze und Methoden stärker zur Anwendung (↗Aktionsforschung, ↗Inhaltsanalyse, teilnehmende ↗Beobachtung und andere Methoden der ↗Feldforschung).

Generell sieht die qualitative Evaluationsforschung ihr Ziel darin, Organisationen durch Informationen über ihre Handlungsabläufe zu Veränderungen zu bewegen. Die qualitative Evaluationsforschung entstand vor allem aus der Kritik an der empirischen (quantitativen) Evaluationsforschung. Die Kritik richtete sich vor allem auf die geringe Nutzung der Forschungsergebnisse, der oft zweifelhaften Validität und deren mangelhafter Erklärungsmögichkeiten. Die qualitative Evaluationsforschung verfolgt ihre Ziele durch Prüfkonzepte, die alltagsnah und nachvollziehbar sein sollen. Grundlegende Bedeutung wird dabei der ↗Triangulation beigemessen, die an der Praxis von Journalisten anknüpft: Daten und Informationen werden erst dann akzeptiert, wenn sie aus einer anderen Quelle bestätigt sind. Andere Methoden sind die ↗Kontextvalidierung oder das ↗Auditing. Da Evaluationsforschung i. d. R. Auftragsforschung ist, ist die Gefahr des ↗going native in hohem Maße gegeben und sollte durch reflexive Kontrolle des Forschungsprozesses (z. B. durch ↗Debriefing) vermieden werden.

Evaporation, *Oberflächenverdunstung*, unproduktive ↗Verdunstung an flüssigen, minerogenen oder biogenen Oberflächen. Sie unterliegt den meteorologisch-hydrologischen Rahmenbedingungen der Verdunstung, die häufig mit Berechnungsansätzen zur Verdunstung freier Wasserflächen beschrieben werden. Die Evaporation von Niederschlagswasser auf Pflanzenoberflächen, ohne dass dieses in den Boden gelangt, wird auch als *Interzeption* bezeichnet. Die Interzeptionsverluste sind neben dem ↗Blattflächenindex vor allem von der ↗Niederschlagsintensität abhängig und sind bei schwachen Niederschlägen anteilsmäßig besonders hoch.

Evaporimeter, Verdunstungsmesser, Gerät zur Bestimmung der aktuellen Verdunstung einer definierten Oberfläche nach verschiedenen Messprinzipien: a) kontinuierliche Registrierung eines mit Wasser gefüllten Gefäßes, dessen Gewicht sich durch Verdunstung vermindert (Verdunstungswaage), b) Bestimmung der Wassermenge, die erforderlich ist, um einen verdunstenden Körper kontinuierlich im Zustand der Wassersättigung zu halten. Zur ersten Gruppe gehört die international gebräuchlichste, von der ↗Weltorganisation für Meteorologie empfohlene Verdunstungspfanne PAN-A-E, die einen Durchmesser von 1,206 m und eine Wassertiefe von 15 bis 20 cm hat. Dabei wird täglich der Wasserverlust ermittelt. Nach dem zweiten Messprinzip arbeitet der Verdunstungsmesser nach Piché (*Piche-Evaporimeter*), ein nach oben geschlossenes Glasrohr, das mit einer Skaleneinteilung versehen ist. Die untere Öffnung ist mit einem davor geklemmten Fließpapier verschlossen, das sich ständig in Wassersättigung befindet und von dem Wasser verdunstet. Das Fließpapier kann verschiedenen Klimaten und verschiedenen Aufgabenstellungen, z. B. pflanzenökologischen Untersuchungen, angepasst werden. Der Verdunstungsschreiber nach Czeratzki besteht aus einer von oben gegen Regen abgeschirmten wassergesättigten Keramikscheibe, deren Verdunstungsverlust über eine Kapillarleitung aus einem Vorratsgefäß ersetzt wird. In diesem Vorratsgefäß befindet sich ein Schwimmer, mit dessen Hilfe der Wasserstand kontinuierlich aufgezeichnet wird. [JVo]

Evaporite, durch Verdunstungsprozesse gebildete Gesteine wie Salze oder Kalkkrusten. Am bedeutendsten ist der Vorgang der Evaporation bei begrenzten Meeresbereichen, in denen Salzlagerstätten gebildet werden. Die Ausscheidung aus dem Lösungsgemisch beginnt mit den am schwersten löslichen Salzen. Idealerweise bildet sich eine Ausscheidungsfolge von ↗Anhydrit über ↗Steinsalz, Kalisalzen bis zu Magnesiumsalzen. ↗Salinar.

Evapotranspiration, *ET*, Summe aus ↗Evaporation und ↗Transpiration. Die Evapotranspiration ist eine sehr komplexe Größe, die nur mit aufwändigen Verfahren einigermaßen genau bestimmt werden kann (↗Verdunstungsmessung). Die von der Landoberfläche real verdunstete Wassermenge wird als aktuelle bzw. effektive *ET* bezeichnet, während die potenzielle *ET* (*pET*) die klimatisch mögliche ↗Verdunstung bei ausreichender Wasserversorgung und gegebenem Vegetationsbestand beschreibt. Die aktuelle *ET* ist in der Regel geringer, höchstens aber genauso hoch wie die potenzielle *ET*. In der Wasserwirtschaft wird unter *Gebietsverdunstung* die mittlere Verdunstungshöhe der *ET* [mm] eines wasserhaushaltlichen Einzugsgebiets verstanden.

Event-Tourismus, Reisen zur Teilnahme an einem bestimmten event (Ereignis). Bei events handelt es sich um geplante, kürzere Einzelveranstaltungen im Sport-, Musik-, Konsum- und Kulturbereich, die besonders durch Emotionalität, Inszenierungscharakter und Erlebniswert gekennzeichnet werden. Die Reisen zu events sind in der Regel von relativ kurzer Dauer (1–3 Übernachtungen). Beispiele: Konzerte der drei Tenöre, Streetball-/Skater-Events, Verhüllung des Reichstags, Rhein in Flammen.

Evolution, 1) *Allgemein*: ein Vorgang der Veränderung. **2)** *Biologie*: 2.1) die Entwicklungsgeschichte oder Phylogenese eines ↗Taxons, wie sie besonders mit Methoden der vergleichenden Anatomie und Morphologie anhand von rezenten oder fossilen Zwischenformen rekonstruiert wird. Dabei geht es um die Ermittlung von Abstammungsverhältnissen bei der Diversifikation der Organismen, d. h. um das Erkennen von ursprünglicheren und daraus entstandenen Formen. 2.2) Prozess der Entwicklung, d. h. der Transformation in einer Generationenfolge (Anagenese), die je nach Evolutionstheorie an unterschiedlichen Einheiten (Arten, Individuen, Populationen, Genen, bionomen Konstruktionen) stattfindet (↗Artbildung). Grundlage eines evolutionären Entwicklungsschritts ist zuerst der Ontogeneseprozess, also die Entwicklung (Wachstum) innerhalb einer Generation und dann eine strukturell irreversible Veränderung von einer zur anderen Generation. Der Ontogeneseprozess unterliegt dabei selbst evolutionären Veränderungen. Darüber welche Evolutionsfaktoren den Entwicklungsprozess bewirken gibt es verschiedene Auffassungen. In ↗Darwins Evolutionstheorie sind die individuelle Variabilität, die Selektion auf der Basis einer Nachkommenüberproduktion primäre Evolutionsfaktoren. Eine unabhängig vom Organismus bestehende heterogene Umwelt soll hier nur den an die Umweltbedingungen angepassten Organismen das Überleben ermöglichen. Durch die Erkenntnisse der Genetik wurde die Variabilität durch Mutationen (ungerichtete Ereignisse) und genetische Rekombination erklärbar. In der Synthetischen Evolutionstheorie werden neben diesen primären Evolutionsfaktoren sekundäre Faktoren wie Schwankungen der Populationsgrößen, Isolation, Einnischung und Bastardierung integriert. Die kritische Evolutionstheorie stellt den evoluierenden Organismus in den Mittelpunkt und sieht Organismen als mechanisch kohärente energiewandelnde Konstruktionen. Veränderungen werden von den Organismen in der Generationenfolge selbst produziert und unterliegen damit zwangsläufig konstruktiven Einschränkungen. Eine Konstruktion überlebt solange sie unter den Umgebungsbedingungen kohärent (kraftschlüssig und energetisch ökonomisch) funktioniert. Umwelt wird hier als operationale Umwelt verstanden. **3)** *Sozialwissenschaften*: ↗soziale Evolution, ↗Evolutionismus. [HH]

Evolution von Ökosystemen

Otto Fränzle, Kiel

Einleitung
Die Rekonstruktion von ↗Ökosystemen der geologischen Vergangenheit ist ein Forschungsziel der Paläoökologie (↗Ökologie). Dabei liefert die Litho- und Biofaziesanalyse den entscheidenden Zugang zur jeweiligen Umweltsituation mit den an sie angepassten Lebensgemeinschaften. Voraussetzung für eine erfolgreiche paläoökologische Arbeit ist daher eine möglichst sichere taxonomische Einstufung der Fossilien, eine hinreichende stratigraphische Differenzierung der untersuchten Gesteinsfolgen und schließlich ein spezifisches Wissen über die ökologischen Zusammenhänge von Organismen und ↗Umwelt. Grundlage ist die vergleichende Untersuchung der Skelette fossiler und heutiger Pflanzen- und Tierformen, welche Rückschlüsse auf die Lebensweise zulässt; Fährten, Fraßbilder, Exkremente, krankhafte Veränderungen an Hartteilen usw. liefern dazu wichtige Hinweise. Dabei ist grundsätzlich zu beachten, dass auch die reichste Fossilvergesellschaftung keine ↗Biozönose i. e. S. repräsentiert, bestenfalls ist eine solche autochthon als *Thanatozönose* (Totengemeinschaft) überliefert. Den Regelfall stellt jedoch die *Taphozönose* (Grabgemeinschaft) dar, welche allochthon die Organismenreste verschiedener Lebensbereiche in sich vereinigt. Besonders problematisch ist zudem bei einer biodiversitätsbezogenen (↗Diversität) Interpretation einer solchen Vergesellschaftung, dass nach gängigen Abschätzungen bestenfalls ein Prozent aller Arten – das sind größenordnungsmäßig $1 \cdot 10^9$ im Verlauf der gesamten Erdgeschichte - fossil überliefert ist. Die rezente Lebewelt umfasst wahrscheinlich einige Zehner Millionen Spezies, von denen etwa 1,4 Mio. beschrieben sind; die größten Kenntnislücken liegen bei den ↗Bakterien, Nematoden (Fadenwürmern) und Insekten.

Die Entstehung des Lebens und die Entwicklungslinien der Einzeller im Präkambrium
Von entscheidender Bedeutung für die Bildung und Erhaltung präbiotischer organischer Verbindungen und der nachfolgenden einfachen Einzeller war die Sauerstofffreiheit der frühen ↗Atmosphäre der ↗Erde. Diese hatte sich durch Ausgasung des abkühlenden Erdkörpers und ausgeprägten ↗Vulkanismus gebildet und wies als Hauptbestandteile zunächst Methan (CH_4), Wasserdampf (H_2O), Kohlendioxid (CO_2) und Ammoniak (NH_3) sowie Stickstoff (N_2) auf. Unter dem Einfluss der starken UV-Strahlung kam es durch Photolyse und anschließende Rekombination zu einer Anreicherung von CO_2, N_2, H_2O sowie (aufgrund radioaktiven Zerfalls von ^{40}K) Ar. Als diese Atmosphäre die 100°C-Grenze vor etwa $4 \cdot 10^9$ a unterschritt, kam es zur Bildung von ↗Niederschlägen sowie Grund- und Oberflächenwässern.
Durch Silicatverwitterung freigesetzte Ca-Ionen führten zur $CaCO_3$-Fällung, wodurch große CO_2-Mengen weitgehend irreversibel festgelegt wurden. Zusammen mit der niedrigeren Gleichgewichtstemperatur der Erde dürfte dieser Vorgang wesentlich dazu beigetragen haben, dass die Erdatmosphäre keinem ähnlich exzessiven ↗Treibhauseffekt erlag wie etwa die Atmosphäre der absolut lebensfeindlichen Venus.
Unter diesen gas- und hydrochemischen Randbedingungen konnten die molekularen Bausteine irdischer Lebewesen wohl relativ einfach synthetisiert werden. Hinsichtlich der Aggregation derartiger organischer Moleküle zu komplexen Systemen, die den elementaren Stoffwechsel betreiben, sich vermehren und verändern konnten – Metabolismus, Reproduktion und Mutation sind notwendige Bedingungen bzw. Erscheinungen des Lebendigen – sind freilich noch viele Fragen offen. Ein Molekulardarwinismus (↗Dar-

win), also eine von Mutation und Selektion vorangetriebene Selbstorganisation schon auf präbiotischer Ebene, wie er mit der Hyperzyklus-Hypothese formuliert wurde, darf als bislang Erfolg versprechendster Ansatz gelten. Demzufolge haben sich Ribonucleinsäuren und Proteine in wechselseitiger Koevolution immer weiter differenziert und aufeinander eingestellt. Die Frage, was dabei zuerst da war, ist durch die Entdeckung der Ribozyme beträchtlich entschärft worden; denn diese informationsspeichernden Ribonucleinsäuren besitzen auch katalytische Aktivität und vermögen sich dadurch in beschränktem Maße bis heute selbst zu replizieren. Auch Computersimulationen mit formalen »Genen« und »Enzymen« ergaben sich selbst replizierendes und dann auch weiter entwickelndes »künstliches Leben« als ein emergentes Phänomen, das im Einzelnen unvorhersagbar und dennoch algorithmisch streng determiniert war. Der Übergang von derartiger unbelebter zu belebter Materie – so lässt sich aus Mikrofossilien und anhand vergleichender Analysen des genetischen Codes schließen – dürfte sich vor etwa $3,8 \cdot 10^9$ Jahre ereignet haben. Die Evolution des Codes, die insgesamt durch die komplexen Prozesse der Proteinsynthese bedingt ist, spiegelt sich in der Aufspaltung der in der Abbildung 1 wiedergegebenen großen Reiche des Lebens, die vor etwa $2,5 \pm 0,5 \cdot 10^9$ Jahre erfolgte.

Viele Archaebakterien sind auf das Leben in Vulkanschloten und anderen heißen, sauerstofffreien Lebensräumen spezialisiert, die auch in den Urozeanen und archaischen Kontinenten weit verbreitet gewesen sein dürften. Die Eubakterien, welche nach vergleichenden Genanalysen 11 Stämme (Phyla) umfassen, unterscheiden sich von ihnen im molekularen Aufbau der Zellwand, der Membranen und des Proteinsyntheseapparates. Alle großen Lebewesen, aber auch viele Mikroorganismen sind Eukaryonten, d. h. ihre DNA-Moleküle sind von der übrigen Zelle durch Membranen abgetrennt, die einen Zellkern bilden. Außerdem enthalten fast alle eukaryontischen Zellen auch die membranumhüllten Mitochondrien, die für einen Großteil der zellulären Energieproduktion sorgen. Pflanzen- und Algenzellen besitzen darüber hinaus die ebenfalls von einer Membran umschlossenen ↗Chloroplasten, in denen die ↗Photosynthese abläuft. Es gibt eine Fülle von Hinweisen darauf, dass diese drei Strukturen ursprünglich von symbiontisch oder parasitär lebenden Bakterien abstammen, welche vor mehr als $2 \cdot 10^9$ a in prokaryontische Zellen eingewandert sind. Mit diesem höchst erfolgreichen Konstruktionsprinzip ging einmal eine Zunahme der Zellgröße einher (Eukaryonten haben in der Regel einen 10–100 mal größeren Durchmesser als Bakterien), zum anderen die evolutionsgenetisch höchst bedeutsame Ausbildung der sexuellen Vermehrung.

Mit der Entwicklung der photosynthetisch aktiven Cyanophyten vor etwa $2,8 \cdot 10^9$ a begann die Abgabe von Sauerstoff, der zwar für Archaebakterien hochtoxisch ist, aber bis vor etwa $2 \cdot 10^9$ Jahre durch Oxidation des von den Festländern in zweiwertiger Form zugeführten Eisens aufgebraucht wurde. Dabei entstanden wohl unter Beteiligung von Eisenbakterien die zu den weltwirtschaftlich wichtigsten Lagerstätten zählenden Bändereisenerze (banded iron formation), die oft mehrere hundert Meter Mächtigkeit erreichen und über 150 km aushalten.

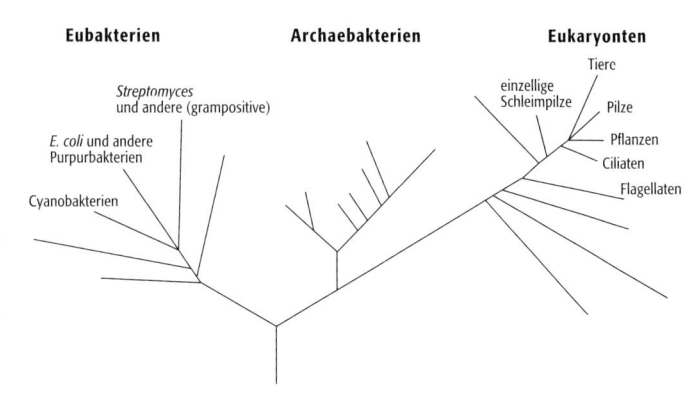

Fossil überliefert sind diese ältesten Prokaryonten einmal in Form mikroskopisch kleiner Zellreste planktonischer und sessiler Bakterien, zum anderen als ausgedehnte geschichtete Strukturen, den Stromatolithen, die überwiegend aus fadenförmigen Cyanophyten bestehen. Sie wuchsen teils sitzkissenartig, teils nahmen sie riffartige Formen an und überzogen ausgedehnte Areale des Flachmeerbodens. Heute wird das Wachstum von Stromatolithen gewöhnlich durch die Anwesenheit von weidenden und grabenden Tieren wie Schnecken und Würmern verhindert; sie kommen daher nur in jenen Randbereichen tropischer Meere vor, die für die meisten Tierformen keine günstigen Lebensbedingungen aufweisen, etwa in hypersalinen Lagunen wie der Shark Bay Westaustraliens.

Die archaischen und frühproterozoischen Ökosysteme auf Einzellerbasis wiesen im Prinzip die gleiche funktionelle Differenzierung in ↗Produzenten, ↗Konsumenten und ↗Destruenten auf, die bis heute das Bild des Lebens prägt. Man darf annehmen, dass ein Teil der Konsumenten zur aktiven Nahrungssuche befähigt war, während andere mit Giftstoffen dafür sorgten, dass die Zellen ihrer Beute undicht wurden oder sich sogar ganz auflösten und die in ihnen enthaltenen Nährstoffe freisetzten. Fließende Übergänge bestanden damit zu den Destruenten, die Verdauungsfermente zum Abbau organischer Substanz in ihrer Umgebung produzierten. In manchen Fällen dürften sich auch symbiontische Lebensgemeinschaften gebildet haben, wo zwei oder mehr Arten von Einzellern jeweils für die andere Art nützliche Substanzen beisteuerten (↗Symbiose). Alle diese Strategien aber gründen auf der Tatsache, dass die Diffusion im mikroskopischen Größenbereich der wichtigste Stofftransportvorgang ist, der durch die Ausbildung von Konzentrationsgradienten (ionare oder molekulare Pumpvorgänge) noch verstärkt werden kann.

Evolution von Ökosystemen 1: Schemabild der Entwicklung der Eubakterien, Archaebakterien und Eukaryonten.

Evolution von Ökosystemen 2:
Entwicklung des Sauerstoff- und Ozonpegels der Erdatmosphäre sowie der Lebewelt.

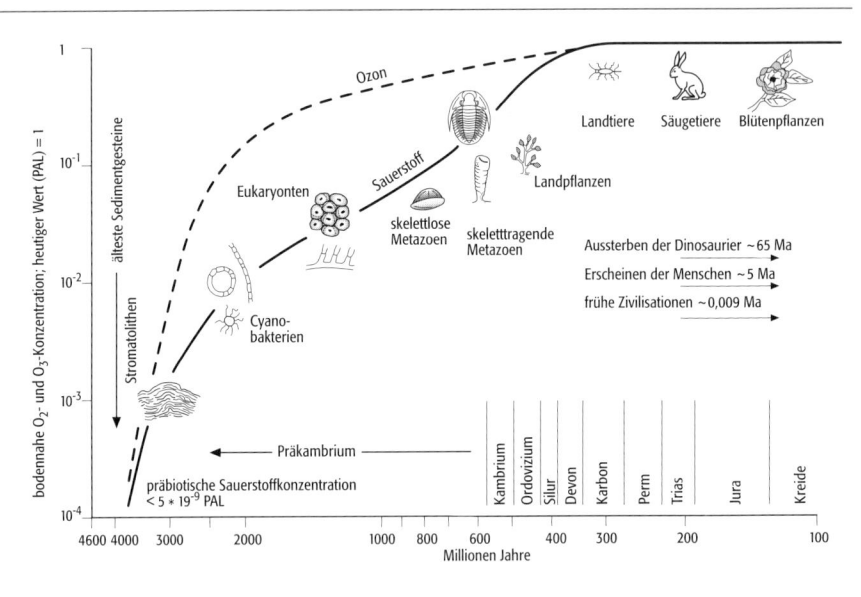

Vor etwa $1{,}4 \cdot 10^9$ Jahren gesellten sich dann im marinen Plankton die ersten eukaryontischen ↗Algen zu den Cyanophyten; ihr Nachweis gründet hauptsächlich auf der Größe und dem Wandaufbau der Zellen. Fast alle dieser Formen werden einer als Acritarchen bekannten Gruppe zugeordnet; diese stellt jedoch keine einheitliche taxonomische Sippe dar, sodass ihre Mitglieder recht unterschiedliche ökologische Eigenschaften gehabt haben mögen. Das Auftreten dieser Algengruppe ist zugleich ein Beleg dafür, dass die Konzentration des photosynthetisch erzeugten und aus dem Meer in die Atmosphäre diffundierten Sauerstoffs bereits einige Prozent des gegenwärtigen Wertes erreicht hatte; denn unterhalb dieses kritischen Grenzwertes kommt die respiratorische Tätigkeit von Eukaryonten zum Erliegen.

Wie die Abbildung 2 zeigt, war mit der Sauerstoffanreicherung der Aufbau eines zunächst bodennahen und dann höher rückenden Ozonschildes verbunden, der die lebensfeindliche kürzerwellige UV-Strahlung zunehmend abschirmte. Damit erweiterte sich der Lebensraum für Ein- und Vielzeller auf die oberflächennahen Wasserschichten bzw. seichten Gewässer und den Festlandbereich.

Im Laufe der folgenden 700 Mio. Jahre entfalteten sich die Acritarchen dann auch in dieser Fülle neuer und recht unterschiedlicher Lebensräume sehr stark, bis die Entwicklung vor etwa 650 Mio. Jahren (fast) plötzlich zum Stillstand kam und etwa 70 Prozent der Arten verschwanden. Da übereinstimmende Befunde aus Skandinavien, Afrika und Australien vorliegen, spiegelt sich hier vielleicht das erste große Massensterben der Erdgeschichte. Es lässt sich plausibler Weise mit dem vielleicht größten ↗Eiszeitalter der geologischen Vergangenheit korrelieren, bei dem nur die äquatornahen Ozeanbereiche offene Wasserflächen aufweisen, wenn man nicht annehmen will, dass es durch lückenhafte Überlieferung bloß vorgetäuscht ist. Denn der Zerfall des neoproterozoischen Superkontinentes Rodinia vor etwa 750 Mio. Jahren könnte mit einer globalen Ozeanbodensubduktion und damit weitgehender Sedimentlöschung einhergegangen sein, sodass sowohl das »plötzliche« Verschwinden der alten als auch das ebenso »plötzliche« Auftreten der jüngeren Lebewelt nur scheinbarer Natur sind.

Paläozoische Ökosysteme

Die ersten primitiven vielzelligen Tiere (Metazoen) erscheinen erst sehr spät im ↗Präkambrium, augenscheinlich im Zusammenhang mit dem Anstieg des Sauerstoffpegels auf ein Niveau, das den Übergang von der Gärung als Energielieferant zu der um den Faktor 13 günstigeren Atmung erlaubte (Abb. 2). Eindeutige Tierfossilien treten erst in 700–800 Mio. Jahren alten Gesteinen in Namibia, Südaustralien (Ediacara), England, Neufundland, Nevada und mehreren Regionen Russlands auf. Dazu gehören Kriechspuren, Fährten und Grabbauten von Weichkörpertieren sowie Quallen, segmentierte Würmer oder auch Lebensformen, die mit keiner taxonomischen Gruppe jüngeren Alters (näher) verwandt erscheinen. Diese als Primärproduzenten wahrscheinlich in einer Algensymbiose lebenden Vendobionten waren Teil einer von Mikrobenmatten dominierten Lebewelt, in der es noch keine Fressfeinde gab und in der die Stoffwechselvorgänge im Wesentlichen über Oberflächendiffusion abliefen. Als frühes Evolutionsstadium fehlten ihnen Panzer oder andere Stützelemente und es lässt sich nur wenig über ihre Lebensweise sagen.

Die Basis des ↗Kambriums stimmt ungefähr mit der Zeit überein, in der die ersten skeletttragenden Tiere auftraten. Die ältesten maßen nur einige Millimeter und gehörten z. T. völlig fremdartigen Taxa an, z. T. aber zu ↗Schwamm- und ↗Molluskenklassen, die es auch heute noch gibt. Kurz nach ihnen traten dann die ↗Trilobiten in Erscheinung und erreichten schon im frühen Kambrium eine ökologische Vormachtstellung

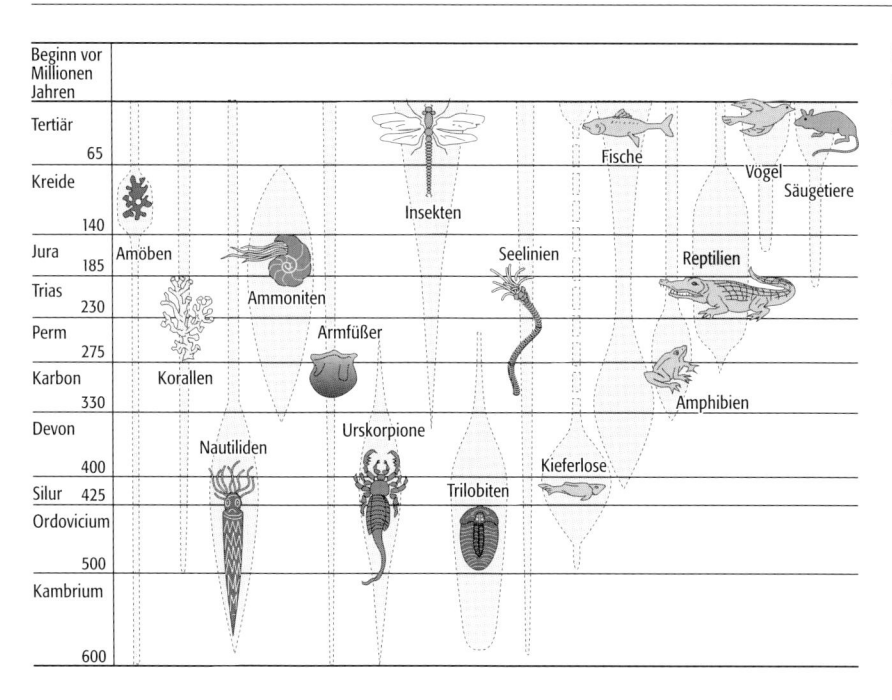

Evolution von Ökosystemen 3:
Auftreten und Verbreitung wichtiger Tiergruppen im Postproterozoikum.

auf den damals weit verbreiteten Flachmeerböden; auch planktonische Formen waren häufig. Vielleicht waren manche von ihnen Kleintierjäger, während andere ↗Detritus bevorzugten.

Als erste Riffbildner traten die Archaeocyathiden auf. Sie teilten am Ende des Unterkambriums mit den frühen Trilobiten das Schicksal eines Massensterbens, dem im Oberkambrium drei weitere folgten, die vor allem in Nordamerika nachgewiesen wurden. Über die Ursachen herrscht noch Unklarheit, wenngleich einiges für jeweils stärkere Abkühlung als Auslöser spricht. Dem Aussterbeereignis folgte jedes Mal eine rasche formenreiche Entwicklung (Radiation) der übrig gebliebenen Taxa. Die Abbildung 3 fasst die Entwicklung wichtiger Tiergruppen exemplarisch zusammen.

Auch die vielzelligen Pflanzen sind im Meer entstanden. Die Existenz von Landpflanzen ist durch Makrofossilien erst für das ↗Silur gesichert; Sporen haben aber den mikropaläontologischen Beweis geliefert, dass es bereits im Mittelordovizium primitive Landpflanzen gab, die sich wohl noch nicht völlig an ihre neue nichtaquatische Umwelt angepasst hatten. Um sich in der Luft aufrichten zu können, statt von Wasser getragen zu werden, mussten diese Pflanzen eine neue Statik entwickeln und auch die Fortpflanzung im neuen Milieu verändert werden. Dies macht verständlich, dass für den Übergang von Wasser- zum Landleben Küstensäume der wichtigste Lebensraum waren, deren Thanatozönosen in manchen Gebieten bereits für das Unterdevon relativ gut bekannt sind. Durchweg handelt es sich um lockere, niedrige Bestände (< 0,5 m), die zunächst aus Psilophyten (Urfarne) bestanden, bald aber durch größer wüchsige Formen und Vorläufer der höher organisierten Pteridophytengruppen (↗Farnpflanzen) ergänzt oder ersetzt wurden. Der Nachweis von Destruenten (↗Pilze, Bakterien) an den Resten dieser Primärproduzenten belegt, dass die ersten Landökosysteme grundsätzlich schon so wie die heutigen funktionierten; lediglich Konsumenten (Tiere) haben noch gefehlt.

Im späteren Unterdevon finden sich schon Vorläufer der Bärlappgewächse, Schachtelhalme, Farne und »Progymnospermen«, deren extrem formenreiche Weiterentwicklung die Abbildung 4 zusammenfasst.

Die ersten umfangreicheren Wälder mit über 30 m hohen Bäumen sind aus dem ↗Karbon Europas, des östlichen Nordamerikas, Sibiriens und Ostasiens belegt, wo die variskische ↗Orogenese eine starke Differenzierung in intramontane Becken und paralische Außensenken bewirkt hatte. Wie Abb. 2 zeigt, entsprach die Zusammensetzung der irdischen Troposphäre der heutigen; das Klima war gleichmäßig feucht-warm, wie fehlende Jahresringe oder ruhende Knospen sowie eine den heutigen Regenwaldpflanzen entsprechende Blattanatomie zeigen. Unter diesen günstigen Bedingungen wuchsen in Tieflanddeltas und ausgedehnten Küstensümpfen mächtige Moorwälder, in denen Schachtelhalm- (*Archaecalamites, Calamites*) und Bärlappbäume (*Lepidodendron, Sigillaria, Ulodendron, Bothrodendron* u.a.) sowie Pteridospermen (Farnsamer) und Cordaiten dominierten. Dies gilt beispielsweise für den Bereich des Moseltrogs, in dem während dieser Zeit fast stets Flachmeerbedingungen herrschten. Vom Meer zum Land bestanden daher vielfältig wechselnde Ökotonbedingungen (↗Ökoton), die Pflanzen mit unterschiedlichen ökologischen Ansprüchen Lebensmöglichkeiten boten. Der Gezeitenbereich, in dem sich heute die Seegras-

Evolution von Ökosystemen 4:
Entwicklung der Samenpflanzen (E = Ephedraceae, G = Gnetacea, W = Welwischiaceae).

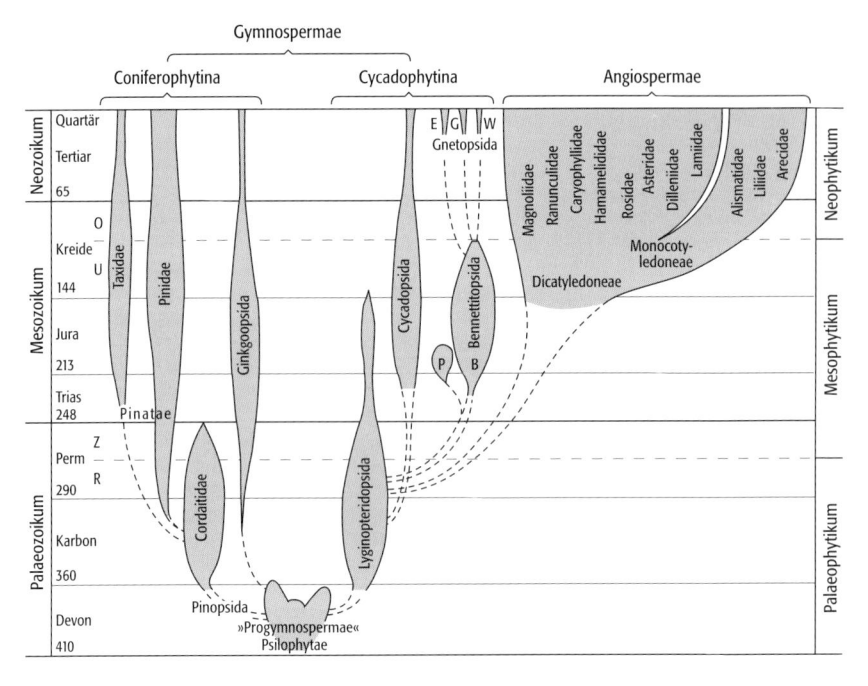

wiesen (*Zostera*) befinden, war außer von kleinen Algen vor allem von vorwiegend submers lebenden *Taeniocrada*-Arten bewohnt. Anstelle der rezenten Queller-Salzgras-Andel-Wiesen in der unmittelbaren Verlandungszone waren sich bisweilen kilometerweit erstreckende Bestände von *Zosterophyllum rhenanum* (in stärker marin beeinflussten Bereichen) und *Stockmansella langii* (auf stärker limnisch geprägten Standorten) vorhanden. In den Salzmarschen gediehen die Psilophyten-Gattungen *Drepanophycus*, *Grosslingia*, *Sawdonia*, *Psilophyton*, *Renalia* usw., die nur über ein sehr unvollkommen funktionierendes Leitsystem verfügten und daher in viel höherem Maße auf ausreichende Wasserzufuhr angewiesen waren als die heutigen Strandpflanzen.

Im Gezeitenbereich lebten auch zahlreiche Tiere, vor allem die Muschel *Modiolopsis ekpempysa* und Eurypteriden (krebsartige Spinnentiere), während der Übergangsbereich zum Subtidal der Standort von *Buthotrephis rebskei*, einer mehrfach gabelig verzweigten Alge war, zwischen der Panzerfische (*Pterasips dunensis*) jagten. Zu den wichtigsten Pflanzen des tieferen Subtidals zählte die baumförmige Alge *Prototaxites hefteri*.

In der formenreichen Tierwelt (Lurche, erste Reptilien, ↗Arthropoden) ist die z.T. auffällige Größe bemerkenswert, die von manchen Arthropoden erreicht wurde. Libellen wie *Meganeura monyi* erreichten Flügelspannweiten von 70 cm; Tiere, die den rezenten Tausendfüßlern nahe stehen, brachten neben Formen »normaler« Größe auch Vertreter von über ein Meter Länge hervor. Einige Giganten bei den Skorpionen erreichten ebenfalls Längen bis zu einem Meter. Die oberkarbonen Ökosysteme waren also ziemlich artenreich und hatten einen hohen Grad struktureller Differenzierung erreicht: Schichtung, Zo-

nierung, ↗Nahrungsnetze mit Primär- und Sekundärkonsumenten, ↗Parasiten, Destruenten sowie Symbiosen (beispielsweise Mykorrhiza bei Cordaiten).

Freilich darf der Fossilienreichtum des heutigen nordhemisphärischen (Ober-) Karbons nicht darüber hinwegtäuschen, dass hier Ablagerungen eines recht speziellen Lebens- und Sedimentationsraumes vorliegen, die vermutlich weniger als 10 % der ehemaligen Landoberfläche einnehmen. In den übrigen Gebieten dominierte – mit Ausnahme intramontaner Becken etwa – die Abtragung, sodass es nur selten zur Fossilisation kommen konnte.

Zu erwähnen ist ferner, dass sich auf dem riesigen ↗Gondwana-Kontinent die völlig andersartige artenärmere ↗Gondwana-Flora entwickelt hatte, als deren Leitformen Pteridospermensträucher (z.B. *Glossopteris*, verschiedene Pteridophyten und Coniferen) gelten. Jahresringe belegen einen saisonalen Witterungsverlauf; Spuren eines permo-karbonen Eiszeitalters sind auf den heutigen Südkontinenten und in Vorderindien weit verbreitet.

Mit zunehmender Trockenheit des Klimas im oberen Karbon und im darauf folgenden ↗Perm begannen xeromorphe Pflanzengruppen zu dominieren, und mit ihnen überwog eine Fauna, deren Arthropoden im Vergleich zum Karbon zwar weniger auffällig, aber vielfältiger waren. Als Beispiel für limnische Ökosysteme aus der Unterrotliegendzeit sei hier die Fauna von (geologisch gesprochen relativ kurzlebigen) Seen im Saar-Nahe-Becken skizziert. Im Vergleich zum Oberkarbon war das Benthon deutlich geringer entwickelt; denn es fehlten typische Pflanzenfresser und die meisten der (später) vielfältig angepassten Insektenlarven. In relativ vielen Seen traten

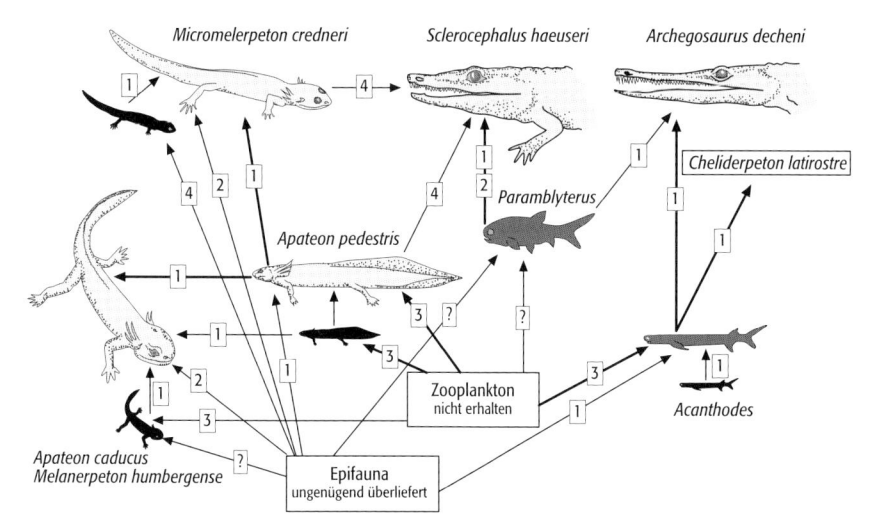

Evolution von Ökosystemen 5:
Nahrungsnetzbeziehungen der Fisch- und Amphibienfauna von Unterrotliegendseen des Saar-Nahe-Trogs. Die Zahlen 1–4 kennzeichnen die unterschiedliche Sicherheit des Nachweises der Beute-Räuber-Beziehungen von 1 = eindeutig bis 4 = sehr vage.

– manchmal sogar mengenmäßig dominierend – R-Strategen auf (↗Umweltkapazität), vor allem Branchiosaurier und viele ↗Conchostraken. Außerdem waren die meisten fossil erhaltenen Konsumenten in ihrer Ernährung ausgesprochene Generalisten. Spezialisten und mögliche K-Strategen waren dagegen sehr selten und tauchten am ehesten gegen Ende des Unterrotliegenden auf. Die Nahrungsnetze (Abb. 5) waren daher meistens sehr kurz und ihre verschiedenen trophischen Niveaus erscheinen wenig miteinander vernetzt.

Am Ende des Perms ereignete sich das über ca. 10 Mio. Jahre hinziehende größte Massensterben in der Geschichte des irdischen Lebens, dem zwischen 77 % und 96 % aller marinen Arten zum Opfer fielen. Wesentliche Ereignisse, die diesen auch im terrestrischen Bereich aufweisbaren Extinktionsprozess bestimmten, waren die mit zunehmender Abkühlung und Aridität einhergehende Meeresspiegelabsenkung auf der einen, der sibirische Trappvulkanismus auf der anderen Seite, welcher in 1 Mio. Jahre rund 2 Mio. km^3 Laven und entsprechende Gasmengen lieferte. Palynologische Befunde deuten darauf hin, dass die Pflanzenwelt in Europa fünf Millionen Jahre brauchte, um sich von dieser Katastrophe zu erholen, während in Australien und der Antarktis immerhin 500.000 Jahre bis zur Rückkehr der Wälder vergingen. Für den marinen Bereich bleibt freilich die Frage, inwieweit großflächige Subduktionsprozesse, die mit der in der ↗Trias beginnenden Auflösung der ↗Pangaea einhergingen, Zeugnisse der spätpaläozoischen Fauna in großem Umfange gelöscht haben, sodass die vielfach angenommene Plötzlichkeit der permotriadischen Großextinktion nur vorgetäuscht wird.

Mesozoische Ökosysteme

Aufgrund des Klimawechsels war das beginnende ↗Mesophytikum gekennzeichnet durch eine rasche Entfaltung xeromorpher Pflanzengruppen, z. B. der frühen Coniferen, die sich über die gesamte Pangaea ausbreiteten. Unter den späteren Floren des Mesophytikums überwogen bei den Farnen die Eusporangiatae und ursprünglichen Leptosporangiatae, die heute teilweise noch reliktär (z. B. in den ostasiatischen Tropen) erhalten sind. Die Ginkgo-Gewächse waren überaus formenreich entwickelt; das Areal der Coniferen-Gattung *Araucaria* war im ↗Jura und der ↗Kreide weltweit, ist aber seit dem ↗Tertiär auf die Südhemisphäre und heute auf disjunkte Reste im Westpazifik (Insel Norfolk) und in Südamerika geschrumpft. Besonders charakteristisch für die mesozoischen Floren sind die Cycadophytina, die rezent nur durch die reliktär-disjunkten Arten der Ordnung Cycadales vertreten werden, sowie Nachzügler der Pteridospermen (Abb. 4).

Mit dem Ursprung der Reptilien im jüngsten Karbon hatte die Evolution der Wirbeltiere einen weiteren großen Schritt gemacht (Abb. 5); im Perm wurden sie allmählich den Säugetieren immer ähnlicher (Therapsiden).

Während der Untertrias entwickelten sich Thecodontier, die Stammformen der Dinosaurier, die in ihren größten Vertretern am Ende der Trias bereits Längen von mehreren Metern erreichten. Auch vier weitere Wirbeltiergruppen entfalteten sich in der Trias: Schildkröten, Krokodile, Frösche und Säugetiere; sie alle überdauerten die Dinosaurier, die am Ende des Mesozoikums ausstarben.

Auf den Festländern hatten in der mittleren ↗Kreide die Angiospermen die Vorherrschaft in den meisten Biozönosen übernommen und die bis dahin vorherrschenden Gymnospermen und Farnpflanzen zurückgedrängt. Palynologische Befunde lassen erkennen, dass die Ausbreitung der frühen Angiospermen vom damaligen Tropengürtel und den Randbereichen des mittleren Atlantiks bzw. Mittelmeeres ausgegangen ist. Da der im Jura einsetzende Zerfall der Pangäa noch bei weitem nicht das heutige Ausmaß erreicht hatte, konnten viele der älteren Sippen weltweite Verbreitung erlangen. Pollen- und Blattformen zeigen, dass mit der Ausbreitung eine Auffächerung in verschiedene Wuchsformen (holzig bis krautig) und Standorte (trocken bis feucht) einhergehing. Im Einzelnen lassen sich holarktische, pantropische, paläotropische und südhemisphärische Areale unterscheiden.

Möglicherweise hat dieser große Florenwechsel, der das ↗Neophytikum einleitete, auch die Evolution der ↗Dinosaurier beeinflusst; denn deren Entwicklung überstürzte sich vor etwa 100 Mio. Jahren förmlich. Die wichtigste Gruppen, die sich in der Oberkreide ausdifferenzierte, waren die räuberischen Tyrannosaurier, die Pflanzen fressenden Hornsaurier (Ceratopsia) und die Hadrosaurier. Im Westen Nordamerikas bildeten sie – abgesehen von der Körpergröße – das ökologische Äquivalent der rezenten Säugetierfauna der afrikanischen Grasfluren und ↗Savannen. Die Ceratopsier, die Analoga der rezenten Nashörner, waren massige, mit Nasen- und Stirnhörnern versehene Tiere, die Hadrosaurier (Schnabeldrachen) dagegen schnelle Läufer wie die heutigen Antilopen, aber auch gewandte Schwimmer. Tyrannosaurier wurden mit maximal 15 Metern Länge die größten Landraubtiere aller Zeiten und standen an der Spitze der Nahrungspyramide. Aber auch Riesenkrokodile – manche erreichten ebenfalls eine Länge von 15 Metern – machten Jagd auf Dinosaurier. Und über ihnen kreisten fliegende Reptilien (Pterosaurier), von denen Quetzalcoatlus als Riesenform eine Spannweite von 11 m erreichte.

Känozoische Ökosysteme

In der oberen Kreide ist bereits eine erstaunliche Formenfülle von Gefäßpflanzen, vor allem Angiospermen vorhanden, deren monocotyle Vertreter (Liliopsida) nach Ausweis vergleichender Untersuchungen der Nucleotidsequenzen von Genen mit hoher Wahrscheinlichkeit monophyletisch sind, während die Dicotylen insgesamt eine paraphyletische Gruppe bilden. In den wärmeren und nährstoffreichen terrestrischen Lebensräumen waren die Bedecktsamer zu Beginn des ↗Tertiärs zu den dominierenden Primärproduzenten geworden und die von ihnen geprägten ↗Biozönosen erreichten im Tertiär ein vorher nie da gewesenes Maß an Differenzierung und ökologischer Integration mit der explosiv entfalteten Tierwelt. Vor allem der rasche Aufstieg der Säugetiere – nachdem die im Mesozoikum beherrschenden Dinosaurier am Ende der Kreidezeit in einem mehrere Jahrmillionen umfassenden Aussterbeprozess das Feld geräumt hatten – zählt zu den dramatischsten Veränderungen des Känozoikums. In den ersten zehn Mio. Jahren des ↗Paläogens (Paläozän, Eozän, Oligozän) entwickelten sie in eindrucksvoller adaptiver Radiation vielerlei Formen von Urpferden und Nagetieren bis zu urtümlichen Primaten (Halbaffen) und zu anatomisch wie ökologisch so unterschiedlichen Tiergruppen wie Fledermäusen und Walen, während die Evolution der Vögel weniger spektakulär war. Die Entwicklung der Singvögel (Unterordnung der Sperlingsvögel, Passeriformes), der heute bei weitem größten Vogelgruppe, begann erst um die Mitte des Känozoikums.

Im durch kühlere Phasen gegliederten Paläogen gediehen selbst in den heute temperaten Bereichen der nördlichen Hemisphäre immergrüne tropisch-subtropische Regenwaldfloren mit Lauraceae (z. B. *Cinnamomum*), Moraceae (*Ficus*), altertümlichen Juglandaceae, Palmen und tropischen Farnen. Im Norden der Holarktis (bis über 75° Breite!) waren weithin sommergrüne Laub- und Nadelmischwälder zur Ausbildung gekommen. Vertreten waren einmal Gattungen, die auch heute noch im temperaten Europa vorkommen (*Pinus, Picea, Platanus, Fagus, Quercus, Corylus, Betula, Alnus, Juglans, Ulmus, Acer, Vitis, Tilia, Populus, Salix, Fraxinus* usw., aber auch die heute auf Nordamerika oder Ostasien beschränkten Gattungen: *Ginkgo, Taxodium, Sequoia, Tsuga, Magnolia, Liriodendron, Sassafras, Cercidiphyllum, Liquidambar, Carya, Diospyros* usw. In Mitteleuropa wurden Reste solcher paläogener tropischer Floren etwa bei Mainz, im Siebengebirge und im Geiseltal bei Halle gefunden; auch die baltische Bernsteinflora gehört hierher.

Vom Eozän bis zum Miozän sind in Mitteleuropa aus den organogenen Ablagerungen verlandender Seebecken und angrenzenden Moorwäldern ausgedehnte Braunkohlenlager entstanden. Die Abbildung 6 zeigt die wichtigsten Moortypen des Hauptflözes der niederrheinischen Braunkohle in ihrer vermutlichen seitlichen Aufeinanderfolge.

In der Wasserpflanzenzone der Moorseen, an deren Grund sich ↗Gyttja ablagerte, wuchsen außer *Nymphaea* noch andere Seerosen wie *Brasenia*. In der anschließenden Röhrichtzone mit krautiger Vegetation von flutenden Wasserpflanzen und

Evolution von Ökosystemen 6: Vegetationszonierung der miozänen Braunkohlemoore des Erftbeckens.

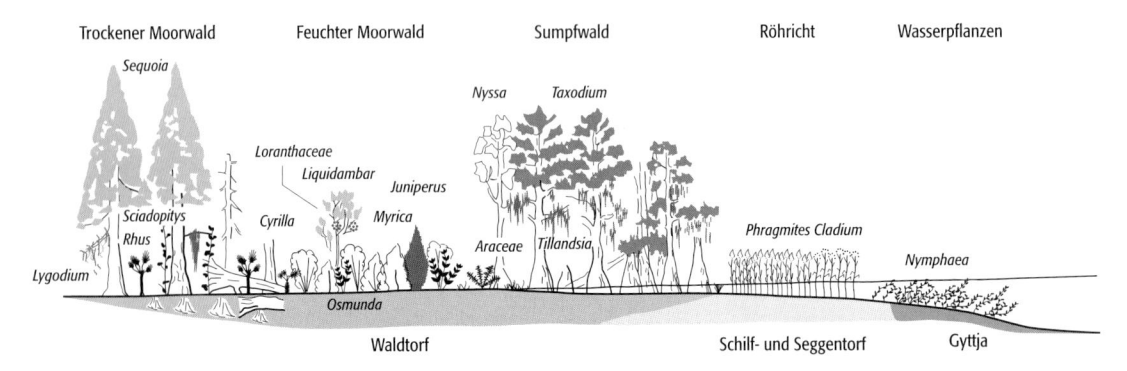

Riedgräsern traten u.a. *Dulichium*, *Phragmites* und *Cladium* bestandbildend auf. Die Wasserfauna war reich an Vögeln; u.a. war die Urform der Flamingos (*Palaeolodus*) weit verbreitet. Dem Sumpfwald gaben *Nyssa*, *Glyptostrobus*, *Taxodium* mit Epiphytenbewuchs (z.B. *Tillandsia*) das Gepräge. Dort, wo der Sumpfwald durch Windbruch etwas gelichtet war, gediehen Seerosen (*Nymphaea*), Wasseraloe (*Stratiotes*), Sumpflilien (*Iris* und *Crinum*), Araceen und Farne. Oberhalb des Normalwasserstandes waren Moorwälder ausgebildet, in einer feuchteren Fazies, die den größten Teil der Braunkohle geliefert hat, mit *Myrica*, *Liquidambar*, *Cyrilla*, *Osmunda* und einer trockeneren mit *Sequoia*, *Sciadopitys*, *Pinus*, *Sabal*, dem windenden Farn *Lygodium* usw. Auch die Fauna des Moorwaldes dürfte reichhaltig gewesen sein, wenngleich wegen des sauren Einbettungsmilieus kaum Fossilien erhalten sind. Aus der relativ nahe gelegenen oberoligozänen Fundstelle von Rott (Siebengebirge) ist eine Insektenfauna von mehreren hundert Arten belegt, darunter Libellen, Zikaden, Käfer, Ameisen und Bienen. Die Reptilfauna umfasste u.a. Eidechsen, Schlangen, Schildkröten und Krokodile, unter den Säugern sind das Kohlenschwein (*Microbunodon*), Hirsche und Nashorn zu erwähnen.

Im ↗Neogen macht sich weltweit eine unter Schwankungen voranschreitende Abkühlung bemerkbar, die im ↗Quartär ihren Höhepunkt erreichte. Dadurch kam es zu einer Verschiebung der Vegetationszonen nach Süden und zum Aussterben fast aller tropischen, aber auch vieler wärmeliebender arktotertiärer Sippen sowie zur Entstehung ausgedehnter Verbreitungslücken vieler holarktischer Laubwaldsippen in den kontinentalen Gebieten Mittelasiens und Nordamerikas. Für diese Florenwanderungen bildeten in Europa die mehrfach vergletscherten alpidischen Kettengebirge und das Mittelmeer entscheidende Hindernisse. Dies macht verständlich, warum Europa heute viel ärmer an arktotertiären Arten ist als die klimatisch vergleichbaren Bereiche Ostasiens und Nordamerikas mit ihren vornehmlich meridional verlaufenden Gebirgszügen. Allerdings bedeutete die kaltzeitliche Verdrängung vieler Arten aus den Gebirgen und der Arktis in tiefere bzw. südlichere Lagen auch, dass in den Tiefländern günstige Wandermöglichkeiten gegeben waren. Dies hatte einen intensiven Floren- und Faunenaustausch zwischen den ursprünglichen Arealen mit entsprechenden Ökosystem-Sukzessionen zur Folge. In den Interglazialen (und in geringerem Maße den Interstadialen) haben die kaltzeitlichen Tieflandarten zwar die Lebensräume der Gebirge und der Arktis zurückerobert, ihre früheren Areale wurden aber durch das Nachdrängen der Waldflora und -fauna wieder zerrissen. Damit finden die alpinen, arktisch-alpinen und asiatisch-alpinen Disjunktionen ebenso eine Erklärung wie das Vorkommen von arktisch-alpinen und borealen Taxa als Glazialrelikte außerhalb ihres Hauptverbreitungsgebietes. In der Postglazialzeit beeinflusste dann der Mensch durch seine immer differenziertere Wirtschaftstätigkeit sowie – damit einhergehend – die beabsichtigte und unbeabsichtigte Einführung immer neuer Floren- und Faunenelemente die Entwicklung von Ökosystemen in stets größerem Umfang, sodass im strengen Sinne natürliche kaum noch anzutreffen sind.

Literatur:
[1] CRAMER, F. (1989): Chaos und Ordnung. – Stuttgart.
[2] EIGEN, M. (1971): Selforganization of matter and the evolution of biological macromolecules. Die Naturwissenschaften 58, S. 465–523.
[3] MILLER, S.E., ORGEL, L.E. (1974): The Origins of Life on Earth. Englewood Cliffs. – New Jersey.
[4] Stanley, S.M. (1998): Wendemarken des Lebens. – Heidelberg.
[5] WILSON, E.O., PETER, F.M. (Eds.) (1988): Biodiversity. – Washington.

Evolutionismus, Entwicklungslehre, umfassende naturphilosophische Lehre, die insbesondere im 18. und 19. Jh., vor allem im Zusammenhang mit Charles Darwins Darstellung der menschlichen Abstammung, in der Biologie, später aber auch in der Sozialphilosophie und Kulturanthropologie, einflussreich war. Eine der Grundthesen des Evolutionismus besagt, dass komplexere Formen (des Lebens) aus einfacheren Formen hervorgehen. In diesem Sinne verweist auch das Konzept der funktionalen Ausdifferenzierung (↗Funktionalismus) moderner ↗Gesellschaften im Vergleich zu traditionellen einen starken evolutionistischen Bezug auf. Die sozialwissenschaftliche Rezeption des Evolutionismus ist grundsätzlich – nicht nur in der marxistischen Variante – immer mit der Vorstellung verbunden, dass spätere Gesellschaftsformen früheren überlegen wären. In der ↗Humangeographie ist evolutionistisches Gedankengut vor allem im Zusammenhang mit Organismusanalogien – insbesondere in der ↗funktionalen Phase – einflussreich geworden. ↗noogenetische Evolution, ↗soziale Evolution. [BW]

EWG, *Europäische Wirtschaftsgemeinschaft*, gegründet am 25.3.1957 von den sechs Mitgliedern der Europäischen Gemeinschaft für Kohle und Stahl (EGKS), die bereits seit 1952 erfolgreich im Montansektor zusammenarbeiteten: Belgien, Deutschland, Frankreich, Italien, Luxemburg und die Niederlande. Ziel der am 1.1.1958 in Kraft getretenen Vereinbarung war es, über die Montanunion hinaus einen gemeinsamen Markt zu schaffen, um dadurch den Lebensstandard in den Mitgliedsländern zu erhöhen. Nach der Verwirklichung einer Zollunion (↗Wirtsaftsintegration) sollten schrittweise die unterschiedlichen Wirtschaftspolitiken angenähert und bis 1990 eine tiefer gehende Integration erreicht werden.

Wie bereits bei der Gründung der EGKS hoffte man, durch die ökonomische Verflechtung zugleich den politischen Zielen einer Überwindung des Nationalismus, einer Verbesserung der Sicherheitsstrukturen und eines stärkeren Gewichts auf internationaler Ebene näher zu kommen. Koordinierungsaufgaben von EWG und EGKS wurden vom Wirtschafts- und Sozialausschuss wahrgenommen. Als weitere Organe bestanden der Europäische Gerichtshof und das Europäische Parlament.

Trotz vergeblicher Versuche zur Vertiefung der Integration auf politischer Ebene Anfang der 1960er-Jahre entwickelte sich die wirtschaftliche Integration positiv, was auch durch die Aufnahmeanträge von Großbritannien, Dänemark, Norwegen und Irland 1961 verdeutlicht wird (↗Europäische Integration Abb.). [HN]

EWR, *Europäischer Wirtschaftsraum*, Gründungsvertrag unterzeichnet nach langwierigen Verhandlungen zwischen den 12 ↗EG-Mitgliedsländern und 6 ↗EFTA-Staaten am 02.05.1992 und in Kraft getreten nach Verzögerungen durch die Ablehnung des Referendums in der Schweiz am 01.01.1994 (↗Europäische Integration Abb.). Da bereits ein Jahr später Finnland, Schweden und Österreich die Vollmitgliedschaft in der ↗EU erhielten, waren neben den 15 EU-Mitgliedern von Seiten der EFTA nur noch Norwegen, Island und Liechtenstein (ab 1.5.1995) betroffen. Organe: EWR-Rat und EWR-Ausschuss. Angestrebt wird neben dem freien Austausch von Waren, Dienstleistungen und Kapital auch der unbehinderte Personenverkehr sowie die Zusammenarbeit in Umweltfragen und bei der Forschungs- und Technologiepolitik. Es handelt sich folglich um binnenmarktähnliche Verhältnisse.

Exaration ↗glaziale Erosionsprozesse.

Excentriques, *Tropfsteine*, ↗Höhle.

Exfoliation ↗Desquamation.

Exhumierung, 1) Freilegung einer alten Landoberfläche (Altrelief), welche durch Sedimente bedeckt war. 2) Abräumung einer mächtigen Verwitterungsdecke.

Exinit, in ↗Kohlen erhalten gebliebene Reste von Pflanzenkutikeln, Pollen, Sporen u. a.

Existenzialismus, philosophische Lehre, die zwar in zahlreiche verschiedene Schulen zerfällt, die sich aber alle mit der Existenz des ↗Subjektes, häufig in Zusammenhang mit seiner Körperlichkeit (↗Körper), beschäftigten. Als Begründer der Existenzialphilosophie gilt Sören Kirkegaard (1813–1855), der in Kopenhagen lehrte. Sein Werk richtet sich vor allem gegen die Philosophie des deutschen ↗Idealismus und alle großen Systementwürfe, die allesamt in abstrakten Gedankengängen und spekulativer Unverbindlichkeit stehen bleiben, ohne für die Lebenspraxis und das konkrete Dasein des einzelnen Subjektes Bedeutung zu erlangen.

Der Blick auf den einzelnen Menschen, seine jeweilige konkrete Situation und die damit verbundenen Kernthemen Angst, Einsamkeit und Tragik sind für alle Schulen des Existenzialismus wegweisend geblieben. Obwohl die konkreten Situationen des Individuums im Zentrum stehen, ist der Existenzialismus keinesfalls »individualistisch«. Vielmehr wird stets der Bezug zu den anderen betont, das »Mit-anderen-sein«. Damit kann die Frage nach den Grundlagen des gesellschaftlichen Zusammenlebens gestellt werden.

Für den modernen Existenzialismus wurde das Werk des Phänomenologen (↗Phänomenologie) Martin Heidegger (1889–1976), insbesondere das Buch »Sein und Zeit« (1927) zur tragenden Grundlage. Neben der Frage nach dem »Dasein« findet man in dieser Grundlegung der existenziellen Phänomenologie insbesondere eine ausführliche Auseinandersetzung mit der Bedeutung von »Zeit« und »Raum« für das »In-der-Welt-Sein« bzw. für die menschliche Existenz.

Im Rahmen der geographischen Forschung sind die existenzialistischen Grundlagen zuerst in der angelsächsischen Geographie – und hier vor allem im Kontext der verhaltenstheoretischen und der ↗Humanistischen Geographie fruchtbar gemacht worden. Die Themenfelder der subjektiven Wahrnehmung und der realen Situationen der körperhaften Subjekte wurden auf die Raumwahrnehmung, die Erforschung der regionalen Lebenskontexte und die Erforschung der subjektiven Ortsbezogenheit angewendet. Alle drei Themen wurden mit landschafts- (↗Landschaftskunde) und regionalgeographischen (↗Regionale Geographie) Fragestellungen und mit einer fundamentalen Kritik an der raumwissenschaftlichen Geographie (↗Raumwissenschaft) verbunden.

Eine radikalere Kritik der raumwissenschaftlichen Ansprüche wird von John Pickles (1985) und Ted Schatzki (1991) im Rahmen ihrer Arbeiten zur Ontologie des Raumes formuliert. Der Argumentation Heideggers folgend, wird eine Abkehr von der Raumforschung und eine Hinwendung zur Erforschung der Räumlichkeit (spatiality) gefordert. In der deutschsprachigen Sozialgeographie sind die existenzialphilosophischen Grundlagen für die »Neue Regionalgeographie« und die Perzeptionsforschung berücksichtigt worden. Die Frage nach der Bedeutung der Körperlichkeit für die Geographien der Subjekte ist in der postmodernen Geographie von J. Hasse (1997) und der ↗handlungstheoretischen Sozialgeographie eine zentrale Thematik. [BW]

Existenzgründer, *Unternehmensgründer*, *entrepreneur*, Person, die mit der Gründung eines neuen Unternehmens (originäre Gründung) oder der Übernahme bzw. tätigen Beteiligung an einem existierenden Unternehmen (derivative Gründung) den Schritt aus der abhängigen Beschäftigung, der ↗Arbeitslosigkeit oder der Ausbildung in die unternehmerische Selbstständigkeit vollzieht. Der Existenzgründer übt Leitungs- und Koordinierungsaufgaben im neuen Unternehmen aus und übernimmt das wirtschaftliche Risiko. In der ↗Gründungsforschung werden auf der Ebene der Existenzgründer vor allem deren sozio-demographische Strukturen, Fragen ihrer (Aus-)Bildung oder ihrer Netzwerke thematisiert.

Exklave, **1)** *Vegetationsgeographie*: Teilareal eines disjunkten Gesamtareals, welches erheblich kleinflächiger ist als das Haupt- oder Kernareal. Ein disjunktes Areal (/Arealkunde) kann auch mehrere Exklaven enthalten. Es kann sich bei einer Exklave entweder um einen Vorposten einer in Arealerweiterung begriffenen /Sippe handeln oder um einen reliktischen Arealteil einer Sippe mit geschrumpftem Areal (/Relikt). **2)** *Politische Geographie*: kleineres Teilgebiet außerhalb des Staatsterritoriums.

Exkretion, das Ausscheiden von nicht bzw. nicht mehr verwertbaren oder sogar schädlich wirkenden Stoffen aus dem Organismus, so auch aus dem Protoplasma von Pflanzenzellen. Die ausgeschiedenen Stoffe (Stoffwechselschlacken, Ballaststoffe), auch Exkrete genannt, haben für die Pflanze keine positiven Wirkungen mehr – ganz im Gegensatz zu Stoffen, die ausgeschieden werden, um außerhalb der Zelle Nutzfunktionen für die Pflanze zu leisten, wie z. B. die Ausscheidung von Lockstoffen für bestäubende Tierarten (*Sekretion*) oder die von Mikroorganismen vorgenommene Ausscheidung von Antibiotika. Eine Entscheidung darüber, ob es sich um eine Exkretion oder Sekretion handelt, ist nicht immer zweifelsfrei zu treffen.

Exogamie /Heiratsverhalten.

exogen [von griech. exo = außen, außerhalb und genes = entstanden], **1)** *Allgemein*: außen entstehend, von außen beeinflusst; Ggs.: /endogen. **2)** *Geologie*: /exogene Dynamik. **3)** *Entwicklungsländerforschung*: /exogene Ursachen.

exogene Dynamik, Bezeichnung für geologische Erscheinungen und Prozesse, die durch von außen auf die Erdkruste einwirkende Kräfte hervorgerufen werden. /endogene Dynamik.

exogene Ursachen, *Entwicklungsländerforschung*: im Ggs. zu den /endogenen Ursachen werden als exogen diejenigen Verursachungsfaktoren von /Unterentwicklung bezeichnet, die sich nicht aus der internen (traditionellen) Struktur von Wirtschaft und Gesellschaft eines /Entwicklungslandes erklären. Hierzu zählen vor allem /Kolonialismus und /Imperialismus sowie die Folgen der Einbeziehung der Entwicklungsländer in den /Weltmarkt und die /internationale Arbeitsteilung. Vor allem die /Dependenztheorien sehen die exogenen Ursachen als wesentliche Gründe für die Perpetuierung von Abhängigkeit und die Aufrechterhaltung von /struktureller Heterogenität als wesentlichen Kennzeichen von Wirtschaft und Gesellschaft der Entwicklungsländer an. Zur Überwindung der exogenen Ursachen von Unterentwicklung wurde aus dieser Sicht entsprechend /Dissoziation als /Entwicklungsstrategie propagiert.

exoreïsch, Gegensatz zu /endoreïsch, bezeichnet Flüsse, die das Meer erreichen.

Exosphäre, äußerster Teil der in den interstellaren Raum auslaufenden /Atmosphäre, in welchem sich Gase mit leichten Molekulargewichten wie Wasserstoff und Helium befinden.

Expansion, Ausweitung des Verbreitungsareals einer Pflanzen- oder Tierart (/Population). /Ausbreitung.

Expansionsdiffusion /Innovations- und Diffusionsforschung.

Experiment, Verfahren der /Datenerfassung durch /Beobachtung unter kontrollierten Bedingungen. Beabsichtigt ist eine größtmögliche Exaktheit der Messung und Untersuchungsplanung. Das Experiment wird insbesondere in den Naturwissenschaften angewendet, doch wird es auch in den Bereichen der Sozialwissenschaft genutzt, die sich dem naturwissenschaftlichen /Paradigma verschrieben haben. Dort setzt es allerdings ein erhebliches Vorwissen über Ursache-Wirkungs-Relationen bzw. Reiz-Reaktions-Relationen voraus, weil im Experiment nur eine selektive und begrenzte Zahl von Variablen beobachtet werden kann. Zentral für das Experiment ist die Sicherstellung der Unabhängigkeit von situativen Bedingungen und die Kontrollierbarkeit der unabhängigen Variablen. Dieses ist in der künstlichen Situation eines naturwissenschaftlichen *Laborexperimentes* verständlicherweise leichter zu gewährleisten als in einem sozialen Bereich, in dem das *Feldexperiment* vorherrscht. Hier geht der Forscher in die Normalität der Alltagswelt und beobachtet Reaktionen auf gezielt herbeigeführte Ereignisse. Dem Vorteil der »Normalsituation« entspricht dabei der Nachteil der geringen Kontrollierbarkeit. Ein besonderer Fall ist das *Krisenexperiment*, bei dem Versuchspersonen einer Krisensituation ausgesetzt werden. Das Feldexperiment wirft erhebliche ethische Fragen auf, da die Untersuchungspersonen nicht wissen, dass mit ihnen experimentiert wird. Insbesondere besteht die Möglichkeit der Verletzung der Privatsphäre, der Selbstachtung und Würde von Untersuchungspersonen. [PS]

Explanandum /Erklärung.

Explanans / Erklärung.

Explikation, Darlegung, ausführliche Verdeutlichung von unklaren, nicht eindeutigen Sinngehalten eines /Begriffs. Unter Explikation wird im Rahmen der /Methodologie der empirischen Forschung (/Empirie) eine dimensionale Analyse verstanden. Damit ist ein Verfahren gemeint, mit dem die Bedeutungsdimensionen eines sprachlichen Ausdrucks zu rekonstruieren sind. Mit diesem Verfahren sollen die Vorstellungsinhalte und die Bedeutungsgehalte eines Begriffs expliziert, d.h. verdeutlicht und dann systematisiert werden. Das Verfahren der Explikation ist sowohl für natur- als auch für sozialwissenschaftliche Forschungen bedeutsam. Doch im naturwissenschaftlichen Bereich ist seine Anwendung weniger häufig notwendig. Dies hat damit zu tun, dass in den /Naturwissenschaften die zentralen Begriffe »künstlicher« Art sind, die von den Wissenschaftlern zur Bezeichnung eines bestimmten Sachverhaltes geschaffen wurden, von den bezeichneten Gegebenheiten selbst aber nicht verwendet werden. So bleibt die Begriffsverwendung unter der Kontrolle der Wissenschaftler. Im sozialwissenschaftlichen Bereich ist dies meist nicht der Fall und deshalb ist hier das Verfahren der Explikation von besonderer Bedeutung. Das grundlegende Problem der ↗Sozialwissenschaften besteht darin, dass die soziale Welt selbst bereits sprachlich vorstrukturiert ist, und dass der Sozialwissenschaftler selbst der sozialen Welt angehört. So ist insbesondere für die subjektive Perspektive die Kenntnis der alltäglichen Bedeutungsgehalte von Bedeutung. Das zentrale Problem lautet dabei: Wie kann der Wissenschaftler die Bedeutungen der sozialen Alltagswelt im Sinne der zu erforschenden Handelnden erfassen, sodass er seine Aussagen auf adäquate (↗Adäquanz) Weise auf diese beziehen kann? Dabei sollen insbesondere Antworten auf die folgenden zwei Fragen vorbereitet werden. a) Was bedeutet ein Begriff für die Person, die ihn verwendet? b) Stimmt die von anderen gemeinte Bedeutung mit derjenigen überein, die der Zuhörer bzw. Adressat dem Begriff beilegt? [BW]

Explorationsphase, Vorbereitungsstadium im empirischen (↗Empirie) ↗Forschungsprozess.

explorative Datenanalyse ↗Datenanalyse.

Exponat, Pflanzen- oder Tierart, die zum Nachweis von Belastungen exponiert (↗Bioindikation) wird.

Exportdiversifizierung, eine ↗Entwicklungsstrategie, die auf der Ausweitung des Exportsortiments basiert und ein wirtschaftliches Wachstum durch eine gezielte Integration in den Weltmarkt zu erreichen sucht. Primäres Ziel der Diversifizierung ist die Überwindung der für viele ↗Entwicklungsländer typischen Abhängigkeit von nur einem einzigen oder wenigen Exportprodukten und den damit einhergehenden Preisschwankungen auf dem ↗Weltmarkt. Die Ausweitung des Exportsortiments konzentriert sich auf solche Produkte, bei deren Herstellung komparative Kostenvorteile gegenüber konkurrierenden Anbietern auf dem Weltmarkt bestehen. Voraussetzung für die Exportdiversifizierung ist i. d. R. eine ↗exportorientierte Industrialisierung, die eine verstärkte ↗Weltmarktintegration mit einer ↗Importsubstitution verbindet. Dabei bilden Exportdiversifizierung und Importsubstitution komplementäre Bestandteile des wachstumsorientierten Aufbaus einer Industrie. Instrumente zum Erreichen einer breiteren Exportstruktur können Steuervergünstigungen für Exporte, Zinssubventionen für Exportkredite, Abbau produktionshemmender Importrestriktionen sowie eine wirksame Inflationskontrolle sein. [DM]

Exportenklaven, *freie Produktionszonen*, gering entwickelte Länder weisen Produktionszonen für ausländische Unternehmen aus, die hier kostengünstig für Auslandsmärkte produzieren können. ↗internationale Arbeitsteilung.

Exportförderung, Instrumente der Wirtschaftspolitik zur Verbesserung der Wettbewerbsfähigkeit von Unternehmen auf Auslandsmärkten, u. a. ↗Subventionen und ↗Deregulierung.

Exportkulturen, in der entwicklungspolitischen Diskussion häufig auch als *cash crops* (im Gegensatz zu ↗*food crops*) bezeichnet, sind landwirtschaftliche Erzeugnisse, die meist in ↗Plantagenwirtschaft für den Weltmarkt produziert werden. Wichtige Exportkulturen sind Kaffee, Kakao, Tee, Baumwolle und Tabak. Häufig wurden die Agrarstrukturen in ↗Entwicklungsländern während der Kolonialzeit einseitig auf Exportkulturen und somit auf die Bedürfnisse der ↗Industrieländer ausgerichtet. Trotz der Notwendigkeit, die Eigenversorgung der Bevölkerung mit Nahrungsmitteln zu gewährleisten, und der Anfälligkeit von Exportkulturen gegenüber Preisschwankungen auf dem Weltmarkt sind viele Entwicklungsländer auf die Deviseneinnahmen aus Exportkulturen auch heute noch angewiesen.

exportorientierte Industrialisierung, wachstumsorientierte ↗Entwicklungsstrategie, die auf dem Ausbau der für den Weltmarkt produzierenden Industrie basiert. Die dynamische Exportindustrie soll durch ↗Trickle-down-Effekte zum Motor der nationalen Entwicklung werden und über Rückkopplungen mit anderen Wirtschaftssektoren auch dort positive Veränderungen auslösen. Die Strategie der exportorientierten Industrialisierung führte insbesondere in den südostasiatischen ↗Schwellenländern zu hohen Wachstumsraten, in vielen Entwicklungsländern war sie aber auch mit zunehmendem Konkurrenzdruck, Verschuldung und Abhängigkeiten verbunden.

Exportquote ↗Importquote.

Exposition, 1) Lage eines Hanges in Bezug auf ein bestimmtes ↗Klimaelement (v. a. Einstrahlung oder Wind). Die Exposition beeinflusst den lokalen Strahlungshaushalt (und damit u. a. Temperatur, Verdunstung und Schneeschmelze) und die räumliche Verteilung von Regen- und Windschattenlagen. Hierdurch steuert sie das lokale Verbreitungsmuster von Pflanzen, Böden, (verwehtem) Schnee, äolischen Sedimenten oder Periglazialerscheinungen (v. a. Auftautiefe des ↗Permafrostes). Sie ist von erheblicher Bedeutung für die Nutzung des Raumes durch den Menschen. So kann z. B. die durch die Exposition beeinflusste Dauer der Schneebedeckung eines Hanges ein entscheidendes Kriterium dafür sein, ob dieser landwirtschaftlich, forstwirtschaftlich oder für den ↗Skitourismus genutzt wird. Der Untersuchung des Einflusses der Exposition kommt im Rahmen geländeklimatologischer Untersuchungen eine hohe Bedeutung zu. In Bezug auf den Strahlungshaushalt treten in den Subtropen die größten Expositionsunterschiede auf, in den inneren Tropen und Polargebieten die geringsten: Am Äquator ist der Grund hierfür ein hoher mittäglicher Sonnenstand, der zudem im Laufe des Jahres geringfügig zwischen nördlicher, zenitaler und südlicher Stellung wechselt. An den Polen hingegen durchläuft während des Polartags die Sonne innerhalb von 24 Stunden alle Himmelsrichtungen. In den trockenen Subtropen ist zum einen die Jahressumme der zugestrahlten Energie sehr hoch, zum anderen existiert – im Gegensatz zu den Gebieten zwischen den Wendekreisen oder jenseits der Polarkreise – keine jahres- oder tageszeitliche Kompensation der Expositionsunterschiede. 2) Winkeldifferenz zwischen der Himmelsrichtung, in der die Falllinie eines Hanges verläuft und der geographischen Nordrichtung. [HS]

Extensivbetrieb, landwirtschaftlicher Betrieb, der mit geringem Kapital- und Arbeitsaufwand wirtschaftet. Nachteilige Eigenschaften von Klima, Bodenqualität, Marktentfernung u. s. w. verhindern eine intensivere Bewirtschaftung.

Extensivierung, Reduktion der bisher betriebenen Intensität von Flächennutzungen durch den Menschen, insbesondere in der ↗Landwirtschaft – durch Verringerung des Einsatzes von ertragsfördernden Betriebsmitteln und/oder Arbeitsintensität sowie durch zeitliche Vorgaben z. B. zu Mahd- und Beweidungsterminen. Ausgangszustand, Ausmaß, Art und Weise sowie Ziele und Indikatoren zur Kontrolle der Zielerreichung bedürfen im konkreten Einzelfall der Analyse bzw. Definition.

Externalisierungsthese ↗Sektorentheorie.

externe Effekte, *Externalitäten*, nichtintendierte Nebeneffekte einer Handlung (↗Standortkonflikte).

externer Arbeitsmarkt ↗Arbeitsmarkt.

externe Validität ↗Validität.

externe Verkehrskosten, beruhen auf der Abweichung der einzelwirtschaftlichen (»internen«) von den gesamtwirtschaftlichen (gesellschaftlichen) Kosten und Nutzen der Verkehrs. Die wettbewerbs- und umweltpolitische Forderung nach »Kostenwahrheit im Verkehr« hängt eng mit dem Problem externer Kosten zusammen. Während von der ↗Verkehrsinfrastruktur in der Regel positive externe Effekte (Nutzen) ausgehen, verursacht deren Benutzung darüber hinaus Umweltschäden, Lärmbelästigungen und Unfallrisiken, deren Vermeidungs- bzw. Folgekosten nur zum Teil über die Preise, Steuern und Abgaben zur Verkehrsteilnahme gedeckt sind und als externe Kosten von der Allgemeinheit getragen werden müssen. Nach Berechnungen von INFRAS/IWW (2000) betragen die externen Kosten des Straßen-, Schienen-, Luftverkehrs und der Binnenschifffahrt in den 15 EU-Mitgliedstaaten zuzüglich Norwegen und Schweiz für 1995 insgesamt 530 Mrd. Euro; das entspricht 7,8 % des Bruttosozialprodukts. Zwei Drittel der Kosten entfallen auf den Personen- und ein Drittel auf den Güterverkehr. Die größte Belastung geht mit 92 % der Gesamtkosten vom ↗Straßenverkehr aus. Bezogen auf die Verkehrsleistung (↗Verkehrsstatistik) betragen die mittleren externen Kosten beim Pkw-Verkehr (87 Euro pro 1000 Personenkilometer) das 4,4fache und beim Lkw-Schwerverkehr (72 Euro pro 1000 Tonnenkilometer) das 3,8fache der Bahnbenutzung. Zu den externen Kosten des Verkehrs tragen Unfallfolgen mit 29 % am stärksten bei, gefolgt von Luftverschmutzung (25 %), Klimaveränderung (CO_2-Emissionen, 23 %), vorgelagerten Effekten (Umweltkosten bei Fahrzeug- und Verkehrswegebau, 11 %) und Lärmwirkungen (7 %). Bis 2010 wird mit einer Zunahme der externen Kosten des Verkehrs in Westeuropa um 42 % gerechnet. Wegen des stark wachsenden ↗Luftverkehrs wird die Klimaveränderung überproportional (+74 %) zunehmen. [JD]

Extinktion [von lat. *extinctio* = das Auslöschen], die durch ↗Absorption, Streuung und ↗Reflexion bewirkte Abschwächung einer ↗Strahlung beim Durchgang durch ein Medium. Die Abschwächung der Sonnenstrahlung beim Durchgang durch die ↗Atmosphäre erfolgt a) durch die Absorption der klimawirksamen Gase Ozon, Wasserdampf und Kohlendioxid, b) durch die Streuung an den Luftmolekülen und Staubpartikeln und c) durch die Reflexion an Wolken- und Staubpartikeln.

Extrapolation, Verfahren zur ↗Bevölkerungsprognose, das die durchschnittliche jährliche Wachstumsrate der Einwohnerzahlen des vorausgehenden Zeitabschnitts auf den anschließenden Prognosezeitraum überträgt. Extrapolationsverfahren haben zwar den Vorteil, dass die Berechnungen rasch zu realisieren sind, besitzen aber nur für einen kurzen ↗Prognosehorizont eine gewisse Zuverlässigkeit, da z. B. Änderungen der ↗Fruchtbarkeit oder ↗Migration dabei nicht berücksichtigt werden. Daher findet die ↗Komponentenmethode eine breite Anwendung für ↗Bevölkerungsvorausberechnungen.

extratellurisch, wörtlich »außerirdisch«; Bezeichnung für Faktoren, die Prozesse auf der Erde beeinflussen, jedoch selbst außerhalb der Erde liegen; Ggs. tellurisch.

extrazonal ↗zonal.

extrazonale Vegetation, Vegetation, die, im Ggs. zur ↗zonalen Vegetation (deren Verbreitung weitgehend dem zonalen Klima entspricht), reliefbedingt ist (↗Biotopwechsel). Beispielhaft kann hier in W-E-verlaufenden Gebirgstälern die Ausprägung von lokalklimatisch stark abweichenden Sonn- und Schatthängen genannt werden. Während in Südtirol beispielsweise auf den sonnenexponierten Hanglagen der kollinen Stufe (↗Höhenstufen) submediterrane und mediterrane Pflanzen- und Tierarten bzw. thermisch anspruchsvolle Sonderkulturen verbreitet sind, charakterisieren Vertreter des borealen ↗Geoelements bzw. Grünland oder geschlossene Waldgesellschaften den kühlen-feuchten Schattenhang.

Extremwertstatistik, in der Klimatologie die Ermittlung der mittleren und absoluten Extremwerte einzelner Klimaelemente innerhalb bestimmter Zeitabschnitte. ↗Klimabeobachtung.

Extrusion ↗Eruption.

Exulantenstadt, im Rahmen des frühneuzeitlichen Städtewachstums in mehreren Wellen im 15. und 16. Jh. entweder als neue Stadtgründungen oder als Neustädte (↗Doppelstädte) entstandener *kulturhistorischer Stadttyp*. In ihnen wurden Glaubensflüchtlinge angesiedelt, die vor der Gegenreformation in landesfürstliche Gebiete mit protestantischem Glauben geflohen waren. Die Namen der Exulantenstädte waren entweder ein Ausdruck der Dankbarkeit gegenüber dem hilfsbereiten Fürsten (z. B. Friedrichstadt) oder des neugewonnenen Lebensgefühls von Freiheit und Sicherheit (z. B. Glückstadt).

Exurbanisierung, Teil der ↗Desurbanisierung, eine Bevölkerungsumverteilung aufgrund ↗interregionaler Wanderungen. Gemeint sind Suburbanisierungsprozesse mit Wohnstandortverlagerungen aus Verdichtungsräumen in benachbarte ländliche Regionen.

F

Face-to-face-Kommunikation, unmittelbarer persönlicher ↗Kontakt zwischen Individuen (in Kopräsenz) zum Austausch von ↗Information. Sie gilt u. a. als wichtiger Faktor für die Diffusion von Innovationen (↗Innovations- und Diffusionsforschung) und die räumliche Konzentration von Kontroll- und Entscheidungsfunktionen, auch im Kontext von ↗Globalisierung und moderner Telekommunikation.

Facharbeiter, Arbeiter, der eine Lehre in einem anerkannten Lehrberuf abgeleistet und diese mit einer Abschlussprüfung (Gesellen-, Facharbeiterprüfung) beendet hat.

Fachgeschäft ↗Betriebsformen.

Fachmarkt ist ein großflächiges Ladengeschäft, welches ein tiefes Angebot eines Non-Food Warenbereichs (z. B. Bau-/Heimwerkerbedarf, Möbel, Drogerieartikel, Unterhaltungselektronik) in Selbstbedienung führt (↗Betriebsformen).

Fachplanung, ist als Teildisziplin in den Gesamtkontext ↗Planung einzuordnen und kann anhand verschiedener Kriterien untergliedert werden: Fachplanung bezogen auf Planungsebenen kann auf Bundes-, Landes- oder kommunaler Ebene erfolgen; bezogen auf Planungsbereiche kann sich Fachplanung mit Verkehr, Landwirtschaft, Wasserwirtschaft, usw. beschäftigen. Die Fachplanungen verfügen über eigene Rechtsgrundlagen (↗Planungsrecht). Um die Daseinsvorsorge in ihrer Gesamtheit zu gewährleisten, ist die Fachplanung darauf ausgerichtet, bestimmte Ansprüche gezielt planerisch zu befriedigen (z. B. ↗Verkehrsplanung). Die Aufgaben der Fachplanung erstrecken sich hierbei von der (unverbindlichen) vorbereitenden fachlichen Planung (Fachplan als Instrument) bis hin zur verbindlichen Aufstellung und Zulassung (↗Planfeststellungsverfahren) der Maßnahmen. Um die optimale Gesamtentwicklung des Raumes zu gewährleisten, ist ↗Koordination und Abstimmung der einzelnen Fachplanungen untereinander sowie die Berücksichtigung der Fachplanung in der übergeordneten Raumordnung notwendig. Die Einzelpläne der Fachplanungen werden letztlich in einer querschnittsorientierten Gesamtplanung zusammengeführt. [GRo]

Fachvorrang ↗Vorranggebiet.

Factory Outlet Store ↗Betriebsformen.

Fahlerde, ↗Bodentyp der ↗Deutschen Bodensystematik; Abteilung: ↗Terrestrische Böden; Klasse: ↗Lessivés; Profil: Ah/Ael/Ael+Bt/Bt/C. Die Fahlerde zeigt eine intensivere ↗Lessivierung als die ↗Parabraunerde und daher eine stärkere Texturdifferenzierung zwischen Al- und Bt-Horizonten. Durch Verarmung an Ton und ↗pedogenen Oxiden ist der Ael-Horizont gelb oder grau gefärbt. In sandigen Substraten tritt als Subtyp die Bänderfahlerde mit bänderförmigem Bbt-Horizont auf. Die Tongehaltsdifferenz zwischen Ael- und Bt-Horizont kann 9 bis über 12 Masse-% betragen, je nach Ton- und Schluffgehalt im Bt-Horizont. Ihre Verbreitung findet die Fahlerde vor allem in Löss- und Moränenlandschaften. Sie wird vorwiegend als Acker genutzt, ist aber erosionsgefährdet. In der ↗FAO-Bodenklassifikation entsprechen ↗Luvisols, ↗Alisols oder Podzolluvisols den Fahlerden.

Fahrenheit, von Daniel Gabriel Fahrenheit 1714 festgelegte Temperaturskala, bei welcher der Gefrierpunkt mit 32 °F und der Siedepunkt des Wassers unter Normaldruck mit 212 °F bezeichnet ist. Fahrenheit setzte den Nullpunkt als die tiefste in seinem Geburtsort Danzig gemessene Temperatur und die Körpertemperatur des Menschen mit 100 °F an. Die Umrechnung von °C und °F erfolgt mit:

$$\text{Temperatur } °C = 5/9 \, (\text{Temperatur } °F - 32),$$
$$\text{Temperatur } °F = 9/5 \cdot \text{Temperatur } °C + 32.$$

Fahrgastaufkommen, beförderte Personen (Fahrten) im öffentlichen Personennahverkehr (↗ÖPNV) pro Periode.

Fahrradtourismus, Variante des Tages-, Kurzzeit- und Langzeittourismus, bei der als Fortbewegungsmittel das Fahrrad benutzt wird mit starker Zunahme seit dem Ende der 1980er-Jahre (»Trimm-Dich-Bewegung«). 1998 hatten bereits 8,5 % aller deutschen Urlauber eine Fahrradreise mit wechselnden Übernachtungsstandorten unternommen und 24 % benutzen im Urlaub auch das Fahrrad. 1999 hatten 1,92 Millionen Deutsche ihren Urlaub mehrheitlich mit dem Fahrrad durchgeführt (= 4,2 % aller Urlauber); 75 % davon waren Haupturlaubsreisen, die zum größeren Teil innerhalb Deutschlands verblieben. Die Voraussetzungen für den Fahrradtourismus sind mit der Schaffung von thematischen und/oder regionalen Rund- bzw. Langwanderwegen in den letzten 20 Jahren geschaffen und ausgebaut worden: 1998 gab es rund 180 regional beschilderte Verbindungen mit einer Gesamtlänge von 38.000 km. Die wichtigsten Übernachtungsformen der Radtouristen sind: Pension, Hotel, Zelt, Gasthof und Jugendherberge; häufig werden während einer Radreise verschiedene Unterkunftsformen benutzt. Bei der Planung von Radreisen spielen Fahrradkarten und Radwanderführer die Hauptrolle, gefolgt von Prospekten, Fahrradzeitschriften, allgemeinen Reiseführern und allgemeinen Karten. Zur Anreise an den Startort der Radreise wird die Deutsche Bahn mit 52,0 % weitaus stärker benutzt als der Pkw (18,9 %). Unter den ausländischen Reisezielen führt Frankreich vor Österreich, Italien und der Schweiz. [PSch]

Fahrtzweck ↗Verkehrszweck.

Fahrzeugkilometer ↗Verkehrsstatistik.

Fakt, *Faktum*, ↗Daten.

Faktorenanalyse ↗faktorenanalytische Verfahren.

faktorenanalytische Verfahren, Verfahren der multivariaten ↗Statistik mit dem Ziel eine größere Zahl vorgegebener, möglicherweise miteinander korrelierter Variablen mit metrischem ↗Skalenniveau auf eine möglichst kleine, überschaubare Zahl neuer, voneinander unabhängiger hypothetischer Größen, sog. Faktoren, zu reduzieren (Abb.). Das Grundmodell faktorenanalytischer Verfahren geht davon aus, dass sich die einzelnen m Variablen Z_i ($1 \leq i \leq m$) als Linearkombination p ($p \le m$) dieser hypothetischen Größen F_l ($1 \le l \le p$) darstellen lassen:

$$Z_i = \sum_{l=1}^{p} a_{il} F_l + U_i.$$

Dabei werden zwei Typen von Faktoren unterschieden: die gemeinsamen Faktoren F_l sind mit mehreren der Ausgangsvariablen verknüpft, sog. Einzelrestfaktoren U_i stehen nur mit jeweils einer Ausgangsvariablen Z_i in Zusammenhang. Die Koeffizienten a_{il} werden als *Faktorladungen* bezeichnet und geben die Korrelation zwischen der Ausgangvariablen Z_i und dem Faktor F_l an.
Es werden zwei Arten von faktoranalytischen Verfahren unterschieden: a) *Faktorenanalyse* im engeren Sinne; hier wird von der Annahme ausgegangen, dass die Gesamtheit der Variablen nicht allein durch gemeinsame Faktoren dargestellt werden kann, sondern auch Einzelrestfaktoren herangezogen werden müssen. b) *Hauptkomponentenanalyse*; hier wird von der Annahme ausgegangen, dass die Menge der Ausgangsvariablen Z_i vollständig durch die gemeinsamen Faktoren, die hier Hauptkomponenten genannt werden, dargestellt werden kann, also

$$Z_i = \sum_{l=1}^{p} a_{il} F_l.$$

In diesem Fall nennt man die Koeffizienten a_{il} *Hauptkomponentenladungen*. Obwohl die beiden Verfahren in ihrem Ergebnis häufig recht ähnlich sind, gibt es vom gedanklichen und methodischen Ansatz her deutliche Unterschiede. Bei der Hauptkomponentenanalyse wird angenommen, dass die Varianz der Ausgangsvariablen Z_i vollständig durch die gemeinsamen Faktoren erklärt ist, d. h. die sog. Kommunalitäten (Anteil der Varianz der Z_i, die durch die gemeinsamen Faktoren erklärt werden) sind alle gleich 1. Das Lösungsverfahren ist dann ein rein algebraisches, was auf Matrizentransformationen beruht. Bei der Faktorenanalyse in engerem Sinne sind aufgrund der Annahme die Kommunalitäten nicht notwendigerweise gleich 1 und deren Höhe muss zunächst statistisch geschätzt werden. Dieses erfordert spezifische statistische Voraussetzungen an die Ausgangsvariablen, wie z. B. dass diese mehrdimensional normalverteilt sind (↗Wahrscheinlichkeitsverteilung). Aufgrund der einfacheren Handhabbarkeit werden in der Geographie vorwiegend Hauptkomponentenanalysen eingesetzt.
Faktorenanalytische Verfahren sind vor allem in der explorativen ↗Datenanalyse unter folgenden Zielsetzungen gut verwendbar: Identifizierung von Gruppen von interkorrelierten Variablen; Identifizierung grundlegender Dimensionen einer komplexen Struktur; Vereinfachung der Variablenstruktur; Reorganisation der Variablen zu einem System mit unabhängigen Dimensionen im Hinblick auf weiterführende Analysen, die die Unabhängigkeit der eingehenden Variablen zur Voraussetzung haben (z. B. ↗Clusteranalyse).   [JN]

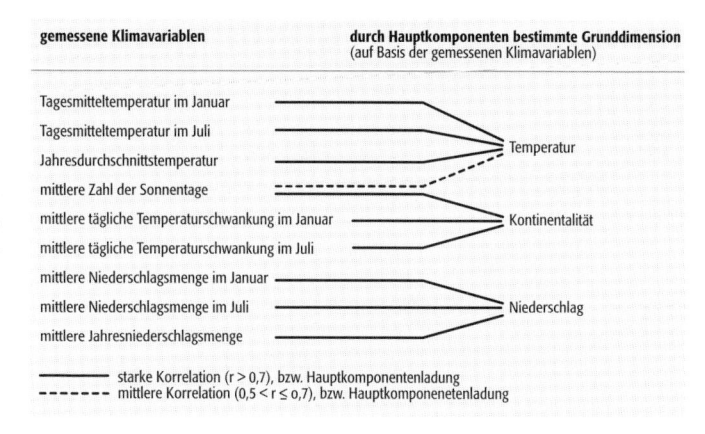

Faktorialökologie, ist eine Forschungsrichtung, die versucht, das Ausmaß der innerstädtischen Differenzierung durch die Anwendung komplexer Berechnungsverfahren der multivariaten Statistik (↗faktorenanalytische Verfahren) zu ermitteln. Faktorialökologie kann als methodisches Pendant zur ↗Sozialökologie gesehen werden und dient der Erfassung von sozioökonomischen Strukturmustern und Selektionsmechanismen in (Stadt-)Räumen.
Faktorladungen ↗faktorenanalytische Verfahren.
Fallen, *Einfallen*, kennzeichnet das Gefälle einer Gesteinsschicht als Neigungswinkel (Fallwinkel) bzw. als Himmelsrichtung (Falllinie), in welche die Schicht geneigt ist. ↗Streichen.
fallender Niederschlag ↗Niederschlag.
Fallstreifen, *Virga*, sichtbare Streifen fallenden ↗Niederschlags, der den Erdboden nicht erreicht, sondern in der ↗Atmosphäre verdunstet. Die parallelen Streifen sind unterhalb der Wolkenbasis vertikal oder schräg angeordnet (Abb. im Farbtafelteil). Bestandteile der Fallstreifen sind häufig Eiskristalle.
Fallwinde, *Schwerewinde*, regionale, auf der Leeseite von Gebirgen absteigende und z. T. stark böige Luftströmungen geringer Mächtigkeit, die sich während des Abstieges trockenadiabatisch erwärmen und durch gleichzeitige Abnahme der relativen Feuchte austrocknen. In Relation zur Lufttemperatur der im Zielgebiet lagernden Luftmasse (vor Ankunft des Fallwindes), unterscheidet man zwischen warmen Fallwinden (z. B. ↗Föhn, ↗Chinook) und den vom Druckfeld unabhängigen kalten Fallwinden, den sog. *katabatischen Winden* (z. B. ↗Bora, ↗Gletscherwinde), zu denen im lokalen ↗Scale auch die durch Bildung von ↗Kaltluft entstandenen Hangabwinde (↗Hangwinde) und Bergwinde (↗Berg- und Talwind) zählen.
Falschfarbenbild, Farbdarstellung eines Satellitenbildes, die nicht dem ↗Echtfarbenbild entspricht. Falschfarbenbilder entstehen als Farbkomposite, d.h. drei ↗Grauwertbilder werden den Farben bzw. Farbmerkmalen (↗Farbsystem, ↗IHS-Farbsystem) zugeordnet. Sowohl im additiven Farbmischverfahren (Monitorbild) als auch im substraktiven Farbmischverfahren (Vierfar-

faktorenanalytische Verfahren: Klimavariablen und klimatische Grunddimensionen Deutschlands (räumliche Basis: 69 Klimastationen in Deutschland).

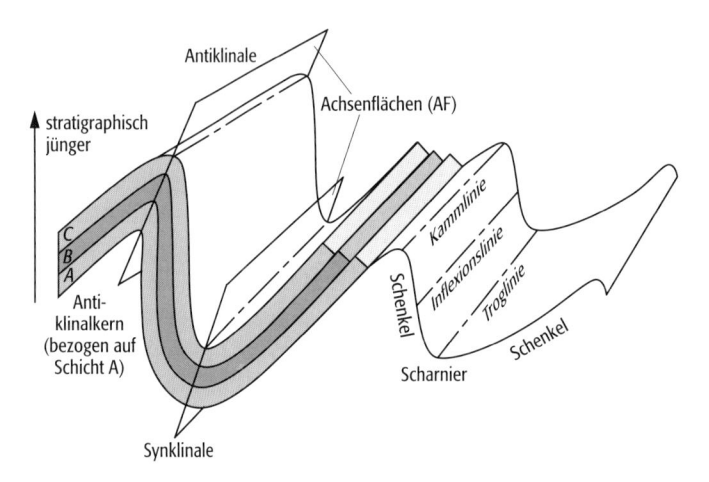

Falte 1: Geometrische Elemente von Falten.

bendruck) stehen je drei Grundfarben (RGB bzw. CMY) als Grundlage der ↗Farbmischung zur Verfügung. Fragestellungsbezogene Details bzw. Abstufungen bestimmter erdräumlicher Sachverhalte können durch falsche Farben deutlich visualisiert werden. Am häufigsten verbreitet sind *Farbinfrarotbilder,* ↗Farbinfrarot-Luftbilder und Farbkomposite von Satellitenbildern, bei denen Rot zum ↗Spektralbereich des Nahen Infrarot zugeordnet wird (↗Farbcodierung). So können z. B. unterschiedliche Typen und Vitalitätsstadien der Vegetation erfasst und dargestellt werden (↗Fernerkundung Abb. 3 im Farbtafelteil). Falschfarbenbilder sind außerdem: a) ↗Klassifizierungen, bei denen den einzelnen Klassen Farbwerte willkürlich zugeordnet werden (↗Fernerkundung Abb. 4 im Farbtafelteil), b) farbliche Umsetzung von Grauwertbildern: Farbzuordnung zu Intervallklassen, z. B. bei Thermalbildern (↗Thermisches Infrarot Abb. im Farbtafelteil), c) ↗Anaglyphenbilder. [MS]

Falschfarbenkomposite ↗Farbkodierung.

Falsifikation, Falschheitsnachweis, stellt in der ↗Wissenschaftstheorie des ↗Kritischen Rationalismus das Grundprinzip des wissenschaftlichen Strebens dar, das darauf ausgerichtet ist, bisher für wahr gehaltene Wissensbestände, insbesondere Gesetzeshypothesen, zu widerlegen. Falsifikation wird als Gegensatz zur ↗Verifikation verstanden, die auf die Bestätigung von ↗Hypothesen ausgerichtet ist. Die Falsifikation ist ein Verfahren, mit dem die Falschheit von wissenschaftlichen Sätzen und Gesetzen festgestellt werden soll. Das entsprechende Erkenntnisverfahren (↗Methode, ↗Methodologie, ↗Erkenntnistheorie) beruht auf der Schließregel des sog. »modus tollens« (MT) (↗Erklärung). Er gibt an, was man

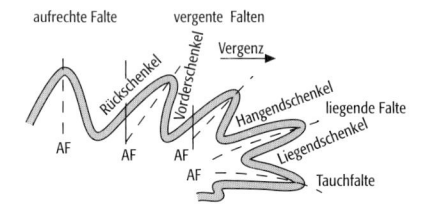

Falte 2: Klassifikation von Falten nach dem Lauf der Achsenfläche (AF).

tun muss und darf, um von einem übergeordneten allgemeinen Satz bzw. einer allgemeinen Gesetzeshypothese korrekt auf einen untergeordneten singulären Satz bzw. auf eine Einzeltatsache zu schließen. Der Schluss ist deduktiv (↗Deduktion), wahrheitskonservierend und deshalb logisch gültig.

Wahrer Wissenschaftsfortschritt kommt gemäß dem Grundprinzip der Falsifikation durch gut begründete »kühne Vermutungen« und deren definitive Widerlegung zu Stande. Gleichzeitig wird postuliert, dass auch die alltäglichen Handlungen auf dem Prinzip der Falsifikation beruhen. Handelnde gehen dem gemäß immer von dem Wissen, das sie für wahr halten, und von den Bedingungen der Situation aus und schließen so auf die auszuwählenden Mittel, die sie für die Erreichung des Ziels für richtig halten. Scheitert die Handlung, führt dies zur Reformulierung der für wahr gehaltenen ↗Theorie bzw. des für wahr gehaltenen Wissens. Gelingt die Handlung, wird dieses bis auf weiteres unverändert beibehalten. [BW]

Falte, Bezeichnung für durch (meist tektonische) Prozesse verkrümmte, ehemals gerade Gesteinsschichten. Es werden drei Grundtypen unterschieden: a) Biegefalten und Knickfalten entstehen, wenn durch tangentiale Einengung Schichten wellenartig verbogen werden. Ein Großteil der Bewegung erfolgt dabei durch Verschiebung übereinander liegender Gesteinsschichten an den Schichtfugen (sog. Biegegleitung). b) Scherfalten entstehen durch Zerscherung eines Schichtenpakets an engen, senkrecht zur Einengung liegenden Scharen von Flächen und Bewegung der einzelnen Scherblätter gegeneinander. Scherfaltung bildet sich v. a. in feinkörnigen klastischen Gesteinen. c) Fließfalten bilden sich, wenn bereits gekrümmte Schichten nochmals verbogen, gewickelt oder verwirbelt werden. Solch eine unregelmäßige Faltung findet sich v. a. in ehemaligen magmatischen Schmelzen (Fluidalgefüge) und hoch- bis ultrametamorphen Gesteinen sowie in salinaren Gesteinen (↗Evaporite).

Zur Geometrie von Falten wurde eine präzise Terminologie entwickelt (Abb. 1). Unter Faltenachse versteht man die Linie längs des Faltenscheitels, die der maximalen Auslenkung der Schicht folgt. Der Bereich um den Faltenscheitel wird als Scharnier bezeichnet. Die Faltenachse kann horizontal liegen oder in jedem Winkel geneigt sein. Die Achsenfläche ist die gedachte Fläche, in der die Faltenachsen sämtlicher in einer Falte enthaltenen Schichten liegen. Schenkel nennt man die vom Scheitel nach beiden Seiten ausgehenden Flanken, die den Faltenkern umschließen. Des Weiteren werden eine Anzahl von Faltentypen unterschieden (Abb. 2): Stehende oder aufrechte Falten besitzen eine senkrechte, schiefe oder geneigte Falten eine geneigte Achsenebene. Bei überkippten Falten besitzen Achsenebene und Faltenschenkel die gleiche Einfallsrichtung. Dagegen zeigen liegende Falten eine stark geneigte bis horizontale Achsenebene, die Tauchfalte eine bis unter die Horizontale gekippte Achsenebene. Isoklinalfalten entstehen bei starker Einengung und besitzen parallele Faltenschenkel. Fächerfalten sind im Schenkelbereich stärker zusammengepresst als im Scharnier. Bei Spitzfalten oder Zickzackfalten sind die Scharniere geknickt. Kofferfalten besitzen dagegen einen mehr oder weniger flachen Scheitel.   [GG]

Faltengebirge, ein Gebirge, dessen Bildung und tektonische Formung durch Faltungsprozesse gekennzeichnet ist und das damit im Wesentlichen von gefalteten ↗Schichten charakterisiert wird, z. B. die Alpen.

Faltentektonik ↗Tektonik.

Faltung, tektonischer Vorgang, bei dem Gesteinsschichten deformiert werden. ↗Falte.

Familie, **1)** *Biologie*: systematische Einheit in der Taxonomie, wird mit der Endung -aceae benannt. ↗Systematik. **2)** *Soziologie*: eine Einheit von Personen, die sowohl auf rechtlichen als auch auf soziobiologischen Bindungen wie Heirat, Eltern-Kind-Beziehung oder Adoption basiert. Der Familie gehören im Unterschied zum ↗Haushalt keine familienfremden Personen an. Ihre Zusammensetzung, die ↗Familienstruktur, ist von der jeweiligen kulturell und historisch definierten gesellschaftlichen Ordnung abhängig. Patriarchat oder Matriarchat, Monogamie oder Polygamie beeinflussen Struktur und Form der Familie. In der präindustriellen Gesellschaft überwiegen patriarchalisch ausgerichtete Großfamilien, die aus mehreren Generationen bestehen. Mit der Industrialisierung gewann die Kernfamilie an Bedeutung und ist heute die dominierende Form. Ursachen für den Wandel der Familie sind u. a. sich veränderten Siedlungsbedingungen, die rückläufige Selbstversorgung sowie wegfallende Aufgaben der Familien durch die Betreuung Älterer in Pflege- oder Altersheimen. ↗Familienstand.

Familienphase, jener Abschnitt in der ↗Erwerbstätigenkurve, in dem die Erwerbstätigkeit für eine bestimmte Zeit aus familiären Gründen (z. B. Geburt eines Kindes, Kindererziehung) unterbrochen wird. Die Ausprägung der Familienphase und der ↗Kleinkinderphase ist auf der analytischen Meso- und Makroebene ein sehr aussagekräftiger Indikator zur Erfassung der sozio-ökonomischen Situation von Frauen und der vorherrschenden ↗Familien- und Geschlechtermodelle. Die Familienphase wird in der Regel graphisch dargestellt (Abb.) und beschreibt die Differenz zwischen einer gedachten, theoretischen Erwerbstätigenkurve, die entstehen würde, wenn keine familienbedingten Unterbrechungen stattfinden würden, und dem tatsächlichen Verlauf der Erwerbstätigenkurve. Sie kann prinzipiell für beide Geschlechter dargestellt werden. Während in den Erwerbstätigenkurven von Männern eine Familienphase noch kaum nachweisbar ist, sinkt die Erwerbstätigkeit von Frauen im Alter zwischen 20 und 35 Jahren in allen Ländern und Kulturen sehr deutlich ab. Die Ausprägung (Beginn, Ende und Tiefe), sowie die sozialen und regionalen Disparitäten der Familienphase werden von zahlreichen strukturellen und soziodemographischen Faktoren beeinflusst. Die Familienphase variiert sehr stark nach dem Niveau der ↗Ausbildung, dem ↗Familienstand, der Kinderzahl und der ↗Gemeindegrößenklasse des Wohnorts der Frauen; sie wird aber auch von strukturellen Faktoren wie den vorherrschenden gesellschaftlichen Wertvorstellungen, den Familien- und Geschlechtermodellen, der Arbeitsmarktsituation sowie der Sozial- und Familienpolitik eines Landes beeinflusst. Sofern es die verfügbaren Daten erlauben, ist die Familienphase von der ↗Kleinkinderphase zu unterscheiden. ↗Frauenerwerbstätigkeit.   [PM]

Familienplanung, die bewusste Anwendung aller Maßnahmen mit dem Ziel, Zahl, Zeitpunkt und Abstand der Geburten von Frauen zu planen. Bei ↗Familienplanungsprogrammen in Entwicklungsländern steht die ↗Geburtenkontrolle und damit das Senken der ↗Fruchtbarkeit im Vordergrund. In diesem Zusammenhang gewinnt in jüngster Zeit die reproduktive Gesundheit an Bedeutung, d. h. zugleich ↗Säuglingssterblichkeit, ↗Kindersterblichkeit und Müttersterblichkeit zu verringern. Familienplanung soll die Zahl der gewünschten und tatsächlichen Kinder in Einklang bringen, sie soll Frauen helfen, den Abstand zwischen zwei Geburten um mindestens zwei Jahre zu erhöhen, ungewollte Schwangerschaften in jungem Alter und bei älteren Frauen vermeiden und Abtreibungen verhindern. Familienplanung soll auch Schutz vor sexuell übertragbaren Krankheiten bieten.

Familienplanungsprogramme, Programme, die Leistungen und Methoden zur ↗Empfängnisverhütung in einer Bevölkerung bekannt machen, verbreiten und anbieten. ↗Familienplanung und damit eine ↗Geburtenkontrolle ist zurzeit weltweit für über 100 Mio. Frauen nicht möglich, da sie keinen Zugang zu Verhütungsmitteln haben. Hinter diesem »unmet need« steht nicht nur das Problem der Verfügbarkeit von Verhütungsmitteln, sondern auch mangelnde Kenntnis, kulturelle Traditionen sowie die Ablehnung von Geburtenkontrolle durch den männlichen Partner. Familienplanungsprogramme sollten daher auf Aufklärung, Freiwilligkeit, gesundheitlich unbedenkliche Methoden, Berücksichtigung des sozialen Umfeldes und die Einbeziehung der Ehe-

Familienphase: Familienphase der ungarischen Universitätsabsolventinnen im Jahre 1990.

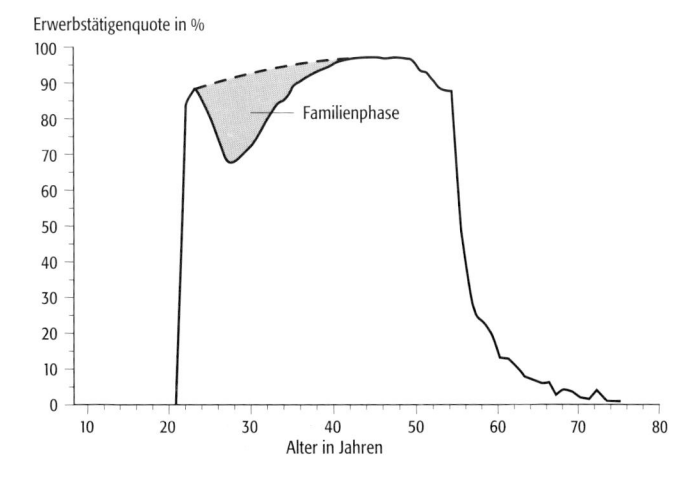

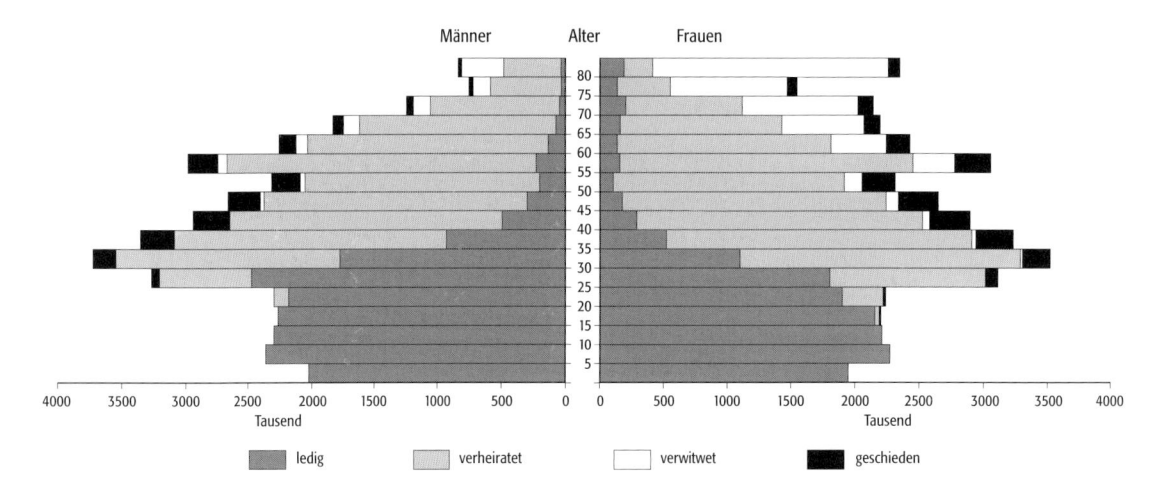

Familienpolitik

Familienstand 1: Bevölkerung der BRD nach Altersgruppen und Familienstand (31.12.1996).

Familienstand 2: Ersteiratsalter bei Männern und Frauen in den alten und neuen Bundesländern.

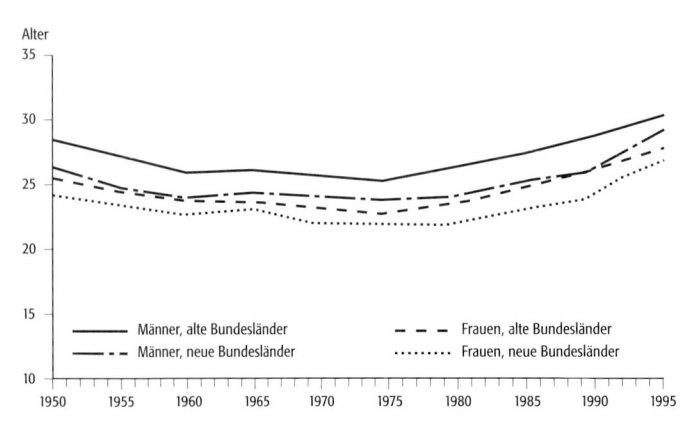

männer setzen. Wichtig bei der Aufklärung sind auch Ansprechpartner gleichen Geschlechts.

Familienpolitik, Gesamtheit aller Maßnahmen zur Förderung der Familien, insbesondere zum Ausgleich der erhöhten finanziellen Belastung durch die Betreuung und Erziehung von Kindern.

Familienstand, Charakterisierung der ↗Bevölkerung nach sozialen und demographischen Merkmalen. Unterschieden wird zwischen ledigen, verheirateten, verwitweten oder geschiedenen Personen. Der Familienstand der Bevölkerung differiert räumlich sowie zeitlich und zeigt eine enge Beziehung zur Alters- und Geschlechtsgliederung. Abbildung 1 belegt am Beispiel Deutschlands, dass sich ledige Personen auf die jüngsten Altersgruppen konzentrieren, in den mittleren Jahrgängen Verheiratete und bei den älteren Altersgruppen Verwitwete überwiegen. Geschlechtsspezifische Unterschiede ergeben sich u. a. aus dem ↗Heiratsverhalten (Frauen heiraten im Mittel früher als Männer) und aus der längeren ↗Lebenserwartung bei Frauen. Ende 1996 waren in Deutschland 12,9 % der Frauen, aber nur 2,6 % der Männer verwitwet.

Die Zusammensetzung nach dem Familienstand ändert sich in Abhängigkeit von rechtlichen, sozialen und ökonomischen Bedingungen und wirkt sich sowohl auf die natürlichen Bevölkerungsbewegungen als auch auf Altersaufbau und ↗Haushaltsstruktur aus. Seit den 1950er-Jahren hat sich in Deutschland, ähnlich wie in anderen Industrieländern, das Heirats-Scheidungsverhalten erheblich gewandelt. Die Zahl der Eheschließungen hat sich von 1950 bis 1997 fast halbiert. In den alten Bundesländern stabilisiert sich die Ziffer zu Beginn der 1980er-Jahre, während sie in den neuen Bundesländern nach 1989 einen massiven Rückgang verzeichnet. Mit dieser Verringerung der ↗Heiratshäufigkeit erhöht sich (in Ostdeutschland verzögert) das Ersteiratsalter (Abb. 2). Zugleich stieg die Zahl der ↗Ehescheidungen an. In den neuen Bundesländern stellte sich eine markante Verringerung 1991/92 als Folge des sozialen und rechtlichen Wandels ein.

Der für Deutschland dargestellte Wandel des Heirats-Scheidungsverhaltens mit seiner sinkenden Tendenz der Eheschließungen Lediger und der wachsenden Bedeutung der Wiederverheiratung geschiedener Personen hat Konsequenzen für die Haushaltsstruktur und damit auf die außereheliche Fruchtbarkeit. Der Anteil nichtehelich geborener Kinder an den Lebendgeborenen erhöhte sich in den alten Bundesländern von 7,6 % (1980) auf 14,3 % (1997), in den neuen Bundesländern von 22,8 % auf 44,1 % im gleichen Zeitraum. Weltweit prägen Altersaufbau, Heiratsverhalten und die Häufigkeit von Scheidungen eine sehr differenzierte Bevölkerungsgliederung nach dem Familienstand. So bewirkt die jüngere Altersstruktur in Entwicklungsländern einen eher überdurchschnittlichen Anteil lediger bei unterproportionaler Bedeutung verwitweter Personen. [PG]

Familienstruktur, leitet sich aus den rechtlichen und soziobiologischen Beziehungen zwischen den Familienmitgliedern ab (↗Haushaltsstruktur). Eine zentrale Position nehmen bei der Definition Eltern und ihre Kinder ein. Sie bilden die *Kernfamilie* oder vollständige ↗Familie. Der erweiterten Familie gehören neben Eltern und ihren Kindern noch zusätzlich Verwandte an. Von ihr abzugrenzen sind unvollständige Familien, die aus ledigen Personen, Verwitweten oder Geschiedenen mit ihren Kindern bestehen. Haben Kinder ihre Eltern oder einen Elternteil bereits verlassen, spricht man von Restfamilie (↗Lebenszyklus).

Familien- und Geschlechtermodell, Gesamtheit der sozialen Normen und Wertvorstellungen, welche die Rolle von Mann und Frau in der Geschlechterbeziehung, innerhalb der Familie, bei Kindererziehung und Erwerbstätigkeit beeinflussen. Historische Entwicklungen und großräumige Disparitäten der ↗Frauenerwerbstätigkeit können in hohem Maße auf unterschiedliche Familien- und Geschlechtermodelle zurückgeführt werden. Für das westliche Europa kann man drei vorherrschende Typen von Familien- und Geschlechtermodellen unterscheiden: a) Dem agrarischen Familien- und Geschlechtermodell liegt die Idee zugrunde, dass Frauen und Männer gemeinsam im eigenen Familienbetrieb arbeiten und gemeinsam zum Überleben der Familienökonomie beitragen. Kinder gelten als Bestandteil der Familienökonomie und werden so früh als möglich als Arbeitskräfte herangezogen. In diesem Modell wird Kindheit nicht als eigenständige Lebensphase angesehen, in der die Kinder einer besonderen Betreuung und Förderung innerhalb der Familie bedürfen. Dementsprechend fehlt auch eine soziale Konstruktion von Mutterschaft, die eine Freistellung der Mutter von Erwerbstätigkeit für Kinderbetreuung und Erziehung vorsieht. b) Das bürgerliche Familien- und Geschlechtermodell basiert auf der Trennung von Öffentlichkeit und Privatheit und auf einer deutlichen geschlechtsspezifischen Arbeitsteilung. Der Mann hat in seiner Rolle als Familienernährer mit seiner Erwerbsarbeit für den Unterhalt der Familie zu sorgen, die Frau übernimmt die nicht entlohnten Haushaltsarbeiten und Familienaufgaben. Diesem Modell liegen soziale Konstruktionen von Kindheit und Mutterschaft zugrunde, wonach Kinder eine besondere Betreuung und Zuwendung brauchen und umfassend als Individuen gefördert werden sollen. Die bewusste Zuwendung, die Kindern zuteil wird, wird als Teil eines Modernisierungsprozesses verstanden. In diesem Modell ist die Betreuung und Förderung der Kinder eine Aufgabe der privaten Haushalte. Ansprüche an die sozialen Sicherungssysteme hat die Hausfrau und Mutter nur indirekt über das Erwerbseinkommen des Mannes. Der in diesem Modell an den Familienernährer bezahlte Nettolohn ist in der Regel wesentlich höher als im folgenden Modell. c) Das egalitär-individualistische Familien- und Geschlechtermodell sieht die volle und vollzeitige Integration beider Geschlechter in die Erwerbsarbeit vor. Kindheit ist, ebenso wie im bürgerlichen Modell, als eine Lebensphase konstruiert, in der Menschen eine besondere Betreuung und Förderung benötigen. Die Kinderbetreuung fällt jedoch, anders als im bürgerlichen Modell, nicht in erster Linie in die Zuständigkeit der Familie, sondern ist in erheblichem Ausmaß Aufgabe des ↗Wohlfahrtsstaats. Die drei Familienmodelle sind zu unterschiedlichen Zeitpunkten entstanden. Sie sind jedoch nicht als eine chronologische Abfolge zu sehen, sondern existieren nebeneinander. Das agrarische Familienmodell, das ursprünglich in ganz Europa verbreitet und in vielen Ländern ein Vorläufer des bürgerlichen Modells war, dominiert noch heute in einigen Mittelmeerstaaten. Das bürgerliche Familien- und Geschlechtermodell ist in vielen mittel- und westeuropäischen Industriegesellschaften der zentrale Bezugspunkt des Geschlechterkontrakts. Das egalitär-individualistische Modell ist in Finnland besonders stark vertreten. In vielen Ländern gibt es hinsichtlich des Familien- und Geschlechtermodells schichtspezifische und räumliche Disparitäten (z. B. Stadt-Land-Unterschiede) und Mischformen zwischen den Modellen. Diese Typologie von Familien- und Geschlechtermodellen ließe sich durch Einbeziehung zusätzlicher Faktoren (Heiratsalter der Frauen, Anteil der nichtehelichen Partnerschaften usw.) noch weiter verfeinern. [PM]

Literatur: PFAU-EFFINGER, B. (1995): Erwerbsverhalten von Frauen im europäischen Vergleich. In: Informationen zur Raumentwicklung 1.

Familienurlaub, gemeinsames Verbringen von Freizeit über einen längeren, arbeitsfreien Zeitabschnitt innerhalb der Familie ohne direkten Bezug auf die Örtlichkeit bzw. gemeinsame Urlaubsreise der Familie zu einer außerhalb des Wohnorts gelegenen ↗touristischen Destination, die ein entsprechend familienfreundliches touristisches Angebot bereit stellt.

Familienwanderung, Wohnstandortwechsel von Familien mit ihren Kindern. Sie können durch die Altersgruppen der unter 18-Jährigen und der 30- bis unter 50-Jährigen näherungsweise erfasst werden. Die Binnenwanderungssalden (↗Migration) in der Abbildung belegen für 1997 in den alten Bundesländern eine Tendenz zugunsten der ländlichen Räume und innerhalb der Regionen positive Salden für die weniger verdichteten Kreise. In den neuen Bundesländern schneiden die Agglomerationen am günstigsten ab und innerhalb der Verdichtungsräume sowie verstädterten Gebiete verzeichnen die Kreise mit unterdurch-

Regions-/Kreistypen	Binnenwanderungssaldo je 1000 der Altersgruppen	
	Alte Länder	Neue Länder
Agglomerationsräume	0,5	-0,7
Kernstadt	-6,0	-17,2
hochverdichtet	3,1	10,0
verdichtet	8,2	15,2
ländlich	10,1	27,1
Verstädterte Räume	-1,1	-1,1
Kernstadt	-12,9	-28,7
verdichtet	-0,6	4,2
ländlich	4,0	10,6
Ländliche Räume	5,0	-4,0
höhere Dichte	4,7	-5,2
geringere Dichte	5,6	-3,3

Familienwanderung: Binnenwanderungssalden für die Altersgruppen der unter 18-Jährigen und der 30- bis unter 50-Jährigen für die siedlungsstrukturellen Regions- und Kreistypen in Deutschland (1997).

schnittlicher Dichte Wanderungsgewinne (↗Migrationsbäume). ↗Intraregionale und ↗interregionale Wanderungen tragen entscheidend zu dieser Verteilung bei (↗Suburbanisierung). Als Motive spielen Wohnqualität und Wohnumfeld, Grundstückspreise sowie Verkehrsanbindung eine wichtige Rolle und stehen im Zusammenhang mit der Expansions- und Konsolidierungsphase im ↗Lebenszyklus eines Haushaltes.   [PG]

Familienzyklus ↗Lebenszyklus.

Fanger, kantengerundetes Grobsediment, das wälzend und schiebend fluvial transportiert wird.

FAO, *Food and Agriculture Organization of the United Nations*, Organisation der Vereinten Nationen für Ernährung, Landwirtschaft, Forsten und Fischerei, zwischenstaatliche Fachorganisation (Sonderorganisation) der ↗UNO; gegründet 1945 in Quebec; Sitz in Rom.

FAO-Bodenklassifikation, *FAO-Klassifikation, FAO-Nomenklatur, FAO-Systematik, FAO-Unesco-Klassifikation*, ursprünglich für die ab 1961 erstellte ↗Weltbodenkarte entwickelte Generallegende, ab 1974 zu einem morphogenetischen Bodenklassifikationssystem erweitert, bei dem sowohl Faktoren als auch Prozesse und Merkmale der Bodenbildung zur Klassenbildung genutzt werden. Derzeit findet die überarbeitete Legende von 1990 in der aktualisierten und korrigierten Version von 1998 Anwendung. Die oberste Ebene der Klassifikation umfasst 28 Bodenklassen (»major soil groupings«, z. B. ↗Calcisols), deren Unterscheidung ebenso wie bei der ↗WRB-Bodenklassifikation mithilfe diagnostischer Horizonte, diagnostischer Eigenschaften und diagnostischer Ausgangsmaterialien der Bodenbildung erfolgt. Davon ausgehend werden auf den tieferen Ebenen 153 Bodeneinheiten (»soil units«) durch adjektivischen Zusatz unterschieden (z. B. Luvic Calcisol).   [ThS]

Farbcodierung, Zuordnung der Monitorfarben Rot, Grün, Blau bzw. der Druckfarben Cyan, Magenta, Gelb und Schwarz (CMYK) (↗Farbmischung, ↗Farbsystem) zu drei oder mehr ↗Grauwertbildern unterschiedlicher ↗Spektralbereiche. Durch die Überlagerung entstehen *Farbkomposite*, deren Darstellung in ↗Echtfarbenbildern oder ↗Falschfarbenbildern erfolgen kann. Ein *Echtfarbenkomposit* entsteht, wenn man nur die ↗Spektralbereiche des sichtbaren Lichtes benutzt. Jede Einbeziehung von Spektralbereichen, welche außerhalb des sichtbaren Lichtes liegen bzw. künstliche Bänder (z. B. durch ↗Hauptkomponenten-Transformation) ergeben *Falschfarbenkomposite*. Farbcodierung ist ein wesentlicher Bestandteil in der ↗digitalen Bildverarbeitung von Satellitenaufnahmen. ↗Fernerkundung.

Farbinfrarotbild ↗Falschfarbenbild.

Farbkomposite ↗Farbcodierung.

Farbmischung, allgemein die Herstellung einer Mischfarbe durch Mischung von zwei oder mehreren Ausgangsfarben; im engeren Sinne die Erzeugung einer Mischfarbe aus definierten Grundfarben, die nach zwei Prinzipien erfolgen kann (Abb. im Farbtafelteil):

a) Die *additive Farbmischung* (eigentlich Lichtmischung) erfolgt z. B. am Monitorbild. Die Grundfarben sind hier Rot (R), Grün (G) und Blau (B) man spricht daher vom *RGB-System*:

$$R+G = Y \,(\text{Yellow}),$$
$$G+B = C \,(\text{Cyan}),$$
$$R+B = M \,(\text{Magenta}),$$
$$R+G+B = W \,(\text{Weiß}).$$

Gleichmäßig verringerte Intensitäten der R-, G-, B-Lichtquellen ergeben Grautöne. Das Fehlen jeglichen Lichts ergibt Schwarz (S). Andere Farben werden mit ungleichen Intensitäten von R, G und B ermischt.

b) Die *subtraktive Farbmischung* beruht auf der Subtraktion (Absorption) von Anteilen des weißen Lichtes und erfolgt z. B. beim Farbdruck. Ausgehend von Cyan (C; grünliches Blau), Magenta (M; Rot ohne Gelbanteil) und Gelb (Y; Yellow) gelten folgende Regeln:

$$C+M = B \,(\text{Blauviolett}),$$
$$M+Y = R \,(\text{Rotorange}),$$
$$C+Y = G \,(\text{Grün}),$$
$$C+M+Y = S \,(\text{Schwarz}),$$
$$xC+xM+xY = \text{Grau} \,(0 < x < 1,)$$
$$\text{keine Absorption} = W \,(\text{Weiß}).$$

Die unveränderte Reflexion aller Wellenlängen erscheint dem Auge als Weiß (W). Grautöne entstehen aus den gleichschwach reflektierten Grundfarben. Alle anderen Farben lassen sich aus ungleichen Anteilen der Grundfarben gewinnen. Das subtraktive Farbsystem wird *CMYK-System* genannt. Beim Vierfarbendruck kommt die subtraktive Farbmischung zur Anwendung. Weil aus dem Zusammendruck von C, M und Y kein tiefer Schwarzton entsteht, wird als vierte Farbe Schwarz K verwendet, K steht dabei für Schwarz (Black), und ist damit nicht zu verwechseln mit B (Blau) aus der RGB-Mischung. K wird bei den Druckern auch als »Kraftplatte« bezeichnet. In der Bildverarbeitung können Farbkomposite wahlweise nach dem RGB-, CMYK- oder ↗IHS-System gebildet werden. ↗Farbcodierung.

Farbordnung ↗Farbsystem.

Farbsystem, *Farbordnung*, in Farbenlehren vorgenommene Systematisierung und Diskretisierung des Farbkontinuums nach den Ähnlichkeiten und Unterschieden der Farben, die das menschliche Auge wahrnimmt. Die für die Farbwahrnehmung bedeutsamen Eigenschaften und Beziehungen werden durch die Merkmale Farbhelligkeit (Intensität), Farbton (Hue) und Farbsättigung (Saturation) beschrieben (↗IHS-Farbsystem). Zugleich werden die Farben auf Mischungen aus Grundfarben zurückgeführt (↗Farbmischung). Als Modellvorstellung dient ein Doppelkegel (Abb.), bei dem das Farbrad die Kegelbasis bildet. Hier liegt die Abfolge der Farbtöne, von kurzwellig bis langwellig, und die Farbskala schließt sich zwischen violett (kurzwellig, 380 μm) und purpur (langwellig, 690 μm). Gegen das Zentrum der Farbscheibe nimmt eine Grauwert-Beimengung der Farben zu, die Farbsättigung (Saturation) nimmt in diesem Falle ab. Der graue Tonwert variiert je nach Position auf der Unbunt-Achse, die Farbhelligkeit nimmt gegen weiß zu (die Farben werden zunehmend transparent), die Farbintensität ist jedoch an der Kegelbasis am größten. Im additiven Farbsystem ist die Intensität der Farben (bei 8-bit-Information und 256 Abstufungen) beim Wert 128 am größten. Unterhalb dieses Wertes liegen »unbunte Farben« (Schwarzanteil nimmt zu), und höhere Werte ergeben zunehmend transparente Farbtöne. [MS]

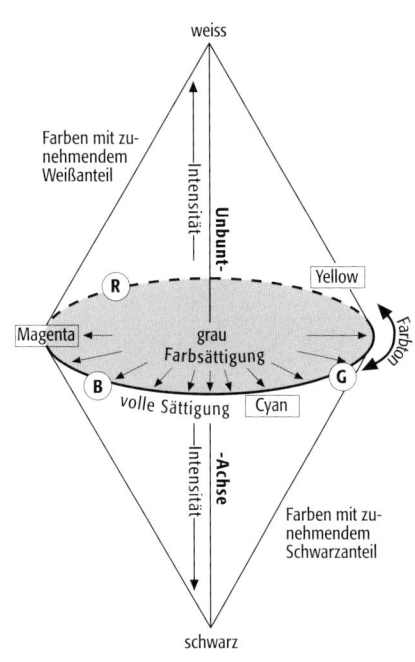

Farm, 1) Landfläche unterschiedlicher Größe mit den zugehörigen Gebäuden, die zur Produktion von ↗Kulturpflanzen und/oder Nutztieren (↗Domestikation) dient, und deren Bewirtschafter die Farm als Eigentümer oder Pächter betreibt. 2) in der amerikanischen Agrarstatistik jeder Haushalt, der aufgrund seiner Flächenverfügbarkeit oder seines Nutztierbesatzes in der Lage ist, Agrarprodukte im Wert von mindestens 1000 US-Dollar pro Jahr zu verkaufen. Dabei ist unerheblich, ob dies wirklich erfolgt. Die stark ungleiche Verteilung von Einkünften und Nutzflächen in den USA drückt eine ausgeprägte duale Struktur aus.

Farmwirtschaft, großbetriebliche Individualwirtschaft, die als typisch für die von europäischen Kolonisten (↗Kolonialisierung) erschlossenen und besiedelten Überseegebiete gilt. Die einzelnen Teilräume liegen im mittleren Westen Nordamerikas, in der ↗Pampa Südamerikas, in Südwest- und Südostaustraliens, in Neuseeland, in Süd- und Südwestafrika und neuerdings im Agrargürtel der GUS-Staaten von der Ukraine bis Mittelasien. Die Produktion ist spezialisiert auf den großflächigen Anbau weniger Feldpflanzen, insbesondere auf Weizen und Mais; daneben erreichen Baumwolle und Tabak (USA), Luzerne und Flachs (Argentinien), Zuckerrüben und Sonnenblumen (Ukraine) Bedeutung. Die Flächenerträge bleiben hinter denen Mittel- und Westeuropas zurück. Die ↗Viehhaltung spielt eine untergeordnete Rolle, das Großvieh fehlt oftmals ganz. Betriebe über 100 ha groß mit Familien- und Lohnarbeitsverfassung herrschen vor. Die Farmwirtschaft besitzt oft einen hohen spekulativen, business-orientierten Charakter, verbunden mit einer starken Mobilität der nicht an Traditionen gebundenen Betriebsinhaber. Der Anteil von Farmbetrieben im Besitz von Agrokonzernen und Kapitalgesellschaften steigt rasch. Traditionelle Bindungen an Hof und Herkunft, Verpflichtungen gegenüber einer in mehr als 1000 Jahren gewachsenen, vielfältigen ↗Kulturlandschaft wie sie für weite Teile von Europas ↗Landwirtschaft noch typisch sind, gibt es kaum. Diese unterschiedliche Konzeption ist auch der Hintergrund der immer wiederkehrenden Agrarkonflikte zwischen ↗EU und den USA. [KB]

Farnpflanzen, *Pteridophyten*, *Gefäßkryptogamen*, Abteilung des Pflanzenreichs, die sich in fünf Klassen gliedert: Urfarne, Gabelblattgewächse, Bärlappgewächse, Schachtelhalmgewächse und Farne. Zusammen mit den ↗Spermatophyten bilden sie die Gruppe der Gefäßpflanzen. Von den weltweit bekannten 400.000 lebenden Pflanzenarten zählen ca. 15.000 Arten zu den Farnpflanzen. Sie kommen in allen Klimazonen vor, haben ihren Verbreitungsschwerpunkt aber in den Tropen, wo sie ihre höchste Artenzahl und in Form von Baumfarnen auch ihre größten Ausmaße erreichen. Einige ihrer Arten haben eine circumpolare Verbreitung (z. B. Adlerfarn). Farnpflanzen bevorzugen eindeutig feuchte, insbesondere luftfeuchte Standorte, kommen mit wenigen Arten aber auch in trockeneren Gebieten vor.

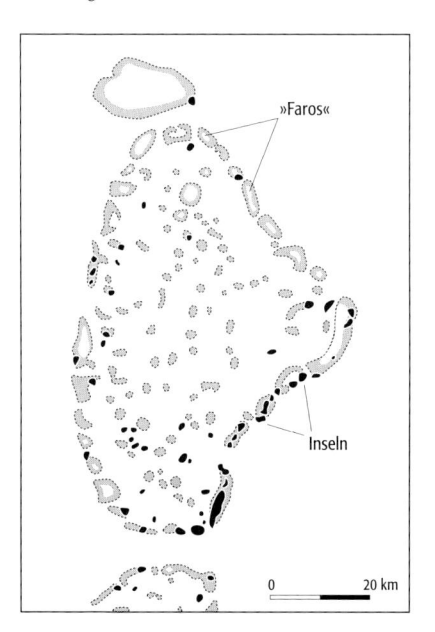

Faro, Bezeichnung für mittelgroße ringförmige ↗Korallenriffe der Malediven, die zu Atollen zusammengeschlossen sein können (Abb.).

Farbsystem: Darstellung im Doppelkegelmodell: Auf der Kegelbasis liegen die Farbtöne (mit Monitorfarben Rot R, Grün G und Blau B und den Druckfarben Cyan C, Magenta M und Yellow Y). Die Farbsättigung nimmt nach außen hin zu und ist am Kegelmantel 100 %. Die Farbintensität ist an der Kegelbasis am größten, nach oben (gegen Weiß) werden die Farben transparent, nach unten (gegen Schwarz) werden die Farben zunehmend dunkler.

Faro: Aus Faros zusammengesetztes Atoll der Malediven.

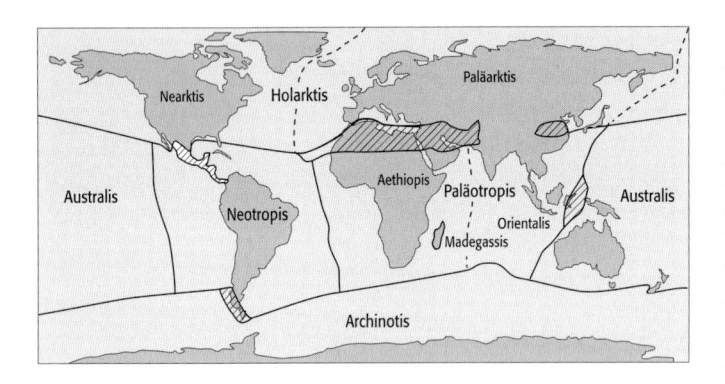

Faunenreiche 1: Faunenreiche und Faunenregionen der Erde mit Übergangsbereichen (schraffiert).

Region	Endemismus
Holarktis	19%
Paläarktis	3%
Nearktis	13%
Neotropis	47%
Australis	91%
Aethiopis[(1)]	36%
Orientalis	13%

[(1)] Madegassis nicht berücksichtigt

Faunenreiche 2: Grad des Endemismus bei Landsäugerfamilien.

Fastebene, Peneplain, ↗ Rumpffläche.

Fata morgana, optische Erscheinung der Atmosphäre, bei welcher eine Totalreflexion an verschieden dichten Luftschichten erfolgt. Die starke Erwärmung der Bodenoberfläche am Tage durch Absorption der Einstrahlung führt zur Erhitzung bodennaher Luftschichten und einer nach unten abnehmenden Luftdichte. Dadurch entsteht eine Diskontinuität in der bodennahen Luftschicht, ein Temperatursprung an einer Grenzfläche, an welcher eine Spiegelung auftritt. So spiegeln sich der Himmel oder Gegenstände über den erhitzten Oberflächen, was den Eindruck der Wasserfläche erzeugt. Auch können Verzerrungen auftreten, sodass weit entfernte Objekte näher erscheinen. Das Phänomen tritt sowohl in Wüstengebieten als auch über erhitzten Asphaltflächen der gemäßigten Breiten auf. Durch Mehrfachspiegelungen könnten verschieden entfernte Landschaften zusammenkopiert oder mehrfach abgebildet werden. Die Fata Morgana ist häufig verbunden mit einem ↗ Luftflimmern. Der Name stammt von einer Fee, auf die nach dem (italienischen) Volksglauben diese Täuschung zurückzuführen ist. [JVo]

Fauna, Gesamtheit der Tierarten eines Gebiets oder ↗ Habitats. Nach der Körpergröße werden häufig Größenklassen unterschieden, die je nach Fragestellung der Untersuchung und abhängig von den vorkommenden Organismen ganz unterschiedlich definiert sein können, z. B. in der ↗ Bodenfauna die Mikrofauna, Mesofauna, Makrofauna und Megafauna.

Faunenreiche, Tierreiche, eine Erdregion mit gemeinsamen Merkmalen von Faunenelementen, die sich tiergeographisch von anderen Regionen abgrenzen lässt. Man unterscheidet terrestrische und marine Faunenreiche. Die heutigen tiergeographischen Verbreitungsmuster auf dem Festland sind das Ergebnis einer außerordentlich wechselvollen Erdgeschichte. Die Kontinentaldrift, die damit verbundene zeitliche geographische Lage der Landmassen zueinander, zu den Äquatorialzonen und zu den Polargebieten, sowie Gebirgsbildungen und der Wechsel von Kalt- und Warmzeiten haben zum Bild der gegenwärtigen Verbreitung der Tiere beigetragen. Die Faunenreiche sind die Holarktis, die Neotropis, die Paläotropis, die Archinotis, die Australis und sie werden in Faunenregionen weiter unterteilt (Abb. 1).

Die *Holarktis* fasst die paläarktische und die nearktische Region zusammen. Die *Paläarktis* besteht aus Eurasien, mit Ausnahme von Indien und Hinterindien, und schließt Teile Nordafrikas und Kleinasiens ein. Die *Nearktis* umfasst Nordamerika und Grönland. Die Holarktis hat eine vergleichsweise geringe Vielfalt höherer taxonomischer Gruppen und Arten. Der Grad des Endemismus beträgt bei Landsäugerfamilien der Holarktis 19%, in der Paläarktis sogar nur 3% (Abb. 2). Die Gemeinsamkeiten zwischen der Paläarktis und Nearktis sind auf die ähnliche historische Entwicklung in den mittleren und hohen Breiten zurückzuführen. In Kaltzeiten machte die Bering-Landbrücke (↗ Landbrücke) einen Faunenaustausch zwischen Eurasien und Nordamerika möglich. Dies erklärt auch die zahlreichen sehr nahe verwandten Arten verschiedener Tiergruppen beider Regionen. Bezeichnende Tiergruppen sind Maulwürfe, das Bison und der Wisent, Biber, Lemminge, die in Ostasien und Nordamerika vorkommenden Riesensalamander, die eigentlichen Salamander und die Olme. Auf die Nearktis beschränkt sind unter den Säugern mehrere Nagerfamilien, wie Biberhörnchen, Taschenratten und Gabelhorntiere (*Antilocapridae*), unter den Kriechtieren die Ringelschleichen, unter den Lurchen die Schwanzfrösche (*Ascaphidae*), sowie verschiedene Schwanzlurche (*Urodelen*). Von den für die Paläarktis charakteristischen Säuger seien Schläfer und Blindmäuse, unter den Echsen die Blindschleichen (*Anguinae*) zu nennen. Nur in der paläarktischen Region gibt es eine endemische Vogelfamilie, die Braunellen (*Prunellidae*). Singvögel (*Oscine Passeriformes*) haben in der Holarktis zahlreiche Arten hervorgebracht. In der Paläarktis brüten etwas mehr als 1000 Arten, in der Nearktis etwa 750 Arten. Die meisten davon sind Zugvögel. Weil der Vogelzug vorwiegend einen Nord-Süd-gerichteten Verlauf hat, teilt die Paläarktis mit der Aethiopis und der Orientalis 15% bzw. 22% der Arten, mit der Nearktis dagegen nur etwa 13%.

Die *Neotropis* umfasst Südamerika und die Inselwelt der Antillen. Zentralamerika und die Südspitze Südamerikas sind Übergangsgebiete zur Nearktis bzw. zur Archinotis (Antarktis). Die große Landmasse, die Heraushebung der Anden im Pliozän-Pleistozän förderten genauso wie die vorwiegend tropischen und subtropischen Klimaverhältnisse eine reiche Artenvielfalt. Südamerika ist klimatisch feuchter und waldreicher, dafür aber auch ärmer an tropischen Grasländern und Savannen als Afrika und Australien. Seit dem Erdmittelalter war der Subkontinent isoliert. Erst mit dem Entstehen der Panama-Landbrücke vor etwa 2,7 Millionen Jahren war ein intensiver Austausch mit Nordamerika möglich. Alte südamerikanische Formen der Neotropis sind die Beutelratten (*Marsupialia*), der Gürteltiere, Ameisenbären, Faultiere und Breitnasenaffen. Ausgestorben sind z. B. die *Notoungulaten*, die *Litopterna* und die *Glyptodonten*. Waschbären (*Procyonidae*), große Raubkatzen (*Felidae*), Hirsche (*Cervidae*), Kamelartige (*Lamas*), Nabelschweine, echte Pferde und Mastodonten sind nordamerikanischer Herkunft. Aus ihnen entstanden neue Arten. Echte Pferde und *Mastodonten* starben wieder aus. Südamerika hat mit 31 endemischen Familien und 3000 Arten die endemiten- und artenreichste Vogelfauna, dazu gehören auch die Strauße (*Rheidae*) und Steißhühner (*Tinamidae*). Die Todis (*Todidae*) sind auf die westindischen Inseln beschränkt. Besonders artenreich sind die Töpfervögel (*Furnariidae*) mit 213 Arten und die Ameisenvögel (*Formicariidae*) mit 230 Arten. Arten anderer Familien kommen auch in Nordamerika vor, wie die Neuweltgeier (*Cathartidae*), Zaunkönige (*Troglodytidae*) und Stärlinge (*Icteridae*). Tyrannen (*Tyrannidae*) mit 375 Arten und Kolibris (*Trochilidae*) mit 328 Arten gehören zu den artenreichsten Vogelfamilien überhaupt. Beide haben Vertreter auch in der Nearktis. Fast 700 Schlangenarten und etwa 640 Eidechsenarten sind auf Süd- und Mittelamerika beschränkt. Korallenschlangen, Lanzenottern und Kaimane haben ihren Verbreitungsschwerpunkt in Südamerika, wenige gibt es auch in der Nearktis. Bemerkenswerte geographische Beziehungen bestehen bei Schildkröten und Leguanen. Vertreter der Schlangenhalsschildkröten (*Chelidae*) kommen auch auf Neuguinea und in Australien vor, Pelomedusen-Schildkröten (*Pelomedusidae*) der Gattung *Podocnemis* auf Madagaskar und Leguane (*Iguanidae*) ebenfalls auf Madagaskar, aber auch auf den Fidschi- und Tonga-Inseln vor. Bei den Amphibien überwiegen die Laubfrösche (*Hylidae*), die Schreifrösche (*Leptodactylidae*) und die Stummelschwanzfrösche (*Atelopodidae*) an Artenzahl. Mit über 2400 Arten ist auch die Fischfauna die artenreichste der Welt. Besonders zahlreich sind Salmlerartige (*Characoidea*) und Welsartige (*Siluroidea*) vertreten. Panzerwelse (*Callichthyidae*) und Harnischwelse (*Loricariidae*) sind endemisch. Die in Süd- und Mittelamerika weit verbreiteten Buntbarsche (*Cichlidae*) findet man auch in Afrika und Indien. Zu den altertümlichen Fischgruppen gehören der Lungenfisch (*Lepidosiren paradoxa*) und drei Knochenzünglerarten, darunter auch der Arapaima (*Arapaima gigas*).

Die *Australis* wird in eine australische, ozeanische, neuseeländische und hawaiische Region unterteilt. Zur australischen Region rechnet man u. a. Australien, Tasmanien, Neuguinea, Neuseeland, Neukaledonien und Ost-Melanesien. Aufgrund ihrer abgeschiedenen Lage haben verschiedene pazifische Inseln eine sehr starke Eigenentwicklung durchlaufen (z. B. Hawaii, Mikronesien). Sie sind teilweise stark paläotropisch geprägt worden. Der südlichste Teil Neuseelands gilt als Übergangsgebiet. Viele altertümliche Formen blieben erhalten, darunter die ursprünglichen eierlegenden Kloakentiere (Monotremata), wie das Schnabeltier und zwei Schnabeligelarten. Beuteltiere (*Marsupialia*) bildeten Pflanzenfresserformen, wie die Kängurus und Koalas, aber auch den placentalen Säugern ähnelnde Raubtierformen wie der Beutelwolf, der Beutelmarder und der Ameisenbeutler, aus. Unter den nagerähnlichen fallen die Gleitflugbeutler auf. In Australien und in Neuguinea haben auch zahlreiche endemische höher entwickelte Säuger (*Placentalia*) Fuß gefasst. Auf Tasmanien ist der Anteil der Beuteltiere verglichen mit Australien besonders hoch. Wegen seiner Vogelfauna wurde die Australis auch *Ornithogaea* genannt. Etwa 16 Familien und etwa 1000 Vogelarten von insgesamt 1600 sind endemisch, darunter die Kasuare, der Emu, die Großfußhühner (*Megapodidae*) und Zwergschwalme (*Podargidae*). Bei den Amphibien ist das Fehlen ganzer Ordnungen wie der Schwanzlurche (*Urodelen*) und das Vorherrschen der Laubfrösche (*Hylidae*) und der Schreifrösche (*Leptodactylidae*) zu nennen. Auffallend ist die große Artenzahl der Giftnattern (*Elapidae*). Unter den Reptilien sind die artenarmen Flossenfüße (*Pygopodidae*) endemisch. Agamen (*Agamidae*) ersetzen die Leguane Südamerikas. Mit Ausnahme des australischen Lungenfisches *Neoceratodus forsteri* und des Knochenzünglers *Scleropages jardini* gibt es keine primären Süßwasserfische. Eine Sonderstellung besitzt wegen des hohen Endemismus Neuseeland. Die Amphibien sind dort durch die endemischen Urfrösche (*Leiopelmatidae*) ausgewiesen und unter den Reptilien fällt ein urzeitliches Relikt, die Brückenechse (*Sphenodon punctatus*), auf. Eine eigentümliche Vogelfauna hat sich nur teilweise erhalten. Neben den ausgestorbenen Moas und deren rezenten Verwandten, der Kiwis, gehören die Eulenpapageien (*Nestor, Strigops*) dazu. Australische Verwandtschaftsbeziehungen lassen sich auch bei der endemischen Fledermausfamilie (*Mystacinidae*) und bei Wirbellosen nachweisen.

Die *Paläotropis* wird in drei Regionen unterteilt: die Aethiopis, die Madegassis und die Orientalis. Ein eigenständiges Faunenreich Capensis lässt sich im Gegensatz zum ↗Florenreich Capensis nicht abgrenzen. Die *Aethiopis* umfasst Afrika nördlich bis zur Sahara und ist dort durch ein Übergangsgebiet von der Paläarktis getrennt. Eine Sonderstellung nimmt die *Madegassis*, mit Madagaskar und der umliegenden Inselwelt (Seychellen, Komoren, Mascarenen), ein. Zur *Orientalis* gehören der indische Subkontinent, Südostasien und die auf dem Kontinentalschelf liegenden südlichen Inseln. Die ↗Wallacea (↗zoogeographische Linien) trennt die Orientalis als Übergangsgebiet von der Australis ab. Die Aethiopis ist insgesamt trockener als Südamerika, was die Entwicklung anderer Lebensformen mitgeprägt haben dürfte. Das uralte Festland Afrika ist das Entstehungsgebiet eigener Säugerformen und deren Auswanderer nach Europa und Asien und über Letzteres auch nach Amerika. Urafrikanische Säuger sind u. a. die Schliefer (*Hyracoidea*), die mit diesen verwandten Seekühe (*Sirenia*) und Rüsseltiere (*Proboscidea*), sowie die Röhrenzähner bzw. Erdferkel (*Tubulidentata*), die Goldmulle und die höheren Affen (Schmalnasenaffen). Dagegen haben sich die frühesten Vorfahren der Zebras und der Kamele in Nordamerika entwickelt. Kennzeichnende Gruppen sind die Menschenaffen, Flusspferde, Elefanten,

Hyänen, Giraffen, Antilopen, Gazellen, Großkatzen und Schleichkatzen, die besonders in den Grasländern und Savannen außerordentlich artenreich sind. Die Vogelwelt ist mit etwa 1700 Arten dagegen nur etwa halb so artenreich wie die der Neotropis. Nur acht relativ artenarme Familien sind endemisch. Der Afrikanische Strauß (*Struthionidae*) ist ein entfernter Verwandter der Nandus, der Kasuare und des Emu. In der gesamten Paläotropis und in Australien vertreten die Agamen (*Agamidae*) die Leguane (*Iguanidae*). Aus Afrika sind 18 Fischfamilien endemisch. Über 2000 Fischarten sind bekannt. Wie in den anderen Südkontinenten blieben altertümliche Fische erhalten, wie der afrikanische Lungenfisch (*Protopterus*) und der Knochenzüngler *Heterotis niloticus* (*Osteoglossidae*). Die artenreichen Buntbarsche (*Cichlidae*) und Salmlerartige (*Characoidea*) teilt sich die Aethiopis mit der Neotropis. In beiden Gebieten überwiegen die primären ↗Süßwasserfische. Die Eigenart der Fauna der Madegassis ist eng mit der erdgeschichtlichen Sonderentwicklung Madagaskars verbunden. Die fast 600.000 km² große Insel löste sich im Laufe des Erdmittelalters von Afrika, hatte aber im Tertiär und im Pleistozän nochmals mehr oder weniger starke Verbindung. Voraussetzung für das Entstehen der Artenvielfalt großer Tiere war nicht nur die Größe der Insel, sondern auch die differenzierte Topographie und vielfältige Klimabedingungen. Sie zeichnet sich von der Aethiopis durch das Fehlen von echten Affen, Paarhufern, Unpaarhufern, Elefanten, Erdferkel, Schuppentieren und durch das Vorhandensein einer außerordentlich endemitenreichen altertümlichen Tierwelt aus. Herrentiere (*Primates*) erreichten Madagaskar nur im Halbaffenzustand (*Prosimiae*) und sind dort nie über diese Stufe hinausgekommen. Dafür entwickelten sich zahlreiche, kleine (nur mausgroße) bis menschenaffengroße Arten, mit heute drei autochthonen Familien (Lemuren, Indris, Fingertiere). Große Arten waren mindestens im Pleistozän vorhanden. Endemische Insektenfresser sind auch die teils noch beutelrattenähnlichen *Tenrecidae*. Sieben endemische Nagergattungen leben vorwiegend in Feuchtwäldern. Zur endemischen Fauna gehören darüber hinaus die Fledermausfamilie (*Myzopodidae*), mehrere Schleichkatzenarten (*Viverridae*), fünf Vogelfamilien und etliche Reptilien. Besonders artenreich ist die Gattung *Chamaeleon*. Die Riesenstrauße, Elefantenvögel (*Aepyornithidae*) genannt, waren mit mindestens elf Arten vertreten. Die Letzten starben erst um 1000 n. Chr. aus, die großen Halbaffen dagegen schon in frühgeschichtlicher Zeit. Alte Tiergruppen besitzen Beziehungen zur Neotropis wie die Leguane (*Iguanidae*) und die Schienenschildkröten der Gattung *Podocnemis* (*Pelomedusidae*). Die zoogeographische Verwandtschaft zwischen Orientalis und Aethiopis ist größer als deren regionale Unterschiede. Der semiaride bis aride Landschaftsgürtel bildet für Waldarten eine deutliche Barriere. In diesem Trockengürtel überwiegen bei den Wirbeltieren Artengruppen mit aethiopischen und paläarktischen Verwandtschaftsbeziehungen. Unter den Säugern sind der Indische Elefant, der Schabrackentapir und Nashörner zu nennen. Spitzhörnchen (*Tupaiidae*), die zu den Halbaffen gestellten Koboldmakis (*Tarsiidae*) und Loris (*Lorisidae*) und unter den echten Affen die Gibbons (*Hylobatinae*) sind endemisch. Menschenaffen (*Pongidae*) sind durch den Orang-Utan vertreten. In den Wäldern Südwestindiens und auf Ceylon kommen dagegen gehäuft Arten vor, deren nächste Verwandten in Hinterindien zu finden sind. In manchen Savannen dieser Region treten z. B. anstelle der in Ceylon fehlenden Antilopen und Gazellen große Axishirsch-Herden. Ceylonesische Endemiten sind bei Geckos bekannt. Die großen Warane Ceylons besitzen eine orientalische Verbreitung. Endemische Reptilien der Orientalis sind auch die Taubwarane (*Lanthanotidae*), Gaviale (*Gavialidae*), die Flugdrache und die Königskobra. Unter den Vögeln gibt es nur eine endemische Familie, die *Irenidae*. Viele Vogelarten und -gattungen sind mit solchen der Aethiopis sehr nahe verwandt. Etwa 30 % der Vogelgattungen, aber nur 2 % der Vogelarten kommen auch in der Aethiopis vor. Die Fischfauna ist weniger artenreich als in Afrika und Südamerika. Der Knochenzüngler *Scleropages formosus* ist der einzige Vertreter einer altertümlichen Fischgruppe. Die Orientalis besitzt einige Gemeinsamkeiten mit anderen Faunenregionen. Nashörner und Elefanten sind paläotropisch verbreitet, Bären dagegen gibt es in der Aethiopis nicht, sind aber artenreich in der Holarktis und sogar mit einer Art (*Tremarctos ornatus*) in der Neotropis vertreten. Tapire kommen nur in Hinterindien und in der Neotropis vor. Während der Eiszeit bestand auch bei der aquatischen Fauna ein Austausch mit Afrika, sodass in beiden Regionen unter den Fischen Karpfenartige (*Cyprinidae*) genauso wie in der Holarktis verbreitet sind. Sie werden in der Neotropis ökologisch von den Salmlerartigen vertreten. Buntbarsche sind in der Orientalis sehr artenarm.

Die *Archinotis* umfasst die *Antarktis* und die in ihrem Umkreis liegenden Inseln. In der Antarktis sind etwa 200.000 km² eisfrei. Mangels eisfreier Landmasse und wegen der klimatischen Unbilden konnte sich keine in den subarktischen und arktischen Teilen der Holarktis vergleichbare Tierwelt entwickeln. Es gibt dort wenige Insekten, keine Reptilien und Amphibien. Die Sperlingsvögel sind nur durch eine Pieperart (*Anthus antarcticus*) vertreten, im Gegensatz zu marinen Wasservögeln. Das Vorkommen der Wirbeltiere wird durch Nahrungsketten, die ihren Ursprung im Meer besitzen, gesichert. Das gilt besonders für Pinguine (*Spheniscidae*) und antarktische Säugetiere, wie den Robben und den rein marinen Walen. Pinguine sind aber nicht ausschließlich auf die Archinotis beschränkt. Kalte Meeresströmungen gestatten ihnen nicht nur auf den subantarktischen Inseln, sondern auch in Neuseeland, Südaustralien und entlang der südamerikanischen Westküste sogar auf den äquatornahen Galapagos-Inseln zu siedeln. [WH]

Faunenschnitt, bezeichnet das plötzliche Verschwinden von vielen vorher prägenden Organismen zu einem bestimmten Zeitpunkt in der Erdgeschichte. Faunenschnitte werden heute v. a. durch Massensterben von Organismen erklärt.

Faunenverfälschung, Veränderung der ↗Fauna insbesondere durch ↗Einwanderung faunenfremder Tierarten. ↗Adventivtier.

Favela, brasilianische Bezeichnung für ein aus selbstgebauten Baracken bestehendes wucherndes Elendsviertel ohne ausreichende Infrastruktur am Rand größerer Städte (↗squatter settlements). In den dicht besiedelten Favelas haust vornehmlich die in die Städte gewanderte verarmte ehemalige Landbevölkerung (↗Landflucht). Die Menschen sind meist arbeitslos oder in schlecht bezahlten Stellen (↗informeller Sektor) tätig, die kaum Subsistenz garantieren.

Fawcett, *Charles Bungay*, britischer Geograph, geb. 25.8.1883 Staindorp, Co. Durham, gest. 21.9.1952 Guildford. Nach einer kurzen Tätigkeit als Lehrer setzte Fawcett sein Studium 1910–1912 an der Universität Oxford fort. Ab 1913 war er am University College Southampton, 1919–1928 an der Universität Leeds Lecturer für ↗Geographie. 1928 wurde er als Professor an das University College London berufen. Nur durch eine zweijährige Gastprofessur an der Clark University (1930–1931) unterbrochen, lehrte er dort bis zu seiner Pensionierung im Jahr 1949. 1933–1936 war Fawcett Präsident des Institute of British Geographers. Sein wissenschaftliches Werk wurde entscheidend u. a. durch ↗Herbertson beeinflusst. Werke (Auswahl): »Frontiers: a study in political Geography«, 1918; »Political geography of the British Empire«, 1933; »A residential unit for town and country planning«, 1944.

Fazenda ↗Hacienda.

Fazies, **1)** *Geologie*: Bezeichnung für den verschiedenen Habitus, den ein Gestein besitzt. Dieser Habitus ist die Summe der durch das Sediment und den organischen Inhalt charakterisierten Eigenschaften. Man unterscheidet grundsätzlich zwischen Petrofazies (Charakteristik des petrographischen Aufbaus) und Biofazies. Von *Biofazies* spricht man, wenn das Erscheinungsbild eines Sediments durch einen spezifischen Fossilinhalt charakterisiert wird. Mineralvergesellschaftungen in einem Gestein kennzeichnen bestimmte chemische und physikalische Eigenschaften bei der Bildung und charakterisieren eine Mineralfazies. Die Fazies von Sedimenten und sedimentären Gesteinen wird maßgeblich durch den Ort der Bildung bestimmt, was durch Begriffe wie terrestrische Fazies oder Kontinentalfazies (für terrestrische Sedimente), limnische Fazies oder Süßwasserfazies (für Süßwassersedimente), lakustrine Fazies (für Seesedimente), fluviatile Fazies (für Flusssedimente), lagunäre Fazies, marine Fazies, litorale Fazies (für Küstenablagerungen), neritische Fazies (für Flachseesedimente), pelagische Fazies (für Hochseeablagerungen), abyssische Fazies (für Tiefseeablagerungen), Rifffazies, Beckenfazies, Randfazies, Brackwasserfazies, glaziale Fazies, fluvioglaziale Fazies, äolische Fazies etc. belegt wird. Organismenreste, die eine bestimmte Fazies charakterisieren, heißen Faziesfossilien. **2)** *Vegetationsgeographie*: ↗Assoziation. [GG]

FCKW, *F*luor*c*hlor*k*ohlen*w*asserstoffe, Frigene, Freone, synthetisch-industriell hergestellte, geruchslose, unbrennbare und farblose Gase mit Fluor- und Chloratomen. Es werden vollhalogenierte FCKW von teilhalogenierten FCKW (H-FCKW) unterschieden. Letztere enthalten neben den beiden Halogenen und Kohlenstoff außerdem Wasserstoffatome (↗Kohlenwasserstoffe). Eine Gruppe der FCKW, die *Halone,* werden neben Chlor und Fluor zusätzlich durch Bromatome aufgebaut. FCKW besitzen gleichermaßen ein hohes Ozonabbau- und Treibhauspotenzial (↗Ozon, ↗Treibhauseffekt). Sie sind mit Ausnahme von Chlordifluormethan (R22) in Kältemitteln und Schaumstoffen seit 1995 in Deutschland verboten.

feature, ein oder mehrere räumliche Elemente, die zusammen in einer ↗Datenbank oder einem Geographischen Informationssystem (↗GIS) ein Objekt der »realen Welt« repräsentieren. Jedes feature besitzt einen alphanumerischen Schlüssel (feature code), der zur Identifizierung, Beschreibung der Eigenschaften und/oder Klassifikation dient. Features können sehr komplex sein wie z. B. eine Waldfläche mit eingeschlossenen Rodungsflächen oder eine Küstenlinie mit vorgelagerten Inseln.

Feed-back-System, System mit Rückkopplung. Der Begriff stammt aus technischen Regelsystemen. Im System erzeugte Signale oder Zustandsgrößen, z. B. die Ausgangsgröße, wirken als Eingangsgröße auf das System ein. Bei Verstärkung spricht man von *positiver Rückkopplung,* bei Abschwächung von *negativer Rückkopplung.* Beispiele von Rückkopplungen in Geosystemen: a) CO_2 als Eingangsgröße bewirkt eine Temperaturerhöhung, die zur Beschleunigung des Wasserkreislaufs führt, infolgedessen werden die Erosions- und Verwitterungsraten erhöht und damit mehr CO_2 gebunden, also kommt es zur negativen Rückkopplung. b) Eine Erniedrigung der globalen Temperatur bewirkt eine längere Dauer der Schneebedeckung in höheren Breiten, dadurch wird die Albedo erhöht, d. h., es wird über eine längeren Zeitraum mehr Strahlung reflektiert, was zu einer weiteren Abkühlung führt, also kommt es zur positiven Rückkopplung. [OR]

feed lot [von engl. to feed = mästen und lot = Parzelle, Platz], offene Ställe oder Pferche mit arbeitssparenden technischen Einrichtungen zur Versorgung des Viehs und zur Dungbeseitigung im Rahmen großbetrieblicher ↗Massentierhaltung. Diese Art von intensiven Rindermastbetrieben ist besonders verbreitet in Kansas, Nebraska, Oklahoma sowie Texas. Sie ist verbunden mit dem Engagement von – häufig agrarfremden – Kapitalgesellschaften. Dort werden bis zu 200.000 Rinder gehalten, die man als Jährlinge kauft und sechs Monate mästet. Üblicherweise füttert man Getreidekörner und Zuckerrübensilage. Mit dem Eindringen der Computertechnologie, der Bereitstellung von Futterzusätzen, Wachstumsförderern und Medikamenten wurden bei industrieähnlicher Produktion Betriebsergebnisse möglich, die von den ↗Farmen im Mittelwesten nicht erreicht werden konnten.

Fehnkultur, (niederdeutsch Fehn, Venn, Feen für Moorland), niederländische und nordwestdeutsche Kulturmethode des 16./17. Jh. zur Gewinnung landwirtschaftlicher Nutzfläche in ↗Mooren. Der dabei abgebaute Torf wurde als Brennmaterial verkauft.

Fehnsiedlung, (niederdeutsch Fehn, Venn, Feen für Moorland), planmäßige Siedlung der ↗Binnenkolonisation im niederdeutschen Raum im ↗Moor; primäres Entstehungsmotiv war der Abbau von ↗Torf (↗Fehnkultur); Schifffahrtskanäle für den Torftransport sind typisches Kennzeichen.

Feinerdkern ↗Frostmusterboden.

Feinerdstreifen ↗Solifluktion.

Feld, natürliche (alltägliche) Lebenssituation von Personen oder Gruppen, Organisationen etc., die einer sozialwissenschaftlichen Untersuchung unterzogen werden.

Feldbau, ackerbauliche Nutzung des Kulturlandes, bei der i. d. R. die Grünlandnutzung nicht einbegriffen ist. Der Begriff ↗Ackerbau ist häufig synonym gebraucht. Man unterscheidet: a) Dauerfeldbau bei perennierendem Kulturpflanzenbau, b) Jahreszeitenfeldbau bei Unterbrechung der Nutzung durch Winterkälte (↗Sommerfeldbau), c) ↗Regenfeldbau bei Unterbrechung der Nutzung durch Trockenheit, d) ↗Bewässerungsfeldbau bei durch künstliche ↗Bewässerung ermöglichtem Dauerfeldbau.

Feldbeobachtung ↗Beobachtung.

Feldbrandwirtschaft, historische Variante der ↗Feldgraswirtschaft auf dem Außenfeld. Die Feldbrandwirtschaft war bis etwa Ende des 19. Jh. vor allem in SW- und Westdeutschland verbreitet. Bei der Feldbrandwirtschaft dienten die Flurteile nach mehreren Jahren der Weidenutzung für einige Jahre als ↗Ackerland. Dazu wurden die Grassoden abgehoben, zum Trocknen zusammengestellt und dann verbrannt. Die dabei anfallende Asche diente als Dünger.

Feldexperiment ↗Experiment.

Feldflur, durch ackerbauliche Nutzung bestimmte Offenlandschaft (↗Kulturlandschaft). Im Zuge der Intensivierung der Agrarwirtschaft veränderte sich die Landschaftsstruktur der Feldflur mit Vergrößerung der Schläge und ↗Ausräumung der Kulturlandschaft fundamental, sodass heute in Mitteleuropa Pflanzen- und Tierarten der Feldflur dramatischer als solche der meisten anderen Biotoptypen (↗Biotop) gefährdet sind. Ebenso entstanden dadurch Probleme des abiotischen Ressourcenschutzes, z. B. durch ↗Bodenerosion und Belastungen von Grund- und Oberflächenwasser.

Feldforschung, *field research*, Untersuchung sozialer Einheiten und Organisationen, bevorzugte Methode ist die teilnehmende ↗Beobachtung.

Feldgehölz, kleinflächiger, flächig entwickelter Strauch- und/oder Baumbestand in der Agrarlandschaft, in der Regel mit einem von der Umgebung unterschiedenen Bestandsinnenklima. In der Randzone sind Feldgehölze durch Lichtholzarten aufgebaut, in der Kernzone, je nach Flächengröße, auch durch Schattenholzarten. Es handelt sich teils um Reste früherer Bewaldung, teils Sukzessionsflächen oder bewusste Pflanzungen aus wirtschaftlichen (Pappel-, Weihnachtsbaumkulturen) oder Naturschutz-Gründen.

Feldgraswirtschaft, Typ des ↗Wechselgrünlandes mit einer ↗Fruchtfolge, die mehrjährigen Feldgrasbau einschließt. Es stellt dies vermutlich die ursprüngliche Form der Landnutzung dar: 1- bis 2-jähriger Getreidebau im Wechsel mit einer ebenso langen oder noch längeren Brachzeit, wobei die ↗Brache oder das Grasland auch als ↗Weide extensiv genutzt wurde. Ein solcher Wechsel war notwendig, weil die Ertragskraft des Bodens bei Ackernutzung von Jahr zu Jahr nachließ. Unterschiedliche Formen der Feldgraswirtschaft gibt es heute noch im ozeanischen Klimabereich des nordwestlichen Frankreich, auf den britischen Inseln, in den nordischen Ländern sowie in den Hochlagen von Schwarzwald und Schwäbischer Alb. Feldgrassysteme sind auch in den Tropen und Subtropen anzutreffen, wobei zwischen unregulierter (wilder) und regulierter Feldgraswirtschaft (Feldbau mit nachfolgender Vegetation von gesäten, gepflanzten oder spontan wachsenden Futterpflanzen, die systematisch gepflegt, meist umzäunt und beweidet oder geschnitten werden) unterschieden wird. Geregelte Feldgrassysteme sind in den Tropen selten, in den Subtropen weit verbreitet. [KB]

Feldhecken, linienförmig und mehr oder weniger durchgehend verlaufende Elemente der ↗Flur, die sich aus verschiedenen Baum- und Straucharten sowie aus ein- und mehrjährigen krautigen Pflanzen und Gräsern zusammensetzen. In der Regel besitzen sie am Boden eine Breite von 2–10 m. Gewöhnlich sind sie vom Menschen u. a. zur Feldabgrenzung, als Wind- oder Erosionsschutz angelegt worden und werden mehr oder weniger regelmäßig durch Pflegemaßnahmen in einem bestimmten Zustand erhalten. ↗Hecke.

Feldkapazität, *Feld-Wasserkapazität*, *Speicherfeuchte*, *Wasserkapazität*, wichtiger Parameter des Bodenwasserhaushalts, kennzeichnet die durch Kapillar- und Adsorptionskräfte hervorgerufene, maximale Wassermenge im Boden, die entgegen der Gravitation in einem freidränenden Boden in ungestörter Lagerung oberhalb des Grundwasserspiegels haften bleibt. Die Höhe der Feldkapazität ist in erster Linie abhängig von der ↗Korngrößenverteilung, dem ↗Bodengefüge und dem Gehalt an ↗organischer Bodensubstanz und wird konventionell angegeben als Wassergehalt zwei bis drei Tage nach ausreichender Wassersättigung. Die ↗Wasserspannung bei Feldkapazität schwankt in etwa zwischen ↗pF-Werten von 1,8 und 2,5. ↗nutzbare Feldkapazität.

Feldmark, eher historischer Begriff zur Bezeichnung der Ländereien eines landwirtschaftlichen Betriebes oder der ↗Gemarkung einer Gemeinde.

Feldspäte, geologisch wichtige Mineralfamilie, die mit rund 60 % am Volumen der Erdkruste beteiligt ist. Sie bildet zwei Reihen von Mischkristallen, die Kalknatronfeldspäte (Plagioklase) und Alkalifeldspäte (Orthoklase). *Plagioklase* sind eine Gruppe von triklinen Feldspäten mit der chemischen Formel $(Na,Ca)Al(Si,Al)Si_2O_8$. Bei hohen Temperaturen bildet sich eine komplette Mischreihe von Albit $(NaAlSi_3O_8)$ nach Anorthit $(NaAlSi_3O_8)$. Diese Plagioklas-Reihe wird nach zunehmendem Molanteil von Anorthit in Albit, Oligoklas, Andesin, Labradorit, Bytownit und Anorthit unterteilt. Plagioklase besitzen eine charakteristische Verzwilligung und zeigen meist einen zonaren chemischen Aufbau. Der *Orthoklas* ist ein farbloses, weißes, fleischfarbenes oder graues Mineral mit der chemischen Formel: $KAlSi_3O_8$, monokliner Modifikation und ist dimorph mit dem Mineral Mikroklin. Feldspäte gehören zu den ↗Silicaten und kommen primär in ↗Magmatiten und ↗Metamorphiten vor, als Erosionsprodukte auch in klastischen Sedimentgesteinen (↗klastische Gesteine). Sie verwittern zu ↗Tonmineralen. [GG]

Feldwaldwirtschaft, *Birkberg-, Hauberg-, Reutberg-Wirtschaft*, als historische Form das extensivste Bodennutzungssystem ohne Flächenwechsel, bei dem nach 1 bis 4 Jahren Anbau eine längere Waldnutzung folgte. Sie vollzog sich im Gegensatz zum tropischen ↗Wanderfeldbau innerhalb fester Besitzgrenzen. Die Feldwaldwirtschaft war in deutschen Mittelgebirgen und in den Alpen bis in das frühe 20. Jh. weit verbreitet. Die Umtriebszeit dauerte bei Hochwald 40–60, bei Niederwald 15–25 Jahre. Der ↗Niederwald mit seinem Stockausschlag konnte im »Hackwaldbetrieb« zur Gewinnung von Brenn- und Stangenholz, von Rebpfählen, Holzkohle oder in den Eichenschälwäldern von Gerberlohe dienen. Zwischendurch wurden Hafer, Roggen, Kartoffeln oder Buchweizen eingesät. In ↗Entwicklungsländern (zunächst Burma, später Indien, Indonesien, Ost- und Westafrika) ist in einem beschränkten Umfang während der Kolonialzeit ein kombinierter land- und forstwirtschaftlicher Anbau entwickelt worden. [KB]

Felsburg, lokale, grobblockige steilwandige Aufragung aus nackten Felsblöcken, deren Konfiguration von Klüften und Schichtfugen bestimmt wird; in kristallinen Gesteinen oft in Verbindung mit ↗Wollsackverwitterung.

Felsdrumlin, aus Festgestein bestehender, ↗Drumlin ähnlicher Rücken mit stumpfer, steiler Luv- und flacher Leeseite.

Felsenburg ↗Tor.

Felsenmeer ↗Blockmeer.

Felsfußfläche, Abtragungsfußfläche im Festgestein. ↗Pediment.

Felshafter, *Epilithen*, Gruppe der ↗Felspflanzen, zu der Gesteinsflechten zählen und sich an schattigen, feuchten Standorten ansiedelnden Grünalgen zählen aber auch die roten nitrophilen Flechtengesellschaften an Nist- und Rastplätzen von Alpenvögeln und -säugern. Die ökologisch bedeutsamen Felshafter ermöglichen als ↗Pioniervegetation die Ansiedlung weiterer (zum Teil auch höherer) Pflanzenarten, indem sie das jeweilige Substrat aufbereiten. Die geringen thermischen Ansprüche der zu den Felshaftern zählenden Flechten werden z. B. daraus ersichtlich, dass mindestens 26 Flechtenarten, aber nur 12 Blütenpflanzen in den Kammlagen der Alpen über 4000 m NN siedeln.

Felshumusboden ↗O/C-Böden.

Felsinwohner, *Endolithen*, ↗Bakterien, ↗Algen und ↗Flechten im Gestein; ↗endolithische Organismen.

Felspflanzen, *Lithophyten*, Vegetation auf Felsstandorten, die gemäß ihrer ökologischen Standortbedingungen mit zu den extremsten Lebensräumen gehören. Je nach Neigung und Exposition ergeben sich an diesen Standorten äußerst unterschiedliche, kleinräumig wechselnde Strahlungs-, Belichtungs-, Temperatur-, Feuchtigkeits- und Verwitterungsverhältnisse. Zusätzlich wirken sich Gesteinsunterlage, Bodenbildung und -reaktion, Humusauflage und Düngung modifizierend auf die Standortbedingungen aus. Die Vegetation der Felsstandorte kann nach den dominierenden Lebensformen in die Gruppen der ↗Felshafter, Felsinwohner und ↗Felswurzler unterteilt werden.

Felsplattform ↗Schorre.

Felsterrasse ↗Terrasse.

Felswannen, *rock pools* (engl.), fast immer bioerosive rundliche Felsaustiefungen von einigen Zentimetern bis Dezimetern Tiefe und einem Durchmesser bis zu einigen Metern im ↗Supralitoral von Carbonatgesteinsküsten. Diese Felswannen (Abb.) haben sehr rauhe Oberflächen und sind meist von einer schmalen ↗Hohlkehle in Höhe der häufigen Wasserfüllung umgürtet. Sie unterscheiden sich deutlich in ihrer engen Vergesellschaftung von den vereinzelt auftretenden glatt ausgeschliffenen Felswannen des Supra- und Eulitorals, die durch die ↗Brandung mithilfe von Lockermaterial ausgestrudelt werden zu Brandungskolken.

Felswurzler, *Spaltenpflanzen, Chasmophyten*, heterogene Gruppe von ↗Felspflanzen, die sich aus

Felswannen: Durch Bioerosion eingefressene Felswannen, meist dicht vergesellschaftet (Nordküste Kretas).

⁊Moosen, ⁊Flechten und ⁊Spermatophyten zusammensetzt. Unter den Moosen herrschen Lebermoose vor, die vor Austrocknung gut geschützt in Klüften wachsen. Unter den Spermatophyten dominieren ⁊Polsterpflanzen wie der Bläuliche und Sparrige Steinbrech (*Saxifraga caesia* und *S. squarrosa*). Entsprechend der großen Höhenamplitude der Felsstandorte von der planaren bis zur nivalen ⁊Höhenstufe untergliedert man die Gesellschaften am besten nach ihren jeweiligen Wärmeansprüchen in verschiedene höhenbedingte Gesellschaften. Dabei ist die Schweizer-Mannschildgesellschaft (*Androsacetum helveticae*) bezeichnend für die alpin-nivale Höhenstufe. Sie enthält zudem mehrere ⁊endemische Arten. Die charakteristische Felsspaltengesellschaft der alpinen Stufe ist dagegen die Dolomitenfingerkrautgesellschaft (*Potentilletum nitidae*), ebenfalls mit mehreren Endemiten. Auch im Mittelmeerraum verdient insbesondere auf Kalkgestein die Felsspaltenvegetation Beachtung wegen ihrer hohen Artenvielfalt (⁊Biodiversität) und ihres Endemitenreichtums. [MM]

Femelwald, resultierende Waldform des Femelschlags als Art des ⁊naturnahen Waldbaus, bei dem Altbäume trupp-, gruppen- oder horstweise entnommen werden. In den entstehenden Lichtungen von maximal einer Baumlänge Durchmesser wird die Naturverjüngung gefördert. Diese Verjüngungsform kommt den Verhältnissen im Ur- bzw. Naturwald (⁊Naturlandschaft) am nächsten.

Feminisierung, Begriff aus den Sexualwissenschaften, der zu Beginn des 20. Jahrhunderts in Zusammenhang mit dem »Vordringen« von Frauen in »männliche Berufe« auf einen gesellschaftlichen Kontext übertragen wurde. Unter Feminisierung eines Berufes wird zunächst lediglich der Anstieg des Frauenanteils innerhalb der Berufsgruppe verstanden (quantitativer Aspekt). Im Zusammenhang mit dem Begriff der Feminisierung werden weiterhin auch Aspekte wie die geschlechtsspezifische Berufsrolleninterpretation oder die Frage des Sozialprestiges von Berufen berücksichtigt (qualitative Aspekte). Der Stand und die Entwicklung der Feminisierung für einzelne Berufsfelder wird durch den jeweiligen Frauenanteil an den Erwerbstätigen auf einem Berufsfeld deutlich. Bei die Entwicklung des Frauenanteils (Feminisierungsprozess) kann zwischen folgenden Phasen der Feminisierung unterschieden werden: a) tatsächliche, aktive Feminisierung (die absolute Zahl der Frauen in einem Beruf steigt schneller als die der Männer oder die absolute Zahl der Frauen steigt, während die der Männer fällt oder stagniert, d. h. die absolute Differenz zwischen der Zahl von Männern und Frauen nimmt ab), b) tatsächliche, passive Feminisierung (die absolute Zahl der Frauen sinkt langsamer als die der Männer, d. h. die absolute Differenz zwischen der Zahl von Männern und Frauen nimmt ab) und c) scheinbare Feminisierung (die Zahl der Frauen steigt langsamer oder sinkt schneller als die der Männer, der Anteil der Frauen nimmt jedoch dennoch zu). Die Feminisierung ist als raum-zeitlicher Prozess zu verstehen. In seiner zeitlichen Dimension kann die Feminisierung u. a. durch einen Bedeutungs- und Prestigeverlust von Berufen (z. B. Volksschullehrkraft) oder durch gesellschaftliche Veränderungen (z. B. zunehmende Akzeptanz weiblicher Erwerbstätigkeit) verursacht werden. Hierbei ist auch die Steuerung des Feminisierungsprozesses durch hemmende und unterstützende legislative Maßnahmen möglich (z. B. Gesetz gegen Doppelverdienertum in den 1930er-Jahren oder Förderprogramme für Frauen) möglich. In ihrer räumlichen Dimension weist die Feminisierung von Berufen insbesondere zu Beginn des Prozesses häufig ein sehr große Stadt-Land-Gefälle des Frauenanteils auf. Dies gilt etwa auch für den Feminisierungsprozess des Lehrberufs an Grund- und Hauptschulen, ein typisches Beispiel für einen feminisierten Beruf. [JSc]

Feministische Geographie, Ansatz, der über die Frauenbewegung sowie Debatten in den Sozialwissenschaften und der angloamerikanischen Geographie erstmals Mitte der 1980er-Jahre in der deutschsprachigen Geographie aufgegriffen wurde, um das Wechselverhältnis von Raumstrukturen und Geschlechterkonstellationen zu thematisieren. Parallel zu den Auseinandersetzungen um verschiedene Formen sozialer Ungleichheit beschäftigten sich Feministinnen zunächst mit der systematischen Benachteiligung von Frauen bei der Raumaneignung und -nutzung sowie deren Reproduktion durch geographische Theorien. Es handelte sich dabei überwiegend um Situationsanalysen städtischer Raumstrukturen, die z. T. vor einem marxistischen Hintergrund interpretiert wurden. Ziel dieser empirischen Frauenforschung war die Gleichberechtigung von Männern und Frauen. Die zeitlich daran anschließende Phase der radikalfeministischen Forschung basierte hingegen auf der Annahme, dass ein grundlegender Unterschied zwischen Männern und Frauen existiert. Dieser Ansatz stützt sich auf die spezifisch weibliche Erfahrung sowie auf die geschlechtsspezifische Konstruktion von Wissen. In beiden Phasen wurden die Untersuchungen verhältnismäßig wenig theoretisch reflektiert, d. h. die empirischen Details wurden kaum in übergeordnete Gesellschaftstheorien eingeordnet, noch wurde nach einer Erklärung für die Geschlechterdifferenz gesucht. Ausgehend von diesem Defizit und beeinflusst durch eine Orientierung am ⁊Poststrukturalismus, ⁊Dekonstruktivismus und ⁊Postkolonialismus setzte eine theoretische Wende ein. Berücksichtigt wurden zudem die Vielfalt der Lebensbedingungen von Frauen und die Differenzen zwischen Frauen. Umstritten ist daher die in den ⁊gender studies vorgenommene Trennung in soziales und biologisches Geschlecht, da sie eine kohärente Beziehung zwischen beiden unterstellt und diese Kohärenz auf der unkritischen Voraussetzung einer biologischen Zweigeschlechtlichkeit beruht sowie die Naturalisierung der Geschlechterdifferenz manifestiert. Im Anschluss an Donna Haraway u. a. wird nicht länger der Körper als Konstitutionsmoment der Geschlechtsidentität begriffen. Vielmehr werden die auf den Körper einwirkenden gesellschaftlichen Konstruktionsprinzipien analysiert, um den Herstellungsmodus der Geschlechterdifferenz zu erkennen und neu zu bewerten. In diesem Zusammenhang werden auf der theoretischen Ebene die Kategorie Geschlecht und das feministische Subjekt Frau aufgelöst. An ihre Stelle tritt eine Auseinandersetzung um die diskursive Produktion von verkörperten Subjekten, Identitäten und Räumen. Innerhalb der feministischen Geographie verschiebt sich somit der Forschungsschwerpunkt auf die Analyse der Bedeutung unterschiedlicher Räume bei der Konstruktion gesellschaftlich differenzierter Körper. Trotz der Vielfalt von feministischen Ansätzen in der Geographie gibt es eine Reihe von gemeinsamen Prinzipien, die dieser Perspektive zugrunde liegen: Die Enthierarchisierung der Geschlechter auf wissenschaftstheoretischer, fachspezifischer und institutioneller Ebene, die Bevorzugung qualitativer Methoden sowie ein Bewusstsein über die Situiertheit von Wissen, die es erforderlich macht, Forschungen und deren Ergebnisse in ihren raumzeitlichen Kontext zu stellen. Die daraus resultierende Kritik an der Geographie als Wissenschaft verdeutlicht, dass feministische Geographie keine Teildisziplin ist, sondern als Querschnittsperspektive in alle geographischen Bereiche eingehen kann. [ASt]

Feng-shui ↗Geomantik.

Fennosarmatia, *Ur-Europa*, alte Festlandsmasse bestehend aus dem heutigen Südnorwegen, Schweden, Finnland und dem größten Teil Russlands bis zum Ural.

Fennoskandia, *Finnisch-skandinavischer Schild*, weitgespannte, schildförmige Aufwölbung mit einem Zentrum im Bereich der nördlichen Ostsee. Im Zuge der Entlastung durch das Abschmelzen der Eises seit dem ↗Pleistozän hebt sich der Schild, im seinem Zentrum durchschnittlich 10 mm/Jahr.

Fenster, *Deckenfenster*, *tektonisches Fenster*, wird erosiv eine tektonische ↗Decke so abgetragen, dass der Untergrund der Decke sichtbar wird, so wird diese Öffnung als Fenster (Abb.) bezeichnet. Im Tauern-Fenster sind liegende Partien (das Tauern-Massiv) entblößt.

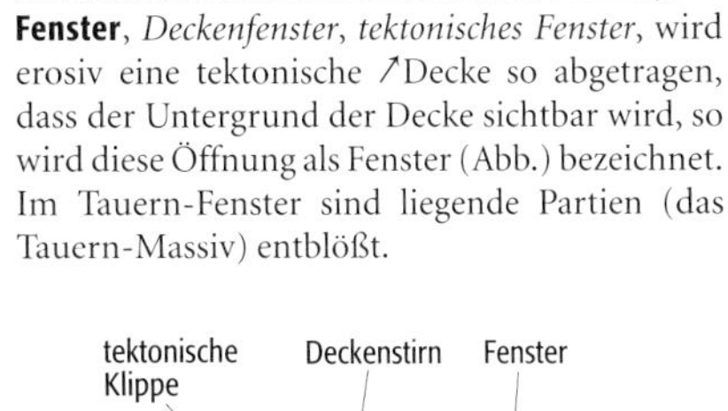

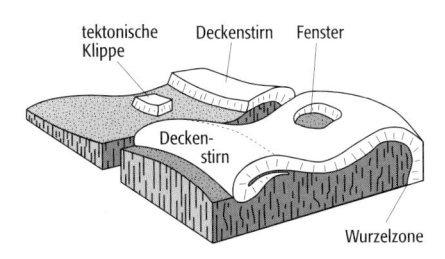

Fensterbereiche der Atmosphäre ↗*atmosphärische Fenster*.

ferallitische Verwitterung ↗*siallitische Verwitterung*.

Ferien, umgangssprachliche bzw. von Schülern verwendete Bezeichnung für ↗Urlaub bzw. ↗Freizeit im Jahresverlauf.

Ferien auf dem Bauernhof, *Urlaub auf dem Bauernhof*, *Agrotourismus*, spezielles touristisches Angebot landwirtschaftlicher Betriebe. In der Regel wird durch das an industriefernen und landschaftlich reizvollen Standorten gelegene, überwiegend kleinbetrieblich strukturierte Angebot ein zusätzliches Einkommen zu den agrarischen Erträgen erwirtschaftet (Beherbergung und/oder Verpflegung). Klassische Zielgruppe dieses Angebots sind Familien mit Kindern. ↗EU, Fachministerien, Bauernverbände und/oder einschlägige Interessenverbände (z. B. die Deutsche Landwirtschaftsgesellschaft DLG) fördern diesen landwirtschaftlichen Betriebszweig. Ein Problem stellt das teilweise nicht vorhandene touristische Know-how der Anbieter dar. Mögliche Synergieeffekte mit der agrarischen Tätigkeit bieten sich z. B. durch die Verwendung und/oder den Verkauf agrarischer Produkte (z. B. durch ↗Direktvermarktung) an. [JSc]

Feriendorf, besteht ganz oder fast ausschließlich aus Einzel- oder Doppelbungalows mit rudimentären Einkaufs- und Freizeitmöglichkeiten (z. B. Spielplatz).

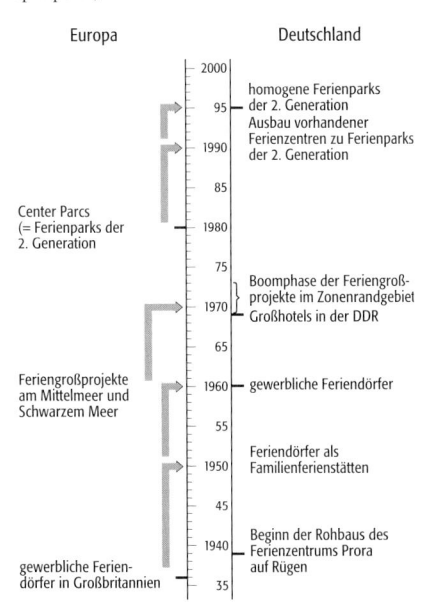

Feriengroßprojekte: Innovationen bei Feriengroßprojekten in den Jahren 1935–2000.

Fenster: Tektonische Decke mit tektonischem Fenster und Klippe.

Feriengroßprojekte, sind Beherbergungsbetriebe mit mehr als 400 Betten, die primär Urlauber als Gäste aufnehmen. Kurz vor Beginn des 2. Weltkrieges wurde auf der Insel Rügen mit dem Bau des Ferienzentrums Prora begonnen. Der Rohbau, der für ca. 20.000 Gäste geplanten Anlage, erstreckte sich über fast 4500 m entlang der Ostseeküste. Zur gleichen Zeit entstanden die ersten gewerblichen ↗Feriendörfer in Großbritannien. Bis Ende der 1960er-Jahre wurden in Deutschland überwiegend kleinere Feriendörfer gebaut, während an den Mittelmeerküsten (Spanien, Frankreich) die ersten Feriengroßprojekte als Apartmentanlagen oder Hotels errichtet wurden.

Ab 1969 kam es in der BRD zu einer Boomphase, ausgelöst durch eine gute Immobilienkonjunktur und günstige Förder- und Finanzierungsbedingungen (Zonenrandförderung/Abschreibungsmöglichkeiten). Besonders an der Ostseeküste, im Harz und im Bayerischen Wald wurden mehrgeschossige Apartmentanlagen mit teilweise mehr als 5000 Betten errichtet. In der Folgezeit wurden vor allem kleinere Ferienparks mit Bungalow- und/oder Apartmentbebauung und einer Grundausstattung an Einkaufsmöglichkeiten, Restaurants und Freizeiteinrichtungen geschaffen. In den Niederlanden entwickelte sich ab 1980 eine neue Form von integrierten Tourismuszentren: die Ferienparks der 2. Generation, die mit umfangreichen Geschäften, Restaurants und Freizeitmöglichkeiten ausgestattet sind. Zentrale Einrichtung ist dabei ein »subtropisches Badeparadies«. Von diesem Typ (1800–5000 Betten) existieren heute 5 Anlagen in Deutschland. Touristische Großhotels mit einem eigenen Vergnügungspark/Spielcasino und bis zu 5000 Betten, wie sie in den USA (z. B. Las Vegas) anzutreffen sind, wurden in Deutschland bisher nicht gebaut. Abb. [CB]

Fernerkundung, *remote sensing* (engl.), *télédétection* (franz.), berührungsfreies Messen, Messen über Distanzen, Sammelbegriff für die Technologie der Erdbeobachtung aus dem Weltraum bzw. aus der Luft sowie für die Methoden der Verarbeitung der dabei gewonnenen Daten (↗digitale Bildverarbeitung, ↗Bildanalyse). Die geographische Fernerkundung bezieht sich auf die fachbezogene Nutzung von Fernerkundungsdaten, so wie es eine forstliche, geodätische, geologische etc. Anwendung der Fernerkundung gibt. Voraussetzung für die Erdbeobachtung (↗Monitoring) mittels Fernerkundung war die Entwicklung der Weltraumfahrt (↗Satelliten) einerseits und die Entwicklung von Messgeräten (↗Sensoren) zur Erfassung und Aufzeichnung der Daten über den Zustand der Erdoberfläche andererseits. Eine wichtige Rolle spielte auch die technologische Entwicklung auf dem Hardware- (leistungsstarker PC oder Workstation) und Softwaresektor (Programmpakete zur digitalen Bildverarbeitung). Erst dadurch wurde den Geographieinstituten eine fragestellungsgerechte Bearbeitung von Satellitenbilddaten ermöglicht. Ob dabei die ↗Bildverbesserung oder eine ↗Klassifizierung angewandt wird: das Ziel ist in der Regel eine bildhafte Darstellung eines Geländeausschnittes, digital oder analog (d. h. auf dem Monitor oder als ausgedrucktes Bild). Der Breite möglicher Fragestellungen entsprechend, sind die Anforderungen der Geographen an die ↗Auflösung der Fernerkundungsdaten sehr heterogen. Die Erdbeobachtung kann über photographische Aufnahmen erfolgen (↗Luftbildfernerkundung, ↗photographische Aufnahmesysteme), dazu zählen aus dem Flugzeug durchgeführte ↗Bildmessflüge aber auch die Weltraumphotographie aus den frühen Jahren der russischen Erdbeobachtung. Meist aber kommen multispektrale ↗Scanner zum Einsatz. Ihre punktbezogenen Messwerte (↗Pixel) liefern ↗Rasterdaten des aufgenommenen Geländes. Bei den ↗Erdbeobachtungssatelliten entsprechen die pixelweisen Messwerte häufig der Verschiedenartigkeit der Landoberfläche: einzelne Landnutzungsklassen reflektieren die einfallende (Sonnen-)Strahlung in spezifischer Weise, sie haben bestimmte ↗spektrale Signaturen. Die Daten des ↗Wettersatelliten ↗AVHRR geben im kleinen Maßstab einen synoptisch-bildhaften Eindruck und sind zugleich Messwerte, z. B. der Temperatur an der Wolken-Obergrenze (Abb. 1 im Farbtafelteil). Besonders günstig sind Fragestellungen in einem regionalen, mittleren Maßstab, weil dann die Satellitenbildszenen, etwa von ↗Landsat TM oder von ↗SPOT, dem Betrachter eine optimale Differenzierung des Terrains und der Landnutzung bieten. Nach einer ↗Geocodierung der Daten, d. h. nach einer geometrischen Anpassung an ein Koordinatensystem ist der Einbau von Satellitendaten in ↗GIS -Systeme möglich. Zu starke Vergrößerungen bzw. lokale Anwendungen enttäuschten wegen der zu geringen räumlichen Auflösung. Häufig wird an Fernerkundungsdaten die Anforderung gestellt, dass Einzelhäuser und vergleichbare Details der Siedlungsstruktur einwandfrei abgebildet werden. Das gelingt bei Landsat TM nicht (Pixelauflösung 30×30 m) und auch nicht bei SPOT (Pixelauflösung 20×20 m bzw. 10×10 m), zur einwandfreien Identifizierung z. B. eines Einzelhauses bedarf es einer Auflösung von etwa 5×5 m pro Bildpunkt. Aus diesem Grund wurden höchstauflösende Aufnahmesysteme entwickelt, die geradezu vom Flugzeug aufgenommene Luftbilder ersetzen können. Ein Beispiel dafür ist das System ↗IKONOS, welches ↗panchromatische Rasterdaten im Bereich der 1 m-Auflösung liefert (Abb. 2 im Farbtafelteil). Die ↗Flugzeug-Fernerkundung wird aber nach wie vor dort eingesetzt, wo die weitere Erfassung von Objektdetails gefordert wird. Das gilt für den Einsatz multispektraler Scanner mit Pixelgrößen z. B. um 2×2 m (von der Flughöhe abhängig) wie auch für die Verwendung der Farbinfrarot-Fernerkundung (z. B. bei der ↗Waldschadenskartierung). ↗Satellitenbildszenen liefern ganzheitlich ungeneralisierte und damit vielfältige Daten über ein vergleichsweise großes Gebiet. Für Landnutzungsstrukturen und zur Kennzeichnung von Lebensräumen eignen sie sich damit sowohl für die regionalgeographische Forschung wie für den Erdkundeunterricht (↗Schulgeographie) ganz hervorragend. Sie stellen neben der ↗topographischen Karte und dem ↗Luftbild einen weiteren spezifischen Modelltyp des Abbildes der Erdoberfläche dar. Der geographisch geschulte Interpret entnimmt dem Satellitenbild gerade wegen der ungeneralisierten Wiedergabe des Realraumes eine Fülle von Sachverhalten. Landschaftsökologische Fragen ebenso wie Formen der Raumaneignung, z. B. geomorphologische Landschaftsgenese in Räumen mit geringer Vegetationsbedeckung, können so studiert werden. Die Sensoren der Erdbeobachtungsscanner erfassen jeweils nur Ausschnitte (↗Spektralbereiche) aus der elektromagnetischen ↗Strahlung mit ihren unterschiedlicher Wellenlängen. Dabei sind Spektralbereiche aus dem sichtbaren Licht und dem längerwelligen Nahen Infrarot sowie dem Mittleren Infrarot für die Erdbeobachtung besonders bedeutend. Für die visuelle Bildanalyse ordnet man die ↗Grauwertbilder der einzelnen Kanäle den Farben Rot, Grün und Blau (*RGB*) zu. In Abb. 3 (im Farbtafelteil) sind drei Bänder einer Landsat TM-Szene übereinander gelegt: R = Band 7, G = Band 5, B = Band 4. Bei einer Landnutzungsanalyse dieser ↗multitemporalen Daten unterscheidet sich die Frühlingsaufnahme (März) sehr deutlich von der Sommeraufnahme (August). Grund hierfür ist, dass die Vegetation, die vor allem im Nahen Infrarot reflektiert (Band 7) entsprechend dem mediterranen Witterungsablauf im Laufe des Sommers verdorrt. Diese Veränderung lässt sich sowohl für eine Klassifizierung als auch für die visuelle Bildinterpretation nutzen: Bei den Flächen, die in beiden Bildern rot sind, handelt es sich um immergrüne Vegetation wie Waldflächen, Citrushaine oder Bewässerungsanbauflächen, Flächen, die nur im Frühjahr in Nahen Infrarot reflektieren, sind Weide- oder Getreideanbauflächen und Flächen, die weder im Frühling noch im Sommer im Nahen Infrarot reflektieren, sind Felsgelände, Siedlungsflächen oder Gewässer. Bei der multitemporalen Klassifizierung (Abb. 4 im Farbtafelteil) wurden beide Bilder punktgenau übereinandergelegt (↗Bildüberlagerung), so konnte jeder Bildpunkt aufgrund der Messwerte in den einzelnen Kanälen aus beiden Satellitenbildszenen einer multivariaten Verrechnung unterzogen werden. Diese punktweise Zuordnung zu bestimmten Landoberflächen-Typen führt zu rechnerisch ermittelten thematischen Karten. Weitere Berechnungen (Flächenanteile, Nachbarschaften, Gestaltanalysen, ↗change detection) sind ebenso möglich wie die Nutzung der Fernerkundungsdaten bei GIS-Applikationen.

Die Anwendungsbereiche der Fernerkundung liegen in unterschiedlichen Teilbereichen der Geowissenschaften: a) Kartographie: als Grundlage von topographischen Karten und Landnutzungskarten in wenig durchforschten Gebieten, mittlere bis kleine Maßstäbe. b) Stereophotogrammetrik: Erstellung von digitalen Höhenmodellen sowie, bei höchstauflösenden Daten (z. B.: System IKONOS), Erstellung von Stadtplänen. c) Geologie und Petrographie: visuelles Erkennen von Störungs- und Zerrüttungslinien, in semiariden/ariden Gebieten Differenzierung von verschiedenen Gesteinszonen. d) Geomorphologie: visuelles Erkennen des morphologischen Formenschatzes. e) Landwirtschaft: umfangreiche Programme zu Ertragsaussichten, Anbauarten-Differenzierung, Anbau-Kontrollen in Stichproben für die ↗EU - Agrarförderung. f) Forstwirtschaft und Globalchange-Forschung: Deforestation, Desertifikation, globaler saisonaler Vegetationswandel, Waldschadensforschung. [MS]

Literatur: [1] ALBERTZ, J. (1991): Grundfragen der Interpretation von Luft- und Satellitenbildern. – Darmstadt. [2] LÖFFLER, E. (1985): Geographie und Fernerkundung. – Stuttgart. [3] RICHARDS, J. A. (1993): Digital Image Analysis. An Introduction. – Heidelberg.

Fernerkundungssystem, *Fernerkundungs-Satellitensystem*, Summe der Geräte und Einrichtungen zur Erdbeobachtung aus dem Weltraum. Es werden ein Bodensegment und ein Raumsegment unterschieden. Ersteres befindet sich am Erdboden und bezieht sich auf die Kontrolle des ↗Satelliten und der Messeinrichtungen und auf den Empfang der vom Satelliten übertragenen Messdaten sowie auf deren Vorverarbeitung und Distribution. Das Raumsegment besteht aus dem Weltraumflugkörper, der *Plattform* (Träger der Messgeräte) sowie aus den Fernerkundungs-Messgeräten selbst. Diese enthalten multispektral ausgerichtete ↗Sensoren sowie Einrichtungen zur Speicherung und zur Übertragung der Messdaten an die Bodenstation. ↗Fernerkundung, ↗Auflösung.

Fernhandelsstadt, ↗kulturhistorischer Stadttyp in günstiger Verkehrslage, deren wirtschaftliche Bedeutung großenteils durch den Fernhandel bestimmt wird.

Fernling, ↗Inselberg bzw. Restberg im Wasserscheidenbereich einer Rumpfflächenlandschaft. Seine Bildung wurde begünstigt durch die Lage in einer abtragungsfernen Reliefposition: Bei der Rückverlegung von Hängen werden Wasserscheidenbereiche zuletzt erreicht; bei der Tieferlegung von Altflächen kann die geringere Durchfeuchtung die chemische Verwitterung abschwächen und im Zusammenwirken mit flächenhafter Abtragung die Bildung von Inselbergen ermöglichen. In Karstgebieten werden Fernlinge gelegentlich nach dalmatischem Vorbild als Mosor bezeichnet.

Ferntourismus, *Fernreisen*, Urlaubsreisen, bei denen zwischen Wohnort und Zielort eine große Entfernung liegt; aus deutscher Perspektive sind Fernreisen also Reisen in außereuropäische Länder (in der Regel längere Flugreisen). Die Attraktivität von Fernreisen liegt vor allem in der Begegnung mit einer anderen Kultur, in einem anderen Klima und in einer fremden (exotischen) Landschaft begründet.

Fernverkehr ↗Verkehrsstatistik.

Fernwanderer ↗Wanderungstypologien.

Ferralit, ↗Bodentyp der ↗Deutschen Bodensystematik; Abteilung: ↗Terrestrische Böden; Klasse: Fersiallitische und Ferralitische Paläoböden. Profil: … /IIr,fBu/Cj/Cv; entspricht bei Deckschicht < 5 dm den ↗Ferralsols der ↗FAO-Bodenklassifikation; diagnostischer Bu-Horizont mit intensiver roter oder gelber Färbung und stabilem Aggregatgefüge durch starke residuale Anreicherung von ↗pedogenen Oxiden. In Mitteleuropa als Reste der Verwitterungsdecken aus den bis subtropischen Klimaphasen des Tertiärs und älteren Bildungsperioden; als ↗reliktische Böden oder ↗fossile Böden und Bodenreste auf alten Landoberflächen verbreitet; heute meist von jüngeren periglaziären Deckschichten überlagert.

Ferralitisierung, *Ferralisation*, relative bzw. residuale Anreicherung von Eisen- und Aluminiumoxidhydroxiden (/Sesquioxiden), Kaolinit (/Tonminerale), und /Quarz in situ durch Auswaschung leicht löslicher Bestandteile und von /Silicaten unter intensiver, chemischer Verwitterung in tropischen Klimaten. /Desilifizierung.

Ferralsols [von lat. ferrum = Eisen, alumen = Aluminium], Bodenklasse der /FAO-Bodenklassifikation (1990) und der /WRB-Bodenklassifikation (1998); basenarme, intensiv verwitterte, gelbe bis rote Mineralböden mit hohem Gehalt /Sesquioxid; weit verbreitet in tropischen und subtropischen Regionen mit hoher Verwitterungsintensität auf Landoberflächen meist tertiären Alters. Ferralsols sind tiefgründig und zeigen gleitende Horizontübergänge, hohe Tongehalte bei niedrigen /pH-Werten und häufig ein stabiles /Bodengefüge. Sie sind infolge der intensiven Verwitterung arm an primären verwitterbaren Mineralen und weisen eine Kationenaustauschkapazität (in 1 M NH$_4$-Acetat) < 16 cmol$_c$/kg Ton bei einem Schluff-Ton-Verhältnis von 0,2 oder kleiner auf. Sie entsprechen in etwa den /Oxisols der US-amerikanischen /Soil Taxonomy (1994) bzw. den /Roterden der /Deutschen Bodensystematik (1998). Die Verbreitung der Ferrasols zeigt die /Weltbodenkarte. [ThS]

Ferrel'sche Druckgebilde, nach dem amerikanischen Meteorologen Ferrel (1817–1891) benannte Tief- und Hochdruckgebiete der mittleren Breiten, in denen sich der Wärmeaustausch zwischen den niedrigen und hohen Breiten in Form der Ferrel-Zirkulation (/atmosphärische Zirkulation Abb. 1) vollzieht. Die mittleren vertikalen und horizontalen Luftbewegungen in der Ferrel-Zelle zeigen aufsteigende Luft im Bereich der subpolaren Tiefdruckrinne und absinkende im Bereich des subtropischen Hochdruckgürtel sowie eine im Bodenniveau polwärts und im Tropopausenniveau äquatorwärts gerichtete horizontale Ausgleichsströmung. Von besonderer Bedeutung ist, dass in der Ferrel-Zelle die Luft im Bereich der hohen Breiten bei niedrigen Temperaturen aufsteigt und im Bereich niedriger Breiten und hohen Temperaturen absinkt. In einer direkten thermischen Zirkulation steigt dagegen warme Luft infolge ihrer geringen Dichte auf, während kalte, infolge ihrer hohen Dichte absinkt. Es handelt sich bei der Ferrel-Zelle also nicht um eine thermisch, sondern eine dynamisch angetriebene Zirkulation. Der dynamische Antrieb erfolgt durch die pol- und äquatorwärts angrenzenden thermisch getriebenen Zirkulationen der Polarzelle und der /Hadley-Zirkulation. In der Polarzelle sinkt die kalte Luft über den Polen ab, während die vergleichsweise wärmere Luft im Bereich der subpolaren Tiefdruckrinne aufsteigt und den aufsteigenden Ast der Ferrel-Zelle dabei antreibt. In der Hadley Zelle steigt die warme Äquatorialluft auf, während die kühlere Subtropenluft in die subtropischen Hochdruckgürtel absinkt und dabei den absinkenden Ast der Ferrel-Zelle antreibt. Den Vorstellungen Ferrels zufolge sind demnach die Polar- und die Hadley-Zelle die primären Elemente der atmosphärischen Zirkulation, die die Dynamik der mittleren Breiten in Form der Ferrel-Zelle antreiben. Es hat sich gezeigt, dass diese Vorstellung falsch ist, obwohl tatsächlich über alle geographischen Längen der mittleren Breiten im Mittel eine Ferrel-Zelle die Zirkulation der mittleren Breiten gut repräsentiert. Der primäre Antrieb der atmosphärischen Zirkulation wird heute in der /planetarischen Frontalzone und der aus dieser resultierenden Westwinddrift mit ihren Wellen- und Wirbelstörungen gesehen, während den beiden meridionalen, thermisch getriebenen Zirkulationszellen nur eine sekundäre Bedeutung zukommt. [DKl]

Fersiallit, /Bodentyp der /Deutschen Bodensystematik; Abteilung: /Terrestrische Böden; Klasse: Fersiallitische und ferralitische Paläoböden; Profil: … /IIr,fBj/Cj/Cv/; entspricht bei Deckschicht < 5 dm den /Acrisols oder /Lixisols der /FAO-Bodenklassifikation. Der tonreiche Bj-Horizont weist einen hohen Gehalt an Kaolinit auf, ist plastisch und grau (/Graulehm), braun bis rot gefärbt oder marmoriert. Daher ältere Typenbezeichnung als *Plastosol* und /Graulehm. Die Bildung erfolgt aus sauren Sediment- oder Silicatgesteinen auf alten Landoberflächen als Reste der Verwitterungsdecke, die im tropisch bis subtropischen Klima im Tertiär oder älteren Klimaphasen entstand. Heute kommen sie als /reliktische Böden oder /fossile Böden und Bodenreste, meist unter jüngeren Deckschichten vor.

fersiallitische Verwitterung /siallitische Verwitterung.

Fertigungstiefe, *vertikale Integration*, Anteil eines Betriebes oder Unternehmens an der /Wertschöpfung eines Produktes. Unternehmen mit einer hohen Fertigungstiefe sind typisch für die Eisen- und Stahlindustrie und die chemische Industrie, Unternehmen mit geringer Fertigungstiefe für die /Textilindustrie. Die Konzentration auf /Kernkompetenzen ist meist mit einer Verringerung der Fertigungstiefe (vertikale Desintegration und Externalisierung von Funktionen oder Leistungen) verbunden.

Fertilität /*Fruchtbarkeit*.

Festeis, an der Küstenlinie (Festland, Inseln, /Schelfeis) oder an auf Grund liegenden /Eisbergen verankerte Meereisdecke. Festeis wächst meist direkt am Ort als ebene, undeformierte Platte, kann aber auch aus zusammengefrorenem Treibeis bestehen. Unter günstigen Voraussetzungen, wie Inselgruppen oder erhöhtes Eiswachstum, können sich große zusammenhängende Festeisflächen ausbilden wie in der sibirischen Arktis (Laptewsee), z. T. mehr als 200 km breit, oder vor dem ostantarktischen Schelfeis. Als küstennahe Plattform ist das Festeis von großer ökologischer Bedeutung für Brut und Aufzucht von Jungtieren.

Festungsstadt, /kulturhistorischer Stadttyp aus der Frühneuzeit, der infolge der veränderten Kriegs- und Befestigungstechniken als Neugründung oder durch die Ausstattung bestehender Städte mit einem groß angelegten System von

Bollwerken entstand. Kennzeichen sind neben den massiven Befestigungsanlagen (häufig als Sternanlage) mit besonders weitem Schussfeld (Glacis) ein regelmäßiger Grundriss sowie repräsentative, großzügig angelegte Straßen und Plätze. Um das Wachstum der Stadt in der Folgezeit zu ermöglichen, wurde das Befestigungswerk meist geschleift.

Festzielecho ↗Radar-Niederschlagsmessung.
Fetch, *Wirklänge des Windes*, ↗Seegang.
Feuchtadiabate ↗Adiabate.
feuchtadiabatischer Temperaturgradient ↗Adiabatengleichung.
Feuchte, allgemein Bezeichnung für den Gehalt eines Stoffes an Wasser, z. B. Bodenfeuchte. In der Klimatologie kurze Bezeichnung für den Gehalt der Atmosphäre an Wasserdampf, die ↗Luftfeuchte. Luftfeuchte wird in verschiedenen Feuchtemaßen, z. b. Dampfdruck, angegeben.
Feuchtediagramm, zweidimensionales Diagramm, das den Zusammenhang zwischen Temperatur (Abszisse) und dem Wasserdampfgehalt der Luft (Ordinate) beschreibt. Der Wasserdampfgehalt wird in der Regel als ↗Dampfdruck angegeben (Abb. ↗Sättigungsdampfdruck).
Feuchtemessung, *Hygrometrie*, die auf verschiedenen Messprinzipien beruhende Bestimmung des Wasserdampfgehaltes der Luft. Feuchtemessgeräte heißen *Hygrometer*, schreibende Messgeräte Hygrographen. Weit verbreitet sind Haarhygrometer bzw. Haarhygrographen. Zum Einsatz kommen hier Haarharfen aus menschlichen Haaren, diese zeigen eine weitgehend temperaturunabhängige, nur von der relativen Feuchte abhängige Längenänderung. Haarharfen bedürfen bei längerer Trockenheit einer Reaktivierung durch künstliche Befeuchtung. Ferner werden psychrometrische Messverfahren eingesetzt (↗Aspirationspsychrometer), deren Prinzip auf der von der relativen Feuchte der Luft abhängigen Verdunstung eines befeuchteten Thermometers und der dadurch bedingten Temperaturerniedrigung beruht. Beim Taupunkt- oder Kondensationshygrometer wird eine spiegelnde Fläche so lange abgekühlt bis der Taupunkt erreicht ist und sich das Wasser auf dem Taupunktspiegel kondensiert. Die Kondensation wird photoelektrisch registriert (↗Tau Abb.). Die so bestimmte Taupunkttemperatur ist in andere Feuchtemaße umrechenbar.

Ein weiteres Messverfahren basiert auf hygroskopischen Eigenschaften von bestimmten Materialien. Beim Lithiumchloridhygrometer wird Lithiumchlorid als Elektrolyt zwischen zwei Elektroden angebracht. Bei Absorption von Wasserdampf ändert sich die elektrische Leitfähigkeit, woraus sich der Wasserdampfgehalt der Luft bestimmen lässt. Aufwändiger, doch sehr genau und daher für Kalibrierzwecke einsetzbar, sind Absorptionshygrometer, mit denen die absolute Feuchte direkt bestimmt werden kann. Dabei wird ein bekanntes Luftvolumen direkt durch stark hygroskopische Stoffe (Schwefelsäure, Chlorcalcium) hindurchgeleitet. Deren Wasseraufnahme führt zu einer Gewichtszunahme, die der absoluten Feuchte entspricht. Bei der kapazitiven Feuchtemessung schließlich ändert sich die Dielektrizität in Abhängigkeit von der Luftfeuchte. [JVo]

feuchter Dunst ↗Nebel.
Feuchtezahl, beschreibt als einer der ökologischen ↗Zeigerwerte das Vorkommen der Pflanzenarten hinsichtlich des Gradienten der Bodenfeuchte von flachgründig-trockenen bis zu nassen Standorten, darüber hinaus zusätzlich vom flachen bis ins tiefe Wasser. Anhand der mittels ↗Zeigerpflanzen errechneten Feuchtezahl lassen sich Aussagen über die Feuchteverhältnisse eines Standortes machen.
Feuchtezeiger ↗Zeigerpflanzen.
Feuchtgebiete, Sammelbegriff für ↗Biotope, deren Umweltbedingungen maßgeblich durch Wasser geprägt sind. Zu den Feuchtgebieten zählen Flächen mit stehenden und fließenden Gewässern, aber auch alle Biotoptypen mit nahe der Bodenoberfläche anstehendem Grund- und/oder Oberflächenwasser wie Hoch- und Niedermoore, Feucht- und Nasswiesen. Aufgrund der zentralen Bedeutung hydrologischer Faktoren für die Ausprägung von Feuchtgebieten lehnt sich die Biotoptypengliederung maßgeblich an deren Qualitäten an: a) Stillgewässer zeichnen sich durch in Hohlformen stehendes Wasser aus – entstanden in abflusslosen Senken durch Zusammenfließen des Niederschlagswassers, an Quellstandorten, in Bach- und Flusstälern mit natürlichen Staustufen, in von Fließgewässern abgeschnittenen ↗Altarmen, am Rande abtauenden Gletschereises, in Mooren usw. Aus tierökologischer Sicht zeigt Abb. 1 die wichtigsten Umweltfaktoren, die für die Qualität von Stillgewässern bedeutsam sind. b) Fließgewässer besitzen eine mehr oder minder starke Strömung und lineare Ausdehnung. Als Netz von Gerinnen unterschiedlichster Dimension sorgen sie für den oberirdischen Wasserabfluss und bewirken den Transport beispielsweise von Sedimenten und gelösten Substanzen. Limnologisch wird die Bachregion (Rhitral) vom Mittel- und Unterlauf der Flüsse (Potamal) unterschieden, anhand der

Feuchtgebiete 1: Tierökologisch wichtige Umweltfaktoren an Stillgewässern.

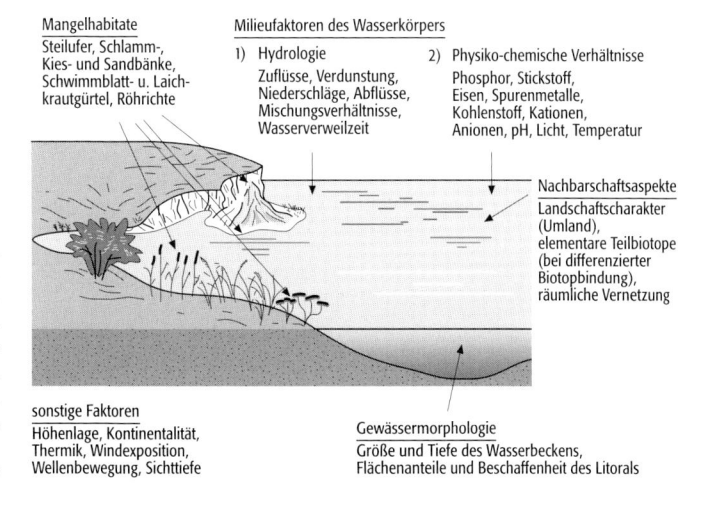

Mangelhabitate
Steilufer, Schlamm-, Kies- und Sandbänke, Schwimmblatt- u. Laichkrautgürtel, Röhrichte

Milieufaktoren des Wasserkörpers
1) Hydrologie
Zuflüsse, Verdunstung, Niederschläge, Abflüsse, Mischungsverhältnisse, Wasserverweilzeit

2) Physiko-chemische Verhältnisse
Phosphor, Stickstoff, Eisen, Spurenmetalle, Kohlenstoff, Kationen, Anionen, pH, Licht, Temperatur

Nachbarschaftsaspekte
Landschaftscharakter (Umland), elementare Teilbiotope (bei differenzierter Biotopbindung), räumliche Vernetzung

sonstige Faktoren
Höhenlage, Kontinentalität, Thermik, Windexposition, Wellenbewegung, Sichttiefe

Gewässermorphologie
Größe und Tiefe des Wasserbeckens, Flächenanteile und Beschaffenheit des Litorals

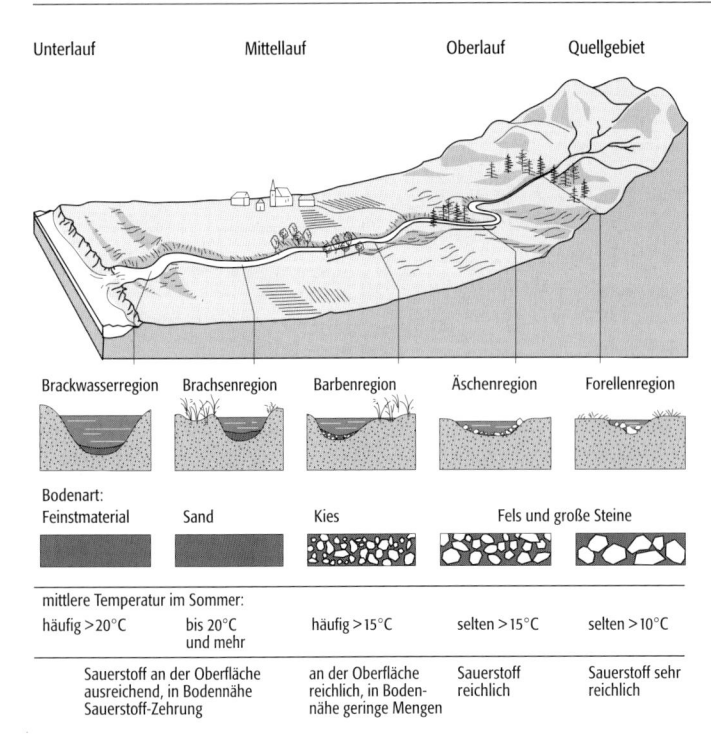

Feuchtgebiete 2: Zonierung der Fließgewässer anhand von Leitfischen und abiotischen Faktoren.

vorkommenden Leitfischarten werden fünf Zonen (Forellen-, Äschen-, Barben-, Brachsen und Brackwasserregion) differenziert (Abb. 2). c) ↗Moore weisen eine mindestens 30 cm mächtige Torfschicht aus abgestorbenen Resten auf, die in nassem Milieu infolge Wassersättigung und Luftabschluss nicht abgebaut und mineralisiert werden können. e) Feucht- und Nasswiesen zählen zu den Grünlandbiotopen und beinhalten u. a. Kleinseggenwiesen, Großseggenriede, Sumpfdotterblumenwiesen, nasse ↗Hochstaudenfluren und von Pfeifengras dominierte ↗Streuwiesen. Für ihre Entstehung ist vielfach frühere, aktuelle bzw. zumindest sporadische anthropogene Nutzung mitverantwortlich. Eingriffe in den Wasserhaushalt haben weltweit zu einem starken Rückgang von Feuchtgebieten geführt. ↗Moore. [EJ]

Feuchtsavanne ↗Savanne.

Feuchttemperatur, die Temperatur des befeuchteten Thermometers beim ↗Aspirationspsychrometer.

Feuchttropenwälder, *Feuchtwälder* in den Tropen, stehen in den wechselfeuchten Tropen zwischen ↗Trockentropenwäldern und ↗Saisonregenwäldern. Sie zeichnen sich durch unterschiedliche Anteile an laubwerfenden Bäumen aus. Diese stellen vornehmlich die oberste Baumschicht, während die unteren durch immergrüne Bäume geprägt sein können (*halbimmergrüne Wälder*). Feuchttropenwälder treten in Tropenklimaten mit drei bis sechs ariden Monaten auf. Die weite Spanne erklärt sich aus unterschiedlichen Wasserspeicherkapazitäten der Böden. Hauptsächlich sind Feuchttropenwälder in Hinterindien, Westafrika, Südostbrasilien und Zentralamerika verbreitet. Brände und übermäßiger Besatz an Herbivoren führten vor allem im Jahrtausende lang anthropogen überformten Afrika zum Ersatz der Formation durch Feuchtsavannen (↗Savanne).

Feuchtwald ↗Feuchttropenwälder.

Feudalismus [von lat. feudum = Lehen], bezeichnet eine Gesellschafts- und Wirtschaftsform, in der ein Untertan (Vasall) von einem Herrn ein Lehen erhält, diesem dafür (meist lebenslang und häufig unter Einschluss von Leibeigenschaft) Treue und bestimmte Dienste schuldet. Die politischen, militärischen und rechtlichen Herrschaftsfunktionen bleiben dabei ritterlich-aristokratischen, klerikalen oder grundherrschaftlichen Eliten vorbehalten. Die wechselseitigen persönlichen Abhängigkeiten zwischen Herr und Vasall bestanden auf der Basis von Schutzgewährung (Herr) und unterwürfiger Gefolgschaft (Untertan). Ein weiteres Merkmal des europäischen Feudalismus war die hierarchische Staffelung der Lehensrechte vom König bis zum niederen Adel. Der politische Feudalismus deckt sich historisch weitgehend mit dem Mittelalter, der wirtschaftliche Feudalismus wirkte in der Landwirtschaft bis ins 19. Jh. (↗Bauernbefreiung). [BW]

Feuer, *Brand*, ökologischer Faktor, der einen nicht zu unterschätzenden Einfluss auf Böden, Vegetation, Tierwelt und nicht zuletzt den Menschen in seinem Lebensraum ausübt. Nicht nur in den wechselfeuchten Tropen und in den Subtropen (mit dem Mittelmeergebiet, dem Kapland, Chile, Kalifornien und Australien), sondern auch in den ↗Mittelbreiten haben natürliche und gelegte Feuer erhebliche Auswirkungen auf Zusammensetzung und Struktur der Vegetation. Besonders in extremen Trockenjahren nehmen Ausmaß und Intensität der unkontrollierten Brände sprunghaft zu. So wurden z. B. 1997/98 in Südostasien und Lateinamerika durch Brände mehr als 10 Mio. ha Waldfläche zerstört. Im Sommer 2000 erfassten riesige Waldbrände den Norden Nordamerikas und Kanada. In elf nordamerikanische Bundesstaaten wurden 39 großflächige Brände registriert, die bis August 2000 bereits 1,4 Mio. ha Wald- und Buschflächen vernichtet hatten. Es konnte nachgewiesen werden, dass in vielen Fällen Blitzschläge Auslöser waren. Bei geringer Besiedlungsdichte können in borealen Wäldern bis zu 80 % der Brände durch Blitzschlag hervorgerufen werden. In Europa sind es dagegen nur ein bis vier Prozent der Brände. Natürliche Brandursachen spielen demnach hier gegenüber anthropogen bedingten Bränden nur eine sekundäre Rolle. Im Vergleich zur borealen Zone Nordamerikas fallen Bränden in Europa erheblich geringere Waldflächen zum Opfer, von denen aber dennoch in Anbetracht der höheren Besiedlungsdichte größere Gefahren ausgehen können.

Es existieren bei verschiedenen Pflanzenarten spezielle Anpassungen an die Wirkungen des Feuers. Man spricht in diesem Zusammenhang von feuerresistenten sowie feuerbegünstigten Arten bzw. von ↗Pyrophyten.

In der Regel wird die Vorfeuervegetation mittelfristig – nach einigen Jahren bis Dekaden – wieder erreicht, wenn keine weiteren Ungunstfaktoren hinzutreten. Das Regenerationspotenzial ist demnach, wie anhand von mehrjährigen Brandstudien in den Baum- und Strauchsavannen von NW-Benin sowie in den Macchie- und Phrygana-Gesellschaften der Kykladeninsel Naxos nachgewiesen werden konnte, grundsätzlich als hoch einzustufen.

Neben negativen zeigen sich aber auch positive Aspekte von Feuer und Brandwirkung, wie z. B. die Verhinderung einer zu großen Ansammlung von Nekromasse sowie eine Verjüngung der Bestände und damit das Einleiten erneuter Sukzessionszyklen. Abb. [MM]

Feuerökologie, Forschungszweig, der sich mit den ökologischen Folgen von ↗Feuer befasst. Aus den Erkenntnissen von Feueruntersuchungen können wertvolle Hinweise auf Feuerprävention oder aber präventiv gelegte Brände, beispielsweise durch Gegenfeuer, gewonnen werden. Durch eine derartige Strategie können bedrohliche Feuersbrünste durch gezielten Feuereinsatz gestoppt werden. Im Auftrag der ↗UN wird an der Universität Freiburg durch die Arbeitsgruppe Feuerökologie ein »Global Fire Monitoring Center« seit 1998 installiert. Aufgabe dieses Centers ist eine systematische, weltweite Sammlung von Informationen über Waldbrände. Deren Effizienz dürfte durch die Entwicklung eines speziellen Satelliten »BIRD«, der vom Deutschen Luft- und Raumfahrtzentrum konzipiert und im Jahre 2001 gestartet werden soll, erheblich gesteigert werden.

Feuerstein, *Flint*, *Chert*, aus Kieselsäuregel gebildetes Gestein mit meist dunkler, blauschwarzer, gelblichbrauner oder grauer Färbung und glasartigem Bruch. Die bekanntesten Feuersteine stammen aus den Oberkreideablagerungen von Nordfrankreich, Südengland und Dänemark und wurden im ↗Pleistozän von den Eismassen u. a. nach Norddeutschland verschleppt. Feuersteine des ↗Juras werden auch als Jaspis, solche des ↗Muschelkalks als Hornsteine bezeichnet. Aufgrund der hohen Härte wurden Feuersteine von den Menschen der Steinzeit zu Werkzeugen und Waffen verarbeitet sowie später zum Feuerschlagen und am Steinschlossgewehr (»Flinte«) verwendet.

FFH-Gebiet, Gebiet, das nach der Fauna-Flora-Habitat-Richtlinie vom 21. Mai 1992 geschützt ist. Diese, auch FFH-Richtlinie genannte Rechtsnorm der EU sieht vor, ein System von Gebieten, die europaweit Bedeutung für den Natur- und Artenschutz haben, nach einheitlichen EU-Kriterien zu entwickeln und zu schützen (Schutzgebietsnetz *Natura 2000*). Damit soll erstmalig europaweit ein umfassender Schutz gefährdeter Tier- und Pflanzenarten, inklusive ihrer Lebensräume, gewährleistet werden. Schutzgebiete aus zwei EU-Richtlinien werden dazu kombiniert. Das geplante Schutzgebietsnetz setzt sich somit zusammen aus: a) besonderen Schutzgebieten im Sinne der ↗Vogelschutz-Richtlinie und b) besonderen Schutzgebieten im Sinne der FFH-Richtlinie (dient dem Schutz der in den Anhängen der Richtlinie aufgeführten 253 Lebensraumtypen, 200 Tierarten und 434 Pflanzenarten). Entsprechend der FFH-Richtlinie führen drei Stufen zur Errichtung des Natura 2000 Netzwerkes: Erstens schlägt jeder Mitgliedstaat eine nationale Liste von Gebieten zum Schutz der Arten und Lebensräume vor, die in den Anhängen der Richtlinie erscheinen. Daraufhin wählt die EU-Kommission in Abstimmung mit den Mitgliedstaaten auf biogeographischer Ebene jene Gebiete aus, die als Gebiete von gemeinschaftlicher Bedeutung bewertet werden. Letztendlich weisen die Mitgliedstaaten die ausgewählten Gebiete als besondere Schutzgebiete aus und setzen Maßnahmen zur Sicherung ihrer Erhaltung um. Bis 1998 wurden der Kommission 6500 Gebiete mit einer Gesamtfläche von über 265.000 km^2 vorgeschlagen; dies sind 8 % des EU-Territoriums. Seit März 1998 findet die FFH-Richtlinie auch im deutschen Naturschutzrecht Berücksichtigung. Nach § 19 des ↗Bundesnaturschutzgesetzes unterliegen Pläne und Programme, die einzeln oder im Zusammenwirken mit anderen Projekten oder Plänen

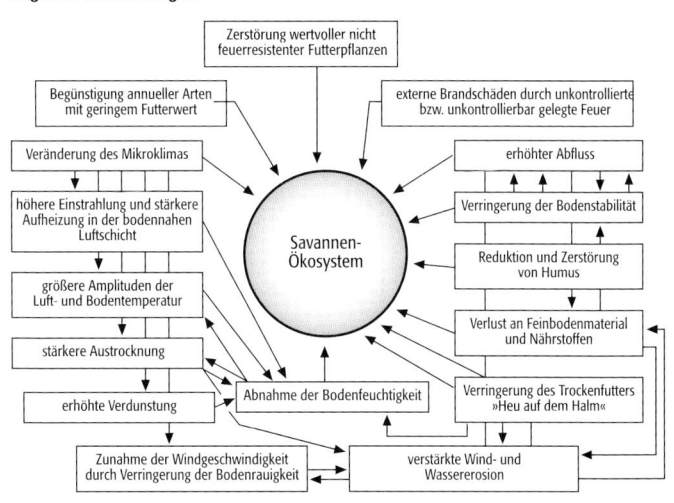

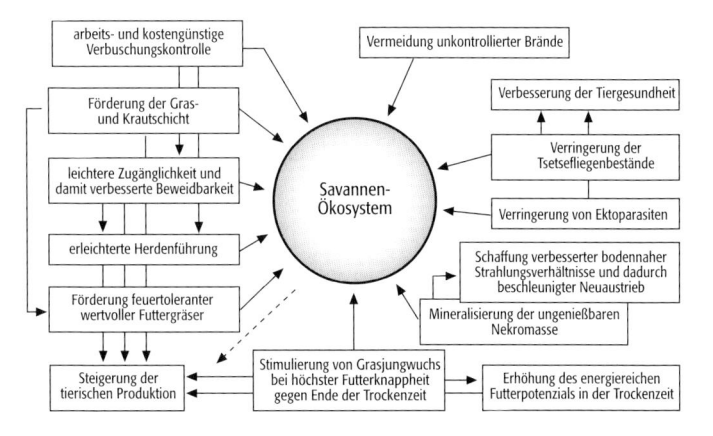

Feuer: Ökologische Folgen von Bränden auf Savannen-Ökosysteme und auf deren weidewirtschaftliches Nutzpotenzial.

geeignet sind, ein Natura 2000-Gebiet in seinen für die Erhaltungsziele oder den Schutzzweck maßgeblichen Bestandteilen erheblich zu beeinträchtigen, einer FFH-Verträglichkeitsprüfung. Diese Prüfung geht über die bisherige UVP-Regelung (↗Umweltverträglichkeitsprüfung) hinaus, da sowohl Fernwirkungen als auch Kombinationswirkungen mit anderen Vorhaben zu überprüfen sind. Im Gegensatz zu Eingriffen nach der ↗naturschutzrechtlichen Eingriffsregelung sind Eingriffe, durch die prioritäre Lebensräume oder Arten der FFH-Richtlinie betroffen sind, nur unter sehr eingeschränkten Ausnahmebedingungen möglich, und bedingen besondere Anforderungen an die Kompensation. [AM/HM]

FGGE, *First ↗GARP Global Experiment*, internationales Forschungsprogramm mit dem Ziel der Verbesserung des Verständnisses atmosphärischer Bewegungen sowie der Optimierung des meteorologischen Messnetzes. Die globale Beobachtung der Atmosphäre und der Ozeane im Rahmen des FGGE erfolgte in den Jahren 1979/80 durch Messungen von erdgebundenen Stationen, Wettersatelliten, Flugzeugen, Ballon- und Fallschirmsonden, Forschungsschiffen und Bojen.

Fick'sches Gesetz ↗Diffusionsgleichung.

field check ↗*Geländeverifikation*.

Filialisierung, bezeichnet ein Charakteristikum des innerstädtischen Strukturwandels, der seit den 1980er-Jahren verstärkt zur Dislokation von Spezialgeschäften zugunsten von Filialen großer Kettenläden führt. Aufgrund ihres standardisierten Angebots, das sich prinzipiell nicht zwischen Städten unterscheiden soll, trägt Filialisierung (↗Textilisierung) zum Verlust der innerstädtischen Vielfalt bei.

Filialist ↗Unternehmenskonzentration.

filtering down, bezeichnet im Wohnungswesen den Wechsel einer Wohnung von einer Qualitätsstufe auf die nächste, niedrigere Stufe (Abb.). Grundgedanke ist, dass der Wohnungsmarkt aus verschiedenen Teilmärkten mit unterschiedlichen Qualitätsniveaus besteht. Treten im Lauf des Alterungs- und Abnutzungsprozesses Qualitätsverschlechterungen ein, »filtert« die Wohnung auf die darunter liegende, für sie jetzt adäquate Stufe herab. Durch Neubauten, die sich i. d. R. auf dem obersten Zustandsniveau befinden, werden ältere Wohnungen – die sich dadurch nun auf einem relativ schlechteren Niveau bewegen – zum filtering down gezwungen. Gebäude, die unterhalb eines vertretbaren Qualitätsniveaus gefiltert wurden, scheiden aus dem Wohnungsmarkt aus. Der filtering down-Prozess kann durch Instandhaltungs- oder Modernisierungsmaßnahmen aufgehalten oder sogar umgekehrt werden, d. h. das Gebäude gelangt im Sinne eines *filtering up* in den Teilmarkt einer höheren Qualitätsstufe. Ebenso können sich Haushalte aufgrund gestiegener oder gesunkener Kaufkraft im Sinne von filtering up/down-Prozessen zwischen den Teilmärkten des Wohnungsmarktes bewegen, d. h. sich in Bezug auf ihre Wohnsituation verbessern oder verschlechtern. [GRo]

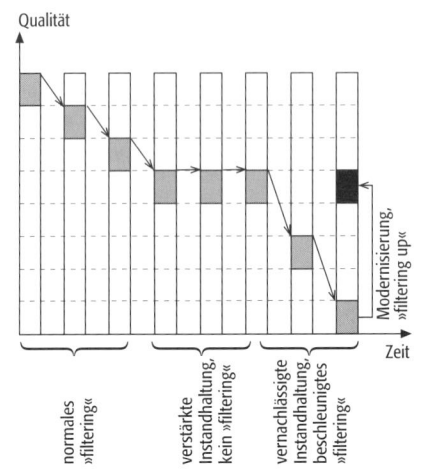

filtering up ↗filtering down.

finanzielle Entwicklungszusammenarbeit, *FZ, Kapitalhilfe*, volumenmäßig das bedeutendste Instrument der staatlichen ↗Entwicklungshilfe der Bundesrepublik Deutschland neben der ↗Technischen Entwicklungszusammenarbeit. Aufgabe der FZ ist die strukturpolitische Gestaltung durch Bereitstellung von Finanzierungsmitteln für ↗Entwicklungsländer. Ziel dieser Unterstützung ist es, das Produktionskapital einschließlich der wirtschaftlichen und sozialen Infrastruktur in den Entwicklungsländern auszubauen oder besser nutzbar zu machen. Dies geschieht hauptsächlich durch die (Teil-) Finanzierung von Projekten (Projekthilfe) und Programmen (Programmhilfe), von zu importierenden Sachgütern und Anlageinvestitionen (Warenhilfe), von Strukturhilfen und durch die Refinanzierung von Entwicklungsbanken. Die binationale finanzielle Zusammenarbeit ist soweit möglich in Strukturanpassungsprogramme unter Führung von ↗Weltbank und ↗IWF eingebunden. Das häufig verfolgte Prinzip der Lieferbindung, d. h. der Kopplung der Bereitstellung der Finanzmittel an einen Warenkauf im Geberland, führt de facto zum Rückfluss eines erheblichen Teiles der eingesetzten Mittel in das Geberland. In Deutschland werden Vergabe und Abwicklung der FZ durch die Kreditanstalt für Wiederaufbau (KfW) gesteuert, die im Auftrag der Bundesregierung tätig wird. Die Konditionen der Kreditvergabe werden nach der wirtschaftlichen Lage des Entwicklungslandes abgestuft, wobei die ärmsten Entwicklungsländer besonders günstige Konditionen mit einem hohen Schenkungsanteil erhalten. [DM]

Finca, 1) in den Andenländern und in Mittelamerika übliche Bezeichnung für meist kleine bis mittelgroße (Venezuela) landwirtschaftliche Betriebe. 2) in Spanien ein Landhaus mit Garten.

Findling ↗Erratika.

Fingerprobe, Hilfsmittel zur Bestimmung der Bodenart an feldfrischen bzw. befeuchteten Proben im Gelände durch Rollen zwischen den Handflächen und Zerreiben zwischen Daumen und Zeigefinger zur Klassifikation der Bodenarten nach Körnigkeit, Plastizität und Konsistenz gemäß

filtering down: Prozess des »filtering« einer Wohnung

Kriterienschlüssel der ↗Bodenkundlichen Kartieranleitung.

Firn, Bezeichnung für nassen, kompakten Schnee, welcher den Sommer überdauert hat. Firn stellt mit einer Dichte von durchschnittlich 0,55 g/cm³ einen Übergangszustand von ↗Schnee zu Eis dar. Firn besitzt körnige Kristalle, und der Übergang zu altem Schnee ist fließend. Die Metamorphose zu Eis, die klimaabhängig mehrere Jahre bis einige Jahrhunderte dauern kann, ist dann vollendet, wenn die miteinander verbundenen Luftkanäle innerhalb einer Firnschicht geschlossen worden sind. Während des Metamorphoseprozesses wachsen die größeren Firnkristalle auf Kosten der kleineren. In die einen hohen Porengehalt besitzende Firnschicht kann Wasser einsickern und gefrieren.

Firnlinie, Trennlinie zwischen ↗Nährgebiet und ↗Zehrgebiet eines ↗Gletschers. Oberhalb der Firnlinie überwiegt ↗Akkumulation, unterhalb ↗Ablation.

First, Verschneidungslinie zweier unterschiedlich exponierter Böschungen oder Hänge im Kulminationsbereich einer ↗Vollform nach Vorbild eines Daches. Im Querprofil z. B. einer ↗Schichtstufe oder eines ↗Schichtkammes markiert der First den höchsten Punkt des Querprofils.

Firstträger, bei ↗Strukturformen (↗Schichtkämme, ↗Schichtstufen) diejenige Schicht, in welcher der ↗First entwickelt ist.

Fischer, *Theobald*, deutscher Geograph, geb. 31.1.1846 Kirchsteitz, gest. 17.9. 1910 Marburg. Fischer schloss sein Studium 1868 mit einer Dissertation über die mittelalterliche Geschichte Thüringens an der Universität Bonn ab. Mehrere Reisen durch Mittel- und Südeuropa weckten sein Interesse für die Geographie, und 1876 habilitierte er sich in Bonn, wo gerade ↗Richthofen den Lehrstuhl besaß (»Beiträge zur physischen Geographie der Mittelmeerländer, besonders Siziliens«). 1879 erhielt Fischer das geographische Ordinariat in Kiel, 1883 in Marburg, wo er bis zu seinem Tode lehrte. Fischer galt als ein Meister der länderkundlichen Darstellung, seine »Länderkunde der südeuropäischen Halbinseln« (1893) als Klassiker. Neben seiner wissenschaftlichen Tätigkeit im Mittelmeerraum beteiligte er sich aktiv an der nationalen Kolonialpropaganda und agitierte v. a. für deutsche Präsenz in NW-Afrika (»Marokko-Fischer«). [HPB]

Fischregionen, sind eine Form der biogeographischen Fließgewässergliederung und Differenzierung von Flussbiozönosen. Fließgewässer weisen aufgrund ihrer Jahrestemperaturamplitude und Stromsohlenbeschaffenheit von ihrer Quelle, dem *Krenal*, bis zu ihrer Mündung eine deutliche Zonierung mit charakteristischen Lebensgemeinschaften auf (Abb.). Im Gegensatz zum Oberlauf (*Rhithral*), der sich dem Krenal flussabwärts anschließt, kommen im Unterlauf (*Potamal*) Arten vor, die an größere Temperaturschwankungen und geringe Strömungen angepasst sind. Nach den Fischleitarten wird das kühle, stenotherme, sauerstoffreiche und nährstoffarme Rhithral als *Forellenregion* (*Salmo trutta fario*) bezeichnet. Dieser Fischregion schließt sich die wärmere *Äschenregion* (*Thymallus thymallus*) an. In dem auch noch schnellfließenden Flussabschnitt der *Barbenregion* (*Barbus barbus*) ist das Wasser durch den im Untergrund abgelagerten Schlamm bereits getrübt. Dieser Region folgt in den Niederungsflüssen mit schwacher Strömung und schlammigem Untergrund die trübe, sauerstoffarme und wärmere *Brachsenregion* (Brachse oder Brasse, *Abramis brama*). Das Brackwassermündungsgebiet ist die *Kaulbarsch-Flunder-Region* (*Acerina cernua*, *Platichthys flesus*). Die Forellen- und die Äschenregion werden auch als *Salmonidenregion* (Rhithral) zusammengefasst, die drei übrigen als *Cyprinidenregion*. Die Ausdehnung des Rhithrals und des Potamals hängt von der Höhenlage und der geographischen Breite eines Gebietes ab, entscheidend ist jedoch die Temperatur. Bei gleicher Höhenlage nimmt von den Polargebieten zu den Tropen die Fläche des Rhithrals ab und die des Potamals zu. ↗Feuchtgebiete Abb 2. [WH]

Fischwirtschaft, Bereich der Nahrungswirtschaft und Rohstoffgewinnung, die sich in Binnen- und Seefischerei gliedern lässt. Neben dem Fang und der Verarbeitung von Fischen und Meeresfrüchten bezieht sie ebenfalls die stark wachsenden ↗Aquakulturen als Fischzucht durch planmäßige Produktion einiger produktiver Fischarten mit ein. 1997 wurden weltweit 93,3 Mio. t produziert, zusätzlich 28,8 Mio. durch Aquakulturen, sodass sich eine Gesamtproduktion von 122,1 Mio. t gegenüber 21,1 Mio. t im Jahre 1950 ergibt. Durch die bisher immense Steigerungsrate leistet die Fischwirtschaft einen wachsenden Beitrag zur Ernährung der zunehmenden Weltbevölkerung (↗Bevölkerungsentwicklung), insbesondere bei der Eiweißgewinnung. Die ↗Industrieländer haben mit 27,6 Mio. t keinen überragenden Anteil (Abb.). Die wichtigsten Fanggebiete der Erde sind der NW- und SE-Pazifik sowie der NE-Atlantik. Die Entwicklungsdynamik in den letzten Jahren zeigt, dass keine großen Zuwachsraten mehr zu erwarten sind. Mehr und mehr führt die Ausweitung des Fischfangs an die Grenzen des Potenzials. Die Entwicklung der Seefischerei zeigt, dass sie nach einer Phase der uneingeschränkten Ressourcennutzung durch die Beschlüsse der dritten Seerechtskonferenz von 1982 eingeschränkt wurde. Seit den 1990er-Jahren hat sich die Nationalisierung der Fanggründe durchgesetzt. Diese gilt für die 200 Meilen-Zone, in der eine beachtenswerte Bewirtschaftung der Ressourcen stattfindet.

Fischer, *Theobald*

Fischregionen: Fließgewässergliederung und Fischregionen am Beispiel Mitteleuropas.

Fluss- und Bachregionen		Fischregionen
Krenal	= Quellzone	Quellfauna
Rhithral	= Gebirgsbachzone	Salmonidenregion
Epirhithral	= obere Gebirgsbachzone	obere Forellenregion
Metarhithral	= mittlere Gebirgsbachzone	untere Forellenregion
Hyporhithral	= untere Gebirgsbachzone	Äschenregion
Potamal	= Tieflandsflusszone	Barbenregion
Epipotamal	= obere Tieflandsflusszone	
Metapotamal	= mittlere Tieflandsflusszone	Brachsenregion
Hypopotamal	= untere Tieflandsflusszone	Kaulbarsch-Flunder-Region

Fischwirtschaft: Anteile am Fischfang 1999.

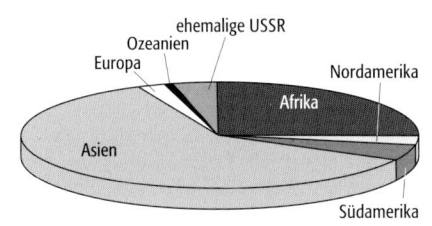

In der Fischwirtschaft hat sich generell eine wachsende ↗Globalisierung des Marktes entwickelt. Diese gilt für die Fischfanglizenzen ebenso wie für die Steuerung der Verarbeitung und Vermarktung der Fischprodukte. Um eine nachhaltige Fischwirtschaft zu betreiben, ist ein Management mit zunehmenden Regulierungsmaßnahmen erforderlich, da in einigen Gebieten bereits die Probleme und Konsequenzen der Überfischung aufgetreten sind. Sie geht auf die Folgen der Industriefischerei mit einer zunehmenden Technisierung zurück, sodass eine Übernutzung der ↗Biomasse erfolgt. Zu scharfe Eingriffe in die ↗Nahrungskette des Meeres erfordern sorgfältige Vorsorgemaßnahmen, um die Ertragsgrundlage des Fischfanges genauer bestimmen zu können. Dazu sind langfristig konsequente Beiträge zur Ökosystemforschung notwendig. [MK]

fission track, *Spaltspurendatierung*, bei der die durch Kernspaltung von Uran verursachten Strahlenschäden in Mineralen gemessen werden. Die Beziehung zwischen Urankonzentration und den (durch Ätzen mit Säure sichtbar gemachten, mikroskopisch bestimmten) Schadstellen ist eine Funktion des Alters. Nur an uranreichen Mineralen (insbesondere Zirkon und Apatit) können Alter unter 100.000 Jahren bestimmt werden.

Fitness, genetische Tauglichkeit eines Lebewesens, in seiner lokalen Umwelt die dort vorhandenen Ressourcen entgegen den herrschenden inner- und zwischenartlichen Selektionsdrucken erfolgreich zur Fortpflanzung auszunutzen. Dies bedeutet für ein im Kampf ums Dasein in einer gegebenen Umwelt weniger erfolgreiches Lebewesen auch die Möglichkeit eines Ausweichens in benachbarte (günstigere) Umwelten oder die Nutzung neuartiger Ressourcen. Dadurch kann sich die Fitness erhöhen; denn jede Besiedlung neuer Territorien trägt zur Ausbreitung einer Art bei und jedes Erschließen neuer Ressourcen kann zu einer Artaufspaltung und damit zur Ausbildung neuer Spezies führen.

Fiumara, nach italienischem Vorbild gewählte Bezeichnung für einen periodischen Fluss mit starker Wasserführung nach Regenfällen.

Fjärd, durch den nacheiszeitlichen Meeresspiegelanstieg teilweise ertrunkene glaziale Erosionslandschaften in Form weiter und mäßig tiefer, gelappter und oft inseldurchsetzter Buchten, im Gegensatz zu den ↗Bodden jedoch meist im Festgestein angelegt. Häufig in flachwelligen felsigen Glaziallandschaften wie an der Ostseeküste Schwedens.

Fjell, *Fjäll*, glazial überformte, flachwellige bis hügelige Rumpfflächenlandschaft des Skandinavischen Gebirges oberhalb und nördlich der Waldgrenze. Ihre Flora ist geprägt durch arktische und arktisch-boreal/alpine Arten.

Fjord, durch glaziale Erosion stark übertieftes steiles Trogtal, das durch den nacheiszeitlichen Meeresspiegelanstieg überflutet wurde, entsprechend der früheren Talform oft gewunden, verzweigt und tief ins Land eingreifend. Die Wassertiefen können bei mehr als 1000 m liegen, Austiefung einzelner aneinander gereihter Becken unter Wasser ist die Regel. An der Ausmündung der Fjorde ins offene Meer liegt häufig eine Felsschwelle bzw. ein Bereich deutlich geringerer Wassertiefen, weil an dieser Stelle die gerichtete Glazialerosion abrupt nachgelassen hat (Abb. im Farbtafelteil). Beim Übergang ins Hinterland weisen Fjorde gewöhnlich steile Talstufen und Stromschnellen oder gar Wasserfälle auf. Wegen des steilen Abtauchens ihrer Flanken bieten sie kaum Siedlungsraum und trotz ihres weiten Eingreifens ins Land sind sie keine guten Hafenplätze. Fjorde gibt es in allen ehemals stärker vergletscherten Küstenländern (↗Küste) der Nord- und Südhalbkugel, so in Skandinavien, in Island, in Schottland, Grönland, Kanada und Alaska, aber auch in Chile, Tasmanien oder der Südinsel von Neuseeland.

flächenartige Formen, ↗Reliefgrundtyp; Landoberflächen mit geringer Neigung; können sowohl durch Akkumulation (z. B. durch Ablagerung feiner Sedimente in Becken) als auch durch planierende Abtragung (z. B. bei der Bildung von Rumpfflächen) entstehen. Wenn Abtragungsflä-

Flächen-Bevölkerungsdiagramm: Ausgewählte Staaten um 1999 im Flächen-Bevölkerungsdiagramm.

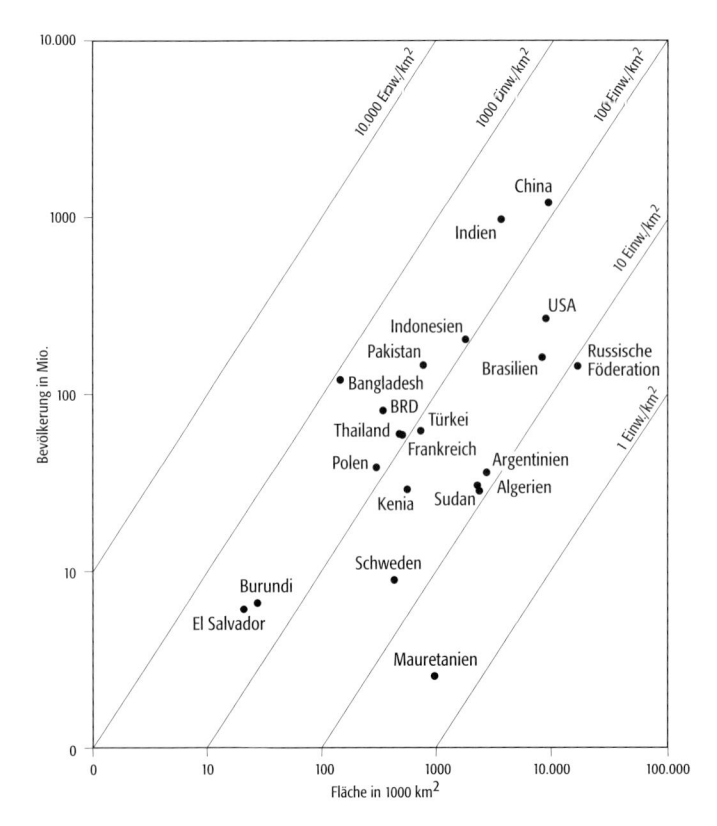

chen sich an die Struktur des Untergrundes anlehnen, spricht man von Strukturflächen. Wenn sie hingegen den geologischen Bau schneiden, handelt es sich um Skulpturflächen (/ Schichtstufen).

Flächen-Bevölkerungsdiagramm, graphisch dargestellte Relation zwischen Einwohnerzahl und Fläche einer Raumeinheit unter Einbeziehung der / Bevölkerungsdichte. Auf der x-Achse ist die Bevölkerungszahl, auf der y-Achse die Fläche jeweils in logarithmischer Skala abgetragen, die parallel verlaufenden Diagonalen geben die Dichte an (Abb.). Bangladesh hat z. B. im Vergleich zu Pakistan eine niedrigere Einwohnerzahl, hat aber aufgrund des kleineren Staatsgebietes eine höhere Bevölkerungsdichte.

Flächenbildung, Rumpfflächenbildung im Sinne großräumiger planierender Abtragung (/ Rumpffläche), Oberflächenformung durch kombinierte Wirkung von / Verwitterung und Flächenspülung, bei der Abtragungsebenen entstehen. Die oft postulierte alternative Flächenbildung/Talbildung ist nur im Hinblick auf kleinräumige / Planation sinnvoll, da die Rumpfflächenbildung in andere zeitliche und räumliche Dimensionen gehört als die Talbildung.

Flächenerzeugung, *polygonization*, ein Prozess zur Erzeugung von Flächen (/ Polygonen) aus Liniendaten (/ Vektordaten) in einem / GIS. Die Flächen können entweder automatisch erzeugt werden, z. B. über Suchalgorithmen, die die umliegenden Grenzlinien selbsttätig suchen oder durch Anklicken der die entsprechende Fläche begrenzenden / Segmente. Bei der Flächenerzeugung kann die / Nachbarschaftsbeziehung der Daten mit aufgebaut werden. Mit entsprechenden Algorithmen können Fehler in den Daten, wie nicht geschlossene Linienzüge, bereinigt werden.

Flächenhaushaltspolitik, bezeichnet im weiteren Sinn den sorgsamen, haushälterischen Umgang mit noch unbebauten aber künftig bebaubaren Flächen. Ziel ist die Sicherung von Freiflächen und die Reduzierung der Bodenbelastung zum Zweck eines sparsamen Umgangs mit der Ressource Boden bzw. Fläche. Ausschlaggebend ist der steigende Flächenverbrauch sowie die qualitative und quantitative Dezimierung von Boden. Ursächlich ist nicht nur die steigende Bevölkerungszahl, sondern vielmehr die Zunahme der Flächeninanspruchnahme für Wohnbauland, Freizeitflächen, Verkehrsflächen, usw. Da es sich hierbei um ein gesellschaftspolitisches Problem handelt, muss Flächenhaushaltspolitik bereits auf regionaler Ebene konsequent durchgesetzt und mit anderen Fachpolitiken abgestimmt werden. Ziel der Flächenhaushaltspolitik ist also die Durchsetzung bodenschonender und flächensparender Baumaßnahmen. [GRo]

Flächenmanagement, hat die möglichst effektive Nutzung bzw. den effektivsten Einsatz einer Fläche zum Ziel. Durch Koordination der einzelnen / Fachplanungen wird dabei weiterhin auf eine möglichst konfliktfreie Planung und Ordnung der Landnutzung geachtet. Flächenmanagement bezieht sich sowohl auf Gewerbe- und Wohnlagen als auch auf Ausgleichsflächen. Zu den Mitteln und Maßnahmen von Flächenmanagement zählen z. B. die Umlegung und damit Mobilisierung von Bauland, Umnutzung von Konversionsflächen oder auch die Wiedernutzbarmachung von Industriebrache. Flächenmanagement vollzieht sich in folgenden Schritten: Zu Beginn wird eine Bestandsaufnahme der zur Verfügung stehenden Flächen, der gesetzlichen Rahmenbedingungen, ökologischen Aspekte, etc. vorgenommen. Daran anschließend erfolgt eine gemeinsame Erarbeitung der Bedarfsprognosen durch die beteiligten / Akteure. Abschließend erfolgt die Standortempfehlung bzw. -entscheidung sowie die auf das jeweilige Vorhaben angepasste Abstimmung des planungsrechtlichen Instrumentariums. [GRo]

Flächennutzungsplan, *FNP*, vorbereitender Bauleitplan (/ Bauleitplanung), bei dem für das gesamte Gemeindegebiet die beabsichtigte städtebauliche Entwicklung nach der Art der Bodennutzung in den Grundzügen darzustellen ist. Abgebildet werden u. a. für die Bebauung vorgesehene Flächen, die aktuelle und die erwünschte Ausstattung des Gemeindegebiets mit öffentlichen und privaten Versorgungseinrichtungen (Schulen, Sport- und Spielanlagen etc.), überörtliche und wesentliche örtliche Verkehrsinfrastruktur, Anlagen zur Ver- und Entsorgung, Flächen für Grünanlagen, Landwirtschaft, Wald, Natur- und Landschaftsschutz. Der Flächennutzungsplan besteht aus einer Karte und einem Erläuterungsbericht. Er bedarf der Genehmigung der höheren Verwaltungsbehörde. Das Baugesetzbuch sieht die Aufstellung von Flächennutzungsplänen regelhaft vor (/ Bauleitplanung Abb.); nur wenn / Bebauungspläne zur Ordnung der städtebaulichen Entwicklung ausreichen, ist ein Flächennutzungsplan nicht erforderlich. Wird die städtebauliche Entwicklung benachbarter Gemeinden wesentlich von gemeinsamen Voraussetzungen und Bedürfnissen bestimmt, soll ein gemeinsamer FNP aufgestellt werden. Zu diesem Zweck können sich Gemeinden und sonstige Planungsträger zu / Planungsverbänden zusammenschließen. Eine Verschmelzung des Flächennutzungsplans und des / Regionalplans wird mit dem / Regionalen Flächennutzungsplan ermöglicht. [JPS]

Flächenrecycling, *Brachflächenrecycling*, Wiederaufbereitung von industriellen, gewerblichen und militärischen / Brachflächen, die durch die vorangegangene Nutzung mit Schadstoffen belastet sind (/ Altlasten). Flächenrecycling wird zum Zwecke der / Innenentwicklung von Siedlungen durchgeführt, ist aber meist sehr kostspielig. Problematisch ist dies, wenn die Kosten nicht auf den Verursacher abgewälzt werden können. / Konversion.

Flächensequenz, *Rumpfflächensequenz*, stockwerkartige Folge von / Altflächen unterschiedlichen Alters. / Rumpftreppe.

Flächenstilllegung, freiwillige oder obligatorische Aufgabe von bestimmten agrarischen Nutzungen auf bisher in der Produktion befindlichen Flächen in unterschiedlicher Dauer. Die Stilllegung bezweckt durch die Reduktion von Überproduktion eine Marktentlastung und gleichzeitig positive ökologische Auswirkungen auf den Agrarraum. Die ↗EU schafft über ein Prämiensystem Anreize zur Beteiligung. Gleichzeitig kann auf den stillgelegten Flächen eine ganze Palette von ↗Kulturpflanzen für Nichtnahrungsmittel- und Nichtfuttermittelzwecke bei vollem Anspruch auf die Flächenbeihilfen angebaut werden.

Flächenstockwerk, *Rumpfflächenstockwerk*, *Niveau* (veraltet), Glied einer ↗Flächensequenz.

Flächenumwidmung ↗Konversion.

Flächenverbrauch, Verlust von Bodenoberflächen durch Versiegelung und Bebauung mit mehr oder weniger luft- und wasserundurchlässigen Oberflächen, sodass die natürlichen Bodenfunktionen dort nicht mehr ausgeübt werden können. In der Bundesrepublik nahmen 1997 rund 6,1 % der Fläche Gebäude und 4,7 % Verkehrsflächen ein, diese sind zu bedeutenden Teilen versiegelt. Die Summe der Nutzungsarten Gebäude- und Freifläche, Betriebsfläche (ohne Abbauland), Erholungsfläche, Verkehrsfläche und Friedhof umfasste 1997 insgesamt 11,8 % Deutschlands. Um den in den Industriestaaten besonders hohen Flächenverbrauch zu begrenzen, ist ein sparsamer Bodenverbrauch für Neubauten bei gleichzeitigem Rückbau versiegelter Flächen erforderlich (Teilziel Flächenschutz im Rahmen des Bodenschutzes, ↗Naturschutz).

Flachküste, niedrig gelegene und wenig reliefierte Küstenlandschaften, meist aufgebaut aus Lockermaterial, welches entweder vom Festland stammen kann (als Deltaebene oder Schwemmlandküste) oder durch das Meer abgelagert wurde (↗Marsch).

Flachland, ausgedehntes, flaches Gebiet, in dem sowohl Höhenunterschiede als auch Hangneigungswinkel insgesamt gering sind. Lokal können allerdings beträchtliche Höhenunterschiede und steile Hänge auftreten (z. B. Endmoränenzüge, (Trompeten-) Tälchen, Dünen). Innerhalb des Flachlandes unterscheidet man *Tiefland* oder Tiefebene (< 200 m NN), Mittelgebirgsebene (200 bis 1500 m NN) und *Hochland* (Plateau) (>1500 m NN) durch ihre Lage zum Meeresspiegel voneinander.

Flachmoor ↗Moore.

Flachwasserzonen ↗Sohlenstrukturen.

Flämmen, Beseitigung von abgestorbener Phytomasse (Nekromasse) mithilfe von Feuer unter kontrollierten Bedingungen. Ferner sollen auf diese Weise potenzielle Brandherde entschärft werden. Zudem soll dadurch ein Aufkommen von Sträuchern und Bäumen unterbunden werden. Vor allem aus faunistischen und ökologischen Überlegungen heraus erweist sich dieses Verfahren in vielen Fällen als äußerst problematisch. ↗Feuer.

Flandrische Transgression ↗Meeresspiegelschwankungen.

Flarke ↗Bulte.

Flaschenbäume, zeigen einen flaschenförmigem Stamm, der als Wasserspeicher der Überbrückung der Trockenzeit dient. Ein markantes Beispiel ist der Affenbrotbaum (*Adansonia digitata*), der in den Trockentropenwäldern Afrikas verbreitet ist (Abb. im Farbtafelteil).

Flechten, *Lichenes*, blütenlose Pflanze, bei denen sich ein Algenpartner (Phycobiont) und ein Pilzpartner (Mycobiont) zu einer symbiontischen Lebensform (↗Symbiose) verbinden und morphologisch, physiologisch und ökologisch eine Einheit darstellen. Die Alge versorgt den Pilz mit organischen Nährstoffen (Kohlehydrate), während das Pilzgeflecht der Alge als Wasserspeicher (der auch die Mineralstoffe enthält) dient. In al-

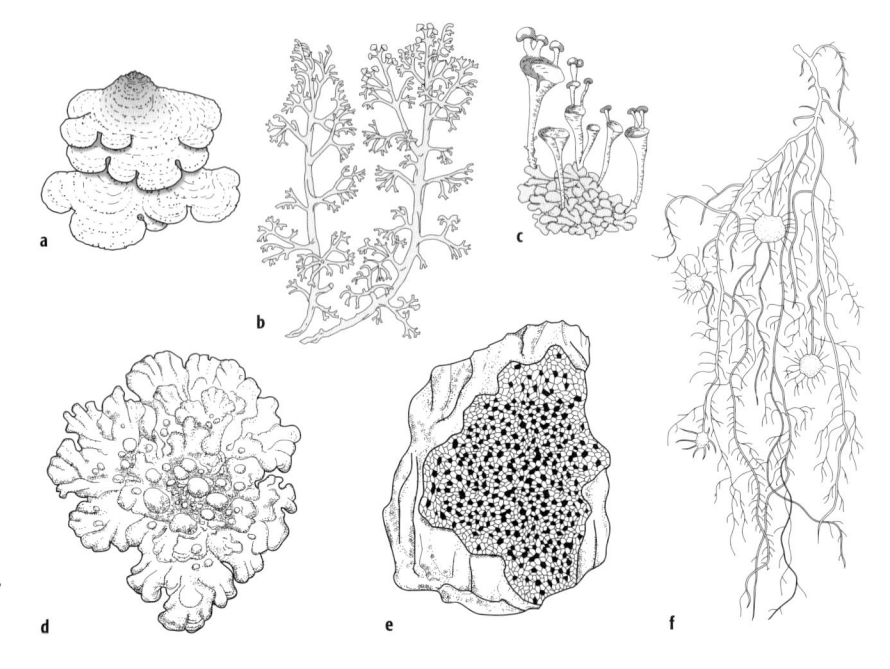

Flechten: Wuchsformen von Flechten: a) Porlingsflechte, b) Strauchflechte, c) Becherflechte, d) Laubflechte, e) Krustenflechte und f) Bartflechte.

len Vegetationszonen der Erde kommen insgesamt ca. 20.000 Flechtenarten vor, in den Tropen sind sie gering vertreten, dagegen in gemäßigten, borealen und polaren Zonen weit verbreitet. Sie sind oft Erstbesiedler und anspruchslos bezüglich Trockenheit und extremen Temperaturen, aber nicht gegenüber bestimmten Formen der Luftverunreinigung (z. B. durch Schwefeldioxid), wodurch sie gut als Indikatoren für Luftverschmutzungen (↗Flechtenzonierung) herangezogen werden können. Verkehrsreiche Stadtgebiete zeichnen sich durch eine ↗Flechtenwüste aus. Die Abbildung zeigt verschiedene Wuchsformen von Flechten. Das reichhaltige Vorkommen von Flechten dient in polaren und borealen Gebieten den Rentieren als Winternahrung. [DT]

Flechtenwüste, Gebiete ohne ↗Flechten, dazu zählen oft verkehrsreiche Stadtgebiete. Flechten reagieren u. a. recht empfindlich auf geringe Luftfeuchtigkeit sowie auf starke lufthygienische Beeinträchtigung (↗Bioindikation). Hierbei erweist sich insbesondere die Schwefeldioxidbelastung als äußerst belastend und wachstumshemmend. In Abhängigkeit von klimaökologisch-lufthygienischen Rahmenbedingungen ergibt sich somit eine deutliche ↗Flechtenzonierung insbesondere in urbanen Räumen. Aus dieser Erkenntnis heraus wurden Kartierungen von Flechtenarten sowie von deren Deckungsgrad und Vitalität durchgeführt. Dabei erwiesen sich in der Nachkriegszeit aufgrund der hohen SO_2-Emissionen von Industrie, Gewerbe und privaten Feuerungen manche Innenstädte (z. B. von München, Saarbrücken, Innsbruck) als sog. Flechtenwüsten, in denen sich keine Flechtenart nachweisen ließ. Diese Situation hat sich in der Bundesrepublik Deutschland aufgrund des Einsatzes von Entschwefelungsanlagen wesentlich entschärft. In der Folge breiten sich Flechten erneut in diesen vormals stark lufthygienisch belasteten urbanen Räumen aus. Anders sieht es dagegen in vielen Städten Osteuropas sowie in urbanen Ballungsräumen von ↗Entwicklungsländern aus. [MM]

Flechtenzonierung, gemäß der räumlich differenzierten lufthygienischen Belastungssituation zonenartiges Verteilungsmuster von Flechten (↗Bioindikation). Dabei unterscheidet man zwischen ↗Flechtenwüste, innerer, mittlerer und äußerer Zone. Von der flechtenfreien, am stärksten belasteten Zone nimmt die Anzahl an Flechtenarten und Individuen zur äußeren Zone zu.

Fleure, *Herbert John*, englischer Geograph und Anthropologe, geb. 6.6.1877 Guernsey, gest. 1.7.1969 Cheam. Fleures Studien begannen 1897 auf dem Aberystwyth University College mit den Fächern Geologie, Botanik und Zoologie, die er 1901 abschloss. In den Jahren 1903 bis 1904 vertiefte er sein Wissen in Zoologie und Anthropologie an der Züricher Universität, wo er sich stark mit der deutschen, geographischen Literatur auseinander setzte. Im Anschluss erhielt er den Doktor der Naturwissenschaften und eine Assistenzdozentur für Geologie, Botanik und Zoologie der Universität von Wales. 1905 war Fleure Mitinitiator der ethnographischen Untersuchung der Waliser Universität. 1907 wurde er Dozent für Geologie, Zoologie sowie Geographie und übernahm 1908 bis 1910 die Leitung der Geologischen Abteilung. Bis zur Übernahme des neu gegründeten Lehrstuhls für Geographie und Anthropologie im Jahr 1917 war er Professor für Zoologie. Ein weiterer Schwerpunkt seines Wirkens lag in der Weiterbildung von Geographielehrern durch Sommerschulen (1910–1924). 1917 wurde er ehrenamtlicher Schriftführer und 1919 Redakteur der Zeitschrift »The Geographical Teacher« (ab 1927 »Geography«) der Geographical Association; eine Aufgabe, die er bis 1947 ausübte. Im Jahr 1924 ernannte man ihn zum Präsidenten der Cambrian Archaeological Association. Innerhalb der British Association for the Advancement of Science stand er drei Abteilungen vor: Anthropologie (1926), Geographie (1932) sowie Konferenz und korrespondierende Gesellschaften (1948). 1930 berief man ihn an den neu errichteten Lehrstuhl für Geographie der Universität Manchester. 1938 wurde er zum Ehrenmitglied der ↗Internationalen Geographischen Union gewählt, in der er 1945–1948 das Amt des ersten Vizepräsidenten inne hatte. Nach seiner Pensionierung 1944 hielt Fleure Vorlesungen in den USA und war von 1945 bis 1947 Präsident der Royal Anthropological Society sowie Vorsitzender des British National Committee for Geography im Jahr 1948. Seine Auszeichnungen verdeutlichen seine Bedeutung für die moderne Geographie: Er erhielt z. B. 1939 die Forschungs- und 1946 die Goldmedaille der Royal Scottisch Geographical Society, 1939 die Daly-Medaille der American Geographical Society und 1946 die Victoria-Medaille der Royal Geographical Society. Werke (Auswahl): »The Channel Islands«,1898; »Patella« (mit J. R. Ainsworth Davis), 1903; »Geographical distribution of anthropological types in Wales« (mit T. C. James), 1916; »Human Geography in Western Europe«, 1918; »An introduction to Geography«, 1929; »The Corridors of time« (10 Bde mit H. J. E. Peake), 1927–1956; »French life and its problems«, 1943; »A Natural history of man in Britain«, 1951; »Guernsey«, 1961. [SR]

Flexibilisierung, globaler Restrukturierungsprozess in der Phase des ↗Postfordismus und der ↗Globalisierung auf der Basis neuer Informations-, Management- und Kommunikationstechnologien in Form von betriebs- und arbeitsorganisatorischen Flexibilisierungen. Das Ziel ist die Reaktionsfähigkeit der Unternehmen bei der Produktionsumstellung (bezüglich Produktionsprozess und Produktsortiment) auf veränderte Marktanforderungen zu verbessern. Die Restrukturierungen umfassen zum einen die Flexibilisierung der Produktion (Kleinserienfertigung, geringe Lagerhaltung, Just-in-time-Produktion etc.) und des Kapitalumschlags. Zum anderen ergab sich eine Flexibilisierung der Arbeitsorganisation (Deregulierung überkommener Lohn- und Beschäftigungsverhältnisse) und eine Umstrukturierung betriebsinterner (Abbau von innerbetrieblichen Hierarchien) sowie politisch-institutioneller Steuerungsmechanismen. Durch

Flexibilisierung: Organisationsformen industrieller Systeme.

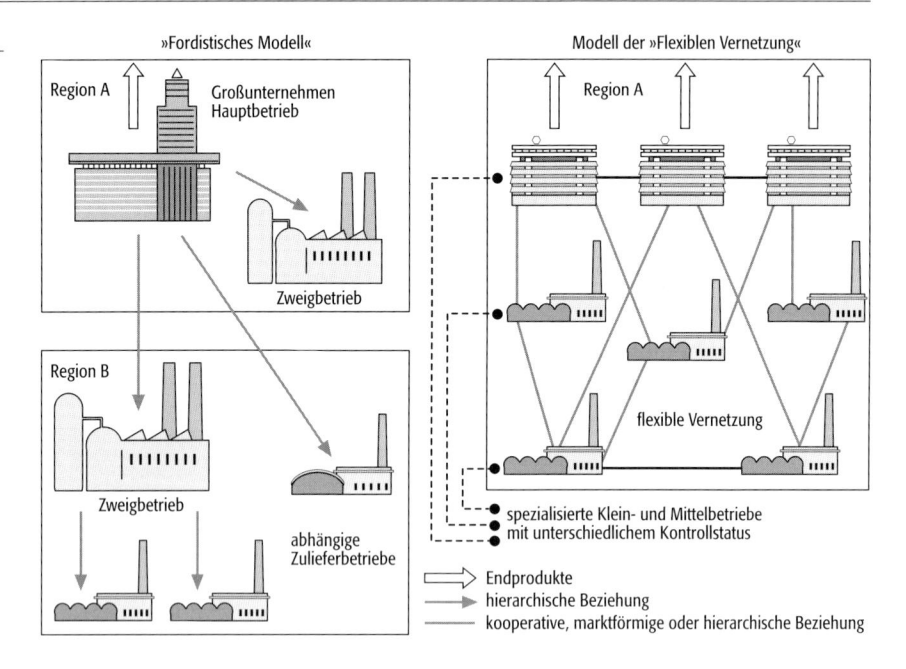

»Fordistisches Modell«

Region A — Großunternehmen Hauptbetrieb — Zweigbetrieb

Region B — Zweigbetrieb — abhängige Zulieferbetriebe

Modell der »Flexiblen Vernetzung«

Region A — flexible Vernetzung — spezialisierte Klein- und Mittelbetriebe mit unterschiedlichem Kontrollstatus

▷ Endprodukte
▶ hierarchische Beziehung
— kooperative, marktförmige oder hierarchische Beziehung

die ↗Internationalisierung des Unternehmenssektors kommt es ferner zur Flexibilisierung der Standortwahl mit der Entwicklung weltweiter Standortnetze (Abb.). [SE]

flexible Produktion, beschreibt die Fähigkeit das Produktionsprogramm (Produktart, Produktionsprozess/-verflechtungen) an sich schnell wandelnde Kundenwünsche anzupassen. Der hohe Automatisierungsgrad und die informationstechnische Integration sind die Hauptkennzeichen der flexiblen Produktion.

flexible Produktionsstruktur, Produktionsstrukturen, die sich schnell und effizient ändern lassen, um auf die Nachfrage reagieren zu können. Dies ist möglich durch neue Technologien, Veränderungen der Produktions- und Arbeitsorganisation und flexible ↗Spezialisierung.

Flexur, *Verbiegung,* s-förmige Verbiegung von Schichten ohne Mitwirkung von deutlichen ↗Verwerfungen. Meist wird sie aber durch eine Summierung kleiner Sprünge verursacht und führt zur Absenkung eines Flügels.

Flexurstufe, stufenartige Reliefform mit sigmoidalem Übergang von der Stufenfläche zum Vorland aufgrund tektonischer Verbiegung des Gesteinsuntergrundes (↗Flexur). ↗Bruchstufe.

Fliese, von ↗Schmithüsen vorgeschlagener Begriff für naturräumliche Grundeinheit der Landschaft, ein topographischer Bereich (Areal), der aufgrund seiner physisch-geographischen Substanz und Struktur ein einheitliches Wirkungsgefüge aufweist und infolgedessen in seiner ökologischen Standortqualität annähernd homogen ist. Die Fliese entspricht dem ↗Geotop. Inhaltlich ist die Fliese aus dem Standortbegriff, wie ihn die Forstwissenschaft verwendet, abgeleitet worden: Standort verstanden als ökologische Qualität eines Geländebereichs unabhängig vom nutzungsbedingten Pflanzenbestand. Der Fliesenbegriff vermochte sich nicht durchzusetzen und wird kaum noch verwandt.

Fließband, 1) *Förderband.* 2) *Industriegeographie*: Symbol für eine spezifische Form der industriellen Fertigung (↗Fordismus).

Fließerde, durch Hangrutschen und ↗Solifluktion entstandenes Lockersediment. Fließerden sind in Deutschland in weiten Bereichen der Mittelgebirge und des Alpenvorlands während des ↗Pleistozäns entstanden. Sie sind neben ↗Löss typische Sedimente des ↗Periglazial-Raums, wo sie sich durch Auftauen der oberen Bodenzone während des Sommers und anschließende Hangabwärtsbewegung (»Kriechen«) der wassergesättigten Bodenmasse auf der unterlagernden, gefrorenen Bodenzone bilden. Eine typische Eigenschaft der Fließerde ist die parallel zum Hang erfolgte Einregelung von Gesteinsbruchstücken.

Fließgeschwindigkeit, Geschwindigkeit (in m/s), mit der sich ein Wasserteilchen oder -körper unter der Wirkung der Schwerkraft in Fließrichtung in einem ↗Fließgewässer oder einem Gerinne bewegt. Die Fließgeschwindigkeit ist abhängig von der Wassermenge, vom Gefälle und der Rauheit der Gewässersohle und nimmt mit der Wassertiefe ab.

Fließgewässer, *Wasserlauf,* Sammelbegriff für alle oberirdischen Binnengewässer mit – im Gegensatz zu stehenden Gewässern – ständig oder zeitweise fließendem Wasser wie Graben, Bach, Fluss, Strom und Kanal. Die Fließgewässer werden durch den ↗Abfluss aus ihrem ↗Einzugsgebiet bis zur Mündung mit Wasser versorgt. Die im Fließgewässer gespeicherte potenzielle Energie wird nur zu einem kleinen Teil für den eigentlichen Fließvorgang benötigt, während der größte Teil der Energie für Reibungskräfte zur Verfügung steht. Diese sind letztendlich die Ursache für ↗Fluvialerosion und Materialtransport

(↗fluviale Transportrate) durch das Fließgewässer. Nach der Größe des Durchflusses (↗Abfluss) lassen sich Fließgewässer einteilen in: a) Bäche (mittlerer Durchfluss bis zu 20 m^3/s), b) kleine Flüsse (mittlerer Durchfluss von 20–200 m^3/s), c) große Flüsse (mittlerer Durchfluss 200–2000 m^3/s) und d) Ströme (mittlerer Durchfluss > 2000 m^3/s).

Fließgewässerklassifizierung, *Gewässerklassifizierung*, die Zuordnung von Fließgewässern bzw. Laufabschnitten in definierte Klassen. Verschiedenste hydrologische, morphologische und ökologische Merkmalsausprägungen eines Gewässerökosystems können nach definierten Verfahren erfasst werden. Die erhobenen Daten können einem bestehenden Klassifizierungsschema zugeordnet werden, dessen Kategorien zuvor nach Inhalten klar definiert und dessen Abgrenzungen untereinander festgelegt wurden. Die erfasste Datengrundlage kann auch zur Aufstellung verschiedener Bewertungsstufen und somit eines Klassifikationssystems herangezogen werden, so beispielsweise der ↗Gewässergüte und ↗Gewässerstrukturgüte, die jeweils eine siebenstufige Bewertungsskala enthalten.

Fließgewässerleitbild ↗*Leitbild*.

Fließgewässerrenaturierung, *Renaturierung von Gewässerläufen, Rückbau, naturnahe Umgestaltung, naturnaher Ausbau*, die Wiederherstellung oder Entwicklung eines Fließgewässers und seiner ↗Aue entsprechend ihres natürlichen Charakters bzw. naturnahen Gewässerzustandes. Dieser Prozess bezieht sich auf die morphologischen und hydrologischen Verhältnisse, sodass sich eine Wiederbesiedlung mit einer gewässertypischen Flora und Fauna einstellen kann. Im Rahmen des naturnahen ↗Gewässerausbaus sollen nicht naturgemäß ausgebaute natürliche Gewässer in einen naturnahen Zustand zurückgeführt werden, sodass sich ein gewässertypischer dyamischer Gleichgewichtszustand entwickeln kann. Ein gewisser Rest an Naturferne wird jedoch bei anthropogen durchgeführten Renaturierungsmaßnahmen bestehen bleiben. Es werden weiterhin Gewässernutzungen vorhanden sein, die als irreversible Restriktionen in einer Kulturlandschaft angesehen werden müssen (↗Fließgewässerrevitalisierung). Sollte am Ende eines Entwicklungsprozesses der Fließgewässerzustand mit dem ↗Leitbild übereinstimmen, so kann von Renaturierung im Wortsinne gesprochen werden. [II]

Fließgewässerrevitalisierung, *Revitalisierung* von Gewässerläufen, die zumindest teilweise Wiederbelebung der gewässertypischen hydrologischen, morphologischen und ökologischen Situation in und an einem Gewässerlauf und seiner ↗Aue zu einem naturnahen, nach Möglichkeit natürlichen Ökosystem. Da eine ↗Fließgewässerrenaturierung im Wortsinne kaum erreichbar ist, ist der Begriff Revitalisierung bevorzugt anzuwenden, obwohl beide Begriffe synonym verwendet werden können. Die Revitalisierung von naturnahen Gewässerzuständen wird anthropogen herbeigeführt und berücksichtigt adäquate Möglichkeiten der Landbewirtschaftung. Die Sicherung des Naturhaushaltes gilt bei anhaltender Gewässernutzung als das primäre Ziel.

Fließgewässertypen, in relativ homogene Gruppen zusammengefasste Fließgewässer bzw. Laufabschnitte, die eine typologisch gleichartige Ausbildung besitzen (Abb.). Aus einer Vielzahl einzelner Gewässer werden die wesentlichen gewässermorphologischen, -hydrologischen und -ökologischen Grundlagendaten zusammengetragen und generalisiert dargestellt. Für die Ausweisung von Fließgewässertypen ist neben der Gewässergröße der Naturraum entscheidend, der die Talform und das Talbodensubstrat bedingt. Bei Mittelgebirgsgewässern lassen sich beispielsweise Kerbtal-, Sohlenkerbtal- sowie Auen- und Muldentalgewässer unterscheiden, Flachlandgewässer können z. B. in organische Gewässer, Sand-, Kies- oder Niederungsgewässer untergliedert werden. Bei einer Fließgewässertypisierung kann auch die Morphodynamik, z. B. anhand der ↗Laufform zur Unterscheidung herangezogen werden. So lassen sich beispielsweise ↗mäandrierende, gestreckte oder auch ↗verzweigte Gerinne voneinander abgrenzen. Mithilfe eines Fließgewässertyps lassen sich verschiedene naturraumspezifische und gewässertypische ↗Leitbilder aufstellen. [II]

Fließgleichgewicht ↗*ökologisches Gleichgewicht*.

Fließmoräne, *Schlammoräne*, ↗*Moränen*.

Flimmern ↗*Luftflimmern*.

Flint ↗*Feuerstein*.

Flinz, 1) Feinsande der Oberen Süßwassermolasse in Bayern, Schwaben und Oberösterreich. 2) bituminöse, dunkle Plattenkalke der Mittel- und Oberdevons im Rheinischen Schiefergebirge. 3) dünne Platten im ↗Solnhofener Plattenkalk (»Lithographischer Schiefer«).

Flohn, *Hermann*, deutscher Meteorologe, geb. 19.2.1912 Frankfurt a. M., gest. 23.6.1997 Bonn. Von 1953–1961 war er Professor in Würzburg, 1954–1961 Leiter der Forschungsabteilung des Deutschen Wetterdienstes, 1961–1977 Professor in Bonn. Er schuf bedeutende Arbeiten zur ↗atmosphärischen Zirkulation und ↗Klimatologie, insbesondere zur Paläoklimatologie und erforschte die subtropischen Starkwinde (Jets) in der oberen Troposphäre. Werke (Auswahl): »Witterung und Klima in Mitteleuropa«, 1954; »Vom Regenmacher zum Wettersatelliten«, 1968; »Das Problem der Klimaänderungen in Vergangenheit und Zukunft«, 1985.

Flora [benannt nach Flora, der römischen Blumen- und Frühlingsgöttin], 1) die Gesamtheit der Pflanzensippen (der Artenbestand) eines definierten Gebietes (wenn geographisch eng umgrenzt, dann auch als *Gebietsflora* bezeichnet). Veränderungen im Artenbestand durch Aussterben vorhandener bzw. ↗Einwanderung neuer Sippen nennt man *Florenwandel*; unter *Florengeschichte* versteht man Veränderungen in erdgeschichtlichen Zeiträumen, die mit Umweltveränderungen (z. B. ↗Klimawandel) und mit genetischen Änderungen der Sippen selbst verbunden waren. Die Untersuchung und Rekonstruktion

Fließgewässertypen: Beispiel eines morphologisch orientierten Typisierungsansatzes von Fließgewässern.

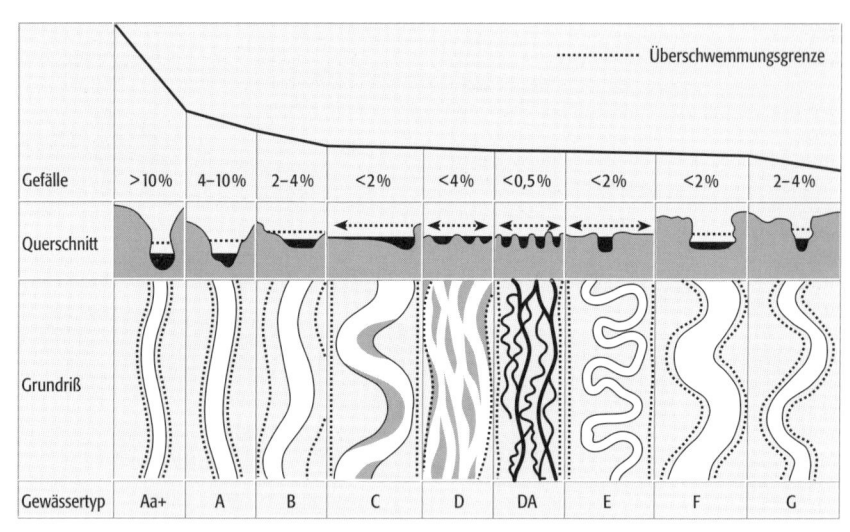

Gefälle	>10%	4–10%	2–4%	<2%	<4%	<0,5%	<2%	<2%	2–4%
Querschnitt									
Grundriß									
Gewässertyp	Aa+	A	B	C	D	DA	E	F	G

A Gebirgsflüsse/-bäche mit gestrecktem Verlauf in Engtälern mit Absturzkaskaden und regelmäßigen Kolken; häufig im Hangschutt, mitunter auf Felsen verlaufend (nichtalluvial)

B leicht gewundene Flüsse/Bäche mit relativ stabilem Bett in schmalen Mulden- und Sohlentälern; alluviale Sedimente mit vorherschender Riffle-Bildung und unregelmäßigen Kolken

C geschwungene und mäandrierende Flüsse/Bäche mit typischen Gleituferbänken, regelmäßer Riffle-Pool-Bildung in breiten Sohlentälern mit alluvialen, vorwiegend nichtkohäsiven Sedimenten, Terrassenbildung

D Furkationsstrecken mit wechselnden Rinnensystemen zwischen temporären Bänken mit erodierenden Ufern in breitem Bett

DA Bäche/Flüsse mit festen Verzweigungen zwischen bewachsenen Inseln und kompakten, stabilen Querschnitten in breiten Sohletälern mit kohäsiven Sedimenten

E mäandrierende Flüsse/Bäche mit stabilen, bewachsenen Ufern und kompaktem Querschnitt und Riffle-Pool-Bildung in breiten Sohlentälern mit alluvialen, sandig-kiesigen Auensedimenten

F Sondertyp des eingeschnittenen, mäandrierenden Flusses/Baches (sonst wie C)

G Sondertyp des tiefenerodierenden Baches in alluvialen Sedimenten (Gully-Erosion)

der Florengeschichte ist Forschungsgegenstand der ↗genetischen Pflanzengeographie. Die ↗Vegetation umfasst im Gegensatz zur Flora alle Pflanzenindividuen eines Gebietes; die ↗Fauna alle Tierarten. 2) eine meist als Buch erscheinende systematische Zusammenstellung der (Farn- und Samen-) Pflanzen eines Gebietes (auch *Florenkatalog* genannt). Enthält die Flora zusätzlich Beschreibungen und Schlüssel zur Bestimmung der Sippen, so spricht man von *Bestimmungsflora*.

Florenaustausch, erfolgt a) durch Wanderung von Pflanzenarten in neue Räume nach Verschwinden einer Ausbreitungsschranke, z. B. zwischen den Nordkontinenten bei Trockenfallen der Beringstraße und zwischen Nord- und Südamerika bei Entstehung der Mittelamerikanischen Landbrücke und b) heute durch den (meist unbeabsichtigten) Transport von ↗Diasporen zwischen verschiedenen ↗Florengebieten durch den Menschen (↗Einwanderung).

Florenbezirk ↗Florengebiet.

Florenelement, ganz allgemein eine ↗Sippe, die zu einer nach bestimmten arealkundlichen Gesichtspunkten zusammengefassten Artengruppe der ↗Flora gehört. Spezialfälle sind z. B. ↗Geoelement, ↗Genoelement, ↗Chronoelement, ↗Migroelement oder ↗Migrochronoelement.

Florengebiet, Bezeichnung für ein Gebiet, das durch zahlreiche Pflanzensippen gleichen Arealtyps (Florenelemente) gekennzeichnet ist. Nach der Anzahl der übereinstimmenden ↗Pflanzensippen, ihrer Ranghöhe und dem ↗Florenkontrast zu anderen Gebieten lässt sich ein hierarchisches System von Florengebieten aufstellen, in dem die sechs ↗Florenreiche der Erde eine große Zahl rangniedrigerer Einheiten (*Florenregion, Florenprovinz, Florenbezirk*) umfassen. ↗Florenzone.

Florengefälle ↗Florenkontrast.

Florengeschichte ↗Flora.

Florenkatalog ↗Flora.

Florenkontrast, *Florengefälle*, wird auf der Basis der in Nachbargebieten gemeinsam und separat vorkommenden Pflanzenarten berechnet; kann von Null (alle Arten gemeinsam) bis Eins (keine gemeinsamen Arten) reichen; starker Kontrast an den Grenzen von ↗Florengebieten und ↗Florenzonen.

Florenprovinz ↗Florengebiet.

Florenregion, ↗Florengebiet, ↗Geoelement.

Florenreiche, umfassendste Einheit innerhalb des Systems der ↗Florengebiete; gekennzeichnet durch sehr viele übereinstimmende ↗Florenelemente ranghoher Pflanzensippen (Gattung, Familie) innerhalb des Gebiets. Sie grenzen sich untereinander ab in Bereichen mit starkem ↗Florenkontrast. Aufgrund dieser Kriterien lassen sich an Land sechs Florenreiche abgrenzen (Abb.) (weitgehende Übereinstimmung mit der Abgrenzung der ↗Faunenreiche). Die Gliederung wird nicht nur durch die rezenten großklimatischen Bedingungen bestimmt wie bei den ↗Florenzonen, sondern ist auch Ausdruck der paläogeographischen (↗Kontinentalverschiebung) und paläoökologischen Situation sowie der ↗Evolution der Pflanzen. Die Nordkontinente wurden erst im Tertiär getrennt. Ein ↗Florenaustausch war über die Beringstraße noch während des Pleistozäns möglich. Die *Holarktis* umfasst daher die gesamte Nordhemisphäre außerhalb der Subtropen und wird in *Nearktis* und *Paläarktis* unterteilt. Bezeichnende Familien wie die Betulaceen (Birkengewächse) und Salicaceen (Weidengewächse) sowie die Gattung *Fagus* (Buche) bauen mit ↗vikariierenden Arten die ↗sommergrünen Laubwälder auf. Zur *Paläotropis* gehören die inner- und randtropischen Gebiete der Alten Welt. Kennzeichnende Familien sind die Moraceen (Feigengewächse) und Zingiberaceen (Ingwergewächse) und aus der Gattung *Euphorbia* (Wolfsmilch) die stammsukkulenten Sippen. Paläotropis und *Neotropis* haben ↗pantropische Familien wie die Palmaceen (Palmengewächse) gemeinsam. Fast ausschließlich neotropisch verbreitet sind die Cactaceen (Kaktusgewächse) und die Bromeliaceen (Ananasgewächse). Die in der Erdgeschichte schon frühzeitig von ↗Gondwana abgetrennte Australische Platte machte eine sehr eigenständige Evolution durch. Die nur dort vorkommenden (↗endemischen) Sippen (z. B. mit ca. 500 Arten die Gattung *Eucalyptus*) charakterisieren die *Australis*. Von geringer Ausdehnung, aber floristisch sehr eigenständig, ist die *Capensis*. Hier besitzen die Gattung *Erica* und die Familie der Restionaceen ein Diversitätszentrum (↗Ursprungszentrum). Zum Antarktischen Florenreich (*Antarktis*) gehören die gemäßigten Zonen der Südhemispäre. Ein kennzeichnendes ↗Florenelement ist die Gattung *Nothofagus* (Südbuche). [UD]

Florenstatistik ↗floristische Gliederung.
Florenverfälschung, Veränderung der ↗Flora durch ↗Einwanderung nichteinheimischer Arten.
Florenwandel ↗Flora.
Florenzone, etwa breitenkreisparalleler Bereich (↗Florenreiche Abb.), der durch bestimmte ↗Geoelemente gekennzeichnet ist, die an die Bedingungen einer Klimazone angepasst und daher an diese gebunden sind. ↗Vegetationszone.
floristische Geobotanik ↗Arealkunde.
floristische Gliederung, 1) Zuordnung von Pflanzenbeständen nach der Ähnlichkeit ihrer Artenkombination zu floristisch definierten Vegetationstypen (Pflanzengesellschaften, ↗Phytozönose) als Forschungsgegenstand der ↗Pflanzensoziologie; 2) Raumgliederung nach der statistischen Ähnlichkeit der ↗Flora von Teilräumen (*Florenstatistik*) als ein zentrales Arbeitsgebiet der floristischen Pflanzengeographie (↗Areal-

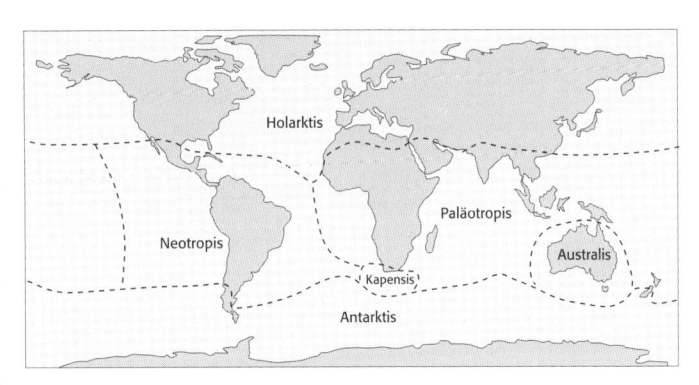

kunde). Abgestufte Ähnlichkeit ergibt ein hierarchisches System von ↗Florengebieten.
floristische Pflanzengeographie ↗Arealkunde.
Flottlehm ↗Sandlöss.
Flottsand ↗Sandlöss.
Flöz, schichtartiger Körper technisch nutzbarer Gesteine oder Erze, vielfach sedimentärer Entstehung, z. B. Kohlen-Flöz, Erz-Flöz, Salz-Flöz, Kali-Flöz, Kupferschiefer-Flöz. Als Flözgebirge wurden früher große Sedimentkomplexe bezeichnet. Das kohlenfreie Gestein kohleführender Komplexe wurde Flözleeres genannt.
Flüchtlinge, Personen, die ihr Heimatland oder angestammtes Wohngebiet verlassen haben, weil sie dort aus Gründen der Rasse, Religion, Nationalität oder politischer Meinung verfolgt werden und in ihrer Existenz bedroht sind. In der Gegenwart steigt auch die Zahl der Menschen, die wegen der Verschlechterung der natürlichen Lebensbedingungen (»Umweltflüchtlinge«) oder wegen der wirtschaftlichen Disparitäten zwischen ihrem Herkunfts- und Zielgebiet (»Wirtschaftsflüchtlinge«) migrieren, die aber nicht unter Verfolgung leiden und deshalb auch nicht im engeren Sinne als Flüchtlinge eingestuft werden (Abb. im Farbtafelteil). Fluchtbewegungen gehören zu den ↗internationalen Wanderungen. Menschen, die ihr Land verlassen haben und in einem anderen Staat die Anerkennung als Flüchtling beantragt haben, bezeichnet man als *Asylsuchende*.
Flügelnehrung, eine flügelartig von einem Küstenvorsprung (↗Küste), z. B. einem weit vorge-

Florenreiche: Florenreiche und Florenzonen der Erde.

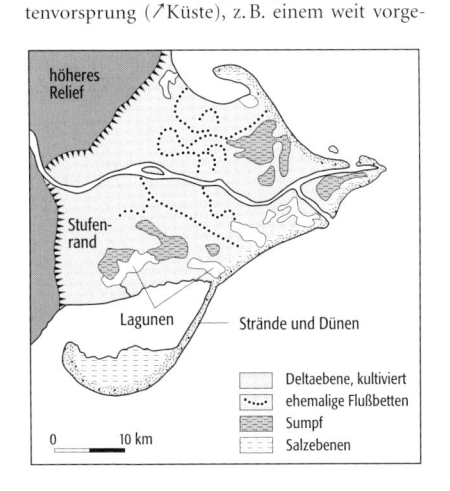

Flügelnehrung: Flügelnehrungen am Ebrodelta, spanische Mittelmeerküste.

schobenen ↗Delta wie beim Ebro, rückwärts abgespreizte ↗Nehrung, die den Vorsprung flügelartig begleitet (Abb.).
Flughafen ↗Luftverkehr.
Flugsand, vom Wind transportiertes Material der ↗Sandkorngröße, wobei der Hauptanteil meist aus Körnern mit Durchmessern zwischen 125–250 μm besteht. Die beim ↗äolischen Sandtransport ständig stattfindenden Kollisionen zwischen den Körnern verursachen die typische Mattierung äolischer Sandkörner, die durch unzählige, mikroskopisch kleine Schlagmarken auf den Kornoberflächen bedingt ist. Bei nachlassender Transportkraft kommt es zur ↗äolischen Akkumulation des Flugsandes. Mit zunehmender Entfernung vom Auswehungsgebiet und abnehmenden Korngrößen (↗Schluff) geht Flugsand in ↗Sandlöss und schließlich ↗Löss über.
Flugsand bietet in Periglazialgebieten in Folge der schütteren Vegetationsdecke als freiliegendes Sediment besonders günstige Voraussetzungen für äolische Umlagerungen. Am stärksten sind diese im Bereich ↗verwilderter Flussläufe. Da ein großer Teil des Flussbettes nur während der Frühjahrshochwässer durchflossen wird, liegen über weite Teile des Jahres ausgedehnte Flächen völlig trocken; das Sediment ist der Ausblasung (↗Deflation) frei zugänglich. Infolgedessen sind entlang der großen Flusstäler Mitteleuropas vor allem auf der windabgewandten Seite weit verbreitet Aufwehungen äolischer Sedimente anzutreffen. Überwiegend kommen die Flugsande in Form von deckenartigen Ablagerungen vor; man spricht daher vielfach auch von ↗Flugsanddecken. Regelrechte Dünen mit deutlich ausgebildeten Leehängen sind seltener; sie treten bevorzugt in der Umgebung der großen Flusstäler (z. B. in der Oberrheinebene) und am Rande der ↗Urstromtäler auf.
Flugsanddecke, flächenhafte, meist geringmächtige (bis maximal wenige Meter) und unscharf begrenzte ↗äolische Akkumulation von ↗Flugsand ohne Vorhandensein oder Bildung von fest umrissenen ↗Dünen. Die Entstehung von Flugsanddecken kann einerseits bei nachlassendem Sandsturm kurzfristig und in großer Heftigkeit geschehen (flächenhafte Ablagerung mehrerer Dezimeter Sand in wenigen Stunden) oder durch das Reliefgefüge bedingt sein und langfristig stattfinden, z. B. an Hängen, Taloberkanten etc. Mit zunehmender Entfernung vom Liefergebiet des Sandes nimmt die transportierte Korngröße des Materials ab; Flugsanddecken gehen windabwärts häufig in Decken aus ↗Sandlöss oder ↗Löss über.
Flugtourismus ↗Reiseverkehrsmittel.
Flugzeug-Fernerkundung, Erkundung durch eigens ausgerüstete Flugzeuge, die dabei als Plattformen für die Fernerkundungs-Messeinrichtungen (↗photographische Aufnahmesysteme und multispektrale ↗Scanner) dienen. Die ↗Bildmessflüge der Flugzeug-Fernerkundung sind für die Fortführung topographischer Karten und bei vielen anderen Aufgaben der ↗Fernerkundung und ↗Photogrammetrie unverzichtbar (↗Monitoring Abb. im Farbtafelteil).

Fluktuation, 1) *Landschaftsökologie*: unregelmäßige Abweichungen eines (Öko-)Systems von einem ermittelten oder angenommenen »Normalzustand«. Man unterscheidet exogene Fluktuation (nach Einwirkung eines systemfremden Störfaktors) und endogene Fluktuation (ohne Einwirkung eines systemfremden Störfaktors). ↗Stabilität. 2) *Wirtschaftsgeographie*: Arbeitsplatzwechsel in einer Volkswirtschaft bzw. zwischen den Unternehmen. Eine hohe *Fluktuationsrate* (Zahl der Austritte bezogen auf den durchschnittlichen Personalbestand) gilt als Indikator für Arbeitsunzufriedenheit, wobei jedoch die Fluktuation auch auf andere Gründe zurückgeführt werden kann (sektoraler Wandel, ungünstige regionale Entwicklung etc.).
Fluktuationsrate ↗Fluktuation.
Fluorchlorkohlenwasserstoffe ↗FCKW.
Fluorit ↗Flussspat.
Flur, 1) nach geographischem Verständnis: die gesamte parzellierte, besitzmäßig einem oder mehreren landwirtschaftlichen Betrieben zugeordnete agrarische Nutzfläche (Äcker, ↗Wiesen, ↗Weiden) einer Siedlung oder eines Siedlungs- und Wirtschaftsverbandes. Eng mit der Siedlung verbundene Gärten gehören ebenso wenig zur Flur wie ↗Allmende und geschlossenes Waldland. Grundelement der Flur ist die ↗Parzelle als kleinste Besitzeinheit in der Flur, amtlich heute Flurstück genannt. Form und Anordnung der Besitzparzellen, aber auch der Nutzungsparzellen, die mit den Besitzparzellen nicht notwendigerweise identisch sind, ergeben die ↗Flurform. Das Erscheinungsbild der Flur wird zusätzlich durch Elemente wie Feldeinhegungen, ↗Ackerterrassen, ↗Raine, Feldscheunen usw. geprägt. 2) nach geodätischer Auffassung (z. B. in NRW): der auf einem Blatt der Katasterkarte (↗Flurkarte) dargestellte Teil einer ↗Gemarkung, der mehrere Flurstücke umfasst. Jede Flur ist innerhalb der Gemarkung mit einer ein- bis dreistelligen Nummer, der Flurnummer bezeichnet. Als Flurbegrenzung wählt man meist unveränderliche, örtlich erkennbare Grenzen wie Wege, Gewanngrenzen und Wasserläufe. Die badische Landesvermessung allerdings hatte von Beginn an auf den Begriff Flur verzichtet und nur mit der Unterteilung der Gemarkung in ↗Gewanne gearbeitet. [KB]
Flurbereinigung, ist als integrale Neuordnungsmaßnahme im ↗ländlichen Raum zu verstehen, deren planerische und bodenordnerische Auswirkungen weit über den rein agrarischen Sektor hinausgehen. Neben der Zusammenlegung von zersplittertem oder unwirtschaftlich geformtem ländlichen Grundbesitz mit der Zielrichtung, die Grundlagen der Wirtschaftsbetriebe zu verbessern, den Arbeitsaufwand zu vermindern und die Bewirtschaftung zu erleichtern (z. B. Schaffung von Wegen und Gräben) gehören heute auch die ↗Landschaftspflege, der ↗Naturschutz, der ↗Hochwasserschutz sowie die ↗Dorferneuerung zu den Aufgaben der Flurbereinigung. Die Durchführung dieser Aufgaben wird durch das Flurbereinigungsgesetz geregelt. Es ist ein Bun-

desgesetz, in dem die Aufgaben, der Verfahrensgang und die Rechte der Grundeigentümer genau behandelt werden. Die Bundesländer erlassen eigene Ausführungsgesetze. Die Durchführung der Flurbereinigung liegt bei den Flurbereinigungsämtern als Unterer Behörde (Kulturamt, Amt für Landentwicklung). Das Flurbereinigungsverfahren bildet eine enge Verflechtung von Planung und Durchführung einschließlich der Finanzierung. Das Flurbereinigungsgebiet wird in der Regel an einer Gemarkung festgemacht, kann diese aber auch unter- bzw. überschreiten. Die klassische Flurbereinigung beinhaltet die Neuvermessung aller Grundstücke und ein komplettes neues Wege- und Gewässernetz. Für alle Verfahrensarten gilt ein vorgeschriebener, gesetzlich festgelegter Verfahrensablauf, dessen Hauptabschnitte aus Einleitung, Durchführung und Abschluss bestehen. Bevor ein Verfahren eingeleitet wird, sind Vorarbeiten notwendig, bei denen das Gebiet betreffende Planungen ausgewertet werden, z. B. kleinräumige agrarstrukturelle Vorplanung (↗Agrarplanung). Bei der Durchführung wird unter anderem die Wertermittlung der Böden des Flurbereinigungsgebietes vorgenommen, damit z. B. bei der Rebflurbereinigung ein Wert- bzw. Flächenausgleich erfolgen kann. Mit den Wünschen der Eigentümer und den Planvorstellungen der Institutionen wird vom Planer der Flurbereinigungsplan (Zusammenlegungsplan) angefertigt. Danach erfolgt die Bekanntgabe des Plans mit Anhörung und Einspruchsmöglichkeit und die Besitzeinweisung, die vorläufig ist, bis alle Rechtsfälle entschieden sind. [FS]

Flurform, Grundrissform der parzellierten, ggf. aber auch nicht unterteilten agrarischen Nutzfläche einer Siedlung. Die formale Grundeinheit in der ↗Flur ist die ↗Parzelle. Die Katasterparzelle ist ein Flurstück, das im amtlichen Grundbuch eingetragen ist. Als Besitzparzelle wird die kleinste Besitzeinheit, als Betriebsparzelle die kleinste Nutzungseinheit in der Flur bezeichnet. Besitzparzelle und Katasterparzelle decken sich nicht immer, da eine Besitzparzelle aus mehreren Katasterparzellen bestehen kann. Als wesentliche Formen (Abb.) der Parzellen unterscheidet man Blöcke (↗Blockflur) und Streifen (↗Streifenflur). Je nach Verteilung des Besitzes über die Flur wird von *Gemenge* und *Einödflur* der Parzellen gesprochen. Liegt die Hofstelle innerhalb der Besitzparzellen, besteht zusätzlich Hofanschluss. Die Grenzen der Besitzparzellen, die im amtlichen Kataster festgehalten sind, werden im Gelände meist durch Steine markiert (»versteint«). Darüber hinaus wurden die Grenzlinien in der Flur häufig durch Hecken, Gräben, Wälle, »Knicks«, Raine oder Zäune hervorgehoben und sichtbar gemacht, sodass sie vielfach einen landschaftsgliedernden und -prägenden Charakter besitzen. Lassen sich Parzellen gleicher Form oder gleicher Besitzlage zu größeren Einheiten innerhalb der Flur zusammenschließen, spricht man von Parzellenverband. Das bekannteste Beispiel für einen Parzellenverband ist das ↗Gewann.

In jüngerer Zeit galt das Interesse der Flurformenforschung in besonderer Weise den erheblichen Veränderungen der Fluren im 19. und 20. Jh., die vor allem durch die staatlich gelenkten Programme der ↗Flurbereinigung ausgelöst wurden. Die historischen Flurformen etwa des 18. Jh. sind heute durch den ökonomischen Strukturwandel und die genannten Maßnahmen der Agrarpolitik kaum noch erkennbar. [GH]

Flurkarte, *Katasterkarte*, dient primär dazu, sämtliche Liegenschaften der ↗Gemarkung darzustellen. Im Zuge der Digitalisierung wird die Flurkarte durch die Automatisierte Liegenschaftskarte (↗ALK) ersetzt, begleitet vom Automatisierten Liegenschaftsbuch (ALB) als beschreibendem Nachweis der Liegenschaften.

Flurnamen, das gesamte geographische Namensgut, das nicht Siedlungen (↗Ortsnamen) oder ganze Landschaften oder Länder bezeichnet, also auch Namen von Gewässern, Gebirgen und menschlichen Einrichtungen des Verkehrs, des Rechtswesens und dergleichen. Damit ergibt sich eine große Palette von möglichen Gründen für die Namensgebung, z. B. a) nach der Agrarstruktur, so für Nutzungsrechte (Allmende, Mark, Bann, Anwand), Sondernutzungen (Wingert, Hopfen), Weideland (Wasen, Trieb, Hute), sowie nach Größe (Stück, Beet, Flecken), Abmaßen (Morgen, Joch), Form (Dreispitz, Sackpfeife), Grenzen (Scheidbach) und Funktion (Warte, Anspann) von Grundstücken; b) nach natürlichen Eigen-

Flurform: Verschiedene Flurformen: Kleinblockgemengeflur (a), Kleinblockeinödflur (b), Längsstreifengemengeflur (c) und Gewannflur (d).

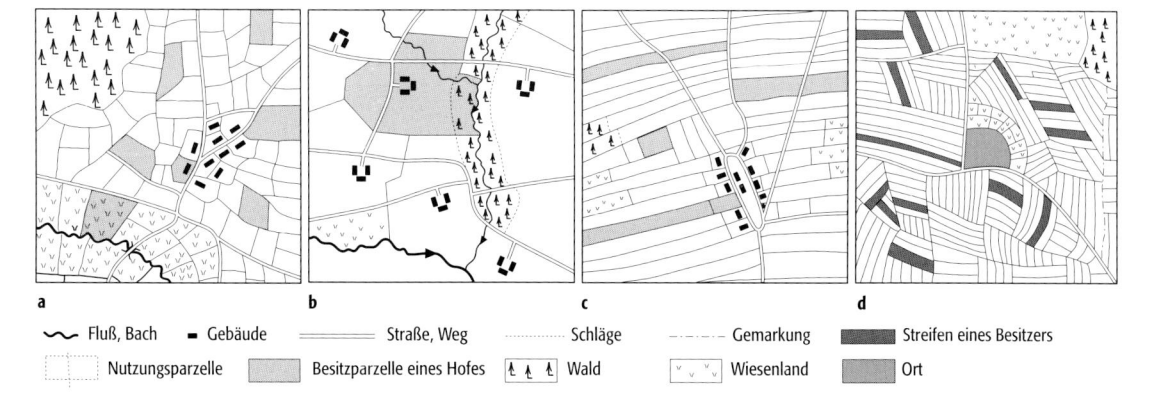

a b c d

⌇ Fluß, Bach ▬ Gebäude ══ Straße, Weg ⋯ Schläge ─·─ Gemarkung ▰ Streifen eines Besitzers
⌑ Nutzungsparzelle ▨ Besitzparzelle eines Hofes ♣ Wald ᵛ Wiesenland ▨ Ort

schaften wie Bodenform (Horn, Knüll, Klinge, Gleichen), Bodenart und -farbe (Gries, Letten, roter Hang), Wasserstand (Lache, Pfuhl, Galle), Flora (Binse, Ried), Fauna (Kuckuck); c) nach im weiteren Sinne kulturellen Aspekten wie Gerichtsorten (Grautal, Toter Mann), Herrschaftsverhältnissen (Zehntacker, Geldwiese, Betacker), Ereignissen (Wolfsfraß, Mordloch), Personenwürdigungen (Theolindenplatz), Berufsbezeichnungen (Bäckerhölzlein), Besitzer- und Familiennamen (Froschau, Hartmannsgraben).
Heute liefert die Flurnamenforschung als der modernen Quellenkritik (/Archivforschung) verpflichtete Disziplin der Sprachgeschichte zahlreiche Ansatzpunkte für eine historische Rekonstruktion sprachlicher und sachlicher Verhältnisse in der Kulturlandschaft, denn jeder Flurname bindet als sprachliches Zeichen sprach- und sachgeschichtliche Informationen. [WS]

Flurwind, thermischer Wind aufgrund des Temperaturkontrastes zwischen Stadt und Umland. Die für das /Stadtklima typische Überwärmung der städtischen Grenzschicht in den Abend- und Nachtstunden bewirkt bodennahe Druckdifferenzen. Sind die sich dadurch ergebenden Druckgradientkräfte größer als die Reibungskräfte, dann können sich die Flurwinde als autochthones Windsystem der Stadt ausbilden. Dies ist vom Grad der thermischen Anomalie der Stadt und den aerodynamischen Eigenschaften des überströmten Gebietes abhängig. Im Allgemeinen sind Flurwinde vom Umland zum Zentrum der Überwärmung hin gerichtet, doch erfolgen in der /Stadtgrenzschicht häufig Ablenkungen durch eine Ausrichtung an Erschließungs- oder Bebauungsachsen. Bei geschlossener Bebauung kann der Flurwind nur wenige hundert Meter in das bebaute Gebiet eindringen, entlang von großen radial verlaufenden Freiflächen wesentlich weiter, sodass er auch lufthygienisch positive Wirkungen entfalten kann. [JVo]

Flurwüstung /Wüstung.

Flurzersplitterung, die besitzmäßige Zersplitterung der /Flur im Gefolge von Erbfällen und anderen Ursachen. Historisch trat Flurzersplitterung häufig in engem Zusammenhang mit zelgengebundener Wirtschaftsweise auf. Räumlich findet sie sich vor allem im Verbreitungsgebiet der /Realteilung. Die betriebswirtschaftlich nachteilige und agrarpolitisch unerwünschte Kleinparzellierung der Flur kann durch z. T. wiederholte /Flurbereinigung beseitigt werden.

Flurzwang, obligatorische Bewirtschaftungsordnung für das Ackerland. In Mitteleuropa wurde die Feldbewirtschaftung bis ins 19. Jh. im Rahmen der Dorfgemeinschaft auf einheitlich bebauten Flurbezirken (/Zelgenwirtschaft) durchgeführt, deren Nutzung nach der für alle verbindlichen Rotation jährlich wechselte. Der Flurzwang regelte die Zeiten der Feldbestellung, die Überfahrts- und Beweidungsrechte. In kleinparzellierten Gemarkungen, in denen ein ausreichendes Wegenetz fehlte, waren zelgengebundener Anbau und Flurzwang noch bis in das 20. Jh. verbreitet. Sie hemmten jedoch die Einführung von Maschinen und neuen /Kulturpflanzen sowie die selbstständige Entwicklung der Betriebe. In Mittel- und Süddeutschland war der Flurzwang besonders stark ausgeprägt, in Nordwestdeutschland weniger streng, weil dort die Höfe oft einzeln oder in kleinen Gruppen lagen und es sich auf dem armen Sandboden nur um »ewigen Roggenbau« handelte. [KB]

Flussabschnürung, *Mäanderhalsabschnürung, Mäanderhalsdurchbruch*, der Durchbruch eines /Mäanders im Bereich der Pralluufer eines Fließgewässers. Die Mäanderschleifen wandern infolge der /Seitenerosion aufeinander zu, bis an dem Mäanderhals ein Durchbruch erfolgt, der einen /Altarm des Flussbettes abschnürt. Durch den Prozess der /Migration wandern die Stromschlingen zugleich stromabwärts. Mit der neu entstandenen Verbindung des Flussbettes ober- und unterhalb des Mäanders geht eine /Laufverkürzung einher, die zu einem erhöhten Fließgefälle führt, das wiederum die Strömungsgeschwindigkeit verstärkt. Das Erosionsvermögen des Flusses wird vergrößert, die Ausweitung der Schlingen wird begünstigt. Der durchgebrochene Fluss strebt von neuem einen quasi-stabilen Zustand an, bis es wieder zur Abschnürung eines Schlingenhalses kommt. Ebenso kann eine sprunghafte Laufverlegung durch ein Hochwasser- oder Eisversatzereignis einen oder mehrere Mäanderhalsdurchbrüche gleichzeitig verursachen. [II]

Flussanzapfung, *Anzapfung*, Vorgang, der v. a. entsteht, wenn ein Fluss infolge /rückschreitender Erosion die /Wasserscheide zu einem benachbarten /Einzugsgebiet durchbricht und damit dessen Wasser anzapft (Abb.). Somit vergrößert sich das Einzugsgebiet des anzapfenden Flusses auf Kosten des angezapften. Ursachen für diesen Prozess sind zumeist unterschiedliche Höhenlagen der lokalen Erosionsbasis. Bekanntes Beispiel hierfür in Deutschland ist die Anzapfung der oberen Aitrach, eines Quellflusses der Donau, durch die zum Oberrhein hin entwässernde Wutach (südöstlicher Schwarzwald). Die Mündung der Wutach liegt um ca. 300 m tiefer als die der Aitrach. Daneben kann sich ein Fluss schneller eintiefen als ein benachbarter, wenn er höhere Abflussmengen aufweist oder in vergleichsweise weniger widerstandsfähigem Gestein verläuft. Nach einer mehr oder weniger rechtwinkligen Anzapfung entsteht ein charakteristisches Anzapfungsknie bzw. ein totes Talstück (/geköpftes Tal). Sie weisen auf die ehemalige Fließrichtung des angezapften Flusses hin. [OB]

Flussarbeit, setzt sich zusammen aus Transportarbeit (-leistung) und Erosionsarbeit (-leistung).

Flussbett /*Gerinnebett*.

Flussbettmuster /*Gerinnebettmuster*.

Flussdichte, *Gewässerdichte*, Gesamtlauflänge der Fließgewässer in einem Gebiet bezogen auf die Gebietsfläche (km/km^2). Die Angabe der Flussdichte ermöglicht einen direkten Vergleich von unterschiedlichen /Einzugsgebieten hinsichtlich der hydrologischen Relevanz. Die Flussdichte ist abhängig von Gestein, Relief, Niederschlag und Alter einer Fläche. /Taldichte.

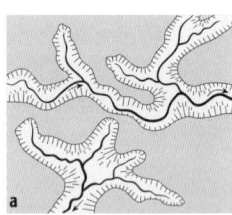

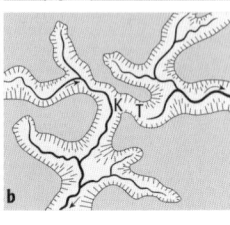

Flussanzapfung: Ausgangssituation (a) und Entstehung (b) einer Flussanzapfung mit K = Anzapfungsknie und T = totes Talstück.

Flussentwicklung ↗*Gerinnegrundriss*.
Flussfege ↗*Schwebfracht*.
Flussfracht, Gesamtheit der von einem ↗*Fließgewässer* transportierten Materialien in fester und gelöster Form. Die Maßangabe bei Feststoffen erfolgt in Gewichtseinheit pro Zeiteinheit (z. B. in t pro Jahr), bei gelösten Stoffen in Gewichtseinheit pro Volumeneinheit (z. B. mg pro Liter oder g pro m^3). Die Flussfracht unterteilt man nach der Art des fluvialen Transportes im fließenden Wasser in ↗*Lösungsfracht*, Suspensionsfracht (↗*Schwebfracht*) und ↗*Geröllfracht*.
Flusshöhle ↗*Höhle*.
Flüssigwassergehalt ↗*Wassergehalt der Wolken*.
Flusslängsprofil, Abflusslängsprofil, Höhenprofil eines Flusses von der Quelle bis zur Mündung. Das Profil ist weitgehend konkav. In der Regel ist das Flusslängsprofil durch mehrere Verflachungen (lokale Erosionsbasen) gegliedert. Als idealtypischer Endzustand der Entwicklung gilt die ↗*Ausgleichskurve*.
Flusslaufabschnitt, Flussabschnitt in einem größeren ↗*Fließgewässer*. Der Fließgewässerverlauf wird von der Quelle bis zur Mündung meist durch den Oberlauf, den Mittellauf und den Unterlauf gekennzeichnet. Weiterhin ist eine Kilometrierung – gezählt von der Quelle – üblich. Im *Oberlauf* sorgen starkes Gefälle, niedrige Wassertemperaturen und gewöhnlich geringe, nur punktförmige Schadstoffeinleitungen für hohe Fließgeschwindigkeiten und klares, sauerstoffreiches Wasser. Entsprechend der hohen Fließgeschwindigkeit werden hier die meisten Korngrößen erodiert, sodass die Gewässersohle von grobem Material gebildet wird. Mit abnehmendem Gefälle im *Mittellauf* verringert sich auch die Fließgeschwindigkeit und lässt die Besiedlung mit Wasserpflanzen zu. Sauerstoff und Wassertemperatur sind größeren Schwankungen unterlegen. Steinige bis sandige Fraktionen werden sedimentiert und bilden die Gewässersohle. Meist ist eine Talsohle ausgebildet, die von Menschen besiedelt oder landwirtschaftlich genutzt wird. Im *Unterlauf* gewinnt das Fließgewässer an Breite und Tiefe. Die Fließgeschwindigkeit ist hier nur noch gering, sodass sandige Fraktionen die Gewässersohle bilden. Der Sauerstoffgehalt unterliegt sehr starken Schwankungen. ↗*Feuchtgebiete* Abb. 2.
Flusslaufentwicklung ↗*Laufentwicklung*.
Flusslaufform ↗*Laufform*.
Flusslaufverkürzung ↗*Laufverkürzung*.
Flusslaufkrümmung ↗*Laufkrümmung*.
Flussnebel ↗*Seenebel*.
Flussnetz, *Gewässernetz*, das Muster der räumlichen Anordnung der Flussläufe eines Gebietes. Es umfasst sowohl die Haupt- als auch die Nebenflüsse. Form und Dichte des Flussnetzes werden maßgeblich durch die klimatischen Gegebenheiten, die geologischen Verhältnisse (u. a. Hebung/Senkung, Verlauf von Lineamenten, Gesteine usw.), Reliefentwicklung (u. a. frühere Vergletscherung) beeinflusst. Im Hinblick auf die Beschreibung von Flussnetzen werden folgende typisierenden Begriffe verwandt (Abb.): a) Erfolgt in flussaufwärtiger Richtung eine baumartige Verzweigung des Flussnetzes, wird dieses als dendritisch bezeichnet. Dendritische Flussnetze zeigen keinerlei Anlehnung an den geologischen Bau und sind häufig sehr alt. b) Bei radialen Flussnetzen streben die Flüsse von einem Zentrum weg. Sie kommen häufig in Gebieten mit einer annähernd kreisförmigen Aufwölbung oder an jungen Vulkanbergen vor. Werden nach einer kreisförmigen Aufwölbung Schichten unterschiedlicher Resistenz herauspräpariert, so kann ein ringförmig radiales Flussnetz entstehen. Im entgegengesetzten Fall, einer kreisförmigen Einwölbung der Oberfläche kann ein zentripetales Flussnetz entstehen, das zum Zentrum der Einwölbung orientiert ist. c) Häufig folgen Flüsse dem bestehenden Kluftnetz. In diesem Fall können abrupte Änderungen der Laufrichtung auftreten, weshalb man von einem winkligen (Sonderfall: rechtwinklig) Flussnetz spricht. d) Werden flach geneigte und gefaltete Schichtgesteine herauspräpariert, so kann ein gitterförmiges Flussnetz mit einer dominanten Hauptrichtung und einer rechtwinklig hierzu orientierten Nebenrichtung entstehen. e) Verlaufen die Hauptflüsse annähernd parallel und weisen sie spitzwinklig einmündende Nebenflüsse auf, so spricht man von einem parallelen Flussnetz. f) Die Gestalt anthropogener Flussnetze ist durch den Menschen vorgegeben.
Besondere Bedingungen für die Entwicklungen von Fluss- bzw. Gewässernetzen können in Jungmoränen-, Trocken- und Karstgebieten gelten. Im Fall von Jungmoränenlandschaften – v. a. im Flachland – ist häufig ein ungeordnetes Gewässernetz, d. h. ein wirres, oft von Seen durchsetztes Flussnetz entwickelt. In Trockengebieten ist die Entwässerung häufig ↗*endoreïsch* entwickelt: Flüsse versiegen oder münden in Endseen, die geringen Niederschläge lassen meist nur die Entstehung eines sehr weitmaschigen Gewässernetzes zu. Karstgebiete weisen einen hohen Anteil an unterirdischer Entwässerung auf. Dementsprechend groß ist die Bedeutung von Schluck- und Speilöchern und ein diskontinuierlich entwickeltes oberirdisches Flussnetz. ↗*Karsthydrologie*.
Die für Gewässernetze entwickelte Terminologie ist auch auf Talnetze übertragbar, wodurch auch Trockengebiete mit episodischen Flüssen oder gar ohne rezenten Abfluss in Untersuchungen einbezogen werden können. [HS]
Flussquerprofil ↗*Gerinnequerschnitt*.
Flussquerschnitt ↗*Gerinnequerschnitt*.
Flussrauch ↗*Seerauch*.
Flussregime ↗*Abflussregime*.
Flussschlingen ↗*Mäander*.
Flussschwinden ↗*Karsthydrologie*.
Flussspat, *Fluorit*, gesteinsbildendes Mineral (Halogenoid) mit der chemischen Formel CaF_2; durchscheinend farblos oder mit blauer oder purpurner Färbung, Härte nach Mohs: 4; Dichte: 3,1–3,2 g/cm^3; perfekte Spaltbarkeit in oktaedrische Kristalle; gewöhnlich als Gangfüllung verbreitet. Das Fluor-Mineral wird technisch als Flussmittel bei der Herstellung von Glas und Email sowie zur Gewinnung von Flusssäure genutzt.
Flussspiegelgefälle ↗*Wasserspiegelgefälle*.

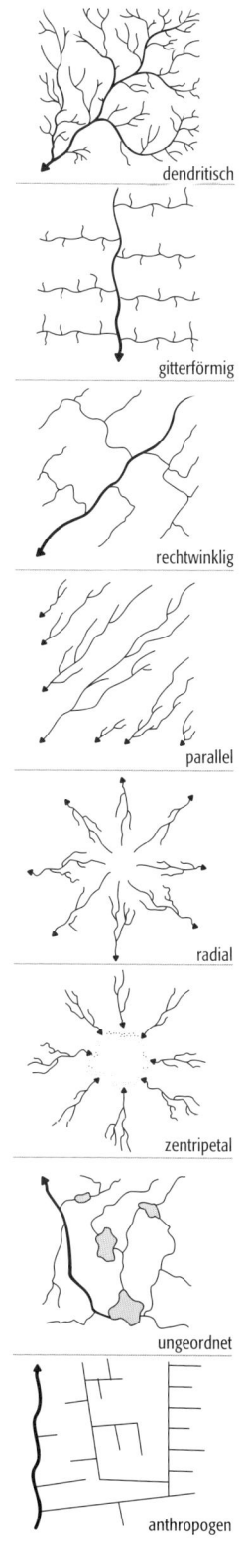

Flussnetz: Gewässernetztypen.

Flusssystem, hierarchisch verzweigter Aufbau des nachgeordneten Bereichs (Nebenflüsse) eines Flusses.

Flusstyp, die Typisierung von Flüssen erfolgt im Wesentlichen auf vier Arten: nach dem Gewässersystem, nach der Geländeform (z. B. Flachland), nach den klimatischen Steuerungsfaktoren oder nach dem hydrologischen Regime.

Flussverlegung, die natürliche Flussverlegung erfolgt durch Veränderung der Gefälls- und/oder Abflussverhältnisse (z. B. bei ↗Hochwasser) indem sich der Fluss einen neuen Lauf sucht oder einen ↗Mäander durchbricht. Die anthropogene Flussverlegung geschieht durch Flussbegradigungen oder im Extremfall durch Flussumleitungen.

Flussverwilderung, Aufspalten eines einzelnen Flusslaufs in mehrere bis viele vernetzte und später wieder zusammenlaufende Arme als Folge von starker Sedimentführung und hoher Abflussschwankung. ↗verwilderter Flusslauf.

Flussverzweigung ↗verzweigter Flusslauf.

Flut ↗Gezeiten.

fluted moraines, stromlinienförmige Kleinformen in ehemals vergletscherten Gebieten. Sie bestehen i. d. R. aus Grundmoräne, sind meist weniger als 2 m hoch und wenige Meter breit. In Extremfällen können sie bis zu 100 m breit und mehrere Kilometer lang werden. Solche Formen sind aufgrund ihrer geringen Höhe meist nur im Luftbild erkennbar. Die Längsachse der flutes streicht in Richtung der Eisbewegung. Kleine flutes können sich im Lee größerer Steine an der Gletschersohle bilden.

Flutmulde, muldenförmige Eintiefung in der ↗Aue, häufig in Verbindung mit einer ↗Flutrinne auftretend. Bei hohen Grundwasserständen oder bei ausufernden Flusswasserständen wird diese auetypische Struktur mit Wasser erfüllt.

Flutrasen, Pflanzengemeinschaften auf zeitweilig überfluteten Standorten mit häufig durch Viehtritt, Befahren oder Betreten verdichteten Böden, meist in gehölzfreien Auenbereichen, an Seeufern oder auf entwässerten ↗Mooren. Die typischen Pflanzenarten der Flutrasen, wie Weißes Straußgras (*Agrostis stolonifera*), Kriechender Hahnenfuß (*Ranunculus repens*), Knick-Fuchsschwanz (*Alopecurus geniculatus*), Gänse-Fingerkraut (*Potentilla anserina*) und Kriechende Quecke (*Agropyron repens*), zeichnen sich sowohl durch die Fähigkeit, häufige und extreme Feuchtigkeitswechsel zu überstehen, als auch durch die Eigenschaft aus, als Kriech-Hemikryptophyten (↗Raunkiaer'sche Lebensformen) nach Überflutungen nackten Boden rasch durch Bildung ober- oder unterirdischer Ausläufer zu besiedeln.

Flutrinne, *Hochflutrinne*, charakteristischer Bestandteil des morphologischen Formenschatzes des ↗Auenreliefs, bei dem es sich um flache Eintiefungen in die Geländeoberfläche handelt, die bei niedrigen und mittleren Flusswasserständen nicht wassererfüllt sind. Sie weisen eine meist lang gestreckte, in der Breite variierende Gestalt auf, die in ungleichmäßigen Abständen deutliche ↗Flutmulden sowie ↗Kolke erkennen lässt. Sie können bei Hochwasserereignissen durch Erosion infolge der Aueüberflutung entstanden oder aus ehemaligen Flussverläufen hervorgegangen sein. Bei hohen Grundwasserständen infolge hoher Wasserstände im ↗Gerinnebett und ausufernden Abflussereignissen des Fließgewässers füllen sich die Flutrinnen als erste mit Wasser und werden konzentriert durchströmt. Die Hochflutrinnen, die als Einzelformen oder Rinnensysteme auftreten können, unterliegen einer starken Überformung. Neben Erosion kommt es auch zur Ablagerung von ↗Hochflutsedimenten, so dass eine Auflandung holozäner Hochflutablagerungen in den Rinnen erfolgt. [II]

fluvial, *fluviatil*, Prozesse und Formen, die durch das fließende Wasser bedingt sind.

Fluvialakkumulation, Sedimentablagerung fließenden Wassers im ↗Gerinnebett selbst oder in einer Aue. Fluvialakkumulation stellt sich ein, wenn die Fließgeschwindigkeit bzw. die Schleppkraft des Wassers infolge einer Abnahme der Wassermenge, einer Verringerung der Fließgeschwindigkeit, einer zusätzlichen Sedimentzufuhr oder einer Erweiterung des Durchflussquerschnitts unter den für den Transport gerade noch ausreichenden Wert fällt (↗Belastungsverhältnis). Sind geeignete Sedimentationsräume vorhanden, kommt es zur teilweisen oder gänzlichen Akkumulation der ↗Flussfracht, d. h. der Bildung von Sedimentablagerungen. Sie werden je nach vorherrschender Korngröße, Genese oder Ablagerungsort z. B. als Schotter, ↗Nagelfluh, ↗Terrasse, ↗Schwemmfächer, Kies- und ↗Sandbank, ↗Uferwall, ↗Auenlehmdecke oder ↗Delta bezeichnet. Fluviale Akkumulationskörper weisen häufig eine ↗Diagonalschichtung oder Parallelschichtung bzw. eine durch kontinuierlich abnehmende Fließgeschwindigkeit entstehende gradierte Schichtung auf. Der Fluvialakkumulation voraus geht die ↗Fluvialerosion und der Fluvialtransport. ↗Hjulström-Diagramm. [OB]

fluviale Morphologie, Teil der Morphologie oder ↗Geomorphologie, der sich mit den Prozessen und Formen, die durch das fließende Wasser bestimmt sind, beschäftigt.

Fluvialerosion, Erosion durch fließendes Wasser. Bei Flüssen wird häufig die ↗Seitenerosion von der ↗Tiefenerosion bzw. der rückschreitenden Erosion unterschieden. Grundsätzlich hängt die Erosionskompetenz eines Flusses, d. h. seine Fähigkeit, Geröllé bestimmter Größenordnung in Bewegung zu setzen, von seiner Strömungsenergie ab. Diese ergibt sich aus der Menge des ↗Abflusses und dessen kinetischer Energie. Der Abfluss (Q) lässt sich über die allgemeine Abflussgleichung:

$$Q = B \cdot T \cdot V$$

ermitteln, mit B = Breite des Flusses, T = mittlere Tiefe des Flusses im betrachteten Flussabschnitt und V = mittlere Fließgeschwindigkeit im betrachteten Flussabschnitt. Die kinetische Energie

$$E_k = 1/2 \cdot m \cdot V^2$$

ergibt sich aus der bewegten Wassermasse (m) und ihrer Fließgeschwindigkeit (V). V hängt vor allem von der Wassertiefe und dem Längsgefälle ab (↗Basisdistanz, ↗potenzielle Energie), sodass die kinetische Energie des fließenden Wassers dem Produkt aus Wassertiefe (T) und dem Gefälle (S) direkt proportional ist. Diese Beziehung entspricht der Definition der Scherspannung

$$\tau = \gamma \cdot T \cdot S$$

von Du Boys (1879) wobei γ gleich dem spezifischen Gewicht des Wassers ist. Demnach wird ein Geröll der Masse m in einem Fluss bewegt, wenn die vorhandene Scherkraft des Wassers mindestens gleich der für die Bewegung dieses Gerölls nötigen kritischen Scherkraft ist. Dieser Wert wird als Erosionsschwellenwert bezeichnet. Die kritische Scherkraft hängt neben der Masse des Gerölls vor allem von seiner Korngröße, seiner äußeren Form und seiner Lagerung im Flussbett ab. Die von der Strömung ausgehenden Kräfte sind in der Abbildung dargestellt. Die resultierende Schleppkraft eines Flusses ist etwa dem Quadrat der Fließgeschwindigkeit proportional und kann innerhalb eines Gerinnes oder in der ↗Aue (bei ↗Hochwasser) sehr unterschiedlich sein. Ein mehr oder weniger qualitatives Maß für Erosionskompetenz eines Flusses ist das ↗Belastungsverhältnis als Quotient von Last zu Schleppkraft. Wichtig ist weiter die Zusammensetzung des Bett- bzw. des Ufermaterials und der ↗Flussfracht. Es muss zwischen nicht-kohäsivem (rolligem) und kohäsivem (bindigem) Material unterschieden werden. Im kohäsiven Material hängt der Widerstand gegen die Erosion mehr von der Stärke der interpartikulären Kohäsionskräfte ab, so dass der Erosionsprozess komplizierter abläuft. Neben den genannten Faktoren wird die Fluvialerosion auch beeinflusst durch: a) Klima, v. a. Niederschlagsverteilung und -intensität sowie die Dauer und Häufigkeit von Tagen mit Frost, b) Vegetation, v. a. Vegetationstyp, -dichte und Wurzelsystem, c) Tierwelt, v. a. Einflüsse durch Tierbauten und Trittschäden, d) Gestein, v. a. Gesteinslagerung und dessen morphologische Härte, e) Relief, v. a. Tallängsprofil, ↗Talquerprofil und Gerinnegeometrie, e) Böden, v. a. ↗Permeabilität sowie direkte und indirekte menschliche Einflussnahmen, v. a. Landnutzung im Einzugsgebiet sowie wasserregulierende und -bauliche Maßnahmen. Der Fluvialerosion folgt der fluviale Transport und die ↗Fluvialakkumulation. [OB]

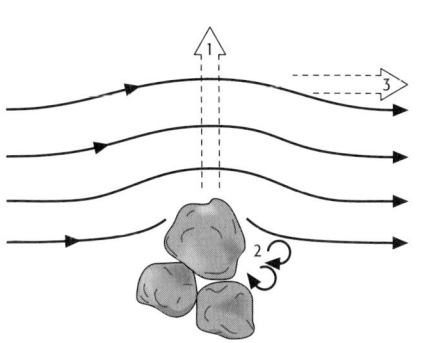

Fluvialerosion: Auftriebs- und Scherkräfte, die nach Überwindung der Scherspannung zur Erosion von Partikeln führen können: 1) dynamischer Auftrieb infolge Überströmens des Partikels; 2) turbulenter Auftrieb infolge von Wirbelbildung auf der stromabwärts gerichteten Seite; 3) Schleppkraft (Scherkraft), resultierend aus der kinetischen Energie des fließenden Wassers.

Fluviale Systeme: Steuerungsfaktoren, Reaktionszeiten, Schwellenwerte, Rückkopplungen

Olaf Bubenzer, Köln

Ein natürlicher Fluss ist als ein »offenes System« mit Zu- und Abflüssen von Energie und Materie zu verstehen. Über diese physikalische Betrachtungsweise hinaus hat jeder Fluss bzw. jedes Flusssystem eine Geschichte, d. h. die auftretenden Prozesse und Formen werden neben den aktuellen Gegebenheiten auch von vorzeitlich entstandenen Formen, den ↗Vorzeitformen, beeinflusst. Gesteuert wird das fluviale Geschehen von den unabhängigen Parametern Klima, Geologie und Tektonik sowie dem Relief. Dazu kommen Vegetation, Böden, direkte und indirekte menschliche Beeinflussung und, bei näherer Betrachtung der Gerinne, die Zusammensetzung und Festigkeit des Ufermaterials sowie Rückkopplungsmechanismen. Man kann sechs wichtige externe Faktorenkomplexe unterscheiden, die seit dem letzten Hochglazial in Flussauen zu Veränderungen geführt haben: a) große ↗Klimaschwankungen zwischen glazialen und interglazialen Bedingungen: Aus periglazialen Bedingungen resultierte eine hohe Sedimentproduktion, die Verfüllung kleiner und die Aufschotterung großer Täler. Der abgesenkte Meeresspiegel führte in Meeresnähe zur Einschneidung der Flüsse. b) Wiederbewaldung und Bodenentwicklung: Die postglazialen natürlichen Bedingungen reduzierten die Sedimentbereitstellung. c) holozäne sekundäre, untergeordnete Klimafluktuationen: Aride und humide Perioden lassen sich auch in Europa feststellen. Die »Kleine Eiszeit« (ca. 1600–1850 n. Chr.) führte z. B. zu außergewöhnlichen Überflutungen mit Erosion auf den Hängen und vorrückenden Gletschern, sodass sich auch Veränderungen im ↗Gerinnebettmuster ergeben konnten. d) Hebungen und Senkungen in tektonisch instabilen Regionen: Sie bewirkten Einschneidung und Aufschüttung. e) anthropogene Entwaldung, Landnutzung und Besiedlung: Sie führten, je nach Nutzungsbeginn und -intensität, in einigen Regionen seit dem Neolithikum, großflächig jedoch erst seit dem Mittelalter und verstärkt in den letzten Dekaden, zu vielfältigen Veränderungen in den Sedimentationssystemen. In den »lössbeeinflussten«, besiedelten Mittelgebirgslandschaften ist die Bildung von ↗ Auenlehm nach Urbarmachung und nachfolgend beschleunigter Bodenerosion ein typisches Merkmal. f) bewusste Einflüsse durch menschliche Aktivitäten: Zu ihnen gehören Dränage, Wiederaufforstung, alle Arten der Verfüllung von Hohlformen, Flusskanalisation sowie Aufstau von Gewässern für Wasserbereitstellung, Wasserkraftnutzung, Hochwasserschutz, Schifffahrt und Bewässerung. Es wird deutlich, dass fluviale Systeme als komplexe Landschaftssysteme verstanden und betrachtet werden müssen. Bei ihrer Untersuchung und bei der Rekonstruktion fluvialer Morphodynamik sind folgende Rahmenbedingungen zu beachten: a) die Dimensionen des Einzugsgebietes insgesamt, des jeweiligen Teileinzugsgebietes, des zu untersuchenden Talbodens und des Gerinnes einschließlich des Einflusses der umliegenden Hänge; b) der Zeitraum der Untersuchungen zur aktuellen Morphodynamik, die Andauer von Prozessen, die zu Veränderungen führen und die Dauer, bis Schwellenwerte über- oder unterschritten werden und c) die Korngrößenzusammensetzung der Sedimente, z. B. die Unterscheidung in grobklastische Hangschuttsedimente und Talbodenschotter oder feinklastische Hangkolluvien und Auenlehme.

Flusssysteme sind in Bezug auf Sensitivität, Reaktions- und Regenerationszeiten nach Störungen hierarchisch organisiert (Abb. 1). Mikrohabitate und Habitate haben eine Dimension von ≤ 10 m und reagieren, in geologisch betrachtet kurzen Zeiträumen (≤ 10 Jahren) hochsensitiv auf Veränderungen bzw. Störungen. Dagegen benötigen Veränderungen eines gesamten Abflussnetzes Zeiträume von 10^5–10^6 Jahren. Bremer (1989) bemerkt, dass die Gestalt eines Flussbettes, z. B. dessen Gefälle, in der modernen Zeit (ca. 1000 Jahre) von den Taldimensionen der geologischen Zeit bestimmt wird, die heute (ein Jahr oder weniger) zu beobachtenden Abflussverhältnisse jedoch wiederum von der Gestalt des Flussbettes abhängen. Zu beachten sind auch die jeweiligen räumlichen Dimensionen. So lassen sich z. B. Methoden bzw. Ergebnisse aus der Bodenerosionsforschung, die meist auf relativ kleinen »Testparzellen« angewandt bzw. gewonnen wurden, nur schwer auf mittlere oder große übertragen. Die Problematik ergibt sich somit aus der Variabilität der Parameter und der Komplexität der raum-zeitlichen Prozesszusammenhänge.

Ob es innerhalb eines fluvialen Systems zu Veränderungen kommt, hängt neben den oben genannten Faktoren von der internen (intrinsischen) Entwicklung eines Systems ab. So führen Veränderungen externer Faktoren nicht automatisch zu Reaktionen im fluvialen System, da möglicherweise Schwellenwerte des ↗ Abflusses in Hinblick auf Erosion und Transport nicht erreicht werden. Dies kann am Grundriss eines Auenlehm sedimentierenden Gerinnes verdeutlicht werden. Infolge der fortwährenden Akkumulation von Auenlehm nehmen Uferhöhe, Uferneigung und Gerinnekapazität bis zu einem kritischen Schwellenwert, der vom Ufersubstrat und der -festigkeit abhängt, zu. Danach kommt es zu Uferabbrüchen und -rutschungen. Damit kann sowohl vor Erreichen des Schwellenwertes als auch nach dessen Überschreitung kontinuierlich mehr und mehr Material aus dem System heraus transportiert werden, d. h. seine Sedimentfracht kann sich ohne Schwankungen von Materialzufuhr und Abfluss verändern. Zusätzlich kommt es zu einer horizontalen Ausweitung des Gerinnes. Grundsätzlich können Schwellenwerte, nach deren Überschreiten sich morphologische Effekte einstellen, in drei Gruppen untergliedert werden: a) externe und interne, b) prozess- und formabhängige und c) durch menschliche Aktivität bedingte.

fluviale Systeme 1: Hierarchische Organisation eines Flusssystems in Bezug auf Sensitivität, Reaktions- und Regenerationszeiten nach Störungen.

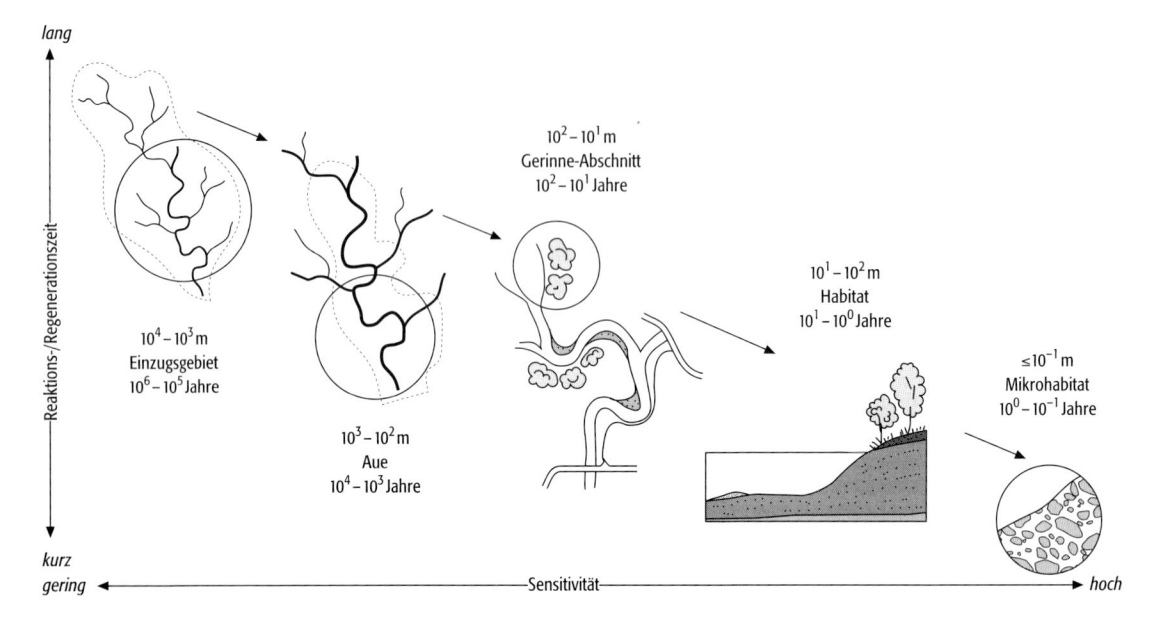

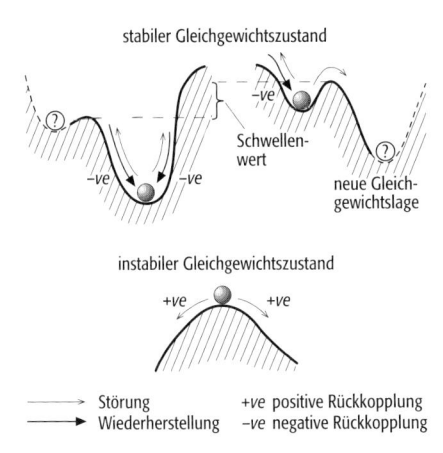

fluviale Systeme 2: Schematische Darstellung stabiler und instabiler Gleichgewichtszustände.

Schwellenwerte können die internen Reaktionen eines Systems auf externe klimatische oder anthropogene Impulse verzögern oder gar vollständig unterdrücken. Theoretisch kann man dies durch das sog. Gleichgewichtskonzept verdeutlichen. Dabei ist ein wichtiges Charakteristikum »offener« fluvialer Systeme, dass sie die Fähigkeit zur Selbstregulation besitzen. Mechanismen negativer Rückkopplung können Wirkungen externer Faktoren so verändern, dass ein System ein Gleichgewichtsstadium mit einem gewissen Stabilitätsgrad beibehalten kann (Abb. 2). Eine vollständige Stabilität existiert niemals in natürlichen Flüssen, da sie häufig ihre Lage ändern und stark unterschiedliche Sediment- und Wassermengen transportieren. Trotzdem können sie in einer Weise »quasi-stabil« verhalten, sodass sie Störungen unterdrücken, d.h. abdämpfen und zum Ausgangszustand zurückkehren können. Falls die steuernden Parameter relativ konstant bleiben, können natürliche Flüsse typische Gleichgewichtsformen entwickeln, die durch statistische Mittelwerte und Korrelationen erkennbar sind. Nach einer Störung kann das stabile Gleichgewicht einerseits durch eine negative Rückkopplung wieder hergestellt werden, andererseits kann es sich nach einer Schwellenwertüberschreitung neu einstellen, d.h. es unterscheidet sich vom vorherigen. Dabei kann das kritische Niveau, bei dem sich eine (vorübergehende) Instabilität in Form von ↗Fluvialerosion oder ↗Fluvialakkumulation einstellt, hoch oder niedrig sein. Ein instabiles Gleichgewicht liegt vor, wenn bereits ein geringer Anstoß ausreicht, eine Veränderung herbeizuführen. Verläuft diese Veränderung in der gleichen Richtung wie der Anstoß, spricht man von positiver Rückkopplung, die intensitätsverstärkend wirkt. Sie tritt seltener auf als intensitätsdämpfende negative Rückkopplungen, da sie nach Erreichung eines Schwellenwertes entweder in der Selbstvernichtung des Systems endet oder in negative Rückkopplungen umschlägt. Das Diagramm kann man sich als potenzielle Energiefläche vorstellen. Es ist zwar für die grundsätzliche Darstellung und Verdeutlichung eines Systemzustandes nützlich, begründet aber weder die Art und Weise wie ein Gleichgewichtszustand erreicht noch wie ein Schwellenwert überschritten wird. Systemtheoretisch betrachtet handelt es sich um ein sog. Kaskadensystem, mit dem der Weg des Energie- oder Materialflusses untersucht werden kann. Es lässt sich ableiten, das kurzfristige Veränderungen in einem System nur für einen begrenzten Zeitraum von hundert bis zu wenigen tausend Jahren extrapolierbar sind. Wie sie sich in der Summe auswirken, d.h. welche langfristigen Veränderungen (10^4–10^5 Jahre) sie bewirken, ist nur aus der Reliefanalyse zu klären. Man kommt demnach nicht umhin, beim Vergleich von aktueller und ehemaliger fluvialer Morphodynamik unterschiedliche Ansätze und Datengrundlagen heranzuziehen. Während aktuelle Prozesse teilweise messbar und direkt beobachtbar sind, kann eine Datierung und Quantifizierung älterer Prozessabläufe nur über die jeweils erhaltenen Formen und Sedimente erreicht werden.

Um die komplexen raum-zeitlichen Beziehungen in fluvialen Systemen besser verstehen und untersuchen zu können, bieten sich Prozess-Responz-Modelle (Prozess-Reaktions-Modelle) an. So stellt z. B. Vandenberghe (1995) auf der Basis von Ergebnissen, die an der Warthe und der Maas gewonnen wurden, ein alternierendes Kaltzeit-Warmzeit-Zyklen-Modell fluvialer Stabilität und Instabilität vor, in Bezug zu Klima und klimaabhängigen Parametern (Abb. 3). In ihm beginnt jeder Zyklus mit einem Temperatursturz, z.B. am Übergang Eem-Warmzeit/Weichsel-Kaltzeit, aus dem sich eine Verringerung der ↗Evapotranspiration (E^-) und eine nachfolgende Erhöhung der Abflussmenge (A^+) ergibt. Die Vegetationsbedeckung existiert noch für eine gewisse Zeit, sodass der Untergrund stabil bleibt (Verzögerung: $Veg^\pm$, $U^\pm$). Die zunehmende Abflussmenge erzeugt die Einschneidung des Flusses (I). Nachdem die Vegetation auf die anhaltenden periglazialen Ver-

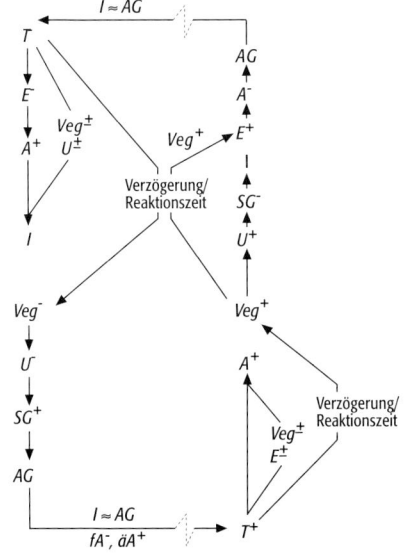

fluviale Systeme 3: Geomorphologische Auswirkungen fluvialer Aktivität während der Kaltzeit-Warmzeit-Zyklen.

T = Temperatur
E = Evapotranspiration
A = Abfluss
I = Einschneidung
Veg = Vegetation
U = Untergrundstabilität
SG = Sedimenttransport/Gerinne
AG = Auffüllung des Gerinnes
fA = fluviale Aktivität
$äA$ = äolische Aktivität
$+$ = Zunahme
$-$ = Abnahme
$\pm$ = keine Änderung

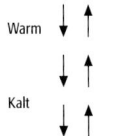

hältnisse mit einem Rückgang, d. h. Auflichtung reagiert hat (*Veg⁻*), wird der Untergrund instabil (*U⁻*), und es gelangt mehr Sedimentmaterial ins Gerinne (*SG⁺*). Die Folge ist eine Auffüllung der Gerinne bis etwa auf das vorherige Niveau (*AG*), wobei die Sedimentation durch ein verwildertes Gerinnebettmuster (↗verwilderter Flusslauf) erfolgt, da der Abfluss unregelmäßig ist und die Gerinne überladen sind. Im Gegensatz dazu zeigt der letzte Teil der kalten Periode ein relatives Gleichgewicht zwischen Erosion und Akkumulation bei abnehmender fluvialer und zunehmender äolischer Aktivität ($E \approx AG, fA^-, \ddot{a}A^+$). Bei einer Klimaverbesserung, z. B. am Übergang vom Hochglazial zum Spätglazial, bleibt die Vegetationsentwicklung zunächst noch zurück (*Veg⁺*), sodass die Evapotranspiration noch gering ($E^±$) und der Abfluss am Beginn der warmen Periode relativ groß ist (*A⁺*). Mit der Zeit wird der Untergrund durch die aufkommende Vegetation stabiler (*Veg⁺, U⁺*), sodass sich die Sedimentfracht der Gerinne reduziert (*SG⁻*) und es zur Einschneidung bei einem mäandrierenden Abflussmuster kommt (*I*). Die weitere Zunahme der Evapotranspiration (*E⁺*), resultierend aus der fortschreitenden Vegetationsverdichtung (*Veg⁺*), erzeugt geringere Abflussmengen (*A⁻*) und einen Wechsel in der Flussaktivität. Gerinne werden verfüllt (*AG*). Es erfolgt eine Rückkehr zum vorherigen Niveau. Die (relative) Talbodenstabilität während des folgenden Interglazials drückt sich in einer lateralen Verlagerung des einfadigen Flusses über seine Aue und Bodenbildung aus. Vandenberghe leitet ab, dass sowohl die Einschneidungs- als auch die Auffüllungsphasen von relativ kurzer Dauer sind und schnell aufeinander folgen. Auf die kurzen Instabilitätsphasen folgen lange Stabilitätsphasen, in den ein relatives Gleichgewicht zwischen lateraler Sedimenterosion und -akkumulation herrscht.

Als Fazit kann abgeleitet werden, dass Klimaschwankungen wichtige Faktoren bei der Beeinflussung von Gerinnebettmustern im Verlaufe der Zeit sind. Die Reaktion der fluvial gebildeten Formen und Sedimente auf Klimaänderungen ist jedoch komplexer als bisher angenommen, da fluviale Prozesse nicht allein vom Klima abhängen, sondern das Produkt einer Anzahl physischer Parameter wie der Untergrundfestigkeit und der Evapotranspiration sind. Diese ihrerseits werden stark von der Vegetation beeinflusst, deren Zusammensetzung und Dichte wiederum eine (verzögerte) Reaktion auf die Klimaentwicklung ist. Flüsse benötigen demnach Zeit, um ihr Muster und ihr Gefälle an die neuen Verhältnisse anzupassen; die Entwicklung eines Flusssystems wird von der Zeitskala beeinflusst und abgewandelt. Vandenberghe (1995) gliedert vier Zeitskalen aus: a) In der Größenordnung von Hunderttausenden von Jahren (Glazial-/Interglazial-Zyklus) hängt die fluviale Entwicklung im Großen und Ganzen, innerhalb der tektonischen Rahmenbedingungen, vom Klima ab. b) In der Größenordnung von Zehntausenden von Jahren (ein Kalt-/Warm-Zyklus) werden die fluvialen Reaktionen von den klimaabhängigen Größen Vegetation, Untergrundfestigkeit und Abfluss bestimmt. Kurze Phasen mit Instabilität alternieren mit langen Perioden der Stabilität. Die Instabilitätsphasen kommen während der klimatischen Übergänge vor. c) In der Größenordnung von Tausenden von Jahren (eine Instabilitätsphase) wird die Reaktion von der intrinsischen Entwicklung im System bestimmt. d) In der Größenordnung von Hunderten von Jahren (Klimaschwankungen geringerer Ordnung) sind Effekte lokaler klimatischer sowie landschaftlicher und sedimentologischer Schwellenwerte die wirksamsten. Zu ihnen zählen Talgefälle, Korngröße und -menge der zu transportierenden Sedimente.

Mit diesem Ansatz lässt sich z. B. gut erklären, warum sich der Wechsel vom glazialen verwilderten Gerinnebettmuster zum einfadigen spätglazialen bis holozänen Gerinne an vergleichbaren Lokalitäten Mitteleuropas zu verschiedenen Zeiten vollzogen hat. Die verzögerte Reaktion des Gerinnemusters, der Landformungs- und Sedimentationsprozesse auf den schnellen Klimawechsel um 13.000 a v. h. wird durch eine intrinsische Entwicklung über einen Zeitraum von ca. 1300 a repräsentiert.

Literatur:
[1] AHNERT, F. (1996): Einführung in die Geomorphologie. – Stuttgart.
[2] BREMER, H. (1989): Allgemeine Geomorphologie. Methodik – Grundvorstellungen – Ausblick auf den Landschaftshaushalt. – Berlin, Stuttgart.
[3] CHORLEY, R. J. & KENNEDY, B. A. (1971): Physical geography: a systems approach. – London.
[4] KNIGHTON, D. (1998): Fluvial forms and processes. A new perspective. – London.
[5] SCHUMM, S. A. (1977): The fluvial system. – New York.
[6] VANDENBERGHE, J. (1995): Timescales, climate and river development. Quaternary Sciences Reviews, Vol. 14, 631–638.

---

fluviale Transportrate, ↗Transportrate durch fließendes Wasser. Die Anteile der Transportarten müssen getrennt bestimmt werden: ↗Lösungsfracht wird in ihrer chemischen Zusammensetzung direkt mit dem AAS (Atomabsorptionsspektrometer) und in ihrer Quantität zusammen mit der ↗Schwebfracht durch Eindampfen von Wasserproben erfasst, wobei die wechselnden Konzentrationen innerhalb eines Fließgewässers und im Zeitverlauf bei der Probennahme zu beachten sind. Bei Wiederholungen der Messungen ist darauf zu achten, dass in konstanter Lage und Tiefe beprobt wird, was mit fest installierten Sammlern oder steuerbaren Schwimmkörpern gewährleistet werden kann. Die Schwebfracht kann auch mithilfe von Trübungsmessungen quasi kontinuierlich erfasst werden. Zur Bestimmung des Transports gröberer Korngrößen, der Sohlenfracht, werden meist Sedimentfallen benutzt, die in das Bett eingelassen sind oder, mit einem Maschennetz versehen, dem Bett aufliegen. Die meisten Geräte ändern allerdings die Fließgeschwindigkeit und beeinflussen dadurch die Messungen. Da bei der Sohlenfracht die Mitführgeschwindigkeit wesentlich niedriger als die Fließgeschwindigkeit ist, sind auch Geschwindigkeitsmessungen von Bedeutung. Hierzu können markierte oder mit Magneten versehene Gerölle in das Gewässer eingeleitet und deren spätere Position bestimmt werden. [AK]

fluviatil ↗ *fluvial*.

fluviatile Serie, typische, regelmäßig wiederkehrende Abfolge fluviatiler Sedimentkörper verschiedenen Alters, die sich aus den Einheiten Flussbettsediment, Auenrinnensediment, ↗Auensediment und Auenboden zusammensetzt (Abb.). Die Untersuchung dieser Einheiten ermöglicht die Erkennung zeitlich und räumlich zusammengehöriger Sedimente und lässt Rückschlüsse auf die Ablagerungsbedingungen zu. Zwei unterschiedlich entstandene geologische Terrassentypen können ausgeschieden werden: a) V-Terrassen setzen sich aus einer basalen, grobklastischen Blocklage zusammen, über der ein relativ sandreicher, horizontalgeschichteter ↗V-Schotter folgt. Sie zeigen damit zumeist das verwilderte ↗Gerinnebettmuster eines hoch- bis spätglazialen Flusses an. Auenrinnensedimente entstehen, nachdem sich der Fluss in diesen Akkumulationskörper eingeschnitten hat und die dadurch entstandenen Erosionsrinnen feinklastisch verfüllt hat. Am Talbodenrand werden Letztere als Nahtrinnen bezeichnet. Im ↗Hangenden folgt ein meist sandig-schluffiges Auensediment als Hochwasserablagerung eines sich weiter eintiefenden Flusses. In ihm nimmt die Korngröße nach oben hin ab. Wenn schließlich immer seltener Wasser über die Gerinneufer tritt, kann sich im Auensediment ein Auenboden bilden. b) L-Terrassen bauen sich aus einem basalen Skelettschotter mit geringen Sand-, Schluff- und Tonanteilen auf, der im Hangenden von einem ↗L-Schotter mit typischer großbogiger Schichtung gefolgt wird. Letztere geht im oberen Bereich häufig in reine Sande über. L-Schotter entstehen durch laterale schichtweise Aufschüttung an Gleithängen vorwiegend einfadiger Flüsse mit nach oben abnehmender Transportkraft. Sie kennzeichnen daher eher spät- bis postglaziale Ablagerungsbedingungen. Die Nahtstellen der einzelnen Schüttungsabschnitte werden von Auenrinnen begrenzt, die häufig vom Fluss noch bei höherem Wasserstand durchflossen werden. Schließlich folgen, ähnlich wie bei den zuvor beschrieben V-Terrassen, sandige bis schluffige Auensedimente, die im Hangenden feiner werden. Sie setzen sich jedoch häufig aus Sedimenten zusammen, die infolge von Prozessen der ↗Bodenerosion von den Hängen in die Aue gelangt sind, also bereits pedogenetisch vorgeprägt sind. Daher verwendet man für sie auch die Bezeichnung »Fluvisoliment«, um den Unterschied zu Bodensedimenten am Hang (Kolluvium) deutlich zu machen. Auch diese Sedimente können bei abnehmender Hochwasserhäufigkeit von der autochthonen Bodenbildung überprägt werden. [OB]

Fluviokarst ↗ Karstlandschaft.

Fluvisols, [von lat. fluvius = Fluss], Bodenklasse der ↗FAO-Bodenklassifikation (1990) und der ↗WRB-Bodenklassifikation (1998); ↗intrazonale Böden der Auen und Niederungen, die sich aus alluvialen Ablagerungen entwickelt haben. Fluvisols weisen eine Feinschichtung innerhalb der oberen 25 cm Boden bei insgesamt schwacher Horizontdifferenzierung auf, die den durch periodische Überflutung einhergehend mit regelmäßiger Sedimentzufuhr gekennzeichneten Bildungsprozess widerspiegelt. Die Gehalte an organischer Substanz variieren stark, sowohl absolut als auch mit der Tiefe, bedingt durch die Abhängigkeit vom Eintrag infolge der Überflutung. Fluvisols sind weltweit im Bereich von Flussauen, Flussdeltas und Marschen anzutreffen. Sie entsprechen annähernd den ↗Entisols der US-ame-

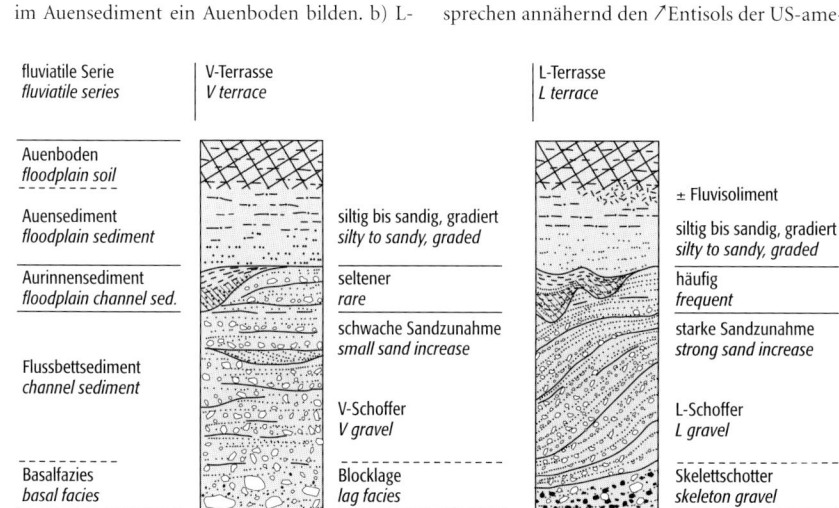

fluviatile Serie *fluviatile series*	V-Terrasse *V terrace*	L-Terrasse *L terrace*
Auenboden *floodplain soil*		
Auensediment *floodplain sediment*	siltig bis sandig, gradiert *silty to sandy, graded*	± Fluvisoliment / siltig bis sandig, gradiert *silty to sandy, graded*
Aurinnensediment *floodplain channel sed.*	seltener *rare*	häufig *frequent*
	schwache Sandzunahme *small sand increase*	starke Sandzunahme *strong sand increase*
Flussbettsediment *channel sediment*	V-Schoffer *V gravel*	L-Schoffer *L gravel*
Basalfazies *basal facies*	Blocklage *lag facies*	Skelettschotter *skeleton gravel*

fluviatile Serie: Schema der fluviatilen Serie.

rikanischen ↗Soil Taxonomy (1994) bzw. den Klassen der ↗Auenböden, der ↗Marschen oder der ↗Gleye der ↗Deutschen Bodensystematik (1998). [ThS]

Flysch, Bezeichnung für marine und brackische Gesteine, die durch rasche Abtragung bei der Hebung von orogenen Schwellen in den angrenzenden Senkungszonen erzeugt wurden und somit Gebirgsbildungsphasen der regionalen Erdgeschichte kennzeichnen. Flysch repräsentiert Schuttmassen, die als Gesteine den Charakter von Sand-, Schluff-, Ton- und Mergelsteinen besitzen und häufig exotische Blöcke enthalten. Sie sind gewöhnlich sehr arm an Fossilien oder zeigen signifikante Spurenfossilien der tiefer marinen Ablagerungsräume. Typisch sind rhythmische, gradierte Schichtungen, die als Bouma-Sequenzen bezeichnet werden. Mergelige Flyschsedimente mit Einlagerungen von großdimensionierten, kristallinen Komponenten werden Wild-Flysch genannt.

Föderalismus, verfassungspolitisch motivierte Regierungsform, in der eine Gewalten- und Funktionsteilung zwischen zentralen und regionalen Instanzen durch eine entsprechende Grundordnung des ↗Staates oder zwischen Staaten (↗Föderation) festgelegt ist, um der regionalen Ebene eine besonders weitgehende ↗Autonomie zu gewähren. Als Ergebnis entstehen *Bundesstaaten* und ↗*Staatenbünde*. Ziel föderaler Verfassungen kann die Integration verschiedener, v. a. durch Erscheinungen des ↗Regionalismus voneinander getrennter gesellschaftlicher Gruppen sein. Moderne ökonomische Theorien des Föderalismus betonen dabei die fiskalische Gleichbehandlung der Bundesstaaten bzw. Bundesländer zur Finanzierung gesamtstaatlicher Aufgaben bzw. zum Ausgleich unterversorgter und benachteiligter ↗Regionen. In Deutschland besteht beispielsweise eine intensive Debatte um Kriterien, die die Höhe des länderstaatlichen Finanzausgleichs betrifft. Andere föderale Staaten wie Belgien oder Kanada sind mit der Frage des Fortbestandes bzw. Zerfall der bisherigen Regierungsform konfrontiert. [JO]

Föderation, Verbindung mehrerer unabhängig bleibender Staaten zu einem zeitlich und sachlich begrenzten Zweck (Allianz, ↗Staatenbünde).

Foggara, *Rhettara, Khettara, Mkoula, Karez, Qanat, Faladsch*, traditionelles System der Grundwasseranzapfung mittels unterirdischer Stollen, verbreitet im nordafrikanischen und vorderasiatischen Raum sowie in Ostasien und Südamerika. Seine Anlage ist gewöhnlich an leicht geneigtes Gelände gebunden. In bestimmten Abständen werden Schächte gegraben, die bis in den Grundwasserhorizont reichen. Diese Schächte werden durch einen unterirdischen Stollen, dessen Gefälle geringer ist als das Geländegefälle, miteinander verbunden. In diesem Stollen sammelt sich das Wasser und wird in die ↗Oase geleitet, wo es in offenen Kanälen auf die Felder gelangt. Die Bedeutung der Foggaras ist wegen des Mangels an Arbeitskräften und der Verbreitung von Motorpumpen stark zurückgegangen.

Föhn, warmer Fallwind im Lee eines Gebirges. Er entsteht beim Überströmen eines Gebirges und erhält seine höhere Temperatur aus der latenten Wärme des Wasserdampfes, welche beim luvseitigen Aufstieg frei geworden ist. Daher ist die Föhnluft auch leeseitig trockener als luvseitig.

Vom Ausgangsniveau z_A erfolgt zunächst ein trockenadiabatischer Aufstieg der Luft durch orographische Hebung, eine Abkühlung bis zum Kondensationsniveau z_K und anschließend ein feuchtadiabatischer Anstieg bis zur Gipfelhöhe z_G. Beim Abstieg jenseits des Kammes verdunstet zunächst das Wolkenwasser, sodass eine *Föhnmauer* über den Kamm hinausreicht, anschließend folgt ein trockenadiabatischer Temperaturanstieg. Mit den trocken- und feuchtadiabatischen Gradienten Γ_t und Γ_f lässt sich in gleicher Meereshöhe eine leeseitige Temperatur T_{lee} gegenüber der luvseitigen Temperatur T_{luv} mit:

$$T_{lee} = T_{luv} - \Gamma_t(z_K - z_A) - \Gamma_f(z_G - z_K) + \Gamma_t(z_G - z_A)$$

grob abschätzen. Die relative Feuchte wird aus der Kammhöhe (bzw. der Gipfelhöhe des betrachteten Luftpaketes) aufgrund der dortigen Sättigung und der Temperaturdifferenz zwischen Beginn und Ende des Abstieges bestimmt. Durch den trockenadiabatischen Abstieg ergibt sich auch bei geschlossenem großräumigem Wolkenfeld eine Wolkenauflösung, die als Föhnlücke bezeichnet wird. Es bilden sich lediglich einzelne *Föhnwolken* (altocumulus lenticularis) im Leebereich (Abb.).

Der starke Wind in Gebirge und Vorland, der als Föhnsturm auftreten kann, ergibt sich aus dem Verlauf der Isobaren im horizontalen ↗Druckfeld. Luvseitig bildet sich der Keil eines Hochs, leeseitig der Trog eines Tiefs aus, so dass die Isobaren im Gebirge gedrängt sind. Dieses Isobarenbild wird als Föhnkeil oder Föhnnase bezeichnet. Föhneffekte treten auch ohne luvseitige Niederschlagsereignisse auf, wenn bei der Überströmung Luft aus höheren Schichten der Atmosphäre in die bodennahe Luft gelangt und dabei entsprechend trockenadiabatisch erwärmt wird.

Typbildend wurde der Föhn im Alpenraum. Dort ist die Unterscheidung von Nordföhn – tiefer Druck an der Alpensüdseite – und Südföhn – tiefer Druck an der Alpennordseite – geläufig. Die in meridionaler Richtung verlaufenden Täler werden als Föhngassen bezeichnet. Hier wirkt sich der Föhn aufgrund seiner Häufigkeit von über 100 Tagen im Jahr auf die Physiognomie der Landschaft aus. Nördlich des Hauptkammes sind sie durch den Föhn wärmebegünstigt, was sich sowohl in der natürlichen Vegetation als auch an den Höhengrenzen der Landwirtschaft zeigt, indem wärmeliebende Pflanzen in größeren Höhen gedeihen. Innsbruck würde ohne den Südföhn um 1,9 K tiefere Monatsmitteltemperaturen aufweisen. Negative Erscheinungsformen des Föhns sind eine Erhöhung der Lawinengefahr, der Sturmschäden sowie – für die Siedlungen

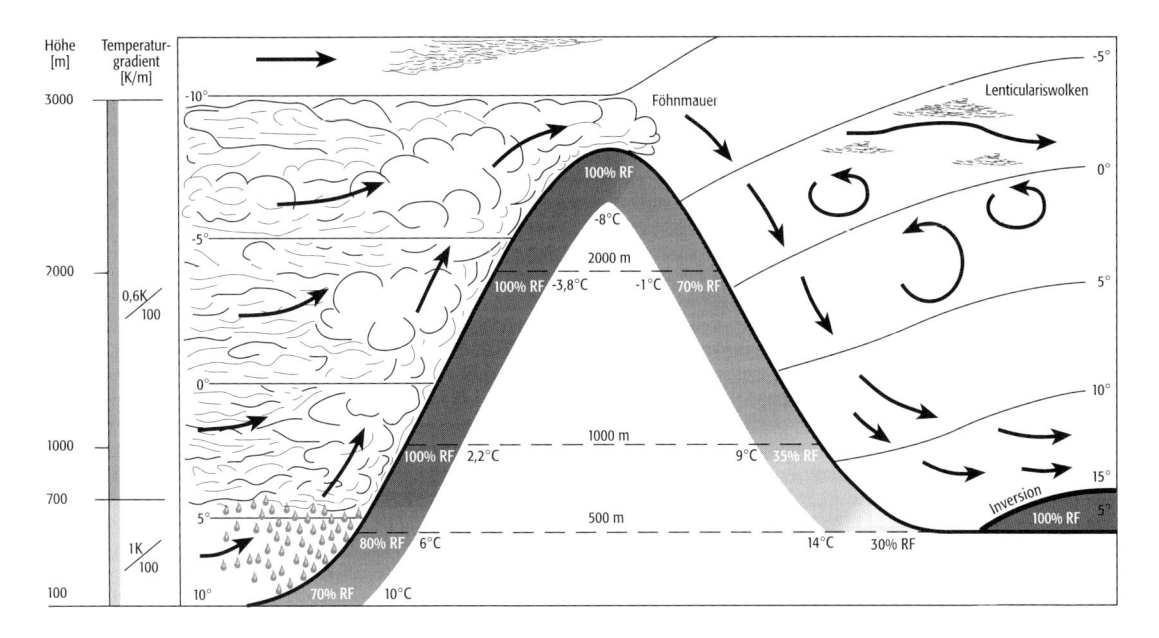

Föhn: Schematische Darstellung der Gebirgsüberströmung (RF = relative Feuchte).

früher von großer Bedeutung – der Brandgefahr in den betroffenen Tälern. Die Schneesicherheit sinkt in den Föhngebieten auch im Hochwinter. Wetterfühlige Menschen sind außerdem bei Föhnlagen gesundheitlich beeinträchtigt (/Wetterfühligkeit).

Die jahreszeitliche Verteilung zeigt ein primäres Maximum im Frühjahr und ein sekundäres im Herbst. Föhnwinde treten in allen Gebirgen der Erde auf, bei Dominanz einer Anströmrichtung wie in den Alpen der neuseeländischen Südinsel wirkt er noch wesentlich landschaftsprägender als in Europa. Föhnwinde haben meist spezielle regionale oder lokale Namen. [JVo]

Föhnmauer /Föhn.

Föhnwolken /Föhn.

Folgenutzung, /Landnutzung, die auf eine vorhergehende andersartige Nutzung folgt und von dieser auch beeinflusst sein kann. So kommen in Äckern, die aus Grünlandumbruch hervorgegangen sind, Grünlandpflanzenarten als /Unkräuter vor, und im aus Ackeraufforstung entstandenen Wald halten sich stickstoffliebende Pflanzenarten (Stickstoffzeiger) wie z.B. Holunder. Die landwirtschaftliche /Fruchtfolge ist eine Kombination von aufeinander abgestimmten Folgenutzungen, indem z.B. auf humusmehrende Nutzpflanzen wie Klee oder Kartoffeln humuszehrender Getreideanbau folgt. Andere Beispiele für Folgenutzungen liefert die /Bergbaufolgelandschaft.

food crop, /Kulturpflanze, die im Gegensatz zur cash crop (/Exportkultur) vornehmlich zur Eigenversorgung angebaut wird und von der lediglich kleinere Mengen auf den lokalen Markt gelangen.

Foraminiferen, *Foraminifera*, *Kammerlinge*, Klasse einzelliger Tiere aus der Gruppe der /Rhizopoden mit kalkiger, kieseliger, /agglutinierter oder organischer Schale und von großer Formenmannigfaltigkeit, die seit dem /Kambrium bekannt ist. Die meisten Vertreter sind mikroskopisch klein, in einzelnen Perioden der Erdgeschichte traten sog. Großforaminiferen (Nummuliten, Alveolinen (Abb.), Discocyclinen, /Fusulinen) auf, die makroskopisch sichtbar sind und als Gesteinsbildner in wärmeren Meeren des /Karbons, /Perms, der /Kreide und dem Alttertiär eine große Rolle spielen. Foraminiferen treten in nahezu allen Meeresbereichen auf und stellen zahlreiche Milieuindikatoren und /Leitfossilien, so dass sie zu den bevorzugten Objekten der Mikropaläontologie gehören.

Förden, lang gestreckte und schmale, gelegentlich schwach gewundene und an den äußeren Küstenstrecken auch durch /Abrasion geweitete Buchten, vornehmlich der deutschen Ostseeküste (Abb.). Es handelt sich um ehemalige unter hydrostatischem Druck (auch mit geringerer Beteiligung von Eiserosion) ausgetiefte subglaziale Schmelzwasserrinnen und Gletscherzungenbecken, die durch den nacheiszeitlichen Meeresspiegelanstieg überflutet wurden.

Fördergebiet /Zonenrandgebiet.

Fordismus, industrielle Produktionsweise, die auf H. Ford (1863–1947) zurückgeht und die sich durch Massenfertigung, Fließbandproduktion und systematische Zerlegung der Arbeitsschritte auszeichnet. Mit dem Fordismus ist für viele Mit-

Foraminiferen: Großforaminifere *Borelis* aus der Gruppe der Alveolinen. Zur Verdeutlichung der internen Kammerung ist links oben ein Viertel des Gehäuses entfernt.

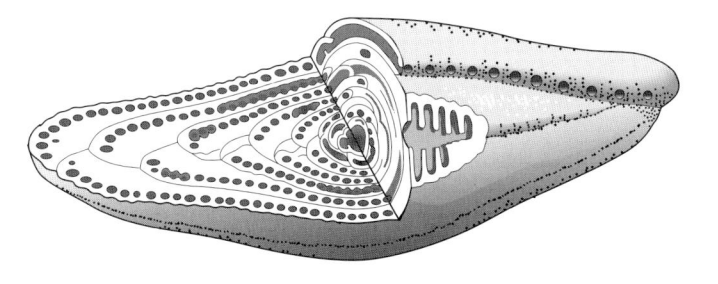

Förden: Die langen und schmalen Buchten werden an der deutschen Ostseeküste Förden genannt.

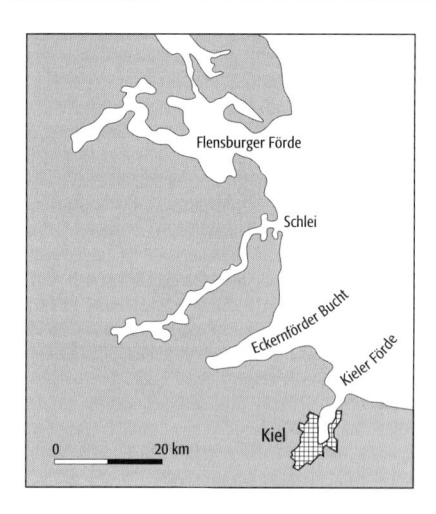

arbeiter eine ↗Dequalifizierung verbunden. Zu seinen Vorteilen zählt die enorme Erhöhung der Produktivität und damit die relative Verbilligung der hergestellten Güter. Damit wurde ein wesentlicher Grundstein des Massenkonsums in der Wohlstandsgesellschaft der Nachkriegszeit gelegt. Die fordistische Produktionsweise basiert auf einer ↗vertikalen Arbeitsteilung, einer Mechanisierung und Automatisierung der Arbeitsabläufe und hat über die Ausdifferenzierung von ↗Hierarchien, Planungs-, Koordinations- und Kontrollinstanzen maßgeblich zu ↗regionalen Disparitäten des Arbeitsplatzangebotes beigetragen. Typisch sind Großbetriebe, Einzwecktechnologien, hohe Stückzahlen, lange Produktionszyklen, hohe Fertigungstiefe, viele Zulieferer und große Lagerhaltung. ↗Postfordismus.

Forellenregion ↗Fischregionen.
foreset beds ↗Deltaschichtung.
Form ↗Reliefgrundformen.
formale Theorie ↗Grounded Theory.
Formation, 1) *Geologie*: in der Lithostratigraphie (↗Stratigraphie) die Basiseinheit für die Untergliederung von Gesteinsabfolgen, die generell durch einen Grad an interner lithologischer Homogenität gekennzeichnet ist. Sie wird als genetische Einheit oder als Produkt einheitlicher oder gleichförmig wechselnder Ablagerungsbedingungen angesehen. In der älteren deutschsprachigen Literatur wurde der Begriff Formation synonym zum heutigen ↗System benutzt. 2) *Vegetationsgeographie*: *Pflanzenformation*, typisiert einen Pflanzenbestand nach physiognomischen Kriterien und steht der Pflanzengesellschaft gegenüber, die eine Vegetationseinheit nach ihrer floristischen Zusammensetzung kennzeichnet. Zur Beurteilung und Benennung des Formations-Charakters ist die Dominanz der verschiedenen ↗Wuchsformen und/oder ↗Lebensformen entscheidend. Folgende Klassen bilden die übergeordneten Einheiten: Wald, offene Gehölze, Strauchformationen, Grasland, Stauden- und Kräuterfluren, Zwerg- und Halbstrauchformationen, Wüsten, Formationen der Binnengewässer und der Meere. Eine weitere Differenzierung in Unterklassen (z. B. immergrüne Wälder) und Gruppen (tropische immergrüne Tiefland-Regenwälder, Lorbeerwälder etc.) vertieft dieses System einer ↗Vegetationsklassifikation. 3) *Wirtschaftsgeographie*: ↗Wirtschaftsformation.

Formelement ↗Reliefgrundformen.
formeller Sektor, Bezeichnung für offiziell registrierte und arbeitsrechtlichen Bestimmungen unterliegende wirtschaftliche Aktivitäten der arbeitenden Bevölkerung eines Landes. Der Begriff wird in der entwicklungspolitischen Diskussion als Gegenbezeichnung zum ↗informellen Sektor benutzt. In vielen Entwicklungsländern bietet der formelle Sektor – im Gegensatz zu ↗Industrieländern – nur knapp der Hälfte der arbeitsfähigen Bevölkerung einen Arbeitsplatz. Er beschränkt sich zumeist auf den öffentlichen Dienst, eine gering ausgebaute einheimische Industrie und transnationale Großunternehmen.

Formengemeinschaft ↗Reliefgrundformen.
Formenwandel, *geographischer Formenwandel*, Ordnungsschema, das eine Reihe bereits vorher bekannter Regelhaftigkeiten der räumlichen Abwandlung geographischer Erscheinungen zusammenfasst. Es bietet eine methodische Hilfe v. a. zur Gliederung kontinentaler oder subkontinentaler Räume, kann aber auch bei der Untersuchung großer Inseln oder Halbinseln eingesetzt werden. Man unterscheidet vier Kategorien des Formenwandels: a) ↗planetarischer Formenwandel, dieser umfasst die mit der Breitenlage einhergehenden Veränderungen; b) peripher-zentraler Formenwandel, worunter die Abfolge von der Küste ins Landesinnere verstanden wird (wobei Luv-Lee-Effekte an Gebirgen die Stärke maritimer Einflüsse stark beeinflussen können); c) west-östlicher Formenwandel, also die durch Hauptrichtungen der Windgürtel und Meeresströmungen verursachte Differenz zwischen der West- und Ostseite der Kontinente (und Meere) und d) ↗hypsometrischer Formenwandel, d. h. die Veränderungen in der Vertikalen. Die Feststellung des Formenwandels erfolgt nicht nach kausalen, sondern nach physiognomischen Gesichtspunkten. Dies erlaubt neben der Berücksichtigung vornehmlich exogen gesteuerter Erscheinungen die Einbeziehung u. a. der geologischen Struktur oder von »Formen der sozialen Räume« in die Untersuchungen. [HS]

Formratio, *Form-Ratio, Breiten-Tiefen-Verhältnis*, das Verhältnis der Gerinnebreite zur Gerinnetiefe in einem ↗Fließgewässer. Unter der Breite versteht man die Gewässerbreite an den Böschungsoberkanten, die Gerinnetiefe wird mittels der Höhendifferenz zwischen der ↗Gewässersohle und der Böschungsoberkante definiert. Das Breiten-Tiefen-Verhältnis beschreibt die Gestalt eines ↗Gerinnebettes. Die Formratio kann entlang eines Gewässerlaufes erheblich variieren, u. a. aufgrund des anstehenden Substats (↗kohäsive Sedimente), daher ist eine Ermittlung repräsentativer Mittelwerte aus Gewässerquerprofilen unter Angabe der Minimal- und Maximalwerte üblich. In der Regel nehmen die mittlere Breite und Tiefe eines Gerinnequerschnitts mit der

Größe des Einzugsgebietes und folglich des ↗Abflusses zu. Die Flussbreite vergrößert sich von der Quelle bis zur Mündung meist stärker als die Flusstiefe. Entscheidend ist der Bezugswasserstand, der zur Erfassung der beiden Werte herangezogen wird. Im Zuge wasserbaulicher Eingriffe ist das natürliche Breiten-Tiefen-Verhältnis heutiger Fließgewässer in der Regel anthropogen verändert worden. Kennzeichnend ist eine erhebliche Einengung der Bettbreite, einhergehend mit einer übermäßigen Eintiefung der Sohle. Die Herleitung der naturnahen gewässertypischen Breiten- und Tiefenmaße und somit die Formratioermittlung des Zustandes des ↗Leitbildes zeigt im Vergleich zum Ist-Zustand Abweichungen vom Naturzustand auf und dient damit der Planung adäquater Maßnahmen zur ↗Fließgewässerrevitalisierung und ↗Fließgewässerrenaturierung. [II]

Formungsprozesse, Summe der geomorphologischen Prozesse, die zur Abtragung beitragen.

Forschungsethik, beschäftigt sich mit der Ethik des wissenschaftlichen ↗Handelns. Die Verantwortlichkeit wissenschaftlichen Handelns kann man analytisch in drei Bereiche gliedern. Jeder dieser Bereiche wird mit spezifischen Fragen konfrontiert: a) die Ethik der Ziele wissenschaftlicher Handlungen, b) die Ethik der Mittel wissenschaftlicher Handlungen und c) die Ethik der absehbaren Folgen wissenschaftlicher Handlungen. Darüber, auf welche und auf wessen ethische Standards sich die Beurteilung zu beziehen hat, besteht kein allgemeiner Konsens. Allgemein akzeptiert ist die Forderung, dass Forscher ihre wissenschaftlichen Handlungen selbst verantworten können müssen. Daneben bestehen die übergeordneten rechtlichen Rahmenbedingungen auf nationaler und internationaler Ebene, die als Maßgaben der Beurteilung herangezogen werden können. Diese ethischen Standards sind Gegenstand der gesellschaftlichen Konsensfindung. Für die persönliche wie für die gesellschaftliche Ebene besteht das Problem der Verantwortung der unvorhersehbaren Folgen wissenschaftlichen Arbeitens. Sobald die Hervorbringer neuen Wissens ihre Ergebnisse publik gemacht haben, entschwindet das Produkt in der Regel ihrer Verfügungsmacht. Für welche Ziele ihre Produkte eingesetzt werden, können sie nicht mehr bestimmen.

Für die Forschungspraxis können trotzdem einige ethische Mindestforderungen formuliert werden. Erstens sollte nicht übersehen werden, dass die Verantwortung des Ziels und der absehbaren Folgen der Verantwortung der eingesetzten Mittel grundsätzlich überzuordnen ist. Aber, wie am Beispiel der aktuellen biologischen und pharmazeutischen Forschung offensichtlich wird, nicht bedingungslos. Zweitens sollen die Forscher wissenschaftlichen Standards verpflichtet sein und nicht im Auftrag solcher Gruppen handeln, von denen sie wissen, dass sie das produzierte Wissen außerhalb ihres Verantwortungsbereiches verwenden. Diese Forderung setzt die Enthüllung der Herkunft finanzieller und anderer Unterstützungen voraus. Drittens sind im Rahmen der Sozialforschung den erforschten Personen immer faire Bedingungen zu gewähren, d. h. im Sinne einer Minimalforderung, dass sie immer über das Ziel der Erhebung zu informieren sind, und dass ihnen immer ein vollkommener Persönlichkeitsschutz (Anonymität, Vertraulichkeit) und Datenschutz gewährleistet werden muss. [BW]

Forschungsinfrastruktur, die in einem Areal für Forschung und Entwicklung zur Verfügung stehenden Einrichtungen, Geräte, sachlichen und technischen Ausstattungen. Sie ist ein Teil des ↗Forschungsinputs. Von der Forschungsinfrastruktur hängt ab, welche Forschungsfragen mit welchen Methoden bearbeitet werden können. Die Forschungsinfrastruktur ist eine notwendige, aber keine hinreichende Voraussetzung, um einen bestimmten ↗Forschungsoutput zu erzielen. Eine Abhängigkeit der Wissenschaftler von der Forschungsinfrastruktur entstand erst etwa um die Mitte des 19. Jh. Bis zu diesem Zeitpunkt verwendeten Naturwissenschaftler und Mediziner ihre privaten Instrumente. Eines der ersten wissenschaftlichen Labors, das Chemielabor für Justus Liebig an der Universität Gießen, wurde um 1840 errichtet. Das erste Laborgebäude wurde erst 1874 in Cambridge (Cavendish Laboratory) eröffnet. Im 20. Jh. nahm die Technisierung des Wissens und damit auch die Abhängigkeit von teurer Forschungsinfrastruktur dramatisch zu. Manche Einrichtungen der Forschungsinfrastruktur können nur von mehreren Staaten gemeinsam finanziert werden.

Eine Analyse der räumlichen Verteilung sowie der raum-zeitlichen Diffusion von wichtigen Elementen der Forschungsinfrastruktur ermöglicht Erkenntnisse über räumliche Disparitäten des ↗Wissens, des technologischen Entwicklungsniveaus und der internationalen Wettbewerbsfähigkeit. Rückschlüsse von der Forschungsinfrastruktur auf die ökonomische Wettbewerbsfähigkeit sind jedoch nur auf der räumlichen Makroebene sinnvoll. [PM]

Forschungsinput, Investitionen und laufende Ausgaben für Forschung und Entwicklung. Der Forschungsinput kann anhand der Akteure (Wissenschaftler, Ingenieure, Erfinder, Techniker; Personalkosten in Forschung und Entwicklung), anhand der ↗Forschungsinfrastruktur (Ausgaben für Ausstattung von Laboratorien, Rechenzentren, Bibliotheken und neue Produktionsanlagen), anhand der Organisationen (innovative oder wissensintensive Unternehmen) oder anhand der für Forschung und Entwicklung eingesetzten finanziellen Ressourcen erfasst werden. Ein Zusammenhang zwischen Forschungsinput und Innovationstätigkeit kann in der Regel nur auf Staatenebene angenommen werden. Bei einer kleinräumigen Differenzierung des Forschungsinputs sagt dieser Indikator eher etwas über das Forschungspotenzial aus als über die Innovationstätigkeit.

Forschungsoutput, die messbaren Ergebnisse von Forschung und Entwicklung. Der Forschungsoutput ist in der räumlichen Dimension noch schwieriger zu quantifizieren als der ↗Forschungsinput. Trotz vieler methodischer Schwierigkeiten bieten sich jedoch einige Maßzahlen an, mit denen regionale Unterschiede des Forschungsoutputs mehr oder weniger gut erfasst werden können. Dazu gehören die ↗Patentintensität, Zitationsmaße von wissenschaftlichen Publikationen, die ↗Innovationsdichte oder der Umsatz oder Gewinn wissensintensiver Unternehmen.

Forschungsprozess, aus fünf wichtigen Etappen bestehender Prozess empirischer (↗Empirie) Forschung. Die erste Etappe kann als theoretische Vorbereitung bezeichnet werden. Darunter ist in erster Linie die hypothetische und begriffliche Vorstrukturierung des Forschungsbereichs zu verstehen. Die zentralen Begriffe einer wissenschaftlichen Theorie, aus der die forschungsleitende ↗Hypothese abgeleitet wird, sind dabei als die ersten Ordnungskategorien der »Wirklichkeit« aufzufassen. Zudem muss man den aktuellen Forschungsstand im entsprechenden Themenfeld kennen. Auf der Basis dieses theoretischen Wissens sind dann die spezifischen Forschungsfragen als forschungsleitende Hypothesen zu formulieren. Die zweite Etappe besteht in der »Übersetzung« sprachlicher Ausdrücke, die ↗Operationalisierung der zentralen Begriffe der Hypothese, um sie der empirischen Überprüfung zugänglich zu machen. Dazu sind die Indikatoren oder ein Indikatorenindex festzulegen. Mit der Operationalisierung der Begriffe soll zudem auch festgelegt werden, mit welchen Erhebungsinstrumenten die gesuchten Informationen erarbeitet werden können. Danach kann ein detaillierter Forschungsplan instrumentspezifisch errichtet werden. Die weiteren Arbeitsschritte umfassen die Formulierung der Analyse- und Beobachtungskategorien, Substantivierung der Erhebungskategorien in einem ↗Pretest, Verbesserung oder Beibehaltung des Erhebungsinstrumentes, Konstruktion einer gültigen Stichprobe und eventuell Training der Mitarbeiter/innen. Die dritte Etappe umfasst dann die Durchführung der Untersuchung: Sammlung des Materials bzw. Erhebung des gesuchten Materials mittels des oder der entsprechenden Instrumente. In dieser Phase können sog. »serendipity pattern« auftreten, die die Forschung wiederum bei der ersten Etappe beginnen lassen können. Das heißt, dass aufgrund naiver Beobachtungen des Wissenschaftlers neue Zusammenhänge/Aspekte zufällig aufgedeckt werden können, die gemäß dem bisherigen Theoriestand eigentlich nicht auftreten sollten. Sie können dann zur Formulierung neuer Hypothesen führen, die die Forschung in neue Bahnen lenken. In der vierten Etappe ist die Auswertung der erhobenen Daten vorzunehmen, um die Forschungsfrage zu beantworten bzw. die Hypothesenüberprüfung als Verifikation oder Falsifikation bisherigen Wissens auszuweisen, als erfolgreiche Erklärung oder als gescheiterte Erklärung. Die Aufbereitung der Daten und ihre Analyse mit statistischen Modellen hat insbesondere darauf zu achten, dass sie mit den Messniveaus der Beobachtungskategorien oder Fragen strukturtreu übereinstimmt. Nachdem die Daten ausgewertet sind, ist der Geltungsanspruch der gewonnenen Aussagen im Rahmen der theoretischen Schlussfolgerungen (fünfte Etappe) genau abzugrenzen. Dabei ist darauf zu achten, dass der zulässige Verallgemeinerungsgrad von der Ausgangshypothese abhängt. Ihr Geltungsanspruch soll nicht überschritten werden. Schließlich ist der Zusammenhang mit der empirischen ↗Theorie herzustellen, auf die sich die empirische Forschung bezieht. Es ist die Frage zu beantworten, was die Ergebnisse für die bisher gültige Theorie bedeuten. Im Rahmen der Bedarfsforschung sind die Resultate zur Formulierung der Prognose oder Technologie zuhanden der Auftraggeber zu verwenden. [BW]

Forschungsreisen

Klaus Dodds, London

Im Allgemeinen wird unter einer Forschungsreise die Produktion von neuem Wissen verstanden, das aus verschiedenen Akten des Entdeckens gewonnen wurde. Die Begriffe der Entdeckung und Forschungsreise (Exploration) sind innerhalb der modernen ↗Geographie und auch in anderen Disziplinen sehr umstritten. Die kontrovers geführten Diskussionen über den Begriff Forschungsreise beziehen sich einerseits auf den Charakter der Forschungsreisen westlicher Forscher und Entdecker. In den traditionellen Berichten über die Entwicklung der Geographie als akademische Disziplin spielen wissenschaftliche Expeditionen und Forschungsreisen für die Erweiterung des Wissensbestandes über entfernte oder unbekannte Länder eine wichtige Rolle. Seit dem 15. Jh. haben europäische Forschungsreisende und später professionelle Geographen eine wichtige Rolle bei der Erforschung, Vermessung, Aufnahme und kartographischen Darstellung außereuropäischer Regionen und Kontinente gespielt. Ende des 19. Jh., als nur noch die Polargebiete zu erforschen waren, war man überzeugt, dass die weißen Flecken auf der Erde verschwunden seien. Deshalb schlug ↗Penck im Jahre 1891 vor, dass Geographen eine neue »Weltkarte im Maßstab von 1 : 1 Mio. erstellen sollten, weil nun geographische Aufnahmen den größten Teil der Erdoberfläche erschlossen hätten. Im frühen 20. Jh., als auch die Antarktis in die neuen Weltkarten aufgenommen wurde, haben sich Forschungsreisen in den Worten des britischen Romanschreibers Joseph Conrad von einer »militanten Geographie« in eine »triumphierende Geographie« gewandelt.

Für die Kritiker des Begriffs waren Forschungsreisen ein durch und durch ethnozentrisches (↗Ethnozentrismus) und zeitweise gewalttätiges Unternehmen, das häufig zu Kolonisierung (↗Kolonialismus), Eroberung und Besatzung führte. Revisionistische Berichte stellen die scheinbare moralische und akademische Neutralität von Forschungsreisen und Praktiken wie der Anfertigung von Karten infrage. In vielen Teilen der kolonialen Welt war die ↗Kartographie eine Politik mit anderen Mitteln. Die Karte stellte ein mächtiges Werkzeug für die Rhetorik der territorialen Kontrolle dar. Angeregt durch Berichte über unerschöpfliche Ressourcen und strategische Vorteile haben Kolonialstaaten wie Großbritannien und Frankreich beträchtliche Energien in die Finanzierung und Unterstützung geographischer Expeditionen und kartographischer Aufnahmen investiert. So wurde noch im Jahre 1945 der Falkland Island Dependency Survey (FIDS) geschaffen, um angesichts der rivalisierenden Ansprüche der zwei südamerikanischen Staaten Argentinien und Chile die Kartierung des Britischen Territoriums in der Antarktis voranzutreiben. Obwohl FIDS in öffentlichen Stellungnahmen die wissenschaftliche Bedeutung dieser Erforschung betonte, besteht wenig Zweifel daran, dass diese Kartierungen geopolitischen (↗Geopolitik) Zielen dienten. Der Behauptung der Revisionisten, dass Forschungsreisen niemals nur durch wissenschaftliche Neugier motiviert waren, kann man kaum widersprechen.

Problematisch sind allerdings die extremen Versionen des Revisionismus, in denen die Geschichte der Forschungsreisen und Explorationen als Momente des Imperialismus, Rassismus und Kolonialismus präsentiert wird. In seiner Arbeit »The Geographical Tradition« argumentiert D. Livingstone für einen Ansatz, der sowohl »heroische«» als auch »imperiale« Darstellungen über wissenschaftliche Forschungsreisen vermeidet. Im Gegensatz zu diesen fokussiert sich seine kontextuelle Darstellung von Forschungsreisen als ein Set von Ideen, Praktiken und Institutionen. D. Livingstone untersucht, wie Ideen über wissenschaftliches Wissen Akte der Forschungsreisen und Explorationen prägten und welche Rolle die Praktiken der Kartierung und Vermessung bei der Transformation von Informationen über die Welt in Wissenskörper gespielt haben. Eine Reihe von Institutionen wie auch ↗Nationalstaaten haben wissenschaftliche Gesellschaften (wie z. B. die Royal Geographical Society in London) und Universitäten bei ihren Forschungsreisen und Expeditionen unterstützt. Im 19. Jh. haben Länder wie Deutschland, Frankreich und Großbritannien das Fach Geographie nicht zuletzt aufgrund früherer Verdienste bei Forschungsreisen und Expeditionen als wissenschaftliche Disziplin an Universitäten institutionalisiert. In seiner Arbeit über die moderne Geographie gelingt es Livingstone von den Forschungsreisen ein Bild zu zeichnen, das weniger auf den Ansichten des furchtlosen Forschungsreisenden beruht, der bestrebt ist, die Wahrheit zu entdecken, sondern sich mehr der Art und Weise zuwendet, in der diese Akte der Entdeckungen durch Interaktionen ermöglicht und aufrecht erhalten wurden.

Die Interaktion zwischen vorwiegend europäischen Forschungsreisenden und der nicht-westlichen Welt war keine Serie von gleichberechtigten Interaktionen. Ungleichheiten existierten vor allem hinsichtlich der politischen und militärischen Macht, die oft diese Akte der Entdeckungen begleitete. Darüber hinaus haben viele Autoren darauf hingewiesen, wie sehr westliche Berichte über Forschungsreisen Europas Gefühl der Einzigartigkeit, Überlegenheit und Fortschrittlichkeit nährten. Der palästinensische Literaturkritiker Edward Said beschrieb, wie die westliche Repräsentation des Orients auf Dichotomien wie überlegen-unterlegen, Zivilisation-Barbarei oder Macht-Ohnmacht zurückgriff. Das Resultat dieser Arbeiten von Orientalisten war, dass der Vordere Orient als unterlegenes »Colonial Other« dargestellt wurde, das von der westlichen Kultur und den Forschungsreisen profitierte. Dieses Gefühl der Überlegenheit wurde vielfach reproduziert und dadurch haben Forschungsreisende wie ↗Humboldt und Aime Bonpland in ihrer unterschiedlichen Art mitgeholfen, Europäische Identitäten zu konstruieren, die auf der Beschäftigung mit anderen Völkern und Ländern beruhten.

Die größte Herausforderung, die sich der modernen Geographie stellt, besteht darin, dass sie sich mit den Konsequenzen der Forschungsreisen und Explorationen befasst, ohne deren verschiedene Arten generell als rassistisch, ethnozentrisch und imperialistisch abzutun. In gleicher Weise ist es nicht sehr hilfreich, zu argumentieren, dass die Forschungsreisen der Europäer vorwiegend wissenschaftlichen Zwecken dienten und nichts mit imperialistischen Ideologien der Kontrolle zu tun hatten. Jüngere Studien haben gezeigt, wie Forschungsreisen in einer Weise betrachtet werden können, welche die materiellen Konsequenzen und die Implikationen von Forschungsreisen hinsichtlich ↗Macht und ↗Wissen anerkennt.

Forschungstagebuch, Aufzeichnungen der an einem Forschungsprozess beteiligten Personen, mit dem Ziel, die in einem Forschungsprozess getroffenen Entscheidungen und deren Gründe sowohl nach außen nachvollziehbar zu machen als auch selbstreflexiv für den eigenen Lernprozess zu nutzen.

Forst, *Wirtschaftswald*, durch wirtschaftliche Nutzung des Menschen in Artenzusammensetzung und Struktur geprägte Waldgesellschaften, die sich vom ↗Wald in engerem Sinne durch künstliche Begründung, genetisch eingeengte Zuchtbaumsorten, regelmäßige Durchforstung und kurze Umtriebszeiten unterscheiden; eine klare Trennung beider Begriffe ist jedoch schwierig. Die Geobotanik bezeichnet als Forstgesellschaften Ersatzgesellschaften natürlicher (im Sinne standortheimischer) Wälder, die aus der Anpflanzung von gesellschaftsfremden Baumarten hervorgingen, die im Naturwald keine oder eine sehr geringe Rolle spielen würden. Beispiele sind Kiefernforsten, Fichten- und sonstige Nadelholzforsten, Laubholzforsten von Roteiche, Pappeln u. a., aber auch von Eichen auf Buchen-Standorten. Gegensatz zum Forst sind die Begriffe ↗Urwald und ↗Naturwald. In Mitteleuropa veränderte der Mensch ab etwa Christi Geburt die Vegetationsdecke im Wald merklich: zunächst durch Auflichtungen, dann durch mittelalterliche Waldweide, frühindustrielle Nutzungen von ↗Niederwald und ↗Mittelwald bis hin zum ↗Hochwald als heutige Waldnutzung, die im Rahmen einer geregelten Forstwirtschaft seit dem 19. Jh. zu Forsten im aktuellen Sinne und durch Anbau der Fichte außerhalb ihres natürlichen Areals zu einer *Verfichtung* führte. Die Art der Verjüngung im Forst (↗naturnaher Waldbau) steuert maßgeblich dessen Raumstruktur und Funktionen für den Arten- und Biotopschutz und abiotischen Ressourcenschutz (↗Naturschutz). Die forstliche Standorterkundung, meist im Zusammenhang mit der Forsteinrichtung als forstliches Planungsverfahren verbunden, beinhaltet die Erhebung und Beschreibung von Standorteinheiten mit den wirksamen Umweltfaktoren. Erholungswald und Klimaschutzwald sind Schutzwälder, die im Rahmen der Forsteinrichtung festgelegt werden und in denen Wanderwegenetz und Erholungseinrichtungen bzw. Funktionen des Klimaschutzes eine besonders wichtige Rolle spielen. [EJ]

Forstbetriebsform, beschreibt zugleich Betriebsart (↗Niederwald, ↗Mittelwald, ↗Hochwald), Ziele der Nutzung (z. B. Brennholz- oder Stammholzgewinnung) und Bestockungsverhältnisse (Baumarten) von bewirtschafteten Wäldern (↗Forst).

Forstgeographie ↗Wald- und Forstgeographie.

forstliche Standortkartierung, kartographische Erfassung, Typisierung, Klassifizierung und Erläuterung der forstlichen Standortaufnahme. Auf ihrer Grundlage wird die Eignung für den Waldbau bestimmt und die mittel- bis langfristige forstliche Planung (Forsteinrichtung) im Hinblick auf den Holzertrag und die übrigen Waldfunktionen eingeleitet. Aus der forstlichen Standortkartierung ergibt sich, welche Art von Wäldern und Waldbeständen die Standorte ohne Qualitätsverlust (↗Nachhaltigkeit) tragen können.

Forstmeteorologie, Teilgebiet der angewandten Meteorologie befasst sich mit den unterschiedlichen Auswirkungen von Wetter, Witterung und Klima auf Wald- und Forstgesellschaften sowie die Auswirkungen des Waldes auf Witterung und Klima. Ferner werden die komplexen Wechselwirkungen mit anthropogen bedingten Immissionen raum-zeitlich analysiert.

Forstökologie, *Waldökologie*, den Wäldern und Waldökosystemen gewidmeter Teilbereich der ↗Landschaftsökologie bzw. ↗Ökologie. Er befasst sich mit den langlebigsten und hochwüchsigsten Pflanzenbeständen der Festländer der Erde, von denen sie ca. 25 % – mit abnehmender Tendenz (↗Abholzung) – bedecken; bei Beginn der Landwirtschaft (↗Agrargeschichte) vor 10.000 Jahren war die Waldfläche fast doppelt so groß. Die Forstökologie untersucht die Standortbedingungen für Waldwachstum und dessen Verlauf über verschiedene Waldstadien bis zum Klimaxwald, der unter natürlichen Bedingungen oft über Jahrhunderte als Gesamtbestand erhalten bleibt, sich aber auf kleinen Flächen im Mosaikzyklus ständig verjüngt. Das langsame Wachstum des Waldes und der periodische ↗Laubfall bedingen einen relativ geringen Nährstoffentzug aus dem Boden und einen fast geschlossenen Stoffkreislauf. Weitere Gegenstände der Forstökologie sind die Schichtung und die zugehörige Artenzusammensetzung der Wälder, die sich daraus ergebenden Waldtypen und deren Verbreitung, ferner die Wald- und Baumschädlinge und -krankheiten mit ihren Auswirkungen. Untersucht wird auch die Bedeutung der Wälder für Klima, Kohlenstoffbindung, Wasserhaushalt, Humusbildung und Bodenschutz von der lokalen bis zur globalen Dimension. Schließlich beschäftigt sich die Forstökologie auch mit den vielfältigen menschlichen Nutzungen der Wälder und ihren Folgen, erarbeitet ökologische Grundlagen für Waldbau, Holzernte, Verjüngung und (Wieder-)Aufforstung. Im Industriezeitalter sind die Wälder, soweit sie überhaupt vor Rodung, Raubbau und Feuer bewahrt werden können, durch ↗Immissionen, ↗Klimaänderungen oder Grundwasserentnahmen gefährdet, deren Folgen (↗neuartige Waldschäden) von der Forstökologie erforscht und soweit möglich vorausgesagt werden. [WHa]

Forstwirtschaft, beschäftigt sich mit dem wirtschaftlichen Anbau, der Pflege und der Nutzung von Wäldern zur Erzeugung von Holz und anderen forstlichen Produkten. Neben diesen produktionsgebundenen Aspekten sind auch die Schutz- und zunehmend die Erholungsfunktionen des Waldes bzw. des Forstes durch die Forstwirtschaft zu gewährleisten. Die Forstwirtschaft ist deshalb sowohl dem ↗primären Sektor einer Volkswirtschaft (Urproduktion) als auch teilweise dem ↗tertiären Sektor zuzuordnen. Die Nutzung des Forstes kann unter starker Berücksichtigung der ökologischen Aspekte erfolgen (↗Nachhaltigkeit) oder v. a. an ökonomischen Gesichtspunkten orientiert sein (↗Monokultur). Die Forstwirtschaft ist neben der ↗Landwirtschaft die bedeutendste Flächennutzung in der BRD.

forward-linkages ↗Linkage-Effekte.

Forward Scattering Spectrometer ↗Nebelniederschlag.

Fossil, *Petrefakt*, versteinertes Überbleibsel eines Organismus der erdgeschichtlichen Vergangenheit. Der Vorgang der Fossilwerdung oder Fossilisation erfasst überwiegend die fossilisationsfähigen Hartteile. Er erfolgt unter Mitwirkung physikalischer, chemischer und diagenetischer Prozesse, die für die Überlieferung von Organismen sorgen. Die Aussicht auf Fossilisation ist am höchsten bei den aus anorganischen Substanzen bestehenden Teilen der Organismen, wie z. B. Knochen, Schalen, Kieselskelette. Bei ↗Inkrustation und ↗Inkohlung treten keine wesentlichen Veränderungen auf, dagegen wird bei der ↗Versteinerung (Petrifikation), meist während der ↗Diagenese, neues Material zugeführt oder verändert. Das häufigste Fossilmaterial ist ↗Calcit, ferner spielen Kieselsäure, ↗Pyrit, Markasit, Phosphate, Limonit und andere Eisenminerale eine Rolle. Die Erhaltung ist verschiedenartig. Bei der echten Versteinerung (Schalenerhaltung, Intuskrustation) sind fossilisationsfähige Teile durch mineralische Einlagerungen oder durch Ersatz bzw. Austausch der mineralischen Substanzen in der ursprünglichen Form erhalten, häufig z. B. bei Knochen, ↗Echinodermen, ↗Brachiopoden, Verkieselung von Baumstämmen, ↗Schwämmen, etc. Bei Steinkernen wird das Innere eines hohlen organischen Körpers vom Sediment ausgefüllt und abgezeichnet, die Wandung danach aufgelöst, sodass ein Ausguss der Innenseite vorliegt (besonders häufig bei Gehäusen von ↗Brachiopoden oder verschiedenen ↗Mollusken). Bei einem Abdruck ist der Körper verschwunden, im Sediment ist nur der Abdruck der Außenseite sichtbar. Bei einem Skultursteinkern wird der Abdruck der Schale nach Lösung auf den Steinkern geprägt. Makrofossilien sind Fossilien, die mit bloßem Auge studiert werden können. Dagegen können *Mikrofossilien* nur mithilfe von optischen Geräten untersucht werden. Sie können entweder selbst mikroskopisch kleine Organismen sein oder aber Teile größerer Organismen. Die Einordnung als Mikrofossil ist unabhängig von der systematischen Klassifizierung. ↗Leitfossilien sind fossile Organismen oder Organismenreste, die die Datierung von Schichten, in denen sie gefunden werden, erlauben. [GG]

fossile Böden, treten in Abfolgen aus Sedimenten als vollständige Böden oder erodierte Bodenreste auf. Über dem alten Boden lagernde Sedimentschichten verhindern eine jüngere pedogene Überprägung und Weiterentwicklung, so dass die ursprünglichen Merkmale und stabilen Eigenschaften konserviert werden. Sie treten auf im Holozän unterhalb von Kolluvien, Watt- und Auensedimenten sowie unter Eschhorizonten und als pleistozäne und prä-pleistozäne ↗Paläoböden vor allem im Löss sowie in lockeren und festen Ton- und Sandsedimenten. Sie stehen zum Teil als Zeugen der Klima- und Landschaftsentwicklung unter Schutz.

fossile Düne ↗Erg.
fossile Energie ↗Energieträger.
Fossilisation ↗Versteinerung.
Fourieranalyse, *harmonische Analyse*, ein Verfahren der ↗Trendanalyse zur Analyse periodischer Trends in ↗Zeitreihen bzw. ↗Raumreihen mithilfe trigonometrischer Funktionen.

Eine aus n Elementen bestehende äquidistante Datenreihe x_i ($0 \leq i \leq n-1$) lässt sich durch folgende Fourierreihe vollständig approximieren:

$$x_i = a_0 + \sum_{j=1}^{n^*} a_j \cdot \cos(\frac{2ij\pi}{n} + \varphi_j)$$

mit $n^* = n/2$, falls n gerade, $n^* = (n-1)/2$, falls n ungerade, a_j = Amplitude, φ_j = Phasenwinkel.
Die Fourierreihe kann als Methode zur Aufdeckung und analytischen Darstellung der periodischen Komponente in ↗raum-zeit-varianten Prozessen verwendet werden. Die Fourieranalyse wird häufig in ozeanographischen und meteorologischen Anwendungen zur Modellierung wellenförmiger Erscheinungen sowie in der ↗Fernerkundung als Filterverfahren benutzt.

Franchising, Übertragung von Produktionsrechten, z. B. für Coca Cola, und Know-how an ein anderes Unternehmen, das sich verpflichtet, Vorgaben des Franchise-Gebers, z. B. das Marketingkonzept, zu übernehmen.

Frauenerwerbstätigkeit, im Gegensatz zu den Erwerbstätigenkurven der Männer, die relativ gleichförmig verlaufen, kann man bei den Erwerbstätigenkurven der Frauen mehrere Phasen mit unterschiedlichen Erwerbstätigenquoten unterscheiden. Das sog. Drei-Phasen-Modell sieht eine hohe Erwerbstätigkeit von Frauen bis zur Geburt des ersten Kindes, ein deutliches Abfallen während des Heranwachsens der Kinder (↗Familienphase, ↗Kleinkinderphase) und eine daran anschließende Wiederaufnahme der Erwerbstätigkeit vor. Dieses Drei-Phasen-Modell konnte schon zur Zeit seiner Entstehung nur in wenigen europäischen Ländern verifiziert werden und hat seither noch an Gültigkeit verloren. In vielen ehemals kommunistischen Ländern wurde das Maximum der Erwerbstätigkeit nicht vor der Geburt des ersten Kindes, sondern nach Abschluss der Familienphase erreicht. In Japan ist die Wiederaufnahme der Erwerbstätigkeit nach der Familienphase viel geringer als in anderen Ländern. Während die Erwerbstätigkeit von Männern von nur relativ wenigen Faktoren (Dauer der Schul-

Frauenerwerbstätigkeit 1: Frauenerwerbstätigkeit in Ungarn 1990 nach dem Familienstand der Frauen.

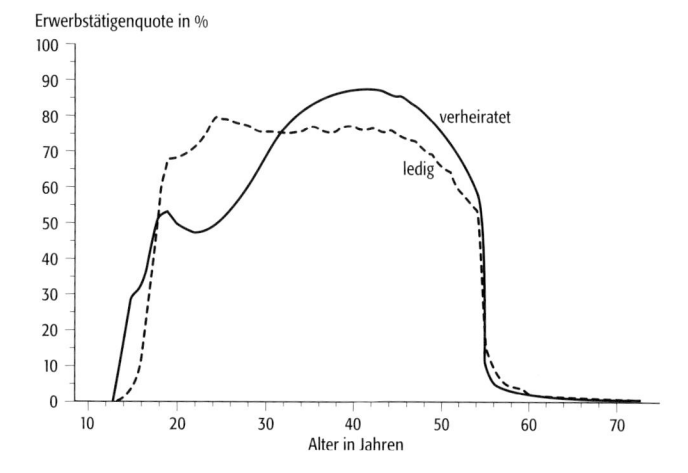

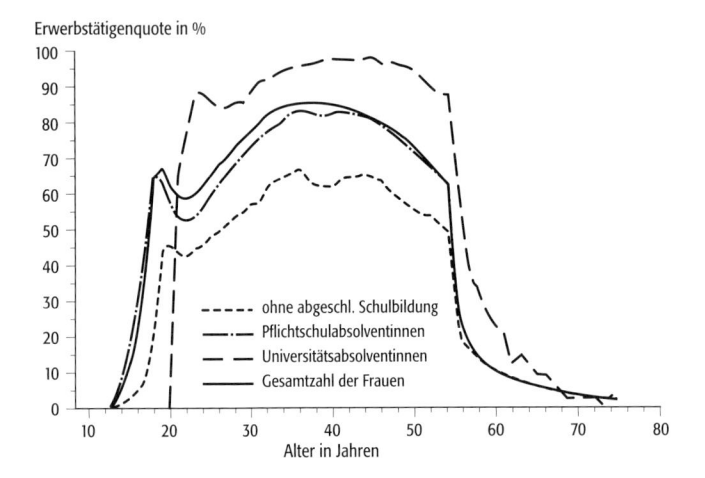

Frauenerwerbstätigkeit 2:
Frauenerwerbstätigkeit in Ungarn 1990 nach dem Ausbildungsniveau der Frauen.

Frauenerwerbstätigkeit 3:
Frauenerwerbstätigkeit in Ungarn 1990 nach Gemeindegrößenklassen.

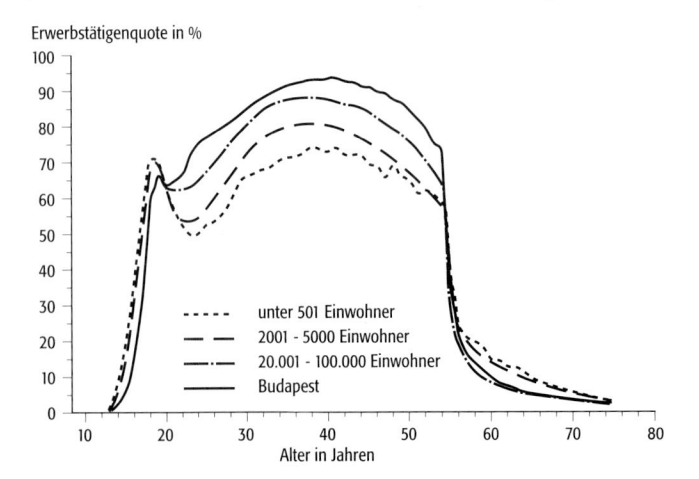

pflicht oder eines Studiums, Militär- und Zivildienst, Arbeitsunfähigkeit, Pensionierungsalter, Arbeitslosigkeit) beeinflusst wird, hängen die ↗Erwerbstätigenquoten und die ↗Erwerbstätigenkurven von Frauen von einer Vielzahl zusätzlicher soziodemographischer und struktureller Faktoren ab. Die altersspezifische Erwerbstätigkeit von Frauen variiert sehr stark nach Familienstand (Abb. 1), Ausbildungsniveau (Abb. 2), beruflicher Qualifikation, Zahl der Kleinkinder, Einkommen des (Ehe-)Partners und dem Maß der sozialen Kontrolle durch Großfamilie, Verwandtschaft usw. Sie wird aber auch von strukturellen Faktoren wie dem Arbeitsplatzangebot der Wohnregion, der Rolle von Teilzeitarbeit, der Familien- und Sozialpolitik (z. B. Höhe und Dauer der Sozialleistungen nach Geburt eines Kindes), dem lokalen Angebot an Einrichtungen der Kinderbetreuung, den vorherrschenden ↗Familien- und Geschlechtermodellen und unterschiedlichen kulturellen und gesellschaftlichen Wertvorstellungen zur Rolle der Frau beeinflusst. Je nach räumlichem Kontext haben die einzelnen Faktoren ein unterschiedliches Gewicht. Die große Bedeutung der räumlichen Dimension für die Frauenerwerbstätigkeit spiegelt sich u. a. in den sehr unterschiedlichen Erwerbstätigenkurven der Frauen nach den Gemeindegrößenklassen ihrer Wohnorte wider (Abb. 3). ↗Feminisierung. [PM]

Frauenüberschuss ↗Geschlechtsgliederung.

freezing rain ↗gefrierender Regen.

freie Atmosphäre, derjenige Teil der ↗Atmosphäre, in welchem die Einflüsse der festen und flüssigen Erdoberfläche, insbesondere die ↗Reibung, verschwinden und sich die Windrichtung – unter Vernachlässigung von evtl. möglichen Zentrifugalkräften – ausschließlich aus der Druckgradientkraft und der ↗Corioliskraft ergeben, während die Reibungskraft fehlt. Der sich ergebende isobarenparallele Wind wird als ↗geostrophischer Wind bezeichnet. Unterhalb der freien Atmosphäre liegt die ↗atmosphärische Grenzschicht.

freie Düne ↗Dünentypen.

freie Landschaft, beschreibender Begriff für die unbebaute, nicht genutzte oder auch agrarisch oder forstwirtschaftlich genutzte Landschaft; Gegensatz, die bebaute, verstädterte Landschaft.

freie Mäander, *Talbodenmäander, Flussmäander,* bogenförmig geschwungene Krümmungen von Flüssen mit einem relativ ausgeglichenen ↗Belastungsverhältnis. Gewöhnlich kommen sie in Serie hintereinander vor und gehören zum typischen ↗Gerinnebettmuster von Flüssen, die vollständig auf einem Talboden oder einer Ebene liegen und sich in ihrem eigenen Material bewegen können (↗Fluvialakkumulation). Dabei kann der Fluss v. a. an den Prallhängen Material durch ↗Seitenerosion erodieren, wodurch sich die ↗Mäander in ihrer Position verlagern. Das Material muss eine gewisse Bindigkeit, d. h. einen Ton- und Schluffanteil aufweisen, damit die Ufer relativ stabil bleiben.

Freihandelszone ↗Wirtschaftsintegration.

Freilandökologie, Bearbeitung von ökologisch und landschaftsökologisch relevanten Fragestellungen unter Anwendung der geeigneten Untersuchungsmethoden im Gelände. Dabei handelt es sich nur selten um autökologische Fragestellungen, da diesen recht gut unter Laborbedingungen nachgegangen werden kann, sondern meist um die Bearbeitung von synökologischen Problemstellungen. Die Bedingungen zur Lösung wissenschaftlicher Fragestellungen auf der Ebene von ↗Populationen, ↗Biozönosen und ↗Ökosystemen sind aufgrund der Komplexität der angesprochenen Systeme nicht im Labor zu imitieren und erfordern zwangsläufig Freilandstudien. Die Methoden von ökologischen Freilandstudien lassen sich in zwei Typklassen einteilen: a) kontrollierte quantitative Experimente und Messungen mit einer (oft beliebig) möglichen Wiederholbarkeit und b) analytisches und beschreibendes Sammeln von Daten, beobachtende Studien, die nicht unbedingt beliebig reproduzierbar sein können bzw. müssen. [ES]

Freilichtmuseum, volkskundliche Museumsanlage, in der Gebäude u. a. Wohn- und Wirtschaftsformen der Vergangenheit im Freien dargestellt sind. Mehr und mehr versuchen Freilichtmuseen heute, ganze regionale Dorftypen grund- und aufrissgetreu aufzubauen und auch die wirtschaftlichen Funktionen des früheren Dorfs, z. B. Mühlen und Dorfgärten, darzustellen.

Freiraumplanning, Teilbereiche der ↗Fachplanung, die sich mit der Planung von Freiflächen (Freiräumen) befasst. Sie umfasst alle Flächen, die weder Bauflächen noch Verkehrsflächen sind. Dazu zählen Flächen für die Land- und Forstwirtschaft, Wasser- und Grünflächen. Freiraumplanung ist als Freiraumsicherung fester Bestandteil von Landesentwicklungsplänen. Als wichtige zu sichernde Freiraumfunktionen gelten ↗Naturschutzgebiete sowie weitere schutzwürdige Freiflächen (*Schutzgebiete*), Waldgebiete, Wasservorkommen und Erholungsgebiete des Freiraums. In Verdichtungsräumen dient vor allem die Ausweisung von regionalen Grünzügen der Erhaltung der noch vorhandenen Freiräume. Sie sollen eine Zersiedlung des Freiraums verhindern, Klimaverbesserung ermöglichen, zum Grundwasserschutz beitragen und dem Boden-, Arten- und Biotopschutz dienen.

freiwillige Kette ↗Unternehmenskonzentration.

Freizeit, geht als Begriff auf Pädagogen um Pestalozzi und Fröbel Anfang des 19. Jh. zurück und erlangt mit der Industrialisierung die heutige komplementäre Bedeutung zur Arbeit (Abb.). Im weiteren Wortsinn bedeutet Freizeit die Zeit außerhalb der Arbeitszeit, im engeren Sinn die Zeit, über die der Einzelne frei entscheiden kann. Insoweit ist schwer zu definieren, wozu der Einzelne die frei verfügbare Zeit nutzt, für kulturelle, gesellige, nicht fremdbestimmte Arbeitsaktivitäten oder auch zum Nichtstun. Unter Zugrundelegung des metrischen Zeitbegriffs lassen sich vier *Zeittypen* unterscheiden: a) fremdbestimmte, von anderen abhängige und festgelegte Zeit, b) Verpflichtungszeit, die auf bestimmte Zwecke gerichtet ist, c) Ruhe-, Schlafzeit, d) frei verfügbare Zeit. Man unterscheidet Tagesfreizeit (Feierabend), Wochenfreizeit (Wochenende, arbeitsfreie Wochentage), Jahresfreizeit (Urlaub, Ferien), Freizeit bestimmter Lebensphasen (Sabbatjahr), Altersfreizeit (Ruhestand), Zwangsfreizeit (Invalidität, ↗Arbeitslosigkeit). Da die fremdbestimmte Arbeitszeit zugunsten der frei bestimmbaren eigenen Zeit immer mehr zurückgeht, taucht in jüngster Zeit häufiger der Begriff von der Entwicklung zur *Freizeitgesellschaft* auf. Aufgrund der starken Zunahme von Berufen im ↗tertiären Sektor wird es tatsächlich immer schwerer, Freizeit als eigene Zeitkategorie abzugrenzen, viel eher sollte ganz allgemein von Zeitverwendung gesprochen werden. [KW]

Freizeitaktivitäten ↗Freizeitverhalten.

Freizeitausgaben ↗Freizeitmarkt.

Freizeitforschung, wird von einer großen Zahl von Wissenschaften betrieben, da die ↗Freizeit im Leben der heutigen Menschen, zumindest in den industriell und tertiärwirtschaftlich geprägten Staaten einen dominanten Faktor darstellt und fast alle Bereiche menschlichen Lebens tangiert. Die ↗Geographie (↗Geographie der Freizeit) behandelt die raumzeitbezogenen, freizeitorientierten Handlungen der Menschen hinsichtlich der sie beeinflussenden Faktoren und im bezug auf ihre Raumwirksamkeit. Neben der Geographie sind an der Freizeitforschung die Sozialwissenschaften (Freizeitverhalten), die Wirtschaftswissenschaften (Freizeitausgaben, Freizeitmärkte, Freizeitmarketing), die Erziehungswissenschaften (Freizeitpädagogik), Planungs- und Ingenieurwissenschaften (Planung und Er-

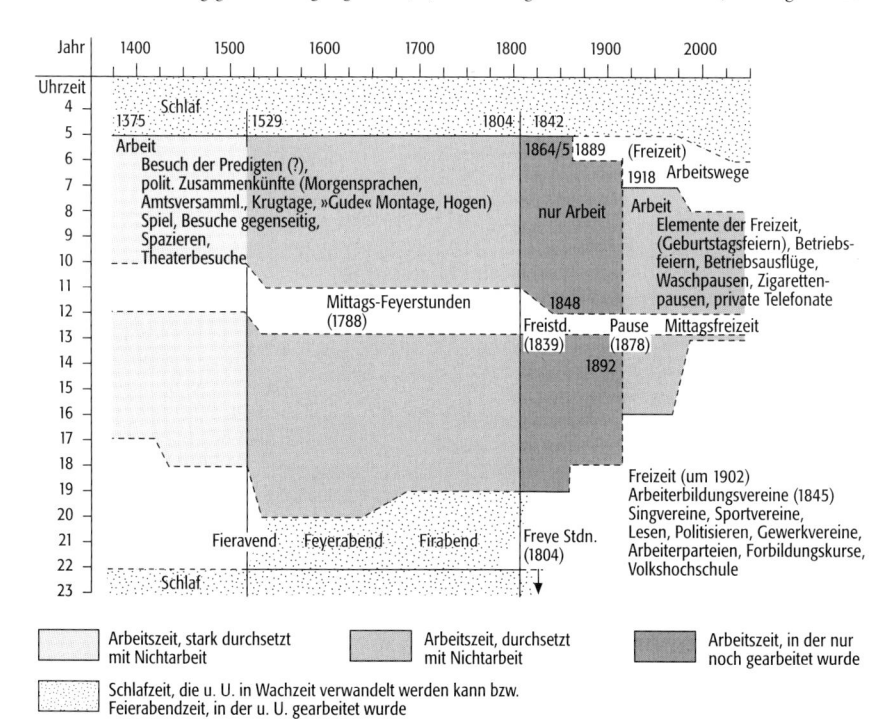

Freizeit: Entwicklung der Freizeit in der Tagesstruktur der Handwerker und Arbeiter.

```
Freizeitverhalten
├── häusliche Aktivitäten
│   ├── Massenmedien
│   ├── Lesen
│   ├── Musik hören
│   ├── Familienleben
│   ├── Geselligkeit
│   ├── Weiterbildung
│   ├── Hobby
│   ├── Gartenarbeit
│   └── Entspannung
└── außerhäusliche Aktivitäten
    ├── Spazierengehen
    ├── Wandern
    ├── Ausflüge
    ├── Sport treiben
    ├── Sport zuschauen
    ├── Vergnügen
    ├── Unterhaltung
    ├── Weiterbildung
    └── Kultur
```

Wohnungsausstattung: Wohnungsgröße, Keller, Dachboden, Garten, Terrasse, Balkon

freizeitrelevante natürliche Ausstattung: Umweltbelastung, Klima, Vegetation, Relief, Wasser, Naturdenkmäler

freizeitrelevante infrastukturelle Ausstattung: Hallenbad, Freibad, Turnhalle, Sportplatz, Vereine, Cafés, Gaststätten, Tanzlokale, Kegelanlage, Kino, Volkshochschule, Bücherei, Vorträge, Museum, Theater, Konzert

→ Freizeitpotenzial

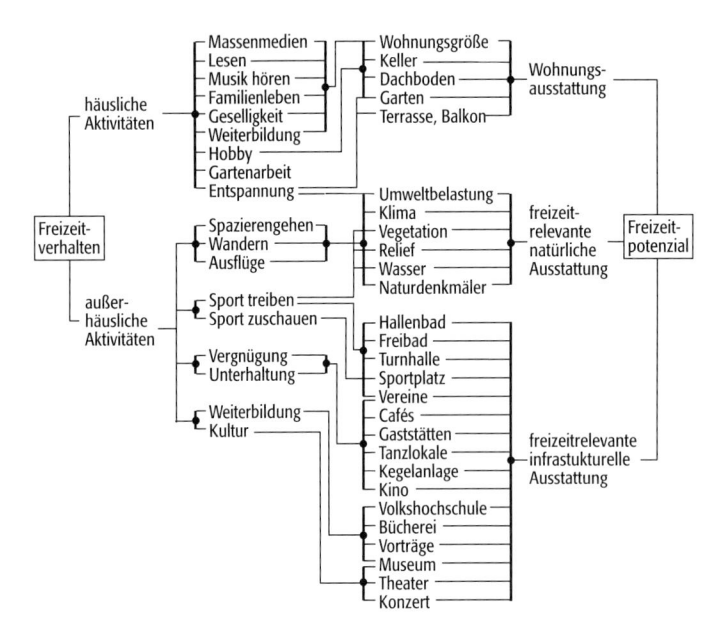

Freizeitinfrastruktur: Häusliche und außerhäusliche Freizeitaktivitäten mit ihren wichtigsten Ansprüchen an raumrelevante Ausstattung.

richtung von Freizeiteinrichtungen, Landschaftspflege), Verkehrswissenschaften (Verkehr), Umweltwissenschaften (Landschaftsumnutzung, Umweltbelastung), Medizin (medizinische Wirkung der Freizeit auf den Menschen) u. a. beteiligt. In der Freizeitforschung dominiert die am konkreten Beispiel ausgerichtete empirische Forschung, Beiträge zu einer Theorie der Freizeitforschung (*Freizeittheorie*) sind bisher schwach ausgebildet. Die Komplexität menschlichen Verhaltens ist sicher eine Ursache dafür. Grundlagen für eine solche »Theorie der Freizeitverwendung« bilden evtl. generellere Ansätze, die sich u. a. mit Infrastrukturausstattung, Zeitverwendungsstrukturen, Reichweiten von Nutzern und Einrichtungen, Aktivitäten oder Motivationen für die unterschiedlichsten Freizeitnutzungen auseinandersetzen. Da menschliches Verhalten besonders im Freizeitbereich nur schwer verallgemeinernd prognostizierbar ist, fehlen noch immer in ausreichendem Maße solche generellen Kenntnisse über das Freizeitverhalten, die die freizeitorientierte Planung besser absichern würde. So wird u. a. in der politischen Praxis Freizeit noch weitgehend ausschließlich als ökonomisch in Wert zu setzendes Phänomen gesehen, das bei entsprechendem Marketing zur wirtschaftlichen Stabilität eines Ortes oder Raumes beitragen kann. Freizeitforschung sollte konzeptionell nach zwei Seiten weiterentwickelt werden, zum einen zu einer Zeitforschung (↗Zeitgeographie), die sich mit der Zeitverwendung durch den Menschen vor dem Hintergrund der Einflussfaktoren generell befasst, um so die Freizeitverwendung besser in den gesamten menschlichen Lebensrhythmus einordnen zu können, zum andern zu einer generellen »Lebensraumforschung«, die sich in der zeitlichen Dimension mit dem gesamten menschlichen Umfeld, seinem Lebensraum, auseinandersetzt und so den Lebensrhythmus des Menschen, der von seiner physischen und sozialen Umwelt beeinflusst ist, ganzheitlich, d. h. auch hinsichtlich seiner freizeitbezogenen Motivationen und Handlungen abbildet. [KW]

Freizeitgeographie ↗ Geographie der Freizeit.
Freizeitgesellschaft ↗ Freizeit.
Freizeitinfrastruktur, umfasst alle materiellen und immateriellen Strukturen eines Ortes oder eines Gebietes, die für die Freizeitnutzung zur Verfügung stehen. Zu den materiellen Freizeiteinrichtungen werden neben den naturräumlichen Ausstattungsfaktoren alle baulichen und flächenhaften Einrichtungen gezählt, die für die Nutzung in der Freizeit zur Verfügung stehen. Dazu zählen zunächst alle Einrichtungen der Gastronomie, für Spiel und Spaß oder sportliche Betätigung, aber auch kulturelle Einrichtungen der verschiedensten Art, die in der Freizeit genutzt werden können (Abb.). Eine eindeutige Abgrenzung spezifisch freizeitbezogener Einrichtungen ist nur schwer möglich, da im Grunde auch alle sonstigen Infrastruktureinrichtungen wie z.B. Verkehrswege und -mittel, Versorgungseinrichtungen in der Freizeit in Anspruch genommen werden können. Zur immateriellen Freizeitinfrastruktur werden alle Personen gerechnet, die in Einrichtungen, die der Freizeitnutzung dienen, tätig sind und spezifische freizeitorientierte Programme oder Informationen, daneben auch für die Freizeit tätige Organisationen oder auch eine Vielzahl von Medien. Die Nachfrage nach Freizeitinfrastruktur ist stark Modeströmungen unterworfen. Daher ist es auch keine leichte Aufgabe, die richtige Quantität und Qualität von Freizeitinfrastruktur vorauszuplanen. In den vergangenen Jahren ist deutlich zu beobachten, dass besonders privatwirtschaftliche Institutionen (z. B. Banken, Versicherungen) in diese Art der Infrastruktur investieren, sei es z. B. in sog. Multiplexkinos, in Centerparks zur wetterunabhängigen Wochenenderholung mit Spaßbadatmosphäre oder neuerdings in sog. »Urban Entertainment Center«, in denen »business« und »relaxen« fließend ineinander übergehen sollen. [KW]

Freizeitmarkt, Begriff, der die Leistungen und Nachfrage im Bereich der ↗Freizeit umschreibt. Zu den Anbietern auf dem Freizeitmarkt gehören Gastronomie, Beherbergungsbetriebe, Transportbetriebe, alle Mittler von Angeboten für die Freizeitnutzung; auf der Nachfrageseite treten alle Personen auf, die die verschiedenen Angebotsformen in der Freizeit nutzen. Als *Freizeitausgaben* werden die Ausgaben bezeichnet, die für Freizeitzwecke ausgegeben werden. Die Umsätze der Freizeitwirtschaft in Deutschland betrugen 1998 etwa 450 Mrd. DM mit weiter steigender Tendenz, das sind ca. 15% des ↗Bruttosozialprodukts. Die privaten Haushalte geben mehr als 350 Mrd. DM für Freizeit aus. Es gibt mindestens 1,3 Mio. Anbieter, Anlagen und Einrichtungen für die Freizeit in Deutschland. Die Zahl der im Freizeitbereich Beschäftigten liegt bei über 5 Millionen Personen.

Freizeitpark, *Freizeitzentrum*, eine von einem Unternehmen gegen Eintritt betriebene Anlage auf einer Fläche von mindestens 10 ha Größe und/oder einer jährlichen Besucherzahl von 100.000 Personen. Die verschiedensten Formen solcher Freizeitparks bieten in zum großen Teil fest installierten Anlagen Einrichtungen für Spiel und Spaß, die entweder besichtigt oder selbst benutzt werden können, aber auch Tiere, Landschaften, technische und kulturelle Einrichtungen und Nachbildungen sind in Freizeitparks oder -zentren zu finden. Der Begriff umschließt heute als Sammelbegriff Anlagen verschiedenster Art, die dem Erleben, der Erholung, dem Spiel- und Badespaß dienen und mehr und mehr auch mit Hotellerie, Gastronomie ausgestattet sind, sodass in ihnen mehrtägige Aufenthalte verbracht werden können, wobei z. B. durch fest installierte Spielstätten auch abendliche Unterhaltungsveranstaltungen durchgeführt werden können. Um ihre Anziehungskraft zu erhalten, müssen die Parks ständig neue Attraktionen bieten. [KW]

Freizeitpolitik, umfasst die Gesamtheit von Konzepten und Maßnahmen zur Errichtung und Erhaltung von Einrichtungen für die Freizeitnutzung, die Beschäftigung von Personen im Bereich der ↗Freizeit, aber auch die Entwicklung und Durchführung von Programmen zur Freizeitgestaltung. Freizeitpolitik ist eine Querschnittsaufgabe, die von der Sozial- über die Wirtschafts- und Raumordnungspolitik bis zur Familien-, Jugend- und Bildungspolitik reicht und daher auf Bundes-, Landes- und Kommunalebene in unterschiedlichen Ressorts angesiedelt ist, häufig bei der Familien- und Jugendpolitik, aber als Teil der Wirtschaftspolitik sein kann. Allerdings ist insgesamt zu beobachten, dass es auf den verschiedenen Politikebenen kein insgesamt schlüssiges Konzept für die Freizeitpolitik gibt, häufig wird auf politischer Seite auf Anstöße von außen reagiert, Innovationen im Angebot für die Freizeitnutzung kommen weitgehend durch privatwirtschaftliche Initiative zustande und sind vorwiegend konsumorientiert. Aufgrund der Zunahme der Freizeit im Vergleich zur fremdbestimmten Arbeitszeit und der länger werdenden Phase der Altersfreizeit aufgrund des relativ frühen Ausscheidens aus dem Berufsleben bei insgesamt höherer Lebenserwartung ist es eine höchst notwendige Aufgabe, in allen Politikbereichen diesen gravierenden sozialen Wandel stärker zu berücksichtigen und das Phänomen Freizeit (Freizeitverwendung) stärker in politische Konzepte zu integrieren. [KW]

Freizeittheorie ↗Freizeitforschung.

Freizeitverhalten, alle Daseinsäußerungen der Menschen, meist zusammengefasst nach gruppenspezifischen oder kollektiven Verhaltensweisen, die freizeitorientierte Handlungen zum Ziel haben. Freizeitverhalten und *Freizeitaktivitäten* sind als Begriffe insoweit synonym mit dem Begriff Freizeithandeln zu setzen. Das Freizeitverhalten hängt sehr stark von den sozioökonomischen und psychosozialen Bedingungen des einzelnen Menschen ab und wird außerdem bestimmt durch externe Faktoren wie allgemeine wirtschaftliche Lage oder die politische Situation. Das Freizeitverhalten oder die Freizeitaktivitäten reichen von sportlichen Aktivitäten über Aktivitäten des Reisens, der Bildung, der Geselligkeit bis hin zu (kreativem) Nichtstun. Neben den Motivationen für bestimmtes Freizeitverhalten werden z. B. die Aktionsräume bei Freizeitaktivitäten, die aufgesuchten Ziele oder die benutzten Einrichtungen analysiert. Freizeitverhalten ist heute weitgehend eine Komponente des Lebensstils. ↗Freizeit. [KW]

Freizeitverkehr ↗Verkehrszweck.

Freizeitzentrum ↗*Freizeitpark*.

Fremdbestäubung, *Allogamie*, Bestäubung der Blüten einer Pflanze mit den Pollen einer anderen Pflanze (↗Blütenbestäubung). Um eine in Zwitterblüten leicht mögliche Selbstbestäubung und die damit verbundenen Inzuchterscheinungen zu vermeiden, haben sich bei den Angiospermen blütenbiologische Vorrichtungen entwickelt, die ebenfalls nur eine Fremdbestäubung zulassen. Homogenetische Inkompatibilität und Selbststerilität z. B. verhindern eine sexuelle Fortpflanzung ohne Partner. Je nach Medium der Pollenübertragung werden bei der Fremdbestäubung *Zoidoigamie* (Tierblütigkeit), *Anemogamie* (Windblütigkeit) und *Hydrogamie* (Wasserblütigkeit) mit den entsprechenden Anpassungserscheinungen an den Überträger unterschieden. So setzen Tierblumen Lockmittel wie Nektar, Duft, Farbsignale ein, bei der Anemogamie werden freiliegende, sehr leichte Pollen gebildet. Anemogame Pflanzen sind meist eingeschlechtlich (z. B. *Betula*, *Salix*). [ES]

Fremdenübernachtungen, *bed nights*, ↗Tourismusstatistik.

Fremdenverkehr, deutsche Bezeichnung für den international gebräuchlicheren Begriff ↗Tourismus.

Fremdenverkehrsgeographie, bezeichnet diejenige Phase der humangeographischen Tourismusforschung, die primär die Beschreibung von Fremdenverkehrslandschaften bzw. touristischer Zielgebiete zum Inhalt hat. Sie beschäftigt sich demnach vor allem mit den räumlichen Auswirkungen touristischer Tätigkeiten auf internationaler, nationaler, regionaler und lokaler Ebene. Durch das Aufkommen der ↗Geographie der Freizeit in der Folge des sozialgeographischen Ansatzes der 1960er-Jahre reduzierte sich ihr Einfluss vorübergehend, um etwa gegen Ende des 20. Jh. in Form der ↗Geographie des Tourismus – als wichtiger Bestandteil der komplex verstandenen ↗Geographie der Freizeit und des Tourismus – neue Bedeutung zu erlangen.

Fremdlingsfluss, ein Fluss, der aus einem Nicht-Trockengebiet kommt und in oder durch ein Trockengebiet fließt. Rezente Nebenflüsse münden dementsprechend nur innerhalb des humiden Einzugsgebiets oder ebenfalls als Fremdlingsflüsse. Zu den großen perennierenden Fremdlingsflüssen gehören in Afrika Nil, Niger, Oranje; in Asien Indus, Euphrat, Tigris, Amu- und Syr-Darja, in Australien Muray und Darling, in Nordamerika Colorado und Rio Grande. Für das durchflossene Trockengebiet bildet er ursprünglich durch natürliche Überschwemmungen, für die Fremdlingsflüsse der alten Welt schon seit der Entwicklung der Landwirtschaft im Neolithikum, als Lieferant von Wasser zur ⁊Bewässerung, die Lebensgrundlage in einer ariden Umgebung. Staudämme zum Ausgleich jahreszeitlicher Abflussschwankungen und/oder ableitende Kanalsysteme kennzeichnen heute fast alle Fremdlingsflüsse. Dabei auftretende Probleme sind u. a. der Wegfall natürlicher Düngung durch Hochwasserschlamm, steigender Salzgehalt durch rückgeführtes Drainagewasser oder für die Mündungsbereiche nur noch ein geringer Restabfluss und nicht zuletzt politische Konflikte wegen der Wasseraufteilung. [DB]

Freone ⁊FCKW.

Frequenz ⁊Abundanz.

friction surface ⁊accumulation surface.

Frigene ⁊FCKW.

Frigorimeter ⁊Abkühlungsgröße.

friktionelle Arbeitslosigkeit ⁊Arbeitslosigkeit.

Front [von lat. frons, frontis = Stirnseite, vordere Linie], Luftmassengrenze mit starkem thermischen Gegensätzen (Abb.). Troposphärische Fronten sind, von mesoskaligen Fronten (Seewindfront, Böenfront) innerhalb der ⁊atmosphärischen Grenzschicht abgesehen, raumerfüllende Wettersysteme. Das vereinfachte Modell der troposphärischen Front ist eine formal von zwei Flächen begrenzte, geneigte barokline Schicht (⁊Baroklinität), welche zwei, quasi barotrope Luftmassen mit unterschiedlicher Dichte und Temperatur trennt. Je nach Richtung der frontsenkrechten Bewegung handelt es sich dann um eine ⁊Kaltfront oder eine ⁊Warmfront. Die ⁊Zyklogenese an einer troposphärischen Front entwickelt das typische synoptische Wettersystem der ⁊außertropischen Zyklone. ⁊Polarfront.

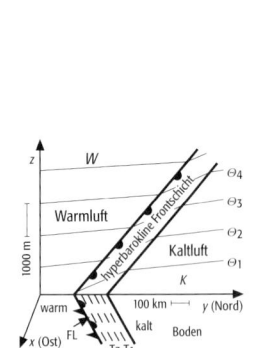

Frontalniederschläge, Niederschläge, die im Bereich der meteorologischen ⁊Front, speziell an ⁊Warmfronten, ⁊Kaltfronten und Okklusionen durchziehender Frontenzyklonen entstehen (⁊außertropische Zyklone Abb. 2). Warmfronten sind durch lang anhaltende, gleichförmige Niederschläge mit geringer Intensität gekennzeichnet (z. B. Niesel, ⁊Landregen, ⁊Schnee). Sie fallen aus mächtigen Schichtwolken (v. a. Nimbostratus), mit einer großen Flächenausdehnung. Bei Kaltfronten tritt im relativ schmalen Bereich des Kaltluftkopfs, wo die Luft des warmfeuchten Warmluftsektors vehement gehoben wird, ausgeprägte hochreichende Konvektion mit kurzen, kräftigen ⁊Schauern auf. Dahinter finden sich über dem mächtiger werdenden Kaltluftkörper vergleichsweise schwächere Niederschläge wechselnder Intensität, die aus der meist passiv aufgleitenden Warmluft resultieren. Okklusionen haben im Hinblick auf den Niederschlagstyp überwiegend Warmfrontcharakter. [JB]

Frontensymbole, Zeichen zur Darstellung und Unterscheidung von ⁊Fronten auf der ⁊Wetterkarte (Abb.).

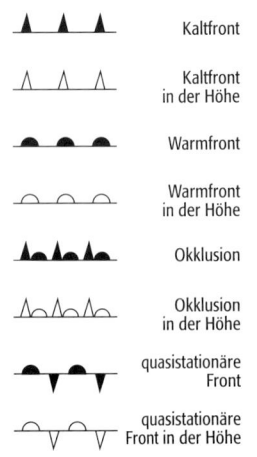

Frontenzyklone ⁊außertropische Zyklone.

frontier, 1) bezeichnet den Grenzbereich zwischen ⁊Staaten oder politischen Einheiten. Traditionellerweise wurde darunter meist die nicht eindeutig einem Staat zuzuordnende Pufferzone verstanden, die als potenzielles Erweiterungsgebiet für alle Anrainer und somit in ihren Ausmaßen als veränderbar galt. Gegenwärtig wird frontier im Unterschied zu ⁊boundary vor allem dann benutzt, wenn es um den Kontakt zwischen Staaten mit einer gemeinsamen Grenze geht. Die Wirkung der frontier ist dabei nach außen gerichtet, d. h. der Begriff steht für die Orientierung auf den Grenzbereich bzw. darüber hinaus (⁊Grenzforschung). 2) Schlüsselbegriff der These einer geordneten wirtschaftlichen Erschließung des Westens der USA (von Pelzhändlern, Holzfällern, Ranchern und Farmern). Seit der Arbeit des Historikers Frederick J. Turner über »The significance of the frontier in american history« (1893) hat der Begriff frontier eine große Bedeutung für das Selbstverständnis der US-Amerikaner. Er ist eine Metapher für Freiheit, Individualismus, Unabhängigkeit und das einfache Leben auf dem Lande, wurde in jüngster Zeit im Rahmen der Umweltdiskussion aber auch für Naturverbundenheit oder den Mythos der unberührten, noch nicht verschmutzten Natur verwendet. Gelegentlich werden mit dem Begriff frontier auch sozialräumliche Prozesse in Stadträumen beschrieben.

Frontnebel ⁊Mischungsnebel.

frontogenetischer Punkt ⁊Deformationsfeld.

front region ⁊vorderseitige Regionen.

Frontstufe ⁊Schichtstufe.

Frost, Absinken der Lufttemperatur unter den Gefrierpunkt des Wassers. Von der Genese her kann zwischen Advektiv- und Strahlungsfrost unterschieden werden. Ersterer resultiert aus dem horizontalen Herantransport arktischer oder polarer Luftmassen. ⁊Strahlungsfrost tritt dagegen in wolkenlosen Nächten auf.
Gerade Früh- und Spätfröste besitzen ein erhebliches Gefährdungspotenzial für frostempfindliche Pflanzenarten wie Rotbuche, Eibe, Efeu und Stechpalme. Gleiches gilt für Sonderkulturen, wie Rebbau und Obstanbau. In Weinbaugebieten der inneralpinen Trockentäler wird als Frostschutz verstärkt auf Frostberegnung sowie auf die Anlage von Dämmen und Hecken zurückgegriffen. ⁊Bodenfrost.

Frostabhärtung, Vorgang, der die Pflanzen befähigt, niedrige Wintertemperaturen ohne bleibende Schäden zu überleben. Resistenz gegen Schädigung durch Gefrieren wird als *Frostresistenz* bezeichnet. Die Pflanzen erreichen die Frostresistenz durch Gefrierverzögerung oder durch Gefrierbeständigkeit. In ausgeprägten Jahreszeitenklimaten erwerben die Pflanzen mit Beginn der kalten Jahreszeit allmählich eine *Frosthärte*. Diese schwankt bei ausdauernden, meist verholzten Pflanzen z. B. der subalpinen und alpinen Höhenstufe zwischen einem Minimalwert während der Vegetationsperiode und einem Maximalwert im Winter (Abb.). Der Prozess der Frostabhärtung vollzieht sich vom Herbst bis in den Winter hinein in mehreren Phasen. Nach Erreichen der Abhär-

---

Front: Vereinfachtes Modell der troposphärischen Front im Meridionalschnitt (100-fach überhöht) und am Boden, (Θ_i = Isotropen in 5 K-Intervallen, T_i = Isothermen am Boden in 1°C-Intervallen).

Frontensymbole: Frontensymbole auf der Wetterkarte.

Kaltfront
Kaltfront in der Höhe
Warmfront
Warmfront in der Höhe
Okklusion
Okklusion in der Höhe
quasistationäre Front
quasistationäre Front in der Höhe

tungsbereitschaft bei Abschluss des Wachstums und mit Beginn der kühleren Jahreszeit findet in der Phase der Vorabhärtung eine Konzentration von osmotisch wirksamen Substanzen (z. B. Zucker) im Protoplasma und eine Dehydrierung der Zellen statt. Damit erhöht sich auch die Unterkühlbarkeit, wodurch zwischen -1 und -5 °C eine zerstörerische Bildung von Eiskristallen in den Zellen verhindert wird. Die Gefrierpunktsdepression stellt einen zwar mäßigen, aber sicheren Frostschutz dar. Die Pflanzen sind dann bis zu Temperaturen von -5 °C frostresistent. Durch weitere Umbauprozesse in den Zellen wird allmählich die Endphase der Frostabhärtung erreicht, bei der die Zellen eine weitere Dehydrierung durch Eisbildung überstehen. Bei andauernden tiefen Temperaturen verstärkt sich die Frostabhärtung, so dass Holzgewächse schließlich mehr als -35 °C überleben. Die im Laufe des Winters zunehmenden tiefen Temperaturen treiben den Abhärtungsvorgang vor sich her. Der Grad der Frostabhärtung ist von Art zu Art verschieden. Zwergsträucher der subalpinen-alpinen Höhenstufe wie *Calluna vulgaris*, *Loiseleuria procumbens* und *Rhododendron ferrugineum*, die im Winter in der Regel durch eine Schneedecke geschützt sind, erreichen eine geringere Frosthärtung als die Zirbe (*Pinus cembra*), deren Zweige sich überwiegend oberhalb der Schneedecke befinden. Während wärmerer Perioden im Winter kann die Abhärtung zurückgehen, durch Kälte aber rasch wieder induziert werden. Nach Ende der Winterruhe geht der hohe Abhärtungsgrad dann schnell verloren, bleibt aber auf einem niedrigen Niveau auch während der Vegetationsperiode erhalten. Der Grad der durch den Prozess der Frostabhärtung erzielten Kälteresistenz entscheidet maßgeblich über die Verbreitung der Pflanzenarten. Denn Frostschäden sind häufig der wesentliche Faktor, der die Pflanzenverbreitung einschränkt. [UT]

Frostdruck ⁄Frosthub.

Frostempfindlichkeit, Anfälligkeit der Pflanzen für *Frostschäden*, die bei Temperaturen unter 0 °C infolge von Eisbildung im Gewebe und dadurch Schädigung des Enzymsystems aufgrund Entwässerung der Zellen entstehen. Die Pflanzen schützen sich durch ⁄Frostabhärtung, die es ermöglicht, das Gefrieren der Gewebeflüssigkeit unbeschadet zu überstehen, z. B. durch Ummantelung des frostempfindlichen Gewebes mit Schutzschichten oder durch Rückzug der Überdauerungsorgane unter eine schützende Streu- bzw. Bodenoberfläche (⁄Hemikryptophyten bzw. ⁄Geophyten) sowie durch Laubfall vor der Frostperiode. Die unterschiedliche Frostempfindlichkeit der Pflanzenarten ist ein wesentlicher Faktor, der die Verbreitung der Arten bestimmt. In Mitteleuropa gedeihen frostempfindliche Pflanzen bevorzugt in ozeanisch getönten Klimaten, weniger empfindliche Arten können dagegen auch die kälteren Winter der kontinentalen Klima oder der Gebirge überstehen.

Frostfront, *Gefrierfront*, bewegliche thermale Grenze des Frostes im Untergrund. Die Frostfront kann sowohl von oben nach unten bei Eindringen des Frostes von der Erdoberfläche, als auch von unten nach oben, im Fall des Vordringens von Tiefenfrost von der Oberfläche des ⁄Permafrost, wandern. Die Oberfläche des Permafrosts wird bisweilen als Permafrostfront bezeichnet. Sie ist die thermale Grenze, unterhalb der ganzjährig keine positiven Temperaturen auftreten, die Untergrenze des Auftaubodens.

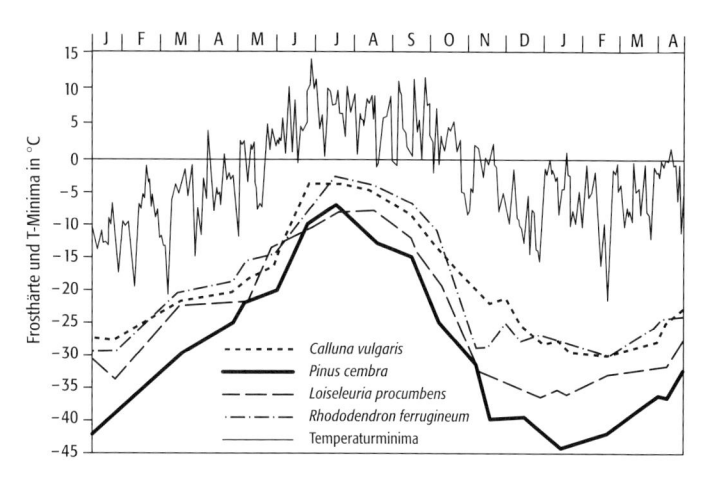

Frostgraupel ⁄Graupel.

Frosthang, bezeichnet die steilen und stark zerrunsten Hänge von Tälern in Periglazialgebieten. Man spricht von »dreiteiligen Frosthängen«, die sich aus einem stark zerrunsten ⁄Oberhang, einem von Kerben zerschnittenen, weniger stark zurückverlegten ⁄Mittelhang (»Dreieckshang«) und einem (Frost-) ⁄Unterhang mit flachen ⁄Schwemmfächern zusammensetzen.

Frosthärte ⁄Frostabhärtung.

Frosthub, *frost pull*, wichtiger Einzelprozess innerhalb der periglazialen Frostdynamik (⁄Periglazial). Frosthub kommt durch das Wachstum von Eiskristallen senkrecht zur Abkühlungsfront zustande, die in der Praxis überwiegend von oben nach unten in den Untergrund eindringt (⁄Frostfront). Dringt der Frost dagegen seitlich ein, beispielsweise im Fall der Genese von ⁄Frostmusterböden, kann seitlicher *Frostschub* (frost thrusting) auftreten. Das Phänomen der Frosthebung (frost heaving), das ⁄Auffrieren von Blöcken und Steinen, tritt nicht nur im Bereich der sommerlichen Auftauschicht bei ⁄Permafrost auf, sondern auch bei saisonalem Frost in mittleren Breiten oder Gebirgsregionen. Blöcke und Steine gelangen durch wiederholtes ⁄Auffrieren an die Oberfläche. Die jährlichen Hebungsraten steigen bei zunehmender Wassersättigung, Vegetationsfreiheit und tiefer Einbettung in das umgebende Feinmaterial. Steine können sich während des Auffrierens hochkant aufrichten. Der Mechanismus der Frosthebung beginnt mit dem Eindringen der Frostfront von der Oberfläche in den Untergrund, wobei der Stein im umgebenden Feinmaterial festfriert. Durch gerichtetes Wachstum der Eiskristalle kommt es zur senkrechten Anhebung. Durch diesen Frosthub ent-

Frostabhärtung: Jahresgang der Frosthärte bei einigen subalpinen und alpinen Arten im Vergleich zu den Minimumtemperaturen.

steht unter dem Stein ein Hohlraum, der durch das meist wassergesättigte Feinmaterial gefüllt werden kann. Im Hohlraum können auch Eiskristalle wachsen und durch *Frostdruck* (frost push) diese Steine heben. Frostdruck wird teilweise als der einzig effektive Prozess innerhalb der Frosthebung betrachtet. Eine als zusätzlicher Faktor angeführte relative Hebung des Steins durch Einsacken des auftauenden Feinmaterials im Frühjahr, wenn der Stein an seiner Unterseite noch gefroren ist, wird überwiegend abgelehnt. Die weit verbreitete Beobachtung von nach Abtauen des Eises »aufgeblähtem« Feinmaterial, in welchem Steine eingesunken scheinen, wird als Begründung hierzu angeführt. [SW]

Frostkeil ↗Frostrisse.

Frostkliff, bezeichnet in der deutschsprachigen Literatur den steilen Rückhang von ↗Kryoplanations-Terrassen.

Frostkriechen, unter Belastung stattfindender Vorgang der Verformung und der Fortbewegung von gefrorenem Substrat (↗Permafrost). Im Mackenzie Valley sind an Hängen von 15–24° Neigung in tonigem Material Bewegungen von 2,5–3,0 mm/Jahr gemessen worden. Die Verformungen können bis in eine Tiefe von Zehnern von Metern reichen. Im Gegensatz zur ↗Solifluktion bleibt der Boden beim Frostkriechen bei der hangabwärts gerichteten Bewegung in gefrorenem Zustand.

Frostmusterboden, *patterned ground*, im periglazialen Formungsbereich (↗Periglazial) weit verbreitetes Phänomen des Auftretens verschiedener Formen der Musterung des Oberflächensubstrats. Oft ist diese Musterung mit einer Sortierung nach unterschiedlichen Korngrößen verbunden. Diese weitgehend durch Prozesse der ↗Frostsortierung entstehenden Formen werden zur ↗Kryoturbation gezählt. Unterschiedliche Einzelprozesse führen zur Genese der verschiedenen Typen von Frostmusterböden, die nicht immer an ↗Permafrost geknüpft sind. Man unterscheidet *Strukturböden* mit einer Sortierung nach Korngrößen von *Texturböden* (Zellenböden) in homogenem Substrat ohne Sortierung. Nach ihrem Grundriss werden die auf ebenen Flächen auftretenden Formen in Ringe, Polygone und Netzformen untergliedert. Bei Hangneigungen von mehr als 2° gehen die typischen Frostmusterböden mit zahlreichen Übergangsformen durch Zusammenwirken von Frostsortierung und ↗Solifluktion in Streifenböden und Stufen über. Nicht sortierte Ringe (*Moosringe*, mud pits) zeigen *Feinerdkerne* in vegetationsbedecktem Areal an. Sie treten in Gruppen oder als Einzelformen auf und sind meist leicht aufgewölbt. Sortierte Ringe unterscheiden sich durch den die Feinerdekerne ringförmig umgebenden Fein- und Grobschutt (*Steinringe*) (Abb.). Besonders über Permafrost sind sortierte Ringe weit verbreitet. Nicht sortierte Polygone bezeichnen ein polygonales Muster ohne Steine. Die Polygone werden durch Risse begrenzt, wobei es sich um Trockenrisse, Tauschwundrisse und v. a. Eis- oder Sandkeile handelt (↗Eiskeil). Sortierte *Polygonböden* sind ein Muster aus Steinen und Feinmaterial mit zumeist aufrecht gestellten Steinen parallel zu den Polygongrenzen. Netze, welche sortiert oder unsortiert auftreten, haben einen nicht eindeutig zu klassifizierenden Grundriss. [SW]

Frostpunkt ↗Gefrierpunkt.

Frostresistenz ↗Frostabhärtung.

Frostrisse, entstehen wie die zur Bildung von ↗Eiskeilen notwendigen Risse/Spalten durch Tieffrostschwund, d. h. durch Volumenkontraktion von Boden bzw. Sediment bei Temperaturen unter dem Gefrierpunkt. Frostrisse treten auch außerhalb des Bereichs von ↗Permafrost auf und sind, wie die als *Frostkeile* bezeichneten größeren Spalten, Formen des winterlichen Frost.

Frostschäden ↗Frostempfindlichkeit.

Frostschub ↗Frosthub.

Frostschutt ↗Frostverwitterung.

Frostschutzzone, in der landschaftszonalen Gliederung die weitgehend vegetationslose, durch Frostdynamik und ↗Frostverwitterung geprägte Zone, die sowohl in Subpolar- und Polargebieten, als auch bei den ↗Höhenstufen der Hochgebirge auftritt. Pol- bzw. gipfelwärts grenzt sie an die Zone ewigen Schnees und Eises, äquator- bzw. talwärts an die ↗Tundra bzw. die Zone ↗alpiner Matten und Gräser. Die Frostschutzzone ist in ↗Klimaklassifikationen unterschiedlich charakterisiert und stellt einen Teil der durch periglaziale Formungsprozesse (↗Periglazial) geprägten Gebiete dar.

Frostsortierungsprozesse, sind eine Gruppe von Einzelprozessen innerhalb der periglazialen Frostdynamik, die zur Bildung von ↗Frostmusterböden führen. Unter den Einzelprozessen, die verkürzt auch als Frostsortierung oder Materialsortierung bezeichnet werden, sind ↗Frosthub, Frostdruck und ein oberflächliches Abgleiten von gröberen Partikeln auf durch Eis aufgewölbten Feinmaterialbereichen zu nennen.

Frosttag ↗Eistag.

Frost-Tau-Zyklus, wichtiger Prozess im periglazialen Formungsmilieu. Beim auch als *Regelation* bezeichneten Vorgang ist nicht die Luft-, sondern die Bodentemperatur entscheidend und meteorologische Messungen sind daher nur bedingt

Frostmusterboden: Steinringe auf der Juvflya im Jotunheimen (Norwegen).

aussagekräftig. Bei Beurteilung der Wirksamkeit von Frost-Tau-Zyklen sind deren Häufigkeit, Intensität und Eindringtiefe in den Boden zu beachten. Während bei einigen geomorphologischen Prozessen häufige Frostwechsel entscheidend sind (z. B. ↗ Kammeissolifluktion), ist bei anderen Prozessen Eindringtiefe und Intensität des Frosts von Bedeutung (↗ Eiskeil).

Frosttrocknis, frostbedingter Trockenschaden durch Verdunstung bei Temperaturen unter 0 °C. Bei starker Sonneneinstrahlung im Winter und Frühjahr wird die Verdunstung erheblich gesteigert. Im Protoplasma kommt es dabei zu starken Wasserverlusten, die jedoch nicht ausgeglichen werden können, weil das Wasser in den Leitbahnen gefroren ist bzw. eine Wasseraufnahme aus dem gefrorenen Boden nicht möglich ist. Schäden durch Frosttrocknis entstehen auch bei Pflanzen mit hoher Frostresistenz und ↗ Frostabhärtung. Die Frosttrocknis gilt als Schlüsselfaktor, der die Lage der oberen Baumgrenze in den Gebirgen maßgeblich bestimmt.

Frostverwitterung, durch Frostprozesse gesteuerter Typ der ↗ physikalischen Verwitterung. Verschiedene Einzelprozesse wirken bei der Frostverwitterung zusammen. Ein Prozess ist die Volumenzunahme beim Gefrieren von Wasser zu Eis um 9 %. Die Wirkung dieser Frostsprengung ist früher weit überschätzt worden, weswegen der synonyme Gebrauch für den Begriff Frostverwitterung zu vermeiden ist. In Gesteinskluft eingedrungenes Wasser kann zwar von außen her einfrieren und im Inneren einen erhöhten Druck aufbauen, durch die in der Natur aber meist offenen Systeme ist dies aber nicht die wichtigste Komponente der Frostverwitterung. Dies belegen auch Laborexperimente. Hauptträger der Frostverwitterung ist das gerichtete Wachstum von Eiskristallen und der dadurch entstehende Druck. Die Eiskristalle wachsen dabei senkrecht zur Abkühlungsrichtung, d. h. parallel zum Wärmefluss. Ein ausreichendes Wasserangebot ist Voraussetzung effektiver Frostverwitterung. Im wassergesättigten Randbereich von Schneeflecken ist so häufig eine gesteigerte Frostverwitterung festzustellen, die nicht auf die bisweilen herangezogene ↗ Schwarz-Weiß-Grenze zurückgeführt werden kann. Dehydratisierung durch den stark wasseranziehenden Effekt des Eises spielt innerhalb der Frostverwitterung ebenfalls eine Rolle, da so Schrumpfungsrisse und Spalten entstehen können (nicht zu verwechseln mit ↗ Eiskeilen). Dehydratisierung wird für die Entstehung der ↗ Eisrinde verantwortlich gemacht. Ob auch Hydration an der Frostverwitterung mitwirkt, ist noch nicht abschließend geklärt (↗ Hydrationsverwitterung). Durch Frostverwitterung können (durch den Einfluss der Gesteinsklüftung zumeist eckige) Partikel unterschiedlicher Größe (*Frostschutt*) entstehen, von groben Blöcken bis zu Schluff und (vermutlich) Ton. Die Entstehung kleinster Korngrößen verlangt ein Gefrieren von Kapilar- und Haftwasser, was nur bei einigen Minusgraden möglich ist und dadurch eher bei starken jahreszeitlichen als bei täglichen Frostwechseln zu erwarten ist. Primärrisse sind für die Frostverwitterung zwar nicht notwendig, eine starke ↗ Klüftung oder ausgeprägte Gesteinsschichtung beschleunigt und intensiviert die Frostverwitterung jedoch. Frostverwitterung dominiert den periglazialen Formungsbereich (↗ Periglazial), ist aber weder allein auf diesen beschränkt, noch schließt sie im periglazialen Raum und in Hochgebirgen eine ebenfalls existierende ↗ chemische Verwitterung aus. [SW]

Frostwechselhäufigkeit, Anzahl der jährlichen Frostwechsel bzw. ↗ Frost-Tau-Zyklen. Sie ist ein wichtiger Faktor bei der ↗ Frostsortierung, der Entstehung von ↗ Frostmusterböden und ↗ Kammeissolifluktion. Auch die Intensität der ↗ Frostverwitterung hängt u. a. von der Frostwechselhäufigkeit ab. Die Frostwechselhäufigkeit ist besonders in Hochgebirgen und v. a. in tropischen Hochgebirgen sehr hoch (bis zu 365 Tage mit Frostwechsel im Jahr). Generell gilt, dass je größer die Anzahl der Frostwechsel ist, umso kleiner ist die Dimension der erzeugten Formen, je stärker die Intensität der Frostwechsel, umso größer die Dimension der Formen. Periglaziale Formen wie z. B. ↗ Eiskeile treten nur bei intensiven (jährlichen) Frostwechseln auf.

Fruchtbarer Halbmond, sichelförmiges Gebiet, das die hügeligen Randbereiche des südwestasiatischen Gebirgsbogens zwischen Palästina und dem Nordwestiran einschließlich des Zweistromlandes (Euphrat und Tigris) umfasst. Es ist eines der Zentren der neolithischen Revolution (↗ Agrargeschichte). In diesen Gebieten standen als Wildpflanzen Gerste und Weizenarten zur Verfügung, ferner Wicken, Erbse und Lein. Von hier aus gelangte die Kenntnis der ↗ Landwirtschaft über Anatolien, Griechenland und die Balkanhalbinsel nach Mitteleuropa.

Fruchtbarkeit, *Fertilität*, ergibt sich aus der Zahl der Geburten je Frau in einer Bevölkerung. Sie ist das Ergebnis individueller Entscheidungen darüber, ob und wie viele Kinder eine Frau zur Welt bringt. Biologische Faktoren beeinflussen die Fertilität z. B. die Fähigkeit Nachkommen hervorzubringen oder die neunmonatige Dauer der Schwangerschaft. Geringer als die biologisch maximale Zahl von etwa 15 Geburten einer Frau, ist die natürliche Fertilität (↗ Fruchtbarkeitsindices), die sich ohne bewusst betriebene Geburtenkontrolle einstellt und von sozialen und ökonomischen Bedingungen z. B. ↗ Heiratsverhalten oder Bildungsstand abhängt.

Fruchtbarkeit und ↗ Sterblichkeit wirken sich auf die ↗ natürlichen Bevölkerungsbewegungen und damit auf die ↗ Altersstruktur aus. Geographische Studien analysieren die Fertilität und ihre Veränderungen (↗ Fruchtbarkeitsrückgang) auf verschiedenen Aggregationsniveaus (↗ Bevölkerungsgeographie). Ansätze zur Erklärung räumlicher Unterschiede konzentrieren sich auf ökonomische Faktoren, Modernisierungsindikatoren und ↗ Familienplanung in einem Staat. Eine vergleichende Betrachtung der Fruchtbarkeit erfordert eine räumlich und/oder zeitlich differenzierte Datengrundlage. Das einfachste Maß ist die rohe *Geburtenrate*, Crude Birth Rate (*CBR*) oder Geburtenziffer, welche die Zahl der Lebendgeborenen (*B*) z. B. in einem Kalenderjahr auf 1000 Einwohner der Bevölkerungszahl zur Jahresmitte ($\bar{P}$) bzw. des mittleren Bevölkerungsstandes bezieht:

$$CBR = B/\bar{P} \cdot 1000.$$

Die rohe Geburtenrate beschreibt das Fruchtbarkeitsniveau für raumzeitliche Vergleiche unzureichend, da der Anteil der Frauen im gebärfähigen Alter nicht berücksichtigt wird. Daher berechnet man bei der allgemeinen *Fruchtbarkeitsrate* oder General Fertility Rate (*GFR*) die Zahl der Lebendgeborenen (*B*) auf 1000 Frauen im gebärfähigen Alter *F* (mit F_{15-44}: 15–44 oder F_{15-49}: 15–49 Jahre):

$$GFR = B/F_{15-44} \cdot 1000$$

oder:

$$GFR = B/F_{15-49} \cdot 1000.$$

An ihre Stelle tritt häufig der Child Woman Ratio (*CWR*), die Zahl der Kinder unter 5 Jahren (C_{0-5}) auf 1000 Frauen im gebärfähigen Alter:

$$CWR = C_{0-5}/F_{15-49} \cdot 1000.$$

Räumliche Unterschiede in der ↗Säuglingssterblichkeit und der Altersstruktur gebärfähiger Frauen verzerren den *CWR*-Wert. Diesen Nachteil vermeiden altersspezifische Geburtenraten oder Age Specific Birth Rates ($ASBR_i$), die Zahl der Lebendgeborenen (B_i) auf 1000 Frauen (F_i) des jeweiligen Alters (*i*):

$$ASBR_i = B_i/F_i \cdot 1000.$$

Ihre graphische Darstellung vermittelt Einblicke in die Ursachen für räumliche Unterschiede im generativen Verhalten (Abb.). Die Geburten der Frauen verteilen sich nicht gleichmäßig über den gesamten Zeitraum ihrer Fruchtbarkeit. Die Raten in den ausgewählten Entwicklungsländern (Simbabwe, Mexiko) mit einem Maximum bei den 20- bis 24-Jährigen übertreffen deutlich die der Industriestaaten. In Thailand, wo die Zahl der Kinder je Frau unter die Bestandserhaltung gesunken ist, bildet sich diese Verteilung auf niedrigem Niveau aus. In den europäischen Staaten (BRD und Spanien) hat sich der maximale Wert zur Gruppe der 30- bis 34-Jährigen verschoben. Eine standardisierte und von der Bevölkerungsstruktur unabhängige Kennziffer ist die ↗totale Fruchtbarkeitsrate. [PG]

Literatur: [1] BÄHR, J. (1997): Bevölkerungsgeographie. – Stuttgart [2] WEEKS, J. R. (1999): Population. An introduction to concepts and issues. – Belmont (Kanada).

Fruchtbarkeitsindices dienen historischen Studien um das generative Verhalten zu vergleichen und basieren auf der natürlichen ↗Fruchtbarkeit. Als Bezugsgröße dient die Fertilität (*FR*) der Frauen F_i im Alter *i* in der zu untersuchenden Bevölkerung, wenn ihre altersspezifischen Geburtenraten denen der Hutterer-Frauen ($ASBH_i$) entsprochen hätten:

$$FR = \sum_{i=15}^{49} \cdot ASBH_i \cdot F_i.$$

Die hohe Kinderzahl der Hutterer geht zurück auf die Ablehnung jeglicher ↗Geburtenkontrolle, niedriges Heiratsalter, gute Ernährung und medizinische Versorgung. Zwischen 1921 und 1931 lag die totale Fruchtbarkeitsrate der Hutterer-Frauen bei über 12 (↗Religionseinflüsse). Der Index der allgemeinen Fruchtbarkeit (I_f) ist die Quote aus jährlicher Geburtenzahl und Fertilität *FR*. Eheliche (I_g) und uneheliche (I_h) Fruchtbarkeit sind entsprechend für die jeweilige Teilgruppe definiert. Der Index der Heiratshäufigkeit (I_m) ist der Quotient der Fertilität (*FR*) verheirateter und der aller Frauen. Bei vernachlässigbarer Zahl unverheirateter Frauen gilt:

$$I_f = I_g \cdot I_m.$$

Durch die Indices lassen sich Veränderungen in der Fertilität auf das Heiratsverhalten und die Bevölkerungsweise zurückzuführen. [PG]

Fruchtbarkeitsrate, Fruchtbarkeitsziffer, ↗Fruchtbarkeit.

Fruchtbarkeitsrückgang, *Geburtenrückgang*, die im 19. Jh. in den europäischen Ländern beginnende Verringerung der Zahl der Geburten je Frau (Abb.). Er setzte in Frankreich schon um 1800 ein, bis zum Ersten Weltkrieg war im übrigen Europa, Nordamerika und Ozeanien ein Rückgang zu verzeichnen. Seit 1950 ist ein Rückgang auch in Afrika, Asien und Lateinamerika zu beobachten.

In Gesellschaften mit hoher Fruchtbarkeit erfordert die besonders hohe Säuglingssterblichkeit eine große Zahl von Geburten zur Bestandserhaltung der Bevölkerung. Soziale Institutionen und Wertvorstellungen (↗Religionseinflüsse) setzen die Bedingungen für eine hohe ↗Fruchtbarkeit. Beispiele sind patriarchalisch strukturierte Familienverbände, niedriger sozialer Status von Frauen (deren Ansehen mit steigender Kinderzahl, insbesondere bei hohem Anteil von Söhnen, wächst) und niedriges Heiratsalter. Die Familie bildet in diesen Gesellschaften die Lebensbasis,

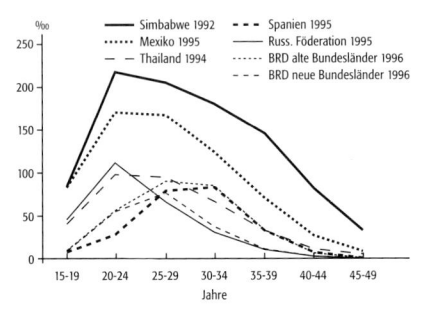

Fruchtbarkeit: Altersspezifische Geburtenraten in ausgewählten Ländern.

Kinder stehen für Prestige, billige Arbeitskräfte und soziale Absicherung. Insgesamt haben Eltern einen »Nutzen« von ihren Kindern.

In Gesellschaften mit geringer ↗Fruchtbarkeit geht die Entscheidung über die Kinderzahl von den jeweiligen Paaren selbst aus. Zugleich besteht nur ein geringer Einfluss sozialer Institutionen. Die Förderung des einzelnen Kindes im Hinblick auf Bildung, Gesundheit und gute Lebenschancen steht im Vordergrund. Um diese qualitativen Ziele zu erreichen, begrenzen Eltern aufgrund der damit verbundenen Aufwendungen die Zahl ihrer Nachkommen. Im Vergleich zur traditionellen ↗Bevölkerungsweise hat sich die Kosten-Nutzen-Bilanz zwischen den Generationen zu den Kindern verschoben. Die Erklärung des Fruchtbarkeitsrückgangs ist komplexer als die des ↗Sterblichkeitsrückgangs, da der ursächlich wirkende gesellschaftliche Wandel räumlich, zeitlich und gruppenspezifisch differiert. Auf der individuellen Ebene spielen geänderte Auffassungen zur Funktion der Familie und zur Familienplanung eine Rolle sowie Bildungsstand und Karrierewunsch von Frauen, aus regionaler Sicht treten z. B. Unterschiede zwischen Stadt und Land hervor, auf nationaler Ebene sind ↗Verstädterung und ↗Modernisierung zu nennen.

Die Abbildung zeigt ein rasches Absinken der ↗totalen Fruchtbarkeitsrate von einem hohen Ausgangsniveau in den Entwicklungsländern. In den europäischen Staaten und in den USA ist ein *Geburtenberg* nach 1950 zu beobachten, ein Anstieg der Kinderzahl je Frau bis in die 60er-Jahre, gefolgt von einem Absinken deutlich unter das Bestandserhaltungsniveau. Dieser zweite ↗demographische Übergang ist Folge der fortschreitenden Säkularisierung sowie der sich weiter ändernden Wertvorstellungen. [PG]

Fruchtfolge, *Rotation*, geregelte Aufeinanderfolge verschiedener ↗Kulturpflanzen auf ein und derselben Parzelle mit dem Ziel, die Bodenkräfte bestmöglich auszunutzen und Fruchtfolgeschäden zu vermeiden. Zu diesen zählen starke und oft einseitige Verunkrautung, Gareverluste und das Ausbreiten bzw. Anhäufen tierischer und pilzlicher Krankheitserreger und Schädlinge. Die Fruchtfolge wird einerseits durch die Saatzeit-, Bearbeitungs- und Wasseransprüche der Pflanzen, andererseits durch ihre verschiedene Selbstverträglichkeit beziehungsweise die Gefahren der Bodenmüdigkeit bestimmt. Fruchtfolgen sind nicht nur auf das regelmäßig bearbeitete ↗Ackerland, also auf die Feld(er)wirtschaft, begrenzt. Sie sind auch beim Wechsel zwischen Ackernutzung und ausdauernden Pflanzenbeständen erforderlich. Es kann sich dabei um den Wechsel mit ↗Grünland (↗Feldgraswirtschaft), mit ↗Dauerkulturen oder um die Unterbrechung von ↗Monokulturen handeln. Grundsätzlich unterscheidet man zwischen Fruchtfolgen, bei denen nur Feldfrüchte miteinander abwechseln (Felderwirtschaft) und solchen, bei denen Feldernutzung mit Grasnutzung wechselt (Wechselwirtschaft).

Vor Einführung der Fruchtfolge im Rahmen der ↗Dreifelderwirtschaft herrschte bis etwa ins 8. Jh. n. Chr. in unseren Breiten Landwechsel vor. Damals wurde ausschließlich Getreide in Monokultur so lange auf einem Feld angebaut, bis die Erträge zu stark absanken. Daraufhin wurde neues, bisher ungenutztes oder auch mehrere Jahre brachliegendes Land bewirtschaftet. [KB]

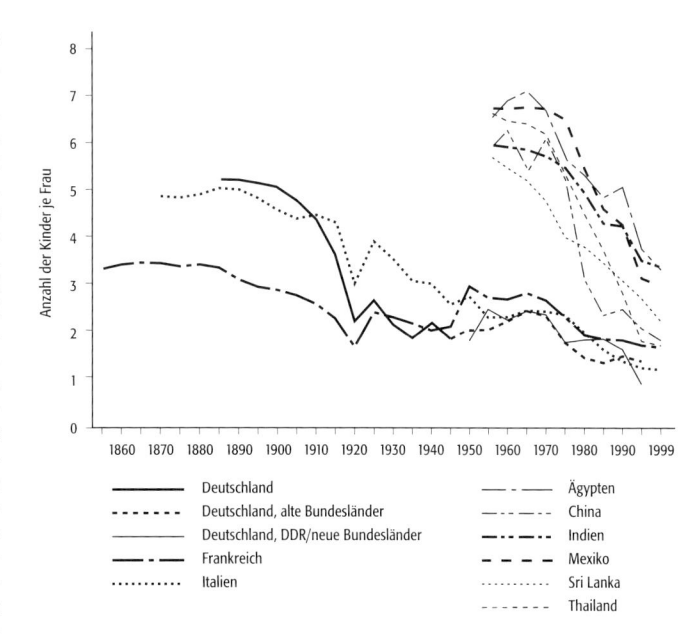

Fruchtwechselwirtschaft, Anbau mit der ↗Fruchtfolge Blattfrucht-Getreide-Blattfrucht-Getreide. Fruchtwechsel verändern generell die Umweltbedingungen für Schädlinge und ↗Unkräuter und verhindern deren Ausbreitung. Zudem wird der Boden durch die unterschiedlichen Ansprüche der ↗Kulturpflanzen nicht einseitig ausgelaugt.

Frühlingsgeophyt, Geophyten in Laubwäldern. Sie nutzen die lichtreiche Zeit vor dem Blattaustrieb für ihren Lebenszyklus. ↗Raunkiaer'sche Lebensformen.

Frühlingspunkt, der Punkt der Erdrevolution, an welchem die Erde im Frühjahr (am 21. März) den Himmelsäquator überschreitet; Schnittpunkt des Himmelsäquators mit der ↗Ekliptik. Der Gegenpunkt dazu ist der Herbstpunkt (am 23. September). Beide werden als Äquinoktialpunkte (↗Äquinoktium) bezeichnet. ↗Jahr.

frühneuzeitliche Stadtentwicklung, Zeitraum zwischen ca. 1450 und 1800 nach Abschluss der Hochphase der mitteleuropäischen Stadtentwicklung. Sie ist gekennzeichnet durch einen entscheidenden Rückgang der Stadtgründungen, der durch die starke Bevölkerungsabnahme infolge von Kriegen, Seuchen und Agrarkrisen bedingt war. Hinzu kam der Niedergang der Städtebünde (u.a. der Hanse), Kriegszerstörung von Städten sowie die Modernisierung der Kriegstechnologie, die immer stärkere und teurere Befestigungen erfordert hätten. Dennoch gibt es eine Reihe bedeutender frühneuzeitlicher Stadttypen (↗Bergstädte, ↗Exulantenstädte und ↗Fürstenstädte).

Fruchtbarkeitsrückgang: Veränderung der totalen Fruchtbarkeitsrate in ausgewählten Ländern der Erde.

Fucoiden ↗Chondriten.

fühlbare Wärme, *sensible Wärme*, mit dem Thermometer messbare und mit den Sinnen fühlbare Wärme, die von warmen Oberflächen durch Wärmeleitung und ↗Wärmestrahlung besonders aber durch turbulente Luftbewegungen (Konvektion) abgeführt wird. Die ↗latente Wärme ist im Gegensatz dazu nicht fühlbar, anhand des Wasserdampfgehaltes der Luft aber messbar. Sie wird im Kondensationsprozess in fühlbare Wärme überführt.

Fühlungsvorteil, Standortvorteil, der sich aus räumliche Nähe und Zusammenarbeit mit anderen Unternehmen ergibt. Solche ↗Agglomerationsvorteile tauchen schon in der Standorttheorie Alfred ↗Webers (1909) auf, sie spielen aber vor allem in der jüngeren Diskussion um »kreative Milieus« und die »Einbettung« (embeddedness) von Unternehmen eine Rolle. ↗Synergie.

Full Disk ↗METEOSAT.

Fulvosäuren, Fraktion der ↗Huminstoffe des Bodens, die mit NaOH extrahiert werden kann und im Gegensatz zu den ↗Huminsäuren nach Zugabe von starken Säuren in Lösung verbleibt. Sie entstehen bei niedriger biologischer Aktivität unter sauren Bedingungen durch den Abbau organischer Substanz und stellen gelblichbraune, hochkomplexe organische Verbindungen dar, die im Vergleich zu Huminsäuren ein geringeres Molekulargewicht, geringere Kohlenstoff- und Stickstoffgehalte aufweisen und teilweise wasserlöslich sind. Sie vermögen Mangan- und Eisenoxide durch Reduktion zu lösen und die Metallionen komplex zu binden. Da sie in ↗Podsolen den Hauptteil der Huminstoffe bilden, tragen sie zur Verlagerung von Oxiden aus dem Ae-Horizont in den Bs-Horizont bei.

Fundamentalismus, eine religiöse Bewegung mit dem engsten Festhalten an traditionellen Glaubensrichtungen. Fundamentalismus beruht, wo immer möglich, auf der wörtlichen Auslegung religiöser Texte. In den USA ist der protestantische Fundamentalismus weit verbreitet und vor allem im sog. Bible Belt der Südstaaten anzutreffen und i. A. mit einer Verurteilung des Katholizismus, Liberalismus und sämtlichen modernen Gedankengutes verbunden. Einen bedeutenden Einfluss hat der protestantische Fundamentalismus in den USA heute noch über die Fernsehevangelisten (↗religiöses Fernsehen). Seinen weltpolitisch bedeutendsten Niederschlag fand der religiöse Fundamentalismus im ↗Islam, und zwar in der islamischen Revolution im Iran, die die politische, kulturelle und soziale Landschaft des gesamten Staates grundlegend veränderte. Religiöse Führer übernahmen die Leitung des Staates; islamische Prinzipien bzw. Gesetze Gottes bildeten die Basis für die Grundgesetze, und die Religion wurde allgemein das Zentrum jedes Lebens- und Wirtschaftsbereiches. Der islamische Fundamentalismus breitet sich in mehreren Staaten des islamisch-orientalischen Kulturerdteils aus und gerät in Konflikte mit den nationalen Regierungen in Algerien, Ägypten, Nigeria, Indonesien, Malaysia und Afghanistan. Straßenkämpfe und z. T. Bürgerkriege zwischen islamischen Fundamentalisten und liberalen Gruppen auch anderer Religionsgemeinschaften sind keine Seltenheit (↗Religionskonflikte). ↗Islamismus. [GR]

Funktion, bedeutet »Verrichtung«, »Tätigkeit«, »Aufgabe« oder »Leistung« und ist der Grundbegriff des ↗Funktionalismus und des funktionalen Denkens in zahlreichen wissenschaftlichen Disziplinen. Funktion bedeutet eine veränderliche Größe, deren Wert von einem Wert anderer Größen abhängig ist. In den ↗Naturwissenschaften wird der Funktionsbegriff erstmals in der Physiologie verwendet und von dort gelangt er dann, in Kombination mit den philosophischen Vorleistungen, auch in die ↗Sozialwissenschaften und in die ↗Geographie (↗Daseinsgrundfunktion, ↗funktionale Phase, ↗Bobek).

funktionale Phase, anthropogeographische Forschungsrichtung der 1920er- und 30er-Jahre, die vor allem von Theodor Kraus, Erich ↗Otremba, Hans Schrepfer, dem jungen Hans ↗Bobek und Richard Busch-Zantner vertreten wurde und wichtige Vorbedingungen für das Entstehen der ↗Sozialgeographie geschaffen hat. Eine funktionale Betrachtungsweise war in dieser Zeit nicht auf die ↗Geographie beschränkt, sondern auch in anderen Sozial- und Wirtschaftswissenschaften en vogue. Sie fand vor allem in der ↗Stadtgeographie, der ↗Landschaftsgeographie und der Wirtschaftsraumanalyse die stärkste Beachtung und hat die physiognomische sowie die historisch-genetische Betrachtungsweise ergänzt.
Bei der funktionalen Wirtschaftsraumanalyse (Kraus, Otremba) sind zwei Argumentationsmuster identifizierbar. Im ersten, dem strukturfunktionalen, werden nach Theodor Kraus »strukturelle Räume« wie »Agrarraum«, »Bergbaurevier« oder »Industriegebiet« als determinierter (↗Determinismus) Ausdruck der Grundsubstanz des Naturraumes betrachtet. Jeder einzelne Eignungsraum löst dann, so die Argumentation, zum Ausgleich seiner Leistungen funktionale Beziehungen (↗Funktion) wie Warentransporte, Pendler usw. aus. Siedlungen werden in diesem Sinne als »Funktionszentren« betrachtet, über welche Tauschprozesse verwirklicht werden. Die Stadt wird also nicht mehr isoliert betrachtet, sondern in ihrer funktionalen Verflechtung mit ihrem Umland und anderen Städten untersucht. Im zweiten, dem funktionalstrukturellen Argumentationsmuster (Schrepfer, Bobek), wird dem anthropogenen Aspekt kreative Kraft beigemessen. Hier geht man davon aus, dass die wirtschaftlichen Austauschbeziehungen eine bestimmte »Struktur« des Wirtschaftsraumes (Anordnungsmuster von wirtschaftlicher Infrastruktur und Siedlungen) hervorbringen. Dabei wird auf Organismusanalogien Bezug genommen: Teilräume werden als Organe und Glieder, Verkehrswege als die Blutbahnen und das Zentrum als der Kopf des räumlichen Organismus betrachtet. Als beobachtbar auftretende Funktionen werden bspw. Pendler- und Güterströme, Einkaufsbeziehungen sowie Nachrichten der Presse gesehen. Deren ↗Reichweite wird als

Abgrenzungskriterium funktionaler Wirtschaftsräume postuliert.

Für eine stärkere Beachtung der sozialen Komponente trat Busch-Zantner ein. Ausgangspunkt dazu bildet seine Einsicht, dass zur Analyse der nicht physischen Komponente des Erdraumes die Bezugnahme auf die Kategorie »Mensch« allein deshalb nicht genügt, weil alle Äußerungen des Menschen im ↗Raum und in der ↗Landschaft letztlich immer Äußerungen der Wirksamkeit einer Gruppe wären. Als die eigentlichen Träger der anthropogenen Kräfte sah er schließlich die ↗Gesellschaft, womit der Weg für die Entwicklung der wissenschaftlichen Sozialgeographie geöffnet wurde. [BW]

funktionaler Stadtverfall, in Industrieländern verbreiteter Bedeutungs- und Funktionsverlust der Städte zugunsten ihres suburbanen Umlands (↗blight, ↗Abandonment). Funktionaler Verfall bezeichnet die steigende Unfähigkeit der Kernstädte zu funktionieren, d.h. ihre Aufgaben der Versorgung der Bevölkerung mit Infrastruktur, Sicherheit, Wohn-, Frei- und Grünraum, Arbeits- und Ausbildungsplätzen u.a. adäquat zu erfüllen (Abb.). Ursache ist die durch Suburbanisierung von Bevölkerung und Gewerbe hervorgerufene strukturelle Finanzkrise der Städte.

funktionale Stadtanalyse, Forschungsrichtung mit dem Ziel einer ↗funktionalen Stadtgliederung. »Funktion« bezeichnet die funktionale Nutzung von Standorten oder Raumeinheiten innerhalb einer Stadt. Der Begriff kann auch angewendet werden für die »Arbeitsteilung« zwischen Städten. Die so verstandene funktionale Stadtanalyse nahm ihren Anfang mit dem ↗Zentrale-Orte-Konzept von ↗Christaller (1933), der die unterschiedlichen Nutzungen in Städten nach ihrer Zentralität gliederte und dabei zu einer funktionalen Hierarchie von Städten im ↗Städtesystem gelangte. Weiterentwicklungen in jüngerer Zeit sind die Analyse der funktionalen Stadt-Land-Beziehungen sowie der funktionalen Beziehungen zwischen Städten.

funktionale Stadtgliederung, räumliche Gliederung einer Stadt nach Kriterien der vorherrschenden Nutzungs- bzw. Funktionsvergesellschaftungen. Zugrunde liegendes Konzept ist das der »Leistung« eines städtischen Teilraumes für andere bzw. das gesamte städtische Gefüge, ferner der Gedanke der optimalen Nutzung der Ressource Boden für die ↗Daseinsgrundfunktionen und Versorgung der Bevölkerung. Der ↗Flächennutzungsplan (Zonen- oder Zonierungsplan) einer Stadt stellt im weiteren Sinne eine solche funktionale Gliederung dar, die sich gleichermaßen am Ist-Zustand wie an einer zukünftig gewünschten oder möglichen Entwicklung orientiert.

funktionale Verwaltungsreform ↗*Funktionalreform*.

Funktionalismus, stellt eine transdisziplinäre Denkweise dar, deren Kern darin besteht, die Teile des Ganzen in Bezug auf ihre ↗Funktion für die Ganzheit zu analysieren und zu erklären. Die zwei Kernelemente funktionalen Denkens bestehen in der konzeptionellen Festlegung eines Bezugspunktes, auf den die Funktionen gerichtet sind und dem Funktionsverständnis. Mit der Festlegung des Bezugspunktes wird darüber entschieden, worauf man sich die Funktionen gerichtet vorzustellen hat. Mit der ↗Definition des Funktionsbegriffs wird festgelegt, wofür man die Beziehungen hält. Die verschiedenen Ausdifferenzierungen funktionalistischen Denkens, Argumentierens und Forschens stellen Variationen unterschiedlicher Festlegungen des Bezugspunktes und unterschiedlicher Definitionen des Funktionsbegriffs (Leistung, Zuordnung) dar. Einer der wichtigen Ausgangspunkte des funktionalen Denkens ist die Biologie bzw. die Physiologie. Die Funktion eines Organs für den Körper wird hier in seiner »Leistung« für den Körper gesehen. Die Leistungen der verschiedenen Organe des menschlichen Körpers sind auf die Erhaltung des Organismus ausgerichtet und erlangen darin ihre Bedeutung für das Ganze. Anhand von Organismusanalogien wird dieses Denkmuster auf die Gesellschafts-, Kultur- oder Erdraumanalyse übertragen. Einzelteile sind dann nicht mehr Organe, sondern z.B. Handelnde oder Städte, die ihre Leistungen für das Ganze erbringen (↗funktionale Phase). Die Einzelteile können im Sinne des Reziprozitätsprinzips wechselseitig miteinander verknüpft sein. Ein Element kann in diesem Sinne sowohl eine Funktion für etwas haben (Grund, Zweck), als auch Funktion von etwas sein (Folge, Wirkung).

Die Bedeutungsdimension »Zuordnung« knüpft im Wesentlichen an den mathematischen Funktionsbegriff an, wobei hier die Zuordnung selbst, und nicht die Leistung, die diese Zuordnung verwirklicht, als zentraler Bedeutungsgehalt thematisiert wird. In der sozialwissenschaftlichen Auffassung fallen Leistung und Zuordnung im Idealfall zusammen: Die Zuordnung eines Elementes bzw. einer Handlung vollzieht sich über dessen Leistung. Dann ist die Beziehung Ausdruck einer Art von Wirkung. Die besondere Art der Wirkung wird dann als Zweck gesehen, Funktionen gelten dann im Sinne von Niklas Luhmann als zweckdienliche Leistungen. Leistungen, die davon abweichen, werden als Dysfunktionen bzw. als dysfunktional bezeichnet.

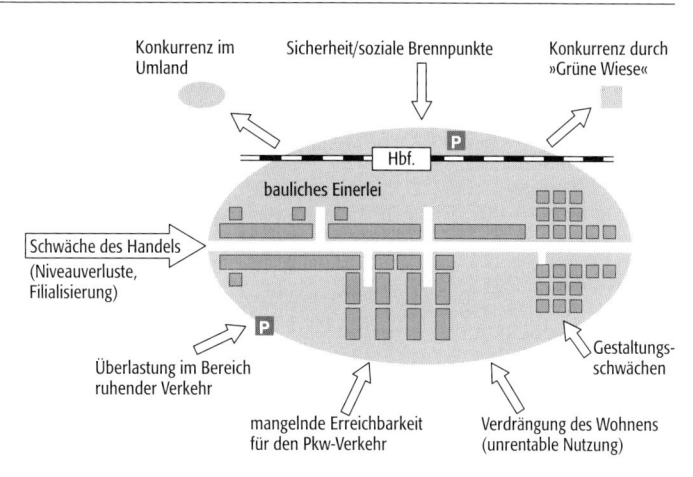

funktionaler Stadtverfall: Problemfelder der Innenstädte.

Je nach der Wahl des Bezugspunktes, auf den man sich die Funktionen in ihrer leistungsmäßigen Zuordnung bezogen vorstellt, werden verschiedene Inhalte als »Funktion« bezeichnet. Grundsätzlich können zwei Prinzipien der Bezugspunktwahl unterschieden werden. Der universalistische Bezugspunkt der funktionalen Analyse in allgemeinen Theorieansätzen hat in den Sozial- und Kulturwissenschaften die Herausarbeitung von Universalien, die allen Gesellschaften/Kulturen gemeinsam sind, zum Ziel. Diese reichen von der Vorstellung einer moralischen Solidarität (Durkheim) über universale biologische und daraus abgeleitete kulturelle Bedürfnisse, die befriedigt werden müssen/können, wenn Gesellschaften überleben wollen (Malinowski) bis hin zu einem allgemeinen Gleichgewichtszustand des Gesellschaftssystems (Parsons). An universalistische Festlegungen des Bezugspunktes schließt die Vorstellung an, für alle Gesellschaften verbindliche Bestandserfordernisse aufdecken zu können.

Das jeweilige Ganze, die jeweilige gesellschaftliche Einheit als Bezugspunkt der funktionalen Analyse zu wählen, impliziert eine relativistische Position. Ziel ist dabei die Formulierung von bestimmten Leistungen/Handlungen, die erbracht werden müssen, damit das Ganze als solches bestehen und überleben kann (↗Organisationstheorie, ↗soziale Evolution). Damit ist jeweils die (konservatorische) Idee verknüpft, dass Veränderungen nur dann nicht bestandsgefährdend sind, wenn sie äquivalente Leistungen erbringen können. Eine Leistung soll danach beurteilt werden, ob sie in ihrer Zuordnung als Beitrag zur Erhaltung des Ganzen identifiziert werden kann oder nicht. Ist die Leistung systemerhaltend, ist sie als funktional zu bezeichnen, wenn nicht, dann als dysfunktional.

Im Städtebau bezeichnet Funktionalismus die systematische Gliederung der Stadt in räumlich klar voneinander getrennte Nutzungs- bzw. Funktionsbereiche, die von der ↗Charta von Athen gefordert wurden. Die jahrzehntelange Verwirklichung dieses ↗Leitbilds führte zu einer starren Zuordnung von Funktionen und Flächen, was zu Monotonie der Stadtstruktur und im ausgehenden 20. Jh. auch zu Abwanderung, ↗Suburbanisierung und funktionalem Verfall der ↗Kernstadt führte.

Literatur: [1] DURKHEIM, E. (1960): De la division du travail social, 7ème éd. – Paris. [2] LUHMANN, N. (1962): Funktion und Kausalität; in: Kölner Zeitschrift für Soziologie und Sozialpsychologie, 14. Jg., Heft 4, 617–644. [3] PARSONS, T. (1952): The social system. – London. [4] MALINOWSKI, B. (1977): Eine wissenschaftliche Theorie der Kultur. – Frankfurt a. M. [5] MERTON, R. (1957): Manifest and latent functions; in: Merton, R.: Social theory and social structure, Glencoe, Ill., 35–100.

Funktionalreform, *funktionale Verwaltungsreform*, ↗Verwaltungsreform mit dem Ziel, die Leistungsfähigkeit der Verwaltung mittels organisatorischer Maßnahmen zur Neuordnung von Zuständigkeiten zu steigern. Aufgaben können dabei sowohl vertikal (zwischen verschiedenen Verwaltungsebenen) als auch horizontal (zwischen unterschiedlichen Sachbereichen oder Behörden) verlagert werden. Wegen des regelmäßig engen räumlichen Bezugs der Aufgabenerledigung steht die Funktionalreform oft im Zusammenhang mit der ↗Gebietsreform. Im Gegensatz zu diesem seltenen Eingriff in die Zuschnitte administrativer Gebietseinheiten wird die Funktionalreform als ständiger Prozess der Anpassung an geänderte gesellschaftliche Rahmenbedingungen verstanden.

Funktionalregion ↗Region.

Funktionen des ländlichen Raumes, Aufgaben des ↗ländlichen Raumes in der arbeitsteiligen modernen Gesellschaft, wobei Stadt und Land funktional eng aufeinander bezogen sind und sich in ihren gesamtstaatlichen Leistungen ergänzen (↗Stadt-Land-Beziehung). Die klassischen Funktionen, die dem ländlichen Raum in den Industriestaaten zugewiesen werden, sind vor allem die land- und forstwirtschaftliche Produktion, die Gewinnung von Rohstoffen und Mineralvorkommen, Freizeit und Erholung, die langfristige Sicherung der Wasserversorgung und ökologischer Ausgleich (Abb.). Neben diesen vorrangigen Funktionen für die Verdichtungsgebiete besitzt der ländliche Raum die quasi eigenen Funktionen als Wohn-, Wirtschafts- und Freizeitraum der ländlichen Bevölkerung. Gerade im Zuge der heute gewünschten endogenen Entwicklung ländlicher Regionen wird es in Zukunft darauf ankommen, das Dorf und den ländlichen Raum nicht allein in ihren Funktionen für die städtische Gesellschaft zu betrachten, sondern stärker auch das »Eigenleben« und die eigenen Bedürfnisse und Wünsche des ländlichen Raumes. [GH]

Funktionen des ländlichen Raumes: Übersicht über die wichtigsten Funktionen des ländlichen Raumes in Industriegesellschaften.

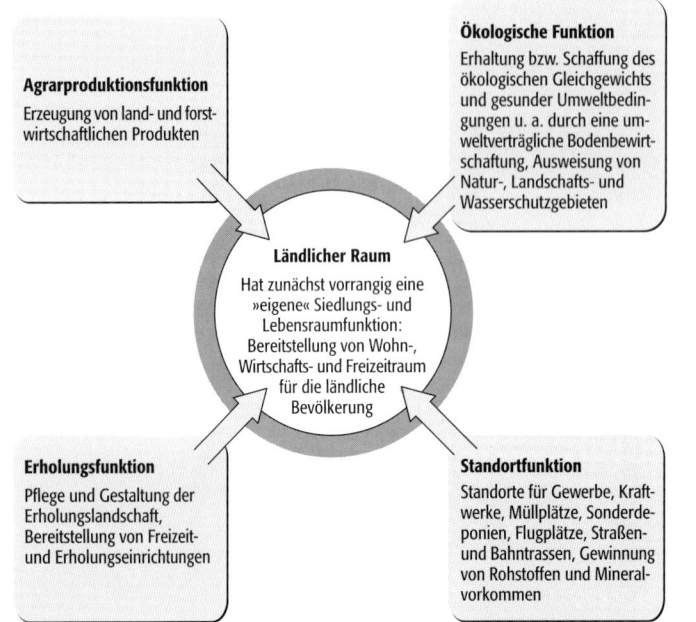

Agrarproduktionsfunktion
Erzeugung von land- und forstwirtschaftlichen Produkten

Ökologische Funktion
Erhaltung bzw. Schaffung des ökologischen Gleichgewichts und gesunder Umweltbedingungen u. a. durch eine umweltverträgliche Bodenbewirtschaftung, Ausweisung von Natur-, Landschafts- und Wasserschutzgebieten

Ländlicher Raum
Hat zunächst vorrangig eine »eigene« Siedlungs- und Lebensraumfunktion: Bereitstellung von Wohn-, Wirtschafts- und Freizeitraum für die ländliche Bevölkerung

Erholungsfunktion
Pflege und Gestaltung der Erholungslandschaft, Bereitstellung von Freizeit- und Erholungseinrichtungen

Standortfunktion
Standorte für Gewerbe, Kraftwerke, Müllplätze, Sonderdeponien, Flugplätze, Straßen- und Bahntrassen, Gewinnung von Rohstoffen und Mineralvorkommen

Funktionsentflechtung, räumliche Trennung der städtischen Funktionen und Nutzungsarten (↗Charta von Athen) sowie im Extremfall auch der Wohnformen (↗Ville Contemporaine). Die Stadt wird demnach in funktionsspezifische Teilbereiche untergliedert. Aufgrund der eintretenden Monostrukturierung des Raumes und der Gefahr der Entfremdung der Bewohner von ihrem Lebensraum wird dieses ↗Leitbild heute abgelehnt. Stattdessen wird eine ganzheitliche Stadtplanung mit Funktionsmischung (Verflechtung) angestrebt, in der jedoch durchaus sektoriell (d. h. in einzelnen Stadtteilen je nach Bedarf bevorzugt) und sektoral (d. h. fachspezifisch in den Bereichen Verkehr, Wohnen, Freiraumgestaltung u. a.) vorgegangen werden kann.

Funktionsmischung, Prinzip in der Raum- und Stadtplanung, nach dem die Flächen für verschiedene ↗Daseinsgrundfunktionen räumlich eng zu kombinieren sind. Eine Mischung kann darüber hinaus auch zeitlich erfolgen, indem eine Fläche zu unterschiedlichen (Tages-)Zeiten unterschiedlich genutzt wird. Mit der Strategie der Funktionsmischung wird das ↗Leitbild der »Stadt der kurzen Wege« oder auch der »kompakten Stadt« mit entsprechend hoher ↗Dichte angestrebt. Durch enge Funktionsmischung lässt sich das Verkehrsaufkommen zwischen Standorten unterschiedlicher Nutzung reduzieren. Dabei müssen u. U. Störungen unmittelbar benachbarter Funktionen (z. B. Wohnen und Gastronomie) in Kauf genommen werden. Ein weiterer Nachteil besteht darin, dass viele Nutzungen auf kleinteiligen Flächen nur eine verhältnismäßig geringere Wirkung (z. B. Freiflächen zur Naherholung) oder geringere Produktivität (z. B. Industrie) entfalten können. ↗Funktionstrennung. [RF]

funktionsräumliche Arbeitsteilung, *räumlich-funktionale Aufgabenteilung*, wechselseitige Ergänzung unterschiedlich ausgestatteter Räume mit unterschiedlichen Spezialisierungen, die über die grundlegenden Lebensfunktionen hinausgehen. Funktionsräumliche Arbeitsteilung kann inter- und intraregional erfolgen. Die beteiligten Partner ergänzen sich komplementär und stehen zueinander in wechselseitiger Abhängigkeit. In der Bilanz des arbeitsteiligen Gesamtraumes können so eine höhere ökonomische Produktivität erzielt und die natürlichen Ressourcen geschont werden. Mögliche Nachteile sind Entfremdung bzw. erschwerte Identifikation der Bewohner eines einzelnen, nur monofunktional genutzten Standortes. Das gemeinsame Interesse der arbeitsteiligen Räume muss die Optimierung für den Gesamtraum sein. Andernfalls entsteht ein inter- bzw. intraregionaler Wettbewerb, in dem mehrere Regionen (Städte) um Ressourcen, Investitionen oder Absatzmärkte konkurrieren (↗Funktionsmischung, Funktionstrennung). Die funktionsräumliche Arbeitsteilung wird im Bundesraumordnungsprogramm 1975 als Ziel genannt, um großräumliche Disparitäten auszugleichen. Als Instrument sind dazu Vorrangkonzepte (↗Vorranggebiet) angegeben. [RF]

funktionsräumliche Stadtanalyse, ermittelt eine stadträumliche Gliederung nach Funktions- oder Kommunikationsbereichen auf der Grundlage von distanziellen Verflechtungen oder Beziehungsstrukturen (z. B. ↗Einzugsbereiche lokaler Geschäftszentren oder Freizeiteinrichtungen u. ä.).

Funktionsspezialisierung, Spezialisierung einzelner Städte (innerhalb eines ↗Städtesystems), in denen bestimmte Funktionen überproportional vertreten sind, Leistungen für andere Städte, die auf andere Funktionen spezialisiert sind, in denen diese Funktionen fehlen oder weniger stark ausgeprägt sind (↗Zentrale-Orte-Konzept). Von hierarchischer Funktionsspezialisierung spricht man, wenn es durch unterschiedlich häufige Vertretung der Funktionen in den Städten zu einer funktionalen Über- oder Unterordnung kommt. Bei der sektoralen Funktionsspezialisierung verfügt jede Stadt in besonderem Maße nur über eine oder wenige der städtischen Funktionen. Für die fehlenden Funktionen müssen die Leistungen der Nachbarstädte im Städtesystem in Anspruch genommen werden. Im Rahmen des Wettbewerbs der Städte um Investoren, finanzstarke Bewohner und Touristen betreiben immer mehr Städte das »Städtemarketing«, in dem sie ihre »Marktlücken«, ihre Stärken und Schwächen ihrer städtischen Funktionen identifizieren und v. a. ihre sektoralen Funktionsstärken gezielt aufbauen. [RS/SE]

Funktionstrennung, Prinzip in der Raum- und Stadtplanung, nach dem die Flächen für verschiedene ↗Daseinsgrundfunktionen räumlich strikt zu trennen sind. Es geht zurück auf das ↗Leitbild der »funktionalen Stadt« (↗aufgelockerte Stadt), wie es in der ↗Charta von Athen 1933 gefordert wurde. Grund für die Forderung nach Funktionsentmischung war die zunehmende Belastung von Wohngebieten durch direkt benachbarte Industrie- und Gewerbeflächen. Problematisch ist dabei jedoch die hohe Verkehrsspannung, die zwischen den getrennten Funktionen entsteht. Auch andere Effekte solcher monofunktionaler Entwicklung werden zunehmend kritisch beurteilt (z. B. Verödung von Innenstädten). Funktionstrennung vollzieht sich auch durch ↗Suburbanisierung einzelner Funktionen (Wohnen, Gewerbe), die ursprünglich gemischt waren. ↗Funktionsmischung, ↗funktionsräumliche Arbeitsteilung. [RF]

Funktionsverflechtungen, Verflechtung von Nutzungsarten, Verzahnung und Interdependenz von Nutzungsbereichen eines Raumes. Beispiele sind Wohngebiete mit zentralen Arbeits- oder Versorgungsfunktionen für einen größeren Einzugsbereich. Funktionsverflechtungen werden in Gegensteuerung der von der ↗Charta von Athen postulierten strikten Funktionstrennung mittlerweile durch Mischnutzungszonen in den ↗Flächennutzungsplänen sowie durch Ausweisung geschützter Dorfgebiete u. a. wieder gefördert. Die Funktionsmischung löst mit wachsendem technologischen Fortschritt und ökonomischen Wohlstand den Trend zur räumlichen Arbeitsteilung (↗Funktionsentflechtung) ab.

Furkation ↗verwilderter Flusslauf.

Fürstenstadt, seit dem 12. und 13. Jahrhundert durch den Adel angelegter ↗kulturhistorischer Stadttyp mit administrativer (↗Residenzstädte) oder militärischer Funktion (↗Festungsstadt oder Garnisonsstadt). Fürstenstädte zeichneten sich durch symmetrisch-horizontale Gliederung, die weitläufige Stadtanlage und die rational durchdachte, geometrische Grund- und Aufrissgestaltung aus, die die dominierende Machtposition des Fürsten widerspiegeln. Die seit dem 17. und 18. Jahrhundert errichteten Fürstenstädte wurden im Geist des Absolutismus nach dem Vorbild von Versailles gebaut.

Furt, seichte Gerinnebettstelle, an der ein Durchwaten bzw. Überqueren ohne Hilfsmittel möglich ist. Furtstellen waren und sind in vielen Teilen der Welt wichtig für die Verkehrsführung und die Anlage von Siedlungen.

Fusion ↗Sublimation.

Fußfläche, rein beschreibender Begriff für schwach geböschte Akkumulations- und Abtragungsflächen am Fuße höher aufragenden Geländes. ↗Gebirgsfußfläche.

Fusulinen, *Fusulinina*, Großforaminiferen (↗Foraminiferen) des Jungpaläozoikums (↗Karbon, ↗Perm) in warmen Meeren. Fusulinen sind spindelförmig bis kurzzylindrisch und reiskorngroß. Sie waren oft gesteinsbildend in den Fusulinenkalken, besonders häufig in Russland, China, Japan und den USA.

Futterbau, 1) der Anbau von ↗Kulturpflanzen zur Tierernährung. Das Futter (z. B. Luzerne, Mais, Futterkartoffel, Futterrübe) kann frisch, gesäuert oder getrocknet verabreicht werden. In Deutschland finden sich Betriebe mit vorwiegendem Futterbau vor allem in den Alpen, dem Alpenvorland, in den Hochlagen der Mittelgebirge und in den ↗Marschen. 2) in der deutschen Betriebssystematik wird die ↗Betriebsform Futterbau aus den Produktionszweigen Milchviehhaltung und Rindermast und dem zugehörigen Pflanzenbau gebildet.

Futtergehölze, Gehölze mit beachtlichem ↗Futterwert. So dienen z. B. Sträucher und Zwergsträucher in ↗Macchie und ↗Garrigue im Mittelmeerraum sowie Busch- und Baumvegetation in ↗Savannen als wichtige Nahrungsquellen, die noch während der Trockenzeit rohproteinreiches Ergänzungsfutter bereitstellen, z. B. für Rinder und Ziegen. Allerdings kann der Futterwert durch eine starke Bewehrung der Pflanzen mit Dornen und Stacheln oder durch wenig schmackhafte Inhaltsstoffe – wie z. B. Tannine – erheblich gemindert werden.

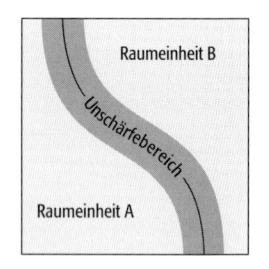

Futtermittel, 1) alle Produkte pflanzlicher oder tierischer Herkunft, deren organische und anorganische Inhaltsstoffe durch Tiere ohne Risiko für ihre Gesundheit verwertet werden können. 2) nach dem deutschen Futtermittelgesetz Stoffe, die einzeln (Einzelfuttermittel) oder in Mischungen (Mischfuttermittel) dazu bestimmt sind, in unverändertem, zubereitetem oder verarbeitetem Zustand an Tiere verfüttert zu werden.
Man unterscheidet vereinfachend nichtmarktgängige Futtermittel (Gras, Heu, Silage), die hauptsächlich an Wiederkäuer verfüttert werden, von marktfähigen Futtermitteln (Getreide, ↗Getreidesubstitute, Ölkuchen, Mischfutter usw.), die an alle Tiere verfüttert werden können. Gebrauchswert- und einsatzorientierten Aspekten folgt die Einteilung in Grobfutter (relativ reich an Gerüstsubstanzen) und Konzentrate (hoher Energie- und/oder Proteingehalt). Zum Grobfutter zählen vor allem Grünfutter, Grünfutterkonservate (Silagen, Heu, Trockengrünfutter) und Stroh mit ihrem überwiegenden Einsatz in der Wiederkäuerfütterung. Die Konzentrate bilden vorrangig oder ausschließlich die Komponenten von Futterrationen bzw. -mischungen für Schweine und Geflügel. Daneben dienen Konsistenz und Wassergehalt (u. a. Raufutter, Saftfutter, Trockenfutter), Hauptinhaltsstoffe (energiereiche Futtermittel, eiweißreiche Futtermittel, Mineralfutter) Komponentenzahl (Einzelfuttermittel, Mischfuttermittel) und Verwendungszweck (Alleinfutter, Ergänzungsfutter) zur Einteilung bzw. Bildung von Futtermittelgruppen. Insgesamt dienen fast drei Viertel der ↗landwirtschaftlichen Nutzfläche der ↗EU der Erzeugung von Futtermitteln. [KB]

Futterwert, wird bestimmt durch den jahreszeitlichen Gang von verwertbarem Rohprotein, umsetzbarem Energiegehalt und In-Vitro-Verdaulichkeitswert von Futterpflanzen. In Kombination mit der Regenerationsfähigkeit nach Schnitt oder Beweidung sowie der Schmackhaftigkeit bzw. Akzeptanz ergibt sich daraus der Futterwert, ausgedrückt in Futtereinheiten.

Fuzzy-Analyse, Verfahren zur Behandlung unscharfer Zuordnungen von einzelnen Elementen zu unterschiedlichen Klassen. Bei ↗geographischen Daten wird die Fuzzy-Analyse verwendet, um mithilfe von Zugehörigkeitsfunktionen sog. Übergangsräume oder Unschärfebereiche (*fuzzy regions*) zwischen zwei Raumeinheiten zu definieren, in denen jeder Punkt mit einem gewissen Zugehörigkeitsgrad zu jeder der beiden Raumeinheiten gehört (Abb.).

fuzzy region, *Unschärfebereich*, ↗Fuzzy-Analyse.

Fuzzy-Analyse: Unschärfebereich zwischen zwei Regionen.

G 7, Kurzbezeichnung für die »Gruppe der Sieben«, womit die 7 führenden westlichen Industrienationen (Deutschland, Frankreich, Großbritannien, Italien, Japan, Kanada und USA) bezeichnet werden. Seit 1975 finden jährlich Konferenzen der G 7 statt, auf denen von den jeweiligen Regierungs- und Staatschefs und dem Präsidenten der Europäischen Kommission globale Wirtschafts- und Währungsfragen sowie wirtschaftlich relevante Probleme (z. B. die Transformation der ehemaligen Ostblockstaaten) erörtert werden. Diese Konferenzen werden durch Treffen der jeweiligen Finanzminister und Zentralbankpräsidenten mit dem Direktor des Internationalen Währungsfonds und durch Treffen der Wirtschaftsminister vorbereitet. Mit dem Beitritt Russlands wurde die G7 1998 in G8 umbenannt.

G 8, Neubenennung der früheren »Gruppe der Sieben« ↗G 7 nach dem Beitritt Russlands als vollwertiges Mitglied 1998.

GAAP, *graphischer Auskunftsarbeitsplatz*, ↗GIAP.

Gabbro, Gruppe von dunklen, basischen ↗Plutoniten, meist aus basischem Plagioklas (↗Feldspat) und Klinopyroxen (↗Pyroxen), mit oder ohne ↗Olivin, und Orthopyroxen zusammengesetzt. Intrusives Äquivalent des ↗Basalts. ↗Streckeisen-Diagramm.

GAG ↗geoökologischer Arbeitsgang.

Gagat, *Jett, Jet*, harte, dichte, politurfähige Kohlenvarietät, meist ein stark umgewandeltes Holz, das aus imprägnierten verkohlten Pflanzenresten entstand. Gagat findet sich häufig in Ölschieferablagerungen (z. B. Lias von Holzmaden) und ↗Braunkohlen. Für Schmuckgegenstände wurde Gagat bereits in vorgeschichtlicher Zeit verwendet.

Galeriewald, saum- oder spalierartig entlang von Flüssen in den wechselfeuchten Tropen ausgebildete Wälder, die sich auf Luftbildern prägnant als eigenständiger Vegetationstyp vom Umland abheben. Ihre hohe Wüchsigkeit resultiert zum einen aus dem ganzjährig großen Wasserangebot und zum anderen aus der sehr guten Nährstoffverfügbarkeit. Sie lässt sich auf den häufigen Eintrag von Sedimenten bei Überschwemmungsereignissen zurückführen. Infolge dieser günstigen ökologischen Voraussetzungen bilden die naturnahen Bestände mehrere Baumstockwerke aus. Galeriewälder verfügen zugleich über eine große Biodiversität und zeichnen sich zudem durch eine hohe Zahl an ↗Epiphyten aus. Mehrere Gründe haben dazu beigetragen, dass diese artenreichen, wertvollen und schützenswerten Ökosysteme über einen langen Zeitraum weitgehend intakt erhalten geblieben sind. Zunächst hat der amphibische feuchte Lebensraum und das weitgehende Fehlen von ↗Nekromasse im Unterwuchs einen wesentlichen Schutz vor Bränden bedeutet. Zum anderen erschweren an diesen Feuchtstandorten zahlreiche Überträger von Krankheiten, die sowohl den Menschen als auch die Nutztiere bedrohen, die Lebensbedingungen. Daher wurden diese Standorte lange Zeit weitgehend gemieden. Diese Schutzwirkung ist inzwischen aber stark bedroht durch die jüngste Inwertsetzung dieses Raumes. So konnte durch Luftbildanalysen und Geländebegehungen im tropischen wechselfeuchten Benin eine Rodung dieser ökologisch wertvollen, artenreichen Galeriewälder zugunsten eines forcierten Kakao-Anbaus nachgewiesen werden. [MM]

Galtvieh, alpenländischer Ausdruck für Jungrinder und Ochsen.

Gamma-Diversität, Vielfalt innerhalb biotischer Gesamtdatensätze, Aspekt der Biodiversität. ↗Diversität.

Gamma-Verteilung ↗Niederschlag.

Gams, *Helmut*, österreichischer Botaniker, geb. 25.9.1893 Brünn, gest. 13.2.1976 Innsbruck. Er war Professor in Innsbruck und Leiter der Biologischen Station Wasserburg am Bodensee, schuf bedeutende Arbeiten zur Vegetationsgeschichte, Pflanzengeographie, Ökologie und Systematik und gab das Werk »Kleine Kryptogamenflora«, 4 Bände, 1940–83 heraus. Weitere Werke (Auswahl): »Die Vegetation des Großglocknergebiets«, 1936 und »Flora von Osteuropa«, 1950.

Gang, mit Gestein, Mineralen oder Erzen gefüllte Spalte, die ein anderes Gestein durchsetzt. Gänge sind meist plattige Körper von sehr unterschiedlicher Dimension. Je nach Lage und Gestalt lassen sich verschiedene Gangtypen unterscheiden, wie die wichtigen schichtparallelen Lagergänge (Sills). Mineralgänge können mit ↗Quarz (↗Quarzgang), Flussspat, Schwerspat etc. gefüllt sein, Erzgänge mit Erzmineralen. Gänge mit Eruptivgesteinen treten v. a. in Form stark abgewandelter Abkömmlinge des primären Magmas auf. Solche Abkömmlinge sind u. a. ↗Pegmatite, Aplite (hell) und Lamprophyre (dunkel).

Gangamopteris, für das Permokarbon der Südkontinente charakteristischer Farn in der auf die permokarbone Vereisung folgenden Wärmeperiode. *Gangamopteris* ist zusammen mit ↗Glossopteris in Transvaal (Südafrika) kohlebildend.

Ganggestein, Gruppe von ↗Magmatiten, die im subvulkanischen Bereich der Erdkruste entsteht und somit eine Stellung zwischen ↗Vulkaniten und ↗Plutoniten einnimmt. Sie kommt meist in Form von ↗Gängen oder Stöcken vor. Ein Vertreter ist z. B. der ↗Pegmatit.

gap dynamics ↗Sukzession.

GARP, *Global Atmospheric Research Program*, internationales Forschungsprogramm, begründet 1967, koordiniert von der ↗Weltorganisation für Meteorologie. Ziele von GARP sind die Erweiterung der Kenntnisse über großräumige atmosphärische Fluktuationen zur Verbesserung der kurz- und mittelfristigen Wettervorhersage sowie die Untersuchung statistischer Eigenschaften der ↗atmosphärischen Zirkulation im Hinblick auf ein verbessertes Verständnis des Klimas. Im Rahmen von GARP wurden mehrere Teilprogramme durchgeführt (↗GATE, ↗FGGE).

Garrigue, Vegetationsform des Mittelmeergebietes. Die Hartlaub-Strauchgesellschaften der ↗Macchie leiten bei starker Übernutzung fließend zu den Kleinstrauchbeständen der Garrigue über, einer Unterklasse der mediterranen Zwerg- und Halbstrauchformation. Sie besitzt im

Gartenstadt 1: Räumliche Anordnung der Gartenstädte.

Mittelmeergebiet regionalspezifische Bezeichnungen. Zu ihren prägnantesten Vertretern zählen Zistrosen und Ericaceen, Geophyten und Gräser. Die Garrigue-Gesellschaften repräsentieren als Folge einer jahrhundertelang praktizierten anthropozoogenen Übernutzung weit fortgeschrittene Degradationsstadien der Pflanzendecke. Zugleich können sie aber auch als Übergangsstadien der progressiven ↗Sukzession eine Verstrauchung von Brand- und Brachflächen einleiten.

Gartenbau, ursprünglich der Anbau von ↗Kulturpflanzen auf einem oftmals eingefriedeten Gelände, dem Garten. Dieses Merkmal entfällt heute häufig. Kennzeichen des modernen Gartenbaus ist seine Arbeits- und häufig auch seine Kapitalintensität. Letztere gilt vor allem, wenn der Gartenbau als Glaskultur auf verbrauchernahem teurem Boden betrieben wird. Der Gartenbau bietet seinen Kulturpflanzen häufig künstliche Bodensubstrate (↗erdlose Kulturverfahren) sowie auch eine künstliche atmosphärische Umwelt (Folien, Frühbeete, Treib- und Gewächshäuser). Trockenheitsbedingten Ertragsausfällen wird nahezu immer mit Bewässerungsmöglichkeiten vorgebeugt. Das Produktionsspektrum des Gartenbaus umfasst u. a. Gemüse, Blumen, Obst, Beeren, Obst- und Ziergehölze (Baumschulen), Heil- und Gewürzpflanzen, Samen und Jungpflanzen. Die Grenzen zwischen Gartenbau, landwirtschaftlicher Obstproduktion und Feldgemüseanbau sind häufig fließend. Nach der deutschen Agrarstatistik werden solche landwirtschaftlichen Betriebe und Forstbetriebe dem Gartenbau zugerechnet, die in ihrem Produktionsbereich Gartenbau einen Standarddeckungsbeitrag (StDB) erwirtschaften, der 75 % und mehr des StDB des Betriebes ist. Der Produktionsbereich Gartenbau umfasst die Produktionszweige Freilandgemüse, Unterglasgemüse, Freilandzierpflanzen, Unterglaszierpflanzen und Baumschulen. [KB]

Gartenstadt, von Ebenezer Howard 1898 vorgestelltes städtebauliches ↗Leitbild mit nachhaltigem Einfluss auf die Stadtplanung in westlichen Industrienationen sowie sozialistischen Ländern.

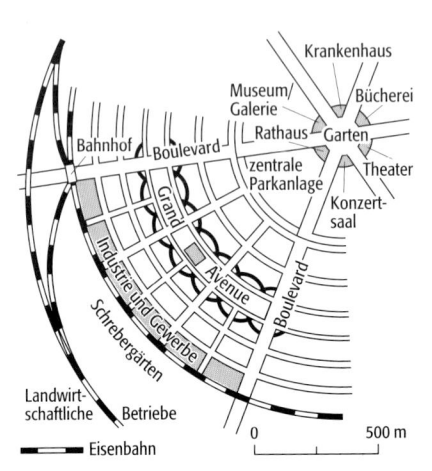

Gartenstadt 2: Nachbarschaftssegmente und Zentrum einer Gartenstadt.

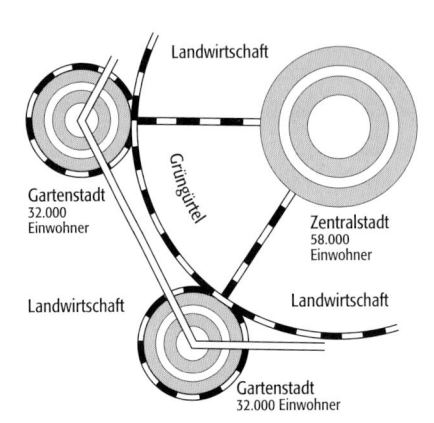

Um die Großstadt zu entlasten, sollten neue städtische Siedlungen in ihrem Umkreis errichtet werden. Das Konzept beinhaltete eine von Grünflächen durchzogene, aufgelockerte und planmäßig durch Radialstraßen in Nachbarschaften gegliederte Siedlungsstruktur mit räumlicher Trennung wichtiger Funktionen, einen umlaufenden Grüngürtel und eine ausreichende Ausstattung mit Arbeitsplätzen sowie Versorgungseinrichtungen für eine Bevölkerung von jeweils 32.000 Personen (Abb. 1 und 2). Als Novum galt, dass die Gartenstadt dauerhaft in gemeinschaftlichem Eigentum verbleiben und der Boden in Erbpacht an die Bewohner vergeben werden sollte, wodurch die Bodenwertsteigerungen der Gemeinschaft erhalten blieben. Die ersten Gartenstädte waren die 1904 gegründete Stadt Letchworth und das 1919 gebaute Welwyn Garden im Umland von London. Die Gartenstadtidee wurde in Großbritannien später zum Teil in den ↗New Towns umgesetzt, wenn auch stark modifiziert. In anderen europäischen Ländern fand die Gartenstadtidee in Form von Gartenvorstädten, neu aufgebauten Stadtteilen oder Villenkolonien Eingang. Dort wurden speziell von wohlhabenden Bevölkerungsschichten bewohnte Vorstädte oder Randgemeinden größerer Städte mit Einzelhausbebauung und großen Gartengrundstücken als Gartenstädte bezeichnet. In den sozialistischen Ländern wurde die Gartenstadtidee in abgewandelter Form in der Nachkriegszeit umgesetzt, während in den USA die Gartenstadtidee stark modifiziert in den meisten nach 1921 gebauten »suburbs« nach dem Vorbild der Gartenstadt Radburn bei New York aufgenommen wurde. [RS]

Garua, nässender ↗Nebel bzw. feiner Nieselregen in der Peruwüste, der dort ebenso wie der noch feinere »camanchaca« in Nordchile vornehmlich in den Wintermonaten auftritt. Die genetisch identischen Niederschläge treten in einer maximal ein Kilometer mächtigen Nebelbewölkung in Meeresnähe auf und führen zur Ausbildung einer periodischen Nebelwüstenflur, die als »loma« (↗Lomavegetation) bezeichnet wird. Stellenweise erbringen die Nebelniederschläge über 400 mm N/a, wo sich »echte Regen« auf weniger als 10 mm N/a belaufen. ↗Nebelwüstenflur.

Gasgesetze, Sammelbezeichnung für eine Vielzahl von Gesetzen, die Zustand und Verhalten von Gasen beschreiben. Gase sind Stoffe im gasförmigen Aggregatzustand, in dem sie keine definierte Oberfläche besitzen und jeden ihnen zur Verfügung stehenden Raum erfüllen. Zur Formulierung von Gasgesetzen greift man meist auf die idealisierenden Annahmen zurück, wonach die Gasmoleküle kein Eigenvolumen besitzen und keine gegenseitigen Anziehungskräfte auftreten; bei derartigen Eigenschaften spricht man von einem idealen Gas. Gesetze für ideale Gase werden von den realen Gasen zwar nie im strengen Sinne befolgt, jedoch bei hinreichend hoher Temperatur und kleinem Druck oft in ausreichender Weise approximativ nachvollzogen; reine trockene Luft etwa verhält sich wie ein ideales Gas. Der gasförmige Aggregatzustand ist für bestimmte stoffspezifische Wertebereiche von Druck p und Temperatur T der einzig mögliche, entlang der Dampfdruckkurve im p-T-Diagramm ist jedoch Koexistenz von flüssiger und gasförmiger Phase gegeben, entlang der Sublimationsdruckkurve Koexistenz von fester und gasförmiger Phase sowie im singulären Tripelpunkt sogar Koexistenz aller drei Phasen (↗Tripelpunkt Abb.). Beim Übergang in die gasförmige Phase muss Energie aufgebracht werden, deren Betrag in Abhängigkeit von thermischen Einflussgrößen mit Hilfe der ↗Clausius-Clapeyron-Gleichung quantifiziert werden kann. Der umgekehrte Phasenwechsel (↗Kondensation oder ↗Sublimation) ist mit entsprechender Energiefreisetzung verbunden. Die einzelnen Moleküle eines Gases befinden sich in einer nach Richtung und Geschwindigkeit ungeregelten Bewegung, die als Brown'sche Molekularbewegung bezeichnet wird. Der Inhalt an Wärmeenergie einer Gasmenge entspricht dabei der Gesamtsumme an kinetischer Energie aller ihrer Moleküle. Aufgrund deren freier Beweglichkeit entsteht in Gasen ein allseitig gerichteter Gasdruck, der in der Grundgleichung der ↗kinetischen Gastheorie explizit behandelt wird. Eine wesentliche Implikation dieser allseitigen Druckwirkung ist das Gesetz des Auftriebs, wonach ein Körper in einem Gas (oder einer Flüssigkeit) einer entgegen der Schwerkraft wirkenden Kraft ausgesetzt ist, deren Betrag dem Gewicht des von dem Körper verdrängten Gasvolumens (bzw. Flüssigkeitsvolumens) entspricht. In der ↗Atmosphäre bewirkt der Auftrieb bei labiler Luftschichtung ↗thermische Konvektion, wenn differenzierte Erwärmung von der Erdoberfläche aus erfolgt und sich Dichteunterschiede in der betroffenen Luftschicht herausbilden. Derjenige Druck, den eine atmosphärische Luftsäule unter der Wirkung der Schwerebeschleunigung auf ihre untere Begrenzungsfläche ausübt, wird als ↗Luftdruck bezeichnet. Horizontale Luftdruckunterschiede, die dynamisch oder thermisch entstanden sein können, konstituieren eine Druckgradientkraft G, die auf die Masseneinheit bezogen angegeben werden kann als:

$$G = 1/\varrho \cdot dp/dn,$$

wobei ϱ = Luftdichte, dp/dn = Druckänderung pro Streckeneinheit in Richtung des stärksten Druckgefälles. G ist die Ursache horizontaler Luftbewegungen, die im weiteren Verlauf der zusätzlichen Einwirkung von ↗Corioliskräften, Reibungskräften (↗Reibung) und Fliehkräften unterliegen. Die horizontale Strömung der atmosphärischen Gasmoleküle erfolgt überwiegend nicht auf geordneten, sich schneidenden Bahnen – abgesehen von der nur einige mm dünnen laminaren Grenzschicht zur Erdoberfläche – sondern in Gestalt ungeordneter wirbelartiger Bewegungen, die erst im statistischen Mittel eine geordnete Gesamtbewegung ergeben. Zur Strömungscharakterisierung dient die dimensionslose ↗Reynolds-Zahl. Druckunterschiede in der Atmosphäre sind auch in vertikaler Richtung ausgebildet: schon bei ruhender Atmosphäre ergibt sich aufgrund der Luftdruckabnahme mit zunehmender Höhe eine vertikal aufwärts gerichtete Druckgradientkraft G. Sie wird durch das Gewicht der Luftsäule g (= Masse × Schwerebeschleunigung) ausbalanciert, wie es in der erneut auf die Masseneinheit bezogenen ↗hydrostatischen Grundgleichung zum Ausdruck gelangt:

$$-g = 1/\varrho \cdot dp/dz$$

mit dp/dz = Druckänderung pro vertikaler Streckeneinheit. Schreibt man sie als:

$$dp/dz = -g \cdot \varrho,$$

so drückt sie den Tatbestand vertikal abnehmenden Luftdrucks in Abhängigkeit von der Luftdichte aus. Der Zusammenhang zwischen Luftdruck und Höhe wird in der ↗barometrischen Höhenformel explizit beschrieben, wobei sich in nicht ruhender Atmosphäre Abweichungen vom hydrostatischen Gleichgewicht ergeben. Durch die vertikale Luftdruckabnahme erfährt ein aufsteigendes Luftquantum eine Temperaturerniedrigung, da es sich unter geringerem Außendruck ausdehnt und die dafür erforderliche Prozessenergie aus seiner inneren thermischen Energie abzweigt (umgekehrt ergibt sich beim Absinken aufgrund transformierter Kompressionswärme eine Temperaturerhöhung). Derartige Zustandsänderungen, bei denen weder Wärmezufuhr von außen noch Wärmeabgabe nach außen stattfinden gehören zu den ↗adiabatischen Prozessen. Liegt ein Gemisch verschiedener Gase vor, so addieren sich nach dem ↗Dalton-Gesetz die Partialdrucke der einzelnen Gase zum Gesamtdruck des Gasgemisches. Auch diese Gesetzmäßigkeit gilt in strengem Sinne nur für ideale Gase, kann jedoch als Näherung auch auf die Atmosphäre übertragen werden. Liegen räumliche Konzentrationsunterschiede bei einzelnen Gasen eines Gasgemisches vor, kommt es aufgrund der Brown'schen Molekularbewegung zur molekularen ↗Diffusion, bei der sich einzelne Stoffe und ihre Eigenschaften in Richtung des Konzentrationsgefälles ausbreiten, bis dieses vollständig abgebaut ist (↗Diffusionsgleichung).

Gasgesetze

Wesentlich wirksamer ist allerdings die ↗turbulente Diffusion. Gase werden nicht nur in gasförmigen Medien transportiert, sondern unterliegen auch einem Gasaustausch mit nicht gasförmigen Medien. Bei flüssigen Medien spielt dabei die Löslichkeit der Gase eine wesentliche Rolle, die umso größer ist, je niedriger die Temperatur und je höher der ausgeübte Druck ist (wichtiges Beispiel ist die CO_2-Lösung im Meerwasser). Weiterhin erfolgen Gasaustauschprozesse durch pflanzliche CO_2-Assimilation, biotische Respiration sowie Gasaufnahme und -abgabe von Litho-, Pedo- und Kryosphäre. Den thermischen Zustand eines Gases beschreibt man über die Zustandsgrößen Temperatur T, Druck p und Volumen V, eine Verknüpfung dieser Zustandsgrößen erfolgt in der (thermischen) Zustandsgleichung, die zunächst für ideale Gase angegeben werden kann. Grundlage sind das ↗Boyle-Mariotte'sche Gesetz und das ↗Gay-Lussac'sche Gesetz, wonach bei konstanter Temperatur das Produkt $p \cdot V$ bzw. bei konstantem Druck der Quotient V/T jeweils konstant bleibt. Kombiniert man sämtliche Einzelbeziehungen zwischen jeweils zwei der Zustandsgrößen miteinander, so ergibt sich die (thermische) Zustandsgleichung idealer Gase:

$$p \cdot V = m \cdot R_i \cdot T,$$

wobei m die Gasmasse und R_i die spezifische Gaskonstante bezeichnen. Für trockene Luft, die in guter Näherung als ideales Gas angesehen werden kann, gilt unter Normalbedingungen ($T = 273,15$ K, $p = 1013,25$ hPa) die spezifische Gaskonstante $R_L = 287,1$ J/(kg K). Da für die Dichte $\varrho = m/V$ gilt, lässt sich die Zustandsgleichung auch schreiben als:

$$\varrho = p/(R_i \cdot T).$$

Daraus wird die Temperatur- und Druckabhängigkeit der Dichte von Gasen ersichtlich. Dichteangaben beziehen sich meist auf die erwähnten Normalbedingungen, unter denen z. B. die Dichte von Luft 1,2928 kg/m³, oder von CO_2 1,9767 kg/m³ beträgt. Will man die Zustandsgleichung unabhängig von der Dichte formulieren, die von Gas zu Gas verschieden ist, gelangt man zu der allgemeinen Gaszustandsgleichung. Sie ist auf das Molvolumen V_M bezogen, also dasjenige Volumen, das von der Gasmenge 1 Mol eingenommen wird (entspricht der Gasmenge, deren Masse gleich dem Molekulargewicht M_i des betreffenden Gases in g ist). Nach dem Gesetz von Avogadro enthalten bei gleichem Druck und gleicher Temperatur gleiche Volumina von unterschiedlichen Gasen die gleiche Anzahl von Molekülen. Deshalb ergibt sich für festgelegte Werte von p und T für alle Gase dasselbe Molvolumen, das unter Normalbedingungen 22 414,1 cm³/mol beträgt. Damit erhält man die allgemeine Zustandsgleichung idealer Gase:

$$p \cdot V_M = R \cdot T,$$

wobei R die für alle Gase gültige ↗universelle Gaskonstante bezeichnet, die unter Normalbedingungen den Wert $R = 8,314\,471$ J/(K mol) annimmt und die Berechnung der spezifischen Gaskonstante R_i eines beliebigen Gases über die Beziehung $R_i = R/M_i$ ermöglicht. Weichen die realen Bedingungen merklich von denjenigen idealer Gase ab, müssen zusätzliche Betrachtungen angestellt werden. Dies gilt z. B. für feuchte Luft, deren variabler Wasserdampfgehalt die Luftdichte auch unabhängig von p und T variieren lässt, da die Dichte von Wasserdampf ϱ_W geringer ist als diejenige trockener Luft ϱ_L. Mit dem Molekulargewicht von Wasserdampf $M_W = 18,02$ kg/kmol ergibt sich seine spezifische Gaskonstante für Wasserdampf $R_W = 461,5$ J/(kg K), und mit dem ↗Dampfdruck e lautet die Zustandsgleichung für Wasserdampf:

$$\varrho_W = e/(R_W \cdot T).$$

Die Zustandsgleichung für feuchte Luft erhält man aus der Addition der Zustandsgleichungen für trockene Luft und für Wasserdampf, wobei unter Verwendung der spezifischen Feuchte s [g/kg] mit p = Gesamtdruck und ϱ = Dichte der feuchten Luft resultiert:

$$\varrho = p/[R_L \cdot T(1+0,61 \cdot s)].$$

Der Ausdruck $T(1+0,61 \cdot s)$ entspricht der ↗virtuellen Temperatur, die den Dichteeinfluss des Wasserdampfs dadurch berücksichtigt, dass zur Temperatur der trockenen Luft ein Virtuellzuschlag addiert wird, der die Dichte der virtuell temperierten trockenen Luft gleich der tatsächlichen Dichte der feuchten Luft werden lässt. Bei hohen Druckwerten und tiefen Temperaturen ergeben sich generell starke Abweichungen von der Zustandsgleichung idealer Gase, das Verhalten der realen Gase kann dann mit der van der Waals'schen Zustandsgleichung in Näherung beschrieben werden:

$$(p+a/V_M^2)(V_M-b) = R \cdot T.$$

Dabei sind a und b gasspezifische Konstanten. Im Unterschied zu den idealen Gasen tritt hier also zum äußeren Druck noch ein sog. Binnendruck hinzu, der auf die Anziehungskräfte der Moleküle untereinander zurückzuführen ist; weiterhin wird vom Molvolumen das sog. Kovolumen abgezogen, das das Eigenvolumen der Moleküle realer Gase repräsentiert, also denjenigen Teilraum, der der Brown'schen Molekularbewegung nicht zur Verfügung steht. Bei geringer Teilchenzahldichte werden Binnendruck und Kovolumen sehr klein und die van der Waals'sche Gleichung geht wieder in die allgemeine Zustandsgleichung idealer Gase über. [JJ]

Literatur: [1] HUPFER, P., KUTTLER, W. (Hrsg.) (1998): Witterung und Klima. [2] VOGEL, H. (1997): Physik. [3] MALBERG, H. (1997): Meteorologie und Klimatologie.